Cours de mathématiques – 3

ANALYSE 3

Cours et 500 exercices corrigés

2e année MP . PSI . PC . PT

Jean-Marie Monier
Professeur en classe de Spéciales
au lycée la Martinière-Monplaisir à Lyon

DUNOD

ISBN 2 10 003366 2

Table des matières du tome 3

Première partie – Cours

Table des matières du tome 4

Première partie – Cours

Avant-propos

Ce nouveau Cours de Mathématiques avec exercices corrigés s'adresse aux élèves des classes préparatoires aux grandes écoles (1re et 2e années, toutes filières), aux étudiants du premier cycle universitaire scientifique et aux candidats aux concours de recrutement de professeurs.

Le plan en est le suivant :

Tome 1 : Analyse 1
Tome 2 : Analyse 2 } ***Analyse*** en 1re année

Tome 3 : Analyse 3
Tome 4 : Analyse 4 } ***Analyse*** en 2e année

Tome 5 : Algèbre 1 : ***Algèbre*** en 1re année

Tome 6 : Algèbre 2 : ***Algèbre*** en 2e année

Tome 7 : Géométrie : ***Géométrie*** en 1re et 2e année.

Pour vérifier sa bonne compréhension du cours, le lecteur trouvera dans chaque chapitre des exercices tous résolus et dont les solutions sont regroupées en fin de volume et qui sont, à de rares exceptions près, différents de ceux figurant dans les cinq recueils d'exercices déjà parus.

Des questions situées à la limite du programme sont traitées, en fin de chapitre, sous forme de compléments corrigés.

J'accueillerai avec reconnaissance les critiques et suggestions que le lecteur voudra bien me faire parvenir aux bons soins de Dunod, éditeur, 5, rue Laromiguière, 75005 Paris.

Jean-Marie Monier

Remerciements

Je tiens ici à exprimer ma gratitude aux nombreux collègues qui ont accepté de réviser des parties du manuscrit ou de la saisie : Robert AMBLARD, Bruno ARSAC, Chantal AURAY, Henri BAROZ, Alain BERNARD, Isabelle BIGEARD, Jacques BLANC, Gérard BOURGIN, Gérard-Pierre BOUVIER, Gérard CASSAYRE, Gilles CHAFFARD, Jean-Yves CHEVROLAT, Jean-Paul CHRISTIN, Yves COUTAREL, Abdelkader DAOUIA, Jean-Louis DEREUX, Catherine DONY, Hermin DURAND, Jean FEYLER, Nicole GAILLARD, Marguerite GAUTHIER, Daniel GENOUD, Christian GIRAUD, Alain GOURET, André GRUZ, Ahmed KANBER, André LAFFONT, Jean-Marc LAPIERRE, Jean-Paul MARGIRIER, Annie MICHEL, Rémy NICOLAÏ, Michel PERNOUD, Jean REY, René ROY, Philippe SAUNOIS, Patrice SCHWARTZ et Gérard SIBERT.

Enfin, je remercie vivement les Éditions Dunod, Gisèle Maïus et Michel Mounic, dont la compétence et la persévérance ont permis la réalisation de ces volumes.

Jean-Marie Monier

Cours

Chapitre 1

Espaces vectoriels normés

Dans ce chapitre 1, $\mathbb{K}$ désigne $\mathbb{R}$ ou $\mathbb{C}$.

Une étude élémentaire a été faite dans le Tome 1 (ch. 3, 4, 12).

On abrège espace vectoriel en ev.

1.1 Vocabulaire de la topologie d'un espace vectoriel normé

1.1.1 Norme, distance associée

1) Définition d'une norme, exemples

◆ **Définition** On appelle **norme** sur un $\mathbb{K}$-ev E toute application $N : E \longrightarrow \mathbb{R}$ telle que :

(i) $\forall \lambda \in \mathbb{K}, \forall\, x \in E, \quad N(\lambda x) = |\lambda| N(x)$

(ii) $\forall x \in E, \quad (N(x) = 0 \Longrightarrow x = 0)$

(iii) $\forall (x,y) \in E^2,\ N(x+y) \leqslant N(x) + N(y).$

On rajoute quelquefois : (iv) $\forall x \in E, N(x) \geqslant 0$, ce qui est en fait inutile (cf. ci-dessous).

On appelle **espace vectoriel normé** (en abrégé **evn**) tout couple (E,N) où E est un $\mathbb{K}$-ev et N une norme sur E.

Remarque : Soit (E,N) un $\mathbb{K}$-evn.

1) En appliquant (i) à $\lambda = 0$, on déduit $N(0) = 0$.

2) Pour tout x de E, en appliquant (iii) à x on déduit alors :

$$0 = N(0) = N(x + (-x)) \leqslant N(x) + N(-x) = N(x) + |-1| N(x) = 2N(x),$$

et donc $N(x) \geqslant 0$.

La condition $N(x) \geqslant 0$ serait donc superflue dans la définition. ■

Une norme sur E est souvent notée $\begin{array}{rcl} ||.|| : E & \longrightarrow & \mathbb{R} \\ x & \longmapsto & ||x|| \end{array}$, ou encore $||.||_E$. S'il n'y a pas de risque d'ambigüité, on note E au lieu de (E,N).

EXEMPLES :

1) **Les trois normes usuelles sur** $\mathbb{K}^n$ (dites aussi normes standard sur $\mathbb{K}^n$).

Soit $n \in \mathbb{N}^*$. Considérons, pour tout $x = (x_1, \dots, x_n)$ de $\mathbb{K}^n$, les réels $||x||_1$, $||x||_2$, $||x||_\infty$ définis par :

$$||x||_1 = \sum_{k=1}^{n} |x_k|, \quad ||x||_2 = \left(\sum_{k=1}^{n} |x_k|^2\right)^{\frac{1}{2}}, \quad ||x||_\infty = \underset{1 \leqslant k \leqslant n}{\text{Max}} |x_k|.$$

Vérifions que les applications $||.||_1$, $||.||_2$, $||.||_\infty$: $\mathbb{K}^n \longrightarrow \mathbb{R}$ ainsi définies sont des normes. Les calculs suivants sont valables pour tous $x = (x_1, \dots, x_n), y = (y_1, \dots, y_n)$ de $\mathbb{K}^n$ et λ de $\mathbb{K}$.

a) (i) $$||\lambda x||_1 = \sum_{k=1}^{n} |\lambda x_k| = |\lambda| \sum_{k=1}^{n} |x_k| = |\lambda|\, ||x||_1$$

(ii) $$||x||_1 = 0 \iff \sum_{k=1}^{n} |x_k| = 0 \iff (\forall k \in \{1, \dots, n\}, |x_k| = 0)$$
$$\iff (\forall k \in \{1, \dots, n\}, x_k = 0) \iff x = 0$$

(iii) $$||x+y||_1 = \sum_{k=1}^{n} |x_k + y_k| \leqslant \sum_{k=1}^{n} (|x_k| + |y_k|)$$
$$= \sum_{k=1}^{n} |x_k| + \sum_{k=1}^{n} |y_k| = ||x||_1 + ||y||_1.$$

b) (i) $$||\lambda x||_2 = \left(\sum_{k=1}^{n} |\lambda x_k|^2\right)^{\frac{1}{2}} = \left(|\lambda|^2 \sum_{k=1}^{n} |x_k|^2\right)^{\frac{1}{2}} = |\lambda| \left(\sum_{k=1}^{n} |x_k|^2\right)^{\frac{1}{2}} = |\lambda|\, ||x||_2$$

(ii) $$||x||_2 = 0 \iff \sum_{k=1}^{n} |x_k|^2 = 0 \iff (\forall k \in \{1, \dots, n\}, |x_k|^2 = 0) \iff x = 0$$

(iii) L'inégalité $||x+y||_2 \leqslant ||x||_2 + ||y||_2$ est acquise pour $\mathbb{K} = \mathbb{R}$ d'après l'étude des produits scalaires (cf. Tome 5, 10.1.2 Th. 2 p. 343). Nous allons cependant en donner une preuve élémentaire.

$$||x+y||_2 \leqslant ||x||_2 + ||y||_2 \iff ||x+y||_2^2 \leqslant ||x||_2^2 + 2||x||_2||y||_2 + ||y||_2^2$$
$$\iff \sum_{k=1}^{n} \left(|x_k + y_k|^2 - |x_k|^2 - |y_k|^2\right) \leqslant 2||x||_2||y||_2$$
$$\iff \text{Ré}\left(\sum_{k=1}^{n} \overline{x}_k y_k\right) \leqslant ||x||_2||y||_2 \Longleftarrow \left|\sum_{k=1}^{n} \overline{x}_k y_k\right| \leqslant ||x||_2||y||_2$$

(on retrouve ici l'inégalité de Cauchy-Schwarz dans $\mathbb{K}^n$)

$$\iff \sum_{1 \leqslant k,l \leqslant n} x_k \overline{y}_k \overline{x}_l y_l \leqslant \sum_{1 \leqslant k,l \leqslant n} |x_k|^2 |y_l|^2$$
$$\iff \sum_{1 \leqslant k < l \leqslant n} \left(|x_k|^2|y_l|^2 + |x_l|^2|y_k|^2 - x_k\overline{y}_k\overline{x}_l y_l - x_l\overline{y}_l\overline{x}_k y_k\right) \geqslant 0$$
$$\iff \sum_{1 \leqslant k < l \leqslant n} |x_k y_l - x_l y_k|^2 \geqslant 0.$$

La norme $||.||_2$ est appelée la **norme euclidienne usuelle** sur $\mathbb{R}^n$ si $\mathbb{K} = \mathbb{R}$, la **norme hermitienne usuelle** sur $\mathbb{C}^n$ si $\mathbb{K} = \mathbb{C}$.

c) (i) $||\lambda x||_\infty = \underset{1\leqslant k\leqslant n}{\text{Max}} (|\lambda x_k|) = |\lambda| \underset{1\leqslant k\leqslant n}{\text{Max}} |x_k| = |\lambda|\, ||x||_\infty$

(ii) $||x||_\infty = 0 \iff \underset{1\leqslant k\leqslant n}{\text{Max}} |x_k| = 0$

$$\iff (\forall k \in \{1,\ldots,n\}, |x_k| = 0) \iff x = 0$$

(iii) $$\begin{aligned} ||x+y||_\infty &= \underset{1\leqslant k\leqslant n}{\text{Max}} |x_k + y_k| \\ &\leqslant \underset{1\leqslant k\leqslant n}{\text{Max}} (|x_k| + |y_k|) \leqslant \underset{1\leqslant k\leqslant n}{\text{Max}} |x_k| + \underset{1\leqslant k\leqslant n}{\text{Max}} |y_k| \\ &= ||x||_\infty + ||y||_\infty. \end{aligned}$$

2) Pour tout n de $\mathbb{N}^*$ et tout p de $[1; +\infty[$, l'application :

$$\begin{aligned} ||.||_p : \quad & \mathbb{K}^n \longrightarrow \mathbb{R} \\ & x = (x_1,\ldots,x_n) \longmapsto \left(\sum_{k=1}^{n} |x_k|^p\right)^{\frac{1}{p}} \end{aligned}$$

est une norme sur $\mathbb{K}^n$, appelée **norme de Hölder** (cf. exercice 1.1.8 p. 11).

Les normes $||.||_1$ et $||.||_2$ de l'exemple *1)* sont des cas particuliers de $||.||_p, p = 1, p = 2$.

Pour tout $x = (x_1,\ldots,x_n)$ de $\mathbb{K}^n$, on a $||x||_p \underset{p\infty}{\longrightarrow} \underset{1\leqslant k\leqslant n}{\text{Max}} |x_k|$ (cf. exercice 1.1.8 *d)* p. 11), ce qui justifie la notation $||.||_\infty$.

3) Soit X un ensemble non vide; l'ensemble $\text{B}(X;\mathbb{K})$ des applications bornées de X dans $\mathbb{K}$ est un $\mathbb{K}$-ev (cf. Tome 1, 4.1.8 Prop. 3 p. 96).

L'application $||.||_\infty : \text{B}(X;\mathbb{K}) \longrightarrow \mathbb{R}$ est une norme sur $\text{B}(X;\mathbb{K})$.
$f \longmapsto \underset{x\in X}{\text{Sup}} |f(x)|$

En effet, pour tous f,g de $\text{B}(X;\mathbb{K})$ et tout λ de $\mathbb{K}$:

(i) $||\lambda f||_\infty = \underset{x\in X}{\text{Sup}} |\lambda f(x)| = |\lambda| \underset{x\in X}{\text{Sup}} |f(x)| = |\lambda|\, ||f||_\infty$

(ii) $||f||_\infty = 0 \iff (\forall x \in X,\ |f(x)| = 0) \iff f = 0$

(iii) $$\begin{aligned} ||f+g||_\infty &= \underset{x\in X}{\text{Sup}} |f(x) + g(x)| \leqslant \underset{x\in X}{\text{Sup}} (|f(x)| + |g(x)|) \\ &\leqslant \underset{x\in X}{\text{Sup}} |f(x)| + \underset{x\in X}{\text{Sup}} |g(x)| = ||f||_\infty + ||g||_\infty. \end{aligned}$$

La norme $||.||_\infty$ sur $\text{B}(X;\mathbb{K})$ est appelée **norme de la convergence uniforme** car (cf. Tome 4, 4.1.1 p. 4) une suite $(f_n)_n$ converge uniformément vers f sur X si et seulement si :

$$\begin{cases} \text{Il existe } N \in \mathbb{N} \text{ tel que, pour tout } n \geqslant N,\ f_n - f \in \text{B}(X;\mathbb{K}) \\ ||f_n - f||_\infty \underset{n\infty}{\longrightarrow} 0. \end{cases}$$

4) Soient $(a,b) \in \mathbb{R}^2$, tel que $a < b$, et $E = C([a;b],\mathbb{K})$ le $\mathbb{K}$-ev des applications continues de $[a;b]$ dans $\mathbb{K}$. Considérons, pour toute f de E, les réels $||f||_1$, $||f||_2$ définis par :

$$||f||_1 = \int_a^b |f|, \quad ||f||_2 = \left(\int_a^b |f|^2\right)^{\frac{1}{2}}.$$

Vérifions que les applications $||.||_1, ||.||_2 : C([a;b],\mathbb{K}) \longrightarrow \mathbb{R}$ ainsi définies sont des normes. On a, pour tous f,g de $C([a;b],\mathbb{K})$ et tout λ de $\mathbb{K}$:

a) (i) $||\lambda f||_1 = \int_a^b |\lambda f| = |\lambda| \int_a^b |f| = |\lambda|\,||f||_1$

(ii) $||f||_1 = 0 \Longleftrightarrow \int_a^b |f| = 0 \Longleftrightarrow f = 0,$

car f est continue (cf. Tome 1, 6.2.5 Cor. 4 p. 176)

(iii) $$||f+g||_1 = \int_a^b |f+g| \leqslant \int_a^b (|f|+|g|) = \int_a^b |f| + \int_a^b |g| = ||f||_1 + ||g||_1.$$

b) (i) $$||\lambda f||_2 = \left(\int_a^b |\lambda f|^2\right)^{\frac{1}{2}} = \left(|\lambda|^2 \int_a^b |f|^2\right)^{\frac{1}{2}} = |\lambda| \left(\int_a^b |f|^2\right)^{\frac{1}{2}} = |\lambda|\,||f||_2$$

(ii) $||f||_2 = 0 \Longleftrightarrow \int_a^b |f|^2 = 0 \Longleftrightarrow f = 0,$

car f est continue (cf. Tome 1, 6.2.5 Cor. 4 p. 176)

(iii) L'inégalité $||f+g||_2 \leqslant ||f||_2 + ||g||_2$ est conséquence de l'inégalité de Cauchy-Schwarz pour les intégrales :

$$\left|\int_a^b fg\right|^2 \leqslant \left(\int_a^b |f|^2\right)\left(\int_a^b |g|^2\right)$$

(cf. Tome 1, 6.2.5 Théorème p. 176).

5) Plus généralement, avec les notations de *4)*, pour tout p de $[1,+\infty[$, l'application :

$$||.||_p : C([a;b],\mathbb{K}) \longrightarrow \mathbb{R}$$
$$f \longmapsto \left(\int_a^b |f|^p\right)^{\frac{1}{p}}$$

est une norme, appelée **norme de Hölder** (cf. exercice 1.1.9 p. 11).
Pour toute f de $C([a;b],\mathbb{K})$, $||f||_p \underset{p\infty}{\longrightarrow} \underset{x\in[a;b]}{\mathrm{Sup}} |f(x)|$ (cf. exercice 1.1.9 *d)* p. 11), ce qui justifie ici la notation $||f||_\infty$.

2) *Distance associée à une norme*

◆ **Définition** Soit $(E,||.||)$ un evn; on appelle **distance associée à** $||.||$ l'application $d : E^2 \longrightarrow \mathbb{R}$ définie par : $\forall (x,y) \in E^2, \quad d(x,y) = ||x - y||$.

En particulier : $\forall x \in E,\ d(0,x) = ||x||$.

◆ **Proposition 1** Soient $(E,||.||)$ un evn et d la distance associée à $||.||$.

On a :

1) $\forall (x,y) \in E^2, \quad d(y,x) = d(x,y)$

2) $\forall (x,y) \in E^2, \quad (d(x,y) = 0 \Longleftrightarrow x = y)$

3) $\forall (x,y,z) \in E^3, \quad d(x,z) \leqslant d(x,y) + d(y,z)$

4) $\forall (x,y) \in E^2, \forall \lambda \in \mathbb{K}, \quad d(\lambda x, \lambda y) = |\lambda| d(x,y)$

5) $\forall (x,y,z) \in E^3, \quad d(x+z, y+z) = d(x,y)$.

Preuve :

1) $d(y,x) = ||y - x|| = ||-(x-y)|| = ||x-y|| = d(x,y)$

2) $d(x,y) = 0 \Longleftrightarrow ||x-y|| = 0 \Longleftrightarrow x - y = 0 \Longleftrightarrow x = y$

3) $d(x,z) = ||x-z|| = ||(x-y)+(y-z)|| \leqslant ||x-y|| + ||y-z|| = d(x,y) + d(y,z)$

4) $d(\lambda x, \lambda y) = ||\lambda x - \lambda y|| = ||\lambda(x-y)|| = |\lambda|\,||x-y|| = |\lambda| d(x,y)$

5) $d(x+z, y+z) = ||(x+z)-(y+z)|| = ||x-y|| = d(x,y)$.

Remarques :

1) Soit E un ensemble; on appelle **distance** sur E toute application $d : E^2 \longrightarrow \mathbb{R}$ satisfaisant les conditions *1), 2), 3)* précédentes. On appelle **espace métrique** tout couple (E,d) où E est un ensemble et d une distance sur E.

2) Si E est un $\mathbb{K}$-ev et $d : E^2 \longrightarrow \mathbb{R}$ une application satisfaisant les cinq conditions *1), 2), 3), 4), 5)* précédentes, alors il existe une norme et une seule $||.||$ sur E telle que :

$$\forall (x,y) \in E^2, \quad d(x,y) = ||x-y||$$

(cf. exercice 1.1.2 p. 10).

3) Les propriétés *3), 4), 5)* peuvent être interprétées graphiquement (pour la norme euclidienne usuelle dans $\mathbb{R}^2$) :

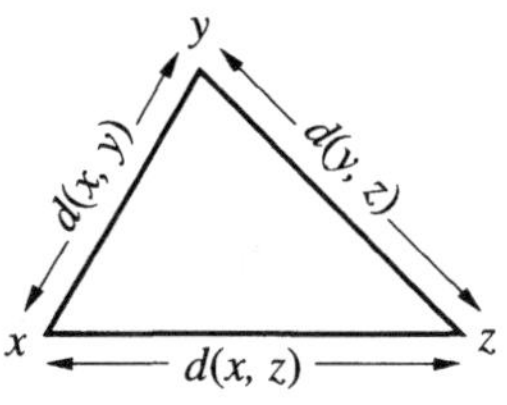

Propriété *3)* :
inégalité triangulaire

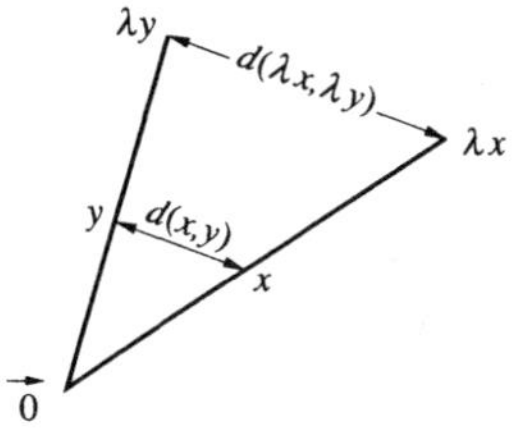

Propriété *4)* :
positive homogénéité

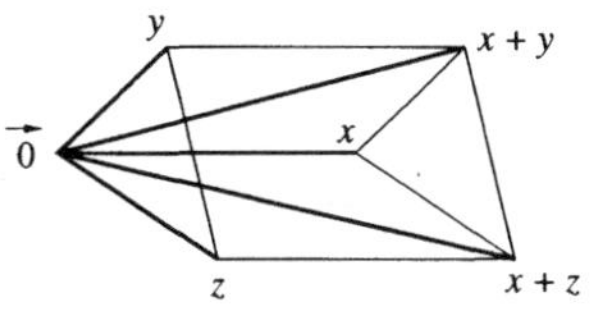

Propriété *5)* :
invariance par translation

◆ **Proposition 2** **(Inégalité triangulaire renversée)**

Soient $(E,||.||)$ un evn et d la distance associée à $||.||$. On a :

1) $\forall (x,y) \in E^2, \quad ||x-y|| \geqslant \big| ||x|| - ||y|| \big|$

2) $\forall (x,y,z) \in E^3, \quad d(x,y) \geqslant \big| d(x,z) - d(y,z) \big|.$

Preuve :

1) $||x|| = ||(x-y)+y|| \leqslant ||x-y|| + ||y||$, d'où $||x|| - ||y|| \leqslant ||x-y||$.
En échangeant x et y : $||y|| - ||x|| \leqslant ||y-x|| = ||x-y||$.
Ainsi $||x-y|| \geqslant \text{Max}(||x|| - ||y||, ||y|| - ||x||) = \Big| ||x|| - ||y|| \Big|$.

2) $d(x,y) = ||x-y|| = ||(x-z)-(y-z)|| \geqslant \Big| ||x-z|| - ||y-z|| \Big| = \Big| d(x,z) - d(y,z) \Big|$.

3) Construction de normes

a) Norme induite sur un sous-ev

Soient $(E,||.||)$ un evn, d la distance associée à $||.||$.

- Pour tout sev F de E, l'application $\begin{array}{ccc} F & \longrightarrow & \mathbb{R} \\ x & \longmapsto & ||x|| \end{array}$ est une norme sur F, appelée **norme induite** sur F par $|| \cdot ||$ (de E), et encore notée $|| \cdot ||$.

- Pour toute partie X de E, l'application $\begin{array}{ccc} X \times X & \longrightarrow & \mathbb{R} \\ (x,y) & \longmapsto & d(x,y) \end{array}$ est appelée **distance induite** sur X par d, et encore notée d.

Il est clair que, pour tout sev de E, la distance induite sur F par d est aussi la distance associée à la norme induite sur F par $|| \cdot ||$.

b) Normes sur un produit fini de $\mathbb{K}$-evn

Soient $n \in \mathbb{N}^*$, $(E_k, N_k)_{1 \leqslant k \leqslant n}$ des $\mathbb{K}$-evn, $E = \prod_{k=1}^{n} E_k$. Considérons pour tout $x = (x_1, \ldots, x_n)$ de E, les réels $\nu_1(x), \nu_2(x), \nu_\infty(x)$ définis par :

$$\nu_1(x) = \sum_{k=1}^{n} N_k(x_k), \qquad \nu_2(x) = \left(\sum_{k=1}^{n} (N_k(x_k))^2 \right)^{\frac{1}{2}}, \qquad \nu_\infty(x) = \underset{1 \leqslant k \leqslant n}{\text{Max}} N_k(x_k).$$

Les applications ν_1, ν_2, ν_∞ sont des normes sur E (preuve analogue à celle de l'exemple *1)* p. 4), appelées **normes standard** sur $\prod_{k=1}^{n} E_k$ associées à $N_1, \ldots, N_n$.

4) Algèbres normées

Rappelons qu'une **algèbre** (ou $\mathbb{K}$-algèbre) est un $\mathbb{K}$-ev A muni d'une loi interne, notée ici $\bullet$ ou par l'absence de symbole, telle que :

$$\begin{cases} \text{(i)} \quad \bullet \text{ est distributive sur } + : \\ \quad \forall (x,y,z) \in A^3, \quad \begin{cases} x(y+z) = xy + xz \\ (y+z)x = yx + zx \end{cases} \\ \text{(ii)} \quad \forall \lambda \in \mathbb{K}, \quad \forall (x,y) \in A^2, \quad (\lambda x)y = \lambda(xy) = x(\lambda y). \end{cases}$$

Si de plus $\bullet$ est commutative (resp. associative, resp. admet un neutre), on dit que A est une $\mathbb{K}$-algèbre **commutative** (resp. **associative**, resp. **unitaire**).

◆ **Définition** Soient A une $\mathbb{K}$-algèbre, N une norme sur le $\mathbb{K}$-ev A.

1) On dit que N est **compatible avec la multiplication** de A si et seulement si :

$$\exists C \in \mathbb{R}_+, \forall (x,y) \in A^2, \quad N(xy) \leqslant CN(x)N(y).$$

2) On dit que N est une **norme d'algèbre** si et seulement si :

$$\forall (x,y) \in A^2, \quad N(xy) \leqslant N(x)N(y).$$

On appelle $\mathbb{K}$-**algèbre normée** tout couple (A,N) où A est une $\mathbb{K}$-algèbre et N une norme d'algèbre sur A.

◆ **Proposition** Pour tout ensemble non vide X, $\mathrm{B}(X;\mathbb{K})$ est une algèbre normée, la troisième loi étant la multiplication.

Preuve :

On sait déjà que $\left(\mathrm{B}(X;\mathbb{K}), ||\cdot||_\infty\right)$ est un evn.

De plus, $\mathrm{B}(X,\mathbb{K})$ est une algèbre et :

$$\forall (f,g) \in \left(\mathrm{B}(X,\mathbb{K})\right)^2, \quad ||fg||_\infty \leqslant ||f||_\infty ||g||_\infty$$

(cf. Tome 1, 4.1.8 Prop. 3 p. 96). ■

Nous verrons plus loin (1.2.6 p. 54) que, si $(E, ||\cdot||)$ est un $\mathbb{K}$-evn, alors $\left(\mathcal{LC}(E), |||\cdot|||\right)$ est une $\mathbb{K}$-algèbre normée.

Exercices

◇ **1.1.1** Soient $(E,||.||)$ un $\mathbb{K}$-evn, $(x,y) \in E^2$; montrer : $||x|| + ||y|| \leqslant ||x+y|| + ||x-y||$.

◇ **1.1.2** Soient E un $\mathbb{K}$-ev, $d : E^2 \longrightarrow \mathbb{R}$ une application telle que, pour tout (x,y,z) de E^3 et tout λ de $\mathbb{K}$:

1) $d(y,x) = d(x,y)$

2) $d(x,y) = 0 \Longleftrightarrow x = y$

3) $d(x,z) \leqslant d(x,y) + d(y,z)$

4) $d(\lambda x, \lambda y) = |\lambda| d(x,y)$

5) $d(x+z, y+z) = d(x,y)$.

Montrer qu'il existe une norme unique N sur E telle que : $\forall (x,y) \in E^2, \quad d(x,y) = N(x-y)$.

◇ **1.1.3** Soient E un $\mathbb{K}$-ev, $N : E \longrightarrow \mathbb{R}$ une application telle que :

1) $\forall x \in E - \{0\}, \quad N(x) > 0$

2) $N(0) = 0$

3) $\forall (x,y) \in E^2, \forall \lambda \in \mathbb{K}, \quad N(\lambda x + y) \leqslant |\lambda| N(x) + N(y)$.

Montrer que N est une norme sur E.

◇ **1.1.4** Soient E un $\mathbb{K}$-ev, $p \in \mathbb{N}^*, N_1, \dots, N_p$ des normes sur E, $(\alpha_1, \dots, \alpha_p) \in \mathbb{R}_+^p - \{(0,\dots,0)\}, N : E \longrightarrow \mathbb{R}$ définie par :

$$\forall x \in E, \quad N(x) = \sum_{k=1}^{p} \alpha_k N_k(x).$$

Montrer que N est une norme sur E.

◇ **1.1.5** Soient $E = C([0;1],\mathbb{R})$, $p \in \mathbb{N}^*, (f_1,\dots,f_p) \in E^p$, $N : \mathbb{R}^p \longrightarrow \mathbb{R}$ l'application définie par : $\forall (x_1,\dots,x_p) \in \mathbb{R}^p, \quad N(x_1,\dots,x_p) = \displaystyle\int_0^1 \left| \sum_{k=1}^{p} x_k f_k(t) \right| \mathrm{d}t$.

Déterminer une CNS sur $(f_1,\dots,f_p)$ pour que N soit une norme sur $\mathbb{R}^p$.

◇ **1.1.6** Soient E, F deux $\mathbb{K}$-ev, $||.||_F$ une norme sur F, $f \in \mathcal{L}(E,F)$, $N : \begin{array}{l} E \longrightarrow \mathbb{R} \\ x \longmapsto ||f(x)||_F \end{array}$.

Trouver une CNS sur f pour que N soit une norme sur E.

◇ **1.1.7** Soient $(n,p) \in \mathbb{N}^{*2}$ tel que $p \leqslant n$, $A = (a_{ij})_{ij} \in \mathbf{M}_{p,n}(\mathbb{K}), (\alpha_1,\dots,\alpha_p) \in \mathbb{K}^p$,

$N : \mathbb{K}^n \longrightarrow \mathbb{K}$ définie par : $\forall (x_1,\dots,x_n) \in \mathbb{K}^n, \quad N(x_1,\dots,x_n) = \displaystyle\sum_{i=1}^{p} \left(\alpha_i \left| \sum_{j=1}^{n} a_{ij} x_j \right| \right)$

Montrer que N est une norme si et seulement si :

$$\begin{cases} n = p \\ A \in \mathbf{GL}_n(\mathbb{K}) \\ \forall i \in \{1,\dots,n\}, \ \alpha_i \in \mathbb{R}_+^*. \end{cases}$$

◇ **1.1.8*** **Normes de Hölder sur $\mathbb{K}^n$**

Soient $n \in \mathbb{N}^*$, $p \in]1;+\infty[$, $q = \dfrac{p}{p-1}$ (donc $\dfrac{1}{p} + \dfrac{1}{q} = 1$).

a) Montrer : $\forall (a,b) \in (\mathbb{R}_+)^2, \quad ab \leqslant \dfrac{1}{p}a^p + \dfrac{1}{q}b^q$.

On note $||.||_p : \mathbb{K}^n \longrightarrow \mathbb{R}$ l'application définie par :

$$\forall (x_1,\ldots,x_n) \in \mathbb{K}^n, \quad ||(x_1,\ldots,x_n)||_p = \left(\sum_{k=1}^{n} |x_k|^p\right)^{\frac{1}{p}},$$

et de même pour $||.||_q$.

*b)** Montrer, pour tout (x,y) de $(\mathbb{K}^n)^2$:

α) $\left|\displaystyle\sum_{k=1}^{n} \overline{x_k} y_k\right| \leqslant ||x||_p ||y||_q$ (analogue de l'inégalité de Cauchy-Schwarz),

où $(x_1,\ldots,x_n) = x$ et $(y_1,\ldots,y_n) = y$

β) $||x+y||_p \leqslant ||x||_p + ||y||_p$.

c) En déduire que $||.||_p$ est une norme sur $\mathbb{K}^n$, appelée **norme de Hölder**.

d) Montrer, pour tout x de $\mathbb{K}^n$: $||x||_p \underset{p\longrightarrow+\infty}{\longrightarrow} ||x||_\infty$, où $||x||_\infty = \underset{1\leqslant k\leqslant n}{\text{Max}} |x_k|$ lorsque $x = (x_1,\ldots,x_n)$.

◇ **1.1.9** **Normes de Hölder sur $C([a;b],\mathbb{K})$**

Soient $(a,b) \in \mathbb{R}^2$ tel que $a < b$, $E = C([a;b],\mathbb{K})$, $p \in]1;+\infty[$, $q = \dfrac{p}{p-1}$.

a) Montrer : $\forall (\alpha,\beta) \in (\mathbb{R}_+)^2, \quad \alpha\beta \leqslant \dfrac{1}{p}\alpha^p + \dfrac{1}{p}\beta^q$ (cf. exercice 1.1.8 *a)*).

On note $||.||_p : E \longrightarrow \mathbb{R}$ l'application définie par :

$$\forall f \in E, ||f||_p = \left(\int_a^b |f(t)|^p \,\mathrm{d}t\right)^{\frac{1}{p}},$$

et de même pour $||.||_q$.

b) Montrer, pour tout (f,g) de E^2 :

α) $\left|\displaystyle\int_a^b \overline{f} g\right| \leqslant ||f||_p ||g||_q$

β) $||f+g||_p \leqslant ||f||_p + ||g||_p$.

c) En déduire que $||.||_p$ est une norme sur E, appelée **norme de Hölder**.

*d)** Montrer, pour tout f de E : $||f|| \underset{p\longrightarrow+\infty}{\longrightarrow} ||f||_\infty$ où $||f||_\infty = \underset{t\in[a;b]}{\text{Sup}} |f(t)|$.

◇ **1.1.10** Soient $(E,||.||)$ un evn, $(a,b) \in (E - \{0\}) \times E$, $f : \begin{array}{l} \mathbb{R} \longrightarrow \mathbb{R} \\ t \longmapsto ||ta+b|| \end{array}$. Montrer que f est convexe (c'est-à-dire : $\forall (u,v) \in \mathbb{R}^2$, $\forall \lambda \in [0;1]$, $f(\lambda u + (1-\lambda)v) \leqslant \lambda f(u) + (1-\lambda) f(v)$, cf. Tome 1, 5.4.1 Déf. p. 154) et que : $\lim\limits_{\mp\infty} f = +\infty$.

1.1.2 Boules, sphères

Soient $(E, ||.||)$ un $\mathbb{K}$-evn et d la distance associée.

◆ **Définition** Soient $a \in E$, $r \in \mathbb{R}_+^*$; on définit les parties suivantes de E, appelées respectivement **boule ouverte, boule fermée,** de centre a et de rayon r :

$$B(a; r) = \{x \in E;\ d(a,x) < r\}$$

$$B'(a; r) = \{x \in E; d(a,x) \leqslant r\}.$$

On appelle aussi **sphère** de centre a et de rayon r : $S(a; r) = \{x \in E; d(a,x) = r\}$.

Remarques :

1) Si $E \neq \{0\}$, alors, pour tous a,b de E et r,s de $\mathbb{R}_+^*$, on a :

$$\left| \begin{array}{l} \quad B(a; r) = B(b; s) \\ \text{ou} \\ \quad B'(a; r) = B'(b; s) \\ \text{ou} \\ \quad S(a; r) = S(b; s) \end{array} \right| \iff \begin{cases} a = b \\ r = s \end{cases}$$

cf. exercice 1.1.11 *5)* p. 13.

Ainsi, une boule ouverte (resp. boule fermée, resp. sphère) de E n'a qu'un «centre » et qu'un «rayon ».

2) Si (E,d) est un espace métrique (cf. 1.1.1 Remarque *1)* p. 7), on définit comme ci-dessus les ensembles $B(a; r), B'(a; r), S(a; r)$, mais on peut avoir $B(a; r) = B(b; s)$ avec $a \neq b$ ou $r \neq s$.

Par exemple, $d : \begin{array}{ccl} \mathbb{N}^2 & \longrightarrow & \mathbb{R} \\ (x,y) & \longmapsto & \begin{cases} 1 \text{ si } x \neq y \\ 0 \text{ si } x = y \end{cases} \end{array}$ est une distance sur $\mathbb{N}$ et, pour tout (a,b) de $\mathbb{N}^2$ et tout (r,s) de $]1; +\infty[^2$: $B(a; r) = B(b; s) = \mathbb{N}$.

On peut noter $B_E(a; r)$ au lieu de $B(a; r)$ pour éviter des confusions, si plusieurs evn interviennent.

EXEMPLES :

Dans $\mathbb{R}^2$, on peut représenter graphiquement les boules fermées de centre O et de rayon 1 pour les trois normes usuelles :

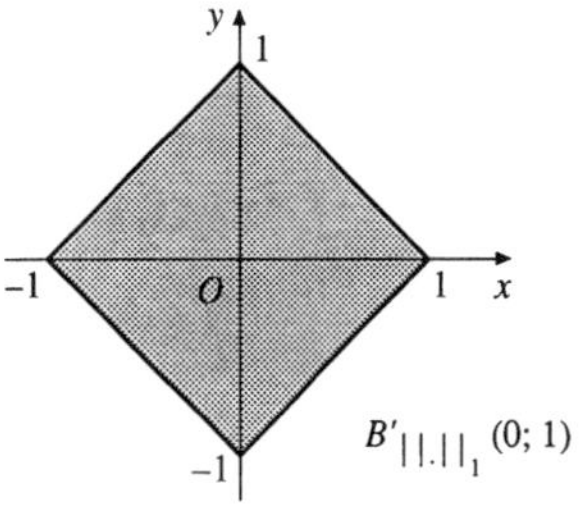

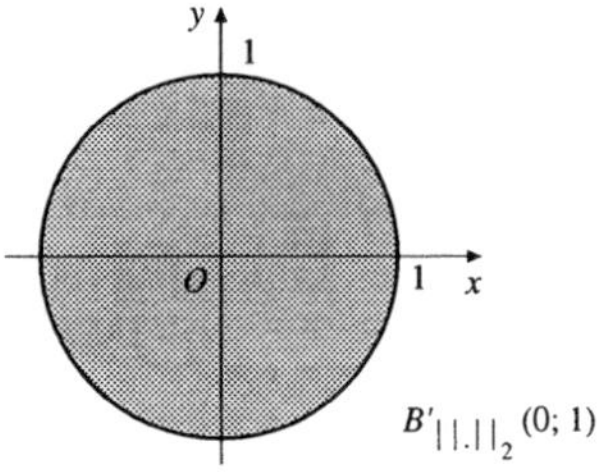

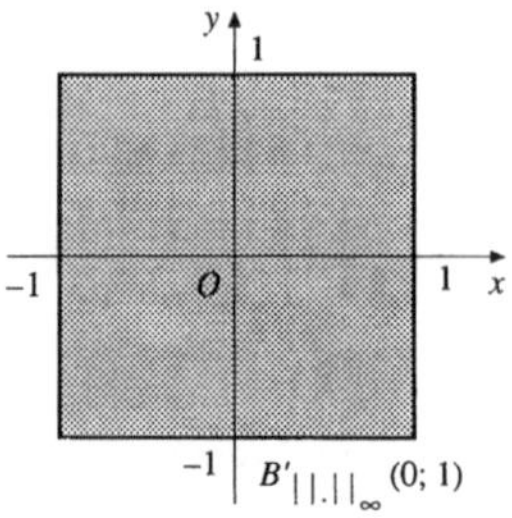

Exercices

◇ **1.1.11** Soient $(E, ||\ ||)$ un evn, $(a,b) \in E^2$, $(r,s) \in (\mathbb{R}_+^*)^2$, $\lambda \in \mathbb{K} - \{0\}$. Montrer :

1) $B'(a;r) + B'(b;s) = B'(a+b; r+s)$

2) $\lambda B'(a;r) = B'(\lambda a; |\lambda| r)$

3) $B'(a;r) \cap B'(b;s) \neq \varnothing \iff ||a-b|| \leqslant r+s$

4) $B'(a;r) \subset B'(b;s) \iff ||a-b|| \leqslant s-r$

5) $B'(a;r) = B'(b;s) \iff \begin{cases} a = b \\ r = s \end{cases}$

(on supposera $E \neq \{0\}$ pour *4)* et pour *5)*).

◇ **1.1.12** Soient E un $\mathbb{K}$-ev, N_1, N_2 deux normes sur E, $a \in E$, $r \in \mathbb{R}_+^*$; on suppose $B'_{N_1}(a;r) = B'_{N_2}(a;r)$. Montrer $N_1 = N_2$.

◇ **1.1.13** Montrer que, dans tout evn, toute boule ouverte (resp. fermée) est convexe.

1.1.3 Parties bornées d'un evn

Soient $(E, ||.||)$ un $\mathbb{K}$-evn, d la distance associée à $||.||$.

◆ **Définition 1** Une partie A de E est dite **bornée** si et seulement si :

$$\exists M \in \mathbb{R}_+, \forall (x,y) \in A^2, \quad d(x,y) \leqslant M.$$

◆ **Proposition 1** Une partie A de E est bornée si et seulement si :

$$\exists C \in \mathbb{R}_+, \forall x \in A, \quad ||x|| \leqslant C.$$

Preuve :

1) Supposons A bornée; il existe $M \in \mathbb{R}_+$ tel que : $\forall (x,y) \in A^2, \quad d(x,y) \leqslant M$.

Si $A \neq \varnothing$, il existe $a \in A$, et on a, pour tout x de A : $||x|| \leqslant ||x-a|| + ||a|| \leqslant M + ||a||$.

2) Réciproquement, supposons qu'il existe $C \in R_+$ tel que : $\forall x \in A, ||x|| \leqslant C$.
On a alors :

$$\forall (x,y) \in A^2, \quad d(x,y) = ||x-y|| \leqslant ||x|| + ||y|| \leqslant 2C.$$

Remarque : Une partie A de E est bornée si et seulement s'il existe une boule fermée (ou une boule ouverte) contenant A.

◆ **Définition 2** Soient X un ensemble $f : X \longrightarrow E$ une application; on dit que f est **bornée** si et seulement si $f(X)$ est une partie bornée de E.

Ainsi, $f : X \longrightarrow E$ est bornée si et seulement s'il existe $C \in \mathbb{R}_+$ tel que :

$$\forall x \in X, \ ||f(x)|| \leqslant C.$$

◆ **Définition 3** Soit A une partie bornée et non vide de E.

On définit le **diamètre** de A, noté diam (A), par : $\operatorname{diam}(A) = \underset{(x,y)\in A^2}{\operatorname{Sup}} d(x,y)$.

On peut noter, pour toute partie A non bornée et non vide de E : diam $(A) = +\infty$. Alors, pour toute partie non vide A de E : A est bornée si et seulement si diam $(A) < +\infty$.

◆ **Proposition 2**

1) Soient $A, B \in \mathfrak{P}(E)$ telles que $A \subset B$. Si B est bornée, alors A est bornée; si, de plus, $A \neq \varnothing$, alors : diam $(A) \leqslant$ diam (B).

2) Soient $n \in \mathbb{N}^*, A_1, \dots A_n$ des parties bornées de E; $\bigcup_{i=1}^{n} A_i$ est bornée.

3) Toute partie finie de E est bornée.

Preuve :

1) Immédiat.

2) Puisque $A_1, \dots, A_n$ sont bornées, il existe $C_1, \dots, C_n \in \mathbb{R}_+$ tels que :

$$\forall i \in \{1, \dots, n\},\ \forall x \in A_i, \quad ||x|| \leqslant C_i.$$

En notant $C = \underset{1\leqslant i\leqslant n}{\operatorname{Max}} C_i$, on a alors : $\forall x \in \bigcup_{i=1}^{n} A_i$, $||x|| \leqslant C$, ce qui montre que $\bigcup_{i=1}^{n} A_i$ est bornée.

3) Se déduit de *2)* en remarquant que tout singleton est borné.

1.1.4 Voisinages

Soient $(E, ||.||)$ un $\mathbb{K}$-evn, d la distance associée à $||.||$.

◆ **Définition 1** Soient $a \in E$, $V \in \mathfrak{P}(E)$; on dit que V est un **voisinage** de a (dans E) si et seulement s'il existe $r \in \mathbb{R}_+^*$ tel que $B(a; r) \subset V$.

On note $\mathcal{V}_E(a)$ (ou $\mathcal{V}(a)$) l'ensemble des voisinages de a (dans E).

◆ **Proposition 1** Soit $a \in E$.

(i) $\forall V \in \mathcal{V}_E(a), \quad a \in V$

(ii) $\forall V \in \mathcal{V}_E(a), \forall W \in \mathfrak{P}(E), \quad (V \subset W \Longrightarrow W \in \mathcal{V}_E(a))$

(iii) $\forall n \in \mathbb{N}^*, \forall V_1, \dots, V_n \in \mathcal{V}_E(a), \quad \bigcap_{i=1}^{n} V_i \in \mathcal{V}_E(a)$.

Preuve :

(i) et (ii) : immédiat.

(iii) Puisque $V_1, \dots, V_n \in \mathcal{V}_E(a)$, il existe $r_1, \dots, r_n$ dans $\mathbb{R}_+^*$ tels que :

$$\forall i \in \{1, \dots, n\}, \quad B(a; r_i) \subset V_i.$$

En notant $r = \underset{1\leqslant i\leqslant n}{\operatorname{Min}} r_i$, on a $r > 0$ et $B(a; r) = \bigcap_{i=1}^{n} B(a; r_i) \subset \bigcap_{i=1}^{n} V_i$.

Remarques

1) La propriété (ii) ci-dessus montre que, pour toute famille $(V_i)_{i\in I}$ de voisinage de a, $\bigcup_{i\in I} V_i$ est un voisinage de a.

2) L'intersection d'une famille infinie de voisinages de a, peut ne pas être un voisinage de a, comme le montre l'exemple $\left(]-\frac{1}{n};\frac{1}{n}[\right)_{n\in\mathbb{N}^*}$ dans $\mathbb{R}$ usuel.

◆ **Proposition 2** Soit $(a,b) \in E^2$ tel que $a \neq b$; il existe $V \in \mathcal{V}_E(a)$ et $W \in \mathcal{V}_E(b)$ tels que $V \cap W = \varnothing$.
On dit que tout evn est **séparé**.

Preuve : il suffit de prendre $V = B(a;r), W = B(b;r)$, où $r = \frac{1}{2}d(a,b)$. ■

La même preuve établit, plus généralement, que tout espace métrique est séparé (après avoir défini convenablement la notion de voisinage dans un espace métrique).

◆ **Définition 2** (**Voisinages d'un point dans une partie**)

Soient $A \in \mathfrak{P}(E)$, $a \in A$, $V \in \mathfrak{P}(A)$. On dit que V est un **voisinage de** a **dans** A si et seulement s'il existe $V_1 \in \mathcal{V}_E(a)$ tel que $V = V_1 \cap A$.

On note $\mathcal{V}_A(a)$ l'ensemble des voisinages de a dans A.

Remarque : Soient $A \in \mathfrak{P}(E)$, $a \in A$, $V \in \mathfrak{P}(A)$; V est un voisinage de a dans A si et seulement si : $\exists r > 0$, $B(a;r) \cap A \subset V$.

1.1.5 Ouverts, fermés

Soient $(E,||.||)$ un $\mathbb{K}$-evn, d la distance associée à $||.||$.

1) Ouverts

◆ **Définition** Une partie Ω de E est dite **ouverte** (dans E) si et seulement si :

$$\forall x \in \Omega,\ \Omega \in \mathcal{V}_E(x).$$

On dit aussi que Ω est un **ouvert** (de E).

Ainsi, Ω est un ouvert de E si et seulement si Ω est voisinage (dans E) de chacun de ses points.

EXEMPLE :

Toute boule ouverte de E est un ouvert de E.

En effet, pour tout (a,r) de $E \times \mathbb{R}_+^*$, et tout x de $B(a;r)$, on a :

$$B(x; r - d(a,x)) \subset B(a;r).$$

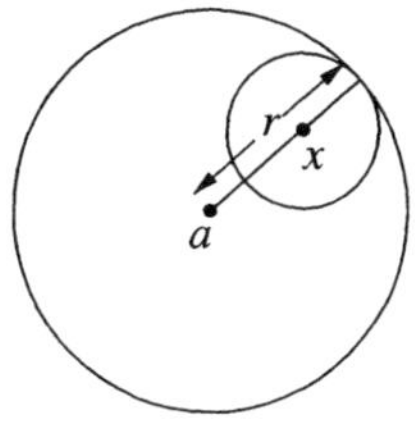

◆ **Proposition 1**

(i) $\varnothing$ et E sont des ouverts de E.

(ii) Pour tout ensemble I et toute famille $(\Omega_i)_{i\in I}$ d'ouverts de E, $\bigcup_{i\in I}\Omega_i$ est un ouvert de E

(iii) Pour tout n de $\mathbb{N}^*$ et tous ouverts $\Omega_1,\dots,\Omega_n$ de E, $\bigcap_{i=1}^{n}\Omega_i$ est un ouvert de E.

Preuve :

(i) Immédiat.

(ii) Soit $x\in\bigcup_{i\in I}\Omega_i$; il existe $i_0\in I$ tel que $x\in\Omega_{i_0}$. Puisque Ω_{i_0} est un ouvert de $E,\Omega_{i_0}\in\mathcal{V}_E(x)$; comme $\Omega_{i_0}\subset\bigcup_{i\in I}\Omega_i$, on en déduit (cf 1.1.4 Prop. 1 (ii) p. 14) : $\bigcup_{i\in I}\Omega_i\in\mathcal{V}_E(x)$. Ceci montre que $\bigcup_{i\in I}\Omega_i$ est un ouvert de E.

(iii) Soit $x\in\bigcap_{i=1}^{n}\Omega_i$; pour tout i de $\{1,\dots,n\}$, $\Omega_i\in\mathcal{V}_E(x)$, donc (cf 1.1.1 Prop. (iii) p. 14) : $\bigcap_{i=1}^{n}\Omega_i\in\mathcal{V}_E(x)$. Ceci prouve que $\bigcap_{i=1}^{n}\Omega_i$ est un ouvert de E.

Remarque : L'intersection d'une famille infinie d'ouverts peut ne pas être un ouvert. Par exemple, dans $\mathbb{R}$ usuel, pour tout n de $\mathbb{N}^*$, $]-\frac{1}{n};\frac{1}{n}[$ est un ouvert, mais $\bigcap_{n\in\mathbb{N}^*}]-\frac{1}{n}\frac{1}{n}[$, qui vaut $\{0\}$, n'est pas un ouvert de $\mathbb{R}$.

Plus généralement, pour tout evn $E\neq\{0\}$, tout singleton de E n'est pas ouvert dans E.

Généralisation : On appelle **espace topologique** tout couple $(X,\mathcal{O})$ où X est un ensemble et $\mathcal{O}$ un ensemble de parties de X tel que :

(i) $\varnothing\in\mathcal{O}$ et $X\in\mathcal{O}$

(ii) Pour toute famille $(\Omega_i)_{i\in I}$ d'éléments de $\mathcal{O}$, $\bigcup_{i\in I}\Omega_i\in\mathcal{O}$

(iii) Pour toute famille *finie* $(\Omega_i)_{i\in F}$ d'éléments de $\mathcal{O}$, $\bigcap_{i\in F}\Omega_i\in\mathcal{O}$.

Si $(X,\mathcal{O})$ est un espace topologique, $\mathcal{O}$ est appelé la **topologie** de $(X,\mathcal{O})$, et les éléments de $\mathcal{O}$ sont appelés les **ouverts** de $(X,\mathcal{O})$.

Si $(E,||.||)$ est un $\mathbb{K}$-evn, en notant d la distance associée à $||.||$, on a vu (cf. 1.1.1 *2)* Prop. 1 p. 7) que (E,d) est un espace métrique; en notant $\mathcal{O}$ l'ensemble des ouverts de E (selon la définition p. 15), $(E,\mathcal{O})$ est alors un espace topologique.

Il existe des espaces topologiques $(X,\mathcal{O})$ non métrisables, c'est-à-dire tels qu'il n'existe aucune distance d sur X telle que $\mathcal{O}$ soit l'ensemble des ouverts de (X,d); par exemple :

$$X=\{0,1\},\ \mathcal{O}=\{\varnothing,\{0,1\}\}.$$

◆ **Proposition 2** Soient $n \in \mathbb{N}^*, (E_k, N_k)_{1 \leqslant k \leqslant n}$ des $\mathbb{K}$-evn, $E = \prod_{k=1}^{n} E_k$, ν la norme définie sur E par :

$$\forall\, (x_1, \ldots, x_n) \in E, \quad \nu(x_1, \ldots, x_n) = \underset{1 \leqslant k \leqslant n}{\mathrm{Max}}\, N_k(x_k)$$

(cf. 1.1.1. *3) b)* p. 8).

Soit, pour chaque k de $\{1, \ldots, n\}, \Omega_k$ un ouvert de E_k. Alors $\prod_{k=1}^{n} \Omega_k$ est un ouvert de E.

Preuve :

Soit $x = (x_1, \ldots, x_n) \in \prod_{k=1}^{n} \Omega_k$. Pour chaque k de $\{1, \ldots, n\}, x_k \in \Omega_k$ et Ω_k est un ouvert de E_k, il existe donc $r_k \in \mathbb{R}_+^*$ tel que $B_{E_k}(x_k; r_k) \subset \Omega_k$. En notant $r = \underset{1 \leqslant k \leqslant n}{\mathrm{Min}}\, r_k > 0$, on a :

$$B_E(x; r) = \prod_{k=1}^{n} B_{E_k}(x_k; r) \subset \prod_{k=1}^{n} B_{E_k}(x_k; r_k) \subset \prod_{k=1}^{n} \Omega_k.$$

Ainsi, $\prod_{k=1}^{n} \Omega_k$ est un voisinage de chacun de ses points, donc est ouvert.

Remarque : Avec les notations de la proposition précédente, il peut exister des ouverts de E qui ne soient pas de la forme $\prod_{k=1}^{n} \Omega_k$. Par exemple, $\Omega =]-1; 0[^2 \cup]0; 1[^2$ est un ouvert de $\mathbb{R}^2$ et il n'existe pas de couple (Ω_1, Ω_2) de parties de $\mathbb{R}$ tel que $\Omega = \Omega_1 \times \Omega_2$.

2) Fermés

◆ **Définition** Une partie F de E est dite **fermée** (dans E) si et seulement si $\complement_E(F)$ est une partie ouverte de E.

On dit aussi que F est un **fermé** (de E).

Exemple : Toute boule fermée de E est un fermé de E.

En effet, pour tout (a, r) de $E \times \mathbb{R}_+^*$ et tout x de $\complement_E(B(a; r))$, on a :

$$B(x; d(a,x) - r) \subset \complement_E B(a; r).$$

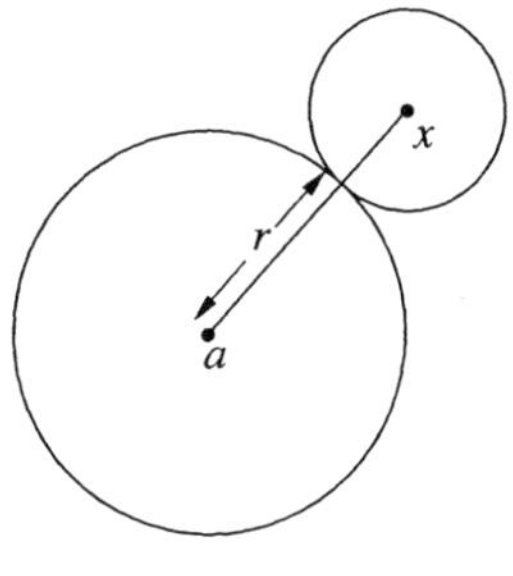

◆ **Proposition 1**

(i) $\varnothing$ et E sont des fermés de E.

(ii) Pour tout ensemble I et toute famille $(F_i)_{i\in I}$ de fermés de E, $\bigcap_{i\in I} F_i$ est un fermé de E.

(iii) Pour tout n de $\mathbb{N}^*$ et tous fermés $F_1,\dots,F_n$ de E, $\bigcup_{i=1}^{n} F_i$ est un fermé de E.

Preuve :

Il suffit de passer aux complémentaires dans la proposition analogue sur les ouverts (cf. 1.1.5 *1)* Prop. 1 p. 16) . Par exemple, schématiquement, pour la propriété (iii) :

$$(\forall i \in \{1,\dots,n\}, F_i \text{ fermé}) \iff (\forall i \in \{1,\dots,n\}, \complement_E(F_i) \text{ ouvert})$$

$$\implies \left(\bigcap_{i=1}^{n} \complement_E(F_i) \text{ ouvert}\right) \implies \left(\bigcup_{i=1}^{n} F_i = \complement_E\left(\bigcap_{i=1}^{n} \complement_E(F_i)\right) \text{ fermé}\right).$$

Remarques :

1) La réunion d'une famille infinie de fermés de E peut ne pas être un fermé de E. Par exemple, dans $\mathbb{R}$ usuel, pour tout x de $]0,1[$, $\{x\}$ est un fermé, mais $\bigcup_{x\in]0;1[} \{x\}$, qui vaut $]0;1[$, n'est pas un fermé de $\mathbb{R}$.

2) Une partie de E peut être à la fois ouverte et fermée, par exemple $\varnothing$.

3) Une partie de E peut n'être ni ouverte ni fermée, par exemple $]0;1]$ dans $\mathbb{R}$ usuel.

EXEMPLES :

1) Toute sphère est fermée, puisque : $S(a;r) = B'(a;r) \cap \complement_E(B(a;r))$.

2) Tout singleton est fermé, puisque : $\{x\} = \bigcap_{r\in\mathbb{R}_+^*} B'(x;r)$.

3) Toute partie finie est fermée, car réunion d'un nombre fini de singletons.

◆ **Proposition 2** Soient $n \in \mathbb{N}^*$, $(E_k,N_k)_{1\leqslant k\leqslant n}$ des $\mathbb{K}$-evn, $E = \prod_{k=1}^{n} E_k$, ν la norme définie sur E par :

$$\forall (x_1,\dots,x_n) \in E, \nu(x_1,\dots,x_n) = \underset{1\leqslant k\leqslant n}{\text{Max}}\, N_k(x_k)$$

(cf. 1.1.1 *3) b)* p. 8).

Soit, pour chaque k de $\{1,\dots,n\}$, F_k un fermé de E_k. Alors $\prod_{k=1}^{n} F_k$ est un fermé de E.

Preuve :

$$\complement_E\left(\prod_{k=1}^{n} F_k\right) = \bigcup_{k=1}^{n} \Omega_k, \quad \text{où}$$

$$\Omega_1 = \left(\complement_{E_1}(F_1)\right) \times E_2 \times \ldots \times E_n, \ldots, \Omega_n = E_1 \times \ldots \times E_{n-1} \times \complement_{E_n}(F_n).$$

D'après 1.1.5 *1)* Prop. 1 (ii) p. 16, chaque Ω_k est un ouvert de E, et donc $\bigcup_{k=1}^{n} \Omega_k$ aussi; finalement, $\prod_{k=1}^{n} F_k$ est un fermé de E.

Remarque :

Avec les notations de la proposition précédente, il peut exister des fermés de E qui ne soient pas de la forme $\prod_{k=1}^{n} F_k$. Par exemple, $F = \{(-1,-1),(1,1)\}$ est un fermé de $\mathbb{R}^2$ et il n'existe pas de couple (F_1, F_2) de parties de $\mathbb{R}$ tel que $F = F_1 \times F_2$.

3) Ouverts et fermés d'une partie d'un $\mathbb{K}$*-evn.*

◆ **Définition** Soit $A \in \mathfrak{P}(E)$.

(i) On appelle **ouvert de** A (ou : **ouvert relatif de** A) toute partie U de A telle qu'il existe un ouvert Ω de E tel que $U = \Omega \cap A$.

(ii) On appelle **fermé de** A (ou : **fermé relatif de** A) toute partie G de A telle qu'il existe un fermé F de E tel que $G = F \cap A$.

On dit aussi que les ouverts (resp. fermés) de A sont les **traces** sur A des ouverts (resp. fermés) de E.

Pour $a \in A$ et $r \in \mathbb{R}_+^*$, on note souvent :

$$B_A(a; r) = B_E(a; r) \cap A = \{x \in A; d(a,x) < r\};$$

définition analogue pour $B'_A(a; r), S_A(a; r)$.

Les résultats de 1.1.5 *1)* et *2)* restent valables en y remplaçant l'evn E par une partie A de E.

Remarque :

On prendra garde qu'un ouvert de A peut ne pas être un ouvert de E.

Par exemple, dans $\mathbb{R}$ usuel, $[0; 1[$ est un ouvert de $[0; 1]$ (car $[0; 1[=]-1; 1[\cap [0; 1]$), mais $[0; 1[$ n'est pas un ouvert de $\mathbb{R}$.

1.1.6 Comparaison de normes

◆ **Définition** Soient E un $\mathbb{K}$-ev, N,N' deux normes sur E. On dit que N est **équivalente à** N', et on note $N \sim N'$, si et seulement si :

$$\exists(\alpha,\beta) \in (\mathbb{R}_+^*)^2, \forall x \in E,\ \alpha N(x) \leqslant N'(x) \leqslant \beta N(x).$$

◆ **Proposition 1** La relation «est équivalente à» est une relation d'équivalence dans l'ensemble des normes sur E.

Preuve

1) Réflexivité : évidente.

2) Symétrie :

Si $N \sim N'$, il existe $(\alpha,\beta) \in (\mathbb{R}_+^*)^2$ tel que : $\forall x \in E,\quad \alpha N(x) \leqslant N'(x) \leqslant \beta N(x)$,

d'où : $\forall x \in E,\ \dfrac{1}{\beta}N'(x) \leqslant N(x) \leqslant \dfrac{1}{\alpha}N'(x)$, et donc $N \sim N'$.

3) Transitivité :

Si ($N \sim N'$ et $N' \sim N''$), il existe $(\alpha,\beta,\gamma,\delta) \in (\mathbb{R}_+^*)^4$ tel que :

$$\forall x \in E,\quad \begin{cases} \alpha N(x) \leqslant N'(x) \leqslant \beta N(x) \\ \gamma N'(x) \leqslant N''(x) \leqslant \delta N'(x) \end{cases},$$

d'où : $\forall x \in E,\quad \alpha\gamma N(x) \leqslant N''(x) \leqslant \beta\delta N(x)$, et donc $N \sim N''$.

EXEMPLE :

Les trois normes usuelles sur $\mathbb{K}^n$ (cf. 1.1.1 p. 4) sont équivalentes car, pour tout $x = (x_1,\dots,x_n)$ de $\mathbb{K}^n$:

$$\begin{cases} \underset{1\leqslant k\leqslant n}{\operatorname{Max}} |x_k| \leqslant \displaystyle\sum_{k=1}^{n} |x_k| \leqslant n \underset{1\leqslant k\leqslant n}{\operatorname{Max}} |x_k| \\ \underset{1\leqslant k\leqslant n}{\operatorname{Max}} |x_k| \leqslant \left(\displaystyle\sum_{k=1}^{n} |x_k|^2\right)^{\frac{1}{2}} \leqslant \sqrt{n} \underset{1\leqslant k\leqslant n}{\operatorname{Max}} |x_k|. \end{cases}$$

■

Remarque :

Si $E \neq \{0\}$, deux normes N,N' sur E sont équivalentes si et seulement si $\dfrac{N(x)}{N'(x)}$ et $\dfrac{N'(x)}{N(x)}$ sont bornés lorsque x décrit $E - \{0\}$. Par contraposition, on en déduit que, s'il existe une suite $(x_n)_{n\in\mathbb{N}}$ d'éléments de $E - \{0\}$ telle que $\dfrac{N'(x_n)}{N(x_n)} \underset{n\infty}{\longrightarrow} 0$ ou $\dfrac{N'(x_n)}{N(x_n)} \underset{n\infty}{\longrightarrow} +\infty$, alors N et N' ne sont pas équivalentes.

EXEMPLE : Les normes $||.||_1$ et $||.||_\infty$ sur $E = C([0;\,1],\mathbb{R})$ (cf. 1.1.1 pp. 5, 6) ne sont pas équivalentes car, en notant, pour tout n de $\mathbb{N}^*$,

$$f_n : [0;\,1] \longrightarrow \mathbb{R}, \quad x \longmapsto \begin{cases} n(1-nx) & \text{si } x \in [0;\frac{1}{n}] \\ 0 & \text{si } x \in]\frac{1}{n};1] \end{cases}$$

on a $\dfrac{||f_n||_\infty}{||f_n||_1} = 2n \underset{n\infty}{\longrightarrow} +\infty$. ■

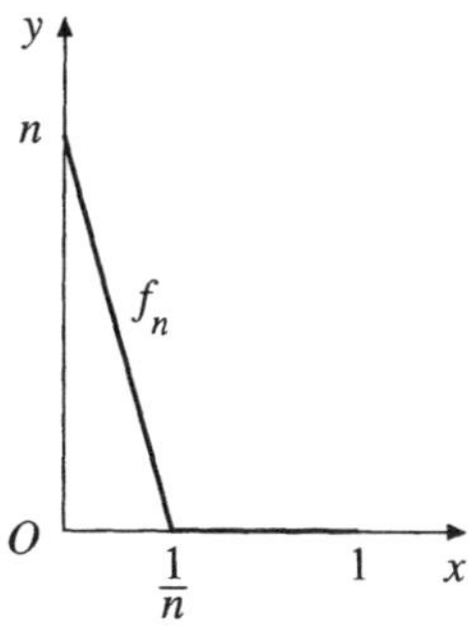

◆ **Proposition 2** Soient E un $\mathbb{K}$-evn, N, N' deux normes sur E. Les deux propriétés suivantes sont équivalentes :

(i) $\exists \alpha \in \mathbb{R}_+^*, \forall x \in E, \quad N'(x) \leqslant \alpha N(x)$

(ii) Toute suite $(x_n)_n$ convergeant vers 0 dans (E,N) converge aussi vers 0 dans (E,N').

Preuve :

(i) $\Longrightarrow$ (ii) :

Supposons qu'il existe $\alpha \in \mathbb{R}_+^*$ tel que : $\forall x \in E, N'(x) \leqslant \alpha N(x)$.

Soit $(x_n)_n$ une suite convergeant vers 0 dans (E,N), c'est-à-dire telle que $N(x_n) \underset{n\infty}{\longrightarrow} 0$.

Comme : $\forall n \in \mathbb{N}, 0 \leqslant N'(x_n) \leqslant \alpha N(x_n)$, il en résulte $N'(x_n) \underset{n\infty}{\longrightarrow} 0$, c'est-à-dire que $(x_n)_n$ converge vers 0 dans (E,N').

(ii $\Longrightarrow$ (i) :

Montrons la contre-apposée, c'est-à-dire : $\big(\text{non(i)}\big) \Longrightarrow \big(\text{non(ii)}\big)$.

Supposons : $\forall \alpha \in \mathbb{R}_+^*, \exists x \in E, N'(x) > \alpha N(x)$.

En appliquant cette hypothèse à $\alpha = n$, pour tout n de $\mathbb{N}^*$, il existe $u_n \in E$ tel que :

$$N'(u_n) > nN(u_n).$$

En particulier : $\forall n \in \mathbb{N}, u_n \neq 0$.

Notons, pour tout n de $\mathbb{N}$, $x_n = \dfrac{1}{\sqrt{n}N(u_n)}\, u_n$.

D'une part : $N(x_n) = \dfrac{1}{\sqrt{n}} \underset{n\infty}{\longrightarrow} 0$, donc $(x_n)_n$ converge vers 0 dans (E,N).

D'autre part, $N'(x_n) = \dfrac{N'(u_n)}{\sqrt{n}N(u_n)} > \sqrt{n}$, donc $(x_n)_n$ ne converge pas vers 0 dans (E,N').

■

Remarque :

Soient E un $\mathbb{K}$-ev, N, N' deux normes sur E, $\mathcal{O}$ (resp. $\mathcal{O}'$) la topologie de (E,N) (resp. (E,N')) (cf. 1.1.5 *1)* généralisation p. 16). On a :

$$N \sim N' \Longleftrightarrow \mathcal{O} = \mathcal{O}'.$$

En effet :

1) Supposons $N \sim N'$; il existe $(\alpha,\beta) \in (\mathbb{R}_+^*)^2$ tel que :

$$\forall x \in E,\ \alpha N(x) \leqslant N'(x) \leqslant \beta N(x).$$

Soient $\Omega \in \mathcal{O}, a \in \Omega$; il existe $r \in \mathbb{R}_+^*$ tel que $B_N(a; r) \subset \Omega$.

On a alors $B_{N'}(a; \alpha r) \subset B_N(a; r) \subset \Omega$. Ceci montre que Ω est voisinage de chacun de ses points dans (E, N'), donc $\Omega \in \mathcal{O}'$. Ceci prouve $\mathcal{O} \subset \mathcal{O}'$.

En échangeant les rôles de N et N' on obtient l'autre inclusion, et finalement $\mathcal{O} = \mathcal{O}'$.

2) Réciproquement, supposons $\mathcal{O} = \mathcal{O}'$.

On a : $B_N(0; 1) \in \mathcal{O} \subset \mathcal{O}'$, donc $B_N(0; 1) \in \mathcal{V}_{(E,N')}(0)$.

Il existe alors $\rho \in \mathbb{R}_+^*$ tel que $B_{N'}(0; \rho) \subset B_N(0; 1)$.

On a, pour tout x de $E - \{0\}$:

$$N'\left(\frac{\rho}{2N'(x)}x\right) = \frac{\rho}{2} < \rho \Longrightarrow \frac{\rho}{2N'(x)}\, x \in B_{N'}(0; \rho) \subset B_N(0; 1)$$

$$\Longrightarrow N\left(\frac{\rho}{2N'(x)}x\right) < 1 \Longrightarrow \frac{\rho}{2}N(x) < N'(x).$$

Ceci prouve qu'il existe $\alpha \in \mathbb{R}_+^*$ $\left(\alpha = \frac{\rho}{2}\right)$ tel que : $\forall x \in E, \quad \alpha N(x) \leqslant N'(x)$.

En échangeant les rôles de N et N', on obtient l'existence de β dans $\mathbb{R}_+^*$ tel que :

$$\forall x \in E, \quad N'(x) \leqslant \beta N(x).$$

Finalement, N et N' sont équivalentes. Voir aussi 1.2.6 Prop. 2 p. 54.

Exercices

◇ **1.1.14** Soient $(a,b) \in \mathbb{R}^2$ tel que $a < b$, $E = C([a; b], \mathbb{R})$, $||.||_1$, $||.||_2$, $||.||_\infty$ les normes sur E définies par :

$$||f||_1 = \int_a^b |f(t)|\,\mathrm{d}t, \quad ||f||_2 = \left(\int_a^b |f(t)|^2\,\mathrm{d}t\right)^{\frac{1}{2}}, \quad ||f||_\infty = \operatorname*{Sup}_{t\in[a;b]} |f(t)|$$

(cf. 1.1.1 *1)* pp. 5, 6).

a) Montrer : $\forall f \in E, \begin{cases} ||f||_1 \leqslant (b-a)^{\frac{1}{2}}||f||_2 \\ ||f||_2 \leqslant (b-a)^{\frac{1}{2}}||f||_\infty. \end{cases}$

b) Démontrer que $||.||_1$, $||.||_2$, $||.||_\infty$ sont deux à deux non équivalentes.

◇ **1.1.15** Soit E l'ensemble des applications continues de $\mathbb{R}$ dans $\mathbb{R}$ telles que les applications f et f^2 soient intégrables sur $\mathbb{R}$.

On considère les applications $||.||_1, ||.||_2 : E \longrightarrow \mathbb{R}$ définies par :

$$||f||_1 = \int_{-\infty}^{+\infty} |f(t)|\,\mathrm{d}t, \qquad ||f||_2 = \left(\int_{-\infty}^{+\infty} |f(t)|^2 dt\right)^{\frac{1}{2}}.$$

a) Montrer que $||.||_1$ et $||.||_2$ sont des normes sur E.

b) Montrer qu'il existe deux suites $(f_n)_{n\in\mathbb{N}}$, $(g_n)_{n\in\mathbb{N}}$ d'éléments de $E-\{0\}$ telles que $\dfrac{||f_n||_1}{||f_n||_2} \underset{n\infty}{\longrightarrow} 0$ et $\dfrac{||g_n||_1}{||g_n||_2} \underset{n\infty}{\longrightarrow} +\infty$. Ainsi, aucun des deux rapports $\dfrac{||.||_1}{||.||_2}$, $\dfrac{||.||_2}{||.||_1}$ n'est borné sur $E-\{0\}$. Comparer avec l'exercice 1.1.14.

◇ **1.1.16** Soit $E = C([0;1],\mathbb{R})$; pour chaque φ de E, on note $N_\varphi : E \longrightarrow \mathbb{R}$

$$f \longmapsto \int_0^1 |f\varphi|.$$

a) Déterminer une CNS sur φ pour que N_φ soit une norme.

b) Déterminer une CNS sur φ pour que N_φ et N_1 soient des normes équivalentes.

c) Pour $(\varphi,\psi) \in E^2$, déterminer une CNS sur (φ,ψ) pour que N_φ et N_ψ soient des normes équivalentes.

◇ **1.1.17** Soient $E = C^1([0;1],\mathbb{R})$, $\varphi \in E$ telle que $\displaystyle\int_0^1 \varphi \neq 0$. On note $N, N_\varphi : E \longrightarrow \mathbb{R}$ les applications définies par : $N(f) = |f(0)| + \displaystyle\int_0^1 |f'|$, $N_\varphi(f) = \left|\displaystyle\int_0^1 f\varphi\right| + \displaystyle\int_0^1 |f'|$.
Démontrer que N et N_φ sont des normes sur E et qu'elles sont équivalentes.

◇ **1.1.18** Soient E l'ensemble des applications $f : [0;1] \longrightarrow \mathbb{R}$ de classe C^1 sur $[0;1]$ et telles que $f(0) = 0$, $N_\infty, N'_\infty : E \longrightarrow \mathbb{R}$ les applications définies par :

$$N_\infty(f) = \underset{t\in[0;1]}{\mathrm{Sup}} |f(t)|, \quad N'_\infty(f) = \underset{t\in[0;1]}{\mathrm{Sup}} |f'(t)|.$$

Montrer que N_∞ et N'_∞ sont des normes sur E, mais qu'elles ne sont pas équivalentes.

◇ **1.1.19** Soient $p \in \mathbb{N}^*$, $E = C^p([0;1],\mathbb{R})$, et, pour tout k de $\{0,\ldots,p\}$, $\nu_k : E \longrightarrow \mathbb{R}$ définie par :

$$\nu_k(f) = \sum_{i=0}^{k-1} |f^{(i)}(0)| + \underset{t\in[0;1]}{\mathrm{Sup}} |f^{(k)}(t)|.$$

Vérifier que $\nu_0,\ldots,\nu_p$ sont des normes sur E et les comparer (ici $\nu_0 = ||.||_\infty$).

◇ **1.1.20** Soient $E = C([0;1],\mathbb{R})$, $||.||_1 : E \longrightarrow \mathbb{R}$, $||.|| : E \longrightarrow \mathbb{R}$

$$f \longmapsto \int_0^1 |f(t)|\,\mathrm{d}t \qquad f \longmapsto \int_0^1 \frac{|f(t)|}{\sqrt{t}}\,\mathrm{d}t$$

(on montrera que $t \longmapsto \dfrac{|f(t)|}{\sqrt{t}}$ est intégrable sur $]0;1]$).

a) Montrer que $||.||$ est une norme sur E.

b) $||.||$ et $||.||_1$ sont-elles équivalentes ?

◇ **1.1.21** A toute suite $L = (\lambda_n)_{n\in\mathbb{N}}$ de $\mathbb{C}^{\mathbb{N}}$, on associe l'application $N_L : \mathbb{C}[X] \longrightarrow \mathbb{C}$ qui à tout polynôme $P = \displaystyle\sum_{k=0}^{N} a_k X^k$ associe $N_L(P) = \displaystyle\sum_{k=0}^{N} |\lambda_k a_k|$.

a) CNS sur L pour que N_L soit une norme ?

b) Soient $L = (\lambda_n)_{n\in\mathbb{N}} \in (\mathbb{C}^*)^{\mathbb{N}}$, $M = (\mu_n)_{n\in\mathbb{N}} \in (\mathbb{C}^*)^{\mathbb{N}}$; CNS sur L, M pour que N_L et N_M soient des normes équivalentes ?

1.1.7 Intérieur, adhérence, frontière

Soient $(E, ||.||)$ un $\mathbb{K}$-evn, d la distance associée à $||.||$.

◆ **Définition 1** Soit $A \in \mathfrak{P}(E)$.

1) On appelle **intérieur** de A, et on note $\overset{\circ}{A}$, la réunion des parties ouvertes de E incluses dans A : $\overset{\circ}{A} = \bigcup_{\substack{\Omega \text{ ouvert de } E \\ \Omega \subset A}} \Omega.$

Les éléments de $\overset{\circ}{A}$ sont appelées les **points intérieurs à** A.

2) On appelle **adhérence** de A, et on note $\overline{A}$, l'intersection des parties fermées de E contenant A : $\overline{A} = \bigcap_{\substack{F \text{ fermé de } E \\ F \supset A}} F.$

Les éléments de $\overline{A}$ sont appelés les **points adhérents à** A.

3) On appelle **frontière** de A, et on note $\mathrm{Fr}(A)$ la partie de E définie par :

$$\mathrm{Fr}(A) = \complement_{\overline{A}}(\overset{\circ}{A}) = \overline{A} - \overset{\circ}{A}.$$

Les éléments de $\mathrm{Fr}(A)$ sont appelés les **points-frontière de** A.

◆ **Proposition 1** Pour toute partie A de E :

(i) *a)* $\complement_E(\overset{\circ}{A}) = \overline{\complement_E(A)}$
b) $\complement_E(\overline{A}) = \left(\complement_E(A)\right)^{\circ}$

(ii) *a)* $\overset{\circ}{A}$ est le plus grand ouvert de E (au sens de l'inclusion) inclus dans A.
b) $\overline{A}$ est le plus petit fermé de E (au sens de l'inclusion) contenant A.

(iii) *a)* A est ouverte si et seulement si $A = \overset{\circ}{A}$.
b) A est fermée si et seulement si $A = \overline{A}$.

(iv) $\mathrm{Fr}(A)$ est un fermé de E.

Preuve :

(i) *a)* $\complement_E(\overset{\circ}{A}) = \complement_E\Bigg(\bigcup_{\substack{\Omega \text{ ouvert de } E \\ \Omega \subset A}} \Omega\Bigg) = \bigcap_{\substack{\Omega \text{ ouvert de } E \\ \Omega \subset A}} \complement_E(\Omega) = \bigcap_{\substack{F \text{ fermé de } E \\ F \supset \complement_E(A)}} F = \overline{\complement_E(A)}.$

b) En appliquant *a)* à $\complement_E(A)$ au lieu de A :

$$\complement_E(\overline{A}) = \complement_E\left(\overline{\complement_E\left(\complement_E(A)\right)}\right) = \complement_E\left(\complement_E\left(\left(\complement_E(A)\right)^{\circ}\right)\right) = \left(\complement_E(A)\right)^{\circ}.$$

(ii) *a)* • $\mathring{A}$ est une réunion d'ouverts, donc est un ouvert

• $\mathring{A} \subset A$ à l'évidence

• Soit Ω_1 un ouvert de E tel que $\Omega_1 \subset A$; on a : $\Omega_1 \subset \bigcup_{\substack{\Omega \text{ ouvert de } E \\ \Omega \subset A}} \Omega = \mathring{A}$.

b) S'obtient à partir de *a)* en passant aux complémentaires.

(iii) *a)* • Si A est ouverte, alors $\bigcup_{\substack{\Omega \text{ ouvert de} A \\ \Omega \subset A}} \Omega = A$, puisque l'indexation de cette réunion prend en compte A, donc $\mathring{A} = A$.

• Réciproquement, si $A = \mathring{A}$, comme $\mathring{A}$ est un ouvert, A est alors un ouvert.

b) S'obtient à partir de *a)* en passant aux complémentaires.

(iv) $\mathrm{Fr}(A) = \overline{A} - \mathring{A} = \overline{A} \cap \complement_E(\mathring{A}) = \overline{A} \cap \overline{\complement_E(A)}$ est l'intersection de deux fermés.

◆ **Proposition 2** Soient $x \in E, A \in \mathfrak{P}(E)$. On a :

(i) $x \in \mathring{A} \iff A \in \mathcal{V}_E(x)$

(ii) $x \in \overline{A} \iff (\forall V \in \mathcal{V}_E(x), V \cap A \neq \varnothing)$.

Preuve :

(i) • Supposons $x \in \mathring{A}$; il existe donc un ouvert Ω de E tel que $\Omega \subset A$ et $x \in \Omega$.

On a alors : $\Omega \in \mathcal{V}_E(x)$ et $\Omega \subset A$, et donc $A \in \mathcal{V}_E(x)$.

• Réciproquement, supposons $A \in \mathcal{V}_E(x)$. Il existe $r \in \mathbb{R}_+^*$ tel que $B(x; r) \subset A$.

Alors $B(x; r) \subset \bigcup_{\substack{\Omega \text{ ouvert de } E \\ \Omega \subset A}} \Omega = \mathring{A}$, et donc $x \in \mathring{A}$.

(ii) $x \in \overline{A} \iff x \in \complement_E\left((\complement_E(A))^{\circ}\right) \iff \text{Non}\left(\exists V \in \mathcal{V}(x), \quad V \subset \complement_E(A)\right)$

$\iff \left(\forall V \in \mathcal{V}(x), \quad V \not\subset \complement_E(A)\right) \iff (\forall V \in \mathcal{V}(x), \quad V \cap A \neq \varnothing)$.

◆ **Proposition 3** Pour toutes parties A, B de E, on a :

(i)	$\overline{\overline{A}} = \overline{A}$	(i′)	$\mathring{\mathring{A}} = \mathring{A}$
(ii)	$A \subset B \Longrightarrow \overline{A} \subset \overline{B}$	(ii′)	$A \subset B \Longrightarrow \mathring{A} \subset \mathring{B}$
(iii)	$\overline{A \cup B} = \overline{A} \cup \overline{B}$	(iii′)	$(A \cap B)^{\circ} = \mathring{A} \cap \mathring{B}$
(iv)	$\overline{A \cap B} \subset \overline{A} \cap \overline{B}$	(iv′)	$(A \cup B)^{\circ} \supset \mathring{A} \cup \mathring{B}$.

Preuve :

(i) $\overline{A}$ est fermée car $\overline{A}$ est l'intersection d'une famille de fermés.

(ii) Supposons $A \subset B$; $\overline{B}$ est un fermé contenant B, donc contenant A. Puisque $\overline{A}$ est le plus petit fermé de E contenant A, on a donc $\overline{A} \subset \overline{B}$.

(iii) • $\begin{cases} A \subset A \cup B \\ B \subset A \cup B \end{cases} \Longrightarrow \begin{cases} \overline{A} \subset \overline{A \cup B} \\ \overline{B} \subset \overline{A \cup B} \end{cases} \Longrightarrow \overline{A} \cup \overline{B} \subset \overline{A \cup B}.$

• $\overline{A} \cup \overline{B}$ est un fermé de E contenant $A \cup B$ et $\overline{A \cup B}$ est le plus petit fermé de E contenant $A \cup B$, donc $\overline{A \cup B} \subset \overline{A} \cup \overline{B}$.

(iv) $\begin{cases} A \cap B \subset A \\ A \cap B \subset B \end{cases} \Longrightarrow \begin{cases} \overline{A \cap B} \subset \overline{A} \\ \overline{A \cap B} \subset \overline{B} \end{cases} \Longrightarrow \overline{A \cap B} \subset \overline{A} \cap \overline{B}.$

Les propriétés (i') à (iv') s'obtiennent en passant aux complémentaires dans les propriétés (i) à (iv); par exemple : $\complement_E\left((A \cap B)^{\circ}\right) = \overline{\complement_E(A \cap B)} = \overline{\complement_E(A) \cup \complement_E(B)}$

$$= \overline{\complement_E(A)} \cup \overline{\complement_E(B)} = \complement_E(\mathring{A}) \cup \complement_E(\mathring{B}) = \complement_E(\mathring{A} \cap \mathring{B}),$$

d'où $(A \cap B)^{\circ} = \mathring{A} \cap \mathring{B}$.

Remarque :

L'inclusion réciproque dans la propriété (iv) (ou (iv')) peut être fausse, comme le montre l'exemple : $E = \mathbb{R}$ usuel, $A = \mathbb{R}_-^*, B = \mathbb{R}_+^*$, $\overline{A \cap B} = \overline{\varnothing} = \varnothing$, $\overline{A} \cap \overline{B} = \mathbb{R}_- \cap \mathbb{R}_+ = \{0\}$.

◆ **Définition 2** Une partie A de E est dite **dense** dans E si et seulement si $\overline{A} = E$.

EXEMPLES :

1) Dans $\mathbb{R}$ usuel, $\mathbb{Q}$ et $\complement_{\mathbb{R}}(\mathbb{Q})$ sont denses dans $\mathbb{R}$ (cf. Tome 1, 1.2.3 *4)* et *5)* pp. 18, 19).

2) $\mathbb{Q}^2$ est dense dans $\mathbb{R}^2$.

Exercices

◇ **1.1.22** Soient E un evn, Ω un ouvert de E, $\lambda \in \mathbb{K}^*$; montrer que $\lambda\Omega$ est un ouvert de E.

◇ **1.1.23** Soient E un evn, $A \in \mathfrak{P}(E)$; montrer que $A \cup \complement_E(\overline{A})$ est dense dans E.

◇ **1.1.24** Soient E une evn, $A, B \in \mathfrak{P}(E)$; on suppose que A et B sont denses dans E et que $A \cap B = \varnothing$. Montrer : $\mathring{A} = \mathring{B} = \varnothing$.

◇ **1.1.25** Soient E un evn, $A, B \in \mathfrak{P}(E)$; on suppose A ouvert et A et B denses dans E. Démontrer que $A \cap B$ est dense dans E.

◇ **1.1.26** Donner un exemple de fermés A, B de $\mathbb{R}$ tels que $A \cup \mathring{B}$, $\mathring{A} \cup B$, $(A \cup B)^{\circ}$, $\mathring{A} \cup \mathring{B}$ soient deux à deux distincts.

◇ **1.1.27** Donner un exemple de partie A de $\mathbb{R}$ telle que les 14 parties suivantes de $\mathbb{R}$ soient deux à deux distinctes : $A, \overline{A}, \mathring{A}, \overline{\mathring{A}}, \mathring{\overline{A}}, \mathring{\overline{\mathring{A}}}, \overline{\mathring{\overline{A}}}, \complement_E(A), \complement_E(\overline{A}), \complement_E(\mathring{A}), \complement_E\left(\overline{\mathring{A}}\right), \complement_E\left(\mathring{\overline{A}}\right), \complement_E\left(\mathring{\overline{\mathring{A}}}\right), \complement_E\left(\overline{\mathring{\overline{A}}}\right)$.

◇ **1.1.28** Dans $\mathbb{R}$ usuel, on considère $A = \left\{ \dfrac{1}{x+n} + \dfrac{1}{2^n} ;\ (x,n) \in \mathbb{R}_+^* \times \mathbb{N}^* \right\}$. Calculer $\mathring{A}$ et $\overline{A}$.

◇ **1.1.29** Soit E un evn.

a) α)* Montrer, pour tous ouverts U, V de E : $\mathring{\overline{U \cap V}} = \mathring{\overline{U}} \cap \mathring{\overline{V}}$.

β) En déduire, pour tous fermés F, G de E : $\overline{(F \cup G)^{\circ}} = \overline{\mathring{F}} \cap \overline{\mathring{G}}$.

b) Déduire, pour toutes parties A, B de E : $\overset{\circ}{\overline{\overset{\circ}{\overset{\frown}{A \cap B}}}} = \overset{\circ}{\overline{\mathring{A}}} \cap \overset{\circ}{\overline{\mathring{B}}}$ et $\overline{\mathring{\overline{A \cup B}}} = \overline{\mathring{\overline{A}}} \cup \overline{\mathring{\overline{B}}}$.

◇ **1.1.30** Soient E le $\mathbb{R}$-ev des applications continues de $[0; +\infty[$ dans $\mathbb{R}$ et F la partie de E formée des applications uniformément continues de $[0; +\infty[$ dans $\mathbb{R}$.

Montrer $\mathring{F} = \varnothing$, E étant muni d'une norme quelconque.

◇ **1.1.31** Soient E un evn, A, B deux parties de E telles que $\overline{A} \cap \overline{B} = \varnothing$. Démontrer :

$$\mathrm{Fr}\,(A \cup B) = \mathrm{Fr}\,(A) \cup \mathrm{Fr}\,(B).$$

◇ **1.1.32** Soit $E = C([0; 1]; \mathbb{R})$ muni de $||.||_\infty$, $A = \{f \in E;\ \forall x \in [0; 1],\ f(x) \neq 0\}$.

Calculer $\mathring{A}$ et $\overline{A}$.

◇ **1.1.33** Soient c_0 le $\mathbb{C}$-ev des suites complexes convergeant vers 0, muni de la norme $||.||_\infty$, et A l'ensemble des suites complexes à support fini , c'est-à-dire :

$$A = \left\{ (u_n)_{n \in \mathbb{N}} \in \mathbb{C}^{\mathbb{N}};\ \exists N \in \mathbb{N}, \forall n \in \mathbb{N}, \quad (n \geqslant N \Longrightarrow u_n = 0) \right\}.$$

Déterminer $\mathring{A}, \overline{A}, \mathrm{Fr}\,(A)$.

◇ **1.1.34*** **Parties localement fermées**

Soient E un evn, $A \in \mathfrak{P}(E)$; montrer que les deux propriétés suivantes sont équivalentes :

(i) Pour tout a de A, il existe un voisinage V de a dans E tel que $V \cap A$ soit fermé dans V

(ii) Il existe un ouvert Ω de E et un fermé F de E tels que $A = \Omega \cap F$.

Lorsque A vérifie (i) ou (ii), on dit que A est une partie **localement fermée** de E.

1.1.8 Distance d'un point à une partie non vide d'un evn

Soient $(E, ||.||)$ un $\mathbb{K}$-evn, d la distance associée à $||.||$.

◆ **Définition 1** Soient $x \in E, A$ une partie non vide de E; on appelle **distance de x à A** le réel, noté $d(x, A)$, défini par :

$$d(x,A) = \operatorname*{Inf}_{a \in A} d(x,a).$$

L'ensemble $\{d(x,a); a \in A\}$ est une partie non vide de $\mathbb{R}$, minorée par 0, donc admet une borne inférieure.

Remarque : Il se peut que $d(x, A)$ ne soit pas «atteinte», c'est-à-dire qu'il n'existe pas d'élément α de A tel que $d(x, A) = d(x,\alpha)$; exemple : dans $\mathbb{R}$ usuel, $A = [0; 1[, x = 2$.

◆ **Proposition**

Soient $x \in E$ et A une partie non vide de E; on a : $d(x, A) = 0 \Longleftrightarrow x \in \overline{A}$.

Preuve :

1) Supposons $d(x, A) = 0$. Soit $V \in \mathcal{V}_E(x)$; il existe $r \in \mathbb{R}_+^*$ tel que $B(x; r) \subset V$, puis, comme $d(x, A) = 0 < r$, il existe $a \in A$ tel que $d(x,a) < r$. On a alors : $a \in B(x; r) \subset V$ et $a \in A$, donc $V \cap A \neq \varnothing$. Ceci prouve : $\forall V \in \mathcal{V}_E(x), V \cap A \neq \varnothing$,

et donc (cf. 1.1.7 Prop. 2 p. 25), $x \in \overline{A}$.

2) Réciproquement, supposons $x \in \overline{A}$. Soit $\varepsilon > 0$; on a : $B(x; \varepsilon) \cap A \neq \varnothing$ (cf. 1.1.7 Prop.2 p. 25).

Il existe donc $a \in A$ tel que $d(x,a) < \varepsilon$; d'où $d(x, A) \leqslant d(x,a) < \varepsilon$.

Ainsi : $\forall \varepsilon > 0, \quad 0 \leqslant d(x,A) < \varepsilon$, et donc : $d(x,A) = 0$.

◆ **Définition 2** Soient A, B deux parties non vides de E; on appelle **distance entre A et B** le réel, noté $d(A, B)$, défini par : $d(A, B) = \operatorname*{Inf}_{(a,b)\in A\times B} d(a,b)$.

Cette définition est licite car l'ensemble $\{d(a,b); \ (a,b) \in A \times B\}$ est une partie non vide de $\mathbb{R}$, minorée par 0, donc admet une borne inférieure.
En particulier, pour tout x de E et toute partie non vide A de E : $d(x, A) = d(\{x\}, A)$.

Remarques :

1) L'application $\begin{array}{l}(\mathfrak{P}(E) - \{\varnothing\})^2 \longrightarrow \mathbb{R} \\ (A, B) \longmapsto d(A, B)\end{array}$ peut ne pas être une distance (cf. 1.1.1 *2)* Rem. p. 7) sur l'ensemble $\mathfrak{P}(E) - \{\varnothing\}$. En effet, il se peut que : $d(A, B) = 0$ et $A \neq B$; exemple : dans $\mathbb{R}$ usuel, $A = \mathbb{R}_-$, $B = \mathbb{R}_+$. De plus, il se peut que : $d(A,C) > d(A,B) + d(B,C)$; exemple : dans $\mathbb{R}$ usuel, $A =]-\infty; -1]$, $B =]-2; 2[$, $C = [1; +\infty[$.

2) Il se peut que : $A \cap B = \varnothing$ et $d(A,B) = 0$; exemple : dans $\mathbb{R}$ usuel, $A = [-1; 0[$, $B =]0; 1]$.

Exercices

◇ **1.1.35** Soient E un evn, A, B deux parties non vides de E, $d_A : \begin{array}{ccc} E & \longrightarrow & \mathbb{R} \\ x & \longmapsto & d(x,A) \end{array}$, d_B de même.

Montrer : $d_A = d_B \iff \overline{A} = \overline{B}$.

◇ **1.1.36** Soient E un evn, A, B deux parties non vides et bornées de E. Montrer :

$$\text{diam } (A \cup B) \leqslant \text{diam } (A) + \text{diam } (B) + d(A,B).$$

◇ **1.1.37** Soient E un evn, A, B deux parties non vides de E, C, D deux parties de E telles que : $A \subset C \subset \overline{A}$ et $B \subset D \subset \overline{B}$. Montrer : $d(C,D) = d(A,B)$.

1.1.9 Suites dans un evn

Nous allons généraliser ici certains résultats relatifs aux suites numériques (cf. Tome 1, 3.1 p. 43).

Soient $(E, ||.||)$ un evn, d la distance associée à $||.||$.

Une **suite** dans E est une application de $\mathbb{N}$ dans E, souvent notée $(u_n)_{n\in\mathbb{N}}$ (ou $(u_n)_{n\geqslant 0}$, ou $(u_n)_n$) au lieu de $u : \begin{array}{c} \mathbb{N} \longrightarrow E \\ n \longmapsto u(n) \end{array}$. On appelle aussi suite dans E toute application de $\{n \in \mathbb{N};\, n \geqslant n_0\}$ dans E, où $n_0 \in \mathbb{N}$ est fixé; la plupart des notions étudiées ici ne feront intervenir les u_n qu'«à partir d'un certain rang».

1) Convergence, divergence

◆ **Définition**

1) On dit qu'une suite $(u_n)_{n\in\mathbb{N}}$ dans E **converge vers** un élément l de E si et seulement si :

$$\forall \varepsilon > 0, \exists N \in \mathbb{N}, \forall n \in \mathbb{N}, \quad (n \geqslant N \Longrightarrow d(u_n,l) \leqslant \varepsilon).$$

2) On dit qu'une suite $(u_n)_{n\in\mathbb{N}}$ dans E **converge** (dans E) si et seulement s'il existe $l \in E$ tel que $(u_n)_{n\in\mathbb{N}}$ converge vers l, c'est-à-dire :

$$\exists l \in E, \forall \varepsilon > 0, \exists N \in \mathbb{N}, \forall n \in \mathbb{N}, \quad (n \geqslant N \Longrightarrow d(u_n,l) \leqslant \varepsilon).$$

3) On dit qu'une suite $(u_n)_{n\in N}$ dans E **diverge** si et seulement si $(u_n)_{n\in\mathbb{N}}$ ne converge pas, c'est-à-dire :

$$\forall l \in E, \exists \varepsilon > 0, \forall N \in \mathbb{N}, \exists n \in \mathbb{N}, \quad \left\{ \begin{array}{c} n \geqslant N \\ d(u_n,l) > \varepsilon \end{array} \right.$$

Remarque : $(u_n)_{n\in\mathbb{N}}$ converge vers l si et seulement si la suite numérique $(d(u_n,l))_{n\in\mathbb{N}}$ converge vers 0.

◆ **Proposition 1** **(«Unicité de la limite», si elle existe)**
Si une suite $(u_n)_{n\in\mathbb{N}}$ dans E converge vers l_1 et converge vers l_2, alors $l_1 = l_2$.

Preuve :

Supposons que $(u_n)_{n\in\mathbb{N}}$ converge vers l_1 et converge vers l_2, et que $l_1 \neq l_2$.
Notons $\varepsilon = \dfrac{1}{3}d(l_1,l_2) > 0$. Il existe $N_1,N_2 \in \mathbb{N}$ tels que :

$$\begin{cases} \forall n \in \mathbb{N}, & (n \geqslant N_1 \Longrightarrow d(u_n,l_1) \leqslant \varepsilon) \\ \forall n \in \mathbb{N}, & (n \geqslant N_2 \Longrightarrow d(u_n,l_2) \leqslant \varepsilon). \end{cases}$$

En notant $N = \mathrm{Max}(N_1,N_2)$, on a : $\begin{cases} d(u_N,l_1) \leqslant \varepsilon \\ d(u_N,l_2) \leqslant \varepsilon \end{cases}$,

d'où $d(l_1,l_2) \leqslant d(l_1,u_N) + d(u_N,l_2) \leqslant \dfrac{2\varepsilon}{3} < \varepsilon = d(l_1,l_2)$, contradiction. ■

La proposition précédente montre qu'on peut utiliser un symbole fonctionnel : si $(u_n)_{n\in\mathbb{N}}$ converge vers l, on dit que l est la **limite** de $(u_n)_{n\in\mathbb{N}}$, et on note $l = \lim\limits_{n\infty} u_n$ (ou $l = \lim\limits_{n\longrightarrow+\infty} u_n$) ou $u_n \underset{n\infty}{\longrightarrow} l$ (ou $u_n \underset{n\longrightarrow+\infty}{\longrightarrow} l$).

Remarque : Si deux suites coïncident à partir d'un certain rang, alors elles sont de même nature, c'est-à-dire que la convergence de l'une entraîne la convergence de l'autre et réciproquement. Autrement dit, on ne change pas la nature d'une suite (convergence, divergence) si on modifie ses termes jusqu'à un indice fixé.

◆ **Proposition 2** **(Suites à valeurs dans un produit fini d'evn)**
Soient $N \in \mathbb{N}^*$, $E_1,\ldots,E_N$ des $\mathbb{K}$-evn, $(x_n)_{n\in\mathbb{N}}$ une suite dans $\prod\limits_{k=1}^{N} E_k$,
$l \in \prod\limits_{k=1}^{N} E_k$;
notons, pour chaque n de $\mathbb{N}$, $(x_{1,n},\ldots,x_{N,n}) = x_n$ et $(l_1,\ldots,l_N) = l$. On a alors :

$$x_n \underset{n\infty}{\longrightarrow} l \Longleftrightarrow \left(\forall k \in \{1,\ldots,N\},\ x_{k,n} \underset{n\infty}{\longrightarrow} l_k\right).$$

Preuve :

Il suffit de remarquer : $||x_n - l||_\infty = \underset{1\leqslant k\leqslant n}{\mathrm{Max}} ||x_{k,n} - l_k||$.

2) Propriétés des suites convergentes

◆ **Proposition 1**

Toute suite convergente est bornée.

Preuve :

Supposons $u_n \underset{n\infty}{\longrightarrow} l$; il existe $N \in \mathbb{N}$ tel que : $\forall n \in \mathbb{N}, \quad (n \geqslant N \Longrightarrow d(u_n,l) \leqslant 1)$.
On a donc, pour tout n de $\mathbb{N}$ tel que $n \geqslant N$:

$$||u_n|| \leqslant ||u_n - l|| + ||l|| \leqslant 1 + ||l||.$$

En notant $M = \mathrm{Max}(||u_0||,\ldots,||u_N||,\ 1 + ||l||)$, on conclut : $\forall n \in \mathbb{N},\ |u_n| \leqslant M$.

Remarque :

Il existe des suites bornées divergentes; par exemple $((-1)^n)_{n\in\mathbb{N}}$ dans $\mathbb{R}$ usuel.

◆ **Proposition 2** **(Propriétés algébriques des suites convergentes)**

Soient $(u_n)_{n\in\mathbb{N}},(v_n)_{n\in\mathbb{N}}$ deux suites dans E, $(\lambda_n)_{n\in\mathbb{N}}$ une suite dans $\mathbb{K}$, $l,l' \in E,\lambda \in \mathbb{K}$. On a :

1) $u_n \underset{n\infty}{\longrightarrow} l \Longrightarrow ||u_n|| \underset{n\infty}{\longrightarrow} ||l||$

2) $u_n \underset{n\infty}{\longrightarrow} 0 \Longleftrightarrow ||u_n|| \underset{n\infty}{\longrightarrow} 0$

3) $\left.\begin{array}{l} u_n \underset{n\infty}{\longrightarrow} l \\ v_n \underset{n\infty}{\longrightarrow} l' \end{array}\right\} \Longrightarrow u_n + v_n \underset{n\infty}{\longrightarrow} l + l'$

4) $\left.\begin{array}{l} \lambda_n \underset{n\infty}{\longrightarrow} 0 \\ (v_n)_n \text{ bornée} \end{array}\right\} \Longrightarrow \lambda_n v_n \underset{n\infty}{\longrightarrow} 0$

5) $\left.\begin{array}{l} (\lambda_n)_n \text{ bornée} \\ v_n \underset{n\infty}{\longrightarrow} 0 \end{array}\right\} \Longrightarrow \lambda_n v_n \underset{n\infty}{\longrightarrow} 0$

6) $\left.\begin{array}{l} \lambda_n \underset{n\infty}{\longrightarrow} \lambda \\ v_n \underset{n\infty}{\longrightarrow} l' \end{array}\right\} \Longrightarrow \lambda_n v_n \underset{n\infty}{\longrightarrow} \lambda l'.$

Preuve :

1) Résulte de : $\forall n \in \mathbb{N}, \quad \big|\,||u_n|| - ||l||\,\big| \leqslant ||u_n - l||.$

2) Immédiat.

3) Soit $\varepsilon > 0$; il existe $N,N' \in \mathbb{N}$ tels que :

$$\begin{cases} \forall n \in \mathbb{N}, (n \geqslant N \Longrightarrow ||u_n - l|| \leqslant \frac{\varepsilon}{2}) \\ \forall n \in \mathbb{N}, (n \geqslant N' \Longrightarrow ||v_n - l'|| \leqslant \frac{\varepsilon}{2}) \end{cases}.$$

En notant $N_0 = \text{Max}(N,N')$, on a alors :

$$\forall n \in \mathbb{N}, \quad (n \geqslant N_0 \Longrightarrow ||(u_n + v_n) - (l + l')|| \leqslant ||u_n - l|| + ||v_n - l'|| \leqslant \frac{\varepsilon}{2} + \frac{\varepsilon}{2} = \varepsilon).$$

Donc : $u_n + v_n \underset{n\infty}{\longrightarrow} l + l'$.

4) Il existe $M \in \mathbb{R}_+$ tel que : $\forall n \in \mathbb{N}, ||v_n|| \leqslant M$.

Soit $\varepsilon > 0$; il existe $N \in \mathbb{N}$ tel que : $\forall n \in \mathbb{N}, \quad \left(n \geqslant N \Longrightarrow |\lambda_n| \leqslant \dfrac{\varepsilon}{M+1}\right)$.

Alors : $\forall n \in \mathbb{N}$, $(n \geqslant N \Longrightarrow ||\lambda_n v_n|| = |\lambda_n|\,||v_n|| \leqslant \dfrac{\varepsilon}{M+1} M \leqslant \varepsilon)$, et donc $\lambda_n v_n \underset{n\infty}{\longrightarrow} 0$.

5) Preuve analogue à celle de *4)*.

6) Notons, pour tout n de $\mathbb{N}$: $\alpha_n = \lambda_n - \lambda$ et $w_n = v_n - l'$, de sorte que $\alpha_n \underset{n\infty}{\longrightarrow} 0$ et $w_n \underset{n\infty}{\longrightarrow} 0$ (cf *3)*). On a : $\forall n \in \mathbb{N}, \quad \lambda_n v_n = (\lambda + \alpha_n)(l' + w_n) = \lambda l' + \lambda w_n + \alpha_n v_n$.

D'après *5)* : $\lambda w_n \underset{n\infty}{\longrightarrow} 0$; d'après *4)* : $\alpha_n v_n \underset{n\infty}{\longrightarrow} 0$.

On déduit (cf *3)*) : $\lambda_n v_n \underset{n\infty}{\longrightarrow} \lambda l'$.

◆ **Proposition 3** **(Caractérisation de l'adhérence en termes de suites)**
Soient $x \in E, A \in \mathfrak{P}(E)$. Pour que $x \in \overline{A}$, il faut et il suffit qu'il existe une suite d'éléments de A convergeant vers x.

Preuve :

1) Supposons $x \in \overline{A}$. Pour chaque n de $\mathbb{N}^*$, $B\left(x; \dfrac{1}{n}\right) \cap A \neq \varnothing$; il existe donc une suite $(a_n)_{n \in \mathbb{N}^*}$ d'éléments de A telle que ($\forall n \in \mathbb{N}^*$, $d(x,a_n) < \dfrac{1}{n}$), donc convergeant vers x.

2) Réciproquement, supposons qu'il existe une suite $(a_n)_{n \in \mathbb{N}}$ d'éléments de A convergeant vers x, et soit $V \in \mathcal{V}_E(x)$. Il existe $r > 0$ tel que $B(x; r) \subset V$; puis il existe $N \in \mathbb{N}$ tel que :

$$\forall n \in \mathbb{N}, (n \geqslant N \Longrightarrow d(a_n,x) \leqslant \frac{r}{2} < r).$$

En particulier : $a_{N+1} \in B(x; r) \subset V$. Ceci montre $V \cap A \neq \varnothing$.

Ainsi : $\forall V \in \mathcal{V}_E(x), V \cap A \neq \varnothing$, d'où (cf. 1.1.7 Prop. 2 (ii) p. 25) , $x \in \overline{A}$.

◆ **Corollaire** Une partie A de E est fermée si et seulement si toute suite à termes dans A et convergeant dans E converge dans A.

3) Valeurs d'adhérence d'une suite

◆ **Définition 1**

- On appelle **extractrice** toute application $\sigma : \mathbb{N} \longrightarrow \mathbb{N}$ strictement croissante.
- Etant donné une suite $(u_n)_{n\in\mathbb{N}}$ dans E, on appelle **suite extraite** de $(u_n)_{n\in\mathbb{N}}$, toute suite $\left(u_{\sigma(n)}\right)_{n\in\mathbb{N}}$ où σ est une extractrice.

Remarques

1) Pour toute extractrice σ, on a : $\forall n \in \mathbb{N}, \quad \sigma(n) \geqslant n.$

2) Si σ, τ sont des extractrices, alors $\tau \circ \sigma$ est une extractrice. Donc toute suite extraite d'une suite extraite de $(u_n)_{n\in\mathbb{N}}$ est elle-même extraite de $(u_n)_{n\in\mathbb{N}}$.

◆ **Proposition 1** Si une suite $(u_n)_{n\in\mathbb{N}}$ dans E converge vers un élément l de E, alors toute suite extraite de $(u_n)_{n\in\mathbb{N}}$ converge aussi vers l.

Preuve :

Supposons $u_n \underset{n\infty}{\longrightarrow} l$, et soit σ une extractrice.
Soit $\varepsilon > 0$. Il existe $N \in \mathbb{N}$ tel que :

$$\forall n \in \mathbb{N}, \quad (n \geqslant N \Longrightarrow d(u_n, l) \leqslant \varepsilon).$$

On a alors : $\forall n \in N, \ (n \geqslant N \Longrightarrow \sigma(n) \geqslant \sigma(N) \geqslant N \Longrightarrow d(u_{\sigma(n)}, l) \leqslant \varepsilon)$,
et donc $u_{\sigma(n)} \underset{n\infty}{\longrightarrow} l$.

Remarque : La contraposée de la Proposition 1 précédente permet de montrer que certaines suites divergent. Par exemple, dans $\mathbb{R}$ usuel $((-1)^n)_{n\in\mathbb{N}}$, diverge, puisque les suites extraites formées des termes d'indices pairs et d'indices impairs convergent vers des limites différentes, 1 et -1. ■

La Proposition suivante est, en pratique, souvent utile.

◆ **Proposition 2** Soient $(u_n)_{n\in\mathbb{N}}$ une suite dans E, $l \in E$.
Pour que $(u_n)_{n\in\mathbb{N}}$ converge vers l, il faut et il suffit que $(u_{2n})_{n\in\mathbb{N}}$ et $(u_{2n+1})_{n\in\mathbb{N}}$ convergent toutes deux vers l.

Preuve :

- Un sens résulte de la Prop. 1.
- Réciproquement, supposons $u_{2n} \underset{n\infty}{\longrightarrow} l$ et $u_{2n+1} \underset{n\infty}{\longrightarrow} l$.

Soit $\varepsilon > 0$; il existe $N_1, N_2 \in \mathbb{N}$ tels que : $\begin{cases} \forall p \in \mathbb{N}, \quad (p \geqslant N_1 \Longrightarrow d(u_{2p}, l) \leqslant \varepsilon) \\ \forall p \in \mathbb{N}, \quad (p \geqslant N_2 \Longrightarrow d(u_{2p+1}, l) \leqslant \varepsilon) \end{cases}$.

Notons $N = \mathrm{Max}(2N_1, 2N_2 + 1)$ et soit $n \in \mathbb{N}$ tel que $n \geqslant N$. Il existe $p \in \mathbb{N}$ tel que $n = 2p$ ou $n = 2p + 1$.

Dans le premier cas $(n = 2p)$, on a $2p \geqslant 2N_1$, donc $p \geqslant N_1$, d'où $d(u_n, l) = d(u_{2p}, l) \leqslant \varepsilon$.

Dans le second cas $(n = 2p + 1)$, on a $2p + 1 \geqslant 2N_2 + 1$ donc $p \geqslant N_2$, d'où $d(u_n, l) = d(u_{2p+1}, l) \leqslant \varepsilon$.

Ceci montre : $u_n \underset{n\infty}{\longrightarrow} l$.

◆ **Définition 2**

Soient $(u_n)_{n\in\mathbb{N}}$ une suite dans E, $a \in E$.

On dit que a est **valeur d'adhérence** de $(u_n)_{n\in\mathbb{N}}$ si et seulement s'il existe une extractrice σ telle que $u_{\sigma(n)} \underset{n\infty}{\longrightarrow} a$.

Remarque :

D'après la Prop. 2, toute suite ayant au moins deux valeurs d'adhérence distinctes est divergente. ■

L'étude suivante des valeurs d'adhérence (jusqu'au bas de la p. 35 est hors programme).

◆ **Proposition 3**

Soient $(u_n)_{n\in\mathbb{N}}$ une suite dans E, $a \in E$.

Les propriétés suivantes sont deux à deux équivalentes :

(i) a est valeur d'adhérence de $(u_n)_{n\in\mathbb{N}}$

(ii) Pour tout $\varepsilon > 0$, l'ensemble $\{n \in \mathbb{N};\, d(u_n, a) \leqslant \varepsilon\}$ est infini

(iii) $\forall \varepsilon > 0, \forall N \in \mathbb{N}, \exists n \in \mathbb{N}, \quad \begin{cases} n \geqslant N \\ d(u_n, a) \leqslant \varepsilon \end{cases}.$

Preuve :

(i) $\Longrightarrow$ (ii)

Soit a une valeur d'adhérence de $(u_n)_{n\in\mathbb{N}}$. Il existe une extractrice σ telle que $u_{\sigma(n)} \underset{n\infty}{\longrightarrow} a$.

Soit $\varepsilon > 0$; il existe $N \in \mathbb{N}$ tel que :

$$\forall n \in \mathbb{N}, \quad (n \geqslant N \Longrightarrow d(u_{\sigma(n)}, a) \leqslant \varepsilon).$$

Alors $\{n \in \mathbb{N};\, d(u_n, a) \leqslant \varepsilon\}$ contient $\{\sigma(n);\, n \geqslant N\}$ qui est lui-même infini (puisque σ est injective), donc est infini.

(ii) $\Longrightarrow$ (iii)

Soient $\varepsilon > 0, N \in \mathbb{N}$. Comme $\{n \in \mathbb{N};\ n < N\}$ est fini et que $\{n \in \mathbb{N};\, d(u_n, a) \leqslant \varepsilon\}$ est infini, il existe $n \in \mathbb{N}$ tel que : $d(u_n, a) \leqslant \varepsilon$ et $n \geqslant N$.

(iii) $\Longrightarrow$ (i)

Supposons, pour tout (ε, N) de $\mathbb{R}_+^* \times \mathbb{N}$: $\exists n \in \mathbb{N}, (n \geqslant N$ et $d(u_n, a) \leqslant \varepsilon)$, propriété que nous notons $\mathcal{P}(\varepsilon, N)$.

Construisons une application $\sigma : \mathbb{N} \longrightarrow \mathbb{N}$ de la façon suivante :

- on applique $\mathcal{P}(1,0)$: il existe $n_0 \in \mathbb{N}$ tel que : $n_0 \geqslant 0$ et $d(u_{n_0},a) \leqslant 1$
- on applique $\mathcal{P}\left(\frac{1}{2},n_0+1\right)$: il existe $n_1 \in \mathbb{N}$ tel que : $n_1 \geqslant n_0+1$ et $d(u_{n_1},a) \leqslant \frac{1}{2}$

$\vdots$

- ayant défini $n_0,n_1,\ldots,n_k$, on définit n_{k+1} en appliquant $\mathcal{P}\left(\frac{1}{k+1},n_k+1\right)$:

  il existe $n_{k+1} \in \mathbb{N}$ tel que : $n_{k+1} \geqslant n_k + 1$ et $d(u_{n_{k+1}},a) \leqslant \frac{1}{k+1}$.

L'application $\sigma : \begin{array}{l}\mathbb{N} \longrightarrow \mathbb{N} \\ k \longmapsto n_k\end{array}$ est strictement croissante, et $u_{\sigma(k)} \underset{k\infty}{\longrightarrow} a$.

Ainsi, a est valeur d'adhérence de $(u_n)_{n\in\mathbb{N}}$. ■

Notons $\mathrm{VA}((u_n)_{n\in\mathbb{N}})$ l'ensemble des valeurs d'adhérence d'une suite $(u_n)_{n\in\mathbb{N}}$ dans E.

◆ **Proposition 4**

$$\mathrm{VA}((u_n)_{n\in\mathbb{N}}) = \bigcap_{n\in\mathbb{N}} \overline{\{u_p;\ p \geqslant n\}}.$$

Preuve :

1) Soient a une valeur d'adhérence de $(u_n)_{n\in\mathbb{N}}$ dans E et $n \in \mathbb{N}$; il existe une extractrice σ telle que $u_{\sigma(p)} \underset{p\infty}{\longrightarrow} a$. La suite $\left(u_{\sigma(p)}\right)_{p\geqslant n}$ est extraite de $(u_p)_{p\geqslant n}$ (car $p \geqslant n \Longrightarrow \sigma(p) \geqslant \sigma(n)$) et converge vers a, donc $a \in \overline{\{u_p;\ p \geqslant n\}}$ (cf. *2)* Prop. 3 p. 32).

Ainsi : $\forall n \in \mathbb{N},\ a \in \overline{\{u_p;\ p \geqslant n\}}$, et donc $a \in \bigcap_{n\in\mathbb{N}} \overline{\{u_p;\ p \geqslant n\}}$.

2) Réciproquement, soit $a \in \bigcap_{n\in\mathbb{N}} \overline{\{u_p;\ p \geqslant n\}}$.

Soient $\varepsilon > 0$ et $N \in \mathbb{N}$; puisque $a \in \overline{\{u_p;\ p \geqslant N\}}$, $B(a;\varepsilon) \cap \{u_p;\ p \geqslant N\} \neq \varnothing$ (cf. 1.1.7 Prop. 2 (ii) p. 25). On a donc :

$$\forall \varepsilon > 0, \quad \forall N \in \mathbb{N}, \quad \exists p \in \mathbb{N}, \quad (p \geqslant N \text{ et } d(u_p,a) < \varepsilon).$$

Ceci montre (cf 1.1.9 *3)* Prop. 3 p. 34) que a est une valeur d'adhérence de $(u_n)_{n\in\mathbb{N}}$.

◆ **Corollaire**

$\mathrm{VA}\ ((u_n)_{n\in\mathbb{N}})$ est une partie fermée de E.

Nous verrons plus loin (1.3.1 Déf. 1 p. 57) que, si $(u_n)_{n\in\mathbb{N}}$ est à valeurs dans une partie compacte de E, alors $\mathrm{VA}\ ((u_n)_{n\in\mathbb{N}}) \neq \varnothing$.

Remarque :

Le corollaire précédent montre : $\mathrm{VA}\ ((u_n)_{n\in\mathbb{N}}) \subset \overline{\{u_n;\ n \in \mathbb{N}\}}$.

L'inclusion peut être stricte; exemple : $E = \mathbb{R}$, $u_n = \frac{1}{n+1}$.

1.1.10 Supplément : points d'accumulation, points isolés

Soient $(E, ||.||)$ un $\mathbb{K}$-evn, d la distance associée à $||.||$.

◆ **Définition 1** Soient $x \in E, A \in \mathfrak{P}(E)$; on dit que x est un **point isolé de** A si et seulement s'il existe un ouvert U de E tel que $U \cap A = \{x\}$.

Si x est un point isolé de A, alors $x \in A$.

On note ici A^* l'ensemble des points isolés de A.

◆ **Définition 2** Soient $x \in E, A \in \mathfrak{P}(E)$; on dit que x est un **point d'accumulation de** A **dans** E si et seulement si :

$$\forall V \in \mathcal{V}_E(x), \quad (V \cap A) - \{x\} \neq \varnothing.$$

On note A' l'ensemble des points d'accumulation de A dans E.

◆ **Proposition** Soient $x \in E, A \in \mathfrak{P}(E)$; les propriétés suivantes sont deux à deux équivalentes :

(i) x est un point d'accumulation de A dans E

(ii) Il existe une suite d'éléments de $A - \{x\}$ convergeant vers x

(iii) Tout voisinage de x contient une infinité de points de A.

Preuve :

(i) $\Longrightarrow$ (ii)

Supposons que x soit un point d'accumulation de A dans E.

Pour tout k de $\mathbb{N}$, il existe $a_k \in B\left(x; \dfrac{1}{k+1}\right)$ tel que $a_k \neq x$.

On construit ainsi une suite $(a_n)_{n \geqslant 1}$ d'éléments de $A - \{x\}$, convergeant vers x.

(ii) $\Longrightarrow$ (iii)

Supposons qu'il existe une suite $(a_n)_{n \in \mathbb{N}}$ d'éléments de $A - \{x\}$ convergeant vers x, et soit $V \in \mathcal{V}_E(x)$. Il existe $r \in \mathbb{R}_+^*$ tel que $B(x; r) \subset V$, puis il existe $N \in \mathbb{N}$ tel que :

$$\forall n \in \mathbb{N}, \quad (n \geqslant N \Longrightarrow d(a_n, x) < r \Longrightarrow a_n \in V).$$

Si $\{a_n; n \geqslant N\}$ était fini, on pourrait extraire de $(a_n)_{n \geqslant N}$ une suite constante, donc convergeant vers l'un des a_n $(n \geqslant N)$, ce qui est impossible puisque $(a_n)_{n \geqslant N}$ converge vers x et que les a_n $(n \geqslant N)$ sont tous distincts de x.

Donc $\{a_n; n \geqslant N\}$ est infini, et inclus dans V.

(iii) $\Longrightarrow$ (i)

Supposons que tout voisinage de x dans E contienne une infinité de points de A, et soit $V \in \mathcal{V}_E(x)$. Puisque $V \cap A$ est infini, $V \cap A$ contient au moins deux points distincts, et donc $(V \cap A) - \{x\} \neq \varnothing$. ■

Remarque : $A^* \subset A, \quad \overline{A} - A \subset A', \quad A^* \cap A' = \varnothing, \quad A^* \cup A' = \overline{A}$.

1.2 Limites, continuité

1.2.1 Limites

Soient $(E,||.||_E)$, $(F,||.||_F)$ deux $\mathbb{K}$-evn, d_E (resp. d_F) la distance associée à $||.||_E$ (resp. $||.||_F$).

◆ **Définition 1** Soient $X \in \mathfrak{P}(E)$, $a \in \overline{X}$, $f : X \longrightarrow F$, $l \in F$.
On dit que f **admet** l **pour limite en** a si et seulement si :

$$\forall \varepsilon > 0, \exists \eta > 0, \forall x \in X, \quad (d_E(x,a) \leqslant \eta \Longrightarrow d_F(f(x),l) \leqslant \varepsilon),$$

ce qui revient à :

$$\forall W \in \mathcal{V}_F(l), \exists V \in \mathcal{V}_E(a), \forall x \in X \cap V, \quad f(x) \in W.$$

On généralise aisément cette définition au cas de l'infini :

• Si $f : [a; +\infty[\longrightarrow F$ (où $a \in \mathbb{R}$) et $l \in F$, on dit que f admet l pour limite en $+\infty$ si et seulement si :

$$\forall \varepsilon > 0, \exists A > 0, \forall x \in [a; +\infty[, \quad \big(x \geqslant A \Longrightarrow d_F(f(x),l) \leqslant \varepsilon\big).$$

• Si $f : E \longrightarrow F$ et $l \in F$, on dit que $f(x)$ admet l pour limite quand $||x||_E$ tend vers $+\infty$ si et seulement si :

$$\forall \varepsilon > 0, \exists A > 0, \forall x \in E, \quad \big(||x||_E \geqslant A \Longrightarrow d_F(f(x),l) \leqslant \varepsilon\big).$$

• Si $X \in \mathfrak{P}(E)$, $a \in \overline{X}$, $f : X \longrightarrow \mathbb{R}$, on dit que f admet $+\infty$ pour limite en a si et seulement si :

$$\forall A > 0, \exists \eta > 0, \forall x \in X, \quad \big(d_E(x,a) \leqslant \eta \Longrightarrow f(x) \geqslant A\big).$$

Définitions analogues pour $-\infty$. ■

◆ **Proposition 1** (**«Unicité de la limite», si elle existe**)
Si f admet l et l' pour limites en a, alors $l = l'$.

Preuve :

Raisonnons par l'absurde : supposons que f admette l et l' pour limites en a, et que $l \neq l'$. Il existe alors $W \in \mathcal{V}_F(l)$ et $W' \in \mathcal{V}_F(l')$ tels que $W \cap W' = \varnothing$. Puis il existe $V \in \mathcal{V}_E(a)$ et $V' \in \mathcal{V}_E(a)$ tels que :

$$\begin{cases} \forall x \in X \cap V, & f(x) \in W \\ \forall x \in X \cap V', & f(x) \in W' \end{cases}.$$

Comme $V \cap V' \in \mathcal{V}_E(a)$ et que $a \in \overline{X}$, il existe $x_0 \in X$ tel que $x_0 \in V \cap V'$. On a alors $f(x_0) \in W \cap W' = \varnothing$, contradiction. ■

La proposition précédente montre qu'on peut utiliser un symbole fonctionnel : si f admet l pour limite en a, on dit que l est la **limite** de f en a, et on note $l = \lim\limits_{x \to a} f(x)$, ou $l = \lim\limits_{a} f$, ou $f(x) \underset{x \to a}{\longrightarrow} l$, ou $f \underset{a}{\rightarrow} l$.

◆ **Proposition 2** Si $f : X \longrightarrow F$ admet une limite finie en a ($a \in \overline{X}$), alors f est bornée au voisinage de a, c'est-à-dire :

$$\exists V \in \mathcal{V}_E(a), \exists C \in \mathbb{R}_+, \forall x \in X \cap V, \quad ||f(x)||_F \leqslant C.$$

Preuve :

Il existe $V \in \mathcal{V}_E(a)$ tel que :

$$\forall x \in X, (x \in V \Longrightarrow d_F(f(x), l) \leqslant 1 \Longrightarrow ||f(x)||_F \leqslant ||l||_F + 1).$$

◆ **Proposition 3** **(Utilisation de suites pour traduire une limite de fonction)** Pour que $f : X \longrightarrow F$ admette l pour limite en $a(a \in \overline{X})$, il faut et il suffit que : pour toute suite $(u_n)_{n\in\mathbb{N}}$ dans X telle que $u_n \underset{n\infty}{\longrightarrow} a$, on a $f(u_n) \underset{n\infty}{\longrightarrow} l$.

Preuve :

1) Supposons que f admette l pour limite en a, et soit $(u_n)_{n\in\mathbb{N}}$ une suite dans X telle que $u_n \underset{n\infty}{\longrightarrow} a$. Soit $W \in \mathcal{V}_F(l)$; il existe $V \in \mathcal{V}_E(a)$ tel que : $\forall x \in X \cap V, f(x) \in W$.
Puis il existe $N \in \mathbb{N}$ tel que : $\forall n \in \mathbb{N}, \quad (n \geqslant N \Longrightarrow u_n \in V)$.

On a alors : $\forall n \in \mathbb{N}, \quad (n \geqslant N \Longrightarrow u_n \in X \cap V \Longrightarrow f(u_n) \in W)$,

et donc $f(u_n) \underset{n\infty}{\longrightarrow} l$.

2) Montrons la réciproque par contraposition. Supposons que f n'admette pas l pour limite en a, c'est-à-dire : $\text{Non}\big(\forall W \in \mathcal{V}_F(l), \exists V \in \mathcal{V}_E(a), \forall x \in X, \quad (x \in V \Longrightarrow f(x) \in W)\big)$.

Il existe donc $W \in \mathcal{V}_F(l)$ tel que : $\forall V \in \mathcal{V}_E(a), \exists x \in X, \quad (x \in V \text{ et } f(x) \notin W)$.

Considérons, pour tout n de $\mathbb{N}^*$, $V_n = B_E\left(a; \dfrac{1}{n}\right)$.

On a donc : $\forall n \in \mathbb{N}^*, \exists u_n \in X, \quad (u_n \in V \text{ et } f(u_n) \notin W)$.
On voit alors que la suite $(u_n)_{n\in\mathbb{N}}$ dans X ainsi construite satisfait : $u_n \underset{n\infty}{\longrightarrow} a$ et $f(u_n) \underset{n\infty}{\not\longrightarrow} l$.

◆ **Définition 2** **(Limite suivant une partie)**

Soient $X, Y \in \mathfrak{P}(E)$ celles que $Y \subset X$, $a \in \overline{Y}$, $f : X \longrightarrow F$, $l \in F$.

On dit que f **admet** l **pour limite en** a **suivant** Y si et seulement si la restriction $f|_Y$ de f à Y admet l pour limite en a.

On note alors : $f(x) \underset{\substack{x\to a \\ x\in Y}}{\longrightarrow} l$.

Un cas particulier fréquent est $Y = X - \{a\}$. Si a est un point d'accumulation de X dans E, on dit que f **admet l pour limite stricte en** a si et seulement si f admet l pour limite en a suivant $X - \{a\}$, c'est-à-dire :

$$\forall W \in \mathcal{V}_F(l),\ \exists V \in \mathcal{V}_E(x), \forall x \in X, \left(\left\{ \begin{array}{l} x \in V \\ x \neq a \end{array} \right. \Longrightarrow f(x) \in W \right).$$

On note alors $f(x) \underset{\substack{x \longrightarrow a \\ x \neq a}}{\longrightarrow} l$.

◆ **Proposition 4** **(Cas des fonctions à valeurs dans un produit d'evn)**

Soient $n \in \mathbb{N}^*$, E, $F_1, \dots, F_n$ des $\mathbb{K}$-evn, $X \in \mathfrak{P}(E)$, $a \in \overline{X}$, $f : X \to \prod_{k=1}^{n} F_k$, $l = (l_1, \dots, l_n) \in \prod_{k=1}^{n} F_k$. Pour chaque k de $\{1, \dots, n\}$, on note $f_k = \mathrm{pr}_k \circ f$, où $\mathrm{pr}_k : \begin{array}{l} F \longrightarrow F_k \\ (y_1, \dots, y_n) \longmapsto y_k \end{array}$ est la $k^{\text{ème}}$ projection.

On a : $f \underset{a}{\longrightarrow} l \iff (\forall k \in \{1, \dots, n\}, f_k \underset{a}{\longrightarrow} l_k)$.

Preuve :

$\prod_{k=1}^{n} F_k$ est ici muni de la norme ν définie par : $\nu(y_1, \dots, y_n) = \underset{1 \leqslant k \leqslant n}{\mathrm{Max}} N_k(y_k)$,

où N_k est la norme de F_k (cf. 1.1.1 *3) b)* p. 8).

On a alors, pour tout $x = (x_1, \dots, x_n)$de X et tout $\varepsilon > 0$:

$$\nu(f(x) - l) \leqslant \varepsilon \iff \big(\forall k \in \{1, \dots, n\},\quad N_k(f_k(x) - l_k) \leqslant \varepsilon\big).$$

Le résultat s'en déduit aisément.

◆ **Proposition 5** **(Théorème d'encadrement pour les fonctions à valeurs dans $\mathbb{R}$)**

Soient $X \in \mathfrak{P}(E)$, $a \in \overline{X}$, $f, g, h : X \longrightarrow \mathbb{R}$, $l \in \mathbb{R}$.

Si $\left\{ \begin{array}{l} f \text{ et } h \text{ admettent } l \text{ pour limite en } a \\ \exists V \in \mathcal{V}_E(a),\ \forall x \in X \cap V,\ f(x) \leqslant g(x) \leqslant h(x) \end{array} \right|$,

alors g admet l pour limite en a.

Preuve :

Soit $\varepsilon > 0$; il existe $V_1, V_2 \in \mathcal{V}_E(a)$ tels que : $\left\{ \begin{array}{ll} \forall x \in X \cap V_1, & |f(x) - l| \leqslant \varepsilon \\ \forall x \in X \cap V_2, & |h(x) - l| \leqslant \varepsilon \end{array} \right.$.

En notant $V_3 = V \cap V_1 \cap V_2 \in \mathcal{V}_E(a)$, on a :

$$\forall x \in X \cap V_3,\quad l - \varepsilon \leqslant f(x) \leqslant g(x) \leqslant h(x) \leqslant l + \varepsilon,$$

ce qui prouve : $g \underset{a}{\longrightarrow} l$.

◆ **Proposition 6** (**Composition des limites**)

Soient E, F, G trois evn, $X \in \mathfrak{P}(E)$, $Y \in \mathfrak{P}(F)$, $a \in \overline{X}$, $b \in \overline{Y}$, $f : X \longrightarrow F$, $g : Y \longrightarrow G$ telles que $f(X) \subset Y$, $l \in G$.

Si $\left\{\begin{array}{l} f \text{ admet } b \text{ pour limite en } a \\ g \text{ admet } l \text{ pour limite en } b \end{array}\right.$, alors $g \circ f$ admet l pour limite en a.

On a ici noté, abusivement : $g \circ f : \begin{array}{l} X \longrightarrow G \\ x \longmapsto g(f(x)) \end{array}$.

Preuve :

Soit $W \in \mathcal{V}_G(l)$. Il existe $V \in \mathcal{V}_F(b)$ tel que : $\forall y \in Y \cap V, \quad g(y) \in W$.

Puis il existe $U \in \mathcal{V}_E(a)$ tel que : $\forall x \in X \cap U, \quad f(x) \in V$.

On a alors : $\forall x \in X \cap U, \ g(f(x)) \in W$.

◆ **Proposition 7** (**Propriétés algébriques des fonctions admettant des limites**)

Soient $X \in \mathfrak{P}(E)$, $a \in \overline{X}$, $f, g : X \longrightarrow F, \lambda : X \longrightarrow \mathbb{K}$, $l, l' \in F$, $\alpha \in \mathbb{K}$.

On a :

1) $f(x) \underset{x \to a}{\longrightarrow} l \Longrightarrow ||f(x)||_F \underset{x \to a}{\longrightarrow} ||l||$

2) $f(x) \underset{x \to a}{\longrightarrow} 0 \Longrightarrow ||f(x)||_F \underset{x \to a}{\longrightarrow} 0$

3) $\left.\begin{array}{l} f \underset{a}{\longrightarrow} l \\ g \underset{a}{\longrightarrow} l' \end{array}\right\} \Longrightarrow f + g \underset{a}{\longrightarrow} l + l'$

4) $\left.\begin{array}{l} \lambda \underset{a}{\longrightarrow} 0 \\ g \text{ bornée au voisinage de } a \end{array}\right\} \Longrightarrow \lambda g \underset{a}{\longrightarrow} 0$

5) $\left.\begin{array}{l} \lambda \text{ bornée au voisinage de } a \\ g \underset{a}{\longrightarrow} 0 \end{array}\right\} \Longrightarrow \lambda g \underset{a}{\longrightarrow} 0$

6) $\left.\begin{array}{l} \lambda \underset{a}{\longrightarrow} \alpha \\ g \underset{a}{\longrightarrow} l' \end{array}\right\} \Longrightarrow \lambda g \underset{a}{\longrightarrow} \alpha l'$.

Preuve :

On peut se ramener aux propriétés algébriques des suites convergentes (1.1.9 *2)* Prop. 2 p. 31) grâce à la Prop. 3 de 1.2.1 p. 38. On peut aussi donner un preuve «directe »; par exemple, pour la propriété *4)* :

Par hypothèse, il existe $V \in \mathcal{V}_E(a)$ et $M \in \mathbb{R}_+$ tels que : $\forall x \in X \cap V, \ ||g(x)||_F \leqslant M$.

Soit $\varepsilon > 0$; il existe $V_1 \in \mathcal{V}_E(a)$ tel que : $\forall x \in X \cap V_1, \quad |\lambda(x)| \leqslant \dfrac{\varepsilon}{M+1}$.

On a alors, en notant $V_2 = V \cap V_1 \in \mathcal{V}_E(a)$:

$$\forall x \in X \cap V_2, \quad ||(\lambda g)(x)||_F = |\lambda| \, ||g(x)||_F \leqslant \frac{\varepsilon}{M+1} M \leqslant \varepsilon,$$

ce qui prouve : $\lambda g \underset{a}{\longrightarrow} 0$.

1.2.2 Continuité

Soient $(E,||.||_E),(F,||.||_F)$ deux $\mathbb{K}$-evn, d_E (resp. d_F) la distance associée à $||.||_E$ (resp. $||.||_F$).

1) Continuité en un point

◆ **Définition** Soient $X \in \mathfrak{P}(E)$, $f : X \longrightarrow F$, $a \in X$. On dit que f est **continue en** a si et seulement si :

$$\forall W \in \mathcal{V}_F(l),\ \exists V \in \mathcal{V}_E(a),\ \forall x \in X \cap V, \quad f(x) \in W,$$

ce qui revient à :

$$\forall \varepsilon > 0,\ \exists \eta > 0,\ \forall x \in X, \quad (d_E(x,a) \leqslant \eta \Longrightarrow d_F(f(x),\ f(a)) \leqslant \varepsilon).$$

On dit que f est **discontinue en** a si et seulement si f n'est pas continue en a.

Les cinq propositions suivantes sont immédiates.

◆ **Proposition 1** Soient $X \in \mathfrak{P}(E)$, $f : X \longrightarrow F$, $a \in X$. Pour que f soit continue en a, il faut et il suffit que f admette $f(a)$ pour limite en a.

◆ **Proposition 2**

Si f est continue en a, alors f est bornée au voisinage de a.

◆ **Proposition 3** **(Utilisation de suites pour traduire la continuité en un point)**

Pour que $f : X \longrightarrow F$ soit continue en a ($a \in X$), il faut et il suffit que :

pour toute suite $(u_n)_{n\in\mathbb{N}}$ dans X telle que $u_n \underset{n\infty}{\longrightarrow} a$, on a $f(u_n) \underset{n\infty}{\longrightarrow} f(a)$.

◆ **Proposition 4** **(Cas des fonctions à valeurs dans un produit d'evn)**

Soient $X \in \mathfrak{P}(E)$, $a \in X, n \in \mathbb{N}^*$, $F_1,\ldots,F_n$ des $\mathbb{K}$-evn, $f : X \longrightarrow \prod_{k=1}^{n} F_k$;

pour chaque k de $\{1,\ldots,n\}$, notons $f_k = \mathrm{pr}_k \circ f$ où pr_k est la $k^{\text{ème}}$ projection.

On a alors : (f est continue en a) $\Longleftrightarrow$ ($\forall k \in \{1,\ldots,n\}$, f_k est continue en a).

Ici, $\prod_{k=1}^{n} F_k$ est muni de la norme ν définie par $\nu(y_1,\ldots,y_n) = \underset{1\leqslant k\leqslant n}{\mathrm{Max}}\ N_k(y_k)$, où N_k est la norme sur F_k (cf. 1.1.1. *3) b)* p. 8).

◆ **Proposition 5** **(Continuité de la restriction d'une application continue)**

Soient $X \in \mathfrak{P}(E)$, $f : X \longrightarrow F$, $A \subset X$, $a \in A$. Si f est continue en a, alors $f|_A$ est continue en a.

2) Continuité sur un ensemble

◆ **Définition** Soient $X \in \mathfrak{P}(E), f : X \longrightarrow F$. On dit que f est **continue** (ou : **continue sur** X) si et seulement si f est continue en tout point de X.

On note $C(X,F)$ (ou $C^0(X,F)$) l'ensemble des applications continues de X dans F.

EXEMPLE : Les applications $\begin{array}{l} E \times E \longrightarrow E \\ (x,y) \longmapsto x+y \end{array}$ et $\begin{array}{l} \mathbb{K} \times E \longrightarrow E \\ (\lambda,x) \longmapsto \lambda x \end{array}$ sont continues.

Il est clair que, si $f : X \longrightarrow F$ est continue sur X, alors, pour toute partie A de X, $f|_A$ est continue sur A.

◆ **Proposition** Soient $X \in \mathfrak{P}(E), f : X \longrightarrow F$. Les propriétés suivantes sont deux à deux équivalentes :

(i) f est continue

(ii) L'image réciproque par f de tout ouvert de F est un ouvert de X

(iii) L'image réciproque par f de tout fermé de F est un fermé de X.

Preuve :

(i) $\Longrightarrow$ (ii)

Supposons f continue, et soit Ω un ouvert de F. Montrons que $f^{-1}(\Omega)$ est un ouvert de X en montrant que $f^{-1}(\Omega)$ est un voisinage de chacun de ses points dans X (cf. 1.1.5 *1)* Déf. p. 15).

Soit $a \in f^{-1}(\Omega)$. Puisque $f(a) \in \Omega$ et que Ω est un ouvert de F, on a : $\Omega \in \mathcal{V}_F(f(a))$.

Comme f est continue en a, il existe $V \in \mathcal{V}_E(a)$ tel que : $\forall x \in X \cap V,\ f(x) \in \Omega$, c'est-à-dire tel que : $X \cap V \subset f^{-1}(\Omega)$.

Ceci montre que $f^{-1}(\Omega)$ est un voisinage de a dans X (cf. 1.1.4 Prop. 1 (ii) p. 14).

(ii) $\Longrightarrow$ (i)

Supposons que l'image réciproque par f de tout ouvert de F soit un ouvert de X. Soient $a \in X$ et $W \in \mathcal{V}_F(f(a))$. Il existe un ouvert Ω de F tel que $f(a) \in \Omega$ et $\Omega \subset W$.

Par hypothèse, $f^{-1}(\Omega)$ est un ouvert de X, et $a \in f^{-1}(\Omega)$; donc $f^{-1}(\Omega) \in \mathcal{V}_X(a)$. Il existe donc $V \in \mathcal{V}_E(a)$ tel que $f^{-1}(\Omega) = X \cap V$. On a alors : $\forall x \in X \cap V, \quad f(x) \in \Omega \subset W$.

Ceci montre que f est continue en a. Puisque f est continue en tout a de X, f est continue.

(ii) $\Longleftrightarrow$ (iii)

Immédiat en passant aux complémentaires et en utilisant $f^{-1}(\complement_F(\Omega)) = \complement_X(f^{-1}(\Omega))$ pour toute partie Ω de F.

EXEMPLE : $\{(x,y) \in \mathbb{R}^2;\ xy < 1\}$ est un ouvert de $\mathbb{R}^2$ car c'est l'image réciproque de l'ouvert $]0; +\infty[$ de $\mathbb{R}$ par l'application continue $\begin{array}{l} \mathbb{R}^2 \longrightarrow \mathbb{R} \\ (x,y) \longmapsto xy - 1 \end{array}$.

Remarque :

L'image directe d'une partie ouverte (resp. fermée) par une application continue peut ne pas être ouverte (resp. fermée). Exemples :

1) $f : \begin{array}{l} \mathbb{R} \longrightarrow \mathbb{R} \\ x \longmapsto 0 \end{array}$ est continue, $\Omega = \mathbb{R}$ est ouverte, $f(\Omega) = \{0\}$ n'est pas ouverte

2) $f : \begin{array}{l} \mathbb{R} \longrightarrow \mathbb{R} \\ x \longmapsto \mathrm{e}^x \end{array}$ est continue, $A = \mathbb{R}$ est fermée, $f(A) = \mathbb{R}_+^*$ n'est pas fermée.

3) Opérations sur les applications continues

◆ **Proposition 1** (Composition)

Soient E, F, G, trois $\mathbb{K}$-evn, $X \in \mathfrak{P}(E), Y \in \mathfrak{P}(F), f : X \longrightarrow F, g : Y \longrightarrow G$ telles que $f(X) \subset Y$; on note $g \circ f : \begin{array}{l} X \longrightarrow G \\ x \longmapsto g(f(x)) \end{array}$.

1) Soit $a \in X$.

Si $\left\{\begin{array}{l} f \text{ est continue en } a \\ g \text{ est continue en } f(a) \end{array}\right|$, alors $g \circ f$ est continue en a.

2) Si f est continue (sur X) et si g est continue (sur Y), alors $g \circ f$ est continue (sur X).

Preuve :

1) Soit $W \in \mathcal{V}_G((g \circ f)(a))$. Puisque g est continue en $f(a)$, il existe $V \in \mathcal{V}_F(f(a))$ tel que : $g(Y \cap V) \subset W$. Ensuite, puisque f est continue en a, il existe $U \in \mathcal{V}_E(a)$ tel que $f(X \cap U) \subset V$.

On a alors : $(g \circ f)(X \cap U) \subset g(Y \cap V) \subset W$,

et donc $g \circ f$ est continue en a.

2) Appliquer *1)* en tout point de X.

◆ **Proposition 2** (Propriétés algébriques des fonctions continues)

I Soient $X \in \mathfrak{P}(E)$, $a \in X, f, g : X \longrightarrow F$, $\lambda : X \longrightarrow \mathbb{K}$. On a :

1) Si f est continue en a, alors $\begin{array}{l} X \longrightarrow \mathbb{R} \\ x \longmapsto \|f(x)\|_F \end{array}$ est continue en a

2) Si f et g sont continues en a, alors $f + g$ est continue en a

3) Si λ et f sont continues en a, alors λf est continue en a

4) Si λ est continue en a et si $\lambda(a) \neq 0$, alors $\dfrac{1}{\lambda}$ est continue en a.

II *1)* Si f est continue sur X, alors $\begin{array}{l} X \longrightarrow \mathbb{R} \\ x \longmapsto \|f(x)\|_F \end{array}$ est continue sur X

2) Si f et g sont continues sur X, alors $f + g$ est continue sur X

3) Si λ et f sont continues sur X, alors λf est continue sur X

4) Si λ est continue sur X et si $(\forall a \in X,\ \lambda(a) \neq 0)$, alors $\dfrac{1}{\lambda}$ est continue sur X.

Preuve :

Se ramener aux propriétés algébriques des fonctions admettant des limites (1.2.1 p. 40) à l'aide de (1.2.2 *1)* Prop. 1 p. 41). On peut aussi donner des preuves «directes ». ■

La Proposition suivante est immédiate.

◆ **Proposition 3**

1) Soient $n \in \mathbb{N}^*, E_1, \ldots, E_n$ des $\mathbb{K}$-evn; pour chaque k de $\{1, \ldots, n\}$, la $k^{\text{ème}}$ projection $\begin{array}{rcl}\mathrm{pr}_k : E_1 \times \ldots E_n & \longrightarrow & E_k \\ (x_1,\ldots,x_n) & \longmapsto & x_k\end{array}$ est continue.

2) Toute application polynomiale (à plusieurs indéterminées) à coefficients dans $\mathbb{K}$ est continue.

En particulier, les applications suivantes sont continues : $\begin{array}{rcl}\mathbb{K} \times \mathbf{M}_{n,p}(\mathbb{K}) & \longrightarrow & \mathbf{M}_{n,p}(\mathbb{K}), \\ (\lambda, A) & \longmapsto & \lambda A\end{array}$

$\begin{array}{rcl}(\mathbf{M}_{n,p}(\mathbb{K}))^2 & \longrightarrow & \mathbf{M}_{n,p}(\mathbb{K}), \\ (A,B) & \longmapsto & A+B\end{array}$ $\quad \begin{array}{rcl}\mathbf{M}_{n,p}(\mathbb{K}) \times \mathbf{M}_{p,q}(\mathbb{K}) & \longrightarrow & \mathbf{M}_{n,q}(\mathbb{K}), \\ (A,B) & \longmapsto & AB\end{array}$ $\quad \begin{array}{rcl}\mathbf{M}_{n,p}(\mathbb{K}) & \longrightarrow & \mathbf{M}_{p,n}(\mathbb{K}), \\ A & \longmapsto & {}^t\!A\end{array}$

$\begin{array}{rcl}\mathbf{M}_{n,p}(\mathbb{C}) & \longrightarrow & \mathbf{M}_{p,n}(\mathbb{C}) \\ A & \longmapsto & A^*\end{array}$ (où $A^* = \overline{{}^t\!A}$ est la transconjuguée de A),

$\begin{array}{rcl}\mathbf{M}_n(\mathbb{K}) & \longrightarrow & \mathbb{K}, \\ A & \longmapsto & \mathrm{tr}(A)\end{array}$ $\quad \begin{array}{rcl}\mathbf{M}_n(\mathbb{K}) & \longrightarrow & \mathbb{K}, \\ A & \longmapsto & \det(A)\end{array}$ $\quad \begin{array}{rcl}\mathbf{GL}_n(\mathbb{K}) & \longrightarrow & \mathbf{M}_n(\mathbb{K}). \\ A & \longmapsto & A^{-1}\end{array}$

◆ **Proposition 4** Soient $X \in \mathfrak{P}(E)$, $f, g : X \longrightarrow F$, A une partie de X.

$$\text{Si } \left\{\begin{array}{l} f \text{ et } g \text{ sont continues sur } X \\ A \text{ est dense dans } X \\ \forall a \in A, \quad f(a) = g(a) \end{array}\right| \text{, alors } f = g.$$

Preuve :

Notons $h = f - g$. Comme $\{0\}$ est un fermé de F et que h est continue, $h^{-1}(\{0\})$ est un fermé de X. De plus, d'après les hypothèses, $A \subset h^{-1}(\{0\})$. D'où $X = \overline{A} \subset h^{-1}(\{0\})$, donc $h = 0$, $f = g$. ■

Exercices

◇ **1.2.1** Soient E un evn, A une partie non vide de E. Pour chaque α de $\mathbb{R}_+^*$, on note $V_\alpha(A) = \{x \in E;\ \mathrm{d}(x,A) < \alpha\}$.

a) Montrer que, pour tout $\alpha > 0, V_\alpha(A)$ est un ouvert de E contenant $\overline{A}$, et $\bigcap_{\alpha>0} V_\alpha(A) = \overline{A}$.

b) Représenter graphiquement $V_\alpha(A)$ dans l'exemple :

$E = \mathbb{R}^2$ muni de $||.||_2$, $\alpha = 1$, $A = (\mathbb{R} \times \{0\}) \cup (\{0\} \times [-1;\ 1])$.

◇ **1.2.2** Soient E un evn, A, B deux parties de E telles que : $A \cap \overline{B} = \overline{A} \cap B = \varnothing$. Montrer qu'il existe deux ouverts U, V de E tels que : $A \subset U, \quad B \subset V, \quad U \cap V = \varnothing$.

◇ **1.2.3** Soient E, F, G trois evn, $A \subset E, B \subset F$, $A \neq \varnothing, B \neq \varnothing$, $f : A \longrightarrow G$, $g : B \longrightarrow G$ des applications, $\varphi : \begin{array}{l} A \times B \longrightarrow G \\ (x,y) \longmapsto f(x) + g(y) \end{array}$.

Montrer que φ est continue si et seulement si f et g sont continues.

◇ **1.2.4** Soient E, F deux evn, $f : E \longrightarrow F$ une application, $(U_i)_{i \in I}$ un recouvrement ouvert de E, c'est-à-dire une famille $(U_i)_{i \in I}$ d'ouverts de E telle que $\bigcup_{i \in I} U_i = E$. On suppose que, pour tout i de I, la restriction $f|_{U_i}$ de f à U_i est continue. Montrer que f est continue.

◇ **1.2.5** Soient E le $\mathbb{R}$-ev des applications $\mathbb{R} \longrightarrow \mathbb{R}$ continues et bornées, muni de $||.||_\infty$, $E_- = \{f \in E;\ \forall x \in \mathbb{R}_-, f(x) = 0\}$,

$E_+ = \{f \in E;\ \forall x \in \mathbb{R}_+, f(x) = 0\}$, $\qquad C = \{c\mathbf{1};\ c \in \mathbb{R}\}$ où $\mathbf{1} : \begin{array}{l} \mathbb{R} \longrightarrow \mathbb{R} \\ x \mapsto 1 \end{array}$.

Montrer que E_-, E_+, C sont des sev fermés de E et : $E = E_- \oplus E_+ \oplus C$.

◇ **1.2.6 Applications ouvertes**

Soient E, F deux evn, $X \in \mathfrak{P}(E), f : X \longrightarrow F$; on dit que f est **ouverte** si et seulement si, pour tout ouvert Ω de $X, f(\Omega)$ est un ouvert de F.

a) Soient E un evn, $a \in E$; montrer que l'application $\varphi : \begin{array}{l} E \longrightarrow \mathbb{R} \\ x \longmapsto d(a,x) \end{array}$ est ouverte si $E \neq \{0\}$.

b) Montrer que, si $f : X \longrightarrow F$ est ouverte et $\lambda \in \mathbb{K}^*$, alors λf est ouverte.

c) Soient E, F, G trois evn, $X \in \mathfrak{P}(E)$, $Y \in \mathfrak{P}(F)$, $Z \in \mathfrak{P}(G)$, $f : X \longrightarrow Y$ ouverte et surjective, $g : Y \longrightarrow Z$; on suppose $g \circ f$ continue. Montrer que g est continue.

1.2.3 Continuité uniforme

Soient $(E,||.||_E),(F,||.||_F)$ deux $\mathbb{K}$-evn, d_E (resp. d_F) la distance associée à $||.||_E$ (resp. $||.||_F$).

◆ **Définition** Soient $X \in \mathfrak{P}(E), f : X \longrightarrow F$ une application.

On dit que f est **uniformément continue** (en abrégé **uc**) si et seulement si :

$$\forall \varepsilon > 0,\ \exists \eta > 0,\ \forall (x',x'') \in X^2, \quad \big(d_E(x',x'') \leqslant \eta \Longrightarrow d_F(f(x'),f(x'')) \leqslant \varepsilon\big).$$

La proposition suivante est immédiate.

◆ **Proposition 1**

Si f est uc sur X, alors f est continue sur X.

La réciproque de cette proposition est fausse : une application f peut être continue sur X sans être uc sur X; exemple : $\begin{array}{l}\mathbb{R} \longrightarrow \mathbb{R},\\ x \longmapsto x^2\end{array}$ cf. Tome 1, 4.3.6 p. 121.

Cependant, nous verrons plus loin (théorème de Heine, 1.3.1 p. 60) que, si $f : X \longrightarrow F$ est continue et X compact, alors f est uc sur X.

◆ **Proposition 2**

Si $\left\{\begin{array}{l} f : X \longrightarrow F \text{ est uc sur } X \\ g : Y \longrightarrow G \text{ est uc sur } Y \\ f(X) \subset Y \end{array}\right|$, alors $g \circ f$ est uc sur X.

Preuve :

Soit $\varepsilon > 0$. Puisque g est uc sur Y, il existe $\eta > 0$ tel que :

$$\forall (y',y'') \in Y^2, \quad \big(d_F(y',y'') \leqslant \eta \Longrightarrow d_G(g(y'),\, g(y'')) \leqslant \varepsilon\big).$$

Puis, comme f est uc sur X, il existe $\alpha > 0$ tel que :

$$\forall (x',x'') \in X^2, \quad \big(d_E(x',x'') \leqslant \alpha \Longrightarrow d_F(f(x'),\, f(x'')) \leqslant \eta\big).$$

On a alors :

$$\forall (x',x'') \in X^2, \quad \big(d_E(x',x'') \leqslant \alpha \Longrightarrow d_G(g(f(x')),\, g(f(x''))) \leqslant \varepsilon\big),$$

et donc $g \circ f$ est uc sur X.

1.2.4 Applications lipschitziennes

Soient $(E,||.||_E)$, $(F,||.||_F)$ deux $\mathbb{K}$-evn, d_E (resp. d_F) la distance associée à $||.||_E$ (resp. $||.||_F$).

◆ **Définition** Soient $X \in \mathfrak{P}(E), f : X \longrightarrow F$ une application.

1) Soit $k \in \mathbb{R}_+$; on dit que f est **k-lipschitzienne** si et seulement si :

$$\forall(x_1,x_2) \in X^2, \quad d_F(f(x_1),f(x_2)) \leqslant k d_E(x_1,x_2).$$

2) On dit que f est **lipschitzienne** si et seulement s'il existe $k \in \mathbb{R}_+$ tel que f soit k-lipschitzienne.

Une application $f : X \longrightarrow X$ est dite **contractante** si et seulement s'il existe $k \in [0; 1[$ tel que f soit k-lipschitzienne.

On note, pour tout k de $\mathbb{R}_+$, $\mathrm{Lip}_k(X,F)$ l'ensemble des applications k-lipschitziennes de X dans F ; on note $\mathrm{Lip}(X,F)$ l'ensemble des applications lipschitziennes de X dans F :

$$\mathrm{Lip}(X,F) = \bigcup_{k\in\mathbb{R}_+} \mathrm{Lip}_k(X,F).$$

◆ **Proposition 1**

1) $\left\{\begin{array}{l} f \in \mathrm{Lip}_k(X,F) \\ g \in \mathrm{Lip}_{k'}(X,F) \end{array}\right| \Longrightarrow f+g \in \mathrm{Lip}_{k+k'}(X,F)$

2) $\left\{\begin{array}{l} \lambda \in \mathbb{K} \\ f \in \mathrm{Lip}_k(X,F) \end{array}\right| \Longrightarrow \lambda f \in \mathrm{Lip}_{|\lambda|k}(X,F)$

3) $\left\{\begin{array}{l} f \in \mathrm{Lip}_k(X,F) \\ g \in \mathrm{Lip}_{k'}(Y,G) \\ f(X) \subset Y \end{array}\right| \Longrightarrow g \circ f \in \mathrm{Lip}_{kk'}(X,G).$

Preuve : Pour tout (x_1,x_2) de X^2, on a :

1) $||(f+g)(x_1) - (f+g)(x_2)||_F \leqslant ||f(x_1) - f(x_2)||_F + ||g(x_1) - g(x_2)||_F$
$\leqslant (k+k')||x_1 - x_2||_E$

2) $||(\lambda f)(x_1) - (\lambda f)(x_2)||_F = |\lambda|||f(x_1) - f(x_2)||_F \leqslant |\lambda|k||x_1 - x_2||_E$

3) $||(g \circ f)(x_1) - (g \circ f)(x_2)||_G \leqslant k'||f(x_1) - f(x_2)||_F \leqslant k'k||x_1 - x_2||_E.$

Remarques :

1) Si $X \neq \varnothing$, d'après les propriétés *1)* et *2)* ci-dessus, $\mathrm{Lip}(X,F)$ est un $\mathbb{K}$-ev.

2) Si $f,g : X \longrightarrow \mathbb{K}$ sont lipschitziennes, fg peut ne pas l'être; exemple :
$X = \mathbb{K} = \mathbb{R}$, $f,g : \begin{array}{l}\mathbb{R} \longrightarrow \mathbb{R}. \\ x \longmapsto x\end{array}$

◆ **Proposition 2**

1) L'application $\begin{array}{rcl} ||\cdot|| : E & \longrightarrow & \mathbb{R} \\ x & \longmapsto & ||x|| \end{array}$ est 1-lipschitzienne.

2) Pour tout partie non vide A de E, l'application $\begin{array}{rcl} E & \longrightarrow & \mathbb{R} \\ x & \longmapsto & d(x,A) \end{array}$ est 1-lipschitzienne.

3) Soient $n \in \mathbb{N}^*$, $(E_k,N_k)_{1\leqslant k\leqslant n}$ des $\mathbb{K}$-evn, ν la norme définie sur $E = \prod_{k=1}^{n} E_k$ par :

$$\forall (x_1,\ldots,x_n) \in E, \quad \nu(x_1,\ldots,x_n) = \underset{1\leqslant k\leqslant n}{\mathrm{Max}}\, N_k(x_k).$$

Pour tout k de $\{1,\ldots,n\}$, $\mathrm{pr}_k : \begin{array}{rcl} E & \longrightarrow & E_k \\ (x_1,\ldots,x_n) & \longmapsto & x_k \end{array}$ est 1-lipschitzienne.

Preuve :

1) On a : $\forall (x,y) \in E^2, \quad \big|\, ||x|| - ||y||\, \big| \leqslant ||x-y||.$

2) Soit $(x,y) \in E^2$. On a : $\forall a \in A, \quad d(x,a) \leqslant d(x,y) + d(y,a)$,
d'où, en passant aux bornes inférieures lorsque a décrit A :

$$d(x,A) \leqslant d(x,y) + d(y,A),$$

et donc : $$d(x,A) - d(y,A) \leqslant d(x,y).$$

En appliquant ce dernier résultat à (y,x) au lieu de (x,y), on a aussi :

$$d(y,A) - d(x,A) \leqslant d(y,x),$$

et finalement : $$|d(x,A) - d(y,A)| \leqslant d(x,y).$$

3) On a, pour tous $x = (x_1,\ldots,x_n)$, $y = (y_1,\ldots,y_n)$ de E et tout k de $\{1,\ldots,n\}$:

$$N_k\big(\mathrm{pr}_k(x) - \mathrm{pr}_k(y)\big) = N_k(x_k - y_k) \leqslant \underset{1\leqslant i\leqslant n}{\mathrm{Max}}\, N_i(x_i - y_i) = \nu(x-y).$$

◆ **Proposition 3**

Toute application lipschitzienne est uc.

Preuve :

Supposons $f : X \longrightarrow F$ k-lipschitzienne, et soit $\varepsilon > 0$. En notant $\eta = \dfrac{\varepsilon}{k+1} > 0$, on a :

$$\forall (x',x'') \in X^2, \quad \left(d_E(x',x'') < \eta \Longrightarrow d_F(f(x'),f(x'')) \leqslant k\frac{\varepsilon}{k+1} \leqslant \varepsilon \right),$$

et donc f est uc sur X.

Remarque :

La réciproque de la proposition précédente est fausse : une application peut être uc sans être lipschitzienne; exemple : $f : [0;\,1] \longrightarrow \mathbb{R}.$
$x \longmapsto \sqrt{x}$

Rappelons (cf. Tome 1, 5.2.2 Prop. p. 145) :

Soit I un intervalle de $\mathbb{R}$ et $f : I \longrightarrow \mathbb{R}$ une application dérivable sur I; alors, f est lipschitzienne si et seulement si f' est bornée.

Exercices

◇ **1.2.7** On note L le $\mathbb{R}$-ev des applications lipschitziennes de $[0;\,1]$ dans $\mathbb{R}$, et $E_1 = C^1([0;\,1],\mathbb{R})$.

a) Montrer que $||.|| : L \longrightarrow \mathbb{R}$ définie par :

$$\forall f \in L, \quad ||f|| = |f(0)| + \underset{\substack{(x,y)\in[0;1]^2 \\ x\neq y}}{\mathrm{Sup}} \frac{|f(x)-f(y)|}{|x-y|}$$

est une norme sur L, et qu'elle n'est pas équivalente à $||.||_\infty$.

b) Montrer que $N : E_1 \longrightarrow \mathbb{R}$ définie par : $\forall f \in E_1,\ N(f) = |f(0)| + \underset{t\in[0,1]}{\mathrm{Sup}}\, |f'(t)|$

est une norme sur E_1 et qu'elle coïncide avec $||.||$ (restriction de $||.||$ à E_1).

◇ **1.2.8** Soient E, F deux evn, $X \in \mathfrak{P}(E)$, $\mathrm{B}(X,F)$ l'ensemble des applications bornées de X dans F, muni de $||.||_\infty$. Pour $(a,f) \in X \times \mathrm{B}(X,F)$ on appelle **oscillation** de f en a, et on note $\omega(f,a)$ l'élément de $\mathbb{R}_+$ défini par : $\omega(f,a) = \underset{V\in\mathcal{V}_X(a)}{\mathrm{Inf}} (\mathrm{diam}(f(V)))$.

Montrer que, pour tout (a,ε) de $X \times \mathbb{R}_+^*$, l'ensemble $\{f \in \mathrm{B}(X,F);\ \omega(f,a) \leqslant \varepsilon\}$ est fermé dans $(\mathrm{B}(X,F), ||.||_\infty)$.

1.2.5 Supplément : homéomorphismes

Soient $(E,||.||_E),(F,||.||_F)$ deux $\mathbb{K}$-evn, d_E (resp. d_F) la distance associée à $||.||_E$ (resp. $||.||_F$).

◆ **Définition 1** Soient $X \in \mathfrak{P}(E)$, $Y \in \mathfrak{P}(F)$.

1) On dit qu'une application $f : X \longrightarrow Y$ est un **homéomorphisme** si et seulement si :

$$\begin{cases} f \text{ est continue (sur } X) \\ f \text{ est bijective} \\ f^{-1} \text{ est continue (sur } Y). \end{cases}$$

2) On dit que X est **homéomorphe à** Y si et seulement s'il existe un homéomorphisme $f : X \longrightarrow Y$.

Remarques :

1) • $\mathrm{Id}_X : X \longrightarrow X$ est un homéomorphisme (où X est, au départ et à l'arrivée, inclus dans un même $\mathbb{K}$-evn).

• Si $f : X \longrightarrow Y$ est un homéomorphisme, alors $f^{-1} : Y \longrightarrow X$ est aussi un homéomorphisme.

• Si $f : X \longrightarrow Y$ et $g : Y \longrightarrow Z$ sont des homéomorphismes, alors $g \circ f : X \longrightarrow Z$ est un homéomorphisme.

2) Il s'ensuit que l'ensemble des homéomorphismes de X sur lui-même est un groupe pour la composition des applications.

3) La relation «être homéomorphe à», notée ici $\approx$, est une relation d'équivalence; en effet, pour tous X,Y,Z :

• $X \approx X$

• $X \approx Y \Longrightarrow Y \approx X$

• $\begin{cases} X \approx Y \\ Y \approx Z \end{cases} \Longrightarrow X \approx Z.$

EXEMPLES :

1) **Cas des intervalles de** $\mathbb{R}$. Pout tout (a,b) de $\mathbb{R}^2$ tel que $a < b$:

• $]-\infty; b]$, $]a; b]$, $[a; b[$, $[a; +\infty[$ sont homéomorphes à $[0; 1[$

• $]-\infty; +\infty[$, $]-\infty; b[$, $]a; b[$, $]a; +\infty[$ sont homéomorphes à $]0; 1[$

• $[a; b]$ est homéomorphe à $[0; 1]$.

Enfin, $[0; 1[,]0; 1[, [0; 1]$ sont deux à deux non homéomorphes. Voir exercice 1.5.12 *a)* p. 85.

2) Toutes les boules ouvertes (resp. boules fermées, resp. sphères) de E sont homéomorphes entre elles.

En effet, pour tout (a,r) de $E \times \mathbb{R}_+^*$, l'application $x \longmapsto \dfrac{1}{r}(x-a)$ est un homéomorphisme de $B(a; r)$ $\big($resp. $B'(a; r)$, resp. $S(a; r)\big)$ sur $B(0; 1)$ $\big($resp. $B'(0; 1)$, resp. $S(0; 1)\big)$.

◆ **Définition 2** Soient $X \in \mathfrak{P}(E)$, $Y \in \mathfrak{P}(F)$, $f : X \longrightarrow Y$ une application.
On dit que f est une **isométrie** si et seulement si :

$$\begin{cases} \forall (x_1,x_2) \in X^2,\ d_F(f(x_1),\ f(x_2)) = d_E(x_1,x_2) & \text{(on dit que } f \text{ conserve la distance)} \\ f \text{ est surjective.} \end{cases}$$

Remarque :

Si f conserve la distance, alors f est injective car, pour tout (x_1,x_2) de X^2 :

$$f(x_1) = f(x_2) \iff d_F(f(x_1),f(x_2)) = 0 \iff d_E(x_1,x_2) = 0 \iff x_1 = x_2.$$

Il en résulte que toute isométrie est bijective.

Remarques :

1) • $\mathrm{Id}_X : X \longrightarrow X$ est une isométrie (X étant muni de la même distance au départ et à l'arrivée).

• Si $f : X \longrightarrow Y$ est une isométrie, alors $f^{-1} : Y \to X$ est aussi une isométrie.

• Si $f : X \longrightarrow Y$ et $g : Y \longrightarrow Z$ sont des isométries, alors $g \circ f : X \longrightarrow Z$ est une isométrie.

2) Il s'ensuit que l'ensemble des isométries de X sur lui-même est un groupe pour la composition des applications.

3) Si $f : X \longrightarrow Y$ est une isométrie, alors f est un homéomorphisme. La réciproque est fausse; par exemple, $f \begin{array}{l} \mathbb{R} \longrightarrow \mathbb{R} \\ x \longmapsto 2x \end{array}$ est un homéomorphisme, mais n'est pas une isométrie.

Exercices

◇ **1.2.9** Donner un exemple d'evn E et de parties A, B de E telles que : A et B sont homéomorphes et $\complement_E(A)$ et $\complement_E(B)$ ne sont pas homéomorphes.

◇ **1.2.10** Montrer que les quatre parties suivantes de $\mathbb{C}$ sont homéomorphes :

$$E_1 = \mathbb{C}^*,\ E_2 = \{z \in \mathbb{C};\ |z| > 1\},\ E_3 = \{z \in \mathbb{C};\ 0 < |z| < 1\},\ E_4 = \{z \in \mathbb{C};\ 1 < |z| < 2\}.$$

◇ **1.2.11*** Montrer que les seuls automorphismes de corps $\mathbb{C} \longrightarrow \mathbb{C}$ continus sont $z \longmapsto z$ et $z \longmapsto \overline{z}$.

◇ **1.2.12*** Soient E la $\mathbb{R}$-algèbre $C([0;1],\mathbb{R})$ (la troisième loi étant la multiplication) et $F : E \longrightarrow E$ un automorphisme de la $\mathbb{R}$-algèbre E.
Montrer que F est une isométrie pour $||.||_\infty$.

1.2.6 Applications linéaires continues

Soient $(E,||.||_E)$, $(F,||.||_F)$ deux $\mathbb{K}$-evn, d_E (resp. d_F) la distance associée à $||.||_E$ (resp. $||.||_F$).

Rappelons quelques définitions, notations, et résultats d'algèbre.

Une application $f : E \to F$ est dite **linéaire** (ou : $\mathbb{K}$-linéaire) si et seulement si :

$$\forall \lambda \in \mathbb{K},\ \forall (x,y) \in E^2, \quad f(\lambda x + y) = \lambda f(x) + f(y).$$

On note $\mathcal{L}(E,F)$ (ou $\mathcal{L}_{\mathbb{K}}(E,F)$) l'ensemble des applications linéaires de E dans F, et $\mathcal{L}(E)$ (ou $\mathcal{L}_{\mathbb{K}}(E)$) l'ensemble des endomorphismes de E, c'est-à-dire l'ensemble des applications linéaires de E dans E.

$\mathcal{L}(E,F)$ est un $\mathbb{K}$-ev; si $f \in \mathcal{L}(E,F)$ et $g \in \mathcal{L}(F,G)$ (G étant un $\mathbb{K}$-ev), alors $g \circ f \in \mathcal{L}(E,G)$.

$\mathcal{L}(E)$ est une $\mathbb{K}$-algèbre (la troisième loi étant la composition).

◆ **Théorème** (**Caractérisation de la continuité pour une application linéaire**)

Pour $f \in \mathcal{L}(E,F)$, les deux propriétés suivantes sont équivalentes :

(i) f est continue (sur E).

(ii) $\exists M \in \mathbb{R}_+, \quad \forall x \in E, \quad ||f(x)||_F \leqslant M||x||_E$.

Preuve

1) Supposons f continue. En particulier, f est continue en 0; il existe donc $\eta > 0$ tel que :

$$\forall u \in E, \quad (||u||_E \leqslant \eta \Longrightarrow ||f(u)||_F \leqslant 1).$$

Soit $x \in E - \{0\}$; comme $||\frac{\eta}{||x||_E} x||_E = \eta$, on a $||f\left(\frac{\eta}{||x||_E} x\right)||_F \leqslant 1$,

d'où $||f(x)||_F \leqslant \frac{1}{\eta}||x||_E$.

Ceci montre : $\forall x \in E, \quad ||f(x)||_F \leqslant \frac{1}{\eta}||x||_E$.

2) Réciproquement, supposons qu'il existe $M \in \mathbb{R}_+$ tel que :

$$\forall x \in E, \quad ||f(x)||_F \leqslant M||x||_E.$$

On a alors :

$$\forall (x_1,x_2) \in E^2, \quad ||f(x_1) - f(x_2)||_F = ||f(x_1 - x_2)||_F \leqslant M||x_1 - x_2||_E.$$

Ainsi, f est M-lipschitzienne, donc continue.

Remarque :

Le théorème précédent permet de déduire aisément que, pour $f \in \mathcal{L}(E,F)$, les propriétés suivantes sont deux à deux équivalentes :

1) f est continue en 0

2) f est continue (sur E)

3) f est uniformément continue

4) f est lipschitzienne

5) $\exists M \in \mathbb{R}_+, \forall x \in E, ||f(x)||_F \leqslant M||x||_E$

6) f est bornée sur la boule unité fermée de E, c'est-à-dire :

$$\exists\, M_1 \in \mathbb{R}_+,\ \forall x \in E,\quad (||x||_E \leqslant 1 \Longrightarrow ||f(x)||_F \leqslant M_1)$$

7) f est bornée sur la sphère unité, c'est-à-dire :

$$\exists M_2 \in \mathbb{R}_+,\ \forall x \in E,\quad (||x||_E = 1 \Longrightarrow ||f(x)||_F \leqslant M_2).$$

On note : • $\mathcal{LC}(E,F)$ l'ensemble des applications linéaires continues de E dans F

• $\mathcal{LC}(E)$ l'ensemble des endomorphismes continus de E

• $E' = \mathcal{LC}(E,\mathbb{K})$, appelé dual topologique de E.

Nous verrons plus loin (cf. 1.3.2 Prop. 1 p. 65) que, si E est de dimension finie, alors toute application linéaire de E dans F est continue.

◆ **Notation**

Si $E \neq \{0\}$, on note, pour tout f de $\mathcal{LC}(E,F)$: $|||f||| = \underset{x\in E-\{0\}}{\operatorname{Sup}} \dfrac{||f(x)||_F}{||x||_E}$.

Cette borne supérieure existe puisque $\left\{\dfrac{||f(x)||_F}{||x||_E};\, x \in E - \{0\}\right\}$ est une partie majorée de E (cf. théorème précédent) et non vide.

Si $E = \{0\}$ et $f \in \mathcal{LC}(E,F)$, alors $f = 0$ et on notera donc $|||f||| = 0$.

Remarque :

Si $E \neq \{0\}$ et $f \in \mathcal{LC}(E,F)$, on a : $\underset{x\in E-\{0\}}{\operatorname{Sup}} \dfrac{||f(x)||_F}{||x||_E} = \underset{||x||_E\leqslant 1}{\operatorname{Sup}} ||f(x)||_F = \underset{||x||_E=1}{\operatorname{Sup}} ||f(x)||_F$.

◆ **Proposition 1**

1) $\forall f \in \mathcal{LC}(E,F), \forall x \in E,\quad ||f(x)||_F \leqslant |||f|||\ ||x||_E$

2) $\forall (f,g) \in (\mathcal{LC}(E,F))^2,\quad \begin{cases} f+g \in \mathcal{LC}(E,F) \\ |||f+g||| \leqslant |||f||| + |||g||| \end{cases}$

3) $\forall \lambda \in \mathbb{K}, \forall f \in \mathcal{LC}(E,F),\quad \begin{cases} \lambda f \in \mathcal{LC}(E,F) \\ |||\lambda f||| = |\lambda|\ |||f||| \end{cases}$

4) $\forall f \in \mathcal{LC}(E,F), \forall g \in \mathcal{LC}(F,G),\quad \begin{cases} g \circ f \in \mathcal{LC}(E,G) \\ |||g\circ f||| \leqslant |||g|||\ |||f|||. \end{cases}$

Preuve :

1) Résulte immédiatement de la définition de $|||f|||$.

2) $\forall x \in E, \quad ||(f+g)(x)||_F \leqslant ||f(x)||_F + ||g(x)||_F \leqslant (|||f|||+|||g|||)||x||_E$.

3) $\forall x \in E, \quad ||(\lambda f)(x)||_F = |\lambda|\,||f(x)||_F \leqslant |\lambda|\,|||f|||\,||x||_E$, ce qui montre $\lambda f \in \mathcal{LC}(E,F)$ et $|||\lambda f||| \leqslant |\lambda|\,|||f|||$.

En appliquant ce résultat au couple $\left(\frac{1}{\lambda}, \lambda f\right)$ au lieu de (λ, f), si $\lambda \neq 0$, on obtient : $|||\frac{1}{\lambda}\lambda f||| \leqslant \left|\frac{1}{\lambda}\right|\,|||\lambda f|||$, c'est-à-dire $|\lambda|\,|||f||| \leqslant |||\lambda f|||$, et finalement $|||\lambda f||| = |\lambda|\,|||f|||$ (le cas $\lambda = 0$ étant trivial).

4) $\forall x \in E, ||(g \circ f)(x)||_G \leqslant |||g|||\,||f(x)||_F \leqslant |||g|||\,|||f|||\,||x||_E$. ∎

La Proposition précédente montre que :

$$\begin{cases} (\mathcal{LC}(E,F), |||.|||) \text{ est un } \mathbb{K}\text{-evn} \\ (\mathcal{LC}(E), |||.|||) \text{ est une } \mathbb{K}\text{-algèbre normée}(|||\mathrm{Id}_E||| = 1 \text{ trivialement}). \end{cases}$$

La norme $|||.|||$ sur $\mathcal{LC}(E,F)$ est appelée la **norme subordonnée** aux normes $||.||_E$ et $||.||_F$.

◆ **Proposition 2** Soient E un $\mathbb{K}$-ev, N, N' deux normes sur E, $\mathcal{O}$ (resp. $\mathcal{O}'$) l'ensemble des ouverts de (E,N) (resp. (E,N')). Les trois propriétés suivantes sont deux à deux équivalentes :

(i) $N \sim N'$

(ii) $\mathrm{Id}_E : (E,N) \longrightarrow (E,N')$ et $\mathrm{Id}_E : (E,N') \longrightarrow (E,N)$ sont continues.

(iii) $\mathcal{O} = \mathcal{O}'$.

Preuve :

(i) $\Longleftrightarrow$ (ii) :

Puisque $\mathrm{Id}_E \in \mathcal{L}(E)$, on a :

$$\begin{cases} \mathrm{Id}_E : (E,N) \longrightarrow (E,N') & \text{continue} \\ \mathrm{Id}_E : (E,N') \longrightarrow (E,N) & \text{continue} \end{cases}$$

$$\Longleftrightarrow \begin{cases} \exists M_1 \in \mathbb{R}_+, \forall x \in E, & N'\big(\mathrm{Id}_E(x)\big) \leqslant M_1 N(x) \\ \exists M_2 \in \mathbb{R}_+, \forall x \in E, & N\big(\mathrm{Id}_E(x)\big) \leqslant M_2 N'(x) \end{cases}$$

$$\Longleftrightarrow \big(\exists (\alpha,\beta) \in (\mathbb{R}_+^*)^2, \forall x \in E, \quad \alpha N(x) \leqslant N'(x) \leqslant \beta N(x)\big),$$

en prenant $\alpha = \dfrac{1}{M_2}$ et $\beta = M_1$ (on ne peut avoir $M_1 = 0$ ou $M_2 = 0$ que si $E = \{0\}$).

(i) $\Longleftrightarrow$ (iii) :

Cf. 1.1.6 Rem. p. 21.

◆ **Proposition 3** Soient E, F, G trois $\mathbb{K}$-evn, $B : E \times F \longrightarrow G$ une application bilinéaire.

S'il existe $k \in \mathbb{R}_+$ tel que : $\forall (x,y) \in E \times F, \quad ||B(x,y)||_G \leqslant k||x||_E||y||_F$, alors B est continue.

Preuve :

Soit $(x_0, y_0) \in E \times F$. On a, pour tout (x,y) de $E \times F$:

$$\begin{aligned} ||B(x,y) - B(x_0,y_0)||_G &= ||B(x - x_0, y) + B(x_0, y - y_0)||_G \\ &\leqslant ||B(x - x_0, y)||_G + ||B(x_0, y - y_0)||_G \\ &\leqslant k||x - x_0||\,||y|| + k||x_0||\,||y - y_0|| \underset{(x,y)\to(x_0,y_0)}{\longrightarrow} 0, \end{aligned}$$

ce qui montre que B est continue en (x_0, y_0). ■

Plus généralement, voir C 1.2 p. 108.

◆ **Corollaire**

1) Soit E un $\mathbb{K}$-evn. L'application $\begin{array}{c}\mathbb{K} \times E \longrightarrow E \\ (\lambda, x) \longmapsto \lambda x\end{array}$ est continue.

2) Soit A une $\mathbb{K}$-algèbre normée. L'application $\begin{array}{c}A \times A \longrightarrow A \\ (u,v) \longmapsto uv\end{array}$ est continue.

3) Soit E un $\mathbb{K}$-evn. L'application $\begin{array}{c}\mathcal{LC}(E) \times \mathcal{LC}(E) \longrightarrow \mathcal{LC}(E) \\ (f,g) \longmapsto g \circ f\end{array}$ est continue.

Preuve :

La Prop. 3 s'applique :

1) $||\lambda x|| = |\lambda|\,||x||$, *2)* $||uv|| \leqslant ||u||\,||v||$, *3)* $|||g \circ f||| \leqslant |||g|||\,|||f|||$.

Exercices

◇ **1.2.13** Soient E un evn, $n \in \mathbb{N}^*, f_1, \ldots, f_{2n} \in \mathcal{LC}(E)$.

Montrer : $||f_1 \circ f_2 \circ \ldots \circ f_{2n}||^2 \leqslant ||f_1|| \cdot ||f_1 \circ f_2|| \cdot ||f_2 \circ f_3|| \ldots ||f_{2n-1} \circ f_{2n}|| \cdot ||f_{2n}||$.

◇ **1.2.14*** Soient E un evn, E^* le dual (algébrique) de $E, \varphi \in E^*$.

a) Démontrer que φ est continue si et seulement si $\mathrm{Ker}(\varphi)$ est fermé dans E.

b) En déduire que, si $\varphi \neq 0$, alors φ est discontinue si et seulement si $\mathrm{Ker}(\varphi)$ est dense dans E.

◇ **1.2.15** Soient E un evn, H un hyperplan fermé de E, D une droite vectorielle de E supplémentaire de H dans E. Démontrer que $\sigma : \begin{array}{c}H \times D \longrightarrow E \\ (x,y) \longmapsto x + y\end{array}$ est un homéomorphisme.

(Utiliser l'exercice 1.2.14).

◇ **1.2.16** *a)* Soient E, F deux $\mathbb{K}$-evn, $f \in \mathcal{LC}(E, F)$.

α) Montrer que $\mathrm{Ker}(f)$ est un sev fermé de E.

β) $\mathrm{Im}(f)$ est-il un sev fermé de F ?

b) Soient E un $\mathbb{K}$-evn, p un projecteur continu de E (c'est-à-dire : $p \in \mathcal{LC}(E)$ et $p \circ p = p$); montrer que $\mathrm{Ker}(p)$ et $\mathrm{Im}(p)$ sont des sev fermés de E.

◇ **1.2.17*** Soient E un evn ($E \neq \{0\}$), $\varphi \in E' - \{0\}$, $H = \mathrm{Ker}(\varphi)$. Montrer que les trois propriétés suivantes sont deux à deux équivalentes :

(i) $\exists a \in E, \quad (||a|| = 1 \text{ et } |||\varphi||| = |\varphi(a)|)$

(ii) $\forall x \in E, \exists h \in H, \quad d(x, H) = ||x - h||$

(iii) $\exists x \in E - H, \exists h \in H, \quad d(x, H) = ||x - h||$.

◇ **1.2.18** Soient E un evn, $P \in \mathbb{K}[X]$, $Z_P = \{f \in \mathcal{LC}(E);\ P(f) = 0\}$.
Montrer que Z_P est fermé dans $\mathcal{LC}(E)$.

◇ **1.2.19** Soient E le $\mathbb{C}$-evn des applications bornées de $[0; 1]$ dans $\mathbb{C}$, muni de $||.||_\infty$, $\varphi \in E$, $T_\varphi : \begin{array}{l} E \longrightarrow E \\ f \longmapsto f\varphi \end{array}$. Montrer que T_φ est linéaire continue et calculer $|||T_\varphi|||$.

◇ **1.2.20** Soient $E = C([0; 1], \mathbb{R})$ muni de $||.||_\infty$, $T : \begin{array}{l} E \longrightarrow E \\ f \longmapsto T(f) \end{array}$ définie par :

$$\forall f \in E, \forall x \in [0; 1], \quad (T(f))(x) = \int_0^x f.$$

Montrer que T est linéaire continue, et calculer $|||T|||$.

◇ **1.2.21** Soient $E = \mathbb{R}[X]$, $T : \begin{array}{l} E \longrightarrow E \\ P \longmapsto P' \end{array}$, $N : E \to \mathbb{R}$ définie par : $N(0) = 0$ et :

$$\forall P \in E, \quad N(P) = \sum_{n=0}^{\deg(P)} \frac{|P^{(n)}(0)|}{n!}.$$

a) Montrer que N est une norme sur E.

b) T est-elle continue (pour N) ?

◇ **1.2.22** Soit $n \in \mathbb{N}^*$; montrer que $\mathbf{GL}_n(\mathbb{K})$ est ouvert et dense dans $\mathbf{M}_n(\mathbb{K})$.

◇ **1.2.23** Soit $n \in \mathbb{N}^*$; on note $\mathbf{SL}_n(\mathbb{K}) = \{A \in \mathbf{M}_n(\mathbb{K});\ \det(A) = 1\}$. Déterminer l'adhérence, l'intérieur, la frontière de $\mathbf{SL}_n(\mathbb{K})$.

◇ **1.2.24*** On note E l'ensemble des matrices diagonalisables de $\mathbf{M}_n(\mathbb{K})$, F l'ensemble des matrices de $\mathbf{M}_n(\mathbb{K})$ ayant n valeurs propres deux à deux distinctes.

a) On suppose ici $\mathbb{K} = \mathbb{C}$. Montrer : $\overline{F} = \overline{E} = \mathbf{M}_n(\mathbb{C})$.

b) Dans le cas $\mathbb{K} = \mathbb{R}$ et $n = 2$, a-t-on $\overline{E} = \mathbf{M}_2(\mathbb{R})$?

◇ **1.2.25*** Soit $n \in \mathbb{N}^*$; pour tout p de $\{0, \dots, n\}$ on note $\Omega_p = \{A \in \mathbf{M}_n(\mathbb{K});\ \mathrm{rg}(A) \geqslant p\}$ et $V_p = \{A \in \mathbf{M}_n(\mathbb{K});\ \mathrm{rg}(A) = p\}$.

a) Montrer que, pour tout p de $\{0, \dots, n\}$; Ω_p est ouvert et dense dans $\mathbf{M}_n(\mathbb{K})$.

b) Pour tout $p \in \{0, \dots, n\}$, V_p est-il ouvert ? fermé ? Montrer que, pour tout p de $\{0, \dots, n\}$, V_p est localement fermé (cf. exercice 1.1.34 p. 27) dans $\mathbf{M}_n(\mathbb{K})$.

1.3 Compacité

Soient $(E,||.||)$ un $\mathbb{K}$-evn, d la distance associée à $||.||$.

1.3.1 Généralités

◆ **Définition 1** Soit $X \in \mathfrak{P}(E)$. On dit que X est une **partie compacte** (ou : un **compact**) de E si et seulement si toute suite d'éléments de X admet au moins une valeur d'adhérence dans X.

EXEMPLE : Toute partie finie de E est compacte.

◆ **Proposition 1** Soient $(x_n)_{n\in\mathbb{N}}$ une suite convergente dans E, $l = \lim\limits_{n\infty} x_n$. Alors $\{x_n;\, n \in \mathbb{N}\} \cup \{l\}$ est une partie compacte de E

Preuve : Notons $X = \{x_n;\, n \in \mathbb{N}\} \cup \{l\}$; et soit $(u_p)_{p\in\mathbb{N}}$ une suite dans X.

1) S'il existe $n \in \mathbb{N}$ tel que $\{p \in \mathbb{N};\, u_p = x_n\}$ soit infini, alors x_n est valeur d'adhérence de $(u_p)_{p\in\mathbb{N}}$, donc $(u_p)_{p\in\mathbb{N}}$ admet au moins une valeur d'adhérence dans X.

2) De même, si $\{p \in \mathbb{N};\, u_p = l\}$ est infini, $(u_p)_{p\in\mathbb{N}}$ admet au moins une valeur d'adhérence dans X.

3) Supposons que $\{p \in \mathbb{N};\, u_p = l\}$ soit fini et que, pour tout n de $\mathbb{N}$, $\{p \in \mathbb{N};\, u_p = x_n\}$ soit fini.

Puisque $\{p \in \mathbb{N};\, u_p = l\}$ et $\{p \in \mathbb{N};\, u_p = x_0\}$ sont finis, il existe $p_0 \in \mathbb{N}$ tel que :

$$\forall p \geqslant p_0, \quad (u_p \neq l \quad \text{et} \quad u_p \neq x_0).$$

Puisque $\{p \in \mathbb{N};\, u_p = x_1\}$ est fini, il existe $p_1 > p_0$ tel que : $\forall p \geqslant p_1, u_p \neq x_1$.

En réitérant, on construit une suite $(p_k)_{k\in\mathbb{N}}$ d'entiers naturels strictement croissante, telle que :

$$\forall k \in \mathbb{N}, \forall p \geqslant p_k, \quad u_p \notin \{l, x_0, \ldots, x_k\}.$$

Ainsi, l'application $\sigma : \begin{array}{l} \mathbb{N} \longrightarrow \mathbb{N} \\ l \longmapsto p_k \end{array}$ est une extractrice, et :

$$\forall k \in \mathbb{N}, \forall p \geqslant \sigma(k), \quad u_p \in X - \{l, x_0, \ldots, x_k\}.$$

Montrons que $\big(u_{\sigma(k)}\big)_{k\in\mathbb{N}}$ converge vers l.

Soit $\varepsilon > 0$. Puisque $x_n \xrightarrow[n\infty]{} l$, il existe $N \in \mathbb{N}$ tel que :

$$\forall n \geqslant N, \quad d(u_n, l) \leqslant \varepsilon.$$

Soit $k \in \mathbb{N}$ tel que $k \geqslant N$. Il existe $n \in \mathbb{N}$ tel que $u_{\sigma(k)} = x_n$. Par définition de $\sigma(k)$, on a : $u_{\sigma(k)} \notin \{l, x_0, \ldots, x_k\}$, donc $n \geqslant k+1 \geqslant N$, d'où :

$$d\big(u_{\sigma(k)}, l\big) = d(x_n, l) \leqslant \varepsilon.$$

On a montré :

$$\forall \varepsilon > 0, \exists N \in \mathbb{N}, \forall k \in \mathbb{N}, \quad \big(k \geqslant N \Longrightarrow d(u_{\sigma(k)}, l) \leqslant \varepsilon\big),$$

donc $\big(u_{\sigma(k)}\big)_{k\in\mathbb{N}}$ converge vers l.

Ainsi, $(x_n)_{n\in\mathbb{N}}$ admet au moins une valeur d'adhérence dans X, et finalement X est une partie compacte de E. ■

Exemple : $\left\{\frac{1}{n}; n \in \mathbb{N}^*\right\} \cup \{0\}$ est une partie compacte de $\mathbb{R}$.

◆ **Proposition 2**

Toute partie compacte de E est fermée bornée dans E.

Preuve :

Soit X une partie compacte de E.

1) Soit $(x_n)_{n\in\mathbb{N}}$ une suite dans X, convergeant vers un élément y de E.

Puisque X est compacte, il existe une extractrice σ et un élément x de X tels que $x_{\sigma(n)} \xrightarrow[n\infty]{} x$. Mais $\big(x_{\sigma(n)}\big)_{n\in\mathbb{N}}$ est extraite de $(x_n)_{n\in\mathbb{N}}$ qui converge vers y, donc $\big(x_{\sigma(n)}\big)_{n\in\mathbb{N}}$ converge vers y, $x = y$, et donc $y \in X$.

Ceci montre que X est une partie fermée de E.

2) Raisonnons par l'absurde; supposons X non bornée, c'est-à-dire :

$$\forall C \in \mathbb{R}_+, \exists x \in X, \quad ||x|| \geqslant C.$$

En particulier, pour tout n de $\mathbb{N}$, il existe $x_n \in X$ tel que $||x_n|| \geqslant n$. Alors $(x_n)_{n\in\mathbb{N}}$ n'a pas de valeur d'adhérence (ni dans X, ni dans E), contradiction.

Ainsi, X est bornée.

◆ **Proposition 3** Soient Y une partie compacte de E et X une partie de Y telle que X soit fermée dans E. Alors X est une partie compacte de E.

Preuve :

Soit $(x_n)_{n\in\mathbb{N}}$ une suite dans X. Puisque $X \subset Y$ et que Y est compacte, il existe une extractrice σ et un élément y de Y tels que $x_{\sigma(n)} \xrightarrow[n\infty]{} y$. Mais, comme les $x_{\sigma(n)}$ sont dans X et que X est fermée dans E, on a : $y \in X$.

Ainsi, toute suite dans X admet au moins une valeur d'adhérence dans X, donc X est compacte.

◆ **Corollaire** Soit Y une partie compacte de E. On a, pour toute partie X de Y :

$$X \text{ fermée} \Longleftrightarrow X \text{ compacte}.$$

On remarquera que les conditions X fermé dans E et X fermé dans Y sont équivalentes, puisque Y est une partie fermée de E.

◆ **Proposition 4** Soient E,F deux evn. Pour toutes parties compactes X de E et Y de F, $X \times Y$ est une partie compacte de $E \times F$.

Preuve :

Soit $(x_n, y_n)_{n\in\mathbb{N}}$ une suite dans $X \times Y$.

Puisque X est compact, il existe une extractrice σ et un élément x de X tels que $x_{\sigma(n)} \underset{n\infty}{\longrightarrow} x$.

Ensuite, comme Y est compact, la suite $\left(y_{\sigma(n)}\right)_{n\in\mathbb{N}}$ admet au moins une valeur d'adhérence dans Y ; il existe donc une extractrice τ et un élément y de Y tels que $y_{\sigma(\tau(n))} \underset{n\infty}{\longrightarrow} y$.

Comme $x_{\sigma(n)} \underset{n\infty}{\longrightarrow} x$, la suite extraite $\left(x_{\sigma(\tau(n))}\right)_n$ converge aussi vers x, et donc $\left(x_{\sigma(n)}, y_{\sigma(n)}\right)_n$ converge vers (x,y).

Ceci montre que toute suite dans $X \times Y$ admet au moins une valeur d'adhérence dans $X \times Y$, et donc $X \times Y$ est compacte.

◆ **Proposition 5** Soient $X \in \mathfrak{P}(E)$, F un $\mathbb{K}$-evn, $f : X \to F$ une application.

On a : $\left\{\begin{array}{l} X \text{ compact} \\ f \text{ continue} \end{array}\right| \Longrightarrow f(X) \text{ compact.}$

Preuve :

Soit $(y_n)_{n\in\mathbb{N}}$ une suite dans $f(X)$.

Pour chaque n de $\mathbb{N}$, il existe $x_n \in X$ tel que $y_n = f(x_n)$.

Comme X est compacte, il existe une extractrice σ et un élément x de X tels que $x_{\sigma(n)} \underset{n\infty}{\longrightarrow} x$.

Puisque f est continue, $y_{\sigma(n)} = f\left(x_{\sigma(n)}\right) \underset{n\infty}{\longrightarrow} f(x)$.

Ainsi, la suite $(y_n)_n$ admet $f(x)$ $\left(\in f(X)\right)$ pour valeur d'adhérence, et finalement $f(X)$ est compacte. ■

Remarques :

1) L'image réciproque d'une partie compacte par une application continue peut ne pas être compacte ; exemple : $f : \begin{array}{l}\mathbb{R} \longrightarrow \mathbb{R} \\ x \longmapsto 0\end{array}$ est continue, $\{0\}$ est compact, $f^{-1}(\{0\}) = \mathbb{R}$ n'est pas compact ($\mathbb{R}$ n'est pas borné).

2) La notion de compacité est une notion **topologique**, c'est-à-dire invariante par homéomorphisme : $\left.\begin{array}{l} X \approx Y \\ X \text{ compact} \end{array}\right\} \Longrightarrow Y \text{ compact.}$

◆ **Corollaire**

1) Soient X une partie non vide de E et $f : X \longrightarrow \mathbb{R}$ une application. Si X est compacte et f continue, alors f est bornée et atteint ses bornes.

2) Soient X une partie non vide de E, F un $\mathbb{K}$-evn et $f : X \longrightarrow F$ une application. Si X est compacte et f continue, alors $||f|| : \begin{array}{l} X \longrightarrow \mathbb{R} \\ x \longmapsto ||f(x)||_F \end{array}$ est bornée et atteint ses bornes.

Preuve :

1) $f(X)$ est une partie compacte, donc fermée bornée de $\mathbb{R}$.

2) Appliquer *1)* à $||f||$, qui est continue sur le compact X.

◆ **Proposition 6** Soient $N \in \mathbb{N}^*, E_1,\ldots,E_N$ des $\mathbb{K}$-evn; on munit $\prod_{k=1}^{N} E_k$ de la norme ν définie par : $\nu(x_1,\ldots,x_N) = \underset{1\leqslant k\leqslant N}{\operatorname{Max}} ||x_k||_{E_k}$ (cf. 1.1.1, *3) b)* p. 8).

Soit, pour chaque k de $\{1,\ldots,N\}, X_k$ une partie non vide de E_k.

Alors $\prod_{k=1}^{N} X_k$ est compact si et seulement si, pour chaque k de $\{1,\ldots,N\}$, X_k est compact.

Preuve :

1) Supposons $\prod_{k=1}^{N} X_k$ compact. Comme, pour chaque i de $\{1,\ldots,N\}, X_i = \mathrm{pr}_i\left(\prod_{k=1}^{N} X_k\right)$, et que les projections pr_i sont continues (cf. 1.2.2 *1)* Prop. 4 p. 41), on en conclut que X_i est compact (cf. 1.3.1 Prop. 5 p. 59).

2) Réciproque par récurrence sur N, le cas de deux parties ayant été vu (Prop. 4 p. 59).

◆ **Théorème 1** **(Théorème de Heine)**

Soient $X \in \mathfrak{P}(E)$, F un $\mathbb{K}$-evn, $f : X \longrightarrow F$ une application.

Si X est compacte et si f est continue, alors f est uniformément continue.

Preuve :

Supposons X compacte et f continue.

Raisonnons par l'absurde; supposons f non uniformément continue, c'est-à-dire :

$$\text{non}\Big(\forall \varepsilon > 0,\ \exists \eta > 0,\ \forall (x',x'') \in X^2,\quad \big(d_E(x',x'') \leqslant \eta \Longrightarrow d_F\big(f(x'),f(x'')\big) \leqslant \varepsilon\big)\Big).$$

Il existe donc $\varepsilon > 0$ tel que :

$$\forall \eta > 0,\ \exists (x',x'') \in X^2,\quad \Big(d_E(x',x'') \leqslant \eta \quad \text{et} \quad d_F\big(f(x'),f(x'')\big) > \varepsilon\Big).$$

En particulier, pour tout n de $\mathbb{N}^*$, il existe $(x'_n,x''_n) \in X^2$ tel que :

$$d_E(x'_n,x''_n) \leqslant \frac{1}{n} \quad \text{et} \quad d_F\big(f(x'_n),f(x''_n)\big) > \varepsilon.$$

Puisque X est compacte, X^2 est compacte (cf. Prop. 4 p. 59), donc la suite $(x'_n,x''_n)_{n\in\mathbb{N}^*}$ admet au moins une valeur d'adhérence dans X^2. Il existe ainsi une extractrice σ et $(x',x'') \in X^2$ tels que : $x'_{\sigma(n)} \xrightarrow[n\infty]{} x'$ et $x''_{\sigma(n)} \xrightarrow[n\infty]{} x''$.

Comme, pour tout n de $\mathbb{N}^*$:

$$d_E(x',x'') \leqslant d\big(x',x'_{\sigma(n)}\big) + d\big(x'_{\sigma(n)},x''_{\sigma(n)}\big) + d\big(x''_{\sigma(n)},x''\big),$$

on déduit $d_E(x',x'') = 0, \quad x' = x''$.

Mais, puisque f est continue en x' et x'' :

$$f(x'_{\sigma(n)}) \xrightarrow[n\infty]{} f(x') \quad \text{et} \quad f(x''_{\sigma(n)}) \xrightarrow[n\infty]{} f(x''),$$

donc $d\big(f(x'_{\sigma(n)}), f(x''_{\sigma(n)})\big) \xrightarrow[n\infty]{} d\big(f(x'), f(x'')\big) = 0$, en contradiction avec :

$$\forall n \in \mathbb{N}^*, \quad d\big(f(x'_{\sigma(n)}), f(x''_{\sigma(n)})\big) > \varepsilon.$$

■

Approfondissement pour MP : Théorème de Borel-Lebesgue*

◆ **Définition 2** Soit $X \in \mathfrak{P}(E)$; on appelle **recouvrement** de X toute famille $(\Omega_i)_{i\in I}$ de parties de E telle que : $X \subset \bigcup_{i\in I} \Omega_i$.

Un recouvrement $(\Omega_i)_{i\in I}$ de X est dit **fini** si et seulement si I est fini.

Un recouvrement $(\Omega_i)_{i\in I}$ de X est dit **ouvert** si et seulement si, pour tout i de I, Ω_i est un ouvert de E.

On appelle aussi recouvrement de X toute famille $(\Omega_i)_{i\in I}$ de parties de X telle que : $\bigcup_{i\in I} \Omega_i = X$. Un tel recouvrement est dit ouvert si et seulement si, pour tout i de I, Ω_i est un ouvert de X.

◆ **Définition 3** Soient $X \in \mathfrak{P}(E)$ et $(\Omega_i)_{i\in I}$ un recouvrement de X. On appelle **sous-recouvrement** de $(\Omega_i)_{i\in I}$ toute famille $(\Omega_i)_{i\in J}$ telle que :

$$J \subset I \quad \text{et} \quad X \subset \bigcup_{i\in J} \Omega_i.$$

◆ **Théorème 2** **(Théorème de Borel-Lebesgue)**

Soit $X \in \mathfrak{P}(E)$. Les deux propriétés suivantes sont équivalentes :

(i) Tout recouvrement ouvert de X admet un sous-recouvrement fini.

(ii) X est compacte.

Preuve :

(i) $\Longrightarrow$ (ii)

(i) Supposons (i), et soit $(x_n)_{n\in\mathbb{N}}$ une suite dans X. Supposons que $(x_n)_{n\in\mathbb{N}}$ n'admette aucune valeur d'adhérence dans X. Pour tout x de X, il existe $\varepsilon_x > 0$ tel que l'ensemble $\{n \in \mathbb{N};\, d(x_n,x) < \varepsilon_x\}$ soit fini. La famille $(B(x;\varepsilon_x))_{x\in X}$ est un recouvrement de X par des ouverts de E; il existe donc une partie finie Y de X telle que $(B_E(x;\varepsilon_x))_{x\in Y}$ soit un recouvrement de X. Mais alors, par définition d'un recouvrement :

$$\forall n \in \mathbb{N}, \exists x \in Y, \quad x_n \in B(x;\varepsilon_x),$$

donc $\mathbb{N} = \bigcup_{x \in Y} \{n \in \mathbb{N};\, d(x_n,x) < \varepsilon_x\}$, ce qui fait apparaître $\mathbb{N}$ comme réunion d'un nombre finis d'ensembles finis; contradiction.

Ceci prouve que $(x_n)_{n\in\mathbb{N}}$ admet au moins une valeur d'adhérence dans X.

(ii) Réciproquement, supposons X compact.

Soit $(\Omega_i)_{i\in I}$ un recouvrement de X par des ouverts de E.

a) Montrons qu'il existe $\varepsilon > 0$ tel que : $\forall x \in X, \exists i \in I, B(x;\varepsilon) \subset \Omega_i$.

Raisonnons par l'absurde : supposons : $\forall \varepsilon > 0, \exists x \in X, \forall i \in I, \quad B(x;\varepsilon) \not\subset \Omega_i$.

En particulier (en remplaçant ε par $\frac{1}{n}$) :

$$\forall n \in \mathbb{N}^*, \exists x_n \in X, \forall i \in I, \quad B\left(x_n; \frac{1}{n}\right) \not\subset \Omega_i.$$

Par hypothèse, la suite $(x_n)_{n\in\mathbb{N}^*}$ admet au moins une valeur d'adhérence a dans X; il existe donc une extractrice σ telle que : $x_{\sigma(n)} \underset{n\infty}{\longrightarrow} a$.

Puisque $(\Omega_i)_{i\in I}$ est un recouvrement de X, il existe $i_0 \in I$ tel que $a \in \Omega_{i_0}$; comme Ω_{i_0} est ouvert, il existe $r \in \mathbb{R}_+^*$ tel que : $B(a;r) \subset \Omega_{i_0}$.

Puisque $x_{\sigma(n)} \underset{n\infty}{\longrightarrow} a$, il existe $n \in \mathbb{N}^*$ tel que : $d(x_{\sigma(n)},a) < \frac{r}{2}$ et $\frac{1}{\sigma(n)} < \frac{r}{2}$.

On a alors, pour tout y de X : $y \in B(x_{\sigma(n)}; \frac{1}{\sigma(n)}) \iff d(x_{\sigma(n)},y) < \frac{1}{\sigma(n)} \Longrightarrow$
$d(a,y) \leqslant d(a,x_{\sigma(n)}) + d(x_{\sigma(n)},y) < \frac{r}{2} + \frac{r}{2} = r \Longrightarrow y \in B(a;r) \Longrightarrow y \in \Omega_{i_0}$.

Ceci montre $B\left(x_{\sigma(n)}; \frac{1}{\sigma(n)}\right) \subset \Omega_{i_0}$, contradiction.

Nous pouvons conclure : $\exists \varepsilon > 0, \forall x \in X, \exists i \in I, \quad B(x;\varepsilon) \subset \Omega_i$.

b) Soit ε défini comme ci-dessus. Montrons qu'il existe $N \in \mathbb{N}^*$ et $a_1,\ldots,a_N \in X$ tels que $(B(a_k;\varepsilon))_{1\leqslant k\leqslant N}$ soit un recouvrement de X. Raisonnons par l'absurde : supposons que, pour tout N de $\mathbb{N}^*$ et tous $a_1,\ldots,a_N$ de X, la famille $(B(a_k;\varepsilon))_{1\leqslant k\leqslant N}$ ne soit pas un recouvrement de X. Soit $b_1 \in X$ quelconque (il est clair que : $X \neq \varnothing$).

- $(B(b_1;\varepsilon))$, famille à un élément, ne recouvre pas X; il existe donc $b_2 \in X$ tel que $b_2 \notin B(b_1;\varepsilon)$.
- $(B(b_k;\varepsilon))_{1\leqslant k\leqslant 2}$ ne recouvre pas X; il existe donc $b_3 \in X$ tel que $b_3 \notin \bigcup_{k=1}^{2} B(b_k;\varepsilon)$.

En réitérant, on construit ainsi une suite $(b_n)_{n\in\mathbb{N}^*}$ dans X telle que :

$$\forall n \in \mathbb{N}^*, \quad b_{n+1} \notin \bigcup_{k=1}^{n} B(b_k;\varepsilon).$$

Par hypothèse, $(b_n)_{n\in\mathbb{N}^*}$ admet au moins une valeur d'adhérence b dans X; il existe donc une extractrice σ telle que $b_{\sigma(n)} \underset{n\infty}{\longrightarrow} b$. Il existe $N \in \mathbb{N}$ tel que :

$$\forall n \in \mathbb{N}, \quad (n \geqslant N \Longrightarrow d(b_{\sigma(n)},b) < \frac{\varepsilon}{2}).$$

On a alors, en particulier : $\begin{cases} d(b_{\sigma(N)},b) < \dfrac{\varepsilon}{2} \\ d(b_{\sigma(N+1)},b) < \dfrac{\varepsilon}{2} \end{cases}$,

d'où $d(b_{\sigma(N)},b_{\sigma(N+1)}) < \varepsilon$, ce qui contredit $b_{\sigma(N+1)} \notin \bigcup_{k=1}^{\sigma(N+1)-1} B(b_k;\varepsilon)$.

Ceci montre qu'il existe $N \in \mathbb{N}^*$ et $a_1,\ldots,a_N$ dans X tels que : $X \subset \bigcup_{k=1}^{N} B(a_k;\varepsilon)$.

D'après la définition de ε, pour chaque k de $\{1,\ldots,N\}$, il existe i_k dans I tel que $B(a_k;\varepsilon) \subset \Omega_{i_k}$. La famille $(\Omega_{i_k})_{1\leqslant k\leqslant N}$ (dans laquelle on supprime les éventuelles répétitions) est alors un sous-recouvrement de $(\Omega_i)_{i\in I}$.

Exercices

◇ **1.3.1** Soient E un evn, A,B deux parties non vides de E; on suppose A compacte et $A\cap\overline{B} = \varnothing$.

Montrer : $d(A,B) > 0$.

◇ **1.3.2** Soient E,F deux evn, A un compact de E, B un compact de F, W un ouvert de $E\times F$ tel que $A\times B \subset W$. Démontrer qu'il existe un ouvert U de E et un ouvert V de F tels que :

$$A\subset U,\ B\subset V,\ U\times V\subset W.$$

(Utiliser l'exercice 1.3.1).

◇ **1.3.3** Soient E un $\mathbb{R}$-evn distinct de $\{0\}$, A une partie compacte de E.

Montrer : $\forall x\in A,\ \exists y\in \mathrm{Fr}(A),\quad [x;y]\subset A,\quad$ où $[x;y] = \{tx+(1-t)y,\ t\in[0;1]\}$.

◇ **1.3.4** Soient E,F deux evn, A une partie de E, $f : A\to F$ une application, telles que $\overline{f(A)}$ soit compacte. Montrer que, si le **graphe** G_f de f (défini par : $G_f = \{(x,f(x));\ x\in A\}$) est fermé dans $A\times F$, alors f est continue.

◇ **1.3.5*** Soient E,F deux evn, X une partie compacte de E, $f : X\to F$ continue. On suppose qu'il existe $\alpha\in\mathbb{R}_+^*$ tel que : $\forall y\in F,\mathrm{diam}\,(f^{-1}(\{y\})) < \alpha$

(on convient : diam $(\varnothing) = 0$).

Montrer qu'il existe $\varepsilon > 0$ tel que, pour toute boule ouverte B de rayon $\leqslant \varepsilon$, on ait $\mathrm{diam}(f^{-1}(B)) < \alpha$.

1.3.2 Cas de la dimension finie

◆ **Lemme** Soit $n \in \mathbb{N}^*$; les parties compactes de $(\mathbb{R}^n, ||.||_\infty)$ sont les parties fermées bornées.

Preuve :

1) On sait déjà (cf. 1.3.1 Prop. 2 p. 58) que toute partie compacte est fermée bornée.

2) • Montrons d'abord que tout segment de $\mathbb{R}$ est compact. Soit $(a,b) \in \mathbb{R}^2$ tel que $a \leqslant b$, et soit $(x_n)_n$ une suite dans $[a; b]$. D'après le théorème de Bolzano-Weierstrass dans $\mathbb{R}$ (Tome 1, 3.3 Th. p. 66), la suite réelle bornée $(x_n)_n$ admet au moins une suite extraite convergente. Il existe donc une extractrice σ et un élément x de $\mathbb{R}$ tels que $x_{\sigma(p)} \xrightarrow[p\infty]{} x$. Comme les $x_{\sigma(p)}$ sont dans le fermé $[a; b]$, on déduit $x \in [a; b]$.

Ceci montre que toute suite $(x_p)_p$ dans $[a; b]$ admet au moins une valeur d'adhérence dans $[a; b]$, et donc $[a; b]$ est compact.

• Soit X une partie fermée bornée de $\mathbb{R}^n$. Puisque X est bornée, il existe des réels $a_1,\dots,a_n,b_1,\dots,b_n$ tels que $X \subset \prod_{k=1}^{n}[a_k; b_k]$. On vient de voir que les $[a_k; b_k]$ sont des compacts de $\mathbb{R}$, donc (cf. 1.3.1 Prop. 6 p. 60), $\prod_{k=1}^{n}[a_k; b_k]$ est un compact de $(\mathbb{R}^n, ||\cdot||_\infty)$. Enfin, X étant fermé dans un compact, est lui-même compact. ■

En identifiant $\mathbb{C}^n$ à $\mathbb{R}^{2n}$, on en déduit le Corollaire suivant.

◆ **Corollaire** Pour tout n de $\mathbb{N}^*$, les parties compactes de $(\mathbb{C}^n, ||\cdot||_\infty)$ sont les parties fermées bornées.

◆ **Théorème 1** Soit E un $\mathbb{K}$-ev de dimension finie.
Toutes les normes sur E sont équivalentes.

Preuve :

Le $\mathbb{K}$-ev E admet au moins une base finie $\mathcal{B} = (e_1,\dots,e_n)$; notons N_∞ : $\begin{array}{rcl} E & \longrightarrow & \mathbb{R} \\ \sum_{i=1}^{n} x_i e_i & \longmapsto & \underset{1\leqslant i\leqslant n}{\text{Max}} |x_i| \end{array}$.

Soit N une norme sur E; nous allons montrer $N \sim N_\infty$.

Notons $S = \{(x_1,\dots,x_n) \in \mathbb{K}^n; \underset{1\leqslant i\leqslant n}{\text{Max}} |x_i| = 1\}$, et considérons l'application $\nu : \begin{array}{rcl} \mathbb{K}^n & \longrightarrow & \mathbb{R} \\ (x_1,\dots,x_n) & \longmapsto & N\left(\sum_{i=1}^{n} x_i e_i\right) \end{array}$, où $\mathbb{K}^n$ est muni de la norme usuelle $||.||_\infty$.

• ν est continue car lipschitzienne :

$$\forall x = (x_1,\dots,x_n) \in \mathbb{K}^n, \forall y = (y_1,\dots,y_n) \in \mathbb{K}^n,$$

$$|\nu(x) - \nu(y)| \leqslant N\left(\sum_{i=1}^{n}(x_i - y_i)e_i\right) \leqslant \sum_{i=1}^{n}|x_i - y_i|N(e_i) \leqslant \left(\sum_{i=1}^{n} N(e_i)\right) \cdot ||x - y||_\infty.$$

• Puisque la sphère-unité S de $(\mathbb{K}^n, ||.||_\infty)$ est compacte (car fermée bornée, cf. Lemme p. 64), la restriction de ν à S est bornée et atteint ses bornes; il existe donc $(\alpha,\beta) \in \mathbb{R}^2$ tel que :

$$\alpha = \operatorname*{Inf}_{x \in S} \nu(x), \quad \beta = \operatorname*{Sup}_{x \in S} \nu(x).$$

Comme $0 \notin S$, on a : $0 < \alpha \leqslant \beta$.

Ainsi : $\exists\, (\alpha, \beta) \in (\mathbb{R}_+^*)^2, \forall x \in S, \alpha \leqslant \nu(x) \leqslant \beta$.

Soit alors $x \in E - \{0\}$, $\quad x = \sum_{i=1}^{n} x_i e_i$, $\quad x' = (x_1, \ldots, x_n)$; comme $\frac{1}{||x'||_\infty} x' \in S$ et que $N_\infty(x) = ||x'||_\infty$, on déduit : $\alpha N_\infty(x) \leqslant N(x) \leqslant \beta N_\infty(x)$.

Finalement : $N \sim N_\infty$.

◆ **Théorème 2** Dans tout $\mathbb{K}$-evn (E,N) de dimension finie, les parties compactes sont les parties fermées bornées.

Preuve :

Soient $\mathcal{B} = (e_1, \ldots, e_n)$ une base de E, $\quad N_\infty : \begin{array}{ccc} E & \longrightarrow & \mathbb{R} \\ \sum_{i=1}^{n} x_i e_i & \to & \operatorname*{Max}_{1 \leqslant i \leqslant n} |x_i| \end{array}$.

• On sait déjà (cf. 1.3.1 Prop. 2 p. 58) que toute partie compacte de E est fermée bornée.

• Soit X une partie fermée bornée de E. Puisque $N \sim N_\infty, X$ est bornée dans (E,N_∞) et, puisque $\mathrm{Id}_E : (E,N) \to (E,N_\infty)$ est un homéomorphisme (cf. 1.2.6 Prop. 2 p. 54), X est fermée dans (E,N_∞). D'après le Lemme p. 64, X est alors une partie compacte de (E,N_∞), donc de (E,N) puisque $\mathrm{Id}_E : (E,N) \to (E,N_\infty)$ est un homéomorphisme.

Remarque :

Soit E un $\mathbb{K}$-evn.

Si E est de dimension finie, alors $B'(0; 1)$ est compacte (cf. Théorème 2).

Réciproquement, on montre que, si $B'(0; 1)$ est compacte, alors E est de dimension finie (cf. Théorème de Riesz, C 1.1 p. 108).

◆ **Proposition 1** Soient E, F deux $\mathbb{K}$-evn; si E est de dimension finie, alors toute application linéaire $f : E \to F$ est continue.

Preuve :

Notons N la norme de $E, \mathcal{B} = (e_1, \ldots, e_n)$ une base de E, $N_\infty : \begin{array}{ccc} E & \longrightarrow & \mathbb{R} \\ x = \sum_{i=1}^{n} x_i e_i & \longmapsto & \operatorname*{Max}_{1 \leqslant i \leqslant n} |x_i| \end{array}$. D'après le Théorème 1 p. 64, il existe $M \in \mathbb{R}_+$ tel que : $\quad \forall x \in E, \quad N_\infty(x) \leqslant MN(x)$.

On a alors, pour tout $x = \sum_{i=1}^{n} x_i e_i$ de E :

$$||f(x)||_F = ||\sum_{i=1}^{n} x_i f(e_i)||_F \leqslant \sum_{i=1}^{n} |x_i|\, ||f(e_i)||_F \leqslant \left(\sum_{i=1}^{n} ||f(e_i)||_F\right) N_\infty(x) \leqslant CN(x),$$

où $C = M \sum_{i=1}^{n} ||f(e_i)||_F$. D'après 1.2.6 Théorème p. 52, on conclut que f est continue.

Remarque :

Ainsi, si E est de dimension finie, alors $\mathcal{LC}(E,F) = \mathcal{L}(E,F)$.

◆ **Proposition 2 (Continuité d'une application multilinéaire en dimension finie)**

Soient $N \in \mathbb{N}^*$, $(E_k, ||\cdot||_k)_{1 \leqslant k \leqslant N}$ des $\mathbb{K}$-evn de dimensions finies, F un $\mathbb{K}$-evn.

Toute application multilinéaire $\varphi : \prod_{k=1}^{N} E_k \longrightarrow F$ est continue.

Preuve :

Puisque chaque E_k est de dimension finie, N_k est équivalente à $||\cdot||_\infty$ dans E_k, associée à une base fixée $\mathcal{B}_k = (e_{i_k})_{1 \leqslant i_k \leqslant n_k}$ de E_k ; pour tout k de $\{1,\dots,N\}$, il existe donc $\alpha_k \in \mathbb{R}_+$ tel que :

$$\forall x_k \in E_k, \quad ||x_k||_\infty \leqslant \alpha_k ||x_k||_k.$$

Puisque φ est multilinéaire, on a, pour tout $(x_1,\dots,x_N)$ de $\prod_{k=1}^{N} E_k$ et en notant

$x_k = \sum_{i_k=1}^{n_k} \xi_{k,i_k} e_{i_k}$:

$$\varphi(x_1,\dots,x_N) = \sum_{i_1=1}^{n_1} \dots \sum_{i_N=1}^{n_N} \xi_{1,i_1} \dots \xi_{N,i_N} \varphi(e_{i_1},\dots,e_{i_N}).$$

Puisque $\left\{\varphi(e_{i_1},\dots,e_{i_N}) ; (i_1,\dots,i_N) \in \prod_{k=1}^{N} \{1,\dots,n_k\}\right\}$ est fini, il existe $M \in \mathbb{R}_+$ tel que, pour tout $(i_1,\dots,i_N)$ de $\prod_{k=1}^{N} \{1,\dots,n_k\}$, on ait : $\left\|\varphi(e_{i_1},\dots,e_{i_N})\right\|_F \leqslant M$.

Il en résulte :

$$\begin{aligned}
\left\|\varphi(x_1,\dots,x_N)\right\|_F &\leqslant M \sum_{i_1=1}^{n_1} \dots \sum_{i_N=1}^{n_N} |\xi_{1,i_1}| \dots |\xi_{N,i_N}| \\
&= M \left(\sum_{i_1=1}^{n_1} |\xi_{1,i_1}| \right) \dots \left(\sum_{i_N=1}^{n_N} |\xi_{N,i_N}| \right) \\
&\leqslant M n_1 ||x_1||_\infty \dots n_N ||x_N||_\infty \leqslant \left(M \prod_{k=1}^{N} n_k \prod_{k=1}^{N} \alpha_k \right) \prod_{k=1}^{N} ||x_k||_\infty.
\end{aligned}$$

On en déduit la continuité de φ en raisonnant comme dans la preuve de la Prop. 3 de 1.2.6 p. 55, ou dans la solution de C 1.2 pp. 350-351.

◆ **Corollaire**

Pour tout n de $\mathbb{N}^*$, l'application $\det : \underset{A \longmapsto \det(A)}{\mathbf{M}_n(\mathbb{K}) \longrightarrow \mathbb{K}}$ est continue.

Cf. aussi 1.2.2 *3)* Prop. 3 *2)* p. 44.

Exercices

◇ **1.3.6 Ensemble de Cantor**

On note $C_0 = [0;1]$, $C_1 = C_0 - \left]\frac{1}{3};\frac{2}{3}\right[$, $C_2 = C_1 - \left(\left]\frac{1}{9};\frac{2}{9}\right[\cup \left]\frac{7}{9};\frac{8}{9}\right[\right)$, etc., $\mathrm{C} = \bigcap_{n\in\mathbb{N}} C_n$.

Montrer que C est un compact de $\mathbb{R}$ et que $\overset{\circ}{\mathrm{C}} = \varnothing$.

◇ **1.3.7** Soient E un evn de dimension finie, K un compact de E ; montrer qu'il existe un ouvert U de E tel que : $K \subset U$ et $\overline{U}$ est compact.

◇ **1.3.8** Soit $f : \mathbb{R} \to \mathbb{R}$ une application bornée telle que le graphe G_f de f (défini par $G_f = \{(x, f(x));\ x \in \mathbb{R}\}$) soit fermé. Démontrer que f est continue.

◇ **1.3.9** *a)* Soient E, F deux evn tels que E soit de dimension finie, $f : E \longrightarrow F$ continue telle que, pour toute partie bornée B de F, $f^{-1}(B)$ soit une partie bornée de E. Démontrer que, pour toute partie fermée G de E, $f(G)$ est une partie fermée de F.

b) Application : montrer, pour tout P de $\mathbb{K}[X]$ et toute partie fermée G de $\mathbb{K}$, que $P(G)$ est fermée.

◇ **1.3.10*** Soient A, B deux parties bornées d'un evn E de dimension finie.

Montrer : $(A+B)' = (A'+B') \cup (A'+B) \cup (A+B')$, où l'accent désigne l'ensemble dérivé, c'est-à-dire l'ensemble des points d'accumulation dans E (cf. 1.1.10 Déf. 2 p. 36).

◇ **1.3.11*** Soient E un $\mathbb{K}$-evn de dimension finie, V un voisinage compact de 0 dans E,

$$L_V = \{f \in \mathcal{L}(E);\ f(V) \subset V\}.$$

a) Montrer que L_V est une partie compacte de $\mathcal{L}(E)$.

b) Etablir : $\forall f \in L_V, |\det(f)| \leqslant 1$.

1.4 Complétude

Soient $(E,||.||)$, un $\mathbb{K}$-evn, d la distance associée à $||.||$.

1.4.1 Suites de Cauchy

◆ **Définition** Une suite $(u_n)_{n\in\mathbb{N}}$ dans E est dite **de Cauchy** si et seulement si :

$$\forall\varepsilon > 0,\ \exists N \in \mathbb{N},\ \forall(p,q) \in \mathbb{N}^2,\quad \left(\begin{cases} p \geqslant N \\ q \geqslant N \end{cases} \Longrightarrow d(u_p,u_q) \leqslant \varepsilon\right).$$

On peut remplacer cette condition par la condition suivante, qui lui est équivalente :

$$\forall\varepsilon > 0,\ \exists N \in \mathbb{N},\ \forall(p,r) \in \mathbb{N}^2,\quad (p \geqslant N \Longrightarrow d(u_{p+r},u_p) \leqslant \varepsilon).$$

Remarques

1) Si deux normes N,N' sur E sont équivalentes, alors les suites de Cauchy de (E,N) sont les mêmes que celles de (E,N').

2) Toute suite extraite d'une suite de Cauchy est de Cauchy.

◆ **Proposition 1**

Toute suite de Cauchy dans E est bornée.

Preuve :

Soit $(u_n)_{n\in\mathbb{N}}$ une suite de Cauchy dans E.
Il existe $N \in \mathbb{N}$ tel que : $\forall(p,r) \in \mathbb{N}^2,\quad (p \geqslant N \Longrightarrow d(u_{p+r},u_p) \leqslant 1)$.
En particulier : $\forall r \in \mathbb{N}, d\,(u_{N+1+r},u_{N+1}) \leqslant 1$, et donc : $\forall r \in \mathbb{N}, ||u_{N+1+r}|| \leqslant 1 + ||u_{N+1}||$.
En notant $M = \text{Max}(||u_0||,\dots,||u_N||,||u_{N+1}|| + 1)$, on a alors : $\forall n \in \mathbb{N}, ||u_n|| \leqslant M$; $(u_n)_{n\in\mathbb{N}}$ est bornée.

◆ **Proposition 2**

Toute suite convergente dans E est de Cauchy.

Preuve :

Soit $(u_n)_{n\in\mathbb{N}}$ une suite convergeant vers un élément l de E.

Soit $\varepsilon > 0$; il existe $N \in \mathbb{N}$ tel que : $\forall n \in \mathbb{N}, \quad (n \geqslant N \Longrightarrow d(u_n,l) \leqslant \frac{\varepsilon}{2})$.

Alors :

$$\forall (p,q) \in \mathbb{N}^2, \quad \left(\begin{cases} p \geqslant N \\ q \geqslant N \end{cases} \Longrightarrow \begin{cases} d(u_p,l) \leqslant \frac{\varepsilon}{2} \\ d(u_q,l) \leqslant \frac{\varepsilon}{2} \end{cases} \Longrightarrow d(u_p,u_q) \leqslant d(u_p,l) + d(l,u_q) \leqslant \varepsilon \right),$$

et donc $(u_n)_{n\in\mathbb{N}}$ est de Cauchy dans E.

◆ **Proposition 3** **(Cas d'un produit fini d'evn)**

Soient $N \in \mathbb{N}^*, E_1,\ldots,E_N$ des $\mathbb{K}$-evn, $P = \prod_{k=1}^{N} E_k$ muni de la norme ν définie par :

$$\nu(x_1,\ldots,x_N) = \underset{1\leqslant k\leqslant N}{\mathrm{Max}} ||x_k||_{E_k}$$

(cf. 1.1.1 *3) b)* p. 8). Soient $(u_n)_{n\in\mathbb{N}}$ une suite dans P, et, pour chaque n de $\mathbb{N}$, notons $(u_{1,n},\ldots,u_{N,n}) = u_n$.

Pour que $(u_n)_{n\in\mathbb{N}}$ soit de Cauchy dans P, il faut et il suffit que, pour chaque k de $\{1,\ldots,N\}$, $\left(u_{k,n}\right)_{n\in\mathbb{N}}$ soit de Cauchy dans E_k.

Preuve :

Résulte aisément de : $\nu(u_p - u_q) = \underset{1\leqslant k\leqslant N}{\mathrm{Max}} ||u_{k,p} - u_{k,q}||_{E_k}$.

Exercices

◇ **1.4.1** Soient E un evn, $(u_n)_{n\in\mathbb{N}}$ une suite dans E; on suppose que $(u_{2n})_{n\in\mathbb{N}}$, $(u_{2n+1})_{n\in\mathbb{N}}$, $(u_{3n})_{n\in\mathbb{N}}$ sont de Cauchy. Montrer que $(u_n)_{n\in\mathbb{N}}$ est de Cauchy.

◇ **1.4.2** Soient E,F deux evn, $X \in \mathfrak{P}(E), f : X \to F$ une application telle que, pour toute suite de Cauchy $(x_n)_{n\in\mathbb{N}}$ dans $X, (f(x_n))_{n\in\mathbb{N}}$ soit de Cauchy dans F. Montrer que f est continue.

1.4.2 Parties complètes

◆ **Définition** On dit qu'une partie A de E est **complète** si et seulement si toute suite de Cauchy d'éléments de A converge dans A.

On dit que E est **complet** si et seulement si E est une partie complète de E.

On appelle **espace de Banach** tout $\mathbb{K}$-evn complet.

Remarque :

Si $N_1 \sim N_2$ et si (E,N_1) est complet, alors (E,N_2) est complet.

◆ **Proposition 1** **(Cas d'un produit fini d'evn)**

Soient $N \in \mathbb{N}^*, E_1,\dots,E_N$ des $\mathbb{K}$-evn, pour chaque k de $\{1,\dots,N\}$, A_k une partie complète de E_k ; alors $\prod_{k=1}^{N} A_k$ est une partie complète de $\prod_{k=1}^{N} E_k$.

Preuve :

Soit $(x_n)_{n\in\mathbb{N}}$ une suite de Cauchy dans $\prod_{k=1}^{N} A_k$; pour chaque n de $\mathbb{N}$, notons $(x_{1,n},\dots,x_{N,n}) = x_n$. Comme : $\forall k \in \{1,\dots,N\}$, $\forall (p,q) \in \mathbb{N}^2$, $d(x_{k,p},x_{k,q}) \leqslant \nu(x_p - x_q)$, on voit que chaque $(x_{k,n})_{n\in\mathbb{N}} (k \in \{1,\dots,N\})$ est de Cauchy dans A_k, donc converge vers un élément l_k de A_k. Alors $x_n \underset{n\infty}{\longrightarrow} (l_1,\dots,l_N)$ (cf. 1.1.9 *1)* Prop. 2 p. 30). ■

◆ **Proposition 2**

1) Toute partie complète X de E est fermée.

2) Soient X,Y deux parties de E telles que $X \subset Y$; si Y est complète et X fermée, alors X est complète.

Preuve :

1) Soient X une partie complète de E, et $(x_n)_{n\in\mathbb{N}}$ une suite dans X, convergeant vers un élément l de E. Puisque $(x_n)_{n\in\mathbb{N}}$ converge, $(x_n)_{n\in\mathbb{N}}$ est de Cauchy (cf. 1.4.1 Prop. 2 p. 69); comme X est complète, $(x_n)_{n\in\mathbb{N}}$ converge dans X.

On a donc $l \in X$.

Ceci prouve que X est fermée (dans E).

2) Soient X,Y deux parties de E telles que $X \subset Y$, Y complète et X fermée (dans E). Soit $(x_n)_{n\in\mathbb{N}}$ une suite de Cauchy dans X. Puisque $X \subset Y$ et que Y est complète, $(x_n)_{n\in\mathbb{N}}$ converge vers un élément l de Y (donc de E). Comme X est fermée, on a alors $l \in X$.

Finalement, X est complète.

◆ **Corollaire** Si E est un espace de Banach, on a, pour toute partie X de E :

$$X \text{ fermée} \iff X \text{ complète}.$$

◆ **Proposition 3**

Toute partie compacte d'un evn est complète.

Preuve :

Soient X une partie compacte de E et $(x_n)_{n\in\mathbb{N}}$ une suite de Cauchy dans X. Puisque X est compacte, il existe une extractrice σ et un élément x de X tels que $x_{\sigma(n)} \underset{n\infty}{\longrightarrow} x$. Montrons que $(x_n)_{n\in\mathbb{N}}$ converge vers x.

Soit $\varepsilon > 0$; il existe $N_1 \in \mathbb{N}$ tel que : $\forall n \in \mathbb{N}, \quad (n \geqslant N_1 \Longrightarrow d(x_{\sigma(n)},x) \leqslant \frac{\varepsilon}{2})$,

et il existe $N_2 \in \mathbb{N}$ tel que : $\forall (p,q) \in \mathbb{N}^2, \quad \left(\begin{cases} p \geqslant N_2 \\ q \geqslant N_2 \end{cases} \Longrightarrow d(x_p,x_q) \leqslant \frac{\varepsilon}{2}\right)$.

Il existe $N \in \mathbb{N}$ tel que : $N \geqslant N_1$ et $\sigma(N) \geqslant N_2$.

On a :

$$\forall p \in \mathbb{N}, (p \geqslant N_2 \Longrightarrow d(x_p,x) \leqslant d(x_p,x_{\sigma(N)}) + d(x_{\sigma(N)},x) \leqslant \frac{\varepsilon}{2} + \frac{\varepsilon}{2} = \varepsilon.$$

Ceci montre $x_p \underset{p\infty}{\longrightarrow} x$, et finalement X est complète.

Remarques :

1) La preuve précédente établit que, si $(x_n)_{n\in\mathbb{N}}$ est une suite de Cauchy ayant au moins une valeur d'adhérence x, alors $x_n \underset{n\infty}{\longrightarrow} x$.

2) La réciproque de la proposition précédente est fausse : une partie complète peut ne pas être compacte; exemple : $\mathbb{R}$ est complet (cf. Th. 2 ci-après) et non compact.

3) Dans le cas où E est complet, on a :

$$X \text{ compacte} \Longrightarrow X \text{ fermée} \Longrightarrow X \text{ complète.}$$

◆ **Théorème 1** **(CNS de Cauchy d'existence d'une limite pour une fonction à valeurs dans un evn complet)**

Soient $X \in \mathfrak{P}(E)$, $a \in \overline{X}, F$ un $\mathbb{K}$-evn complet, $f : X \longrightarrow F$ une application. Pour que f admette une limite finie en a, il faut et il suffit que :

$$\forall \varepsilon > 0, \exists V \in \mathcal{V}_E(a), \forall (x',x'') \in X^2, \left((x',x'') \in V^2 \Longrightarrow d_F(f(x'),f(x'')) \leqslant \varepsilon\right).$$

Preuve :

1) Supposons que f admette une limite l en a, et soit $\varepsilon > 0$. Il existe $V \in \mathcal{V}_E(a)$ tel que :

$$\forall x \in X \cap V, \quad d_F(f(x),l) \leqslant \frac{\varepsilon}{2}.$$

On a alors :

$$\forall (x',x'') \in (X \cap V)^2, d_F(f(x'),f(x'')) \leqslant d_F(f(x'),l) + d_F(l,f(x'')) \leqslant \frac{\varepsilon}{2} + \frac{\varepsilon}{2} = \varepsilon.$$

2) Réciproquement, supposons la condition de Cauchy satisfaite.

a) Puisque $a \in \overline{X}$, il existe au moins une suite $(x_n)_{n\in\mathbb{N}}$ dans X convergeant vers a.

- La suite $(f(x_n))_{n\in\mathbb{N}}$ est de Cauchy dans F.

  En effet, soit $\varepsilon > 0$; il existe $V \in \mathcal{V}_E(a)$ tel que :

$$\forall (x',x'') \in (X \cap V)^2, \quad d_F(f(x'),f(x'')) \leqslant \varepsilon.$$

  Puis, comme $x_n \underset{n\infty}{\longrightarrow} a$, il existe $N \in \mathbb{N}$ tel que :

$$\forall n \in \mathbb{N}, \quad (n \geqslant N \Longrightarrow x_n \in V).$$

  On a alors :

$$\forall (p,q) \in \mathbb{N}^2, \left(\begin{cases} p \geqslant N \\ q \geqslant N \end{cases} \Longrightarrow (x_p,x_q) \in (X \cap V)^2 \Longrightarrow d_F(f(x_p),f(x_q)) \leqslant \varepsilon \right).$$

- Puisque $(f(x_n))_{n\in\mathbb{N}}$ est de Cauchy dans F et que F est complet, $(f(x_n))_{n\in\mathbb{N}}$ converge vers un élément l de F.

b) Soit $(y_n)_{n\in\mathbb{N}}$ une suite (quelconque) dans X convergeant vers a, et soit $\varepsilon > 0$. Il existe $V \in \mathcal{V}_E(a)$ tel que : $\forall (x',x'') \in (X \cap V)^2, \quad d_F(f(x'),f(x'')) \leqslant \varepsilon$.

Puisque $x_n \underset{n\infty}{\longrightarrow} a$ et $y_n \underset{n\infty}{\longrightarrow} a$, il existe $N \in \mathbb{N}$ tel que :

$$\forall n \in \mathbb{N}, \quad \left(n \geqslant N \Longrightarrow \begin{cases} x_n \in V \\ y_n \in V \end{cases} \right).$$

On a alors : $\forall n \in \mathbb{N}, \quad (n \geqslant N \Longrightarrow d_F(f(x_n),f(y_n)) \leqslant \varepsilon)$,

ce qui montre $d(f(x_n),f(y_n)) \underset{n\infty}{\longrightarrow} 0$.

Comme $f(x_n) \underset{n\infty}{\longrightarrow} l$, on déduit $f(y_n) \underset{n\infty}{\longrightarrow} l$.

Ainsi, pour toute suite $(y_n)_{n\in\mathbb{N}}$ dans X convergeant vers a, la suite $(f(y_n))_{n\in\mathbb{N}}$ converge vers l. Ceci montre (cf. 1.2.1 Prop. 3 p. 38) que f admet l pour limite en a.

Remarque :

On montre de façon similaire le résultat suivant.

Soient $X \in \mathfrak{P}(\mathbb{R})$ tel que $+\infty \in \overline{X}_{\overline{\mathbb{R}}}$ (adhérence de X dans la droite numérique achevée $\overline{\mathbb{R}}$), F un $\mathbb{K}$-evn complet, $f : X \longrightarrow F$ une application. Pour que f admette une limite finie en $+\infty$, il faut et il suffit que :

$$\forall \varepsilon > 0, \exists V \in \mathcal{V}_{\mathbb{R}}(+\infty), \forall (x',x'') \in X^2, \quad \big((x',x'') \in V^2 \Longrightarrow d_F(f(x'),f(x'')) \leqslant \varepsilon\big).$$

◆ **Théorème 2**

Tout evn de dimension finie est complet.

Preuve :

Soient E un $\mathbb{K}$-evn de dimension finie et $(u_n)_{n\in\mathbb{N}}$ une suite de Cauchy dans E.

D'après 1.4.1 Prop. 1 p. 68, $(u_n)_n$ est bornée : il existe $M \in \mathbb{R}_+^*$ tel que :

$$\forall n \in \mathbb{N}, ||u_n|| \leqslant M.$$

Puisque $B'(0;M)$ est une partie fermée bornée de l'evn E de dimension finie, d'après 1.3.2 Cor. p. 64, $B'(0;M)$ est compacte, donc complète (cf. Prop. 3).

Ainsi, $(u_n)_n$ converge dans $B'(0;M)$, donc dans E, et, finalement, E est complet.

Remarques

1) Il existe des evn complets et qui ne sont pas de dimension finie (cf. ex. 1.4:7 p. 74).

2) Il existe des evn non complets (cf. ex. 1.4.6 p. 74).

La Prop. 4 suivante est hors programme.

◆ **Proposition 4** Soient E un evn complet, $(F_n)_{n\in\mathbb{N}}$ une suite décroissante de parties fermées bornées non vides de E telle que diam $(F_n) \underset{n\infty}{\longrightarrow} 0$; alors $\bigcap_{n\in\mathbb{N}} F_n$ est un singleton.

Preuve :

Notons $F = \bigcap_{n\in\mathbb{N}} F_n$.

1) F ne peut contenir deux points distincts car :

$$\forall (x,y) \in F^2, \quad \forall n \in \mathbb{N}, \quad d(x,y) \leqslant \operatorname{diam}(F_n),$$

d'où : $\forall (x,y) \in F^2, \quad d(x,y) = 0, \quad$ puisque $\operatorname{diam}(F_n) \underset{n\infty}{\longrightarrow} 0.$

2) Montrons que F n'est pas vide.

Pour chaque n de $\mathbb{N}$, il existe un élément x_n de F_n. Nous allons montrer que $(x_n)_{n\in\mathbb{N}}$ converge et que sa limite appartient à F.

- Montrons que $(x_n)_{n\in\mathbb{N}}$ est de Cauchy. Soit $\varepsilon > 0$; il existe $N \in \mathbb{N}$ tel que :

$$\forall n \in \mathbb{N}, \quad (n \geqslant N \Longrightarrow \operatorname{diam}(F_n) \leqslant \varepsilon).$$

On a, pour tout (p,q) de $\mathbb{N}^2$:

$$\begin{cases} p > N \\ q > N \end{cases} \Longrightarrow \begin{cases} x_p \in F_p \subset F_N \\ x_q \in F_q \subset F_N \end{cases} \Longrightarrow d(x_p,x_q) \leqslant \text{ diam } (F_N) \leqslant \varepsilon.$$

Ceci montre que $(x_n)_{n\in\mathbb{N}}$ est de Cauchy dans E.

- Comme E est complet, $(x_n)_{n\in\mathbb{N}}$ converge vers un élément x de E.

  Montrons : $x \in F$.

  Soit $n \in \mathbb{N}$; la suite $(x_p)_{p\geqslant n}$ converge vers x et est à éléments dans le fermé F_n, donc $x \in F_n$. Ainsi : $x \in \bigcap_{n\in\mathbb{N}} F_n = F$.

Remarque :

La Proposition 4 constitue une généralisation du théorème des segments emboîtés dans $\mathbb{R}$ (cf. Tome 1 3.2.2 Prop. 2 p. 64.)

Exercices

◇ **1.4.3** Soient E un evn, F un sev de E; montrer que, si F est de dimension finie, alors F est fermé.

◇ **1.4.4** Soient E un evn et $L = \{(x,y) \in E^2;\ (x,y) \text{ libre}\}$. Montrer que L est ouvert dans E^2.

◇ **1.4.5*** Soient $(a,b) \in \mathbb{R}^2$ tel que $a < b$, E le $\mathbb{R}$-ev des applications lipschitziennes de $[a;b]$ dans $\mathbb{R}$.

a) Montrer que $N : E \longrightarrow \mathbb{R}$ définie par :

$$\forall f \in E, \quad N(f) = ||f||_\infty + \underset{\substack{(x,y)\in[a;b]^2 \\ x\neq y}}{\text{Sup}} \frac{|f(x) - f(y)|}{|x-y|},$$

et une norme sur E.

b) (E,N) est-il complet?

◇ **1.4.6*** On note $\mathbb{U} = \{z \in \mathbb{C};\ |z| = 1\}$ et $N : \mathbb{C}[X] \longrightarrow \mathbb{R}$ l'application définie par :

$$\forall P \in \mathbb{C}[X], N(P) = \underset{z\in\mathbb{U}}{\text{Sup}}\,|P(z)|.$$

a) Montrer que N est une norme sur $\mathbb{C}[X]$.

b) $(\mathbb{C}[X],N)$ est -il complet?

◇ **1.4.7*** On note ℓ^∞ le $\mathbb{C}$-ev des suites $(u_n)_{n\in\mathbb{N}}$ de $\mathbb{C}^{\mathbb{N}}$ bornées, muni de $||.||_\infty$; montrer que ℓ^∞ est un evn complet et n'est pas de dimension finie.

1.4.3 Approfondissement pour MP* : théorème du point fixe

◆ **Théorème** (Théorème du point fixe)

Soient $F \in \mathfrak{P}(E), f : F \longrightarrow F$ une application.
Si F est complète et si f est contractante, alors f admet un point fixe et un seul, et, pour tout a de F, la suite $(u_n)_{n\in\mathbb{N}}$ définie par $\begin{cases} u_0 = a \\ \forall n \in \mathbb{N}, u_{n+1} = f(u_n) \end{cases}$ converge vers le point fixe de f.

Rappelons :

- x est un point **fixe** de f si et seulement si $f(x) = x$.
- f est **contractante** si et seulement s'il existe $k \in [0;1[$ tel que :

$$\forall (x,y) \in F^2, \quad d(f(x),f(y)) \leqslant k d(x,y).$$

Preuve :

1) Si x,y sont deux points fixes de f alors : $d(x,y) = d(f(x),f(y)) \leqslant kd(x,y)$, d'où $d(x,y) = 0$, puisque $k \in [0;1[$. Ainsi, f admet au plus un point fixe.

2) Montrons que $(u_n)_{n\in\mathbb{N}}$ converge vers un point fixe de f.

- Montrons que $(u_n)_{n\in\mathbb{N}}$ est de Cauchy dans F. Pour tout n de $\mathbb{N}$:

$$d(u_n,u_{n+1}) = d(f(u_{n-1}),f(u_n)) \leqslant kd(u_{n-1},u_n),$$

d'où, par récurrence : $d(u_n,u_{n+1}) \leqslant k^n d(u_0,u_1)$.
Puis, pour tout (p,r) de $\mathbb{N} \times \mathbb{N}^*$:

$$\begin{aligned} d(u_p,u_{p+r}) &\leqslant \sum_{i=0}^{r-1} d(u_{p+i},u_{p+i-1}) \leqslant \sum_{i=0}^{r-1} k^{p+i} d(u_0,u_1) \\ &= k^p \frac{1-k^r}{1-k} d(u_0,u_1) \leqslant k^p \frac{d(u_0,u_1)}{1-k}. \end{aligned}$$

Soit $\varepsilon > 0$; puisque $k^p \dfrac{d(u_0,u_1)}{1-k} \underset{p\infty}{\longrightarrow} 0$, il existe $N \in \mathbb{N}$ tel que :

$$\forall p \in \mathbb{N}, \quad \left(p \geqslant N \Longrightarrow k^p \frac{d(u_0,u_1)}{1-k} \leqslant \varepsilon\right).$$

On a alors : $\forall (p,r) \in \mathbb{N} \times \mathbb{N}^*, \quad (p \geqslant N \Longrightarrow d(u_p,u_{p+r}) \leqslant \varepsilon)$,
et donc $(u_n)_{n\in\mathbb{N}}$ est de Cauchy dans F.

- Puisque F est complet, $(u_n)_{n\in\mathbb{N}}$ converge vers un élément l de F. Comme f est continue (car k-lipschitzienne), on déduit $f(u_n) \underset{n\infty}{\longrightarrow} f(l)$.
Mais d'autre part $u_{n+1} \underset{n\infty}{\longrightarrow} l$. Finalement : $f(l) = l$. ■

On remarquera les relations $d(u_n,l) \leqslant \dfrac{k^n}{1-k} d(u_0,u_1)$ et $d(u_n,l) \leqslant \dfrac{k}{1-k} d(u_{n-1},u_n)$ (pour $n \geqslant 1$), utiles en vue du Calcul Numérique.

Exercice

◇ **1.4.8** Soient E un evn de dimension finie, $X = B'_E(0;1)$, $f : X \longrightarrow X$ une application 1−lipschitzienne. Démontrer que f admet au moins un point fixe.

Le résultat précédent reste-t-il valable lorsque $E = \mathbb{R}^2$ et $X = S(0;1)$?

1.5 Connexité par arcs

1.5.1 Connexité par arcs dans un evn de dimension finie

Soient $(E, ||\cdot||)$ un $\mathbb{K}$-evn de dimension finie, d la distance associée à $||\cdot||$. L'étude qui suit peut être aisément généralisée au cas d'un evn quelconque.

On appelle ici **arc** toute application continue $\gamma : I \longrightarrow E$ où I est un intervalle fermé borné de $\mathbb{R}$ non vide et non réduit à un point.

Au lieu du terme arc, on emploie aussi : chemin, arc continu, chemin continu.

Puisque tout intervalle fermé borné de $\mathbb{R}$ non vide et non réduit à un point est homéomorphe à $[0; 1]$, on peut, dans la définition précédente, remplacer I par $[0; 1]$.

◆ **Définition** Une partie A de E est dite **connexe par arcs** si et seulement si, pour tout (x,y) de A^2, il existe un arc $\gamma : [a; b] \longrightarrow E$ tel que :

$$\begin{cases} \gamma(a) = x, \quad \gamma(b) = y \\ \forall t \in [a; b],\ \gamma(t) \in A. \end{cases}$$

(On dit que γ est un arc joignant x et y dans A).

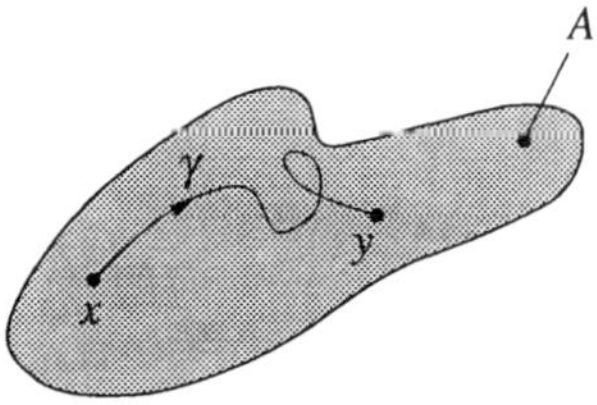

On abrège ici connexe par arcs en : cpa.

EXEMPLE :

Pour toute application continue $\gamma : [0; 1] \longrightarrow E$, la «courbe» $\gamma([0; 1])$ est une partie cpa de E.

Par exemple, $\mathbb{U} (= \{z \in \mathbb{C}; |z| = 1\})$ est une partie cpa de $\mathbb{C}$, car $\mathbb{U} = \gamma([0; 1])$, où $\gamma : \begin{array}[t]{l}[0; 1] \longrightarrow \mathbb{C} \\ t \longmapsto \exp(2i\pi t)\end{array}$.

◆ **Proposition 1**

Toute partie convexe de E est connexe par arcs.

Rappelons qu'une partie A d'un $\mathbb{K}$-ev E est dite convexe si et seulement si :

$$\forall (x,y) \in A^2, \forall t \in [0; 1], \quad tx + (1-t)y \in A.$$

Preuve :

Soient A une partie convexe de E et $(x,y) \in A^2$. Puisque A est convexe, pour tout t de $[0; 1]$, $tx + (1-t)y$ est dans A, et il est clair que l'application $\gamma : \begin{array}[t]{l}[0; 1] \longrightarrow A \\ t \longmapsto tx+(1-t)y\end{array}$ est continue, donc est un arc joignant x et y dans A.

Ainsi, A est cpa.

◆ **Théorème 1**

Les parties connexes par arcs de $\mathbb{R}$ sont les intervalles.

Preuve :

1) Comme tout intervalle de $\mathbb{R}$ est une partie convexe de $\mathbb{R}$, d'après la Proposition précédente, tout intervalle de $\mathbb{R}$ est cpa.

2) Réciproquement, soit A une partie cpa de $\mathbb{R}$.

Soit $(x,y) \in A^2$. Il existe un arc $\gamma : [0;\ 1] \longrightarrow A$ joignant x et y dans A. D'après le théorème des valeurs intermédiaires (Tome 1, 4.3.3 Th. p. 114), $\gamma([0;\ 1])$ est un intervalle de $\mathbb{R}$. Comme cet intervalle contient x et y, on a : $[x;\ y] \subset \gamma([0;\ 1]) \subset A$,

et ainsi A est une partie convexe de $\mathbb{R}$, donc est un intervalle.

◆ **Proposition 2** Soient $X \in \mathfrak{P}(E)$, $A \subset X$, F un $\mathbb{K}$-evn de dimension finie, $f : X \longrightarrow F$ une application.

Si A est connexe par arcs et f continue, alors $f(A)$ est connexe par arcs.

Preuve :

Soit $(u,v) \in \big(f(A)\big)^2$; il existe $(x,y) \in A^2$ tel que $u = f(x)$ et $v = f(y)$.

Puisque A est cpa, il existe un arc $\gamma : [0;\ 1] \longrightarrow A$ tel que $\gamma(0) = x$ et $\gamma(1) = y$.

Alors $f \circ \gamma : [0;\ 1] \longrightarrow f(A)$ est un arc (car f et γ sont continues, donc $f \circ \gamma$ aussi) joignant u et v, puisque $u = f(x) = f\big(\gamma(0)\big) = (f \circ \gamma)(0)$ et $v = (f \circ \gamma)(1)$. ■

EXEMPLE :

Pour tout intervalle I de $\mathbb{R}$ et toute application continue $f : I \longrightarrow E$, la «courbe» $f(I)$ est une partie cpa de E.

Par exemple, la parabole $\{(x,y) \in \mathbb{R}^2;\ y^2 = x\}$ est une partie cpa de $\mathbb{R}^2$, car c'est l'image de $\mathbb{R}$ (qui est cpa) par l'application continue $f : \underset{y \longmapsto (y^2,y)}{\mathbb{R} \longrightarrow \mathbb{R}^2}$.

Remarque :

L'image réciproque d'une partie cpa par une application continue peut ne pas être cpa, comme le montre l'exemple : $f : \underset{y \longmapsto (y^2,y)}{\mathbb{R} \longrightarrow \mathbb{R}^2}$, $B = [1;\ +\infty[\times\mathbb{R}$. Dans cet exemple, B est cpa (car convexe de $\mathbb{R}^2$), mais $f^{-1}(B)$ n'est pas cpa, puisque $f^{-1}(B) =]-\infty;\ -1] \cup [1;\ +\infty[$.

◆ **Théorème 2** («**Théorème des valeurs intermédiaires**»)

Soient $A \in \mathfrak{P}(E)$, $f : A \longrightarrow \mathbb{R}$ une application.

Si A est connexe par arcs et f continue, alors f a la propriété des valeurs intermédiaires, c'est-à-dire : f atteint tout réel entre deux réels qu'elle atteint déjà.

Preuve :

Puisque A est cpa et f continue, $f(A)$ est cpa, et, comme $f(A)$ est une partie cpa de $\mathbb{R}$, $f(A)$ est un intervalle de $\mathbb{R}$. ■

Remarque :

Ce théorème généralise le théorème des valeurs intermédiaires vu dans le Tome 1, 4.3.3 Th. p. 114.

Les Prop. 3 et 4 suivantes constituent un approfondissement pour MP*.

◆ **Proposition 3** Soient $A \in \mathfrak{P}(E)$, $P \subset A$.

Si A est connexe par arcs et si P est non vide et ouverte et fermée dans A, alors $P = A$.

Preuve :

Raisonnons par l'absurde : supposons $P \neq A$.

Il existe alors $x \in P$ et $y \in \complement_A(P)$, puis, comme A est cpa, il existe un arc $\gamma : [0;1] \longrightarrow A$ tel que $\gamma(0) = y$ et $\gamma(1) = x$.

Considérons la fonction caractéristique de P : $\chi_P : A \longrightarrow \mathbb{R}$, $u \longmapsto \begin{cases} 1 \text{ si } u \in P \\ 0 \text{ si } u \notin P \end{cases}$.

Pour tout ouvert Ω de $\mathbb{R}$, $\chi_P^{-1}(\Omega)$ est un ouvert de A, car $\chi_P^{-1}(\Omega)$ est l'un des quatre ensembles $\chi_P^{-1}(\{0,1\})$, $\chi_P^{-1}(\{0\})$, $\chi_P^{-1}(\{1\})$, $\chi_P^{-1}(\varnothing)$, qui sont respectivement A, P, $\complement_A(P)$, $\varnothing$.

Il en résulte que χ_P est continue, et donc la composée $\chi_P \circ \gamma : [0;1] \longrightarrow \mathbb{R}$ est continue.

Mais $\chi_P \circ \gamma$ est à valeurs dans $\{0,1\}$, et $(\chi_P \circ \gamma)(0) = 0$, $(\chi_P \circ \gamma)(1) = 1$, ce qui contredit le théorème des valeurs intermédiaires.

On conclut : $P = A$.

Cf. aussi 1.5.2 Prop. 6 p. 82.

◆ **Proposition 4** Soient $A \in \mathfrak{P}(E)$, F un evn, $f : A \longrightarrow F$ une application.

Si A est cpa et si f est localement constante, alors f est constante.

Une application $f : A \longrightarrow F$ est dite localement constante si et seulement si :

$$\forall a \in A, \exists V \in \mathcal{V}_A(a), \forall x \in V, \quad f(x) = f(a).$$

Preuve :

Soit $x_0 \in A$; notons $P = f^{-1}\big(\{f(x_0)\}\big)$.

Puisque f est continue et que $\{f(x_0)\}$ est un fermé de F, P est un fermé de A.

Montrons d'autre part que P est un ouvert de A.

Soit $x \in P$. Puisque f est localement constante, il existe $V \in \mathcal{V}_A(x)$ tel que :

$$\forall y \in V, \ f(y) = f(x).$$

On a alors : $\forall y \in V, \ f(y) = f(x) = f(x_0)$, d'où : $V \subset P$.

Ceci montre que P est un voisinage de chacun de ses points, donc est ouvert dans A.

Comme P est non vide ($x_0 \in P$) et est ouvert et fermé dans A, d'après la Prop. 3, $P = A$, et donc f est constante sur A.

Exercices

◇ **1.5.1** Montrer que, dans tout evn, toutes les boules ouvertes et toutes les boules fermées sont connexes par arcs.

◇ **1.5.2** Donner un exemple de deux parties A, B de $\mathbb{R}$ telles que : A est homéomorphe à B, $\mathbb{R} - A$ est connexe par arcs, $\mathbb{R} - B$ n'est pas connexe par arcs.

◇ **1.5.3** Soient E, F deux evn de dimensions finies, $A \in \mathfrak{P}(E)$, $B \in \mathfrak{P}(F)$. Montrer :

a) si A et B sont connexes par arcs, alors $A \times B$ est connexe par arcs

b) si $A \times B$ est connexe par arcs et A et B non vides, alors A et B sont connexes par arcs.

◇ **1.5.4** Soit $(A_i)_{i \in I}$ une famille de parties d'un evn de dimension finie. On suppose que chaque A_i est connexe par arcs et qu'il existe $i_0 \in I$ tel que, pour tout i de I, $A_{i_0} \cap A_i \neq \varnothing$. Montrer que $\bigcup_{i \in I} A_i$ est connexe par arcs.

Exemple : $(\mathbb{R} \times \mathbb{Q}) \cup (\{0\} \times \mathbb{R})$ est connexe par arcs.

◇ **1.5.5** Soient E un evn de dimension finie, A une partie connexe par arcs de E, $f : A \longrightarrow \{0,1\}$ une application continue. Montrer que f est constante. (Ici, $\{0,1\}$ est muni de la distance induite par celle de $\mathbb{R}$).

1.5.2 Supplément : connexité

Soient $(E, ||.||)$ un $\mathbb{K}$-evn, d la distance associée à $||.||$.

◆ **Définition**

Une partie A de E est dite **connexe** si et seulement si les seules parties de A à la fois ouvertes et fermées dans A sont $\varnothing$ et A.

Les propriétés suivantes sont deux à deux équivalentes :

(i) A est connexe

(ii) Pour tous ouverts U, V de A, $\begin{cases} U \cup V = A \\ U \cap V = \varnothing \end{cases} \Longrightarrow \left| \begin{array}{l} U = A \\ \text{ou} \\ V = A \end{array} \right.$

(iii) Pour tous fermées F, G de A, $\begin{cases} F \cup G = A \\ F \cap G = \varnothing \end{cases} \Longrightarrow \left| \begin{array}{l} F = A \\ \text{ou} \\ G = A \end{array} \right.$

(iv) Pour tous ouverts U, V de E, $\begin{cases} A \subset U \cup V \\ U \cap V \cap A = \varnothing \end{cases} \Longrightarrow \left| \begin{array}{l} A \subset U \\ \text{ou} \\ A \subset V \end{array} \right.$

(v) Pour tous fermés F, G de E, $\begin{cases} A \subset F \cup G \\ F \cap G \cap A = \varnothing \end{cases} \Longrightarrow \left| \begin{array}{l} A \subset F \\ \text{ou} \\ A \subset G \end{array} \right.$.

En effet, les ouverts (resp. fermés) de A sont les traces sur A des ouverts (resp. fermés) de E (cf. 1.1.5 *3)* p. 19).

◆ **Proposition 1** Une partie A de E est connexe si et seulement si toute application continue de A dans $\{0,1\}$ est constante.

Ici, $\{0,1\}$ est muni de la distance induite par la distance usuelle de $\mathbb{R}$.

Preuve :

1) Supposons A connexe, et soit $\varphi : A \longrightarrow \{0,1\}$ une application continue. Puisque $\{0\}$ et $\{1\}$ sont des fermés de $\{0,1\}$, $F = \varphi^{-1}(\{0\})$ et $G = \varphi^{-1}(\{1\})$ sont des fermés de $\{0,1\}$. De plus, $F \cup G = A$ et $F \cap G = \varnothing$. Comme A est connexe, on déduit $F = A$ ou $G = A$, c'est-à-dire $\varphi = 0$ ou $\varphi = 1$.

2) Supposons A non connexe. Il existe deux fermés F, G de A tels que :

$$F \cup G = A, \quad F \cap G = \varnothing, \quad F \neq A, \quad G \neq A.$$

L'application $\varphi : A \longrightarrow \{0,1\}$, $x \longmapsto \begin{cases} 0 \text{ si } x \in F \\ 1 \text{ si } x \in G \end{cases}$ est continue, car les images réciproques des fermés de $\{0,1\}$ (qui sont $\varnothing, \{0\}, \{1\}, \{0,1\}$), sont des fermés $(\varnothing, F, G, A)$ de A, et φ n'est pas constante.

◆ **Proposition 2** Soient A, B deux parties de E.
Si A est connexe et si $A \subset B \subset \overline{A}$, alors B est connexe.

Preuve :

Soient F, G deux fermés de E tels que : $\begin{cases} B \subset F \cup G \\ F \cap G \cap B = \varnothing \end{cases}$. Alors $A \subset F \cup G$ et

$F \cap G \cap A = \varnothing$; comme A est connexe, on déduit $A \subset F$ ou $A \subset G$.
Si, par exemple, $A \subset F$, alors $B \subset \overline{A} \subset \overline{F} = F$.

◆ **Corollaire**

Pour toute partie connexe A de E, $\overline{A}$ est connexe.

Remarques :

1) Il se peut que A soit non connexe et $\overline{A}$ connexe; exemple : $E = \mathbb{R}$, $A = \mathbb{R}^*$.

2) Il se peut que A soit connexe et $\overset{\circ}{A}$ non connexe; exemple :

$$E = \mathbb{R}^2, A = (\mathbb{R}^* \times \mathbb{R}) \cup \{(0,0)\}.$$

Dans cet exemple, A est connexe car A est étoilé par rapport à $(0,0)$, donc connexe par arcs.

◆ **Proposition 3** Soit $(A_i)_{i \in I}$ une famille de parties de E.

Si $\left| \begin{cases} \forall i \in I, A_i \text{ est connexe.} \\ \exists i_0 \in I, \forall i \in I, A_{i_0} \cap A_i \neq \varnothing \end{cases} \right.$, alors $\bigcup_{i \in I} A_i$ est connexe.

Preuve :

Notons $A = \bigcup_{i\in I} A_i$; soit $\varphi : A \longrightarrow \{0,1\}$ une application continue.

Pour chaque i de I, $\varphi|_{A_i} : \begin{array}{l} A_i \longrightarrow \{0,1\} \\ x \mapsto \varphi(x) \end{array}$ est continue; comme A_i est connexe, on en déduit que $\varphi|_{A_i}$ est constante (cf. Prop. 1 p. 80).

Mais $(\forall i \in I, A_{i_0} \cap A_i \neq \varnothing)$, d'où : $\forall i \in I, \varphi|_{A_{i_0}} = \varphi|_{A_i}$, et finalement φ est constante.

D'après la Proposition 2, on conclut que A est connexe.

◆ **Corollaire** Si $(A_i)_{i\in I}$ est une famille de parties connexes de E telle que $\bigcap_{i\in I} A_i \neq \varnothing$, alors $\bigcup_{i\in I} A_i$ est connexe.

EXEMPLE : $\{(x,\alpha x); (x,\alpha) \in \mathbb{R} \times \mathbb{Q}\}$ est une partie connexe de $\mathbb{R}^2$.

Remarque :

L'intersection de deux parties connexes A, B peut ne pas être connexe; exemple :

$$E = \mathbb{R}^2, A = (\mathbb{R} \times \mathbb{R}_+) - \{(0,0)\}, \quad B = (\mathbb{R} \times \mathbb{R}_-) - \{(0,0)\}.$$

◆ **Proposition 4** Soient $A \in \mathfrak{P}(E), F$ un evn, $f : A \longrightarrow F$ une application.
Si A est connexe et f continue, alors $f(A)$ est connexe.

Preuve :

Soit $\varphi : f(A) \longrightarrow \{0,1\}$ une application continue.

L'application $\psi : \begin{array}{l} A \longrightarrow \{0,1\} \\ x \longmapsto \varphi(f(x)) \end{array}$ est continue; comme A est connexe, on en déduit que ψ est constante. Il est alors clair que φ est constante. On en conclut que $f(A)$ est connexe (cf. Prop. 1 p. 80).

◆ **Proposition 5** Soient $n \in \mathbb{N}^*$, $E_1, \dots, E_n$ des evn, A_i une partie non vide de $E_i (1 \leqslant i \leqslant n)$. Pour que $\prod_{i=1}^{n} A_i$ soit connexe, il faut et il suffit que, pour chaque i de $\{1, \dots, n\}$, A_i soit connexe.

Preuve : Notons $A = \prod_{i=1}^{n} A_i$.

1) Supposons A connexe; pour chaque i de $\{1,\dots,n\}$, $A_i = \mathrm{pr}_i(A)$ est l'image continue d'un connexe, donc est connexe.

2) Réciproquement, supposons $A_1, \dots, A_n$ connexes.

Soient $\varphi : A \rightarrow \{0,1\}$ une application continue, et $a = (a_1, \dots, a_n) \in A, b = (b_1, \dots, b_n) \in A$.

L'application $\varphi(\bullet, a_2, \dots, a_n) : \begin{array}{l} A_1 \longrightarrow \{0,1\} \\ x_1 \longmapsto \varphi(x_1, a_2, \dots, a_n) \end{array}$ est continue et A_1 est connexe, donc $\varphi(\bullet, a_2, \dots, a_n)$ est constante; en particulier $\varphi(a_1, a_2, \dots, a_n) = \varphi(b_1, a_2, \dots, a_n)$.

De même l'application $\varphi(b_1, \bullet, a_3, \dots, a_n) : \begin{array}{l} A_2 \longrightarrow \{0,1\} \\ x_2 \longmapsto \varphi(b_1, x_2, a_3, \dots, a_n) \end{array}$ est constante, d'où $\varphi(b_1, a_2, a_3, \dots a_n) = \varphi(b_1, b_2, a_3, \dots, a_n)$.

En réitérant, on déduit $\varphi(a) = \varphi(b)$, ce qui montre φ est constante. Finalement, A est connexe.

◆ **Proposition 6**

Si une partie A d'un evn E est connexe par arcs, alors A est connexe.

Preuve :

Soient $\varphi : A \longrightarrow \{0,1\}$ une application continue et $(x,y) \in A^2$. Il existe un arc $\gamma : [a,b] \longrightarrow E$ joignant x et y dans A. L'application $\varphi \circ \gamma : [a;b] \longrightarrow \{0,1\}$ est continue sur le connexe $[a;b]$ de $\mathbb{R}$, donc est constante (cf. 1.5.2 Prop. 1 p. 80), en particulier $\varphi(x) = (\varphi \circ \gamma)(a) = (\varphi \circ \gamma)(b) = \varphi(y)$ et ainsi φ est constante.

Ceci montre (cf. 1.5.2 Prop. 1 p. 80) que A est connexe.

Remarque :

Une partie A de E peut être connexe sans être connexe par arcs, ce que le lecteur pourra vérifier en prenant $E = \mathbb{R}^2$ et pour A la réunion de la courbe d'équation polaire $\rho = e^{\frac{1}{\theta}}$ $(\theta \in [\frac{\pi}{2}; +\infty[)$ et du cercle de centre O et de rayon 1.

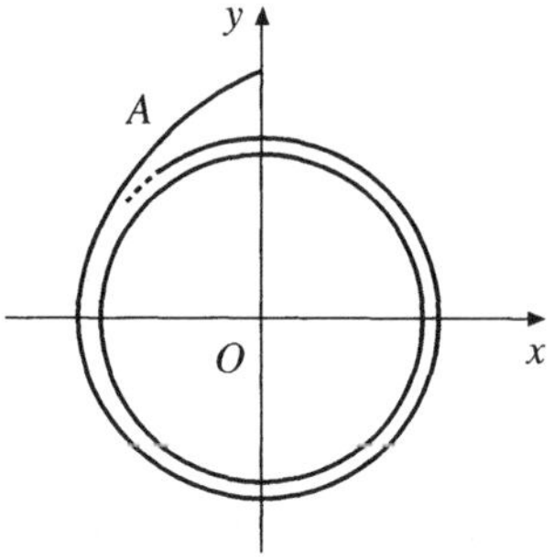

On dispose cependant de la proposition suivante.

◆ **Proposition 7** Si une partie A de E est ouverte et connexe, alors A est connexe par arcs.

Preuve :

Le cas $A = \varnothing$ est trivial; supposons donc $A \neq \varnothing$. Il existe $x \in A$; considérons l'ensemble Γ_x des éléments y de A qui peuvent être joints à x par un arc dans A (Γ_x est appelée la *composante connexe par arcs* dans A de x).

1) Montrons que Γ_x est ouverte (dans E et dans A).

Soit $y \in \Gamma_x$; il existe un arc $\gamma : [a;b] \longrightarrow E$ tel que :

$$\begin{cases} \gamma(a) = x, & \gamma(b) = y \\ \forall t \in [a;b], & \gamma(t) \in A. \end{cases}$$

Puisque A est ouvert, il existe $r > 0$ tel que $B_E(y;r) \subset A$.

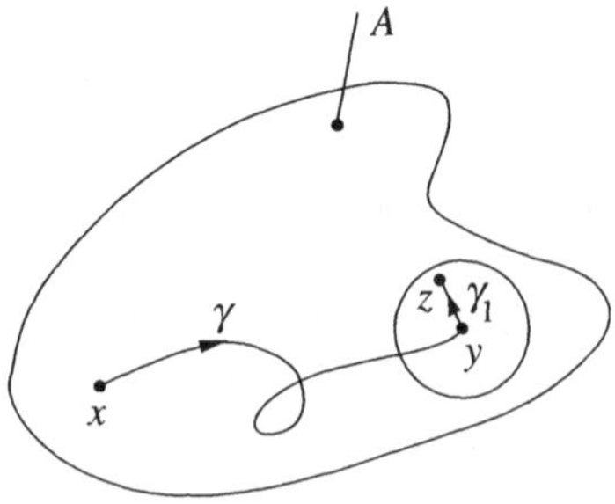

Soit $z \in B_E(y;r)$; y peut être joint dans A à z par l'arc $\gamma_1 : \begin{array}{l}[b;b+1] \longrightarrow E \\ t \longmapsto (1-t+b)y+(t-b)z\end{array}$.

Il est clair que l'application $\gamma_2 : \begin{array}{l}[a;b+1] \longrightarrow E \\ t \longmapsto \begin{cases} \gamma(t) \text{ si } t \in [a;b] \\ \gamma_1(t) \text{ si } t \in]b;b+1] \end{cases}\end{array}$ est un arc dans A joignant x et z.

Ceci montre $B_E(y;r) \subset \Gamma_x$, Γ_x est un voisinage de chacun de ses points, Γ_x est ouvert (dans E, donc dans A puisque A est un ouvert de E et que $\Gamma_x \subset A$).

2) Montrons que Γ_x est fermée dans A.

Soit $y \in \overline{\Gamma_x}$ (adhérence de Γ_x dans A); il existe $r > 0$ tel que $B_E(y; r) \subset A$.

Comme $y \in \overline{\Gamma_x}$, on a alors $B_E(y; r) \cap \Gamma_x \neq \emptyset$; il existe donc $z \in B_E(y; r) \cap \Gamma_x$.

Puisque x et z peuvent être joints par un arc dans A et que z et y peuvent être aussi joints par un arc dans A (comme en *1)*), x et y peuvent être joints par un arc dans A, et donc $y \in \Gamma_x$.

Ceci montre $\overline{\Gamma_x} = \Gamma_x$, et donc Γ_x est fermée dans A.

3) Ainsi, Γ_x est une partie ouverte et fermée de A, non vide ($x \in \Gamma_x$); comme A est connexe, on déduit $\Gamma_x = A$, c'est-à-dire que tout a de A peut être joint à x par un arc dans A. Enfin, on pourra joindre, par un arc dans A, deux points quelconques de A en les joignant à x.

Finalement, A est connexe par arcs.

Exercices

◇ **1.5.6** Soient E un evn, $X \in \mathfrak{P}(E)$, x un point isolé de X tel que $X \neq \{x\}$, montrer que X n'est pas connexe.

◇ **1.5.7** Soient E un evn, $A \in \mathfrak{P}(E)$, C une partie connexe de E; on suppose $C \cap \overset{\circ}{A} \neq \emptyset$ et $C \cap \overset{\circ}{\widehat{\complement_E(A)}} \neq \emptyset$. Montrer : $C \cap \mathrm{Fr}(A) \neq \emptyset$.

◇ **1.5.8** Soient E un evn, X une partie connexe de E, $A \subset X$ telle que $A \neq \emptyset$ et $A \neq X$.

Montrer : $\mathrm{Fr}(A) \neq \emptyset$, puis $d(A, \complement_X(A)) = 0$.

(Ici, $\mathrm{Fr}(A)$ désigne la frontière de A dans X).

◇ **1.5.9** Soient E un evn, $X \in \mathfrak{P}(E)$ telle que, pour tout (x, y) de X^2, il existe une partie connexe C de X telle que : $x \in C$ et $y \in C$. Montrer que X est connexe.

◇ **1.5.10** Soient E un evn, X une partie connexe non bornée de E, $a \in X$, $r \in \mathbb{R}_+^*$; montrer que $\{x \in X;\ d(a, x) = r\}$ est non vide.

1.5.3 Supplément : composantes connexes

◆ **Définition 1** Soient $A \in \mathfrak{P}(E)$, $x \in A$. On appelle **composante connexe de** x dans A et on note ici $C_A(x)$, la réunion des parties connexes de A contenant x :

$$C_A(x) = \bigcup_{\substack{x \in C \subset A \\ C \text{ connexe}}} C.$$

◆ **Proposition 1** Soient $A \in \mathfrak{P}(E), x \in A$; $C_A(x)$ est la plus grande partie connexe de A contenant x.

Preuve :

1) Par définition, $C_A(x)$ est la réunion d'une famille de connexes contenant x donc d'intersection non vide. D'après 1.5.2 Corollaire p. 81, $C_A(x)$ est connexe.

2) $x \in C_A(x)$ car, parmi les connexes contenant x et inclus dans A, se trouve $\{x\}$.

3) Pour toute partie connexe C de A contenant x, on a $C \subset C_A(x)$, car C figure dans l'indexation de la réunion définissant $C_A(x)$.

◆ **Proposition 2**

Pour toute partie A de E et tout x de A, $C_A(x)$ est fermée dans A.

Preuve :

$\overline{C_A(x)}$ (adhérence de $C_A(x)$ dans A) est une partie connexe de A (cf. 1.5.2 Corollaire p. 80) contenant x, d'où $\overline{C_A(x)} \subset C_A(x)$, et $C_A(x)$ est fermée dans A.

◆ **Définition 2** On appelle **composantes connexes de** A les composantes connexes dans A des éléments de A.

EXEMPLE :

$E = \mathbb{R}$, $A =]0;1] \cup [2;3]$; les composantes connexes de A sont $]0;1]$ et $[2;3]$.

◆ **Proposition 3** Soit $A \in \mathfrak{P}(E)$. La relation $\mathcal{R}_A$ définie dans A par :

$$x \mathcal{R}_A y \iff y \in C_A(x)$$

est une relation d'équivalence, et les classes d'équivalence sont les composantes connexes de A.

Preuve :

1) Réflexivité

On a vu : $\forall x \in A, x \in C_A(x)$ (cf. Prop. 1).

2) Symétrie

Supposons $x\mathcal{R}_A y$; c'est-à-dire $y \in C_A(x)$. Les parties $C_A(x)$ et $C_A(y)$ sont connexes et contiennent y donc (1.5.2 Cor. p. 81) $C_A(x) \cup C_A(y)$ est connexe. Mais $C_A(y)$ est la plus grande partie connexe de A contenant y, d'où $C_A(x) \cup C_A(y) \subset C_A(y)$, c'est-à-dire $C_A(x) \subset C_A(y)$; en particulier, $x \in C_A(y)$, c'est-à-dire $y\mathcal{R}_A x$.

De plus, nous venons de montrer : $x\mathcal{R}_A y \Longrightarrow C_A(x) = C_A(y)$.

3) Transitivité

$$\begin{cases} x\mathcal{R}_A y \\ y\mathcal{R}_A z \end{cases} \Longrightarrow \begin{cases} C_A(x) = C_A(y) \\ C_A(y) = C_A(z) \end{cases} \Longrightarrow C_A(x) = C_A(z) \Longrightarrow x\mathcal{R}_A z.$$

Exercices

◇ **1.5.11** Soient E, F deux evn, $X \in \mathfrak{P}(E)$, $Y \in \mathfrak{P}(F)$.

On suppose que X et Y sont homéomorphes et que X admet un nombre fini n de composantes connexes, montrer que Y a exactement n composantes connexes aussi.

◇ **1.5.12** On utilisera ici le résultat de l'exercice 1.5.11.

a) Montrer que $[0;\,1], [0;\,1[,]0;\,1[$ (parties de $\mathbb{R}$ usuel) sont deux à deux non homéomorphes.

b) Montrer que les quatre parties suivantes de $\mathbb{R}^2$ (segment, cercle, croix, astérisque) :

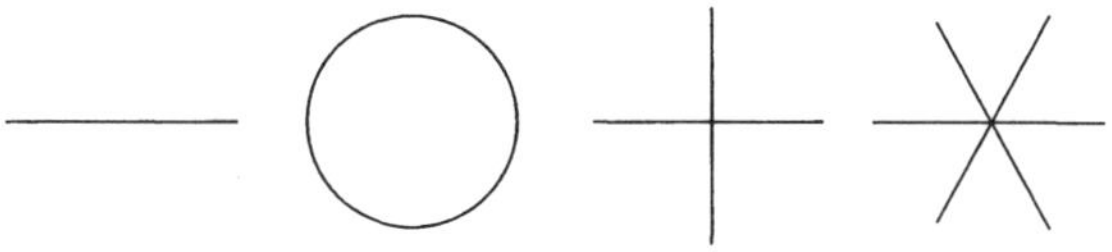

sont deux à deux non homéomorphes.

◇ **1.5.13*** Soit $X = \{(0,y);\ y \in [-1;\,0[\cup]0;\,1]\} \cup \left\{\left(\frac{1}{n}, y\right);\ n \in \mathbb{N}^*, y \in [-1;\,1]\right\}$. Montrer que la composante connexe de $a = (0,1)$ dans X est différente de l'intersection des parties de X ouvertes et fermées dans X et contenant a.

◇ **1.5.14*** *Exemples d'ensembles connexes et non connexes par arcs.*

a) $X = \left\{\left(x, \sin\frac{\pi}{x}\right);\ x \in]0;\,1]\right\} \cup (\{0\} \times [-1;\,1])$

b) $X = \left\{\left(x, \frac{1}{n}x\right);\ (x,n) \in [0;\,2] \times \mathbb{N}^*\right\} \cup ([1;\,2] \times \{0\})$

c) $X = \left\{\left(\frac{1}{n}, y\right);\ (n,y) \in \mathbb{N}^* \times \mathbb{R}\right\} \cup \left\{(x,n);\ n \in \mathbb{N}^* \text{ et } \frac{1}{n+1} \leqslant x \leqslant \frac{1}{n}\right\} \cup (\{0\} \times \mathbb{R})$.

◇ **1.5.15** Soient $E = C([0;1], \mathbb{R})$ muni de $||.||_\infty$, I l'ensemble des applications continues injectives de $[0;\,1]$ dans $\mathbb{R}$, I_+ (resp. I_-) l'ensemble des applications continues strictement croissantes (resp. décroissantes) de $[0;\,1]$ dans $\mathbb{R}$. Montrer que I admet deux composantes connexes, qui sont I_+ et I_-.

1.6 Espaces préhilbertiens

1.6.1 Produit scalaire

◆ **Définition 1**

1) **Cas réel**

Soit E un $\mathbb{R}$-ev; on appelle **produit scalaire** sur E toute application $\varphi : E^2 \longrightarrow \mathbb{R}$ telle que :

(i) $\forall (x,y) \in E^2,\ \varphi(y,x) = \varphi(x,y)$ (φ est **symétrique**)

(ii) $\forall \lambda \in \mathbb{R},\ \forall (x,y,y') \in E^3,\quad \varphi(x,\lambda y + y') = \lambda\varphi(x,y) + \varphi(x,y')$
(φ est **linéaire par rapport à la 2ème place**)

(iii) $\forall x \in E,\quad \varphi(x,x) \geqslant 0$

(iv) $\forall x \in E,\quad (\varphi(x,x) = 0 \Longleftrightarrow x = 0)$.

2) **Cas complexe**

Soit E un $\mathbb{C}$-ev; on appelle **produit scalaire** (ou : **produit scalaire hermitien**) sur E toute application $\varphi : E^2 \longrightarrow \mathbb{C}$ telle que :

(i) $\forall (x,y) \in E^2,\quad \varphi(y,x) = \overline{\varphi(x,y)}$ (φ est à **symétrie hermitienne**)

(ii) $\forall \lambda \in \mathbb{C},\ \forall (x,y,y') \in E^3,\quad \varphi(x,\lambda y + y') = \lambda\varphi(x,y) + \varphi(x,y')$
(φ est **linéaire par rapport à la 2ème place**)

(iii) $\forall x \in E,\quad \varphi(x,x) \in \mathbb{R}_+$

(iv) $\forall x \in E,\quad (\varphi(x,x) = 0 \Longleftrightarrow x = 0)$.

Remarques :

1) Si φ est un produit scalaire sur le $\mathbb{R}$-ev E, alors : $\forall \lambda \in \mathbb{R},\ \forall (x,x',y) \in E^3$,

$$\varphi(\lambda x + x', y) = \varphi(y, \lambda x + x') = \lambda\varphi(y,x) + \varphi(y,x') = \lambda\varphi(x,y) + \varphi(x',y).$$

On dit que φ est **linéaire par rapport à la 1re place.** Pour exprimer que φ est linéaire par rapport à la 1re et à la 2e places, on dit que φ est **bilinéaire**.

2) Si φ est un produit scalaire sur le $\mathbb{C}$-ev E, alors : $\forall \lambda \in \mathbb{C},\ \forall (x,x',y) \in E^3$,

$$\varphi(\lambda x + x', y) = \overline{\varphi(y, \lambda x + x')} = \overline{\lambda\varphi(y,x) + \varphi(y,x')} = \overline{\lambda}\varphi(x,y) + \varphi(x',y).$$

On dit que φ est **semi-linéaire par rapport à la 1re place.** Pour exprimer que φ est semi-linéaire par rapport à la 1re place et linéaire par rapport à la 2e place, on dit que φ est **sesquilinéaire**.

Lorsque φ est un produit scalaire, on note souvent $(x|y)$ ou $< x,y >$ ou $x.y$ à la place de $\varphi(x,y)$.

◆ **Définition 2**

1) Si φ est un produit scalaire sur le $\mathbb{R}$-ev E, l'application $\phi : \begin{array}{l} E \longrightarrow \mathbb{R} \\ x \longmapsto \varphi(x,x) \end{array}$ est appelée la **forme quadratique associée à** φ.

2) Si φ est un produit scalaire sur le $\mathbb{C}$-ev E, l'application $\phi : \begin{array}{l} E \longrightarrow \mathbb{R} \\ x \longmapsto \varphi(x,x) \end{array}$ est appelée la **forme hermitienne associée à** φ.

Avec les notations ci-dessus, on exprime :

- la condition (iii) $\forall x \in E, \quad \phi(x) \geqslant 0,$ par : ϕ est **positive**
- la condition (iv) $\forall x \in E, \quad (\phi(x) = 0 \Longleftrightarrow x = 0),$ par : ϕ est **définie.**

Ainsi, une application $\varphi : E^2 \longrightarrow \mathbb{R}$ (resp. $\mathbb{C}$) est un produit scalaire sur E si et seulement si : φ est bilinéaire symétrique (resp. sesquilinéaire à symétrie hermitienne) et la forme quadratique (resp. hermitienne) ϕ associée à φ est définie-positive.

◆ **Définition 3**

1) On appelle espace **préhilbertien réel** (resp. **complexe**) tout couple (E,φ) où E est un $\mathbb{R}$-ev (resp. $\mathbb{C}$-ev) et φ un produit scalaire sur E .

2) On appelle espace **euclidien** (resp. **hermitien**) tout espace préhilbertien réel (resp. complexe) de dimension finie.

EXEMPLES :

1) Produit scalaire usuel sur $\mathbb{K}^n$, $n \in \mathbb{N}^*$

L'application $\varphi : (\mathbb{K}^n)^2 \longrightarrow \mathbb{K}$ définie par : $\varphi((x_1,\dots,x_n),(y_1,\dots,y_n)) = \sum_{k=1}^{n} \overline{x_k} y_k$ est un produit scalaire sur $\mathbb{K}^n$, appelé **produit scalaire usuel** (ou : **canonique**) sur $\mathbb{K}^n$.

2) Produit scalaire canonique sur $\mathbf{M}_{n,p}(\mathbb{K})$

Rappels

- $\mathbf{M}_{n,p}(\mathbb{K})$ est le $\mathbb{K}$-ev des matrices à n lignes et p colonnes et à coefficients dans $\mathbb{K}$.
- Pour $A = (a_{ij})_{\substack{1 \leqslant i \leqslant n \\ 1 \leqslant j \leqslant p}} \in \mathbf{M}_{n,p}(\mathbb{K})$, on note A^* la **transconjuguée** de A, définie par : $A^* = {}^t\overline{A} = \left(\overline{a_{ij}}\right)_{\substack{1 \leqslant j \leqslant p \\ 1 \leqslant i \leqslant n}} \in \mathbf{M}_{p,n}(\mathbb{K})$.

  On remarque que, si $\mathbb{K} = \mathbb{R}$, alors $A^* = {}^tA$, transposée de A.

  On montre les formules :

$$(A + B)^* = A^* + B^*, \ (AB)^* = B^*A^*, \ (\lambda A)^* = \overline{\lambda}A^*, \ A^{**} = A.$$

- Pour $M = (m_{ij})_{1 \leqslant i,j \leqslant n} \in \mathbf{M}_n(\mathbb{K}) = \mathbf{M}_{n,n}(\mathbb{K})$, la **trace** de M, notée $\mathrm{tr}(M)$, est l'élément de $\mathbb{K}$ défini par : $\mathrm{tr}(M) = \sum_{i=1}^{n} m_{ii}$.

  On montre les formules :

$$\mathrm{tr}(A + B) = \mathrm{tr}(A) + \mathrm{tr}(B), \ \mathrm{tr}(\lambda A) = \lambda \mathrm{tr}(A), \ \mathrm{tr}(AB) = \mathrm{tr}(BA), \ \mathrm{tr}(A^*) = \overline{\mathrm{tr}(A)}.$$

Considérons l'application $\varphi : \begin{array}{l}(\mathbf{M}_{n,p}(\mathbb{K}))^2 \longrightarrow \mathbb{K} \\ (A,B) \longmapsto \mathrm{tr}(A^*B)\end{array}$.

(i) $$\varphi(B,A) = \mathrm{tr}(B^*A) = \mathrm{tr}((A^*B))^*) = \overline{\mathrm{tr}(A^*B)} = \overline{\varphi(A,B)}$$

(ii) $$\begin{aligned}\varphi(A,\lambda B + B') &= \mathrm{tr}(A^*(\lambda B + B')) = \mathrm{tr}(\lambda A^*B + A^*B') \\ &= \lambda \mathrm{tr}(A^*B) + \mathrm{tr}(A^*B') = \lambda\varphi(A,B) + \varphi(A,B')\end{aligned}$$

(iii) En notant $A = (a_{ij})_{ij}$, on a :

$$\varphi(A,A) = \mathrm{tr}(A^*A) = \sum_{i=1}^{n}\left(\sum_{j=1}^{p} a_{ij}\overline{a_{ij}}\right) = \sum_{\substack{1\leqslant i\leqslant n\\ 1\leqslant j\leqslant p}} |a_{ij}^2| \in \mathbb{R}_+$$

(iv) De même : $\varphi(A,A) = 0 \Longleftrightarrow \sum_{i,j} |a_{i,j}|^2 = 0$

$$\Longleftrightarrow \big(\forall (i,j) \in \{1,\dots,n\} \times \{1,\dots,p\}, a_{ij} = 0\big) \Longleftrightarrow A = 0.$$

Ainsi, φ est un produit scalaire sur $\mathbf{M}_{n,p}(\mathbb{K})$, appelée **produit scalaire canonique** sur $\mathbf{M}_{n,p}(\mathbb{K})$

Le produit scalaire canonique sur $\mathbf{M}_{n,1}(\mathbb{K})$ ou sur $\mathbf{M}_{1,n}(\mathbb{K})$ est, à la notation près, le produit scalaire usuel sur $\mathbb{K}^n$. Autrement dit, l'exemple **2)** généralise l'exemple **1)**.

3) Soient $(a,b) \in \mathbb{R}^2$, tel que $a < b$, et $E = C([a;b],\mathbb{K})$ le $\mathbb{K}$-ev des applications continues de $[a;b]$ dans $\mathbb{K}$. Considérons l'application $\varphi : \begin{array}{l} E^2 \longrightarrow \mathbb{K} \\ (f,g) \longmapsto \int_a^b \overline{f}g\end{array}$.

(i) $$\varphi(g,f) = \int_a^b \overline{g}f = \int_a^b \overline{\overline{f}g} = \overline{\int_a^b \overline{f}g} = \overline{\varphi(f,g)}$$

(ii) $$\begin{aligned}\varphi(f,\lambda g_1 + g_2) &= \int_a^b \overline{f}(\lambda g_1 + g_2) = \lambda \int_a^b \overline{f}g_1 + \int_a^b \overline{f}g_2 \\ &= \lambda\varphi(f,g_1) + \varphi(f,g_2)\end{aligned}$$

(iii) $$\varphi(f,f) = \int_a^b \overline{f}f = \int_a^b |f|^2 \in \mathbb{R}_+$$

(iv) $$\varphi(f,f) = 0 \Longleftrightarrow \int_a^b |f|^2 = 0 \Longleftrightarrow f = 0, \text{ car } f \text{ est continue}$$

(cf. Tome 1, 6.2.5 Cor. 4 p. 176).

Ceci montre que φ est un produit scalaire sur E.

4) Généralisation de l'exemple 3)

Avec les mêmes notations qu'en **3)**, soit $p \in E$ telle que :

$$\begin{cases} \forall x \in [a;b],\ p(x) \in \mathbb{R}_+ \\ \{x \in [a;b];\ p(x) = 0\} \text{ est fini (ou plus généralement, d'intérieur vide).} \end{cases}$$

L'application $\varphi_p : \begin{array}{ccc} E^2 & \longrightarrow & \mathbb{K} \\ (f,g) & \longmapsto & \int_a^b \overline{f} g p \end{array}$ est un produit scalaire sur E. En effet, les conditions (i), (ii), (iii) sont clairement satisfaites comme dans l'exemple **3)**, et, si $f \in E$ est telle que $\varphi(f,f) = 0$, alors $|f|^2 p = 0$, donc f s'annule sur $[a;b]$ sauf peut-être en un nombre fini de points (les zéros de p), puis f s'annule sur $[a;b]$ par continuité.

5) Variante de l'exemple 3)

Notons F l'ensemble des applications continues de $[0;+\infty[$ dans $\mathbb{R}$ et intégrables sur $[0;+\infty[$.

Pour tout (f,g) de E^2, fg est intégrable sur $[0;+\infty[$ (inégalité de Cauchy-Schwarz, Tome 2, 10.2.2 Prop. 7 p. 125), et l'application

$$\varphi : \begin{array}{ccc} E^2 & \longrightarrow & \mathbb{R} \\ (f,g) & \longmapsto & \displaystyle\int_0^{+\infty} f(x)g(x)\mathrm{d}x \end{array}$$

est un produit scalaire sur E.

6) Nous verrons (3.3.4 *4)* p. 264) que l'ensemble ℓ^2 des suites $(u_n)_{n\in\mathbb{N}}$ à éléments dans $\mathbb{K}$ telles que la série $\sum_{n\geqslant 0} |u_n|^2$ converge est un $\mathbb{K}$-ev et que l'application $\varphi : (\ell^2)^2 \longrightarrow \mathbb{K}$, définie par $\varphi((u_n)_{n\in\mathbb{N}},(v_n)_{n\in\mathbb{N}}) = \sum_{n=0}^{+\infty} \overline{u_n} v_n$, est un produit scalaire sur ℓ^2.

◆ **Proposition** Soient E un $\mathbb{K}$-ev, φ un produit scalaire sur E, ϕ la forme quadratique associée à φ. On a :

1) $\forall (n,p) \in (\mathbb{N}^*)^2$, $\forall (\lambda_1,\dots,\lambda_n) \in \mathbb{K}^n$, $\forall (\mu_1,\dots,\mu_p) \in \mathbb{K}^p$,
$\forall (x_1,\dots,x_n) \in E^n$, $\forall (y_1,\dots,y_p) \in E^p$,

$$\varphi\left(\sum_{i=1}^{n} \lambda_i x_i, \sum_{j=1}^{p} \mu_j y_j\right) = \sum_{\substack{1\leqslant i\leqslant n\\ 1\leqslant j\leqslant p}} \overline{\lambda_i}\mu_j \varphi(x_i,y_j)$$

2) $\forall (\lambda,\mu) \in \mathbb{K}^2$, $\forall (x,y) \in E^2$,
$\phi(\lambda x + \mu y) = |\lambda|^2\phi(x) + 2\mathrm{R\acute{e}}(\overline{\lambda}\mu\varphi(x,y)) + |\mu|^2\phi(y)$

3) $\forall \lambda \in \mathbb{K}$, $\forall x \in E$, $\phi(\lambda x) = |\lambda|^2\phi(x)$

4) $\forall (x,y) \in E^2$, $\phi(x+y) = \phi(x) + 2\mathrm{R\acute{e}}(\varphi(x,y)) + \phi(y)$

5) $\forall (x,y) \in E^2$, $\phi(x+y) + \phi(x-y) = 2(\phi(x) + \phi(y))$.

Preuve :

1) On voit, par récurrence sur n : $\forall Y \in E$, $\varphi\left(\sum_{i=1}^{n} \lambda_i x_i, Y\right) = \sum_{i=1}^{n} \overline{\lambda_i}\varphi(x_i,Y)$,

d'où : $$\varphi\left(\sum_{i=1}^{n} \lambda_i x_i, \sum_{j=1}^{p} \mu_j y_j\right) = \sum_{i=1}^{n} \overline{\lambda_i}\varphi\left(x_i, \sum_{j=1}^{p} \mu_j y_j\right)$$
$$= \sum_{i=1}^{n} \overline{\lambda_i}\left(\sum_{j=1}^{p} \mu_j \varphi(x_i,y_j)\right) = \sum_{\substack{1\leqslant i\leqslant n\\ 1\leqslant j\leqslant p}} \overline{\lambda_i}\mu_j \varphi(x_i,y_j).$$

2) Cas particulier de *1)*.

3) et *4)* Cas particuliers de *2)*.

5) $\begin{cases} \phi(x+y) = \phi(x) + 2\mathrm{R\acute{e}}(\varphi(x,y)) + \phi(y) \\ \phi(x-y) = \phi(x) - 2\mathrm{R\acute{e}}(\varphi(x,y)) + \phi(y) \end{cases}$, puis additionner. ■

Si (E,φ) est un espace préhilbertien **réel** et ϕ la forme quadratique associée à φ, on a, pour tout (x,y) de E^2 :

$$\varphi(x,y) = \frac{1}{2}\big(\phi(x+y) - \phi(x) - \phi(y)\big) \quad \text{et} \quad \varphi(x,y) = \frac{1}{4}\big(\phi(x+y) - \phi(x-y)\big).$$

Ces deux formules, appelées **identités de polarisation,** montrent que ϕ détermine entièrement φ ; φ est appelée la **forme polaire** de ϕ.

Pour le cas complexe, voir l'exercice 1.6.1 p. 94.

1.6.2 Inégalités, normes euclidiennes

◆ **Théorème 1** **(Inégalité de Cauchy-Schwarz)**

Soient (E,φ) un espace préhilbertien, $(x,y) \in E^2$; on a :

$$|\varphi(x,y)|^2 \leqslant \varphi(x,x)\varphi(y,y).$$

Preuve :

1) **Cas réel**

On a : $\forall \lambda \in \mathbb{R}, \quad \phi(x+\lambda y) \geqslant 0,$

d'où : $\forall \lambda \in \mathbb{R}, \quad \phi(y)\lambda^2 + 2\varphi(x,y)\lambda + \phi(x) \geqslant 0.$

- Si $\phi(y) \neq 0$, le trinôme $\lambda \mapsto \phi(y)\lambda^2 + 2\varphi(x,y)\lambda + \phi(x)$ est $\geqslant 0$ sur $\mathbb{R}$, donc de discriminant $\leqslant 0$: $(\varphi(x,y))^2 - \phi(x)\phi(y) \leqslant 0.$
- Si $\phi(y) = 0$, alors $y = 0$ et l'inégalité voulue est évidente.

2) **Cas complexe**

On a : $\forall \lambda \in \mathbb{C}, \quad \phi(x+\lambda y) \geqslant 0,$

d'où : $\forall \lambda \in \mathbb{C}, \quad \phi(y)|\lambda|^2 + 2\text{Ré}(\lambda\varphi(x,y)) + \phi(x) \geqslant 0.$

- Supposons $\phi(y) \neq 0$, et appliquons l'inégalité précédente à $\lambda = -\dfrac{\overline{\varphi(x,y)}}{\phi(y)}$:

$$\phi(y)\frac{|\varphi(x,y)|^2}{(\phi(y))^2} - 2\frac{|\varphi(x,y)|^2}{\phi(y)} + \phi(x) \geqslant 0,$$

d'où $\quad -|\varphi(x,y)|^2 + \phi(x)\phi(y) \geqslant 0.$

- Si $\phi(y) = 0$, alors $y = 0$ et l'inégalité voulue est évidente.

Remarque :

Le théorème précédent généralise l'inégalité $|\vec{x} \cdot \vec{y}| \leqslant ||\vec{x}||\,||\vec{y}||$ bien connue dans $\mathbb{R}^2$ usuel.

◆ **Proposition 1** **(Etude du cas d'égalité dans l'inégalité de Cauchy-Schwarz)**

Soient (E,φ) un espace préhilbertien, $(x,y) \in E^2$; on a :

$$|\varphi(x,y)|^2 = \varphi(x,x)\varphi(y,y) \iff (x,y) \text{ lié.}$$

Preuve :

1) Supposons (x,y) lié; par exemple, il existe $\alpha \in \mathbb{K}$ tel que $y = \alpha x$. On a alors :

$$|\varphi(x,y)|^2 = |\varphi(x,\alpha x)|^2 = |\alpha\varphi(x,x)|^2 = |\alpha|^2(\phi(x))^2$$

et $\quad \varphi(x,x)\varphi(y,y) = \phi(x)\phi(\alpha x) = |\alpha|^2(\phi(x))^2$, d'où l'égalité voulue.

2) Réciproquement, supposons : $|\varphi(x,y)|^2 = \varphi(x,x)\varphi(y,y)$.

- Si $y = 0$, alors (x,y) est lié.
- Supposons $y \neq 0$ (donc $\phi(y) \neq 0$). En notant $\lambda_0 = -\dfrac{\overline{\varphi(x,y)}}{\phi(y)}$, on a, d'après les calculs dans la preuve de l'inégalité de Cauchy-Schwarz :

$$\phi(x+\lambda_0 y) = \frac{1}{\phi(y)}(\phi(x)\phi(y) - |\varphi(x,y)|^2) = 0,$$

d'où $x + \lambda_0 y = 0,\quad (x,y)$ est lié.

◆ **Théorème 2** **(Inégalité de Minkowski)**

Soient (E,φ) un espace préhilbertien, ϕ la forme quadratique associée à φ ; on a :

$$\forall (x,y) \in E^2, \quad (\phi(x+y))^{\frac{1}{2}} \leqslant (\phi(x))^{\frac{1}{2}} + (\phi(y))^{\frac{1}{2}}.$$

Preuve :

$$\begin{aligned}
&(\phi(x+y))^{\frac{1}{2}} \leqslant (\phi(x))^{\frac{1}{2}} + (\phi(y))^{\frac{1}{2}} \\
\iff &\phi(x+y) \leqslant \phi(x) + 2(\phi(x)\phi(y))^{\frac{1}{2}} + \phi(y) \\
\iff &\text{Ré}(\varphi(x,y) \leqslant (\phi(x)\phi(y))^{\frac{1}{2}} \\
\iff &\left| \begin{array}{l} \text{Ré}(\varphi(x,y)) \leqslant 0 \\ \text{ou} \\ \begin{cases} \text{Ré}(\varphi(x,y)) \geqslant 0 \\ (\text{Ré}(\varphi(x,y)))^2 \leqslant \phi(x)\phi(y). \end{cases} \end{array} \right.
\end{aligned}$$

D'après l'inégalité de Cauchy-Schwarz :

$$(\text{Ré}(\varphi(x,y)))^2 \leqslant |\varphi(x,y)|^2 \leqslant \phi(x)\phi(y),$$

ce qui permet de conclure.

Remarque :

L'inégalité de Minkowski généralise l'inégalité triangulaire bien connue dans $\mathbb{R}^2$:

$$||\vec{x} + \vec{y}|| \leqslant ||\vec{x}|| + ||\vec{y}||.$$

◆ **Proposition 2** **(Etude du cas d'égalité dans l'inégalité de Minkowski)**

Soient (E,φ) un espace préhilbertien, ϕ la forme quadratique associée à φ ; on a, pour tout (x,y) de E^2 :

$$(\phi(x+y))^{\frac{1}{2}} = (\phi(x))^{\frac{1}{2}} + (\phi(y))^{\frac{1}{2}} \iff \left| \begin{array}{l} x = 0 \\ \text{ou} \\ (\exists \alpha \in \mathbb{R}_+,\ y = \alpha x). \end{array} \right.$$

On traduit cette dernière condition par : (x,y) est **positivement lié**.

Preuve :

1) S'il existe $\alpha \in \mathbb{R}_+$ tel que $y = \alpha x$, alors :

$$(\phi(x+y))^{\frac{1}{2}} = (\phi((1+\alpha)x))^{\frac{1}{2}} = (1+\alpha)(\phi(x))^{\frac{1}{2}}$$

et $\quad (\phi(x))^{\frac{1}{2}} + (\phi(y))^{\frac{1}{2}} = (\phi(x))^{\frac{1}{2}} + \alpha(\phi(x))^{\frac{1}{2}}.$

2) Réciproquement, supposons : $(\phi(x+y))^{\frac{1}{2}} = (\phi(x))^{\frac{1}{2}} + (\phi(y))^{\frac{1}{2}}$.

Le cas $x = 0$ étant d'étude immédiate, supposons $x \neq 0$. En reprenant le schéma de calcul dans la preuve de l'inégalité de Minkowski, on a :

$$(\phi(x+y))^{\frac{1}{2}} = (\phi(x))^{\frac{1}{2}} + (\phi(y))^{\frac{1}{2}} \iff \begin{cases} \text{Ré}(\varphi(x,y)) \geqslant 0 \\ \text{Ré}(\varphi(x,y))^2 = \phi(x)\phi(y). \end{cases}$$

Comme $(\text{Ré}(\varphi(x,y)))^2 \leqslant |\varphi(x,y)|^2 \leqslant \phi(x)\phi(y)$, on déduit qu'il y a égalité dans l'inégalité de Cauchy-Schwarz et donc (cf. Prop. 1 p. 91) il existe $\alpha \in \mathbb{K}$ tel que $y = \alpha x$.

On a alors $\varphi(x,y) = \alpha\phi(x)$, d'où : $\begin{cases} \text{Ré}(\alpha\phi(x)) \geqslant 0 \\ (\text{Ré}(\alpha\phi(x)))^2 = |\alpha|^2(\phi(x))^2 \end{cases}$

et donc $\begin{cases} \text{Ré}(\alpha) \geqslant 0 \\ (\text{Ré}(\alpha))^2 = |\alpha|^2 \end{cases}$, ce qui prouve $\alpha \in \mathbb{R}_+$.

◆ **Proposition-Définition 3** Soient (E,φ) un espace préhilbertien, ϕ la forme quadratique associée à φ. L'application $\begin{array}{rcl} ||.|| : E & \longrightarrow & \mathbb{R} \\ x & \longmapsto & (\phi(x))^{\frac{1}{2}} \end{array}$ est une norme sur E, appelée **norme euclidienne associée à** φ.

Preuve :

Les conditions $||\lambda x|| = |\lambda|\,||x||$ et $(||x|| = 0 \iff x = 0)$ sont immédiates;
l'inégalité triangulaire $||x+y|| \leqslant ||x|| + ||y||$ est l'inégalité de Minkowski. ■

Ainsi, tout espace préhilbertien est un evn. La distance associée est alors définie par :

$$d(x,y) = ||x-y|| = \sqrt{\phi(x-y)}.$$

Remarque

Avec les notations ci-dessus, on a vu (cf. 1.6.1 Prop. *5)* p. 90) :

$$\forall (x,y) \in E^2, \quad ||x+y||^2 + ||x-y||^2 = 2(||x||^2 + ||y||^2).$$

Cette formule est appelée **identité** (ou : **égalité**) **du parallélogramme**; si $ABCD$ est un parallélogramme d'un plan affine euclidien, alors :

$$AC^2 + BD^2 = 2(AB^2 + BC^2).$$

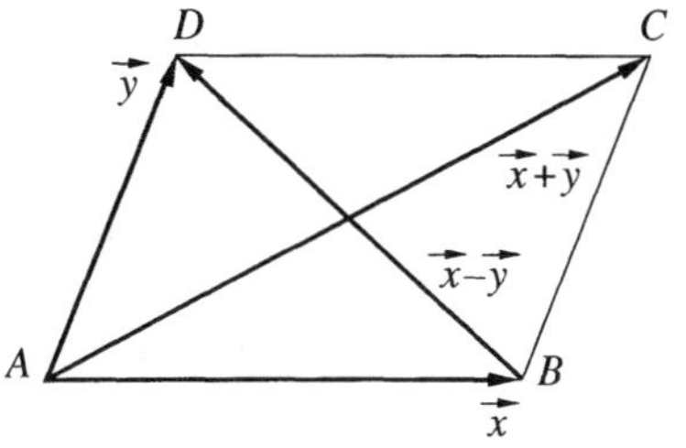

Il existe des evn ne vérifiant pas l'identité du parallélogramme, donc dont la norme ne peut pas être associée à un produit scalaire. Par exemple, dans $(\mathbb{R}^2, ||.||_\infty)$, en notant $x = (1,0)$, $y = (0,1)$, on a : $\quad ||x+y||_\infty^2 + ||x-y||_\infty^2 = 2 \quad$ et $\quad 2(||x||_\infty^2 + ||y||_\infty^2) = 4.$

◆ **Définition** On appelle **espace de Hilbert** tout espace préhilbertien complet (pour la norme associée au produit scalaire).

Remarques :

1) Tout espace préhilbertien de dimension finie est un espace de Hilbert (cf. 1.4.2 Th. 2 p. 72).

2) Il existe des espaces préhilbertiens non complets (cf. exercice 1.6.2).

3) ℓ^2 est un espace de Hilbert (cf. C 3.6 p. 308).

◆ **Proposition 3** Soit $(E, <.,.>)$ un espace préhilbertien.
L'application $\begin{array}{ccc} E^2 & \longrightarrow & \mathbb{K} \\ (x,y) & \longmapsto & <x,y> \end{array}$ est continue.

Preuve :

Soient $(x,y) \in E^2, (h,k) \in E^2$; on a :

$$\begin{aligned} |<x+h,y+k> - <x,y>| &= |<h,y> + <x,k> + <h,k>| \\ &\leqslant |<h,y>| + |<x,k>| + |<h,k>| \\ &\leqslant ||h||\,||y|| + ||x||\,||k|| + ||h||\,||k|| \underset{(h,k)\longrightarrow(0,0)}{\longrightarrow} 0. \end{aligned}$$

Exercices

◇ **1.6.1 Identité de polarisation dans le cas complexe**

Soient (E,φ) un espace préhilbertien complexe, ϕ la forme hermitienne associée à φ. Montrer :

$$\forall (x,y) \in E^2, \quad \varphi(x,y) = \frac{1}{4}\sum_{k=0}^{3} \mathrm{i}^{-k}\phi(x + \mathrm{i}^k y).$$

Ainsi, ϕ détermine entièrement φ.

◇ **1.6.2** Soient $E = C([0;1]), \mathbb{R}), <.,.>$ le produit scalaire défini par $<f,g> = \int_0^1 fg$, et $(f_n : [0;1] \longrightarrow \mathbb{R})_{n\in\mathbb{N}^*}$ la suite définie par :

$$\forall n \in \mathbb{N}^*, \quad \forall x \in [0;1], \quad f_n(x) = \begin{cases} \mathrm{Min}(n, x^{-\frac{1}{3}}) & \text{si } x \neq 0 \\ n & \text{si } x = 0 \end{cases}.$$

a) Montrer que $(f_n)_{n\in\mathbb{N}^*}$ est de Cauchy dans E.

b) Montrer que $(f_n)_{n\in\mathbb{N}^*}$ diverge dans E.

Ainsi, E est un espace préhilbertien non complet.

1.6.3 Orthogonalité

◆ **Définition 1** Soit $(E, < .,. >)$ un espace préhilbertien.

1) Soit $(x,y) \in E^2$; on dit que x est **orthogonal à** y, et on note $x \perp y$, si et seulement si : $< x,y > = 0$.

2) Soient $x \in E, A \in \mathfrak{P}(E)$; on dit que x est **orthogonal à** A, et on note $x \perp A$, si et seulement si : $\forall a \in A, < x,a > = 0$.

3) Pour toute A de $\mathfrak{P}(E)$, on définit l'**orthogonal** de A, noté $A^{\perp}$:

$$A^{\perp} = \{x \in E;\ \forall a \in A,\ < x,a > = 0\}.$$

4) Une famille $(x_i)_{i \in I}$ d'éléments de E est dite **orthogonale** si et seulement si :

$$\forall (i,j) \in I^2, (i \neq j \Longrightarrow < x_i, x_j > = 0).$$

5) Une famille $(x_i)_{i \in I}$ d'éléments de E est dite **orthonormale** si et seulement si :

$$\begin{cases} (x_i)_{i \in I} \text{ est orthogonale} \\ \forall i \in I, ||x_i|| = 1 \end{cases}.$$

◆ **Proposition 1** Soit $(E, < .,. >)$ un espace préhilbertien.

1) Pour toute partie A de E, $A^{\perp}$ est un sev de E.

2) $\forall (A,B) \in (\mathfrak{P}(E))^2, (A \subset B \Longrightarrow A^{\perp} \supset B^{\perp})$.

3) $\forall A \in \mathfrak{P}(E), A^{\perp} = (\text{Vect}(A))^{\perp}$ (où Vect(A) est le sev de E engendré par A).

4) $\forall A \in \mathfrak{P}(E), \quad A \subset A^{\perp\perp}$.

5) $E^{\perp} = \{0\}, \qquad \{0\}^{\perp} = E$.

6) $\forall A \in \mathfrak{P}(E), \quad A \cap A^{\perp} \subset \{0\}$.

7) Pour tous sev F, G de E :

$$(F+G)^{\perp} = F^{\perp} \cap G^{\perp}, \quad (F \cap G)^{\perp} \supset F^{\perp} + G^{\perp}.$$

Preuve :

1) • $(\forall a \in A, < 0,a > = 0)$, donc $0 \in A^{\perp}$.

• Si $\lambda \in \mathbb{K}$ et $(x,y) \in (A^{\perp})^2$, alors :
$\forall a \in A,\ < \lambda x + y, a > = \overline{\lambda} < x,a > + < y,a > = 0$, donc $\lambda x + y \in A^{\perp}$.

2) Supposons $A \subset B$ et soit $y \in B^{\perp}$. On a : $\forall b \in B, \quad < y,b >= 0$,
donc a fortiori : $\forall a \in A,\ < y,a > = 0$, d'où $y \in A^{\perp}$.

3) • $A \subset \mathrm{Vect}(A)$, donc $A^\perp \supset (\mathrm{Vect}(A))^\perp$, cf. *2)*.

• La propriété est évidente si $A = \varnothing$; supposons $A \neq \varnothing$. Soit $x \in A^\perp$; pour tout y de $\mathrm{Vect}(A)$, il existe $n \in \mathbb{N}^*, \lambda, \ldots, \lambda_n \in \mathbb{K}$, $a_1, \ldots, a_n \in A$ tels que $y = \sum_{i=1}^{n} \lambda_i a_i$, d'où :

$$< x,y > = < x, \sum_{i=1}^{n} \lambda_i a_i > = \sum_{i=1}^{n} \lambda_i < x,a_i > = 0,$$

et donc $x \in A^\perp$. On a ainsi montré : $A^\perp \subset (\mathrm{Vect}(A))^\perp$.

4) Soit $a \in A$. Comme : $\forall x \in A^\perp, \quad < a,x > = \overline{< x,a >} = 0$, on a : $a \in (A^\perp)^\perp$.

5) Evident.

6) Si $x \in A \cap A^\perp$, alors, en particulier, $< x,x > = 0$, d'où $x = 0$.

7) a) • $\begin{cases} F \subset F+G \\ G \subset F+G \end{cases} \Longrightarrow \begin{cases} F^\perp \supset (F+G)^\perp \\ G^\perp \supset (F+G)^\perp \end{cases} \Longrightarrow F^\perp \cap G^\perp \supset (F+G)^\perp.$

• Réciproquement, soit $x \in F^\perp \cap G^\perp$. On a : $\begin{cases} \forall f \in F, & < x,f > = 0 \\ \forall g \in G, & < x,g > = 0 \end{cases}$.

Pour tout h de $F + G$, il existe $(f,g) \in F \times G$ tel que $h = f + g$, et donc :

$$< x,h > = < x,f > + < x,g > = 0, \text{ d'où } x \in (F+G)^\perp.$$

b) $\begin{cases} F \cap G \subset F \\ F \cap G \subset G \end{cases} \Longrightarrow \begin{cases} (F \cap G)^\perp \supset F^\perp \\ (F \cap G)^\perp \supset G^\perp \end{cases} \Longrightarrow (F \cap G)^\perp \supset F^\perp + G^\perp.$

Remarques :

1) Il se peut qu'un sev F de E vérifie : $F \neq F^{\perp\perp}$ (cf. exercice 1.6.4 p. 99).

2) Il se peut que deux sev F,G de E vérifient : $(F \cap G)^\perp \neq F^\perp + G^\perp$ (cf. exercice 1.6.5 p. 99).

3) Si E est de dimension finie, alors $\dim(F^\perp) = \dim(E) - \dim(F)$ et on déduit :

- Pour tout sev F de E, $F^{\perp\perp} = F$
- Pour tous sev F,G de E, $(F \cap G)^\perp = F^\perp + G^\perp$ (cf. Tome 5, 10.2.1 p. 351).

◆ **Proposition 2** Pour toute partie A d'un espace préhilbertien E, $A^\perp$ est un sev fermé de E.

Preuve :

Soit $(x_n)_{n \in \mathbb{N}}$ une suite dans $A^\perp$, convergeant vers un élément x de E. On a :

$$\forall n \in \mathbb{N}, \ \forall a \in A, \quad < x_n,a >= 0,$$

d'où : $\forall a \in A$, $(\forall n \in \mathbb{N}, < x_n,a >= 0)$.

Comme $x_n \underset{n\infty}{\longrightarrow} x$ et que l'application $\begin{array}{c} E \longrightarrow \mathbb{K} \\ y \longmapsto < y,a > \end{array}$ est continue (cf. 1.6.1 Prop. 3 p. 94), on déduit $< x_n,a > \underset{n\infty}{\longrightarrow} < x,a >$, d'où $< x,a > = 0$, et finalement $x \in A^\perp$.

◆ **Proposition 3** Soient $(E,< .,. >)$ un espace préhilbertien, $(x_i)_{i\in I}$ une famille dans E.

Si $\left\{\begin{array}{l}(x_i)_{i\in I} \text{ est orthogonale}\\ \forall i \in I, \quad x_i \neq 0\end{array}\right|$, alors $(x_i)_{i\in I}$ est libre.

Preuve :

Soient $N \in \mathbb{N}^*$, $\lambda_1,\dots,\lambda_N \in \mathbb{K}$, $i_1,\dots,i_N \in I$ deux à deux distincts, tels que $\sum_{k=1}^{N}\lambda_k x_{i_k} = 0$.

Pour tout j de $\{1,\dots,N\}$, on a : $0 = < x_{i_j},\sum_{k=1}^{N}\lambda_k x_{i_k} > = \sum_{k=1}^{N}\lambda_k < x_{i_j},x_{i_k} > = \lambda_j ||x_{i_j}||^2$, d'où $\lambda_j = 0$.

◆ **Proposition 4** **(Théorème de Pythagore)**

1) **Cas réel**

Soit $(E,< .,. >)$ un espace préhilbertien réel; on a : $\forall (x,y) \in E^2$,

$$(x\perp y \iff ||x+y||^2 = ||x||^2 + ||y||^2 \iff ||x-y||^2 = ||x||^2 + ||y||^2).$$

2) **Cas complexe**

Soit $(E,< .,. >)$ un espace préhilbertien complexe : on a :

$$\forall (x,y) \in E^2, \left(x\perp y \Longrightarrow \left\{\begin{array}{l}||x+y||^2 = ||x||^2 + ||y||^2\\ ||x-y||^2 = ||x||^2 + ||y||^2\end{array}\right.\right).$$

Preuve : Il suffit de développer $||x+y||^2$ ou $||x-y||^2$ (cf. 1.6.1 Prop. *4)* p. 90).

◆ **Proposition 5** Soit $(E,< .,. >)$ un espace préhilbertien. On a, pour toute famille orthogonale finie $(x_i)_{i\in I}$ de E :

$$\left\|\sum_{i\in I} x_i\right\|^2 = \sum_{i\in I} ||x_i||^2.$$

Preuve :

Puisque $< x_i,y_j > = 0$ si $i \neq j$, on a :

$$\left\|\sum_{i\in I} x_i\right\|^2 = \sum_{(i,j)\in I^2} < x_i,x_j > = \sum_{i\in I} < x_i,x_i > = \sum_{i\in I} ||x_i||^2.$$

◆ **Proposition-Définition-Notation 6**

Soit $(E,< .,. >)$ un espace préhilbertien.

1) Soient $n \in \mathbb{N}^*$, $E_1,\dots,E_n$ des sev de E. Si les E_i $(1 \leqslant i \leqslant n)$ sont deux à deux orthogonaux, c'est-à-dire si : $\forall (i,j) \in \{1,\dots,n\}^2, \quad (i \neq j \Longrightarrow E_i \perp E_j)$, alors la somme $\sum_{i=1}^{n} E_i$ est directe; on dit que la somme $\sum_{i=1}^{n} E_i$ est **directe-orthogonale**, et on note $\overset{n}{\underset{i=1}{\bigcirc\!\!\!\!\perp}} E_i$ pour $\bigoplus_{i=1}^{n} E_i$.

2) Soit $(E_i)_{i\in I}$ une famille finie de sev de E. Si les E_i $(i \in I)$ sont deux à deux orthogonaux, alors la somme $\sum_{i\in I} E_i$ est directe; on dit que la somme $\sum_{i\in I} E_i$ est **directe-orthogonale**, et on note $\underset{i\in I}{\bigcirc\!\!\!\!\perp} E_i$ pour $\bigoplus_{i\in I} E_i$.

Preuve :

1) Soit $(x_1,\ldots,x_n) \in E_1 \times \ldots \times E_n$ tel que $\sum_{i=1}^{n} x_i = 0$. Pour tout j de $\{1,\ldots,n\}$, on a : $< \sum_{i=1}^{n} x_i, x_j > = 0$, c'est-à-dire $||x_j||^2 = 0$, et donc $x_j = 0$. Ceci montre que $\sum_{i=1}^{n} E_i$ est directe.

2) C'est une traduction de *1)*.

◆ **Définition 2** Soit $(E, <.,.>)$ un espace préhilbertien. Deux sev F,G de E sont dits **supplémentaires orthogonaux** si et seulement si :

$$\begin{cases} F \text{ et } G \text{ sont orthogonaux} \\ E = F + G \end{cases}.$$

Ceci revient à ce que E soit somme directe-orthogonale de F et G.

◆ **Définition 3** Soient $(E, <.,.>)$ un espace préhilbertien et p un projecteur de E (c'est-à-dire un endomorphisme de E tel que $p \circ p = p$). On dit que p est un **projecteur orthogonal** si et seulement si $\mathrm{Ker}(p)$ et $\mathrm{Im}(p)$ sont supplémentaires orthogonaux dans E.

◆ **Définition 4** Soient $(E, <.,.>)$ un espace préhilbertien et $E_1,\ldots,E_n$ des sev de E tels que E soit somme directe-orthogonale de $E_1,\ldots,E_n$. On appelle **projecteurs orthogonaux associés à la décomposition** $E = \overset{n}{\underset{i=1}{\bigcirc\!\!\!\!\perp}} E_i$ **de** E **en somme directe-orthogonale** les projecteurs p_i $(1 \leqslant i \leqslant n)$ sur E_i parallèlement à $\underset{\substack{1\leqslant j\leqslant n \\ j\neq i}}{\bigcirc\!\!\!\!\perp} E_j$.

Remarque :

Avec les notations ci-dessus, on a : $\sum_{i=1}^{n} p_i = \mathrm{Id}_E$ et, pour tout (i,j) de $\{1,\ldots,n\}^2$ tel que $i \neq j$, $p_i \circ p_j = p_j \circ p_i = 0$.

Exercices

◇ **1.6.3** Soient E un espace préhilbertien, F un sev de E ; montrer : $(\overline{F})^{\perp} = F^{\perp}$.

◇ **1.6.4*** Soient $E = C([0;1],\mathbb{R})$ muni du produit scalaire $(f,g) \mapsto \int_0^1 fg$, $c \in]0;1[$ fixé,

$$\varphi : \begin{array}{l} E \longrightarrow \mathbb{R} \\ f \longmapsto \int_0^c f \end{array}.$$

a) Montrer $\varphi \in E' = \mathcal{LC}(E,\mathbb{R})$, dual topologique de E ; on note $H = \mathrm{Ker}(\varphi)$.

b) Montrer que H est fermé, mais que $H^{\perp} = \{0\}$.

c) Montrer : $H^{\perp\perp} \neq H$.

◇ **1.6.5*** Soient $E = C([0;1],\mathbb{R})$ muni du produit scalaire $(f,g) \longmapsto \int_0^1 fg$,

$F = \{f \in E ; \forall x \in [0;\frac{1}{2}], f(x) = 0\}$, $G = \{g \in E ; \forall x \in [\frac{1}{2};1], g(x) = 0\}$. Montrer :

a) $F^{\perp} = G$ et $G^{\perp} = F$

b) $F^{\perp\perp} = F$ et $F \oplus F^{\perp} \neq E$

c) $(F \cap G)^{\perp} \neq F^{\perp} + G^{\perp}$.

◇ **1.6.6*** Soient E un espace préhilbertien, $f \in \mathcal{LC}(E)$ telle que $|||f||| \leqslant 1$; montrer :

$$\mathrm{Ker}(e - f) = (\mathrm{Im}(e - f))^{\perp}, \quad \text{où} \quad e = \mathrm{Id}_E.$$

1.6.4 Procédé d'orthogonalisation de Schmidt

Soient $(E, <.,.>)$ un espace préhilbertien, $(e_n)_{n\in\mathbb{N}}$ une famille libre dans E, que l'on suppose dans un premier temps indexée par $\mathbb{N}$. Nous allons construire une famille orthogonale $(V_n)_{n\in\mathbb{N}}$ de vecteurs de E tous $\neq 0$ telle que :

$$\forall n \in \mathbb{N}, \quad \mathrm{Vect}(e_0,\dots,e_n) = \mathrm{Vect}(V_0,\dots,V_n).$$

- Notons $V_0 = e_0 \neq 0$.
- Cherchons V_1 sous la forme : $V_1 = e_1 + \lambda_{1,0}V_0, \quad \lambda_{1,0} \in \mathbb{K}$ à trouver. On a :

$$\begin{aligned} V_1 \perp V_0 &\iff < V_0, e_1 + \lambda_{1,0}V_0 > = 0 \\ &\iff < V_0, e_1 > + \lambda_{1,0}||V_0||^2 = 0. \end{aligned}$$

Puisque $V_0 \neq 0$ il existe $\lambda_{1,0}$ convenant.

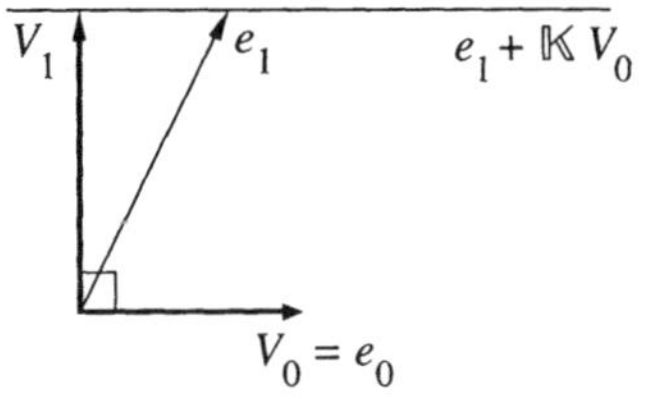

Si $V_1 = 0$, alors $e_1 \in \mathbb{K}V_0 = \mathbb{K}e_0$, contradiction avec (e_0,e_1) libre; donc $V_1 \neq 0$.
Enfin, il est clair que : $\mathrm{Vect}(e_0,e_1) = \mathrm{Vect}(V_0,V_1)$.

- Supposons construits $V_0,\dots,V_n$ tels que :

$$\begin{cases} (V_0,\dots,V_n) \text{ est une famille orthogonale à vecteurs tous } \neq 0 \\ \mathrm{Vect}(e_0,\dots,e_n) = \mathrm{Vect}(V_0,\dots,V_n). \end{cases}$$

Cherchons V_{n+1} sous la forme : $V_{n+1} = e_{n+1} + \sum_{k=0}^{n} \lambda_{n+1,k}V_k$,

où $\left(\lambda_{n+1,0},\dots\lambda_{n+1,n}\right) \in \mathbb{K}^{n+1}$ est à trouver.
On a :

$$\begin{aligned} &\forall i \in \{0,\dots,n\}, \quad V_{n+1} \perp V_i \\ \iff &\forall i \in \{0,\dots,n\}, \quad < V_i, e_{n+1} + \sum_{k=0}^{n} \lambda_{n+1,k}V_k > = 0 \\ \iff &\forall i \in \{0,\dots,n\}, \quad < V_i, e_{n+1} > + \sum_{k=0}^{n} \lambda_{n+1,k} < V_i, V_k > = 0 \\ \iff &\forall i \in \{0,\dots,n\}, \quad < V_i, e_{n+1} > + \lambda_{n+1,i}||V_i||^2 = 0. \end{aligned}$$

Puisque $V_0,\dots,V_n$ sont tous $\neq 0$, le système d'équations précédent admet une solution :

$$\forall i \in \{0,\dots,n\}, \quad \lambda_{n+1,i} = -\frac{< V_i, e_{n+1} >}{||V_i||^2}.$$

Considérons le vecteur V_{n+1} ainsi défini. Par construction, $(V_0,\dots,V_{n+1})$ est une famille orthogonale.

Si $V_{n+1} = 0$, alors :

$$e_{n+1} = -\sum_{k=0}^{n} \lambda_{n+1,k} V_k \in \text{Vect}(V_0,\dots,V_n) = \text{Vect}(e_0,\dots,e_n),$$

contradiction avec $(e_0,\dots,e_{n+1})$ libre. Donc $V_{n+1} \neq 0$.

Comme $V_{n+1} \in \text{Vect}(e_{n+1}, V_0,\dots V_n)$ et que $\text{Vect}(V_0,\dots,V_n) = \text{Vect}(e_0,\dots,e_n)$, on a : $V_{n+1} \in \text{Vect}(e_0,\dots,e_{n+1})$, et donc $\text{Vect}(V_0,\dots,V_{n+1}) \subset \text{Vect}(e_0,\dots,e_{n+1})$.

De même, $e_{n+1} \in \text{Vect}(V_0,\dots,V_n,V_{n+1})$ et $\text{Vect}(e_0,\dots,e_n) = \text{Vect}(V_0,\dots V_n)$,

d'où $\text{Vect}(e_0,\dots,e_{n+1}) \subset \text{Vect}(V_0,\dots,V_{n+1})$.

Finalement : $\text{Vect}(e_0,\dots,e_{n+1}) = \text{Vect}(V_0,\dots,V_{n+1})$.

Résumons l'étude :

◆ **Théorème 1** **(Orthogonalisation de Schmidt)**

Soient $(E,<.,.>)$ un espace préhilbertien, $(e_n)_{n\in\mathbb{N}}$ une famille libre dans E. Il existe une famille $(V_n)_{n\in\mathbb{N}}$ dans E telle que :

$$\begin{cases} (V_n)_{n\in\mathbb{N}} \text{ est orthogonale} \\ \forall n \in \mathbb{N}, \quad V_n \neq 0 \\ \forall n \in \mathbb{N}, \quad \text{Vect}(V_0,\dots,V_n) = \text{Vect}(e_0,\dots,e_n). \end{cases}$$

Remarque :

Dans le théorème précédent, il y a unicité de $(V_n)_{n\in\mathbb{N}}$ si on rajoute la condition :
$\forall n \in \mathbb{N}, <V_n,e_n> = 1.$ ■

En reprenant l'étude précédente pour une famille finie, il est clair que l'on obtient le résultat suivant :

◆ **Théorème 2** Soient $(E,<.,.>)$ un espace préhilbertien, $n \in \mathbb{N}^*$, $(e_1,\dots,e_n)$ une famille libre dans E. Il existe $(V_1,\dots,V_n) \in E^n$ tel que :

$$\begin{cases} V_1,\dots,V_n \text{ sont deux à deux orthogonaux} \\ \forall i \in \{1,\dots,n\}, \quad V_i \neq 0 \\ \forall i \in \{1,\dots,n\}, \quad \text{Vect}(V_1,\dots,V_i) = \text{Vect}(e_1,\dots,e_i). \end{cases}$$

Comme, dans la construction, V_i se décompose sur $e_i, V_1,\dots,V_{i-1}$, la matrice de passage de $(e_1,\dots,e_i)$ à $(V_1,\dots,V_i)$ est triangulaire supérieure à termes diagonaux égaux à 1.

1.6.5 Projection orthogonale sur un sous-espace vectoriel de dimension finie

Soient $(E,<.,.>)$ un espace préhilbertien, F un sev de dimension finie de $E, x \in E$.
Nous allons montrer qu'il existe un élément et un seul y de F tel que $(x-y)\perp F$,
puis étudier l'application $x \longmapsto y$.

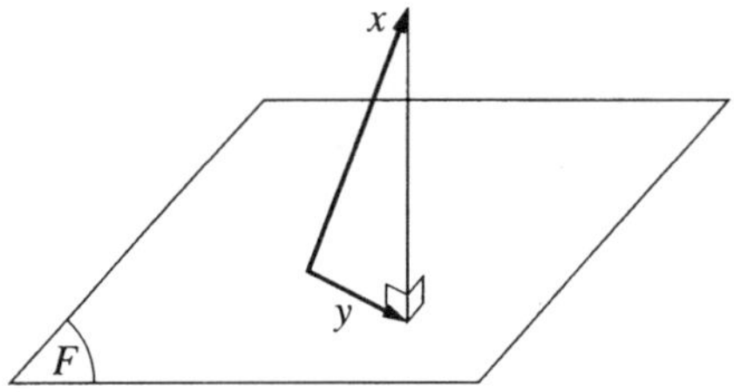

Puisque F est de dimension finie, F admet au moins une base $(e_1,\dots,e_n)$ (où $n=\dim(F)$).

D'après le procédé d'orthogonalisation de Schmidt (cf. 1.6.4 p. 101) et en normant les vecteurs obtenus, on voit que F admet au moins une base orthonormale $(f_1,\dots,f_n)$.

Soit $y \in F$ quelconque, $y = \sum_{i=1}^{n} y_i f_i$ sa décompositon sur $(f_1,\dots,f_n)$, où $(y_1,\dots,y_n) \in \mathbb{K}^n$.

On a :

$$\begin{aligned}
&(x-y)\perp F \\
\iff &\forall k \in \{1,\dots,n\}, \quad (x-y)\perp f_k \\
\iff &\forall k \in \{1,\dots,n\}, \quad < f_k, x - \sum_{i=1}^{n} y_i f_i > = 0 \\
\iff &\forall k \in \{1,\dots,n\}, \quad < f_k, x > - y_k = 0 \\
\iff &\forall k \in \{1,\dots,n\}, \quad y_k = < f_k, x > .
\end{aligned}$$

Résumons l'étude :

◆ **Théorème** **(Théorème de projection orthogonale sur un sev de dimension finie)**

Soient $(E,<.,.>)$ un espace préhilbertien, F un sev de dimension finie de E, $x \in E$. Il existe un élément et un seul y de F tel que $(x-y)\perp F$; il s'agit de $y = \sum_{k=1}^{n} < f_k, x > f_k$, où $(f_1,\dots,f_n)$ est n'importe quelle base orthonormale de F. Cet élément y est appelé la **projection orthogonale de** x **sur** F.

◆ **Proposition** Soient $(E, < .,. >)$ un espace préhilbertien, F un sev de dimension finie de E. On note $p_F : E \longrightarrow E$ l'application qui, à chaque x de E, associe l'unique élément y de F tel que $(x-y)\perp F$.

Alors :

1) p_F est un projecteur de E, c'est-à-dire : $p_F \in \mathcal{L}(E)$ et $p_F \circ p_F = p_F$

2) $\mathrm{Im}(p_F) = F$ et $\mathrm{Ker}(p_F) = F^{\perp}$

3) p_F est symétrique, c'est-à-dire :

$$\forall (x,x') \in E^2,\ < p_F(x), x' > = < x, p_F(x') >$$

4) $p_F \in \mathcal{LC}(E)$ et, si $F \neq \{0\}, |||p_F||| = 1$

5) L'application $\begin{array}{l} F \longrightarrow \mathbb{R} \\ f \longmapsto ||x-f|| \end{array}$ admet une borne inférieure, atteint celle-ci et l'atteint en $p_F(x)$ seulement.

L'application p_F est appelé le **projecteur orthogonal sur** F.

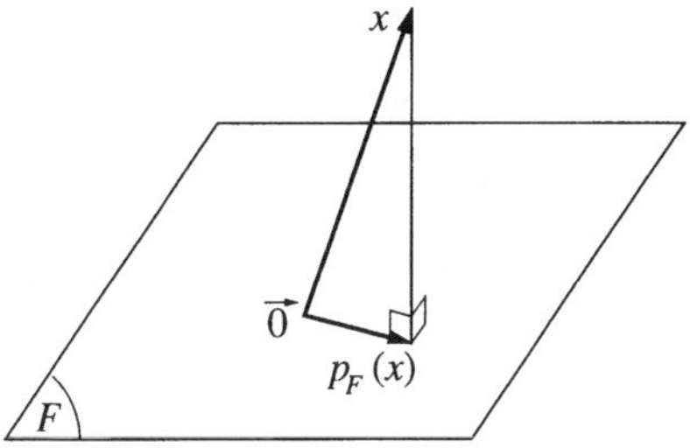

Preuve :

Utilisons les notations du Théorème p. 102.

1) • $\forall \lambda \in \mathbb{K},\ \forall (x,x') \in E^2,\quad p_F(\lambda x + x') = \sum_{k=1}^{n} < f_k, \lambda x + x' > f_k$

$$= \sum_{k=1}^{n} \lambda < f_k, x > f_k + \sum_{k=1}^{n} < f_k, x' > f_k = \lambda p_F(x) + p_F(x').$$

• Pour tout x de E, $p_F(x) \in F$ et donc $p_F(p_F(x)) = p_F(x)$.

2) • $(\forall z \in F, p_F(z) = z)$, donc $F \subset \mathrm{Im}(p_F)$.

• $(\forall x \in E, p_F(x) \in F)$, donc $\mathrm{Im}(p_F) \subset F$.

• $\mathrm{Ker}(p_F) = \{x \in E;\ p_F(x) = 0\} = \{x \in E;\ x \perp F\} = F^{\perp}$.

3)
$$\forall (x,x') \in E^2,\quad < p_F(x), x' > = < \sum_{k=1}^{n} < f_k, x > f_k, x' >$$

$$= \sum_{k=1}^{n} \overline{< f_k, x >} < f_k, x' > = \overline{\sum_{k=1}^{n} \overline{< f_k, x' >} < f_k, x >}$$

$$= \overline{< p_F(x'), x >} = < x, p_F(x') > .$$

4) • Soient $x \in E - \{0\}, y = p_F(x)$. Comme $(x-y)\perp F$, en particulier $(x-y)\perp y$, d'où (théorème de Pythagore) : $||x||^2 = ||x-y||^2 + ||y||^2$, et donc $||y|| \leqslant ||x||$.

Ceci prouve : $\forall x \in E, \quad ||p_F(x)|| \leqslant ||x||$.

Comme $p_F \in \mathcal{L}(E)$, il s'ensuit $p_F \in \mathcal{LC}(E)$ et $|||p_F||| \leqslant 1$ (cf. 1.2.6 Th. p. 52).

• Si $F \neq \{0\}$, il existe $f \in F$ tel que $f \neq 0$, et alors $p_F(f) = f$, d'où $|||p_F||| \geqslant 1$.

5) Soient $x \in E, f \in F$. Comme $(x - p_F(x))\perp(p_F(x) - f)$, le théorème de Pythagore donne :

$$||x-f||^2 = ||x - p_F(x)||^2 + ||p_F(x) - f||^2.$$

Ceci montre :

$$\begin{cases} ||x-f|| \geqslant ||x - p_F(x)|| \\ ||x-f|| = ||x-p_F(x)|| \iff ||p_F(x) - f|| = 0 \iff f = p_F(x). \end{cases}$$

En particulier, $d(x,F) = \operatorname*{Inf}_{f\in F} ||x-f|| = ||x - p_F(x)||$.

◆ **Corollaire** Pour tout sev F de dimension finie d'un espace préhilbertien E, on a :

$$F \oplus F^{\perp} = E.$$

Preuve :

Comme p_F est un projecteur, on a : $E = \mathrm{Im}(p_F) \oplus \mathrm{Ker}(p_F) = F \oplus F^{\perp}$.

Remarque :

Si F n'est pas de dimension finie, on a $F \cap F^{\perp} = \{0\}$ (cf. 1.6.3 Prop. 1 *6)* p. 95), mais on peut avoir $F + F^{\perp} \neq E$ (cf. exercice 1.6.5 p. 99).

Exercices

◇ **1.6.7** Soient $E = \mathbf{M}_2(\mathbb{R})$ muni du produit scalaire canonique, $F = \mathbf{T}_{2,s}(\mathbb{R})$ le sev des matrices triangulaires supérieures. Pour $A = \begin{pmatrix} a & b \\ c & d \end{pmatrix} \in E$, calculer la projection orthogonale de A sur F.

◇ **1.6.8** Soient $E = \mathbf{M}_3(\mathbb{R})$ muni du produit scalaire canonique, F le sev des matrices anti-symétriques, $M = \begin{pmatrix} 0 & 1 & 0 \\ 0 & 0 & 1 \\ 0 & 0 & 0 \end{pmatrix}$. Déterminer la projection orthogonale de M sur F et calculer la distance de M à F.

1.6.6 Norme d'un endomorphisme d'un espace euclidien

Soient $(E, <.,.>)$ un espace euclidien (c'est-à-dire préhilbertien réel de dimension finie), $|| \cdot ||$ la norme associée à $<.,.>$.

Rappelons quelques définitions et résultats d'Algèbre (cf. Tome 6, 5.2 p. 164) :

- Pour tout endomorphisme f de E, il existe un endomorphisme et un seul de E, appelé **adjoint** de f et noté f^*, tel que :

$$\forall (x,y) \in E^2, \quad < f(x), y > = < x, f^*(y) > .$$

- On a, pour tout λ de $\mathbb{R}$ et tous f, g de $\mathcal{L}(E)$:

$$(\lambda f + g)^* = \lambda f^* + g^*, \quad (\mathrm{Id}_E)^* = \mathrm{Id}_E, \quad (g \circ f)^* = f^* \circ g^*, \quad (f^*)^* = f.$$

- Pour tout f de $\mathcal{L}(E)$ et toute b.o.n. $\mathcal{B}$ de E, on a :

$$\mathrm{Mat}_{\mathcal{B}}(f^*) = {}^{\mathrm{t}}\big(\mathrm{Mat}_{\mathcal{B}}(f)\big).$$

- Pour tout f de $\mathcal{L}(E)$:

$$\mathrm{rg}(f^*) = \mathrm{rg}(f), \quad \mathrm{tr}(f^*) = \mathrm{tr}(f), \quad \det(f^*) = \det(f), \quad \mathrm{Sp}_{\mathbb{R}}(f^*) = \mathrm{Sp}_{\mathbb{R}}(f).$$

- On dit qu'un endomorphisme f de E est **symétrique** (ou : **auto-adjoint**) si et seulement si : $f^* = f$.

- Un endomorphisme symétrique f de E est dit **symétrique positif** si et seulement si :

$$\forall x \in E, \quad < x, f(x) > \geqslant 0.$$

- Pour tout endomorphisme symétrique f de E, il existe une b.o.n. de E dans laquelle la matrice de f est diagonale (réelle).

- Pour qu'un endomorphisme symétrique f de E soit symétrique positif, il faut et il suffit que :

$$\mathrm{Sp}_{\mathbb{R}}(f) \subset \mathbb{R}_+.$$

Rappelons aussi (cf. 1.2.6 p. 53 et 1.3.2 Prop. 1 p. 65) :

- Tout endomorphisme de E est continu : $\mathcal{L}(E) = \mathcal{LC}(E)$.
- Pour tout f de $\mathcal{L}(E)$, on note $|||f||| = \underset{||x|| \leqslant 1}{\mathrm{Sup}} ||f(x)||$.

◆ **Proposition 1** **(Caractérisation variationnelle de $|||f|||$)**

$$\forall f \in \mathcal{L}(E), \quad |||f||| = \underset{||x|| \leqslant 1, ||y|| \leqslant 1}{\mathrm{Sup}} | < f(x), y > |.$$

Preuve :

1) Soit $(x,y) \in E^2$ tel que $||x|| \leqslant 1$ et $||y|| \leqslant 1$. D'après l'inégalité de Cauchy-Schwarz :

$$| < f(x), y > | \leqslant ||f(x)|| \, ||y|| \leqslant |||f||| \, ||x|| \, ||y|| \leqslant |||f|||.$$

Ceci montre que $\underset{||x|| \leqslant 1, ||y|| \leqslant 1}{\mathrm{Sup}} | < f(x), y > |$ existe et est $\leqslant |||f|||$.

2) Soit $x \in E$ tel que $||x|| \leqslant 1$.

Si $f(x) \neq 0$, en notant $y = \dfrac{f(x)}{||f(x)||}$, on a :

$$||x|| \leqslant 1,\ ||y|| \leqslant 1, \quad |<f(x),y>| = ||f(x)||.$$

Si $f(x) = 0$, en notant $y = 0$, on a :

$$||x|| \leqslant 1,\ ||y|| \leqslant 1, \quad |<f(x),y>| = 0 = ||f(x)||.$$

Ceci montre que, pour tout x de E tel que $||x|| \leqslant 1$, il existe $y \in E$ tel que :

$$||y|| \leqslant 1 \quad \text{et} \quad ||f(x)|| \leqslant |<f(x),y>|.$$

Il en résulte : $|||f||| < \underset{||x||\leqslant 1, ||y||\leqslant 1}{\operatorname{Sup}} |<f(x),y>|$.

◆ **Proposition 2** Pour tout endomorphisme symétrique positif f de E, on a :

$$|||f||| = \underset{||x||\leqslant 1}{\operatorname{Sup}} <f(x),x> = \rho(f),$$

où $\rho(f)$ désigne le rayon spectral de f.

Par définition, $\rho(f) = \underset{\lambda \in \mathrm{Sp}_{\mathbb{C}}(f)}{\operatorname{Max}} |\lambda|$. Comme f est symétrique positif, on a :

$$\rho(f) = \underset{\lambda \in \mathrm{Sp}_{\mathbb{R}}(f)}{\operatorname{Max}} \lambda \geqslant 0.$$

Preuve :

On sait qu'il existe une b.o.n. $\mathcal{B} = (e_1, \ldots, e_n)$ de E formée de vecteurs propres de f. Pour chaque k de $\{1, \ldots, n\}$, notons λ_k la valeur propre de f associée au vecteur propre e_k.

Soit $x \in E$ tel que $||x|| \leqslant 1$, et notons $x = \sum_{k=1}^{n} x_k e_k$.

On a :

$$f(x) = \sum_{k=1}^{n} \lambda_k x_k e_k, \quad ||f(x)|| = \left(\sum_{k=1}^{n} \lambda_k^2 x_k^2\right)^{\frac{1}{2}}, \quad <f(x),x> = \sum_{k=1}^{n} \lambda_k x_k^2.$$

Comme : $\left(\sum_{k=1}^{n} \lambda_k^2 x_k^2\right)^{\frac{1}{2}} \leqslant \left(\sum_{k=1}^{n} (\rho(f))^2 x_k^2\right)^{\frac{1}{2}} = \rho(f) \left(\sum_{k=1}^{n} x_k^2\right)^{\frac{1}{2}} \leqslant \rho(f)$

et : $\quad \sum_{k=1}^{n} \lambda_k x_k^2 \leqslant \sum_{k=1}^{n} \rho(f) x_k^2 = \rho(f) \sum_{k=1}^{n} x_k^2 \leqslant \rho(f)$,

on déduit : $|||f||| \leqslant \rho(f)$ et $\underset{||x||\leqslant 1}{\operatorname{Sup}} <f(x),x> \leqslant \rho(f)$.

D'autre part, il existe $k_0 \in \{1, \ldots, n\}$ tel que $\rho(f) = \lambda_{k_0}$, et alors $f(e_{k_0}) = \rho(f) e_{k_0}$, d'où $||f(e_k)|| = \rho(f)$ et $<f(e_{k_0}), e_{k_0}> = \rho(f)$, et donc :

$$\rho(f) \leqslant |||f||| \quad \text{et} \quad \rho(f) \leqslant \underset{||x||\leqslant 1}{\operatorname{Sup}} <f(x),x>.$$

◆ **Proposition 3**

1) $\forall f \in \mathcal{L}(E), \qquad |||f^*||| = |||f|||.$

2) $\forall f \in \mathcal{L}(E), \qquad |||f^* \circ f||| = |||f|||^2.$

Preuve :

1) D'après la Prop. 1 appliquée à f^* puis à f :

$$|||f^*||| = \underset{||x||\leqslant 1, ||y||\leqslant 1}{\text{Sup}} \left| < f^*(x), y > \right| = \underset{||x||\leqslant 1, ||y||\leqslant 1}{\text{Sup}} \left| < x, f(y) > \right| = |||f|||.$$

2) Il est clair que $f^* \circ f$ est symétrique positif, d'où, en appliquant la Prop. 2 à $f^* \circ f$:

$$|||f^* \circ f||| = \underset{||x||\leqslant 1}{\text{Sup}} < f^* \circ f(x), x >= \underset{||x||\leqslant 1}{\text{Sup}} < f(x), f(x) > = \left(\underset{||x||\leqslant 1}{\text{Sup}} ||f(x)|| \right)^2 = |||f|||^2.$$

Exercices

◇ **1.6.9** Soit $n \in \mathbb{N}^*$. On munit $\mathbf{M}_n(\mathbb{R})$ du produit scalaire canonique, et on note
$f : \underset{A \longmapsto {}^t A}{\mathbf{M}_n(\mathbb{R}) \longrightarrow \mathbf{M}_n(\mathbb{R})}$.
Quel est l'adjoint f^* de f ?

◇ **1.6.10** Soit $n \in \mathbb{N}^*$. On munit $\mathbf{M}_n(\mathbb{R})$ du produit scalaire canonique.

a) Pour $A, B \in \mathbf{M}_n(\mathbb{R})$, on note $f_A : \underset{M \longmapsto AM}{\mathbf{M}_n(\mathbb{R}) \longrightarrow \mathbf{M}_n(\mathbb{R})}$ et $g_B : \underset{M \longmapsto MB}{\mathbf{M}_n(\mathbb{R}) \longrightarrow \mathbf{M}_n(\mathbb{R})}$. Déterminer les adjoints f_A^* et g_B^*.

b) Soit $A \in \mathbf{M}_n(\mathbb{R})$; on note $h_A : \underset{M \longmapsto \text{tr}(M)A}{\mathbf{M}_n(\mathbb{R}) \longrightarrow \mathbf{M}_n(\mathbb{R})}$. Déterminer h_A^*.

◇ **1.6.11** Soient $(E, < .,. >)$ un espace euclidien, $f \in \mathcal{L}(E)$ tel que $f^2 = 0$. Montrer :

$$\text{Ker}(f) \subset \text{Im}(f) \Longleftrightarrow f + f^* \in \mathcal{GL}(E).$$

Compléments

◇ C 1.1* Théorème de Riesz

I Soit $(E, ||\cdot||)$ un evn dont la boule unité fermée $B = B'(0; 1)$ soit compacte.

*1)*Montrer qu'il existe $n \in \mathbb{N}^*$, $a_1, \ldots, a_n \in E$ tels que $B = \bigcup_{i=1}^{n} B\left(a_i; \frac{1}{2}\right)$.

On note $V = \mathrm{Vect}(\{a_i;\ 1 \leqslant i \leqslant n\})$ le sous-espace vectoriel de dimension finie de E engendré par $a_1, \ldots, a_n$. On se propose de montrer $V = E$, en raisonnant par l'absurde. On suppose donc qu'il existe $x \in E$ tel que $x \notin V$.

*2)*Montrer $d(x, V) > 0$; on note désormais $\varepsilon = d(x, V)$.

3) Montrer qu'il existe $y \in V$ tel que $\varepsilon \leqslant ||x - y|| \leqslant \frac{3}{2}\varepsilon$; on note désormais $z = \frac{1}{||x - y||}(x - y)$.

4) Montrer qu'il existe $i \in \{1, \ldots, n\}$ tel que $||z - a_i|| \leqslant \frac{1}{2}$.

*5)*Etablir $||x - y|| \cdot ||z - a_i|| \geqslant \varepsilon$ et conclure à une contradiction.

On a ainsi prouvé le ***théorème de Riesz*** (un sens étant connu) : un evn est de dimension finie si et seulement si sa boule unité fermée est compacte.

II *Quelques conséquences du théorème de Riesz*

1) Montrer que, dans un evn de dimension infinie, aucune sphère n'est compacte.

2) Montrer que, dans un evn de dimension infinie, tout compact est d'intérieur vide.

3) Soient $(E, ||\cdot||)$ un evn de dimension infinie, et $f \in \mathcal{LC}(E)$ telle que, pour toute partie bornée B de E, $\overline{f(B)}$ soit une partie compacte de E. Montrer que f n'a pas d'inverse pour la loi $\circ$ dans $\mathcal{LC}(E)$.

◇ C 1.2 Caractérisation de la continuité pour une application multilinéaire

Soient $n \in \mathbb{N}^*$, $E_1, \ldots, E_n, F$ des $\mathbb{K}$-evn, $\varphi : E_1 \times \ldots \times E_n \longrightarrow F$ une application n-linéaire.

Montrer que les deux propriétés suivantes sont équivalentes :

(i) φ est continue

(ii) $\exists M \in \mathbb{R}_+, \forall (x_1, \ldots, x_n) \in E_1 \times \ldots \times E_n,\quad ||\varphi(x_1, \ldots, x_n)||_F \leqslant M ||x_1||_{E_1} \cdot \ldots \cdot ||x_n||_{E_n}$.

◇ C 1.3 Projection orthogonale sur un convexe complet

I Soit $(E, <.,.>)$ un espace préhilbertien complexe; on note $||\cdot||$ la norme et d la distance associées à $<.,.>$.

A) Soit C une partie convexe complète non vide de E.

1) Montrer : $\forall x \in E, \exists ! y_0 \in C, ||x - y_0|| = \operatorname*{Inf}_{y \in C} ||x - y||$. Pour l'existence, on pourra considérer la suite $\left(B'\left(x; d + \frac{1}{n}\right) \cap C\right)_{n \in \mathbb{N}^*}$, où $d = d(x, C)$.

Pour l'existence et l'unicité, on pourra utiliser l'égalité du parallélogramme (1.6.2 Remarque p. 93).

On note $p_C : \begin{matrix} E \longrightarrow E \\ x \longmapsto y_0 \end{matrix}$ l'application ainsi définie, appelée **projection orthogonale sur** C.

2) Etablir : $\forall x \in E, \forall y \in C, \mathrm{Ré}(< x - p_C(x), y - p_C(x) >) \leqslant 0$.

3) Montrer : *a)* p_C est 1-lipschitzienne

b) $p_C \circ p_C = p_C$

c) $p_C(E) = C$.

B) Soit F un sev complet de E.

1) Montrer : $\forall x \in E,\ \forall y \in F,\ < x - p_F(x),\ y > = 0$.

2) En déduire que p_F est linéaire.

3) Montrer :

a) $p_F \in \mathcal{LC}(E)$

b) $|||p_F||| = 1$ si $F \neq \{0\}$

c) $\mathrm{Im}(p_F) = F,\ \mathrm{Ker}(p_F) = F^{\perp},\quad F \oplus F^{\perp} = E$.

4) Montrer que, si F, G sont des sev complets de E tels que $G \subset F$, alors :

$$p_F \circ p_G = p_G \circ p_F = p_G.$$

II *Application aux espaces de Hilbert*

Soit H un espace de Hilbert.

1) a) Montrer que, pour tout sev fermé F de H : $F \oplus F^{\perp} = H$.

b) Etablir, pour tout sev F de H : $F^{\perp\perp} = \overline{F}$.

c) En déduire, pour toute partie A de H : $A^{\perp\perp} = \overline{\mathrm{Vect}(A)}$.

2) On note H' le dual topologique de H (c'est-à-dire $H' = \mathcal{LC}(H, \mathbb{K})$, cf. 1.2.6 p. 53).

Pour tout x de H, on considère $\varphi_x : \begin{array}{c} H \longrightarrow \mathbb{K} \\ y \longmapsto <x, y> \end{array}$.

Montrer : $\forall x \in H,\ \varphi_x \in H'$.

On note $\phi : \begin{array}{c} H \longrightarrow H' \\ x \longmapsto \varphi_x \end{array}$. Démontrer que ϕ est une *isométrie semi-linéaire*, c'est-à-dire :

$$\begin{cases} \forall \alpha \in \mathbb{C},\ \forall (x_1, x_2) \in H^2, \quad \phi(\alpha x_1 + x_2) = \overline{\alpha}\phi(x_1) + \phi(x_2) \\ \forall x \in H, \quad |||\phi(x)||| = ||x|| \\ \phi \text{ est surjective.} \end{cases}$$

◇ C 1.4 Adjoint d'un endomorphisme d'un espace préhilbertien

Soit $(E, < .,. >)$ un espace préhilbertien.

Soit $f \in \mathcal{L}(E)$; on dit que f **admet un adjoint** si et seulement s'il existe $g \in \mathcal{L}(E)$ tel que :

$$\forall (x,y) \in E^2,\ < f(x), y > = < x, g(y) >.$$

1) Montrer que, si un élément f de $\mathcal{L}(E)$ admet un adjoint, alors f admet un adjoint et un seul.

On note f^* l'**adjoint** de f, s'il existe.

(Pour un exemple d'endomorphisme continu n'admettant pas d'adjoint, cf. C 3.6 *5)* p. 309).

2) Soient $\lambda \in \mathbb{K}$, $f, g \in \mathcal{L}(E)$ admettant des adjoints. Montrer :

a) $f + g$ admet un adjoint et $(f+g)^* = f^* + g^*$

b) λf admet un adjoint et $(\lambda f)^* = \overline{\lambda} f^*$

c) $g \circ f$ admet un adjoint et $(g \circ f)^* = f^* \circ g^*$

d) f^* admet un adjoint et $(f^*)^* = f$.

3) Soient F un sev de E, $f \in \mathcal{L}(E)$ admettant un adjoint et tel que $f(F) \subset F$. Montrer : $f^*(F^{\perp}) \subset F^{\perp}$.

4) Soit $f \in \mathcal{L}(E)$ admettant un adjoint. Montrer :

(i) $\text{Ker}(f) = (\text{Im}(f^*))^\perp$

(ii) $\text{Ker}(f^*) = (\text{Im}(f))^\perp$

(iii) $\text{Im}(f) \subset (\text{Ker}(f^*))^\perp$

(iv) $\text{Im}(f^*) \subset (\text{Ker}(f))^\perp$.

Pour un exemple où les inclusions (iii) et (iv) sont strictes, voir C 3.6 *4)* p. 309.

5) Soient $f, g \in \mathcal{L}(E)$ tels que f admette un adjoint et que $f^* \circ g = 0$. Montrer :

$$\text{Ker}(f + g) = \text{Ker}(f) \cap \text{Ker}(g).$$

6) Soit $f \in \mathcal{LC}(E)$ tel que f admette un adjoint. Montrer :

a) $f^* \in \mathcal{LC}(E)$

b) $|||f^*||| = |||f|||$

c) $|||f^* \circ f||| = |||f \circ f^*||| = |||f|||^2$.

7) Démontrer que, si H est un espace de Hilbert, alors tout élément f de $\mathcal{LC}(H)$ admet un adjoint (utiliser C 1.3 II *2)* p.109).

Chapitre 2

Fonctions vectorielles d'une variable réelle

$\mathbb{K}$ désigne $\mathbb{R}$ ou $\mathbb{C}$.

Le but de ce chapitre 2 est de généraliser aux fonctions d'une variable réelle et à valeurs dans un evn de dimension finie l'étude des fonctions d'une variable réelle et à valeurs réelles vue dans les Tomes 1 et 2, chapitres 4 à 10 : limite, continuité, dérivation, intégration, comparaison locale. Pour $X \in \mathfrak{P}(\mathbb{R})$, la différence essentielle entre l'étude des fonctions de X dans $\mathbb{R}$ et celle des fonctions de X dans E (où E est un evn) réside dans la structure ordonnée de $\mathbb{R}$, qui n'a pas *a priori* d'analogue dans E.

Dans tout ce ch. 2, E désigne un $\mathbb{K}$-evn de dimension finie N, dont la norme est notée $||\cdot||$. Le $\mathbb{K}$-ev E peut éventuellement être muni d'une base $\mathcal{B} = (e_1,\ldots,e_N)$. Rappelons que toutes les normes sur E sont équivalentes (1.3.2 Th. 1, p. 64).

2.1 Généralités

Nous allons ici généraliser ou adapter les définitions et résultats du ch. 4 du Tome 1 (fonctions réelles d'une variable réelle).

Dans § 2.1, X désigne une partie non vide de $\mathbb{R}$ (souvent, X sera un intervalle de $\mathbb{R}$).

2.1.1 Structure de E^X

1) $\mathbb{K}$*-ev* E^X

On munit l'ensemble E^X des applications de X dans E d'une loi interne notée $+$ et d'une loi externe notée par l'absence de symbole, définies par :

$$\begin{cases} \forall f,g \in E^X, \forall t \in X, \quad (f+g)(t) = f(t) + g(t) \\ \forall \lambda \in \mathbb{K}, \forall f \in E^X, \forall t \in X, \quad (\lambda f)(t) = \lambda f(t). \end{cases}$$

Lorsque $E = \mathbb{K}$, on munit de plus $\mathbb{K}^X$ d'une seconde loi interne, notée par l'absence de symbole, définie par :

$$\forall f,g \in \mathbb{K}^X, \forall t \in X, \quad (fg)(t) = f(t)g(t).$$

La proposition suivante est immédiate.

◆ **Proposition**

1) E^X est un $\mathbb{K}$-ev

2) $\mathbb{K}^X$ est une $\mathbb{K}$-algèbre unitaire, associative, commutative.

2) Autres opérations

1) Pour $f \in E^X$, on peut noter $||f|| : \begin{array}{ccc} X & \longrightarrow & \mathbb{R} \\ t & \longmapsto & ||f(t)|| \end{array}$, au risque d'une confusion avec, par exemple, $||f||_\infty = \operatorname*{Sup}_{t \in X} ||f(t)||$ si cette borne supérieure existe (cf. 2.1.4 p. 116).

Dans les cas particuliers $E = \mathbb{R}$, $E = \mathbb{C}$, on retrouve la notation $|f| : \begin{array}{ccc} X & \longrightarrow & \mathbb{R} \\ t & \longmapsto & |f(t)| \end{array}$, où $|\cdot|$ désigne la valeur absolue ou le module.

2) Soit $g \in \mathbb{K}^X$; si $(\forall x \in X, g(x) \neq 0)$, on note $\dfrac{1}{g} : X \longrightarrow \mathbb{K}$ l'application définie par :

$$\forall t \in X, \quad \left(\frac{1}{g}\right)(t) = \frac{1}{g(t)}.$$

Si de plus $f \in \mathbb{K}^X$, on note $\dfrac{f}{g} = f\,\dfrac{1}{g}$.

3) Pour $f \in \mathbb{C}^X$, on note $\overline{f} : \begin{array}{ccc} X & \longrightarrow & \mathbb{C} \\ t & \longmapsto & \overline{f(t)} \end{array}$.

On vérifie aisément les formules suivantes, pour tous $\lambda \in \mathbb{C}$, $f,g \in \mathbb{C}^X$:

$$\overline{\overline{f}} = f, \quad \overline{f+g} = \overline{f} + \overline{g}, \quad \overline{\lambda f} = \overline{\lambda}\,\overline{f}, \quad \overline{fg} = \overline{f}\,\overline{g}.$$

4) Si E est muni d'un produit scalaire $(.|.)$, pour $f,g \in E^X$, on note $(f \mid g) : X \longrightarrow \mathbb{K}$ l'application définie par :

$$\forall t \in X, \quad (f \mid g)(t) = (f(t) \mid g(t)).$$

On vérifie aisément les formules suivantes, pour tous $\lambda \in \mathbb{K}$, $f,g,g_1,g_2 \in E^X$:

$$(g \mid f) = \overline{(f \mid g)}, \quad (f \mid g_1 + \lambda g_2) = (f \mid g_1) + \lambda(f \mid g_2).$$

5) Lorsque E est un espace vectoriel euclidien orienté de dimension 3 sur $\mathbb{R}$, pour $f,g \in E^X$, on note $f \wedge g : X \longrightarrow E$ l'application définie par :

$$\forall t \in X, \quad (f \wedge g)(t) = f(t) \wedge g(t).$$

On vérifie aisément les formules suivantes, pour tous $\lambda \in \mathbb{R}$, $f,g,g_1,g_2 \in E^X$:

$$g \wedge f = -f \wedge g, \quad f \wedge (g_1 + \lambda g_2) = f \wedge g_1 + \lambda f \wedge g_2.$$

3) *Applications composantes*

Supposons que E soit muni d'une base $\mathcal{B} = (e_1,\dots,e_N)$. Pour tout y de E, il existe $(y_1,\dots,y_N) \in \mathbb{K}^N$ unique tel que $y = \sum_{j=1}^{N} y_j e_j$. Notons, pour chaque j de $\{1,\dots,N\}$,

$$p_j : \begin{array}{l} E \longrightarrow \mathbb{K} \\ y \longmapsto y_j \end{array}; \quad \text{on a ainsi :} \quad \forall y \in E, \quad y = \sum_{j=1}^{N} p_j(y) e_j.$$

Soit $f \in E^X$; on note, pour chaque j de $\{1,\dots,N\}$, $f_j = p_j \circ f$, et f_j est appelée la $j^{\text{ème}}$ **application composante** (ou : **coordonnée**) de f dans la base $\mathcal{B}$. On a ainsi :

$$\begin{cases} \forall j \in \{1,\dots,N\}, \quad f_j : X \longrightarrow \mathbb{K} \\ \forall t \in X, \quad f(t) = \sum_{j=1}^{N} f_j(t) e_j. \end{cases}$$

On se permet quelquefois de noter $f = (f_1,\dots,f_N)$, ce qui revient à confondre E (muni de la base $\mathcal{B}$) et $\mathbb{K}^N$ (muni de la base canonique).

Il est clair que, pour tous $\lambda \in \mathbb{K}$, $f,g \in E^X$, $j \in \{1,\dots,N\}$:

$$(\lambda f)_j = \lambda f_j, \quad (f+g)_j = f_j + g_j.$$

Exercice

◇ **2.1.1** Trouver toutes les applications $f : \begin{array}{l} \mathbb{R} \longrightarrow \mathbb{R}^2 \\ t \longmapsto (f_1(t), f_2(t)) \end{array}$ telles que :

$$\forall t \in \mathbb{R}, \quad \begin{cases} f_1(t) + f_2(1-t) = 1 \\ t f_1(1-t) + (1-t) f_2(t) = 2t(1-t). \end{cases}$$

2.1.2 Parité

Nous généralisons ici l'étude du § 4.1.3 p. 88 du Tome 1.

Dans tout ce § 2.1.2, X désigne une partie de $\mathbb{R}$ **symétrique par rapport à** 0, c'est-à-dire telle que : $\forall t \in X, -t \in X$.

◆ **Définition** Soit $f \in E^X$.

1) On dit que f est **paire** si et seulement si : $\forall t \in X, \quad f(-t) = f(t)$

2) On dit que f est **impaire** si et seulement si : $\forall t \in X, \quad f(-t) = -f(t)$.

Remarque :

Si E est muni d'une base $\mathcal{B}$, en notant $f_1,\dots,f_N$ les applications composantes de f dans $\mathcal{B}$, on a :

$$f \text{ paire} \iff (\forall j \in \{1,\dots,N\}, \quad f_j \text{ paire})$$
$$f \text{ impaire} \iff (\forall j \in \{1,\dots,N\}, \quad f_j \text{ impaire}).$$

■

Notons P_X (resp. I_X) l'ensemble des applications paires (resp. impaires) de X dans E. La proposition suivante est immédiate.

◆ **Proposition** P_X et I_X sont des $\mathbb{K}$-sev de E^X, supplémentaires dans E^X :

$$E^X = P_X \oplus I_X.$$

Pour toute f de E^X, on note $\check{f} : \begin{array}{l} X \longrightarrow E \\ t \longmapsto f(-t) \end{array}$.

On a, pour tous $\lambda \in \mathbb{K}$, $f,g \in E^X$:

$$\check{\check{f}} = f, \quad (f+g)\check{} = \check{f} + \check{g}, \quad (\lambda f)\check{} = \lambda \check{f},$$

Si, de plus $E = \mathbb{K}$: $(fg)\check{} = \check{f}\check{g}$.

2.1.3 Périodicité

Nous généralisons ici l'étude du § 4.1.4 p. 89 du Tome 1.

◆ **Définition** Soit $f \in E^X$.

1) Soit $T \in \mathbb{R}_+^*$; on dit que f est ***T*-périodique** si et seulement si :

$$\forall t \in X, \quad \begin{cases} t + T \in X \\ f(t+T) = f(t) \end{cases}.$$

On dit alors que T est une **période** de f.

2) On dit que f est **périodique** si et seulement s'il existe $T \in \mathbb{R}_+^*$ tel que f soit T-périodique.

EXEMPLES :

1) Soit $\omega \in \mathbb{R}_+^*$; l'application $\begin{array}{l} \mathbb{R} \longrightarrow \mathbb{C} \\ t \longmapsto e^{i\omega t} \end{array}$ est $\dfrac{2\pi}{\omega}$-périodique.

2) L'application $f : \mathbb{R} \longrightarrow \mathbf{M}_3(\mathbb{R})$ définie par :

$$\forall t \in \mathbb{R}, \quad f(t) = \begin{pmatrix} \cos t & \sin t & 0 \\ -\sin t \cos t & \cos^2 t & \sin t \\ \sin^2 t & -\sin t \cos t & \cos t \end{pmatrix}$$

est 2π-périodique.

Remarque :

Si f est périodique et si T_1, T_2 sont des périodes de f, alors $T_1 + T_2$ est une période de f.
En particulier, si T est une période de f, alors, pour tout k de $\mathbb{N}^*$, kT est période de f.

La proposition suivante est immédiate.

◆ **Proposition 1** Supposons que E soit muni d'une base $\mathcal{B}$.
Soient $T \in \mathbb{R}_+^*$, $f \in E^X$, $f_1,\dots,f_N$ les applications composantes de f dans $\mathcal{B}$. On a :

$$(f \quad T\text{-périodique}) \Longleftrightarrow (\forall j \in \{1,\dots,N\},\ f_j \quad T\text{-périodique}).$$

Remarque :

Si $N \geqslant 2$ et si les applications composantes $f_1,\dots,f_N$ de f admettent des périodes $T_1,\dots,T_N$ respectivement, il se peut que f ne soit pas périodique. Exemple : $N = 2$, $f_1 : \begin{array}{l}\mathbb{R} \longrightarrow \mathbb{R}\\ t \longmapsto \cos t\end{array}$, $f_2 : \begin{array}{l}\mathbb{R} \longrightarrow \mathbb{R}\\ t \longmapsto \cos(t\sqrt{2})\end{array}$, $f : \begin{array}{l}\mathbb{R} \longrightarrow \mathbb{R}^2\\ t \longmapsto (\cos t, \cos(t\sqrt{2}))\end{array}$; dans cet exemple, la non-périodicité de f vient de ce que $\sqrt{2}$ est irrationnel.

◆ **Proposition 2** Soient $T \in \mathbb{R}_+^*$ et $X \in \mathfrak{P}(\mathbb{R})$ telle que : $\forall t \in X, \quad t + T \in X$.
L'ensemble des applications T-périodiques de X dans E est un $\mathbb{K}$-sev de E^X.
De plus, si $\lambda : X \longrightarrow \mathbb{K}$ et $f : X \longrightarrow E$ sont T-périodiques, alors λf est T-périodique.

Preuve :

Les vérifications suivantes sont immédiates :

- $0 : \begin{array}{l}X \longrightarrow E\\ t \longmapsto 0\end{array}$ est T-périodique
- Si $f,g : X \longrightarrow E$ sont T-périodiques et si $\alpha \in \mathbb{K}$, alors $\alpha f + g$ est T-périodique
- Si $\lambda : X \longrightarrow \mathbb{K}$ et $f : X \longrightarrow E$ sont T-périodiques, alors λf est T-périodique. ■

Groupe de périodes

Soit $f \in E^{\mathbb{R}}$. L'ensemble $P_f = \{\tau \in \mathbb{R};\ \forall t \in \mathbb{R}, \quad f(t+\tau) = f(t)\}$ est un sous-groupe de $\mathbb{R}$:

- $0 \in P_f$
- $\forall (\tau_1,\tau_2) \in (P_f)^2,\ \tau_1 + \tau_2 \in P_f$
- $\forall \tau \in P_f,\ -\tau \in P_f$.

En particulier : $\forall \tau \in P_f, \forall x \in \mathbb{R}, \forall k \in \mathbb{Z},\ f(x + k\tau) = f(x)$.

L'application f est périodique si et seulement si $P_f \neq \{0\}$; dans ce cas, on appelle **période** de f tout élément de $P_f - \{0\}$. Ainsi, f peut admettre des périodes < 0.

EXEMPLE :

Pour $\omega \in \mathbb{R}_+^*$ fixé, l'application $f : \begin{array}{l}\mathbb{R} \longrightarrow \mathbb{C}\\ t \longmapsto e^{i\omega t}\end{array}$ est périodique et $P_f = \dfrac{2\pi}{\omega}\mathbb{Z}$.

2.1.4 Applications bornées

Nous généralisons ici l'étude du § 4.1.8 p. 94 du Tome 1.

◆ **Définition** Une application $f : X \longrightarrow E$ est dite **bornée** si et seulement s'il existe $M \in \mathbb{R}_+$ tel que :

$$\forall t \in X, \quad ||f(t)|| \leqslant M.$$

Remarques :

1) f est bornée si et seulement si $f(X)$ est une partie bornée de E (cf. 1.1.3 Déf. 2 p. 13).

2) f est bornée si et seulement si $||f|| : \begin{array}{l} X \longrightarrow \mathbb{R} \\ t \longmapsto ||f(t)|| \end{array}$ est majorée (cf. Tome 1, 4.1.8 Déf. p. 94).

◆ **Proposition 1** Supposons que E soit muni d'une base $\mathcal{B}$. Une application $f : X \longrightarrow E$ est bornée si et seulement si toutes les applications composantes de f dans $\mathcal{B}$ sont bornées.

Preuve :

1) Supposons que les applications composantes de f dans $\mathcal{B} = (e_1,\ldots,e_N)$, notées $f_1,\ldots,f_N$, soient bornées. On a alors :

$$\forall t \in X, \quad ||f(t)|| = \left\|\sum_{j=1}^{N} f_j(t)e_j\right\| \leqslant \sum_{j=1}^{N} |f_j(t)|\ ||e_j|| \leqslant \sum_{j=1}^{N} ||f_j||_\infty ||e_j||,$$

ce qui montre que f est bornée.

2) Réciproquement, supposons f bornée. Puisque toutes les normes sur un $\mathbb{K}$-ev de dimension finie sont équivalentes (cf. 1.3.2 Th. 1, p. 64), il existe $\beta \in \mathbb{R}_+^*$ tel que :

$$\forall y \in E, \quad ||y||_\infty \leqslant \beta ||y||,$$

où $||y||_\infty = \underset{1 \leqslant j \leqslant n}{\mathrm{Max}} |y_j|$ lorsque $y = \sum_{j=1}^{N} y_j e_j$.

Soit $j \in \{1,\ldots,N\}$: on a :

$$\forall t \in X, \quad |f_j(t)| \leqslant ||f(t)||_\infty \leqslant \beta ||f(t)||,$$

ce qui prouve que f_j est bornée. ■

◆ **Notation**

Pour toute application bornée $f : X \longrightarrow E$, on note :

$$||f||_\infty = \underset{t \in X}{\mathrm{Sup}} ||f(t)||.$$

◆ **Proposition 2**

1) Si $f, g : X \longrightarrow E$ sont bornées, alors $f+g$ est bornée et :

$$||f+g||_\infty \leqslant ||f||_\infty + ||g||_\infty.$$

2) Si $\lambda \in \mathbb{K}$ et si $f : X \longrightarrow E$ est bornée, alors λf est bornée et :

$$||\lambda f||_\infty = |\lambda|\ ||f||_\infty.$$

3) Si $\lambda : X \longrightarrow \mathbb{K}$ et $f : X \longrightarrow E$ sont bornées, alors λf est bornée et :

$$||\lambda f||_\infty \leqslant ||\lambda||_\infty ||f||_\infty.$$

Preuve :

Analogue à celle de 4.1.8 Prop. 2, Tome 1, p. 95. ■

On note $\mathrm{B}(X;\, E)$ l'ensemble des applications bornées de X dans E.

D'après *1)* et *2)* de la Prop. 2 (et $\mathrm{B}(X;\, E) \neq \varnothing$), on déduit la Prop. 3 suivante.

◆ **Proposition 3** L'ensemble $\mathrm{B}(X;\, E)$ des applications bornées de X dans E est un $\mathbb{K}$-sev de E^X, et l'application $\begin{array}{c} ||\cdot||_\infty : \mathrm{B}(X;\, E) \longrightarrow \mathbb{R} \\ f \longmapsto ||f||_\infty \end{array}$ est une norme sur le $\mathbb{K}$-ev $\mathrm{B}(X;\, E)$. ■

Lorsque $E = \mathbb{K}$, le *2)* de la Prop. 2 et le fait que $1 \in \mathrm{B}(X;\, \mathbb{K})$ permettent de conclure que $(\mathrm{B}(X;\, \mathbb{K}), ||\cdot||_\infty)$ est une algèbre normée (cf. 1.1.1 *4)* Déf. p. 9).

Remarque :

Soient $(E, (.\mid .))$ un espace préhilbertien, $||\cdot||$ la norme associée à $(.\mid .)$, $(f,g) \in E^X$ bornées. D'après l'inégalité de Cauchy-Schwarz :

$$\forall t \in X, \quad |(f(t) \mid g(t))| \leqslant ||f(t)||\ ||g(t)|| \leqslant ||f||_\infty ||g||_\infty,$$

on déduit que $(f \mid g) : X \longrightarrow \mathbb{K}$ est bornée et : $\quad ||(f \mid g)||_\infty \leqslant ||f||_\infty ||g||_\infty.$

Exercice

◇ **2.1.2** Soit $f : [0;\, +\infty[\longrightarrow E$ une application telle que, pour tout x de $[0;\, +\infty[$, f soit bornée sur $[0;\, x]$; on note $M : [0;\, +\infty[\longrightarrow \mathbb{R}$ l'application définie par :

$$\forall x \in [0;\, +\infty[, \quad M(x) = \operatorname*{Sup}_{t \in [0;x]} ||f(t)||.$$

On suppose qu'il existe $A \in \mathbb{R}_+$ tel que : $\quad \forall x \in [0;\, +\infty[, \quad ||f(x)|| \leqslant A + \frac{1}{2} M(x).$

Montrer que f est bornée sur $[0;\, +\infty[$.

2.1.5 Limites

Pour $f : X \longrightarrow E$, la notion de limite de f en a ($a \in \overline{X}$) a été vue en 1.2.1 p. 37. Il nous reste à compléter cette étude dans le cas où l'on veut faire tendre la variable (réelle) vers $+\infty$ ou $-\infty$.

◆ **Définition** Soient $X \in \mathfrak{P}(\mathbb{R})$ telle qu'il existe $\alpha \in \mathbb{R}$ tel que $[\alpha; +\infty[\subset X$, $f \in E^X$, $l \in E$. On dit que f **admet** l **pour limite en** $+\infty$ si et seulement si :

$$\forall \varepsilon > 0,\ \exists A > 0,\ \forall t \in X, \quad (t \geqslant A \Longrightarrow ||f(t) - l|| \leqslant \varepsilon).$$

Comme dans Tome 1, 4.2 pp. 97-106, on montre les propositions suivantes.

◆ **Proposition 1** (**«Unicité de la limite, si elle existe»**).

Si f admet l et l' pour limites en a, alors $l = l'$.

On peut alors utiliser une notation fonctionnelle : si f admet l pour limite en a, on note $l = \lim\limits_{t \to a} f(t)$, ou $l = \lim\limits_{a} f$, ou $f(t) \underset{t \to a}{\longrightarrow} l$, ou $f \underset{a}{\longrightarrow} l$.

◆ **Proposition 2**

$$f(t) \underset{t \to a}{\longrightarrow} l \Longleftrightarrow ||f(t) - l|| \underset{t \to a}{\longrightarrow} 0.$$

La Prop. 2 précédente permet de ramener l'étude d'une limite de fonction à valeurs vectorielles (f) à celle d'une fonction à valeurs réelles $(||f - l||)$, si on pressent la valeur de l.

◆ **Proposition 3** Si f admet une limite (finie) en a, alors f est bornée au voisinage de a.

◆ **Proposition 4** (**Utilisation de suites pour traduire une limite de fonction**)

Pour que f admette l pour limite en a, il faut et il suffit que :

pour toute suite $(u_n)_{n \in \mathbb{N}}$ dans X telle que $u_n \underset{n\infty}{\longrightarrow} a$, on ait $f(u_n) \underset{n\infty}{\longrightarrow} l$.

Remarque :

Sous les hypothèses de la Proposition 4, on a : $l \in \overline{f(X)}$.

◆ **Théorème** **(CNS de Cauchy d'existence d'une limite pour une fonction à valeurs dans un evn de dimension finie)**

Soient $X \in \mathfrak{P}(\mathbb{R})$, $a \in \overline{X}$ (éventuellement, $a = -\infty$ ou $a = +\infty$), $f \in E^X$. Pour que f admette une limite en a, il faut et il suffit que :

$$\forall \varepsilon > 0, \exists V \in \mathcal{V}(a), \forall (t',t'') \in (X \cap V)^2, \quad \|f(t') - f(t'')\| \leqslant \varepsilon.$$

Preuve :

Cf. 1.4.2 Th. 1 p. 71.

◆ **Proposition 5** Supposons que E soit muni d'une base $\mathcal{B}$. Soient $f \in E^X$, $f_1,\dots,f_N$ les applications composantes de f dans $\mathcal{B}$, $l \in E$, $l_1,\dots,l_N$ les composantes de l dans $\mathcal{B}$.

Alors, f admet l pour limite en a si et seulement si, pour tout j de $\{1,\dots,N\}$, f_j admet l_j pour limite en a.

Preuve :

Puisque toutes les normes sur E sont équivalentes, il existe $(\alpha,\beta) \in (\mathbb{R}_+^*)^2$ tel que, pour tout y de E : $\alpha\|y\|_\infty \leqslant \|y\| \leqslant \beta\|y\|_\infty$,

où $\|y\|_\infty = \underset{1\leqslant j\leqslant N}{\operatorname{Max}} |y_j|$ lorsque $y = (y_j)_{1\leqslant j\leqslant N}$.

On a alors, pour tout t de X :

$$\begin{cases} \|f(t) - l\| \leqslant \beta \displaystyle\sum_{j=1}^{N} |f_j(t) - l_j| \, \|e_j\|_\infty \\ \forall j \in \{1,\dots,N\}, \ |f_j(t) - l_j| \leqslant \|f(t) - l\|_\infty \leqslant \dfrac{1}{\alpha}\|f(t) - l\|, \end{cases}$$

d'où : $\left(\|f(t) - l\| \underset{t\to a}{\longrightarrow} 0\right) \Longleftrightarrow \left(\forall j \in \{1,\dots,N\}, |f_j(t) - l_j| \underset{t\to a}{\longrightarrow} 0\right).$

◆ **Proposition 6** **(Composition des limites)**

Soient $X,Y \in \mathfrak{P}(\mathbb{R})$, $a \in \overline{X}$, $b \in \overline{Y}$, $l \in E$, $f \in \mathbb{R}^X$, $g \in E^Y$ telles que $f(X) \subset Y$.

Si $\left\{\begin{array}{l} f \text{ admet } b \text{ pour limite en } a \\ g \text{ admet } l \text{ pour limite en } b \end{array}\right|$, alors $g \circ f$ admet l pour limite en a.

2.1.6 Continuité par morceaux

L'étude des applications continues de X dans E vue en 1.2.2 p. 39 est bien sûr ici valable. Nous allons la compléter par l'étude des applications continues par morceaux.

◆ **Définition 1** Soient $(a,b) \in \mathbb{R}^2$ tel que $a < b$, et $f \in E^{[a;b]}$. On dit que f est **continue par morceaux** sur $[a; b]$ si et seulement s'il existe $n \in \mathbb{N}^*$ et $(a_0,\dots,a_n) \in [a; b]^{n+1}$ tels que :

- $a = a_0 < \dots < a_n = b$
- pour tout i de $\{0,\dots,n-1\}$, la restriction de f à $]a_i; a_{i+1}[$ est continue sur $]a_i; a_{i+1}[$ et admet une limite finie en a_i à droite et une limite finie en a_{i+1} à gauche.

La condition précédente revient à ce que, pour chaque i de $\{0,\dots,n-1\}$, $f|_{]a_i;a_{i+1}[}$ admette un prolongement continu à $[a_i; a_{i+1}]$.

◆ **Définition 2** Soient I un intervalle de $\mathbb{R}$, $f \in E^I$. On dit que f est **continue par morceaux** sur I si et seulement si, pour tout (a,b) de I^2 tel que $a < b$, $f\big|_{[a;b]}$ est continue par morceaux.

EXEMPLES :

1) L'application $f :]0; 1] \longrightarrow \mathbb{R}$ définie par :

$$f(x) = \begin{cases} \dfrac{1}{2^n} & \text{s'il existe } n \in \mathbb{N} \text{ tel que } \dfrac{1}{2^{n+1}} \leqslant x < \dfrac{1}{2^n} \\ 1 & \text{si } x = 1 \end{cases}$$

est continue par morceaux sur $]0; 1]$.

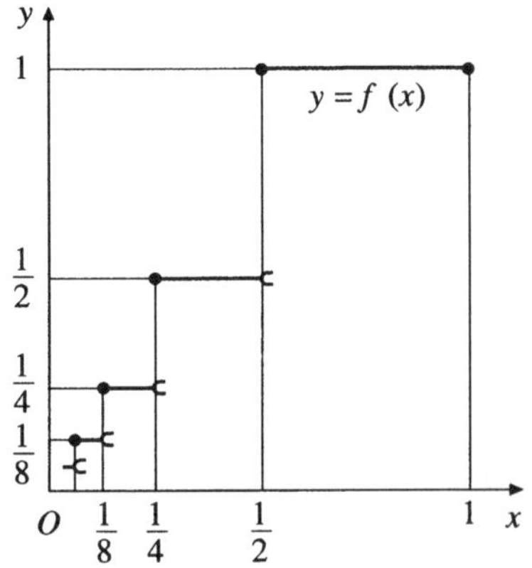

Cependant, l'application $g : [0; 1] \longrightarrow \mathbb{R}$ définie par $g(x) = \begin{cases} f(x) & \text{si } x \in]0; 1] \\ 0 & \text{si } x = 0 \end{cases}$, obtenue en complétant g par continuité en 0, n'est pas continue par morceaux sur $[0; 1]$.

2) L'application $f : \mathbb{R} \longrightarrow \mathbb{R}$ définie par :

$$f(x) = \begin{cases} 0 & \text{si } x \in \mathbb{Z} \\ 1 & \text{s'il existe } n \in \mathbb{Z} \text{ tel que } 2n < x < 2n+1 \\ -1 & \text{s'il existe } n \in \mathbb{Z} \text{ tel que } 2n-1 < x < 2n \end{cases}$$

est continue par morceaux sur $\mathbb{R}$.

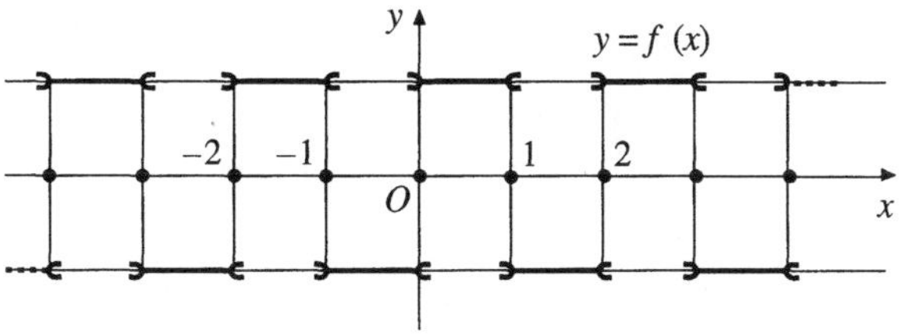

On montre aisément les deux Propositions suivantes.

◆ **Proposition 1** Soit I un intervalle de $\mathbb{R}$.

1) L'ensemble des applications de I dans E continues par morceaux sur I est un $\mathbb{K}$-ev (pour les lois usuelles).

2) Si $\lambda : I \longrightarrow \mathbb{K}$ et $f : I \longrightarrow E$ sont continues par morceaux, alors λf est continue par morceaux.

◆ **Proposition 2** Supposons que E soit muni d'une base $\mathcal{B}$.

Soient I un intervalle de $\mathbb{R}$, $f \in E^I$, $f_1, \ldots, f_N$ les applications composantes de f dans $\mathcal{B}$. Pour que f soit continue par morceaux sur I, il faut et il suffit que, pour chaque j de $\{1, \ldots, N\}$, f_j soit continue par morceaux sur I.

Exercices

◇ **2.1.3** Trouver toutes les applications $f : \mathbb{R} \longrightarrow \mathbb{R}^2$ continues en 0 et telles que :

$$\begin{cases} f(0) = (0,1) \\ \forall t \in \mathbb{R}, \quad f(t) = f\left(\frac{t}{2}\right) + \left(\frac{t}{2}, -\frac{3t^2}{(t^2+1)(t^2+4)}\right) \end{cases}$$

◇ **2.1.4** Trouver toutes les applications $f : \mathbb{R} \longrightarrow \mathbb{R}^2$ continues en 0 et telles que :

$$\begin{cases} f(0) = (-1,1) \\ \forall t \in \mathbb{R}, \quad f(2t) = \operatorname{ch} t \cdot f(t). \end{cases}$$

◇ **2.1.5** Soient $(a,b) \in \mathbb{R}^2$ tel que $a < b$, $f : [a;b] \longrightarrow \mathbb{C}$ continue telle que :

$$\forall t \in [a;b], \quad \Big(\text{Ré}(f(t)) = 0 \Longrightarrow \operatorname{Im}(f(t)) \neq 0\Big).$$

Montrer qu'il existe $m \in \mathbb{R}_+^*$ tel que :

$$\forall t \in [a;b], \quad |f(t)| \geqslant m.$$

◇ **2.1.6*** Soit $f : \mathbb{R} \longrightarrow E$ continue telle que :

$$\forall x \in \mathbb{R}, \quad f(x+t) - 2f(x) + f(x-t) \underset{t \longrightarrow +\infty}{\longrightarrow} 0.$$

On note g (resp. h) la partie paire (resp. impaire) de f, c'est-à-dire :

$$\forall x \in \mathbb{R}, \quad \left(g(x) = \frac{1}{2}(f(x) + f(-x)), \quad h(x) = \frac{1}{2}(f(x) - f(-x))\right).$$

a) Montrer que g est constante.

b) α) Etablir : $\forall x \in \mathbb{R}, \ \frac{1}{n} h(nx) \underset{n\infty}{\longrightarrow} 2h\left(\frac{x}{2}\right).$

β) En déduire : $\forall x \in \mathbb{R}, \forall r \in \mathbb{Q}, \ h(rx) = rh(x).$

γ) Montrer : $\forall x \in \mathbb{R}, \ h(x) = xh(1).$

c) En déduire que f est affine.

2.2 Dérivation

Dans ce § 2.2, I désigne un intervalle de $\mathbb{R}$ non vide et non réduit à un point.

2.2.1 Dérivée en un point

◆ **Définition 1** Soient $a \in I$, $f \in E^I$. On dit que f est **dérivable en** a si et seulement si $\lim\limits_{h \to 0} \frac{1}{h}(f(a+h) - f(a))$ existe (dans E); cette limite est alors notée $f'(a)$ et appelée **dérivée de f en a.**

On peut aussi noter $(Df)(a)$, $(D_1 f)(a)$, ou $\frac{\mathrm{d}f}{\mathrm{d}t}(a)$ au lieu de $f'(a)$.

Toute application constante $\lambda : \begin{array}{l} I \longrightarrow E \\ t \longmapsto \lambda \end{array}$ est dérivable en tout a de I, et $\lambda'(a) = 0$.

◆ **Proposition 1** Supposons que E soit muni d'une base $\mathcal{B}$.
Soient $a \in I$, $f \in E^I$, $f_1, \ldots, f_N$ les applications composantes de f dans $\mathcal{B}$. Alors, f est dérivable en a si et seulement si, pour chaque j de $\{1, \ldots, N\}$, f_j est dérivable en a; de plus, on a alors $f'(a) = \sum\limits_{j=1}^{N} f_j'(a)e_j$.

Preuve : Il suffit de remarquer que, pour tout h de I, tel que $h \neq 0$ et $a + h \in I$:

$$\frac{1}{h}(f(a+h) - f(a)) = \sum_{j=1}^{N} \frac{1}{h}(f_j(a+h) - f_j(a))e_j. \qquad \blacksquare$$

Remarque :

Plus généralement, soient $N \in \mathbb{N}^*$, $E_1, \ldots, E_N$ des $\mathbb{K}$-evn de dimensions finies, $E = \prod\limits_{j=1}^{N} E_j$, $f : I \longrightarrow E$ une application. Notons, pour chaque j de $\{1, \ldots, N\}$, $f_j : I \longrightarrow E_j$, de façon que : $\forall t \in I, \quad f(t) = (f_j(t))_{1 \leqslant j \leqslant N}$.

Alors, f est dérivable en a si et seulement si, pour chaque j de $\{1, \ldots, N\}$, f_j est dérivable en a; de plus, on a alors $f'(a) = (f_j'(a))_{1 \leqslant j \leqslant N}$.

◆ **Définition 2** Soient $a \in I$, $f \in E^I$.

1) On dit que f est **dérivable à droite en** a si et seulement si
$\lim\limits_{h \to 0^+} \frac{1}{h}(f(a+h) - f(a))$ existe (dans E); cette limite est alors notée $f_{\mathrm{d}}'(a)$ et appelée **dérivée de f à droite en** a.

2) On dit que f est **dérivable à gauche en** a si et seulement si
$\lim\limits_{h \to 0^-} \frac{1}{h}(f(a+h) - f(a))$ existe (dans E); cette limite est alors notée $f_{\mathrm{g}}'(a)$ et appelée **dérivée de f à gauche en** a.

On dispose d'une Proposition analogue à la Prop. 1 pour des dérivées à droite (resp. à gauche) en a.

La Proposition suivante est immédiate.

◆ **Proposition 2** Soient $a \in \overset{\circ}{I}$, $f \in E^I$.

Pour que f soit dérivable en a, il faut et il suffit que f soit dérivable à droite et à gauche en a et que $f'_g(a) = f'_d(a)$. De plus, sous ces hypothèses, on a alors

$$f'(a) = f'_g(a) = f'_d(a).$$

◆ **Proposition 3** Soient $a \in I$, $f \in E^I$.
Si f est dérivable en a, alors f est continue en a.

Preuve :

$$f(a+h) = f(a) + h \cdot \frac{1}{h}(f(a+h) - f(a)) \xrightarrow[h \to 0]{} f(a),$$

puisque $\frac{1}{h}(f(a+h) - f(a)) \xrightarrow[h \to 0]{} f'(a)$.

2.2.2 Propriétés algébriques des applications dérivables en un point

◆ **Théorème 1**

Soient $a \in I, \alpha \in \mathbb{K}, \lambda : I \longrightarrow \mathbb{K}, f,g : I \longrightarrow E$. On suppose que λ, f, g sont dérivables en a. Alors :

1) $f + g$ est dérivable en a et $(f+g)'(a) = f'(a) + g'(a)$

2) αf est dérivable en a et $(\alpha f)'(a) = \alpha f'(a)$

3) λf est dérivable en a et $(\lambda f)'(a) = \lambda'(a) f(a) + \lambda(a) f'(a)$

4) Si $\lambda(a) \neq 0$, alors $\frac{1}{\lambda}$ est dérivable en a et

$$\left(\frac{1}{\lambda}\right)'(a) = -\frac{\lambda'(a)}{(\lambda(a))^2}.$$

Preuve :

Analogue à celle du Th.1 de 5.1.2 Tome 1, p. 128.

◆ **Théorème 2** Soient E, F deux $\mathbb{K}$-evn de dimensions finies, $\phi \in \mathcal{L}(E,F)$, $a \in E$, $f : I \longrightarrow E$ dérivable en a.
L'application $\phi(f) : \begin{array}{l} I \longrightarrow F \\ t \longmapsto \phi(f(t)) \end{array}$ est dérivable en a et : $\big(\phi(f)\big)'(a) = \phi\big(f'(a)\big)$.

Preuve :

Pour tout h de $\mathbb{R}^*$ tel que $a+h \in I$:

$$\frac{1}{h}\big(\phi(f)(a+h)-\phi(f)(a)\big)=\frac{1}{h}\left(\phi\big(f(a+h)\big)-\phi\big(f(a)\big)\right)=\phi\left(\frac{1}{h}\big(f(a+h)-f(a)\big)\right).$$

Puisque f est dérivable en a : $\frac{1}{h}\big(f(a+h)-f(a)\big)\xrightarrow[h\to 0]{} f'(a)$.

Comme ϕ est linéaire et E de dimension finie, ϕ est continue sur E (cf. 1.3.2 Prop. 1 p. 65), en particulier en $f'(a)$, d'où : $\frac{1}{h}\big(\phi(f)(a+h)-\phi(f)(a)\big)\xrightarrow[h\to 0]{}\phi\big(f'(a)\big)$.

◆ **Théorème 3** Soient E, F, G trois $\mathbb{K}$-evn de dimensions finies, $B : E\times F \longrightarrow G$ une application bilinéaire, $a\in E$, $f : I\longrightarrow E$, $g : I\longrightarrow F$ dérivables en a. L'application $B(f,g) : \begin{array}{l} I \longrightarrow G \\ t\longmapsto B(f(t),g(t))\end{array}$ est dérivable en a et :

$$(B(f,g))'(a)=B(f'(a),g(a))+B(f(a),g'(a)).$$

Preuve :

Pour tout h de $\mathbb{R}^*$ tel que $a+h\in I$:

$$\frac{1}{h}\Big(B(f,g)(a+h)-B(f,g)(a)\Big)=\frac{1}{h}\Big(B\big(f(a+h),g(a+h)\big)-B\big(f(a),g(a)\big)\Big)$$

$$=B\left(\frac{1}{h}\big(f(a+h)-f(a)\big),g(a+h)\right)+B\left(f(a),\frac{1}{h}\big(g(a+h)-g(a)\big)\right).$$

Puisque f et g sont dérivables en a :

$$\frac{1}{h}\big(f(a+h)-f(a)\big)\xrightarrow[h\to 0]{} f'(a)\quad\text{et}\quad\frac{1}{h}\big(g(a+h)-g(a)\big)\xrightarrow[h\to 0]{} g'(a).$$

Comme B est bilinéaire et E et F de dimensions finies, B est continue sur $E\times F$ (cf. 1.3.2 Prop. 2 p. 66), en particulier en $(f'(a),g(a))$ et $(f(a),g'(a))$, d'où :

$$\frac{1}{h}\big(B(f,g)(a+h)-B(f,g)(a)\big)\xrightarrow[h\to 0]{} B\big(f'(a),g(a)\big)+B\big(f(a),g'(a)\big).$$

◆ **Corollaire**

1) Si $(E,(.\mid .))$ est un espace euclidien ou hermitien et si $f,g : I\longrightarrow E$ sont dérivables en a, alors $(f\mid g) : \begin{array}{l} I\longrightarrow \mathbb{K} \\ t\longmapsto (f(t)|g(t))\end{array}$ est dérivable en a et :

$$(f\mid g)'(a)=(f'(a)\mid g(a))+(f(a)\mid g'(a)).$$

2) En particulier, si $(E,(.|.))$ est un espace euclidien ou hermitien et si $f : I\longrightarrow E$ est dérivable en a, alors $||f||^2 : \begin{array}{l} I\longrightarrow\mathbb{R} \\ t\longmapsto ||f(t)||^2=(f(t)|f(t))\end{array}$ est dérivable en a et :

$$(||f||^2)'(a)=2\,\text{Ré}(f(a)\mid f'(a)).$$

3) Si E est un espace vectoriel euclidien réel de dimension 3 orienté, et si $f,g : I \longrightarrow E$ sont dérivables en a, alors $f \wedge g : \begin{array}{l} I \longrightarrow E \\ t \longmapsto f(t) \wedge g(t) \end{array}$ est dérivable en a et : $(f \wedge g)'(a) = f'(a) \wedge g(a) + f(a) \wedge g'(a)$.

◆ **Proposition** (hors programme)

Soient $N \in \mathbb{N}^*$, $\mathcal{B}_0$ la base canonique de $\mathbb{K}^N$, $f_1,\dots,f_N : I \longrightarrow \mathbb{K}^N$; on note

$$\det_{\mathcal{B}_0}(f_1,\dots,f_N) : I \longrightarrow \mathbb{K}$$

l'application définie par :

$$\forall t \in I, \quad (\det_{\mathcal{B}_0}(f_1,\dots,f_N))(t) = \det_{\mathcal{B}_0}(f_1(t),\dots,f_N(t)).$$

Si $f_1,\dots,f_N$ sont dérivables en $a \in I$, alors $\det_{\mathcal{B}_0}(f_1,\dots,f_N)$ est dérivable en a et :

$$(\det_{\mathcal{B}_0}(f_1,\dots,f_N))'(a) = \sum_{j=1}^{N} \det_{\mathcal{B}_0}(f_1(a),\dots,f_j'(a),\dots,f_N(a)).$$

Preuve :

Pour chaque j de $\{1,\dots,N\}$, il existe $\varepsilon_j : I_0 = \{h \in \mathbb{R};\, a+h \in I\} \longrightarrow \mathbb{K}^N$ telle que :

$$\begin{cases} \forall h \in I_0, \quad f_j(a+h) = f_j(a) + hf_j'(a) + h\varepsilon_j(h) \\ \varepsilon_j(h) \xrightarrow[h\to 0]{} 0. \end{cases}$$

D'où, pour tout h de I_0 :

$$(\det_{\mathcal{B}_0}(f_1,\dots,f_N))(a+h) = \det_{\mathcal{B}_0}\big((f_j(a) + hf_j'(a) + h\varepsilon_j(h))_{1 \leqslant j \leqslant N}\big).$$

En développant par multilinéarité, on obtient :

$$\det_{\mathcal{B}_0}\big((f_j(a) + hf_j'(a) + h\varepsilon_j(h))_{1 \leqslant j \leqslant N}\big)$$
$$= \det_{\mathcal{B}_0}(f_1(a),\dots,f_N(a)) + h\sum_{j=1}^{N} \det_{\mathcal{B}_0}(f_1(a),\dots,f_j'(a),\dots,f_N(a)) + h\varepsilon(h),$$

où il est clair que $\varepsilon(h) \xrightarrow[h\longrightarrow 0]{} 0$. ■

La dérivée d'un déterminant est donc la somme des N déterminants obtenus en dérivant une colonne et en gardant les autres colonnes. On dispose bien sûr du même résultat sur les lignes.

◆ **Théorème 4 (Dérivée d'une composée)**

Soient I, J deux intervalles de $\mathbb{R}$, $a \in I$, $f \in \mathbb{R}^I$, $g \in E^J$ telles que $f(I) \subset J$. On note (abusivement) $g \circ f : \begin{array}{l} I \longrightarrow E \\ t \longmapsto g(f(t)) \end{array}$.

Si f est dérivable en a et g dérivable en $f(a)$, alors $g \circ f$ est dérivable en a et :

$$(g \circ f)'(a) = f'(a)g'(f(a)).$$

Preuve :

Analogue à celle du Th. 2 de 5.1.2 p. 130 du Tome 1.

2.2.3 Application dérivée

◆ **Définition 1** Soit $f \in E^I$; on appelle **dérivée** de f, et on note f', l'application qui, à chaque t de I tel que $f'(t)$ existe, associe $f'(t)$.

Ainsi, $\mathrm{Def}(f') = \{t \in I;\ f$ est dérivable en $t\}$, et $f' : \begin{array}{l} \mathrm{Def}(f') \longrightarrow E. \\ t \longmapsto f'(t) \end{array}$

Au lieu de f', on peut noter Df, $D_1 f$ ou $\dfrac{\mathrm{d}f}{\mathrm{d}t}$.

Remarque :

Si E est muni d'une base $\mathcal{B}$, en notant $f_1, \ldots, f_N$ les applications composantes de f dans $\mathcal{B}$, on a :

$$\mathrm{Def}(f') = \bigcap_{j=1}^{N} \mathrm{Def}(f_j').$$

◆ **Définition 2** On dit qu'une application $f : I \longrightarrow E$ est **dérivable sur** I si et seulement si, pour tout t de I, f est dérivable en t.

Les résultats suivants se déduisent aisément de 2.2.2 p. 124.

◆ **Théorème 1** Soient $\alpha \in \mathbb{K}$, $\lambda : I \longrightarrow \mathbb{K}$, $f,g : I \longrightarrow E$. On suppose que λ, f, g sont dérivables sur I. Alors :

1) $f+g$ est dérivable sur I et $(f+g)' = f' + g'$

2) αf est dérivable sur I et $(\alpha f)' = \alpha f'$

3) λf est dérivable sur I et $(\lambda f)' = \lambda' f + \lambda f'$

4) Si $(\forall a \in I, \lambda(a) \neq 0)$, alors $\dfrac{1}{\lambda} : I \longrightarrow \mathbb{K}$ est dérivable sur I et $\left(\dfrac{1}{\lambda}\right)' = -\dfrac{\lambda'}{\lambda^2}$.

◆ **Théorème 2** Soient E, F deux $\mathbb{K}$-evn de dimensions finies, $\phi \in \mathcal{L}(E,F)$, $f : I \longrightarrow E$ dérivable sur I.

L'application $\phi(f) : \begin{array}{l} I \longrightarrow F \\ t \longmapsto \phi(f(t)) \end{array}$ est dérivable sur I et :

$$(\phi(f))' = \phi(f').$$

L'application $\phi(f)$ n'est autre que $\phi \circ f$; la notation $\phi(f)$ est choisie ici pour mettre en évidence un parallélisme entre les Théorèmes 2 et 3.

◆ **Théorème 3** Soient E, F, G trois $\mathbb{K}$-evn de dimensions finies, $B : E \times F \longrightarrow G$ une application bilinéaire, $f : I \longrightarrow E$, $g : I \longrightarrow F$ dérivables sur I.

Alors l'application $B(f,g) : \begin{array}{l} I \longrightarrow G \\ t \longmapsto B(f(t),g(t)) \end{array}$ est dérivable sur I et :

$$(B(f,g))' = B(f',g) + B(f,g').$$

◆ **Corollaire**

1) Si $(E,(.\mid.))$ est un espace vectoriel euclidien ou hermitien et si $f,g : I \longrightarrow E$ sont dérivables sur I, alors $\begin{array}{rcl}(f \mid g) : I & \longrightarrow & \mathbb{K} \\ t & \longmapsto & (f(t)|g(t))\end{array}$ est dérivable sur I et :

$$(f \mid g)' = (f' \mid g) + (f \mid g').$$

2) En particulier, si $(E,(.\mid.))$ est un espace vectoriel euclidien ou hermitien et si $f : I \longrightarrow E$ est dérivable sur I, alors $\begin{array}{rcl}||f||^2 : I & \longrightarrow & \mathbb{R} \\ t & \longmapsto & ||f(t)||^2=(f(t)|f(t))\end{array}$ est dérivable sur I et :

$$(||f||^2)' = 2\,\text{Ré}(f \mid f').$$

3) Si E est un $\mathbb{R}$-ev euclidien orienté de dimension 3 et si $f,g : I \longrightarrow E$ sont dérivables sur I, alors $\begin{array}{rcl}f \wedge g : I & \longrightarrow & E \\ t & \longmapsto & f(t)\wedge g(t)\end{array}$ est dérivable sur I et :

$$(f \wedge g)' = f' \wedge g + f \wedge g'.$$

Remarque :

Soient $(E,(.|.))$ un espace euclidien, $e : I \longrightarrow E$ dérivable sur I.

Si : $\forall t \in I, \quad ||e(t)|| = 1,$

alors : $\forall t \in I, \quad e'(t) \perp e(t).$

◆ **Proposition**

Soient $N \in \mathbb{N}^*$, $\mathcal{B}_0$ la base canonique de $\mathbb{K}^N$, $f_1,\dots,f_N : I \longrightarrow \mathbb{K}^N$;
on note $\det_{\mathcal{B}_0}(f_1,\dots,f_N) : I \longrightarrow \mathbb{K}$ l'application définie par :

$$\forall t \in I, \quad (\det_{\mathcal{B}_0}(f_1,\dots,f_N))(t) = \det_{\mathcal{B}_0}(f_1(t),\dots,f_N(t)).$$

Si $f_1,\dots,f_N$ sont dérivables sur I, alors $\det_{\mathcal{B}_0}(f_1,\dots,f_N)$ est dérivable sur I et :

$$(\det_{\mathcal{B}_0}(f_1,\dots,f_N))' = \sum_{j=1}^{N} \det_{\mathcal{B}_0}(f_1,\dots,f_j',\dots,f_N).$$

◆ **Théorème 4 (Dérivée d'une composée)**

Soient I,J deux intervalles de $\mathbb{R}$, $f \in \mathbb{R}^I$, $g \in E^J$ telles que $f(I) \subset J$. On note (abusivement) $\begin{array}{rcl}g \circ f : I & \longrightarrow & E \\ t & \longmapsto & g(f(t))\end{array}$. Si f est dérivable sur I et g dérivable sur J, alors $g \circ f$ est dérivable sur I et :

$$(g \circ f)' = f' \cdot (g' \circ f).$$

◆ **Théorème 5** **(Caractérisation des applications constantes parmi les applications continues sur I et dérivables sur $\overset{\circ}{I}$)**

Soit $f : I \longrightarrow E$ continue sur I et dérivable sur $\overset{\circ}{I}$. Pour que f soit constante, il faut et il suffit que :

$$\forall t \in \overset{\circ}{I}, \quad f'(t) = 0.$$

Preuve :

Puisque E est de dimension finie, E admet au moins une base $\mathcal{B} = (e_1,\ldots,e_N)$. Les applications composantes $f_j : I \longrightarrow \mathbb{K}$ $(1 \leqslant j \leqslant N)$ de f sont continues sur I et dérivables sur $\overset{\circ}{I}$.

Si $\mathbb{K} = \mathbb{R}$, d'après Tome 1, 6.3.1 Prop. p. 147, on a, schématiquement :

$$\begin{aligned}(f \text{ constante}) &\Longleftrightarrow (\forall j \in \{1,\ldots,N\},\ f_j \text{ constante})\\ &\Longleftrightarrow \left(\forall j \in \{1,\ldots,N\},\ \forall t \in \overset{\circ}{I}, \quad f_j'(t) = 0\right)\\ &\Longleftrightarrow \left(\forall t \in \overset{\circ}{I}, \quad f'(t) = 0\right).\end{aligned}$$

Si $\mathbb{K} = \mathbb{C}$, le résultat voulu et aussi valable, par la considération de $\text{Ré}(f_j)$ et $\text{Im}(f_j)$, $1 \leqslant j \leqslant N$.

Exercices

◇ **2.2.1** Soient I un intervalle de $\mathbb{R}$, $f : I \longrightarrow \mathbb{C}$ dérivable telle que : $\forall t \in I,\ f(t) \neq 0$.

Montrer que $|f|$ est croissante si et seulement si $\quad \text{Ré}\left(\dfrac{f'}{f}\right) \geqslant 0$.

◇ **2.2.2** Soient $(a,b) \in \mathbb{R}^2$ tel que $a < b$, $f : [a;b] \longrightarrow E$ dérivable telle que :

$$\forall x \in [a;b], \quad ||f(x)||^2 + ||f'(x)||^2 > 0.$$

Montrer que f n'a qu'un nombre fini de zéros.

◇ **2.2.3** Soient $n \in \mathbb{N}^*$, $f \in \mathcal{L}(\mathbb{R}^n)$, $\varphi : \mathbb{R} \longrightarrow \mathbb{R}$ définie par :

$$\forall t \in \mathbb{R}, \quad \varphi(t) = \det(\text{Id}_{\mathbb{R}^n} + tf).$$

Montrer que φ est dérivable en 0 et calculer $\varphi'(0)$.

◇ **2.2.4** Soit $f :]-1;1[\longrightarrow \mathbb{R}^2$ définie par :

$$f(t) = \begin{cases} (0,0) & \text{si } -1 < t \leqslant 0 \\ \left(t^2 \sin\dfrac{1}{t},\ t^2 \cos\dfrac{1}{t}\right) & \text{si } 0 < t < 1 \end{cases}.$$

Montrer que f est dérivable sur $]-1;1[$ et que $f'(]-1;1[)$ n'est pas connexe par arcs.

◇ **2.2.5** Pour $n \in \mathbb{N}^*$, $(\alpha_1,\ldots,\alpha_n) \in \mathbb{C}^n$, calculer

$$\begin{vmatrix} 1 & \alpha_1 & \alpha_1^2 & \ldots & \alpha_1^{n-2} & \alpha_1^n \\ \vdots & \vdots & \vdots & & \vdots & \vdots \\ 1 & \alpha_n & \alpha_n^2 & \ldots & \alpha_n^{n-2} & \alpha_n^n \end{vmatrix}.$$

2.2.4 Dérivées successives

On convient de noter $f^{(0)} = f$.

◆ **Définition** Soit $f \in E^I$. On définit les **dérivées successives** de f de proche en proche (c'est-à-dire par récurrence) par, pour tout n de $\mathbb{N}^*$:

- pour $a \in I$, $f^{(n)}(a)$ est, si elle existe, la dérivée de $f^{(n-1)}$ en a
- $f^{(n)}$ est l'application dérivée de $f^{(n-1)}$, et l'ensemble de départ de $f^{(n)}$ est l'ensemble des a de I tels que $f^{(n)}(a)$ existe.

On appelle **dérivée $n^{\text{ème}}$ de f en a** l'élément $f^{(n)}(a)$ de E ; on appelle **application dérivée $n^{\text{ème}}$ de f** l'application $t \longmapsto f^{(n)}(t)$, dont l'ensemble de départ est l'ensemble des t de I tels que $f^{(n)}(t)$ existe.

On dit que f est n **fois dérivable sur** I si et seulement si $f^{(n)}$ est définie sur I.

On dit que f est **indéfiniment dérivable sur** I si et seulement si f est n fois dérivable sur I pour tout n de $\mathbb{N}^*$.

Au lieu de $f^{(n)}(a)$, on peut noter $(D^n f)(a)$ ou $(D_n f)(a)$ ou $\dfrac{\mathrm{d}^n f}{\mathrm{d}t^n}(a)$; au lieu de $f^{(n)}$, on peut noter $D^n f$ ou $D_n f$ ou $\dfrac{\mathrm{d}^n f}{\mathrm{d}t^n}$.

◆ **Proposition** Supposons que E soit muni d'une base $\mathcal{B} = (e_1,\dots,e_N)$.

Soient $n \in \mathbb{N}^*$, $f \in E^I$; notons $f_1,\dots,f_N$ les applications composantes de f dans $\mathcal{B}$.

- Soit $a \in I$; f est n fois dérivable en a si et seulement si, pour chaque j de $\{1,\dots,N\}$, f_j est n fois dérivable en a, et on a alors :

$$f^{(n)}(a) = \sum_{j=1}^{N} f_j^{(n)}(a)e_j.$$

- f est n fois dérivable sur I si et seulement si, pour chaque j de $\{1,\dots,N\}$, f_j est n fois dérivable sur I, et on a alors :

$$f^{(n)} = \sum_{j=1}^{N} f_j^{(n)} e_j.$$

◆ **Théorème 1** Soient $n \in \mathbb{N}$, $\alpha \in \mathbb{K}$, $\lambda : I \longrightarrow \mathbb{K}$, $f,g : I \longrightarrow E$. On suppose que λ, f, g sont n fois dérivables sur I. Alors :

1) $f + g$ est n fois dérivable sur I et : $(f+g)^{(n)} = f^{(n)} + g^{(n)}$

2) αf est n fois dérivable sur I et : $(\alpha f)^{(n)} = \alpha f^{(n)}$

3) Si $(\forall t \in I, \lambda(t) \neq 0)$, alors $\dfrac{1}{\lambda}$ est n fois dérivable sur I.

Preuve :

Analogue à celle de Tome 1, 5.1.4 Th. *1), 2), 4)* p. 158.

◆ **Théorème 2** Soient $n \in \mathbb{N}$, E,F,G trois $\mathbb{K}$-evn de dimensions finies, $B : E \times F \longrightarrow G$ une application bilinéaire, $f : I \longrightarrow E$, $g : I \longrightarrow F$.
Si f et g sont n fois dérivables sur I, alors $B(f,g) : \begin{array}{l} I \longrightarrow G \\ t \longmapsto B(f(t),g(t)) \end{array}$ est n fois dérivable sur I et (**formule de Leibniz**) :

$$\big(B(f,g)\big)^{(n)} = \sum_{k=0}^{n} \mathrm{C}_n^k B\big(f^{(k)},g^{(n-k)}\big).$$

Preuve :

Analogue à celle de Tome 1, 5.1.4 Th. *3)* p. 136.

◆ **Corollaire** Soit $n \in \mathbb{N}$.

1) Soient $\lambda : I \longrightarrow \mathbb{K}$, $f : I \longrightarrow E$ n fois dérivables sur I. Alors λf est n fois dérivable sur I et :

$$(\lambda f)^{(n)} = \sum_{k=0}^{n} \mathrm{C}_n^k \lambda^{(k)} f^{(n-k)}.$$

2) Soient $(E,(.|.))$ un espace euclidien ou hermitien, $f,g : I \longrightarrow E$ n fois dérivables sur I. Alors $(f|g) : \begin{array}{l} I \longrightarrow \mathbb{K} \\ t \longmapsto (f(t)|g(t)) \end{array}$ est n fois dérivable sur I et :

$$(f|g)^{(n)} = \sum_{k=0}^{n} \mathrm{C}_n^k \big(f^{(k)}|g^{(n-k)}\big).$$

3) Soient E un espace euclidien orienté de dimension 3, $f,g : I \longrightarrow E$ n fois dérivables sur I. Alors $f \wedge g : \begin{array}{l} I \longrightarrow E \\ t \longmapsto f(t) \wedge g(t) \end{array}$ est n fois dérivable sur I et :

$$(f \wedge g)^{(n)} = \sum_{k=0}^{n} \mathrm{C}_n^k f^{(k)} \wedge g^{(n-k)}.$$

2.2.5 Classe d'une application

◆ **Définition 1** Soit $f \in E^I$.

1) Soit $n \in \mathbb{N}$; on dit que f est **de classe C^n sur I** si et seulement si :

$$\begin{cases} f \text{ est } n \text{ fois dérivable sur } I \\ f^{(n)} \text{ est continue sur } I \end{cases}.$$

2) On dit que f est **de classe C^∞ sur I** si et seulement si f est indéfiniment dérivable sur I.

Pour $n \in \mathbb{N} \cup \{+\infty\}$, on note $C^n(I,E)$ l'ensemble des applications de classe C^n de I dans E.

La proposition suivante est immédiate.

◆ **Proposition 1** Supposons que E soit muni d'une base $\mathcal{B}$. Soient $n \in \mathbb{N}\cup\{+\infty\}$, $f \in E^I$, $f_1,\dots,f_N$ les applications composantes de f dans $\mathcal{B}$. On a :

$$f \in C^n(I,E) \iff (\forall j \in \{1,\dots,N\},\ f_j \in C^n(I,\mathbb{K})).$$

Remarques :

1) $f \in C^0(I,E)$ si et seulement si f est continue sur I.

2) Pour tout $(m,n) \in (\mathbb{N} \cup \{+\infty\})^2$ tel que $m \leqslant n$, on a : $C^m(I,E) \supset C^n(I,E)$.

3) $C^\infty(I,E) = \bigcap_{n\in\mathbb{N}} C^n(I,E)$.

4) Une application $f : I \longrightarrow E$ peut être n fois dérivable sur I sans être de classe C^n sur I. Par exemple, $f : \mathbb{R} \longrightarrow \mathbb{C}$, $t \longmapsto \begin{cases} t^2 \mathrm{e}^{\mathrm{i}/t} & \text{si } t \neq 0 \\ 0 & \text{si } t = 0 \end{cases}$ est dérivable sur $\mathbb{R}$, mais n'est pas de classe C^1 sur $\mathbb{R}$.

5) Nous verrons plus loin (2.3.7 Cor. 2 p. 60) que, sous certaines hypothèses, si f' admet une limite en a, alors f' est continue en a.

6) Nous avions vu dans le Tome 1 que, si $f : I \longrightarrow \mathbb{R}$ est dérivable, alors $f'(I)$ est un intervalle de $\mathbb{R}$ («théorème de Darboux», exercice 5.2.11 p. 146). Mais, si $N = \dim(E) \geqslant 2$, l'image $f'(I)$ de l'intervalle I par la dérivée d'une application $f : I \longrightarrow E$ dérivable sur I peut ne pas être une partie connexe par arcs de E (cf. exercice 2.2.4 p. 129). ■

Le Théorème suivant se déduit aisément de 2.2.4 Th. 1 et Th. 2 pp. 130-131.

◆ **Théorème 1** Soient $n \in \mathbb{N} \cup \{+\infty\}$, $\alpha \in \mathbb{K}$, $f,g : I \longrightarrow E$, $\lambda : I \longrightarrow \mathbb{K}$. On suppose λ, f, g de classe C^n sur I. Alors :

1) $f+g$ est de classe C^n sur I et (si $n \in \mathbb{N}$) : $(f+g)^{(n)} = f^{(n)} + g^{(n)}$

2) αf est de classe C^n sur I et (si $n \in \mathbb{N}$) : $(\alpha f)^{(n)} = \alpha f^{(n)}$

3) Si $(\forall t \in I, \lambda(t) \neq 0)$, alors $\dfrac{1}{\lambda}$ est de classe C^n sur I.

Ainsi, en particulier, $C^n(I,E)$ est un $\mathbb{K}$-ev.

Le Théorème suivant se déduit aisément de 2.2.4 Th. 2 p. 131.

◆ **Théorème 2** Soient $n \in \mathbb{N} \cup \{+\infty\}$, E,F,G trois $\mathbb{K}$-evn de dimensions finies, $B : E \times F \longrightarrow G$ une application bilinaire, $f \in C^n(I,E)$, $g \in C^n(I,F)$. Alors l'application $\begin{array}{l} B(f,g) : I \longrightarrow G \\ \qquad t \longmapsto B(f(t),g(t)) \end{array}$ est de classe C^n sur I et (si $n \in \mathbb{N}$) :

$$\big(B(f,g)\big)^{(n)} = \sum_{k=0}^{n} \mathrm{C}_n^k B\big(f^{(k)}, g^{(n-k)}\big).$$

◆ **Corollaire** Soit $n \in \mathbb{N} \cup \{+\infty\}$.

1) Soient $\lambda : I \longrightarrow \mathbb{K}$ de classe C^n sur I, $f : I \longrightarrow E$ de classe C^n sur I. Alors λf est de classe C^n sur I et (si $n \in \mathbb{N}$) :

$$(\lambda f)^{(n)} = \sum_{k=0}^{n} \mathrm{C}_n^k \lambda^{(k)} f^{(n-k)}.$$

2) Soient $(E,(.|.))$ un espace euclidien ou hermitien, $f,g : I \longrightarrow E$ de classe C^n sur I. Alors $\begin{array}{l} (f|g) : I \longrightarrow \mathbb{K} \\ \qquad t \longmapsto (f(t)|g(t)) \end{array}$ est de classe C^n sur I et (si $n \in \mathbb{N}$) :

$$(f|g)^n = \sum_{k=0}^{n} \mathrm{C}_n^k \big(f^{(k)} | g^{(n-k)}\big).$$

3) Soient E un espace euclidien orienté de dimension 3, $f,g : I \longrightarrow E$ de classe C^n sur I. Alors $\begin{array}{l} f \wedge g : I \longrightarrow E \\ \qquad t \longmapsto f(t) \wedge g(t) \end{array}$ est de classe C^n sur I et (si $n \in \mathbb{N}$) :

$$(f \wedge g)^{(n)} = \sum_{k=0}^{n} \mathrm{C}_n^k f^{(k)} \wedge g^{(n-k)}.$$

◆ **Théorème 3** Soient $n \in \mathbb{N} \cup \{+\infty\}$, I, J deux intervalles de $\mathbb{R}$, $f : I \longrightarrow \mathbb{R}$, $g : J \longrightarrow E$ telles que $f(I) \subset J$; on note (abusivement) $g \circ f : \begin{array}{l} I \longrightarrow E \\ t \longmapsto g(f(t)) \end{array}$.

Si f et g sont de classe C^n, alors $g \circ f$ est de classe C^n sur I.

Preuve :

Comme dans le Tome 1, 5.1.5 Th. 2 p. 139.

Rappelons une Définition et un Théorème (Tome 1, 5.3.1 Déf. et Th. 4 p. 149) :

◆ **Définition** Soient I, J deux intervalles de $\mathbb{R}$, $f : I \longrightarrow J$, $n \in \mathbb{N}^* \cup \{+\infty\}$. On dit que f est un **C^n-difféomorphisme de I sur J** si et seulement si :

$$\begin{cases} f \text{ est de classe } C^n \text{ sur } I \\ f \text{ est bijective} \\ f^{-1} \text{ est de classe } C^n \text{ sur } J. \end{cases}$$

◆ **Théorème** Soient I, J deux intervalles de $\mathbb{R}$, $f : I \longrightarrow J = f(I)$, $n \in \mathbb{N}^* \cup \{+\infty\}$. Pour que f soit un C^n-difféomorphisme de I sur J, il faut et il suffit que :

$$\begin{cases} f \text{ est de classe } C^n \text{ sur } I \\ f' > 0 \quad \text{ou} \quad f' < 0. \end{cases}$$

Remarque :

D'après le théorème des valeurs intermédiaires, puisque f' est continue sur l'intervalle I, la condition ($f' > 0$ ou $f' < 0$) peut être remplacée par : f' ne s'annule en aucun point.

Applications de classe C^n par morceaux

◆ **Définition 2** Soient $(a,b) \in \mathbb{R}^2$ tel que $a < b$, $f : [a; b] \longrightarrow E$, $n \in \mathbb{N} \cup \{+\infty\}$. On dit que f est **de classe C^n par morceaux sur** $[a; b]$ si et seulement s'il existe $m \in \mathbb{N}^*$ et $(a_0, \dots, a_m) \in \mathbb{R}^{m+1}$ tels que :

- $a = a_0 < \ldots < a_m = b$
- pour tout i de $\{0, \dots, m-1\}$, la restriction $f\big|_{]a_i; a_{i+1}[}$ admet un prolongement à $[a_i; a_{i+1}]$ qui soit de classe C^n sur $[a_i; a_{i+1}]$.

Dans le cas $n = 0$, on retrouve la Déf. 1 de 2.1.6 p. 120 (continuité par morceaux sur un segment).

Remarque :

Si f est de classe C^n par morceaux sur $[a; b]$, alors, pour tout k de $\{1, \dots, n\}$, $f^{(k)}$ est définie sur $[a; b]$ sauf au plus en un nombre fini de points.

◆ **Définition 3** Soient $n \in \mathbb{N} \cup \{+\infty\}$, $f \in E^I$. On dit que f est **de classe C^n par morceaux sur** I si et seulement si, pour tout (a,b) de I^2 tel que $a < b$, $f|_{[a;b]}$ est de classe C^n par morceaux

La Proposition suivante est immédiate, et généralise 2.1.6 Prop. 2 p. 121.

◆ **Proposition 2** Supposons que E soit muni d'une base $\mathcal{B}$.
Soient $n \in \mathbb{N} \cup \{+\infty\}$, $f \in E^I$, $f_1,\dots,f_N$ les applications composantes de f dans $\mathcal{B}$. Pour que f soit de classe C^n par morceaux sur I, il faut et il suffit que, pour chaque j de $\{1,\dots,N\}$, f_j soit de classe C^n par morceaux sur I.

EXEMPLE :

L'application $\begin{array}{l}\mathbb{R} \longrightarrow \mathbb{C} \\ t \longmapsto \mathrm{e}^{\mathrm{i}|t|}\end{array}$ est de classe C^∞ par morceaux sur $\mathbb{R}$.

◆ **Théorème 4** Soit $f : I \longrightarrow E$ continue sur I et C^1 par morceaux sur I. Alors f est constante si et seulement si $f' = 0$.

Preuve :

Il est clair que, si f est constante, alors $f' = 0$.

Réciproquement, supposons $f' = 0$.

Soit $(a,b) \in I^2$ tel que $a < b$. Puisque f est continue sur I et C^1 par morceaux sur I, $f|_{[a;b]}$ est continue sur $[a;b]$ et C^1 par morceaux sur $[a;b]$. Il existe $m \in \mathbb{N}^*$, $(a_0,\dots,a_m) \in \mathbb{R}^{m+1}$ tels que :

- $a = a_0 < \dots < a_m = b$
- pour tout i de $\{0,\dots,m-1\}$, $f|_{]a_i;a_{i+1}[}$ admet un prolongement $\tilde{f_i}$ à $[a_i;a_{i+1}]$ qui soit de classe C^1 sur $[a_i;a_{i+1}]$.

Pour chaque i de $\{0,\dots,m-1\}$, $\tilde{f_i}$ est continue sur $[a_i;a_{i+1}]$, dérivable sur $]a_i;a_{i+1}[$, et, pour tout x de $]a_i;a_{i+1}[$, $\tilde{f}_i'(x) = f'(x) = 0$. D'après 2.2.3 Th. 5 p. 129, $\tilde{f_i}$ est constante sur $[a_i;a_{i+1}]$.

D'autre part, comme f est continue sur I, on a :

$$\forall i \in \{0,\dots,m\}, \quad f(a_i) = \tilde{f_i}(a_i).$$

Ainsi, f est constante sur $[a;a_1]$, $[a_1;a_2]$, ..., $[a_{m-1};b]$, et donc :

$$f(a) = f(a_1) = \dots = f(a_{m-1}) = f(b).$$

Finalement, f est constante sur I.

2.2.6 Supplément : différentielle

◆ **Définition** Soient $a \in I$, $f \in E^I$; on suppose que f est dérivable en a. On appelle **différentielle de** f **en** a l'application, notée $\mathrm{d}_a f$, définie par :

$$\begin{aligned} \mathrm{d}_a f : \mathbb{R} &\longrightarrow E \\ h &\longmapsto h f'(a). \end{aligned}$$

La différentielle de f en a est donc une application linéaire.

Il existe une application $\varepsilon : \{h \in \mathbb{R} ; a + h \in I\} \longrightarrow E$ telle que :

$$\begin{cases} \text{Pour tout } h \text{ de } \mathbb{R} \text{ tel que } a+h \in I, \text{ on a } f(a+h) = f(a) + (\mathrm{d}_a f)(h) + h\varepsilon(h) \\ \varepsilon(h) \underset{h \to 0}{\longrightarrow} 0. \end{cases}$$

Remarques :

1) Une application $f : I \longrightarrow E$ est dérivable en a si et seulement s'il existe un élément Λ de E et une application $\varepsilon : \{h \in \mathbb{R} ; a + h \in I\} \longrightarrow E$ telles que :

$$\begin{cases} \text{Pour tout } h \text{ de } \mathbb{R} \text{ tel que } a+h \in I, \text{ on a } f(a+h) = f(a) + h\Lambda + h\varepsilon(h) \\ \varepsilon(h) \underset{h \to 0}{\longrightarrow} 0 \end{cases}$$

(et alors $\Lambda = f'(a)$).

2) Ayant noté $\mathrm{d}t : \begin{aligned} \mathbb{R} &\longrightarrow \mathbb{R} \\ h &\longmapsto h \end{aligned}$ (cf. Tome 1, 5.1.6 Remarque *2)* p. 141), si $f \in E^I$ est dérivable en a, on a :

$$\forall h \in \mathbb{R}, \quad (\mathrm{d}_a f)(h) = h f'(a) = f'(a)\, \mathrm{d}t(h),$$

c'est-à-dire : $\mathrm{d}_a f = f'(a)\, \mathrm{d}t$.

La Proposition suivante est immédiate à partir de 2.2.2 Th. 1 p. 124.

◆ **Proposition** Soient $a \in I$, $\alpha \in \mathbb{K}$, $\lambda : I \longrightarrow \mathbb{K}$, $f, g : I \longrightarrow E$. Si λ, f, g sont dérivables en a, alors :

1) $\mathrm{d}_a(f+g) = \mathrm{d}_a f + \mathrm{d}_a g$

2) $\mathrm{d}_a(\alpha f) = \alpha\, \mathrm{d}_a f$

3) $\mathrm{d}_a(\lambda f) = (\mathrm{d}_a \lambda) f(a) + \lambda(a) \mathrm{d}_a f$

4) $\mathrm{d}_a \left(\dfrac{1}{\lambda}\right) = -\dfrac{1}{(\lambda(a))^2}\, \mathrm{d}_a \lambda \quad$ si $\lambda(a) \neq 0$.

2.2.7 Dérivation des fonctions à valeurs matricielles

Pour $(n,p) \in (\mathbb{N}^*)^2$, le $\mathbb{K}$-ev $\mathbf{M}_{n,p}(\mathbb{K})$ (formé des matrices à n lignes et p colonnes et à coefficients dans $\mathbb{K}$) est muni d'une quelconque de ses normes (cf. 1.3.2 Th. 1 p. 64). Aux résultats des paragraphes précédents s'ajoutent ceux provenant des opérations sur les matrices : multiplication, inversion, transposition, conjugaison, trace, déterminant.

◆ **Proposition**

1) Si $\alpha \in \mathbb{K}$ et si $A, B : I \longrightarrow \mathbf{M}_{n,p}(\mathbb{K})$ sont dérivables sur I, alors $\underset{t \longmapsto \alpha A(t)+B(t)}{\alpha A + B : I \longrightarrow \mathbf{M}_{n,p}(\mathbb{K})}$ est dérivable sur I et :

$$\forall t \in I, \quad (\alpha A + B)'(t) = \alpha A'(t) + B'(t).$$

2) Si $A : I \longrightarrow \mathbf{M}_{n,p}(\mathbb{K})$ et $B : I \longrightarrow \mathbf{M}_{p,q}(\mathbb{K})$ sont dérivables sur I, alors $\underset{t \longmapsto A(t)B(t)}{AB : I \longrightarrow \mathbf{M}_{n,q}(\mathbb{K})}$ est dérivable sur I et :

$$\forall t \in I, \quad (AB)'(t) = A'(t)B(t) + A(t)B'(t).$$

3) Si $A : I \longrightarrow \mathbf{M}_{n,p}(\mathbb{K})$ est dérivable sur I, alors $\underset{t \longmapsto {}^{t}(A(t))}{{}^{t}A : I \longrightarrow \mathbf{M}_{p,n}(\mathbb{K})}$ est dérivable sur I et : $\forall t \in I, \quad ({}^{t}A)'(t) = {}^{t}(A'(t))$.

4) Si $A : I \longrightarrow \mathbf{M}_n(\mathbb{K})$ est dérivable sur I et si $(\forall t \in I,\ A(t) \in \mathbf{GL}_n(\mathbb{K}))$, alors $\underset{t \longmapsto (A(t))^{-1}}{A^{-1} : I \longrightarrow \mathbf{M}_n(\mathbb{K})}$ est dérivable sur I et :

$$\forall t \in I, \quad (A^{-1})'(t) = -A^{-1}(t)A'(t)A^{-1}(t).$$

5) Si $A : I \longrightarrow \mathbf{M}_n(\mathbb{K})$ est dérivable sur I, alors $\underset{t \longmapsto \operatorname{tr}(A(t))}{\operatorname{tr}(A) : I \longrightarrow \mathbb{K}}$ est dérivable sur I et : $\forall t \in I,\ (\operatorname{tr}(A))'(t) = \operatorname{tr}(A'(t))$.

6) Si $A : I \longrightarrow \mathbf{M}_{n,p}(\mathbb{C})$ est dérivable sur I, alors $\underset{t \longmapsto \overline{A(t)}}{\overline{A} : I \longrightarrow \mathbf{M}_{n,p}(\mathbb{C})}$ est dérivable sur I et : $\forall t \in I, \quad (\overline{A})'(t) = \overline{A'(t)}$.

7) Si $A : I \longrightarrow \mathbf{M}_n(\mathbb{K})$ est dérivable sur I, alors $\underset{t \longmapsto \det(A(t))}{\det(A) : I \longrightarrow \mathbb{K}}$ est dérivable sur I et : $\forall t \in I, \quad (\det A)'(t) = \displaystyle\sum_{j=1}^{n} \det(A_j(t)),$

où, pour chaque j de $\{1,\ldots,n\}$, $A_j(t)$ est obtenue à partir de $A(t)$ en remplaçant la $j^{\text{ème}}$ colonne de $A(t)$ par la dérivée de la $j^{\text{ème}}$ colonne de $A(t)$.

Preuve :

Remarquons d'abord que, si $A(t) = (a_{ij}(t))_{\substack{1\leqslant i\leqslant n \\ 1\leqslant j\leqslant p}}$, A est dérivable sur I si et seulement si toutes les $a_{ij} : I \longrightarrow \mathbb{K}$ sont dérivables sur I, et qu'alors : $\forall t \in I,\ A'(t) = (a'_{ij}(t))_{\substack{1\leqslant i\leqslant n \\ 1\leqslant j\leqslant p}}$.

1) Cf. 2.2.3 Th. 1 p. 113.

2) Cf. 2.2.3 Th. 1 p. 113.

3) Immédiat.

4) • Pour chaque (i,j) de $\{1,\dots,n\}^2$, notons $a_{ij}(t)$ le $(i,j)^{\text{ème}}$ élément de $A(t)$, et $A_{ij}(t)$ le cofacteur de la $(i,j)^{\text{ème}}$ place dans $A(t)$. Par hypothèse : $\forall t \in I$, $\det(A(t)) \neq 0$, et donc : $\forall t \in I,\ (A(t))^{-1} = \dfrac{1}{\det(A(t))}\ {}^{t}(\text{com}(A(t)))$, où $\text{com}(A(t))$ est la comatrice de $A(t)$, $\text{com}(A(t)) = (A_{ij}(t))_{1\leqslant i,j\leqslant n}$.

Les applications A_{ij} et $\det(A)$, qui sont des polynômes en les coefficients de A, sont dérivables sur I, donc A^{-1} est dérivable sur I.

• $\forall t \in I,\ A(t)A^{-1}(t) = \mathrm{I}_n$, d'où en dérivant (cf. *2)*) :

$$\forall t \in I, \quad A'(t)A^{-1}(t) + A(t)(A^{-1})'(t) = 0,$$

c'est-à-dire :

$$\forall t \in I, \quad (A^{-1})'(t) = -A^{-1}(t)A'(t)A^{-1}(t).$$

5) Immédiat. Cf. aussi 2.2.3 Th. 2 p. 127.

6) Immédiat.

7) Cf. 2.2.3 Prop. p. 128.

2.3 Intégration sur un segment

Il s'agit ici de l'intégration des applications continues par morceaux sur un segment, ce qui généralise le ch. 6 du Tome 1, p. 163.

2.3.1 Intégration des applications en escalier sur un segment

Dans tout ce § 2.3.1, (a,b) désigne un couple de réels tel que $a < b$.

1) Espace vectoriel des applications en escalier sur un segment

Rappelons (cf. Tome 1, 6.1.1 p. 163) qu'on appelle **subdivision** (ou : **partage**) de $[a;b]$ toute famille finie $(a_i)_{0\leqslant i\leqslant n}$ de réels telle que :

$$a = a_0 < a_1 < \ldots < a_{n-1} < a_n = b \quad (n \geqslant 1).$$

On note ici $\mathcal{S}$ l'ensemble des subdivisions de $[a;b]$.

◆ **Définition**

1) Une application $e : [a; b] \longrightarrow E$ est dite **en escalier** si et seulement s'il existe $s = (a_0,\ldots,a_n) \in \mathcal{S}$ et $(\Lambda_0,\ldots,\Lambda_{n-1}) \in E^n$ tels que :

$$\forall i \in \{0,\ldots,n-1\}, \forall t \in]a_i; a_{i+1}[, \quad e(t) = \Lambda_i.$$

On note ici $E(a,b)$ l'ensemble des applications en escalier sur $[a; b]$.

2) Etant donné $s = (a_0,\ldots,a_n) \in \mathcal{S}$ et $e \in E(a,b)$, on dit que s est **adaptée** (ou : **subordonnée**) **à** e si et seulement si, pour tout i de $\{0,\ldots,n-1\}$, la restriction de e à $]a_i; a_{i+1}[$ est constante.

La Proposition suivante est immédiate.

◆ **Proposition 1** Supposons que E soit muni d'une base $\mathcal{B}$.
Soient $f \in E^{[a;b]}$, $f_1,\ldots,f_N$ les applications composantes de f dans $\mathcal{B}$.
Pour que f soit en escalier sur $[a; b]$ il faut et il suffit que, pour chaque j de $\{1,\ldots,N\}$, f_j soit en escalier sur $[a; b]$.

On remarquera que l'on obtient une subdivision adaptée à f en «réunissant» des subdivisions adaptées à $f_1,\ldots,f_N$.

◆ **Proposition 2**

$E(a,b)$ est un $\mathbb{K}$-ev pour les lois usuelles.

Preuve :

Comme dans Tome 1, 6.1.1 Prop. 1 p. 164.

2) Intégration d'une application en escalier sur un segment

◆ **Proposition-Définition 1** Soient $e \in E(a,b)$, $s = (a_i)_{0 \leqslant i \leqslant n} \in \mathcal{S}$ adpatée à e, et, pour chaque i de $\{0,\ldots,n-1\}$, Λ_i la valeur de e sur $]a_i; a_{i+1}[$.

L'élément $\displaystyle\sum_{i=0}^{n-1}(a_{i+1} - a_i)\Lambda_i$ de E ne dépend pas de la subdivision s adaptée à e ; cet élément s'appelle l'**intégrale de** e **sur** $[a; b]$ et est noté $\displaystyle\int_{[a;b]} e$ ou $\displaystyle\int_a^b e$.

Preuve :

Comme dans Tome 1, 6.1.2 Prop.-Déf. p. 165.

La Proposition suivante est immédiate.

◆ **Proposition 2** Supposons que E soit muni d'une base $\mathcal{B} = (e_1,\dots,e_N)$. Soient $f \in E(a,b)$, $f_1,\dots,f_N$ les applications composantes de f dans $\mathcal{B}$. On a :

$$\int_{[a;b]} f = \sum_{j=1}^{N} \left(\int_{[a;b]} f_j \right) e_j.$$

◆ **Proposition 3** L'application $\begin{array}{l} E(a,b) \longrightarrow E \\ e \longmapsto \int_{[a;b]} e \end{array}$ est linéaire.

Preuve :

Comme dans Tome 1, 6.1.2 Prop. 2 p. 166.

◆ **Proposition 4** Soient F un $\mathbb{K}$-evn de dimension finie et $T \in \mathcal{L}(E,F)$. Pour toute e de $E(a,b)$, l'application $T \circ e : [a;b] \longrightarrow F$ est en escalier sur $[a;b]$ et :

$$\int_{[a;b]} T \circ e = T\left(\int_{[a;b]} e \right).$$

Preuve :

Soient $e \in E(a,b)$, $s = (a_0,\dots,a_n)$ une subdivision de $[a;b]$ adaptée à e, et, pour chaque i de $\{0,\dots,n-1\}$, $\Lambda_i \in E$ tel que : $\forall t \in]a_i;a_{i+1}[, \quad e(t) = \Lambda_i$.

Alors : $\forall i \in \{0,\dots,n-1\}, \forall t \in]a_i;a_{i+1}[, \quad (T \circ e)(t) = T(\Lambda_i)$,

donc $T \circ e$ est en escalier sur $[a;b]$ (à valeurs dans F) et, par linéarité de T :

$$\int_{[a;b]} T \circ e = \sum_{i=0}^{n-1} (a_{i+1} - a_i) T(\Lambda_i) = T\left(\sum_{i=0}^{n-1} (a_{i+1} - a_i)\Lambda_i \right) = T\left(\int_{[a;b]} e \right).$$

◆ **Proposition 5** Soient $(a,b,c) \in \mathbb{R}^3$ tel que $a < b < c$, $e \in E(a,c)$. Les restrictions de e à $[a;b]$ et à $[b;c]$ sont en escalier et :

$$\int_{[a;b]} e|_{[a;b]} + \int_{[b;c]} e|_{[b;c]} = \int_{[a;c]} e.$$

Preuve :

Comme dans Tome 1, 6.1.2 Prop. 4 p. 167.

◆ **Proposition 6** Soient $||\cdot||$ une norme sur E et $e \in E(a,b)$. Alors $\begin{array}{l} ||e|| : [a;b] \longrightarrow \mathbb{R} \\ t \longmapsto ||e(t)|| \end{array}$ est en escalier sur $[a;b]$ et :

$$\left\| \int_{[a;b]} e \right\| \leqslant \int_{[a;b]} \|e\|.$$

Preuve :

Il existe $s = (a_i)_{0 \leqslant i \leqslant n} \in \mathcal{S}$ adaptée à e.

Alors $||e||$ est constante sur chaque $]a_i\,;\,a_{i+1}[$, donc $||e||$ est en escalier sur $[a;b]$. En notant Λ_i la valeur de e sur $]a_i\,;\,a_{i+1}[$, on a :

$$\left\| \int_{[a;b]} e \right\| = \left\| \sum_{i=0}^{n-1} (a_{i+1} - a_i)\Lambda_i \right\| \leqslant \sum_{i=0}^{n-1} (a_{i+1} - a_i)||\Lambda_i|| = \int_{[a;b]} \|e\|.$$

2.3.2 Suites d'applications (1re étude)

Nous approfondirons cette étude dans le Tome 4, 4.1 p. 3.

◆ **Définition 1** Soit $(f_n : X \longrightarrow E)_{n\in\mathbb{N}}$ une suite d'applications.

1) Soit $f \in E^X$. On dit que $(f_n)_{n\in\mathbb{N}}$ **converge simplement vers** f **(sur** X**)** si et seulement si, pour tout t de X, la suite $(f_n(t))_{n\in\mathbb{N}}$ converge vers $f(t)$ dans E. On dit aussi que f est la limite simple de $(f_n)_{n\in\mathbb{N}}$.

2) On dit que $(f_n)_{n\in\mathbb{N}}$ **converge simplement** (sur X) si et seulement s'il existe $f \in E^X$ telle que $(f_n)_{n\in\mathbb{N}}$ converge simplement vers f (sur X).

Supposons que E soit muni d'une base $\mathcal{B}$. En notant, pour chaque n de $\mathbb{N}$ et j de $\{1,\ldots,N\}$ $f_{n,j}$ la $j^{\text{ème}}$ application composante de f_n dans $\mathcal{B}$, et φ_j la $j^{\text{ème}}$ application composante de f dans $\mathcal{B}$, on a : $(f_n)_{n\in\mathbb{N}}$ converge simplement vers f si et seulement si, pour tout j de $\{1,\ldots,N\}$, $(f_{n,j})_{n\in\mathbb{N}}$ converge simplement vers φ_j. ■

Soient $(f_n : X \longrightarrow E)_{n\in\mathbb{N}}$ une suite d'applications, Y une partie de X, $f \in E^X$. On dit que $(f_n)_{n\in\mathbb{N}}$ converge simplement vers f sur Y si et seulement si $(f_n|_Y)_{n\in\mathbb{N}}$ converge simplement vers $f|_Y$, c'est-à-dire : $\forall t \in Y, \quad f_n(t) \underset{n\infty}{\longrightarrow} f(t)$.

Pour $(f_n : X \longrightarrow E)_{n\in\mathbb{N}}$ donnée, on appelle quelquefois **domaine de convergence simple de** $(f_n)_{n\in\mathbb{N}}$ l'ensemble des t de X tels que $(f_n(t))_{n\in\mathbb{N}}$ converge dans E.

◆ **Définition 2** Soit $(f_n : X \longrightarrow E)_{n\in\mathbb{N}}$ une suite d'applications.

1) Soit $f \in E^X$. On dit que $(f_n)_{n\in\mathbb{N}}$ **converge uniformément vers** f (sur X) si et seulement si :

$$\forall \varepsilon > 0,\ \exists N \in \mathbb{N},\ \forall n \in \mathbb{N},\ \forall t \in X, \quad (n \geqslant N \Longrightarrow ||f_n(t) - f(t)|| \leqslant \varepsilon).$$

On dit aussi que f est la **limite uniforme de** $(f_n)_{n\in\mathbb{N}}$.

2) On dit que $(f_n)_{n\in\mathbb{N}}$ **converge uniformément** (sur X) si et seulement s'il existe $f : X \longrightarrow E$ telle que $(f_n)_{n\in\mathbb{N}}$ converge uniformément vers f (sur X).

Si E est muni d'une base $\mathcal{B}$, en notant $f_{n,j}$ (resp. φ_j) la $j^{\text{ème}}$ application composante de f_n (resp. f) dans $\mathcal{B}$, on a : $(f_n)_{n\in\mathbb{N}}$ converge uniformément vers f si et seulement si, pour tout j de $\{1,\dots,N\}$, $(f_{n,j})_{n\in\mathbb{N}}$ converge uniformément vers φ_j.

La Proposition suivante est immédiate.

◆ **Proposition 1** Si $(f_n)_{n\in\mathbb{N}}$ converge uniformément vers f, alors $(f_n)_{n\in\mathbb{N}}$ converge simplement vers f.

◆ **Proposition 2** Soient $(f_n : X \longrightarrow E)_{n\in\mathbb{N}}$ une suite d'applications et $f \in E^X$. Pour que $(f_n)_{n\in\mathbb{N}}$ converge uniformément vers f, il faut et il suffit que :

$$\begin{cases} \text{Il existe } N_1 \in \mathbb{N} \text{ tel que, pour tout } n \geqslant N_1,\ f_n - f \text{ soit bornée} \\ ||f_n - f||_\infty \underset{n\infty}{\longrightarrow} 0. \end{cases}$$

Preuve :

1) Supposons que $(f_n)_{n\in\mathbb{N}}$ converge uniformément vers f.

En particulier, il existe $N_1 \in \mathbb{N}$ tel que :

$$\forall n \geqslant N_1,\ \forall t \in X, \quad ||f_n(t) - f(t)|| \leqslant 1.$$

Ceci montre que chaque f_n (pour $n \geqslant N_1$) est bornée, et on peut donc considérer $||f_n - f||_\infty = \underset{t\in X}{\text{Sup}}\, ||f_n(t) - f(t)||$.

Soit $\varepsilon > 0$; puisque $(f_n)_{n\in\mathbb{N}}$ converge uniformément vers f, il existe $N \in \mathbb{N}$ tel que :

$$\forall n \geqslant N,\ \forall t \in X, \quad ||f_n(t) - f(t)|| \leqslant \varepsilon.$$

En notant $N' = \text{Max}(N_1, N)$, on a alors : $\forall n \geqslant N',\ ||f_n - f||_\infty \leqslant \varepsilon$.

On a prouvé : $\forall \varepsilon > 0, \exists N' \in \mathbb{N}, \forall n \in \mathbb{N}, \quad (n \geqslant N' \Longrightarrow ||f_n - f||_\infty \leqslant \varepsilon)$,

c'est-à-dire : $||f_n - f||_\infty \underset{n\infty}{\longrightarrow} 0$.

2) Réciproquement, supposons qu'il existe $N_1 \in \mathbb{N}$ tel que :

$$\begin{cases} \text{pour tout } n \geqslant N_1,\ f_n - f \text{ est bornée} \\ ||f_n - f||_\infty \underset{n\infty}{\longrightarrow} 0. \end{cases}$$

Soit $\varepsilon > 0$; il existe $N \in \mathbb{N}$ tel que : $\begin{cases} N \geqslant N_1 \\ \forall n \geqslant N, \quad ||f_n - f||_\infty \leqslant \varepsilon \end{cases}.$

On a alors : $\forall n \in \mathbb{N}, \forall t \in X, \quad (n \geqslant N \Longrightarrow |f_n(t) - f(t)| \leqslant ||f_n - f||_\infty \leqslant \varepsilon)$.

Ceci montre que $(f_n)_{n\in\mathbb{N}}$ converge uniformément vers f.

EXEMPLES :

1) $f_n : [0;1] \longrightarrow \mathbb{R}$.
$\qquad x \longrightarrow x^n$

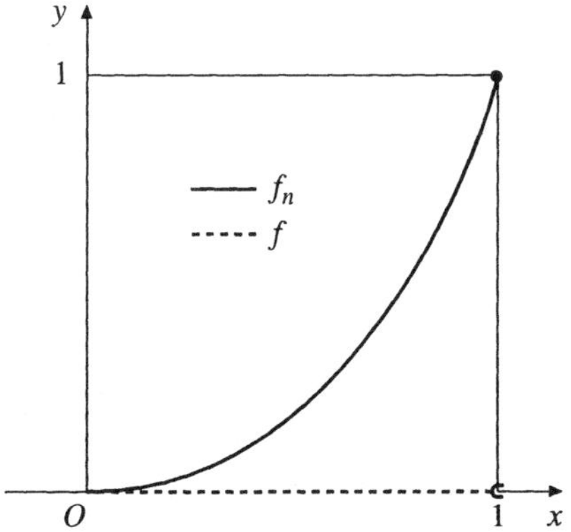

Il est clair que $(f_n)_{n\in\mathbb{N}}$ converge simplement vers $f : [0;1] \longrightarrow \mathbb{R}$.
$$x \longmapsto \begin{cases} 0 & \text{si } x \neq 1 \\ 1 & \text{si } x = 1 \end{cases}$$

On a facilement :

$$\forall n \in \mathbb{N}, ||f_n - f||_\infty = 1$$

(car $\begin{cases} \forall x \in [0;1], |f_n(x) - f(x)| \leqslant 1 \\ |f_n(x) - f(x)| \underset{x\longrightarrow 1^-}{\longrightarrow} 1 \end{cases}$).

On conclut : $(f_n)_{n\in\mathbb{N}}$ ne converge pas uniformément vers f sur [0; 1].

2) $f_n : \quad [0;1] \longrightarrow \mathbb{R}$.
$\qquad x \longmapsto x^n(1-x)$

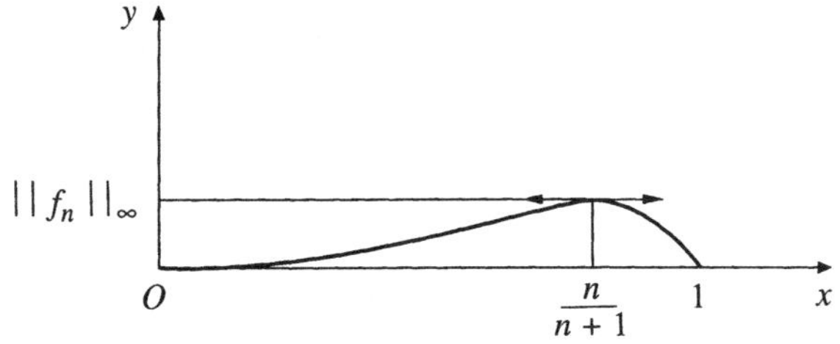

Pour chaque $x \in [0;1]$, $(f_n(x))_{n\in\mathbb{N}}$ converge vers 0 (séparer en cas : $x \in [0;1[$, $x = 1$); donc $(f_n)_{n\in\mathbb{N}}$ converge simplement vers 0 sur [0; 1].

Soit $n \in \mathbb{N}^*$; f_n est dérivable sur [0; 1] et : $\quad \forall x \in [0;1]$, $f_n'(x) = x^{n-1}(n-(n+1)x)$.

On en déduit les variations de f_n :

x	0		$\frac{n}{n+1}$		1
$f_n'(x)$		$+$	0	$-$	
$f_n(x)$	0	$\nearrow$		$\searrow$	0

D'où : $\quad ||f_n||_\infty = f_n\left(\dfrac{n}{n+1}\right) = \left(\dfrac{n}{n+1}\right)^n \dfrac{1}{n+1} \leqslant \dfrac{1}{n+1}, \quad$ donc $\quad ||f_n||_\infty \underset{n\infty}{\longrightarrow} 0.$

On conclut : $(f_n)_{n\in\mathbb{N}}$ converge uniformément vers 0 sur [0; 1].

Remarques :

1) L'exemple *1)* précédent montre que la convergence simple n'entraîne pas la convergence uniforme.

2) Lorsque $(f_n : X \longrightarrow \mathbb{R})_{n\in\mathbb{N}}$ converge simplement sur X mais pas uniformément sur X, il est d'usage de déterminer des parties Y de X sur lesquelles il y ait convergence uniforme. Dans l'exemple *1)* précédent, pour chaque $a \in [0; 1[$, $(f_n)_{n\in\mathbb{N}}$ converge uniformément sur $[0; a]$ vers 0 car :

$$||f_n|_{[0;a]}||_\infty = ||(f_n - f)|_{[0;a]}||_\infty = \underset{x\in[0;a]}{\text{Sup}} |f_n(x) - f(x)|$$

$$= \underset{x\in[0;a]}{\text{Sup}} |f_n(x)| = f_n(a) \underset{n\infty}{\longrightarrow} 0.$$

3) Nous verrons dans le Tome 4 que, si $(f_n)_{n\in\mathbb{N}}$ converge uniformément vers f sur une partie X de $\mathbb{R}$ et si chaque f_n est continue sur X, alors f est continue sur X. Cette propriété peut servir, par contraposition, pour montrer qu'une suite d'applications, qui converge simplement, ne converge pas uniformément (cf. exemple *1)* précédent, sur $[0; 1]$).

Exercices

◇ **2.3.1** Etudier (convergence simple, convergence uniforme) les suites d'applications suivantes :

a) $f_n : \mathbb{R} \longrightarrow \mathbb{R}$, $f_n(x) = n\left(\text{Arctan}\left(x + \frac{1}{n}\right) - \text{Arctan}\left(x - \frac{1}{n}\right)\right)$, $n \in \mathbb{N}^*$

b) $f_n : \mathbb{R}_+ \longrightarrow \mathbb{R}$, $f_n(x) = \text{Arctan}\,\frac{n+x}{1+nx}$, $n \in \mathbb{N}$

c) $f_n : [0; 1] \longrightarrow \mathbb{R}$, $f_n(x) = n^\alpha\,(x^n(1-x) + x(1-x)^n)$, $n \in \mathbb{N}^*$, $\alpha \in \mathbb{R}$ fixé.

◇ **2.3.2** *a)* Montrer que, pour tout n de $\mathbb{N}^*$, l'application $x \longmapsto \dfrac{\sin^2 2\pi x}{(x-n)\left(x - \frac{n}{2}\right)}$ admet un prolongement f_n continu sur $\mathbb{R}$.

b) Etudier (convergence simple, convergence uniforme) la suite $(f_n)_{n\in\mathbb{N}^*}$.

◇ **2.3.3** Soient $f \in \mathbb{R}^\mathbb{R}$ et, pour tout n de $\mathbb{N}^*$, $f_n : \mathbb{R} \longrightarrow \mathbb{R}$ définie par :

$$\forall x \in \mathbb{R}, \quad f_n(x) = \frac{(f(x))^3}{(f(x))^2 + \frac{1}{n}}.$$

Montrer que $(f_n)_{n\in\mathbb{N}^*}$ converge uniformément vers f sur $\mathbb{R}$.

◇ **2.3.4** Soient X, Y deux ensembles non vides, $f \in Y^X$, $(g_n : Y \longrightarrow E)_{n\in\mathbb{N}}$, $g \in E^Y$; on suppose que $(g_n)_n$ converge uniformément vers g sur Y. Montrer que $(g_n \circ f)_n$ converge uniformément vers $g \circ f$ sur X.

◇ **2.3.5** Soient X une partie compacte non vide de $\mathbb{R}$, $(f_n : X \longrightarrow E)_{n\in\mathbb{N}}$ une suite d'applications convergeant uniformément sur X vers une application continue $f : X \longrightarrow E$.

On suppose :

$$\forall n \in \mathbb{N}, \quad f_n^{-1}(\{0\}) \neq \varnothing.$$

Montrer : $f^{-1}(\{0\}) \neq \varnothing$.

2.3.3 Approximation uniforme par des applications en escalier ou par des applications affines par morceaux et continues

Dans ce § 2.3.3, (a,b) désigne un couple de réels tel que $a < b$.

◆ **Théorème** Soit $f : [a;b] \longrightarrow E$ continue par morceaux.
Il existe une suite $(e_n : [a;b] \longrightarrow E)_{n\in\mathbb{N}}$ d'applications en escalier sur $[a;b]$ convergeant uniformément vers f sur $[a;b]$.

Preuve :

1) Traitons d'abord le cas où f est continue.

Soit $n \in \mathbb{N}$ fixé.

Puisque f est continue sur le segment $[a;b]$, d'après le théorème de Heine, f est uniformément continue sur $[a;b]$.

Il existe donc $\eta > 0$ tel que :

$$\forall (t',t'') \in [a;b]^2, \quad \left(|t'-t''| \leqslant \eta \Longrightarrow ||f(t')-f(t'')|| \leqslant \frac{1}{n+1}\right).$$

Il existe $N \in \mathbb{N}$ tel que $\frac{b-a}{N} \leqslant \eta$ (par exemple, $N = \mathrm{E}\left(\frac{b-a}{\eta}\right)+1$). On remarquera que η et N dépendent de n.

Considérons la subdivision «régulière» $s = \left(a+k\,\frac{b-a}{N}\right)_{0\leqslant k\leqslant N}$ de $[a;b]$, et l'application en escalier $e_n : [a;b] \longrightarrow E$ définie par :

$$\begin{cases} \forall k \in \{0,\ldots,N-1\},\ \forall t \in \left[a+k\frac{b-a}{N} ; a+(k+1)\frac{b-a}{N}\right[, e_n(t) = f\left(a+k\frac{b-a}{N}\right) \\ e_n(b) = f(b). \end{cases}$$

Pour tout t de $[a;b[$, il existe $k \in \{0,\ldots,N-1\}$ tel que :

$$t \in \left[a+k\,\frac{b-a}{N} ; a+(k+1)\,\frac{b-a}{N}\right[,$$

et on a alors : $||f(t)-e_n(t)|| = \left\|f(t)-f\left(a+k\,\frac{b-a}{N}\right)\right\| \leqslant \frac{1}{n+1}$,

puisque : $0 \leqslant t-\left(a+k\,\frac{b-a}{N}\right) \leqslant \frac{b-a}{N} \leqslant \eta$.

Ceci montre que, pour tout n de $\mathbb{N}$, $f-e_n$ est bornée et $||f-e_n||_\infty \leqslant \frac{1}{n+1}$.
On a ainsi construit une suite $(e_n)_{n\in\mathbb{N}}$ d'applications en escalier sur $[a;b]$ convergeant uniformément vers f sur $[a;b]$.

2) Traitons maintenant le cas général où f est continue par morceaux.

Il existe $p \in \mathbb{N}^*$, $(a_0,\ldots,a_p) \in \mathbb{R}^{p+1}$ tels que :

$$\begin{cases} a = a_0 < \ldots < a_p = b \\ \text{pour tout } i \text{ de } \{0,\ldots,p-1\},\ f|_{]a_i;a_{i+1}[} \text{ est prolongeable en une application } f_i \\ \quad \text{continue sur } [a_i;\, a_{i+1}]. \end{cases}$$

D'après *1)*, pour chaque i de $\{0,\ldots,p-1\}$, il existe une suite d'applications $(e_{i,n})_{n\in\mathbb{N}}$ en escalier sur $[a_i;\, a_{i+1}]$ convergeant uniformément vers f_i sur $[a_i;\, a_{i+1}]$.

Pour chaque n de $\mathbb{N}$, notons $e_n : [a;\, b] \longrightarrow E$ l'application en escalier définie par :

$$\begin{cases} \forall i \in \{0,\ldots,p-1\},\ \forall t \in]a_i;\, a_{i+1}[, \quad e_n(t) = e_{i,n}(t) \\ \forall i \in \{0,\ldots,p\}, \quad e_n(a_i) = f(a_i). \end{cases}$$

On a alors : $\forall n \in \mathbb{N}, \quad ||f - e_n||_\infty \leqslant \underset{0\leqslant i\leqslant p-1}{\text{Max}} ||f_i - e_{i,n}||_\infty,$

et donc $||f - e_n||_\infty \underset{n\infty}{\longrightarrow} 0$, c'est-à-dire que $(e_n)_{n\in\mathbb{N}}$ converge uniformément vers f sur $[a;\, b]$. ■

Une application $\varphi : [a;\, b] \longrightarrow E$ est dite **affine par morceaux** si et seulement s'il existe $s = (a_0,\ldots,a_m) \in \mathcal{S}$ telle que, pour chaque i de $\{0,\ldots,m-1\}$, il existe $(A_i, B_i) \in E^2$ tel que :

$$\forall t \in]a_i, a_{i+1}[, \quad \varphi(t) = tA_i + B_i.$$

◆ **Proposition** Soit $f : [a;\, b] \longrightarrow E$ continue.
Il existe une suite $(\varphi_n : [a;\, b] \longrightarrow E)_{n\in\mathbb{N}}$ d'applications affines par morceaux et continues convergeant uniformément vers f sur $[a;\, b]$.

Preuve :

Reprenons les notations de *1)* dans la Preuve du Théorème précédent, et notons $a_k = a + k\,\dfrac{b-a}{N}$, pour $k \in \{0,\ldots,N\}$.

Considérons $\varphi_n : [a;\, b] \longrightarrow E$ définie de la façon suivante :

$$\begin{cases} \forall k \in \{0,\ldots,N-1\},\ \forall t \in [a_k;\, a_{k+1}[, \quad \varphi_n(t) = \dfrac{t-a_k}{a_{k+1}-a_k}\big(f(a_{k+1}) - f(a_k)\big) + f(a_k) \\ \varphi_n(b) = f(b). \end{cases}$$

Il est clair que φ_n est affine par morceaux et continue.

Soit $t \in [a;\, b[$; il existe $k \in \{0,\ldots,N-1\}$ tel que $t \in [a_k;\, a_{k+1}[$, et on a alors :

$$\begin{aligned} ||\varphi_n(x) - f(x)|| &\leqslant \frac{t-a_k}{a_{k+1}-a_k}\, ||f(a_{k+1}) - f(a_k)|| + ||f(a_k) - f(x)|| \\ &\leqslant ||f(a_{k+1}) - f(a_k)|| + ||f(a_k) - f(x)|| \leqslant \frac{2}{n+1}. \end{aligned}$$

Ceci montre que $(\varphi_n)_{n\in\mathbb{N}}$ converge uniformément vers f sur $[a;\, b]$.

2.3.4 Intégration des applications continues par morceaux sur un segment

Dans ce § 2.3.4 (sauf *3)*), (a,b) désigne un couple de réels tel que $a < b$.

On note $\mathcal{CM}$ l'espace vectoriel des applications $[a;\, b] \longrightarrow E$ continues par morceaux.

1) Intégrale d'une application continue par morceaux sur un segment

◆ **Théorème-Définition 1** Soit $f \in \mathcal{CM}$. Pour toutes les suites $(e_n)_{n\in\mathbb{N}}$ d'applications en escalier sur $[a;\, b]$ convergeant uniformément vers f sur $[a;\, b]$, la suite $\left(\int_{[a;b]} e_n\right)_{n\in\mathbb{N}}$ converge (dans E) vers une même limite, appelée **intégrale de** f (sur $[a;\, b]$) et notée $\int_{[a;b]} f$ ou $\int_a^b f$ ou $\int_a^b f(t)\,\mathrm{d}t$.

Preuve :

1) D'après 2.3.3 Th. p. 145, il existe une suite $(e_n)_{n\in\mathbb{N}}$ d'applications en escalier sur $[a;\, b]$ convergeant uniformément vers f. Montrons que la suite $\left(\int_{[a;b]} e_n\right)_{n\in\mathbb{N}}$ converge dans E. A cet effet, nous allons montrer que $\left(\int_{[a;b]} e_n\right)_{n\in\mathbb{N}}$ est de Cauchy dans E.

Soit $\varepsilon > 0$. Puisque $(e_n)_{n\in\mathbb{N}}$ converge uniformément vers f, il existe $N \in \mathbb{N}$ tel que :

$$\forall n \in \mathbb{N},\ \forall t \in [a;\, b], \quad \left(n \geqslant N \Longrightarrow ||f(t) - e_n(t)|| \leqslant \frac{\varepsilon}{2(b-a)}\right).$$

Soient $(p,q) \in \mathbb{N}^2$ tel que $p \geqslant N$ et $q \geqslant N$, et $t \in [a;\, b]$. On a :

$$||e_p(t) - e_q(t)|| \leqslant ||e_p(t) - f(t)|| + ||f(t) - e_q(t)|| \leqslant \frac{\varepsilon}{b-a},$$

d'où :

$$\left\|\int_{[a;b]} e_p - \int_{[a;b]} e_q\right\| = \left\|\int_{[a;b]} (e_p - e_q)\right\| \leqslant \int_{[a;b]} ||e_p - e_q|| \leqslant \int_{[a;b]} \frac{\varepsilon}{b-a} = \varepsilon.$$

Ceci prouve :

$$\forall \varepsilon > 0,\ \exists N \in \mathbb{N},\ \forall (p,q) \in \mathbb{N}^2, \quad \left(\begin{cases} p \geqslant N \\ q \geqslant N \end{cases} \Longrightarrow \left\|\int_{[a;b]} e_p - \int_{[a;b]} e_q\right\| \leqslant \varepsilon\right),$$

c'est-à-dire : la suite $\left(\int_{[a;b]} e_n\right)_{n\in\mathbb{N}}$ est de Cauchy dans E.

Puisque E est de dimension finie, E est complet (cf. 1.4.2 Th. 2 p. 72), donc $\left(\int_{[a;b]} e_n\right)_{n\in\mathbb{N}}$ converge dans E.

Mais la limite de $\left(\int_{[a;b]} e_n\right)_{n\in\mathbb{N}}$ pourrait, *a priori*, dépendre du choix de la suite $(e_n)_{n\in\mathbb{N}}$ approchant uniformément f.

2) Montrons que, si deux suites $(e_n)_{n\in\mathbb{N}}$, $(\varepsilon_n)_{n\in\mathbb{N}}$ d'applications en escalier convergeant uniformément vers f, alors : $\lim\limits_{n\infty}\int_{[a;b]} e_n = \lim\limits_{n\infty}\int_{[a;b]} \varepsilon_n$.

1ère méthode :

On a, pour tout n de $\mathbb{N}$:

$$\left\|\int_{[a;b]} e_n - \int_{[a;b]} \varepsilon_n\right\| \leqslant \int_{[a;b]} ||e_n - \varepsilon_n|| \leqslant (b-a)||e_n - \varepsilon_n||_\infty,$$

et donc, puisque les suites $\left(\int_{[a;b]} e_n\right)_{n\in\mathbb{N}}$ et $\left(\int_{[a;b]} \varepsilon_n\right)_{n\in\mathbb{N}}$ convergent :

$$\lim_{n\infty}\int_{[a;b]} e_n = \lim_{n\infty}\int_{[a;b]} \varepsilon_n.$$

2ème méthode :

La suite $(u_n)_{n\geqslant 0}$, définie par $u_n = e_{\frac{n}{2}}$ si n est pair et $u_n = \varepsilon_{\frac{n-1}{2}}$ si n est impair, converge uniformément vers f sur $[a;b]$, donc $\left(\int_{[a;b]} u_n\right)_{n\in\mathbb{N}}$ converge. Comme les suites $\left(\int_{[a;b]} e_n\right)_{n\in\mathbb{N}}$ et $\left(\int_{[a;b]} \varepsilon_n\right)_{n\in\mathbb{N}}$ sont extraites de cette suite convergente, elles convergent vers la même limite. ■

La Proposition suivante est immédiate.

◆ **Proposition** Supposons que E soit muni d'une base $\mathcal{B} = (e_1,\ldots,e_N)$.
Soient $f \in \mathcal{CM}$, $f_1,\ldots,f_N$ les applications composantes de f dans $\mathcal{B}$; on a alors :

$$\int_{[a;b]} f = \sum_{j=1}^{N}\left(\int_{[a;b]} f_j\right) e_j.$$

2) Propriétés

◆ **Théorème 1** L'application $\begin{array}{l} \mathcal{CM} \longrightarrow E \\ f \longmapsto \int_{[a;b]} f \end{array}$ est linéaire.

Preuve :

Soient $\lambda \in \mathbb{K}$, $(f,g) \in (\mathcal{CM})^2$. Il existe deux suites $(e_n)_{n\in\mathbb{N}}$, $(\varepsilon_n)_{n\in\mathbb{N}}$ d'applications en escalier convergeant uniformément vers f,g respectivement.

Alors $(\lambda e_n + \varepsilon_n)_{n\in\mathbb{N}}$ est une suite d'applications en escalier convergeant uniformément vers $\lambda f + g$ car, pour tout n de $\mathbb{N}$ et tout t de $[a;b]$:

$$||(\lambda f + g)(t) - (\lambda e_n + \varepsilon_n)(t)|| \leqslant |\lambda|\;||f(t) - e_n(t)|| + ||g(t) - \varepsilon(t)||,$$

et donc : $||(\lambda f + g) - (\lambda e_n + \varepsilon_n)||_\infty \leqslant |\lambda|\;||f - e_n||_\infty + ||g - \varepsilon_n||_\infty \underset{n\infty}{\longrightarrow} 0.$

On a : $\displaystyle\int_{[a;b]}(\lambda e_n+\varepsilon_n)=\lambda\int_{[a;b]}e_n+\int_{[a;b]}\varepsilon_n \xrightarrow[n\infty]{} \lambda\int_{[a;b]}f+\int_{[a;b]}g.$

D'où finalement : $\displaystyle\int_{[a;b]}(\lambda f+g)=\lambda\int_{[a;b]}f+\int_{[a;b]}g.$ ■

◆ **Proposition 1** Soient $f,g : [a;b] \longrightarrow E$ continues par morceaux et coïncidant sauf sur une partie finie de $[a;b]$.

Alors : $\displaystyle\int_{[a;b]}f=\int_{[a;b]}g.$

Preuve :

Puisque f et g coïncident sauf au plus en un nombre fini de points, il existe une subdivision $s=(a_i)_{0\leqslant i\leqslant n}$ de $[a;b]$ telle que :

$$\forall t\in[a;b]-\{a_i;\,0\leqslant i\leqslant n\},\quad f(t)=g(t).$$

L'application $e : [a;b) \longrightarrow E$

$$t\longmapsto\begin{cases}0 \text{ si } \forall i\in\{0,\ldots,n-1\},\ t\notin]a_i;a_{i+1}[\\ g(a_i)-f(a_i) \text{ si } \exists i\in\{0,\ldots,n\},\ t=a_i\end{cases}$$

est en escalier et à paliers nuls, donc $\displaystyle\int_{[a;b]}e=0$, d'où :

$$\int_{[a;b]}g=\int_{[a;b]}(f+e)=\int_{[a;b]}f+\int_{[a;b]}e=\int_{[a;b]}f.$$ ■

La Prop. 1 précédente permet d'étendre la définition de l'intégrale au cas d'une application f définie sur un segment $[a;b]$ privé d'une partie finie de $[a;b]$ (qu'on peut alors inclure dans une subdivision $s=(a_0,\ldots,a_n)$ de $[a;b]$) lorsque la restriction de f à chacun des $]a_i;a_{i+1}[$ $(0\leqslant i\leqslant n-1)$ est prolongeable en une application f_i continue sur $[a_i;a_{i+1}]$, en posant :

$$\int_{[a;b]}f=\sum_{i=0}^{n-1}\int_{[a_i;a_{i+1}]}f_i.$$

◆ **Proposition 2** **(Image de l'intégrale par une application linéaire)**

Soient F un $\mathbb{K}$-evn de dimension finie et $T\in\mathcal{L}(E,F)$. Pour toute application $f : [a;b]\longrightarrow E$ continue par morceaux, l'application $T\circ f : [a;b]\longrightarrow F$ est continue par morceaux et :

$$\int_{[a;b]}T\circ f=T\left(\int_{[a;b]}f\right).$$

Preuve :

Il existe une suite $(e_n)_{n\in\mathbb{N}}$ d'applications en escalier convergeant uniformément vers f sur $[a;b]$. Il est clair que, pour tout n de $\mathbb{N}$, $T\circ e_n$ est en escalier sur $[a;b]$ et que $T\circ f$ est continue par morceaux sur $[a;b]$.

Puisque T est linéaire et que E est de dimension finie, T est linéaire continue (cf. 1.3.2 Prop. 1 p. 65), et il existe donc $M \in \mathbb{R}_+$ tel que :

$$\forall x \in E,\ ||T(x)||_F \leqslant M||x||_E.$$

On en déduit que $(T \circ e_n)_{n\in\mathbb{N}}$ converge uniformément vers $T \circ f$, car, pour tout n de $\mathbb{N}$ et tout t de $[a; b]$:

$$||(T\circ f)(t)-(T\circ e_n)(t)||_F = ||T\big(f(t)-e_n(t)\big)||_F \leqslant M||f(t)-e_n(t)||_E \leqslant M||f-e_n||_\infty.$$

Il en résulte : $\displaystyle\int_{[a;b]} T\circ e_n \underset{n\infty}{\longrightarrow} \int_{[a;b]} T\circ f.$

Mais (cf. 2.3.1 *2)* Prop. 4 p. 140) : $\forall n \in \mathbb{N},\quad \displaystyle\int_{[a;b]} T\circ e_n = T\left(\int_{[a;b]} e_n\right),$

d'où, puisque T est continue : $\displaystyle\int_{[a;b]} T\circ e_n \underset{n\infty}{\longrightarrow} T\left(\int_{[a;b]} f\right).$

On conclut : $\displaystyle\int_{[a;b]} T\circ f = T\left(\int_{[a;b]} f\right).$ ■

Soit $\alpha \in \mathbb{R}$.

Pour tout intervalle I de $\mathbb{R}$, on note $\tau_\alpha I$ le translaté de I par α, défini par :

$$\tau_\alpha I = \{t+\alpha;\ t\in I\}.$$

Pour toute application $f : I \longrightarrow E$, on note $\tau_\alpha f$ la translatée de f par α, définie par :

$$\tau_\alpha f : \underset{t\longmapsto f(t-\alpha)}{\tau_\alpha I \longrightarrow E}.$$

◆ **Proposition 3** **(Invariance de l'intégrale par translation)**

Notons $J = [a; b]$. Soient $\alpha \in \mathbb{R}$ et $f : J \longrightarrow E$ continue par morceaux. Alors $\tau_\alpha f$ est continue par morceaux sur $\tau_\alpha J$ et : $\displaystyle\int_{\tau_\alpha J} \tau_\alpha f = \int_J f.$

Preuve :

Il est immédiat que $\tau_\alpha f$ est continue par morceaux sur $\tau_\alpha J$.

Il existe une suite $(e_n)_{n\in\mathbb{N}}$ d'applications en escalier sur J convergeant uniformément vers f sur J.

Il est clair que $(\tau_\alpha e_n)_{n\in\mathbb{N}}$ est une suite d'applications en escalier sur $\tau_\alpha J$, convergeant uniformément vers $\tau_\alpha f$ sur $\tau_\alpha J$, et que :

$$\forall n \in \mathbb{N},\quad \int_{\tau_\alpha J} \tau_\alpha e_n = \int_J e_n.$$

Il en résulte, en passant à la limite quand $n \to \infty$ (cf. *1)* Th.-Déf. 1 p. 147) :

$$\int_{\tau_\alpha J} \tau_\alpha f = \lim_{n\infty} \int_{\tau_\alpha J} \tau_\alpha e_n = \lim_{n\infty} \int_J e_n = \int_J f.$$ ■

Remarque :

Il s'agit d'un cas particulier du théorème de changement de variable dans une intégrale (cf. plus loin, 2.3.8 p. 162).

◆ **Théorème 2** Soit N une norme sur E. On a :

$$\forall f \in \mathcal{CM}, \quad N\left(\int_a^b f(t)\,\mathrm{d}t\right) \leqslant \int_a^b N(f(t))\,\mathrm{d}t.$$

Preuve :

Il existe une suite $(e_n : [a;b] \longrightarrow E)_{n\in\mathbb{N}}$ d'applications en escalier sur $[a;b]$ convergeant uniformément vers f sur $[a;b]$ (cf. 2.3.3 Th. p. 145).

D'après 2.3.4 *1)* Th.-Déf. 1 p. 147 : $\displaystyle\int_a^b e_n \underset{n\infty}{\longrightarrow} \int_a^b f.$

D'autre part, $(N \circ e_n)_{n\in\mathbb{N}}$ est une suite d'applications en escalier sur $[a;b]$, convergeant uniformément vers $N \circ f$ sur $[a;b]$ car :

$\forall n \in \mathbb{N}, \quad \forall t \in [a;b], \quad |(N\circ e_n)(t) - (N\circ f)(t)| \leqslant N(e_n(t) - f_n(t)) \leqslant \beta||e_n(t) - f(t)||,$

où $\beta > 0$ résulte de l'équivalence des normes N et $||\cdot||$ sur E.

Ainsi : $\forall n \in \mathbb{N}, ||N\circ e_n - N\circ f||_\infty \leqslant \beta||e_n - f||_\infty,$

d'où : $\displaystyle\forall n \in \mathbb{N}, \left|\int_a^b N\circ e_n - \int_a^b N\circ f\right| \leqslant \beta(b-a)||e_n - f||_\infty,$

ce qui montre : $\displaystyle\int_a^b N\circ e_n \underset{n\infty}{\longrightarrow} \int_a^b N\circ f.$

Mais (cf. 2.3.1 *2)* Prop. 6 p. 140) : $\displaystyle\forall n \in \mathbb{N}, \quad N\left(\int_a^b e_n\right) \leqslant \int_a^b N\circ e_n.$

En passant à la limite quand n tend vers $+\infty$, on déduit : $\displaystyle N\left(\int_a^b f\right) \leqslant \int_a^b N\circ f.$ ■

Remarque :

Le résultat précédent s'applique en particulier à la norme $||\cdot||$ donnée sur E :

$$\forall f \in \mathcal{CM}, \quad \left\|\int_{[a;b]} f\right\| \leqslant \int_{[a;b]} ||f||,$$

où $||f|| : \begin{array}{l}[a;b] \longrightarrow \mathbb{R}\\ t \longmapsto ||f(t)||\end{array}$. ■

◆ **Corollaire** **(Inégalité de la moyenne)**

$$\forall f \in \mathcal{CM}, \quad \left\|\int_{[a;b]} f\right\| \leqslant \int_{[a;b]} ||f|| \leqslant (b-a) \operatorname*{Sup}_{t\in[a;b]} ||f(t)||.$$ ■

◆ **Définition** Soient $(f_n)_{n\in\mathbb{N}}$ une suite d'applications continues par morceaux de $[a;b]$ dans E, et f une application continue par morceaux de $[a;b]$ dans E. On dit que $(f_n)_{n\in\mathbb{N}}$ **converge en moyenne vers** f si et seulement si :

$$\int_{[a;b]} ||f_n - f|| \underset{n\infty}{\longrightarrow} 0.$$

◆ **Proposition 4** Si $(f_n)_{n\in\mathbb{N}}$ converge uniformément vers f sur $[a;b]$, alors $(f_n)_{n\in\mathbb{N}}$ converge en moyenne vers f.

Preuve :

Il suffit de remarquer que, pour tout n de $\mathbb{N}$:

$$\int_{[a;b]} ||f_n - f|| \leqslant (b-a)||f_n - f||_\infty. \qquad \blacksquare$$

Remarque :

En notant, pour $f \in C([a;b],E)$, $||f||_1 = \int_{[a;b]} ||f||$, on a :

$$\forall f \in C([a;b],E), \quad ||f||_1 \leqslant (b-a)||f||_\infty.$$

◆ **Théorème 3 (Inégalité de Cauchy-Schwarz)**

Si $f,g : [a;b] \longrightarrow \mathbb{C}$ sont continues par morceaux, alors :

$$\left|\int_a^b \overline{f}g\right|^2 \leqslant \left(\int_a^b |f|^2\right)\left(\int_a^b |g|^2\right).$$

Preuve :

Notons $\beta = \int_a^b \overline{f}g \in \mathbb{C}$, $\gamma = \int_a^b |g|^2 \in \mathbb{R}_+$, et considérons $h = \gamma f - \overline{\beta} g$, qui est continue par morceaux sur $[a;b]$. On a :

$$\begin{aligned} 0 \leqslant \int_a^b |h|^2 &= |\gamma|^2 \int_a^b |f|^2 - 2\text{Ré}\left(\gamma\overline{\beta}\int_a^b \overline{f}g\right) + |\beta|^2 \int_a^b |g|^2 \\ &= \gamma^2 \int_a^b |f|^2 - 2|\beta|^2\gamma + |\beta|^2\gamma = \gamma\left(\gamma\int_a^b |f|^2 - |\beta|^2\right). \end{aligned}$$

Si $\gamma \neq 0$, il s'ensuit $\gamma \int_a^b |f|^2 - |\beta|^2 \geqslant 0$, d'où l'inégalité voulue.

Si $\gamma = 0$, alors, comme $|g|^2$ est continue par morceaux et $\geqslant 0$, g est nulle sauf au plus en un nombre fini de points de $[a;b]$, donc $\overline{f}g$ aussi, et $\int_a^b \overline{f}g = 0$, d'où l'inégalité voulue, trivialement. $\blacksquare$

◆ **Définition 2** Soient $(f_n)_{n\in\mathbb{N}}$ une suite d'applications continues par morceaux de $[a;b]$ dans $\mathbb{C}$, et f une application continue par morceaux de $[a;b]$ dans $\mathbb{C}$. On dit que $(f_n)_{n\in\mathbb{N}}$ **converge en moyenne quadratique vers** f si et seulement si :

$$\int_{[a;b]} |f_n - f|^2 \underset{n\infty}{\longrightarrow} 0.$$

◆ **Proposition 5** Si $(f_n)_{n\in\mathbb{N}}$ converge uniformément vers f sur $[a;b]$, alors $(f_n)_{n\in\mathbb{N}}$ converge vers f en moyenne quadratique.

Preuve :

Il suffit de remarquer que, pour tout n de $\mathbb{N}$:

$$\int_{[a;b]} |f_n - f|^2 \leqslant (b-a)||f_n - f||_\infty^2.$$

◆ **Proposition 6** Si $(f_n)_{n\in\mathbb{N}}$ converge vers f en moyenne quadratique, alors $(f_n)_{n\in\mathbb{N}}$ converge vers f en moyenne.

Preuve :

D'après l'inégalité de Cauchy-Schwarz appliquée à $f_n - f$ et 1 :

$$\forall n \in \mathbb{N}, \quad \int_a^b |f_n - f| \leqslant \left(\int_a^b 1^2\right)^{\frac{1}{2}} \left(\int_a^b |f_n - f|^2\right)^{\frac{1}{2}} = \sqrt{b-a}\left(\int_a^b |f_n - f|^2\right)^{\frac{1}{2}}.$$

■

3) Relation de Chasles

◆ **Proposition 1** Soit K un segment inclus dans $J = [a;b]$. Pour toute application $f : J \longrightarrow E$ continue par morceaux sur J, l'application $\chi_K f$ est continue par morceaux sur J, et :

$$\int_K f|_K = \int_J \chi_K f.$$

Rappelons (cf. Tome 5, 1.3.1 Exemple *5)* p. 24) que χ_K est la fonction caractéristique de K :

$$\chi_K : J \longrightarrow \mathbb{K} \quad . \qquad t \longmapsto \begin{cases} 1 \text{ si } t \in K \\ 0 \text{ si } t \notin K \end{cases}$$

Preuve :

Il existe une suite $(e_n)_{n\in\mathbb{N}}$ d'applications en escalier convergeant uniformément vers f sur J. Il est clair que $(e_n|_K)_{n\in\mathbb{N}}$ est une suite d'applications en escalier sur K convergeant uniformément vers $f|_K$ sur K, que $(\chi_K e_n)_{n\in\mathbb{N}}$ est une suite d'applications en escalier sur J convergeant uniformément vers $\chi_K f$ sur J $\Big($car $\underset{t\in J}{\mathrm{Sup}}\,|(\chi_K f)(t) - (\chi_K e_n)(t)| \leqslant \underset{t\in J}{\mathrm{Sup}}\,|f(t) - e_n(t)|\Big)$, et que, pour tout n de $\mathbb{N}$:

$$\int_K e_n|_K = \int_J \chi_K e_n.$$

Le résultat s'en déduit en faisant tendre n vers l'infini. ■

◆ **Corollaire** Soient $(a,b,c) \in \mathbb{R}^3$ tel que $a < b < c$, et $f : [a;c] \longrightarrow E$ continue par morceaux. Alors les restrictions de f à $[a;b]$ et à $[b;c]$ sont continues par morceaux et on a :

$$\int_a^c f = \int_a^b f + \int_b^c f.$$

Preuve :

Appliquer la Prop. précédente en remarquant :

$$\chi_{[a;c[} = \chi_{[a;b]} + \chi_{]b;c]}.$$

◆ **Définition-Notation**

- $\int_a^b f = 0$ si $a = b$
- $\int_a^b f = -\int_b^a f$ si $a > b$ et si $f : [b; a] \longrightarrow E$ est continue par morceaux.

◆ **Proposition 2** **(Relation de Chasles)**

Soient $(a,b,c) \in \mathbb{R}^3$, f une application à valeurs dans E et continue par morceaux sur un segment contenant a,b,c. On a :

$$\int_a^c f = \int_a^b f + \int_b^c f.$$

Exercices

◇ **2.3.6** Soit $f : [0; 1] \longrightarrow \mathbb{R}$ continue telle que $\int_0^1 f = 0$. On note $m = \mathrm{Inf}(f)$, $M = \mathrm{Sup}(f)$.

Montrer : $\int_0^1 f^2 \leqslant -mM$ (où $f^2 = ff$).

◇ **2.3.7** Soient $f,g : [0; 1] \longrightarrow \mathbb{R}$ continues telles que :

$$\int_0^1 (f^2 + g^2 + 2f^2g^2) = 2\int_0^1 (f+g)fg, \quad f \neq 0, \quad g \neq 0.$$

Montrer $f = g = 1$.

◇ **2.3.8** Soient $(a,b) \in \mathbb{R}^2$ tel que $a < b, n \in \mathbb{N}^*$, $f_1,\ldots,f_n : [a; b] \longrightarrow \mathbb{C}$ continues et non toutes nulles.

Montrer qu'il existe $u_1,\ldots,u_n : [a; b] \longrightarrow \mathbb{C}$ continues telles que :

$$\int_a^b \left(\sum_{k=1}^n \overline{f_k(t)} u_k(t) \right) \mathrm{d}t = 1.$$

◇ **2.3.9** Soient $f : \mathbb{R} \longrightarrow \mathbb{R}$ uniformément continue, et, pour tout n de $\mathbb{N}^*$, $f_n : \mathbb{R} \longrightarrow \mathbb{R}$ définie par :

$$\forall x \in \mathbb{R}, \quad f_n(x) = n\int_x^{x+\frac{1}{n}} f.$$

Montrer que $(f_n)_n$ converge uniformément vers f sur $\mathbb{R}$.

◇ **2.3.10** Déterminer $\lim\limits_{n\infty} \frac{1}{n} \left(\sum\limits_{1<i<j\leqslant n} \frac{1}{\sqrt{ij}} \right)$.

◇ **2.3.11** Montrer : $\forall x \in [0; +\infty[, \int_0^x \frac{\sin t}{t+1} \mathrm{d}t \geqslant 0$.

◇ **2.3.12** Déterminer $\lim\limits_{x\to0^+}\displaystyle\int_x^{2x}\frac{e^t}{\operatorname{Arcsin} t}\,dt$.

◇ **2.3.13** Déterminer $\lim\limits_{x\to0^+}\displaystyle\int_0^{\frac{\pi}{2}}(\sin t)^x\,dt$.

◇ **2.3.14** Soient $a\in[0;1[$, $f:[0;1]\longrightarrow E$ continue. Déterminer $\lim\limits_{n\infty}\displaystyle\int_0^1 f(a^n t)\,dt$.

◇ **2.3.15*** Soient $f:[0;1]\longrightarrow\mathbb{C}$ continue et $\alpha\in]1;+\infty[$. Déterminer $\lim\limits_{x\to0^+}x^{\alpha-1}\displaystyle\int_x^1\frac{1}{t^\alpha}f(t)\,dt$.

◇ **2.3.16*** Montrer : $\lim\limits_{n\infty}\displaystyle\int_0^{\sqrt{n}}\left(\frac{1-t^2}{n}\right)^n dt=0$.

◇ **2.3.17*** Soient $(a,b)\in\mathbb{R}^2$ tel que $a<b$, $f:[a;b]\longrightarrow E$ continue par morceaux.

Déterminer $\lim\limits_{x\to+\infty}\displaystyle\int_a^b|\sin(xt)|f(t)\,dt$.

2.3.5 Sommes de Riemann

Dans ce § 2.3.5, (a,b) désigne un couple de réels tel que $a<b$.

◆ **Définition** Soient $f:[a;b]\longrightarrow E$ continue, $s=(a_0,\dots,a_n)\in\mathcal{S}$, et, pour chaque i de $\{0,\dots,n-1\}$, ξ_i un élément de $[a_i;a_{i+1}]$. On appelle **somme de Riemann associée à** f, s, $(\xi_i)_{0\leqslant i\leqslant n-1}$ l'élément $\displaystyle\sum_{i=0}^{n-1}(a_{i+1}-a_i)f(\xi_i)$ de E.

On montre, comme dans Tome 1, 6.2.7 Théorème p. 181 le résultat suivant.

◆ **Théorème** Soit $f:[a;b]\longrightarrow E$ continue.

Les sommes de Riemann relatives à f convergent toutes vers $\displaystyle\int_a^b f$ lorsque le pas de la subdivision tend vers 0, c'est-à-dire :

pour tout $\varepsilon>0$, il existe $\alpha>0$ tel que, pour toute subdivision $s=(a_0,\dots,a_n)$ de $[a;b]$ de pas $\leqslant\alpha$ et pour toute famille $(\xi_i)_{0\leqslant i\leqslant n-1}$ telle que $(\forall i\in\{0,\dots,n-1\},\ \xi_i\in[a_i;a_{i+1}])$,

on ait : $$\left\|\int_a^b f-\sum_{i=0}^{n-1}(a_{i+1}-a_i)f(\xi_i)\right\|<\varepsilon.$$

Remarque :

Comme dans le Tome 1, 6.2.7 Rem. *3)* p. 181, on montre que, si $f:[a;b]\longrightarrow E$ est k-lipschitzienne ($k\in\mathbb{R}_+$), alors, pour toute subdivision $s=(a_0,\dots,a_n)$ de $[a;b]$ de pas noté $p(s)$ et toute famille $(\xi_i)_{0\leqslant i\leqslant n-1}$ telle que : $\forall i\in\{0,\dots,n-1\},\ \xi_i\in[a_i;a_{i+1}]$, on a :

$$\left\|\int_a^b f-\sum_{i=0}^{n-1}(a_{i+1}-a_i)f(\xi_i)\right\|\leqslant k(b-a)p(s).$$

◆ **Corollaire**

- Soit $f : [a; b] \longrightarrow E$ continue. On a :

$$\frac{b-a}{n}\sum_{i=0}^{n-1} f\left(a + i\,\frac{b-a}{n}\right) \underset{n\infty}{\longrightarrow} \int_a^b f.$$

- En particulier, si $f : [0; 1] \longrightarrow E$ est continue, alors :

$$\frac{1}{n}\sum_{i=0}^{n-1} f\left(\frac{i}{n}\right) \underset{n\infty}{\longrightarrow} \int_0^1 f.$$

EXEMPLE :

$$\lim_{n\infty}\left(\frac{1}{n}\sum_{k=0}^{n-1}\begin{pmatrix}\cos\frac{k\pi}{n} & -\sin\frac{k\pi}{n}\\ \sin\frac{k\pi}{n} & \cos\frac{k\pi}{n}\end{pmatrix}\right) = \int_0^1 \begin{pmatrix}\cos\pi t & -\sin\pi t\\ \sin\pi t & \cos\pi t\end{pmatrix}\mathrm{d}t = \begin{pmatrix}0 & -\frac{2}{\pi}\\ \frac{2}{\pi} & 0\end{pmatrix}$$

Exercices

◇ **2.3.18** Déterminer $\lim\limits_{n\infty}\sum\limits_{k=0}^{n}\left(\cos\frac{1}{\sqrt{n+k}} - 1\right)$.

◇ **2.3.19** Déterminer $\lim\limits_{n\infty}\sum\limits_{k=n}^{2n}\frac{1}{k^2\ln\left(\frac{k+1}{k}\right)}$.

2.3.6 Intégration et dérivation

Dans ce § 2.3.6, I désigne un intervalle de $\mathbb{R}$ non vide et non réduit à un point.

1) Intégrale fonction de la borne d'en haut

◆ **Proposition** Soient $t_0 \in I$, $f : I \longrightarrow E$ continue par morceaux sur I. Notons $F : I \longrightarrow E$ l'application définie par :

$$\forall t \in I, \quad F(t) = \int_{t_0}^{t} f.$$

On a :

1) F est continue sur I

2) F est de classe C^1 par morceaux sur I

3) F est dérivable en tout point t_1 de I en lequel f est continue, et $F'(t_1) = f(t_1)$

4) $F(t_0) = 0$.

Preuve :

Analogue à celle de Tome 1, 6.4.1 Prop. 1 et 2 p. 185.

◆ **Corollaire 1** Pour tout p de $\mathbb{N} \cup \{+\infty\}$, si f est de classe C^p sur I, alors $F : \begin{array}{l} I \longrightarrow E \\ t \longmapsto \int_{t_0}^t f \end{array}$ ($t_0 \in I$ fixé) est de classe C^{p+1} sur I et $F' = f$.

◆ **Corollaire 2** Soient I, J deux intervalles de $\mathbb{R}$, $u, v : I \longrightarrow \mathbb{R}$ de classe C^1 sur I telles que $u(I) \subset J$ et $v(I) \subset J$, $f : J \longrightarrow E$ continue. Alors l'application $\psi : I \longrightarrow E$ définie par :

$$\forall t \in I, \quad \psi(t) = \int_{u(t)}^{v(t)} f$$

est de classe C^1 sur I et :

$$\forall t \in I, \quad \psi'(t) = v'(t) f(v(t)) - u'(t) f(u(t)).$$

2) Primitives

◆ **Définition** Soient $f, \phi \in E^I$. On dit que ϕ est **une primitive de** f **sur** I si et seulement si : ϕ est dérivable sur I et $\phi' = f$.

◆ **Théorème** Soit $f : I \longrightarrow E$ continue. Alors :

1) Pour tout t_0 de I, l'application $\begin{array}{l} I \longrightarrow E \\ t \longmapsto \int_{t_0}^t f \end{array}$ est une primitive de f sur I

2) Pour toute primitive ϕ_0 de f sur I, l'ensemble des primitives de f sur I est $\{\phi_0 + \Lambda;\ \Lambda \in E\}$. ■

Pour $f : I \longrightarrow E$ continue, on note $\int f$ ou $\begin{array}{l} I \longrightarrow E \\ x \longmapsto \int f(x)\,\mathrm{d}x \end{array}$ l'une quelconque des primitives de f sur I.

◆ **Proposition-Notation** Soient $(a,b) \in I^2$, $f : I \longrightarrow E$ continue, $\phi : I \longrightarrow E$ une primitive de f sur I. On a alors : $\displaystyle\int_a^b f = \phi(b) - \phi(a)$.

L'élément $\phi(b) - \phi(a)$ est noté $[\phi(t)]_{t=a}^{t=b}$ ou $[\phi(t)]_a^b$ et appelé **variation de** ϕ **de** a **à** b.

3) Extension de la notion de primitive

◆ **Définition** Soient $f, \phi \in E^I$. On dit que ϕ est une primitive de f sur I si et seulement si ϕ est continue sur I et, pout tout segment $[a; b]$ inclus dans I, il existe une partie finie A de $[a; b]$ telle que :

ϕ est dérivable en tout point de $[a; b] - A$ et, pour tout t de $[a; b] - A$, $\phi'(t) = f(t)$.

On montre aisément les Propositions suivantes.

◆ **Proposition** Soit $f : I \longrightarrow E$ continue par morceaux. Alors :

1) Pour tout t_0 de I, l'application $\begin{array}{l} I \longrightarrow E \\ t \longmapsto \int_{t_0}^{t} f \end{array}$ est une primitive de f sur I.

2) Pour toute primitive ϕ_0 de f sur I, l'ensemble des primitives de f sur I est l'ensemble des $\phi_0 + \Lambda$, où Λ est constante sur I.

◆ **Proposition-Notation** Soient $(a,b) \in I^2$, $f : I \longrightarrow E$ continue par morceaux, $\phi : I \longrightarrow E$ une primitive de f sur I. On a alors : $\displaystyle\int_a^b f = \phi(b) - \phi(a)$.

L'élément $\phi(b) - \phi(a)$ de E est noté $\big[\phi(t)\big]_{t=a}^{t=b}$ où $\big[\phi(t)\big]_a^b$ et appelé **variation de ϕ de a à b.**

Exercices

◇ **2.3.20** Soient $(a,b) \in \mathbb{R}^2$ tel que $a \leqslant b$, $(x,y) \in \mathbb{R}^* \times \mathbb{R}$, $z = x + \mathrm{i}y$. Montrer :

$$|\mathrm{e}^{-az} - \mathrm{e}^{-bz}| \leqslant \frac{|z|}{x}(\mathrm{e}^{-ax} - \mathrm{e}^{-bx}).$$

◇ **2.3.21** Montrer qu'il existe $(A,B) \in (\mathbb{R}_+)^2$ tel que, pour toute $f : [0;1] \longrightarrow E$ de classe C^1 :

$$\operatorname*{Sup}_{t \in [0;1]} ||f(t)|| \leqslant A \int_0^1 ||f'(t)||\, \mathrm{d}t + B \int_0^1 ||f(t)||\, \mathrm{d}t.$$

◇ **2.3.22** *a)* Soient $(a,b) \in \mathbb{R}^2$ tel que $a < b$, $f : [a;b] \longrightarrow \mathbb{R}$ de classe C^1, $g : [a;b] \longrightarrow \mathbb{R}$ continue telle que : $\forall t \in [a;b],\ g(t) > 0$. Montrer :

$$\Big((f(b))^2 - (f(a))^2\Big)^2 \leqslant 4\left(\int_a^b (f'(t))^2 g(t)\, \mathrm{d}t\right)\left(\int_a^b \frac{(f(t))^2}{g(t)}\, \mathrm{d}t\right).$$

b) En déduire l'*inégalité de Carlson* :

$$\forall n \in \mathbb{N}^*,\ \forall (x_1,\ldots,x_n) \in \mathbb{R}^n,\quad \left(\sum_{k=1}^n x_k\right)^4 \leqslant \pi^2 \left(\sum_{k=1}^n x_k^2\right)\left(\sum_{k=1}^n \left(k - \frac{1}{2}\right)^2 x_k^2\right).$$

◇ **2.3.23** Etudier et représenter graphiquement les fonctions f suivantes, définies par la donnée de $f(x)$ (x : variable réelle) :

a) $\displaystyle f(x) = \int_x^{2x} \frac{\mathrm{d}t}{\sqrt{t^3 + t}}$ *b)* $\displaystyle f(x) = \int_x^{2x} \frac{\operatorname{ch} t}{t}\, \mathrm{d}t$ *c)* $\displaystyle f(x) = \int_x^{x^2} \frac{\mathrm{d}t}{\ln t}$.

◇ **2.3.24** Calculer, pour $(x,y) \in \mathbb{R}^2$: $\displaystyle\int_{x-2y}^{x+2y} \frac{\mathrm{d}t}{\operatorname{ch} t + \operatorname{ch} x}$.

2.3.7 Inégalité des accroissements finis

Nous étudions ici une généralisation des résultats du § 5.2.2 du Tome 1, p. 143.

Remarquons d'abord que, si $f : [a;b] \longrightarrow E$ est de classe C^1 sur $[a;b]$, il se peut qu'il n'existe pas d'élément c de $]a;b[$ tel que $f(b) - f(a) = (b-a)f'(c)$, comme le montre l'exemple : $a = 0, b = \pi$, $f : [0;\pi] \longrightarrow \mathbb{C}$, $t \longmapsto \mathrm{e}^{\mathrm{i}t}$.

◆ **Théorème (Inégalité des accroissements finis)**

Soient $(a,b) \in \mathbb{R}^2$, $||.||$ une norme sur E, $f : [a;b] \longrightarrow E$ continue sur $[a;b]$ et de classe C^1 sur $]a;b[$. On suppose qu'il existe $\lambda \in \mathbb{R}_+$ tel que :

$$\forall t \in]a;b[, \quad ||f'(t)|| \leqslant \lambda.$$

Alors : $||f(b) - f(a)|| \leqslant \lambda|b-a|$.

Preuve :

On a, pour tout (α,β) de $]a;b[^2$ tel que $\alpha \leqslant \beta$:

$$||f(\beta) - f(\alpha)|| = \left\| \int_\alpha^\beta f'(t)\,\mathrm{d}t \right\| \leqslant \int_\alpha^\beta ||f'(t)||\,\mathrm{d}t \leqslant \lambda(\beta - \alpha).$$

En faisant tendre α vers a et β vers b (si $a \leqslant b$), on déduit :

$$||f(b) - f(a)|| \leqslant \lambda|b-a|.$$

◆ **Corollaire 1** Soient $(a,b) \in \mathbb{R}^2$, $||\cdot||$ une norme sur E, $f : [a;b] \longrightarrow E$ de classe C^1 sur $[a;b]$. Alors :

$$||f(b) - f(a)|| \leqslant |b-a| \operatorname*{Sup}_{t\in[a;b]} ||f'(t)||.$$

Remarque :

Le résultat précédent est encore valable si f est continue sur $[a;b]$ et C^1 par morceaux sur $[a;b]$.

En effet, dans ce cas, il existe $n \in \mathbb{N}^*$ et une subdivision $s = (a_0,\ldots,a_n)$ de $[a;b]$ tels que, pour chaque i de $\{0,\ldots,n-1\}$, $f|_{[a_i;a_{i+1}]}$ est continue sur $[a_i,a_{i+1}]$ et de classe C^1 sur $]a_i;a_{i+1}[$, d'où :

$$\forall i \in \{0,\ldots,n-1\}, \quad ||f(a_{i+1}) - f(a_i)|| \leqslant (a_{i+1} - a_i) \operatorname*{Sup}_{t\in]a_i;a_{i+1}[} ||f'(t)||,$$

puis en sommant :

$$\begin{aligned} ||f(b) - f(a)|| &\leqslant \sum_{i=0}^{n-1} ||f(a_{i+1}) - f(a_i)|| \leqslant \left(\sum_{i=0}^{n-1}(a_{i+1} - a_i)\right) \operatorname*{Sup}_{t\in[a;b]-\{a_0,\ldots,a_n\}} ||f'(t)|| \\ &= (b-a) \operatorname*{Sup}_t ||f'(t)||. \end{aligned}$$

◆ **Corollaire 2** Soit $f : [a; b] \longrightarrow E$ continue sur $[a; b]$ de classe C^1 sur $]a; b]$. Si f' admet une limite finie en a, alors f est C^1 sur $[a; b]$.

Preuve :

Notons $l = \lim\limits_a f'$.

Soit $\varepsilon > 0$; il existe $\eta > 0$ tel que :

$$\forall t \in]a; a+\eta], \quad ||f'(t) - l|| \leqslant \varepsilon.$$

L'application $g : \begin{array}{l}[a; a+\eta] \longrightarrow E \\ t \longmapsto f(t) - tl\end{array}$ est continue sur $[a; a+\eta]$, de classe C^1 sur $]a; a+\eta]$, d'où, d'après le Théorème précédent :

$$\forall t \in [a; a+\eta], \quad ||g(t) - g(a)|| \leqslant (t-a)\varepsilon.$$

On a montré :

$$\forall \varepsilon > 0, \exists \eta > 0, \forall t \in]a; a+\eta], \quad ||f(t) - f(a) - (t-a)l|| \leqslant (t-a)\varepsilon,$$

c'est-à-dire :

$$\forall \varepsilon > 0, \exists \eta > 0, \forall t \in]a; a+\eta], \quad \left\| \frac{f(t) - f(a)}{t-a} - l \right\| \leqslant \varepsilon.$$

Ainsi, f est dérivable en a et $f'(a) = l$; finalement, f est de classe C^1 sur $[a; b]$. ■

Une récurrence immédiate permet d'obtenir le résultat suivant.

◆ **Corollaire 3** Soient $k \in \mathbb{N}^*$, $f : [a; b] \longrightarrow E$ continue sur $[a; b]$ et de classe C^k sur $]a; b]$. Si, pour tout r de $\{1, \dots, k\}$, $f^{(r)}$ a une limite finie en a, alors f est de classe C^k sur $[a; b]$. ■

◆ **Proposition** Soient I un intervalle de $\mathbb{R}$, $f : I \longrightarrow E$ de classe C^1 sur I.

1) Pour que f soit constante, il faut et il suffit que : $f' = 0$.

2) Pour que f soit lipschitzienne, il faut et il suffit que f' soit bornée sur I; de plus, si f' est bornée sur I, alors f est $||f'||_\infty$-lipschitzienne.

Preuve :

1) • Il est clair que, si f est constante, alors $f' = 0$.

• Réciproquement, si $f' = 0$, l'inégalité des accroissements finis montre que f est constante.

2) • Supposons f lipschitzienne; il existe $k \in \mathbb{R}_+$ tel que :

$$\forall (t_1, t_2) \in I^2, \quad ||f(t_1) - f(t_2)|| \leqslant k|t_1 - t_2|.$$

Soit $t_0 \in I$; puisque $\quad \forall t \in I - \{t_0\}, \quad \left\| \frac{1}{t - t_0}(f(t) - f(t_0)) \right\| \leqslant k,$

on obtient en passant à la limite lorsque t tend vers t_0 : $\quad ||f'(t_0)|| \leqslant k$.

- Réciproquement, supposons f' bornée sur I ; il existe $k \in \mathbb{R}_+$ tel que :

$$\forall t \in I, \quad ||f'(t)|| \leqslant k.$$

D'après l'inégalité des accroissements finis, on a alors :

$$\forall (t_1,t_2) \in I^2, \quad ||f(t_2) - f(t_1)|| \leqslant |t_2 - t_1| \operatorname*{Sup}_{t \in [t_1;t_2]} ||f'(t)|| \leqslant k|t_2 - t_1|,$$

et donc f est k-lipschitzienne.

Exercices

◇ **2.3.25** Soient $(a,b) \in \mathbb{R}^2$ tel que $a < b$, et $f : [a;b] \longrightarrow \mathbb{C}$ continue par morceaux.

a) Montrer, pour tout (x,y) de $[a;b]^2$:

$$\left|(y-a)\int_a^x f - (x-a)\int_a^y f\right| \leqslant (b-a)\int_a^b |f|.$$

b) Montrer que, s'il existe $(x,y) \in [a;b]^2$ tel que

$$\left|(y-a)\int_a^x f - (x-a)\int_a^y f\right| = (b-a)\int_a^b |f|,$$

et si f est continue sur $[a;b]$, alors $f = 0$.

◇ **2.3.26** Soient $(a,b) \in \mathbb{R}^2$ tel que $a < b$, $f : [a;b] \longrightarrow \mathbb{C}$ continue par morceaux, $\mu = \dfrac{1}{b-a}\displaystyle\int_a^b f$. Montrer : $\forall (x,\lambda) \in [a;b] \times \mathbb{R}, \quad \left|\displaystyle\int_a^x (f(t) - \mu)\,\mathrm{d}t\right| \leqslant \displaystyle\int_a^b |f(t) - \lambda|\,\mathrm{d}t.$

(Utiliser l'exercice 2.3.25).

◇ **2.3.27** Soient $n \in \mathbb{N}^*$, $f_1 : [0;1] \longrightarrow E$ continue, $f_2,\ldots,f_n : [0;1] \longrightarrow E$ définies par :

$$\forall k \in \{1,\ldots,n-1\}, \forall x \in [0;1], \quad f_{k+1}(x) = \int_0^x f_k(t)\,\mathrm{d}t.$$

On suppose : $\forall x \in [0;1]$, $f_1(x) = \displaystyle\int_0^x f_n(t)\,\mathrm{d}t$.

Montrer : $f_1 = \ldots = f_n = 0$.

◇ **2.3.28** Trouver toutes les applications $f : \mathbb{R} \longrightarrow \mathbb{C}$ telles qu'il existe $\alpha \in]1;+\infty[$ tel que :

$$\forall (x,y) \in \mathbb{R}^2, \quad |fx) - f(y)| \leqslant |x-y|^\alpha.$$

2.3.8 Changement de variable

◆ **Proposition** Soient $(\alpha,\beta) \in \mathbb{R}^2$, $\varphi : [\alpha;\beta] \longrightarrow \mathbb{R}$ de classe C^1 sur $[\alpha;\beta]$, f une application à valeurs dans E continue sur un intervalle contenant $\varphi([\alpha;\beta])$. Alors :

$$\int_\alpha^\beta f(\varphi(t))\varphi'(t)\,\mathrm{d}t = \int_{\varphi(\alpha)}^{\varphi(\beta)} f(u)\,\mathrm{d}u.$$

On dit qu'on a effectué le **changement de variable** $u = \varphi(t)$.

Preuve :

Comme dans Tome 1, 6.4.3 Prop. p. 190.

Remarque :

La formule précédente est aussi valable si :

$$\begin{cases} \varphi \text{ est de classe } C^1 \text{ sur } [\alpha;\beta] \text{ et strictement monotone} \\ f \text{ est continue par morceaux sur le segment } \varphi([\alpha;\beta]). \end{cases}$$

En effet, supposons, par exemple, φ strictement croissante, et notons $(a_0,\ldots,a_n)$ une subdivision de $[\varphi(\alpha);\varphi(\beta)]$ adaptée à f. Chaque a_i $(0 \leqslant i \leqslant n)$ admet (exactement) un antécédent α_i par φ, et $(\alpha_0,\ldots,\alpha_n)$ est une subdivision de $[\alpha;\beta]$. On peut appliquer la Proposition précédente sur chaque $[\alpha_i;\alpha_{i+1}]$:

$$\int_{\alpha_i}^{\alpha_{i+1}} f(\varphi(t))\varphi'(t)\,\mathrm{d}t = \int_{a_i}^{a_{i+1}} f(u)\,\mathrm{d}u,$$

d'où le résultat par sommation sur i de 0 à $n-1$.

Exercices

◇ **2.3.29** Calculer les intégrales suivantes :

a) $\displaystyle\int_{-1}^{1} \frac{1}{\sqrt{1-x}+\sqrt{1+x}+2}\,\mathrm{d}x$

b) $\displaystyle I = \int_0^{\frac{\pi}{2}} \frac{\cos x}{\sqrt{1+\sin x\cos x}}\,\mathrm{d}x$ et $\displaystyle J = \int_0^{\frac{\pi}{2}} \frac{\sin x}{\sqrt{1+\sin x\cos x}}\,\mathrm{d}x$

c) $\displaystyle\int_0^{2\theta} \frac{x}{\cos(x-\theta)}\,\mathrm{d}x,\quad \theta \in \left[0;\frac{\pi}{2}\right[.$

◇ **2.3.30** *a)* Soient $a \in \mathbb{R}_+^*$, $f : [0;a] \longrightarrow \mathbb{R}_+^*$ continue. Calculer $\displaystyle\int_0^a \frac{f(t)}{f(t)+f(a-t)}\,\mathrm{d}t$.

b) Application : calculer $\displaystyle\int_0^{\frac{\pi}{2}} \frac{(\cos t)^{\sin t}}{(\cos t)^{\sin t}+(\sin t)^{\cos t}}\,\mathrm{d}t$.

◇ **2.3.31** On note $F :]0;+\infty[\longrightarrow \mathbb{R}$ l'application définie par :

$$\forall x \in]0;+\infty[,\quad F(x) = \int_1^x \frac{\ln(1+t)}{t}\,\mathrm{d}t.$$

a) Montrer que F est de classe C^1 sur $]0;+\infty[$ et : $\forall x \in]0;+\infty[,\ F(x) + F\left(\dfrac{1}{x}\right) = \dfrac{1}{2}(\ln x)^2$.

b) En déduire : $\displaystyle\forall x \in]0;+\infty[,\quad \int_1^x \frac{\ln(x+t)}{t}\,\mathrm{d}t = \frac{1}{2}(\ln x)^2 + F(x).$

2.3.9 Intégration par parties

◆ **Proposition** (Intégration par parties)

Soient $u : [a; b] \longrightarrow \mathbb{K}$, $v : [a; b] \longrightarrow E$, de classe C^1 sur $[a; b]$; on a alors :

$$\int_a^b u'v = [uv]_a^b - \int_a^b uv'.$$

Preuve : $[uv]_a^b = \int_a^b (uv)' = \int_a^b (u'v + uv') = \int_a^b u'v + \int_a^b uv'.$ ■

Remarque :

La formule précédente est valable plus généralement si u, v sont continues sur $[a; b]$ et de classe C^1 par morceaux sur $[a; b]$.

En effet, il existe alors une subdivsion $(a_0, \ldots, a_n)$ de $[a; b]$ adaptée à u et à v, et on peut appliquer la Proposition précédente sur chaque $[a_i; a_{i+1}]$ $(0 \leqslant i \leqslant n-1)$:

$$\int_{a_i}^{a_{i+1}} u'v = [uv]_{a_i}^{a_{i+1}} - \int_{a_i}^{a_{i+1}} uv',$$

d'où le résultat par sommation sur i de 0 à $n-1$.

Exercices

◇ **2.3.32** Soient $(a,b) \in \mathbb{R}^2$ tel que $a < b$, $(E, < .,. >)$ un espace hermitien, $f, g : [a; b] \longrightarrow E$ de classe C^1. Montrer : $\int_a^b < f(t), g'(t) > \mathrm{d}t = [< f(t), g(t) >]_a^b - \int_a^b < f'(t), g(t) > \mathrm{d}t.$

◇ **2.3.33** Soient $(a,b) \in \mathbb{R}^2$ tel que $a < b$, $n \in \mathbb{N}^*$, $A \in \mathbf{M}_n(\mathbb{R})$ symétrique, $X : [a; b] \longrightarrow \mathbf{M}_{n,1}(\mathbb{R})$ de classe C^1 telle que $X' = AX$, $Y : [a; b] \longrightarrow \mathbf{M}_{n,1}(\mathbb{R})$ de classe C^1 telle que $AY = 0$, $Y(a) = Y(b) = 0$. Montrer : $\int_a^b {}^t X(t) Y'(t)\, \mathrm{d}t = 0.$

◇ **2.3.34** Calculer $\int_0^1 x(\operatorname{Arctan} x)^2\, \mathrm{d}x.$

◇ **2.3.35** Soient $(a,b) \in \mathbb{R}^2$ tel que $a < b$, $f : [a; b] \longrightarrow E$ de classe C^1.

a) Montrer, pour tout x de $[a; b]$:

$$(b-a)f(x) = \int_a^b f(t)\,\mathrm{d}t + \int_a^x (t-a)f'(t)\,\mathrm{d}t + \int_x^b (t-b)f'(t)\,\mathrm{d}t.$$

b) En déduire :

$\alpha)$ $\forall x \in [a; b], \ ||f(x)|| \leqslant \dfrac{1}{b-a}\left\|\int_a^b f(t)\,\mathrm{d}t\right\| + \int_a^b ||f'(t)||\,\mathrm{d}t$

$\beta)$ $\left\|f\left(\dfrac{a+b}{2}\right)\right\| \leqslant \dfrac{1}{b-a}\left\|\int_a^b f(t)\,\mathrm{d}t\right\| + \dfrac{1}{2}\int_a^b ||f'(t)||\,\mathrm{d}t.$

◇ **2.3.36*** **Inégalité de Van der Corput**

Soient $(a,b) \in \mathbb{R}^2$ tel que $a < b$, $f : [a; b] \longrightarrow \mathbb{R}$ de classe C^2. On note $\lambda = \operatorname{Inf}_{t \in [a;b]} |f''(t)|$ et on suppose $\lambda > 0$. Démontrer : $\left|\int_a^b \mathrm{e}^{\mathrm{i}f(t)}\,\mathrm{d}t\right| \leqslant \dfrac{8}{\sqrt{\lambda}}.$

2.3.10 Formule de Taylor avec reste intégral

◆ **Théorème** **(Formule de Taylor avec reste intégral)**

Soient I un intervalle de $\mathbb{R}$, $n \in \mathbb{N}$, $f : I \longrightarrow E$ de classe C^n sur I et de classe C^{n+1} par morceaux sur I, $(a,b) \in I^2$. On a alors :

$$f(b) = \sum_{k=0}^{n} \frac{(b-a)^k}{k!} f^{(k)}(a) + \int_a^b \frac{(b-t)^n}{n!} f^{(n+1)}(t)\, \mathrm{d}t.$$

Preuve :

Récurrence sur n.

La propriété a été déjà vue pour $n = 0$ (cf. p. 157), puisque, si f est continue sur $[a; b]$ et de classe C^1 par morceaux sur $[a; b]$, alors :

$$f(b) = f(a) + \int_a^b f'(t)\, \mathrm{d}t.$$

Supposons-la vraie pour un entier n, et soit $f : I \longrightarrow E$ de classe C^{n+1} sur I et de classe C^{n+2} par morceaux sur I. Puisque $t \longmapsto \dfrac{(b-t)^{n+1}}{(n+1)!}$ est de classe C^1 sur I et que $f^{(n+1)}$ est continue sur I et de classe C^1 par morceaux sur I, on a, à l'aide d'une intégration par parties (cf. 2.3.9 Remarque p. 163) :

$$\int_a^b \frac{(b-t)^n}{n!} f^{(n+1)}(t)\, \mathrm{d}t = \left[-\frac{(b-t)^{n+1}}{(n+1)!} f^{(n+1)}(t)\right]_a^b - \int_a^b -\frac{(b-t)^{n+1}}{(n+1)!} f^{(n+2)}(t)\, \mathrm{d}t$$

$$= \frac{(b-a)^{n+1}}{(n+1)!} f^{(n+1)}(a) + \int_a^b \frac{(b-t)^{n+1}}{(n+1)!} f^{(n+2)}(t)\, \mathrm{d}t,$$

d'où la propriété au rang $n+1$. ■

Remarque :

En pratique, la formule de Taylor avec reste intégral sera souvent utilisée avec a fixé et b variable.

◆ **Corollaire** **(Inégalité de Taylor-Lagrange)**

Soient I un intervalle de $\mathbb{R}$, $n \in \mathbb{N}$, $f : I \longrightarrow E$ de classe C^n sur I et C^{n+1} par morceaux sur I, $(a,b) \in I^2$. On a alors :

$$\left\| f(b) - \sum_{k=0}^{n} \frac{(b-a)^k}{k!} f^{(k)}(a) \right\| \leqslant \frac{|b-a|^{n+1}}{(n+1)!} \operatorname*{Sup}_{t \in [a;b]} \| f^{(n+1)}(t) \|.$$

Exercice

◇ **2.3.37** Soient $a \in \mathbb{R}_+^*$, $f : [-a; a] \longrightarrow E$ de classe C^2. Montrer :

$$\forall t \in [-a; a], \quad \|f'(t)\| \leqslant \frac{1}{2a}\|f(a) - f(-a)\| + \frac{a^2 + t^2}{2a} \operatorname*{Sup}_{u \in [-a;a]} \|f''(u)\|.$$

2.3.11 Théorème de relèvement

Rappelons le Théorème suivant (cf. Tome 2, 7.10 Th. 2 p. 34) :

◆ **Théorème 1** L'application $\varepsilon : \theta \longmapsto e^{i\theta}$ est une bijection continue de $]-\pi\,;\pi[$ sur $\mathbb{U} - \{-1\}$, et l'application réciproque de ε est continue sur $\mathbb{U} - \{-1\}$.

Remarque :

On a explicité la réciproque de ε; c'est l'application qui, à tout $z = x + iy$ $((x,y) \in \mathbb{R}^2)$ de $\mathbb{U} - \{-1\}$, associe : $\varepsilon^{-1}(z) = 2 \text{ Arctan} \dfrac{y}{1+x}$.

On en déduit : $\varepsilon^{-1}(z) \underset{\substack{z \to -1 \\ \mathrm{Im}(z)>0}}{\longrightarrow} \pi$ et $\varepsilon^{-1}(z) \underset{\substack{z \to -1 \\ \mathrm{Im}(z)<0}}{\longrightarrow} -\pi$, donc ε^{-1} n'admet pas de prolongement continu à $\mathbb{U}$. ■

◆ **Théorème 2** **(Théorème de relèvement d'une application de classe C^n de I dans $\mathbb{U}$, $n \geqslant 1$)**

Soient I un intervalle de $\mathbb{R}$, $n \in \mathbb{N}^*$, $f : I \longrightarrow \mathbb{U}$ une application de classe C^n.

1) Il existe une application $\varphi : I \longrightarrow \mathbb{R}$ de classe C^n telle que :

$$\forall t \in I, \quad f(t) = e^{i\varphi(t)}.$$

On dit que φ est un **relèvement** de f.

2) Si φ_1, φ_2 sont deux relèvements de f, alors il existe $k \in \mathbb{Z}$ tel que :

$$\varphi_1 - \varphi_2 = 2k\pi.$$

Preuve :

Le cas $n = 1$ a été vu dans le Tome 2, 7.10 Th. 3 p. 34, où un relèvement φ a été explicité, et il est clair, dans la preuve de ce Th. 3, que φ est de classe C^n sur I. ■

2.3.12 Intégrales dépendant d'un paramètre

Dans ce § 2.3.12, (a,b) désigne un couple de réels tel que $a \leqslant b$, $m \in \mathbb{N}^*$, A une partie de $\mathbb{R}^m$, $F : A \times [a;b] \longrightarrow E$ une application.

Si, pour chaque x de A, l'application $F(x,\cdot) : \begin{array}{l}[a;b] \longrightarrow E \\ t \longmapsto F(x,t)\end{array}$ est continue par morceaux, on peut considérer l'application $f : A \longrightarrow E$ définie par :

$$\forall x \in A, \quad f(x) = \int_a^b F(x,t)\,dt.$$

Le but de ce § 2.3.12 est de dégager des propriétés de f à partir de celles de F.

Dans § § *2), 3)*, A désigne un intervalle de $\mathbb{R}$.

1) Continuité

◆ **Théorème** (**«Continuité sous le signe $\displaystyle\int_a^b$ »**)

Si $F : A \times [a;b] \longrightarrow E$ est continue sur $A \times [a;b]$, alors l'application $f : A \longrightarrow E$ définie par :

$$\forall x \in A, \quad f(x) = \int_a^b F(x,t)\,\mathrm{d}t$$

est continue sur A.

Preuve :

1ère méthode, valable pour toute partie A de $\mathbb{R}^m$

Soit $(x_n)_{n\in\mathbb{N}}$ une suite dans A, convergeant vers un élément x de A. D'après 1.3.1 Prop. 1 p. 57, la partie $C = \{x_n;\, n \in \mathbb{N}\} \cup \{x\}$ est un compact de A, donc $C \times [a;b]$ est un compact de $A \times [a;b]$ (cf. 1.3.1 Prop. 4 p. 59), et F, qui est continue sur ce compact, est uniformément continue sur ce compact (théorème de Heine, 1.3.1 Th. p. 60).

Soit $\varepsilon > 0$. Il existe $\eta > 0$ tel que :

$$\forall\big((c,t),(c',t')\big) \in \big(C \times [a;b]\big)^2, \quad \big(||(c,t) - (c',t')||_1 \leqslant \eta \Longrightarrow F(c,t) - F(c',t')|| \leqslant \varepsilon\big),$$

où $||\cdot||_1$ est la norme sur $\mathbb{R}^m \times \mathbb{R}$ définie par :

$$\forall (x,t) \in \mathbb{R}^m \times \mathbb{R}, \quad ||(x,t)||_1 = ||x|| + |t|.$$

Comme $(x_n)_n$ converge vers x, il existe $N \in \mathbb{N}$ tel que :

$$\forall n \geqslant N, \quad ||x_n - x||_1 \leqslant \eta.$$

On a alors :

$$\forall n \geqslant N, \forall t \in [a;b], \quad ||(x_n,t) - (x,t)||_1 = ||x_n - x|| \leqslant \eta,$$

donc : $\forall n \geqslant N, \forall t \in [a;b], \quad ||F(x_n,t) - F(x,t)|| \leqslant \varepsilon$, d'où, par intégration :

$$\forall n \geqslant N, ||f(x_n) - f(x)|| = \left\| \int_a^b \big(F(x_n,t) - F(x,t)\big)\mathrm{d}t \right\| \leqslant \int_a^b ||F(x_n,t) - F(x,t)||\mathrm{d}t \leqslant \varepsilon(b-a),$$

et donc : $f(x_n) \underset{n\infty}{\longrightarrow} f(x)$.

On a ainsi prouvé (séquentiellement) que f est continue en x, et finalement f est continue sur A.

2ème méthode, valable lorsque A est localement compacte

Une partie A de $\mathbb{R}^m$ est dite localement compacte si et seulement si, pour tout a de A, il existe $\alpha > 0$ tel que $B'(a;\alpha) \cap A$ soit une partie compacte de A. Les parties ouvertes et les parties fermées de A sont localement compactes. Tout intervalle de $\mathbb{R}$ est localement compact.

Nous supposons ici que A est localement compacte.

Soient $x_0 \in A, \varepsilon > 0$ fixés.

Pour tout h de $\mathbb{R}^m$ tel que $x_0 + h \in A$, on a :

$$||f(x_0+h)-f(x_0)|| = \left\| \int_a^b \big(F(x_0+h,t) - F(x_0,t)\big)\mathrm{d}t \right\| \leqslant \int_a^b ||F(x_0+h,t)-F(x_0,t)||\mathrm{d}t.$$

Puisque A est une partie localement compacte de $\mathbb{R}^m$, il existe $\alpha > 0$ tel que $B'(x_0;\alpha)\cap A$ soit une partie compacte de $\mathbb{R}^m$. D'après le théorème de Heine, puisque F est continue sur ce compact, F est uniformément continue sur ce compact. Il existe donc $\eta \in]0;\alpha]$ tel que :

$$\forall\big((x',t'),(x'',t'')\big) \in \big(B'(x_0;\alpha)\cap A\big)^2,$$
$$||(x',t')-(x'',t'')||_1 \leqslant \eta \Longrightarrow ||F(x',t')-F(x'',t'')|| \leqslant \varepsilon,$$

On a, pour tout h de $B'(x_0;\eta)\cap A$:

$$\forall t \in [a;b],\quad ||(x_0+h,t)-(x_0,t)||_1 = ||h|| \leqslant \eta,$$

d'où : $$\forall t \in [a;b],\quad ||F(x_0+h,t)-F(x_0,t)|| \leqslant \varepsilon,$$

et donc en intégrant : $$\int_a^b ||F(x_0+h,t)-F(x_0,t)||\mathrm{d}t \leqslant \varepsilon(b-a).$$

On a ainsi prouvé :

$$\forall\varepsilon>0,\ \exists\eta>0,\ \forall h\in B'(x_0;\eta)\cap A,\quad ||f(x_0+h)-f(x_0)|| \leqslant \varepsilon,$$

et donc f est continue en x_0, et finalement f est continue sur A. ∎

EXEMPLES :

1) **Convolution des fonctions continues et *T*-périodiques**

Soient $T \in \mathbb{R}_+^*$, $f,g : \mathbb{R} \longrightarrow \mathbb{C}$ continues et T-périodiques, $f*g$ la **convoluée de** f **et** g, c'est-à-dire l'application de $\mathbb{R}$ dans $\mathbb{C}$ définie par :

$$\forall x \in \mathbb{R},\quad (f*g)(x) = \int_0^T f(t)g(x-t)\,\mathrm{d}t.$$

Puisque l'application $\begin{array}{c}\mathbb{R}\times[0;T] \longrightarrow \mathbb{C}\\ (x,t)\longmapsto f(t)g(x-t)\end{array}$ est continue, le théorème précédent montre que $f*g$ est continue.

De plus, $f*g$ est T-périodique, puisque, pour tout x de $\mathbb{R}$:

$$(f*g)(x+T) = \int_0^T f(t)g(x+T-t)\,\mathrm{d}t = \int_0^T f(t)g(x-t)\,\mathrm{d}t = (f*g)(x).$$

2) L'application $x \longmapsto \displaystyle\int_0^1 \frac{\ln(1+|x-t|)}{1+t^2}\,\mathrm{d}t$ est continue sur $\mathbb{R}$. ∎

Nous allons généraliser le résultat du théorème précédent en «faisant varier» a et b.

◆ **Proposition** Soient I un intervalle de $\mathbb{R}$, $F : A \times I \longrightarrow E$ une application continue. Alors, l'application $\varphi : A \times I \times I \longrightarrow E$ définie par :

$$\forall (x,u,v) \in A \times I \times I, \quad \varphi(x,u,v) = \int_u^v F(x,t)\,\mathrm{d}t$$

est continue sur $A \times I \times I$.

Preuve :
Remarquons d'abord que, pour tout a de I :

$$\forall (x,u,v) \in A \times I \times I, \quad \varphi(x,u,v) = \int_a^v F(x,t)\,\mathrm{d}t - \int_a^u F(x,t)\,\mathrm{d}t.$$

Il suffit donc de prouver la continuité de $\varphi_a : A \times I \longrightarrow E$ définie par :

$$\forall (x,u) \in A \times I, \quad \varphi_a(x,u) = \int_a^u F(x,t)\,\mathrm{d}t.$$

Pour $(x,u) \in A \times I$ fixé tel que $u \neq a$, le changement de variable $s = \dfrac{t-a}{u-a}$ donne :

$$\varphi_a(x,u) = (u-a) \int_0^1 F\big(x, a + s(u-a)\big)\mathrm{d}s,$$

et cette formule est, d'autre part, triviale lorsque $u = a$.
D'après le Théorème précédent, puisque $\big((x,u),s\big) \longmapsto F\big(x, a+s(u-a)\big)$ est continue sur $(A \times I) \times I$, l'application $(x,u) \longmapsto \displaystyle\int_0^1 F\big(x, a+s(u-a)\big)\mathrm{d}s$ est continue sur $A \times I$, et donc φ_a est continue sur $A \times I$, et finalement φ est continue sur $A \times I \times I$.
Variante : On peut aussi, dès la considération de $\varphi(x,u,v)$, effectuer le changement de variable $s = \dfrac{t-u}{v-u}$ (si $u \neq v$) et obtenir :

$$\forall (x,u,v) \in A \times I \times I, \quad \varphi(x,u,v) = (v-u) \int_0^1 F\big(x, u + s(v-u)\big)\mathrm{d}s,$$

(qui est encore valable quand $u = v$), ce qui montre que φ est continue sur $A \times I \times I$ en utilisant le Théorème précédent.

2) Dérivation

Dans ce § *2)*, A désigne un intervalle de $\mathbb{R}$.

◆ **Théorème** **(«Dérivation sous le signe $\displaystyle\int_a^b$»)**

Si $\left\{\begin{array}{ll} F & \text{est continue sur } A \times [a;b] \\ \dfrac{\partial F}{\partial x} & \text{existe et est continue sur } A \times [a;b] \end{array}\right.$, alors l'application

$f : A \longrightarrow E$ définie par : $\quad \forall x \in A, \quad f(x) = \displaystyle\int_a^b F(x,t)\,\mathrm{d}t$

est de classe C^1 sur A et : $\quad \forall x \in A, \quad f'(x) = \displaystyle\int_a^b \frac{\partial F}{\partial x}(x,t)\,\mathrm{d}t.$

Preuve :

Notons $g : A \longrightarrow E$ l'application définie par : $\forall x \in A,\ g(x) = \int_a^b \frac{\partial F}{\partial x}(x,t)\,\mathrm{d}t$.

Soit $x_0 \in A$. Notons $A_0 = \{h \in \mathbb{R};\ x_0 + h \in A\} = (-x_0) + A$, qui est un intervalle translaté de A, et $T : A_0 \times [a;b] \longrightarrow E$ l'application définie par :

$$\forall (h,t) \in A_0 \times [a;b],\quad T(h,t) = \begin{cases} \frac{1}{h}\big(F(x_0+h,t) - F(x_0,t)\big) & \text{si } h \neq 0 \\ \frac{\partial F}{\partial x}(x_0,t) & \text{si } h = 0 \end{cases}.$$

Puisque, pour tout t de $[a;b]$, $F(\cdot,t) : \begin{array}{l} A \longrightarrow E \\ x \longmapsto F(x,t) \end{array}$ est de classe C^1 sur A, on a, pour tout (h,t) de $A_0 \times [a;b]$:

$$F(x_0+h,t) - F(x_0,t) = \int_{x_0}^{x_0+h} \frac{\partial F}{\partial x}(x,t)\,\mathrm{d}x = h\int_0^1 \frac{\partial F}{\partial x}(x_0+hy,t)\mathrm{d}y,$$

à l'aide du changement de variable $y = \frac{1}{h}(x - x_0)$ lorsque $h \neq 0$, et de manière triviale si $h = 0$.

Il en résulte : $\forall (h,t) \in A_0 \times [a;b],\quad T(h,t) = \int_0^1 \frac{\partial F}{\partial x}(x_0+hy,t)\mathrm{d}y.$

D'après *1)*, Th. p. 166, puisque l'application (composée) $(h,t,y) \longmapsto \frac{\partial F}{\partial x}(x_0+hy,t)$ est continue sur $(A_0 \times [a;b]) \times [0;1]$, l'application T est continue sur $A_0 \times [a;b]$.

D'après *1)* Th. 1 encore, puisque T est continue sur $A_0 \times [a;b]$, l'application $\tau : A_0 \longrightarrow E$ définie par $\tau(h) = \int_a^b T(h,t)\,\mathrm{d}t$, pour tout h de A_0, est continue sur A_0. En particulier :

$$\tau(h) \underset{h\to 0}{\longrightarrow} \tau(0).$$

Mais, pour tout h de $A_0 - \{0\}$:

$$\tau(h) = \int_a^b T(h,t)\,\mathrm{d}t = \int_a^b \frac{1}{h}\big(F(x_0+h,t) - F(x_0,t)\big)\mathrm{d}t = \frac{1}{h}\big(f(x_0+h) - f(x_0)\big),$$

et $\tau(0) = \int_a^b T(0,t)\,\mathrm{d}t = \int_a^b \frac{\partial F}{\partial x}(x_0,t)\,\mathrm{d}t$.

Ceci établit : $\frac{1}{h}\big(f(x_0+h) - f(x_0)\big) \underset{h\to 0}{\longrightarrow} \int_a^b \frac{\partial F}{\partial x}(x_0,t)\,\mathrm{d}t = g(x_0)$, c'est-à-dire que f est dérivable en x_0 et que $f'(x_0) = g(x_0)$.

Enfin, toujours d'après *1)* Th. 1, puisque $\frac{\partial F}{\partial x}$ est continue sur $A \times [a;b]$, g est continue sur A.

Finalement, f est de classe C^1 sur A et $f' = g$.

Remarque :

Extension aux fonctions de plusieurs variables

La preuve précédente peut aisément être adaptée pour montrer le résultat plus général suivant :

Soient $m \in \mathbb{N}^*$, U un ouvert de $\mathbb{R}^m$, $F : \begin{array}{l} U \times [a;b] \longrightarrow E \\ (x_1,\dots,x_m;t) \longmapsto F(x_1,\dots,x_m;t) \end{array}$ une application.

Si $\left\{\begin{array}{l} F \text{ est continue sur } U \times [a;b] \\ \text{pour chaque } i \text{ de } \{1,\dots,m\},\ \dfrac{\partial F}{\partial x_i} \text{ existe et est continue sur } U \times [a;b] \end{array}\right|$,

alors l'application $f : U \longrightarrow E$ définie par :

$$\forall (x_1,\dots,x_m) \in U, \quad f(x_1,\dots,x_m) = \int_a^b F(x_1,\dots,x_m;t)\,\mathrm{d}t$$

est de classe C^1 sur U et :

$$\forall i \in \{1,\dots,m\}, \forall (x_1,\dots,x_m) \in U, \quad \frac{\partial f}{\partial x_i}(x_1,\dots,x_m) = \int_a^b \frac{\partial F}{\partial x_i}(x_1,\dots,x_m;t)\,\mathrm{d}t.$$

◆ **Corollaire** Soit $n \in \mathbb{N}$. Si F, $\dfrac{\partial F}{\partial x}$, ..., $\dfrac{\partial^n F}{\partial x^n}$ existent et sont continues sur $A \times [a;b]$, alors f est de classe C^n sur A et, pour tout i de $\mathbb{N}$ tel que $i \leqslant n$:

$$\forall x \in A, \quad f^{(i)}(x) = \int_a^b \frac{\partial^i F}{\partial x^i}(x,t)\,\mathrm{d}t.$$ ■

EXEMPLES :

1) Calculer, pour $x \in]1;+\infty[$: $\displaystyle\int_0^\pi \ln(x+\cos t)\,\mathrm{d}t$.

L'application $F : (x,t) \longmapsto \ln(x+\cos t)$ est continue sur $]1;+\infty[\times[0;\pi]$, et $\dfrac{\partial F}{\partial x}$ existe et est continue sur $]1;+\infty[\times[0;\pi]$, donc l'application $f :]1;+\infty[\longrightarrow \mathbb{R}$ définie par

$$\forall x \in]1;+\infty[, \quad f(x) = \int_0^\pi \ln(x+\cos t)\,\mathrm{d}t$$

est de classe C^1 sur $]1;+\infty[$ et :

$$\forall x \in]1;+\infty[, \quad f'(x) = \int_0^\pi \frac{\partial F}{\partial x}(x,t)\,\mathrm{d}t = \int_0^\pi \frac{1}{x+\cos t}\,\mathrm{d}t.$$

Le changement de variable $u = \tan\dfrac{t}{2}$ (qui introduit une intégrale sur $[0;+\infty[$) donne :

$$f'(x) = 2\int_0^{+\infty} \frac{\mathrm{d}u}{(x+1)+(x-1)u^2} = \frac{2}{\sqrt{x^2-1}}\left[\operatorname{Arctan}\left(\sqrt{\frac{x-1}{x+1}}\,u\right)\right]_0^{+\infty} = \frac{\pi}{\sqrt{x^2-1}}.$$

Il existe donc $C \in \mathbb{R}$ tel que : $\forall x \in]1;+\infty[, \quad f(x) = \pi\ln(x+\sqrt{x^2-1}) + C$.

D'autre part : $\forall x \in]1;+\infty[,\ f(x) = \pi\ln x + \displaystyle\int_0^\pi \ln\left(1+\frac{1}{x}\cos t\right)\mathrm{d}t$.

L'application $\begin{array}{l} G : [0;1[\times[0;\pi] \longrightarrow \mathbb{R} \\ \quad (y,t) \longmapsto \ln(1+y\cos t) \end{array}$ est continue, donc (cf. *1)* Théorème p. 166) l'application $g : [0;1[\longrightarrow \mathbb{R}$ définie par $\forall y \in [0;1[, \quad g(y) = \displaystyle\int_0^\pi G(y,t)\,\mathrm{d}t$ est continue.

En particulier : $\lim\limits_{y \to 0^+} g(y) = g(0) = 0$. On a donc :

$$f(x) - \pi \ln x = \int_0^{\pi} \ln\left(1 + \frac{1}{x}\cos t\right) \mathrm{d}t \underset{x \to +\infty}{\longrightarrow} 0.$$

Mais :

$$f(x) - \pi \ln x = \pi \ln \frac{x + \sqrt{x^2 - 1}}{x} + C \underset{x \to +\infty}{\longrightarrow} \pi \ln 2 + C.$$

On déduit $C = -\pi \ln 2$, et finalement :

$$\forall x \in]1; +\infty[, \quad \int_0^{\pi} \ln(x + \cos t)\,\mathrm{d}t = \pi \ln \frac{x + \sqrt{x^2 - 1}}{2}.$$

2) Calculer, pour $(x,y) \in \mathbb{R}^2$ tel que $|x| > |y|$: $\displaystyle\int_0^{\pi} \frac{\cos t}{(x + y\cos t)^3}\,\mathrm{d}t$.

Notons $U = \{(x,y) \in \mathbb{R}^2;\ |x| > |y|\}$, qui est un ouvert de $\mathbb{R}^2$, et $F : U \times [0;\pi] \longrightarrow \mathbb{R}$ l'application définie par :

$$\forall\big((x,y),t\big) \in U \times [0;\pi], \quad F(x,y,t) = \frac{1}{x + y\cos t}.$$

Puisque $F, \dfrac{\partial F}{\partial x}, \dfrac{\partial F}{\partial y}, \dfrac{\partial^2 F}{\partial x \partial y}, \dfrac{\partial^2 F}{\partial x^2}, \dfrac{\partial^2 F}{\partial y^2}, \ldots$ existent et sont continues sur $U \times [0;\pi]$, l'application $f : U \longrightarrow \mathbb{R}$ définie par :

$$\forall (x,y) \in U, \quad f(x,y) = \int_0^{\pi} \frac{\mathrm{d}t}{x + y\cos t}$$

est de classe C^{∞}, et on peut exprimer les dérivées partielles successives de f en dérivant sous le signe $\displaystyle\int_0^{\pi}$ (cf. Remarque p. 169).

En particulier, $\displaystyle\frac{\partial^2 f}{\partial x \partial y}(x,y) = \int_0^{\pi} \frac{\partial^2 F}{\partial x \partial y}(x,y;t)\,\mathrm{d}t = \int_0^{\pi} \frac{2\cos t}{(x + y\cos t)^3}\,\mathrm{d}t.$

Mais, par ailleurs, le changement de variable $u = \tan\dfrac{t}{2}$ fournit (comme dans l'exemple *1)* précédent) :

$$f(x,y) = 2\int_0^{+\infty} \frac{\mathrm{d}u}{(x+y) + (x-y)u^2} = \frac{\varepsilon\pi}{\sqrt{x^2 - y^2}} \text{ où } \varepsilon = \mathrm{sgn}(x+y) = \mathrm{sgn}(x).$$

D'où : $\displaystyle\frac{\partial f}{\partial y}(x,y) = \varepsilon\pi y(x^2 - y^2)^{-3/2}, \quad \frac{\partial^2 f}{\partial x\,\mathrm{d}y}(x,y) = -3\varepsilon\pi xy(x^2 - y^2)^{-5/2}.$

Finalement : $\displaystyle\int_0^{\pi} \frac{\cos t}{(x + y\cos t)^3}\,\mathrm{d}t = -\frac{3\varepsilon\pi xy}{2(x^2 - y^2)^{5/2}}.$ ■

Nous allons généraliser le résultat du théorème précédent en «faisant varier» b.

◆ **Proposition** Soient A, J deux intervalles ouverts de $\mathbb{R}$, $F : A \times J \longrightarrow E$. On suppose :

$$\begin{cases} F & \text{est continue sur } A \times J \\ \dfrac{\partial F}{\partial x} & \text{existe et est continue sur } A \times J. \end{cases}$$

Alors l'application $\varphi : A \times J \longrightarrow E$ définie par :

$$\forall (x,y) \in A \times J, \quad \varphi(x,y) = \int_a^y F(x,t)\,\mathrm{d}t$$

est de classe C^1 et : $\forall (x,y) \in A \times J,$ $\begin{cases} \dfrac{\partial \varphi}{\partial x}(x,y) = \displaystyle\int_a^y \frac{\partial F}{\partial x}(x,t)\,\mathrm{d}t \\ \dfrac{\partial \varphi}{\partial y}(x,y) = F(x,y). \end{cases}$

Preuve :

1) Pour $y \in J$ fixé, le théorème de dérivation sous le signe $\displaystyle\int_a^y$ s'applique; donc l'application $\varphi(\cdot,y) : \begin{array}{l} A \longrightarrow \mathbb{R} \\ x \longmapsto \varphi(x,y) \end{array}$ est de classe C^1 sur A et :

$$\forall x \in A, \quad (\varphi(\cdot,y))'(x) = \int_a^y \frac{\partial F}{\partial x}(x,t)\,\mathrm{d}t.$$

Ceci montre que $\dfrac{\partial \varphi}{\partial x}$ existe sur $A \times J$ et que :

$$\forall (x,y) \in A \times J, \quad \frac{\partial \varphi}{\partial x}(x,y) = \int_a^y \frac{\partial F}{\partial x}(x,t)\,\mathrm{d}t.$$

Comme $\dfrac{\partial F}{\partial x}$ est continue sur $A \times J$, la Proposition de *1)* p. 168 permet de déduire que $\dfrac{\partial \varphi}{\partial x}$ est continue sur $A \times J$.

2) Pour $x \in A$ fixé, l'application $F(x,\cdot) : \begin{array}{l} J \longrightarrow E \\ t \longmapsto F(x,t) \end{array}$ est continue; donc (cf. 2.3.6 *1)* p. 156) l'application $\varphi(x,\cdot) : \begin{array}{l} J \longrightarrow E \\ y \longmapsto \int_a^y F(x,t)\,\mathrm{d}t \end{array}$ est de classe C^1 sur J et :

$$\forall y \in J, (\varphi(x,\cdot))'(y) = F(x,y).$$

Ceci montre que $\dfrac{\partial \varphi}{\partial y}$ existe sur $A \times J$ et que : $\forall (x,y) \in A \times J, \quad \dfrac{\partial \varphi}{\partial y}(x,y) = F(x,y).$

Comme F est continue, $\dfrac{\partial \varphi}{\partial y}$ est continue sur $A \times J$.

◆ **Corollaire** Soient A, J deux intervalles ouverts de $\mathbb{R}$, $F : A \times J \longrightarrow E$, $u : A \longrightarrow J$. On suppose :

$$\begin{cases} F & \text{est continue sur } A \times J \\ \dfrac{\partial F}{\partial x} & \text{existe et est continue sur } A \times J \\ u & \text{est de classe } C^1 \text{ sur } A. \end{cases}$$

Alors l'application $\psi : A \longrightarrow E$ définie par :

$$\forall x \in A, \quad \psi(x) = \int_a^{u(x)} F(x,t)\,\mathrm{d}t$$

est de classe C^1 sur A et :

$$\forall x \in A, \quad \psi'(x) = \int_a^{u(x)} \frac{\partial F}{\partial x}(x,t)\,\mathrm{d}t + u'(x)F(x,u(x)).$$

Preuve :

Avec les notations de la Proposition précédente : $\forall x \in A, \quad \psi(x) = \varphi(x,u(x))$.

Comme u et φ sont de classe C^1, ψ l'est aussi et (théorème de composition des applications de classe C^1 ; cf. Tome 2, 12.3.2 3) p. 189 si $E = \mathbb{R}$) :

$$\forall x \in A, \quad \psi'(x) = \frac{\partial \varphi}{\partial x}(x,u(x)) + u'(x)\frac{\partial \varphi}{\partial y}(x,u(x)) = \int_a^{u(x)} \frac{\partial F}{\partial x}(x,t)\,\mathrm{d}t + u'(x)F(x,u(x)).$$

EXEMPLE :

Montrer : $\forall x \in]0;+\infty[, \quad \displaystyle\int_1^x \frac{\ln(x+t)}{t}\,\mathrm{d}t = \frac{1}{2}(\ln x)^2 + \int_1^x \frac{\ln(t+1)}{t}\,\mathrm{d}t.$

L'application $f :]0;+\infty[\longrightarrow \mathbb{R}$ définie par : $\forall x \in]0;+\infty[, \quad f(x) = \displaystyle\int_1^x \frac{\ln(x+t)}{t}\,\mathrm{d}t$

est de classe C^1 et :

$$\begin{aligned} \forall x \in]0;+\infty[, \quad f'(x) &= \int_1^x \frac{1}{(x+t)}\,\mathrm{d}t + \frac{\ln(2x)}{x} = \frac{1}{x}\int_1^x \left(\frac{1}{t} - \frac{1}{x+t}\right)\mathrm{d}t + \frac{\ln(2x)}{x} \\ &= \frac{1}{x}(\ln x - \ln(2x) + \ln(x+1)) + \frac{\ln(2x)}{x} = \frac{1}{x}(\ln x + \ln(x+1)). \end{aligned}$$

D'où :

$$\begin{aligned} \forall x \in]0;+\infty[, \quad f(x) = f(1) + \int_1^x f'(t)\,\mathrm{d}t &= \int_1^x \frac{1}{t}(\ln t + \ln(t+1))\,\mathrm{d}t \\ &= \frac{1}{2}(\ln x)^2 + \int_1^x \frac{\ln(t+1)}{t}\,\mathrm{d}t. \end{aligned}$$

Cf. aussi exercice 2.3.31 p. 162. ■

3) Intégration

◆ **Théorème** **(Intégration sous le signe « $\int_a^b$ »)**

Si $F : A \times [a;b] \longrightarrow E$ est continue sur $A \times [a;b]$, alors l'application $f : A \longrightarrow E$ définie par :

$$\forall x \in A, \quad f(x) = \int_a^b F(x,t)\, \mathrm{d}t$$

est continue sur A et, pour tout (α,β) de A^2 :

$$\int_\alpha^\beta f(x)\, \mathrm{d}x = \int_a^b \left(\int_\alpha^\beta F(x,t)\, \mathrm{d}x \right) \mathrm{d}t.$$

Preuve :

La continuité de f est acquise par le théorème de *1)* p. 166.

Notons $G : A \times [a;b] \longrightarrow E$ l'application définie par :

$$\forall (\beta,t) \in A \times [a;b], \quad G(\beta,t) = \int_\alpha^\beta F(x,t)\, \mathrm{d}x,$$

α étant fixé dans A.

Puisque F est continue, G est continue (cf. *1)* Prop. p. 168). De plus, $\dfrac{\partial G}{\partial \beta}$ existe et vaut F, donc est continue. D'après *2)* Théorème p. 168, l'application $H : A \longrightarrow E$ définie par :

$$\forall \beta \in A, \quad H(\beta) = \int_a^b G(\beta,t)\, \mathrm{d}t$$

est de classe C^1 sur A et :

$$\forall \beta \in A, \quad H'(\beta) = \int_a^b \frac{\partial G}{\partial \beta}(\beta,t)\, \mathrm{d}t = \int_a^b F(\beta,t)\, \mathrm{d}t = f(\beta).$$

Comme $H(\alpha) = 0$, on conclut :

$$\forall \beta \in A, \quad H(\beta) = H(\alpha) + \int_\alpha^\beta H'(x)\, \mathrm{d}x = \int_\alpha^\beta f(x)\, \mathrm{d}x.$$

Remarque :

Le théorème précédent est un cas particulier du théorème de Fubini relatif aux intégrales doubles.

Exercices

◇ **2.3.38** Calculer, pour $x \in \mathbb{R} - \{-1,1\}$, l'**intégrale de Poisson**

$$I(x) = \int_0^{\pi} \ln(1 - 2x\cos t + x^2)\mathrm{d}t.$$

◇ **2.3.39** *a)* Calculer, pour $x \in \mathbb{R}_+^*$: $I(x) = \displaystyle\int_0^{\pi} \frac{\mathrm{d}t}{\cos^2 t + x\sin^2 t}$.

b) En déduire, pour $x \in \mathbb{R}_+^*$, la valeur de $J(x) = \displaystyle\int_0^{\pi} \frac{\sin^2 t}{(\cos^2 t + x\sin^2 t)^2}\,\mathrm{d}t$.

◇ **2.3.40** *a)* Montrer :

$$\forall x \in]-1;+\infty[,\ \int_0^1 \frac{\ln(1+xt)}{1+t^2}\,\mathrm{d}t = \frac{\ln 2}{2}\operatorname{Arctan} x + \frac{\pi}{8}\ln(1+x^2) - \int_0^x \frac{\ln(1+t)}{1+t^2}\,\mathrm{d}t.$$

b) En déduire : $\displaystyle\int_0^1 \frac{\ln(1+t)}{1+t^2}\,\mathrm{d}t = \frac{\pi\ln 2}{8}$.

◇ **2.3.41** Calculer, pour $(a,b) \in]1;+\infty[^2$, $\displaystyle\int_0^{\pi} \ln\frac{b-\cos t}{a-\cos t}\,\mathrm{d}t$.

◇ **2.3.42** Etudier et représenter graphiquement la fonction f d'une variable réelle x définie par :

$$f(x) = \int_0^{\pi} \sqrt{x+\cos t}\,\mathrm{d}t.$$

◇ **2.3.43*** **Fonction J_0 de Bessel**

Montrer que l'application $J_0 : \mathbb{R} \longrightarrow \mathbb{R}$ définie par : $\forall x \in \mathbb{R},\ J_0(x) = \dfrac{1}{\pi}\displaystyle\int_0^{\pi} \cos(x\sin t)\,\mathrm{d}t$ admet dans $[0;\pi]$ un zéro et un seul, et que celui-ci est dans $]0;\pi[$.

◇ **2.3.44** Soient I un intervalle de $\mathbb{R}$, $x_0 \in I$, $n \in \mathbb{N} - \{0,1\}$, $f : I \longrightarrow E$ de classe C^n sur I, telle que $f(x_0) = 0$.

a) Montrer qu'il existe $g : I \longrightarrow E$ de classe C^{n-1} sur I telle que : $\forall x \in I,\quad f(x) = (x - x_0)g(x)$.

(Dans $f(x) = \displaystyle\int_{x_0}^{x} f'(t)\,\mathrm{d}t$, effectuer le changement de variable $u = \dfrac{t-x_0}{x-x_0}$).

b) Montrer que, si de plus $f',\dots,f^{(n)}$ sont bornées sur I, alors $g,g',\dots,g^{(n-1)}$ sont bornées sur I et :

$$\forall p \in \{0,\dots,n-1\},\quad ||g^{(p)}||_\infty \leqslant \frac{1}{p+1}||f^{(p+1)}||_\infty.$$

◇ **2.3.45** Soit $P : \mathbb{R}^2 \longrightarrow \mathbb{R}$ une application de classe C^2.

On considère l'équation fonctionnelle :

$$(\mathrm{E}_P)\qquad \forall (x,y) \in \mathbb{R}^2,\quad f(x+y) = f(x) + f(y) + P(x,y),$$

d'inconnue $f : \mathbb{R} \longrightarrow \mathbb{R}$ continue.

a) Montrer que, si f est solution de (E_P), alors f est de classe C^2 sur $\mathbb{R}$ et :

$$\forall (x,y) \in \mathbb{R}^2,\quad f''(x+y) = \frac{\partial^2 P}{\partial x \partial y}(x,y)$$

b) Résoudre (E_P) pour $P : \begin{array}{l}\mathbb{R}^2 \longrightarrow \mathbb{R}\\ (x,y) \longmapsto x^2y^2\end{array}$.

c) Résoudre (E_P) pour $P : \begin{array}{l}\mathbb{R}^2 \longrightarrow \mathbb{R}\\ (x,y) \longmapsto x^2y + xy^2\end{array}$.

2.4 Comparaison locale

Ce § 2.4 généralise l'étude effectuée dans le Tome 2, ch. 8 pp. 39-69.

Les fonctions utilisées dans ce § 2.4 sont définies sur un voisinage d'un élément a de $\overline{\mathbb{R}}$, sur un ensemble noté V, et à valeurs dans $\mathbb{R}$ ou dans un evn de dimension finie, noté E ou F.

Les définitions et résultats s'étendront aisément :

- aux fonctions définies au voisinage de a sauf peut-être en a
- aux suites à valeurs dans E, qui sont des applications de $\mathbb{N}$ dans E (∞ jouant ici le rôle de a)
- aux fonctions définies au voisinage à droite de a (ou à gauche de a).

2.4.1 Prépondérance, domination

1) Définitions

◆ **Définition 1** Soient $f : V \longrightarrow E, \varphi : V \longrightarrow \mathbb{R}$.

On dit que f est **négligeable devant** φ (ou : φ est **prépondérante devant** f ; ou : φ **l'emporte sur** f) au voisinage de a si et seulement s'il existe une application

$\varepsilon : V \longrightarrow \mathbb{R}$ telle que : $\begin{cases} \forall t \in V, \quad ||f(t)|| = \varepsilon(t)\varphi(t) \\ \varepsilon(t) \underset{t \to a}{\longrightarrow} 0. \end{cases}$

On note alors $f \underset{a}{\ll} \varphi$ ou $f(t) \underset{a}{\ll} \varphi(t)$ (notation de Hardy),

ou $f = \underset{a}{o}(\varphi)$ ou $f(t) = \underset{t \to a}{o}(\varphi(t))$ (notation de Landau).

Remarques :

1) Si : $\forall t \in V - \{a\}, \quad \varphi(t) \neq 0$,

$$\text{alors : } f = \underset{a}{o}(\varphi) \Longleftrightarrow \begin{cases} \dfrac{1}{\varphi} f \underset{a}{\longrightarrow} 0 \\ \varphi(a) = 0 \Longrightarrow f(a) = 0 \end{cases}.$$

2) $f = \underset{a}{o}(1) \Longleftrightarrow \lim\limits_{a} f = 0.$

◆ **Définition 2** Soient $f : V \longrightarrow E, \varphi : V \longrightarrow \mathbb{R}$.

On dit que f est **dominée par** φ au voisinage de a si et seulement s'il existe une application $C : V \longrightarrow \mathbb{R}$ telle que : $\begin{cases} \forall t \in V, \quad ||f(t)|| = C(t)\varphi(t) \\ C \text{ est bornée au voisinage de } a. \end{cases}$

On note alors $f \underset{a}{\preccurlyeq} \varphi$ ou $f(t) \underset{t \to a}{\preccurlyeq} \varphi(t)$ (notation de Hardy),

ou $f = \underset{a}{O}(\varphi)$, ou $f(t) = \underset{t \to a}{O}(\varphi(t))$ (notation de Landau).

Remarques :

1) Si : $\forall t \in V - \{a\}, \quad \varphi(t) \neq 0$, alors $f = \underset{a}{O}(\varphi)$ si et seulement si $\dfrac{1}{\varphi} f$ est bornée au voisinage de a.

2) $f = \underset{a}{O}(1)$ si et seulement si f est bornée au voisinage de a.

2) *Opérations relatives à la prépondérance et à la domination*

On note ici :

f, g des fonctions définies au voisinage de a et à valeurs dans un evn de dimension finie

φ, ψ, u des fonctions définies au voisinage de a et à valeurs dans $\mathbb{R}$

λ une fonction définie au voisinage de a et à valeurs dans $\mathbb{K}$

$\alpha \in \mathbb{K}$

h une fonction définie au voisinage d'un élément b de $\overline{\mathbb{R}}$ et à valeurs réelles.

◆ **Proposition**

1) $f = o(\varphi) \Longrightarrow f = O(\varphi)$

2) $\begin{cases} f = o(\varphi) \\ g = o(\varphi) \end{cases} \Longrightarrow f + g = o(\varphi)$

3) $f = o(\varphi) \Longrightarrow \alpha f = o(\varphi)$

4) $\begin{cases} f = O(\varphi) \\ g = O(\varphi) \end{cases} \Longrightarrow f + g = O(\varphi)$

5) $f = O(\varphi) \Longrightarrow \alpha f = O(\varphi)$

6) $\begin{cases} \lambda = O(\varphi) \\ g = O(\psi) \end{cases} \Longrightarrow \lambda g = O(\varphi\psi)$

7) $\begin{cases} \lambda = O(\varphi) \\ g = o(\psi) \end{cases} \Longrightarrow \lambda g = o(\varphi\psi)$

8) $\begin{cases} \lambda = o(\varphi) \\ g = O(\psi) \end{cases} \Longrightarrow \lambda g = o(\varphi\psi)$

9) $\begin{cases} \lambda = o(\varphi) \\ g = o(\psi) \end{cases} \Longrightarrow \lambda g = o(\varphi\psi)$

10) $\begin{cases} f = O(\varphi) \\ \varphi = O(u) \end{cases} \Longrightarrow f = O(u)$

11) $\begin{cases} f = o(\varphi) \\ \varphi = O(u) \end{cases} \Longrightarrow f = o(u)$

12) $\begin{cases} f = O(\varphi) \\ \varphi = o(u) \end{cases} \Longrightarrow f = o(u)$

13) $\begin{cases} f = \underset{a}{o}(\varphi) \\ \lim\limits_{b} h = a \end{cases} \Longrightarrow f \circ h = \underset{b}{o}(\varphi \circ h)$

14) $\begin{cases} f = \underset{a}{O}(\varphi) \\ \lim\limits_{b} h = a \end{cases} \Longrightarrow f \circ h = \underset{b}{O}(\varphi \circ h).$

Preuve :

Analogue à celle de Tome 2, 8.1.2 Prop. 1 p. 41.

2.4.2 Equivalence

1) Définition

◆ **Définition** Soient $f,g : V \longrightarrow E$. On dit que f est **équivalente à** g au voisinage de a si et seulement si :

$$f - g = \underset{a}{o}(||g||).$$

On note alors $f \underset{a}{\sim} g$, ou $f(t) \underset{t \to a}{\sim} g(t)$.

◆ **Proposition 1**

$$f \underset{a}{\sim} g \Longrightarrow \begin{cases} f = \underset{a}{O}(g) \\ g = \underset{a}{O}(f). \end{cases}$$

◆ **Proposition 2** La relation $\underset{a}{\sim}$ est une relation d'équivalence dans l'ensemble des fonctions définies au voisinage de a et à valeurs dans E.

Remarques :

1) Soit $l \in E - \{0\}$; on a : $f \underset{a}{\sim} l \Longleftrightarrow f \underset{a}{\longrightarrow} l.$

2) $f \underset{a}{\sim} 0$ si et seulement si f est nulle au voisinage de a.

2) Opérations relatives à l'équivalence

On note ici f,g (resp. φ,ψ, resp. λ,μ) des fonctions définies au voisinage de a et à valeurs dans E (resp. $\mathbb{R}$, resp. $\mathbb{K}$) et h une fonction définie au voisinage d'un élément b de $\overline{\mathbb{R}}$ et à valeurs réelles.

◆ **Proposition**

1) $\begin{cases} \lambda \underset{a}{\sim} \mu \\ f \underset{a}{\sim} g \end{cases} \Longrightarrow \lambda f \underset{a}{\sim} \mu g$

2) $\begin{cases} \lambda \underset{a}{\sim} \mu \\ n \in \mathbb{N}^* \end{cases} \Longrightarrow \lambda^n \underset{a}{\sim} \mu^n$ (où $\lambda^n = \lambda \cdot \lambda \cdot \ldots \lambda$, n facteurs)

3) Si $\lambda \underset{a}{\sim} \mu$ et si, au voisinage de a (sauf peut-être en a), $\mu(t) \neq 0$, alors $\dfrac{1}{\lambda}$ et $\dfrac{1}{\mu}$ sont définies au voisinage de a (sauf peut-être en a) et : $\dfrac{1}{\lambda} \underset{a}{\sim} \dfrac{1}{\mu}$

4) $\begin{cases} f = \underset{a}{o}(\varphi) \\ \varphi \underset{a}{\sim} \psi \end{cases} \Longrightarrow f = \underset{a}{o}(\psi)$

5) $\begin{cases} f \underset{a}{\sim} g \\ g = \underset{a}{o}(u) \end{cases} \Longrightarrow f = \underset{a}{o}(u)$

6) $\begin{cases} f \underset{a}{\sim} g \\ \lim\limits_{b} h = a \end{cases} \Longrightarrow f \circ h \underset{b}{\sim} g \circ h$ (composition à droite)

7) $f = \underset{a}{o}(||g||) \Longleftrightarrow f + g \underset{a}{\sim} g.$

Preuve :

Analogue à celle de Tome 2, 8.2.2 Prop. 1 p. 46.

Exercice

◇ **2.4.1** Soient $f, g : V \longrightarrow E$, $\varphi : V \longrightarrow \mathbb{R}$, $\mathcal{B} = (e_1, \ldots, e_N)$ une base de E, $f_1, \ldots, f_N$ (resp. $g_1, \ldots, g_N$) les applications composantes de f (resp. g) dans $\mathcal{B}$.

a) Montrer : 1) $f = \underset{a}{o}(\varphi) \Longleftrightarrow \left(\forall j \in \{1, \ldots, N\},\quad f_j = \underset{a}{o}(\varphi)\right)$

2) $f = \underset{a}{O}(\varphi) \Longrightarrow \left(\forall j \in \{1, \ldots, N\},\quad f_j = \underset{a}{O}(\varphi)\right).$

b) Montrer : $(\forall j \in \{1, \ldots, N\},\ f_j \underset{a}{\sim} g_j) \Longrightarrow f \underset{a}{\sim} g.$

La réciproque est-elle vraie ?

2.4.3 Développements limités vectoriels

1) Définition

On appelle **polynôme vectoriel** (à coefficients dans E) toute application $P : \mathbb{R} \to E$ telle qu'il existe $p \in \mathbb{N}$, $A_0, \ldots, A_p \in E$ tels que :

$$\forall t \in \mathbb{R}, \quad P(t) = \sum_{k=0}^{p} t^k A_k.$$

On appelle alors **degré** de P le plus grand entier k de $\{0, \ldots, p\}$ tel que $A_k \neq 0$ (et $\deg(0) = -\infty$).

◆ **Définition** Soient $n \in \mathbb{N}$, $f : V \longrightarrow E$. On dit que f **admet un développement limité à l'ordre** n **en** a (en abrégé $DL_n(a)$) si et seulement s'il existe un polynôme vectoriel P tel que : $\begin{cases} \deg(P) \leqslant n \\ \forall t \in V, \quad f(t) = P(t-a) + \underset{t \to a}{o}((t-a)^n) \end{cases}$.

On montre, comme dans Tome 2, 8.3.1 Prop. 1 p. 52 l'unicité de P, appelé **partie régulière** du $DL_n(a)$ de f.

On définit de manière analogue la notion de développement limité en $+\infty$, en $-\infty$.

Supposons que E soit muni d'une base $\mathcal{B} = (e_1, \dots, e_N)$, et notons $f_1, \dots, f_N$ les applications composantes de f dans $\mathcal{B}$. Pour que f admette un $DL_n(a)$, il faut et il suffit que, pour tout j de $\{1, \dots, N\}$, f_j admette un $DL_n(a)$. De plus, dans ce cas, en notant P_j la partie régulière du $DL_n(a)$ de f_j pour $1 \leqslant j \leqslant N$, la partie régulière P du $DL_n(a)$ de f est : $P = \sum_{j=1}^{N} P_j e_j$.

2) *Le théorème de Taylor-Young*

◆ **Théorème** **(Théorème de Taylor-Young)**

Soient $n \in \mathbb{N}$, $f : V \to E$. Si f est de classe C^n sur V, alors f admet un $DL_n(a)$, de partie régulière $\sum_{k=0}^{n} \frac{(\mathrm{X}-a)^k}{k!} f^{(k)}(a)$.

Autrement dit : $\forall t \in V, \quad f(t) = \sum_{k=0}^{n} \frac{(t-a)^k}{k!} f^{(k)}(a) + \underset{t \to a}{o}((t-a)^n)$.

Preuve :

1re méthode

Adapter la preuve du théorème de Taylor-Young pour les fonctions à valeurs réelles vue dans le Tome 2 (8.3.2 Théorème p. 55).

2e méthode

Appliquer le théorème de Taylor-Young pour les fonctions à valeurs réelles à chaque application composante de f dans une base $\mathcal{B}$ fixée.

3) *Dérivation et primitivation pour un DL(a)*

Comme dans Tome 2, 8.3.3 p. 57, on montre les deux résultats suivants.

◆ **Proposition** **(Primitivation d'un *DL*(*a*))**

Soient $n \in \mathbb{N}$, I un intervalle ouvert de $\mathbb{R}$ contenant a, $f : I \longrightarrow E$. Si f est de classe C^1 sur I et si f' admet un $DL_n(a)$ de partie régulière notée P, alors f admet un $DL_{n+1}(a)$, dont la partie régulière est celle des primitives de P qui vaut $f(a)$ en a :

$$\forall t \in I, \quad f(t) = f(a) + \int_a^t P + o((t-a)^{n+1}).$$

◆ **Corollaire** **(Dérivation d'un *DL*(*a*))**

Soient $n \in \mathbb{N}$, I un intervalle ouvert de $\mathbb{R}$ contenant a, $f : I \longrightarrow E$. Si f est de classe C^1 sur I et si f et f' admettent des développements limités d'ordre $n+1$ et n respectivement au voisinage de a, alors la partie régulière du $DL_n(a)$ de f' est la dérivée de la partie régulière du $DL_{n+1}(a)$ de f.

2.5 Intégration sur un intervalle quelconque

Dans ce § 2.5, nous allons généraliser et prolonger l'étude faite dans le Tome 2, ch. 10 pp. 107-134.

On note $\mathbb{K} = \mathbb{R}$ ou $\mathbb{C}$.

I désigne, sauf mention contraire, un intervalle non vide ni réduit à un point. Les fonctions envisagées sont, sauf mention contraire, supposées définies et continues par morceaux sur I, et à valeurs dans $\mathbb{K}$. L'étude est généralisable aux fonctions à valeurs dans un $\mathbb{K}$-evn E de dimension finie.

On note $\mathcal{CM}(I,\mathbb{K})$ l'ensemble des applications continues par morceaux de I dans $\mathbb{K}$. Il est clair que $\mathcal{CM}(I,\mathbb{K})$ est, pour les lois usuelles $+, \cdot$ (externe), $\cdot$ (interne), une $\mathbb{K}$-algèbre commutative, associative, unitaire. De plus, si $f \in \mathcal{CM}(I,\mathbb{C})$, alors $\overline{f}$, Ré f, Im f, $|f|$ sont dans $\mathcal{CM}(I,\mathbb{C})$, et, si $f \in \mathcal{CM}(I,\mathbb{R})$, alors f^+, f^-, $|f|$ sont dans $\mathcal{CM}(I,\mathbb{R})$.

2.5.1 Fonctions intégrables à valeurs réelles positives ou nulles

1) Définition

◆ **Définition 1** Soit $f \in \mathcal{CM}(I,\mathbb{R})$ telle que $f \geqslant 0$. On dit que f est **intégrable** (ou : **sommable**) **sur** I si et seulement s'il existe un élément M de $\mathbb{R}_+$ tel que, pour tout segment J inclus dans I : $\displaystyle\int_J f \leqslant M$.

Rappelons qu'un segment (de $\mathbb{R}$) est un intervalle fermé borné $[\alpha;\beta]$, où $(\alpha,\beta) \in \mathbb{R}^2$, $\alpha \leqslant \beta$.

Remarque :

Si I est un segment, $I = [\alpha;\beta]$, et si $f \in \mathcal{CM}(I,\mathbb{R})$ est $\geqslant 0$, alors f est intégrable sur I car, pour tout segment J inclus dans I :

$$\int_J f \leqslant \int_\alpha^\beta f. \qquad \blacksquare$$

Avec les notations précédentes, si $f \in \mathcal{CM}(I,\mathbb{R})$ est $\geqslant 0$ et intégrable sur I, alors l'ensemble des $\displaystyle\int_J f$ (lorsque J décrit l'ensemble des segments inclus dans I) est une partie non vide et majorée de $\mathbb{R}$, donc admet une borne supérieure dans $\mathbb{R}$.

D'où la Définition suivante :

◆ **Définition 2** Soit $f \in \mathcal{CM}(I,\mathbb{R})$, $\geqslant 0$ et intégrable.

On appelle **intégrale de** f **sur** I, et on note $\displaystyle\int_I f$, la borne supérieure des $\displaystyle\int_J f$ lorsque J décrit l'ensemble des segments inclus dans I.

Remarques :

1) Avec les hypothèses et notations de la Définition 2 : $\displaystyle\int_I f \geqslant 0$.

2) Si I est un segment $[\alpha;\beta]$, alors toute application f de $\mathcal{CM}(I,\mathbb{R})$, $\geqslant 0$, est intégrable sur I et : $\displaystyle\int_I f = \int_\alpha^\beta f$. De plus, f est alors intégrable sur les quatre intervalles $[\alpha;\beta]$, $]\alpha;\beta]$, $[\alpha;\beta[$, $]\alpha;\beta[$, et les quatre intégrales de f sur ces intervalles sont égales.

3) On convient que, si I est un singleton, alors toute application $f : I \longrightarrow \mathbb{R}$, $\geqslant 0$ est dite intégrable sur I et que : $\displaystyle\int_I f = 0$.

4) On peut convenir que, si I est vide, l'application vide $f : I \longrightarrow \mathbb{R}$ est $\geqslant 0$ et intégrable sur I, et que : $\displaystyle\int_I f = 0$.

◆ **Proposition 1**

$$\text{Si } \left\{\begin{array}{l} f : I \longrightarrow \mathbb{R} \text{ est continue et } \geqslant 0 \\ f \text{ est intégrable sur } I \\ \displaystyle\int_I f = 0 \end{array}\right|, \text{ alors } f = 0.$$

Preuve :

Soit $x_0 \in I$. Il existe un segment J, non vide et non réduit à un point, tel que $x_0 \in J \subset I$.

On a alors : $\displaystyle 0 \leqslant \int_J f \leqslant \int_I f = 0$, donc $\displaystyle\int_J f = 0$.

D'après Tome 1, 6.2.5 Cor. 4 p. 176, on déduit : $\forall x \in J,\ f(x) = 0$,

et en particulier : $f(x_0) = 0$.

On a montré : $\forall x_0 \in I,\ f(x_0) = 0$, c'est-à-dire : $f = 0$.

◆ **Corollaire**

$$1)\ \text{Si } \left\{\begin{array}{l} f : I \longrightarrow \mathbb{R} \text{ est continue} \\ f^2 (= f \cdot f) \text{ est intégrable sur } I \\ \displaystyle\int_I f^2 = 0 \end{array}\right|, \text{ alors } f = 0.$$

$$2)\ \text{Si } \left\{\begin{array}{l} f : I \longrightarrow \mathbb{C} \text{ est continue} \\ |f| \text{ est intégrable sur } I \\ \displaystyle\int_I |f| = 0 \end{array}\right|, \text{ alors } f = 0.$$

◆ **Proposition 2**

Soit $f \in \mathcal{CM}(I,\mathbb{R})$, $\geqslant 0$. Les propriétés suivantes sont deux à deux équivalentes :

(i) f est intégrable sur I

(ii) Il existe $M \in \mathbb{R}_+$ tel que, pour toute suite croissante $(J_n)_{n\in\mathbb{N}^*}$ de segments dont la réunion est égale à I : $\forall n \in \mathbb{N}^*, \quad \int_{J_n} f \leqslant M$

(iii) Il existe $M \in \mathbb{R}_+$ et une suite croissante $(J_n)_{n\in\mathbb{N}^*}$ de segments dont la réunion est égale à I tels que : $\forall n \in \mathbb{N}^*, \quad \int_{J_n} f \leqslant M.$

De plus, si (i), (ii) ou (iii) est satisfaite, on a, pour toute suite croissante $(J_n)_{n\in\mathbb{N}^*}$ de segments dont la réunion est égale à I :

$$\int_I f = \underset{n\in\mathbb{N}^*}{\mathrm{Sup}} \int_{J_n} f = \lim_{n\infty} \int_{J_n} f.$$

Ici, $(J_n)_{n\in\mathbb{N}^*}$ est croissante signifie : $\forall n \in \mathbb{N}^*, \quad J_n \subset J_{n+1}$.

Pour abréger, on peut appeler **suite exhaustive** de segments de I toute suite croissante $(J_n)_{n\in\mathbb{N}^*}$ de segments de I dont la réunion est égale à I.

Preuve :

(i) $\Longrightarrow$ (ii) :

Supposons f intégrable sur I et soit $(J_n)_{n\in\mathbb{N}^*}$ une suite croissante de segments telle que :

$$\bigcup_{n\in\mathbb{N}^*} J_n = I.$$

D'après les Définitions 1 et 2, on a : $\forall n \in \mathbb{N}^*, \quad \int_{J_n} f \leqslant \int_I f.$

Le réel $M = \int_I f$ convient.

(ii) $\Longrightarrow$ (iii) :

Il suffit de remarquer qu'il existe au moins une suite croissante $(J_n)_{n\in\mathbb{N}^*}$ de segments dont la réunion soit égale à I, en examinant les types d'intervalles possibles pour I. Par exemple, pour $(a,b) \in \mathbb{R}^2$ tel que $a < b$:

$$]a;b] = \bigcup_{n\in\mathbb{N}^*} \left[a + \frac{b-a}{n}; b\right], \quad [a;+\infty[= \bigcup_{n\in\mathbb{N}^*} [a; a+n].$$

(iii) $\Longrightarrow$ (i) :

Supposons qu'il existe $M \in \mathbb{R}_+$ et une suite croissante $(J_n)_{n\in\mathbb{N}^*}$ de segments dont la réunion est égale à I, tels que : $\forall n \in \mathbb{N}^*, \int_{J_n} f \leqslant M.$

Soit $J = [\alpha;\beta]$ un segment inclus dans I. Comme $\bigcup_{n\in\mathbb{N}^*} J_n = I$, il existe $(n_1,n_2) \in (\mathbb{N}^*)^2$ tel que $\alpha \in J_{n_1}$ et $\beta \in J_{n_2}$. En notant $n_0 = \text{Max}(n_1,n_2)$, puisque $(J_n)_{n\in\mathbb{N}^*}$ est croissante, on a : $\alpha \in J_{n_0}$, et $\beta \in J_{n_0}$ d'où $J = [\alpha; \beta] \subset J_{n_0}$, puis, comme $f \geqslant 0$: $\displaystyle\int_J f \leqslant \int_{J_{n_0}} f \leqslant M$.

Ainsi, pour tout segment J inclus dans I : $\displaystyle\int_J f \leqslant M$. Ceci montre que f est intégrable sur I.

Supposons (i), (ii) ou (iii) satisfaite, et soit $(J_n)_{n\in\mathbb{N}^*}$ une suite croissante de segments dont la réunion est égale à I.

- La suite réelle $\displaystyle\left(\int_{J_n} f\right)_{n\in\mathbb{N}^*}$ est croissante (puisque $(J_n)_{n\in\mathbb{N}^*}$ est croissante et $f \geqslant 0$), majorée par $\displaystyle\int_I f$, donc converge vers un réel noté M_0, et :

$$\underset{n\in\mathbb{N}^*}{\text{Sup}} \int_{J_n} f = \lim_{n\infty} \int_{J_n} f = M_0 \leqslant \int_I f.$$

- On a vu, dans la preuve de (iii) $\Longrightarrow$ (i) que, pour tout segment J inclus dans I, il existe $n_0 \in \mathbb{N}^*$ tel que $J \subset J_{n_0}$, et donc $\displaystyle\int_J f \leqslant \int_{J_{n_0}} f \leqslant M_0$. En passant à la borne supérieure lorsque J décrit l'ensemble des segments inclus dans I, on déduit : $\displaystyle\int_I f \leqslant M_0$.

Finalement : $\displaystyle M_0 = \int_I f$.

2) Propriétés algébriques

◆ **Proposition 1**

Soient $\lambda \in \mathbb{R}_+$, $f,g \in \mathcal{CM}(I,\mathbb{R})$ et $\geqslant 0$.
Si f et g sont intégrables sur I, alors $\lambda f + g$ est intégrable sur I et :

$$\int_I (\lambda f + g) = \lambda \int_I f + \int_I g.$$

Preuve :

- L'application $\lambda f + g$ est continue par morceaux et $\geqslant 0$.

- Il existe une suite croissante $(J_n)_{n\in\mathbb{N}^*}$ de segments dont la réunion est égale à I. On a :

$$\forall n \in \mathbb{N}^*, \quad \int_{J_n} (\lambda f + g) = \lambda \int_{J_n} f + \int_{J_n} g \leqslant \lambda \int_I f + \int_I g,$$

donc (cf. *1)* Prop. 2 p. 183), $\lambda f + g$ est intégrable.

De plus, comme $\displaystyle\int_{J_n} f \underset{n\infty}{\longrightarrow} \int_I f$ et $\displaystyle\int_{J_n} g \underset{n\infty}{\longrightarrow} \int_I g$, on a :

$$\int_{J_n} (\lambda f + g) = \lambda \int_{J_n} f + \int_{J_n} g \underset{n\infty}{\longrightarrow} \lambda \int_I f + \int_I g,$$

donc : $\displaystyle\int_I (\lambda f + g) = \lambda \int_I f + \int_I g.$

◆ **Proposition 2** **(Théorème de domination)**

Soient $f,g \in \mathcal{CM}(I,\mathbb{R})$.

Si $\left\{\begin{array}{l} 0 \leqslant f \leqslant g \\ g \text{ est intégrable sur } I \end{array}\right|$, alors f est intégrable sur I et $\displaystyle\int_I f \leqslant \int_I g.$

Preuve :

Supposons $0 \leqslant f \leqslant g$ et g intégrable sur I.

Pour tout segment J inclus dans I :

$$\int_J f \leqslant \int_J g \leqslant \int_I g.$$

D'après 1) Définitions 1 et 2, f est intégrable sur I et : $\displaystyle\int_I f = \operatorname*{Sup}_J \int_J f \leqslant \int_I g.$

◆ **Définition**

Soient $f \in \mathcal{CM}(I,\mathbb{R})$, $\geqslant 0$, I' un intervalle tel que $I' \subset I$.

- On dit que f est **intégrable sur** I' si et seulement si la restriction $f|_{I'}$ est intégrable sur I'.
- Si f est intégrable sur I', on note $\displaystyle\int_{I'} f$ au lieu de $\displaystyle\int_{I'} f|_{I'}$.

◆ **Proposition 3** Soient $f \in \mathcal{CM}(I,\mathbb{R})$, $\geqslant 0$, I' un intervalle tel que $I' \subset I$. Si f est intégrable sur I, alors f est intégrable sur I' et : $\displaystyle\int_{I'} f \leqslant \int_I f.$

Preuve :

Supposons f intégrable sur I. Pour tout segment J' inclus dans I' (donc inclus dans I), on a :

$$\int_{J'} f \leqslant \int_I f.$$

Ceci montre (cf. *1)* Déf. 1 et 2) que f est intégrable sur I' et : $\displaystyle\int_{I'} f \leqslant \int_I f.$

◆ **Proposition 4**

Soient $f \in \mathcal{CM}(I,\mathbb{R})$, $\geqslant 0$, $a \in I$.

1) f est intégrable sur I si et seulement si f est intégrable sur $]-\infty; a] \cap I$ et sur $I \cap [a; +\infty[$.

2) De plus, si f est intégrable sur I, alors :

$$\int_I f = \int_{]-\infty;a]\cap I} f + \int_{I\cap[a;+\infty[} f.$$

Preuve :

1) • Si f est intégrable sur I, alors, d'après la Proposition précédente, f est intégrable sur $]-\infty; a] \cap I$ et sur $I \cap [a; +\infty[$.

• Réciproquement, supposons f intégrable sur $]-\infty; a] \cap I$ et sur $I \cap [a; +\infty[$. Il existe une suite croissante $(J_n)_{n\in\mathbb{N}^*}$ de segments telles que : $\bigcup_{n\in\mathbb{N}^*} J_n = I$ et $(\forall n \in \mathbb{N}^*, a \in J_n)$.
Notons, pour $n \in \mathbb{N}^*$: $J'_n =]-\infty; a] \cap J_n$, $J''_n = J_n \cap [a; +\infty[$. Il est clair que $(J'_n)_{n\in\mathbb{N}^*}$ et $(J''_n)_{n\in\mathbb{N}^*}$ sont des suites croissantes de segments telles que :

$$\bigcup_{n\in\mathbb{N}^*} J'_n =]-\infty; a] \cap I, \quad \bigcup_{n\in\mathbb{N}^*} J''_n = I \cap [a; +\infty[.$$

D'après *1)* Prop. 2 p. 183 : $$\begin{cases} \displaystyle\int_{]-\infty;a]\cap I} f = \operatorname*{Sup}_{n\in\mathbb{N}^*} \int_{J'_n} f = \lim_{n\infty} \int_{J'_n} f \\ \displaystyle\int_{I\cap[a;+\infty[} f = \operatorname*{Sup}_{n\in\mathbb{N}^*} \int_{J''_n} f = \lim_{n\infty} \int_{J''_n} f. \end{cases}$$

Il en résulte, d'après la relation de Chasles (2.3.4 *3)* Prop. 1 p. 153) :

$$\forall n \in \mathbb{N}^*, \quad \int_{J_n} f = \int_{J'_n} f + \int_{J''_n} f \leqslant \int_{]-\infty;a]\cap I} f + \int_{I\cap[a;+\infty[} f,$$

et donc (*1)*, Déf. 1 et 2 p. 181), f est intégrable sur I et :

$$\int_I f = \lim_{n\infty} \int_{J_n} f = \lim_{n\infty} \int_{J'_n} f + \lim_{n\infty} \int_{J''_n} f = \int_{]-\infty;a]\cap I} f + \int_{I\cap[a;+\infty[} f.$$

3) Intégrabilité sur un intervalle semi-ouvert

◆ **Proposition 1** Soient $(a,b) \in \mathbb{R} \times (\mathbb{R} \cup \{+\infty\})$ tel que $a < b$, $f \in \mathcal{CM}([a;b[,\mathbb{R}), \geqslant 0$. Notons $F : [a;b[\longrightarrow \mathbb{R}$ l'application définie par :

$$\forall X \in [a;b], \quad F(X) = \int_a^X f.$$

Les trois propriétés suivantes sont deux à deux équivalentes :

(i) f est intégrable sur $[a;b[$

(ii) F est majorée sur $[a;b[$

(iii) F admet une limite finie en b.

De plus, si l'une de ces trois propriétés est vérifiée, alors :

$$\int_{[a;b[} f = \operatorname*{Sup}_{X \in [a;b[} \int_a^X f = \lim_{X \to b} \int_a^X f.$$

L'intégrale $\int_{[a;b[} f$ est alors aussi notée $\int_a^b f$ (ou : $\int_a^b f(x)\,\mathrm{d}x$).

Preuve :

(i) $\Longrightarrow$ (ii) :

Supposons f intégrable sur $[a;b[$. Pour tout X de $[a;b[$, comme $[a;X]$ est un segment inclus dans $[a;b[$, on a : $F(X) = \int_a^X f = \int_{[a;X]} f \leqslant \int_{[a;b[} f,$

ce qui montre que F est majorée (par $\int_{[a;b[} f$).

(ii) $\Longrightarrow$ (iii) :

Supposons F majorée sur $[a;b[$. Comme F est croissante (puisque $f \geqslant 0$), il en résulte que F admet une limite finie en b.

(iii) $\Longrightarrow$ (i) :

Supposons que F admette une limite finie L en b. Comme F est croissante (puisque $f \geqslant 0$), on a : $\forall X \in [a;b[, \quad \int_a^X f = F(X) \leqslant L.$

Soit J un segment inclus dans $[a;b[$; en notant X l'extrémité droite de J, on a :

$$\int_J f \leqslant \int_a^X f = F(X) \leqslant L.$$

Ainsi (cf. *1)* Déf. 1 et 2 p. 181), f est intégrable sur $[a;b[$, et $\int_{[a;b[} f \leqslant L$.

Enfin, sous l'une des hypothèses (i), (ii), (iii), F admet une limite finie L en b.

D'une part : $L \leqslant \int_{[a;b[} f$, car : $\forall X \in [a;b[, \quad F(X) \leqslant \int_{[a;b[} f$.

D'autre part, on a vu : $\int_{[a;b[} f \leqslant L$.

Donc : $\int_{[a;b[} f = L$.

◆ **Corollaire**

Soient $(a,b) \in (\mathbb{R} \cup \{-\infty\}) \times \mathbb{R}$ tel que $a < b$, $f \in \mathcal{CM}(I,\mathbb{R})$, $\geqslant 0$. Notons $F :]a; b] \longrightarrow \mathbb{R}$ l'application définie par :

$$\forall X \in]a; b], \quad F(X) = \int_X^b f.$$

Les trois propriétés suivantes sont deux à deux équivalentes :

(i) f est intégrable sur $]a; b]$

(ii) F est majorée sur $]a; b]$

(iii) F admet une limite finie en a.

De plus, si l'une de ces trois propriétés est vérifiée, alors :

$$\int_{]a;b]} f = \operatorname*{Sup}_{X \in]a;b]} \int_X^b f = \lim_{X \to a} \int_X^b f.$$

L'intégrale $\int_{]a;b]} f$ est alors aussi notée $\int_a^b f$ (ou : $\int_a^b f(x)\,\mathrm{d}x$).

Preuve :

Il suffit d'appliquer la Proposition précédente à la fonction $\begin{array}{l}[a; b[\longrightarrow \mathbb{R}\\ x \longmapsto f(a+b-x)\end{array}$ si $a \in \mathbb{R}$, à $\begin{array}{l}[-b; +\infty[\longrightarrow \mathbb{R}\\ x \longmapsto f(-x)\end{array}$ si $a = -\infty$.

EXEMPLES :

1) Pour tout α de $\mathbb{R}$, l'application $x \longmapsto \mathrm{e}^{\alpha x}$ est intégrable sur $[0; +\infty[$ si et seulement si $\alpha < 0$, puisque :

$$\forall X \in [0; +\infty[, \quad \int_0^X \mathrm{e}^{\alpha x}\mathrm{d}x = \begin{cases} \dfrac{1}{\alpha}(\mathrm{e}^{\alpha X} - 1) & \text{si } \alpha \neq 0 \\ X & \text{si } \alpha = 0 \end{cases}.$$

De plus, pour tout α de $\mathbb{R}_-^*$:

$$\int_0^{+\infty} \mathrm{e}^{\alpha x}\mathrm{d}x = \lim_{X \to +\infty} \frac{1}{\alpha}(\mathrm{e}^{\alpha X} - 1) = \frac{1}{-\alpha}.$$

2) L'application $x \longmapsto -\ln x$ est intégrable sur $]0; 1]$, car :

$$\begin{cases} \forall X \in]0; 1], \quad \displaystyle\int_X^1 -\ln x \, \mathrm{d}x = [x - x \ln x]_X^1 = 1 - X + X \ln X \\ 1 - X + X \ln X \xrightarrow[X \to 0^+]{} 1. \end{cases}$$

De plus : $\int_0^1 -\ln x \, \mathrm{d}x = 1.$

◆ **Théorème 1** **(Exemple de Riemann en $+\infty$)**

Pour tout α de $\mathbb{R}$, $x \longmapsto \dfrac{1}{x^\alpha}$ est intégrable sur $[1; +\infty[$ si et seulement si $\alpha > 1$.

Preuve :

Calculons, pour tout X de $[2; +\infty[$, $\displaystyle\int_1^X \frac{1}{x^\alpha}\,\mathrm{d}x$.

- Si $\alpha \neq 1$: $\displaystyle\int_1^X \frac{1}{x^\alpha}\,\mathrm{d}x = \left[\frac{x^{-\alpha+1}}{-\alpha+1}\right]_1^X = \frac{X^{-\alpha+1}-1}{-\alpha+1}$.

  1) Si $\alpha > 1$: $\dfrac{X^{-\alpha+1}-1}{-\alpha+1} \underset{X\to+\infty}{\longrightarrow} \dfrac{1}{\alpha-1}$, donc $x \longmapsto \dfrac{1}{x^\alpha}$ est intégrable sur $[1; +\infty[$,

et : $\displaystyle\int_1^{+\infty} \frac{1}{x^\alpha}\,\mathrm{d}x = \frac{1}{\alpha-1}$.

  2) Si $\alpha < 1$: $\dfrac{X^{-\alpha+1}-1}{-\alpha+1} \underset{X\to+\infty}{\longrightarrow} +\infty$, donc $x \longmapsto \dfrac{1}{x^\alpha}$ n'est pas intégrable sur $[1; +\infty[$.

- Si $\alpha = 1$: $\displaystyle\int_1^X \frac{1}{x}\,\mathrm{d}x = \ln X \underset{X\to+\infty}{\longrightarrow} +\infty$, donc $x \longmapsto \dfrac{1}{x}$ n'est pas intégrable sur $[1; +\infty[$.

◆ **Théorème 2** **(Exemple de Riemann en 0)**

Pour tout α de $\mathbb{R}$, $x \longmapsto \dfrac{1}{x^\alpha}$ est intégrable sur $]0; 1]$ si et seulement si $\alpha < 1$.

Preuve :

1ère méthode : adapter la preuve du Théorème précédent.

2ème méthode : par le changement de variable $u = \dfrac{1}{x}$:

$$\forall X \in]0; 1], \quad \int_X^1 \frac{1}{x^\alpha}\,\mathrm{d}x = \int_1^{\frac{1}{X}} \frac{1}{u^{-\alpha+2}}\,\mathrm{d}u,$$

et $\displaystyle\int_{[1;+\infty[} \frac{1}{u^{-\alpha+2}}\,\mathrm{d}u$ existe si et seulement si $-\alpha+2 > 1$, c'est-à-dire $\alpha < 1$. ∎

EXEMPLE :

L'application $x \longmapsto \dfrac{\sin^2 x}{x^2}$ est intégrable sur $[1; +\infty[$ car :

- $\forall x \in [1; +\infty[, \quad 0 \leqslant \dfrac{\sin^2 x}{x^2} \leqslant \dfrac{1}{x^2}$
- $x \longmapsto \dfrac{1}{x^2}$ est intégrable sur $[1; +\infty[$. ∎

L'utilisation du changement de variable $u = x - a$ permet de montrer le Corollaire suivant, dont le résultat généralise celui du Théorème précédent :

◆ **Corollaire**

Pour tout (a,c,α) de $\mathbb{R}^3$ tel que $a \neq c$, l'application $x \longmapsto \dfrac{1}{|x-a|^\alpha}$ est intégrable sur $]a; c]$ (ou $[c; a[$) si et seulement si $\alpha < 1$.

◆ **Proposition 2** **(Théorème d'équivalence)**

Soient $(a,b) \in \mathbb{R} \times (\mathbb{R} \cup \{+\infty\})$ tel que $a < b$, $f,g \in \mathcal{CM}([a;b[,\mathbb{R})$.
On suppose : $f \geqslant 0, \quad g \geqslant 0, \quad f \underset{b}{\sim} g$.

Alors : f est intégrable sur $[a;b[$ si et seulement si g l'est.

Preuve :
Puisque $f \underset{b}{\sim} g$, il existe $c \in [a;b[$ tel que :

$$\forall x \in [c;b[, \quad |f(x) - g(x)| \leqslant \frac{1}{2}\, g(x),$$

et donc : $\forall x \in [c;b[, \quad \dfrac{1}{2}\, g(x) \leqslant f(x) \leqslant \dfrac{3}{2}\, g(x)$.

- Si f est intégrable sur $[a;b[$, alors f est intégrable sur $[c;b[$ et, comme :

$$\forall x \in [c;b[, \quad 0 \leqslant g(x) \leqslant 2f(x),$$

g est intégrable sur $[c;b[$, donc sur $[a;b[$.

- Si g est intégrable sur $[a;b[$, alors g est intégrable sur $[c;b[$, et comme :

$$\forall x \in [c;b[, \quad 0 \leqslant f(x) \leqslant \frac{3}{2}\, g(x),$$

f est intégrable sur $[c;b[$, donc sur $[a;b[$. ■

◆ **Proposition 3** **(Règle «$x^\alpha f(x)$» en $+\infty$)**

Soient $a \in \mathbb{R}_+^*$, $f \in \mathcal{CM}([a;+\infty[,\mathbb{R})$, $\geqslant 0$.

1) S'il existe $\alpha \in]1;+\infty[$ tel que $x^\alpha f(x) \underset{x \longrightarrow +\infty}{\longrightarrow} 0$, alors f est intégrable sur $[a;+\infty[$.

2) S'il existe $\alpha \in]-\infty;1]$ tel que $x^\alpha f(x) \underset{x \to +\infty}{\longrightarrow} +\infty$, alors f n'est pas intégrable sur $[a;+\infty[$.

Preuve :

1) Il existe $c \in [a;+\infty[$ tel que : $\forall x \in [c;+\infty[, \quad 0 \leqslant x^\alpha f(x) \leqslant 1$,
d'où : $\forall x \in [c;+\infty[, \quad 0 \leqslant f(x) \leqslant \dfrac{1}{x^\alpha}$.
On conclut par le théorème de domination (*2)* Prop. 2 p. 185) et l'exemple de Riemann en $+\infty$.

2) Il existe $c \in [a;+\infty[$ tel que : $\forall x \in [c;+\infty[, \quad x^\alpha f(x) \geqslant 1$,
d'où : $\forall x \in [c;+\infty[, \quad f(x) \geqslant \dfrac{1}{x^\alpha}$.
On conclut par la contraposée du théorème de domination et l'exemple de Riemann en $+\infty$.

Remarque :

L'application de la règle «$x^\alpha f(x)$» (en $+\infty$) revient à comparer $f(x)$ et $\dfrac{1}{x^\alpha}$ (au voisinage de $+\infty$), pour un α à choisir convenablement. Certaines fonctions f échappent à cette comparaison, et la règle «$x^\alpha f(x)$» (en $+\infty$) ne permet pas d'étudier l'intégrabilité de f sur $[a; +\infty[$. Par exemple, pour $f : \underset{x \longmapsto \frac{1}{x \ln x}}{[2; +\infty[\longrightarrow \mathbb{R}}$, on a :

$$\begin{cases} \forall \alpha \in]1; +\infty[, & x^\alpha f(x) \underset{x \to +\infty}{\longrightarrow} +\infty \\ \forall \alpha \in]-\infty; 1], & x^\alpha f(x) \underset{x \to +\infty}{\longrightarrow} 0, \end{cases}$$

et donc la règle «$x^\alpha f(x)$» ne s'applique pas.

Pour cet exemple, voir ci-après l'exemple de Bertrand. ■

◆ **Proposition 4** (**Règle** «$(x-a)^\alpha f(x)$» **en** a^+)

Soient $(a,b) \in \mathbb{R}^2$, tel que $a < b$, $f \in \mathcal{CM}(]a; b]; \mathbb{R})$, $\geqslant 0$.

1) S'il existe $\alpha \in]-\infty; 1[$ tel que $(x-a)^\alpha f(x) \underset{x \to a^+}{\longrightarrow} 0$, alors f est intégrable sur $]a; b]$.

2) S'il existe $\alpha \in [1; +\infty[$ tel que $(x-a)^\alpha f(x) \underset{x \to a^+}{\longrightarrow} +\infty$, alors f n'est pas intégrable sur $]a; b]$.

Preuve :

Analogue à celle de la Proposition 1.

On peut aussi se ramener à la Proposition 1 par le changement de variable $u = \dfrac{1}{x-a}$.

EXEMPLE :

L'application $f : x \longmapsto -\ln x$ est intégrable sur $]0; 1]$ car f est continue, $f \geqslant 0$, et $x^{\frac{1}{2}} f(x) \underset{x \to 0^+}{\longrightarrow} 0$. Cf. aussi Exemple *2)* p. 188.

Exemple de Bertrand en $+\infty$ (hors programme)

Pour $(\alpha, \beta) \in \mathbb{R}^2$, étudions l'intégrabilité de $f_{\alpha,\beta} : [2; +\infty[\longrightarrow \mathbb{R}$ définie par :

$$\forall x \in [2; +\infty[, \quad f_{\alpha,\beta}(x) = \frac{1}{x^\alpha (\ln x)^\beta}.$$

- Si $\alpha > 1$, en notant $\gamma = \dfrac{1+\alpha}{2} > 1$, on a : $x^\gamma f_{\alpha,\beta}(x) = x^{\frac{1-\alpha}{2}} (\ln x)^{-\beta} \underset{x \to +\infty}{\longrightarrow} 0$,

et donc $f_{\alpha,\beta}$ est intégrable sur $[2; +\infty[$.

- Si $\alpha < 1$, on a : $x f_{\alpha,\beta}(x) = x^{1-\alpha} (\ln x)^{-\beta} \underset{x \to +\infty}{\longrightarrow} +\infty$,

et donc $f_{\alpha,\beta}$ n'est pas intégrable sur $[2; +\infty[$.

- Si $\alpha = 1$, effectuons le changement de variable $u = \ln x$:

$$\forall X \in [2; +\infty[, \quad \int_2^X \frac{1}{x(\ln x)^\beta}\, dx = \int_{\ln 2}^{\ln X} \frac{1}{u^\beta}\, du.$$

Donc $f_{\alpha,\beta}$ est intégrable sur $[2; +\infty[$ si et seulement si $u \longmapsto \dfrac{1}{u^\beta}$ est intégrable sur $[\ln 2; +\infty[$, c'est-à-dire si et seulement si $\beta > 1$.

Finalement : $f_{\alpha,\beta}$ est intégrable sur $[2; +\infty[$ si et seulement si : $\left| \begin{array}{c} \alpha > 1 \\ \text{ou} \\ (\alpha = 1 \text{ et } \beta > 1) \end{array} \right.$.

Exercices

◇ **2.5.1** Etudier l'intégrabilité des applications suivantes (à valeurs dans $\mathbb{R}_+$), pour lesquelles on donne $f(x)$ et l'intervalle :

a) $\dfrac{1}{\ln(x + 1 + \sqrt{x^2 + 2x})}$, $]0; 1]$

b) $\sqrt[4]{x^4 + 1} - x$, $[0; +\infty[$

c) $(1 + \ln x)^{-\ln x}$, $[1; +\infty[$

d) $x^{-2(x - \mathrm{E}(x))}$, $[1; +\infty[$

e) $\mathrm{e}^{-(\ln x)^a}$, $[1; +\infty[$, $a \in \mathbb{R}_+^*$ fixé.

◇ **2.5.2** Soit $f : [1; +\infty[\longrightarrow]0; +\infty[$ continue telle que $\dfrac{f(x+1)}{f(x)} \underset{x \to +\infty}{\longrightarrow} l \in [0; 1[$. Montrer que f est intégrable sur $[1; +\infty[$.

◇ **2.5.3** Soit C le $\mathbb{C}$-espace vectoriel des applications continues de $[-1; 1]$ dans $\mathbb{C}$.

a) Montrer que, pour toute f de C, les applications $t \longmapsto \dfrac{|f(t)|}{\sqrt{1-t}}$ et $t \longmapsto \dfrac{|f(t)|}{\sqrt{1+t}}$ sont respectivement intégrables sur $[-1; 1[$ et $]-1; 1]$ et que les applications $N, N' : C \longrightarrow \mathbb{R}$ définies par $N(f) = \displaystyle\int_{-1}^{1} \frac{|f(t)|}{\sqrt{1-t}}\, dt$, $N'(f) = \displaystyle\int_{-1}^{1} \frac{|f(t)|}{\sqrt{1+t}}\, dt$ sont des normes sur C.

b) N et N' sont-elles équivalentes?

c) L'application $\begin{array}{rcl} T : (C,N) & \longrightarrow & (C,N) \\ f & \longmapsto & \check{f} \end{array}$ est-elle continue (où : $\forall t \in [-1; 1], \check{f}(t) = f(-t)$)?

◇ **2.5.4** *a)* Montrer : $\forall (\alpha, \beta) \in (\mathbb{R}_+^*)^2, \quad \dfrac{\alpha\beta}{\alpha+\beta} \leqslant \mathrm{Inf}(\alpha, \beta) \leqslant \dfrac{2\alpha\beta}{\alpha+\beta}$.

b) En déduire que, si $f, g : [0; +\infty[\longrightarrow \mathbb{R}$ sont continues et > 0, alors $\mathrm{Inf}(f, g)$ est intégrable sur $[0; +\infty[$ si et seulement si $\dfrac{fg}{f+g}$ l'est.

◇ **2.5.5** **Critère d'Ermakoff**

Soient $a \in \mathbb{R}$, $f : [a;+\infty[\longrightarrow \mathbb{R}$ continue, telle que $f \geqslant 0$, $g : [a;+\infty[\longrightarrow \mathbb{R}$ de classe C^1, telle qu'il existe $\lambda > 0$ tel que : $\forall x \in [a;+\infty[, \quad g(x) \geqslant x+\lambda$.

a) On suppose qu'il existe $k \in [0;1[$ tel que : $\forall x \in [a;+\infty[, \quad f(g(x))g'(x) \leqslant kf(x)$.

Montrer que f est intégrable sur $[a;+\infty[$.

b) On suppose qu'il existe $k \in]1;+\infty[$ tel que : $\forall x \in [a;+\infty[, \quad f(g(x))g'(x) \geqslant kf(x)$.

Montrer que f n'est pas intégrable sur $[a;+\infty[$.

◇ **2.5.6** Soit $f : \mathbb{R} \longrightarrow \mathbb{R}$ définie par : $\forall x \in \mathbb{R}, \quad f(x) = \int_0^1 \frac{e^{-x^2(1+t^2)}}{1+t^2}\,dt.$

a) Montrer que f est dérivable sur $\mathbb{R}$ et : $\forall x \in \mathbb{R}, \quad f'(x) = -2e^{-x^2}\int_0^x e^{-t^2}\,dt.$

b) En déduire que $x \longmapsto f(x) + \left(\int_0^x e^{-t^2}\,dt\right)^2$ est constante.

c) Conclure : $\int_0^{+\infty} e^{-t^2}\,dt = \frac{\sqrt{\pi}}{2}.$

◇ **2.5.7** *a)* Montrer que, pour tout n de $\mathbb{N}$, il existe $a_n \in \mathbb{R}_+$ unique tel que :

$$\sqrt{\frac{2}{\pi}}\int_{a_n}^{+\infty} e^{-\frac{t^2}{2}}\,dt = \frac{1}{2^n}$$

(On admettra : $\int_0^{+\infty} e^{-\frac{t^2}{2}}\,dt = \sqrt{\frac{\pi}{2}}$, cf. exercice 2.5.6 *c)*).

b) En considérant $f : x \longmapsto e^{\frac{x^2}{2}}\int_x^{+\infty} e^{-\frac{t^2}{2}}\,dt$, montrer : $\forall n \in \mathbb{N}, \quad a_{n+1}^2 - a_n^2 < 2\ln 2$.

◇ **2.5.8*** Démontrer : $\int_0^{\pi} \frac{|\sin nx|}{x}\,dx \underset{n\infty}{\sim} \frac{2}{\pi}\ln n.$

◇ **2.5.9** *a)* Soit $f :]0;1] \longrightarrow \mathbb{R}_+$ continue, décroissante, intégrable sur $]0;1]$.

Montrer : $\lim\limits_{n\infty} \frac{1}{n}\sum_{k=1}^{n} f\left(\frac{k}{n}\right) = \int_0^1 f.$

b) *Application.* Calculer les limites : $\alpha)$ $\lim\limits_{n\infty} \frac{(n!)^{\frac{1}{n}}}{n}$ $\quad\beta)$ $\lim\limits_{n\infty}\left(\prod_{k=1}^{n}(kn)^{\frac{1}{n+k}}\right)^{\frac{1}{\ln n}}.$

2.5.2 Fonctions intégrables à valeurs complexes

1) Généralités

◆ **Définition 1** Soit $f \in \mathcal{CM}(I,\mathbb{K})$. On dit que f est **intégrable sur** I si et seulement si $|f|$ (qui est continue par morceaux et $\geqslant 0$) est intégrable sur I.

Il est clair que cette Définition prolonge celle de *1)* p. 181.

On peut noter $\mathcal{L}^1(I,\mathbb{K})$ l'ensemble des applications continues par morceaux de I dans $\mathbb{K}$ et intégrables sur I.

Remarque :

Si I est un segment, alors $\mathcal{CM}(I,\mathbb{K}) = \mathcal{L}^1(I,\mathbb{K})$, cf. 2.5.1 *1)* Rem. p. 181.

EXEMPLES :

1) $f : x \longmapsto \dfrac{e^{ix}}{x^2}$ est intégrable sur $[1; +\infty[$, puisque $|f| : x \longmapsto \dfrac{1}{x^2}$ l'est.

2) $g : x \longmapsto \dfrac{e^{ix}}{x}$ n'est pas intégrable sur $[1; +\infty[$, puisque $|g| : x \longmapsto \dfrac{1}{x}$ ne l'est pas.

◆ **Proposition 1** Soient $f \in \mathcal{CM}(I,\mathbb{K})$, $\varphi \in \mathcal{CM}(I,\mathbb{R})$.
Si $|f| \leqslant \varphi$ et si φ est intégrable sur I, alors f est intégrable sur I.

Preuve :

Il suffit d'appliquer le théorème de domination (2.5.1 *2)* Prop. 2 p. 185).

◆ **Corollaire**

Si $\left\{\begin{array}{l} f \in \mathcal{CM}(I,\mathbb{K}) \\ I \text{ est borné} \\ f \text{ est bornée} \end{array}\right|$, alors f est intégrable sur I.

Preuve :

L'application constante $\varphi : x \longmapsto ||f||_\infty$ est intégrable (puisque I est borné), et $|f| \leqslant \varphi$.

◆ **Proposition 2** Soient $\lambda \in \mathbb{K}$, $f,g \in \mathcal{CM}(I,\mathbb{K})$.
Si f et g sont intégrables sur I, alors $\lambda f + g$ est intégrable sur I.

Preuve :

Comme $|\lambda f + g| \leqslant |\lambda|\,|f| + |g|$ et que $|f|$ et $|g|$ sont intégrables sur I, $|\lambda f + g|$ est intégrable sur I (théorème de domination, 2.5.1 *2)* Prop. 2 p. 185), et donc $\lambda f + g$ est intégrable sur I. ■

◆ **Corollaire**

$\mathcal{L}^1(I,\mathbb{K})$ est un $\mathbb{K}$-ev pour les lois usuelles.

◆ **Proposition 3** Soit $f \in \mathcal{CM}(I,\mathbb{R})$; f est intégrable sur I si et seulement si f^+ et f^- le sont.

Rappelons (cf. Tome 1, 4.1.2 Déf. 3 p. 87) que f^+ et f^- sont les applications de I dans $\mathbb{R}$ définies par :

$$\forall x \in I, \quad \begin{cases} f^+(x) = \mathrm{Sup}\big(f(x),0\big) \\ f^-(x) = \mathrm{Sup}\big(-f(x),0\big) \end{cases},$$

et que l'on a : $f = f^+ - f^-$ et $|f| = f^+ + f^-$.

De plus, f étant continue par morceaux, f^+ et f^- le sont aussi.

Preuve :

1) Si f est intégrable sur I, alors (par définition) $|f|$ l'est; comme $0 \leqslant f^+ \leqslant |f|$ et $0 \leqslant f^- \leqslant |f|$, le théorème de domination (2.5.1 *2)* Prop. 2 p. 185) montre que f^+ et f^- le sont aussi.

2) Réciproquement, si f^+ et f^- sont intégrables sur I, alors f l'est aussi, puisque $f = f^+ - f^-$ (cf. Prop. 2).

◆ **Définition-Notation 2**

Soit $f \in \mathcal{CM}(I,\mathbb{R})$. Si f est intégrable sur I, on appelle **intégrale de f sur I**, et on note $\int_I f$, le réel :

$$\int_I f = \int_I f^+ - \int_I f^-.$$

Il est clair que cette Définition prolonge celle de 2.5.1 *1)* p. 181.

Si I est un singleton, alors toute application $f : I \longrightarrow \mathbb{R}$ est intégrable et : $\int_I f = 0$.

◆ **Proposition 4** Soit $f \in \mathcal{CM}(I,\mathbb{C})$; f est intégrable sur I et seulement si Ré f et Im f le sont.

Preuve :

Remarquons d'abord que, f étant continue par morceaux, Ré f et Im f le sont aussi.

1) Supposons f intégrable sur I. Comme $|\text{Ré}\, f| \leqslant |f|$ et $|\text{Im}\, f| \leqslant |f|$, le théorème de domination (2.5.1 *2)* Prop. 2 p. 185) montre que $|\text{Ré}\, f|$ et $|\text{Im}\, f|$ sont intégrables sur I, donc (par définition) Ré f et Im f sont intégrables sur I.

2) Réciproquement, si Ré f et Im f sont intégrables sur I, comme $f = \text{Ré}\, f + \mathrm{i}\, \text{Im}\, f$, f est intégrable sur I (cf. Prop. 2 p. 194).

◆ **Définition-Notation 3** Soit $f \in \mathcal{CM}(I,\mathbb{C})$. Si f est intégrable sur I, on appelle **intégrale de** f **sur** I et on note $\displaystyle\int_I f$, le complexe :

$$\int_I f = \int_I \text{Ré}\, f + \mathrm{i} \int_I \text{Im}\, f.$$

Il est clair que cette Définition prolonge celle vue auparavant, p. 195.

Si I est un singleton, alors toute application $f : I \longrightarrow \mathbb{C}$ est intégrable et : $\displaystyle\int_I f = 0$.

Remarque :

Si I est un segment, $I = [\alpha; \beta]$, alors toute application f de $\mathcal{CM}(I,\mathbb{C})$ est intégrable sur I et : $\displaystyle\int_I f = \int_\alpha^\beta f$. De plus, f est alors intégrable sur les quatre intervalles $[\alpha; \beta]$, $]\alpha; \beta]$, $[\alpha; \beta[$, $]\alpha; \beta[$ et les quatre intégrales de f sur ces intervalles sont égales. (Cf. 2.5.1 *1)* Rem *2)* p. 182).

◆ **Proposition 5** Soit $f \in \mathcal{CM}(I,\mathbb{C})$, intégrable sur I.

Pour toute suite croissante $(J_n)_{n\in\mathbb{N}^*}$ de segments dont la réunion est égale à I, on a :

$$\int_{J_n} f \underset{n\infty}{\longrightarrow} \int_I f.$$

Preuve :

- Si f est à valeurs réelles :

$$\int_{J_n} f = \int_{J_n} (f^+ - f^-) = \int_{J_n} f^+ - \int_{J_n} f^- \underset{n\infty}{\longrightarrow} \int_I f^+ - \int_I f^- = \int_I f.$$

- Puis, pour f à valeurs complexes :

$$\int_{J_n} f = \int_{J_n} (\text{Ré}\, f + \mathrm{i}\, \text{Im}\, f) = \int_{J_n} \text{Ré}\, f + \mathrm{i} \int_{J_n} \text{Im}\, f \underset{n\infty}{\longrightarrow} \int_I \text{Ré}\, f + \mathrm{i} \int_I \text{Im}\, f = \int_I f.$$ ■

Remarque :

L'étude précédente peut être généralisée au cas des applications $f : I \longrightarrow E$ continues par morceaux sur I et à valeurs dans un espace de Banach, de la façon suivante.

- Par définition, $f : I \longrightarrow E$ est intégrable sur I si et seulement si $\begin{array}{rcl} \|f\| : I & \longrightarrow & \mathbb{R} \\ t & \longmapsto & \|f(t)\| \end{array}$ est intégrable sur I.

- Si f est intégrable sur I, alors, pour toute suite croissante $(J_n)_{n\geqslant 1}$ de segments de I dont la réunion est égale à I, la suite $\left(\displaystyle\int_{J_n} f_n\right)_{n\geqslant 1}$ converge dans E, et sa limite ne dépend pas du choix de $(J_n)_{n\geqslant 1}$. En effet, pour tout (p,q) de $(\mathbb{N}^*)^2$ tel que, par exemple, $p \geqslant q$:

$$\left\| \int_{J_p} f - \int_{J_q} f \right\| = \left\| \int_{J_p - J_q} f \right\| \leqslant \int_{J_p - J_q} \|f\| = \int_{J_p} \|f\| - \int_{J_q} \|f\|,$$

donc $\left(\displaystyle\int_{J_p} f\right)_{p\geqslant 1}$ est de Cauchy dans E, donc converge.

Et, si $(J_n)_{n\geqslant 1}$, $(K_n)_{n\geqslant 1}$ sont deux suites croissantes de segments de I de réunions égales à I, alors, en notant, pour $n \in \mathbb{N}^*$, L_n le plus petit segment de $\mathbb{R}$ contenant J_n et K_n, $(L_n)_{n\geqslant 1}$ est une suite croissante de segments de I dont la réunion est égale à I, et :

$$\begin{aligned}\left\|\int_{J_n} f - \int_{K_n} f\right\| &= \left\|\int_{J_n} f - \int_{L_n} f + \int_{L_n} f - \int_{K_n} f\right\| \\ &\leqslant \left\|\int_{J_n} f - \int_{L_n} f\right\| + \left\|\int_{K_n} f - \int_{L_n} f\right\| = \left\|\int_{L_n - J_n} f\right\| + \left\|\int_{L_n - K_n} f\right\| \\ &\leqslant \int_{L_n - J_n} \|f\| + \int_{L_n - K_n} \|f\| = 2\int_{L_n} \|f\| - \int_{J_n} \|f\| - \int_{K_n} \|f\| \\ &\xrightarrow[n\infty]{} 2\int_I \|f\| - \int_I \|f\| - \int_I \|f\| = 0.\end{aligned}$$

Ainsi, la limite de $\left(\int_{J_n} f\right)_{n\geqslant 1}$ ne dépend pas du choix de $(J_n)_{n\geqslant 1}$.

2) Propriétés

◆ **Proposition 1** **(Linéarité de l'intégration)**

Soient $\lambda \in \mathbb{C}$, $f, g \in \mathcal{CM}(I,\mathbb{C})$ intégrables sur I. Alors $\lambda f + g$ est intégrable sur I et :

$$\int_I (\lambda f + g) = \lambda \int_I f + \int_I g.$$

Preuve :

D'après *1)* Prop. 2 p. 194, $\lambda f + g$ est intégrable sur I. Il existe une suite croissante $(J_n)_{n\in\mathbb{N}^*}$ de segments dont la réunion est égale à I. D'après *1)* Prop. 5 p. 196 :

$$\begin{cases} \displaystyle\int_{J_n} (\lambda f + g) \xrightarrow[n\infty]{} \int_I (\lambda f + g) \\ \displaystyle\lambda \int_{J_n} f + \int_{J_n} g \xrightarrow[n\infty]{} \lambda \int_I f + \int_I g. \end{cases}$$

Comme (cf. Tome 1, 6.3 Prop. 1 p. 183) : $\forall n \in \mathbb{N}^*, \quad \displaystyle\int_{J_n} (\lambda f + g) = \lambda \int_{J_n} f + \int_{J_n} g,$

on en déduit, en passant à la limite quand n tend vers $+\infty$: $\displaystyle\int_I (\lambda f + g) = \lambda \int_I f + \int_I g.$■

Ce résultat prolonge celui de 2.5.1 *2)* Prop. 1 p. 184.

◆ **Proposition 2** Soit $f \in \mathcal{CM}(I,\mathbb{C})$.

1) f est intégrable sur I si et seulement si $\overline{f}$ l'est.

2) Si f est intégrable sur I, alors $\displaystyle\int_I \overline{f} = \overline{\int_I f}$.

Preuve :

1) $(f \text{ int. sur } I) \iff \begin{cases} \text{Ré}\, f \text{ int. sur } I \\ \text{Im}\, f \text{ int. sur } I \end{cases} \iff (\overline{f} \text{ int. sur } I).$

2) $\displaystyle\int_I \overline{f} = \int_I (\text{Ré}\, f - \mathrm{i}\, \text{Im}\, f) = \int_I \text{Ré}\, f - \mathrm{i} \int_I \text{Im}\, f = \overline{\int_I \text{Ré}\, f + \mathrm{i} \int_I \text{Im}\, f} = \overline{\int_I f}.$

◆ **Proposition 3** **(Croissance de l'intégration)**

Soient $f, g \in \mathcal{CM}(I, \mathbb{R})$, intégrables sur I. Si $f \leqslant g$, alors $\int_I f \leqslant \int_I g$.

Preuve :

Supposons f et g continues et intégrables sur I et $f \leqslant g$.

Alors $g - f \geqslant 0$ et $g - f$ est intégrable sur I (cf. 2.5.2 *1)* Prop. 2 p. 194). D'après 2.5.1 *1)* Rem. *1)* p. 182, on a : $\int_I (g - f) \geqslant 0$.

Alors, en utilisant la Proposition précédente :

$$\int_I g - \int_I f = \int_I (g - f) \geqslant 0, \quad \text{donc} \quad \int_I f \leqslant \int_I g.$$

◆ **Proposition 4** Pour toute $f \in \mathcal{CM}(I, \mathbb{C})$ intégrable sur I :

$$\left| \int_I f \right| \leqslant \int_I |f|.$$

Preuve :

Il existe une suite croissante $(J_n)_{n \in \mathbb{N}^*}$ de segments dont la réunion est égale à I. D'après 2.5.2 *1)* Prop. 5 p. 196 : $\int_{J_n} f \underset{n\infty}{\longrightarrow} \int_I f$ et $\int_{J_n} |f| \longrightarrow \int_I |f|$.

Comme (cf. Tome 1, 6.3 Prop. 2 p. 183) : $\forall n \in \mathbb{N}^*, \quad \left| \int_{J_n} f \right| \leqslant \int_{J_n} |f|$,

on en déduit, en passant à la limite quand n tend vers l'infini : $\left| \int_I f \right| \leqslant \int_I |f|$.

◆ **Proposition 5** L'ensemble des applications continues et intégrables sur I, à valeurs dans $\mathbb{K}$, est un $\mathbb{K}$-ev, et l'application $N_1 : f \longmapsto \int_I |f|$ est une norme sur ce $\mathbb{K}$-ev.

Preuve :

Notons ici $\mathcal{CL}^1(I, \mathbb{K})$ l'ensemble des applications continues et intégrables sur I, à valeurs dans $\mathbb{K}$; il est clair que $\mathcal{CL}^1(I, \mathbb{K})$ est un $\mathbb{K}$-sev de $\mathcal{C}(I, \mathbb{K})$ (cf. *1)* Prop. 2 p. 194).

De plus, l'application $N_1 : \begin{array}{ccc} \mathcal{CL}^1(I, \mathbb{K}) & \longrightarrow & \mathbb{R} \\ f & \longmapsto & \int_I |f| \end{array}$ est une norme sur $\mathcal{CL}^1(I, \mathbb{K})$, puisque (cf. 1.1.1 1) Déf. p. 3), pour tout α de $\mathbb{K}$ et toutes f, g de $\mathcal{CL}^1(I, \mathbb{K})$:

1) $N_1(\lambda f) = \int_I |\lambda f| = \int_I |\lambda|\,|f| = |\lambda| \int_I |f| = |\lambda|\, N_1(f)$

2) $N_1(f) = 0 \iff \int_I |f| = 0 \iff f = 0$ (cf. 2.5.1 *1)* Cor. *2)* p. 182).

3) $N_1(f + g) = \int_I |f + g| \leqslant \int_I (|f| + |g|) = \int_I |f| + \int_I |g| = N_1(f) + N_1(g)$.

◆ **Définition 1** Soient $(f_n)_{n\in\mathbb{N}}$ une suite dans $\mathcal{CL}^1(I,\mathbb{K})$, et $f \in \mathcal{CL}^1(I,\mathbb{K})$. On dit que $(f_n)_{n\in\mathbb{N}}$ **converge en moyenne vers** f si et seulement si $(f_n)_{n\in\mathbb{N}}$ converge vers f pour la norme N_1.

Autrement dit : $(f_n)_{n\in\mathbb{N}}$ converge en moyenne vers f si et seulement si :

$$\int_I |f_n - f| \underset{n\infty}{\longrightarrow} 0.$$

■

◆ **Proposition 6 (Inégalité de Cauchy-Schwarz)**

Soient $f,g \in \mathcal{CM}(I,\mathbb{K})$.
Si f^2 et g^2 sont intégrables sur I, alors $\overline{f}g$ est intégrable sur I et :

$$\left|\int_I \overline{f}g\right|^2 \leqslant \left(\int_I |\overline{f}g|\right)^2 \leqslant \left(\int_I |f|^2\right)\left(\int_I |g|^2\right).$$

Ici, f^2 désigne $f \cdot f$.

Preuve :

1) En développant $(|f| - |g|)^2 \geqslant 0$, on obtient $0 \leqslant |\overline{f}g| \leqslant \frac{1}{2}(|f|^2 + |g|^2)$. Comme f^2 et g^2 sont intégrables sur I, $\frac{1}{2}(|f|^2 + |g|^2)$ l'est, puis (théorème de domination 2.5.1 *2)* Prop. 2 p. 185), $|\overline{f}g|$ l'est, et donc $\overline{f}g$ aussi.

2) Il existe une suite croissante $(J_n)_{n\in\mathbb{N}^*}$ de segments dont la réunion égale à I. D'après l'inégalité de Cauchy-Schwarz pour les intégrales de fonctions continues par morceaux sur un segment (cf. 2.3.4 *2)* Th. 3 p. 152), on a :

$$\forall n \in \mathbb{N}^*, \quad \left(\int_{J_n} |\overline{f}g|\right)^2 \leqslant \left(\int_{J_n} |f|^2\right)\left(\int_{J_n} |g|^2\right).$$

En passant à la limite quand n tend vers l'infini on obtient le résultat voulu.

◆ **Définition 2** Soit $f \in \mathcal{CM}(I,\mathbb{K})$. On dit que f est **de carré intégrable** sur I si et seulement si $|f|^2$ est intégrable sur I.

◆ **Proposition 7** L'ensemble des applications continues sur I et de carré intégrable sur I, à valeurs dans $\mathbb{K}$, est un $\mathbb{K}$-ev, et l'application $(f,g) \longmapsto (f|g) = \int_I \overline{f}g$ est un produit scalaire sur ce $\mathbb{K}$-ev. On note N_2 la norme associée : $N_2(f) = \left(\int_I |f|^2\right)^{\frac{1}{2}}$.

Preuve :

Notons ici $\mathcal{CL}^2(I,\mathbb{K})$ l'ensemble des applications continues sur I et de carré intégrable sur I, à valeurs dans $\mathbb{K}$.

D'après l'inégalité de Cauchy-Schwarz, pour tout (f,g) de $\left(\mathcal{CL}^2(I,\mathbb{K})\right)^2$, $\overline{f}g$ est intégrable sur I, donc l'application $\varphi : (f,g) \longmapsto (f|g) = \int_I \overline{f}g$ est correctement définie de $\left(\mathcal{CL}^2(I,\mathbb{K})\right)^2$ dans $\mathbb{K}$.

On a, pour tout α de $\mathbb{K}$ et toutes f,g,h de $\mathcal{CL}^2(I,\mathbb{K})$:

- $\varphi(g,f) = \int_I \overline{g} f = \int_I \overline{\overline{f} g} = \overline{\int_I \overline{f} g} = \overline{\varphi(f,g)}$
- $\varphi(f,\alpha g+h) = \int_I \overline{f}(\alpha g+h) = \int_I (\alpha \overline{f} g+\overline{f} h) = \alpha \int_I \overline{f} g + \int_I \overline{f} h = \alpha\varphi(f,g)+\varphi(f,h)$
- $\varphi(f,f) = \int_I |f|^2 \geqslant 0$
- $\varphi(f,f) = 0 \iff \int_I |f|^2 = 0 \iff f = 0$, puisque f est continue sur I.

Ceci montre que φ est un produit scalaire sur $\mathcal{CL}^2(I,\mathbb{K})$.

◆ **Définition 3** Soient $(f_n)_{n\in\mathbb{N}}$ une suite dans $\mathcal{CL}^2(I,\mathbb{K})$, $f \in \mathcal{CL}^2(I,\mathbb{K})$.
On dit que $(f_n)_{n\in\mathbb{N}}$ **converge en moyenne quadratique vers** f si et seulement si $(f_n)_{n\in\mathbb{N}}$ converge vers f pour la norme N_2.

Autrement dit : $(f_n)_{n\in\mathbb{N}}$ converge en moyenne quadratique vers f si et seulement si :

$$\int_I |f_n - f|^2 \xrightarrow[n\infty]{} 0.$$

Remarques :

1) On a, pour toutes f,g de $\mathcal{CL}^2(I,\mathbb{K})$:

$$|(f|g)| = \left|\int_I \overline{f} g\right| \leqslant \int_I |\overline{f} g| = \int_I |fg| = N_1(fg) \leqslant N_2(f)N_2(g).$$

2) L'application produit scalaire $\varphi : (f,g) \longmapsto (f|g)$ est continue sur $\left(\mathcal{CL}^2(I,\mathbb{K})\right)^2$, cf. 1.6.2 Prop. 3 p. 94.

◆ **Proposition 8** Soient $f \in \mathcal{CM}(I,\mathbb{K})$ et I' un intervalle tel que $I' \subset I$. Si f est intégrable sur I, alors f est intégrable sur I'.

Preuve :

Schématiquement, en utilisant 2.5.1 *2)* Prop. 3 p. 185 :

$$(f \text{ int. sur } I) \iff (|f| \text{ int. sur } I) \implies (|f| \text{ int. sur } I') \iff (f \text{ int. sur } I').$$

◆ **Proposition 9**

Soient $a \in I$, $I' =]-\infty; a] \cap I$, $I'' = I \cap [a; +\infty[$, $f \in \mathcal{CM}(I,\mathbb{K})$.

1) Pour que f soit intégrable sur I, il faut et il suffit que f soit intégrable sur I' et sur I''.

2) De plus, si f est intégrable sur I, alors : $\int_I f = \int_{I'} f + \int_{I''} f.$

Preuve :

1) Résulte de la Prop. 5 et de 2.5.1 *2)* Prop. 4 p. 186.

2) Supposons f intégrable sur I.

Il existe une suite croissante $(J_n)_{n\in\mathbb{N}^*}$ de segments dont la réunion est égale à I, telle que : $\forall n \in \mathbb{N}^*, a \in J_n$. Alors : $\forall n \in \mathbb{N}^*, \quad \displaystyle\int_{J_n} f = \int_{]-\infty;a]\cap J_n} f + \int_{J_n\cap[a;+\infty[} f,$

et $\displaystyle\int_{J_n} f \underset{n\infty}{\longrightarrow} \int_I f, \quad \int_{]-\infty;a]\cap J_n} f \underset{n\infty}{\longrightarrow} \int_{I'} f, \quad \int_{J_n\cap[a;+\infty[} f \underset{n\infty}{\longrightarrow} \int_{I''} f$

(car $(]-\infty;a]\cap J_n)_{n\in\mathbb{N}^*}$ est une suite croissante de segments dont la réunion est égale à I', et de même pour I''), d'où : $\displaystyle\int_I f = \int_{I'} f + \int_{I''} f.$ ■

Par exemple, si $a < c < b$, pour que f soit intégrable sur $]a;b[$, il faut et il suffit que f soit intégrable sur $]a;c]$ et sur $[c;b[$, et on a alors :

$$\int_{]a;b[} f = \int_{]a;c]} f + \int_{[c;b[} f.$$ ■

Remarque :

Soit $f \in \mathcal{CM}(I,\mathbb{K})$. Si f est intégrable sur I, alors, pour tout intervalle I' tel que $I' \subset I$, on a :

$$\int_{I'} f = \int_I \chi_{I'} f,$$

où $\chi_{I'}$ est la fonction caractéristique de I', $\chi_{I'} : I \longrightarrow \mathbb{K}$, $x \longmapsto \begin{cases} 1 \text{ si } x \in I' \\ 0 \text{ si } x \notin I' \end{cases}$.

◆ **Notation** Si $f \in \mathcal{CM}(I,\mathbb{K})$ est intégrable sur I et si $(a,b) \in (\mathbb{R}\cup\{-\infty\}) \times (\mathbb{R}\cup\{+\infty\})$ est tel que l'intervalle ouvert joignant a et b est inclus dans I, on note $\displaystyle\int_a^b f = -\int_b^a f.$

◆ **Proposition 10** **(Relation de Chasles)**

Si $f \in \mathcal{CM}(I,\mathbb{K})$ est intégrable sur I, alors, pour tout (a,b,c) de $(\overline{\mathbb{R}})^3$ tel que les intervalles ouverts joignant a et b, a et c, b et c, soient inclus dans I :

$$\int_a^c f = \int_a^b f + \int_b^c f.$$

Preuve :

Séparer en cas suivant la position relative de a,b,c, et appliquer la Prop. 9 p. 200.

Exercices

◇ **2.5.10 Applications négligeables**

Une application $f : I \longrightarrow \mathbb{K}$ est dite négligeable si et seulement si : $\begin{cases} f \in \mathcal{CM}(I,\mathbb{K}) \\ f \text{ est intégrable sur } I \\ \displaystyle\int_I |f| = 0 \end{cases}$.

On note ici $\mathcal{N}(I,\mathbb{K})$ l'ensemble des applications négligeables de I dans $\mathbb{K}$.

a) Montrer que, pour toute f de $\mathcal{CM}(I,\mathbb{K})$, f est négligeable si et seulement si, pour tout segment $[a; b]$ inclus dans I, $f|_{[a;b]}$ est nulle sauf en un nombre fini de points.

b) Montrer que $\mathcal{N}(I,\mathbb{K})$ est un idéal de l'algèbre $\mathcal{CM}(I,\mathbb{K})$, c'est-à-dire :

$$\begin{cases} \mathcal{N} \neq \varnothing \\ \forall \alpha \in \mathbb{K},\ \forall f,g \in \mathcal{N}(I,\mathbb{K}), \quad \alpha f + g \in \mathcal{N}(I,\mathbb{K}) \\ \forall h \in \mathcal{CM}(I,\mathbb{K}),\ \forall f \in \mathcal{N}(I,\mathbb{K}), \quad hf \in \mathcal{N}(I,\mathbb{K}). \end{cases}$$

c) Soient $(f_n)_{n\in\mathbb{N}}$ une suite dans $\mathcal{N}(I,\mathbb{K})$, $f \in \mathcal{CM}(I,\mathbb{K})$ intégrable sur I, telles que $(f_n)_{n\in\mathbb{N}}$ converge en moyenne vers f sur I. Montrer : $\quad f \in \mathcal{N}(I,\mathbb{K})$.

◇ **2.5.11 Intégrabilité d'une fonction non partout définie**

Soit D une partie de I telle que, pour tout segment J inclus dans I, $J \cap D$ soit fini, et soit $f : I - D \longrightarrow \mathbb{K}$ une application. On dit que f est *intégrable sur* I si et seulement s'il existe $f_1 \in \mathcal{CM}(I,\mathbb{K})$ intégrable sur I et telle que $f_1|_{I-D} = f$.

Soit $f : I - D \longrightarrow \mathbb{K}$ intégrable sur I. Montrer que, pour toute $f_2 \in \mathcal{CM}(I,\mathbb{K})$, et que $f_2|_{I-D} = f$, f_2 est intégrable sur I, et que $\displaystyle\int_I f_2 = \int_I f_1$.

Ceci permet de définir $\displaystyle\int_I f$ par $\displaystyle\int_I f = \int_I f_2$ où f_2 est n'importe quel élément de $\mathcal{CM}(I,\mathbb{K})$ prolongeant f.

Exemple : $f : \mathbb{R}^* \longrightarrow \mathbb{R}$, $x \longmapsto \dfrac{\sin^2 x}{x^2}$ est intégrable sur $\mathbb{R}$.

◇ **2.5.12 Espaces $\mathcal{CL}^p(I,\mathbb{K})$**

Pour $p \in [1; +\infty[$, on note $\mathcal{CL}^p(I,\mathbb{K})$ l'ensemble des applications continues $f : I \longrightarrow \mathbb{K}$ telles que $|f|^p$ soit intégrable sur I et $||\cdot||_p$ l'application de $\mathcal{CL}^p(I,\mathbb{K})$ dans $\mathbb{R}$ définie par :

$$\forall f \in \mathcal{CL}^p(I,\mathbb{K}), \quad ||f||_p = \left(\int_I |f(x)|^p \mathrm{d}x\right)^{\frac{1}{p}}.$$

De plus, on note $\mathcal{CL}^\infty(I,\mathbb{K})$ l'ensemble des applications continues bornées de I dans $\mathbb{K}$ et $||\cdot||_\infty$ l'application de $\mathcal{CL}^\infty(I,\mathbb{K})$ dans $\mathbb{R}$ définie par :

$$\forall f \in \mathcal{CL}^\infty(I,\mathbb{K}), \quad ||f||_\infty = \operatorname*{Sup}_{x\in I} |f(x)|.$$

Soit $p \in [1; +\infty]$. Montrer que $\mathcal{CL}^p(I,\mathbb{K})$ est un $\mathbb{K}$-ev, que $||\cdot||_p$ est une norme sur $\mathcal{CL}^p(I,\mathbb{K})$, et que, si $p \in]1; +\infty[$, on a, en notant $q = \dfrac{p}{p-1}$ (de sorte que $\dfrac{1}{p} + \dfrac{1}{q} = 1$) :

$$\forall f \in \mathcal{CL}^p(I,\mathbb{K}),\ \forall g \in \mathcal{CL}^q(I,\mathbb{K}), \quad \begin{cases} fg \in \mathcal{CL}^1(I,\mathbb{K}) \\ ||fg||_1 \leqslant ||f||_p ||g||_q. \end{cases}$$

(Utiliser l'exercice 1.1.9 p. 11).

◇ **2.5.13*** Soit $f \in C(I,\mathbb{K})$. On note $E_f = \{u \in]0;1];\ f \in \mathcal{CL}^{\frac{1}{u}}(I,\mathbb{K})\}$, cf. exercice 2.5.12.

a) Montrer que E_f est un intervalle de $\mathbb{R}$.

b) On suppose $f \neq 0$ et $E_f \neq \varnothing$. Démontrer que l'application $\varphi : \begin{array}{l} E_f \longrightarrow \mathbb{R} \\ u \longmapsto \ln(||f||_{\frac{1}{u}}) \end{array}$ est convexe.

c) En déduire que, pour tout $(p,r,s) \in [1;+\infty]$ tel que $r < p < s$, on a :

$$\mathcal{CL}^r(I,\mathbb{K}) \cap \mathcal{CL}^s(I,\mathbb{K}) \subset \mathcal{CL}^p(I,\mathbb{K}).$$

◇ **2.5.14** Soient $p, p' \in [1;+\infty]$ tels que $p < p'$. Montrer que les restrictions de $||\cdot||_p$ et $||\cdot||_{p'}$ à $E = \mathcal{CL}^p(\mathbb{R},\mathbb{K}) \cap \mathcal{CL}^{p'}(\mathbb{R},\mathbb{K})$ (cf. exercice 2.5.12) ne sont pas comparables, c'est-à-dire qu'il existe $(f_n)_{n\in\mathbb{N}^*}$, $(g_n)_{n\in\mathbb{N}^*}$ dans E telles que :

$$\begin{cases} ||f_n||_p \underset{n\infty}{\longrightarrow} +\infty & \text{et} \quad ||f_n||_{p'} \underset{n\infty}{\longrightarrow} 0 \\ ||g_n||_p \underset{n\infty}{\longrightarrow} 0 & \text{et} \quad ||g_n||_{p'} \underset{n\infty}{\longrightarrow} +\infty. \end{cases}$$

3) Intégrabilité sur un intervalle semi-ouvert ou ouvert

◆ **Proposition 1**

Soient $(a,b) \in \mathbb{R} \times (\mathbb{R} \cup \{+\infty\})$ tel que $a < b$, $f \in \mathcal{CM}([a;b[,\mathbb{K})$. Notons $F : [a;b[\longrightarrow \mathbb{K}$ l'application définie par :

$$\forall X \in [a;b[,\quad F(X) = \int_a^X f.$$

Si f est intégrable sur $[a;b[$, alors F admet une limite finie en b, et :

$$\int_{[a;b[} f = \lim_{X\to b} \int_a^X f.$$

L'intégrale $\int_{[a;b[} f$ est alors aussi notée $\int_a^b f$ (ou : $\int_a^b f(x)\,\mathrm{d}x$).

Preuve :

1) **Cas où f est à valeurs réelles**

Supposons f intégrable sur $[a;b[$ et à valeurs réelles. Alors f^+ et f^- sont intégrables sur $[a;b[$ et $\int_{[a;b[} f = \int_{[a;b[} f^+ - \int_{[a;b[} f^-$.

D'après 2.5.1 *3)* Prop. 1 p. 187 : $\int_a^X f^+ \underset{X\to b}{\longrightarrow} \int_{[a;b[} f^+$ et $\int_a^X f^- \underset{X\to b}{\longrightarrow} \int_{[a;b[} f^-$.

Comme : $\forall X \in [a;b[,\quad F(X) = \int_a^X f = \int_a^X (f^+ - f^-) = \int_a^X f^+ - \int_a^X f^-,$

il en résulte que F admet une limite finie en b et que :

$$\lim_{X\to b} F(x) = \int_{[a;b[} f^+ - \int_{[a;b[} f^- = \int_{[a;b[} f.$$

2) **Cas où f est à valeurs complexes**

Supposons $f : [a; b[\longrightarrow \mathbb{C}$ intégrable sur $[a; b[$. Alors Ré f et Im f sont intégrables sur $[a; b[$ et :

$$\int_{[a;b[} f = \int_{[a;b[} \text{Ré}\, f + \mathrm{i} \int_{[a;b[} \text{Im}\, f.$$

D'après *1)* (cas réel) : $\displaystyle\int_a^X \text{Ré}\, f \xrightarrow[X\to b]{} \int_{[a;b[} \text{Ré}\, f$ et $\displaystyle\int_a^X \text{Im}\, f \xrightarrow[X\to b]{} \int_{[a;b[} \text{Im}\, f.$

Comme : $\forall X \in [a; b[,\quad F(X) = \displaystyle\int_a^X f = \int_a^X (\text{Ré}\, f + \mathrm{i}\,\text{Im}\, f) = \int_a^X \text{Ré}\, f + \mathrm{i}\int_a^X \text{Im}\, f,$

il en résulte que F admet une limite finie en b et que :

$$\lim_{X\to b} F(X) = \int_{[a;b[} \text{Ré}\, f + \mathrm{i} \int_{[a;b[} \text{Im}\, f = \int_{[a;b[} f.$$

Remarques :

1) Ce résultat prolonge celui de 2.5.1 *3)* Prop. 1 p. 187 (sauf en ce qui concerne la borne supérieure).

2) Il se peut que F admette une limite finie en b sans que f soit intégrable sur $[a; b[$.

Considérons l'exemple : $a = 1, b = +\infty, f(x) = \dfrac{\sin x}{x}$.

- Montrons que f n'est pas intégrable sur $[1; +\infty[$.

Soit $X \in [3; +\infty[$. On a : $\displaystyle\int_{1+\frac{\pi}{2}}^{X+\frac{\pi}{2}} \frac{|\sin x|}{x}\,\mathrm{d}x \underset{[y=x-\frac{\pi}{2}]}{=} \int_1^X \frac{|\cos y|}{y+\frac{\pi}{2}}\,\mathrm{d}y,$

d'où :

$$2\int_{1+\frac{\pi}{2}}^{X+\frac{\pi}{2}} \left|\frac{\sin x}{x}\right| \mathrm{d}x = \int_{1+\frac{\pi}{2}}^{X+\frac{\pi}{2}} \frac{|\sin x|}{x}\,\mathrm{d}x + \int_1^X \frac{|\cos y|}{y+\frac{\pi}{2}}\,\mathrm{d}y \geqslant \int_{1+\frac{\pi}{2}}^X \frac{|\sin x| + |\cos x|}{x+\frac{\pi}{2}}\,\mathrm{d}x$$

$$\geqslant \int_{1+\frac{\pi}{2}}^X \frac{\sin^2 x + \cos^2 x}{x+\frac{\pi}{2}}\,\mathrm{d}x = \left[\ln\left(x+\frac{\pi}{2}\right)\right]_{1+\frac{\pi}{2}}^X = \ln\left(X+\frac{\pi}{2}\right) - \ln(1+\pi),$$

donc $\displaystyle\int_1^X \left|\frac{\sin x}{x}\right| \mathrm{d}x \xrightarrow[X\to+\infty]{} +\infty.$

Ceci montre que $|f|$ n'est pas intégrable sur $[1; +\infty[$, et donc, par définition, f n'est pas intégrable sur $[1; +\infty[$.

- À l'aide d'une intégration par parties, on a, pour tout X de $[1; +\infty[$:

$$F(X) = \int_1^X f(x)\,\mathrm{d}x = \left[\frac{-\cos x}{x}\right]_1^X - \int_1^X \frac{\cos x}{x^2}\,\mathrm{d}x = -\frac{\cos X}{X} + \cos 1 - \int_1^X \frac{\cos x}{x^2}\,\mathrm{d}x.$$

D'une part, $-\dfrac{\cos X}{X} + \cos 1 \xrightarrow[X\to+\infty]{} \cos 1.$

D'autre part, $x \longmapsto \dfrac{\cos x}{x^2}$ est intégrable sur $[1; +\infty[$ (par le théorème de domination et l'exemple de Riemann, $\left|\dfrac{\cos x}{x^2}\right| \leqslant \dfrac{1}{x^2}$), donc, d'après la Proposition précédente, $\displaystyle\int_1^X \frac{\cos x}{x^2}\,\mathrm{d}x \xrightarrow[X\to+\infty]{} \int_{[1;+\infty[} \frac{\cos x}{x^2}\,\mathrm{d}x.$

Il en résulte que F admet une limite finie en $+\infty$:

$$F(X) \xrightarrow[X\to+\infty]{} \cos 1 - \int_{[1;+\infty[} \frac{\cos x}{x^2}\, \mathrm{d}x.$$

Voir aussi plus loin, § 2.5.4 p. 213. ■

◆ **Corollaire** Soient $(a,b) \in (\mathbb{R}\cup\{-\infty\})\times\mathbb{R}$ tel que $a < b$, $f \in \mathcal{CM}(]a;b],\mathbb{K})$. Notons $F :]a;b] \longrightarrow \mathbb{K}$ l'application définie par :

$$\forall X \in]a;b], \quad F(X) = \int_X^b f.$$

Si f est intégrable sur $]a;b]$, alors F admet une limite finie en a, et :

$$\int_{]a;b]} f = \lim_{X\to a} \int_X^b f.$$

L'intégrale $\displaystyle\int_{]a;b]} f$ est alors aussi notée $\displaystyle\int_a^b f$ (ou : $\displaystyle\int_a^b f(x)\,\mathrm{d}x$).

Preuve :

Même méthode que pour le Corollaire de la Proposition 1 de 2.5.1 *3)* p. 188. ■

◆ **Proposition 2** Soient $(a,b) \in \mathbb{R}^2$, tel que $a < b$, $f : [a;b[\longrightarrow \mathbb{K}$ continue et admettant une limite finie l en b.

Alors f est intégrable sur $[a;b[$ et, en notant $\widetilde{f} : [a;b] \longrightarrow \mathbb{K}$ le prolongement de f à $[a;b]$ par continuité, défini par $\widetilde{f}(x) = \left\{\begin{array}{ll} f(x) & \text{si } x \in [a;b[\\ l & \text{si } x = b \end{array}\right|$, on a :

$$\int_{[a;b[} f = \int_a^b \widetilde{f}.$$

Preuve :

- On a, pour tout segment J inclus dans $[a;b[$:

$$\int_J |f| = \int_J |\widetilde{f}| \leqslant \int_a^b |\widetilde{f}|.$$

Ceci montre que $|f|$ est intégrable sur $[a;b[$, donc f aussi.

- Puisque $\widetilde{f}$ est continue sur le segment $[a;b]$, $\widetilde{f}$ est bornée, et on a, pour tout X de $[a;b[$:

$$\left|\int_a^X f - \int_a^b \widetilde{f}\right| = \left|\int_a^X \widetilde{f} - \int_a^b \widetilde{f}\right| = \left|\int_b^X \widetilde{f}\right| \leqslant \int_X^b |\widetilde{f}| \leqslant (b-X)||\widetilde{f}||_\infty \xrightarrow[X\to b]{} 0,$$

donc : $\displaystyle\int_a^X f \xrightarrow[X\to b]{} \int_a^b \widetilde{f}$.

D'après Prop. 1 p. 203, on conclut : $\displaystyle\int_{[a;b[} f = \int_a^b \widetilde{f}$.

◆ **Proposition 3**

Soient $(a,b) \in (\overline{\mathbb{R}})^2$, tel que $a < b$, $f \in \mathcal{CM}(]a;b[,\mathbb{K})$.

1) Les trois propriétés suivantes sont deux à deux équivalentes :

(i) f est intégrable sur $]a;b[$

(ii) Il existe $c \in]a;b[$ tel que f soit intégrable sur $]a;c]$ et sur $[c;b[$

(iii) Pour tout c de $]a;b[$, f est intégrable sur $]a;c]$ et sur $[c,b[$.

2) Si f est intégrable sur $]a;b[$, alors, pour tout c de $]a;b[$, l'application $F :]a;b[\longrightarrow \mathbb{K}$, définie par $F(X) = \displaystyle\int_c^X f$, admet des limites finies en a et b, et on a :

$$\int_{]a;b[} f = \lim_{X \to b} F(X) - \lim_{X \to a} F(X).$$

L'intégrale $\displaystyle\int_{]a;b[} f$ est alors aussi notée $\displaystyle\int_a^b f$ (ou : $\displaystyle\int_a^b f(x)\,\mathrm{d}x$).

Preuve :

1) Cf. 2.5.2 *2)* Prop. 9 p. 200.

2) D'après la relation de Chasles : $\displaystyle\int_{]a;b[} f = \int_{]a;c]} f + \int_{[c;b[} f.$

D'autre part, comme f est intégrable sur $]a;c]$ et sur $[c;b[$, on a, d'après la Prop. 1 p. 203 :

$$F(X) = -\int_X^c f \underset{X \to a}{\longrightarrow} -\int_{]a;c]} f \quad \text{et} \quad F(X) = \int_c^X f \underset{X \to b}{\longrightarrow} \int_{[c;b[} f.$$

On conclut : $\displaystyle\int_{]a;b[} f = \lim_{X \to b} F(X) - \lim_{X \to a} F(X).$ ∎

◆ **Notation** Soient $(a,b) \in (\mathbb{R} \cup \{-\infty\}) \times (\mathbb{R} \cup \{+\infty\})$ tel que $a < b$, I un intervalle d'extrémités a,b, $F : I \longrightarrow \mathbb{K}$ une application continue sur I. Si F admet des limites finies en a et en b, on note :

$$\big[F(x)\big]_{x=a}^{x=b} = \big[F(x)\big]_a^b = \lim_b F - \lim_a F.$$

Ainsi, d'après la Proposition précédente, si $f \in \mathcal{CM}(]a;b[,\mathbb{K})$ est intégrable sur $]a;b[$, alors, en notant Φ une primitive (continue) de f sur $]a;b[$, on a :

$$\int_a^b f(x)\,\mathrm{d}x = [\Phi(x)]_a^b.$$ ∎

◆ **Proposition 4** Soient $(a,b) \in \mathbb{R} \times (\mathbb{R} \cup \{+\infty\})$, $f \in \mathcal{CM}([a;b[,\mathbb{K})$, $g \in \mathcal{CM}([a;b[,\mathbb{R})$.

Si $\begin{cases} g \geqslant 0 \\ g \text{ est intégrable sur } [a;b[\\ f = \underset{b}{O}(g) \end{cases}$, alors f est intégrable sur $[a;b[$.

Preuve :

Puisque $f = \underset{b}{O}(g)$, il existe $c \in [a;b[$ et $M \in \mathbb{R}_+$ tels que : $\forall x \in [c;b[,\quad |f(x)| \leqslant Mg(x)$.

Puisque g est intégrable sur $[c;b[$, il en résulte que f est intégrable sur $[c;b[$ (théorème de domination), et donc f est intégrable sur $[a;b[$. ■

Pour calculer une intégrale $\int_{[a;b[} f$, on montre **d'abord** que f est intégrable sur $[a;b[$, puis on calcule $\lim_{X \to b} \int_a^X f$. Pour ce dernier point, on utilisera le calcul d'intégrales (Tome 1, ch. 6) ou de primitives (ch. 9). Souvent, interviendront des intégrations par parties ou des changements de variable.

◆ **Théorème (Changement de variable)**

Soient I un intervalle de $\mathbb{R}$, J un intervalle de $\mathbb{R}$ d'extrémités notées α,β, $\varphi : J \longrightarrow I$ un C^1-difféomorphisme, $f \in \mathcal{CM}(I,\mathbb{K})$. Alors, f est intégrable sur I si et seulement si $(f \circ \varphi)\varphi'$ est intégrable sur J, et, dans ce cas :

$$\int_{\varphi(\alpha)}^{\varphi(\beta^-)} f = \int_\alpha^\beta (f \circ \varphi)\varphi'.$$

Preuve :

Rappelons (cf. Tome 1, 5.3.1 Déf. p. 149) que $\varphi : J \longrightarrow I$ est un C^1-difféomorphisme si et seulement si :

$$\begin{cases} \varphi \text{ est de classe } C^1 \text{ sur } J \\ \varphi \text{ est bijective} \\ \varphi^{-1} \text{ est de classe } C^1 \text{ sur } I, \end{cases}$$

et (cf. Tome 1, 5.3.1 Th. 4 p. 149) que $\varphi : J \longrightarrow I$ est un C^1-difféomorphisme si et seulement si :

$$\begin{cases} \varphi \text{ est de classe } C^1 \text{ sur } J \\ \varphi(J) = I \\ \varphi' > 0 \quad \text{ou} \quad \varphi' < 0. \end{cases}$$

Supposons, par exemple, $J = [\alpha;\beta[$ et φ strictement croissante, donc $I = [\varphi(\alpha);\varphi(\beta^-)[$.

1) Supposons f intégrable sur I. L'application $y \longmapsto \int_{\varphi(\alpha)}^{y} |f|$ admet une limite finie quand y tend vers $\varphi(\beta^-)$. Comme $\varphi(x) \underset{x \to \beta}{\longrightarrow} \varphi(\beta^-)$, il en résulte que l'application $x \longmapsto \int_\alpha^x |f \circ \varphi|\,|\varphi'| = \int_{\varphi(\alpha)}^{\varphi(x)} |f|$ admet une limite finie quand x tend vers β.
D'après 2.5.1 *3)* Prop. 1 p. 187, on en déduit que $(f \circ \varphi)\varphi'$ est intégrable sur J.

2) Réciproquement, supposons que $(f \circ \varphi)\varphi'$ soit intégrable sur J. L'application $x \longmapsto \int_{\alpha}^{x} |f \circ \varphi|\, |\varphi'|$ admet une limite finie quand x tend vers β, donc l'application $x \longmapsto \int_{\varphi(\alpha)}^{\varphi(x)} |f| = \int_{\alpha}^{x} |f \circ \varphi|\, |\varphi'|$ aussi.

Puis, $y \longmapsto \int_{\varphi(\alpha)}^{y} |f| = \int_{\varphi(\alpha)}^{\varphi(\varphi^{-1}(y))} |f|$ admet aussi une limite finie quand y tend vers $\varphi(\beta^-)$, par composition de limites, et finalement f est intégrable sur $[\varphi(\alpha); \varphi(\beta^-)[$.

3) Sous ces hypothèses, comme, pour tout x de $[\alpha; \beta[$: $\int_{\varphi(\alpha)}^{\varphi(x)} f = \int_{\alpha}^{x} (f \circ \varphi)\varphi'$,

et que f est $(f \circ \varphi)\varphi'$ sont respectivement intégrables sur $[\varphi(\alpha); \varphi(\beta^-)[$ et $[\alpha; \beta[$, on obtient en passant à la limite quand x tend vers β :

$$\int_{\varphi(\alpha)}^{\varphi(\beta^-)} f = \int_{\alpha}^{\beta} (f \circ \varphi)\varphi'.$$

Exercices

◇ **2.5.15** Existence et calcul des intégrales suivantes (on montrera l'intégrabilité, puis on calculera l'intégrale; $\int_a^b f(x)\,\mathrm{d}x$ désigne, si elle existe, $\int_{[a;b]} f$, ou $\int_{]a;b]} f$, ou $\int_{[a;b[} f$, ou $\int_{]a;b[} f$, suivant l'exemple) :

a) $\displaystyle\int_1^{+\infty} \frac{x^4+1}{x^3(x+1)(x^2+1)}\,\mathrm{d}x$

b) $\displaystyle\int_0^{+\infty} \frac{x^4}{(x^5+1)^{3/2}}\,\mathrm{d}x$

c) $\displaystyle\int_1^{+\infty} \frac{\mathrm{d}x}{x\sqrt[4]{x^2+1}}$

d) $\displaystyle\int_0^{\pi} \frac{x}{1+\sin x}\,\mathrm{d}x$

e) $\displaystyle\int_0^{+\infty} \frac{x^2+3x+3}{(x+1)^3}\,\mathrm{e}^{-x}\sin x\,\mathrm{d}x$

f) $\displaystyle\int_1^{+\infty} \frac{\mathrm{d}x}{x^3\sqrt{x^2-1}}$

g) $\displaystyle\int_1^{+\infty} \frac{\mathrm{d}x}{(x+1)\sqrt{x^2-1}}$

h) $\displaystyle\int_0^{+\infty} \frac{\mathrm{d}x}{(x+1)\sqrt[3]{x^2}}$

i) $\displaystyle\int_0^{1} \sqrt{\frac{1-x}{x}}\,\frac{1}{x-\alpha}\,\mathrm{d}x,\ \alpha \in]-\infty; 0[\cup[1; +\infty[$

j) $\displaystyle\int_a^{b} \frac{\mathrm{d}x}{x\sqrt{(x-a)(b-x)}},\quad (a,b) \in \mathbb{R}^2, 0 < a < b$

k) $\displaystyle\int_0^{1} \frac{\ln x}{(1-x)^{3/2}}\,\mathrm{d}x$

l) $\displaystyle\int_0^{1} \frac{\ln x}{\sqrt{x}(1-x)^{3/2}}\,\mathrm{d}x$

m) $\displaystyle\int_0^{+\infty} \left(\ln(x+1) - \ln x - \frac{1}{x+1}\right)\mathrm{d}x$

n) $\displaystyle\int_0^{+\infty} \frac{2\,\mathrm{Arctan}\,x - \pi}{2\sqrt{x}}\,\mathrm{d}x$

o) $\displaystyle\int_0^{+\infty} \frac{1-3x^2}{\sqrt{x(1-x^2)}}\,\mathrm{Arcsin}\left(\frac{x-1}{x+1}\right)\mathrm{d}x$

p) $\displaystyle\int_0^{+\infty} \frac{\sin^3 x}{x^2}\,\mathrm{d}x$

q) $\displaystyle\int_0^{\frac{\pi}{2}} \sin 2x \ln\tan x\,\mathrm{d}x$ et $\displaystyle\int_0^{\frac{\pi}{2}} \sin 2x \ln\sin x\,\mathrm{d}x$

r) $\displaystyle\int_0^{\pi} x \ln\sin x\,\mathrm{d}x.$

◇ **2.5.16** Soit $f : [0;1] \longrightarrow \mathbb{R}$ définie par : $f(x) = \begin{cases} x^2 \sin \dfrac{1}{x^2} & \text{si } x \in]0;1] \\ 0 & \text{si } x = 0 \end{cases}$.

Montrer : *a)* f est dérivable sur $[0;1]$ *b)* f' n'est pas intégrable sur $]0;1]$.

◇ **2.5.17** Pour $\alpha \in \mathbb{R}$, existence et calcul éventuel de $\displaystyle\int_0^{\pi} \frac{dx}{1+\cos\alpha\cos x}$.

◇ **2.5.18** CNS sur $(a,b,c) \in \mathbb{R}^3$ pour que $x \longmapsto x(\mathrm{Arctan}\, x)^2 - ax - b - \dfrac{c}{x}$ soit intégrable sur $[1;+\infty[$ et, dans ce cas, calculer l'intégrale.

◇ **2.5.19** Pour $(a,b,c,d) \in \mathbb{R} \times \mathbb{R} \times \mathbb{R}_+^* \times \mathbb{R}_+^*$, calculer $\displaystyle\int_0^{\frac{\pi}{2}} \frac{a\cos x + b\sin x}{c\cos x + d\sin x}\, dx$.

◇ **2.5.20** Montrer, pour tout x de $]-1;1[$, que $f(x) = -\displaystyle\int_0^x \frac{\ln(1-t)}{t}\, dt$ existe et :

$$f(x) + f\left(\frac{x}{x-1}\right) = -\frac{1}{2}\big(\ln(1-x)\big)^2.$$

◇ **2.5.21** Pour $n \in \mathbb{N} - \{0,1\}$, calculer $\displaystyle\operatorname*{Min}_{0 \leqslant k \leqslant 2n-2} \left(\int_0^{+\infty} \frac{x^k}{x^{2n}+1}\, dx \right)$.

◇ **2.5.22** Montrer :

a) $\displaystyle\int_0^{\frac{\pi}{2}} \frac{\cos t}{\sqrt{x^4 + \sin^4 t}}\, dt \underset{x \to 0^+}{\sim} \frac{1}{x} \int_0^{+\infty} \frac{du}{\sqrt{u^4+1}}$

b) $\displaystyle\int_1^{x} \frac{dt}{\sqrt{x^2 + t^3}} \underset{x \to +\infty}{\sim} x^{-\frac{1}{3}} \int_0^{+\infty} \frac{du}{\sqrt{u^3+1}}$

c) $\displaystyle\lim_{n\infty} \int_0^{\pi} \frac{dx}{1+\sin^2 nx} = \frac{\pi\sqrt{2}}{2}$

*d)** $\displaystyle\lim_{n\infty} \int_0^{\pi} \frac{\sin x\, dx}{1+\cos^2 nx} = \sqrt{2}$

e) $\displaystyle\lim_{x \to +\infty} x \int_1^{+\infty} e^{-t^x}\, dt = \int_1^{+\infty} \frac{e^{-t}}{t}\, dt.$

◇ **2.5.23** Soit $f : [0;1] \longrightarrow \mathbb{C}$ continue. Déterminer $\displaystyle\lim_{x \to 0^+} x \int_x^1 \frac{1}{t^2} f(t)\, dt$.

◇ **2.5.24** Etudier et représenter graphiquement les fonctions suivantes (x : variable réelle) :

a) $\displaystyle f(x) = \int_1^x \frac{1}{t^2}\sqrt{1+t^4}\, dt$ *b)* $\displaystyle f(x) = \int_x^{2x} \frac{dt}{\sqrt{t^3+1}}$ *c)* $\displaystyle f(x) = \int_0^1 \frac{\ln(x+t)}{1+t}\, dt$.

◇ **2.5.25** Soit $f : \mathbb{R}_+ \longrightarrow \mathbb{C}$ continue bornée. Trouver $\displaystyle\lim_{x \to +\infty} \int_0^{+\infty} \frac{f\left(\frac{t}{x}\right)}{1+t^2}\, dt$.

◇ **2.5.26** On note $\mathcal{CL}^2([0;+\infty[,\mathbb{R})$ l'ensemble des $f : [0;+\infty[\longrightarrow \mathbb{R}$ continues et de carré intégrable sur $[0;+\infty[$ (cf. p. 199).

Soit $f : [0;+\infty[\longrightarrow \mathbb{R}$ de classe C^2 telle que f, f', f'' soient dans $\mathcal{CL}^2([0;+\infty[,\mathbb{R})$.

a) Vérifier $f^2 + f''^2 - f'^2 = (f + f' + f'')^2 - ((f+f')^2)'$.

b) Démontrer $\displaystyle\int_0^{+\infty} (f^2 + f''^2 - f'^2) \geqslant 0$ et étudier le cas d'égalité.

◇ **2.5.27** Pour $x \in \mathbb{R}_+^*$, on note

$$I(x) = \int_0^{\frac{\pi}{2}} \frac{\mathrm{d}t}{\sqrt{\cos^2 t + x^2 \sin^2 t}}, \quad J(x) = \int_0^{\frac{\pi}{2}} \frac{\cos t}{\sqrt{\sin^2 t + x^2 \cos^2 t}}\,\mathrm{d}t.$$

a) Montrer : $\forall x \in \mathbb{R}_+^*, \quad I(x) = \displaystyle\int_0^{\frac{\pi}{2}} \frac{\mathrm{d}t}{\sqrt{\sin^2 t + x^2 \cos^2 t}}$.

b) Etablir : $I(x) - J(x) \underset{x \to 0^+}{\longrightarrow} \displaystyle\int_0^{\frac{\pi}{2}} \frac{1 - \cos t}{\sin t}\,\mathrm{d}t = \ln 2$.

c) Calculer $J(x)$ pour $x \in]0; 1[$.

d) En déduire : $I(x) = -\ln x + 2\ln 2 + \underset{x \to 0^+}{o}(1)$.

◇ **2.5.28** Déterminer $\displaystyle\lim_{x \to 0^+} \int_0^x \frac{\sqrt{1+t^2}}{\sqrt{t(x-t)}}\,\mathrm{d}t$.

◇ **2.5.29*** Soient $f : \mathbb{R}_+ \longrightarrow \mathbb{R}$ continue de carré intégrable sur $[0; +\infty[$ et $g : \mathbb{R} \longrightarrow \mathbb{R}$ définie par : $g(x) = \begin{cases} \dfrac{1}{x}\displaystyle\int_0^x f & \text{si } x \neq 0 \\ f(0) & \text{si } x = 0 \end{cases}$.

a) Montrer que g est continue sur $\mathbb{R}_+$.

b) Soit $(a,b) \in \mathbb{R}^2$ tel que $0 \leqslant a < b$.

α) Montrer : $\displaystyle\int_a^b g^2 = ag^2(a) - bg^2(b) + 2\int_a^b fg$.

β) En déduire : $\displaystyle\int_a^b g^2 \leqslant ag^2(a) + 2\left(\int_a^b g^2\right)^{\frac{1}{2}} \left(\int_0^{+\infty} f^2\right)^{\frac{1}{2}}$,

puis : $\displaystyle\left(\int_a^b g^2\right)^{\frac{1}{2}} \leqslant \left(\int_0^{+\infty} f^2\right)^{\frac{1}{2}} + \left(ag^2(a) + \int_0^{+\infty} f^2\right)^{\frac{1}{2}}$.

c) Montrer que g^2 et fg sont intégrables sur $[0; +\infty[$ et : $\displaystyle\int_0^{+\infty} g^2 = 2\int_0^{+\infty} fg$.

◇ **2.5.30** Soient $f : \mathbb{R} \longrightarrow \mathbb{C}$ continue et intégrable sur $\mathbb{R}$. Montrer :

$$\int_{-\infty}^{+\infty} |f(x+t) - f(t)|\,\mathrm{d}t \underset{x \to +\infty}{\longrightarrow} 2\int_{-\infty}^{+\infty} |f(t)|\,\mathrm{d}t.$$

◇ **2.5.31** Pour tout $n \in \mathbb{N}$, soit $f_n : \mathbb{R} \longrightarrow \mathbb{R}$ définie par : $\forall x \in \mathbb{R}, \quad f_n(x) = \dfrac{1}{1 + |x - n|}$.

a) Etudier la suite $(f_n)_{n \in \mathbb{N}}$.

b) Calculer, pour tout n de $\mathbb{N}$, $\displaystyle\int_{-\infty}^{+\infty} (f_n(x))^2\,\mathrm{d}x$.

c) Soit $g : \mathbb{R} \longrightarrow \mathbb{R}$ continue et de carré intégrable sur $\mathbb{R}$. Montrer : $\displaystyle\int_{-\infty}^{+\infty} f_n(x) g(x)\,\mathrm{d}x \underset{n\infty}{\longrightarrow} 0$.

◇ **2.5.32** Pour tout n de $\mathbb{N}$, il existe $(h,r) \in \mathbb{N}^2$ unique tel que $(n = 2^h + r,\ 0 \leqslant r < 2^h)$, et on note $f_n : [0; 1[\longrightarrow \mathbb{R}$ l'application définie par : $f_n(x) = \begin{cases} 1 & \text{si } x \in \left[\dfrac{r}{2^h}; \dfrac{r+1}{2^h}\right[\\ 0 & \text{sinon.} \end{cases}$

Montrer que, pour tout p de $[1; +\infty[$, la suite $(f_n)_{n \in \mathbb{N}}$ converge vers 0 dans $\left(\mathcal{CL}^p([0; 1[, \mathbb{R}), ||\cdot||_p\right)$ (cf. exercice 2.5.12 p. 202), mais que, pour tout x de $[0; 1[$, $\left(f_n(x)\right)_{n \in \mathbb{N}}$ diverge.

2.5.3 Intégration des relations de comparaison

Dans ce § 2.5.3, $(a,b) \in \mathbb{R} \times (\mathbb{R} \cup \{+\infty\})$ est tel que $a < b$.

1) Cas des fonctions intégrables

◆ **Proposition 1** Soient $f \in \mathcal{CM}([a;b[,\mathbb{K})$, $g \in \mathcal{CM}([a;b[,\mathbb{R})$.

$$\text{Si } \left\{ \begin{array}{c} g \geqslant 0 \\ g \text{ est intégrable sur } [a;b[\\ f = \underset{b}{o}(g) \end{array} \right., \text{ alors } \left\{ \begin{array}{l} f \text{ est intégrable sur } [a;b[\\ \displaystyle\int_x^b f = \underset{x \to b}{o}\left(\int_x^b g\right). \end{array} \right.$$

Preuve :

On sait déjà (cf. 2.5.3 *3)* Prop. 4 p. 207) que f est intégrable sur $[a;b[$.

Soit $\varepsilon > 0$. Puisque $f = \underset{b}{o}(g)$, il existe $X \in [a;b[$ tel que :

$$\forall t \in [X;b[, \quad |f(t)| \leqslant \varepsilon g(t).$$

Alors, pour tout x de $[X;b[$:

$$\left|\int_x^b f\right| \leqslant \int_x^b |f| \leqslant \int_x^b \varepsilon g = \varepsilon \int_x^b g,$$

ce qui montre : $\displaystyle\int_x^b f = \underset{x \to b}{o}\left(\int_x^b g\right)$.

◆ **Proposition 2** Soient $f \in \mathcal{CM}([a;b[,\mathbb{K})$, $g \in \mathcal{CM}([a;b[,\mathbb{R})$.

$$\text{Si } \left\{ \begin{array}{c} g \geqslant 0 \\ g \text{ est intégrable sur } [a;b[\\ f = \underset{b}{O}(g) \end{array} \right., \text{ alors } \left\{ \begin{array}{l} f \text{ est intégrable sur } [a;b[\\ \displaystyle\int_x^b f = \underset{x \to b}{O}\left(\int_x^b g\right). \end{array} \right.$$

Preuve :

Même méthode que ci-dessus.

◆ **Proposition 3** Soient $f,g \in \mathcal{CM}([a;b[,\mathbb{R})$.

$$\text{Si } \left\{ \begin{array}{c} g \geqslant 0 \\ g \text{ est intégrable sur } [a;b[\\ f \underset{b}{\sim} g \end{array} \right., \text{ alors } \left\{ \begin{array}{l} f \text{ est intégrable sur } [a;b[\\ \displaystyle\int_x^b f \underset{x \to b}{\sim} \int_x^b g. \end{array} \right.$$

Preuve :

D'après les hypothèses, f est intégrable sur $[a;b[$ (théorème d'équivalence, 2.5.1 *3)* Prop. 2 p. 190).

Puis : $f \underset{b}{\sim} g \iff f - g = \underset{b}{o}(g) \implies \displaystyle\int_x^b (f-g) = \underset{x \to b}{o}\left(\int_x^b g\right) \iff \int_x^b f \underset{x \to b}{\sim} \int_x^b g.$

2) Cas des fonctions non intégrables

◆ **Proposition 1** Soient $f \in \mathcal{CM}([a;b[,\mathbb{K})$, $g \in \mathcal{CM}([a;b[,\mathbb{R})$.

Si $\left\{\begin{array}{c} g \geqslant 0 \\ g \text{ n'est pas intégrable sur } [a;b[\\ f = \underset{b}{o}(g) \end{array}\right.$, alors $\displaystyle\int_a^x f = \underset{x\to b}{o}\left(\int_a^x g\right)$.

Preuve :

Soit $\varepsilon > 0$. Puisque $f = \underset{b}{o}(g)$, il existe $X \in [a;b[$ tel que :

$$\forall t \in [X;b[, \quad |f(t)| \leqslant \varepsilon g(t).$$

Soit $x \in [X;b[$; on a :

$$\left|\int_a^x f\right| \leqslant \int_a^X |f| + \int_X^x |f| \leqslant \int_a^X |f| + \varepsilon\int_X^x g = \int_a^X (|f| - \varepsilon g) + \varepsilon\int_a^x g.$$

Puisque $g \geqslant 0$, l'application $x \longmapsto \displaystyle\int_a^x g$ est croissante sur $[a;b[$. Comme $g \geqslant 0$ et que g n'est pas intégrable sur $[a;b[$, d'après 2.5.1 *3)* Prop. 1 p. 187, $x \longmapsto \displaystyle\int_a^x g$ n'a pas de limite finie en b. Il en résulte : $\displaystyle\int_a^x g \underset{x\to b}{\longrightarrow} +\infty$.

Comme $\displaystyle\int_a^X (|f| - \varepsilon g)$ est fixé indépendamment de x et que $\displaystyle\int_a^x g \underset{x\to b}{\longrightarrow} +\infty$, il existe $X_1 \in [X;b[$ tel que : $\quad \forall x \in [X_1;b[, \quad \displaystyle\int_a^X (|f| - \varepsilon g) \leqslant \varepsilon\int_a^x g$.

Ainsi : $\quad \forall x \in [X_1;b[, \quad \left|\displaystyle\int_a^x f\right| \leqslant 2\varepsilon\int_a^x g$, et finalement : $\displaystyle\int_a^x f = \underset{x\to b}{o}\left(\int_a^x g\right)$.

◆ **Proposition 2** Soient $f \in \mathcal{CM}([a;b[,\mathbb{K})$, $g \in \mathcal{CM}([a;b[,\mathbb{R})$.

Si $\left\{\begin{array}{c} g \geqslant 0 \\ g \text{ n'est pas intégrable sur } [a;b[\\ f = \underset{b}{O}(g) \end{array}\right.$, alors $\displaystyle\int_a^x f = \underset{x\to b}{O}\left(\int_a^x g\right)$.

Preuve :

Même méthode que ci-dessus.

◆ **Proposition 3** Soient $f,g \in \mathcal{CM}([a;b[,\mathbb{R})$.

Si $\left\{\begin{array}{c} g \geqslant 0 \\ g \text{ n'est pas intégrable sur } [a;b[\\ f \underset{b}{\sim} g \end{array}\right.$, alors $\displaystyle\int_a^x f \underset{x\to b}{\sim} \int_a^x g$.

Preuve :

$$f \underset{b}{\sim} g \iff f - g = \underset{b}{o}(g) \Longrightarrow \int_a^x (f-g) = \underset{x\to b}{o}\left(\int_a^x g\right) \iff \int_a^x f \underset{x\to b}{\sim} \int_a^x g.$$

Exercices

◇ **2.5.33** Montrer : $\displaystyle\int_1^x \frac{\operatorname{th} t}{\sqrt{t(t+1)}}\,\mathrm{d}t \underset{x\to+\infty}{\sim} \ln x$.

◇ **2.5.34** Montrer : $\displaystyle\int_x^{+\infty} \frac{\mathrm{d}t}{t^2+\mathrm{e}^{-t}} \underset{x\to+\infty}{\sim} \frac{1}{x}$.

◇ **2.5.35** Soit $f \in \mathcal{CM}([0;+\infty[,\mathbb{K})$. Montrer que, si f admet une limite finie l en $+\infty$, alors :

$$\frac{1}{x}\int_0^x f(t)\,\mathrm{d}t \underset{x\to+\infty}{\longrightarrow} l.$$

2.5.4 Intégrales impropres

◆ **Définition 1** Soient $(a,b)\in\mathbb{R}\times(\mathbb{R}\cup\{+\infty\})$ tel que $a<b$, $f\in\mathcal{CM}([a;b[,\mathbb{K})$. On dit que **l'intégrale impropre** $\displaystyle\int_a^{\to b} f$ (ou : $\displaystyle\int_a^{\to b} f(x)\,\mathrm{d}x$) **converge** si et seulement si l'application $F : \begin{array}{l}[a;b[\longrightarrow \mathbb{K}\\ X\longmapsto \int_a^X f\end{array}$ admet une limite finie en b; lorsque c'est le cas, cette limite est notée improprement $\displaystyle\int_a^b f$ (ou : $\displaystyle\int_a^b f(x)\,\mathrm{d}x$) et appelée **intégrale impropre de f sur** $[a;b[$.

De même, si $-\infty \leqslant a < b < +\infty$ et $f \in \mathcal{CM}(]a;b],\mathbb{K})$, on dit que **l'intégrale impropre** $\displaystyle\int_{\to a}^{b} f$ (ou : $\displaystyle\int_{\to a}^{b} f(x)\,\mathrm{d}x$) **converge** si et seulement si l'application $F : \begin{array}{l}]a;b]\longrightarrow \mathbb{K}\\ X\longmapsto \int_X^b f\end{array}$ admet une limite finie en a; lorsque c'est le cas, cette limite est notée improprement $\displaystyle\int_a^b f$ (ou : $\displaystyle\int_a^b f(x)\,\mathrm{d}x$) et appelée **intégrale impropre de f sur** $]a;b]$.

Avec ce vocabulaire, la Prop. 1 de 2.5.2 *3)* p. 203 se traduit par la Proposition suivante.

◆ **Proposition 1** Soient $(a,b) \in \mathbb{R}\times(\mathbb{R}\cup\{+\infty\})$ tel que $a < b$, $f \in \mathcal{CM}(I,\mathbb{K})$. Si f est intégrable sur $[a;b[$, alors l'intégrale impropre $\displaystyle\int_a^{\to b} f$ converge, et l'intégrale impropre $\displaystyle\int_a^b f$ est égale à $\displaystyle\int_{[a;b[} f$.

Remarque :

Il se peut qu'une application $f \in \mathcal{CM}([a;b[,\mathbb{K})$ ne soit pas intégrable sur $[a;b[$, mais que l'intégrale impropre $\int_a^{\to b} f$ converge. Par exemple, on a vu (cf. p. 204) que $f : [1;+\infty[\longrightarrow \mathbb{R}, \ x \longmapsto \frac{\sin x}{x}$ n'est pas intégrable sur $[1;+\infty[$, et cependant l'intégrale impropre $\int_1^{\to +\infty} \frac{\sin x}{x}\,\mathrm{d}x$ converge (cf. p. 204), puisque l'application $F : [1;+\infty[\longrightarrow \mathbb{R}, \ X \longmapsto \int_1^X \frac{\sin x}{x}\,\mathrm{d}x$ admet une limite finie en $+\infty$.

◆ **Définition 2** Soient $(a,b) \in \mathbb{R} \times (\mathbb{R} \cup \{+\infty\})$ tel que $a < b$, $f \in \mathcal{CM}([a;b[,\mathbb{K})$. On dit que l'intégrale impropre $\int_a^{\to b} f$ (ou : $\int_a^{\to b} f(x)\,\mathrm{d}x$) est **semi-convergente** si et seulement si :

f n'est pas intégrable sur $[a;b[$ et l'intégrale impropre $\int_a^{\to b} f$ converge.

Définition analogue pour $\int_{\to a}^{b} f$.

EXEMPLE :

L'intégrale impropre $\int_1^{\to +\infty} \frac{\sin x}{x}\,\mathrm{d}x$ est semi-convergente.

Remarques :

1) Soient $(a,b) \in \mathbb{R} \times (\mathbb{R} \cup \{+\infty\})$ tel que $a < b$, $f \in \mathcal{CM}([a;b[,\mathbb{K})$. On dit que l'intégrale impropre $\int_a^{\to b} f$ est **absolument convergente** si et seulement si $\int_a^{\to b} |f|$ est convergente.

- L'intégrale impropre $\int_a^{\to b} f$ est absolument convergente si et seulement si f est intégrable sur $[a;b[$.
- L'intégrale impropre $\int_a^{\to b} f$ est semi-convergente si et seulement si : l'intégrale impropre $\int_a^{\to b} f$ est convergente et non absolument convergente.

2) Comme on l'a vu dans p. 204, une intégration par parties permet souvent de remplacer l'étude d'une intégrale impropre semi-convergente par celle d'une intégrale de fonction intégrable.

Par exemple : $\forall X \in [1;+\infty[, \quad \int_1^X \frac{\sin x}{x}\,\mathrm{d}x = -\frac{\cos X}{X} + \cos 1 - \int_1^X \frac{\cos x}{x^2}\,\mathrm{d}x,$

d'où, chaque terme ayant une limite finie en $+\infty$:

$$\int_1^{+\infty} \frac{\sin x}{x}\,\mathrm{d}x = \cos 1 - \int_1^{+\infty} \frac{\cos x}{x^2}\,\mathrm{d}x,$$

où l'intégrale $\int_1^{\to +\infty} \frac{\sin x}{x}\,\mathrm{d}x$ est semi-convergente et $\int_1^{\to +\infty} \frac{\cos x}{x^2}\,\mathrm{d}x$ absolument convergente. ■

◆ **Proposition 2** (**Changement de point de base**)

Soient $(a,b) \in \mathbb{R} \times (\mathbb{R} \cup \{+\infty\})$ tel que $a < b$, $c \in [a; b[$, $f \in \mathcal{CM}([a; b[,\mathbb{K})$.

1) $\displaystyle\int_a^{\to b} f$ converge si et seulement si $\displaystyle\int_c^{\to b} f$ converge.

2) Dans ce cas, on a alors : $\displaystyle\int_a^b f = \int_a^c f + \int_c^b f.$

Preuve :

On a : $\forall X \in [a; b[,\quad \displaystyle\int_a^X f = \int_a^c f + \int_c^X f.$

Donc $X \longmapsto \displaystyle\int_a^X f$ admet une limite finie quand X tend vers b si et seulement si $X \longmapsto \displaystyle\int_c^X f$ en admet une, et, si c'est le cas, on a, par passage à la limite quand X tend vers b :

$$\int_a^b f = \int_a^c f + \int_c^b f. \qquad \blacksquare$$

La Proposition précédente permet d'envisager la Définition suivante.

◆ **Définition 3** Soient $(a,b) \in (\mathbb{R} \cup \{-\infty\}) \times (\mathbb{R} \cup \{+\infty\})$ tel que $a < b$, $f \in \mathcal{CM}(]a; b[,\mathbb{K})$.

On dit que **l'intégrale impropre** $\displaystyle\int_{\to a}^{\to b} f$ **converge** si et seulement s'il existe $c \in]a; b[$ tel que les deux intégrales impropres $\displaystyle\int_{\to a}^{c} f$ et $\displaystyle\int_c^{\to b} f$ convergent.

Si c'est le cas, l'élément $\displaystyle\int_a^c f + \int_c^b f$ de $\mathbb{K}$ ne dépend pas du choix de c dans $]a; b[$, est appelé **intégrale impropre de** f **sur** $]a; b[$, et noté $\displaystyle\int_a^b f$.

• D'après la Prop. 2, s'il existe $c \in]a; b[$ tel que les intégrales impropres $\displaystyle\int_{\to a}^{c} f$ et $\displaystyle\int_c^{\to b} f$ convergent, alors, pour tout d de $]a; b[$, les intégrales impropres $\displaystyle\int_{\to a}^{d} f$ et $\displaystyle\int_d^{\to b} f$ convergent.

• Dans ce cas, on a, pour tout (c,d) de $]a; b[^2$:

$$\int_a^d f + \int_d^b f = \left(\int_a^c f + \int_c^d f\right) + \left(\int_d^c f + \int_c^b f\right) = \int_a^c f + \int_c^b f. \qquad \blacksquare$$

On appelle **nature d'une intégrale impropre** $\displaystyle\int_{\to a}^{b} f$ ou $\displaystyle\int_a^{\to b} f$ ou $\displaystyle\int_{\to a}^{\to b} f$ sa convergence ou sa divergence.

◆ **Proposition 3** Soient $(a,b) \in (\mathbb{R} \cup \{-\infty\}) \times (\mathbb{R} \cup \{+\infty\})$ tel que $a < b$, $f \in \mathcal{CM}(]a;b[,\mathbb{K})$. Si f est intégrable sur $]a;b[$, alors $\int_{\to a}^{\to b} f$ converge et l'intégrale impropre $\int_a^b f$ est égale à $\int_{]a;b[} f$.

Preuve :

Appliquer la Prop. 1 p. 213 aux intégrales $\int_{\to a}^{c} f$ et $\int_{c}^{\to b} f$, pour $c \in]a;b[$ quelconque.

Exercices

◇ **2.5.36** Déterminer la nature des intégrales impropres suivantes :

a) $\displaystyle\int_{\to 0}^{\to +\infty} \frac{1}{\sqrt{x}} \sin\left(x + \frac{1}{x}\right) \mathrm{d}x$ *b)* $\displaystyle\int_{\to 0}^{\to +\infty} \frac{\sin x \ln x}{\sqrt{x^2+1}} \mathrm{d}x$ *c)* $\displaystyle\int_{\to 0}^{\to +\infty} \frac{\sin\sqrt{x}}{\mathrm{sh}\sqrt{x}} \mathrm{d}x$

d) $\displaystyle\int_{\to 0}^{\to +\infty} \frac{1}{x}\, \mathrm{e}^{\mathrm{i}(x+\frac{1}{x})} \mathrm{d}x$ *e)* $\displaystyle\int_{1}^{\to +\infty} \sin(x + \ln x)\, \mathrm{d}x$.

◇ **2.5.37** Montrer que $\displaystyle\int_{1}^{\to +\infty} \mathrm{e}^{-\sqrt{\ln x}} \sin x \, \mathrm{d}x$ converge.

◇ **2.5.38** Déterminer $\displaystyle\lim_{x \to +\infty} \int_x^{2x} \frac{\cos t}{t + \sin t} \mathrm{d}t$.

◇ **2.5.39** Montrer : $\displaystyle\int_0^{+\infty} \frac{\sin t}{x+t} \mathrm{d}t \underset{x \to 0^+}{\longrightarrow} \int_0^{+\infty} \frac{\sin t}{t} \mathrm{d}t$.

◇ **2.5.40** Etablir : $\displaystyle\int_x^{+\infty} \frac{\sin t}{t} \mathrm{d}t = \frac{\cos x}{x} + \underset{x \to +\infty}{O}\left(\frac{1}{x^2}\right)$.

◇ **2.5.41** Soit $f :]0;1] \longrightarrow \mathbb{C}$ continue telle que $\displaystyle\int_{\to 0}^{1} \frac{1}{t} f(t)\, \mathrm{d}t$ converge.

a) Montrer que $\displaystyle\int_{\to 0}^{1} f$ converge.

b) On note $g : [0;1] \longrightarrow E$ l'application définie par : $\forall x \in [0;1],\ g(x) = \displaystyle\int_0^x f$.

Montrer que g est dérivable à droite en 0 et que $g'_{\mathrm{d}}(0) = 0$.

2.5.5 Intégrales dépendant d'un paramètre

Nous allons généraliser l'étude du § 2.3.12 au cas de fonctions intégrables sur un intervalle quelconque.

Dans ce § 2.5.5, I désigne un intervalle de $\mathbb{R}$, $m \in \mathbb{N}^*$, A une partie de $\mathbb{R}^m$, $F : A \times I \longrightarrow \mathbb{K}$ une application.

Si, pour chaque x de A, l'application $F(x,\cdot) : \begin{array}{l} I \longrightarrow \mathbb{K} \\ t \longmapsto F(x,t) \end{array}$ est continue par morceaux et intégrable sur I, on peut considérer l'application $f : A \longrightarrow \mathbb{K}$ définie par :

$$\forall x \in A, \quad f(x) = \int_I F(x,t)\, \mathrm{d}t.$$

Le but de ce § 2.5.5 est de dégager des propriétés de f à partir de celles de F.

Dans le § *2)*, A désigne un intervalle de $\mathbb{R}$.

1) Continuité

◆ **Définition 1** On dit qu'une application $F : A \times I \longrightarrow \mathbb{K}$ **vérifie l'hypothèse de domination** (en abrégé : HD) **sur** $A \times I$ si et seulement s'il existe une application $\varphi : I \longrightarrow \mathbb{R}$ continue, $\geqslant 0$, intégrable sur I, telle que :

$$\forall (x,t) \in A \times I, \quad |F(x,t)| \leqslant \varphi(t).$$

Remarque :

On peut remplacer l'hypothèse de continuité sur φ par : $\varphi \in \mathcal{CM}(I,\mathbb{R})$.

◆ **Théorème** (**«Continuité sous le signe** $\int_I$ »)

$$\text{Si} \left\{ \begin{array}{l} \bullet\ F \text{ est continue sur } A \times I \\ \bullet\ F \text{ vérifie l'hypothèse de domination sur } A \times I \end{array} \right|,$$

$$\text{alors} \left\{ \begin{array}{l} \bullet\ \text{Pour tout } x \text{ de } A,\ F(x,\cdot) \text{ est intégrable sur } I \\ \bullet\ \text{L'application } f : \begin{array}{l} A \longrightarrow \mathbb{K} \\ x \longmapsto \int_I F(x,t)\,\mathrm{d}t \end{array} \text{ est continue sur } A \end{array} \right|.$$

Preuve :

D'après le théorème de domination (2.5.1 *2)* Prop. 2 p. 185), pour tout x de A, $F(x,\cdot)$ est intégrable sur I.

Soit $\varepsilon > 0$ fixé. Il existe un segment J inclus dans I et tel que $\int_{I-J} \varphi(t)\, \mathrm{d}t \leqslant \frac{\varepsilon}{3}$, où $\int_{I-J} \varphi(t)\, \mathrm{d}t$ désigne la somme de deux intégrales sur des sous-intervalles de I. On a, pour tout (x_0,x) de A^2 :

$$\begin{aligned} |f(x) - f(x_0)| &= \left| \int_I F(x,t)\mathrm{d}t - \int_I F(x_0,t)\, \mathrm{d}t \right| \\ &\leqslant \left| \int_J \big(F(x,t) - F(x_0,t)\big)\, \mathrm{d}t \right| + \int_{I-J} |F(x,t)|\, \mathrm{d}t + \int_{I-J} |F(x_0,t)|\mathrm{d}t. \end{aligned}$$

D'une part : $\displaystyle\int_{I-J} |F(x,t)|\,\mathrm{d}t + \int_{I-J} |F(x_0,t)|\,\mathrm{d}t \leqslant 2\int_{I-J} |\varphi(t)|\mathrm{d}t \leqslant \frac{2\varepsilon}{3}$.

D'autre part, d'après le théorème de continuité sous le signe $\displaystyle\int_a^b$ (2.3.12 *1)* Th. p. 166), appliqué au segment J, il existe $\eta > 0$ tel que :

$$\forall x \in A, \quad \left(||x - x_0|| \leqslant \eta \Longrightarrow \left|\int_J \big(F(x,t) - F(x_0,t)\big)\mathrm{d}t\right| \leqslant \frac{\varepsilon}{3}\right).$$

Ainsi : $\forall \varepsilon > 0, \exists \eta > 0, \forall x \in A, \quad \big(||x - x_0|| \leqslant \eta \Longrightarrow |f(x) - f(x_0)| \leqslant \varepsilon\big)$,
et donc f est continue sur A. ■

EXEMPLE :

Soient $f \in \mathcal{CL}^1(\mathbb{R},\mathbb{C})$, $g \in C(\mathbb{R},\mathbb{C})$ bornée.

Alors l'application $h : \mathbb{R} \longrightarrow \mathbb{C}$ définie par : $\forall x \in \mathbb{R}, \quad h(x) = \displaystyle\int_{-\infty}^{+\infty} f(t)g(x-t)\,\mathrm{d}t$
est définie sur $\mathbb{R}$ et continue sur $\mathbb{R}$, puisque l'application $F : \begin{array}{l}\mathbb{R} \times \mathbb{R} \longrightarrow \mathbb{C} \\ (x,t) \longmapsto f(t)g(x-t)\end{array}$ est continue sur $\mathbb{R} \times \mathbb{R}$ et vérifie HD sur $\mathbb{R} \times \mathbb{R}$, en prenant $\varphi : \begin{array}{l}\mathbb{R} \longrightarrow \mathbb{C} \\ t \longmapsto ||g||_\infty |f(t)|\end{array}$.

◆ **Définition 2** On dit qu'une application $F : A \times I \longrightarrow \mathbb{K}$ **vérifie l'hypothèse de domination locale** (en abrégé : HD locale) **sur** $A \times I$ si et seulement si, pour toute partie compacte K incluse dans A, il existe une application $\varphi_K : I \longrightarrow \mathbb{R}$ continue, $\geqslant 0$, intégrable sur I, telle que :

$$\forall (x,t) \in K \times I, \quad |F(x,t)| \leqslant \varphi_K(t).$$

Remarque :

On peut remplacer l'hypothèse de continuité sur φ_K par : $\varphi_K \in \mathcal{CM}(I,\mathbb{R})$.

◆ **Proposition** **(Extension au cas où l'hypothèse de domination est vérifiée sur toute partie compacte incluse dans A)**

Si $\begin{cases} \bullet\ F \text{ est continue sur } A \times I \\ \bullet\ F \text{ vérifie l'hypothèse de domination locale sur } A \times I \end{cases}$,

alors $\begin{cases} \bullet\ \text{Pour tout } x \text{ de } A,\ F(x,\cdot) \text{ est intégrable sur } I \\ \bullet\ \text{L'application } f : \begin{array}{l}A \longrightarrow \mathbb{K} \\ x \longmapsto \int_I F(x,t)\,\mathrm{d}t\end{array} \text{ est continue sur } A \end{cases}$.

Preuve :

Soient $x \in A$ et $(x_n)_{n\in\mathbb{N}}$ une suite dans A convergeant vers x. D'après 1.3.1 Prop. 1 p. 57, la partie $K = \{x_n ; n \in \mathbb{N}\} \cup \{x\}$ est une partie compacte incluse dans A.

D'après le Théorème précédent, appliqué à $F|_{K\times I}$, pour tout x de K, l'application $F(x,\cdot)$ est intégrable sur I, et l'application $\begin{array}{l}K \longrightarrow \mathbb{K} \\ x \longmapsto \int_I F(x,t)\,\mathrm{d}t\end{array}$ est continue. Il en résulte que, pour tout x de A, $F(x,\cdot)$ est intégrable sur I et que $f(x_n) \underset{n\infty}{\longrightarrow} f(x)$, ce qui montre que f est continue en x.

EXEMPLE :

L'application $f : x \longmapsto \int_{-\infty}^{+\infty} \frac{e^{-t^2}}{x+|t|}\,dt$ est continue sur $]0;+\infty[$. En effet, l'application $F : \underset{(x,t)\longmapsto \frac{e^{-t^2}}{x+|t|}}{]0;+\infty[\times\mathbb{R} \longrightarrow \mathbb{R}}$ est continue sur $]0;+\infty[\times\mathbb{R}$ et vérifie l'hypothèse de domination locale sur $]0;+\infty[\times\mathbb{R}$ puisque, pour toute partie compacte K incluse dans A, il existe $a>0$ tel que $K \subset [a;+\infty[$ et, en notant $\varphi_K : \underset{t\longmapsto \frac{e^{-t^2}}{a+|t|}=F(a,t)}{\mathbb{R} \longrightarrow \mathbb{R}}$, φ_K est continue, $\geqslant 0$, intégrable sur $\mathbb{R}$, et :

$$\forall (x,t) \in K \times \mathbb{R}, \quad |F(x,t)| \leqslant \varphi_K(t).$$

2) Dérivation

On suppose, dans ce § *2)*, que A est un intervalle de $\mathbb{R}$.

◆ **Théorème** («**Dérivation sous le signe** $\int_I$»)

Si $\left\{\begin{array}{l} \bullet\ F \text{ est continue sur } A\times I \\ \bullet\ F \text{ vérifie l'hypothèse de domination sur } A\times I \\ \bullet\ \dfrac{\partial F}{\partial x} \text{ existe et est continue sur } A\times I \\ \bullet\ \dfrac{\partial F}{\partial x} \text{ vérifie l'hypothèse de domination sur } A\times I \end{array}\right.$,

alors $\left\{\begin{array}{l} \bullet\ \text{Pour tout } x \text{ de } A,\ F(x,\cdot) \text{ et } \dfrac{\partial F}{\partial x}(x,\cdot) \text{ sont intégrables sur } I \\ \bullet\ f : \underset{x\longmapsto \int_I F(x,t)\,dt}{A \longrightarrow \mathbb{K}} \text{ est de classe } C^1 \text{ sur } A \text{ et :} \\ \qquad \forall x \in A, \quad f'(x) = \displaystyle\int_I \frac{\partial F}{\partial x}(x,t)\,dt \end{array}\right.$.

Preuve :

D'après le théorème de domination, pour tout x de A, $F(x,\cdot)$ et $\frac{\partial F}{\partial x}(x,\cdot)$ sont intégrables sur I.

Calquons la démonstration sur celle du Théorème de dérivation sous $\int_a^b$, p. 169.

Notons $g : A \longrightarrow \mathbb{K}$ l'application définie par : $\forall x \in A, \quad g(x) = \int_I \frac{\partial F}{\partial x}(x,t)\,dt$.

Soit $x_0 \in A$. Notons $A_0 = \{h \in \mathbb{R};\ x_0+h \in A\} = (-x_0)+A$, qui est un intervalle translaté de A, et $T : A_0 \times I \longrightarrow \mathbb{K}$ l'application définie par :

$$\forall (h,t) \in A_0 \times I, \quad T(h,t) = \left\{\begin{array}{ll} \dfrac{1}{h}\big(F(x_0+h,t) - F(x_0,t)\big) & \text{si } h \neq 0 \\ \dfrac{\partial F}{\partial x}(x_0,t) & \text{si } h = 0 \end{array}\right..$$

Comme, pour tout t de I, $F(\cdot,t) : \underset{x\longmapsto F(x,t)}{A \longrightarrow \mathbb{K}}$ est de classe C^1 sur A, on a, pour tout (h,t) de $A_0 \times I$:

$$F(x_0+h,t) - F(x_0,t) = \int_{x_0}^{x_0+h} \frac{\partial F}{\partial x}(x,t)\,dx = h\int_0^1 \frac{\partial F}{\partial x}(x_0+hy,t)dy.$$

Il en résulte :

$$\forall (h,t) \in A_0 \times I, \quad T(h,t) = \int_0^1 \frac{\partial F}{\partial x}(x_0 + hy,t)\,\mathrm{d}y.$$

D'après le théorème de continuité sous le signe $\int_0^1$ (2.3.12 *1)* Th. p. 166), puisque l'application $(h,t,y) \longmapsto \frac{\partial F}{\partial x}(x_0 + hy,t)$ est continue sur $(A_0 \times I) \times [0;\,1]$, l'application T est continue sur $A_0 \times I$.

L'application T est continue sur $A_0 \times I$ et vérifie HD sur $A_0 \times I$ car, en notant $\psi : I \longrightarrow \mathbb{R}$ une application intégrable réalisant la domination de $\frac{\partial F}{\partial x}$ sur $A \times I$, on a :

$$\forall (h,t) \in A_0 \times I, \quad |T(h,t)| \leqslant \int_0^1 \left|\frac{\partial F}{\partial x}(x_0 + hy,t)\right| \mathrm{d}y \leqslant \int_0^1 \psi(t)\mathrm{d}y = \psi(t).$$

Il en résulte, d'après le théorème de continuité sous le signe $\int_I$ (*1)* Th. p. 217) que l'application $\tau : A_0 \longrightarrow \mathbb{K}$, définie par $\tau(h) = \int_I T(h,t)\mathrm{d}t$, est continue sur A_0.

En particulier : $\tau(h) \underset{h \to 0}{\longrightarrow} \tau(0)$.

Mais, pour tout h de $A_0 - \{0\}$:

$$\tau(h) = \int_I \frac{1}{h}\big(F(x_0 + h,t) - F(x_0,t)\big)\mathrm{d}t = \frac{1}{h}\big(f(x_0 + h) - f(x_0)\big),$$

et $\tau(0) = \int_I T(0,t)\mathrm{d}t = \int_I \frac{\partial F}{\partial x}(x,t)\,\mathrm{d}t$.

Ceci établit : $\frac{1}{h}\big(f(x_0 + h) - f(x_0)\big) \underset{h \to 0}{\longrightarrow} \int_I \frac{\partial F}{\partial x}(x_0,t)\mathrm{d}t = g(x_0)$,

c'est-à-dire que f est dérivable en x_0 et que $f'(x_0) = g(x_0)$.

Ainsi, f est dérivable sur A, et $f' = g$.

Enfin, d'après le théorème de continuité sous le signe $\int_I$ (*1)* Th. p. 166), puisque $\frac{\partial F}{\partial x}$ est continue sur $A \times I$ et vérifie HD sur $A \times I$, g est continue sur A.

Finalement, f est de classe C^1 sur A et $f' = g$. ■

Remarques :

1) Il est clair, d'après la preuve ci-dessus, que l'hypothèse de domination pour F peut être remplacée par : pour tout x de A, $F(x,\cdot)$ est intégrable sur I.

2) Extension aux fonctions de plusieurs variables

La preuve précédente peut aisément être adaptée pour obtenir le résultat plus général suivant :

Soient $m \in \mathbb{N}^*$, U un ouvert de $\mathbb{R}^m$, $F : \begin{array}{ccc} U \times I & \longrightarrow & \mathbb{K} \\ (x_1,\ldots,x_m;t) & \longmapsto & F(x_1,\ldots,x_m;t) \end{array}$ une application.

$$\text{Si}\ \begin{cases} \bullet\ F \text{ est continue sur } U \times I \\ \bullet\ F \text{ vérifie HD sur } U \times I \\ \bullet\ \text{Pour chaque } i \text{ de } \{1,\dots,m\},\ \dfrac{\partial F}{\partial x_i} \text{ existe et est continue sur } U \times I \\ \bullet\ \text{Pour chaque } i \text{ de } \{1,\dots,m\},\ \dfrac{\partial F}{\partial x_i} \text{ vérifie HD sur } U \times I \end{cases}$$

$$\text{alors}\ \begin{cases} \bullet\ \text{Pour tout } x \text{ de } U,\ F(x,\cdot) \text{ et } \dfrac{\partial F}{\partial x_i}(x,\cdot)\ (1 \leqslant i \leqslant m) \text{ sont intégrables sur } I \\ \bullet\ \text{L'application } f : \begin{array}{l} U \longrightarrow \mathbb{K} \\ x \longmapsto \int_I F(x_1,\dots,x_m;t)\mathrm{d}t \end{array} \text{ est de classe } C^1 \text{ sur } I \text{ et :} \\ \forall i \in \{1,\dots,m\},\ \forall (x_1,\dots,x_m) \in U,\quad \dfrac{\partial f}{\partial x_i}(x_1,\dots,x_m) = \displaystyle\int_I \dfrac{\partial F}{\partial x_i}(x_1,\dots,x_m;t)\mathrm{d}t. \end{cases}$$

■

Une récurrence immédiate permet d'obtenir le Corollaire suivant.

◆ **Corollaire** Soit $n \in \mathbb{N}$.

$$\text{Si}\ \left|\begin{cases} \bullet\ F, \dfrac{\partial F}{\partial x}, \dots, \dfrac{\partial^n F}{\partial x^n} \text{ existent et sont continues sur } A \times I \\ \bullet\ F, \dfrac{\partial F}{\partial x}, \dots, \dfrac{\partial^n F}{\partial x^n} \text{ vérifient l'hypothèse de domination sur } A \times I \end{cases}\right|,$$

$$\text{alors}\ \left|\begin{cases} \bullet\ \text{Pour tout } x \text{ de } A,\ F(x,\cdot), \dfrac{\partial F}{\partial x}(x,\cdot), \dots, \dfrac{\partial^n F}{\partial x^n}(x,\cdot) \text{ sont intégrables sur } I \\ \bullet\ \text{L'application } f : \begin{array}{l} A \longrightarrow \mathbb{K} \\ x \longmapsto \int_I F(x,t)\mathrm{d}t \end{array} \text{ est de classe } C^n \text{ sur } A \text{ et :} \\ \qquad \forall i \in \{1,\dots,n\},\ \forall x \in A,\quad f^{(i)}(x) = \displaystyle\int_I \dfrac{\partial^i F}{\partial x^i}(x,t)\mathrm{d}t \end{cases}\right|.$$

◆ **Proposition** **(Extension au cas où l'hypothèse de domination est vérifiée sur toute partie compacte incluse dans A)**

$$\text{Si}\ \left|\begin{cases} \bullet\ F \text{ est continue sur } A \times I \\ \bullet\ F \text{ vérifie l'hypothèse de domination locale sur } A \times I \\ \bullet\ \dfrac{\partial F}{\partial x} \text{ existe et est continue sur } A \times I \\ \bullet\ \dfrac{\partial F}{\partial x} \text{ vérifie l'hypothèse de domination locale sur } A \times I \end{cases}\right|,$$

$$\text{alors}\ \left|\begin{cases} \bullet\ \text{Pour tout } x \text{ de } A,\ F(x,\cdot) \text{ et } \dfrac{\partial F}{\partial x}(x,\cdot) \text{ sont intégrables sur } I \\ \bullet\ \text{L'application } f : \begin{array}{l} A \longrightarrow \mathbb{K} \\ x \longmapsto \int_I F(x,t)\mathrm{d}t \end{array} \text{ est de classe } C^1 \text{ sur } A \text{ et :} \\ \qquad \forall x \in A,\quad f'(x) = \displaystyle\int_I \dfrac{\partial F}{\partial x}(x,t)\,\mathrm{d}t \end{cases}\right|.$$

Preuve :

Se déduit du théorème de dérivation sous le signe $\displaystyle\int_I$ de la même façon que la Prop. du § *1)* se déduit du théorème de continuité sous le signe $\displaystyle\int_I$.

◆ **Corollaire** Soit $n \in \mathbb{N}$.

Si $\begin{cases} \bullet\ F, \dfrac{\partial F}{\partial x}, \dots, \dfrac{\partial^n F}{\partial x^n} \text{ existent et sont continues sur } A \times I \\ \bullet\ F, \dfrac{\partial F}{\partial x}, \dots, \dfrac{\partial^n F}{\partial x^n} \text{ vérifient l'hypothèse de domination locale sur } A \times I \end{cases}$,

alors
- Pour tout x de A, $F(x,\cdot)$, $\dfrac{\partial F}{\partial x}(x,\cdot), \dots, \dfrac{\partial^n F}{\partial x^n}(x,\cdot)$ sont intégrables sur I
- L'application $f : \begin{array}{l} A \longrightarrow \mathbb{K} \\ x \longmapsto \int_I F(x,t)\mathrm{d}t \end{array}$ est de classe C^n sur A et :

$$\forall i \in \{1,\dots,n\},\ \forall x \in A, \quad f^{(i)}(x) = \int_I \frac{\partial^i F}{\partial x^i}(x,t)\,\mathrm{d}t$$

Remarque :

Nous verrons dans le Tome 4 (4.1.6 Rem. p. 21) que l'on peut déduire les théorèmes de continuité et de dérivation sous le signe $\int_I$ du théorème de convergence dominée.

3) La fonction Γ d'Euler

◆ **Proposition-Définition 1**

Pour tout x de $]0;+\infty[$, l'application $t \longmapsto t^{x-1}\mathrm{e}^{-t}$ est intégrable sur $]0;+\infty[$.

On appelle **fonction Γ d'Euler** l'application :

$$\Gamma : \begin{array}{l}]0;+\infty[\longrightarrow \mathbb{R} \\ x \longmapsto \int_0^{+\infty} t^{x-1}\mathrm{e}^{-t}\,\mathrm{d}t \end{array}.$$

Preuve :

Notons $F : \begin{array}{l}]0;+\infty[\times]0;+\infty[\longrightarrow \mathbb{R} \\ (x,t) \longmapsto t^{x-1}\mathrm{e}^{-t} \end{array}$.

Pour $x \in]0;+\infty[$ fixé, l'application $t \longmapsto t^{x-1}\mathrm{e}^{-t}$ est continue sur $]0;+\infty[$, $\geqslant 0$. De plus :

- $F(x,t) \underset{t\to 0^+}{\sim} t^{x-1}$ et $t \longmapsto t^{x-1}$ est intégrable sur $]0;1]$ car $x-1 > -1$, donc $F(x,\cdot)$ est intégrable sur $]0;1]$
- $t^2F(x,t) = t^{x+1}\mathrm{e}^{-t} \underset{t\to+\infty}{\longrightarrow} 0$, donc $F(x,\cdot)$ est intégrable sur $[1;+\infty[$.

Ainsi, $F(x,\cdot)$ est intégrable sur $]0;+\infty[$.

◆ **Proposition 2**

1) $\forall x \in]0;+\infty[, \quad \Gamma(x+1) = x\Gamma(x)$ *2)* $\forall n \in \mathbb{N}, \quad \Gamma(n+1) = n!$.

Preuve :

1) Soit $(\varepsilon,T) \in]0;1] \times [1;+\infty[$. On a, par une intégration par parties :

$$\int_\varepsilon^T t^x\mathrm{e}^{-t}\,\mathrm{d}t = \big[-t^x\mathrm{e}^{-t}\big]_\varepsilon^T + \int_\varepsilon^T xt^{x-1}\mathrm{e}^{-t}\,\mathrm{d}t = \varepsilon^x\mathrm{e}^{-\varepsilon} - T^x\mathrm{e}^{-T} + x\int_\varepsilon^T t^{x-1}\mathrm{e}^{-t}\,\mathrm{d}t.$$

On en déduit, en passant aux limites quand ε tend vers 0 et T tend vers $+\infty$:

$$\Gamma(x+1) = \int_0^{+\infty} t^x \mathrm{e}^{-t}\,\mathrm{d}t = x\int_0^{+\infty} t^{x-1}\mathrm{e}^{-t}\,\mathrm{d}t = x\Gamma(x).$$

2) Récurrence sur n :

- $\Gamma(1) = \displaystyle\int_0^{+\infty} \mathrm{e}^{-t}\,\mathrm{d}t = \big[-\mathrm{e}^{-t}\big]_0^{+\infty} = 1 = 0!$
- Si $\Gamma(n+1) = n!$, alors $\Gamma(n+2) = (n+1)\Gamma(n+1) = (n+1)\cdot n! = (n+1)!$.

◆ **Proposition 3** La fonction Γ est de classe C^∞ sur $]0;+\infty[$ et :

$$\forall k \in \mathbb{N},\ \forall x \in]0;+\infty[,\quad \Gamma^{(k)}(x) = \int_0^{+\infty} (\ln t)^k t^{x-1}\mathrm{e}^{-t}\,\mathrm{d}t.$$

Preuve :

Notons $F : \begin{array}{ccc}]0;+\infty[\times]0;+\infty[& \longrightarrow & \mathbb{R} \\ (x,t) & \longmapsto & t^{x-1}\mathrm{e}^{-t} = \mathrm{e}^{(x-1)\ln t}\mathrm{e}^{-t}\end{array}$.

Il est clair que $F, \dfrac{\partial F}{\partial x}, \ldots, \dfrac{\partial^k F}{\partial x^k}, \ldots$ existent et sont continues sur $]0;+\infty[\times]0;+\infty[$, et que :

$$\forall k \in \mathbb{N},\ \forall (x,t) \in]0;+\infty[\times]0;+\infty[,\quad \frac{\partial^k F}{\partial x^k}(x,t) = (\ln t)^k t^{x-1}\mathrm{e}^{-t}.$$

Soit K une partie compacte incluse dans $]0;+\infty[$. Il existe $(a,b) \in \mathbb{R}^2$ tel que :

$$0 < a \leqslant 1 \leqslant b \quad \text{et} \quad K \subset [a,b].$$

Notons pour $k \in \mathbb{N}$, $\varphi_{K,k} :]0;+\infty[\longrightarrow \mathbb{R}$ l'application définie par :

$$\forall t \in]0;+\infty[,\quad \varphi_{K,k}(t) = |\ln t|^k \operatorname{Max}(t^{a-1}, t^{b-1})\mathrm{e}^{-t}.$$

Il est clair que, pour tout k de $\mathbb{N}$, $\varphi_{K,k}$ est continue, $\geqslant 0$, intégrable sur $]0;+\infty[$, et :

$$\forall (x,t) \in K\times]0;+\infty[,\quad \left|\frac{\partial^k F}{\partial x^k}(x,t)\right| \leqslant \varphi_{K,k}(t).$$

Ainsi, pour tout k de $\mathbb{N}$, $\dfrac{\partial^k F}{\partial x^k}$ existe et est continue sur $]0;+\infty[\times]0;+\infty[$, et vérifie l'hypothèse de domination locale sur $]0;+\infty[\times]0;+\infty[$.

Le résultat voulu découle de *2)*, Corollaire p. 221.

◆ **Proposition 4**

$$\Gamma\left(\frac{1}{2}\right) = \sqrt{\pi}.$$

Preuve : $\Gamma\left(\dfrac{1}{2}\right) = \displaystyle\int_0^{+\infty} t^{-\frac{1}{2}}\mathrm{e}^{-t}\,\mathrm{d}t \underset{[u=\sqrt{t}]}{=} \int_0^{+\infty} 2\mathrm{e}^{-u^2}\,\mathrm{d}u = \sqrt{\pi}$,

cf. par exemple, exercice 2.5.6 *c)* p. 193. ∎

L'étude de Γ est poursuivie dans l'exercice 2.5.57 p. 227.

Exercices

◇ **2.5.42 Importance de l'hypothèse de domination**

On note $A = [0;+\infty[$, $I = [0;+\infty[$, $F : \begin{array}[t]{l} A \times I \longrightarrow \mathbb{R}. \\ (x,t) \longmapsto x\mathrm{e}^{-xt} \end{array}$

Montrer : 1) F est continue sur $A \times I$

2) Pour tout x de A, $F(x,\cdot)$ est intégrable sur I

3) $f : \begin{array}[t]{l} A \longrightarrow \mathbb{R} \\ x \longmapsto \int_I F(x,t)\mathrm{d}t \end{array}$ n'est pas continue sur A.

◇ **2.5.43** *a)* Etablir que $f : x \longmapsto \displaystyle\int_0^{+\infty} \mathrm{e}^{-t^2} \mathrm{ch}\, 2xt \, \mathrm{d}t$ est de classe C^1 sur $\mathbb{R}$ et :

$$\forall x \in \mathbb{R}, \quad f'(x) = 2xf(x).$$

b) En déduire : $\forall x \in \mathbb{R}, \quad \displaystyle\int_0^{+\infty} \mathrm{e}^{-t^2} \mathrm{ch}\, 2xt \, \mathrm{d}t = \frac{\sqrt{\pi}}{2}\, \mathrm{e}^{x^2}.$

◇ **2.5.44** Etablir : $\forall z \in \mathbb{C}, \quad \displaystyle\int_{-\infty}^{+\infty} \mathrm{e}^{-t^2}\mathrm{e}^{zt}\, \mathrm{d}t = \sqrt{\pi}\mathrm{e}^{\frac{z^2}{4}}.$

◇ **2.5.45** *a)* Déterminer l'ensemble de définition (dans $\mathbb{R}$) de $f : x \longmapsto \displaystyle\int_0^{\frac{\pi}{2}} \ln(1 + x\sin^2 t)\mathrm{d}t.$

b) Montrer que f est de classe C^1 sur $]-1;+\infty[$ et :

$$\forall x \in]-1;+\infty[, \quad f'(x) = \frac{\pi}{2\sqrt{x+1}(1+\sqrt{x+1})}.$$

c) En déduire : $\forall x \in [-1;+\infty[, \quad f(x) = \pi \ln \dfrac{1+\sqrt{x+1}}{2}.$

◇ **2.5.46** *a)* Etudier ensemble de définition (dans $\mathbb{R}$), dérivabilité, dérivée de :

$$f : x \longmapsto \int_0^1 \frac{t-1}{\ln t}\, t^x \, \mathrm{d}t.$$

b) En déduire : $\forall x \in]-1;+\infty[, \quad \displaystyle\int_0^1 \frac{t-1}{\ln t}\, t^x \, \mathrm{d}t = \ln \frac{x+2}{x+1}.$

◇ **2.5.47** *a)* Montrer que, pour tout (α,β) de $]0;+\infty[^2$, $t \longmapsto \dfrac{\mathrm{e}^{-\alpha t} - \mathrm{e}^{-\beta t}}{t}$ est intégrable sur $]0;+\infty[$.

Le but de l'exercice est le calcul de $\displaystyle\int_0^{+\infty} \frac{\mathrm{e}^{-\alpha t} - \mathrm{e}^{-\beta t}}{t}\, \mathrm{d}t$ par deux méthodes.

b) Soit $(\varepsilon,T) \in]0;+\infty[^2$ tel que $\varepsilon \leqslant T$. Montrer :

$$\int_\varepsilon^T \frac{\mathrm{e}^{-\alpha t} - \mathrm{e}^{\beta t}}{t}\, \mathrm{d}t = \int_{\alpha\varepsilon}^{\beta\varepsilon} \frac{\mathrm{e}^{-u}}{u}\, \mathrm{d}u - \int_{\alpha T}^{\beta T} \frac{\mathrm{e}^{-v}}{v}\, \mathrm{d}v,$$

et en déduire :
$$\int_0^{+\infty} \frac{\mathrm{e}^{-\alpha t} - \mathrm{e}^{-\beta t}}{t}\, \mathrm{d}t = \ln\beta - \ln\alpha.$$

c) Montrer le résultat ci-dessus en utilisant le théorème de dérivation sous le signe $\displaystyle\int_0^{+\infty}$.

d) À l'aide d'un changement de variable, retrouver le résultat de l'exercice 2.5.46 *b)*.

◇ **2.5.48** *a)* Déterminer l'ensemble de définition (dans $\mathbb{R}$) de $f : x \longmapsto \int_0^1 \frac{\mathrm{d}t}{\sqrt{t(1-t)(x-t)}}$.

b) Montrer que f est de classe C^2 sur $]1; +\infty[$ et exprimer $f'(x)$, $f''(x)$ par des intégrales.

c) Etudier les limites de f en 1 et $+\infty$. Dresser le tableau de variations de f. Tracer la courbe représentative de f.

d) α) Soit $x \in]1; +\infty[$. On note $U_x : \begin{array}{l} [0; 1] \longrightarrow \mathbb{R} \\ t \longmapsto \sqrt{t(1-t)(x-t)} \end{array}$.

Vérifier : $\forall t \in]0; 1[, \quad \frac{\mathrm{d}}{\mathrm{d}t}\left(\frac{U_x(t)}{(x-t)^2}\right) = \frac{-(t-x)^2 + (2-4x)(t-x) + (3x - x^2)}{2(x-t)^2 U_x(t)}$.

β) En déduire que f est solution sur $]1; +\infty[$ de l'équation différentielle linéaire du second ordre :

$$4x(1-x)y'' + 4(1-2x)y' - y = 0.$$

◇ **2.5.49** *a)* Etudier ensemble de définition (dans $\mathbb{R}$), dérivabilité, dérivée de

$$f : x \longmapsto \int_0^{+\infty} \frac{1 - \mathrm{e}^{-xt^2}}{t^2}\,\mathrm{d}t.$$

b) En déduire : $\forall x \in [0; +\infty[, \quad \int_0^{+\infty} \frac{1 - \mathrm{e}^{-xt^2}}{t^2}\,\mathrm{d}t = \sqrt{\pi x}$.

c) Retrouver le résultat de *b)* par un changement de variable et une intégration par parties.

◇ **2.5.50** Etude et représentation graphique de $f : x \longmapsto f(x)$ (x réel) dans les exemples suivants :

a) $f(x) = \int_0^x \frac{\mathrm{e}^{-t}}{\sqrt{t(x-t)}}\,\mathrm{d}t$ *b)* $f(x) = \int_0^{+\infty} \sqrt{1+xt}\,\mathrm{e}^{-t^2}\,\mathrm{d}t$ *c)* $f(x) = \int_0^{+\infty} \mathrm{e}^{-t^3 - xt^2}\,\mathrm{d}t$.

◇ **2.5.51** *a)* Montrer que, pour tout x de $\mathbb{R}$, l'application $t \longmapsto \frac{\mathrm{Arctan}(xt)}{t(1+t^2)}$ est intégrable sur $]0; +\infty[$. On note $f : \mathbb{R} \longrightarrow \mathbb{R}, \quad f(x) = \int_0^{+\infty} \frac{\mathrm{Arctan}(xt)}{t(1+t^2)}\,\mathrm{d}t$.

b) Montrer que f est de classe C^1 sur $\mathbb{R}$ et calculer $f'(x)$ pour $x \in [0; +\infty[$.

c) En déduire : $\forall x \in [0; +\infty[, \quad f(x) = \frac{\pi}{2}\ln(1+x)$. Exprimer $f(x)$ pour $x \in \mathbb{R}$.

d) En déduire : $\int_0^{+\infty} \left(\frac{\mathrm{Arctan}\,t}{t}\right)^2 \mathrm{d}t = \pi \ln 2$.

◇ **2.5.52** Etablir : $\forall x \in \mathbb{R}, \quad \int_0^{+\infty} \frac{\ln(1 + x^2t^2)}{1+t^2}\,\mathrm{d}t = \pi \ln(1 + |x|)$.

◇ **2.5.53** *a)* Etablir, pour tout x de $\mathbb{R}$, l'existence de :

$f(x) = \int_0^{+\infty} \frac{\cos(xt)}{1+t^2}\,\mathrm{d}t, \quad g(x) = \int_0^{+\infty} \frac{t\sin(xt)}{1+t^2}\,\mathrm{d}t, \quad h(x) = \int_0^{+\infty} \frac{t\sin(xt)}{(1+t^2)^2}\,\mathrm{d}t,$

$k(x) = \int_0^{+\infty} \frac{\cos(xt)}{(1+t^2)^2}\,\mathrm{d}t$.

b) Etablir : $\forall x \in \mathbb{R}, \quad xf(x) = 2h(x)$.

c) Montrer que h est de classe C^1 sur $[0; +\infty[$ et que $h' = f - k$, puis que k est de classe C^1 sur $[0; +\infty[$ et que $k' = -h$.

d) En déduire que f est de classe C^2 sur $]0; +\infty[$ et que : $f'' = f$.

e) Etablir : $\forall x \in \mathbb{R}, \quad f(x) = \frac{\pi}{2}\mathrm{e}^{-|x|}$, puis : $\forall x \in \mathbb{R}, \quad g(x) = \frac{\pi}{2}\mathrm{sgn}(x)\,\mathrm{e}^{-|x|}$.

◇ **2.5.54** *a)* Montrer que, pour tout x de $[0;+\infty[$, l'intégrale impropre $\displaystyle\int_0^{\to+\infty}\frac{1-e^{-xt}}{t}\sin t\,dt$ converge; on note $f(x)=\displaystyle\int_0^{+\infty}\frac{1-e^{-xt}}{t}\sin t\,dt$.

b) α) Montrer que f est de classe C^1 sur $]0;+\infty[$ et : $\forall x\in]0;+\infty[,\quad f'(x)=\dfrac{1}{1+x^2}$.

β) En déduire qu'il existe $C\in\mathbb{R}$ tel que : $\forall x\in]0;+\infty[,\quad f(x)=\operatorname{Arctan}x+C$.

c) α) On note $A:[0;+\infty[\longrightarrow\mathbb{R}$ l'application définie par :

$$\forall t\in[0;+\infty[,\quad A(t)=\begin{cases}\dfrac{1-e^{-t}}{t} & \text{si } t\neq 0\\ 1 & \text{si } t=0\end{cases}.$$

Montrer que A est continue sur $[0;+\infty[$, dérivable sur $]0;+\infty[$, et que : $\forall t\in]0;+\infty[,\quad A'(t)\leqslant 0$.

β) En déduire : $\forall x\in]0;+\infty[,\quad 0\leqslant f(x)-f(0)\leqslant 2x$.

γ) Etablir que f est continue en 0 et que $C=0$.

δ) Conclure : $\displaystyle\int_0^{+\infty}\frac{\sin t}{t}\,dt=\frac{\pi}{2}$.

d) En déduire les valeurs des intégrales suivantes :

1) $\displaystyle\int_0^{+\infty}\frac{\sin\alpha t}{t}\,dt,\quad \alpha\in\mathbb{R}$

2) $\displaystyle\int_0^{+\infty}\frac{1-\cos\alpha t}{t^2}\,dt,\quad \alpha\in\mathbb{R}$

3) $\displaystyle\int_0^{+\infty}\frac{t-\sin t}{t^3}\,dt$

4) $\displaystyle\int_0^{+\infty}\left(\frac{\sin t}{t}\right)^2 dt$

5) $\displaystyle\int_0^{+\infty}\frac{\sin at\sin bt}{t^2}\,dt,\quad (a,b)\in\mathbb{R}^2$

6) $\displaystyle\int_0^{+\infty}\frac{1-\cos at\cos bt}{t^2}\,dt,\quad (a,b)\in\mathbb{R}^2$.

◇ **2.5.55** Soit $\alpha\in]0;+\infty[$.

a) Montrer que, pour tout x de $\mathbb{R}$, l'application $t\longmapsto t^{\alpha-1}e^{-t}e^{ixt}$ est intégrable sur $[0;+\infty[$. On note $f_\alpha(x)=\displaystyle\int_0^{+\infty}t^{\alpha-1}e^{-t}e^{ixt}\,dt$.

b) Montrer que f_α est de classe C^1 sur $\mathbb{R}$ et : $\forall x\in\mathbb{R},\quad f'_\alpha(x)=i\displaystyle\int_0^{+\infty}t^{\alpha}e^{-t}e^{ixt}\,dt$.

c) En utilisant une intégration par parties, établir : $\forall x\in\mathbb{R},\quad -(i+x)f'_\alpha(x)=\alpha f_\alpha(x)$,

et en déduire : $\forall x\in\mathbb{R},\quad f_\alpha(x)=\Gamma(\alpha)(x^2+1)^{-\frac{\alpha}{2}}e^{i\alpha\operatorname{Arctan}x}$.

On a ainsi calculé la transformée de Laplace (cf. Tome 4, C 4.1 p. 70) de $t\longmapsto t^{\alpha-1}e^{ixt}$.

d) En déduire, pour tout x de $\mathbb{R}$:
$$\begin{cases}\displaystyle\int_0^{+\infty}\frac{e^{-t}\cos(xt)}{\sqrt{t}}\,dt=\frac{\sqrt{\pi}\sqrt{\sqrt{1+x^2}+1}}{2\sqrt{2}\sqrt{1+x^2}}\\[2ex] \displaystyle\int_0^{+\infty}\frac{e^{-t}\sin(xt)}{\sqrt{t}}\,dt=\frac{\sqrt{\pi}\sqrt{\sqrt{1+x^2}-1}}{2\sqrt{2}\sqrt{1+x^2}}\end{cases}.$$

◇ **2.5.56** On note $J:\mathbb{R}\longrightarrow\mathbb{R}$ l'application définie par : $\forall t\in\mathbb{R},\quad J(t)=\displaystyle\int_0^{\frac{\pi}{2}}e^{it\sin u}\,du$.

Montrer que, pour tout x de $]0;+\infty[$, l'application $t\longmapsto J(t)e^{-xt}$ est intégrable sur $[0;+\infty[$ et :

$$\int_0^{+\infty}J(t)e^{-xt}\,dt=\frac{1}{2\sqrt{1+x^2}}\left(\pi+i\ln\frac{\sqrt{1+x^2}+1}{\sqrt{1+x^2}-1}\right)$$

On a ainsi calculé la transformée de Laplace (cf. Tome 4, C 4.1 p. 70) de J.

◇ **2.5.57** *a)* Montrer que Γ est convexe sur $]0;+\infty[$.

b) Etablir : $\Gamma(x) \underset{x\to 0^+}{\sim} \dfrac{1}{x}$.

c) Tracer la courbe représentative de Γ.

◇ **2.5.58** Montrer que $\ln\circ\Gamma$ est convexe sur $]0;+\infty[$.

◇ **2.5.59** Montrer : $\forall x \in]0;+\infty[,\quad \displaystyle\int_0^{+\infty} e^{-t}(t-x)t^{x-1}\ln t\,dt = \Gamma(x)$.

◇ **2.5.60** Montrer : $\forall x \in]0;+\infty[,\quad \displaystyle\int_{-\infty}^{+\infty} e^{xt-e^t}\,dt = \Gamma(x)$.

◇ **2.5.61** Monter : $\forall a \in]0;+\infty[, \forall m \in]-1;+\infty[,\quad \displaystyle\int_0^{+\infty} x^m e^{-ax^2}dx = \frac{1}{2a^{\frac{m+1}{2}}}\Gamma\left(\frac{m+1}{2}\right)$.

◇ **2.5.62** Montrer : $\forall(\alpha,\beta) \in]-1;+\infty[^2,\quad \displaystyle\int_0^1 x^\alpha(-\ln x)^\beta dx = \frac{\Gamma(\beta+1)}{(\alpha+1)^{\beta+1}}$.

◇ **2.5.63** **Fonction B d'Euler**

a) Déterminer l'ensemble des couples (p,q) de $\mathbb{R}^2$ tels que l'application $t \longmapsto t^{p-1}(1-t)^{q-1}$ soit intégrable sur $]0;1[$.

On note $\mathrm{B} :]0;+\infty[^2 \longrightarrow \mathbb{R}$ l'application définie par :

$$\forall(p,q) \in]0;+\infty[^2,\quad \mathrm{B}(p,q) = \int_0^1 t^{p-1}(1-t)^{q-1}dt.$$

b) Vérifier : $\forall(p,q) \in]0;+\infty[^2,\quad \mathrm{B}(p,q) = \mathrm{B}(q,p) = 2\displaystyle\int_0^{\frac{\pi}{2}} \sin^{2p-1}\theta\cos^{2q-1}\theta\,d\theta$.

c) α) Pour $(p,x) \in]0;+\infty[\times[0;+\infty[$, on note $\varphi_p(x) = x^{2p-1}e^{-x^2}$.

Pour $a \in [0;+\infty[$, on note $D_a = \{(x,y) \in [0;+\infty[^2;\ x^2+y^2 \leqslant a^2\}$ et $\Delta_a = [0;a]^2$.

Pour $(a,p,q) \in [0;+\infty[\times]0;+\infty[\times]0;+\infty[$, on note :

$$I_a = \iint_{D_a} \varphi_p(x)\varphi_q(y)\,dx dy,\quad J_a = \iint_{\Delta_a} \varphi_p(x)\varphi_q(y)\,dx dy.$$

1) Montrer : $\forall a \in [0;+\infty[,\quad I_a \leqslant J_a \leqslant I_{a\sqrt{2}}$.

2) Exprimer I_a et J_a, pour $a \in [0;+\infty[$.

β) En déduire : $\forall(p,q) \in]0;+\infty[^2,\quad \Gamma(p+q)\mathrm{B}(p,q) = \Gamma(p)\Gamma(q)$.

γ) Calculer $\mathrm{B}(p,q)$ pour $(p,q) \in (\mathbb{N}^*)^2$.

Les exercices 2.5.64 *et* 2.5.65 *utilisent la fonction* B *d'Euler (exercice* 2.5.63*).*

◇ **2.5.64** *a)* Montrer : $\forall x \in]0;+\infty[,\quad \mathrm{B}(x,x) = 2^{-2x+1}\mathrm{B}\left(\dfrac{1}{2},x\right)$.

b) En déduire : $\forall x \in]0;+\infty[,\quad 2^{2x-1}\Gamma(x)\Gamma\left(x+\dfrac{1}{2}\right) = \Gamma\left(\dfrac{1}{2}\right)\Gamma(2x)$.

c) Montrer : $\forall n \in \mathbb{N},\quad \Gamma\left(n+\dfrac{1}{2}\right) = \dfrac{(2n)!\sqrt{\pi}}{2^{2n+1}n!}$.

◇ **2.5.65** Montrer : $\forall(p,q) \in]0;+\infty[^2,\quad \displaystyle\int_{-1}^1 \frac{(1+x)^{2p-1}(1-x)^{2q-1}}{(1+x^2)^{p+q}}dx = 2^{p+q-2}\mathrm{B}(p,q)$.

Le lecteur trouvera dans le Tome 4 les formules de Gauss et de Weierstrass, et la formule des compléments.

Compléments

◇ C 2.1 Approfondissement MP* : complétude de certains espaces fonctionnels

Soit $(F,||.||)$ un evn.

1) **Complétude de B(X; F)**

Soit X un ensemble non vide. Montrer que, si F est complet, alors $\mathrm{B}(X;\ F)$ (ensemble des applications bornées de X dans F, cf. 2.1.4 p. 117) est un evn complet.

En particulier, ℓ^∞ $(= \mathrm{B}(\mathbb{N};\mathbb{K}))$ est un espace de Banach.

2) **Complétude de $CB(X,F)$**

Soient $(E,||.||)$ un evn, X une partie non vide de E, $CB(X,F)$ l'ensemble des applications continues bornées de X dans F.

a) Montrer que $CB(X,F)$ est un sev fermé de $\mathrm{B}(X;\ F)$.

b) En déduire que, si F est complet, alors $CB(X,F)$ est un evn complet.

En particulier, si X est une partie compacte non vide de E et si F est complet, alors $(C(X,F),||.||_\infty)$ est un evn complet (cf. 1.3.2 Cor. p. 59).

3) **Complétude de $\mathcal{LC}(E,F)$**

Soit $(E,||.|)$ un evn. Montrer que, si F est complet, alors $(\mathcal{LC}(E,F),|||.|||)$ est un evn complet.

En particulier, pour *tout* evn E, le dual topologique E' de E (cf. 1.2.6 p. 53, $E' = \mathcal{LC}(E,\mathbb{K})$) est complet.

◇ C 2.2* Inégalité des accroissements finis avec dérivée à droite

1) Soient $(a,b) \in \mathbb{R}^2$ tel que $a < b$, $f : [a;b] \longrightarrow E$, $g : [a;b] \longrightarrow \mathbb{R}$ continues sur $[a;b]$ et admettant en tout point de $]a;b[$ des dérivées à droite telles que : $\forall t \in]a;b[,\quad ||f'_{\mathrm{d}}(t)|| \leqslant g'_{\mathrm{d}}(t)$.

Soient $\varepsilon > 0$, $\varphi : [a;b] \longrightarrow \mathbb{R}$ définie par :

$\forall t \in [a;b],\ \varphi(t) = ||f(t) - f(a)|| - (g(t) - g(a)) - \varepsilon(t-a)$, et $X = \{t \in [a;b];\ \varphi(t) \leqslant \varepsilon\}$.

a) Montrer que X admet dans $\mathbb{R}$ une borne supérieure, que l'on notera c.

*b)** Démontrer $c = b$ (raisonner par l'absurde).

c) En déduire : $||f(b) - f(a)|| \leqslant g(b) - g(a)$.

2) *Une application*

Déduire que, si $f : I \longrightarrow E$ est continue sur un intervalle I, dérivable à droite en tout point de $\overset{\circ}{I}$, et telle que f'_{d} soit bornée sur $\overset{\circ}{I}$, alors f est M-lipschitzienne, en notant $M = \underset{t \in I}{\mathrm{Sup}}\, ||f'_{\mathrm{d}}(t)||$.

En particulier, si $f : I \longrightarrow E$ est continue sur l'intervalle I, dérivable à droite en tout point de $\overset{\circ}{I}$, et si $(\forall t \in \overset{\circ}{I},\ f'_{\mathrm{d}}(t) = 0)$, alors f est constante sur I.

◇ C 2.3 Convolution des fonctions continues à support borné

On note $\mathcal{C}$ l'algèbre des applications continues de $\mathbb{R}$ dans $\mathbb{R}$.

Pour $f \in \mathcal{C}$, on appelle **support** de f l'ensemble $\overline{\{x \in \mathbb{R}, f(x) \neq 0\}}$, c'est-à-dire l'adhérence (dans $\mathbb{R}$) de l'ensemble des points en lesquels f ne s'annule pas. On note $\mathcal{K}$ la partie de $\mathcal{C}$ formée des applications continues à support borné.

1) Vérifier que $\mathcal{K}$ est un idéal de l'algèbre $\mathcal{C}$, c'est-à-dire : $\begin{cases} \mathcal{K} \neq \varnothing \\ \forall \varphi, \psi \in \mathcal{K}, \quad \varphi + \psi \in \mathcal{K} \\ \forall \alpha \in \mathbb{R}, \forall \varphi \in \mathcal{K}, \quad \alpha\varphi \in \mathcal{K} \\ \forall f \in \mathcal{C}, \forall \varphi \in \mathcal{K}, \quad f\varphi \in \mathcal{K}. \end{cases}$

Pour $(f,\varphi) \in \mathcal{C} \times \mathcal{K}$, on note $f * \varphi : \mathbb{R} \longrightarrow \mathbb{R}$ l'application, appelée **convoluée** de f et φ, définie par :

$$\forall x \in \mathbb{R}, \quad (f * \varphi)(x) = \int_{-\infty}^{+\infty} f(t)\varphi(x-t)\,\mathrm{d}t.$$

2) *a)* Montrer que $f * g$ est correctement définie.

b) Montrer : $\alpha)$ $\forall (f,\varphi) \in \mathcal{C} \times \mathcal{K}, \quad f * \varphi \in \mathcal{C}$

$\beta)$ $\forall (\varphi,\psi) \in \mathcal{K}^2, \quad \varphi * \psi \in \mathcal{K}$

3) Etablir : $\forall (\varphi,\psi) \in \mathcal{K}^2, \quad \displaystyle\int_{-\infty}^{+\infty} (\varphi * \psi)(x)\,\mathrm{d}x = \left(\int_{-\infty}^{+\infty} \varphi(x)\,\mathrm{d}x\right)\left(\int_{-\infty}^{+\infty} \psi(x)\,\mathrm{d}x\right).$

4) Démontrer que $*$ est une loi interne commutative et associative dans $\mathcal{K}$.

5) On note $\theta : \mathbb{R} \longrightarrow \mathbb{R}$ l'application définie par :

$$\theta(x) = \begin{cases} \mathrm{e}^{-\frac{1}{1-x^2}} & \text{si } x \in]-1;1[\\ 0 & \text{si } x \in]-\infty;-1] \cup [1;+\infty[. \end{cases}$$

a) Montrer que $\theta \in \mathcal{K}$ et que θ est de classe C^∞ sur $\mathbb{R}$.

b) On note, pour $n \in \mathbb{N}^*$, $\varphi_n : \mathbb{R} \longrightarrow \mathbb{R}$ l'application définie par : $\forall x \in \mathbb{R}, \quad \varphi_n(x) = \gamma_n \theta(nx)$, où γ_n est le réel > 0 tel que $\displaystyle\int_{-\infty}^{+\infty} \varphi_n(x)\,\mathrm{d}x = 1$.

Montrer que, pour toute φ de $\mathcal{K}$, $(\varphi * \varphi_n)_{n \in \mathbb{N}^*}$ converge uniformément vers φ sur $\mathbb{R}$.

c) En déduire que l'ensemble des applications de classe C^∞ sur $\mathbb{R}$ et à support borné est dense dans $(\mathcal{K}, ||\cdot||_\infty)$.

Chapitre 3

Séries

$\mathbb{K}$ désigne $\mathbb{R}$ ou $\mathbb{C}$; E désigne un $\mathbb{K}$-evn, $||.||$ sa norme.

3.1 Séries à termes dans un evn

3.1.1 Généralités

1) Notion de série

◆ **Définition 1** On appelle **série** à termes dans E tout couple $((u_n)_{n\in\mathbb{N}}, (S_n)_{n\in\mathbb{N}})$ formé d'une suite $(u_n)_{n\in\mathbb{N}}$ à termes dans E et de la suite $(S_n)_{n\in\mathbb{N}}$ définie par :

$$\forall n \in \mathbb{N}, \quad S_n = \sum_{k=0}^{n} u_k.$$

Une **série numérique** (resp. **réelle**, resp. **complexe**) est une série à termes dans $\mathbb{K}$ (resp. $\mathbb{R}$, resp. $\mathbb{C}$).

L'élément u_n s'appelle le $\boldsymbol{n}^{\text{ème}}$ **terme** (ou : terme général) de la série, et S_n s'appelle la $\boldsymbol{n}^{\text{ème}}$ **somme partielle** de la série.

La série est notée $\sum_{n\geqslant 0} u_n$.

Le même vocabulaire est utilisé pour une suite $(u_n)_{n\geqslant n_0}$ d'indice «de départ » $n_0, n_0 \in \mathbb{N}$.

◆ **Définition 2**

1) On dit que la série $\sum_{n\geqslant 0} u_n$ **converge** (ou : **est convergente**) si et seulement si la suite $(S_n)_{n\in\mathbb{N}}$ des sommes partielles converge (dans E), et, dans ce cas, la limite de la suite $(S_n)_{n\in\mathbb{N}}$ est appelée **somme de la série** $\sum_{n\geqslant 0} u_n$, et notée $\sum_{n=0}^{+\infty} u_n$.

2) On dit que la série $\sum_{n\geqslant 0} u_n$ **diverge** (ou : **est divergente**) si et seulement si elle ne converge pas.

3) Deux séries sont dites **de même nature** si et seulement si elles sont toutes deux convergentes ou toutes deux divergentes.

◆ **Proposition (Changement d'indice de départ)**

Soient $\sum_{n\geqslant 0} u_n$ une série à termes dans E, et $n_0 \in \mathbb{N}$.

Les séries $\sum_{n\geqslant 0} u_n$ et $\sum_{n\geqslant n_0} u_n$ sont de même nature, et, si elles convergent, on a :

$$\sum_{n=0}^{+\infty} u_n = \sum_{n=0}^{n_0-1} u_n + \sum_{n=n_0}^{+\infty} u_n.$$

Preuve :

1) Si $\sum_{n\geqslant 0} u_n$ converge, alors, comme $\forall n \geqslant n_0,\ \sum_{k=n_0}^{n} u_k = \sum_{k=0}^{n} u_k - \sum_{k=0}^{n_0-1} u_k$,

$\sum_{n\geqslant n_0} u_n$ converge, et $\sum_{k=n_0}^{+\infty} u_k = \sum_{k=0}^{+\infty} u_k - \sum_{k=0}^{n_0-1} u_k$.

2) Si $\sum_{n\geqslant n_0} u_n$ converge, alors, comme $\forall n \geqslant n_0,\ \sum_{k=0}^{n} u_k = \sum_{k=0}^{n_0-1} u_k + \sum_{k=n_0}^{n} u_k$,

$\sum_{n\geqslant 0} u_n$ converge. ■

Ainsi, la nature d'une série (convergence ou divergence) n'est pas modifiée lorsqu'on change l'indice de départ, mais la somme (quand il y a convergence) peut être modifiée. Au lieu de $\sum_{n\geqslant 0} u_n$ ou $\sum_{n\geqslant n_0} u_n$, on peut donc noter $\sum_{n} u_n$ s'il s'agit de n'étudier que la convergence de la série.

Exercice

◇ **3.1.1** Soit $(u_n)_{n\geqslant 0}$ une suite dans E. Montrer que , si $\sum_{p\geqslant 0} u_{2p}$ converge et $\sum_{p\geqslant 0} u_{2p+1}$ diverge, alors $\sum_{n\geqslant 0} u_n$ diverge.

2) Condition nécessaire de convergence d'une série

◆ **Proposition**

Si la série $\sum_{n\geqslant 0} u_n$ converge, alors $u_n \underset{n\infty}{\longrightarrow} 0$.

Preuve :

En notant $S_n = \sum_{k=0}^{n} u_k$ et $S = \sum_{k=0}^{+\infty} u_k$, on a : $\forall n \in \mathbb{N}^*, \quad u_n = S_n - S_{n-1}$,

et donc $u_n \underset{n\infty}{\longrightarrow} S - S = 0$. ■

Lorsque $u_n \underset{n\infty}{\not\longrightarrow} 0$, on dit que la série $\sum_{n\geqslant 0} u_n$ **diverge grossièrement**. Par exemple, $\sum_{n\geqslant 0}(-1)^n$ diverge grossièrement.

Remarque :

La réciproque de la Prop. précédente est fausse; il se peut que : $\sum_{n\geqslant 0} u_n$ diverge et $u_n \underset{n\infty}{\longrightarrow} 0$.

EXEMPLES :

1) $u_n = \ln(n+1) - \ln n$ (pour $n \geqslant 1$).

- $\sum_{k=1}^{n} u_k = \ln(n+1) \underset{n\infty}{\longrightarrow} +\infty$, donc $\sum_{n\geqslant 1} u_n$ diverge.
- $u_n = \ln\left(1 + \frac{1}{n}\right) \underset{n\infty}{\longrightarrow} 0$.

2) **Série harmonique**

La série $\sum_{n\geqslant 1} \frac{1}{n}$ est appelée **série harmonique**; on note souvent $\mathrm{H}_n = \sum_{k=1}^{n} \frac{1}{k}$ (cf. Tome 1 exercice 3.1.18 p. 58).

- Pour tout $n \in \mathbb{N}^*$, en notant $m = \mathrm{E}\left(\frac{\ln n}{\ln 2}\right)$, on a $n \geqslant 2^m$, d'où

$$\sum_{k=1}^{n} \frac{1}{k} \geqslant \sum_{k=1}^{2^m} \frac{1}{k}$$
$$= 1 + \frac{1}{2} + \left(\frac{1}{3} + \frac{1}{4}\right) + \left(\frac{1}{5} + \ldots + \frac{1}{8}\right) + \ldots + \left(\frac{1}{2^{m-1}+1} + \ldots + \frac{1}{2^m}\right)$$
$$\geqslant 1 + \frac{1}{2} + 2 \cdot \frac{1}{4} + 4 \cdot \frac{1}{8} + \ldots + 2^{m-1} \cdot \frac{1}{2^m} = 1 + \frac{m}{2} \underset{m\infty}{\longrightarrow} +\infty,$$

et donc $\sum_{n\geqslant 1} \frac{1}{n}$ diverge.

- $\frac{1}{n} \underset{n\infty}{\longrightarrow} 0$.

Exercice

◇ **3.1.2** Montrer que la série $\sum_{n\geqslant 0} \sin n$ diverge.

3) Reste d'ordre n d'une série convergente

◆ **Définition**

Soit $\sum\limits_{n\geqslant 0} u_n$ une série à termes dans E, convergente. Pour chaque n de $\mathbb{N}$, la somme de la série $\sum\limits_{k\geqslant n+1} u_k$ (qui converge d'après *2)* Prop.) est appelée le $\boldsymbol{n}^{\text{ème}}$ **reste** (ou : **reste d'ordre** n) de la série et souvent notée R_n :

$$\forall n \in \mathbb{N}, \quad R_n = \sum_{k=n+1}^{+\infty} u_k.$$

On a ainsi : $\forall n \in \mathbb{N}, \quad \sum\limits_{k=0}^{+\infty} u_k = S_n + R_n.$

Remarque :

La notion de reste d'ordre n n'a de sens que si la série considérée converge.

◆ **Proposition**

Soient $\sum\limits_{n\geqslant 0} u_n$ une série à termes dans E, convergente, et, pour chaque n de $\mathbb{N}$, R_n le $n^{\text{ème}}$ reste. On a alors : $\quad R_n \underset{n\infty}{\longrightarrow} 0.$

Preuve :

En notant $S = \sum\limits_{k=0}^{+\infty} u_k$, on a : $\quad R_n = S - S_n \underset{n\infty}{\longrightarrow} S - S = 0.$

3.1.2 Structure algébrique de l'ensemble des séries convergentes

Les séries envisagées dans ce § 3.1.2 sont à termes dans un $\mathbb{K}$-evn E.

◆ **Proposition 1**

Si $\sum_{n\geqslant 0} u_n$ et $\sum_{n\geqslant 0} v_n$ convergent, alors, pour tout λ de $\mathbb{K}$, $\sum_{n\geqslant 0}(u_n + \lambda v_n)$ converge, et :

$$\sum_{n=0}^{+\infty}(u_n + \lambda v_n) = \sum_{n=0}^{+\infty} u_n + \lambda \sum_{n=0}^{+\infty} v_n.$$

Preuve :

Il suffit d'appliquer 1.1.9 *2)* Prop. 2 p. 31 aux suites des sommes partielles, en remarquant :

$$\forall n \in \mathbb{N}, \quad \sum_{k=0}^{n}(u_k + \lambda v_k) = \sum_{k=0}^{n} u_k + \lambda \sum_{k=0}^{n} v_k.$$

Remarque :

D'après la Prop. 1, l'ensemble $\Lambda_1(E)$ des suites $(u_n)_{n\geqslant 0}$ à termes dans E telles que $\sum_{n\geqslant 0} u_n$ converge est un $\mathbb{K}$-ev et l'application $\begin{array}{rcl}\Lambda_1(E) & \longrightarrow & E \\ (u_n)_{n\geqslant 0} & \longmapsto & \sum_{n=0}^{+\infty} u_n\end{array}$ est $\mathbb{K}$-linéaire. ■

On déduit de la Prop. 1 les propriétés suivantes :

1) Pour toute série $\sum_{n\geqslant 0} u_n$ et tout λ de $\mathbb{K} - \{0\}$, les séries $\sum_{n\geqslant 0} u_n$ et $\sum_{n\geqslant 0} \lambda u_n$ sont de même nature.

2) Si $\sum_{n\geqslant 0} u_n$ converge et $\sum_{n\geqslant 0} v_n$ diverge, alors $\sum_{n\geqslant 0}(u_n + v_n)$ diverge (raisonner par l'absurde, en remarquant : $v_n = (u_n + v_n) - u_n$).

Remarque :

Si $\sum_{n\geqslant 0} u_n$ et $\sum_{n\geqslant 0} v_n$ divergent, on ne peut pas (sans hypothèse supplémentaire) déduire la nature de $\sum_{n\geqslant 0}(u_n + v_n)$. Par exemple :

- $\left\{\begin{array}{l}\forall n \in \mathbb{N},\ u_n = 1 \\ \forall n \in \mathbb{N},\ v_n = -1\end{array}\right|$: $\sum_{n\geqslant 0} u_n, \sum_{n\geqslant 0} v_n$ divergent, $\sum_{n\geqslant 0}(u_n + v_n)$ converge
- $\left\{\begin{array}{l}\forall n \in \mathbb{N},\ u_n = 1 \\ \forall n \in \mathbb{N},\ v_n = 1\end{array}\right|$: $\sum_{n\geqslant 0} u_n, \sum_{n\geqslant 0} v_n, \sum_{n\geqslant 0}(u_n + v_n)$ divergent.

◆ **Proposition 2**

Soient E un $\mathbb{K}$-evn de dimension finie, $\mathcal{B} = (e_1,\dots,e_m)$ une base de E, $(u_n)_{n\in\mathbb{N}}$ une suite dans E. Notons, pour chaque n de $\mathbb{N}$, $(u_{n,i})_{1\leqslant i\leqslant m}$ les composantes de u_n dans la base $\mathcal{B}$:

$$\forall n \in \mathbb{N}, \quad u_n = \sum_{i=1}^{m} u_{n,i} e_i.$$

Alors $\sum_{n\geqslant 0} u_n$ converge (dans E) si et seulement si, pour chaque i de $\{1,\dots,m\}$, $\sum_{n\geqslant 0} u_{n,i}$ converge (dans $\mathbb{K}$), et, dans ce cas, on a :

$$\sum_{n=0}^{+\infty} u_n = \sum_{i=1}^{m} \left(\sum_{n=0}^{+\infty} u_{n,i} \right) e_i.$$

Preuve :

Appliquer 1.1.9 *1)* Prop. 2 p. 31 à la suite $\left(\sum_{k=0}^{n} u_k\right)_{n\geqslant 0}$ des sommes partielles.

◆ **Corollaire**

Soit $\sum_{n\geqslant 0} u_n$ une série à termes complexes.

On a :

$$\left(\sum_{n\geqslant 0} u_n \text{converge}\right) \Longleftrightarrow \left(\begin{cases} \sum_{n\geqslant 0} \text{Ré}(u_n) \text{ converge} \\ \sum_{n\geqslant 0} \text{Im}(u_n) \text{ converge} \end{cases}\right) \Longleftrightarrow \left(\sum_{n\geqslant 0} \overline{u_n} \text{ converge}\right).$$

Preuve :

Appliquer la Prop. 2 à $\mathbb{C}$ considéré comme un $\mathbb{R}$-ev muni de la base $(1,\mathrm{i})$. ■

On a plus généralement le résultat suivant.

◆ **Proposition 3**

Soient E, F deux $\mathbb{K}$-evn, $f \in \mathcal{LC}(E, F)$, $\sum_{n \geqslant 0} u_n$ une série à termes dans E.

Si $\sum_{n \geqslant 0} u_n$ converge (dans E), alors $\sum_{n \geqslant 0} f(u_n)$ converge (dans F) et :

$$\sum_{n=0}^{+\infty} f(u_n) = f\left(\sum_{n=0}^{+\infty} u_n\right).$$

Preuve :

Puisque f est linéaire, on a : $\forall n \in \mathbb{N}, \quad \sum_{k=0}^{n} f(u_k) = f\left(\sum_{k=0}^{n} u_k\right).$

Comme $\sum_{k=0}^{n} u_k \underset{n\infty}{\longrightarrow} \sum_{k=0}^{+\infty} u_k$ et que f est continue, on déduit $f\left(\sum_{k=0}^{n} u_k\right) \underset{n\infty}{\longrightarrow} f\left(\sum_{k=0}^{+\infty} u_k\right).$

Ainsi : $\sum_{k=0}^{n} f(u_k) \underset{n\infty}{\longrightarrow} f\left(\sum_{k=0}^{+\infty} u_k\right).$ ∎

◆ **Proposition 4**

Soient $\sum_{n \geqslant 0} u_n, \sum_{n \geqslant 0} v_n$ deux séries convergentes à termes réels, telles que :

$$\forall n \in \mathbb{N}, \quad u_n \leqslant v_n.$$

Alors : $\sum_{n=0}^{+\infty} u_n \leqslant \sum_{n=0}^{+\infty} v_n.$

Preuve :

$\forall n \in \mathbb{N}, \sum_{k=0}^{n} u_k \leqslant \sum_{k=0}^{n} v_k,$ et passer aux limites lorsque n tend vers l'infini.

Remarque :

Nous verrons plus loin (3.2.2 Théorème 1 p. 238) que si ($\forall n \in \mathbb{N}, u_n \geqslant 0$), la convergence de $\sum_{n \geqslant 0} v_n$ entraîne celle de $\sum_{n \geqslant 0} u_n$.

3.2 Séries à termes dans $\mathbb{R}_+$

Dans ce § 3.2, les séries envisagées sont à termes dans $\mathbb{R}_+$, sauf dans § 3.2.4. On comparera utilement ce § avec le § analogue sur les intégrales sur un intervalle quelconque (2.5.1 pp. 181-193).

3.2.1 Lemme fondamental

◆ **Lemme**

Soit $\sum_{n\geqslant 0} u_n$ une série à termes dans $\mathbb{R}_+$. Pour que $\sum_{n\geqslant 0} u_n$ converge,

il faut et il suffit qu'il existe $M \in \mathbb{R}_+$ tel que : $\forall n \in \mathbb{N}, \quad \sum_{k=0}^{n} u_k \leqslant M.$

Preuve :

Puisque $(\forall n \in \mathbb{N},\ u_n \geqslant 0)$, la suite $(S_n)_{n\geqslant 0}$ des sommes partielles de la série $\sum_{n\geqslant 0} u_n$ est croissante. Pour que $(S_n)_{n\geqslant 0}$ converge, il faut et il suffit que $(S_n)_{n\geqslant 0}$ soit majorée (cf. Tome 1, 3.2.1 pp. 59-60).

Remarques :

1) Si $\left\{\begin{array}{l} \forall n \in \mathbb{N}, \quad u_n \geqslant 0 \\ \sum_{n\geqslant 0} u_n \text{ converge} \end{array}\right|$, alors $\forall n \in \mathbb{N}, \quad \sum_{k=0}^{n} u_k \leqslant \sum_{k=0}^{+\infty} u_k.$

2) Si $\left\{\begin{array}{l} \forall n \in \mathbb{N}, \quad u_n \geqslant 0 \\ \sum_{n\geqslant 0} u_n \text{ diverge} \end{array}\right|$, alors $\sum_{k=0}^{n} u_k \underset{n\infty}{\longrightarrow} +\infty.$

3.2.2 Théorèmes de comparaison

◆ **Théorème 1** **(Théorème de majoration)**

Soient $\sum_{n\geqslant 0} u_n, \sum_{n\geqslant 0} v_n$ deux séries à termes réels. Si $\left\{\begin{array}{l} \forall n \in \mathbb{N}, \quad 0 \leqslant u_n \leqslant v_n \\ \sum_{n\geqslant 0} v_n \text{ converge} \end{array}\right|$,

alors $\sum_{n\geqslant 0} u_n$ converge.

Preuve :

On a : $\forall n \in \mathbb{N}, \quad \sum_{k=0}^{n} u_k \leqslant \sum_{k=0}^{n} v_k \leqslant \sum_{k=0}^{+\infty} v_k.$

D'après le lemme, il s'ensuit que $\sum_{n\geqslant 0} u_n$ converge.

Remarques :

1) On peut aisément adapter le Théorème 1 au cas des séries à termes dans $\mathbb{R}_-$.

Le plus commode nous semble, cependant, lorsque $\left(\forall n \in \mathbb{N},\ \begin{cases} u_n \leqslant 0 \\ v_n \leqslant 0 \end{cases}\right)$, d'étudier les séries des opposés : $\sum\limits_{n\geqslant 0} -u_n,\quad \sum\limits_{n\geqslant 0} -v_n$.

2) Par contraposition du Théorème 1, on obtient :

$$\text{Si } \left\{\begin{array}{l} \forall n \in \mathbb{N},\quad 0 \leqslant u_n \leqslant v_n \\ \sum\limits_{n\geqslant 0} u_n \text{ diverge} \end{array}\right|, \quad \text{alors } \sum_{n\geqslant 0} v_n \text{ diverge.}$$

3) On peut, dans le Théorème 1, remplacer l'hypothèse $(\forall n \in \mathbb{N},\ 0 \leqslant u_n \leqslant v_n)$ par l'hypothèse plus faible suivante :

$$(\exists n_0 \in \mathbb{N}, \forall n \geqslant n_0,\quad 0 \leqslant u_n \leqslant v_n).$$

◆ **Théorème 2** Soient $\sum\limits_{n\geqslant 0} u_n, \sum\limits_{n\geqslant 0} \alpha_n$ deux séries à termes dans $\mathbb{R}_+$.

$$\text{Si } \left\{\begin{array}{l} u_n = \underset{n\infty}{O}(\alpha_n) \\ \sum\limits_{n\geqslant 0} \alpha_n \text{ converge} \end{array}\right|, \text{ alors } \sum_{n\geqslant 0} u_n \text{ converge.}$$

Preuve :

Il existe $N \in \mathbb{N}$ et $C \in \mathbb{R}_+$ tels que : $\forall n \geqslant \mathbb{N},\quad 0 \leqslant u_n \leqslant C\alpha_n$.

Comme $\sum\limits_{n\geqslant 0} \alpha_n$ converge, $\sum\limits_{n\geqslant N} C\alpha_n$ converge, puis (théorème 1) $\sum\limits_{n\geqslant N} u_n$ converge, et donc $\sum\limits_{n\geqslant 0} u_n$ converge.

◆ **Théorème 3** **(Théorème d'équivalence)**

Soient $\sum\limits_{n\geqslant 0} u_n,\quad \sum\limits_{n\geqslant 0} v_n$ deux séries à termes réels.

Si $\left\{\begin{array}{l} \forall n \in \mathbb{N},\quad 0 \leqslant v_n \\ u_n \underset{n\infty}{\sim} v_n \end{array}\right|$, alors les deux séries $\sum\limits_{n\geqslant 0} u_n$ et $\sum\limits_{n\geqslant 0} v_n$ sont de même nature.

Preuve :

1) Montrons d'abord : $\exists N \in \mathbb{N}, \forall n \geqslant N, u_n \geqslant 0$.

Puisque $u_n \underset{n\infty}{\sim} v_n$, il existe $N \in \mathbb{N}$ tel que : $\forall n \geqslant N,\quad |u_n - v_n| \leqslant v_n$,

et donc : $\forall n \geqslant N,\quad 0 \leqslant u_n (\leqslant 2v_n)$.

2) Puisque $u_n \underset{n\infty}{\sim} v_n \Longrightarrow \left\{\begin{array}{l} u_n = \underset{n\infty}{O}(v_n) \\ v_n = \underset{n\infty}{O}(u_n) \end{array}\right|$, le Théorème 2 permet de conclure :

$\sum\limits_{n\geqslant 0} u_n$ converge si et seulement si $\sum\limits_{n\geqslant 0} v_n$ converge.

Remarque :

L'hypothèse $v_n \geqslant 0$ est essentielle et on veillera à ne pas appliquer le théorème d'équivalence à des séries à termes complexes ou à termes réels de signe variable (cf. 3.3.6 Exemple p. 267).

3.2.3 Séries de Riemann

Soit $\alpha \in \mathbb{R}$ fixé. Nous allons déterminer la nature de la série $\sum_{n\geqslant 1} \frac{1}{n^\alpha}$, appelée série de Riemann.

Si $\alpha \leqslant 0$, alors $\frac{1}{n^\alpha} \underset{n\infty}{\not\longrightarrow} 0$, donc $\sum_{n\geqslant 1} \frac{1}{n^\alpha}$ diverge (grossièrement).

Si $\alpha = 1$, $\sum_{n\geqslant 1} \frac{1}{n^\alpha}$ diverge car il s'agit de la série harmonique, cf. 3.1.1 *2)* Exemple *2)* p. 233.

Si $0 < \alpha < 1$, $\sum_{n\geqslant 1} \frac{1}{n^\alpha}$ diverge, car, pour tout n de $\mathbb{N}^*$, $\frac{1}{n^\alpha} \geqslant \frac{1}{n} > 0$ et $\sum_{n\geqslant 1} \frac{1}{n}$ diverge.

Supposons enfin $\alpha > 1$.

Soit $N \in \mathbb{N}$ tel que $N \geqslant 2$. On a, pour tout n de $\mathbb{N}$ tel que $n \geqslant 2$:

$$\frac{1}{n^\alpha} \leqslant \int_{n-1}^{n} \frac{1}{t^\alpha}\,\mathrm{d}t = \frac{1}{\alpha-1}\left(\frac{1}{(n-1)^{\alpha-1}} - \frac{1}{n^{\alpha-1}}\right),$$

d'où : $$\sum_{n=2}^{N} \frac{1}{n^\alpha} \leqslant \frac{1}{\alpha-1}\sum_{n=2}^{N}\left(\frac{1}{(n-1)^{\alpha-1}} - \frac{1}{n^{\alpha-1}}\right) = \frac{1}{\alpha-1}\left(1 - \frac{1}{N^{\alpha-1}}\right) \leqslant \frac{1}{\alpha-1}.$$

D'après le lemme fondamental, il en résulte que $\sum_{n\geqslant 1} \frac{1}{n^\alpha}$ converge.

Résumons l'étude :

◆ **Théorème** **(Exemple de Riemann)**

Pour tout $\alpha \in \mathbb{R}$ fixé, $\sum_{n\geqslant 1} \frac{1}{n^\alpha}$ converge si et seulement si $\alpha > 1$. ■

◆ **Proposition 1** («**Règle $n^\alpha u_n$**»)

Soit $\sum_{n\geqslant 0} u_n$ une série à termes dans $\mathbb{R}_+$.

S'il existe $\alpha \in]1; +\infty[$ tel que $n^\alpha u_n \underset{n\infty}{\longrightarrow} 0$, alors $\sum_{n\geqslant 0} u_n$ converge.

Preuve :

Il existe $N \in \mathbb{N}^*$ tel que : $\forall n \geqslant N, \quad 0 \leqslant n^\alpha u_n \leqslant 1$, soit : $\forall n \geqslant N, 0 \leqslant u_n \leqslant \frac{1}{n^\alpha}$.

Comme $\sum_{n\geqslant 1} \frac{1}{n^\alpha}$ converge (car $\alpha > 1$), le théorème de majoration permet de déduire la convergence de $\sum_{n\geqslant 0} u_n$.

EXEMPLE : Nature de la série de terme général $u_n = \mathrm{e}^{-(\ln n)^a}$, pour $a \in \mathbb{R}$ fixé.

Pour tout α de $\mathbb{R}_+^*$: $n^\alpha u_n = \exp(\alpha \ln n - (\ln n)^a)$.

- Si $a > 1$, alors, pour tout $\alpha > 0$ fixé, $\alpha \ln n - (\ln n)^a \underset{n\infty}{\longrightarrow} -\infty$, et donc $n^\alpha u_n \underset{n\infty}{\longrightarrow} 0$.

En particulier, $n^2 u_n \underset{n\infty}{\longrightarrow} 0$, et donc $\sum_{n\geqslant 1} u_n$ converge.

- Si $a = 1$, alors $\left(\forall n \in \mathbb{N}^*, \quad u_n = \frac{1}{n}\right)$, donc $\sum_{n\geqslant 1} u_n$ diverge.

- Si $a < 1$, alors, pour tout $n \geqslant 3$, $\mathrm{e}^{-(\ln n)^a} \geqslant \mathrm{e}^{-\ln n} = \dfrac{1}{n}$, donc $\sum_{n \geqslant 2} u_n$ diverge. ■

L'étude des séries de Bertrand, ci-dessous, est hors-programme, mais d'un usage commode.

Soit $(\alpha,\beta) \in \mathbb{R}^2$. On s'intéresse à la série $\displaystyle\sum_{n \geqslant 2} \frac{1}{n^\alpha (\ln n)^\beta}$.

1) Si $\alpha > 1$, en notant $\gamma = \dfrac{1+\alpha}{2}$, on a :

$$n^\gamma \frac{1}{n^\alpha (\ln n)^\beta} = n^{\frac{1-\alpha}{2}} (\ln n)^{-\beta} \underset{n\infty}{\longrightarrow} 0,$$

et donc (cf. Prop. 1 p. 240), la série étudiée converge.

2) Si $\alpha < 1$, comme $n \dfrac{1}{n^\alpha (\ln n)^\beta} = n^{1-\alpha} (\ln n)^{-\beta} \underset{n\infty}{\longrightarrow} +\infty$, il existe un indice à partir duquel $\dfrac{1}{n^\alpha (\ln n)^\beta} \geqslant \dfrac{1}{n}$, et donc la série étudiée diverge.

3) Supposons $\alpha = 1$.

Nous allons utiliser une comparaison série-intégrale, cf. aussi plus loin, 3.3.7 p. 269.

Comme la fonction $x \longmapsto \dfrac{1}{x(\ln x)^\beta}$ décroît au voisinage de $+\infty$ (étudier sa dérivée), il existe $N \geqslant 3$ tel que :

$$\forall n \geqslant N, \quad \int_N^{n+1} \frac{1}{x(\ln x)^\beta}\,\mathrm{d}x \leqslant \sum_{k=N}^{n} \frac{1}{k(\ln k)^\beta} \leqslant \int_{N-1}^{n} \frac{1}{x(\ln x)^\beta}\,\mathrm{d}x.$$

- Si $\beta > 1$, alors, pour tout n tel que $n \geqslant N$:

$$\sum_{k=N}^{n} \frac{1}{k(\ln k)^\beta} \leqslant \int_{N-1}^{n} \frac{1}{x(\ln x)^\beta}\,\mathrm{d}x \underset{y=\ln x}{=} \int_{\ln(N-1)}^{\ln n} \frac{\mathrm{d}y}{y^\beta}$$
$$= \frac{\big(\ln(N-1)\big)^{1-\beta} - (\ln n)^{1-\beta}}{\beta - 1} \leqslant \frac{\big(\ln(N-1)\big)^{1-\beta}}{\beta - 1}.$$

D'après le lemme fondamental, il en résulte que $\displaystyle\sum_{n \geqslant 2} \frac{1}{n(\ln n)^\beta}$ converge.

- Si $\beta = 1$, alors, pour tout n tel que $n \geqslant N$:

$$\sum_{k=N}^{n} \frac{1}{k \ln k} \geqslant \int_N^{n+1} \frac{\mathrm{d}x}{x\ \ln x} = \int_{\ln N}^{\ln(n+1)} \frac{\mathrm{d}y}{y} = \ln\ln(n+1) - \ln\ln N \underset{n\infty}{\longrightarrow} +\infty,$$

donc $\displaystyle\sum_{n \geqslant 2} \frac{1}{n \ln n}$ diverge.

- Si $\beta < 1$, alors, comme $\dfrac{1}{n(\ln n)^\beta} \geqslant \dfrac{1}{n \ln n}$, $\displaystyle\sum_{n \geqslant 2} \frac{1}{n(\ln n)^\beta}$ diverge.

Résumons l'étude :

◆ **Proposition 2** (Exemple de Bertrand)

Pour tout $(\alpha,\beta) \in \mathbb{R}^2$ fixé, $\displaystyle\sum_{n\geqslant 2} \frac{1}{n^\alpha(\ln n)^\beta}$ converge si et seulement si :

$$\left|\begin{array}{l} \alpha > 1 \\ \text{ou} \\ (\alpha = 1 \text{ et } \beta > 1). \end{array}\right.$$

3.2.4 Série géométrique

1) Série géométrique dans $\mathbb{K}$

◆ **Définition**

Pour tout r de $\mathbb{K}$, la série $\displaystyle\sum_{n\geqslant 0} r^n$ est appelée **série géométrique**.

◆ **Théorème** Soit $r \in \mathbb{K}$. La série géométrique $\displaystyle\sum_{n\geqslant 0} r^n$ converge si et seulement si $|r| < 1$. De plus, si $|r| < 1$, alors :

$$\sum_{n=0}^{+\infty} r^n = \frac{1}{1-r}.$$

Preuve :

1) Si $|r| \geqslant 1$, alors $(\forall n \in \mathbb{N},\quad |r^n| \geqslant 1)$, donc $r^n \underset{n\infty}{\not\longrightarrow} 0$, $\displaystyle\sum_{n\geqslant 0} r^n$ diverge grossièrement.

2) Si $|r| < 1$, alors : $\displaystyle\sum_{k=0}^{n} r^k = \frac{1-r^{n+1}}{1-r} \underset{n\infty}{\longrightarrow} \frac{1}{1-r}$, donc $\displaystyle\sum_{n\geqslant 0} r^n$ converge et

$$\sum_{n=0}^{+\infty} r^n = \frac{1}{1-r}.$$

■

Remarque :

Soit $r \in \mathbb{K}$ tel que $|r| < 1$. Pour tout n de $\mathbb{N}$, on a :

$$\sum_{k=n+1}^{+\infty} r^k = r^{n+1} \sum_{p=0}^{+\infty} r^p = \frac{r^{n+1}}{1-r}.$$

2) *Développement décimal d'un réel positif ou nul*

◆ **Définition** Soit $x \in \mathbb{R}_+$.

On appelle **développement décimal** de x toute suite $(d_n)_{n\geqslant 0}$ telle que :

$$\begin{cases} \forall n \in \mathbb{N}, \quad d_n \in \mathbb{N} & (1) \\ \forall n \in \mathbb{N}^*, \quad 0 \leqslant d_n \leqslant 9 & (2) \\ x = \displaystyle\sum_{n=0}^{+\infty} d_n 10^{-n} & (3) \end{cases}$$

et on écrit alors : $x = d_0{,}d_1d_2\dots d_n\dots$

On remarquera que la condition (2) assure la convergence de la série $\sum\limits_{n\geqslant 0} d_n 10^{-n}$.

Comme $0 \leqslant \sum\limits_{n=1}^{+\infty} d_n 10^{-n} \leqslant \sum\limits_{n=1}^{+\infty} 9\cdot 10^{-n} \leqslant 1$, on a (sauf si : $\forall n \geqslant 1,\ d_n = 9$), $d_0 = \mathrm{E}(x)$.
On peut donc se ramener au cas $x \in [0;1[$.
Nous allons étudier l'existence et l'unicité de $(d_n)_{n\in\mathbb{N}}$, pour $x \in [0;1[$.

1) Existence

Cf. aussi Tome 1, 3.2.2 p. 63.
Pour tout n de $\mathbb{N}$, notons : $u_n = 10^{-n}\mathrm{E}(10^n x)$ et $v_n = 10^{-n}\big(\mathrm{E}(10^n x)+1\big)$.

On a donc : $\forall n \in \mathbb{N}, \quad \begin{cases} u_n \leqslant x \leqslant v_n \\ 10^n u_n \in \mathbb{N} \quad \text{et} \quad 10^n v_n \in \mathbb{N} \\ v_n - u_n = 10^{-n}. \end{cases}$

Soit $n \in \mathbb{N}$. Comme $\left\{\begin{array}{l} \mathrm{E}(10^n x) \leqslant 10^n x < \mathrm{E}(10^n x)+1 \\ \mathrm{E}(10^{n+1}x) \leqslant 10^{n+1}x < \mathrm{E}(10^{n+1}x)+1 \end{array}\right|,$

on a : $\begin{cases} 10\mathrm{E}(10^n x) \leqslant 10^{n+1}x < \mathrm{E}(10^{n+1}x)+1 \\ \mathrm{E}(10^{n+1}x) \leqslant 10^{n+1}x < 10\big(\mathrm{E}(10^n x)+1\big) \end{cases}.$

Puisque $10\mathrm{E}(10^n x)$, $\mathrm{E}(10^{n+1}x)$, $\mathrm{E}(10^{n+1}x)+1$, $10\big(\mathrm{E}(10^n x)+1\big)$ sont entiers, on déduit :

$\left\{\begin{array}{l} 10\mathrm{E}(10^n x) \leqslant \mathrm{E}(10^{n+1}x) \\ \mathrm{E}(10^{n+1}x)+1 \leqslant 10\big(\mathrm{E}(10^n x)+1\big) \end{array}\right|,$ d'où : $\begin{cases} u_n \leqslant u_{n+1} \\ v_{n+1} \leqslant v_n \end{cases}.$

Ainsi, $(u_n)_{n\geqslant 0}$ et $(v_n)_{n\geqslant 0}$ sont adjacentes, donc convergent vers une même limite l.
Comme de plus ($\forall n \in \mathbb{N}, \quad u_n \leqslant x \leqslant v_n$), on obtient $l = x$, et on conclut :

$$u_n \xrightarrow[n\infty]{} x \quad \text{et} \quad v_n \xrightarrow[n\infty]{} x.$$

Montrons maintenant que u_{n+1} (nombre décimal ayant $n+1$ chiffres après la virgule) a les mêmes n premières décimales que u_n.
Soit $n \in \mathbb{N}$.
On a :
- $u_n \leqslant u_{n+1}$, d'où : $10^n u_n \leqslant 10^n u_{n+1}$
- $u_{n+1} = 10^{-(n+1)}\mathrm{E}(10^{n+1}x) < 10^{-n}\big(\mathrm{E}(10^n x)+1\big) = u_n + 10^{-n}$,

d'où : $10^n u_{n+1} < 10^n u_n + 1$.

Ainsi : $10^n u_n \leqslant 10^n u_{n+1} < 10^n u_n + 1$, et $10^n u_n \in \mathbb{N}$.

Ceci montre : $E(10^n u_{n+1}) = 10^n u_n$. Comme $10^n u_{n+1}$ est un nombre décimal n'ayant que $n+1$ chiffres après la virgule, il en résulte que u_n et u_{n+1} ont les mêmes décimales jusqu'au rang n.

Notons $d_0 = 0$ et, pour $n \in \mathbb{N}^*$, d_n la $n^{\text{ème}}$ décimale de u_n. On a ainsi :

$$\forall n \in \mathbb{N}, \quad u_n = d_0{,}d_1 d_2 \ldots d_n = \sum_{k=0}^{n} d_k 10^{-k}.$$

Ceci montre que x admet au moins un développement décimal : $x = \sum_{n=0}^{+\infty} d_n 10^{-n}$.

2) Etude de l'unicité

Il est clair d'abord qu'il peut ne pas y avoir unicité d'un développement décimal.

Par exemple : $\frac{1}{10} = 0{,}100...0...$ et $\frac{1}{10} = 0{,}099...9....$

Soit $x \in [0; 1[$. Supposons que x admette deux développements décimaux distincts :

$$x = 0{,}d_1 d_2 \ldots d_n \ldots \quad \text{et} \quad x = 0{,}e_1 e_2 \ldots e_n \ldots.$$

L'ensemble $\{n \in \mathbb{N}^*;\, d_n \neq e_n\}$ étant une partie non vide de $\mathbb{N}$, nous pouvons considérer son plus petit élément, noté N. On a donc :

$$\begin{cases} d_N \neq e_N \\ \forall n \in \mathbb{N}^*, \quad (n < N \Longrightarrow d_n = e_n). \end{cases}$$

On peut supposer, par exemple, $e_N < d_N$.

On a alors : $d_N 10^{-N} + \sum_{n=N+1}^{+\infty} d_n 10^{-n} = e_N 10^{-N} + \sum_{n=N+1}^{+\infty} e_n 10^{-n}$,

d'où : $(d_N - e_N)10^{-N} = \sum_{n=N+1}^{+\infty} (e_n - d_n)10^{-n}$.

D'une part, $d_N \geqslant e_N + 1$, donc : $(d_N - e_N)10^{-N} \geqslant 10^{-N}$.

D'autre part : $\forall n \geqslant N+1, \quad 0 \leqslant |e_n - d_n| \leqslant 9$,

donc : $\left|\sum_{n=N+1}^{+\infty} (e_n - d_n)10^{-n}\right| \leqslant \sum_{n=N+1}^{+\infty} |e_n - d_n| 10^{-n} \leqslant \sum_{n=N+1}^{+\infty} 9 \cdot 10^{-n} = 10^{-N}$.

On a alors nécessairement : $\begin{cases} d_N - e_N = 1 \\ \forall n \geqslant N+1, \quad e_n - d_n = 9. \end{cases}$

Mais, comme les d_n et e_n sont dans $\{0, \ldots, 9\}$, on déduit : $\forall n \geqslant N+1, \quad (e_n = 9 \text{ et } d_n = 0)$.

Ceci montre que x admet exactement deux développements décimaux :

$$x = d_0{,}d_1 d_2 \ldots d_N 0 \ldots 0 \ldots \quad \text{et} \quad x = d_0{,}d_1, \ldots d_{N-1} e_N 9 \ldots 9 \ldots,$$

où $e_N \in \{0, \ldots, 8\}$ et $d_N = e_N + 1$.

En particulier, x est décimal.

Réciproquement, il est clair que, si x est décimal, alors x admet au moins deux développements décimaux, et du genre précédent.

Résumons l'étude :

◆ **Proposition** Tout élément x de $\mathbb{R}_+$ admet au moins un développement décimal :

$$x = \sum_{n=0}^{+\infty} d_n 10^{-n}, \quad \text{où :} \quad \left\{ \begin{array}{ll} \forall n \in \mathbb{N}, & d_n \in \mathbb{N} \\ \forall n \in \mathbb{N}^*, & 0 \leqslant d_n \leqslant 9 \end{array} \right| ,$$

que l'on écrit : $x = d_0{,}d_1 d_2 \dots d_n \dots$.

Si x n'est pas décimal, alors x admet un développement décimal unique.

Si x est décimal et non nul, alors x admet exactement deux développements décimaux, du genre :

$x = d_0{,}d_1 \dots d_{N-1} d_N 0 \dots 0 \dots$ et $x = d_0{,}d_1 \dots d_{N-1} e_N 9 \dots 9 \dots,$

où $e_N \in \{0,\dots,8\}$ et $d_N = e_N + 1$.

L'étude précédente s'adapte facilement en remplaçant 10 par n'importe quel entier $\geqslant 2$.

En particulier :

- en base 2 on obtient le **développement dyadique** de x,
$$x = \sum_{n=0}^{+\infty} b_n 2^{-n}, \text{ où } b_0 \in \mathbb{N} \text{ et } (\forall n \geqslant 1, b_n \in \{0,1\})$$
- en base 3 on obtient le **développement triadique** de x,
$$x = \sum_{n=0}^{+\infty} c_n 3^{-n}, \text{ où } c_0 \in \mathbb{N} \text{ et } (\forall n \geqslant 1, c_n \in \{0,1,2\}), \text{ cf. C 3.1 p. 305.}$$

Les bases 8 et 16 (seize) sont utilisées en Informatique.

3) Règle de d'Alembert

Rappelons le résultat suivant (cf. Tome 2, 8.1.2 Prop. 2 p. 42) :

◆ **Proposition** **(Comparaison logarithmique)**

Soient $(u_n)_{n\geqslant 0}$, $(\alpha_n)_{n\geqslant 0}$ deux suites à termes réels > 0. S'il existe $N \in \mathbb{N}$ tel que :

$$\forall n \geqslant N, \quad \frac{u_{n+1}}{u_n} \leqslant \frac{\alpha_{n+1}}{\alpha_n},$$

alors : $u_n = \underset{n\infty}{O}(\alpha_n)$.

◆ **Théorème** **(«Règle de d'Alembert»)**

Soit $\sum_{n\geqslant 0} u_n$ une série à termes réels > 0. On suppose que la suite $\left(\frac{u_{n+1}}{u_n}\right)_{n\geqslant 0}$ admet une limite finie l dans $\mathbb{R}_+$.

1) Si $l < 1$, alors $\sum_{n\geqslant 0} u_n$ converge

2) Si $l > 1$, alors $\sum_{n\geqslant 0} u_n$ diverge.

Preuve :

1) Supposons $\frac{u_{n+1}}{u_n} \underset{n\infty}{\longrightarrow} l < 1$; notons $\lambda = \frac{l+1}{2}$, de sorte que $l < \lambda < 1$, et notons, pour $n \in \mathbb{N}$, $\alpha_n = \lambda^n$. Puisque $0 < \lambda < 1$, la série géométrique $\sum_{n\geqslant 0} \lambda^n$ converge.

Comme $\frac{u_{n+1}}{u_n} \underset{n\infty}{\longrightarrow} l < \lambda$, il existe $N \in N$ tel que : $\forall n \geqslant N, \quad \frac{u_{n+1}}{u_n} \leqslant \lambda = \frac{\alpha_{n+1}}{\alpha_n}$.

D'après la Proposition précédente, $u_n = \underset{n\infty}{O}(\alpha_n)$, puis, d'après le théorème de domination (cf. 3.2.2 Th. 2 p. 239), $\sum_{n\geqslant 0} u_n$ converge.

2) Supposons $\frac{u_{n+1}}{u_n} \underset{n\infty}{\longrightarrow} l > 1$. Il existe $N \in \mathbb{N}$ tel que : $\forall n \geqslant N, \quad \frac{u_{n+1}}{u_n} \geqslant 1$.

Ainsi, $(u_n)_{n\geqslant N}$ est croissante. On a alors : $\forall n \geqslant N, u_n \geqslant u_N > 0$, et donc $u_n \underset{n\infty}{\not\longrightarrow} 0$.

Ainsi, $\sum_{n\geqslant 0} u_n$ diverge grossièrement.

Remarques :

1) Appliquer la règle de d'Alembert à une série $\sum_{n\geqslant 0} u_n$ (à termes > 0) revient à comparer $\sum_{n\geqslant 0} u_n$ à des séries géométriques.

2) On essaiera d'appliquer la règle de d'Alembert lorsque le terme général u_n «contient» des exponentielles ou des puissances $n^{\text{èmes}}$.

EXEMPLE :

Nature de la série de terme général $u_n = \frac{n!}{n^n}$.

- $\forall n \in \mathbb{N}^*, \quad u_n > 0$
- $\frac{u_{n+1}}{u_n} = \frac{(n+1)!}{(n+1)^{n+1}} \cdot \frac{n^n}{n!} = \left(\frac{n}{n+1}\right)^n$

$$= \left(1 + \frac{1}{n}\right)^{-n} = \exp\left(-n \ln\left(1 + \frac{1}{n}\right)\right) \underset{n\infty}{\longrightarrow} \mathrm{e}^{-1} < 1.$$

On conclut, d'après la règle de d'Alembert : $\sum_{n\geqslant 1} u_n$ converge.

Remarques :

1) Si $\left(\frac{u_{n+1}}{u_n}\right)_{n\geqslant 0}$ n'a pas de limite, il se peut que $\sum_{n\geqslant 0} u_n$ converge ou diverge.

Exemples :

- $u_n = (2 + (-1)^n)2^{-n}$. Ici, $\left(\frac{u_{n+1}}{u_n}\right)_{n\geqslant 0}$ n'a pas de limite et $\sum_{n\geqslant 0} u_n$ converge.
- $u_n = 2 + (-1)^n$. Ici, $\left(\frac{u_{n+1}}{u_n}\right)_{n\geqslant 0}$ n'a pas de limite et $\sum_{n\geqslant 0} u_n$ diverge.

2) Si $\frac{u_{n+1}}{u_n} \underset{n\infty}{\longrightarrow} 1$, il se peut que $\sum_{n\geqslant 0} u_n$ converge ou diverge.

Exemples :

- $u_n = \frac{1}{n}$. Ici, $\frac{u_{n+1}}{u_n} \underset{n\infty}{\longrightarrow} 1$ et $\sum_{n\geqslant 1} u_n$ diverge
- $u_n = \frac{1}{n^2}$. Ici, $\frac{u_{n+1}}{u_n} \underset{n\infty}{\longrightarrow} 1$ et $\sum_{n\geqslant 1} u_n$ converge.

Exercices

◇ **3.2.1** Déterminer la nature de la série de terme général :

a) $\ln \dfrac{n^2+n+1}{n^2+n-1}$

b) $\text{th}\dfrac{1}{n} + \ln \dfrac{n^2-n}{n^2+1}$

c) $\dfrac{1}{n+(-1)^n\sqrt{n}}$

d) $(\ln n)^{-\sqrt{n}}$

e) $n^{-\ln(\ln n)}$

f) $n^{-\text{ch}\,\frac{1}{n}}$

g) $n^{-\left(1+\frac{1}{n}+\frac{1}{n^2}\right)}$

h) $n^{-\sqrt{2}\sin\left(\frac{\pi}{4}+\frac{1}{n}\right)}$

i) $\dfrac{1}{n}(\ln n)^{-\text{ch}\,\frac{1}{n}}$

j) $(\ln n \ln \text{ch}\, n)^{-1}$

k) $\left(\dfrac{n}{n+1}\right)^{n^2}$

l) $\left(\dfrac{\ln(n+1)}{\ln n}\right)^{-n^2}$

m) $\left(\dfrac{n+3}{2n+1}\right)^{\ln n}$

n) $\left(\dfrac{n+3}{3n+1}\right)^{(\ln n)^2}$

o) $\left(1-\dfrac{1}{\ln n}\right)^n$

p) $\dfrac{n^n}{2^{n^2}}$

q) $\dfrac{2^{n^2}}{n^{2^n}}$

r) $\left(\text{ch}\,\dfrac{1}{n}\right)^{-n^3}$

s) $\left(\text{sh}\sqrt[3]{\ln n}\right)^{-3}$

t) $\left(\sqrt{n}+\sqrt[3]{n}\right)^{-\sqrt{n}}$

u) $\left(\sqrt[3]{n+2}-\sqrt[3]{n}\right)^{\sqrt{n}}$

v) $\dfrac{1}{n}\left(\sqrt[3]{n+1}-\sqrt[3]{n}\right)$

w) $\sqrt{n^3+n+1}-\sqrt{n^3+n-1}$

x) $\text{e}-\left(1+\dfrac{1}{n}\right)^n$

y) $\tan\dfrac{\pi n+1}{4n+2}-2\sin\dfrac{\pi n+1}{6n+1}$

z) $(n+1)^{\frac{1}{n}}-n^{\frac{1}{n+1}}$

a′) $\left(1+\dfrac{1}{n}\right)^{n+1}-\left(1+\dfrac{1}{n+1}\right)^n$

b′) $n^{\frac{1}{n^2}}-1$

c′) $\left(\cos\dfrac{1}{\sqrt{n}}\right)^n-\dfrac{1}{\sqrt{\text{e}}}$

d′) $\dfrac{\ln n}{\sqrt{n^3+n-1}}$

e′) $\text{Arccos}\,\dfrac{n^2+n+1}{n^2+n+3}$

f′) $\exp\left(-\dfrac{1}{2}\ln\dfrac{n^2+1}{n}\right)$

g′) $(\text{ch}(\ln n)\ln(\text{ch}\, n))^{-\frac{1}{2}}$

h′) $\text{Arcsin}\,\dfrac{n+1}{2n+1}-\text{Arcsin}\,\dfrac{n-1}{2n-1}$

i′) $\text{Arccos}\sqrt[3]{1-\dfrac{1}{n^2}}$

j′) $\text{Arccos}\left(\dfrac{2}{\pi}\text{Arctan}(n^2)\right)$

k′) $\left(\dfrac{2}{\pi}\text{Arctan}(n^2)\right)^{n^3}$

l′) $\ln\left(\dfrac{2}{\pi}\text{Arctan}\,\dfrac{n^2+1}{n}\right)$

m′) $\text{Arccos}\left(\dfrac{4}{\pi}\text{Arcsin}\sqrt{\dfrac{n}{2n+1}}\right)$

n′) $\dfrac{1}{n}\left(\text{Arctan}\, n-2\,\text{Arctan}\,\dfrac{n-1}{n}\right)$

o′) $\sin\sqrt{\text{Arctan}(n^2+1)}-\sin\sqrt{\text{Arctan}(n^2)}$

p′) $\dfrac{(n!)^3}{n^{n^2}}$

q′) $\dfrac{(n!)^2}{(2n)!}$

r′) $\dfrac{n^2}{\sqrt{(n-1)!}}$

s′) $\dfrac{n^{n^2}}{2^{n!}}$

t′) $\displaystyle\int_0^{\frac{\pi}{2}}\frac{\cos^2 x}{n^2+\cos^2 x}\text{d}x$

u′) $\displaystyle\int_0^{\frac{1}{n}}\frac{\sin x}{1+\text{ch}^2 x}\text{d}x$

v′) $\displaystyle\int_0^{\frac{1}{n}}(\text{sh}\, x)^{\frac{3}{2}}\text{d}x$

$w')$ $\displaystyle\int_{n+\frac{1}{2}}^{n+1} \frac{dx}{\sqrt{x^4+x+1}}$

$x')$ $\displaystyle\int_{n}^{2n} \frac{dx}{1+x^{\frac{3}{2}}}$

$y')$ $\displaystyle\int_{n}^{2n} \frac{dx}{x^{\frac{5}{2}}-\sin^2 x}$

$z')$ $\displaystyle\int_{0}^{+\infty} \frac{dx}{(1+x^2)^n}$

$a'')$ $\displaystyle\int_{0}^{+\infty} \frac{dx}{\left(x+\sqrt{x^2+1}\right)^n}$

$b'')$ $\displaystyle\int_{0}^{+\infty} e^{-x^n}\,dx$

$c'')$ $\displaystyle\int_{n}^{+\infty} \frac{dx}{x^3-x-1}$

$d'')$ $\displaystyle\int_{-\infty}^{+\infty} \frac{dx}{(x^2+x+1)^n}$

$e'')$ $\displaystyle\int_{0}^{+\infty} e^{-nx}\,\text{Arctan}\,x\,dx$

$f'')^*$ $\displaystyle\frac{1}{n^2(\ln n)^2|\sin(n\pi\sqrt{2})|}$

$g'')$ $\displaystyle\sum_{k=1}^{n} \frac{1}{(k+n)^2-k^2}$

$h'')$ $(\alpha(n))^{-\alpha(n)}$, où $\alpha(n)$ est le nombre de chiffres dans l'écriture décimale de n.

◇ **3.2.2** Déterminer la nature de la série de terme général :

$a)$ $\sqrt{n^2+n+1}-\sqrt{n^2+an+b}$, $(a,b)\in\mathbb{R}^2$

$b)$ $\exp\left(-\sqrt{(\ln n)^2+a}\right)$, $a\in\mathbb{R}$

$c)$ $n^{n^a}-1$, $a\in\mathbb{R}$

$d)$ $\displaystyle\left(\frac{n}{n+1}\right)^{n^a}$, $a\in\mathbb{R}$

$e)$ $\displaystyle\text{Arctan}\left(1+\frac{1}{n^a}\right)-\frac{\pi}{4}$, $a\in\mathbb{R}_+^*$

$f)$ $\displaystyle\frac{\left(\prod_{k=2}^{n}\ln k\right)^a}{(n!)^b}$, $(a,b)\in(\mathbb{R}_+^*)^2$

$g)$ $(\ln n)^a\left((n+1)^b-n^b\right)$, $(a,b)\in\mathbb{R}_-^*\times\mathbb{R}_+^*$

$h)$ $(\ln n)^{a\ln n}$, $a\in\mathbb{R}$

$i)$ $\left(\sqrt{n+a}-\sqrt{n+b}\right)^{\sqrt[3]{n}}$, $(a,b)\in(\mathbb{R}_+^*)^2$

$j)$ $(n^a+1)^{\frac{1}{a}}-(n^b+1)^{\frac{1}{b}}$, $(a,b)\in(\mathbb{R}_+^*)^2$

$k)$ $\displaystyle\left(\prod_{k=1}^{n}\left(1+\frac{k}{n^a}\right)\right)-1$, $a\in\mathbb{R}_+^*$

$l)$ $\displaystyle\frac{(\ln(n!))^a}{n^b}$, $(a,b)\in\mathbb{R}^2$

$m)$ $\displaystyle\left(\text{ch}\,\frac{1}{n}\right)^{-n^a}$, $a\in\mathbb{R}$

$n)$ $\displaystyle\left(\cos\frac{1}{n}\right)^{n^a}$, $a\in\mathbb{R}$

$o)$ $\displaystyle\left(n\sin\frac{1}{n}\right)^{n^a}$, $a\in\mathbb{R}$

$p)$ $\left(\text{Arccos}\,(\text{th}\,n)^a\right)$, $a\in\mathbb{R}$

$q)$ $\displaystyle\left(\frac{4}{\pi}\,\text{Arctan}\left(1+\frac{a}{n}\right)-1\right)^b$, $(a,b)\in\mathbb{R}_+^*\times\mathbb{R}$

$r)$ $\displaystyle\text{Arctan}\left(\left(1+\frac{1}{n}\right)^a\right)-\text{Arctan}\left(\left(1-\frac{1}{n}\right)^a\right)$, $a\in\mathbb{R}$

$s)$ $\displaystyle n^a\int_1^n \frac{\text{th}\,t}{\sqrt{t(t+1)}}\,dt$, $a\in\mathbb{R}$

$t)$ $\displaystyle\frac{(\ln(n!))^a}{(n!)^b}$, $(a,b)\in\mathbb{R}^2$

$u)$ $\displaystyle\prod_{k=2}^{n}\left(2-e^{\frac{a}{k}}\right)$, $a\in\mathbb{R}$

$v)$ $\displaystyle\frac{\sqrt[n]{n!}}{n^p}$, $p\in\mathbb{R}$

$w)$ $\displaystyle\frac{1}{ne^n}\left(\sum_{k=1}^{n}\text{sh}\,k\right)^a$, $a\in\mathbb{R}$

$x)$ $\displaystyle\frac{1}{n^a}\sum_{k=1}^{n}k^{\frac{3}{2}}$, $a\in\mathbb{R}_+^*$

$y)$ $\displaystyle\prod_{k=1}^{n}\left(1+\ln\left(1+\frac{k}{n^a}\right)\right)-1$, $a\in\mathbb{R}_+^*$.

◇ **3.2.3** Soient $(u_n)_{n\geqslant 0}$ une suite à termes dans $\mathbb{R}_+$ et, pour tout n de $\mathbb{N}$, $v_n = \dfrac{u_n}{1+u_n^2}$.

a) Montrer que, si $\sum_n u_n$ converge, alors $\sum_n v_n$ converge.

b) Montrer que, si $\sum_n u_n$ diverge et si $(u_n)_n$ est majorée, alors $\sum_n v_n$ diverge.

c) Donner un exemple où $\sum_n u_n$ diverge et $\sum_n v_n$ converge.

◇ **3.2.4** Soit $\sum_n u_n$ une série convergente à termes dans $\mathbb{R}_+$. Montrer que $\sum_n u_n^2$ converge.

◇ **3.2.5** Soient $(p,q) \in (\mathbb{R}_+^*)^2$ tel que $\dfrac{1}{p} + \dfrac{1}{q} = 1$, et $\sum_{n\geqslant 1} u_n$ une série convergente à termes dans $\mathbb{R}_+$. Montrer qu'il existe $A \in \mathbb{R}_+$ tel que : $\forall n \in \mathbb{N}^*$, $\sum_{k=1}^{n} u_k^{\frac{1}{p}} \leqslant A n^{\frac{1}{q}}$.

(Utiliser l'inégalité de Hölder dans $\mathbb{R}^n$, Tome 1, 5.4.3 *2)* p. 161).

◇ **3.2.6** Soient $\lambda \in \mathbb{R}_+^*$, $(u_n)_{n\geqslant 0}$, $(a_n)_{n\geqslant 0}$ deux suites à termes dans $\mathbb{R}_+^*$ telles que :

$$\forall n \in \mathbb{N}, \quad \frac{u_n}{u_{n+1}} - \frac{a_{n+1}}{a_n} > \frac{\lambda}{a_n}.$$

Montrer que $\sum_n u_n$ converge.

◇ **3.2.7** Soit $\alpha \in]1;+\infty[$. En remarquant : $\dfrac{1}{n^{\alpha-1}} - \dfrac{1}{(n+1)^{\alpha-1}} \underset{n\infty}{\sim} \dfrac{\alpha-1}{n^{\alpha}}$, retrouver la convergence de la série de Riemann $\sum_{n\geqslant 1} \dfrac{1}{n^{\alpha}}$.

◇ **3.2.8** Soient $\sum_{n\geqslant 0} u_n, \sum_{n\geqslant 0} v_n$ deux séries à termes dans $\mathbb{R}_+^*$ telles qu'il existe $N \in \mathbb{N}$ tel que :

$$\forall n \geqslant N, \quad \frac{u_{n+1}}{u_n} \leqslant \frac{v_{n+1}}{v_n}.$$

Montrer que, si $\sum_n v_n$ converge, alors $\sum_n u_n$ converge.

◇ **3.2.9** **Règle de Raabe et Duhamel**

Soit $\sum_n u_n$ une série à termes dans $\mathbb{R}_+^*$. On suppose qu'il existe $\alpha \in \mathbb{R}$ tel que :

$$\frac{u_{n+1}}{u_n} = 1 - \frac{\alpha}{n} + \underset{n\infty}{o}\left(\frac{1}{n}\right).$$

Montrer : *a)* si $\alpha > 1$, alors $\sum_n u_n$ converge

b) si $\alpha < 1$, alors $\sum_n u_n$ diverge.

(Utiliser l'exercice 3.2.8).

◇ **3.2.10** Soit $\sum_n u_n$ une série à termes dans $\mathbb{R}_+^*$ telle que :

$$\frac{u_{n+1}}{u_n} = 1 - \frac{1}{n} + \underset{n\infty}{o}\left(\frac{1}{n\ln n}\right).$$

Montrer que $\sum_n u_n$ diverge.

◇ **3.2.11** Déterminer, pour $(a,b) \in (\mathbb{R} - \mathbb{Z}_-)^2$, la nature de la série de terme général :

$$u_n = \frac{a(a+1)\dots(a+n-1)}{b(b+1)\dots(b+n-1)}.$$

(Utiliser l'exercice 3.2.9 p. 249).

◇ **3.2.12** *Généralisation de l'exercice* 3.2.11.

Soient $p \in \mathbb{N}^*$, $(a_1,\dots,a_p) \in (\mathbb{R}_+^*)^p$, $(r_1,\dots,r_p) \in \mathbb{R}^p$.Pour $(a,n) \in \mathbb{R}_+^* \times \mathbb{N}^*$, on note $[a]_n = a(a+1)\dots(a+n-1)$. Déterminer la nature de la série de terme général :

$$u_n = \prod_{k=1}^{p} ([a_k]_n)^{r_k}.$$

(Utiliser les exercices 3.2.9 et 3.2.10).

◇ **3.2.13** Etudier la nature de la série de terme général :

a) $\dfrac{3^{2^n}}{2^{3^n}}$ *b)* $\dfrac{\ln(n!)}{n!}$ *c)* $n!\displaystyle\prod_{k=1}^{n}\sin\frac{1}{2^k}$ *d)* $\left(\mathrm{C}_{pn}^{n}\right)^{-1}$, $p \in \mathbb{N} - \{0,1\}$ fixé.

◇ **3.2.14** **Règle de Cauchy**

Soit $\sum_n u_n$ une série à termes dans $\mathbb{R}_+^*$. On suppose qu'il existe $l \in [0;+\infty[$ tel que : $u_n^{\frac{1}{n}} \underset{n\infty}{\longrightarrow} l$.

Montrer que :

$$\begin{cases} \text{si } l < 1, \text{ alors } \sum_{n\geqslant 1} u_n \text{ converge} \\ \text{si } l > 1 \text{ alors } \sum_{n\geqslant 1} u_n \text{ diverge.} \end{cases}$$

Exemple :

Déterminer la nature de la série de terme général :

a) $\left(\dfrac{n+1}{2n+5}\right)^n$ *b)* $\dfrac{n^{\ln n}}{(\ln n)^n}$.

◇ **3.2.15** **Comparaison des règles de d'Alembert et de Cauchy**

a) Soit $\sum_n u_n$ une série à termes dans $\mathbb{R}_+^*$ telle que $\dfrac{u_{n+1}}{u_n} \underset{n\infty}{\longrightarrow} l \in [0;+\infty[$.

Montrer qu'alors : $u_n^{\frac{1}{n}} \underset{n\infty}{\longrightarrow} l$.

Autrement dit, si la règle de d'Alembert s'applique, la règle de Cauchy s'applique alors aussi.

b) Soit $(a,b) \in \mathbb{R}^2$ tel que $0 < a < 1 < b$; pour $n \in \mathbb{N}^*$, on note $\alpha_n = \mathrm{E}(\ln n)$.

Comparer les règles de d'Alembert et de Cauchy pour la série de terme général $u_n = a^{n-\alpha_n} b^{\frac{1}{2}\alpha_n(\alpha_n+1)}$.

◇ **3.2.16*** Soit $\sum_{n\geqslant 1} u_n$ une série à termes dans $\mathbb{R}_+$ telle que : $\forall n \geqslant 1, \quad \sum_{k=n+1}^{2n} u_k \leqslant \frac{1}{n}\sum_{k=1}^{n} u_k$.

Montrer que $\sum_{n\geqslant 1} u_n$ converge.

◇ **3.2.17** Soit $(u_n)_{n\geqslant 0}$ une suite srictement croissante à termes dans $\mathbb{R}_+^*$, de limite $+\infty$. Montrer qu'il existe deux suites $(a_n)_{n\geqslant 0}, (b_n)_{n\geqslant 0}$ à termes dans $\mathbb{R}_+^*$ telles que :

$$\begin{cases} \forall n \geqslant 0, \quad b_n \leqslant a_n u_n \\ \sum_{n\geqslant 0} a_n \ \text{ converge} \\ \sum_{n\geqslant 0} b_n \ \text{ diverge.} \end{cases}$$

◇ **3.2.18** Soit $(u_n)_{n\geqslant 1}$ la suite définie par $u_1 = 1$ et : $\forall n \in \mathbb{N}^*, u_{n+1} = \frac{1}{n^2}\sum_{k=1}^{n} k u_k$.

Montrer : $u_n \underset{n\infty}{\longrightarrow} 0$ (on pourra exprimer u_{n+1} en fonction de n et u_n).

◇ **3.2.19** Soit $\sum_n u_n$ une série réelle convergente. Montrer :

$$\liminf_{n\infty} n u_n \leqslant 0 \leqslant \limsup_{n\infty} n u_n.$$

(Pour les notations de limite inférieure et limite supérieure, voir Tome 1 C 3.2 p. 79).

◇ **3.2.20*** Soit $(u_n)_{n\geqslant 1}$ une suite à termes dans $\mathbb{R}_+$, telle que $\sum_n u_n$ converge.

a) On suppose que $(u_n)_{n\geqslant 1}$ décroît.

α) Démontrer : $n u_n \underset{n\infty}{\longrightarrow} 0$.

β) En déduire la nature des séries $\sum_n n u_n^2$ et $\sum_n \frac{u_n}{1 - n u_n}$.

b) Examiner le cas où $(u_n)_{n\geqslant 1}$ n'est pas supposée décroissante.

◇ **3.2.21*** Soient $(u_n)_{n\geqslant 1}$ une suite à termes dans $\mathbb{R}_+$, et $(v_n)_{n\geqslant 1}$ la suite définie par :

$$v_n = \frac{1}{n}\left(u_1 + \frac{u_1 + u_2}{2} + \ldots + \frac{u_1 + u_2 + \ldots + u_n}{n}\right)$$

Etudier la convergence de $\sum_n v_n$.

◇ **3.2.22** Soit $f : \mathbb{R}^2 \longrightarrow \mathbb{R}$ une application continue telle que :

$$\forall (\lambda, x, y) \in \mathbb{R}^3, \quad f(\lambda x, \lambda y) = \lambda f(x,y).$$

Soient $(x_n)_{n\geqslant 0}, (y_n)_{n\geqslant 0}$ deux suites réelles telles que $\sum_{n\geqslant 0} x_n^2$ et $\sum_{n\geqslant 0} y_n^2$ convergent.

Montrer que $\sum_{n\geqslant 0} (f(x_n, y_n))^2$ converge.

◇ **3.2.23** Soit $(u_n)_n$ une suite à termes dans $\mathbb{R}_+$, telle que $(n u_n)_n$ décroît et $\sum_n u_n$ converge.

Montrer : $u_n = \underset{n\infty}{o}\left(\frac{1}{n \ln n}\right)$.

◇ **3.2.24** Soit $(u_n)_{n\in\mathbb{N}}$ une suite à termes dans $\mathbb{R}_+^*$, décroissante, telle qu'il existe $n_0 \in \mathbb{N}$ et $k \in \mathbb{N} - \{0,1\}$ tels que : $\forall n \geqslant n_0,\ ku_{kn} \geqslant u_n$. Montrer que $\sum_n u_n$ diverge.

◇ **3.2.25** Soit $f : \mathbb{N}^* \longrightarrow \mathbb{N}^*$ une application injective.

Montrer que $\sum_{n\geqslant 1}\left(\frac{1}{(n+1)!}\prod_{k=1}^{n} f(k)\right)$ diverge.

◇ **3.2.26** *a)* Montrer que, pour tout n de $\mathbb{N}^*$, l'équation $x - \ln x - n = 0$, d'inconnue $x \in [1;+\infty[$, admet une solution unique, notée x_n.

b) Quelle est, pour $\alpha \in \mathbb{R}$ fixé, la nature de la série $\sum_{n\geqslant 1} x_n^{\alpha}$?

◇ **3.2.27** Soient $\alpha \in \mathbb{R}$ et $(u_n)_{n\geqslant 0}$ la suite définie par $u_0 = 1$ et : $\forall n \in \mathbb{N},\ u_{n+1} = \sqrt[3]{1+3u_n} - 1$. Etudier la nature de $\sum_{n\geqslant 0} u_n^{\alpha}$.

◇ **3.2.28** Soient $\alpha \in \mathbb{R}$ et $(u_n)_{n\geqslant 1}$ la suite définie par $u_1 = 2$ et : $\forall n \in \mathbb{N}^*,\ u_{n+1} = \dfrac{\cos u_n}{n}$.

Etudier la nature de $\sum_{n\geqslant 1} u_n^{\alpha}$.

◇ **3.2.29** Soient $(u_n)_{n\geqslant 1}$ une suite à termes dans $\mathbb{R}_+$, et $(v_n)_{n\geqslant 1}$ la suite définie par $v_1 \in \mathbb{R}_+$ et :

$$\forall n \in \mathbb{N}^*, \quad v_{n+1} = \frac{1}{2}\left(v_n + \sqrt{v_n^2 + u_n}\right).$$

Montrer que, pour que la série $\sum_n u_n$ converge, il faut et il suffit que la suite $(v_n)_n$ converge.

(On pourra étudier les séries de termes généraux :

$$v_{n+1}(v_{n+1} - v_n), \quad v_{n+1}^2 - v_n^2, \quad v_n(v_{n+1} - v_n)).$$

◇ **3.2.30** *a)* Montrer que, pour tout n de $\mathbb{N}^*$, il existe un élément u_n de $\mathbb{R}_+^*$ unique tel que

$$\int_{u_n}^{1} \frac{e^t}{t}\,dt = n.$$

b) Montrer : $u_n \underset{n\infty}{\longrightarrow} 0$.

c) On note, pour $n \in \mathbb{N}^*$: $v_n = n + \ln(u_n)$.

Etudier $(v_n)_{n\geqslant 1}$ (on montrera que $(v_n)_n$ converge et on exprimera sa limite par une intégrale).

d) Quelle est la nature de $\sum_n u_n$?

◇ **3.2.31*** Soient $a \in \mathbb{R}^*$ et $(u_n)_{n\geqslant 1}$ la suite définie par $u_1 = a$ et :

$$\forall n \in \mathbb{N}^*, \quad u_{n+1} = \ln\frac{e^{u_n} - 1}{u_n}.$$

a) Etudier la suite $(u_n)_{n\geqslant 1}$.

b) Montrer que $\sum_{n\geqslant 1}\left(\prod_{k=1}^{n} u_k\right)$ converge et calculer sa somme.

◇ **3.2.32*** Soit $(u_n)_{n\geqslant 1}$ une suite réelle telle que : $\forall n \in \mathbb{N}^*, \quad 0 < u_n \leqslant 1$.

Montrer que les séries $\sum_{n\geqslant 2}\left(u_n\prod_{k=1}^{n-1}(1-u_k)\right)$ et $\sum_{n\geqslant 1}\left(u_n\prod_{k=1}^{n}(1-u_k)\right)$ convergent.

◇ **3.2.33** Quelle est la nature de la série des extremums locaux de $f :]0;+\infty[\longrightarrow \mathbb{R}$, $x \longmapsto \frac{\sin^2 x}{x}$?

◇ **3.2.34*** Pour chaque n de $\mathbb{N}^*$, soit $a(n)$ le nombre de zéros de l'écriture de n en base 3.

Pour quels x de $\mathbb{R}_+^*$ la série $\sum_{n\geqslant 1}\frac{x^{a(n)}}{n^3}$ est-elle convergente ?

◇ **3.2.35** Etudier la convergence de la suite $(u_n)_{n\geqslant 0}$ définie par $u_0 = 1$ et :

$$\forall n \in \mathbb{N}, \quad u_{n+1} = \left(\prod_{k=0}^{n}(1+u_k)^{\frac{1}{2^k}}\right) - 1.$$

◇ **3.2.36*** Soit $(u_n)_{n\geqslant 1}$ une suite à termes dans $\mathbb{R}_+^*$, décroissante, telle qu'il existe $\sigma : \mathbb{N}^* \longrightarrow \mathbb{N}^*$ strictement croissante telle que : $\forall n \in \mathbb{N}^*, \quad u_{\sigma(n)} \geqslant \frac{1}{\sigma(n)}$.

Démontrer que $\sum_n u_n$ diverge.

◇ **3.2.37** Soit $\sum_{n\geqslant 0} u_n$ une série convergente à termes dans $\mathbb{R}_+$. On note, pour $n \in \mathbb{N}$, $R_n = \sum_{k=n+1}^{+\infty} u_k$.

Montrer que $\sum_{n\geqslant 0} nu_n$ converge si et seulement si $\sum_{n\geqslant 0} R_n$ converge et que, dans le cas de convergence, ces deux séries ont la même somme.

◇ **3.2.38*** *a)* Soit $f : [0;+\infty[\longrightarrow \mathbb{R}$ de classe C^2. Pour $n \in \mathbb{N}$, on note :

$$u_n = \sum_{k=0}^{n} f(k) - \int_0^n f(t)\,\mathrm{d}t + \frac{1}{2}\int_0^n f''(t)\left(t - \mathrm{E}(t) - \frac{1}{2}\right)^2 \mathrm{d}t.$$

Etablir : $\forall n \in \mathbb{N}, \quad u_n = \frac{1}{8}(f'(n) - f'(0)) + \frac{1}{2}(f(n) + f(0))$.

b) Pour $\alpha \in]1. +\infty[$, on note $\zeta(\alpha) = \sum_{n=1}^{+\infty}\frac{1}{n^\alpha}$ (*fonction dzêta de Riemann*). Déduire de *a)* :

$$\forall \alpha \in]1;+\infty[, \quad \frac{1}{\alpha-1} + \frac{1}{2} \leqslant \zeta(\alpha) \leqslant \frac{1}{\alpha-1} + \frac{1}{2} + \frac{\alpha}{8}.$$

En particulier : $\zeta(\alpha) \underset{\alpha \longrightarrow 1^+}{\sim} \frac{1}{\alpha-1}$.

3.3 Séries à termes dans un evn

Dans ce § 3.3, les séries envisagées sont à termes dans un $\mathbb{K}$-evn E.

3.3.1 CNS de Cauchy

◆ **Définition**

On appelle **espace de Banach** tout $\mathbb{K}$-evn complet (cf. 1.4.2 Déf. p. 70).

D'après 1.4.2 Théorème 2, p. 72, tout evn de dimension finie est un espace de Banach.

Un evn de dimension « infinie» peut être de Banach (cf. exercice 1.4.7 p. 74) ou ne pas l'être (cf. exercice 3.3.8 p. 258).

◆ **Théorème (CNS de Cauchy de convergence d'une série à termes dans un espace de Banach)**

Une série $\sum_{n\geqslant 0} u_n$ à termes dans un espace de Banach E converge si et seulement si : $\forall \varepsilon > 0, \exists N \in \mathbb{N}, \forall (p,q) \in \mathbb{N}^2, \quad (N \leqslant p < q \Longrightarrow || \sum_{k=p+1}^{q} u_k|| \leqslant \varepsilon)$.

Preuve :

Il suffit d'appliquer la CNS de convergence d'une suite à termes dans un espace de Banach à la suite $(S_n)_{n\in\mathbb{N}}$ des sommes partielles, puisque :

$$\sum_{k=p+1}^{q} u_k = S_q - S_p.$$

■

Nous utiliserons plus loin la CNS de Cauchy, lors de l'étude de la convergence absolue (3.3.2 Théorème p. 256).

Remarque : S'il existe deux suites $(\alpha_n)_{n\geqslant 0}, (\beta_n)_{n\geqslant 0}$, à termes dans $\mathbb{N}$, telles que :

$$\begin{cases} \forall n \in \mathbb{N}, \quad \alpha_n \leqslant \beta_n \\ \alpha_n \underset{n\infty}{\longrightarrow} \infty \\ \beta_n \underset{n\infty}{\longrightarrow} \infty \\ \sum_{k=\alpha_n}^{\beta_n} u_k \underset{n\infty}{\not\longrightarrow} 0 \end{cases},$$

alors la série $\sum_{n\geqslant 0} u_n$ diverge.

EXEMPLE : Montrons que $\sum_{n\geqslant 1} \frac{\sin(\ln n)}{n}$ diverge.

Pour tout n de $\mathbb{N}^*$, notons $\alpha_n = \mathrm{E}(\exp(\frac{\pi}{4} + 2n\pi)) + 1$ et $\beta_n = \mathrm{E}(\exp(\frac{3\pi}{4} + 2n\pi))$.

On a bien alors $\alpha_n \leqslant \beta_n$, $\alpha_n \underset{n\infty}{\longrightarrow} \infty$, $\beta_n \underset{n\infty}{\longrightarrow} \infty$, et :

$$\sum_{k=\alpha_n}^{\beta_n} \frac{\sin(\ln k)}{k} \geqslant \sum_{k=\alpha_n}^{\beta_n} \frac{\frac{1}{\sqrt{2}}}{k} \geqslant \frac{\beta_n - \alpha_n + 1}{\beta_n \sqrt{2}}$$

$$\geqslant \frac{\exp(\frac{3\pi}{4} + 2n\pi) - 1 - \exp(\frac{\pi}{4} + 2n\pi)}{\sqrt{2}\exp(\frac{3\pi}{4} + 2n\pi)} \underset{n\infty}{\longrightarrow} \frac{e^{\frac{\pi}{2}} - 1}{\sqrt{2}\, e^{\frac{\pi}{2}}} \neq 0.$$

Exercice

◇ **3.3.1** Montrer la divergence des séries de termes généraux :

a) $\dfrac{(-1)^{\mathrm{E}(\ln n)}}{n}$ *b)* $\dfrac{\cos(\ln \ln n)}{\ln n}$.

3.3.2 Convergence absolue

◆ **Définition**

On dit qu'une série $\sum_{n\geqslant 0} u_n$ à termes dans un $\mathbb{K}$-evn E est **absolument convergente** si et seulement si $\sum_{n\geqslant 0} ||u_n||$ converge.

En particulier, si $E = \mathbb{R}$ ou $\mathbb{C}$, la série $\sum_{n\geqslant 0} u_n$ est absolument convergente si et seulement si la série $\sum_{n\geqslant 0} |u_n|$ converge.

◆ **Proposition 1**

Si $\sum_{n\geqslant 0} u_n$ et $\sum_{n\geqslant 0} v_n$ sont absolument convergentes, alors, pour tout λ de $\mathbb{K}$, $\sum_{n\geqslant 0}(u_n + \lambda v_n)$ est absolument convergente.

Preuve :

Il suffit de remarquer : $\forall n \in \mathbb{N}, \quad ||u_n + \lambda v_n|| \leqslant ||u_n|| + |\lambda|\, ||v_n||$

et d'appliquer le théorème de majoration pour les séries à termes dans $\mathbb{R}_+$ (3.2.2 Théorème 1 p. 238).

Remarque :

D'après la Prop. 1, l'ensemble $\ell^1(E)$ des suites $(u_n)_{n\geqslant 0}$ à termes dans E telles que la série $\sum_{n\geqslant 0} u_n$ soit absolument convergente est un $\mathbb{K}$-ev, et il est clair que l'application

$$\begin{array}{rcl} \ell^1(E) & \longrightarrow & \mathbb{R} \\ (u_n)_{n\geqslant 0} & \longmapsto & \sum_{n=0}^{+\infty} ||u_n|| \end{array}$$ est une norme sur $\ell^1(E)$.

◆ **Théorème**

Soient E un espace de Banach et $\sum_{n\geqslant 0} u_n$ une série à termes dans E. Si $\sum_{n\geqslant 0} u_n$ est absolument convergente, alors $\sum_{n\geqslant 0} u_n$ converge et : $\displaystyle ||\sum_{n=0}^{+\infty} u_n|| \leqslant \sum_{n=0}^{+\infty} ||u_n||$.

Preuve : Soit $\varepsilon > 0$ fixé; puisque $\sum_{n\geqslant 0} ||u_n||$ converge, d'après la CNS de Cauchy (3.3.1 Théorème p. 254), il existe $N \in \mathbb{N}$ tel que :

$$\forall (p,q) \in \mathbb{N}^2, \quad \left(N \leqslant p < q \Longrightarrow \sum_{k=p+1}^{q} ||u_k|| \leqslant \varepsilon\right).$$

Comme $\displaystyle ||\sum_{k=p+1}^{q} u_k|| \leqslant \sum_{k=p+1}^{q} ||u_k||$, on déduit :

$$\forall (p,q) \in \mathbb{N}^2, \quad \left(N \leqslant p < q \Longrightarrow ||\sum_{k=p+1}^{q} u_k|| \leqslant \varepsilon\right),$$

et donc (CNS de Cauchy), $\sum_{n\geqslant 0} u_n$ converge. De plus : $\forall n \in \mathbb{N}$, $\displaystyle ||\sum_{k=0}^{n} u_k|| \leqslant \sum_{k=0}^{n} ||u_k||$, d'où, en faisant tendre n vers l'infini : $\displaystyle ||\sum_{k=0}^{+\infty} u_k|| \leqslant \sum_{k=0}^{+\infty} ||u_k||$.

Remarques :

1) Comme $\mathbb{R}$ et $\mathbb{C}$ sont complets, le théorème précédent montre que toute série numérique absolument convergente est convergente.

2) Si l'evn E n'est pas complet, il se peut qu'une série dans E soit absolument convergente sans être convergente (cf. exercice 3.3.8 p. 258).

3) La réciproque du théorème précédent est fausse : il existe des séries convergentes et non absolument convergentes. Une série convergente et non absolument convergente est dite **semi-convergente**. Voir l'exemple des séries de Riemann alternées $\displaystyle\sum_{n\geqslant 1} \frac{(-1)^n}{n^\alpha}$, 3.3.5 p. 266.

◆ **Proposition 2**

Soient $\sum_{n\geqslant 0} u_n, \sum_{n\geqslant 0} v_n$ deux séries à termes dans E.

Si $\left\{\begin{array}{l} \sum_{n\geqslant 0} v_n \text{ est absolument convergente} \\ u_n = \underset{n\infty}{O}(v_n) \end{array}\right.$, alors $\sum_{n\geqslant 0} u_n$ est absolument convergente.

Preuve : Par hypothèse, il existe $A \in \mathbb{R}_+$ et $N \in \mathbb{N}$ tels que : $\forall n \geqslant N$, $||u_n|| \leqslant A||v_n||$. Comme $\sum_{n\geqslant 0} ||v_n||$ converge, le théorème de majoration pour les séries à termes dans $\mathbb{R}_+$ montre que $\sum_{n\geqslant 0} ||u_n||$ converge.

EXEMPLE :

La série $\displaystyle\sum_{n\geqslant 1} \frac{(-1)^n\sqrt{n}+\sin n}{n^2}$ est absolument convergente, puisque :

$$\frac{(-1)^n\sqrt{n}+\sin n}{n^2} \underset{n\infty}{=} O\left(\frac{1}{n^{\frac{3}{2}}}\right).$$

Remarque :

1) Si $\sum_n u_n$ et $\sum_n v_n$ sont deux séries telles que $\sum_n v_n$ converge et $u_n \underset{n\infty}{=} O(v_n)$, on ne peut pas déduire que $\sum_n u_n$ converge. *Exemple :* $u_n = \dfrac{1}{n}$, $v_n = \dfrac{(-1)^n}{n}$.

2) Si $\sum_n u_n$ et $\sum_n v_n$ sont deux séries telles que $\sum_n v_n$ diverge et $u_n \underset{n\infty}{=} o(v_n)$, on ne peut pas déduire que $\sum_n u_n$ converge. *Exemple :* $u_n = \dfrac{1}{n\ln n}$, $v_n = \dfrac{1}{n}$.

Exercices

◇ **3.3.2** Déterminer la nature de la série de terme général :

a) $(-1)^n(\tan\dfrac{1}{\sqrt{n}} - \sin\dfrac{1}{\sqrt{n}})$ *b)* $\left(1-\dfrac{n}{\ln n}\right)^{-n}$

c) $\sin(\pi\sqrt{n^4+1})$ *d)* $\left(\mathrm{th}\left(a+\dfrac{b}{n}\right)\right)^n$, $(a,b)\in\mathbb{R}^*\times\mathbb{R}$

e) $\displaystyle\int_{\ln n}^{\ln(n+1)} \frac{\sin x}{\sqrt{x^3+x+1}}\,dx.$

◇ **3.3.3** Soit $\sum_n u_n$ une série réelle semi-convergente. Montrer que $\sum_n u_n^+$ et $\sum_n u_n^-$ divergent (où on note, pour $x\in\mathbb{R}$, $x^+ = \begin{cases} x & \text{si } x\geqslant 0\\ 0 & \text{si } x<0\end{cases}$, $x^- = \begin{cases} 0 & \text{si } x>0\\ -x & \text{si } x\leqslant 0\end{cases}$, cf. Tome 1, Exercice 4.1.3 p. 87).

◇ **3.3.4** Soit $\sum_{n\geqslant 0} z_n$ une série convergente à termes dans $\mathbb{C}^*$ telle qu'il existe $\alpha\in[0;\dfrac{\pi}{2}[$ tel que : $\forall n\in\mathbb{N},\ |\mathrm{Arg}(z_n)|\leqslant\alpha$. Montrer que $\sum_n |z_n|$ converge.

◇ **3.3.5** Déterminer la nature de la série $\sum_{n\geqslant 0} u_n$, où $u_0\in\mathbb{R}$ et :

$$\forall n\in\mathbb{N},\quad (n+2)^3u_{n+1} = (n+1)u_n + n.$$

◇ **3.3.6*** Montrer qu'il existe $a\in\mathbb{R}_+^*$ tel que : $\displaystyle\prod_{k=2}^{n}\left(1+\frac{(-1)^{k-1}}{\sqrt{k}}\right) \underset{n\infty}{\sim} \frac{a}{\sqrt{n}}.$

On utilisera $\displaystyle\sum_{k=1}^{n}\frac{1}{k} = \ln n + \gamma + \underset{n\infty}{o}(1)$, cf. plus loin 3.3.7 *1)* Exemple p. 274.

◇ **3.3.7*** Soit $(a_n)_{n\geqslant 1}$ une suite dans $\mathbb{C}^*$ telle que :

$$\forall (p,q) \in (\mathbb{N}^*)^2, \quad (p \neq q \Longrightarrow |a_p - a_q| \geqslant 1).$$

Montrer que $\sum_{n\geqslant 1} \frac{1}{|a_n|^3}$ converge.

◇ **3.3.8*** **Un exemple de série absolument convergente et divergente**

Soit $E = C([0;1],\mathbb{R})$ muni de $||.||_1$, $(f)_{n\geqslant 1}$ la suite d'éléments de E définie par :

$$\begin{cases} \forall x \in [0;1] - [\frac{1}{2^n}; \frac{1}{2^{n-1}}], \quad f_n(x) = 0 \\ f_n \text{ est affine sur les deux demi-intervalles de } [\frac{1}{2^n}; \frac{1}{2^{n-1}}] \\ f_n\left(\frac{1}{2}\left(\frac{1}{2^n} + \frac{1}{2^{n-1}}\right)\right) = n. \end{cases}$$

Montrer que $\sum_{n\geqslant 1} f_n$ converge absolument et diverge.

3.3.3 Séries usuelles dans une algèbre de Banach

Rappelons qu'une algèbre (associative et unitaire) est un ensemble A muni de trois lois notées $+$ (interne), $\cdot$ (externe), $\cdot$ (interne) tel que :

$$\begin{cases} (A,+,\cdot) \text{ est un } \mathbb{K}\text{-ev} \\ \cdot \text{ est distributive sur } + \\ \forall \lambda \in \mathbb{K}, \forall x,y \in A, \quad \lambda(xy) = (\lambda x)y = x(\lambda y) \\ \cdot \text{ est associative} \\ \cdot \text{ admet un neutre noté } e \end{cases}$$

(les lois $\cdot,\cdot$ sont souvent notées par l'absence de symbole).

L'algèbre A est dite normée lorsqu'elle est munie d'une application $||\cdot|| : A \longrightarrow \mathbb{R}$ telle que :

$$\begin{cases} ||\cdot|| \text{ est une norme sur le } \mathbb{K}\text{-ev } A \\ \forall (x,y) \in A^2, \quad ||xy|| \leqslant ||x||\,||y||. \end{cases}$$

Le contexte peut imposer la condition $||e|| = 1$.

Soit A une algèbre de Banach, c'est-à-dire une algèbre normée telle que le $\mathbb{K}$-evn A soit complet. On peut, en première lecture, se restreindre au cas où A est de dimension finie.

1) Série géométrique

Il s'agit, pour $a \in A$ fixé, de la série $\sum_{n\geqslant 0} a^n$, où $a^0 = e$ et, pour tout n de $\mathbb{N}$, $a^{n+1} = a^n a$.

Supposons $||a|| < 1$.

Comme, par une récurrence immédiate : $\forall n \in \mathbb{N}^*, \quad ||a^n|| \leqslant ||a||^n$, la série $\sum_{n\geqslant 0} a^n$ est absolument convergente, donc convergente. Notons S sa somme, $S = \sum_{n=0}^{+\infty} a^n$.

On a, pour tout n de $\mathbb{N}$:

$$(e-a)\sum_{k=0}^{n} a^k = \sum_{k=0}^{n} a^k - \sum_{k=0}^{n} a^{k+1} = \sum_{k=0}^{n} a^k - \sum_{k=1}^{n+1} a^k = e - a^{n+1},$$

et, de même : $\left(\sum_{k=0}^{n} a^k\right)(e-a) = e - a^{n+1}$.

Puisque $\sum_{k=0}^{n} a^k \underset{n\infty}{\longrightarrow} S$, que $a^{n+1} \underset{n\infty}{\longrightarrow} 0$, et que l'application $\begin{array}{c} A^2 \longrightarrow A \\ (x,y) \longmapsto xy \end{array}$ est continue, on obtient, par passage à la limite : $(e-a)S = S(e-a) = e$.

Résumons l'étude :

◆ **Théorème** Soit A une algèbre de Banach.

Pour tout a de A tel que $||a|| < 1$, la série géométrique $\sum_{n \geqslant 0} a^n$ converge, $e-a$ est inversible dans A, et : $\sum_{n=0}^{+\infty} a^n = (e-a)^{-1}$.

Remarque :

Il se peut (si $\dim(A) \geqslant 2$) que $||a|| \geqslant 1$ et que la série $\sum_{n \geqslant 0} a^n$ converge, comme le montre l'exemple suivant : $A = \mathbf{M}_2(\mathbb{R})$, $\quad ||\cdot|| = 2||\cdot||_\infty$, $\quad a = \begin{pmatrix} 0 & 2 \\ 0 & 0 \end{pmatrix}$.

Dans cet exemple, $||a|| = 4$, et $\sum_{n \geqslant 0} a^n$ converge et a pour somme $\mathrm{I}_2 + a$, puisque :

$$\forall n \geqslant 2, \quad a^n = 0.$$

2) *Série exponentielle*

Il s'agit, pour $a \in A$ fixé, de la série $\sum_{n \geqslant 0} \frac{1}{n!} a^n$.

Comme : $\quad \forall n \in \mathbb{N}, \quad \left\| \frac{1}{n!} a^n \right\| \leqslant \frac{||a||^n}{n!}$, et que $\sum_{n \geqslant 0} \frac{||a||^n}{n!}$ converge, la série $\sum_{n \geqslant 0} \frac{1}{n!} a^n$ est absolument converge, donc convergente.

◆ **Théorème-Définition** Soit A une algèbre de Banach.

Pour tout a de A, la série $\sum_{n \geqslant 0} \frac{1}{n!} a^n$ converge.

On appelle **exponentielle**, et on note $\exp : \begin{array}{c} A \longrightarrow A \\ a \longmapsto \exp(a) \end{array}$, l'application définie par :

$$\forall a \in A, \quad \exp(a) = \sum_{n=0}^{+\infty} \frac{1}{n!} a^n.$$

Si $A = \mathbb{K}$, on retrouve l'exponentielle complexe ou réelle définie antérieurement.

Nous verrons plus loin (exercice 3.4.22 p. 304) que, si $a, b \in A$ commutent, alors :

$$\exp(a+b) = \exp(a)\exp(b).$$

3.3.4 Suites sommables de réels ou de complexes

On comparera utilement cette étude avec celle des fonctions continues par morceaux et intégrables, § 2.5 p. 181.

On note $\mathfrak{F}(\mathbb{N})$ l'ensemble des parties finies de $\mathbb{N}$.

1) Cas des suites à termes dans $\mathbb{R}_+$

◆ **Définition 1** Une suite $(u_n)_{n\in\mathbb{N}}$ à termes dans $\mathbb{R}_+$ est dite **sommable** si et seulement s'il existe $M \in \mathbb{R}_+$ tel que :

$$\forall J \in \mathfrak{F}(\mathbb{N}), \quad \sum_{n\in J} u_n \leqslant M.$$

Si $(u_n)_{n\geqslant 0}$ est sommable, alors $\left\{\sum_{n\in J} u_n;\ J \in \mathfrak{F}(\mathbb{N})\right\}$ est une partie non vide et majorée de $\mathbb{R}$, donc admet une borne supérieure dans $\mathbb{R}$. D'où la Définition suivante.

◆ **Définition 2** Soit $(u_n)_{n\geqslant 0}$ une suite à termes dans $\mathbb{R}_+$, sommable.

On appelle **somme** de $(u_n)_{n\geqslant 0}$, et on note $\sum_{n\subset\mathbb{N}} u_n$, le réel :

$$\sum_{n\in\mathbb{N}} u_n = \operatorname*{Sup}_{J\in\mathfrak{F}(\mathbb{N})} \Big(\sum_{n\in J} u_n\Big).$$

Remarques :

1) *Cas d'une suite à support fini*

S'il existe $J_0 \in \mathfrak{F}(\mathbb{N})$ telle que : $\forall n \in \mathbb{N} - J_0,\ u_n = 0$,

alors $(u_n)_{n\geqslant 0}$ est sommable, et : $\sum_{n\in\mathbb{N}} u_n = \sum_{n\in J_0} u_n$.

2) Si $(u_n)_{n\geqslant 0}$ est à termes dans $\mathbb{R}_+$ et sommable, et si $\sum_{n\in\mathbb{N}} u_n = 0$, alors :

$$\forall n \in \mathbb{N}, \quad u_n = 0.$$

◆ **Proposition 1** Soit $(u_n)_{n\geqslant 0}$ une suite à termes dans $\mathbb{R}_+$. Les propriétés suivantes sont deux à deux équivalentes :

(i) $(u_n)_{n\geqslant 0}$ est sommable

(ii) Il existe $M \in \mathbb{R}_+$ tel que, pour toute suite croissante $(J_p)_{p\in\mathbb{N}^*}$ de parties finies de $\mathbb{N}$ dont la réunion est égale à $\mathbb{N}$: $\forall p \in \mathbb{N}^*, \quad \sum_{n\in J_p} u_n \leqslant M$.

(iii) Il existe $M \in \mathbb{R}_+$ et une suite croissante $(J_p)_{p\in\mathbb{N}^*}$ de parties finies de $\mathbb{N}$ dont la réunion est égale à $\mathbb{N}$ tels que : $\forall p \in \mathbb{N}^*, \quad \sum_{n\in J_p} u_n \leqslant M$.

De plus, si (i), (ii) ou (iii) est satisfaite, alors, pour toute suite croissante $(J_p)_{p\in\mathbb{N}^*}$ de parties finies de $\mathbb{N}$ dont la réunion est égale à $\mathbb{N}$:

$$\sum_{n\in\mathbb{N}} u_n = \operatorname*{Sup}_{p\in\mathbb{N}^*} \Big(\sum_{n\in J_p} u_n\Big) = \lim_{p\infty} \Big(\sum_{n\in J_p} u_n\Big).$$

Ici, $(J_p)_{p\in\mathbb{N}^*}$ est croissante signifie : $\forall p \in \mathbb{N}^*, \quad J_p \subset J_{p+1}$.

Preuve :

(i) $\Longrightarrow$ (ii) :

Supposons $(u_n)_{n\geqslant 0}$ sommable, et soit $(J_p)_{p\in\mathbb{N}^*}$ une suite croissante de parties finies de $\mathbb{N}$ telles que $\bigcup_{p\in\mathbb{N}^*} J_p = \mathbb{N}$.

D'après les Définitions 1 et 2, on a : $\forall p \in \mathbb{N}^*, \quad \sum_{n\in J_p} u_n \leqslant \sum_{n\in\mathbb{N}} u_n$.

Le réel $M = \sum_{n\in\mathbb{N}} u_n$ convient.

(ii) $\Longrightarrow$ (iii) :

Il suffit de remarquer qu'il existe au moins une suite croissante $(J_p)_{p\in\mathbb{N}^*}$ de parties finies de $\mathbb{N}$ dont la réunion soit égale à $\mathbb{N}$, par exemple : $J_p = \{n \in \mathbb{N};\ 0 \leqslant n \leqslant p\}$.

(iii) $\Longrightarrow$ (i) :

Supposons qu'il existe $M \in \mathbb{R}_+$ et une suite croissante $(J_p)_{p\in\mathbb{N}^*}$ de parties finies de $\mathbb{N}$ dont la réunion est égale à $\mathbb{N}$, tels que : $\forall p \in \mathbb{N}^*, \quad \sum_{n\in J_p} u_n \leqslant M$.

Soit J une partie finie de $\mathbb{N}$; notons $n_1,\ldots,n_k$ les éléments de J ($k \in \mathbb{N}$). Puisque $\mathbb{N} = \bigcup_{p\in\mathbb{N}^*} J_p$, il existe $p_1,\ldots,p_k \in \mathbb{N}^*$ tels que : $n_1 \in J_{p_1},\ldots,n_k \in J_{p_k}$.

Notons $p_0 = \mathrm{pge}(p_1,\ldots,p_k)$. Comme $(J_p)_{p\in\mathbb{N}^*}$ est croissante, on a :

$$J_{p_1} \subset J_{p_0},\ldots,J_{p_k} \subset J_{p_0}.$$

On en déduit : $\quad n_1 \in J_{p_0},\ldots,n_k \in J_{p_0}$, et donc $J \subset J_{p_0}$, d'où, puisque les u_n sont tous $\geqslant 0$:

$$\sum_{n\in J} u_n \leqslant \sum_{n\in J_{p_0}} u_n \leqslant M.$$

D'après la Définition 1, $(u_n)_{n\geqslant 0}$ est alors sommable.

Supposons (i), (ii) ou (iii) satisfaite, et soit $(J_p)_{p\in\mathbb{N}^*}$ une suite croissante de parties finies de $\mathbb{N}$ dont la réunion est égale à $\mathbb{N}$.

- La suite réelle $\left(\sum_{n\in J_p} u_n\right)_{p\in\mathbb{N}^*}$ est croissante, majorée par $\sum_{n\in\mathbb{N}} u_n$, donc converge vers un réel noté M_0, et on a :

$$\operatorname*{Sup}_{p\in\mathbb{N}^*}\left(\sum_{n\in J_p} u_n\right) = \lim_{p\infty}\left(\sum_{n\in J_p} u_n\right) = M_0 \leqslant \sum_{n\in\mathbb{N}} u_n.$$

On a vu, dans la preuve de (iii) $\Longrightarrow$ (i) que, pour toute partie finie J de $\mathbb{N}$, il existe $p_0 \in \mathbb{N}^*$ tel que $J \subset J_{p_0}$, et donc :

$$\sum_{n\in J} u_n \leqslant \sum_{n\in J_{p_0}} u_n \leqslant M_0.$$

. En passant à la borne supérieure lorsque J décrit $\mathfrak{F}(\mathbb{N})$, on déduit : $\sum_{n\in\mathbb{N}} u_n \leqslant M_0$.

Finalement : $\sum_{n\in\mathbb{N}} u_n = M_0$.

Remarque :

Pour abréger, on peut appeler *suite exhaustive* de $\mathbb{N}$ toute suite croissante $(J_p)_{p\geqslant 1}$ de parties finies de $\mathbb{N}$ dont la réunion est égale à $\mathbb{N}$.

On vient de voir, dans la preuve précédente, que, si $(J_p)_{p\geqslant 1}$ est une suite exhaustive de $\mathbb{N}$, alors :

$$\forall J \in \mathfrak{F}(\mathbb{N}),\ \exists p_0 \in \mathbb{N},\quad J \subset J_{p_0}.$$

◆ **Proposition 2** Soit $(u_n)_{n\geqslant 0}$ une suite à termes dans $\mathbb{R}_+$.
Pour que $(u_n)_{n\geqslant 0}$ soit sommable, il faut et il suffit que la série $\sum\limits_{n\geqslant 0} u_n$ converge, et, dans ces conditions :

$$\sum_{n\in\mathbb{N}} u_n = \sum_{n=0}^{+\infty} u_n.$$

Preuve :

Notons, pour $p \in \mathbb{N}^*$, $J_p = \{0,\dots,p\}$. D'après la Prop. 1, $(u_n)_{n\geqslant 0}$ est sommable si et seulement la suite $\left(\sum\limits_{n\in J_p} u_n\right)_{p\geqslant 1}$, c'est-à-dire $\left(\sum\limits_{n=0}^{p} u_n\right)_{p\geqslant 1}$, est majorée, ce qui équivaut, d'après le lemme fondamental sur les séries à termes $\geqslant 0$, à ce que la série $\sum\limits_{n\geqslant 0} u_n$ converge.

De plus, dans ces conditions, d'après la Prop. 1 :

$$\sum_{n\in\mathbb{N}} u_n = \lim_{p\infty}\left(\sum_{n=0}^{p} u_n\right) = \sum_{n=0}^{+\infty} u_n.$$

2) Cas des suites à termes dans $\mathbb{K}$

◆ **Définition 1** Une suite $(u_n)_{n\geqslant 0}$ à termes dans $\mathbb{K}$ est dite **sommable** si et seulement si la suite $(|u_n|)_{n\in\mathbb{N}}$ est sommable.

Remarque :

D'après *1)* Prop. 1 p. 260, la suite $(u_n)_{n\geqslant 0}$ est sommable si et seulement si la série $\sum\limits_{n\geqslant 0} u_n$ est absolument convergente.

◆ **Définition 2** Soit $(u_n)_{n\geqslant 0}$ une suite à termes dans $\mathbb{K}$, sommable.
On appelle **somme** de $(u_n)_{n\geqslant 0}$, et on note $\sum\limits_{n\in\mathbb{N}} u_n$, l'élément de $\mathbb{K}$:

$$\sum_{n\in\mathbb{N}} u_n = \sum_{n=0}^{+\infty} u_n.$$

◆ **Proposition** Soit $(u_n)_{n\geqslant 0}$ une suite à termes dans $\mathbb{K}$, sommable.
Pour toute suite croissante $(J_p)_{p\in\mathbb{N}^*}$ de parties finies de $\mathbb{N}$ dont la réunion est égale à $\mathbb{N}$, on a :

$$\sum_{n\in\mathbb{N}} u_n = \lim_{p\infty}\Big(\sum_{n\in J_p} u_n\Big).$$

Preuve :

Soit $\varepsilon > 0$ fixé. Puisque $\sum_{n\geqslant 0} |u_n|$ converge, il existe $n_0 \in \mathbb{N}$ tel que : $\sum_{n=n_0+1}^{+\infty} |u_n| \leqslant \varepsilon$.

Comme $(J_p)_{p\in\mathbb{N}^*}$ est croissante et que $\bigcup_{p\in\mathbb{N}^*} J_p = \mathbb{N}$, il existe $p_0 \in \mathbb{N}^*$ tel que : $\{0,1,\ldots,n_0) \subset J_{p_0}$.

On a alors, pour tout p de $\mathbb{N}^*$:

$$p \geqslant p_0 \Longrightarrow J_{p_0} \subset J_p \Longrightarrow \left|\sum_{n\in\mathbb{N}} u_n - \sum_{n\in J_p} u_n\right| \leqslant \sum_{n=n_0+1}^{+\infty} |u_n| \leqslant \varepsilon,$$

et finalement : $\sum_{n\in J_p} u_n \xrightarrow[p\infty]{} \sum_{n\in\mathbb{N}} u_n$.

Remarque :

Convergence commutative

Comme nous le verrons d'une manière plus générale dans 3.4.2 *2)* Cor. p. 296, les trois propriétés suivantes sont deux à deux équivalentes, pour toute suite $(u_n)_{n\geqslant 0}$ à termes dans $\mathbb{K}$:

(i) $(u_n)_{n\geqslant 0}$ est sommable

(ii) Pour toute bijection $\varphi : \mathbb{N} \longrightarrow \mathbb{N}$, la série $\sum_{n\geqslant 0} u_{\varphi(n)}$ est absolument convergente.

(iii) Il existe une bijection $\varphi : \mathbb{N} \longrightarrow \mathbb{N}$ telle que la série $\sum_{n\geqslant 0} u_{\varphi(n)}$ est absolument convergente.

De plus, si (i), (ii) ou (iii) est satisfaite, alors, pour toute bijection $\varphi : \mathbb{N} \longrightarrow \mathbb{N}$:

$$\sum_{n\in\mathbb{N}} u_n = \sum_{n=0}^{+\infty} u_{\varphi(n)}.$$

3) *Espace* $\ell^1(\mathbb{K})$

◆ **Proposition-Définition** L'ensemble $\ell^1(\mathbb{K})$ des suites $(u_n)_{n\geqslant 0}$ à éléments dans $\mathbb{K}$, sommables, est un $\mathbb{K}$-ev, et l'application $N_1 : \begin{array}{l} \ell^1(\mathbb{K}) \longrightarrow \mathbb{R} \\ (u_n)_{n\geqslant 0} \longmapsto \sum_{n\in\mathbb{N}} |u_n| \end{array}$ est une norme sur ce $\mathbb{K}$-ev.

S'il n'y pas de risque de confusion entre $\mathbb{K}$, $\mathbb{R}$, $\mathbb{C}$, on peut noter ℓ^1 au lieu de $\ell^1(\mathbb{K})$.

Preuve :

- $\ell^1 \subset \mathbb{K}^{\mathbb{N}}$, et $0 \in \ell^1$ donc $\ell^1 \neq \varnothing$
- Soient $u = (u_n)_{n\geqslant 0} \in \ell^1$, $v = (v_n)_{n\geqslant 0} \in \ell^1$.

Alors $\sum_{n\geqslant 0}(u_n+v_n)$ est absolument convergente, donc $u+v\in\ell^1$, et :

$$N_1(u+v)=\sum_{n\in\mathbb{N}}|u_n+v_n|=\sum_{n=0}^{+\infty}|u_n+v_n|\leqslant\sum_{n=0}^{+\infty}\big(|u_n|+|v_n|\big)$$
$$=\sum_{n=0}^{+\infty}|u_n|+\sum_{n=0}^{+\infty}|v_n|=\sum_{n\in\mathbb{N}}|u_n|+\sum_{n\in\mathbb{N}}|v_n|=N_1(u)+N_1(v).$$

- Soient $\alpha\in\mathbb{K}$, $u=(u_n)_{n\geqslant 0}\in\ell^1$.

Alors $\sum_{n\geqslant 0}\alpha u_n$ est absolument convergente, donc $\alpha u\in\ell^1$, et :

$$N_1(\alpha u)=\sum_{n\in\mathbb{N}}|\alpha u_n|=\sum_{n=0}^{+\infty}|\alpha u_n|=|\alpha|\sum_{n=0}^{+\infty}|u_n|=|\alpha|N_1(u).$$

- Si $u=(u_n)_{n\geqslant 0}\in\ell^1$ vérifie $N_1(u)=0$, alors $\sum_{n=0}^{+\infty}|u_n|=0$, donc $(\forall n\in\mathbb{N},\ u_n=0)$, $u=0$.

Cf. aussi 3.3.2 Rem. p. 255. ■

4) *Espace* $\ell^2(\mathbb{K})$

◆ **Définition** Une suite $(u_n)_{n\geqslant 0}$ de $\mathbb{K}^n$ est dite **de carré sommable** si et seulement si la suite $(u_n^2)_{n\geqslant 0}$ est sommable.

Ainsi, $(u_n)_{n\geqslant 0}$ est de carré sommable si et seulement si la série $\sum_{n\geqslant 0}|u_n|^2$ converge.

◆ **Proposition-Définition** L'ensemble $\ell^2(\mathbb{K})$ des suites $(u_n)_{n\geqslant 0}$ à éléments dans $\mathbb{K}$, de carré sommable, est un $\mathbb{K}$-ev, et l'application $(u,v)\longmapsto\sum_{n\in\mathbb{N}}\overline{u}_nv_n$ est un produit scalaire sur ce $\mathbb{K}$-ev.
On note N_2 (ou $||\cdot||_2$) la norme associée :

$$\forall u\in\ell^2(\mathbb{K}),\quad N_2(u)=\Big(\sum_{n\in\mathbb{N}}|u_n|^2\Big)^{\frac{1}{2}}.$$

S'il n'y a pas de risque de confusions entre $\mathbb{K},\mathbb{R},\mathbb{C}$, on peut noter ℓ^2 au lieu de $\ell^2(\mathbb{K})$.

Preuve :

- $\ell^2\subset\mathbb{K}^{\mathbb{N}}$, et $0\in\ell^2$ donc $\ell^2\neq\varnothing$.

- Pour toutes $u=(u_n)_{n\geqslant 0}\in\ell^2$, $v=(v_n)_{n\geqslant 0}\in\ell^2$, la suite $(\overline{u}_nv_n)_{n\geqslant 0}$ est sommable car :

$$\forall n\in\mathbb{N},\quad|\overline{u}_nv_n|=|u_n|\,|v_n|\leqslant\frac{1}{2}\big(|u_n|^2+|v_n|^2\big).$$

Ceci montre que l'application $\varphi:\begin{array}{ccc}\ell^2\times\ell^2&\longrightarrow&\mathbb{K}\\(u,v)&\longmapsto&\sum_{n\in\mathbb{N}}\overline{u}_nv_n\end{array}$ est correctement définie.

- Soient $u = (u_n)_{n\geqslant 0} \in \ell^2$, $v = (v_n)_{n\geqslant 0} \in \ell^2$. On a :

$$\forall n \in \mathbb{N},\quad |u_n + v_n|^2 \leqslant \big(|u_n| + |v_n|\big)^2 = |u_n|^2 + 2|u_n|\,|v_n| + |v_n|^2$$
$$\leqslant |u_n|^2 + \big(|u_n|^2 + |v_n|^2\big) + |v_n|^2 = 2\big(|u_n|^2 + |v_n|^2\big),$$

donc : $u + v \in \ell^2$.

- Il est clair que : $\forall \alpha \in \mathbb{K}, \forall u \in \ell^2,\quad \alpha u \in \ell^2$.

- Les propriétés :
$$\left|\begin{array}{l} \forall u,v \in \ell^2,\quad \varphi(v,u) = \overline{\varphi(u,v)} \\ \forall \alpha \in \mathbb{K}, \forall u,v,w \in \ell^2,\quad \varphi(u,\alpha v + w) = \alpha\varphi(u,v) + \varphi(u,w) \\ \forall u \in \ell^2,\quad \varphi(u,u) \geqslant 0 \\ \forall u \in \ell^2,\quad \big(\varphi(u,u) = 0 \Longrightarrow u = 0\big) \end{array}\right.$$

sont immédiates.

Cf. aussi C 3.6 p. 308. ■

Remarque :

On a $\ell^1 \subset \ell^2$ car, si $(u_n)_{n\in\mathbb{N}}$ est sommable, alors $u_n \underset{n\infty}{\longrightarrow} 0$, donc, à partir d'un certain rang, $|u_n| \leqslant 1$, d'où $|u_n|^2 \leqslant |u_n|$, et donc $(u_n^2)_{n\in\mathbb{N}}$ est sommable.

3.3.5 Séries alternées

Les séries envisagées dans ce § 3.3.5 sont à termes réels.

◆ **Définition**

On dit qu'une série $\sum\limits_{n\geqslant 0} u_n$ à termes réels est **alternée** si et seulement si :

$$\left|\begin{array}{l} \quad \forall n \in \mathbb{N},\quad u_n = (-1)^n |u_n| \\ \text{ou} \\ \quad \forall n \in \mathbb{N},\quad u_n = -(-1)^n |u_n|. \end{array}\right.$$

Il est clair qu'un cas se ramène à l'autre en considérant les opposés.

◆ **Théorème** **(Théorème spécial à certaines séries alternées : TSCSA)**

Soit $\sum\limits_{n\geqslant 0} u_n$ une série à termes réels.

Si $\left\{\begin{array}{l} \sum\limits_{n\geqslant 0} u_n \text{ est alternée} \\ u_n \underset{n\infty}{\longrightarrow} 0 \\ (|u_n|)_{n\in\mathbb{N}} \text{ décroît} \end{array}\right|$, alors $\sum\limits_{n\geqslant 0} u_n$ converge.

Preuve : Supposons, par exemple : $\forall n \in \mathbb{N}, \quad u_n = (-1)^n |u_n|$.

Notons $S_n = \sum_{k=0}^{n} u_k$ la $n^{\text{ème}}$ somme partielle pour $n \in \mathbb{N}$. On a, pour tout p de $\mathbb{N}$:

- $S_{2p+2} - S_{2p} = u_{2p+1} + u_{2p+2} = -|u_{2p+1}| + |u_{2p+2}| \leqslant 0$
- $S_{2p+3} - S_{2p+1} = u_{2p+2} + u_{2p+3} = |u_{2p+2}| - |u_{2p+3}| \geqslant 0$
- $S_{2p+1} - S_{2p} = u_{2p+1} \underset{p\infty}{\longrightarrow} 0$.

Ceci montre que les suites $(S_{2p})_{p\in\mathbb{N}}$ et $(S_{2p+1})_{p\in\mathbb{N}}$ sont adjacentes (cf. Tome 1, 3.2.2 Définition p. 62), donc convergent et ont la même limite. Il en résulte (cf. Tome 1, 3.3 Prop. 2 p. 65) que $(S_n)_{n\geqslant 0}$ converge, c'est-à-dire que $\sum_{n\geqslant 0} u_n$ converge.

EXEMPLE : **Série de Riemann alternée,** $\sum_{n\geqslant 1} \frac{(-1)^n}{n^\alpha}$, $\alpha \in \mathbb{R}$ fixé.

1) Si $\alpha \leqslant 0$, alors $\frac{(-1)^n}{n^\alpha} \underset{n\infty}{\not\longrightarrow} 0$, donc la série diverge grossièrement.

2) Si $0 < \alpha \leqslant 1$, alors $\sum_{n\geqslant 1} \frac{(-1)^n}{n^\alpha}$ n'est pas absolument convergente (car $\sum_{n\geqslant 1} \frac{1}{n^\alpha}$ diverge), mais converge d'après le TSCSA, donc est semi-convergente.

3) Si $\alpha > 1$, alors $\sum_{n\geqslant 1} \frac{(-1)^n}{n^\alpha}$ est absolument convergente.

Exercices

◇ **3.3.9** Déterminer la nature de la série de terme général :

a) $\frac{(-1)^n}{n\sqrt[n]{n}}$

b) $(-1)^n n^{-(1+n^a)}, \quad a \in \mathbb{R}$

c) $(-1)^n \exp\left(-\sum_{k=1}^{n} \frac{1}{k}\right)$

d) $\frac{(-1)^n}{\ln(n!)} \sum_{k=1}^{n} \frac{1}{k}$

e) $\int_0^{\frac{(-1)^n}{n^a}} \frac{\sqrt{|t|}}{1+\sqrt[3]{t}} \mathrm{d}t, \quad a \in \mathbb{R}_+^*$.

◇ **3.3.10** Pour $n \in \mathbb{N}^*$ on note $u_n = \begin{cases} \frac{1}{n} & \text{si } n \text{ est le carré d'un entier} \\ \frac{(-1)^n}{n} & \text{sinon.} \end{cases}$

Montrer que $\sum_{n\geqslant 1} u_n$ converge et :

$$\sum_{n=1}^{+\infty} u_n = \sum_{n=1}^{+\infty} \frac{1}{n^2} + \sum_{n=1}^{+\infty} \frac{(-1)^n}{n} - \sum_{n=1}^{+\infty} \frac{(-1)^n}{n^2}.$$

◇ **3.3.11** Soient $(a_n)_{n\geqslant 0}$ une suite réelle décroissante de limite 0, et, pour tout n de $\mathbb{N}$, $u_n = (-1)^n a_n$ et $U_n = \sum_{k=0}^{n} u_k$. Montrer que $\sum_n a_n^2$ converge si et seulement si $\sum_n u_n U_n$ converge.

3.3.6 Exemples d'utilisation d'un développement asymptotique

Dans de nombreux exemples de recherche de la nature d'une série $\sum_{n\geqslant 0} u_n$ alternée, où $|u_n|$ «contient encore $(-1)^n$ à l'intérieur», le TSCSA n'est pas applicable, car $(|u_n|)_{n\geqslant 0}$ peut ne pas être décroissante. On peut alors essayer d'utiliser un développement asymptotique de u_n lorsque n tend vers l'infini (dans une échelle à préciser).

Exemple : Nature de $\displaystyle\sum_{n\geqslant 2} \frac{(-1)^n}{\sqrt{n}+(-1)^n}$.

On a : $$\frac{(-1)^n}{\sqrt{n}+(-1)^n} = \frac{(-1)^n}{\sqrt{n}}\left(1+\frac{(-1)^n}{\sqrt{n}}\right)^{-1}$$
$$= \frac{(-1)^n}{\sqrt{n}}\left(1-\frac{(-1)^n}{\sqrt{n}}+O(\frac{1}{n})\right) = \frac{(-1)^n}{\sqrt{n}} - \frac{1}{n} + O\left(\frac{1}{n^{\frac{3}{2}}}\right).$$

- $\displaystyle\sum_n \frac{(-1)^n}{\sqrt{n}}$ est semi-convergente
- $\displaystyle\sum_n \frac{1}{n}$ diverge
- $\displaystyle\sum_n O\left(\frac{1}{n^{\frac{3}{2}}}\right)$ est absolument convergente.

On conclut à la divergence de la série proposée.

Ainsi, $\displaystyle\frac{(-1)^n}{\sqrt{n}+(-1)^n} \underset{n\infty}{\sim} \frac{(-1)^n}{\sqrt{n}}$, bien que les deux séries $\displaystyle\sum_n \frac{(-1)^n}{\sqrt{n}+(-1)^n}$ et $\displaystyle\sum_n \frac{(-1)^n}{\sqrt{n}}$ soient de natures différentes. Ceci montre que le théorème d'équivalence pour les séries à termes dans $\mathbb{R}_+$ (3.2.2 Théorème 3 p. 239) n'est pas applicable aux séries à termes réels de signe variable. ∎

Si, dans le développement asymptotique, le o ou le O ne porte pas sur le terme général d'une série absolument convergente, on essaiera de grouper ce o ou O avec un autre terme qui, lui, soit de signe fixe, en vue d'appliquer le théorème d'équivalence.

Exemple : Nature de $\displaystyle\sum_{n\geqslant 3} \frac{(-1)^n}{\ln n+(-1)^n}$. On a :

$$\frac{(-1)^n}{\ln n+(-1)^n} = \frac{(-1)^n}{\ln n}\left(1-\frac{(-1)^n}{\ln n}+o\left(\frac{1}{\ln n}\right)\right) = \frac{(-1)^n}{\ln n}+\left(-\frac{1}{(\ln n)^2}+o\left(\frac{1}{(\ln n)^2}\right)\right).$$

- $\displaystyle\sum_n \frac{(-1)^n}{\ln n}$ est convergente (TSCSA)
- $\displaystyle -\frac{1}{(\ln n)^2}+o\left(\frac{1}{(\ln n)^2}\right) \underset{n\infty}{\sim} -\frac{1}{(\ln n)^2} < 0$ et $\displaystyle\sum_n -\frac{1}{(\ln n)^2}$ diverge, donc $\displaystyle\sum_n\left(-\frac{1}{(\ln n)^2}+o\left(\frac{1}{(\ln n)^2}\right)\right)$ diverge.

Finalement, la série proposée diverge.

Exercices

◇ **3.3.12** Déterminer la nature de la série de terme général :

a) $\dfrac{(-1)^n}{\sqrt{n+(-1)^n}}$

b) $\dfrac{(-1)^n}{n^{\frac{2}{3}}+(-1)^n n^{\frac{1}{3}}}$

c) $\dfrac{(-1)^n}{n^{\frac{2}{3}}+n^{\frac{1}{3}}+(-1)^n}$

d) $\dfrac{(-1)^n}{n+(-1)^n\sqrt{n+1}}$

e) $(-1)^n(\sqrt{n+1}-\sqrt{n})$

f) $\dfrac{(-1)^n\ln(n+\sqrt{n^2+1})}{\sqrt{n+2}}$

g) $(-1)^n\operatorname{Arcsin}\left(\dfrac{n+1}{n^2+3}\right)$

h) $\dfrac{(-1)^n}{\sqrt{n}}\cos\dfrac{1}{n}$

i) $(-1)^n\sqrt[n]{n}\sin\dfrac{1}{n}$

j) $(-1)^n\dfrac{\sqrt{n}\sin\dfrac{1}{\sqrt{n}}}{\sqrt{n}+(-1)^n}$

k) $\dfrac{(-1)^n}{\cos n+n^{\frac{3}{4}}}$

l) $(-1)^n n^{-\tan\left(\frac{\pi}{4}+\frac{1}{n}\right)}$

m) $(-1)^n\ln\dfrac{n(n+2)}{n^2-n+1}$

n) $\dfrac{(-1)^n}{n-\ln n}$

o) $\dfrac{(-1)^n}{(\ln n+(-1)^n)^2}$

p) $\dfrac{(-1)^n\sqrt[n]{n}}{\ln n}$

q) $\dfrac{(-1)^n}{\ln n+(-1)^n\ln(\ln n)}$

r) $\dfrac{(-1)^n}{\sqrt{n}\ln n+(-1)^n}$

s) $(-1)^n\left(\left(1+\dfrac{1}{n}\right)^{-n}-\mathrm{e}^{-1}\right)$

t) $(-1)^n\left(\left(1+\dfrac{1}{n^2}\right)^n-1\right)$

u) $(-1)^n\left((n+1)^{\frac{1}{n+1}}-n^{\frac{1}{n}}\right)$

v) $\ln\left(1+(-1)^n\dfrac{\ln n}{n}\right)$

w) $\cos\left(\pi n^2\ln\dfrac{n}{n-1}\right)$

x) $\sin\left(2\pi\sqrt{n^2+(-1)^n}\right)$

y) $\sin\left(\left(1+(-1)^n\sqrt{n}\right)^{-1}\right)$

z) $\ln\left(1+\dfrac{(-1)^n}{n^a}\right)$, $a\in\mathbb{R}_+^*$

a′) $\ln\dfrac{n+(-1)^n\sqrt{n}+a}{n+(-1)^n\sqrt{n}+b}$, $(a,b)\in\mathbb{R}^2$

b′) $\dfrac{(-1)^n}{\sqrt{n^a+(-1)^n}}$, $a\in\mathbb{R}_+^*$

c′) $(-1)^n n^a\displaystyle\int_n^{+\infty}\frac{\ln x}{x(x+1)}\,\mathrm{d}x$, $a\in\mathbb{R}$.

◇ **3.3.13** Soit $(u_n)_{n\geqslant 0}$ la suite définie par $u_0\in\mathbb{R}_+$ et : $\forall n\in\mathbb{N},\quad u_{n+1}=\dfrac{\mathrm{e}^{-u_n}}{n+1}$.

Quelle est la nature de $\displaystyle\sum_{n\geqslant 0}(-1)^n u_n$?

3.3.7 Comparaison d'une série à une intégrale

1) Etude élémentaire pour une fonction monotone

a) Cas d'une fonction décroissante

◆ **Proposition** Soient $n_0 \in \mathbb{N}, f : [n_0; +\infty[\longrightarrow \mathbb{R}$ une application continue par morceaux et décroissante.

On a, pour tout (p,q) de $\mathbb{N}^2$ tel que $n_0 \leqslant p < q$:

$$\int_{p+1}^{q+1} f \leqslant \sum_{k=p+1}^{q} f(k) \leqslant \int_p^q f.$$

Preuve :

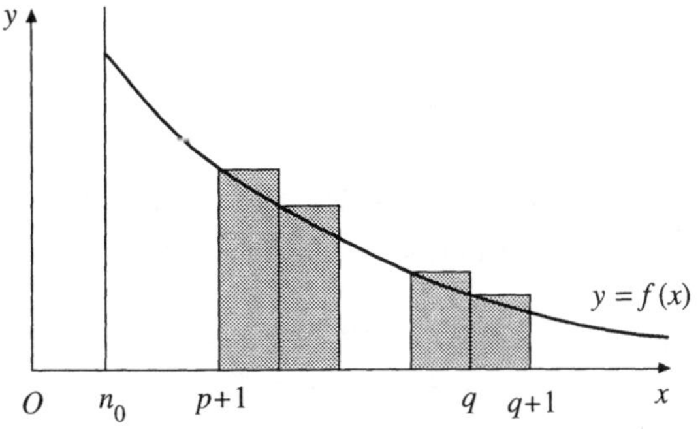

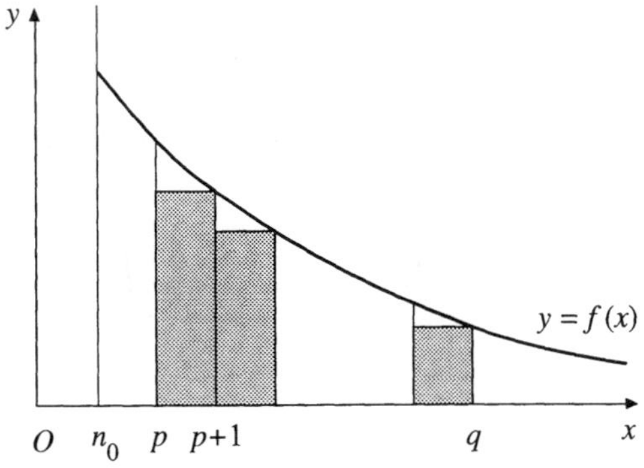

Puisque f décroît, on a :

$$\forall k \geqslant n_0, \quad \forall x \in [k; k+1], \quad f(k+1) \leqslant f(x) \leqslant f(k),$$

d'où : $\forall k \geqslant n_0, \quad f(k+1) \leqslant \displaystyle\int_k^{k+1} f(x)\,\mathrm{d}x \leqslant f(k),$

ou encore : $\forall k > n_0, \quad \displaystyle\int_k^{k+1} f \leqslant f(k) \leqslant \int_{k-1}^{k} f.$

En sommant pour k allant de $p+1$ à q, on obtient : $\displaystyle\int_{p+1}^{q+1} f \leqslant \sum_{k=p+1}^{q} f(k) \leqslant \int_p^q f.$ ■

EXEMPLE :

En appliquant la Prop. 1 à $f : \begin{array}[t]{l}[1; +\infty[\longrightarrow \mathbb{R}, \\ x \longmapsto \frac{1}{x}\end{array}$ on obtient en particulier :

$$\forall n \in \mathbb{N}^*, \quad \left(\int_1^{n+1} \frac{1}{x} \leqslant \sum_{k=1}^{n} \frac{1}{k} \quad \text{et} \quad \sum_{k=2}^{n} \frac{1}{k} \leqslant \sum_{1}^{n} \frac{1}{x} \, \mathrm{d}x \right),$$

d'où :

$$\forall n \in \mathbb{N}^*, \quad \ln(n+1) \leqslant \sum_{k=1}^{n} \frac{1}{k} \leqslant 1 + \ln n.$$

On en déduit ainsi (puisque $\ln(n+1) \underset{n\infty}{\sim} \ln n$ et $1 + \ln n \underset{n\infty}{\sim} \ln n$) : $\displaystyle\sum_{k=1}^{n} \frac{1}{k} \underset{n\infty}{\sim} \ln n$.

Nous préciserons ce résultat plus loin (p. 274), avec la constante d'Euler γ.

◆ **Corollaire**

Soient $n_0 \in \mathbb{N}$, $f : [n_0; +\infty[\longrightarrow \mathbb{R}_+$ continue par morceaux, décroissante. La série $\displaystyle\sum_{n \geqslant n_0} f(n)$ converge si et seulement si l'application f est intégrable sur $[n_0; +\infty[$, et, dans ces conditions, on a :

$$\forall n \geqslant n_0, \quad \int_{n+1}^{+\infty} f \leqslant \sum_{k=n+1}^{+\infty} f(k) \leqslant \int_{n}^{+\infty} f.$$

Preuve :

1) Supposons f intégrable sur $[n_0; +\infty[$. D'après la Prop. 1 p. 269 :

$$\forall n > n_0, \quad \sum_{k=n_0+1}^{n} f(k) \leqslant \int_{n_0}^{n} f \leqslant \int_{n_0}^{+\infty} f,$$

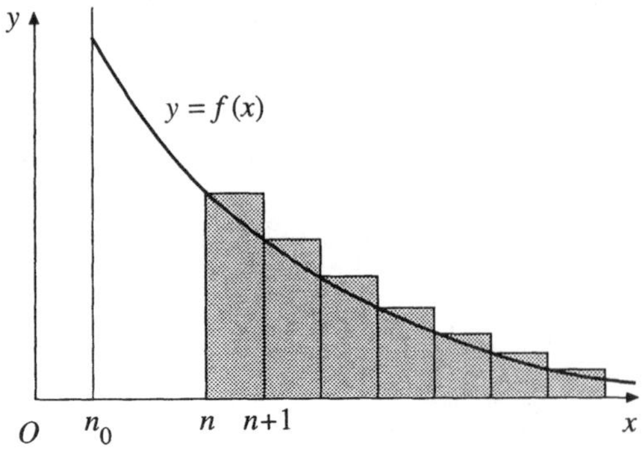

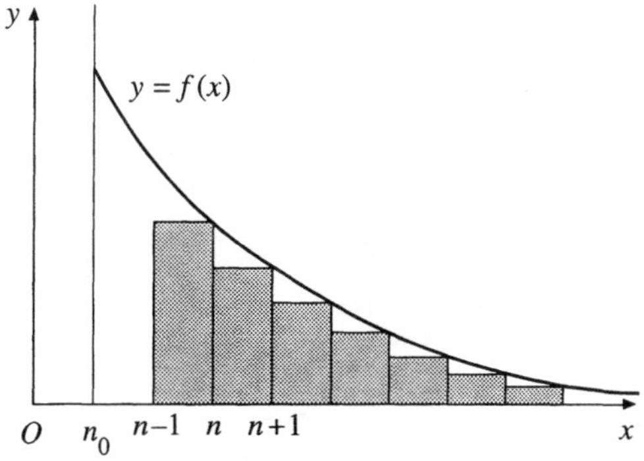

ce qui montre, d'après le lemme de majoration, que la série $\sum\limits_{n \geqslant n_0} f(n)$ converge.

De plus, d'après la Prop. p. 269, pour tout (n,q) tel que $n_0 \leqslant n < q$, on a :

$$\int_{n+1}^{q+1} f \leqslant \sum_{k=n+1}^{q} f(k) \leqslant \int_{n}^{q} f,$$

d'où en faisant tendre q vers l'infini (avec n fixé) :

$$\int_{n+1}^{+\infty} f \leqslant \sum_{k=n+1}^{+\infty} f(k) \leqslant \int_{n}^{+\infty} f.$$

2) Réciproquement, supposons que $\sum\limits_{n \geqslant n_0} f(n)$ converge.

D'après la Prop. p. 269 et puisque $f \geqslant 0$, on a :

$$\forall n \geqslant n_0, \quad \int_{n_0+1}^{n+1} f \leqslant \sum_{k=n_0+1}^{n} f(k) \leqslant \sum_{l=n_0+1}^{+\infty} f(k),$$

et donc (cf. 2.5.1 *3)* Prop. 1 p. 186), f est intégrable sur $[n_0; +\infty[$.

b) Cas d'une fonction croissante

◆ **Proposition** Soient $n_0 \in \mathbb{N}$, $f : [n_0; +\infty[\longrightarrow \mathbb{R}$ une application continue par morceaux et croissante. On a, pour tout (p,q) de $\mathbb{N}^2$ tel que $n_0 \leqslant p < q$:

$$\int_{p}^{q} f \leqslant \sum_{k=p+1}^{q} f(k) \leqslant \int_{p+1}^{q+1} f.$$

Preuve :

Appliquer la Prop. 1 de *a)*, p. 269 à $-f$.

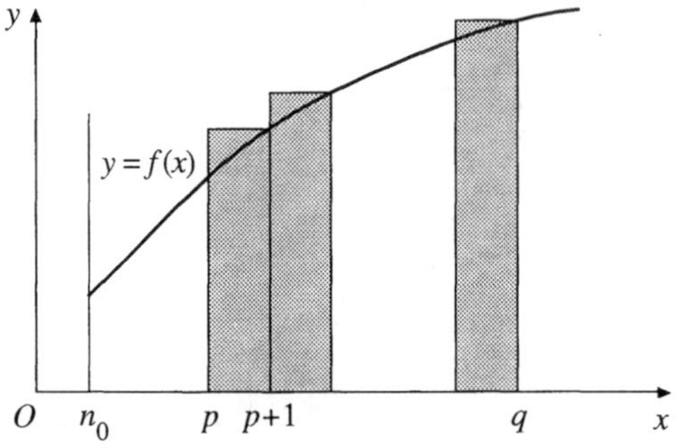

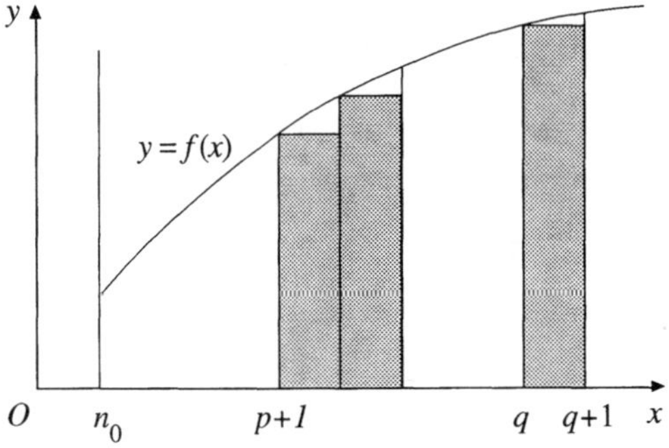

EXEMPLE : En appliquant la Prop. précédente à $f : \begin{array}[t]{c}[1;+\infty[\longrightarrow \mathbb{R}\\ x\longmapsto \ln x\end{array}$, on obtient :

$$\forall n \geqslant 2, \quad \int_1^n \ln x \, \mathrm{d}x \leqslant \sum_{k=2}^{n} \ln k \leqslant \int_2^{n+1} \ln x \, \mathrm{d}x,$$

c'est-à-dire : $\forall n \geqslant 2,\ n\ln n - n + 1 \leqslant \sum_{k=2}^{n} \ln k \leqslant (n+1)\ln(n+1) - n - 2\ln 2 + 1$,

d'où : $\sum_{k=2}^{n} \ln k \underset{n\infty}{\sim} n\ln n$, c'est-à-dire : $\ln(n!) \underset{n\infty}{\sim} n\ln n$.

2) Cas d'une fonction décroissante à valeurs dans $\mathbb{R}_+$

Soit $f : [0;+\infty[\longrightarrow \mathbb{R}$ continue par morceaux, $\geqslant 0$, décroissante. Notons, pour tout n de $\mathbb{N}^*$:

$$w_n = \int_{n-1}^{n} f(t)\, \mathrm{d}t - f(n).$$

Puisque f est décroissante, on a : $\forall n \in \mathbb{N}^*, \forall t \in [n-1;n], \quad f(n) \leqslant f(t) \leqslant f(n-1)$,

d'où : $\forall n \in \mathbb{N}^*, \quad f(n) \leqslant \int_{n-1}^{n} f(t)\, \mathrm{d}t \leqslant f(n-1)$,

et donc : $\forall n \in \mathbb{N}^*, \quad 0 \leqslant w_n \leqslant f(n-1) - f(n)$.

Ceci montre que la série $\sum_{n\geqslant 0} w_n$ est à termes $\geqslant 0$, et que, pour tout N de $\mathbb{N}^*$:

$$\sum_{n=1}^{N} w_n \leqslant \sum_{n=1}^{N} \big(f(n-1) - f(n)\big) = f(0) - f(N) \leqslant f(0).$$

D'après le lemme fondamental, on conclut que $\sum_{n\geqslant 0} w_n$ converge.

De plus, pour tout N de $\mathbb{N}^*$:

$$\sum_{n=1}^{N} w_n = \sum_{n=1}^{N} \int_{n-1}^{n} f(t)\,\mathrm{d}t - \sum_{n=1}^{N} f(n) = \int_{0}^{N} f(t)\,\mathrm{d}t - \sum_{n=1}^{N} f(n).$$

Puisque la série $\sum_{n\geqslant 1} w_n$ converge, il en résulte que la suite $\left(\int_0^N f(t)\,\mathrm{d}t\right)_{N\in\mathbb{N}^*}$ converge si et seulement si la série $\sum_{n\geqslant 1} f(n)$ converge.

- Si f est intégrable sur $[0; +\infty[$, alors $\int_0^N f(t)\,\mathrm{d}t \underset{N\infty}{\longrightarrow} \int_{[0;+\infty[} f$, et donc la série $\sum_{n\geqslant 1} f(n)$ converge.

- Réciproquement, supposons que la série $\sum_{n\geqslant 0} f(n)$ converge. Alors, la suite $\left(\int_0^n f\right)_{n\in\mathbb{N}}$ converge, donc est majorée; il existe $M \in \mathbb{R}_+$ tel que : $\forall n \in \mathbb{N}, \quad \int_0^n f \leqslant M.$

Ainsi, $\big([0; n]\big)_{n\in\mathbb{N}}$ est une suite croissante de segments dont la réunion est égale à $[0; +\infty[$ et telle que : $\forall n \in \mathbb{N}, \quad \int_{[0;n]} f \leqslant M.$

D'après 2.5.1 *1)*, Prop. 2 p. 183, f est intégrable sur $[0; +\infty[$.

Résumons l'étude.

◆ **Théorème** Soit $f : [0; +\infty[\longrightarrow \mathbb{R}$ une application continue par morceaux, $\geqslant 0$, décroissante. Notons, pour tout n de $\mathbb{N}^*$, $w_n = \int_{n-1}^{n} f(t)\,\mathrm{d}t - f(n)$. Alors :

1) La série $\sum_{n\geqslant 1} w_n$ converge.

2) f est intégrable sur $[0; +\infty[$ si et seulement si la série $\sum_{n\geqslant 1} f(n)$ converge.

3) Si f est intégrable sur $[0; +\infty[$ ou si la série $\sum_{n\geqslant 1} f(n)$ converge, alors :

$$\sum_{n=1}^{+\infty} w_n = \int_{[0;+\infty[} f - \sum_{n=1}^{+\infty} f(n).$$

EXEMPLE : **La constante d'Euler γ**

Considérons $f : [1;+\infty[\longrightarrow \mathbb{R}$, $t \longmapsto \frac{1}{t}$ qui est continue, $\geqslant 0$, décroissante.

Notons, pour tout n de $\mathbb{N}^*$, $w_n = \int_{n-1}^{n} f(t)\,\mathrm{d}t - f(n)$.

On a, pour tout n de $\mathbb{N} - \{0,1\}$:

$$\sum_{k=2}^{n} w_k = \int_1^n \frac{\mathrm{d}t}{t} - \sum_{k=2}^{n} \frac{1}{k} = 1 + \ln n - \sum_{k=1}^{n} \frac{1}{k}.$$

D'autre part, d'après le théorème précédent, la série $\sum_{n\geqslant 2} w_n$ converge.

Il en résulte que la suite $\left(\ln n - \sum_{k=1}^{n} \frac{1}{k}\right)_{n\geqslant 1}$ admet une limite finie, notée γ, et appelée constante d'Euler.

Ainsi : $$\boxed{\sum_{k=1}^{n} \frac{1}{k} = \ln n + \gamma + \underset{n\infty}{o}(1)}.$$

De plus, comme $\sum_{n=2}^{+\infty} w_n = 1 - \gamma$ et que, pour tout $n \geqslant 2$, $w_n = \int_{n-1}^{n} \frac{\mathrm{d}t}{t} - \frac{1}{n} = \ln \frac{n}{n-1} - \frac{1}{n}$,

on déduit : $\gamma = 1 - \sum_{n=2}^{+\infty} \left(\ln \frac{n}{n-1} - \frac{1}{n}\right)$,

ou encore : $\gamma = 1 - \sum_{n=1}^{+\infty} \left(\ln\left(1 + \frac{1}{n}\right) - \frac{1}{n+1}\right)$.

Une valeur approchée est : $\gamma \simeq 0{,}577...$

À l'heure actuelle (1997), on ne sait pas si γ est un rationnel. ∎

3) *Cas d'une fonction à valeurs dans $\mathbb{K}$*

Soit $f : [0;+\infty[\longrightarrow \mathbb{K}$ une application de classe C^1 telle que f' soit intégrable sur $[0;+\infty[$.

Notons, pour tout n de $\mathbb{N}^*$, $w_n = \int_{n-1}^{n} f(t)\,\mathrm{d}t - f(n)$.

En utilisant une intégration par parties, on a, pour tout n de $\mathbb{N}^*$:

$$w_n = \big[(t-n+1)f(t)\big]_{n-1}^{n} - \int_{n-1}^{n} (t-n+1)f'(t)\,\mathrm{d}t - f(n) = -\int_{n-1}^{n} (t-n+1)f'(t)\,\mathrm{d}t,$$

d'où : $$|w_n| \leqslant \int_{n-1}^{n} (t-n+1)|f'(t)|\,\mathrm{d}t \leqslant \int_{n-1}^{n} |f'(t)|\,\mathrm{d}t.$$

On en déduit, pour tout n de $\mathbb{N}^*$:

$$\sum_{k=1}^{n} |w_k| \leqslant \sum_{k=1}^{n} \int_{k-1}^{k} |f'(t)|\,\mathrm{d}t = \int_0^n |f'(t)|\,\mathrm{d}t \leqslant \int_{[0;+\infty[} |f'|.$$

Le lemme fondamental permet de conclure que la série $\sum_{n\geqslant 1} w_n$ est absolument convergente.

De plus, pour tout n de $\mathbb{N}^*$: $\displaystyle\sum_{k=1}^{n} w_k = \int_0^n f(t)\,\mathrm{d}t - \sum_{k=1}^{n} f(k)$.

En particulier, si f est intégrable sur $[0;+\infty[$, alors $\displaystyle\int_0^n f(t)\,\mathrm{d}t \underset{n\infty}{\longrightarrow} \int_{[0;+\infty[} f$, donc la série $\displaystyle\sum_{n\geqslant 1} f(n)$ converge, et : $\displaystyle\sum_{n=1}^{+\infty} w_n = \int_{[0;+\infty[} f - \sum_{n=1}^{+\infty} f(n)$.

Résumons l'étude :

◆ **Théorème** Soit $f : [0;+\infty[\longrightarrow \mathbb{K}$ une application de classe C^1 telle que f' soit intégrable sur $[0;+\infty[$. Notons pour tout n de $\mathbb{N}^*$, $w_n = \displaystyle\int_{n-1}^{n} f(t)\,\mathrm{d}t - f(n)$.

Alors :

1) La série $\displaystyle\sum_{n\geqslant 1} w_n$ est absolument convergente

2) Si de plus f est intégrable sur $[0;+\infty[$, alors la série $\displaystyle\sum_{n\geqslant 1} f(n)$ converge, et :

$$\sum_{n=1}^{+\infty} w_n = \int_{[0;+\infty[} f - \sum_{n=1}^{+\infty} f(n).$$

4) Formule de Stirling

L'application $f : \begin{array}{l}[1;+\infty[\longrightarrow \mathbb{R} \\ t \longmapsto \ln t\end{array}$ est de classe C^1 sur $[1;+\infty[$; cependant, comme $f' : t \longmapsto \dfrac{1}{t}$ n'est pas intégrable sur $[1;+\infty[$, on ne peut pas appliquer directement le Théorème de *3)*.

Notons, pour $n \geqslant 2$, $w_n = \displaystyle\int_{n-1}^{n} \ln t\,\mathrm{d}t - \ln n$.

On a donc, pour tout $n \geqslant 2$:

$$\sum_{k=2}^{n} w_k = \int_1^n \ln t\,\mathrm{d}t - \sum_{k=2}^{n} \ln k = n\ln n - n + 1 - \ln(n!).$$

On a, comme dans *3)*, pour tout $n \geqslant 2$: $\quad w_n = -\displaystyle\int_{n-1}^{n} (t-n+1)\frac{1}{t}\,\mathrm{d}t$,

puis, par une intégration par parties :

$$w_n = -\left[\frac{(t-n+1)^2}{2}\,\frac{1}{t}\right]_{n-1}^{n} - \int_{n-1}^{n} \frac{(t-n+1)^2}{2}\,\frac{1}{t^2}\,\mathrm{d}t = -\frac{1}{2n} - \frac{1}{2}\int_{n-1}^{n} (t-n+1)^2\frac{1}{t^2}\,\mathrm{d}t.$$

Notons, pour $n \geqslant 2$, $x_n = \displaystyle\int_{n-1}^{n} (t-n+1)^2 \frac{1}{t^2}\,\mathrm{d}t$.

Comme : $0 \leqslant x_n \leqslant \displaystyle\int_{n-1}^{n} \frac{1}{t^2}\,\mathrm{d}t = \frac{1}{n-1} - \frac{1}{n} = \frac{1}{(n-1)n} \underset{n\infty}{\sim} \frac{1}{n^2}$,

la série $\displaystyle\sum_{n\geqslant 2} x_n$ converge.

On obtient, en utilisant la constante d'Euler γ :

$$\begin{aligned}\ln(n!) &= n\ln n - n + 1 + \frac{1}{2}\sum_{k=2}^{n}\frac{1}{k} + \frac{1}{2}\sum_{k=2}^{n} x_k \\ &= n\ln n - n + \frac{1}{2}\ln n + \frac{1}{2}\left(1+\gamma+\sum_{k=2}^{+\infty} x_k\right) + \underset{n\infty}{o}(1).\end{aligned}$$

En notant $K = \dfrac{1}{2}\left(1+\gamma+\displaystyle\sum_{k=2}^{+\infty} x_k\right)$, on a donc :

$$\ln(n!) = n\ln n - n + \frac{1}{2}\ln n + K + \underset{n\infty}{o}(1),$$

d'où $n! = n^n \mathrm{e}^{-n}\sqrt{n}\mathrm{e}^{K+o(1)}$, c'est-à-dire $n! \underset{n\infty}{\sim} n^n \mathrm{e}^{-n}\sqrt{n}\mathrm{e}^{K}$.

Pour déterminer K, on utilise les intégrales de Wallis (cf. Tome 1, 6.4.4 Exemple 1 p. 191) :

En notant $I_n = \displaystyle\int_0^{\frac{\pi}{2}} \sin^n x\,\mathrm{d}x$, on obtient, pour tout p de $\mathbb{N}$:

$$I_{2p} = \frac{(2p)!}{(2^p p!)^2}\,\frac{\pi}{2} \quad \text{et} \quad I_{2p+1} = \frac{(2^p p!)^2}{(2p+1)!},$$

d'où : $I_{2p} I_{2p+1} \underset{p\infty}{\sim} \dfrac{\pi}{2(2p+1)} \underset{p\infty}{\sim} \dfrac{\pi}{4p}$,

et donc, facilement : $I_n I_{n+1} \underset{n\infty}{\sim} \dfrac{\pi}{2n}$.

D'autre part : $\forall n \in \mathbb{N}^*$, $I_{n+1} \leqslant I_n \leqslant I_{n-1}$,

d'où : $\forall n \in \mathbb{N}^*$, $I_n I_{n+1} \leqslant I_n^2 \leqslant I_n I_{n-1}$.

Comme $I_n I_{n+1} \underset{n\infty}{\sim} \dfrac{\pi}{2n}$ et $I_{n-1} I_n \underset{n\infty}{\sim} \dfrac{\pi}{2n}$, on déduit $I_n^2 \underset{n\infty}{\sim} \dfrac{\pi}{2n}$,

puis $I_n \underset{n\infty}{\sim} \sqrt{\dfrac{\pi}{2n}}$ (**formule de Wallis**).

Mais : $I_{2p} = \dfrac{(2p)!}{(2^p p!)^2}\,\dfrac{\pi}{2} \underset{p\infty}{\sim} \dfrac{(2p)^{2p}\mathrm{e}^{-2p}\sqrt{2p}\mathrm{e}^K}{(p^p \mathrm{e}^{-p}\sqrt{p}\mathrm{e}^K)^2}\,\dfrac{\pi}{2} = \dfrac{\pi}{\sqrt{2p}\mathrm{e}^K}$,

d'où : $\mathrm{e}^K = \sqrt{2\pi}$.

On conclut :

◆ **Théorème** (**Formule de Stirling**)

$$\boxed{n! \underset{n\infty}{\sim} \left(\frac{n}{\mathrm{e}}\right)^n \sqrt{2\pi n}}.$$

Exercices

◇ **3.3.14** Déterminer la nature des séries suivantes (on pourra utiliser la formule de Stirling) :

a) $\dfrac{n^n}{n!\mathrm{e}^n}$ *b)* $\dfrac{n^a n!\mathrm{e}^n}{(n+1)^n}$, $a \in \mathbb{R}$ *c)* $\dfrac{(2n)!}{n!a^n n^n}$, $a \in \mathbb{R}_+^*$

d) $\dfrac{(n!)^a n^{bn}}{((2n)!)^c}$, $(a,b,c) \in \mathbb{R}^3$ *e)* $\dfrac{(-1)^n(2n)!}{4^n(n!)^2}$.

◇ **3.3.15** Déterminer $\lim\limits_{n\infty}\left(1+\dfrac{1}{n}\right)^{n^2}\dfrac{n!}{n^n\sqrt{n}}$.

◇ **3.3.16** Existence et calcul de $\displaystyle\int_1^{\to+\infty}\frac{x-\frac{1}{2}-\mathrm{E}(x)}{x}\,\mathrm{d}x$.

3.3.8 Etude de la somme d'une série

Etant donné une série $\sum\limits_{n\geqslant 0} u_n$ supposée convergente, le but de ce § 3.3.8 est de calculer $\sum\limits_{n=0}^{+\infty} u_n$ (si c'est possible), ou de trouver une évaluation asymptotique ou numérique de cette somme.

1) Calcul exact de la somme d'une série

Ce calcul exact sera peu souvent réalisable. On pourra essayer :

• de se ramener à des séries pour lesquelles la somme est connue : série géométrique, séries entières usuelles (cf. Tome 4, ch 5), séries de Fourier (cf. Tome 4, ch 6)

• de mettre le terme général sous une forme permettant, par télescopage, le calcul des sommes partielles (cf. *b)* ci-dessous).

a) Série géométrique

.Rappelons (cf. 3.2.4 *1)* p. 242) que, pour tout z de $\mathbb{C}$ tel que $|z| < 1$, la série géométrique $\sum\limits_{n\geqslant 0} z^n$ converge et : $\sum\limits_{n\geqslant 0}^{+\infty} z^n = \dfrac{1}{1-z}$.

b) Séries télescopiques

Supposons que le terme général u_n de la série $\sum_{n\geqslant 0} u_n$ (pour laquelle on veut calculer la somme) puisse se mettre sous la forme : $u_n = a_{n+1} - a_n$, où $(a_n)_{n\in\mathbb{N}}$ est une suite admettant une limite finie connue l. Comme :

$$\forall n \in \mathbb{N}, \quad \sum_{k=0}^{n} u_k = (a_1 - a_0) + (a_2 - a_1) + \ldots + (a_{n+1} - a_n) = a_{n+1} - a_0,$$

on déduit : $\displaystyle\sum_{n=0}^{+\infty} u_n = l - a_0.$

EXEMPLES :

1) Calcul de $\displaystyle\sum_{n=1}^{+\infty} \frac{1}{n(n+1)}$.

Comme : $\forall n \in \mathbb{N}^*, \quad \dfrac{1}{n(n+1)} = \dfrac{1}{n} - \dfrac{1}{n+1}$, on a : $\forall n \in \mathbb{N}^*, \quad \displaystyle\sum_{k=1}^{n} \frac{1}{k(k+1)} = 1 - \frac{1}{n+1}$,

et donc $\displaystyle\sum_{n=1}^{+\infty} \frac{1}{n(n+1)} = 1.$

2) Calcul de $\displaystyle\sum_{n=0}^{+\infty} \operatorname{Arctan} \frac{2n}{n^4+n^2+2}$.

En remarquant $n^4 + n^2 + 2 = 1 + (n^2+n+1)(n^2-n+1)$, on déduit :

$$\begin{aligned}
\operatorname{Arctan} \frac{2n}{n^4+n^2+2} &= \operatorname{Arctan} \frac{(n^2+n+1)-(n^2-n+1)}{1+(n^2+n+1)(n^2-n+1)} \\
&= \operatorname{Arctan}(n^2+n+1) - \operatorname{Arctan}(n^2-n+1) \\
&= \operatorname{Arctan}\big((n+1)^2-(n+1)+1\big) - \operatorname{Arctan}(n^2-n+1),
\end{aligned}$$

et donc : $\displaystyle\sum_{k=0}^{n} \operatorname{Arctan} \frac{2k}{k^4+k^2+2} = \operatorname{Arctan}(n^2+n+1) - \operatorname{Arctan} 1 \underset{n\infty}{\longrightarrow} \frac{\pi}{2} - \frac{\pi}{4} = \frac{\pi}{4}$,

d'où finalement : $\displaystyle\sum_{n=0}^{+\infty} \operatorname{Arctan} \frac{2n}{n^4+n^2+2} = \frac{\pi}{4}.$

c) Généralisation des séries télescopiques

Il se peut que u_n puisse être écrit comme somme de plusieurs termes (le nombre de termes étant indépendant de n) de telle sorte que, dans $\sum_{k=0}^{n} u_k$, après simplifications, il soit possible de passer à la limite lorsque n tend vers l'infini.

EXEMPLE :

Convergence et calcul de la somme pour la série $\sum_{n\geqslant 2} u_n$, où $u_n = (n-1)^\alpha + (n+1)^\alpha - 2n^\alpha$, $\alpha \in \mathbb{R}$ fixé.

$$u_2 = 1^\alpha - 2\cdot 2^\alpha + 3^\alpha$$

$$u_3 = 2^\alpha - 2\cdot 3^\alpha + 4^\alpha$$

$$u_4 = 3^\alpha - 2\cdot 4^\alpha + 5^\alpha$$

$$\vdots$$

$$u_{n-2} = (n-3)^\alpha - 2(n-2)^\alpha + (n-1)^\alpha$$

$$u_{n-1} = (n-2)^\alpha - 2(n-1)^\alpha + n^\alpha$$

$$u_n = (n-1)^\alpha - 2n^\alpha + (n+1)^\alpha$$

On obtient ainsi :

$$\begin{aligned}\sum_{k=2}^{n} u_k &= 1 - 2^\alpha - n^\alpha + (n+1)^\alpha \\ &= 1 - 2^\alpha + n^\alpha\left(\left(1+\frac{1}{n}\right)^\alpha - 1\right) \\ &= 1 - 2^\alpha + n^\alpha\left(\frac{\alpha}{n} + o\left(\frac{1}{n}\right)\right) \\ &= 1 - 2^\alpha + \alpha n^{\alpha-1} + o\left(n^{\alpha-1}\right).\end{aligned}$$

Ceci montre que $\sum_{k=2}^{n} u_k$ admet une limite finie lorsque n tend vers l'infini si et seulement si $\alpha \leqslant 1$.

Finalement, $\sum_{n\geqslant 2} u_n$ converge si et seulement si $\alpha \leqslant 1$, et alors : $\sum_{n=2}^{+\infty} u_n = \begin{cases} 1-2^\alpha & \text{si } \alpha < 1 \\ 0 & \text{si } \alpha = 1 \end{cases}$.

On peut remarquer que l'exemple proposé est celui d'une série télescopique, puisque :

$$u_n = ((n-1)^\alpha - n^\alpha) - (n^\alpha - (n+1)^\alpha).$$

Exercices

◇ **3.3.17** Montrer la convergence et calculer les sommes des séries suivantes :

a) $\sum_{n\geqslant 0} x^n \cos n\,\theta$ et $\sum_{n\geqslant 0} x^n \sin n\,\theta$, $(x,\theta) \in]-1;1[\times\mathbb{R}$

b) $\sum_{n\geqslant 0} x^n \operatorname{ch} n\,\theta$ et $\sum_{n\geqslant 0} x^n \operatorname{sh} n\,\theta$, $(x,\theta) \in \mathbb{R}^2$ tel que $|x|e^{|\theta|} < 1$

c) $\sum_{n\geqslant 1} \dfrac{\cos nx}{2^n \cos^n x}$ et $\sum_{n\geqslant 1} \dfrac{\sin nx}{2^n \cos^n x}$, $x \in \mathbb{R}$ tel que $|2\cos x| > 1$

d) $\sum_{n\geqslant 1} \dfrac{\operatorname{ch} nx}{2^n \operatorname{ch}^n x}$ et $\sum_{n\geqslant 1} \dfrac{\operatorname{sh} nx}{2^n \operatorname{ch}^n x}$, $x \in \mathbb{R}$

e) $\sum_{n\geqslant 2} \ln \dfrac{(\ln(n+1))^2}{(\ln n)(\ln(n+2))}$

f) $\sum_{n\geqslant 0} \dfrac{1+\sqrt{n+1}-2\sqrt{n}}{2^{n+1}}$

g) $\sum_{n\geqslant 1} \dfrac{1}{n\sqrt{n+1}+(n+1)\sqrt{n}}$

h) $\sum_{n\geqslant 1} \dfrac{E(\sqrt{n+1})-E(\sqrt{n})}{n}$

i) $\sum_{n\geqslant 0} \operatorname{Arctan} \dfrac{a}{1+a^2 n+a^2 n^2}$, $a \in \mathbb{R}$

j) $\sum_{n\geqslant 1} \operatorname{Arctan} \frac{8n}{n^4 - 2n^2 + 5}$

*k)** $\sum_{n\geqslant 0} \frac{1}{n!(n^4+n^2+1)}$

l) $\sum_{n\geqslant 1} \frac{1}{\operatorname{sh} na \operatorname{sh}(n+1)a}, \quad a \in \mathbb{R}^*$

m) $\sum_{n\geqslant 0} \frac{1}{\operatorname{ch} na \operatorname{ch}(n+1)a}, \quad a \in \mathbb{R}^*$

n) $\sum_{n\geqslant 0} \frac{z^{2^n}}{z^{2^{n+1}} - 1}, \quad z \in \mathbb{C}$ tel que $|z| \neq 1$

o) $\sum_{n\geqslant 1} \frac{z^n}{(1-z^n)(1-z^{n+1})}$, $z \in \mathbb{C}$ tel que $|z| < 1$

p) $\sum_{n\geqslant 0} \frac{(-1)^n}{3^n} \cos^3(3^n\theta), \quad \theta \in \mathbb{R}$

q) $\sum_{n\geqslant 0} \frac{1}{3^n} \sin^3(3^n\theta), \quad \theta \in \mathbb{R}$

r) $\sum_{n\geqslant 0} 3^n \operatorname{sh}^3 \frac{x}{3^n}, \quad x \in \mathbb{R}$

s) $\sum_{n\geqslant 0} \frac{1}{2^n} \tan \frac{x}{2^n}, \quad x \in \left]-\frac{\pi}{2}; \frac{\pi}{2}\right[$

t) $\sum_{n\geqslant 0} \ln\left(2\operatorname{ch}\frac{x}{2^n} - 1\right), \quad x \in \mathbb{R}$

u) $\sum_{n\geqslant 0} \ln\left(4\operatorname{ch}^2\frac{x}{2^n} - 2\operatorname{ch}\frac{x}{2^n} - 1\right), \quad x \in \mathbb{R}.$

◇ **3.3.18** Soit $(a,b) \in (\mathbb{R}_+^*)^2$. Etudier la convergence et calculer (lorsqu'elle converge) la somme de la série $\sum_{n\geqslant 0} u_n$ où : $\forall p \in \mathbb{N}, \quad \begin{cases} u_{2p} = a^p b^p \\ u_{2p+1} = a^p b^{p+1} \end{cases}.$

◇ **3.3.19** Montrer, pour tout x de $\mathbb{R}_+^*$:

a) $\sum_{n=0}^{+\infty} \left(\frac{1}{x+2n+1} + \frac{1}{x+2n} - \frac{1}{x+n} \right) = \ln 2$

b) $\sum_{n=0}^{+\infty} \left(\frac{1}{(x+2n+1)^2} + \frac{1}{(x+2n)^2} - \frac{1}{(x+n)^2} \right) = 0.$

◇ **3.3.20** Soit $x \in \mathbb{R}^* - \{-\frac{1}{n}; n \in \mathbb{N}^*\}$. Montrer que la série $\sum_{n\geqslant 1} \frac{n}{(x+1)(2x+1)\ldots(nx+1)}$ converge et calculer sa somme.

◇ **3.3.21** Calculer $\sum_{k=1}^{n} \frac{1}{k(k+2)}$ puis $\lim_{n\infty} \left(\frac{4}{3} \sum_{k=1}^{n} \frac{1}{k(k+2)} \right)^n$

◇ **3.3.22** Etablir : $\forall n \in \mathbb{N}^*, \quad \sum_{k=0}^{+\infty} \mathrm{E}\left(\frac{n+2^k}{2^{k+1}} \right) = n.$

◇ **3.3.23** *a)* Pour $n \in \mathbb{N}^*$, résoudre l'équation $\left(\frac{z-\mathrm{i}}{z+\mathrm{i}} \right)^{2n+1} = 1$, d'inconnue $z \in \mathbb{C}$.

b) En déduire : $\forall n \in \mathbb{N}^*, \quad \sum_{k=1}^{n} \operatorname{cotan}^2 \frac{k\pi}{2n+1} = \frac{n(2n-1)}{3}.$

c) Montrer : $\forall u \in \left]0; \frac{\pi}{2}\right[, \quad \operatorname{cotan}^2 u < \frac{1}{u^2} < 1 + \operatorname{cotan}^2 u.$

d) Conclure : $\sum_{n=1}^{+\infty} \frac{1}{n^2} = \frac{\pi^2}{6}.$

2) Evaluation du reste d'une série convergente

Soient $\sum_{n\geqslant 0} u_n$ une série convergente, $R_n = \sum_{k=n+1}^{+\infty} u_k$ le reste d'ordre n. Le but est ici d'obtenir un encadrement utile de R_n, ou un équivalent de R_n lorsque n tend vers l'infini.

a) Comparaison série-intégrale

S'il existe $n_0 \in \mathbb{N}$ et une application $f : [n_0; +\infty[\longrightarrow \mathbb{R}$ continue par morceaux et décroissante telle que $(\forall n \geqslant n_0,\ u_n = f(n))$, on pourra utiliser la comparaison série-intégrale, qui donne :

$$\forall n \geqslant n_0, \quad \int_{n+1}^{+\infty} f \leqslant \sum_{k=n+1}^{+\infty} f(k) \leqslant \int_n^{+\infty} f.$$

EXEMPLE :
Soit $\alpha \in]1; +\infty[$; puisque $x \longmapsto \dfrac{1}{x^\alpha}$ est continue et décroissante sur $[1; +\infty[$, on obtient :

$$\forall n \geqslant 1, \quad \int_{n+1}^{+\infty} \frac{\mathrm{d}x}{x^\alpha} \leqslant R_n \leqslant \int_n^{+\infty} \frac{\mathrm{d}x}{x^\alpha}, \quad \text{c'est-à-dire :}$$

$$\forall n \geqslant 1, \quad \frac{1}{(\alpha-1)(n+1)^{\alpha-1}} \leqslant R_n \leqslant \frac{1}{(\alpha-1)n^{\alpha-1}}, \quad \text{et donc} \quad R_n \underset{n\infty}{\sim} \frac{1}{(\alpha-1)n^{\alpha-1}}.$$

b) Séries comparables à une série géométrique

Supposons $(\forall n \in \mathbb{N},\ u_n > 0)$ et qu'il existe $\lambda \in [0; 1[$ et $N \in \mathbb{N}$ tels que :

$$\forall n \geqslant N, \quad 0 < \frac{u_{n+1}}{u_n} \leqslant \lambda.$$

Par multiplication d'inégalités, on déduit : $\forall n > N, \quad 0 < u_n \leqslant \lambda^{n-N} u_N$,

puis : $\forall n \geqslant N, \quad 0 < R_n = \displaystyle\sum_{k=n+1}^{+\infty} u_k \leqslant \lambda^{-N} u_N \sum_{k=n+1}^{+\infty} \lambda^k = \frac{\lambda^{-N+1}}{1-\lambda} u_N \lambda^n.$ ■

EXEMPLE : Calculer une valeur approchée à 10^{-6} près de $\displaystyle\sum_{n=1}^{+\infty} \left(2 + \frac{\sin n}{n}\right)^{-n}$.

- Comme $\left(2 + \dfrac{\sin n}{n}\right)^{-1} \underset{n\infty}{\longrightarrow} \dfrac{1}{2}$, on cherche, par exemple, un entier N tel que :

$$\forall n \geqslant N, \quad 0 < \left(2 + \frac{\sin n}{n}\right)^{-1} \leqslant 0{,}6.$$

A cet effet, il suffit que $\left(2 - \dfrac{1}{N}\right)^{-1} \leqslant 0{,}6$, c'est-à-dire $N \geqslant 3$.

- On a donc, pour tout $n \geqslant 2$:

$$0 \leqslant \sum_{k=n+1}^{+\infty} \left(2 + \frac{\sin k}{k}\right)^{-k} \leqslant \sum_{k=n+1}^{+\infty} (0{,}6)^k = \frac{(0{,}6)^{n+1}}{1-0{,}6} = 2{,}5 \cdot (0{,}6)^n.$$

Ainsi, pour que $0 \leqslant R_n < \dfrac{1}{2} \cdot 10^{-6}$, il suffit que $2{,}5 \cdot (0{,}6)^n < \dfrac{1}{2} \cdot 10^{-6}$, c'est-à-dire $n \geqslant 31$.

En particulier : $0 \leqslant R_{31} \leqslant \dfrac{1}{2} \cdot 10^{-6}$.

- $S_{31} = \sum_{k=1}^{31} \left(2 + \frac{\sin k}{k}\right)^{-k} \simeq 0{,}809509$ à $\frac{1}{2} \cdot 10^{-6}$ près à la calculette.
- On conclut : $\sum_{n=1}^{+\infty} \left(2 + \frac{\sin n}{n}\right)^{-n} \simeq 0{,}809509$ à 10^{-6} près.

c) Séries relevant du TSCSA

Supposons que $\sum_{n \geqslant 0} u_n$ relève du TSCSA (cf. 3.3.5 p. 265), c'est-à-dire :

$$\begin{cases} \sum_{n \geqslant 0} u_n \text{ est alternée} \\ u_n \underset{n\infty}{\longrightarrow} 0 \\ (|u_n|)_{n \in \mathbb{N}} \text{ décroît.} \end{cases}$$

On a vu (3.3.5 p. 266) qu'alors, pour tout n de $\mathbb{N}$, la somme $S = \sum_{k=0}^{+\infty} u_k$ est comprise entre les sommes partielles S_n et S_{n+1}, d'où : $|R_n| = |S - S_n| \leqslant |S_{n+1} - S_n| = |u_{n+1}|$.

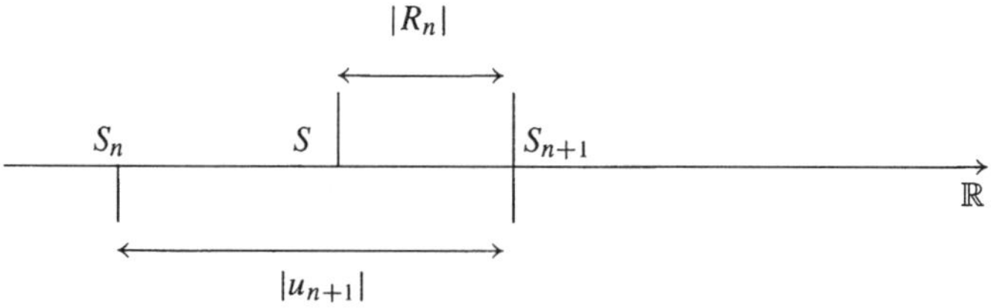

On obtient ainsi la Proposition suivante.

◆ **Proposition**

Si la série réelle $\sum_{n \geqslant 0} u_n$ relève du TSCSA, alors :

$$\forall n \in \mathbb{N}, \quad |R_n| \leqslant |u_{n+1}|,$$

où $R_n = \sum_{k=n+1}^{+\infty} u_k$ est le reste d'ordre n.

Exemple : Soit $\alpha \in \mathbb{R}_+^*$ fixé. Puisque la série de Riemann alternée $\sum_{n \geqslant 1} \frac{(-1)^n}{n^\alpha}$ relève du TSCSA, on a : $\forall n \in \mathbb{N}, \quad \left| \sum_{k=n+1}^{+\infty} \frac{(-1)^k}{k^\alpha} \right| \leqslant \frac{1}{(n+1)^\alpha}$.

Remarque :

La Prop. précédente sera aussi utilisée pour montrer la convergence uniforme de certaines séries d'applications (voir Tome 4, 4.2.1 Exemple *4)* p. 22).

Exercice

◇ **3.3.24** Déterminer :

a) $\lim_{n\infty} \left(\sum_{k=n+1}^{+\infty} \frac{1}{k^3} \right)^{-\frac{1}{2 \ln n}}$ *b)* $\lim_{n\infty} \left| \sum_{k=n+1}^{+\infty} \frac{(-1)^k}{k} \right|^{\frac{1}{\ln(\ln n)}}$.

3.3.9 Sommation des relations de comparaison

On comparera utilement ce § 3.3.9 avec le § 2.5.3 sur l'intégration des relations de comparaison, p. 211 (cf. aussi exercice 3.3.25, p. 285).

Dans tout ce § 3.3.9, E désigne un espace de Banach. On peut, en première lecture et conformément au programme, se limiter à $E = \mathbb{K}$.

1) Cas des séries convergentes

◆ **Proposition 1**

Soient $\sum\limits_{n\geqslant 0} u_n$ une série à termes dans E, $\sum\limits_{n\geqslant 0} v_n$ une série à termes réels.

$$\text{Si } \left\{\begin{array}{l} \forall n\in\mathbb{N},\ v_n\geqslant 0 \\ \sum\limits_{n\geqslant 0} v_n \text{ converge} \\ u_n = \underset{n\infty}{o}(v_n) \end{array}\right., \quad \text{alors } \left\{\begin{array}{l} \sum\limits_{n\geqslant 0} u_n \text{ converge} \\ \sum\limits_{k=n+1}^{+\infty} u_k = \underset{n\infty}{o}\left(\sum\limits_{k=n+1}^{+\infty} v_k\right). \end{array}\right.$$

Preuve :

Soit $\varepsilon > 0$. Puisque $u_n = \underset{n\infty}{o}(v_n)$, il existe $N\in\mathbb{N}$ tel que : $\forall n \geqslant N, \quad ||u_n|| \leqslant \varepsilon v_n$.

D'après le théorème de majoration, $\sum\limits_{n>N} u_n$ est absolument convergente, donc convergente (puisque E est complet, cf. 3.3.2 Théorème p. 256) et, pour tout n de $\mathbb{N}$ tel que $n \geqslant N$:

$$\left|\left|\sum_{k=n+1}^{+\infty} u_k\right|\right| \leqslant \sum_{k=n+1}^{+\infty} ||u_k|| \leqslant \sum_{k=n+1}^{+\infty} \varepsilon v_n = \varepsilon \sum_{k=n+1}^{+\infty} v_n,$$

ce qui montre : $\sum\limits_{k=n+1}^{+\infty} u_n = \underset{n\infty}{o}\left(\sum\limits_{k=n+1}^{+\infty} v_n\right)$.

◆ **Proposition 2**

Soient $\sum\limits_{n\geqslant 0} u_n$ une série à termes dans E, $\sum\limits_{n\geqslant 0} v_n$ une série à termes réels.

$$\text{Si } \left\{\begin{array}{l} \forall n\in\mathbb{N},\quad v_n\geqslant 0 \\ \sum\limits_{n\geqslant 0} v_n \text{ converge} \\ u_n = \underset{n\infty}{O}(v_n) \end{array}\right., \quad \text{alors } \left\{\begin{array}{l} \sum\limits_{n\geqslant 0} u_n \text{ converge} \\ \sum\limits_{k=n+1}^{+\infty} u_k = \underset{n\infty}{O}\left(\sum\limits_{k=n+1}^{+\infty} v_k\right). \end{array}\right.$$

Preuve : Analogue à celle de la Proposition 1.

◆ **Proposition 3** Soient $\sum\limits_{n\geqslant 0} u_n$, $\sum\limits_{n\geqslant 0} v_n$ deux séries à termes réels.

$$\text{Si } \left\{\begin{array}{l} \forall n\in\mathbb{N},\quad v_n\geqslant 0 \\ \sum\limits_{n\geqslant 0} v_n \text{ converge} \\ u_n \underset{n\infty}{\sim} v_n \end{array}\right., \quad \text{alors } \left\{\begin{array}{l} \sum\limits_{n\geqslant 0} u_n \text{ converge} \\ \sum\limits_{k=n+1}^{+\infty} u_k \underset{n\infty}{\sim} \sum\limits_{k=n+1}^{+\infty} v_k. \end{array}\right.$$

Preuve :

$$u_n \underset{n\infty}{\sim} v_n \Longleftrightarrow u_n - v_n = \underset{n\infty}{o}(v_n) \Longrightarrow \sum_{k=n+1}^{+\infty}(u_k - v_k) = \underset{n\infty}{o}\left(\sum_{k=n+1}^{+\infty} v_k\right)$$

$$\Longleftrightarrow \sum_{k=n+1}^{+\infty} u_k - \sum_{k=n+1}^{+\infty} v_k = \underset{n\infty}{o}\left(\sum_{k=n+1}^{+\infty} v_k\right) \Longleftrightarrow \sum_{k=n+1}^{+\infty} u_k \underset{n\infty}{\sim} \sum_{k=n+1}^{+\infty} v_k.$$

EXEMPLE : Trouver la partie principale de $\displaystyle\sum_{k=n+1}^{+\infty} \frac{1}{k^2 + \sin k}$ lorsque n tend vers l'infini.

La Prop. 2 s'applique, d'où $\displaystyle\sum_{k=n+1}^{+\infty} \frac{1}{k^2 + \sin k} \underset{n\infty}{\sim} \sum_{k=n+1}^{+\infty} \frac{1}{k^2}$. D'autre part, par comparaison série-intégrale, on obtient $\displaystyle\sum_{k=n+1}^{+\infty} \frac{1}{k^2} \underset{n\infty}{\sim} \frac{1}{n}$, et : $\displaystyle\sum_{k=n+1}^{+\infty} \frac{1}{k^2 + \sin k} \underset{n\infty}{\sim} \frac{1}{n}$.

2) *Cas des séries divergentes*

◆ **Proposition 1**

Soient $\sum_{n\geqslant 0} u_n$ une série à termes dans E, $\sum_{n\geqslant 0} v_n$ une série à termes réels.

$$\text{Si } \left\{\begin{array}{l} \forall n \in \mathbb{N}, \quad v_n \geqslant 0 \\ \displaystyle\sum_{n\geqslant 0} v_n \text{ diverge} \\ u_n = \underset{n\infty}{o}(v_n) \end{array}\right., \quad \text{alors} \quad \sum_{k=0}^{n} u_k = \underset{n\infty}{o}\left(\sum_{k=0}^{n} v_k\right).$$

Preuve :

Soit $\varepsilon > 0$. Puisque $u_n = \underset{n\infty}{o}(v_n)$, il existe $N \in \mathbb{N}$ tel que : $\forall n > N, \quad ||u_n|| \leqslant \varepsilon v_n$.

Soit $n \in \mathbb{N}$ tel que $n > N$; on a : $\displaystyle\left|\left|\sum_{k=0}^{n} u_k\right|\right| \leqslant \sum_{k=0}^{N} ||u_k|| + \sum_{k=N+1}^{n} ||u_k||$

$$\leqslant \sum_{k=0}^{N} ||u_k|| + \varepsilon \sum_{k=N+1}^{n} v_k = \sum_{k=0}^{N}(||u_k|| - \varepsilon v_k) + \varepsilon \sum_{k=0}^{n} v_k.$$

Comme $\displaystyle\sum_{k=0}^{N}(||u_k|| - \varepsilon v_k)$ est fixé (indépendamment de n) et que $\displaystyle\varepsilon \sum_{k=0}^{n} v_k \underset{n\infty}{\longrightarrow} +\infty$ (puisque $\sum_{n\geqslant 0} v_n$ est divergente et à termes dans $\mathbb{R}_+$, il existe $N_1 \in \mathbb{N}$ tel que $N_1 \geqslant N$ et que :

$$\forall n \geqslant N_1, \quad \sum_{k=0}^{N}(||u_k|| - \varepsilon v_k) \leqslant \varepsilon \sum_{k=0}^{n} v_k.$$

Finalement : $\displaystyle\forall n \geqslant N_1, \quad \left|\left|\sum_{k=0}^{n} u_k\right|\right| \leqslant 2\varepsilon \sum_{k=0}^{n} v_k$, et donc $\displaystyle\sum_{k=0}^{n} u_k = \underset{n\infty}{o}\left(\sum_{k=0}^{n} v_k\right)$.

♦ **Proposition 2** Soient $\sum_{n\geqslant 0} u_n$ une série à termes dans E, $\sum_{n\geqslant 0} v_n$ une série à termes réels.

$$\text{Si } \left\{\begin{array}{l} \forall n \in \mathbb{N}, \quad v_n \geqslant 0 \\ \sum_{n\geqslant 0} v_n \text{ diverge} \\ u_n = \underset{n\infty}{O}(v_n) \end{array}\right., \quad \text{alors} \quad \sum_{k=0}^{n} u_k = \underset{n\infty}{O}\left(\sum_{k=0}^{n} v_k\right).$$

Preuve : Analogue à celle de la Proposition 1.

♦ **Proposition 3** Soient $\sum_{n\geqslant 0} u_n, \sum_{n\geqslant 0} v_n$ deux séries à termes réels.

$$\text{Si } \left\{\begin{array}{l} \forall n \in \mathbb{N}, \quad v_n \geqslant 0 \\ \sum_{n\geqslant 0} v_n \text{ diverge} \\ u_n \underset{n\infty}{\sim} v_n \end{array}\right., \quad \text{alors} \quad \sum_{k=0}^{n} u_k \underset{n\infty}{\sim} \sum_{k=0}^{n} v_k.$$

Preuve : analogue à celle de la Prop. 2 de *1)* p. 283.

EXEMPLE : Trouver la partie principale de $\sum_{k=1}^{n} \sqrt{k+(-1)^k}$ lorsque n tend vers l'infini.

La Prop. 2 s'applique, d'où : $\sum_{k=1}^{n} \sqrt{k+(-1)^k} \underset{n\infty}{\sim} \sum_{k=1}^{n} \sqrt{k}$.

D'autre part, par comparaison série-intégrale (cf.3.3.7 *1)* Exemple p. 272), on obtient : $\sum_{k=1}^{n} \sqrt{k} \underset{n\infty}{\sim} \frac{2}{3} n^{\frac{3}{2}}$, et finalement : $\sum_{k=1}^{n} \sqrt{k+(-1)^k} \underset{n\infty}{\sim} \frac{2}{3} n^{\frac{3}{2}}$.

Exercices

◇ **3.3.25** Montrer qu'on peut déduire les théorèmes de sommation des relations de comparaison pour les séries (§ 3.3.9) de ceux relatifs aux intégrales (2.5.3 p. 211) en considérant les applications $f, g : [0; +\infty[\longrightarrow E$ ou $\mathbb{R}$ définies par :

$$\forall n \in \mathbb{N}, \forall t \in [n; n+1[, \quad \left\{\begin{array}{l} f(t) = u_n \\ g(t) = v_n \end{array}\right. .$$

◇ **3.3.26** Soient $\sum_{n\geqslant 1} u_n$ une série à termes dans $\mathbb{R}_+^*$ et, pour $n \in \mathbb{N}^*$, $S_n = \sum_{k=1}^{n} u_k$. On suppose que $\sum_n u_n$ diverge et $u_n \underset{n\infty}{\longrightarrow} 0$. On note, pour n assez grand, $v_n = \frac{1}{\ln S_n} \sum_{k=1}^{n} \frac{u_k}{S_k}$. Montrer : $v_n \underset{n\infty}{\longrightarrow} 1$.

◇ **3.3.27** Soient $\sum_n u_n$ une série divergente à termes dans $\mathbb{R}_+$, telle que $u_n \underset{n\infty}{\longrightarrow} 0$. Montrer :

$$\sum_{k=1}^{n} u_k S_k \underset{n\infty}{\sim} \frac{1}{2} S_n^2 \qquad (\text{où } S_n = \sum_{k=1}^{n} u_k).$$

◇ **3.3.28** Déterminer la partie principale (dans l'échelle des n^α, $\alpha \in \mathbb{R}$) quand n tend vers l'infini, de $u_n = \sum_{1\leqslant p,q\leqslant n} \frac{pq}{p+q}$.

◇ **3.3.29*** Soient $(u_n)_{n\geqslant 1}$, $(v_n)_{n\geqslant 1}$ deux suites à termes dans $\mathbb{R}_+^*$. Pour tout n de $\mathbb{N}^*$, on note $S_n = \sum_{k=1}^{n} u_k$, $T_n = \sum_{k=1}^{n} v_k$, et on suppose : $\frac{S_n}{nu_n} \underset{n\infty}{\longrightarrow} \alpha \in \mathbb{R}_+^*$, $\frac{T_n}{nv_n} \underset{n\infty}{\longrightarrow} \beta \in \mathbb{R}_+^*$.

Trouver $\lim\limits_{n\infty} \frac{\sum_{k=1}^{n} ku_kv_k}{n^2u_nv_n}$.

3.3.10 Supplément : groupement de termes

Les séries envisagées dans ce § 3.3.10 sont à termes dans un evn E.

Soient $\sum_{n\geqslant 0} u_n$ une série et $\sigma : \mathbb{N} \longrightarrow \mathbb{N}$ une extractrice, c'est-à-dire une application strictement croissante. Notons, pour tout n de $\mathbb{N}$, $v_n = \sum_{k=\sigma(n)}^{\sigma(n+1)-1} u_k$. On dit que la série $\sum_{n\geqslant 0} v_n$ a été obtenue **par groupement de termes à partir de la série** $\sum_{n\geqslant 0} u_n$. Les v_n sont souvent appelés les **paquets**, $\sigma(n+1) - \sigma(n)$ s'appelle la **longueur** du paquet v_n.

Nous nous intéressons ici aux liens éventuels entre les natures de $\sum_{n\geqslant 0} u_n$ et $\sum_{n\geqslant 0} v_n$ et, dans le cas de convergence, aux liens éventuels entre leurs sommes.

1) Une condition nécessaire

◆ **Proposition**

Si $\sum_{n\geqslant 0} u_n$ converge, alors $\sum_{n\geqslant 0} v_n$ converge et : $\sum_{n=0}^{+\infty} v_n = \sum_{k=\sigma(0)}^{+\infty} u_k$.

Preuve : Pour tout N de $\mathbb{N}$: $\sum_{n=0}^{N} v_n = \sum_{n=0}^{N} \left(\sum_{k=\sigma(n)}^{\sigma(n+1)-1} u_k \right) = \sum_{k=\sigma(0)}^{\sigma(N+1)-1} u_k$.

Ceci montre que la suite $\left(\sum_{n=0}^{N} v_n \right)_{N\geqslant 0}$ des sommes partielles de la série $\sum_{n\geqslant 0} v_n$ est extraite de la suite $\left(\sum_{k=\sigma(0)}^{M} u_k \right)_{M\geqslant \sigma(0)}$ des sommes partielles de la série $\sum_{k\geqslant \sigma(0)} u_k$, ce qui permet de conclure.

Remarques :

1) La réciproque de la Proposition précédente est fausse, comme le montre l'exemple $u_n = (-1)^n$, $\sigma : \begin{array}{l}\mathbb{N} \longrightarrow \mathbb{N},\\ n \longmapsto 2n\end{array}$ dans lequel $\sum_{n\geqslant 0} u_n$ diverge et $\sum_{n\geqslant 0} v_n$ converge (car : pour tout n de $\mathbb{N}$, $v_n = u_{2n} + u_{2n+1} = 0$). On peut schématiser cet exemple de la façon suivante :

$$\begin{cases} 1 + (-1) + 1 + (-1) + \ldots & \text{diverge} \\ (1 + (-1)) + (1 + (-1)) + \ldots & \text{converge.} \end{cases}$$

2) En pratique, la Proposition précédente n'est guère intéressante, car elle suppose la convergence de $\sum_{n\geqslant 0} u_n$.

2) Une condition suffisante

Supposons que $\sum_{n\geqslant 0} v_n$ converge.

Soit $N \in \mathbb{N}$ tel que $N \geqslant \sigma(0)$. Puisque $\sigma : \mathbb{N} \longrightarrow \mathbb{N}$ est strictement croissante, il existe $n_N \in \mathbb{N}$ unique tel que : $\sigma(n_N) \leqslant N < \sigma(n_N + 1)$. On a :

$$\sum_{k=\sigma(0)}^{N} u_k = \sum_{k=\sigma(0)}^{\sigma(n_N)-1} u_k + \sum_{k=\sigma(n_N)}^{N} u_k = \sum_{n=0}^{n_N-1} v_n + \sum_{k=\sigma(n_N)}^{N} u_k.$$

Il est clair que : $n_N \underset{N\infty}{\longrightarrow} \infty$, et donc, puisque $\sum_n v_n$ converge : $\sum_{n=0}^{n_N-1} v_n \underset{N\infty}{\longrightarrow} \sum_{n=0}^{+\infty} v_n$.

Pour conclure, il nous suffirait maintenant de savoir que : $\sum_{k=\sigma(n_N)}^{N} u_k \underset{N\infty}{\longrightarrow} 0$. A cet effet, comme $\left|\left|\sum_{k=\sigma(n_N)}^{N} u_k\right|\right| \leqslant \sum_{k=\sigma(n_N)}^{N} ||u_k|| \leqslant \sum_{k=\sigma(n_N)}^{\sigma(n_N+1)-1} ||u_k||$, il suffit que $u_k \underset{k\infty}{\longrightarrow} 0$ et que la suite $(\sigma(n+1) - \sigma(n))_{n\in\mathbb{N}}$ soit bornée (on dit que la longueur des paquets est bornée).

On obtient ainsi le résultat suivant.

◆ **Théorème (Théorème de groupement de termes)**

Soient $\sum_{n\geqslant 0} u_n$ une série à termes dans un evn E et $\sigma : \mathbb{N} \longrightarrow \mathbb{N}$ une application strictement croissante; on note, pour $n \in \mathbb{N}$, $v_n = \sum_{k=\sigma(n)}^{\sigma(n+1)-1} u_k$.

Si $\left\{\begin{array}{l} u_n \underset{n\infty}{\longrightarrow} 0 \\ (\sigma(n+1) - \sigma(n))_{n\in\mathbb{N}} \text{ est bornée} \end{array}\right|$, alors les séries $\sum_{n\geqslant 0} u_n$ et $\sum_{n\geqslant 0} v_n$ sont de même nature et, dans le cas de convergence, on a : $\sum_{n=0}^{+\infty} v_n = \sum_{k=\sigma(0)}^{+\infty} u_k$.

On rencontre fréquemment $\sigma : \begin{array}{l}\mathbb{N} \longrightarrow \mathbb{N}\\ n \longmapsto \alpha n\end{array}$ ($\alpha \in \mathbb{N} - \{0,1\}$ fixé), qui satisfait la condition précédente (les paquets sont de longueur constante).

EXEMPLE : Nature de la série $\sum_{n\geqslant 0} u_n$, où $u_n = \dfrac{1}{4p+1}$ si $n = 3p$, $u_n = \dfrac{1}{4p+2}$ si $n = 3p+1, u_n = -\dfrac{2}{4p+3}$ si $n = 3p+2, p \in \mathbb{N}$.

D'après le théorème précédent, comme $u_n \underset{n\infty}{\longrightarrow} 0$ et que $(\forall p \in \mathbb{N},\ 3(p+1) - 3p = 3)$, la série $\sum_n u_n$ est de même nature que $\sum_p v_p$, obtenue par groupement de termes trois par trois :

$$\forall p \in \mathbb{N}, \quad v_p = u_{3p} + u_{3p+1} + u_{3p+2}.$$

On a : $v_p = \dfrac{1}{4p+1} + \dfrac{1}{4p+2} - \dfrac{2}{4p+3} = \dfrac{12p+5}{(4p+1)(4p+2)(4p+3)} \underset{p\infty}{\sim} \dfrac{3}{16p^2} \geqslant 0.$

D'après l'exemple de Riemann et le théorème d'équivalence pour les séries à termes dans $\mathbb{R}_+$, la série $\sum_p v_p$ converge et, finalement, $\sum_n u_n$ converge.

Remarque :

Si la longueur des paquets n'est pas bornée, il se peut que : $\sum_n u_n$ diverge et $\sum_n v_n$ converge.

Exemple, schématisé :

$$\sum_{n\geqslant 0} u_n = 1 - \frac{1}{2} - \frac{1}{2} + \frac{1}{3} + \frac{1}{3} + \frac{1}{3} - \frac{1}{4} - \frac{1}{4} - \frac{1}{4} - \frac{1}{4} + \ldots,$$

qui diverge d'après Prop p. 286, puisque la série groupée ainsi :

$$1 + \left(-\frac{1}{2} - \frac{1}{2}\right) + \left(\frac{1}{3} + \frac{1}{3} + \frac{1}{3}\right) - \ldots \text{ diverge,}$$

et $$\sum_{n\geqslant 0} v_n = \left(1 - \frac{1}{2} - \frac{1}{2}\right) + \left(\frac{1}{3} + \frac{1}{3} + \frac{1}{3} - \frac{1}{4} - \frac{1}{4} - \frac{1}{4} - \frac{1}{4}\right) + \ldots,$$

qui converge.

Exercice

◇ **3.3.30** Déterminer la nature de la série de terme général :

a) $\dfrac{(-1)^n}{n^{\alpha+(-1)^n}}$, $\alpha \in \mathbb{R}$ *b)* $\dfrac{(-1)^n}{\sqrt{n} + 2^{(-1)^n} n}$.

3.4 Familles sommables

3.4.1 Notion de dénombrabilité

Cf. aussi Tome 1, C 1.2 p. 21.

◆ **Définition**

- Un ensemble I est dit **dénombrable** si et seulement s'il existe une bijection de $\mathbb{N}$ sur I.
- Un ensemble I est dit **au plus dénombrable** si et seulement s'il existe une bijection d'une partie de $\mathbb{N}$ sur I.

◆ **Proposition 1** Soit P une partie infinie de $\mathbb{N}$. Il existe une bijection strictement croissante et une seule de $\mathbb{N}$ sur P.

Preuve :

1) Soit $\varphi : \mathbb{N} \longrightarrow P$ une bijection strictement croissante.
On a alors : $\varphi(0) < \varphi(1) < \ldots < \varphi(n) < \ldots,$ donc : $\varphi(0) = \text{ppe}(P)$,
$\varphi(1) = \text{ppe}\big(P - \{\varphi(0)\}\big), \ldots, \varphi(n+1) = \text{ppe}\big(P - \{\varphi(0), \ldots, \varphi(n)\}\big)$,
ce qui détermine φ de manière unique.

2) Il est clair que l'application $\varphi : \mathbb{N} \longrightarrow P$ définie par :

$$\varphi(0) = \text{ppe}(P),\ \varphi(1) = \text{ppe}\big(P - \{\varphi(0)\}\big), \ldots, \varphi(n+1) = \text{ppe}\big(P - \{\varphi(0), \ldots, \varphi(n)\}\big)$$

est une bijection strictement croissante de $\mathbb{N}$ sur P.
Cf. aussi Tome 1, C 1.2 A *1) a)* p. 21. ■

◆ **Corollaire**

Toute partie de $\mathbb{N}$ est finie ou dénombrable. ■

◆ **Proposition 2** Un ensemble I est au plus dénombrable si et seulement s'il existe une suite croissante $(J_n)_{n \in \mathbb{N}^*}$ de parties finies de I dont la réunion est égale à I.

Preuve :

1) Supposons I au plus dénombrable. Il existe une partie P de $\mathbb{N}$ et une bijection $f : P \longrightarrow I$.

Si P est finie, alors I est fini, et on peut choisir, pour tout n de $\mathbb{N}^*$, $J_n = I$.

Supposons P infini. D'après Prop. 1, il existe une bijection strictement croissante $\varphi : \mathbb{N}^* \longrightarrow P$.

En notant, pour $n \in \mathbb{N}^*$, $J_n = f \circ \varphi(\{1, \ldots, n\})$, alors : pour tout n de $\mathbb{N}^*$, J_n est une partie finie de I et :

$$\bigcup_{n \in \mathbb{N}^*} J_n = f \circ \varphi(\mathbb{N}^*) = f(P) = I.$$

2) Réciproquement, supposons qu'il existe une suite croissante $(J_n)_{n\in\mathbb{N}^*}$ de parties finies de I dont la réunion est égale à I.

• S'il existe $n_0 \in \mathbb{N}^*$ tel que, pour tout $n \geqslant n_0$, $J_n = J_{n_0}$, alors $I = J_{n_0}$, donc I est fini.

• Sinon, en supprimant de $(J_n)_{n\in\mathbb{N}^*}$ d'éventuelles répétitions, on se ramène au cas d'une suite $(J_n)_{n\in\mathbb{N}^*}$ strictement croissante. Il suffit alors de numéroter les éléments de J_0, $J_1 - J_0$, $J_2 - J_1, \dots$ pour obtenir une bijection de $\mathbb{N}$ sur I. ■

◆ **Corollaire**

$\mathbb{Z}$, $\mathbb{N}^2$, $\mathbb{Z}^2$, $\mathbb{Q}$ sont dénombrables.

Preuve :

$$\mathbb{Z} = \bigcup_{n\in\mathbb{N}^*} \{k \in \mathbb{Z};\, -n \leqslant k \leqslant n\},$$

$$\mathbb{N}^2 = \bigcup_{n\in\mathbb{N}^*} \{k \in \mathbb{N};\, 0 \leqslant k \leqslant n\}^2,$$

$$\mathbb{Z}^2 = \bigcup_{n\in\mathbb{N}^*} \{k \in \mathbb{Z};\, -n \leqslant k \leqslant n\}^2,$$

$$\mathbb{Q} = \bigcup_{n\in\mathbb{N}^*} \left\{r \in \mathbb{Q};\, \exists (p,q) \in \mathbb{Z}\times\mathbb{N}^*,\, r = \frac{p}{q},\, -n^2 \leqslant p \leqslant n^2,\, q \leqslant n\right\},$$

cf. aussi Tome 1, C 1.2 A *2) 3)* p. 21.

Remarques :

1) L'ensemble $\mathfrak{F}(\mathbb{N})$ des parties finies de $\mathbb{N}$ est dénombrable, car : $\mathfrak{F}(\mathbb{N}) = \bigcup_{n\in\mathbb{N}^*} \mathfrak{P}(\{0,\dots,n\})$.

2) $\mathbb{R}$ n'est pas dénombrable (cf. Tome 1, C 1.2 B *2)* p. 21).

3.4.2 Familles sommables d'éléments de $\mathbb{K}$

Nous allons généraliser ici l'étude du § 3.3.4 p. 260.

On note $\mathfrak{F}(I)$ l'ensemble des parties finies d'un ensemble (non vide) I.

1) Cas des familles à éléments dans $\mathbb{R}_+$

◆ **Définition 1** Une famille $(u_i)_{i\in I}$ d'éléments de $\mathbb{R}_+$ est dite **sommable** si et seulement s'il existe $M \in \mathbb{R}_+$ tel que :

$$\forall J \in \mathfrak{F}(I), \quad \sum_{i\in J} u_i \leqslant M.$$

Si $(u_i)_{i\in I}$ est sommable, l'ensemble des $\sum_{i\in J} u_i$ (lorsque J parcourt $\mathfrak{F}(I)$) est une partie non vide et majorée de $\mathbb{R}$, donc admet une borne supérieure dans $\mathbb{R}$. D'où la Définition suivante :

◆ **Définition 2** Soit $(u_i)_{i\in I}$ une famille d'éléments de $\mathbb{R}_+$, sommable.
On appelle **somme** de $(u_i)_{i\in I}$, et on note $\sum_{i\in I} u_i$ l'élément de $\mathbb{R}_+$:

$$\sum_{i\in I} u_i = \operatorname*{Sup}_{J\in\mathfrak{F}(I)} \Big(\sum_{i\in J} u_i\Big).$$

Remarques :

1) Cas d'une famille à support fini

S'il existe $J_0 \in \mathfrak{F}(I)$ telle que : $\forall i \in I - J_0,\ u_i = 0$, alors $(u_i)_{i\in I}$ est sommable et :

$$\sum_{i\in I} u_i = \sum_{i\in J_0} u_i.$$

2) Si $(u_i)_{i\in I}$ est à termes dans $\mathbb{R}_+$ et sommable et si $\sum_{i\in I} u_i = 0$, alors : $\forall i \in I, u_i = 0$.

◆ **Proposition 1** Soit $(u_i)_{i\in I}$ une famille d'éléments de $\mathbb{R}_+$. Si $(u_i)_{i\in I}$ est sommable, alors $\{i \in I;\ u_i > 0\}$ est au plus dénombrable.

Preuve :

Supposons $(u_i)_{i\in I}$ sommable; il existe $M \in \mathbb{R}_+$ tel que :

$$\forall J \in \mathfrak{F}(I), \quad \sum_{i\in J} u_i \leqslant M.$$

Considérons, pour tout n de $\mathbb{N}^*$, $I_n = \Big\{i \in I;\ u_i \geqslant \dfrac{M+1}{n}\Big\}$.

Supposons qu'il existe $n \in \mathbb{N}^*$ tel que I_n soit infini. Il existe alors $i_1,\ldots,i_n \in I$, deux à deux distincts, tels que : $\forall k \in \{1,\ldots,n\},\quad u_{i_k} \geqslant \dfrac{M+1}{n}$, d'où, en notant $J_n = \{i_1,\ldots,i_n\}$:

$$\sum_{i\in J_n} u_i = \sum_{k=1}^{n} u_{i_k} \geqslant n\,\frac{M+1}{n} = M+1 > M,$$

contradiction.

Ceci montre que, pour tout n de $\mathbb{N}^*$, I_n est fini.

D'autre part, pour tout i de I tel que $u_i > 0$, il existe $n \in \mathbb{N}^*$ tel que $\dfrac{M+1}{n} \leqslant u_i$, et donc $i \in I_n$. Ainsi : $\{i \in I;\ u_i > 0\} = \bigcup_{n\in\mathbb{N}^*} I_n$.

En appliquant Prop. 2 p. 289, on conclut que $\{i \in I;\ u_i > 0\}$ est au plus dénombrable.

Remarque :

La Proposition précédente montre qu'on peut dans l'étude des familles sommables (à termes dans $\mathbb{R}_+$) se limiter au cas des familles indexées par un ensemble au plus dénombrable.

◆ **Proposition 2** Soit $(u_i)_{i\in I}$ une famille d'éléments de $\mathbb{R}_+$.

Si $(u_i)_{i\in I}$ est sommable, alors, pour toute partie I' de I, la famille $(u_i)_{i\in I'}$ est sommable, et :

$$\sum_{i\in I'} u_i \leqslant \sum_{i\in I} u_i.$$

Ainsi, toute sous-famille d'une famille sommable (à termes dans $\mathbb{R}_+$) est sommable.

Preuve :

Supposons $(u_i)_{i\in I}$ sommable.

Toute partie finie J de I' est aussi une partie finie de I, donc $\sum_{i\in J} u_i \leqslant \sum_{i\in I} u_i$. Ceci montre (cf. Déf. 1 et 2) que $(u_i)_{i\in I'}$ est sommable et que : $\sum_{i\in I'} u_i \leqslant \sum_{i\in I} u_i$. ■

◆ **Proposition 3** Soient $(u_i)_{i\in I}$, $(v_i)_{i\in I}$ deux familles à éléments dans $\mathbb{R}_+$.

Si $\left\{\begin{array}{l} \forall i \in I, \quad 0 \leqslant u_i \leqslant v_i \\ (v_i)_{i\in I} \text{ est sommable} \end{array}\right|$, alors $(u_i)_{i\in I}$ est sommable, et : $\sum_{i\in I} u_i \leqslant \sum_{i\in I} v_i$.

Preuve :

Pour toute partie finie J de I, $\sum_{i\in J} u_i \leqslant \sum_{i\in J} v_i \leqslant \sum_{i\in I} v_i$, donc $(u_i)_{i\in I}$ est sommable et $\sum_{i\in I} u_i \leqslant \sum_{i\in I} v_i$. ■

Comme en 3.3.4 p. 260, on montre la Proposition suivante.

◆ **Proposition 4** Soit $(u_i)_{i\in I}$ une famille à termes dans $\mathbb{R}_+$.

Les propriétés suivantes sont deux à deux équivalentes :

(i) $(u_i)_{i\in I}$ est sommable

(ii) Il existe $M \in \mathbb{R}_+$ tel que, pour toute suite croissante $(J_n)_{n\in\mathbb{N}^*}$ de parties finies de I dont la réunion est égale à I :

$$\forall n \in \mathbb{N}^*, \quad \sum_{i\in J_n} u_i \leqslant M$$

(iii) Il existe $M \in \mathbb{R}_+$ et une suite croissante $(J_n)_{n\in\mathbb{N}^*}$ de parties finies de I dont la réunion est égale à I tels que :

$$\forall n \in \mathbb{N}^*, \quad \sum_{i\in J_n} u_i \leqslant M.$$

De plus, si (i), (ii) ou (iii) est satisfaite, on a, pour toute suite croissante $(J_n)_{n\in\mathbb{N}^*}$ de parties de I dont la réunion est égale à I :

$$\sum_{i\in I} u_i = \operatorname*{Sup}_{n\in\mathbb{N}^*}\left(\sum_{i\in J_n} u_i\right) = \lim_{n\infty}\left(\sum_{i\in J_n} u_i\right). \quad ■$$

◆ **Proposition 5** Soient I un ensemble dénombrable, $(u_i)_{i\in I}$ une famille d'éléments de $\mathbb{R}_+$.

Les trois propriétés suivantes sont deux à deux équivalentes :

(i) $(u_i)_{i\in I}$ est sommable

(ii) Pour toute bijection $\varphi : \mathbb{N} \longrightarrow I$, la série $\sum\limits_{n\geqslant 0} u_{\varphi(n)}$ converge

(iii) Il existe une bijection $\varphi : \mathbb{N} \longrightarrow I$ telle que la série $\sum\limits_{n\geqslant 0} u_{\varphi(n)}$ converge.

De plus, si (i), (ii) ou (iii) est satisfaite, alors, pour toute bijection $\varphi : \mathbb{N} \longrightarrow I$:

$$\sum_{i\in I} u_i = \sum_{n=0}^{+\infty} u_{\varphi(n)}.$$

Preuve :

(i) $\Longrightarrow$ (ii) :

Supposons $(u_i)_{i\in I}$ sommable, et soit $\varphi : \mathbb{N} \longrightarrow I$ une bijection.

Pour tout n de $\mathbb{N}$, comme $\{\varphi(k);\ 0 \leqslant k \leqslant n\}$ est une partie finie de I, on a $\sum\limits_{k=0}^{n} u_{\varphi(k)} \leqslant \sum\limits_{i\in I} u_i$,

et donc (lemme fondamental) $\sum\limits_{n\geqslant 0} u_{\varphi(n)}$ converge, et : $\sum\limits_{n=0}^{+\infty} u_{\varphi(n)} \leqslant \sum\limits_{i\in I} u_i$.

(ii) $\Longrightarrow$ (iii) :

Evident, puisque, I étant dénombrable, il existe une bijection $\varphi : \mathbb{N} \longrightarrow I$.

(iii) $\Longrightarrow$ (i) :

Supposons s'il existe une bijection $\varphi : \mathbb{N} \longrightarrow I$ telle que la série $\sum\limits_{n\geqslant 0} u_{\varphi(n)}$ converge.

Soit J une partie finie de I. Alors $\varphi^{-1}(J)$ est une partie finie de $\mathbb{N}$, et il existe donc $N \in \mathbb{N}$ tel que $\varphi^{-1}(J) \subset \{0,1,\ldots,N\}$, d'où :

$$\sum_{i\in J} u_i \leqslant \sum_{n=0}^{N} u_{\varphi(n)} \leqslant \sum_{n=0}^{+\infty} u_{\varphi(n)}.$$

Il en résulte (cf. Définitions 1 et 2) que $(u_i)_{i\in I}$ est sommable et que : $\sum\limits_{i\in I} u_i \leqslant \sum\limits_{n=0}^{+\infty} u_{\varphi(n)}$.

Si $(u_i)_{i\in I}$ est sommable ou s'il existe une bijection $\varphi : \mathbb{N} \longrightarrow I$ telle que la série $\sum\limits_{n\geqslant 0} u_{\varphi(n)}$ converge, alors, d'après les résultats ci-dessus : $\sum\limits_{i\in I} u_i = \sum\limits_{n=0}^{+\infty} u_{\varphi(n)}$. ■

Remarque :

Pour toute série réelle $\sum_{n\geqslant 0} u_n$ semi-convergente et pour tout S de $\mathbb{R}$, il existe une permutation φ de $\mathbb{N}$ telle que $\sum_{n\geqslant 0} u_{\varphi(n)}$ converge et a pour somme S, cf. exercice 3.4.25 p. 304.

La Proposition suivante est hors-programme, mais peut être utile.

◆ **Proposition 6** **(Associativité de la sommabilité)**

Soient $(u_i)_{i\in I}$ une famille d'éléments de $\mathbb{R}_+$ sommable, et $\Pi = \{I_x ; x \in X\}$ une partition de I. Alors :

1) Pour tout x de X, $(u_i)_{i\in I_x}$ est sommable

2) $\left(\sum_{i\in I_x} u_i\right)_{x\in X}$ est sommable

3) $\sum_{i\in I} u_i = \sum_{x\in X}\left(\sum_{i\in I_x} u_i\right)$.

Preuve :

1) Pour tout x de X, I_x est une partie de I, donc $(u_i)_{i\in I_x}$ est sommable (cf. Prop. 3 p. 294).

2) Soit A une partie finie de X. Comme les familles $(u_i)_{i\in I_x}$ (x décrivant A) sont sommables et que les I_x sont deux à deux disjoints, la famille $(u_i)_{i\in \underset{x\in A}{\cup} x}$ est sommable et :

$$\sum_{x\in A}\left(\sum_{i\in I_x} u_i\right) = \sum_{i\in \underset{x\in A}{\cup}} u_i \leqslant \sum_{i\in I} u_i .$$

Il en résulte (cf. Définitions 1 et 2) que $\left(\sum_{i\in I_x} u_i\right)_{x\in X}$ est sommable et que :

$$\sum_{x\in X}\left(\sum_{i\in I_x} u_i\right) \leqslant \sum_{i\in I} u_i .$$

3) Soit J une partie finie de I. Il existe une partie finie A de X telle que $J \subset \bigcup_{x\in A} I_x$, et on a donc :

$$\sum_{i\in J} u_i \leqslant \sum_{i\in \underset{x\in A}{\cup} I_x} u_i = \sum_{x\in A}\left(\sum_{i\in I_x} u_i\right) \leqslant \sum_{x\in X}\left(\sum_{i\in I_x} u_i\right).$$

De *2)* et *3)*, on conclut : $\sum_{x\in X}\left(\sum_{i\in I_x} u_i\right) = \sum_{i\in I} u_i$.

Remarque :

Réciproquement, on montre que, si, pour tout x de X, $(u_i)_{i\in I_x}$ est sommable et si $\left(\sum_{i\in I_x} u_i\right)_{x\in X}$ est sommable, alors $(u_i)_{i\in I}$ est sommable.

2) *Cas des familles à éléments dans* $\mathbb{K}$

◆ **Définition** Une famille $(u_i)_{i \in I}$ à éléments dans $\mathbb{K}$ est dite **sommable** si et seulement si la famille $(|u_i|)_{i \in I}$ est sommable.

Les Propositions 1 et 2 suivantes se déduisent trivialement des Propositions 1 et 2 de *1)* p. 291.

◆ **Proposition 1** Soit $(u_i)_{i \in I}$ une famille d'éléments de $\mathbb{K}$.
Si $(u_i)_{i \in I}$ est sommable, alors $\{i \in I;\ u_i \neq 0\}$ est au plus dénombrable.

◆ **Proposition 2** Soit $(u_i)_{i \in I}$ une famille d'éléments de $\mathbb{K}$.
Si $(u_i)_{i \in I}$ est sommable, alors, pour toute partie I' de I, la famille $(u_i)_{i \in I'}$ est sommable.

Autrement dit, toute sous-famille d'une famille sommable (à termes dans $\mathbb{K}$) est sommable.

◆ **Proposition-Définition 3** Soient I un ensemble au plus dénombrable, $(u_i)_{i \in I}$ une famille d'éléments de $\mathbb{K}$, sommable. Pour toute suite croissante $(J_n)_{n \in \mathbb{N}^*}$ de parties finies de I dont la réunion est égale à I, la suite $\left(\sum_{i \in J_n} u_i\right)_{n \in \mathbb{N}^*}$ converge dans $\mathbb{K}$, et sa limite ne dépend pas du choix de la suite $(J_n)_{n \in \mathbb{N}^*}$. Cette limite est appelée **somme** de la famille sommable $(u_i)_{i \in I}$, et notée $\sum_{i \in I} u_i$.

Preuve :

1) Soit $(J_n)_{n \in \mathbb{N}^*}$ une suite croissante de parties finies de I dont la réunion est égale à I.
Notons $v_0 = \sum_{i \in J_1} u_i$, et, pour tout n de $\mathbb{N}$, $v_n = \sum_{i \in J_{n+1}} u_i - \sum_{i \in J_n} u_i$.
Puisque les ensembles $J_1, J_2 - J_1, \ldots, J_{n+1} - J_n, \ldots$ sont deux à deux disjoints, on a, pour tout n de $\mathbb{N}^*$: $\sum_{k=0}^{n} |v_k| \leqslant \sum_{i \in J_{n+1}} |u_i| \leqslant \sum_{i \in I} |u_i|$.
Ceci montre (lemme fondamental) que la série $\sum_{n \geqslant 0} |v_n|$ converge, donc $\sum_{n \geqslant 0} v_n$ converge, et, par conséquent, la suite $\left(\sum_{i \in J_n} u_i\right)_{n \in \mathbb{N}^*}$ converge dans $\mathbb{K}$.

2) Soient $(J_n)_{n \in \mathbb{N}^*}$, $(K_n)_{n \in \mathbb{N}^*}$ deux suites croissantes de parties finies de I telles que $\bigcup_{n \in \mathbb{N}^*} J_n = \bigcup_{n \in \mathbb{N}^*} K_n = I$. D'après *1)*, il existe $(\lambda, \mu) \in \mathbb{K}^2$ tel que :

$$\sum_{i \in J_n} u_i \underset{n\infty}{\longrightarrow} \lambda \quad \text{et} \quad \sum_{i \in K_n} u_i \underset{n\infty}{\longrightarrow} \mu.$$

Pour montrer $\lambda = \mu$, il suffit d'établir : $\sum_{i \in J_n} u_i - \sum_{i \in K_n} u_i \underset{n\infty}{\longrightarrow} 0$.

Comme on a, pour tout n de $\mathbb{N}$:

$$\left|\sum_{i \in J_n} u_i - \sum_{i \in K_n} u_i\right| \leqslant \left|\sum_{i \in J_n} u_i - \sum_{i \in J_n \cup K_n} u_i\right| + \left|\sum_{i \in J_n \cup K_n} u_i - \sum_{i \in K_n} u_i\right|,$$

et par rôles symétriques, il suffit de prouver : $\sum_{i \in J_n \cup K_n} u_i - \sum_{i \in J_n} u_i \underset{n\infty}{\longrightarrow} 0$.

On a, pour tout n de $\mathbb{N}$:

$$\left|\sum_{i\in J_n\cup K_n} u_i - \sum_{i\in J_n} u_i\right| = \left|\sum_{i\in K_n - J_n} u_i\right| \leqslant \sum_{i\in K_n - J_n} |u_i| = \sum_{i\in J_n\cup K_n} |u_i| - \sum_{i\in J_n} |u_i|.$$

Comme $(J_n)_{n\geqslant 1}$ et $(J_n \cup K_n)_{n\geqslant 1}$ sont des suites croissantes de parties finies de I dont la réunion est égale à I, d'après 3.4.2 *1)* Prop. 4 p. 292, on a : $\displaystyle\sum_{i\in J_n\cup K_n} |u_i| \underset{n\infty}{\longrightarrow} \sum_{i\in I}|u_i|$ et $\displaystyle\sum_{i\in J_n} |u_i| \underset{n\infty}{\longrightarrow} \sum_{i\in I}|u_i|$, d'où le résultat voulu.

◆ **Corollaire** Soient I un ensemble dénombrable, $(u_i)_{i\in I}$ une famille d'éléments de $\mathbb{K}$. Les trois propriétés suivantes sont deux à deux équivalentes :

(i) $(u_i)_{i\in I}$ est sommable

(ii) Pour toute bijection $\varphi : \mathbb{N} \longrightarrow I$, la série $\displaystyle\sum_{n\geqslant 0} u_{\varphi(n)}$ est absolument convergente

(iii) Il existe une bijection $\varphi : \mathbb{N} \longrightarrow I$ telle que la série $\displaystyle\sum_{n\geqslant 0} u_{\varphi(n)}$ soit absolument convergente.

De plus, si (i), (ii) ou (iii) est satisfaite, alors, pour toute bijection $\varphi : \mathbb{N} \longrightarrow I$:

$$\sum_{i\in I} u_i = \sum_{n=0}^{+\infty} u_{\varphi(n)}.$$

Remarque :
Soit I un ensemble au plus dénombrable.

1) L'ensemble, noté $\ell^1(I,\mathbb{K})$, des familles sommables $(u_i)_{i\in I}$ à termes dans $\mathbb{K}$ et indexées par I (cf. aussi 3.3.4 *3)* p. 263) est un $\mathbb{K}$-ev, l'application $||\cdot||_1 : (u_i)_{i\in I} \longrightarrow \displaystyle\sum_{i\in I} |u_i|$ est une norme sur $\ell^1(I,\mathbb{K})$, et l'application $(u_i)_{i\in I} \longrightarrow \displaystyle\sum_{i\in I} u_i$ est une forme linéaire continue sur $\big(\ell^1(I,\mathbb{K}), ||\cdot||_1\big)$.

2) Une famille $(u_i)_{i\in I}$ d'éléments de $\mathbb{K}$, indexée par I, est dite **de carré sommable** si et seulement si la famille $(u_i^2)_{i\in I}$ est sommable. De même qu'en 3.3.4 *4)* p. 264, on montre que l'ensemble, noté $\ell^2(I,\mathbb{K})$ des familles, à éléments dans $\mathbb{K}$ et indexées par I, de carré sommable, est un $\mathbb{K}$-ev et que l'application $\big((u_i)_{i\in I},(v_i)_{i\in I}\big) \longmapsto \displaystyle\sum_{i\in I} \overline{u}_i v_i$ est un produit scalaire sur $\ell^2(I,\mathbb{K})$. ■

La Proposition suivante est hors programme, mais peut être utile.

◆ **Proposition 4** Soient I un ensemble au plus dénombrable et $(u_i)_{i\in I}$ une famille sommable d'éléments de $\mathbb{K}$. Alors, pour toute suite croissante $(I_n)_{n\in\mathbb{N}^*}$ de parties (non nécessairement finies) de I telle que $\displaystyle\bigcup_{n\in\mathbb{N}^*} I_n = I$:

- pour tout n de $\mathbb{N}^*$, $(u_i)_{i\in I_n}$ est sommable
- $\displaystyle\sum_{i\in I_n} u_i \underset{n\infty}{\longrightarrow} \sum_{i\in I} u_i.$

Preuve :

On a, pour tout n de $\mathbb{N}^*$, en utilisant *2)* Prop. 2 p. 295 :

$$(u_i)_{i\in I} \text{ sommable} \Longrightarrow (u_i)_{i\in I_n} \text{ sommable.}$$

Il existe une suite croissante $(J_n)_{n\in\mathbb{N}^*}$ de parties finies de I telle que $\bigcup_{n\in\mathbb{N}^*} J_n = I$, et on a :

$$\sum_{i\in J_n} |u_i| \underset{n\infty}{\longrightarrow} \sum_{i\in I} |u_i|$$

Soit $\varepsilon > 0$ fixé. Il existe $n_0 \in \mathbb{N}$ tel que : $\displaystyle\sum_{i\in I-J_{n_0}} |u_i| \leqslant \varepsilon.$

Puisque $\bigcup_{n\in\mathbb{N}^*} I_n = I$, il existe $n_1 \in \mathbb{N}^*$ tel que $J_{n_0} \subset I_{n_1}$, et on a, pour tout n tel que $n \geqslant n_1$:

$$\left|\sum_{i\in I_n} u_i - \sum_{i\in I} u_i\right| = \left|\sum_{i\in I-I_n} u_i\right| \leqslant \sum_{i\in I-I_n} |u_i| \leqslant \sum_{i\in I-J_{n_0}} |u_i| \leqslant \varepsilon.$$

Ceci montre : $\displaystyle\sum_{i\in I_n} u_i \underset{n\infty}{\longrightarrow} \sum_{i\in I} u_i.$

3) Suites doubles

On appelle **suite double** toute famille $(u_{p,q})_{(p,q)\in\mathbb{N}^2}$ d'éléments de $\mathbb{K}$ indexée par $\mathbb{N}^2$.

◆ **Proposition 1** **(Interversion des sommations, cas de $\mathbb{R}_+$)**

Soit $(u_{p,q})_{(p,q)\in\mathbb{N}^2}$ une suite double d'éléments de $\mathbb{R}_+$. Les trois propriétés suivantes sont deux à deux équivalentes :

(i) La famille $(u_{p,q})_{(p,q)\in\mathbb{N}^2}$ est sommable

(ii) $\begin{cases} \text{Pour tout } q \text{ de } \mathbb{N}, \text{ la série } \displaystyle\sum_{p\geqslant 0} u_{p,q} \text{ converge} \\ \text{La série } \displaystyle\sum_{q\geqslant 0}\left(\sum_{p=0}^{+\infty} u_{p,q}\right) \text{ converge} \end{cases}$

(iii) $\begin{cases} \text{Pour tout } p \text{ de } \mathbb{N}, \text{ la série } \displaystyle\sum_{q\geqslant 0} u_{p,q} \text{ converge} \\ \text{La série } \displaystyle\sum_{p\geqslant 0}\left(\sum_{q=0}^{+\infty} u_{p,q}\right) \text{ converge.} \end{cases}$

De plus, dans ces conditions :

$$\sum_{(p,q)\in\mathbb{N}^2} u_{p,q} = \sum_{q=0}^{+\infty}\left(\sum_{p=0}^{+\infty} u_{p,q}\right) = \sum_{p=0}^{+\infty}\left(\sum_{q=0}^{+\infty} u_{p,q}\right).$$

Preuve :

(i) $\Longrightarrow$ (ii)

Supposons $(u_{p,q})_{(p,q)\in\mathbb{N}^2}$ sommable.

• Pour tout q de $\mathbb{N}$, $\mathbb{N}\times\{q\}$ est une partie de $\mathbb{N}^2$, donc $(u_{p,q})_{(p,q)\in\mathbb{N}\times\{q\}}$ est sommable (cf. 3.4.2 1) Prop. 2 p. 292), et ainsi $\sum\limits_{p\geqslant 0} u_{p,q}$ converge.

• Soit $n\in\mathbb{N}$. Puisque les séries $\sum\limits_{p\geqslant 0} u_{p,q}$ $(0\leqslant q\leqslant n)$ convergent, la série $\sum\limits_{p\geqslant 0}\left(\sum\limits_{q=0}^{n} u_{p,q}\right)$ converge, et :

$$\sum_{q=0}^{n}\left(\sum_{p=0}^{+\infty} u_{p,q}\right)=\sum_{p=0}^{+\infty}\left(\sum_{q=0}^{n} u_{p,q}\right).$$

Comme, pour tout m de $\mathbb{N}$:

$$\sum_{p=0}^{m}\left(\sum_{q=0}^{n} u_{p,q}\right)=\sum_{(p,q)\in\{0,\dots,m\}\times\{0,\dots,n\}} u_{p,q}\leqslant\sum_{(p,q)\in\mathbb{N}^2} u_{p,q},$$

la suite des sommes partielles de la série $\sum\limits_{q\geqslant 0}\left(\sum\limits_{p=0}^{+\infty} u_{p,q}\right)$ est majorée par $\sum\limits_{(p,q)\in\mathbb{N}^2} u_{p,q}$, donc la série $\sum\limits_{q\geqslant 0}\left(\sum\limits_{p=0}^{+\infty} u_{p,q}\right)$ converge et : $\sum\limits_{q=0}^{+\infty}\left(\sum\limits_{p=0}^{+\infty} u_{p,q}\right)\leqslant\sum\limits_{(p,q)\in\mathbb{N}^2} u_{p,q}$.

(ii) $\Longrightarrow$ (i) :

Supposons que, pour tout q de $\mathbb{N}$, la série $\sum\limits_{p\geqslant 0} u_{p,q}$ converge, et que la série $\sum\limits_{q\geqslant 0}\left(\sum\limits_{p=0}^{+\infty} u_{p,q}\right)$ converge.

Soit J une partie finie de $\mathbb{N}^2$. Il existe $(m,n)\in\mathbb{N}^2$ tel que $J\subset\{0,\dots,m\}\times\{0,\dots,n\}$, et on a :

$$\sum_{(p,q)\in J} u_{p,q}\leqslant\sum_{(p,q)\in\{0,\dots,m\}\times\{0,\dots,n\}} u_{p,q}=\sum_{q=0}^{n}\left(\sum_{p=0}^{m} u_{p,q}\right)\leqslant\sum_{q=0}^{n}\left(\sum_{p=0}^{+\infty} u_{p,q}\right)\leqslant\sum_{q=0}^{+\infty}\left(\sum_{p=0}^{+\infty} u_{p,q}\right)$$

Ceci montre que $(u_{p,q})_{(p,q)\in\mathbb{N}^2}$ est sommable et que :

$$\sum_{(p,q)\in\mathbb{N}^2} u_{p,q}\leqslant\sum_{q=0}^{+\infty}\left(\sum_{p=0}^{+\infty} u_{p,q}\right).$$

Les implications (i) $\Longrightarrow$ (iii), (iii) $\Longrightarrow$ (i) s'obtiennent à partir de l'étude précédente en échangeant les rôles de p et q.

Si (i), (ii) ou (iii) est satisfaite, alors, d'après les résultats précédents :

$$\sum_{(p,q)\in\mathbb{N}^2} u_{p,q}=\sum_{q=0}^{+\infty}\left(\sum_{p=0}^{+\infty} u_{p,q}\right)=\sum_{p=0}^{+\infty}\left(\sum_{q=0}^{+\infty} u_{p,q}\right).$$

On pouvait aussi utiliser *1)* Prop. 6 p. 294, qui est hors programme, en l'appliquant aux partitions $(\mathbb{N}\times\{q\})_{q\in\mathbb{N}}$ et $(\{p\}\times\mathbb{N})_{p\in\mathbb{N}}$ de $\mathbb{N}^2$. ■

◆ **Proposition 2** (**Interversion des sommations, cas de $\mathbb{K}$**)

Soit $(u_{p,q})_{(p,q)\in\mathbb{N}^2}$ une suite double d'éléments de $\mathbb{K}$. On suppose $(u_{p,q})_{(p,q)\in\mathbb{N}^2}$ sommable. Alors :

1) $\begin{cases} \text{Pour tout } q \text{ de } \mathbb{N}, \text{ la série } \sum\limits_{p\geqslant 0} u_{p,q} \text{ est convergente} \\ \text{La série } \sum\limits_{q\geqslant 0}\left(\sum\limits_{p=0}^{+\infty} u_{p,q}\right) \text{ est convergente} \end{cases}$

2) $\begin{cases} \text{Pour tout } p \text{ de } \mathbb{N}, \text{ la série } \sum\limits_{q\geqslant 0} u_{p,q} \text{ est convergente} \\ \text{La série } \sum\limits_{p\geqslant 0}\left(\sum\limits_{q=0}^{+\infty} u_{p,q}\right) \text{ est convergente} \end{cases}$

3) $\displaystyle\sum_{(p,q)\in\mathbb{N}^2} u_{p,q} = \sum_{q=0}^{+\infty}\left(\sum_{p=0}^{+\infty} u_{p,q}\right) = \sum_{p=0}^{+\infty}\left(\sum_{q=0}^{+\infty} u_{p,q}\right).$

Preuve :

1) D'après la Prop. 1, pour tout q de $\mathbb{N}$, la série $\sum\limits_{p\geqslant 0} u_{p,q}$ est absolument convergente, donc convergente, et la série $\sum\limits_{q\geqslant 0}\left(\sum\limits_{p=0}^{+\infty} |u_{p,q}|\right)$ est convergente; il en résulte que la série $\sum\limits_{q\geqslant 0}\left(\sum\limits_{p=0}^{+\infty} u_{p,q}\right)$ est absolument convergente, donc convergente, puisque :

$$\forall q \in \mathbb{N}, \quad \left|\sum_{p=0}^{+\infty} u_{p,q}\right| \leqslant \sum_{p=0}^{+\infty} |u_{p,q}|.$$

2) Analogue à *1)* en échangeant les rôles de p et q.

3) *1ère méthode* (utilisant la Prop. 6 de 3.4.2 *1)* p. 294, hors programme) :

Notons, pour $n \in \mathbb{N}^*$, $I_n = \mathbb{N} \times \{0,\dots,n\}$. Il est clair que $(I_n)_{n\in\mathbb{N}^*}$ est une suite croissante de parties de $\mathbb{N}^2$ dont la réunion est égale à $\mathbb{N}^2$. D'après *2)*, Prop. 4 p. 296 :

$$\sum_{(p,q)\in I_n} u_{p,q} \xrightarrow[n\infty]{} \sum_{(p,q)\in\mathbb{N}^2} u_{p,q}.$$

Comme, pour tout n de $\mathbb{N}^*$: $\displaystyle\sum_{(p,q)\in I_n} u_{p,q} = \sum_{q=0}^{n}\left(\sum_{p=0}^{+\infty} u_{p,q}\right),$

on conclut : $\displaystyle\sum_{q=0}^{+\infty}\left(\sum_{p=0}^{+\infty} u_{p,q}\right) = \sum_{(p,q)\in\mathbb{N}^2} u_{p,q}.$

L'autre égalité s'obtient en échangeant les rôles de p et q.

2ème méthode :

On a, pour tout n de $\mathbb{N}$:

$$\left|\sum_{q=0}^{n}\left(\sum_{p=0}^{+\infty}u_{p,q}\right)-\sum_{q=0}^{n}\left(\sum_{p=0}^{n}u_{p,q}\right)\right|=\left|\sum_{q=0}^{n}\sum_{p=n+1}^{+\infty}u_{p,q}\right|$$
$$\leqslant\sum_{q=0}^{n}\left|\sum_{p=n+1}^{+\infty}u_{p,q}\right|\leqslant\sum_{q=0}^{n}\sum_{p=n+1}^{+\infty}|u_{p,q}|=\left|\sum_{q=0}^{n}\left(\sum_{p=0}^{+\infty}|u_{p,q}|\right)-\sum_{q=0}^{n}\left(\sum_{p=0}^{n}|u_{p,q}|\right)\right|$$

Puisque la suite double $(|u_{p,q}|)_{(p,q)\in\mathbb{N}^2}$, à termes dans $\mathbb{R}_+$, est sommable, d'après le théorème d'interversion (3.4.2 *3)* Prop. 1 p. 297), $\displaystyle\sum_{q=0}^{n}\left(\sum_{p=0}^{+\infty}|u_{p,q}|\right)\xrightarrow[n\infty]{}\sum_{q=0}^{+\infty}\left(\sum_{p=0}^{+\infty}|u_{p,q}|\right)$, et, d'après 3.4.2 *1)* Prop. 4 p. 292, puisque $(\{0,\ldots,n\}^2)_{n\in\mathbb{N}}$ est une suite exhaustive de $\mathbb{N}^2$,

$$\sum_{q=0}^{n}\left(\sum_{p=0}^{n}|u_{p,q}|\right)\xrightarrow[n\infty]{}\sum_{q=0}^{+\infty}\left(\sum_{p=0}^{+\infty}|u_{p,q}|\right).$$

On déduit : $\displaystyle\sum_{q=0}^{n}\left(\sum_{p=0}^{+\infty}u_{p,q}\right)-\sum_{q=0}^{n}\left(\sum_{p=0}^{n}u_{p,q}\right)\xrightarrow[n\infty]{}0.$

Enfin, comme : $\displaystyle\sum_{q=0}^{n}\left(\sum_{p=0}^{+\infty}u_{p,q}\right)\xrightarrow[n\infty]{}\sum_{q=0}^{+\infty}\left(\sum_{p=0}^{+\infty}u_{p,q}\right)$

et que : $\displaystyle\sum_{q=0}^{n}\left(\sum_{p=0}^{n}u_{p,q}\right)=\sum_{(p,q)\in\{0,\ldots,n\}^2}u_{p,q}\xrightarrow[n\infty]{}\sum_{(p,q)\in\mathbb{N}^2}u_{p,q}$,

on conclut : $\displaystyle\sum_{q=0}^{+\infty}\left(\sum_{p=0}^{+\infty}u_{p,q}\right)=\sum_{p=0}^{+\infty}\left(\sum_{q=0}^{+\infty}u_{p,q}\right)$,

l'autre égalité s'obtenant en échangeant les rôles de p et q.

◆ **Proposition 3** Soient $(a_p)_{p\in\mathbb{N}}$, $(b_q)_{q\in\mathbb{N}}$ deux suite sommables d'éléments de $\mathbb{K}$. Alors, la suite double $(a_pb_q)_{(p,q)\in\mathbb{N}^2}$ est sommable, et :

$$\sum_{(p,q)\in\mathbb{N}^2}a_pb_q=\left(\sum_{p\in\mathbb{N}}a_p\right)\left(\sum_{q\in\mathbb{N}}b_q\right).$$

Preuve :

Pour tout q de $\mathbb{N}$, $\displaystyle\sum_{p\geqslant0}a_pb_q$ converge absolument, et a pour somme $\displaystyle\left(\sum_{p=0}^{+\infty}a_p\right)b_q$. Comme $\displaystyle\sum_{q\geqslant0}b_q$ converge absolument, la série $\displaystyle\sum_{q\geqslant0}\left(\sum_{p=0}|a_p|\right)|b_q|$ converge, donc (cf. Prop. 1 p. 297), la suite double $(a_pb_q)_{(p,q)\in\mathbb{N}^2}$ est sommable, et :

$$\sum_{(p,q)\in\mathbb{N}^2}a_pb_q=\sum_{q=0}^{+\infty}\left(\sum_{p=0}^{+\infty}a_pb_q\right)=\sum_{q=0}^{+\infty}\left(\left(\sum_{p=0}^{+\infty}a_p\right)b_q\right)=\left(\sum_{p=0}^{+\infty}a_p\right)\left(\sum_{q=0}^{+\infty}b_q\right)$$
$$=\left(\sum_{p\in\mathbb{N}}a_p\right)\left(\sum_{q\in\mathbb{N}}b_q\right).$$

■

EXEMPLE :

Pour tout (x,y) de $\mathbb{C}^2$ tel que $|x| < 1$ et $|y| < 1$, la suite double $(x^p y^q)_{(p,q)\in\mathbb{N}^2}$ est sommable, et :

$$\sum_{(p,q)\in\mathbb{N}^2} x^p y^q = \left(\sum_{p\in\mathbb{N}} x^p\right)\left(\sum_{q\in\mathbb{N}} y^q\right) = \frac{1}{1-x}\,\frac{1}{1-y}.$$

4) Produit de Cauchy de deux séries numériques

◆ **Définition** Soient $\sum_{n\geqslant 0} u_n$, $\sum_{n\geqslant 0} v_n$ deux séries à termes dans $\mathbb{K}$. On appelle **produit de Cauchy** de $\sum_{n\geqslant 0} u_n$ et $\sum_{n\geqslant 0} v_n$ la série $\sum_{n\geqslant 0} w_n$ définie par :

$$\forall n \in \mathbb{N}, \quad w_n = \sum_{p=0}^{n} u_p v_{n-p} = \sum_{p+q=n} u_p v_q.$$

◆ **Théorème** Si les séries numériques $\sum_{n\geqslant 0} u_n$ et $\sum_{n\geqslant 0} v_n$ sont absolument convergentes, alors leur série produit de Cauchy $\sum_{n\geqslant 0} w_n$ est absolument convergente, et :

$$\sum_{n=0}^{+\infty} w_n = \left(\sum_{n=0}^{+\infty} u_n\right)\left(\sum_{n=0}^{+\infty} v_n\right).$$

Preuve :

D'après la Proposition précédente, puisque les suites $(u_p)_{p\in\mathbb{N}}$ et $(v_q)_{q\in\mathbb{N}}$ sont sommables, la suite double $(u_p v_q)_{(p,q)\in\mathbb{N}^2}$ l'est aussi et :

$$\sum_{(p,q)\in\mathbb{N}^2} u_p v_q = \left(\sum_{p\in\mathbb{N}} u_p\right)\left(\sum_{q\in\mathbb{N}} v_q\right).$$

Pour tout n de $\mathbb{N}^*$, notons $J_n = \{(p,q) \in \mathbb{N}^2;\ p+q \leqslant n\}$.

Il est clair que $(J_n)_{n\in\mathbb{N}^*}$ est une suite croissante de parties finies de $\mathbb{N}^2$ dont la réunion est égale à $\mathbb{N}^2$.

On a, pour tout n de $\mathbb{N}^*$:

$$\sum_{k=0}^{n} |w_k| = \sum_{p+q\leqslant n} |u_p v_q| = \sum_{(p,q)\in J_n} |u_p v_q| \leqslant \sum_{(p,q)\in\mathbb{N}^2} |u_p v_q|,$$

ce qui montre que $(w_n)_{n\in\mathbb{N}}$ est sommable, c'est-à-dire que $\sum_{n\geqslant 0} w_n$ converge absolument.

Enfin : $\displaystyle\sum_{k=0}^{n} w_k = \sum_{(p,q)\in J_n} u_p v_q \xrightarrow[n\infty]{} \sum_{(p,q)\in\mathbb{N}^2} u_p v_q.$

◆ **Corollaire**

$$\forall (z,z') \in \mathbb{C}^2, \quad \exp(z+z') = \exp(z)\exp(z').$$

Preuve :

Pour tout z de $\mathbb{C}$, la série $\sum_{n\geqslant 0} \frac{z^n}{n!}$ est absolument convergente, et sa somme est notée $\exp(z)$ (cf. 3.3.3 *2)* p. 259).

Soit $(z,z') \in \mathbb{C}^2$. D'après le théorème précédent, la série-produit $\sum_{n\geqslant 0} w_n$ des séries absolument convergentes $\sum_{n\geqslant 0} \frac{z^n}{n!}$ et $\sum_{n\geqslant 0} \frac{z'^n}{n!}$ est absolument convergente et a pour somme $\exp(z)\exp(z')$.

Mais, pour tout n de $\mathbb{N}$: $\quad w_n = \sum_{k=0}^{n} \frac{z^k}{k!} \frac{z'^{n-k}}{(n-k)!} = \frac{1}{n!} \sum_{k=0}^{n} \mathrm{C}_n^k z^k z'^{n-k} = \frac{1}{n!}(z+z')^n,$

d'où :
$$\exp(z)\exp(z') = \sum_{n=0}^{+\infty} w_n = \sum_{n=0}^{+\infty} \frac{1}{n!}(z+z')^n = \exp(z+z').$$

Exercices

◇ **3.4.1** Soient I un intervalle de $\mathbb{R}$, non vide ni réduit à un point, $f : I \longrightarrow \mathbb{R}$ une application croissante.

a) Montrer qu'à chaque point de discontinuité x_0 de f on peut associer un rationnel r_0 de $]\lim_{x_0^-} f ; \lim_{x_0^+} f[$, et que l'application $\varphi : x_0 \longmapsto r_0$ ainsi construite est injective.

b) En déduire que l'ensemble des points de discontinuité de f est au plus dénombrable.

◇ **3.4.2** Les familles suivantes sont-elles sommables :

a) $(x)_{x\in[0;1]}$ *b)* $(x)_{x\in\mathbb{Q}}$ *c)* $\left(\frac{1}{x^2}\right)_{x\in\mathbb{Q}_+^*}$?

◇ **3.4.3** Pour $x \in \mathbb{C}^*$, la famille $(x^n)_{n\in\mathbb{Z}}$ est-elle sommable?

◇ **3.4.4** Montrer que, pour tout (a,b) de $]0;+\infty[^2$, la suite double $(\mathrm{e}^{-ap-bq})_{(p,q)\in\mathbb{N}^2}$ est sommable et calculer sa somme.

◇ **3.4.5** Montrer que, pour tout (a,b) de $]1;+\infty[^2$, la suite double $\left(\frac{1}{a^p+b^q}\right)_{(p,q)\in\mathbb{N}^2}$ est sommable.

◇ **3.4.6** Soit $(\alpha,\beta) \in]1;+\infty[^2$. Montrer que les trois propriétés suivantes sont deux à deux équivalentes :

(i) $\left(\frac{p+q}{(1+p^\alpha)(1+q^\beta)}\right)_{(p,q)\in\mathbb{N}^2}$ est sommable

(ii) $\left(\frac{p+q}{(1+p)^\alpha(1+q)^\beta}\right)_{(p,q)\in\mathbb{N}^2}$ est sommable

(iii) $\alpha > 2$ et $\beta > 2$.

◇ **3.4.7** Etablir que, pour tout z de $\mathbb{C}$ tel que $|z| < 1$, la suite double $(z^{pq})_{(p,q)\in(\mathbb{N}^*)^2}$ est sommable et que : $\displaystyle\sum_{(p,q)\in(\mathbb{N}^*)^2} z^{pq} = \sum_{n=1}^{+\infty} \frac{z^n}{1-z^n}$.

◇ **3.4.8** Etudier, pour $(a,b) \in \mathbb{C}^2$, la sommabilité de la suite double $\left(\frac{a^p b^q}{(p+q)!}\right)_{(p,q)\in\mathbb{N}^2}$.

◇ **3.4.9** Déterminer l'ensemble E des couples (x,y) de $\mathbb{C}^2$ tels que la famille $\left(\mathrm{C}_{p+q}^{p} x^p y^q\right)_{(p,q)\in\mathbb{N}^2}$ soit sommable et, pour $(x,y) \in E$, calculer la somme. On admettra que, pour tout z de $\mathbb{C}$ tel que $|z| < 1$ et tout q de $\mathbb{N}$:

$$\sum_{p=0}^{+\infty} \mathrm{C}_{p+q}^{p} z^p = \frac{1}{(1-z)^{q+1}},$$

cf. Tome 4, 5.3 p. 110.

◇ **3.4.10** Etudier, pour $z \in \mathbb{C}$, la sommabilité et calculer la somme éventuelle, pour :

a) $\left(\dfrac{z^n}{p}\right)_{(n,p)\in\mathbb{N}\times\mathbb{N}^*}$ *b)* $\left(\dfrac{z^n}{p!}\right)_{(n,p)\in\mathbb{N}^2}$.

◇ **3.4.11** Pour $\alpha \in]0;+\infty[$, étudier la sommabilité, et, en cas de sommabilité, calculer la somme de la suite double $\left(\dfrac{1}{(p+q+1)^\alpha}\right)_{(p,q)\in\mathbb{N}^2}$; on exprimera le résultat à l'aide de la fonction ζ de Riemann, définie, pour $x \in]1;+\infty[$, par : $\zeta(x) = \displaystyle\sum_{n=1}^{+\infty} \frac{1}{n^x}$.

◇ **3.4.12** *a)* Montrer que la famille $\left(\dfrac{1}{p^2q^2}\right)_{(p,q)\in(\mathbb{N}^*)^2,\, p|q}$ est sommable et calculer sa somme; on admettra $\displaystyle\sum_{n=1}^{+\infty} \frac{1}{n^2} = \frac{\pi^2}{6}$ et $\displaystyle\sum_{n=1}^{+\infty} \frac{1}{n^4} = \frac{\pi^4}{90}$, cf. Tome 4, 6.4 pp. 148-149.

◇ **3.4.13** Soient $u,v \in \mathbb{C}$ tels que $|u| < 1$ et $|v| > 1$; on note, pour tout n de $\mathbb{N}$, $z_n = \displaystyle\sum_{p=0}^{+\infty} u^{2^{p+n}}$.

Montrer : $(v-1)\displaystyle\sum_{n=0}^{+\infty} \frac{z_n}{v^n} = v\sum_{q=0}^{+\infty} u^{2^q} - \sum_{q=0}^{+\infty} \frac{u^{2^q}}{v^q}$.

◇ **3.4.14** Soit $z \in \mathbb{C}$. Montrer que la suite double $\left(\dfrac{z^{2p}}{q^{2p+2}}\right)_{(p,q)\in\mathbb{N}\times\mathbb{N}^*}$ est sommable si et seulement si $|z| < 1$ et que, dans ce cas, sa somme est $\displaystyle\sum_{n=1}^{+\infty} \frac{1}{n^2 - z^2}$.

◇ **3.4.15** On considère la fonction ζ de Riemann, définie, pour $x \in]1;+\infty[$, par $\zeta(x) = \displaystyle\sum_{p=1}^{+\infty} \frac{1}{p^x}$.

Démontrer : $\displaystyle\sum_{n=2}^{+\infty} \big(\zeta(n) - 1\big) = 1$ et $\displaystyle\sum_{n=2}^{+\infty} (-1)^n \big(\zeta(n) - 1\big) = \frac{1}{2}$.

◇ **3.4.16** Montrer que la famille $\left(\dfrac{1}{p^2q^2}\right)_{(p,q)\in(\mathbb{N}^*)^2,\, p\wedge q=1}$ est sommable et calculer sa somme; on admettra $\displaystyle\sum_{n=1}^{+\infty} \frac{1}{n^2} = \frac{\pi^2}{6}$ et $\displaystyle\sum_{n=1}^{+\infty} \frac{1}{n^4} = \frac{\pi^4}{90}$.

◇ **3.4.17** Montrer que la suite double $\left(2^{-3q-p-(p+q)^2}\right)_{(p,q)\in\mathbb{N}^2}$ est sommable et calculer sa somme.

◇ **3.4.18** Montrer que la suite double $\left(\dfrac{p!q!}{(p+q+2)!}\right)_{(p,q)\in\mathbb{N}^2}$ est sommable et calculer sa somme.

On admettra : $\displaystyle\sum_{n=1}^{+\infty} \frac{1}{n^2} = \frac{\pi^2}{6}$.

◇ **3.4.19*** *a)* Pour $q \in \mathbb{N}^*$ fixé, montrer que la série $\sum\limits_{\substack{p \geqslant 1 \\ p \neq q}} \frac{1}{p^2 - q^2}$ converge et calculer sa somme.

b) Pour $(p,q) \in (\mathbb{N}^*)^2$, on note $u_{p,q} = \begin{cases} \frac{1}{p^2 - q^2} & \text{si } p \neq q \\ 0 & \text{si } p = q \end{cases}$.

Montrer : $\sum\limits_{q=1}^{+\infty} \left(\sum\limits_{p=1}^{+\infty} u_{p,q} \right) = - \sum\limits_{p=1}^{+\infty} \left(\sum\limits_{q=1}^{+\infty} u_{p,q} \right) \neq 0.$

La suite double $(u_{p,q})_{(p,q) \in (\mathbb{N}^*)^2}$ est-elle sommable ?

Pour les exercices 3.4.20 *et* 3.4.21, *on admettra que, pour tout* x *de* $[-1\,;\,1[$: $\sum\limits_{n=1}^{+\infty} \frac{x^n}{n} = -\ln(1-x)$.

◇ **3.4.20*** Démontrer : $\sum\limits_{n=2}^{+\infty} \frac{\zeta(n) - 1}{n} = 1 - \gamma$.

◇ **3.4.21*** Démontrer : $\sum\limits_{n=2}^{+\infty} \frac{(-1)^n \zeta(n)}{n} = \gamma$.

◇ **3.4.22** Soit A une algèbre (associative et unitaire) de Banach. Pour $x \in A$, on a défini :

$$\exp(x) = e^x = \sum_{n=0}^{+\infty} \frac{1}{n!} x^n \qquad \text{(cf. 3.3.3 } 2) \text{ p. 259).}$$

Montrer que, pour tout (x,y) de A^2 tel que $xy = yx$, on a : $e^x e^y = e^y e^x = e^{x+y}$.

En particulier, pour tout x de A, e^x est inversible dans A et : $(e^x)^{-1} = e^{-x}$.

◇ **3.4.23*** **Théorème de Mertens**

Soient $\sum\limits_{n \geqslant 0} u_n$ une série absolument convergente et $\sum\limits_{n \geqslant 0} v_n$ une série convergente. Pour $n \in \mathbb{N}$, on note $w_n = \sum\limits_{k=0}^{n} u_k v_{n-k}$, $U_n = \sum\limits_{k=0}^{n} u_k$, $V_n = \sum\limits_{k=0}^{n} v_k$, $W_n = \sum\limits_{k=0}^{n} w_k$. Pour $(p,q) \in \mathbb{N}^2$, tel que $p < q$, on note $V_{p,q} = \sum\limits_{k=p+1}^{q} v_k$.

a) Montrer : $\forall n \in \mathbb{N}^*, \quad U_n V_n - W_n = \sum\limits_{k=1}^{n} u_k V_{n-k,n}$.

*b)** En déduire : $U_n V_n - W_n \underset{n\infty}{\longrightarrow} 0$.

c) Conclure.

◇ **3.4.24** *a)* Montrer que le produit de la série semi-convergente $\sum\limits_{n \geqslant 1} \frac{(-1)^n}{\sqrt{n}}$ par elle-même est une série divergente.

b) Montrer que le produit de la série semi-convergente $\sum\limits_{n \geqslant 1} \frac{(-1)^n}{n}$ par elle-même est une série convergente.

◇ **3.4.25*** Soit $\sum\limits_{n \geqslant 0} u_n$ une série réelle semi-convergente. Montrer que, pour tout S de $\mathbb{R}$, il existe une permutation φ de $\mathbb{N}$ telle que la série $\sum\limits_{n \geqslant 0} u_{\varphi(n)}$ converge et ait pour somme S.

Compléments

◇ C 3.1 Ensemble triadique de Cantor

On note $C_0 = [0; 1]$,

$C_1 = C_0 - \left]\frac{1}{3}; \frac{2}{3}\right[$,

$C_2 = C_1 - \left(\left]\frac{1}{9}; \frac{2}{9}\right[\cup \left]\frac{7}{9}; \frac{8}{9}\right[\right)$,

etc,

$C = \bigcap_{n \in \mathbb{N}} C_n$, appelé **ensemble (triadique) de Cantor.**

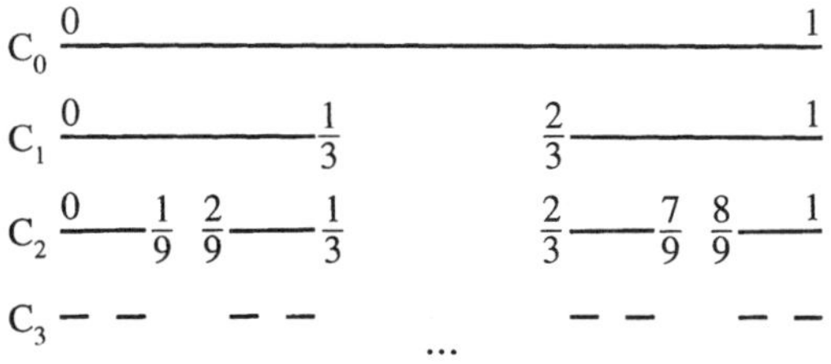

On sait (cf. exercice 1.3.6 p. 67) que C est un compact de $\mathbb{R}$ et que $\overset{\circ}{C} = \varnothing$.

1) Montrer que l'application φ qui, à tout élément $a = (a_n)_{n \geqslant 1}$ de $\{0,2\}^{\mathbb{N}^*}$, associe $\sum_{n=1}^{+\infty} a_n 3^{-n}$ est une bijection de $\{0,2\}^{\mathbb{N}^*}$ sur C.

2) a) Montrer que l'application f qui, à tout x de C, associe $\sum_{n=1}^{+\infty} a_n 2^{-n-1}$, où $(a_n)_{n \geqslant 1} = \varphi^{-1}(x)$, est une surjection de C sur $[0; 1]$.

b) En déduire que C n'est pas dénombrable (on utilisera la non-dénombrabilité de $\mathbb{R}$).

3) Démontrer : $\forall p \in \mathbb{N} - \{0,1\}, \quad \underbrace{C + \ldots + C}_{p \text{ termes}} = [0; p]$.

(On pourra commencer par les cas $p = 2$, $p = 3$).

◇ C 3.2* Nombres de Liouville

1) Soient $n \in \mathbb{N} - \{0,1\}$, $\alpha \in \mathbb{R} - \mathbb{Q}$ tel qu'il existe $P \in \mathbb{Z}[X]$, de degré n, tel que $P(\alpha) = 0$. Démontrer qu'il existe $c \in \mathbb{R}_+^*$ tel que :

$$\forall (p,q) \in \mathbb{Z} \times \mathbb{N}^*, \qquad \left|\alpha - \frac{p}{q}\right| > \frac{c}{q^n}.$$

2) Soit $(u_n)_{n \geqslant 1}$ une suite à termes dans $\mathbb{Z}$, bornée et non stationnaire sur 0 ; on note $L = \sum_{n=1}^{+\infty} u_n 10^{-n!}$.

Montrer que L est **transcendant**, c'est-à-dire qu'il n'existe aucun polynôme P de $\mathbb{Z}[X] - \{0\}$ tel que $P(L) = 0$. Par exemple, $\sum_{n=1}^{+\infty} 10^{-n!}$ est transcendant.

◇ C 3.3 Probabilité pour que deux entiers $\geqslant 1$ soient premiers entre eux

Pour $n \in \mathbb{N}^*$, on note q_n le nombre de couples (u,v) de $(\mathbb{N}^*)^2$ tels que $u \leqslant n$, $v \leqslant n$, $\text{pgcd}(u,v) = 1$.

1) Montrer $q_n = n^2 - \sum_{p_1} \left(E\left(\frac{n}{p_1}\right)\right)^2 + \sum_{p_1 < p_2} \left(E\left(\frac{n}{p_1 p_2}\right)\right)^2 - \ldots$, où les sommes sont indexées sur les nombres premiers $\geqslant 2$.

2) Soit $\mu : \mathbb{N}^* \longrightarrow \mathbb{Z}$ la fonction de Möbius, définie par :

$$\begin{cases} \mu(1) = 1, \\ \mu(p_1 \cdot \ldots \cdot p_r) = (-1)^r \text{ si } r \in \mathbb{N}^* \text{ et } p_1, \ldots, p_r \text{ sont premiers et deux à deux distincts, .} \\ \mu(n) = 0 \text{ sinon.} \end{cases}$$

a) Montrer, pour tout n de $\mathbb{N}^*$: $q_n = \sum_{k=1}^{n} \mu(k) \left(\mathrm{E}\left(\frac{n}{k}\right)\right)^2$.

b) En déduire : $\lim_{n\infty} \frac{q_n}{n^2} = \sum_{k=1}^{+\infty} \frac{\mu(k)}{k^2}$.

3) a) Soient $(a_k)_{k \geqslant 1}$, $(b_\ell)_{\ell \geqslant 1}$ deux suites à termes complexes, et $\alpha \in \mathbb{N}$, tels que les séries $\sum_{k \geqslant 1} \frac{a_k}{k^\alpha}$ et $\sum_{\ell \geqslant 1} \frac{b_\ell}{\ell^\alpha}$ soit absolument convergentes.

Montrer : $\left(\sum_{k=1}^{+\infty} \frac{a^k}{k^\alpha}\right)\left(\sum_{\ell=1}^{+\infty} \frac{b_\ell}{\ell^\alpha}\right) = \sum_{n=1}^{+\infty} \frac{1}{n^\alpha}\left(\sum_{d|n} a_d b_{\frac{n}{d}}\right)$.

b) Etablir : $\forall n \in \mathbb{N}^*, \quad \sum_{d|n} \mu(d) = \begin{cases} 1 & \text{si } n = 1 \\ 0 & \text{si } n \neq 1 \end{cases}$.

c) En déduire : $\left(\sum_{k=1}^{+\infty} \frac{\mu(k)}{k^2}\right)\left(\sum_{\ell=1}^{+\infty} \frac{1}{\ell^2}\right) = 1$.

4) En utilisant $\sum_{n=1}^{+\infty} \frac{1}{n^2} = \frac{\pi^2}{6}$ (cf. exercice 3.3.23 p. 280), établir que la probabilité pour que deux nombres entiers $\geqslant 1$ soient premiers entre eux est $\frac{6}{\pi^2}$ (cette probabilité étant, par définition ici, $\lim_{n\infty} \frac{q_n}{n^2}$).

◇ C 3.4 Produits infinis

Soit $(z_n)_{n \geqslant \mathbb{N}}$ une suite dans $\mathbb{K} - \{0\}$. On dit que le **produit infini** $\prod_{n \geqslant 0} z_n$ **converge** si et seulement si la suite $(P_n)_{n \geqslant 0}$ définie par ($\forall n \in \mathbb{N}$, $P_n = \prod_{k=0}^{n} z_k$) admet une limite non nulle dans $\mathbb{K}$.

Si c'est le cas, cette limite est notée $\prod_{n=0}^{+\infty} z_n$.

1) a) Montrer que, si un produit infini $\prod_{n \geqslant 0} z_n$ converge, alors $z_n \underset{n\infty}{\longrightarrow} 1$.

b) Examiner la réciproque de *a)*.

2) Soit $(x_n)_{n \in \mathbb{N}}$ une suite à termes dans $\mathbb{R}_+^*$. Montrer que le produit infini $\prod_{n \geqslant 0} x_n$ converge si et seulement si la série $\sum_{n \geqslant 0} \ln x_n$ converge et que, dans le cas de convergence, on a :

$$\prod_{n=0}^{+\infty} x_n = \exp\left(\sum_{n=0}^{+\infty} \ln x_n\right).$$

3) a) Soit $(u_n)_{n\in\mathbb{N}}$ une suite à termes dans $\mathbb{R}_+^*$. montrer que le produit infini $\prod_{n\geqslant 0}(1+u_n)$ converge si et seulement si la série $\sum_{n\geqslant 0} u_n$ converge.

b) Etudier la nature (convergence ou divergence) des produits infinis suivants, où $\alpha \in]0;+\infty[$ est fixé :

$$\alpha)\ \prod_{n\geqslant 1}\left(1+\frac{1}{n^\alpha}\right) \qquad \beta)\ \prod_{n\geqslant 2}\left(1-\frac{1}{n^\alpha}\right) \qquad \gamma)\ \prod_{n\geqslant 2}\left(1+\frac{1}{n\ln n}\right).$$

*4) a)** Soit $(u_n)_{n\in\mathbb{N}}$ une suite complexe telle que : $\begin{cases} \forall n\in\mathbb{N}, & |u_n|<1 \\ \sum_{n\geqslant 0}|u_n| \text{ converge.} \end{cases}$

Montrer que le produit infini $\prod_{n\geqslant 0}(1+u_n)$ converge.

b) Soient $z\in\mathbb{C}$ tel que $|z|<1$ et $(a_n)_{n\in\mathbb{N}}$ une suite complexe telle que :

$$\begin{cases} \forall n\in\mathbb{N}, & 0<|a_n|<1 \\ \sum_{n\geqslant 0}(1-|a_n|) \text{ converge.} \end{cases}$$

Montrer qu'il existe $N\in\mathbb{N}$ tel que le produit infini $\prod_{n\geqslant N}\frac{|a_n|(a_n-z)}{a_n(1-\overline{a}_n z)}$ converge.

5) a) On considère la suite $(u_n)_{n\geqslant 1}$ définie par : $\forall n\in\mathbb{N}^*,\quad u_n=\frac{(-1)^{n-1}}{\sqrt{n}}$.

Vérifier que $\prod_{n\geqslant 1}(1+u_n)$ diverge et que $\sum_{n\geqslant 1}u_n$ converge.

b) On considère la suite $(u_n)_{n\geqslant 1}$ définie par :

$$u_n=\begin{cases} \dfrac{1+\sqrt{p}}{p} & \text{si } n=2p, \quad p\in\mathbb{N}^* \\ -\dfrac{1}{\sqrt{p+1}} & \text{si } n=2p+1, \quad p\in\mathbb{N}. \end{cases}$$

Vérifier que $\prod_{n\geqslant 1}(1+u_n)$ converge et que $\sum_{n\geqslant 1}u_n$ diverge.

6) Calculer : *a)* $\displaystyle\prod_{n=2}^{+\infty}\frac{n^3-1}{n^3+1}$ *b)* $\displaystyle\prod_{n=1}^{+\infty}\frac{n^2+1}{\sqrt{n^4+4}}$.

◇ C 3.5 Espaces ℓ^p

Notations.

Soit $p\in[1;+\infty[$. On note ℓ^p l'ensemble des suites complexes $(u_n)_{n\in\mathbb{N}}$ telles que la série $\sum_{n\geqslant 0}|u_n|^p$ converge; pour $u=(u_n)_{n\in\mathbb{N}}\in\ell^p$, on note $||u||_p=\sum_{n=0}^{+\infty}|u_n|^p$. On note ℓ^∞ l'ensemble des suites complexes bornées; pour $u=(u_n)_{n\in\mathbb{N}}\in\ell^\infty$, on note $||u||_\infty=\operatorname{Sup}_{n\in\mathbb{N}}|u_n|$.

Pour $p \in]1;+\infty[$, on note $q = \dfrac{p}{p-1}$; on a donc $q \in]1;+\infty[$ et $\dfrac{1}{p} + \dfrac{1}{q} = 1$. On convient :

$$\begin{cases} \text{si } p = 1, & \text{alors } q = +\infty \\ \text{si } p = +\infty, & \text{alors } q = 1. \end{cases}$$

1) Soit $p \in]1;+\infty[$. On pourra utiliser ici les résultats de l'exercice 1.1.8 p. 11.

a) Soient $u = (u_n)_{n\in\mathbb{N}} \in \ell^p$, $v = (v_n)_{n\in\mathbb{N}} \in \ell^q$.

$\alpha)$ Montrer que la série $\sum\limits_{n\geqslant 0} \overline{u}_n v_n$ converge absolument et que : $\left|\sum\limits_{n=0}^{+\infty} \overline{u}_n v_n\right| \leqslant ||u||_p ||v||_q$.

$\beta)$ En déduire que ℓ^p est un $\mathbb{C}$-ev et que : $\forall (u,v) \in (\ell^p)^2,\quad ||u+v||_p \leqslant ||u||_p + ||v||_p$.

b) Montrer que $||.||_p$ est une norme sur ℓ^p.

2) Montrer que $(\ell^1, ||.||_1)$ et $(\ell^\infty, ||.||_\infty)$ sont des evn.

3) a) Soit $(p_1,p_2) \in [1;+\infty]^2$ tel que $p_1 \leqslant p_2$. Montrer : $\ell^{p_1} \subset \ell^{p_2}$.

b) A-t-on $\bigcup\limits_{p\in[1;+\infty[} \ell^p = \ell^\infty$?

c) Montrer que, pour tout u fixé dans ℓ^1 : $||u||_p \underset{p\longrightarrow+\infty}{\longrightarrow} ||u||_\infty$.

4) Démontrer que, pour tout p de $[1,+\infty]$, ℓ^p est complet.

◇ C 3.6 L'espace de Hilbert ℓ^2

On note ℓ^2 l'ensemble des suites $(u_n)_{n\in\mathbb{N}}$ de $\mathbb{C}^\mathbb{N}$ telles que la série $\sum\limits_{n\geqslant 0} |u_n|^2$ converge.

1) a) Soient $(u_n)_{n\in\mathbb{N}} \in \ell^2$, $(v_n)_{n\in\mathbb{N}} \in \ell^2$; montrer que la série $\sum\limits_{n\geqslant 0} \overline{u}_n v_n$ converge absolument

et que : $\left|\sum\limits_{n=0}^{+\infty} \overline{u}_n v_n\right|^2 \leqslant \left(\sum\limits_{n=0}^{+\infty} |u_n|^2\right)\left(\sum\limits_{n=0}^{+\infty} |v_n|^2\right)$.

b) Montrer que l'application $< .,. >: \ell^2 \times \ell^2 \longrightarrow \mathbb{C}$ définie par :

$$\forall u = (u_n)_{n\in n} \in \ell^2,\ \forall v = (v_n)_{n\in\mathbb{N}} \in \ell^2, \quad < u,v > = \sum_{n=0}^{+\infty} \overline{u}_n v_n$$

est un produit scalaire hermitien sur ℓ^2.

On note $||.||_2$ la norme associée, définie par : $\forall u = (u_n)_{n\in\mathbb{N}} \in \ell^2,\quad ||u||_2 = \left(\sum\limits_{n=0}^{+\infty} |u_n|^2\right)^{\frac{1}{2}}$.

2) Montrer que ℓ^2 est complet. Ainsi, ℓ^2 est un espace de Hilbert.

3) On note, pour tout k de $\mathbb{N}$: $e_k = (\delta_{kn})_{n\in\mathbb{N}}$,

où $\delta_{kn} = \begin{cases} 1 & \text{si } k = n \\ 0 & \text{si } k \neq n \end{cases}$ est le symbole de Kronecker.

Démontrer, pour tout $u = (u_n)_{n\in\mathbb{N}}$ de ℓ^2 :

- $\forall n \in \mathbb{N},\quad u_n = < e_n, u >$
- $u = \sum\limits_{n=0}^{+\infty} < e_n, u > e_n$.

4) *Un exemple d'endomorphisme f de ℓ^2 admettent un adjoint et tel que* $\mathrm{Im}(f) \neq (\mathrm{Ker}(f^*))^{\perp}$ *et* $\mathrm{Im}(f^*) \neq (\mathrm{Ker}(f))^{\perp}$ *(cf. C 1.3 4) p. 110).*

Soit $f : \ell^2 \longrightarrow \ell^2$ défini par : $\forall u = (u_n)_{n\in\mathbb{N}} \in \ell^2, \quad f(u) = \left(\dfrac{u_n}{n+1}\right)_{n\in\mathbb{N}}$.

Montrer : *a)* $f \in \mathcal{LC}(\ell^2)$

b) f admet un adjoint, et $f^* = f$

c) $\mathrm{Im}(f) \neq (\mathrm{Ker}(f))^{\perp}$.

5) *Un exemple d'endomorphisme d'un espace préhilbertien n'admettant pas d'adjoint (cf. C 1.3 7) p. 110).*

a) Montrer que la formule : $\forall u = (u_n)_{n\in\mathbb{N}} \in \ell^2, \quad g(u) = \displaystyle\sum_{n=0}^{+\infty} \frac{u_n}{n+1}(e_0 + e_n)$ définit un endomorphisme continu g de ℓ^2.

Montrer que g admet un adjoint et le déterminer.

b) On note $E = g(\ell^2)$ et $f : \underset{u \longmapsto g(u)}{E \longrightarrow E}$; E est muni du produit scalaire induit par celui de ℓ^2.

α) Montrer : $f \in \mathcal{LC}(E)$.

β) Etablir que f n'admet pas d'adjoint.

◇ C 3.7* Théorème d'Abel

1) Transformation d'Abel

Soient $(u_n)_{n\in\mathbb{N}}$ une suite dans $\mathbb{K}$ et $(v_n)_{n\in\mathbb{N}}$ une suite d'éléments d'un $\mathbb{K}$-ev E. Pour tout (p,q) de $\mathbb{N}^2$ tel que $q \geqslant p+1$, on note $\sigma_{p,q} = \displaystyle\sum_{k=p+1}^{q} v_k$. Montrer, pour tout (p,q) de $\mathbb{N}^2$ tel que $q \geqslant p+1$:

$$\sum_{k=p+1}^{q} u_k v_k = u_q \sigma_{p,q} + \sum_{k=p+1}^{q-1} (u_k - u_{k+1})\sigma_{p,k}.$$

2) Théorème d'Abel

Soit $(E, ||.||)$ un $\mathbb{K}$-evn complet. Soient $(u_n)_{n\in\mathbb{N}}$ une suite réelle décroissante de limite 0, et $(v_n)_{n\in\mathbb{N}}$ une suite dans E, à sommes partielles bornées, c'est-à-dire telle qu'il existe $M \in \mathbb{R}_+$ tel que :

$$\forall (p,q) \in \mathbb{N}^2, \quad \left(q \geqslant p+1 \Longrightarrow \left\| \sum_{k=p+1}^{q} v_k \right\| \leqslant M\right).$$

Démontrer que la série $\displaystyle\sum_{n\geqslant 0} u_n v_n$ converge dans E.

3) *Exemples*

a) Montrer que, pour tout (t,α) de $(\mathbb{R} - 2\pi\mathbb{Z})\times]0;+\infty[$, la série $\displaystyle\sum_{n\geqslant 1} \frac{\mathrm{e}^{int}}{n^\alpha}$ converge.

b) Déterminer la nature de la série de terme général :

1) $\dfrac{(-1)^n \cos n}{n + (-1)^n \sin n}$ *2)* $\dfrac{\sin n}{n - \sqrt{n}\sin n}$

3) $\left(\mathrm{e}^{\frac{\sin(n\sqrt{2})}{\sqrt{n}}} - 1\right) \ln\left(1 + \dfrac{\sin(\mathrm{e}n)}{\sqrt{n}}\right)$ *4)* $\sin\left(\dfrac{\sin n}{n^\alpha}\right)$, $\alpha \in]0;+\infty[$ fixé

5) $\dfrac{(-1)^n}{n^\alpha + \cos n}$, $\alpha \in]0;+\infty[$ fixé.

Indications et réponses

Indications et réponses
pour les exercices du chapitre 1

1.1.1 $\begin{cases} 2\|x\| = \|(x+y)+(x-y\| \leqslant \|x+y\| + \|x-y\| \\ 2\|y\| = \|(x+y)-(x-y\| \leqslant \|x+y\| + \|x-y\| \end{cases}$ et additionner.

1.1.2 **Unicité :** si N convient, alors : $\forall x \in E, N(x) = d(0,x)$.

Existence : montrer que $N : \begin{array}{l} E \longrightarrow \mathbb{R} \\ x \longmapsto d(0,x) \end{array}$ est une norme sur E et que :

$$\forall (x,y) \in E^2, \quad d(x,y) = N(x-y).$$

On peut remarquer que la condition *1)* est superflue :

$$d(y,x) = d(0,x-y) = |-1|d(0,(-1)(x-y)) = d(0,y-x) = d(x,y).$$

1.1.3 Les conditions $N(x) = 0 \Longleftrightarrow x = 0$ et $N(x+y) \leqslant N(x) + N(y)$ sont immédiates.

Par $y = 0$ dans (iii) : $N(\lambda x) \leqslant |\lambda| N(x)$. Alors, si $\lambda \neq 0$: $N(x) = N\left(\dfrac{1}{\lambda}(\lambda x)\right) \leqslant \left|\dfrac{1}{\lambda}\right| N(\lambda x)$,

d'où aussi $N(\lambda x) \geqslant |\lambda| N(x)$ et finalement $N(\lambda x) = |\lambda| N(x)$.

1.1.4 Vérifications immédiates :

- $N(\lambda x) = \displaystyle\sum_{k=1}^{p} \alpha_k N_k(\lambda x) = \sum_{k=1}^{p} \alpha_k |\lambda| N_k(x) = |\lambda| N(x)$
- $N(x) = 0 \Longleftrightarrow (\forall k \in \{1,\ldots,p\}, \alpha_k N_k(x) = 0)$

  $\Longrightarrow (\exists k \in \{1,\ldots,p\}, N_k(x) = 0) \Longrightarrow x = 0,$ car $(\alpha_1,\ldots,\alpha_p) \neq (0,\ldots,0)$
- $N(x+y) = \displaystyle\sum_{k=1}^{p} \alpha_k N_k(x+y) \leqslant \sum_{k=1}^{p} \alpha_k (N_k(x) + N_k(y)) = N(x) + N(y)$.

1.1.5 Les conditions $N(\lambda x) = |\lambda| N(x)$ et $N(x+y) \leqslant N(x) + N(y)$ sont immédiates.

Et : $N(x_1,\ldots,x_p) = 0 \Longleftrightarrow \displaystyle\sum_{k=1}^{p} x_k f_k = 0$, puisque $\left|\displaystyle\sum_{k=1}^{p} x_k f_k\right|$ est continue et $\geqslant 0$. Enfin :

$$\left(\forall (x_1,\ldots,x_p) \in \mathbb{R}^p, \quad \left(\sum_{k=1}^{p} x_k f_k = 0 \Longrightarrow (x_1,\ldots,x_p) = (0,\ldots,0)\right)\right)$$

$$\Longleftrightarrow (f_1,\ldots,f_p) \text{ libre, \quad par définition.}$$

◇ **Réponse :** N est une norme si et seulement si $(f_1,\ldots,f_p)$ est libre dans E.

1.1.6 Les conditions $N(\lambda x) = |\lambda| N(x)$ et $N(x+y) \leqslant N(x) + N(y)$ sont immédiates. Et :

$$N(x) = 0 \Longleftrightarrow ||f(x)||_F = 0 \Longleftrightarrow f(x) = 0.$$

Enfin : $\big(\forall x \in E, \quad (f(x) = 0 \Longrightarrow x = 0)\big) \Longleftrightarrow \mathrm{Ker}(f) = \{0\}$.

◇ **Réponse :** N est une norme si et seulement si f est injective.

1.1.7 *1)* Supposons que N soit une norme.

• Soit $X \in \mathbf{M}_{n,1}(\mathbb{K})$ tel que $AX = 0$; on a alors $N(X) = 0$ et donc $X = 0$. Ceci montre $\mathrm{Ker}\, A = \{0\}$, d'où, d'après le théorème du rang : $\mathrm{rg}\, A = n$. Mais $\mathrm{rg}(A) \leqslant \mathrm{Inf}(n,p) = p \leqslant n$, d'où $\mathrm{rg}(A) = n$, $p = n$, $A \in \mathbf{GL}_n(\mathbb{K})$.

• Notons $C_1, \ldots, C_n$ les colonnes de A^{-1}, $(E_1, \ldots, E_n)$ la base canonique de $\mathbf{M}_{n,1}(\mathbb{K})$; on a donc :

$$\forall j \in \{1,\ldots,n\}, \quad C_j = A^{-1} E_j.$$

Pour tout $X = (x_1, \ldots, x_n)$ de $\mathbb{K}^n$ et tout i de $\{1, \ldots, p\}$, $\sum_{j=1}^{n} a_{ij} x_j$ est le $i^{\text{ème}}$ terme de AX. On a donc :

$$\forall j \in \{1,\ldots,n\}, \quad N({}^t C_j) = \sum_{i=1}^{p} \alpha_i \delta_{ij} = \alpha_j$$

(où δ_{ij} est le symbole de Kronecker, $\delta_{ij} = \begin{cases} 1 & \text{si } i = j \\ 0 & \text{si } i \neq j \end{cases}$).

On conclut : $\forall j \in \{1, \ldots, n\}, \alpha_j > 0$.

2) Vérifier la réciproque.

1.1.8 *a)* Cf. Tome 1, p. 161.

L'inégalité voulue est triviale lorsque $a = 0$ ou $b = 0$.

Pour $a > 0$ fixé, soit $\varphi : \mathbb{R}_+^* \longrightarrow \mathbb{R}$ définie par : $\forall b > 0, \varphi(b) = \dfrac{1}{p} a^p + \dfrac{1}{q} b^q - ab$;

φ est dérivable et : $\forall b > 0, \varphi'(b) = b^{q-1} - a$,

d'où le tableau des variations de φ.

Comme $\varphi(a^{p-1}) = 0$, on conclut : $\varphi \geqslant 0$.

b	0		a^{p-1}		$+\infty$
$\varphi'(b)$		$-$	0	$+$	
φ		↘	0	↗	

b) α) Le cas où $x = (x_1, \ldots, x_n) = 0$ ou $y = (y_1, \ldots, y_n) = 0$ est immédiat.

Appliquer le résultat *a)* à $a = \dfrac{|x_k|}{||x||_p}$ et $b = \dfrac{|y_k|}{||y||_q}$, puis sommer :

$$\frac{\left|\sum_{k=1}^{n} \overline{x}_k y_k\right|}{||x||_p ||y||_q} \leqslant \sum_{k=1}^{n} \frac{|x_k|}{||x||_p} \cdot \frac{|y_k|}{||y||_q} \leqslant \sum_{k=1}^{n} \left(\frac{1}{p} \frac{|x_k|^p}{||x||_p^p} + \frac{1}{q} \frac{|y_k|^q}{||y||_q^q} \right)$$
$$= \frac{1}{p||x||_p^p} ||x||_p^p + \frac{1}{q||y||_q^q} ||y||_q^q = \frac{1}{p} + \frac{1}{q} = 1.$$

$\beta)$ $||x+y||_p^p = \sum_{k=1}^{n} |x_k+y_k|^p \leqslant \sum_{k=1}^{n}(|x_k|\,|x_k+y_k|^{p-1} + |y_k|\,|x_k+y_k|^{p-1})$

$$\leqslant \left(\sum_{k=1}^{n}|x_k|^p\right)^{\frac{1}{p}} \left(\sum_{k=1}^{n}|x_k+y_k|^{(p-1)q}\right)^{\frac{1}{q}} + \left(\sum_{k=1}^{n}|y_k|^p\right)^{\frac{1}{p}} \left(\sum_{k=1}^{n}|x_k+y_k|^{(p-1)q}\right)^{\frac{1}{q}}$$

$$= (||x||_p + ||y||_p)\left(\sum_{k=1}^{n}|x_k+y_k|^p\right)^{\frac{1}{q}},$$

d'où $||x||_p + ||y||_p \geqslant ||x+y||_p^{p-\frac{p}{q}} = ||x+y||_p$.

c) Les conditions $(||x||_p = 0 \Longrightarrow x = 0)$ et $||\lambda x||_p = |\lambda|\ ||x||_p$ sont immédiates; l'inégalité triangulaire est le résultat de *b)*.

d) Pour tout p de $]1;+\infty[$: $||x||_\infty^p \leqslant ||x||_p^p = \sum_{k=1}^{n}|x_k|^p \leqslant n||x||_\infty^p$,

d'où : $||x||_\infty \leqslant ||x||_p \leqslant n^{\frac{1}{p}}||x||_\infty$.

Comme $n^{\frac{1}{p}} \xrightarrow[p\to+\infty]{} 1$, on conclut : $||x||_p \xrightarrow[p\to+\infty]{} ||x||_\infty$.

1.1.9 *a)* Vu dans l'exercice 1.1.8 *a)* p. 11.

b) et *c)* : comme dans l'exercice 1.1.8 *b)* et *c)*, en remplaçant x,y par f,g et $\sum_{k=1}^{n}$ par $\int_a^b$.

d) Le cas $f=0$ étant immédiat, nous supposons $||f||_\infty > 0$.

Puisque $|f|$ est continue sur le segment $[a;b]$, il existe $x_0 \in [a;b]$ tel que $|f|(x_0) = ||f||_\infty$.

Soit $\varepsilon > 0$ fixé. Comme f est continue en x_0, il existe $\eta > 0$ tel que :

$$\eta < \frac{b-a}{2} \text{ et : } \quad \forall x \in [a;b]\cap[x_0-\eta;x_0+\eta], \quad |f(x)-f(x_0)| < \frac{\varepsilon}{2}.$$

On a donc, en notant α,β les réels tels que $[a;b]\cap[x_0-\eta;x_0+\eta] = [\alpha;\beta]$:

$$\forall x \in [\alpha;\beta], \quad |f(x)| \geqslant |f(x_0)| - \frac{\varepsilon}{2} = ||f||_\infty - \frac{\varepsilon}{2},$$

d'où, pour tout p de $]1;+\infty[$:

$$||f||_p^p = \int_a^b |f(t)|^p\,\mathrm{d}t \geqslant \int_\alpha^\beta |f(t)|^p\,\mathrm{d}t \geqslant (\beta-\alpha)\left(||f||_\infty - \frac{\varepsilon}{2}\right)^p \geqslant \eta\left(||f||_\infty - \frac{\varepsilon}{2}\right)^p,$$

et donc $||f||_p \geqslant \eta^{\frac{1}{p}}\left(||f||_\infty - \frac{\varepsilon}{2}\right)$.

Puisque $\eta^{\frac{1}{p}}\left(||f||_\infty - \frac{\varepsilon}{2}\right) \xrightarrow[p\to+\infty]{} ||f||_\infty - \frac{\varepsilon}{2}$, il existe $p_0 \in]1;+\infty[$ tel que :

$$\forall p \in]1;+\infty[, \quad \left(p \geqslant p_0 \Longrightarrow \eta^{\frac{1}{p}}\left(||f||_\infty - \frac{\varepsilon}{2}\right) \geqslant ||f||_\infty - \varepsilon\right).$$

On a donc montré :

$$\forall \varepsilon > 0, \exists p_0 \in]1;+\infty[, \forall p \in]1;+\infty[, \quad (p \geqslant p_0 \Longrightarrow ||f||_\infty - \varepsilon \leqslant ||f||_p \leqslant ||f||_\infty),$$

ce qui établit $||f||_p \xrightarrow[p\to+\infty]{} ||f||_\infty$.

1.1.10 • $f(\lambda u + (1-\lambda)v) = ||(\lambda u + (1-\lambda)v)a + b|| = ||\lambda(ua+b) + (1-\lambda)(va+b)||$
$\leqslant \lambda||ua+b|| + (1-\lambda)||va+b|| = \lambda f(u) + (1-\lambda)f(v)$.

• $\forall t \in \mathbb{R}^*,\ f(t) = |t| \left\| a + \frac{1}{t} b \right\| \underset{t\to\mp\infty}{\longrightarrow} +\infty$, car $\frac{1}{t} b \underset{t\to\mp\infty}{\longrightarrow} 0$ et $a \neq 0$.

1.1.11 *1)* • Si $(x,y) \in B'(a;r)\times B'(b;s)$, alors $||(x+y)-(a+b)|| \leqslant ||x-a||+||y-b|| \leqslant r+s$ et donc $x+y \in B'(a+b;r+s)$. Ceci montre $B'(a;r)+B'(b;s) \subset B'(a+b;r+s)$.

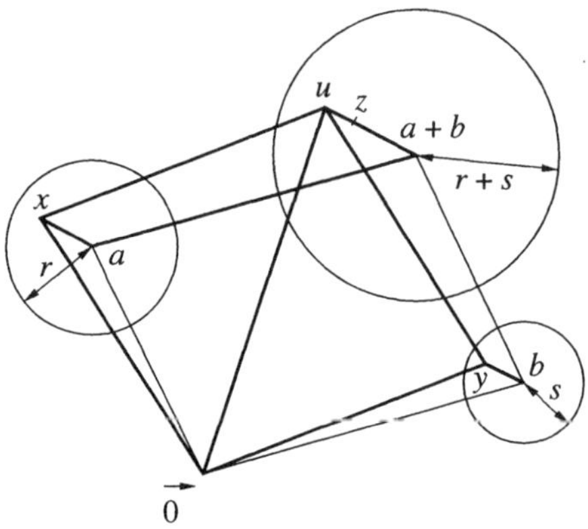

• Réciproquement, soit $u \in B'(a+b;r+s)$.

Considérons $z = \dfrac{1}{r+s}(ru + s(a+b))$, $x = z-b$, $y = u-z+b$.

On a alors $x+y = u$ et :

$$||x-a|| = ||z-(a+b)|| = \frac{1}{r+s}||ru+s(a+b)-(r+s)(a+b)|| = \frac{r}{r+s}||u-(a+b)|| \leqslant \frac{r}{r+s}\,r \leqslant r,$$

et de même : $||y-b|| \leqslant s$.

D'où $u \in B'(a;r)+B'(b;s)$ et l'inclusion voulue.

2) Le cas $\lambda = 0$ est immédiat. Si $\lambda \neq 0$, on a, pour tout x de E :

$$x \in B'(\lambda a;|\lambda|r) \iff ||x-\lambda a|| \leqslant |\lambda|r \iff \left\| \frac{1}{\lambda}x - a \right\| \leqslant r \iff \frac{1}{\lambda}x \in B'(a;r),$$

d'où l'égalité voulue.

3) • Supposons qu'il existe $x \in B'(a;r)\cap B'(b;s)$. Alors : $||a-b|| \leqslant ||a-x|| + ||x-b|| \leqslant r+s$.

• Réciproquement, supposons $||a-b|| \leqslant r+s$. Le cas $a=b$ est trivial; supposons $a \neq b$. Il existe $\lambda \in [0;1]$ tel que : $1 - \dfrac{s}{||a-b||} \leqslant \lambda \leqslant \dfrac{r}{||a-b||}$. Notons $c = a + \lambda(b-a)$. On a :

$||a-c|| = |\lambda|\ ||a-b|| \leqslant r$, donc $c \in B'(a;r)$ et $||b-c|| = |1-\lambda|\ ||b-a|| \leqslant s$, donc $c \in B'(b;s)$.

Ceci montre : $B'(a;r)\cap B'(b;s) \neq \varnothing$.

4) • Supposons $B'(a;r) \subset B'(b;s)$.

Si $a \neq b$, considérons $c = a + \dfrac{r}{||a-b||}(a-b)$. Comme $c \in B'(a;r) \subset B'(b;s)$, on déduit $||c-b|| \leqslant s$, d'où $||a-b|| + r \leqslant s$.

Si $a = b$, comme $E \neq \{0\}$, il existe $u \in E$ tel que $u \neq 0$, et comme $a + \dfrac{r}{||u||}u \in B'(a;r) \subset B'(a;s)$, on déduit $r \leqslant s$.

• Réciproquement, supposons $||a-b|| \leqslant s-r$. On a, pour tout x de E :

$$x \in B'(a;r) \iff ||x-a|| \leqslant r \Longrightarrow ||x-b|| \leqslant ||x-a|| + ||a-b|| \leqslant s \Longrightarrow x \in B'(b;s),$$

et donc : $B'(a;r) \subset B'(b;s)$.

5) Se déduit de *4)*.

1.1.12 Pour tout x de $E - \{a\}$:

$$a+\frac{r}{N_1(x-a)}(x-a) \in B'_{N_1}(a;r) = B'_{N_2}(a;r) \Longrightarrow N_2\left(\frac{r}{N_1(x-a)}(x-a)\right) \leqslant r \Longrightarrow N_2(x-a) \leqslant N_1(x-a),$$

et de même $N_1(x-a) \leqslant N_2(x-a)$, d'où $N_1(x-a) = N_2(x-a)$.

Comme $x \longmapsto x-a$ est une bijection de E dans E, on conclut $N_1 = N_2$.

1.1.13 • Si $(x,y) \in (B'(a;r))^2$ et $t \in [0;1]$, alors :

$$||(tx+(1-t)y)-a|| = ||t(x-a)+(1-t)(y-a)|| \leqslant t||x-a||+(1-t)||y-a|| \leqslant tr+(1-t)r = r,$$

et donc $tx+(1-t)y \in B'(a;r)$.

Ceci montre que $B'(a;r)$ est convexe.

• Si $(x,y) \in (B(a;r))^2$ et $t \in [0;1]$, on a déjà (cf. ci-dessus) :

$$||(tx+(1-t)y)-a|| \leqslant t||x-a|| + (1-t)||y-a|| \leqslant r.$$

Si $||(tx+(1-t)y)-a|| = r$, alors $\begin{cases} t||x-a|| = tr \\ (1-t)||y-a|| = (1-t)r \end{cases}$ et donc $t = 0$ et $1-t = 0$, contradiction.

Donc $tx+(1-t)y \in B(a;r)$.

1.1.14 *a)* • Appliquer l'inégalité de Cauchy-Schwarz à $|f|$ et 1 :

$$||f||_1^2 = \left(\int_a^b |f(t)|\,\mathrm{d}t\right)^2 \leqslant \left(\int_a^b 1^2\,\mathrm{d}t\right)\left(\int_a^b |f(t)|^2\,\mathrm{d}t\right) = (b-a)||f||_2^2.$$

• $$||f||_2^2 = \int_a^b |f(t)|^2\,\mathrm{d}t \leqslant (b-a)||f||_\infty^2.$$

b) Considérons, pour tout n de $\mathbb{N}$: $f_n : \begin{array}{l}[0;1] \longrightarrow \mathbb{R} \\ t \longmapsto t^n\end{array}$, qui est bien dans E. On a :

$$\forall n \in \mathbb{N}, \quad \left(||f_n||_1 = \frac{1}{n+1}, \quad ||f_n||_2 = \frac{1}{\sqrt{2n+1}}, \quad ||f_n||_\infty = 1\right),$$

donc $\dfrac{||f_n||_2}{||f_n||_1} \underset{n\infty}{\longrightarrow} +\infty$, $\dfrac{||f_n||_\infty}{||f_n||_1} \underset{n\infty}{\longrightarrow} +\infty$, $\dfrac{||f_n||_\infty}{||f_n||_2} \underset{n\infty}{\longrightarrow} +\infty$, ce qui montre que $||.||_1, ||.||_2, ||.||_\infty$ sont deux à deux non équivalentes.

1.1.15 *a)* Adapter les démonstrations de 1.1.1 *1)* Exemple *4)* p. 6.

b) • Considérer $f_n : \begin{array}{l}\mathbb{R} \longrightarrow \mathbb{R} \\ t \longmapsto (|t|+1)^{-n}\end{array}$, pour $n \geqslant 2$, et montrer $||f_n||_1 = \dfrac{2}{n-1}$ et $||f_n||_2 = \left(\dfrac{2}{2n-1}\right)^{\frac{1}{2}}$.

• Considérer $g_n : \mathbb{R} \longrightarrow \mathbb{R}$, pour $n \geqslant 1$, paire, définie par :

$$g_n(x) = \begin{cases} \dfrac{1}{n} & \text{si } 0 \leqslant x \leqslant n \\ n+\dfrac{1}{n}-x & \text{si } n \leqslant x \leqslant n+\dfrac{1}{n}, \\ 0 & \text{si } n+\dfrac{1}{n} \leqslant x. \end{cases}$$

et montrer $||g_n||_1 = 2 + \dfrac{1}{n^2}$ et $||g_n||_2 \leqslant \dfrac{2(n^2+1)}{n^3}$.

1.1.16 *a)* Les conditions $N_\varphi(\lambda f) = |\lambda| N_\varphi(f)$ et $N_\varphi(f+g) \leqslant N_\varphi(f) + N_\varphi(g)$ sont immédiates. Notons $Z_\varphi = \varphi^{-1}(\{0\}) = \{x \in [0;1];\ \varphi(x) = 0\}$.

Supposons $\overset{\circ}{Z_\varphi} = \varnothing$ (pour l'intérieur d'une partie, voir 1.1.7 Déf. 1 p. 24), et soit $f \in E$ telle que $N_\varphi(f) = 0$. Comme f et φ sont continues, on déduit $f\varphi = 0$ et donc : $\forall x \in \complement_{[0;1]}(Z_\varphi),\ \varphi(x) = 0$.
Ainsi, f est continue sur $[0;1]$ et s'annule sur la partie $\complement_{[0;1]}(Z_\varphi)$, qui est dense dans $[0;1]$. Il s'ensuit $f = 0$, et donc N_φ est une norme.

• Supposons $\overset{\circ}{Z_\varphi} \neq \varnothing$; il existe $(a,b) \in \mathbb{R}^2$ tel que :

$$\begin{cases} 0 \leqslant a < b \leqslant 1 \\ \forall x \in [a;b], \quad \varphi(x) = 0. \end{cases}$$

Considérer $f : [0;1] \longrightarrow \mathbb{R}$ définie par :

$$f(x) = \begin{cases} x - a & \text{si} \quad a \leqslant x \leqslant \dfrac{a+b}{2} \\ b - x & \text{si} \quad \dfrac{a+b}{2} \leqslant x \leqslant b \\ 0 & \text{sinon.} \end{cases}$$

Montrer : $f \in E,\ N_\varphi(f) = 0,\ f \neq 0$.
Ainsi, N_φ n'est pas une norme.

◇ **Réponse :** N_φ est une norme sur E si et seulement si $\overset{\circ}{\widehat{\varphi^{-1}(\{0\})}} = \varnothing$.

b) Il est clair qu'on suppose déjà $\overset{\circ}{Z_\varphi} = \varnothing$ (notations de *a)*).

• Supposons $Z_\varphi = \varnothing$. Puisque $|\varphi|$ est continue sur le segment $[0;1]$ et ne s'annule pas, il existe $(m,M) \in (\mathbb{R}_+^*)^2$ tel que : $\forall x \in [0;1],\ m \leqslant |\varphi(x)| \leqslant M$. Alors : $\forall f \in E,\ mN_1(f) \leqslant N_\varphi(f) \leqslant MN_1(f)$, ce qui montre : $N_\varphi \sim N_1$.

• Supposons $Z_\varphi \neq \varnothing$; il existe donc $x_0 \in [0;1]$ tel que $\varphi(x_0) = 0$. Soit $\alpha > 0$ fixé.
Puisque φ est continue en x_0, il existe $\eta \in]0;1]$ tel que :

$$\forall x \in [x_0 - \eta; x_0 + \eta] \cap [0;1], \quad |\varphi(x)| \leqslant \frac{1}{2\alpha}.$$

Considérons $f : [0;1] \longrightarrow \mathbb{R}$ définie par :

$$f(x) = \begin{cases} \dfrac{1}{\eta}(x - x_0 + \eta) & \text{si } x_0 - \eta \leqslant x \leqslant x_0 \\ \dfrac{1}{\eta}(x_0 + \eta - x) & \text{si } x_0 \leqslant x \leqslant x_0 + \eta \\ 0 & \text{sinon.} \end{cases}$$

On a : $N_1(f) = \eta$ et $N_\varphi(f) \leqslant \dfrac{1}{2\alpha} 2\eta$, d'où $\dfrac{N_1(f)}{N_\varphi(f)} \geqslant \alpha$. Ceci montre : $N_\varphi \nsim N_1$.

◇ **Réponse :** N_φ est une norme équivalente à N_1 si et seulement si $\varphi^{-1}(\{0\}) = \varnothing$.

c) Méthode analogue à celle utilisée pour *b)*.

◇ **Réponse :** N_φ et N_ψ sont des normes équivalentes si et seulement si : $Z_\varphi = Z_\psi$ et $\overset{\circ}{Z_\varphi} = \varnothing$ (où $Z_\varphi = \varphi^{-1}(\{0\})$).

1.1.17 • Les propriétés $N(\lambda f) = |\lambda| N(f)$, $N(f+g) \leqslant N(f) + N(g)$, $N_\varphi(\lambda f) = |\lambda| N_\varphi(f)$, $N_\varphi(f+g) \leqslant N_\varphi(f) + N_\varphi(g)$ sont immédiates.

• Soit $f \in E$ telle que $N(f) = 0$; alors $f(0) = 0$ et $f' = 0$ donc f est constante, et finalement $f = 0$.

• Soit $f \in E$ telle que $N_\varphi(f) = 0$; alors $\int_0^1 f\varphi = 0$ et $f' = 0$ donc f est constante. On a ainsi $f \cdot \int_0^1 \varphi = 0$ d'où $f = 0$, puisque $\int_0^1 \varphi \neq 0$.

• L'application φ, continue sur $[0;1]$, admet au moins une primitive $\phi : \begin{array}{c}[0;1] \longrightarrow \mathbb{R} \\ x \longmapsto \int_1^x \varphi\end{array}$. Une intégration par parties fournit, pour toute f de E :

$$\int_0^1 f\varphi = [f\phi]_0^1 - \int_0^1 f'\phi = -f(0)\phi(0) - \int_0^1 f'\phi.$$

1) $\left|\int_0^1 f\varphi\right| \leqslant |f(0)|\,|\phi(0)| + \int_0^1 |f'\phi| \leqslant |\phi(0)|\,|f(0)| + ||\phi||_\infty \int_0^1 |f'|$,
d'où $N_\varphi(f) \leqslant \alpha N(f)$, où $\alpha = 1 + ||\phi||_\infty$.

2) $|f(0)| = \left|-\frac{1}{\phi(0)}\left(\int_0^1 f\varphi + \int_0^1 f'\phi\right)\right| \leqslant \frac{1}{|\phi(0)|}\left(\left|\int_0^1 f\varphi\right| + ||\phi||_\infty \int_0^1 |f'|\right)$,
d'où $N(f) \leqslant \beta N_\varphi(f)$, où $\beta = \frac{1 + 2||\phi||_\infty}{|\phi(0)|}$.

1.1.18 • Les propriétés $N'_\infty(\lambda f) = |\lambda| N'_\infty(f)$ et $N'_\infty(f+g) \leqslant N'_\infty(f) + N'_\infty(g)$ sont immédiates. Soit $f \in E$ telle que $N'_\infty(f) = 0$; alors $f' = 0$, donc f est constante, puis $f = 0$, puisque $f(0) = 0$.

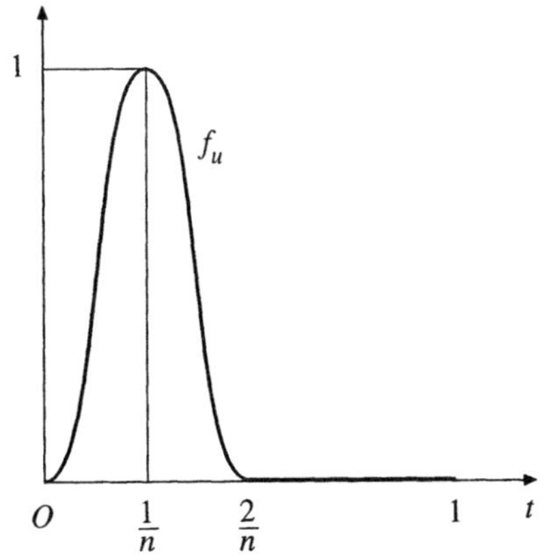

• Considérer, pour $n \in \mathbb{N}$ tel que $n \geqslant 2$, $f_n : [0;1) \longrightarrow \mathbb{R}$ définie par :

$$f_n(t) = \begin{cases} \sin^2\left(\frac{\pi n t}{2}\right) & \text{si } 0 \leqslant t \leqslant \frac{2}{n} \\ 0 & \text{si } \frac{2}{n} < t \leqslant 1 \end{cases}.$$

Vérifier $f_n \in E$ et montrer
$N_\infty(f_n) = 1$, $N'_\infty(f_n) = \frac{\pi n}{2}$,
d'où $\frac{N'_\infty(f_n)}{N_\infty(f_n)} \xrightarrow[n\infty]{} +\infty$.

1.1.19 • Les propriétés $\nu_k(\lambda f) = |\lambda|\nu_k(f)$, $\nu_k(f+g) \leqslant \nu_k(f) + \nu_k(g)$ sont immédiates. Soit $f \in E$ telle que $\nu_k(f) = 0$. Alors $f(0) = \ldots = f^{(k-1)}(0) = 0$ et $f^{(k-1)}$ est constante. En déduire, de proche en proche, $f^{(k-1)} = 0, \ldots, f' = 0, f = 0$.

• *1)* En appliquant l'inégalité des accroissements finis à $f^{(k)}$ sur $[0; x]$, on obtient :

$$|f^{(k)}(x) - f^{(k)}(0)| \leqslant |x| \operatorname*{Sup}_{t\in[0;x]} |f^{(k+1)}(t)| \leqslant \operatorname*{Sup}_{u\in[0;1]} |f^{(k+1)}(u)|,$$

d'où $\operatorname*{Sup}_{x\in[0;1]} |f^{(k)}(x)| \leqslant \operatorname*{Sup}_{x\in[0;1]} |f^{(k+1)}(x)|$, puis $\nu_k(f) \leqslant \nu_{k+1}(f)$.

2) Considérer, pour tout n de $\mathbb{N}$, $f_n : \begin{array}{l}[0; 1] \longrightarrow \mathbb{R} \\ t \longmapsto t^{n+p}\end{array}$, qui est dans E. Montrer :

$$\forall (n,k) \in \mathbb{N} \times \{0,\ldots,p-1\}, \quad \nu_k(f_n) = \frac{(n+p)!}{(n+p-k)!},$$

d'où $\dfrac{\nu_{k+1}(f_n)}{\nu_k(f_n)} = n + p - k \underset{n\infty}{\longrightarrow} +\infty$.

◇ **Réponse :** $\nu_0, \ldots, \nu_p$ sont deux à deux non équivalentes.

1.1.20 $t \longmapsto \dfrac{f(t)}{\sqrt{t}}$ est intégrable sur $]0; 1]$, puisque $\left(\forall t \in]0; 1],\ \dfrac{|f(t)|}{\sqrt{t}} \leqslant \dfrac{||f||_\infty}{\sqrt{t}}\right)$ et que $t \longmapsto \dfrac{1}{\sqrt{t}}$ est intégrable sur $]0; 1]$.

a) Les propriétés $||\lambda f|| = |\lambda|\, ||f||$ et $||f+g|| \leqslant ||f|| + ||g||$ sont immédiates. Si $||f|| = 0$, alors, comme f est continue sur $[0; 1]$, on déduit $(\forall t \in]0; 1],\ f(t) = 0)$, puis $f = 0$.

b) Considérer, pour $n \in \mathbb{N}^*$, $f_n : [0; 1] \longrightarrow \mathbb{R}$ définie par : $f_n(t) = \begin{cases} n - n^2 t & \text{si} \quad 0 \leqslant t \leqslant \dfrac{1}{n} \\ 0 & \text{si} \quad \dfrac{1}{n} < t \leqslant 1 \end{cases}$.

Montrer $||f_n||_1 = \dfrac{1}{2}$ et $||f_n|| = \dfrac{4}{3}\sqrt{n}$, d'où $\dfrac{||f_n||}{||f_n||_1} \underset{n\infty}{\longrightarrow} +\infty$.

◇ **Réponse :** $||.||$ et $||.||_1$ ne sont pas équivalentes.

1.1.21 *a)* Les propriétés $N_L(\lambda P) = |\lambda| N_L(P)$ et $N_L(P+Q) \leqslant N_L(P) + N_L(Q)$ sont immédiates. Si $(\forall n \in \mathbb{N},\ \lambda_n \neq 0)$ et si $N_L(P) = 0$, alors $(\forall k \in \{0,\ldots,N\},\ a_k = 0)$ et donc $P = 0$.
Si $(\exists n_0 \in \mathbb{N},\ \lambda_{n_0} = 0)$, alors $N_L(\mathrm{X}^{n_0}) = 0$ et $\mathrm{X}^{n_0} \neq 0$.

◇ **Réponse :** N_L est une norme si et seulement si : $(\forall n \in \mathbb{N}, \lambda_n \neq 0)$, où $L = (\lambda_n)_{n\in\mathbb{N}}$.

b) 1) Supposons $N_L \sim N_M$; il existe $(\alpha,\beta) \in (\mathbb{R}_+^*)^2$ tel que : $\forall P \in \mathbb{C}[\mathrm{X}], \alpha N_L(P) \leqslant N_M(P) \leqslant \beta N_L(P)$. En particulier : $\forall n \in \mathbb{N}, \alpha N_L(\mathrm{X}^n) \leqslant N_M(\mathrm{X}^n) \leqslant \beta N_L(\mathrm{X}^n)$, c'est-à-dire : $\forall n \in \mathbb{N}, \alpha|\lambda_n| \leqslant |\mu_n| \leqslant \beta|\lambda_n|$.

2) Réciproquement, supposons qu'il existe $(\alpha,\beta) \in (\mathbb{R}_+^*)^2$ tel que : $\forall n \in \mathbb{N}, \alpha|\lambda_n| \leqslant |\mu_n| \leqslant \beta|\lambda_n|$.

Pour tout $P = \sum_{k=0}^{N} a_k \mathrm{X}^k$ de $\mathbb{C}[\mathrm{X}]$, on a : $N_M(P) = \sum_{k=0}^{N} |\mu_k a_k| \leqslant \sum_{k=0}^{N} \beta|\lambda_k a_k| = \beta N_L(P)$
et de même $\alpha N_L(P) \leqslant N_M(P)$.

◇ **Réponse :** N_L et N_M sont des normes équivalentes si et seulement si :

$$\begin{cases} \forall n \in \mathbb{N}, \quad \lambda_n \neq 0 \\ \forall n \in \mathbb{N}, \quad \mu_n \neq 0 \\ \exists (\alpha,\beta) \in (\mathbb{R}_+^*)^2, \quad \forall n \in \mathbb{N}, \quad \alpha|\lambda_n| \leqslant |\mu_n| \leqslant \beta|\lambda_n|. \end{cases}$$

1.1.22 Soit $x \in \lambda\Omega$; il existe $a \in \Omega$ tel que $x = \lambda a$. Puisque Ω est ouvert, il existe $r > 0$ tel que $B(a; r) \subset \Omega$. Alors $B(x; |\lambda| r) = \lambda B(a; r) \subset \lambda\Omega$ (cf. exercice 1.1.11 *2)* p. 13), et donc $\lambda\Omega$ est ouvert.

1.1.23 $\overline{A \cup \complement_E(\overline{A})} = \overline{A} \cup \overline{\complement_E(\overline{A})} \supset \overline{A} \cup \complement_E(\overline{A}) = E.$

1.1.24 $A \cap B = \varnothing \Longrightarrow A \subset \complement_E(B) \Longrightarrow \overset{\circ}{A} \subset \overset{\circ}{\widehat{\complement_E(B)}} = \complement_E(\overline{B}) = \varnothing.$

1.1.25 Soient $x \in E$ et $V \in \mathcal{V}_E(x)$; il existe un ouvert Ω de E tel que : $x \in \Omega \subset V$. Puisque A est dense dans E, on a : $\Omega \cap A \neq \varnothing$, et il existe donc $y \in \Omega \cap A$. Comme Ω et A sont des ouverts de E : $\Omega \cap A \in \mathcal{V}_E(y)$, puis, comme B est dense dans E : $(\Omega \cap A) \cap B \neq \varnothing$. Ainsi :

$$\forall V \in \mathcal{V}_E(x), \quad V \cap (A \cap B) \neq \varnothing,$$

et finalement $A \cap B$ est dense dans E.

1.1.26 ◇ **Réponse :** $A = [0; 1]$, $B = [1; 2] \cup \{3\}$.

1.1.27 ◇ **Réponse :** $A = [0; 1[\cup]1; 2] \cup ([3; 4] \cap \mathbb{Q}) \cup \{5\}$.

1.1.28 En notant $A_n = \left\{ \dfrac{1}{x+n} + \dfrac{1}{2^n};\, x \in \mathbb{R}_+^* \right\}$ pour $n \in \mathbb{N}^*$, remarquer $A_n = \left] \dfrac{1}{2^n}; \dfrac{1}{n} + \dfrac{1}{2^n} \right[$ et $\dfrac{1}{2^n} \leqslant \dfrac{1}{n+1} + \dfrac{1}{2^{n+1}}$, d'où $A = \left]0; \dfrac{3}{2}\right[$.

◇ **Réponse :** $A = \left]0; \dfrac{3}{2}\right[$, $\overset{\circ}{A} = \left]0; \dfrac{3}{2}\right[$, $\overline{A} = \left[0; \dfrac{3}{2}\right]$.

1.1.29 *a) α)* • $\begin{cases} U \cap V \subset U \\ U \cap V \subset V \end{cases} \Longrightarrow \begin{cases} \overset{\circ}{\overline{U \cap V}} \subset \overset{\circ}{\overline{U}} \\ \overset{\circ}{\overline{U \cap V}} \subset \overset{\circ}{\overline{V}} \end{cases} \Longrightarrow \overset{\circ}{\overline{U \cap V}} \subset \overset{\circ}{\overline{U}} \cap \overset{\circ}{\overline{V}}.$

• Soient $x \in \overset{\circ}{\overline{U}} \cap \overset{\circ}{\overline{V}} = \overset{\circ}{\widehat{\overline{U} \cap \overline{V}}}$ et W un voisinage ouvert de x dans E. En notant $\Omega = \overset{\circ}{\widehat{\overline{U} \cap \overline{V}}}$, Ω est ouvert et $x \in \Omega \subset \overline{U} \cap \overline{V}$.

Comme $x \in \overline{U}$ et $W \cap \Omega \in \mathcal{V}_E(x)$, on a : $(W \cap \Omega) \cap U \neq \varnothing$, et il existe donc $y \in W \cap \Omega \cap U$.

Puisque $W \cap \Omega \cap U$ est ouvert et $y \in \Omega \subset \overline{V}$, on a : $(W \cap \Omega \cap U) \cap V \neq \varnothing$, d'où $W \cap (U \cap V) \neq \varnothing$.

Ceci prouve $x \in \overline{U \cap V}$ et donc $\overset{\circ}{\widehat{\overline{U} \cap \overline{V}}} \subset \overline{U \cap V}$. En passant aux intérieurs, on déduit $\overset{\circ}{\overline{U}} \cap \overset{\circ}{\overline{V}} \subset \overset{\circ}{\overline{U \cap V}}$.

β) Passer aux complémentaires et utiliser *α)*.

b) $\overline{\overset{\circ}{\widehat{\overset{\circ}{A \cap B}}}} = \overline{\overset{\circ}{\overset{\circ}{A} \cap \overset{\circ}{B}}} = \overset{\circ}{\overline{\overset{\circ}{A}}} \cap \overset{\circ}{\overline{\overset{\circ}{B}}}$ (cf. *a) α)*) et de même pour l'autre formule.

1.1.30 On va montrer en fait plus généralement que, pour tout sev F de E tel que $F \neq E$, on a $\overset{\circ}{F} = \varnothing$.

Il est clair que F est un sev de E. Raisonnons pas l'absurde : supposons $\overset{\circ}{F} \neq \varnothing$. Il existe alors $f \in F$ et $r \in \mathbb{R}_+^*$ tels que $B(f; r) \subset F$. Pour tout g de E, on a alors $g = f + \dfrac{2}{r}\left(\dfrac{r}{2}(g - f)\right) \in F$ car $f \in F$, $\dfrac{r}{2}(g - f) \in F$ et F est un sev. Mais ainsi $F = E$, contradiction car $\begin{array}{l}[0; +\infty[\longrightarrow \mathbb{R} \\ x \longmapsto x^2\end{array}$ est continue mais non uniformément continue.

1.1.31 $\mathrm{Fr}(A\cup B)=\overline{A\cup B}\cap\overline{\complement_E(A\cup B)}=(\overline{A}\cup\overline{B})\cap(\overline{\complement_E(A)\cap\complement_E(B)})=F\cup G$, en notant $F=\overline{A}\cap\overline{\complement_E(A)\cap\complement_E(B)}$ et $G=\overline{B}\cap\overline{\complement_E(A)\cap\complement_E(B)}$. Montrons $F=\overline{A}\cap\overline{\complement_E(A)}\cap\overline{\complement_E(B)}$.
Une inclusion est immédiate.

Soient $x\in\overline{A}\cap\overline{\complement_E(A)}\cap\overline{\complement_E(B)}$ et V un voisinage ouvert de x dans E. On a : $x\in\overline{A}\subset\complement_E(\overline{B})=\overset{\circ}{\widehat{\complement_E(B)}}$, donc $V\cap\complement_E(B)$ est un voisinage de x dans E. Puisque $x\in\overline{\complement_E(A)}$, on a alors $V\cap\complement_E(B)\cap\complement_E(A)\neq\varnothing$. On conclut : $x\in\overline{A}\cap\overline{\complement_E(A)\cap\complement_E(B)}$. De même, $G=\overline{B}\cap\overline{\complement_E(A)}\cap\overline{\complement_E(B)}$, d'où

$$\begin{aligned}\mathrm{Fr}(A\cup B)&=\left(\overline{A}\cap\overline{\complement_E(A)}\cap\overline{\complement_E(B)}\right)\cup\left(\overline{B}\cap\overline{\complement_E(B)}\cap\overline{\complement_E(A)}\right)\\&=\left(\mathrm{Fr}(A)\cap\overline{\complement_E(B)}\right)\cup\left(\mathrm{Fr}(B)\cap\overline{\complement_E(A)}\right).\end{aligned}$$

Enfin : $\mathrm{Fr}(A)\subset\overline{A}\subset\complement_E(\overline{B})=\overset{\circ}{\widehat{\complement_E(B)}}\subset\overline{\complement_E(B)}$, d'où finalement : $\mathrm{Fr}(A\cup B)=\mathrm{Fr}(A)\cup\mathrm{Fr}(B)$.

1.1.32 • Soit $f\in A$. Puisque f est continue sur le segment $[0;1]$ et ne s'annule en aucun point, il existe $\varepsilon\in\mathbb{R}_+^*$ tel que $f\geqslant\varepsilon$ ou $f\leqslant-\varepsilon$. Supposons, par exemple $f\geqslant\varepsilon$. Alors $B\left(f;\frac{\varepsilon}{2}\right)\subset A$. Ceci montre que A est ouvert.

• Notons $B=\{g\in E;\ g\geqslant 0 \text{ ou } g\leqslant 0\}$, et montrons $\overline{A}=B$.

1) Soit $\varphi\in\overline{A}$, et supposons $\varphi\notin B$. Il existe alors $(x_1,x_2)\in[0;1]^2$ tel que $\varphi(x_1)<0$ et $\varphi(x_2)>0$. Notons $\varepsilon=\mathrm{Min}(-\varphi(x_1),\varphi(x_2))>0$; puisque $\varphi\in\overline{A}$, il existe $f\in A$ telle que $||\varphi-f||_\infty<\varepsilon$. On a alors $f(x_1)<\varphi(x_1)+\varepsilon\leqslant 0$ et $f(x_2)>\varphi(x_2)-\varepsilon\geqslant 0$, donc (théorème des valeurs intermédiaires), f s'annule en au moins un point de $[0;1]$, contradiction. Ceci montre que $\varphi\in B$.

2) Réciproquement, soit $g\in B$, par exemple $g\geqslant 0$. Pour chaque $\varepsilon>0$, considérons $f_\varepsilon=\mathrm{Sup}(g,\varepsilon)$.
On a :
- $f_\varepsilon\geqslant\varepsilon>0$, donc $f_\varepsilon\in A$
- $0\leqslant f_\varepsilon\leqslant g$, donc $0\leqslant g-f_\varepsilon$
- pour tout x de $[0;1]$, $\begin{cases} g(x)\geqslant\varepsilon\Longrightarrow f_\varepsilon(x)-g(x)=0\\ 0\leqslant g(x)\leqslant\varepsilon\Longrightarrow f_\varepsilon(x)-g(x)\leqslant\varepsilon.\end{cases}$

Ainsi : $f_\varepsilon\in A$ et $||g-f_\varepsilon||_\infty\leqslant\varepsilon$.
Ceci montre $g\in\overline{A}$.

◇ **Réponse :** $\overset{\circ}{A}=A$ et $\overline{A}=\{g\in E;\ g\geqslant 0 \text{ ou } g\leqslant 0\}$.

1.1.33 *1)* A est un sev de c_0 et $A\neq c_0$, donc $\overset{\circ}{A}=\varnothing$ (comme dans l'exercice 1.1.30 p. 321).

2) Soient $u=(u_n)_{n\in\mathbb{N}}\in c_0$ et $\varepsilon>0$. Il existe $N\in\mathbb{N}$ tel que : $\forall n\in\mathbb{N},\quad(n>N\Longrightarrow|u_n|<\varepsilon)$.

Considérons $v=(v_n)_{n\in\mathbb{N}}$ définie par : $v_n=\begin{cases}u_n & \text{si } n\leqslant N\\ 0 & \text{si } n>N\end{cases}$.

On a : $v\in A$ et $||v-u||_\infty=\underset{n>N}{\mathrm{Sup}}\,|u_n|\leqslant\varepsilon$.

Ceci montre : $\forall u\in c_0,\forall\varepsilon>0,\exists v\in A,\ ||v-u||_\infty\leqslant\varepsilon$, et donc $\overline{A}=c_0$.

3) $\mathrm{Fr}(A)=\overline{A}-\overset{\circ}{A}$.

◇ **Réponse :** $\overset{\circ}{A}=\varnothing$, $\overline{A}=c_0$, $\mathrm{Fr}(A)=c_0$.

1.1.34 (i) $\Longrightarrow$ (ii) :

Pour chaque a de A, il existe $V_a \in \mathcal{V}_E(a)$ et F_a fermé de E tels que $V_a \cap A = V_a \cap F_a$, puis il existe un ouvert Ω_a de E tel que : $a \in \Omega_a \subset V_a$. On a : $\Omega_a \cap A = V_a \cap A = V_a \cap F_a = \Omega_a \cap F_a$.

Notons $U = \bigcup_{a \in A} \Omega_a$, qui est un ouvert de E.

Notons, pour chaque a de A, $F'_a = F_a \cap \complement_E(\Omega_a)$ qui est fermé de E, et $F = \bigcap_{a \in A} F'_a$ qui est un fermé de E. Montrons maintenant $U \cap F = A$.

• $A \subset U$ car : $\forall a \in A, a \in \Omega_a \subset U$. Soient $a \in A, x \in A$.

Si $a \notin \complement_E(\Omega_x)$, alors $a \in \Omega_x$, donc $a \in \Omega_x \cap A = \Omega_x \cap F_x \subset F_x$.

Ceci montre : $\forall x \in A, a \in F'_x$, donc $a \in F$, et enfin $A \subset F$.

• Soit $z \in U \cap F$. Puisque $z \in U$, il existe $a \in A$ tel que $z \in \Omega_a$. Puis $z \in F \subset F'_a = F_a \cap \complement_E(\Omega_a)$, donc $z \in F_a$, et enfin $z \in \Omega_a \cap F_a = \Omega_a \cap A \subset A$. Ceci montre : $U \cap F \subset A$.

(ii) $\Longrightarrow$ (i)

Soit $a \in A$; Ω est un voisinage de a et $\Omega \cap A = \Omega \cap (\Omega \cap F) = \Omega \cap F$, donc $\Omega \cap A$ est fermé dans Ω.

1.1.35 *1)* Montrons d'abord : $d_A = d_{\overline{A}}$.

• $A \subset \overline{A}$, donc : $\forall x \in A, d(x,\overline{A}) \leqslant d(x,A)$.

• Soit $\varepsilon > 0$. Pour tout t de $\overline{A}$, il existe $a \in A$ tel que $d(t,a) < \varepsilon$, d'où

$$d(x,A) \leqslant d(x,a) \leqslant d(x,t) + d(t,a) \leqslant d(x,t) + \varepsilon;$$

puis, en passant à la borne inférieure lorsque t décrit $\overline{A}$: $d(x,A) \leqslant d(x,\overline{A}) + \varepsilon$.

Ainsi : $\forall \varepsilon > 0, d(x,A) \leqslant d(x,\overline{A}) + \varepsilon$, d'où $d(x,A) \leqslant d(x,\overline{A})$.

2) $\overline{A} = \overline{B} \Longrightarrow d_{\overline{A}} = d_{\overline{B}} \Longleftrightarrow d_A = d_B$.

3) Réciproquement, supposons $d_A = d_B$; on a, pour tout t de E :

$$t \in \overline{A} \Longleftrightarrow d(t,\overline{A}) = 0 \Longleftrightarrow d(t,\overline{B}) = 0 \Longleftrightarrow t \in \overline{B},$$

d'où $\overline{A} = \overline{B}$.

1.1.36 Soit $(a,b) \in A \times B$. On a, pour tout (x,y) de $A \times B$:

$$d(x,y) \leqslant d(x,a) + d(a,b) + d(b,y) \leqslant \operatorname{diam}(A) + d(a,b) + \operatorname{diam}(B),$$

ce qui montre que $A \cup B$ est borné et : $\operatorname{diam}(A \cup B) \leqslant \operatorname{diam}(A) + d(a,b) + \operatorname{diam}(B)$.

La relation voulue s'en déduit en passant aux bornes inférieures lorsque (a,b) décrit $A \times B$.

1.1.37 *1)* $A \times B \subset C \times D$, donc : $d(C,D) = \operatorname*{Inf}_{(x,y) \in C \times D} d(x,y) \leqslant \operatorname*{Inf}_{(x,y) \in A \times B} d(x,y) = d(A,B)$.

2) Soit $\varepsilon > 0$ fixé. Il existe $(c,d) \in C \times D$ tel que : $d(c,d) \leqslant d(C,D) + \dfrac{\varepsilon}{3}$.

Comme $(c,d) \in \overline{A} \times \overline{B}$, il existe $(a,b) \in A \times B$ tel que : $d(c,a) < \dfrac{\varepsilon}{3}$ et $d(d,b) < \dfrac{\varepsilon}{3}$. Alors :

$$d(A,B) \leqslant d(a,b) \leqslant d(a,c) + d(c,d) + d(d,b) < d(C,D) + \varepsilon.$$

Ainsi : $\forall \varepsilon > 0$, $d(A,B) < d(C,D) + \varepsilon$, d'où $d(A,B) \leqslant d(C,D)$.

1.2.1 *a)* • L'application $d_A : \begin{array}{l} E \longrightarrow \mathbb{R} \\ x \longmapsto d(x,A) \end{array}$ est continue, $V_\alpha(A) = d_A^{-1}(]\alpha; +\infty[)$ et $]\alpha; +\infty[$ est un ouvert de $\mathbb{R}$, donc $V_\alpha(A)$ est un ouvert de E.

• $\overline{A} = \{x \in E; d(x,A) = 0\} \subset V_\alpha(A)$

• $\bigcap_{\alpha>0} V_\alpha(A) = \{x \in E;\ \forall \alpha > 0,\ d(x,A) < \alpha\} = \{x \in E\ d(x,A) = 0\} = \overline{A}$.

b)

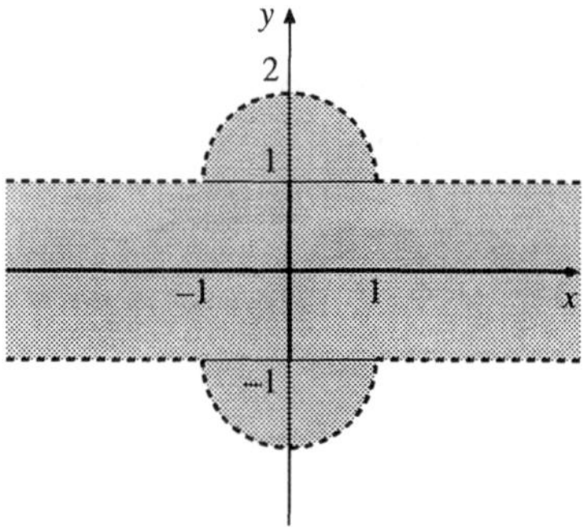

1.2.2 On peut supposer $A \neq \varnothing$ et $B \neq \varnothing$. En notant $f : \begin{array}{l} E \longrightarrow \mathbb{R} \\ x \longmapsto d(x,A) - d(x,B) \end{array}$, montrer que $U = \{x \in E;\ f(x) < 0\}$, $V = \{x \in E;\ f(x) > 0\}$ conviennent.

1.2.3 • Si f et g sont continues, alors la composée $\varphi : (x,y) \longmapsto (f(x),g(y)) \longmapsto f(x) + g(y)$ est continue.

• Si φ est continue, en fixant b dans B, la composée $f : \longmapsto (x,b) \longmapsto \varphi(x,b) - g(b)$ est continue.

1.2.4 Pour tout ouvert Ω de F :

$$f^{-1}(\Omega) = f^{-1}(\Omega) \cap \bigcup_{i\in I} U_i = \bigcup_{i\in I}(f^{-1}(\Omega) \cap U_i) = \bigcup_{i\in I} \left(f|_{U_i}\right)^{-1}(\Omega),$$

qui est une réunion d'ouverts de E.

1.2.5 *1)* Il est clair que E_-, E_+, C sont des sev de E.

2) Soit $(f,g,h) \in E_- \times E_+ \times C$ tel que $f + g + h = 0$.

En particulier $f(0) + g(0) + h(0) = 0$, d'où $h(0) = 0$, et donc $h = 0$.

Puis : $\forall x \in \mathbb{R}_-,\quad 0 = f(x) + g(x) = g(x)$, d'où $g = 0,\ f = 0$.

3) Pour tout $\varphi \in E$, considérer $f,g,h : \mathbb{R} \longrightarrow \mathbb{R}$ définies par :

$$h = \varphi(0)\mathbf{1},\quad f(x) = \begin{cases} \varphi(x) - \varphi(0) & \text{si } x \leqslant 0 \\ 0 & \text{si } x > 0 \end{cases},\quad g(x) = \begin{cases} 0 & \text{si } x \leqslant 0 \\ \varphi(x) - \varphi(0) & \text{si } x > 0 \end{cases}$$

et vérifier : $(f,g,h) \in E_- \times E_+ \times C$ et $f + g + h = \varphi$.

4) Notons, pour tout x de $\mathbb{R}$, $A_x : \begin{array}{l} E \longrightarrow \mathbb{R} \\ f \longmapsto f(x) \end{array}$.

L'application A_x est continue car : $\forall (f,g) \in E^2,\quad |A_x(f) - A_x(g)| = |f(x) - g(x)| \leqslant ||f - g||_\infty$.

Donc, pour tout x de $\mathbb{R}$, $A_x^{-1}(\{0\})$ est fermé; enfin $E_- = \bigcap_{x\in\mathbb{R}_-} A_x^{-1}(\{0\})$ et $E_+ = \bigcap_{x\in\mathbb{R}_+} A_x^{-1}(\{0\})$ sont fermés.

5) C est fermé car tout sev de dimension 1 est fermé.

1.2.6 *a)* Soient Ω un ouvert de E et $t \in \varphi(\Omega)$; il existe $x \in E$ tel que $t = d(a,x)$. Considérons la demi-droite $[a; x \longrightarrow [$ définie par :

$$[a; x \longrightarrow [= \{\lambda a + (1-\lambda)x;\ \lambda \in \mathbb{R}_+\}.$$

Puisque Ω est ouvert, il existe $r \in \mathbb{R}_+^*$ tel que $B(x; r) \subset \Omega$ et $r < d(a,x)$. On a :

$$\begin{aligned}\varphi(\Omega) &\supset \varphi(B(x;r)) \supset \varphi([a; x \longrightarrow [\ \cap B(x;r)) \\ &=]d(a,x) - r;\ d(a,x) + r[\ \cap \mathbb{R}_+.\end{aligned}$$

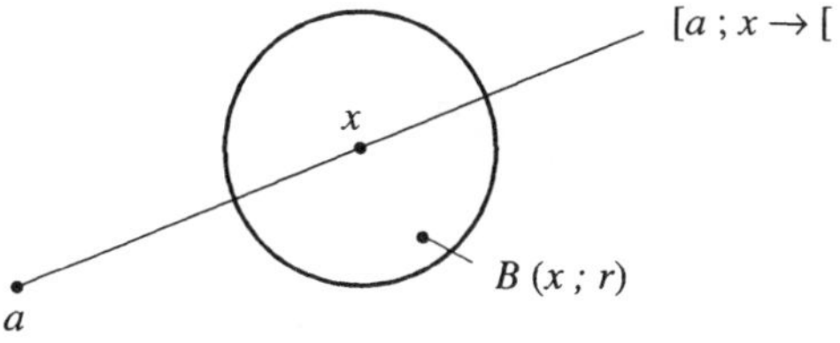

Ainsi $\varphi(\Omega)$ est voisinage de chacun de ses points dans $\mathbb{R}_+$, donc est ouvert.

b) Cf. exercice 1.1.22 p. 26.

c) Soit Ω un ouvert de Z. Puisque $g \circ f$ est continue, $f^{-1}(g^{-1}(\Omega)) = (g \circ f)^{-1}(\Omega)$ est un ouvert de X. Comme f est surjective et ouverte, $g^{-1}(\Omega) = f(f^{-1}(g^{-1}(\Omega)))$ est un ouvert de Y.

Ceci montre que g est continue.

1.2.7 *a)* • Les propriétés $\|\lambda f\| = |\lambda|\,\|f\|$, $\|f + g\| \leqslant \|f\| + \|g\|$, $\|f\| = 0 \Longleftrightarrow f = 0$ sont immédiates.

• En considérant, pour tout n de $\mathbb{N}^*$, $f_n : [0; 1] \longrightarrow \mathbb{R}$,

$$x \longmapsto \begin{cases} \dfrac{1}{n} - nx & \text{si } 0 \leqslant x \leqslant \dfrac{1}{n^2} \\ 0 & \text{si } \dfrac{1}{n^2} < x \leqslant 1 \end{cases}$$

montrer $\dfrac{\|f_n\|}{\|f_n\|_\infty} \underset{n\infty}{\longrightarrow} +\infty$, d'où $\|.\| \not\sim \|.\|_\infty$.

b) • N est une norme sur E_1 (cf. exercice 1.1.19 p. 23).

• *1)* Pour tout (x,y) de $[0;1]^2$ tel que $x \neq y$, il existe $c \in]x;y[$ (ou $]y;x[$) tel que $\dfrac{f(x)-f(y)}{x-y} = f'(c)$ (théorème des accroissements finis), d'où

$$\operatorname*{Sup}_{\substack{(x,y)\in[0;1]^2\\ x\neq y}} \left|\frac{f(x)-f(y)}{x-y}\right| \leqslant \operatorname*{Sup}_{t\in[0;1]} |f'(t)|.$$

2) Pour tout t de $[0;1]$:

$$|f'(t)| = \lim_{\substack{u\longrightarrow t\\ u\neq t}} \left|\frac{f(u)-f(t)}{u-t}\right| \leqslant \operatorname*{Sup}_{\substack{(x,y)\in[0;1]^2\\ x\neq y}} \left|\frac{f(x)-f(y)}{x-y}\right|,$$

d'où :
$$\operatorname*{Sup}_{t\in[0;1]} |f'(t)| \leqslant \operatorname*{Sup}_{\substack{(x,y)\in[0,1]^2\\ x\neq y}} \left|\frac{f(x)-f(y)}{x-y}\right|.$$

Finalement :
$$\forall f \in E_1, \quad ||f|| = N(f).$$

1.2.8 Considérons $\varphi : \begin{array}{l} \mathrm{B}(X,F) \longrightarrow \mathbb{R} \\ f \longmapsto \omega(f,a) \end{array}$; on a donc $\{f \in \mathrm{B}(X,F);\ \ \omega(f,a) \leqslant \varepsilon\} = \varphi^{-1}([0;\varepsilon])$, et $[0;\varepsilon]$ est un fermé de $\mathbb{R}$. Il suffit donc de montrer que φ est continue; nous allons montrer que φ est lipschitzienne.

Soient $V \in \mathcal{V}_X(a)$, $f,g \in \mathrm{B}(X,F)$. On a, pour tout (x,y) de V^2 :

$$\begin{aligned} ||f(x)-f(y)|| &\leqslant ||f(x)-g(x)|| + ||g(x)-g(y)|| + ||g(y)-f(y)|| \\ &\leqslant 2||f-g||_\infty + \operatorname{diam}(g(V)), \end{aligned}$$

d'où, en passant à la borne supérieure lorsque (x,y) décrit V^2 :

$$\operatorname{diam}(f(V)) \leqslant 2||f-g||_\infty + \operatorname{diam}(g(V)).$$

En passant aux bornes inférieures lorsque V décrit $\mathcal{V}_X(a)$, on déduit :

$$\omega(f,a) \leqslant 2||f-g||_\infty + \omega(g,a).$$

Les rôles symétriques de f,g permettent de conclure :

$$|\omega(f,a) - \omega(g,a)| \leqslant 2||f-g||_\infty.$$

Ainsi, φ est 2-lipschitzienne, donc continue.

1.2.9 ◇ **Réponse :** $E = \mathbb{R}$, $A =]0;+\infty[$, $B = \mathbb{R}$.

1.2.10

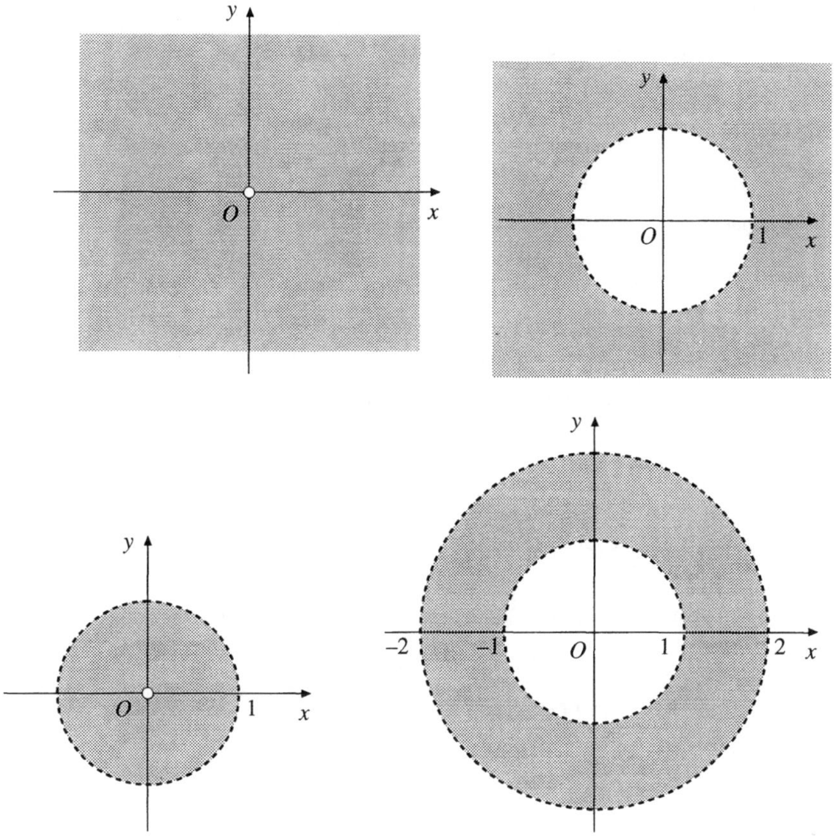

Vérifier que les applications suivantes :
$$\begin{array}{ccc} E_1 \longrightarrow E_2 & E_2 \longrightarrow E_3, & E_3 \longrightarrow E_4 \\ z \longmapsto \left(1+\dfrac{1}{|z|}\right)z & z \longmapsto \dfrac{1}{z} & z \longmapsto \left(1+\dfrac{1}{|z|}\right)z \end{array}$$

sont des bijections, de réciproques respectives :
$$\begin{array}{ccc} E_2 \longrightarrow E_1, & E_3 \longrightarrow E_2, & E_4 \longrightarrow E_3, \\ \left(1-\dfrac{1}{|u|}\right)u & u \longmapsto \dfrac{1}{u} & \left(1-\dfrac{1}{|u|}\right)u \end{array}$$

et que ces six applications sont continues.

1.2.11 • Soit $f : \mathbb{C} \longrightarrow \mathbb{C}$ un automorphisme de corps continu.

1) Montrons : $\forall (\lambda, z) \in \mathbb{R} \times \mathbb{C},\ f(\lambda z) = \lambda f(z)$.

- Par récurrence sur n : $\forall z \in \mathbb{C},\ \forall n \in \mathbb{N},\quad f(nz) = nf(z)$.
- $\forall z \in \mathbb{C}, \forall n \in \mathbb{Z}_-,\quad f(nz) = f(-(-n)z) = -f((-n)z) = -(-n)f(z) = nf(z)$
- $\forall z \in \mathbb{C}, \forall (p,q) \in \mathbb{Z} \times \mathbb{N}^*,\quad qf\left(\dfrac{p}{q}z\right) = f\left(q\dfrac{p}{q}z\right) = f(pz) = pf(z)$,

d'où : $\forall z \in \mathbb{C}, \forall r \in \mathbb{Q},\quad f(rz) = rf(z)$.

• Soit $(x,z) \in \mathbb{R} \times \mathbb{C}$; il existe une suite $(r_n)_{n\in\mathbb{N}}$ de rationnels telle que : $r_n \underset{n\infty}{\longrightarrow} x$.

Comme f est continue, on déduit $f(r_n z) \underset{n\infty}{\longrightarrow} f(xz)$.

Mais aussi : $f(r_n z) = r_n f(z) \underset{n\infty}{\longrightarrow} xf(z)$, d'où $f(xz) = xf(z)$.

2) $(f(\mathrm{i}))^2 = f(\mathrm{i})^2 = f(-1) = -f(1) = -1$, d'où $f(\mathrm{i}) \in \{-\mathrm{i},\mathrm{i}\}$.

Notons $f(\mathrm{i}) = \varepsilon \mathrm{i}$, $\varepsilon = -1$ ou 1, fixé.

3) $\forall (x,y) \in \mathbb{R}^2$, $f(x+\mathrm{i}y) = f(x) + f(\mathrm{i})f(y) = x + \varepsilon \mathrm{i} y$.

• Vérifier que les applications trouvées ci-dessus conviennent.

1.2.12 *1)* Soit $\varphi \in E$ telle que $\varphi \geqslant 0$; on a : $\sqrt{\varphi} \in E$ et $F(\varphi) = F\left((\sqrt{\varphi})^2\right) = \left(F(\sqrt{\varphi})\right)^2 \geqslant 0$.

Ceci montre : $\forall \varphi \in E$, $(\varphi \geqslant 0 \Longrightarrow F(\varphi) \geqslant 0)$.

2) Soit $(\varphi,\psi) \in E^2$ tel que $\varphi \leqslant \psi$; on a : $F(\psi) - F(\varphi) = F(\psi - \varphi) \geqslant 0$ car $\psi - \varphi \geqslant 0$ (cf. *1)*).

Ceci montre que F est croissante, c'est-à-dire : $\forall (\varphi,\psi) \in E^2$, $(\varphi \leqslant \psi \Longrightarrow F(\varphi) \leqslant F(\psi))$.

3) Soit $f \in E$; comme $-|f| \leqslant f \leqslant |f|$ et que F est croissante, on a $-F(|f|) \leqslant F(f) \leqslant F(|f|)$, donc $|F(f)| \leqslant F(|f|)$.

Puis, comme $|f| \leqslant ||f||_\infty \mathbf{1}$, on obtient $F(|f|) \leqslant F(||f||_\infty \mathbf{1}) = ||f||_\infty F(\mathbf{1}) = ||f||_\infty$. Ceci montre : $||F(f)||_\infty \leqslant ||f||_\infty$.

4) Comme F^{-1} existe et est un isomorphisme de la $\mathbb{R}$-algèbre E, on a aussi :

$$\forall g \in E \quad ||F^{-1}(g)||_\infty \leqslant ||g||_\infty,$$

d'où : $\forall f \in E$, $||f||_\infty \leqslant ||F(f)||_\infty$.

Finalement : $\forall f \in E$, $||F(f)||_\infty = ||f||_\infty$.

1.2.13 $||f_1 \circ f_2 \circ \ldots \circ f_{2n}|| \leqslant ||f_1|| \, ||f_2 \circ f_3|| \ldots ||f_{2n-2} \circ f_{2n-1}|| \, ||f_{2n}||$ et $||f_1 \circ f_2 \circ \ldots \circ f_{2n}|| \leqslant ||f_1 \circ f_2|| \, ||f_3 \circ f_4|| \ldots ||f_{2n-1} \circ f_{2n}||$.

Conclure en multipliant.

1.2.14 *a) 1)* Supposons φ continue; alors $\mathrm{Ker}(\varphi) = \varphi^{-1}(\{0\})$ est fermé car $\{0\}$ est fermé.

2) Supposons $\mathrm{Ker}(\varphi)$ fermé et $\varphi \neq 0$. Il existe $x_0 \in E$ tel que $\varphi(x_0) = 1$; puisque $\mathrm{Ker}(\varphi)$ est fermé et $x_0 \notin \mathrm{Ker}\varphi$, on a : $d(x_0,\mathrm{Ker}(\varphi)) > 0$. Notons $r = d(x_0,\mathrm{Ker}(\varphi))$.

Soit $x \in B'\left(0; \dfrac{r}{2}\right)$; Montrons $|\varphi(x)| \leqslant 1$.

A cet effet , raisonnons par l'absurde : supposons $|\varphi(x)| > 1$. Notons $\alpha = |\varphi(x)|$.

On a : $\left|\left|\dfrac{1}{\alpha}x\right|\right| = \dfrac{1}{|\alpha|}||x|| \leqslant ||x|| \leqslant \dfrac{r}{2}$ et $\dfrac{1}{\alpha}x - x_0 \in \mathrm{Ker}(\varphi)$,

d'où $d(x_0,\mathrm{Ker}(\varphi)) \leqslant \left|\left|\dfrac{1}{\alpha}x\right|\right| \leqslant \dfrac{r}{2}$, contradiction. Ainsi : $|\varphi(x)| \leqslant 1$.

Enfin, pour tout x de $E - \{0\}$: $|\varphi(x)| = \dfrac{||x||}{r}\left|\varphi\left(\dfrac{r}{||x||}x\right)\right| \leqslant \dfrac{||x||}{r}$,

ce qui prouve la continuité de φ.

b) Remarquer que $\overline{\mathrm{Ker}(\varphi)}$, est un sev de E contenant l'hyperplan $\mathrm{Ker}(\varphi)$, donc $\overline{\mathrm{Ker}(\varphi)} = \mathrm{Ker}(\varphi)$ ou $\overline{\mathrm{Ker}(\varphi)} = E$.

1.2.15 *1)* Il est clair que θ est linéaire. De plus :

$$\forall (x,y) \in H \times D, \quad ||\theta(x,y)||_E = ||x+y||_E \leqslant ||x||_E + ||y||_E = ||x||_H + ||y||_D = ||(x,y)||_{H\times D},$$

en prenant dans $H \times D$ la norme définie par la dernière égalité ci-dessus.

2) Puisque H est un hyperplan, il existe $\varphi \in E^* - \{0\}$ telle que $H = \mathrm{Ker}(\varphi)$. De plus, d'après l'exercice 1.2.14 p. 55, φ est continue.

Il existe $d \in D$ tel que $\varphi(d) \neq 0$ (tout élément d de $D - \{0\}$ convient ici) et on peut exprimer la réciproque de θ (θ est bijective) :

$$\theta^{-1} : \begin{array}{rcl} E & \longrightarrow & H \times D \\ z & \longmapsto & \left(z - \dfrac{\varphi(z)}{\varphi(d)}d, \dfrac{\varphi(z)}{\varphi(d)}d\right) \end{array},$$

qui est aussi continue, puisque φ l'est.

1.2.16 *a)* α) $\mathrm{Ker}(f) = f^{-1}(\{0\})$ est l'image réciproque du fermé $\{0\}$ de F par l'application continue f.

β) • Il se peut que $\mathrm{Im}(f)$ soit fermé; exemple : $f : \begin{array}{rcl} E & \longrightarrow & F \\ x & \longmapsto & 0 \end{array}$.

• Il se peut que $\mathrm{Im}(f)$ ne soit pas fermé, exemple : $A = (C([0;1],\mathbb{R}), ||.||_1)$, $E = \{f \in A;\ f(0) = 0\}$, qui est un hyperplan non fermé de A (montrer que $\varphi : \begin{array}{rcl} A & \longrightarrow & \mathbb{R} \\ f & \longmapsto & f(0) \end{array}$ n'est pas continue sur A), $F = A$, $f : \begin{array}{rcl} E & \longrightarrow & F \\ u & \longmapsto & u \end{array}$.

b) • $\mathrm{Ker}(p)$ est fermé d'après *a)* α).

• $\mathrm{Im}(p) = \mathrm{Ker}(\mathrm{Id}_E - p)$ est fermé d'après *a)* α) appliqué à $\mathrm{Id}_E - p$.

1.2.17 (i) $\Longrightarrow$ (ii) :

On suppose qu'il existe $a \in E$ tel que : $||a|| = 1$ et $|||\varphi||| = |\varphi(a)|$.

Puisque H est un hyperplan et que $a \notin H$ (si $a \in H$, alors $|||\varphi||| = |\varphi(a)| = 0, \varphi = 0$, contradiction), il existe $(\lambda, h) \in \mathbb{K} \times H$ tel que : $x = \lambda a + h$.

On a : $\forall k \in H, \quad \begin{cases} |\varphi(x-k)| \leqslant |||\varphi|||\, ||x-k|| \\ |\varphi(x-k)| = |\varphi(x)| = |\lambda|\,|\varphi(a)| = |\lambda|\,|||\varphi|||, \end{cases}$

d'où : $\forall k \in H, \quad ||x-k|| \geqslant |\lambda|$. Mais $||x-h|| = ||\lambda a|| = |\lambda|\,||a|| = |\lambda|$.

Ainsi : $\forall k \in H, \quad ||x-k|| \geqslant ||x-h||$, c'est-à-dire : $d(x,H) \geqslant ||x-h||$,

et finalement : $d(x,H) = ||x-h||$, puisque $h \in H$.

(ii) $\Longrightarrow$ (iii) : évident, car $E - H \neq \varnothing$.

(iii) $\Longrightarrow$ (i) :

On suppose qu'il existe $x \in E - H$ et $h \in H$ tels que : $d(x,H) = ||x-h||$. Notons $b = x - h$.

Soit $u \in E - H$. On a : $\dfrac{\varphi(b)}{\varphi(u)}u - x \in H$, car $\varphi\left(\dfrac{\varphi(b)}{\varphi(u)}u - x\right) = \varphi(b) - \varphi(x) = -\varphi(h) = 0$,

d'où : $||b|| = ||x-h|| = d(x,H) \leqslant \left|\left|\dfrac{\varphi(b)}{\varphi(u)}u\right|\right| = \dfrac{|\varphi(b)|}{|\varphi(u)|}||u||$.

Ceci montre : $\forall u \in E, \quad |\varphi(u)| \leqslant \dfrac{|\varphi(b)|}{||b||}||u||$, et donc $|||\varphi||| \leqslant \dfrac{|\varphi(b)|}{||b||}$, puis $|||\varphi||| = \dfrac{|\varphi(b)|}{||b||}$.

En notant $a = \dfrac{b}{||b||}$, on conclut : $||a|| = 1$ et $|||\varphi||| = |\varphi(a)|$.

1.2.18 $Z_P = F^{-1}(\{0\})$, où $F : \begin{array}{l}\mathcal{LC}(E) \longrightarrow \mathcal{LC}(E)\\ f \longmapsto P(f)\end{array}$, qui est continue.

1.2.19 • Remarquer d'abord : $\forall f \in E, \quad f\varphi \in E.$

• La linéarité de T_φ est immédiate.

• $\forall f \in E, \quad ||T_\varphi(f)||_\infty = ||f\varphi||_\infty \leqslant ||f||_\infty ||\varphi||_\infty$,
ce qui montre la continuité de T_φ, et $|||T_\varphi||| \leqslant ||\varphi||_\infty$.

• $||T_\varphi(\mathbf{1})||_\infty = ||\varphi||_\infty$ et $||\mathbf{1}||_\infty = 1$.

◇ **Réponse :** $|||T_\varphi||| = ||\varphi||_\infty$.

1.2.20 • Remarquer d'abord que, pour toute f de E, l'application $\begin{array}{l}[0;1] \longrightarrow \mathbb{R}\\ x \longmapsto \int_0^x f\end{array}$ est continue, donc appartient à E.

• La linéarité de T est immédiate.

• $\forall f \in E, \forall x \in [0;1], \quad |(T(f)(x)| = \left|\int_0^x f\right| \leqslant \int_0^x |f| \leqslant x||f||_\infty \leqslant ||f||_\infty$,
d'où : $\quad \forall f \in E, \quad ||T(f)||_\infty \leqslant ||f||_\infty$.
Ceci montre la continuité de T, et : $|||T||| \leqslant 1$.

• $||T(\mathbf{1})||_\infty = \operatorname{Sup}_{x\in[0;1]} \left|\int_0^x \mathbf{1}\right| = 1$ et $||\mathbf{1}||_\infty = 1$.

◇ **Réponse :** $|||T||| = 1$.

1.2.21 *a)* Les propriétés $N(\lambda P) = |\lambda| N(P), \quad N(P+Q) \leqslant N(P) + N(Q)$, $N(P) = 0 \Longleftrightarrow P = 0$ sont immédiates.

b) $N(\mathrm{X}^k) = 1$ et $N(T(\mathrm{X}^k)) = N(k\mathrm{X}^{k-1}) = k$, d'où $\dfrac{N(T(\mathrm{X}^k))}{N(\mathrm{X}^k)} \underset{k\infty}{\longrightarrow} +\infty$.

◇ **Réponse :** T n'est pas continue.

1.2.22 • $\mathbf{GL}_n(\mathbb{K}) = \det^{-1}(\mathbb{K} - \{0\})$; $\mathbb{K} - \{0\}$ est un ouvert de $\mathbf{M}_n(\mathbb{K})$ et det est continue, donc $\mathbf{GL}_n(\mathbb{K})$ est ouvert dans $\mathbf{M}_n(\mathbb{K})$.

• Soient $A \in \mathbf{M}_n(\mathbb{K})$ et $\varepsilon > 0$. L'application polynomiale $\chi_A : t \longmapsto \det(A - t\mathrm{I}_n)$ n'admet qu'un nombre fini ($\leqslant n$) de zéros dans $\mathbb{K}$.

Il existe donc $t \in]0; \varepsilon[$ tel que $\chi_A(t) \neq 0$, c'est-à-dire $A - t\mathrm{I}_n \in \mathbf{GL}_n(\mathbb{K})$.

Ceci prouve :

$$\forall \varepsilon > 0, \ \exists B \in \mathbf{GL}_n(\mathbb{K}), \quad ||A - B|| < \varepsilon,$$

où $B = A - t\mathrm{I}_n$ et $||.||$ est, par exemple, $\dfrac{1}{n}||.||_\infty$.

Finalement : $\mathbf{GL}_n(\mathbb{K})$ est dense dans $\mathbf{M}_n(\mathbb{K})$.

1.2.23 • $\mathbf{SL}_n(\mathbb{K}) = \det^{-1}(\{1\})$ est fermé car $\{1\}$ est fermé et $\det : \mathbf{M}_n(\mathbb{K}) \longrightarrow \mathbb{K}$ est continue.

• Soient $A \in \mathbf{SL}_n(\mathbb{K})$ et $\varepsilon \in \mathbb{R}_+^*$.

L'application $\begin{array}{l}\mathbb{K} \longrightarrow \mathbb{K} \\ t \longmapsto \det(A + t\mathrm{I}_n)\end{array}$ est polynomiale de degré n, donc prend un nombre fini de fois la valeur 1. Il existe donc $\alpha > 0$ tel que : $\begin{cases} 0 < \alpha < \varepsilon \\ \forall t \in]0; \alpha[, \det(A + t\mathrm{I}_n) \neq 1. \end{cases}$

Ceci montre : $B(A; \alpha) \not\subset \mathbf{SL}_n(\mathbb{K})$, et finalement $(\mathbf{SL}_n(\mathbb{K}))^\circ = \varnothing$.

◇ **Réponse :** $\overline{\mathbf{SL}_n(\mathbb{K})} = \mathbf{SL}_n(\mathbb{K})$, $\quad (\mathbf{SL}_n(\mathbb{K}))^\circ = \varnothing$, $\quad \mathrm{Fr}(\mathbf{SL}_n(\mathbb{K})) = \mathbf{SL}_n(\mathbb{K})$.

1.2.24 On munit ici $\mathbf{M}_n(\mathbb{K})$ de la norme $||.||$ définie par : $\quad ||(a_{ij})_{ij}|| = \sqrt{n} \underset{1 \leqslant i,j \leqslant n}{\mathrm{Max}} |a_{ij}|$,

qui est une norme multiplicative, c'est-à-dire telle que : $\forall (A,B) \in (\mathbf{M}_n(\mathbb{K}))^2, \quad ||AB|| \leqslant ||A||\,||B||$.

Remarquer d'abord $F \subset E$.

a) • Soient $M \in \mathbf{M}_n(\mathbb{C})$, $\varepsilon > 0$. On sait que M est trigonalisable, c'est-à-dire qu'il existe $P \in \mathbf{GL}_n(\mathbb{C})$, $T \in \mathbf{T}_{n,s}(\mathbb{C})$ telles que $M = PTP^{-1}$.

Notons $\lambda_1, \ldots, \lambda_n$ les éléments de la diagonale de T. Il est clair qu'il existe $(\mu_1, \ldots, \mu_n) \subset \mathbb{C}^n$ tel que : $\begin{cases} \forall i \in \{1, \ldots, n\}, \quad |\lambda_i - \mu_i| < \dfrac{\varepsilon}{||P||\,||P^{-1}||} \\ \forall (i,j) \in \{1, \ldots, n\}^2, \quad (i \neq j \Longrightarrow \mu_i \neq \mu_j). \end{cases}$

Notons T_1 la matrice triangulaire supérieure dont les éléments diagonaux sont $\mu_1, \ldots, \mu_n$ et dont les autres éléments sont les mêmes que pour T, et notons $M_1 = PT_1P^{-1}$. Alors :

$$||M - M_1|| = ||P(T - T_1)P^{-1}|| \leqslant ||P||\,||T - T_1||\,||P^{-1}||$$

et $\quad ||T - T_1|| = \underset{i \in \{1, \ldots, n\}}{\mathrm{Sup}} |\lambda_i - \mu_i| < \dfrac{\varepsilon}{||P||\,||P^{-1}||}$. D'où $\quad ||M - M_1|| < \varepsilon$.

Enfin $M_1 \in F$, puisque le polynôme caractéristique χ_{M_1} de M_1 est scindé et à zéros tous simples :

$$\forall \lambda \in \mathbb{C}, \quad \chi_{M_1}(\lambda) = \chi_{T_1}(\lambda) = \prod_{i=1}^{n} (\mu_i - \lambda).$$

Ceci prouve : $\quad \forall M \in \mathbf{M}_n(\mathbb{C}), \quad \forall \varepsilon > 0, \quad \exists M_1 \in F, \quad ||M - M_1|| < \varepsilon$,

et donc $\overline{F} = \mathbf{M}_n(\mathbb{C})$.

• Puisque $F \subset E \subset \mathbf{M}_n(\mathbb{C})$, on a alors $\overline{E} = \mathbf{M}_n(\mathbb{C})$.

b) Considérons $M = \begin{pmatrix} 0 & -1 \\ 1 & 0 \end{pmatrix} \in \mathbf{M}_2(\mathbb{R})$; nous allons montrer qu'il existe $\varepsilon > 0$ tel que :

$$\forall A \in \mathbf{M}_2(\mathbb{R}), \quad (||A - M|| < \varepsilon \Longrightarrow A \notin E).$$

En effet, en notant $\begin{pmatrix} a & b \\ c & d \end{pmatrix} = A - M$, on a :

$$\forall \lambda \in \mathbb{C}, \quad \chi_A(\lambda) = \begin{vmatrix} a - \lambda & +1 + b \\ -1 + c & d - \lambda \end{vmatrix} = \lambda^2 - (a + d)\lambda + (ad + (1 + b)(1 - c)),$$

de discriminant $\Delta = (a + d)^2 - 4(ad + (1 + b)(1 - c)) = (a - d)^2 - 4(1 + b)(1 - c)$.

Si $||A - M|| < \dfrac{1}{2}$, alors $|a|, |b|, |c|, |d|$ sont $\leqslant \dfrac{1}{2\sqrt{2}}$, donc $\Delta \leqslant \dfrac{1}{2} - 4\left(1 - \dfrac{1}{2\sqrt{2}}\right)^2 < 0$, et ainsi A n'est pas diagonalisable dans $\mathbf{M}_2(\mathbb{R})$.

◇ **Réponse :** $\overline{E} \neq \mathbf{M}_2(\mathbb{R})$.

1.2.25 On munit ici $\mathbf{M}_n(\mathbb{K})$ de la norme définie par :

$$||(a_{ij})_{ij}|| = \underset{1\leqslant i,j\leqslant n}{\text{Max}} |a_{ij}|.$$

a) 1) Soit $A \in \Omega_p$; il existe une matrice carrée A_1 extraite de A , d'ordre p, inversible.

Puisque $\mathbf{GL}_p(\mathbb{K})$ est ouvert dans $\mathbf{M}_p(\mathbb{K})$ (cf. exercice 1.2.22 p. 56), il existe $\varepsilon > 0$ tel que :

$$\forall B_1 \in \mathbf{M}_p(\mathbb{K}), \quad (||A_1 - B_1|| < \varepsilon \Longrightarrow B_1 \in \mathbf{GL}_p(\mathbb{K})).$$

(où on note $||.||$ la norme sur $\mathbf{M}_p(\mathbb{K})$ définie de façon analogue à $||.||$ dans $\mathbf{M}_n(\mathbb{K})$).

Soit $B \in \mathbf{M}_n(\mathbb{K})$ telle que $||A - B|| < \varepsilon$; en notant B_1 la matrice carrée d'ordre p extraite de B aux mêmes places que A_1, on a :

$$||A_1 - B_1|| \leqslant ||A - B|| < \varepsilon,$$

donc $B_1 \in \mathbf{GL}_p(\mathbb{K})$, et donc $\text{rg}(B) \geqslant p$, $B \in \Omega_p$.

Ceci prouve : $\forall A \in \Omega_p,\ \exists \varepsilon > 0,\ \forall B \in \mathbf{M}_n(\mathbb{K}),\quad (||A - B|| < \varepsilon \Longrightarrow B \in \Omega_p)$,

c'est-à-dire que Ω_p est un ouvert de $\mathbf{M}_n(\mathbb{K})$.

2) $\mathbf{GL}_n(\mathbb{K}) \subset \Omega_p \subset \mathbf{M}_n(\mathbb{K})$ et $\mathbf{GL}_n(\mathbb{K})$ est dense dans $\mathbf{M}_n(\mathbb{K})$, d'où $\overline{\Omega_p} = \mathbf{M}_n(\mathbb{K})$.

b) • $V_0 = \{0\}$ est fermé non ouvert.

• $V_n = \mathbf{GL}_n(\mathbb{K})$ est ouvert non fermé.

• Soit $p \in \{1, \ldots, n-1\}$ (donc $n \geqslant 2$).

Si V_p était ouvert, comme $\mathbf{GL}_n(\mathbb{K})$ est dense dans $\mathbf{M}_n(\mathbb{K})$, on aurait $V_p \cap \mathbf{GL}_n(\mathbb{K}) \neq \varnothing$, contradiction (car $p \neq n$).

D'autre part, la suite $(A_k)_{k\in\mathbb{N}^*}$ définie par $A_k = \begin{pmatrix} \frac{1}{k}\mathrm{I}_p & 0 \\ 0 & 0 \end{pmatrix}$, est formée d'éléments de V_p et converge vers 0 qui n'est pas dans V_p, ce qui montre que V_p n'est pas fermé.

• Pour tout p de $\{0, \ldots, n\}$, notons $F_p = \{A \in \mathbf{M}_n(\mathbb{K}); \text{rg}(A) \leqslant p\}$.

Puisque le rang d'une matrice M est égal à l'ordre maximum des sous-matrices carrées extraites de M et inversibles, F_p est l'image réciproque de $\{(0, \ldots, 0)\}$ par l'application continue qui, à toute matrice M de $\mathbf{M}_n(\mathbb{K})$, associe la liste des déterminants de matrices carrées extraites de M et d'ordre $\geqslant p+1$.

Ceci montre que F_p est fermé.

Enfin : $V_p = \Omega_p \cap F_p$.

◇ **Réponse :** : $\begin{cases} V_p \text{ ouvert} \Longleftrightarrow p = n \\ V_p \text{ fermé} \Longleftrightarrow p = 0 \end{cases}$.

1.3.1 L'application $f : \begin{array}{rcl} E & \longrightarrow & \mathbb{R} \\ x & \longmapsto & d(x, B) \end{array}$ est continue sur le compact A, donc est bornée et atteint ses bornes. Il existe donc $a \in A$ tel que $d(A, B) = d(a, B)$. Puisque $A \cap \overline{B} = \varnothing$, on a $a \notin \overline{B}$, d'où $d(a, B) > 0$ (cf. 1.1.8 Proposition p. 28).

1.3.2 Puisque $A \times B$ est compact, $\complement_{E\times F}(W)$ fermé, et $(A \times B) \cap \complement_{E\times F}(W) = \varnothing$, d'après l'exercice 1.3.1, on a : $d_1\Big(A \times B, \complement_{E\times F}(W)\Big) > 0$

(où d_1 est la distance sur $E \times F$ définie par $d_1((x,y),(x',y')) = d_E(x,x') + d_F(y,y')$).

Notons $\alpha = d_1(A \times B, \complement_{E\times F}(W))$, $U = \{x \in E; d(x, A) < \frac{\alpha}{2}\}$, $V = \{y \in F, d(y, B) < \frac{\alpha}{2}\}$;

il est clair que U, V sont ouverts (cf. exercice 1.2.1 p. 45) et $A \subset U, B \subset V$.

Soit $(x,y) \in U \times V$; supposons $(x,y) \notin W$. Alors :

$$\forall (a,b) \in A \times B,\ d_E(a,x) + d_F(b,y) = d_1((a,b),(x,y)) \geqslant \alpha,$$

d'où, en passant aux bornes inférieures lorsque a décrit A et b décrit B : $d(x,A) + d(y,B) \geqslant \alpha$, en contradiction avec $d(x,A) < \dfrac{\alpha}{2}$ et $d(y,B) < \dfrac{\alpha}{2}$.

1.3.3 Soit $x \in A$; puisque $E \neq \{0\}$, il existe $u \in E$ tel que $u \neq 0$. Considérons

$$K = \{t \in \mathbb{R}_+ ;\quad [x; x + tu] \subset A\}.$$

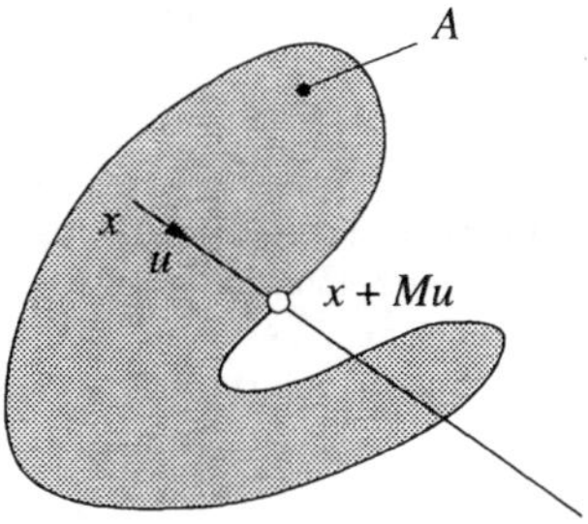

- $K \subset \mathbb{R}_+$ et $0 \in K$
- K est borné, car A est borné et $u \neq 0$
- K est fermé. En effet, soit $(t_n)_{n \in \mathbb{N}}$ une suite dans K convergeant vers un élément t de $\mathbb{R}$. La suite $(t_n)_{n \in \mathbb{N}}$ est bornée ; notons $T = \operatorname{Sup}_{n \in \mathbb{N}} t_n$. Comme $(\forall n \in \mathbb{N},\quad [x; x + t_n u] \subset A)$, on obtient $[x; x + Tu] \subset A$, puis $[x; x + tu] \subset A$ puisque $t \in [0; T]$.
- Ainsi, K est une partie fermée bornée de $\mathbb{R}_+$, donc admet une borne supérieure M, et $M \in K$. Notons $y = x + Mu$; on a clairement $y \in A = \overline{A}$.

Pour tout $\varepsilon > 0$, il existe $\alpha \in]0, \varepsilon[$ tel que $x + (M + \alpha)u \notin A$ (définition de M), ce qui prouve $y \in \overline{\complement_E(A)}$. Finalement : $y \in \operatorname{Fr}(A)$.

1.3.4 Raisonnons par l'absurde : supposons qu'il existe une suite $(a_n)_{n \in \mathbb{N}}$ dans A telle que $a_n \underset{n\infty}{\longrightarrow} a$ et que $(f(a_n))_{n \in \mathbb{N}}$ ne converge pas vers $f(a)$. Il existe alors $\varepsilon > 0$ et une extractrice σ tels que :

$$\forall n \in \mathbb{N},\quad d(f(a_{\sigma(n)}), f(a)) \geqslant \varepsilon.$$

Puisque $\overline{f(A)}$ est compact, la suite $(f(a_{\sigma(n)}))_{n \in \mathbb{N}}$ admet au moins une valeur d'adhérence dans $\overline{f(A)}$; il existe donc une extractrice τ et $y \in \overline{f(A)}$ tels que :

$$f\left(a_{\sigma(\tau(n))}\right) \underset{n\infty}{\longrightarrow} y.$$

Alors, $\left(a_{\sigma(\tau(n))}, f\left(a_{\sigma(\tau(n))}\right)\right) \underset{n\infty}{\longrightarrow} (a,y)$; comme G_f est fermé, on déduit $(a,y) \in G_f$ et donc $y = f(a)$. Ainsi, $f\left(a_{\sigma(\tau(n))}\right) \underset{n\infty}{\longrightarrow} f(a)$, contradiction.

1.3.5 Raisonnons par l'absurde : supposons que, pour tout $\varepsilon > 0$, il existe une boule ouverte B de rayon $\leqslant \varepsilon$ telle que $\operatorname{diam}(f^{-1}(B)) \geqslant \alpha$.

Il existe alors une suite $(y_n)_{n \in \mathbb{N}^*}$ dans F telle que : $\forall n \in \mathbb{N}^*,\quad \operatorname{diam}(f^{-1}(B(y_n ; \frac{1}{n}))) \geqslant \alpha$.

Par définition du diamètre, pour chaque n de $\mathbb{N}^*$, il existe $(u_n, v_n) \in (f^{-1}(B(y_n ; \frac{1}{n})))^2$ tel que :

$$d(u_n, v_n) \geqslant \alpha - \frac{1}{n}.$$

Puisque $(u_n,v_n)_{n\in\mathbb{N}^*}$ est à éléments dans le compact X^2, il existe une extractrice σ et $(u,v) \in X^2$ tels que : $u_{\sigma(n)} \underset{n\infty}{\longrightarrow} u$ et $v_{\sigma(n)} \underset{n\infty}{\longrightarrow} v$; on a alors $d(u,v) \geqslant \alpha$.

Puisque f est continue; $f(u_{\sigma(n)}) \underset{n\infty}{\longrightarrow} f(u)$ et $f(v_{\sigma(n)}) \underset{n\infty}{\longrightarrow} f(v)$, puis, comme :

$$\left(\forall n \in \mathbb{N}^*,\ d(f(u_{\sigma(n)}, f(v_{\sigma(n)})) \leqslant \frac{1}{\sigma(n)}\right),$$

on déduit $f(u) = f(v)$.

Mais alors : $\operatorname{diam}(f^{-1}(\{f(u)\}) \geqslant d(u,v) \geqslant \alpha$, contradiction.

1.3.6 • Puisque $\mathrm{C} \subset C_0$, C est bornée. D'autre part, chaque C_n est une réunion d'un nombre fini de segments de $\mathbb{R}$, donc chaque C_n est fermé dans $\mathbb{R}$; il en résulte que C, qui est $\bigcap\limits_{n\in\mathbb{N}} C_n$, est fermé dans $\mathbb{R}$.

Ainsi, C est une partie fermée bornée de $\mathbb{R}$, donc compacte.

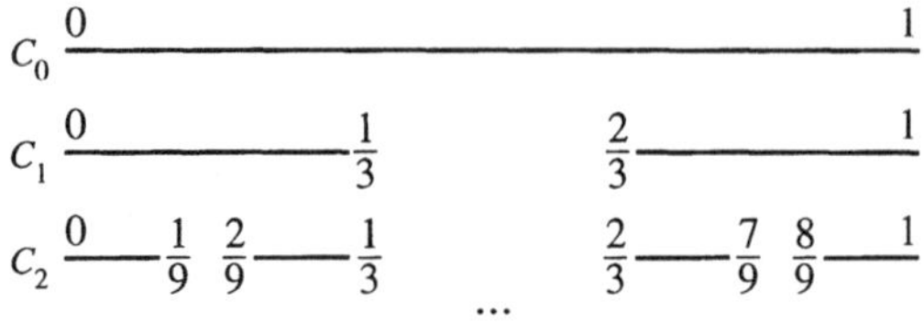

• Il est clair que, pour tout n de $\mathbb{N}$, C_n est la réunion de 2^n segments de $\mathbb{R}$ deux à deux disjoints et de même longueur $\frac{1}{3^n}$.

Soient $x \in \mathrm{C}$, $r \in \mathbb{R}_+^*$. Il existe $n \in \mathbb{N}$ tel que $\frac{1}{3^n} < r$.

Le segment $[x-r; x+r] \cap [0;1]$, étant de longueur $> \frac{1}{3^n}$ n'est pas inclus dans C_n, et donc $[x-r; x+r] \not\subset \mathrm{C}$.

Ceci montre : $\overset{\circ}{\mathrm{C}} = \varnothing$.

1.3.7 Puisque K est compact, K est borné; il existe donc $r \in \mathbb{R}_+^*$ tel que $K \subset B'(0;r)$. On peut prendre $U = B(0;2r)$; $\overline{U}$ est compact car fermé borné dans un evn de dimension finie.

1.3.8 Appliquer l'exercice 1.3.4, en remarquant que $f(\mathbb{R})$ est une partie bornée de $\mathbb{R}$.

1.3.9 *a)* Soit $(y_n)_{n\in\mathbb{N}}$ une suite dans $f(G)$, convergeant vers un élément z de F. Pour tout n de $\mathbb{N}$, il existe $x_n \in G$ tel que $y_n = f(x_n)$.

Puisque $(y_n)_n$ converge, $\{y_n; n \in \mathbb{N}\}$ est borné, et donc, d'après l'hypothèse, $\{x_n; n \in \mathbb{N}\}$ est borné. Puisque E est un evn de dimension finie, il existe alors une extractrice σ et $x \in E$ tels que $x_{\sigma(n)} \underset{n\infty}{\longrightarrow} x$; de plus, $x \in G$ puisque G est fermé. Comme f est continue en x, $f(x_{\sigma(n)}) \underset{n\infty}{\longrightarrow} f(x)$, d'où $z = f(x) \in f(G)$.

Ceci établit que $f(G)$ est fermé.

b) Puisque $|P(z)| \underset{|z| \longrightarrow +\infty}{\longrightarrow} +\infty$, pour toute partie bornée B de $\mathbb{C}$, $P^{-1}(B)$ est bornée; de plus P est continue.

1.3.10 *1)* • Soit $x \in A' + B$; il existe $(a',b) \in A' \times B$ tel que $x = a' + b$, puis il existe une suite $(a_n)_{n \in \mathbb{N}}$ dans A telle que :

$$\begin{cases} a_n \underset{n\infty}{\longrightarrow} a' \\ \forall n \in \mathbb{N}, \quad a_n \neq a' \end{cases}.$$

En notant $c_n = a_n + b$, on a alors :

$$\begin{cases} c_n \underset{n\infty}{\longrightarrow} a' + b \\ \forall n \in \mathbb{N}, \quad c_n \neq a' + b \end{cases},$$

ce qui montre $a' + b \in (A + B)'$.

On a ainsi prouvé : $A' + B \subset (A + B)'$.

• En échangeant A et B, on obtient aussi : $A + B' \subset (A + B)'$.

• Soit $x \in A' + B'$; il existe $(a',b') \in A' \times B'$ tel que $x = a' + b'$, puis il existe deux suites $(a_n)_{n \in \mathbb{N}}$ dans A et $(b_n)_{n \in \mathbb{N}}$ dans B telles que :

$$\begin{cases} a_n \underset{n\infty}{\longrightarrow} a', \qquad b_n \underset{n\infty}{\longrightarrow} b' \\ \forall (p,q) \in \mathbb{N}^2, \quad \left(p \neq q \Longrightarrow \begin{cases} a_p \neq a_q \\ b_p \neq b_q \end{cases}\right). \end{cases}$$

En notant $c_n = \begin{cases} a_n + b_n & \text{si } a_n + b_n \neq a' + b' \\ a_n + b_{n+1} & \text{si } a_n + b_n = a' + b' \end{cases}$,

on a : $\begin{cases} \forall n \in \mathbb{N}, \begin{cases} c_n \in A + B \\ c_n \neq a' + b' \end{cases} \\ c_n \underset{n\infty}{\longrightarrow} a' + b' \end{cases}$,

ce qui montre $a' + b' \in (A + B)'$.

On a ainsi prouvé : $A' + B' \subset (A + B)'$.

2) Soit $x \in (A + B)'$; il existe une suite $(x_n)_{n \in \mathbb{N}}$ dans $A + B$ telle que : $\begin{cases} \forall n \in \mathbb{N}, \quad x_n \neq x \\ x_n \underset{n\infty}{\longrightarrow} x \end{cases}$.

Pour chaque n de $\mathbb{N}$, il existe $(a_n,b_n) \in A \times B$ tel que $x_n = a_n + b_n$. Puisque $(a_n,b_n)_{n \in \mathbb{N}}$ est à valeurs dans le borné $A \times B$ de l'evn E^2 de dimension finie, il existe une extractrice σ et (α,β) dans $\overline{A} \times \overline{B}$ tels que :

$$(a_{\sigma(n)},b_{\sigma(n)}) \underset{n\infty}{\longrightarrow} (\alpha,\beta).$$

Alors $x_{\sigma(n)} = a_{\sigma(n)} + b_{\sigma(n)} \underset{n\infty}{\longrightarrow} \alpha + \beta$, d'où $x = \alpha + \beta$.

• Si α est un point isolé de A, il existe $n_0 \in \mathbb{N}$ tel que : $\forall n \in \mathbb{N}, \quad (n \geqslant n_0 \Longrightarrow a_{\sigma(n)} = \alpha)$.

Alors $\left(b_{\sigma(n)}\right)_{n \geqslant n_0}$ est extraite de $(b_n)_{n \in \mathbb{N}}$, à termes tous $\neq \beta$, et converge vers β, d'où $\beta \in B'$. Ainsi $x \in A + B'$.

• De même, si β est un point isolé de B, alors $x \in A' + B$.

• Enfin, si α n'est pas isolé dans A et β n'est pas isolé dans B, alors $(\alpha,\beta) \in A' \times B'$ (car $(\alpha,\beta) \in \overline{A} \times \overline{B}$), d'où $x \in A' + B'$.

1.3.11 *a)* • Soit $(f_n)_{n\in\mathbb{N}}$ une suite dans L_V, convergeant vers un élément f de $\mathcal{L}(E)$. Soit $x \in V$. Puisque :

$$\forall n \in \mathbb{N},\quad ||f_n(x) - f(x)|| \leqslant |||f_n - f|||\,||x||,$$

on a : $f_n(x) \underset{n\infty}{\longrightarrow} f(x)$.

Puis, comme $(\forall n \in \mathbb{N},\quad f_n(x) \in f(V) \subset V)$, on déduit $f(x) \in \overline{V} = V$, d'où finalement $f \in L_V$. Ceci montre que L_V est fermée dans $\mathcal{L}(E)$.

• Puisque V est un voisinage compact de 0, il existe $(\alpha,\beta) \in (\mathbb{R}_+^*)^2$ tel que :

$$B'(0;\alpha) \subset V \subset B'(0;\beta).$$

Soit $f \in L_V$; on a :

$$f(B'(0;\alpha)) \subset f(V) \subset V \subset B'(0;\beta),$$

d'où : $$\forall x \in E - \{0\},\quad \frac{||f(x)||}{||x||} = \frac{1}{\alpha}\left|\left|f\left(\frac{\alpha}{||x||}x\right)\right|\right| \leqslant \frac{\beta}{\alpha},$$

et donc $$|||f||| \leqslant \frac{\beta}{\alpha}.$$

Ceci montre que L_V est bornée.

• Puisque L_V est une partie fermée bornée d'un evn de dimension finie ($\mathcal{L}(E)$), L_V est compacte.

b) Soit $f \in L_V$; une récurrence immédiate montre : $\forall n \in \mathbb{N}^*,\quad f^n(V) \subset V$, et donc :

$$\forall n \in \mathbb{N}^*,\quad f^n \in L_V.$$

D'autre part, L_V étant une partie compacte de $\mathcal{L}(E)$ et det étant continue, $\{\det(g);\ g \in L_V\}$ est une partie compacte, donc bornée, de $\mathbb{K}$. Il existe alors $M \in \mathbb{R}_+$ tel que :

$$\forall g \in L_V,\quad |\det(g)| \leqslant M.$$

On a donc : $$\forall n \in \mathbb{N}^*,\quad |\det(f)|^n = |\det(f^n)| \leqslant M,$$

d'où : $$\forall n \in \mathbb{N}^*,\quad |\det(f)| \leqslant M^{\frac{1}{n}},$$

et finalement, en faisant tendre n vers $+\infty$: $|\det(f)| \leqslant 1$.

Remarque : l'existence d'un voisinage compact de 0 dans E entraîne que E est de dimension finie (théorème de Riesz, C 1.1 p. 108).

1.4.1 Soit $\varepsilon > 0$; il existe $N_1,\ N_2,\ N_3 \in \mathbb{N}$ tels que, pour tout (p,q) de $\mathbb{N}^2$:

$$\begin{cases} (p \geqslant N_1 \text{ et } q \geqslant N_1) \Longrightarrow d(u_{2p},u_{2q}) \leqslant \dfrac{\varepsilon}{3} \\ (p \geqslant N_2 \text{ et } q \geqslant N_2) \Longrightarrow d(u_{2p+1},u_{2q+1}) \leqslant \dfrac{\varepsilon}{3} \\ (p \geqslant N_3 \text{ et } q \geqslant N_3) \Longrightarrow d(u_{3p},u_{3q}) \leqslant \dfrac{\varepsilon}{3}. \end{cases}$$

Notons $N = \mathrm{Max}(2N_1,2N_2+1,3N_3)$, et soit $(r,s) \in \mathbb{N}^2$ tel que $r \geqslant N$ et $s \geqslant N$. Séparons en cas :

• Si r et s sont pairs, il existe $(p,q) \in \mathbb{N}^2$ tel que $r = 2p,\ s = 2q$, d'où, puisque $p \geqslant N_1$ et $q \geqslant N_1$: $d(u_r,u_s) \leqslant \dfrac{\varepsilon}{3}$.

• Raisonnement analogue si r et s sont impairs.

• Supposons r pair et s impair (le cas r impair et s pair est analogue); il existe $(p,q) \in \mathbb{N}^2$ tel que $r = 2p$ et $s = 2q + 1$. On a alors :

$$\begin{cases} d(u_{2p},u_{6p}) \leqslant \dfrac{\varepsilon}{3} \text{ car } p \geqslant N_1 \text{ et } 3p \geqslant N_1 \\ d(u_{6p},u_{6q+3}) \leqslant \dfrac{\varepsilon}{3} \text{ car } 2p \geqslant N_3 \text{ et } 2q+1 \geqslant N_3\,, \\ d(u_{6q+3},u_{2q+1}) \leqslant \dfrac{\varepsilon}{3} \text{ car } 3q+1 \geqslant N_2 \text{ et } q \geqslant N_2 \end{cases}$$

d'où $d(u_{2p},u_{2q+1}) \leqslant \varepsilon$.

1.4.2 Soit $(x_n)_{n\in\mathbb{N}}$ une suite dans X convergeant vers un élément x de X. Considérons la suite $(u_n)_{n\in\mathbb{N}}$ définie par : $u_n = \begin{cases} x_n & \text{si } n \text{ est pair} \\ x & \text{si } n \text{ est impair.} \end{cases}$

Clairement, $u_n \underset{n\infty}{\longrightarrow} x$; donc $(u_n)_{n\in\mathbb{N}}$ est de Cauchy dans X. D'après l'hypothèse, $(f(u_n))_{n\in\mathbb{N}}$ est de Cauchy dans F.

Soit $\varepsilon > 0$; il existe $N \in \mathbb{N}$ tel que :

$$\forall (p,q) \in \mathbb{N}^2, \quad \left(\begin{cases} p \geqslant N \\ q \geqslant N \end{cases} \Longrightarrow d(f(u_p),f(u_q)) \leqslant \varepsilon \right).$$

En particulier, comme $u_{2N+1} = x$, on a :

$$\forall p \in \mathbb{N}, \quad (p \geqslant N \Longrightarrow d(f(u_p),f(x)) \leqslant \varepsilon).$$

Ceci montre $f(u_p) \underset{p\infty}{\longrightarrow} f(x)$; on a alors clairement $f(x_n) \underset{n\infty}{\longrightarrow} f(x)$, et finalement f est continue.

1.4.3 F étant de dimension finie est complet (cf. 1.4.2 Théorème 2 p. 72), donc fermé (cf. 1.4.2 Prop. 2 p. 70).

1.4.4 Nous allons montrer que $\mathcal{C}_{E^2}(L)$ est fermé. Soit $(u_n,v_n)_{n\in\mathbb{N}}$ une suite dans $\mathcal{C}_{E^2}(L)$, convergeant vers un élément (u,v) de E^2. Si $u = 0$, alors (u,v) est lié. Supposons donc $u \neq 0$. Comme $||u_n|| \underset{n\infty}{\longrightarrow} ||u|| > 0$, il existe $N \in \mathbb{N}$ et $\alpha > 0$ tels que :

$$\forall n \in \mathbb{N}, \quad (n \geqslant N \Longrightarrow ||u_n|| \geqslant \alpha).$$

Et, pour chaque n de $\mathbb{N}$ (tel que $n \geqslant N$), il existe λ_n dans $\mathbb{K}$ tel que : $v_n = \lambda_n u_n$.

On a, pour tout $n \geqslant N$:

$$|\lambda_n| = \frac{||v_n||}{||u_n||} \leqslant \frac{||v_n||}{\alpha},$$

ce qui montre que $(\lambda_n)_{n\in\mathbb{N}}$ est bornée.

d'où : $||v_n - \lambda_n u|| = ||\lambda_n(u_n - u)|| = |\lambda_n|\,||u_n - u|| \underset{n\infty}{\longrightarrow} 0$.

Comme $v_n \underset{n\infty}{\longrightarrow} v$, on déduit ainsi $\lambda_n u \underset{n\infty}{\longrightarrow} v$.

La suite $(\lambda_n)_n$ est de Cauchy car :

$$\forall (p,q) \in \mathbb{N}^2, \quad |\lambda_p - \lambda_q| = \frac{1}{||u||}||(v - \lambda_p u) - (v - \lambda_q u)||;$$

enfin, $\mathbb{K}$ étant complet, $(\lambda_n)_n$ converge vers un élément λ de $\mathbb{K}$, et on a :

$$v = \lambda u, \quad (u,v) \in \mathcal{C}_{E^2}(L).$$

1.4.5 *a)* Vérifications immédiates.

b) Soit $(f_n)_{n\in\mathbb{N}}$ une suite de Cauchy dans (E,N).

• Soit $x \in [a;\, b]$ fixé. Puisque :

$$\forall (p,q) \in \mathbb{N}^2, \quad |f_p(x) - f_q(x)| \leqslant ||f_p - f_q||_\infty \leqslant N(f_p - f_q),$$

la suite $(f_n(x))_{n\in\mathbb{N}}$ est de Cauchy dans $\mathbb{R}$, donc converge vers un réel, qu'on note $f(x)$, ce qui définit une application $f : [a;\, b] \longrightarrow \mathbb{R}$.

• Montrons $f \in E$.

Soit $(x,y) \in [a,b]^2$. Puisque $(f_n)_{n\in\mathbb{N}}$ est de Cauchy dans (E,N), $(f_n)_{n\in\mathbb{N}}$ est bornée; il existe donc $M \in \mathbb{R}_+$ tel que : $\forall n \in \mathbb{N}, \quad N(f_n) \leqslant M$.

On a alors :

$$\forall n \in \mathbb{N}, \quad |f_n(x) - f_n(y)| \leqslant N(f_n)|x - y| \leqslant M|x - y|,$$

ce qui montre que f est lipschitzienne, donc $f \in E$.

• Montrons enfin : $f_n \underset{n\infty}{\longrightarrow} f$ dans (E,N).

Soit $\varepsilon > 0$; il existe $n_0 \in \mathbb{N}$ tel que :

$$\forall (p,q) \in \mathbb{N}^2, \quad \left(\begin{cases} p \geqslant n_0 \\ q \geqslant n_0 \end{cases} \Longrightarrow N(f_p - f_q) \leqslant \frac{\varepsilon}{2}\right).$$

Soit $p \in \mathbb{N}$ tel que $p > n_0$; on a :

$$\forall q \in \mathbb{N}, \quad \left(q \geqslant n_0 \Longrightarrow N(f_p - f_q) \leqslant \frac{\varepsilon}{2}\right),$$

donc :

$$\begin{cases} \forall x \in [a;\, b],\ \forall q \in \mathbb{N}, \quad \left(q \geqslant n_0 \Longrightarrow |f_p(x) - f_q(x)| \leqslant \dfrac{\varepsilon}{2}\right) \\ \forall (x,y) \in [a;\, b]^2, \forall q \in \mathbb{N}, \quad \left(q \geqslant n_0 \Longrightarrow |(f_p(x) - f_q(x)) - (f_p(y) - f_q(y))| \leqslant \dfrac{\varepsilon}{2}|x - y|\right). \end{cases}$$

En faisant tendre q vers $+\infty$, on obtient :

$$\begin{cases} \forall x \in [a;\, b], \quad |f_p(x) - f(x)| \leqslant \dfrac{\varepsilon}{2} \\ \forall (x,y) \in [a;\, b]^2, \quad |(f_p(x) - f(x)) - (f_p(y) - f(y))| \leqslant \dfrac{\varepsilon}{2}|x - y|, \end{cases}$$

d'où $\quad N(f_p - f) \leqslant \dfrac{\varepsilon}{2} + \dfrac{\varepsilon}{2} = \varepsilon.$

Ceci prouve : $N(f_p - f) \underset{n\infty}{\longrightarrow} 0$, c'est-à-dire $f_p \underset{n\infty}{\longrightarrow} f$ dans (E,N).

◇ **Réponse :** (E,N) est complet.

1.4.6 *a)* • Pour tout P de $\mathbb{C}[X], N(P)$ existe car P est continue sur le compact $\mathbb{U}$, donc est bornée sur $\mathbb{U}$.

• les propriétées $N(\lambda P) = |\lambda| N(P)$ et $N(P + Q) \leqslant N(P) + N(Q)$ sont immédiates.

• Si $N(P) = 0$, alors le polynôme P s'annule sur $\mathbb{U}$, donc en une infinité de points, d'où $P = 0$.

b) Nous allons montrer que $(\mathbb{C}[X], N)$ n'est pas complet. Considérons la suite $(P_n)_{n\in\mathbb{N}}$ définie par :

$$\forall n \in \mathbb{N}, \quad P_n = \sum_{k=0}^{n} 2^{-k} X^k.$$

• Soit $z \in \mathbb{U}$, on a, pour tout (p,q) de $\mathbb{N}^2$ tel que , par exemple, $p < q$:

$$\left|P_p(z) - P_q(z)\right| = \left|\sum_{k=p+1}^{q} 2^{-k} z^k\right| \leqslant \sum_{k=p+1}^{q} 2^{-k}$$

$$= 2^{-(p+1)} \sum_{l=0}^{q-p-1} 2^{-l} = 2^{-(p+1)} \frac{1 - 2^{-(q-p)}}{1 - 2^{-1}} \leqslant 2^{-p},$$

d'où $N(P_p - P_q) \leqslant 2^{-p}$, ce qui montre que $(P_n)_{n\in\mathbb{N}}$ est de Cauchy dans $(\mathbb{C}[X], N)$.

• Supposons qu'il existe $P \in \mathbb{C}[X]$ tel que $P_n \underset{n\infty}{\longrightarrow} P$ dans $(\mathbb{C}[X], N)$.

Soit $z \in \mathbb{U}$. On a : $|P_n(z) - P(z)| \leqslant N(P_n - P) \underset{n\infty}{\longrightarrow} 0$, donc $P_n(z) \underset{n\infty}{\longrightarrow} P(z)$. Mais :

$$P_n(z) = \frac{1 - 2^{-(n+1)} z^{n+1}}{1 - 2^{-1} z} \underset{n\infty}{\longrightarrow} \frac{1}{1 - \frac{z}{2}}.$$

Ceci montre que le polynôme $\left(1 - \frac{X}{2}\right) P_n - 1$ s'annule sur la partie infinie $\mathbb{U}$, donc est le polynôme nul, contradiction sur les degrés.

Ainsi, $(P_n)_{n\in\mathbb{N}}$ est de Cauchy et ne converge pas dans $(\mathbb{C}[X], N)$.

◇ **Réponse :** non.

1.4.7 *1)* Soit $(U_k)_{k\in\mathbb{N}}$ une suite de Cauchy dans ℓ^∞; chaque U_k est une suite, qu'on va noter : $U_k = \left(u_{k,n}\right)_{n\in\mathbb{N}}$.

• Soit $n \in \mathbb{N}$; puisque :

$$\forall (p,q) \in \mathbb{N}^2, \quad |u_{p,n} - u_{q,n}| \leqslant ||U_p - U_q||_\infty,$$

la suite $(u_{p,n})_{p\in\mathbb{N}}$ est de Cauchy dans $\mathbb{C}$, donc converge vers un élément noté $v_n$de $\mathbb{C}$.

• Montrons que $(v_n)_{n\in\mathbb{N}}$ est bornée. Puisque $(U_k)_{k\in\mathbb{N}}$ est de Cauchy, $(U_k)_{k\in\mathbb{N}}$ est bornée; il existe donc $M \in \mathbb{R}_+$ tel que : $\forall k \in \mathbb{N}, \quad ||U_k||_\infty \leqslant M.$

On a donc : $\forall n \in N, \forall k \in \mathbb{N}, \quad |u_{k,n}| \leqslant ||U_k||_\infty \leqslant M.$

Pour n fixé, en passant à la limite quand k tend vers $+\infty$, on obtient : $|v_n| \leqslant M.$

• Soit $\varepsilon > 0$; puisque $(U_k)_{k\in\mathbb{N}}$ est de Cauchy, il existe $N \in \mathbb{N}$ tel que :

$$\forall (p,q) \in \mathbb{N}^2, \quad \left(\begin{cases} p \geqslant N \\ q \geqslant N \end{cases} \Longrightarrow ||U_p - U_q||_\infty \leqslant \frac{\varepsilon}{2}\right)$$

Soit $p \in \mathbb{N}$ tel que $p \geqslant N$, et $n \in \mathbb{N}$; on a :

$$\forall q \in \mathbb{N}, \quad \left(q \geqslant N \Longrightarrow |u_{p,n} - u_{q,n}| \leqslant ||U_p - U_q||_\infty \leqslant \frac{\varepsilon}{2}\right),$$

d'où, en passant à la limite quand q tend vers $+\infty$:

$$|u_{p,n} - v_n| \leqslant \frac{\varepsilon}{2}.$$

Ceci montre : $\forall p \in \mathbb{N}, \quad \left(p \geqslant N \Longrightarrow ||U_p - V|| \leqslant \frac{\varepsilon}{2}\right), \quad$ (où $V = (v_n)_{n\in\mathbb{N}}$),

et donc $U_p \underset{p\infty}{\longrightarrow} V$ dans $(\ell^\infty, ||.||_\infty)$.

Finalement : $(\ell^{\infty}, ||.||_{\infty})$ est complet.

2) En notant, pour tout k de $\mathbb{N}$, E_k la suite définie par : $E_k = (\delta_{k,n})_{n\in\mathbb{N}}$ (où $\delta_{k,n} = \begin{cases} 1 & \text{si } k = n \\ 0 & \text{si } k \neq n \end{cases}$, symbole de Kronecker), la famille $(E_k)_{k\in\mathbb{N}}$ est libre dans ℓ^{∞} et infinie.

1.4.8 • Considérons, pour chaque n de $\mathbb{N}^*$, l'application $f_n : x \longmapsto \left(1 - \frac{1}{n}\right) f(x)$, qui va bien de X dans X.

Chaque f_n est contractante $\left(\left(1 - \frac{1}{n}\right)\text{-lipschitzienne}\right)$, et X est une partie complète, car X est fermée dans un evn de dimension finie. D'après le théorème du point fixe, f_n admet un point fixe (unique) x_n.

• Puisque X est fermée bornée dans un evn de dimension finie, X est compacte. La suite $(x_n)_{n\in\mathbb{N}^*}$ admet donc au moins une valeur d'adhérence dans X : il existe une extractrice σ et $\ell \in X$ tels que $x_{\sigma(n)} \underset{n\infty}{\longrightarrow} \ell$. On a :

$$\forall n \in \mathbb{N}^*, \quad \left(1 - \frac{1}{\sigma(n)}\right) f\left(x_{\sigma(n)}\right) = f_{\sigma(n)}\left(x_{\sigma(n)}\right) = x_{\sigma(n)},$$

d'où, en passant à la limite quand n tend vers l'infini (f est continue car 1-lipschitzienne) : $f(\ell) = \ell$.

• Lorsque $E = \mathbb{R}^2$ et $X = S(0; 1)$, la rotation de centre (0,0) et d'angle $\frac{\pi}{2}$, $f : \begin{array}{ccc} X & \longrightarrow & X \\ (x,y) & \longmapsto & (y,-x) \end{array}$ est 1-lipschitzienne mais n'a pas de point fixe.

◇ **Réponse :** non.

1.5.1 Tout point x de $B(a; r)$ (ou $B'(a; r)$) peut être joint à a par un segment inclus dans $B(a; r)$ (ou $B'(a; r)$) : $\begin{array}{ccc} [0; 1] & \longrightarrow & E \\ t & \longmapsto & tx + (1-t)a \end{array}$

Ceci montre que $B(a; r)$ et $B'(a; r)$ sont connexes par arcs.

1.5.2 ◇ **Réponse :** : $A =]0; +\infty[$, $B =]0; 1[$.

1.5.3 *a)* Supposons A et B cpa. Soient $(a,b) \in A \times B$, $(a',b') \in A \times B$. Il existe des arcs $\gamma : [0; 1] \longrightarrow A$ et $\delta : (0; 1) \longrightarrow B$ tels que : $\gamma(0) = a$, $\gamma(1) = a'$, $\delta(0) = b$, $\delta(1) = b'$.

L'application $\Gamma : \begin{array}{c} [0; 1] \longrightarrow A \times B \\ t \longmapsto (\gamma(t), \delta(t)) \end{array}$ est continue, et $\Gamma(0) = (a,b)$, $\Gamma(1) = (a',b')$.

Ceci montre que (a,b) et (a',b') peuvent être joints par un arc dans $A \times B$, et donc $A \times B$ est cpa.

b) Supposons $A \times B$ cpa et A et B non vides.

Soit $(a,a') \in A^2$. Il existe $b_0 \in B$; puisque $A \times B$ est cpa, il existe un arc Γ joignant (a,b_0) et (a',b_0) dans $A \times B$. Alors $\mathrm{pr}_1 \circ \Gamma$ est continue et $(\mathrm{pr}_1 \circ \Gamma)(0) = a$, $(\mathrm{pr}_1 \circ \Gamma)(1) = a'$.

Ceci montre que a et a' peuvent être joints par un arc dans A, et donc A est cpa.

De même pour B.

1.5.4 Notons $A = \bigcup_{i \in I} A_i$.

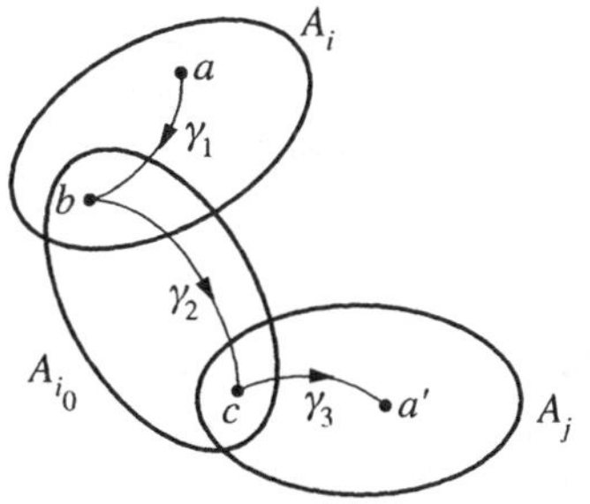

Soit $(a,a') \in A^2$; il existe $(i,j) \in I^2$ tel que :

$$a \in A_i \quad \text{et} \quad a' \in A_j.$$

Puisque $A_{i_0} \cap A_i \neq \varnothing$ et $A_{i_0} \cap A_j \neq \varnothing$,
il existe $b \in A_{i_0} \cap A_i$ et $c \in A_{i_0} \cap A_j$.

Comme A_i, A_{i_0}, A_j sont cpa, il existe un arc γ_1 joignant a et b dans A_i, un arc γ_2 joignant b et c dans A_{i_0}, un arc γ_3 joignant c et a' dans A_j.

Considérons l'application $\gamma : [0; 1] \longrightarrow A$, obtenue par la succession de $\gamma_1, \gamma_2, \gamma_3$, définie par :

$$\gamma(t) = \begin{cases} \gamma_1(3t) & \text{si } t \in \left[0; \dfrac{1}{3}\right] \\ \gamma_2(3t-1) & \text{si } t \in \left[\dfrac{1}{3}; \dfrac{2}{3}\right] \\ \gamma_3(3t-2) & \text{si } t \in \left[\dfrac{2}{3}; 1\right]. \end{cases}$$

Il est clair que γ est continue et joint a et a' dans A. Finalement, A est cpa.

Exemple : On peut appliquer le résultat précédent à l'exemple, puisque la partie $\{0\} \times \mathbb{R}$ de $\mathbb{R}^2$ est cpa et rencontre chacune des parties $\mathbb{R} \times \{r\}$ $(r \in \mathbb{Q})$ en $(0,r)$, et que ces parties $\mathbb{R} \times \{r\}$ sont cpa.

1.5.5 Soit $(a,b) \in A^2$. Puisque A est cpa, il existe un arc $\gamma : [0; 1] \longrightarrow A$ joignant a et b dans A. L'application $f \circ \gamma$ est continue sur $[0; 1]$ et à valeurs réelles, donc $(f \circ \gamma)([0; 1])$ est un intervalle de $\mathbb{R}$ (théorème des valeurs intermédiaires). Comme $(f \circ \gamma)([0; 1]] \subset \{0,1\}$, il s'ensuit que $f \circ \gamma$ est constante, et donc :

$$f(a) = (f \circ \gamma)(0) = (f \circ \gamma)(1) = f(b).$$

Finalement, f est constante.

1.5.6 $\{x\}$ est non vide, fermé dans X, ouvert dans X (car x est isolé dans X).

1.5.7 Si $C \cap \mathrm{Fr}(A) = \varnothing$, alors $C \cap \overset{\circ}{A}$ et $C \cap \overset{\circ}{\widehat{\complement_E(A)}}$ sont deux ouverts de C, complémentaires dans C et non vides, ce qui contredit la connexité de C.

1.5.8 • $\mathrm{Fr}(A) = \varnothing \Longleftrightarrow \overline{A} \cap \overline{\complement_X(A)} = \varnothing \Longleftrightarrow \overline{\complement_X(A)} \subset \complement_X(\overline{A}) \Longleftrightarrow \overset{\circ}{A} \supset \overline{A} \Longleftrightarrow \overset{\circ}{A} = A = \overline{A}$.

Donc, si $\mathrm{Fr}(A) = \varnothing$, alors A est une partie ouverte et fermée de X, non vide et distincte de X, ce qui contredit la connexité de X.

• Il existe donc $x \in \mathrm{Fr}(A) = \overline{A} \cap \overline{\complement_X(A)}$.

Soit $\varepsilon > 0$; il existe $(a,b) \in A \times \complement_X(A)$ tel que $d(x,a) < \dfrac{\varepsilon}{2}$ et $d(x,b) < \dfrac{\varepsilon}{2}$, d'où :

$$d(a,b) \leqslant d(a,x) + d(x,b) < \varepsilon.$$

Ainsi : $\forall \varepsilon > 0,\ \exists\, (a,b) \in A \times \complement_X(A),\ d(a,b) < \varepsilon$,

et donc : $d(A, \complement_X(A)) = 0$.

1.5.9 Supposons qu'il existe deux fermés F, G de X tels que : $F \cup G = X$, $F \cap G = \varnothing$, $F \neq \varnothing$, $G \neq \varnothing$. Il existe $x \in F$ et $y \in G$, puis il existe une partie connexe C de X telle que : $x \in C$ et $y \in C$.

Alors $C \cap F$, $C \cap G$ sont des fermés de C complémentaires dans C et non vides, ce qui contredit la connexité de C.

1.5.10 Notons $A = \{x \in X; d(a,x) < r\}$, $S = \{x \in X, d(a,x) = r\}$, $B = \{x \in X, d(a,x) > r\}$.

Si $S = \varnothing$, alors A et B sont des parties ouvertes de X, complémentaires dans X, non vides ($A \neq \varnothing$ car $a \in A$; $B \neq \varnothing$ car X n'est pas bornée); ceci contredit la connexité de X.

1.5.11 Il existe un homéomorphisme $\varphi : X \longrightarrow Y$.

• Soient $x \in X$ et $C_X(x)$ la composante connexe de x dans X ; alors $\varphi(C_X(x))$ est une partie connexe de Y contenant $\varphi(x)$, donc $\varphi(C_X(x)) \subset C_Y(\varphi(x))$. En appliquant ce résultat à $(\varphi(x), \varphi^{-1})$ au lieu de (x, φ), on obtient $\varphi^{-1}(C_Y(\varphi(x)) \subset C_X(\varphi^{-1}(\varphi(x)))$, d'où, en composant par la bijection φ :

$$C_Y(\varphi(x)) \subset \varphi(C_X(x)).$$

On conclut : $C_Y(\varphi(x))) = \varphi(C_X(x))$.

• Ceci montre que, si on note $C_1, \ldots, C_n$ les composantes connexes de X, alors $\varphi(C_1), \ldots, \varphi(C_n)$ sont des composantes connexes de Y, deux à deux distinctes puisque φ est bijective, et donc Y admet au moins n composantes connexes.

Les rôles symétriques de X et Y permettent de conclure.

1.5.12 *a)* • $[0;1]$ est compact et $[0;1[$ n'est pas compact. S'il existait un homéomorphisme $\varphi : [0;1] \longrightarrow [0;1[$, $[0;1[$ serait compact comme image du compact $[0;1]$ par l'application continue φ.

• Le même raisonnement montre que $[0;1]$ et $]0;1[$ ne sont pas homéomorphes.

• Supposons qu'il existe un homéomorphisme $\varphi : [0;1[\longrightarrow]0;1[$;

la restriction $\psi : \begin{array}{l}]0;1[\longrightarrow]0;1[-\{\varphi(0)\} \\ x \longmapsto \varphi(x) \end{array}$ est alors un homéomorphisme. Mais $]0;1[$ a une seule composante connexe, tandis que $]0;1[-\{\varphi(0)\} =]0;\varphi(0)[\cup]\varphi(0);1[$ admet clairement deux composantes connexes, contradiction (cf. exercice 1.5.11 p. 85).

b) • Supposons qu'il existe un homéomorphisme $\varphi : S \longrightarrow C$ du segment S sur le cercle C. En notant m le milieu de S, le restriction $\psi : \begin{array}{l} S - \{m\} \longrightarrow C - \{\varphi(m)\} \\ x \mapsto \varphi(x) \end{array}$ serait un homéomorphisme de $S - \{m\}$ qui admet exactement deux composantes connexes sur $C - \{\varphi(m)\}$ qui en admet exactement une, ce qui contredit le résultat de l'exercice 1.5.11 p. 85.

• De même, la croix Γ privée de son centre admet quatre composantes connexes, alors que S ou C, privés d'un quelconque de leurs points, n'ont alors qu'au plus deux composantes connexes, d'où $\Gamma \not\approx S$ et $\Gamma \not\approx C$.

• Raisonner de manière analogue en enlevant son centre à l'astérisque, ce qui fournit six composantes connexes.

1.5.13

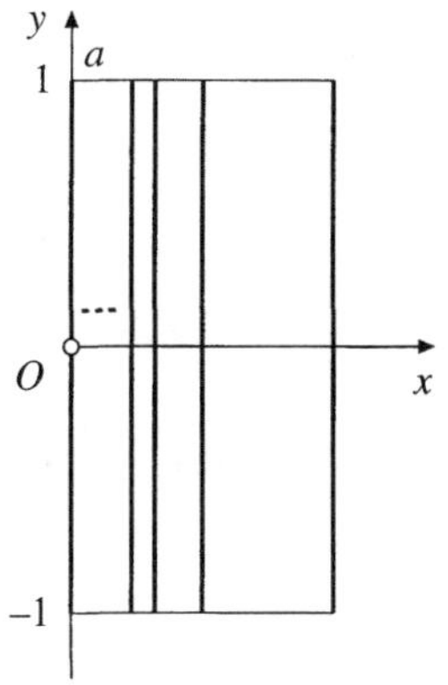

1) Soit C une partie connexe de X telle que $a \in C$.

Pour chaque n de $\mathbb{N}^*$, notons

$$A_n = X \cap \left\{ (x,y) \in \mathbb{R}^2 ;\, x \leqslant \frac{1}{n + \frac{1}{2}} \right\},$$

$$B_n = X \cap \left\{ (x,y) \in \mathbb{R}^2 ;\, x \geqslant \frac{1}{n + \frac{1}{2}} \right\}$$

Il est clair que $C \cap A_n$, $C \cap B_n$ sont des parties fermées de C, complémentaires dans C, et $C \cap A_n \neq \varnothing$ (car $a \in C \cap A_n$). Comme C est connexe, on a : $C \cap B_n = \varnothing$ et $C \cap A_n = C$, donc $C \subset A_n$.

Ainsi : $\quad C \subset \bigcap_{n \in \mathbb{N}^*} A_n = \{0\} \times ([-1;0[\cup]0;1])$.

Puis, comme la composante connexe de 1 dans $[-1;0[\cup]0;1]$ est $]0;1]$, on obtient : $C \subset \{0\} \times]0;1]$.

D'autre part, $\{0\} \times]0;1]$ est une partie connexe de X contenant a.

Finalement : $\quad C_X(a) = \{0\} \times]0;1]$.

2) Soit F une partie à la fois ouverte et fermée dans X et contenant a. Nous allons montrer $F \supset Y$, où $Y = \{0\} \times ([-1;0[\cup]0;1])$.

Soient $y \in [-1;0[\cup]0;1]$ et $\varepsilon \in]0;1[$. Puisque F est ouverte, il existe $\alpha \in]0;1[$ tel que $B_X(a;\alpha) \subset F$. Puis il existe $n \in \mathbb{N}^*$ tel que $\frac{1}{n} < \alpha$; on a alors $\left(\frac{1}{n}, 1\right) \in F$. Notons $S_n = \left\{\frac{1}{n}\right\} \times [-1;1]$.

Les ensembles $F \cap S_n$, $\complement_X(F) \cap S_n$ sont deux parties de S_n, complémentaires dans S_n, ouvertes et fermées dans S_n, et $F \cap S_n \neq \varnothing$. Comme S_n est connexe, on déduit $F \cap S_n = S_n$, c'est-à-dire $S_n \subset F$.

Alors $\left(\frac{1}{n}, y\right) \in S_n \subset F \quad$ et $\quad d\left((0,y), \left(\frac{1}{n}, y\right)\right) = \frac{1}{n} < \varepsilon$.

Ceci montre : $\quad \forall y \in [-1;0[\cup]0;1], \ \forall \varepsilon > 0, \ F \cap B((0,y);\varepsilon) \neq \varnothing$,

et donc $\quad Y \subset \overline{F} = F$.

Enfin, l'intersection des parties de X ouvertes et fermées dans X et contenant a contient Y donc est distincte de $C_X(a)$.

1.5.14

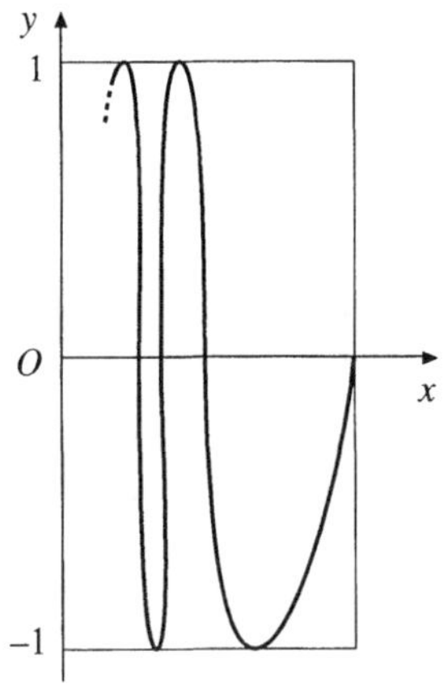

a) Notons $Y = \{(x, \sin\frac{\pi}{x}) ;\, x \in]0;1]\}$.

1) Il est clair que Y est connexe par arcs, donc connexe, et que $\overline{Y} = X$; il en résulte (cf. 1.5.2 Corollaire p. 80) que X est connexe.

2) • Pour montrer que X n'est pas connexe par arcs, raisonnons par l'absurde ; supposons qu'il existe un arc continu :

$\gamma : [0;1] \longrightarrow X$ tel que $\gamma(0) = 0$ et $\gamma(1) = A$, où $0 = (0,0)$ et $A = (1,0)$. Notons, pour tout t de $[0;1]$, $(\gamma_1(t), \gamma_2(t)) = \gamma(t)$, et considérons $E = \{t \in]0;1] ;\, \gamma_1(t) > 0\}$, qui est une partie de $\mathbb{R}$, non vide ($1 \in E$), minorée par 0.

Donc E admet une borne inférieure t_0 dans $\mathbb{R}$ et $t_0 \in [0;1]$. On a clairement : $t_0 \neq 1$.

• Montrons $\gamma_1(t_0) = 0$.

Si $t_0 = 0$, alors $\gamma_1(t_0) = \gamma_1(0) = 0$.

Si $t_0 \in]0; 1]$ et $\gamma_1(t_0) > 0$, alors, comme γ_1 est continue en t_0, il existe $t_1 \in]0; t_0[$ tel que $\gamma_1(t_1) > 0$, ce qui contredit la définition de t_0.

- Puisque γ est continue en t_0, il existe $\eta \in]0; 1 - t_0[$ tel que :

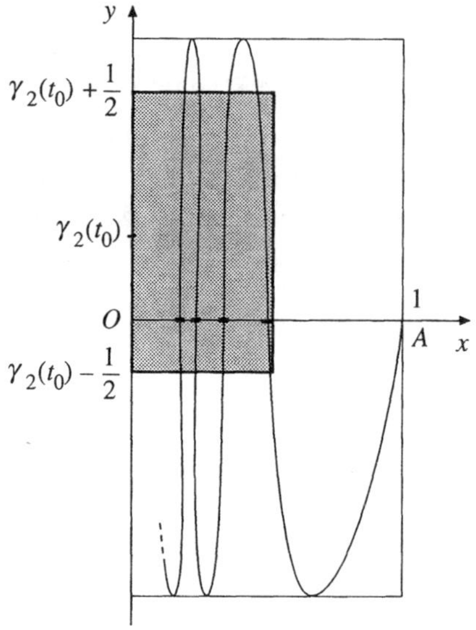

$$\forall t \in [0; 1], \quad \left(|t - t_0| < \eta \Longrightarrow ||\gamma(t) - \gamma(t_0)||_\infty < \frac{1}{2}\right).$$

En notant

$$Z = \mathrm{pr}_1\left(\left([0; \frac{1}{2}] \times [\gamma_2(t_0) - \frac{1}{2}; \gamma_2(t_0) + \frac{1}{2}]\right) \cap X\right),$$

il est clair que la composante connexe de 0 dans Z est $\{0\}$.

L'ensemble $\gamma_1([t_0 - \eta; t_0 + \eta] \cap [0; 1])$ est connexe, inclus dans Z, et contient 0, donc vaut $\{0\}$.

Mais alors :

$(\forall t \in [t_0; t_0 + \eta], \gamma_1(t) = 0)$,

ce qui contredit la définition de t_0.

b) c) Etudes analogues à *a)*

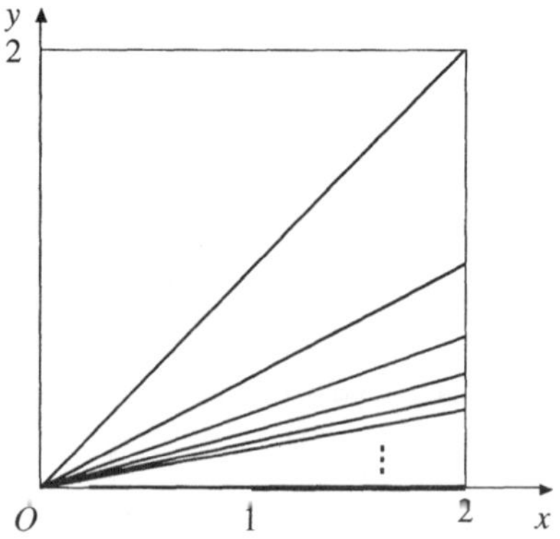

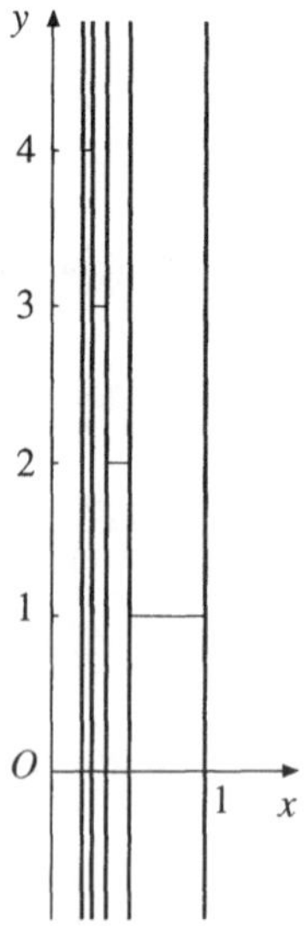

1.5.15 *1)* Il est clair que $I_+ \cap I_- = \varnothing$; d'autre part, on sait que, si $f : [0;1] \longrightarrow \mathbb{R}$ est continue et injective, alors f est strictement monotone (cf. Tome 1, exercice 4.3.13 p. 116), d'où $I_+ \cup I_- = I$.

2) Si $(f,g) \in (I_+)^2$, alors, pour tout t de $[0;1]$, $tf + (1-t)g \in I_+$, ce qui montre que I_+est connexe par arcs, donc connexe.

Ainsi, I_+ et I_- sont deux parties connexes de I, formant partition de I, donc I admet exactement deux composantes connexes, qui sont I_+ et I_-.

1.6.1

$$\sum_{k=0}^{3} \mathrm{i}^{-k}\phi(x+\mathrm{i}^k y) = \sum_{k=0}^{3} \mathrm{i}^{-k}\left(\phi(x) + \mathrm{i}^k\varphi(x,y) + (-\mathrm{i})^k\varphi(y,x) + \phi(y)\right)$$
$$= \left(\sum_{k=0}^{3} \mathrm{i}^{-k}\right)(\phi(x)+\phi(y)) + 4\varphi(x,y) + \sum_{k=0}^{3} \mathrm{i}^{-2k}\varphi(y,x) = 4\varphi(x,y).$$

1.6.2 *a)* Pour tout (p,q) de $(\mathbb{N}^*)^2$ tel que $p < q$, on a, puisque $x \longmapsto x^{-\frac{2}{3}}$ est intégrable sur $]0;1]$:

$$||f_p - f_q||^2 = \int_0^1 |f_p - f_q|^2 \leqslant \int_0^{\frac{1}{p^3}} \frac{1}{x^{\frac{2}{3}}}\,\mathrm{d}x = \frac{3}{p},$$

Comme $\dfrac{3}{p} \underset{p\infty}{\longrightarrow} 0$, on conclut que $(f_n)_{n\in\mathbb{N}^*}$ est de Cauchy.

b) Raisonnons par l'absurde : supposons qu'il existe $f \in E$ telle que $f_n \underset{n\infty}{\longrightarrow} f$ (dans $(E, <.,.>)$).

Soient $x_0 \in]0;1[$ et $\eta > 0$ tel que $0 < x_0 - \eta < x_0 + \eta < 1$. Il existe $N \in \mathbb{N}^*$ tel que $\dfrac{1}{N^3} < x_0 - \eta$.

Soit $n \in \mathbb{N}^*$ tel que $n > N$; on a :

$$\forall x \in \left[\frac{1}{n^3}; 1\right], \quad f_n(x) = x^{-\frac{1}{3}},$$

d'où $$||f_n - f||^2 = \int_0^1 |f_n - f|^2 \geqslant \int_{\frac{1}{n^3}}^1 \left(x^{-\frac{1}{3}} - f(x)\right)^2 \mathrm{d}x \geqslant \int_{x_0-\eta}^{x_0+\eta} \left(x^{-\frac{1}{3}} - f(x)\right)^2 dx \geqslant 0.$$

Comme $||f_n - f|| \underset{n\infty}{\longrightarrow} 0$, on déduit $\displaystyle\int_{x_0-\eta}^{x_0+\eta} \left(x^{-\frac{1}{3}} - f(x)\right)^2 \mathrm{d}x = 0$,

puis $\forall x \in [x_0 - \eta; x_0 + \eta], \quad x^{-\frac{1}{3}} - f(x) = 0$

(car $x \longmapsto x^{-\frac{1}{3}} - f(x)$ est continue sur $[x_0 - \eta; x_0 + \eta]$), et en particulier $f(x_0) = x_0^{-\frac{1}{3}}$.

Ainsi : $\left(\forall x_0 \in]0;1[, \quad f(x_0) = x_0^{-\frac{1}{3}}\right)$, ce qui contredit la continuité de f en 0.

Finalement : $(f_n)_{n\in\mathbb{N}^*}$ diverge (dans $(E, <.,.>)$).

1.6.3 • $F \subset \overline{F}$ donc $F^\perp \supset (\overline{F})^\perp$.

• Soient $x \in F^\perp, y \in \overline{F}$.

Il existe une suite $(y_n)_{n\in\mathbb{N}}$ dans F telle que $y_n \underset{n\infty}{\longrightarrow} y$. Comme l'application $\begin{array}{c} E \longrightarrow \mathbb{K} \\ z \longmapsto < x,z > \end{array}$ est continue (cf. Prop. 3 p. 94), on a : $< x, y_n > \underset{n\infty}{\longrightarrow} < x, y >$.

Mais : $(\forall n \in \mathbb{N}, < x, y_n > = 0)$, d'où $< x, y > = 0$. Ceci montre : $x \in (\overline{F})^\perp$, et donc $F^\perp \subset (\overline{F})^\perp$.

1.6.4 *a)* • La linéarité de φ est immédiate.

• $\forall f \in E, \quad |\varphi(f)| = \left|\int_0^c f\right| \leqslant \left(\int_0^c 1^2\right)^{\frac{1}{2}} \left(\int_0^c f^2\right)^{\frac{1}{2}} = \sqrt{c}||f||_2$, ce qui montre : $\quad \varphi \in \mathcal{LC}(E,\mathbb{R})$.

b) • $H = \varphi^{-1}(\{0\}), \varphi$ est continue, $\{0\}$ est fermé dans $\mathbb{R}$; donc H est fermé dans E.

• Soit $g \in H^{\perp}$.

1) Pour toute f de E, il est clair que $\quad f - \dfrac{1}{c}\displaystyle\int_0^c f \in H, \quad$ d'où $\quad < g, f - \dfrac{1}{c}\displaystyle\int_0^c f > = 0,$

c'est-à-dire : $\quad c\displaystyle\int_0^1 gf = \left(\int_0^c f\right)\left(\int_0^1 g\right).$

2) Soit $d \in]c; 1[$; supposons $g(d) \neq 0$, par exemple $g(d) > 0$. Comme g est continue en d, il existe $\eta > 0$ tel que :

$$\begin{cases} c < d - \eta < d + \eta < 1 \\ \forall x \in [d-\eta; d+\eta], \quad g(x) > 0. \end{cases}$$

Il existe une application $f : [0; 1] \longrightarrow \mathbb{R}$ continue telle que :

$$\begin{cases} \forall x \in [0; c], \quad f(x) = 0 \\ \forall x \in]d-\eta; d+\eta[, \quad f(x) > 0 \end{cases}$$

(construire f affine par morceaux).

On a alors $\quad \left\{ \begin{array}{l} c\displaystyle\int_0^1 gf = c\int_{d-\eta}^{d+\eta} gf > 0 \\ \left(\displaystyle\int_0^c f\right)\left(\int_0^1 g\right) = 0 \end{array} \right|$, contradiction.

Ceci montre : $\quad (\forall d \in]c; 1[, \quad g(d) = 0)$, puis, par continuité de g sur $[0; 1]$: $\quad \forall d \in [c; 1], g(d) = 0.$

3) En appliquant le résultat de *1)* à $f = g$ et en tenant compte de la conclusion de *2)*, on obtient :

$$c\int_0^c g^2 = \left(\int_0^c g\right)^2, \text{ ou encore : } \left(\int_0^c 1^2\right)\left(\int_0^c g^2\right) = \left(\int_0^c g\right)^2.$$

D'après l'étude du cas d'égalité dans l'inégalité de Cauchy-Schwarz (cf. 1.6.2 Prop. 1 p. 91), il existe $\alpha \in \mathbb{R}$, tel que : $\quad \forall x \in [0; c], \quad g(x) = \alpha; \quad$ puis $g = 0$.

c) $H^{\perp\perp} = \{0\}^{\perp} = E \neq H$ car $1 \notin H$.

1.6.5 *a)* • Soit $g \in G$. On a, pour toute f de F, $\displaystyle\int_0^{\frac{1}{2}} fg = 0$ et $\displaystyle\int_{\frac{1}{2}}^1 fg = 0$, d'où $< f,g > = 0$, et donc $g \in F^{\perp}$.

• Réciproquement, soit $g \in F^{\perp}$

Supposons qu'il existe $x_0 \in]\frac{1}{2}; 1[$ tel que $g(x_0) \neq 0$, par exemple $g(x_0) > 0$. Puisque g est continue en x_0, il existe $\eta \in]0; 1[$ tel que :

$$\begin{cases} \dfrac{1}{2} < x_0 - \eta < x_0 + \eta < 1 \\ \forall x \in [x_0-\eta; x_0+\eta], \quad g(x) > 0. \end{cases}$$

Il existe $f : [0;1] \longrightarrow \mathbb{R}$ continue telle que :

$$\begin{cases} \forall x \in [0;1]-]x_0-\eta;x_0+\eta[, & f(x)=0 \\ \forall x \in]x_0-\eta;x_0+\eta[, & f(x)>0 \end{cases}$$

(construire f affine par morceaux).

Comme $f \in F$ et $g \in F^\perp$, on a : $\quad < f,g > = 0$.

Mais $< f,g > = \displaystyle\int_0^1 fg \geqslant \int_{x_0-\eta}^{x_0+\eta} fg > 0$, d'où une contradiction.

Ceci montre : $\quad \forall x \in]\frac{1}{2};1[, \quad g(x)=0,$

puis, par continuité de g : $\forall x \in [\frac{1}{2};1], \quad g(x)=0, \quad$ c'est-à-dire $g \in G$.

Finalement : $F^\perp = G$. La relation $G^\perp = F$ se prouve de la même façon.

b) • $F^{\perp\perp} = (F^\perp)^\perp = G^\perp = F$.

• Soit $\varphi \in F \oplus F^\perp = F \oplus G$. Il existe $(f,g) \in F \times G$ tel que $\varphi = f + g$, d'où

$$\varphi\left(\frac{1}{2}\right) = f\left(\frac{1}{2}\right) + g\left(\frac{1}{2}\right) = 0.$$

On a donc $F \oplus F^\perp \neq E$.

Plus précisément : $F \oplus F^\perp = F \oplus G = \left\{\varphi \in E; \varphi\left(\frac{1}{2}\right) = 0\right\}$.

c) $\begin{cases} (F \cap G)^\perp = \{0\}^\perp = E \\ F^\perp + G^\perp = G + F \neq E \quad \text{(cf. } b)) \text{ .} \end{cases}$

1.6.6 *1)* Soit $x \in (\mathrm{Im}(e-f))^\perp$; nous allons montrer $x \in \mathrm{Ker}(e-f)$.

On a : $< x, x - f(x) > = 0$, d'où $||x||^2 = < x, f(x) >$.

Alors : $\quad ||x||^2 = | < x, f(x) > | \leqslant ||x||\,||f(x)|| \leqslant |||f|||\,||x||^2 \leqslant ||x||^2,$

d'où $\quad ||x||^2 = | < x, f(x) > | = ||x||\,||f(x)||.$

L'étude du cas d'égalité dans l'inégalité de Cauchy-Schwarz (cf. 1.6.2 Prop. 1 p. 91) montre qu'il existe $\alpha \in \mathbb{C}$ tel que $f(x) = \alpha x$.

On obtient : $\quad ||x||^2 =< x, f(x) > = \alpha ||x||^2,$

d'où (si $x \neq 0$) $\alpha = 1, \quad f(x) = x, \quad x \in \mathrm{Ker}(e-f)$.

2) Réciproquement, soit $(x,y) \in (\mathrm{Ker}\,(e-f)) \times (\mathrm{Im}\,(e-f))$.

Il existe $z \in E$ tel que : $y = (e-f)(z) = z - f(z)$.

Nous allons montrer $< x, z - f(z) >= 0$.

On a : $\quad \forall \lambda \in \mathbb{C}, \quad ||f(\lambda x + z)||^2 \leqslant ||\lambda x + z||^2$.

En développant et en utilisant $f(x) = x$, on obtient :

$$\forall \lambda \in \mathbb{C}, \quad 2\mathrm{R\acute{e}}\,(\overline{\lambda} < x, z - f(z) >) + (||z||^2 - ||f(z)||^2) \geqslant 0,$$

et donc, en, choisissant $\lambda = \dfrac{t}{2} < x, z - f(z) >$:

$$\forall t \in \mathbb{R}, \quad \frac{t}{2} | < x, z - f(z) > |^2 + \left(||z||^2 - ||f(z)||^2\right) \geqslant 0.$$

En faisant tendre t vers $+\infty$ puis vers $-\infty$, on déduit : $\quad | < x, z - f(z) > |^2 = 0.$

Ceci montre : $\mathrm{Ker}(e-f) \subset (\mathrm{Im}(e-f))^\perp$.

1.6.7 Considérons la base (E_1, E_2, E_3) de $\mathbf{T}_{2,s}(\mathbb{R})$ définie par :

$$E_1 = \begin{pmatrix} 1 & 0 \\ 0 & 0 \end{pmatrix}, \quad E_2 = \begin{pmatrix} 0 & 1 \\ 0 & 0 \end{pmatrix}, \quad E_3 = \begin{pmatrix} 0 & 0 \\ 0 & 1 \end{pmatrix}.$$

Pour toute $T = \begin{pmatrix} \alpha & \beta \\ 0 & \gamma \end{pmatrix} \in \mathbf{T}_{2,s}(\mathbb{R})$, on a :

$$\begin{aligned} & A - T \in (\mathbf{T}_{2,s}(\mathbb{R}))^{\perp} \\ \iff & (\forall k \in \{1,2,3\}, < E_k, A - T > = 0) \\ \iff & \begin{cases} a - \alpha = 0 \\ b - \beta = 0 \\ d - \gamma = 0 \end{cases}. \end{aligned}$$

◇ **Réponse :** La projection orthogonale de A sur $\mathbf{T}_{2,s}(\mathbb{R})$ est $\begin{pmatrix} a & b \\ 0 & d \end{pmatrix}$.

1.6.8 Considérer la base (A_1, A_2, A_3) de F définie par :

$$A_1 \begin{pmatrix} 0 & 1 & 0 \\ -1 & 0 & 0 \\ 0 & 0 & 0 \end{pmatrix}, \quad A_2 = \begin{pmatrix} 0 & 0 & 1 \\ 0 & 0 & 0 \\ -1 & 0 & 0 \end{pmatrix}, \quad A_3 = \begin{pmatrix} 0 & 0 & 0 \\ 0 & 0 & 1 \\ 0 & -1 & 0 \end{pmatrix}$$

Vérifier que (A_1, A_2, A_3) est une famille orthogonale et que : $||A_1||^2 = ||A_2||^2 = ||A_3||^2 = 2$. On a donc :

$$p_F(M) = \sum_{k=1}^{3} < \frac{1}{\sqrt{2}} A_k, M > \frac{1}{\sqrt{2}} A_k = \frac{1}{2} \sum_{k=1}^{3} < A_k, M > A_k.$$

Calculer les $< A_k, M >$.

◇ **Réponse :** $p_F(M) = \begin{pmatrix} 0 & \frac{1}{2} & 0 \\ -\frac{1}{2} & 0 & \frac{1}{2} \\ 0 & -\frac{1}{2} & 0 \end{pmatrix}; \quad d(M, F) = 1.$

1.6.9 On a, pour tout (A, B) de $\big(\mathbf{M}_n(\mathbb{R})\big)^2$:

$$\begin{aligned} \operatorname{tr}(AB) &= \operatorname{tr}\big({}^{t}(f(A))B\big) = < f(A), B > = < A, f^*(B) >= \operatorname{tr}\big({}^{t}A f^*(B)\big) = \operatorname{tr}\big(f^*(B)\,{}^{t}A\big) \\ &= \operatorname{tr}\big({}^{t}(f^*(B)\,{}^{t}A)\big) = \operatorname{tr}\big(A\,{}^{t}(f^*(B))\big). \end{aligned}$$

Puisque $(X, Y) \longmapsto \operatorname{tr}({}^{t}XY)$ est un produit scalaire sur $\mathbf{M}_n(\mathbb{R})$ (le produit scalaire canonique sur $\mathbf{M}_n(\mathbb{R})$), on en déduit, pour toute B de $\mathbf{M}_n(\mathbb{R})$, $B = {}^{t}\big(f^*(B)\big)$, et donc :

$$\forall B \in \mathbf{M}_n(\mathbb{R}), \quad f^*(B) = {}^{t}B = f(B).$$

◇ **Réponse :** $f^* = f$.

1.6.10 *a)* • $\forall (M,N) \in (\mathbf{M}_n(\mathbb{R}))^2,\quad < f_A(M), N > = < M, f_A^*(N) >$

$\iff \forall (M,N) \in (\mathbf{M}_n(\mathbb{R}))^2,\quad \mathrm{tr}({}^{t}M\,{}^{t}AN) = \mathrm{tr}({}^{t}Mf^*(N))$

$\iff \forall N \in \mathbf{M}_n(\mathbb{R}),\quad f_A^*(N) = {}^{t}AN.$

• $\forall (M,N) \in (\mathbf{M}_n(\mathbb{R}))^2,\quad < g_B(M), N > = < M, g_B^*(N) >$

$\iff \forall (M,N) \in (\mathbf{M}_n(\mathbb{R}))^2,\quad \mathrm{tr}({}^{t}B\,{}^{t}MN) = \mathrm{tr}({}^{t}Mg_B^*(N))$

$\iff \forall (M,N) \in (\mathbf{M}_n(\mathbb{R}))^2,\quad \mathrm{tr}({}^{t}MN\,{}^{t}B) = \mathrm{tr}({}^{t}Mg_B^*(N))$

$\iff \forall N \in \mathbf{M}_n(\mathbb{R}),\quad g_B^*(N) = N\,{}^{t}B.$

◇ **Réponse :** $f_A^* = f_{{}^{t}A}$ et $g_B^* = g_{{}^{t}B}$.

b) $\forall (M,N) \in (\mathbf{M}_n(\mathbb{R}))^2,\quad < h_A(M), N > = < M, h_A^*(N) >$

$\iff \forall (M,N) \in (\mathbf{M}_n(\mathbb{R}))^2,\quad \mathrm{tr}\big({}^{t}(\mathrm{tr}(M)A)N\big) = \mathrm{tr}({}^{t}Mh_A^*(N))$

$\iff \forall (M,N) \in (\mathbf{M}_n(\mathbb{R}))^2,\quad \mathrm{tr}(M)\mathrm{tr}({}^{t}AN) = \mathrm{tr}({}^{t}Mh_A^*(N))$

$\iff \forall (M,N) \in (\mathbf{M}_n(\mathbb{R}))^2,\quad \mathrm{tr}({}^{t}M\mathrm{tr}({}^{t}AN)\mathrm{I}_n) = \mathrm{tr}({}^{t}Mh_A^*(N))$

$\iff \forall N \in \mathbf{M}_n(\mathbb{R}),\quad h_A^*(N) = \mathrm{tr}({}^{t}AN)\mathrm{I}_n.$

◇ **Réponse :** $h_A^* : \underset{N \longmapsto \mathrm{tr}({}^{t}AN)\mathrm{I}_n}{\mathbf{M}_n(\mathbb{R}) \longrightarrow \mathbf{M}_n(\mathbb{R})}.$

1.6.11 $\Longrightarrow$:

Supposons $\mathrm{Ker}(f) \subset \mathrm{Im}(f)$.

Soit $x \in E$ tel que $(f + f^*)(x) = 0$.

On a alors $f^*(x) = -f(x) \in \mathrm{Im}(f) \subset \mathrm{Ker}(f)$ (car $f^2 = 0$), donc $f(f^*(x)) = 0$, puis $||f^*(x)||^2 = < x, f(f^*(x)) >= 0$, donc $f^*(x) = 0$, $f(x) = -f^*(x) = 0$.

On a alors $x \in \mathrm{Ker}(f) \subset \mathrm{Im}(f)$; il existe donc $y \in E$ tel que $x = f(y)$, d'où $f^*(f(y)) = f^*(x) = 0$, puis $||f(y)||^2 = < y, f^*(f(y)) > = 0$, donc $x = f(y) = 0$.

Ceci montre que $f + f^*$ est injectif, et donc, puisque E est de dimension finie, $f + f^* \in \mathcal{GL}(E)$.

$\Longleftarrow$.

Supposons $f + f^* \in \mathcal{GL}(E)$.

Soit $x \in \mathrm{Ker}(f)$. Il existe $z \in E$ tel que $x = (f + f^*)(z)$, et on a :

$$0 = f(x) = f\big((f + f^*)(z)\big) = f^2(z) + f(f^*(z)) = f(f^*(z)),$$

donc $||f^*(z)||^2 = < z, f(f^*(z)) > = 0$,

d'où $f^*(z) = 0$, $x = f(z) + f^*(z) = f(z) \in \mathrm{Im}(f)$.

On conclut : $\mathrm{Ker}(f) \subset \mathrm{Im}(f)$.

C 1.1 I *1)* D'après le théorème de Borel-Lebesgue, puisque B est compacte et que $\left(B(a;\frac{1}{2})\right)_{a\in B}$ est un recouvrement ouvert de B, il existe $n \in \mathbb{N}^*, a_1,\ldots,a_n \in B$ tels que $B \subset \bigcup_{i=1}^{n} B\left(a_i;\frac{1}{2}\right)$.

2) Puisque V est un sev de dimension finie, V est fermé dans E (cf. exercice 1.4.3 p. 74).

Comme $x \notin V$, il en résulte : $\quad d(x,V) > 0$.

3) Par définition, $d(x,V) = \underset{y\in V}{\mathrm{Inf}}\,||x-y|| = \varepsilon$, donc il existe $y \in V$ tel que : $\quad \varepsilon \leqslant ||x-y|| \leqslant \frac{3\varepsilon}{2}$.

4) Puisque $||z|| = 1$, $z \in B$, donc (cf. *1)*), il existe $i \in \{1,\ldots,n\}$ tel que $x \in B\left(a_i;\frac{1}{2}\right)$, donc $||x-a_i|| \leqslant \frac{1}{2}$.

5) On a : $\quad ||x-y||(z-a_i) = ||x-y||\left(\frac{x-y}{||x-y||} - a_i\right) = x - \big(y + ||x-y||a_i\big)$.

Comme $y + ||x-y||a_i \in V$, on a : $\quad ||x-(y+||x-y||a_i)|| \geqslant d(x,V) = \varepsilon$,

et donc : $\quad ||x-y||\,||z-a_i|| = \big\|\,||x-y||(z-a_i)\big\| \geqslant \varepsilon$.

Mais $\quad ||z-a_i|| \leqslant \frac{1}{2}, \quad$ d'où $\quad ||x-y|| \geqslant 2\varepsilon, \quad$ contradiction avec $\quad ||x-y|| \leqslant \frac{3\varepsilon}{2}$.

II *1)* Supposons qu'une sphère $S(a;r)$, de l'evn E de dimension infinie, soit compacte; alors $B'(a,r)$ est l'image du compact $S(a;r)\times[0;1]$ par l'application continue $(x,t) \longmapsto a + t(x-a)$, donc $B'(a;r)$ est compacte, d'où une contradiction avec le théorème de Riesz.

2) Soient E un evn de dimension infinie et K un compact de E. Si $\overset{\circ}{K} = \varnothing$, il existe $x \in \overset{\circ}{K}$, puis $\varepsilon \in \mathbb{R}_+^*$ tel que $B'(x;\varepsilon) \subset K$. Alors $B'(x;\varepsilon)$ est un compact de E (car fermé dans un compact), d'où une contradiction avec le théorème de Riesz.

3) Supposons qu'il existe $g \in \mathcal{LC}(E)$ tel que $g\circ f = \mathrm{Id}_E$, et notons $B = B'(0;1)$, qui est une partie bornée de E. On a : $B = \mathrm{Id}_E(B) = g(f(B)) \subset g(\overline{f(B)})$. Comme $\overline{f(B)}$ est compacte et g continue, $g(\overline{f(B)})$ est compacte, et donc B est compacte (fermée dans un compact), d'où une contradiction avec le théorème de Riesz.

C 1.2 Notons $P = \prod_{k=1}^{n} E_k$, muni de la norme ν définie par : $\nu(x_1,\ldots,x_n) = \underset{1\leqslant k\leqslant n}{\mathrm{Max}}\,||x_k||_{E_k}$ (cf. 1.1.1 *3) b)* p. 8), où $||\cdot||_{E_k}$ est la norme donnée dans E_k.

(i) $\Longrightarrow$ (ii)

Supposons φ continue. En particulier, φ est continue en 0; il existe $\eta > 0$ tel que :

$$\forall u \in P, \quad (\nu(u) \leqslant \eta \Longrightarrow ||\varphi(u)||_F \leqslant 1).$$

Soit $x = (x_1,\ldots,x_n) \in P$.

- Supposons : $\forall k \in \{1,\ldots,n\}, x_k \neq 0$.

Notons $u = \eta\left(\frac{x_1}{||x_1||_{E_1}},\ldots,\frac{x_n}{||x_n||_{E_n}}\right)$. On a $\nu(u) = \eta$, donc $||\varphi(u)||_F \leqslant 1$, c'est-à-dire, puisque φ est n-linéaire :

$$||\varphi(x)||_F < \left(\frac{1}{\eta}\right)^n ||x_1||_{E_1}\cdot\ldots\cdot||x_n||_{E_n}.$$

- Si $\quad (\exists k \in \{1,\ldots,n\}, x_k = 0), \quad$ alors $\varphi(x) = 0$, puisque φ est n-linéaire.

Ceci montre : $\forall x \in P, \quad ||\varphi(x)||_F \leqslant \left(\frac{1}{\eta}\right)^n ||x_1||_{E_1}\cdot\ldots\cdot||x_n||_{E_n}$.

(ii) $\Longrightarrow$ (i)

Supposons qu'il existe $M \in \mathbb{R}_+$ tel que : $\forall x \in P,\ ||\varphi(x)||_F \leqslant M||x_1||_{E_1} \cdot \ldots \cdot ||x_n||_{E_n}$.

Soient $x = (x_1,\ldots,x_n) \in P$, $x' = (x'_1,\ldots,x'_n) \in P$; notons, pour chaque k de $\{1,\ldots,n\}$, $h_k = x'_k - x_k$, et $h = (h_1,\ldots,h_n) = x' - x$. On a :

$$\begin{aligned}
&||\varphi(x') - \varphi(x)||_F = ||\varphi(x_1 + h_1,\ldots,x_n + h_n) - \varphi(x_1,\ldots,x_n)||_F \\
&= ||(\varphi(x_1 + h_1,x_2 + h_2,\ldots,x_n + h_n) - \varphi(x_1,x_2 + h_2,\ldots,x_n + h_n)) \\
&\quad + (\varphi(x_1,x_2 + h_2,x_3 + h_3,\ldots,x_n + h_n) - \varphi(x_1,x_2,x_3 + h_3,\ldots,x_n + h_n)) \\
&\quad + \ldots + (\varphi(x_1,\ldots,x_{n-1},x_n + h_n) - \varphi(x_1,\ldots,x_{n-1},x_n))||_F \\
&= ||\varphi(h_1,x_2 + h_2,\ldots,x_n + h_n) + \varphi(x_1,h_2,x_3 + h_3,\ldots,x_n + h_n) + \ldots + \varphi(x_1,\ldots,x_{n-1},h_n)||_F \\
&\leqslant ||\varphi(h_1,x_2 + h_2,\ldots,x_n + h_n)||_F + ||\varphi(x_1,h_2,x_3 + h_3,\ldots,x_n + h_n)||_F + \ldots + ||\varphi(x_1,\ldots,x_{n-1},h_n)||_F \\
&\leqslant M||h_1||_{E_1}||x_2 + h_2||_{E_2} \cdot \ldots \cdot ||x_n + h_n||_{E_n} + M||x_1||_{E_1}||h_2||_{E_2}||x_3 + h_3||_{E_3} \cdot \ldots \cdot ||x_n + h_n||_{E_n} \\
&\quad + \ldots + M||x_1||_{E_1} \ldots ||x_{n-1}||_{E_{n-1}}||h_n||_{E_n} \\
&\leqslant nM\nu(h)(\nu(x) + \nu(h))^{n-1},
\end{aligned}$$

en majorant chaque $||h_k||_{E_k}$ par $\nu(h)$ et chaque $||x_k||_{E_k}$ ou $||x_k + h_k||_{E_k}$ par $\nu(x) + \nu(h)$.

On en déduit, pour x fixé : $\varphi(x') \xrightarrow[x' \to x]{} \varphi(x)$, et donc φ est continue.

C 1.3 I-A) *1)* **Existence**

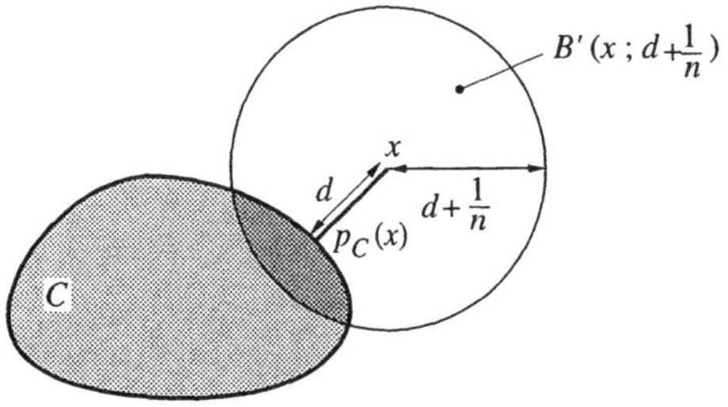

Puisque C est fermée (car complète, cf. 1.4.2 Prop. 2 p. 70) et que $x \notin C$, on a :

$$d = d(x,C) = \operatorname*{Inf}_{y \in C} ||x - y|| > 0$$

(cf. 1.1.8 Proposition p. 28).

La suite $\left(B'(x; d + \frac{1}{n}) \cap C\right)_{n \in \mathbb{N}^*}$ est une suite décroissante de parties fermées non vides dans une partie complète (C).

Montrons : $\qquad \operatorname{diam}\left(B'(x; d + \frac{1}{n}) \cap C\right) \xrightarrow[n\infty]{} 0.$

Soient $n \in \mathbb{N}^*$, $x_1,x_2 \in B'(x; d + \frac{1}{n}) \cap C$.

D'après l'égalité du parallélogramme (1.6.2 Remarque p. 93), appliquée à $x_1 - x$ et $x_2 - x$, on a :

$$||(x_1 - x) + (x_2 - x)||^2 + ||(x_1 - x) - (x_2 - x)||^2 = 2(||x_1 - x||^2 + ||x_2 - x||^2).$$

Mais $||x_1 - x|| \leqslant d + \frac{1}{n}$, $||x_2 - x|| \leqslant d + \frac{1}{n}$, et $||(x_1 - x) + (x_2 - x)|| = 2\left\|\frac{x_1 + x_2}{2} - x\right\| \geqslant 2d$ car $\frac{x_1 + x_2}{2} \in C$.

D'où : $\quad ||x_1 - x_2||^2 \leqslant 4\left(d + \frac{1}{n}\right)^2 - 4d^2.$

Ainsi : $\quad \operatorname{diam}\left(B'(x; d + \frac{1}{n}) \cap C\right) \leqslant \frac{8d}{n} + \frac{4}{n^2} \xrightarrow[n\infty]{} 0.$

Comme en 1.4.2 Prop. 4 p. 73, il existe $y_0 \in E$ tel que :

$$\{y_0\} = \bigcap_{n\in\mathbb{N}^*}\left(B'(x; d+\frac{1}{n}) \cap C\right) = \left(\bigcap_{n\in\mathbb{N}^*} B'(x; d+\frac{1}{n})\right) \cap C = B'(x; d) \cap C.$$

On obtient ainsi : $||x - y_0|| \leqslant d$. D'autre part, par définition de d, $||x - y_0|| \geqslant d$, d'où finalement : $||x - y_0|| = d$.

Unicité

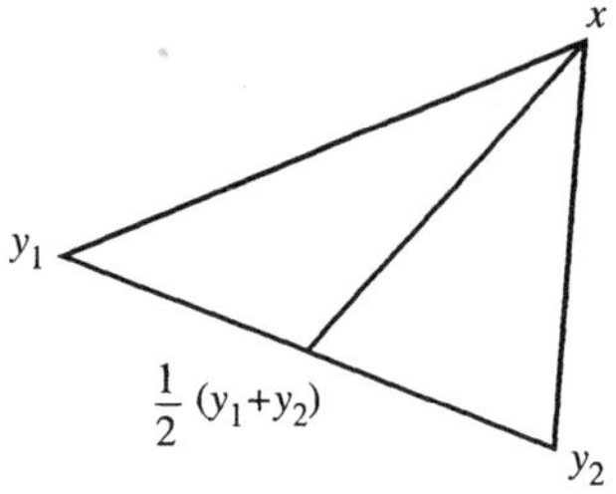

Soient $y_1, y_2 \in C$ tels que : $||x - y_1|| = ||x - y_2|| = d$. D'après l'égalité du parallélogramme (cf. 1.6.2 Remarque p. 93) :

$$2(||x-y_1||^2+||x-y_2||^2) = 4\left\|x - \frac{y_1+y_2}{2}\right\|^2 + ||y_1-y_2||^2.$$

Comme $\frac{1}{2}(y_1+y_2) \in C$, on a $\left\|x - \frac{1}{2}(y_1+y_2)\right\| \geqslant d$, d'où $||y_1 - y_2||^2 \leqslant 0$, $y_1 = y_2$.

2)

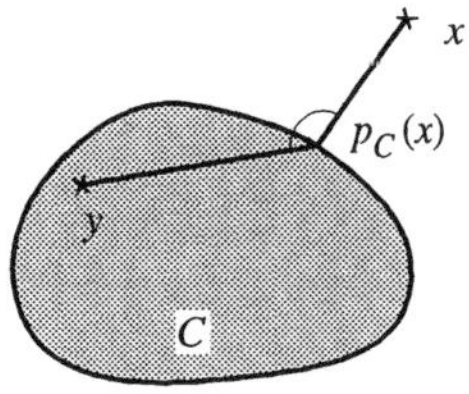

Soient $x \in E$, $y \in C$. Puisque C est convexe, on a :

$$\forall \lambda \in [0; 1], \quad \lambda y + (1-\lambda)p_C(x) \in C,$$

d'où : $\forall \lambda \in [0; 1]$,

$$\begin{aligned} ||(x - p_C(x)) - \lambda(y - p_C(x))||^2 &= ||x - (\lambda y + (1-\lambda)p_C(x))||^2 \\ &\geqslant ||x - p_C(x)||^2, \end{aligned}$$

et donc, en développant et simplifiant :

$$\forall \lambda \in [0; 1], \quad -2\text{Ré}(< x - p_C(x), y - p_C(x) >) + \lambda||y - p_C(x)||^2 \geqslant 0.$$

En faisant tendre λ vers 0^+, on conclut : $\text{Ré}(< x - p_C(x), y - p_C(x) >) \leqslant 0$.
Ainsi, l'angle $\measuredangle(x - p_C(x), y - p_C(x))$ est obtus.

3) a)

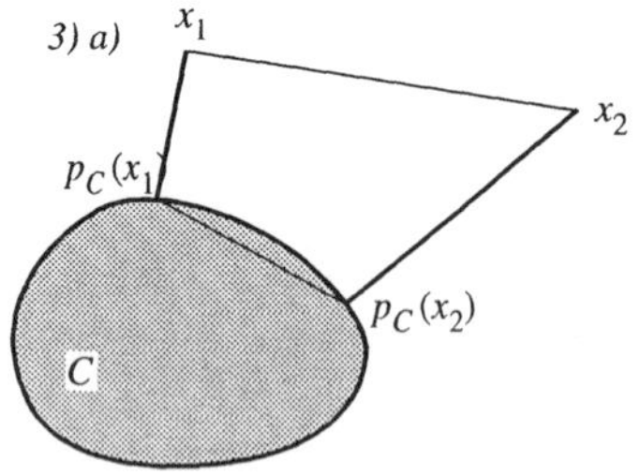

Soit $(x_1, x_2) \in E^2$. D'après *2)* :

$$\begin{cases} \text{Ré}(< x_1 - p_C(x_1), p_C(x_2) - p_C(x_1) >) \leqslant 0 \\ \text{Ré}(< x_2 - p_C(x_2), p_C(x_1) - p_C(x_2) >) \leqslant 0 \end{cases},$$

d'où, en combinant :

$$\text{Ré}(< (x_1-p_C(x_1))-(x_2-p_C(x_2)), p_C(x_2)-p_C(x_1) >) \leqslant 0.$$

On déduit, par l'inégalité de Cauchy-Schwarz :

$$\begin{aligned} ||p_C(x_2) - p_C(x_1)||^2 &\leqslant \text{Ré}(< x_2 - x_1, p_C(x_2) - p_C(x_1) >) \leqslant | < x_2 - x_1, p_C(x_2) - p_C(x_1) > | \\ &\leqslant ||x_2 - x_1|| \cdot ||p_C(x_2) - p_C(x_1)||. \end{aligned}$$

Le cas $p_C(x_2) - p_C(x_1) = 0$ étant par ailleurs d'étude triviale, on conclut :

$$||p_C(x_2) - p_C(x_1)|| \leqslant ||x_2 - x_1||.$$

b) Par définition de p_C : $\forall x \in C,\ p_C(x) = x$.

c) $\left\{\begin{array}{l} \forall x \in E,\ p_C(x) \in C \\ \forall x \in C,\ x = p_C(x) \end{array}\right|$, d'où $p_C(E) = C$.

B) *1)*

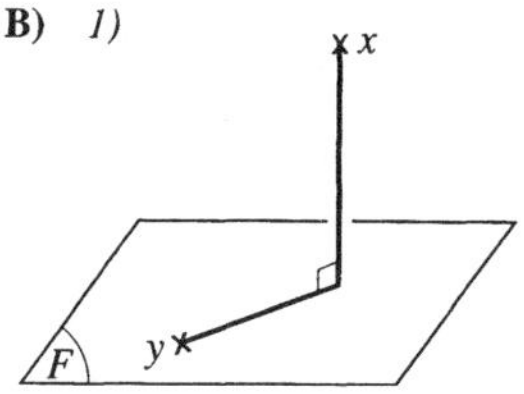

Soit $x \in E$. D'après **A)** *2)* :

$$\forall y \in F, \quad \text{Ré}(< x - p_F(x), y - p_F(x) >) \leqslant 0.$$

Comme F est un sev de E, il en résulte :

$$\forall z \in F, \quad \text{Ré}(< x - p_F(x), z >) \leqslant 0.$$

En utilisant $z \longmapsto -z$, on déduit :

$$\forall z \in F, \quad \text{Ré}(< x - p_F(x), z >) = 0,$$

puis, en utilisant $z \longmapsto iz$, on conclut :

$$\forall z \in F, \quad < x - p_F(x), z > = 0.$$

2) Soient $\alpha \in \mathbb{C}$, $x, x' \in E$. On a : $\forall z \in F,\ \left\{\begin{array}{l} < x - p_F(x), z > = 0 \\ < x' - p_F(x'), z > = 0 \\ < \alpha x + x' - p_F(\alpha x + x'), z > = 0 \end{array}\right|$,

d'où, en combinant : $\forall z \in F, \quad < \alpha p_F(x) + p_F(x') - p_F(\alpha x + x'), z > = 0$.

Comme F est un sev, $\alpha p_F(x) + p_F(x') - p_F(\alpha x + x') \in F$, et donc finalement :

$$p_F(\alpha x + x') = \alpha p_F(x) + p_F(x').$$

3) a) • p_F est linéaire (cf. *2)*).

• p_F est 1-lipschitzienne (cf. **A)** *3) a)*).

On conclut : $p_F \in \mathcal{LC}(E)$ et $|||p_F||| \leqslant 1$.

b) Si $F \neq \{0\}$, il existe $x_0 \in F$ tel que $x_0 \neq 0$, et on a $p_F(x_0) = x_0$, d'où $|||p_F||| \geqslant 1$.

c) α) $\text{Im}(p_F) = p_F(E) = F$, cf. **A)** *3) c)*.

β) • Soit $x \in F^\perp$. D'après **B)** *1)*, $x - p_F(x) \in F^\perp$,

d'où $p_F(x) = x - (x - p_F(x)) \in F^\perp \cap F = \{0\}$.

• Réciproquement, soit $x \in \text{Ker}(p_F)$. D'après **B)** *1)*, on a alors :

$\forall y \in F, < x, y > = < x - p_F(x), y > = 0$, d'où $x \in F^\perp$.

γ) $F \oplus F^\perp = \text{Im}(p_F) \oplus \text{Ker}(p_F) = E$, puisque p_F est un projecteur de E (cf. **A)** *3) b)* et **B)** *2)*).

4) Soit $x \in E$.

• On a, d'après **B)** *1)* et *3) c)* : $p_F(x) - x \in F^\perp \subset G^\perp = \text{Ker}(p_G)$, d'où $p_G \circ p_F(x) = p_G(x)$.

• Puisque $p_G(x) \in G \subset F$, on a : $p_F \circ p_G(x) = p_F(p_G(x)) = p_G(x)$.

II *1) a)* Puisque F est fermé dans H qui est complet, F est complet (cf. 1.4.2 Prop. 2 p. 70); appliquer alors **I B)** *3) c)*.

b) Montrer que $\overline{F}$ est un sev fermé de H. D'après 1.4.2 Prop. 2 p. 70, $\overline{F}$ est complet, d'où (cf. **I B)** *3) c)*) : $\overline{F} + (\overline{F})^\perp = H$.

Mais d'autre part, $F^{\perp}$ est un sev fermé de H (cf. 1.6.3 Prop. 2 p. 96), d'où $F^{\perp} \oplus F^{\perp\perp} = H$.
Enfin, $(\overline{F})^{\perp} = F^{\perp}$ (cf. exercice 1.6.3 p. 99).
Par unicitié de l'orthogonal d'un sev (quand il existe), on conclut $F^{\perp\perp} = \overline{F}$.
En particulier, pour tout sev fermé F d'un espace de Hilbert H, on a : $F^{\perp\perp} = F$.

c) Appliquer *b)* à $F = \mathrm{Vect}(A)$, en remarquant $A^{\perp} = (\mathrm{Vect}(A))^{\perp}$ (cf. 1.6.3 Prop. 1 *3)*, p. 95).

2) • La linéarité de φ_x, pour $x \in H$ fixé, résulte de la sesquilinéarité du produit scalaire.

• Soit $x \in H$. En utilisant l'inégalité de Cauchy-Schwarz, on a :

$$\forall y \in H, \quad |\varphi_x(y)| = |< x,y >| \leqslant ||x||\,||y||.$$

Ceci montre : $\varphi_x \in H'$ et $|||\varphi_x||| \leqslant ||x||$.
De plus : $|\varphi_x(x)| = |< x,x >| = ||x||^2$, d'où, si $x \neq 0$, $|||\varphi_x||| \geqslant ||x||$. Le cas $x = 0$ est trivial.
On obtient ainsi : $|||\varphi_x||| = ||x||$.

• ϕ est semi-linéaire car $< .,. >$ est sesquilinéaire.

• **Injectivité de ϕ**

Si $x \in H$ est tel que $\phi(x) = 0$, alors $||x|| = |||\phi(x)||| = 0$, donc $x = 0$.

• **Surjectivité de ϕ**

Soit $l \in H'$.
Comme $\phi(0) = 0$, on peut supposer $l \neq 0$. Notons $F = \mathrm{Ker}(l) = l^{-1}(\{0\})$, qui est un hyperplan fermé de H (puisque l est une forme linéaire continue). Puisque H est complet, on a

$F \oplus F^{\perp} = H$ (cf. *1) a)*).
Comme $F^{\perp}$ est un supplémentaire d'un hyperplan, il existe $x_1 \in F^{\perp}$ tel que : $x_1 \neq 0$ et $F^{\perp} = \mathbb{C}x_1$.
Soit $y \in H$; il existe $\alpha \in \mathbb{C}$, $z \in F$ tels que $y = z + \alpha x_1$. On a :

$$\begin{cases} l(y) = l(z) + \alpha l(x_1) = \alpha l(x_1) & \text{car } z \in \mathrm{Ker}(l) \\ < x_1,y > = < x_1,z + \alpha x_1 > = \alpha ||x_1||^2 & \text{car } z \in F \text{ et } x_1 \in F^{\perp}. \end{cases}$$

D'où : $l(y) =< x_2,y >$, où $x_2 = \dfrac{\overline{l(x_1)}}{||x_1||^2}\, x_1$.
Ainsi $l = \phi(x_2)$, ϕ est surjective.

C 1.4 *1)* Soient $g,h \in \mathcal{L}(E)$ telles que : $\forall (x,y) \in E^2$, $\begin{cases} < f(x),y > = < x,g(y) > \\ < f(x),y > = < x,h(y) > \end{cases}$.

Alors : $\forall (x,y) \in E^2$, $< x,(g-h)(y) > = 0$,
d'où : $\forall y \in E$, $(g-h)(y) = 0$,
et donc $g = h$.

2) On a, pour tout (x,y) de E^2 :

a) $< x,(f^* + g^*)(y) > = < x,f^*(y) > + < x,g^*(y) > = < f(x),y > + < g(x),y >$
$= < (f+g)(x),y >$

b) $< x,\overline{\lambda} f^*(y) > = \overline{\lambda} < x,f^*(y) > = \overline{\lambda} < f(x),y > = < (\lambda f)(x),y >$

c) $< x,(f^* \circ g^*)(y) > = < x,f^*(g^*(y)) > = < f(x),g^*(y) > = < g(f(x)),y > = < (g \circ f)(x),y >$

d) $< x,f(y) > = \overline{< f(y),x >} = \overline{< y,f^*(x) >} = < f^*(x),y >$.

3) Soit $x \in F^{\perp}$. On a : $\forall y \in F$, $< f^*(x),y > = < x,f^{**}(y) > = < x,f(y) > = 0$,
car $x \in F^{\perp}$ et $f(y) \in f(F) \subset F$.
D'où : $f^*(x) \in F^{\perp}$.

4) (i) • Soit $x \in \mathrm{Ker}(f)$. On a : $\forall y \in E, \quad < x, f^*(y) > = < f(x), y > = < 0, y > = 0$, d'où $\quad x \in (\mathrm{Im}(f^*))^\perp$.

• Soit $x \in (\mathrm{Im}(f^*))^\perp$. On a : $\quad \forall y \in E, \quad < f(x), y > = < x, f^*(y) > = 0$, donc $\quad f(x) = 0$, $x \in \mathrm{Ker}(f)$.

(ii) Appliquer *(i)* à f^* au lieu de f : $\quad \mathrm{Ker}(f^*) = (\mathrm{Im}(f^{**}))^\perp = (\mathrm{Im}(f))^\perp$.

(iii) Soit $x \in E$. On a : $\quad \forall y \in \mathrm{Ker}(f^*), \quad < f(x), y > = < x, f^*(y) > = < x, 0 > = 0$, donc $\quad f(x) \in (\mathrm{Ker}(f^*))^\perp$.

(iv) Appliquer *(iii)* à f^* au lieu de f : $\quad \mathrm{Im}(f^*) \subset (\mathrm{Ker}(f^{**}))^\perp = (\mathrm{Ker}(f))^\perp$.

5) • $\forall x \in E$, $(x \in \mathrm{Ker}(f) \cap \mathrm{Ker}(g) \Longrightarrow f(x) = g(x) = 0 \Longrightarrow (f+g)(x) = 0 \Longrightarrow x \in \mathrm{Ker}(f+g))$.

• Réciproquement, soit $x \in \mathrm{Ker}(f+g)$. On a : $(f^* \circ f)(x) = f^*((f+g)(x)) - (f^* \circ g)(x) = 0$, d'où $||f(x)||^2 = < f(x), f(x) > = < x, f^*(f(x)) > = 0$, et donc $f(x) = 0$,
puis $g(x) = (f+g)(x) - f(x) = 0$.
Finalement : $x \in \mathrm{Ker}(f) \cap \mathrm{Ker}(g)$.

6) a) Soit $y \in E$. On a, pour tout x de E :
$| < x, f^*(y) > | = | < f(x), y > | \leqslant ||f(x)||\,||y|| \leqslant |||f|||\,||x||\,||y||$.
En particulier, en remplaçant x par $f^*(y)$: $\quad ||f^*(y)||^2 \leqslant |||f|||\,||f^*(y)||\,||y||$.
Si $||f^*(y)|| \neq 0$, on déduit $||f^*(y)|| \leqslant |||f|||\,||y||$; cette dernière inégalité est triviale si $||f^*(y)|| = 0$.
On a ainsi montré : $\quad \forall y \in E, ||f^*(y)|| \leqslant |||f|||\,||y||, \quad$ donc $f^* \in \mathcal{LC}(E) \quad$ et $\quad |||f^*||| \leqslant |||f|||$.

b) Appliquer *a)* à f et à f^* : $|||f^*||| \leqslant |||f|||$ et $|||f||| = |||f^{**}||| \leqslant |||f^*|||$.

c) • $|||f^* \circ f||| \leqslant |||f^*|||\,|||f||| = |||f|||^2$

• $\forall x \in E, ||f(x)||^2 = < f(x), f(x) > = < x, f^* \circ f(x) > \leqslant ||x||\,||(f^* \circ f)(x)|| \leqslant |||f^* \circ f|||\,||x||^2$, d'où $|||f|||^2 \leqslant |||f^* \circ f|||$.

7) • Pour $y \in H$, considérons $\psi_y : \begin{array}{l} H \longrightarrow \mathbb{C} \\ x \longmapsto < y, f(x) > \end{array}$. Il est clair que ψ_y est linéaire. De plus :

$$\forall x \in H, \quad |\psi_y(x)| = | < y, f(x) > | \leqslant ||y||\,||f(x)|| \leqslant (||y||\,|||f|||)||x||,$$

et donc $\psi_y \in H'$, où H est le dual topologique de H, cf. 1.2.6 p. 53.

• Considérons $\Psi : \begin{array}{l} H \longrightarrow H' \\ y \longmapsto \psi_y \end{array}$ ainsi définie. Il est clair que Ψ est semi-linéaire, c'est-à-dire :

$$\forall \alpha \in \mathbb{C}, \quad \forall x, x' \in H, \quad \Psi(\alpha x + x') = \overline{\alpha}\Psi(x) + \Psi(x').$$

• Notons $\Phi : H \longrightarrow H'$ l'application analogue à Ψ ci-dessus, en partant de Id_E au lieu de f, c'est-à-dire : $\quad \forall y \in H, \phi(y) = \varphi_y, \quad$ où $\quad \varphi_y : \begin{array}{l} H \longrightarrow \mathbb{C} \\ x \longmapsto < y, x > \end{array}$.

On a vu (cf. C 1.3 **II** *2)* p. 109) que Φ est une isométrie semi-linéaire. Notons $g = \Phi^{-1} \circ \Psi$.

• g est linéaire, car Ψ et Φ^{-1} sont semi-linéaires.

• $\forall (x,y) \in H^2, < x, g(y) > = \overline{< g(y), x >} = \overline{\varphi_{g(y)}(x)} = \overline{(\Phi(g(y)))(x)} = \overline{(\Psi(y))(x)} = \overline{\psi_y(x)}$
$= \overline{< y, f(x) >} = < f(x), y >$.

Finalement, f admet un adjoint qui est g.

Indications et réponses
pour les exercices du chapitre 2

2.1.1 Remplacer t par $1-t$ dans la $1^{\text{ère}}$ relation puis combiner avec la $2^{\text{ème}}$; on déduit :

$$\forall t \in \mathbb{R} - \{\frac{1}{2}\}, \quad f_2(t) = t.$$

Examiner le cas $t = \dfrac{1}{2}$.

◇ **Réponse :** $\left\{ f : \mathbb{R} \longrightarrow \mathbb{R}^2 \text{ définie par : } \forall t \in \mathbb{R}, \quad f(t) = \begin{cases} (t,t) & \text{si } t \neq \dfrac{1}{2} \\ (\lambda, 1-\lambda) & \text{si } t = \dfrac{1}{2} \end{cases} ; \lambda \in \mathbb{R} \right\}.$

2.1.2 Remarquer que M est croissante.

Soit $x \in \mathbb{R}_+$; on a : $\forall t \in [0; x], \quad ||f(t)|| \leqslant A + \dfrac{1}{2}M(t) \leqslant A + \dfrac{1}{2}M(x),$

d'où $M(x) \leqslant A + \dfrac{1}{2}M(x)$, puis $M(x) \leqslant 2A$.

Enfin : $\forall x \in \mathbb{R}_+, \quad ||f(x)|| \leqslant M(x) \leqslant 2A.$

2.1.3 Remarquer : $\forall t \in \mathbb{R}, \quad \left(\dfrac{t}{2}, -\dfrac{3t^2}{(t^2+1)(t^2+4)}\right) = \left(t, \dfrac{1}{t^2+1}\right) - \left(\dfrac{t}{2}, \dfrac{1}{\left(\dfrac{t}{2}\right)^2 + 1}\right)$

En notant $g : \mathbb{R} \longrightarrow \mathbb{R}^2$ l'application définie par : $\forall t \in \mathbb{R}, \quad g(t) = f(t) - \left(t, \dfrac{1}{t^2+1}\right)$,

on a donc : $\begin{cases} \forall t \in \mathbb{R}, \quad g(t) = g\left(\dfrac{t}{2}\right) \\ g(0) = (0,0) \end{cases}$

Pour $t \in \mathbb{R}$ fixé, $g(t) = g\left(\dfrac{t}{2}\right) = \ldots = g\left(\dfrac{t}{2^n}\right) \underset{n\infty}{\longrightarrow} g(0)$, car g est continue en 0, d'où $g = 0$, puis f.

Examiner la réciproque.

◇ **Réponse :** $\left\{ \begin{aligned} f : \mathbb{R} &\longrightarrow \mathbb{R}^2 \\ t &\longmapsto \left(t, \dfrac{1}{t^2+1}\right) \end{aligned} \right\}$

2.1.4 Pour tout t de $\mathbb{R}^*$: $\dfrac{f(t)}{\operatorname{sh} t} = \dfrac{\operatorname{ch}\frac{t}{2} f\left(\frac{t}{2}\right)}{\operatorname{sh} t} = \dfrac{1}{2}\dfrac{f\left(\frac{t}{2}\right)}{\operatorname{sh}\left(\frac{t}{2}\right)}$,

d'où : $\forall n \in \mathbb{N}^*,\quad f(t) = \dfrac{\operatorname{sh} t}{2^n}\dfrac{f\left(\frac{t}{2^n}\right)}{\operatorname{sh}\left(\frac{t}{2^n}\right)}$

En déduire la valeur de $f(t)$ en faisant tendre n vers $+\infty$ et en utilisant la continuité de f en 0 et $\dfrac{\operatorname{sh} u}{u} \underset{u\to 0}{\longrightarrow} 1$.

Examiner la réciproque.

◇ **Réponse :** $\left\{ f : \mathbb{R} \longrightarrow \mathbb{R}^2 ; \forall t \in \mathbb{R},\quad f(t) = \begin{cases} \left(-\dfrac{\operatorname{sh} t}{t}, \dfrac{\operatorname{sh} t}{t}\right) & \text{si } t \neq 0 \\ (-1,\ 1) & \text{si } t = 0 \end{cases} \right\}$

2.1.5 L'application $t \longmapsto |f(t)|^2 = (\text{Ré}\,(f(t)))^2 + (\text{Im}\,(f(t)))^2$ est continue sur le compact $[a;b]$ et à valeurs > 0. Appliquer 1.3.1 Cor. p. 59.

2.1.6 *a)* • Pour tout (x,t) de $\mathbb{R}^2$:

$$g(x+t)-2g(x)+g(x-t) = \frac{1}{2}(f(x+t)-2f(x)+f(x-t))+\frac{1}{2}(f(-x+t)-2f(-x)+f(-x-t)) \underset{t\to+\infty}{\longrightarrow} 0.$$

En particulier : $g(t) - 2g(0) + g(-t) \underset{t\to+\infty}{\longrightarrow} 0$; comme g est paire, on déduit : $g(t) \underset{t\to+\infty}{\longrightarrow} g(0)$.

• Mais alors, pour tout x de $\mathbb{R}$ fixé :

$$g(x+t) - 2g(x) + g(x-t) = g(t+x) - 2g(x) + g(t-x) \underset{t\to+\infty}{\longrightarrow} g(0) - 2g(x) + g(0).$$

On conclut : $\forall x \in \mathbb{R},\quad g(x) = g(0)$.

b) α) On voit d'abord, pour tout (x,t) de $\mathbb{R}^2$:

$$\begin{aligned} h(t+x) - 2h(x) - h(t-x) &= h(x+t) - 2h(x) + h(x-t) \\ &= \frac{1}{2}(f(x+t) - 2f(x) + f(x-t)) - \frac{1}{2}(f(-x-t) - 2f(-x) + f(-x+t)) \underset{t\to+\infty}{\longrightarrow} 0. \end{aligned}$$

Soient $x \in \mathbb{R}_+^*$ et $\varepsilon > 0$ fixés. Il existe $N \in \mathbb{N}$ tel que :

$$\begin{aligned} \forall n \in \mathbb{N},\quad \Big(n \geqslant N &\Longrightarrow \left\| h\left(\left(n-\frac{1}{2}\right)x + \frac{x}{2}\right) - 2h\left(\frac{x}{2}\right) + h\left(\left(n-\frac{1}{2}\right)x - \frac{x}{2}\right)\right\| \leqslant \frac{\varepsilon}{2} \\ &\Longrightarrow \left\| h(nx) - 2h\left(\frac{x}{2}\right) - h((n-1)x)\right\| \leqslant \frac{\varepsilon}{2}\Big). \end{aligned}$$

En appliquant l'inégalité obtenue pour $N+1,\dots,n$, puis en sommant et en utilisant l'inégalité triangulaire, on obtient, pour tout n de $\mathbb{N}$ tel que $n \geqslant N$: $\|h(nx) - 2(n-N)h\left(\frac{x}{2}\right) - h(Nx)\| \leqslant (n-N)\frac{\varepsilon}{2}$,

d'où $\left\|\dfrac{h(nx)}{n-N} - 2h\left(\dfrac{x}{2}\right) - \dfrac{h(Nx)}{n-N}\right\| \leqslant \dfrac{\varepsilon}{2}$, puis $\left\|\dfrac{h(nx)}{n-N} - 2h\left(\dfrac{x}{2}\right)\right\| \leqslant \dfrac{\|h(Nx)\|}{n-N} + \dfrac{\varepsilon}{2}$.

Comme $\dfrac{||h(Nx)||}{n-N} \underset{n\infty}{\longrightarrow} 0$, il existe $N_1 \in \mathbb{N}$ tel que : $\begin{cases} N_1 \geqslant N \\ \forall n \in \mathbb{N}, \quad (n \geqslant N_1 \Longrightarrow \dfrac{||h(Nx)||}{n-N} \leqslant \dfrac{\varepsilon}{2}) \end{cases}$.

On a alors : $\forall n \in \mathbb{N}, \quad \left(n \geqslant N_1 \Longrightarrow \left|\left|\dfrac{h(nx)}{n-N} - 2h\left(\dfrac{x}{2}\right)\right|\right| \leqslant \varepsilon\right)$.

Ceci prouve $\dfrac{h(nx)}{n-N} \underset{n\infty}{\longrightarrow} 2h\left(\dfrac{x}{2}\right)$ et donc $\dfrac{h(nx)}{n} \underset{n\infty}{\longrightarrow} 2h\left(\dfrac{x}{2}\right)$.

Puisque h est impaire, on a aussi la propriété lorsque $x < 0$; le cas $x = 0$ est immédiat.

β) Soient $x \in \mathbb{R}$, $r \in \mathbb{Q}$; il existe $(p,q) \in \mathbb{Z} \times \mathbb{N}^*$ tel que $r = \dfrac{p}{q}$. On a alors, pour $m \in \mathbb{N}^*$:

$$\begin{cases} \dfrac{1}{mq} h\left(mq\left(\dfrac{2px}{q}\right)\right) \underset{m\infty}{\longrightarrow} 2h\left(\dfrac{2px}{2q}\right) = 2h(rx) \\ \dfrac{1}{mq} h\left(mq\left(\dfrac{2px}{q}\right)\right) = \dfrac{p}{q}\dfrac{1}{mp} h(mp(2x)) \underset{m\infty}{\longrightarrow} \dfrac{p}{q} 2h\left(\dfrac{2x}{2}\right) = 2rh(x), \end{cases}$$

en utilisant l'imparité de h pour le cas $p < 0$.

γ) L'application $r \longmapsto h(r) - rh(1)$ est continue et s'annule sur la partie $\mathbb{Q}$ de $\mathbb{R}$, qui est dense dans $\mathbb{R}$, donc est nulle.

c) D'après *a)*, g est constante; d'après *b)*, h est de la forme $\begin{array}{l} \mathbb{R} \longrightarrow \mathbb{R} \\ x \longmapsto xA \end{array}$, $A \in E$. Et $f = g + h$.

2.2.1 Notons $g = \text{Ré}\,(f)$, $h = \text{Im}\,(f)$; g et h sont dérivables sur I et $f = g + \mathrm{i}h$. On a :

$$\text{Ré}\left(\frac{f'}{f}\right) = \frac{gg' + hh'}{g^2 + h^2} = \frac{1}{2}(\ln \circ (g^2 + h^2))' = (\ln|f|)'.$$

Puis : $|f| \nearrow \iff \ln \circ |f| \nearrow \iff (\ln|f|)' \geqslant 0$.

2.2.2 Raisonnons par l'absurde : supposons que f admette une infinité de zéros. Puisque $[a; b]$ est compact, il existe alors une suite $(x_n)_{n\in\mathbb{N}}$ de zéros de f et c tels que :

$$\begin{cases} \forall n \in \mathbb{N}, \quad x_n \neq c \\ x_n \underset{n\infty}{\longrightarrow} c \end{cases}.$$

Par continuité de f, on déduit $f(c) = 0$; puis, d'après l'hypothèse : $f'(c) \neq 0$.

Comme $\dfrac{f(x)}{x-c} \underset{x \longrightarrow c}{\longrightarrow} f'(c) \neq 0$, au voisinage de c (sauf en c), f ne s'annule pas, ce qui contredit la définition de c.

2.2.3 Notons $\mathcal{B} = (e_1, \dots, e_n)$ la base canonique de $\mathbb{R}^n$; on obtient, par multilinéarité et alternance :

$$\forall t \in \mathbb{R}, \quad \varphi(t) = \det_{\mathcal{B}}(e_1 + tf(e_1), \dots, e_n + tf(e_n)) = 1 + t \sum_{i=1}^{n} \det_{\mathcal{B}}(e_1, \dots, f(e_i), \dots e_n) + \underset{t \longrightarrow 0}{o}(t),$$

d'où $\quad \dfrac{\varphi(t) - \varphi(0)}{t} \underset{t \to 0}{\longrightarrow} \displaystyle\sum_{i=1}^{n} \det_{\mathcal{B}}(e_1, \dots, f(e_i), \dots, e_n).$

En notant $A = (a_{ij})_{ij}$ la matrice de f relativement à $\mathcal{B}$, on a :

$$\sum_{i=1}^{n} \det_{\mathcal{B}}(e_1, \dots, f(e_i), \dots, e_n) = \sum_{i=1}^{n} \begin{vmatrix} 1 & & 0 & a_{1i} & & & \\ & \ddots & & \vdots & & 0 & \\ & & 1 & \vdots & & & \\ & & & a_{ii} & & & \\ & 0 & & \vdots & 1 & & \\ & & & \vdots & & \ddots & \\ & & & a_{ni} & 0 & & 1 \end{vmatrix} = \sum_{i=1}^{n} a_{ii} = \operatorname{tr}(A) = \operatorname{tr}(f).$$

◇ **Réponse :** $\varphi'(0) = \operatorname{tr}(f)$.

2.2.4 *1)* Les théorèmes généraux montrent que f est dérivable en tout point de $]-1; 1[-\{0\}$.

D'autre part : $$\frac{1}{t}(f(t) - f(0)) = \begin{cases} \left(t \sin \dfrac{1}{t}, t \cos \dfrac{1}{t}\right) & \underset{t \longrightarrow 0^+}{\longrightarrow} (0,0) \\ (0,0) & \underset{t \longrightarrow 0^-}{\longrightarrow} (0,0) \end{cases},$$

donc f est dérivable en 0 et $f'(0) = (0,0)$.

2) $\forall t \in]0; 1[, \quad ||f'(t)||_2^2 = \left(2t \sin \dfrac{1}{t} - \cos \dfrac{1}{t}\right)^2 + \left(2t \cos \dfrac{1}{t} + \sin \dfrac{1}{t}\right)^2 = 4t^2 + 1 \geqslant 1.$

Ainsi, $f'(]-1; 1[)$ est la réunion de $\{(0,0)\}$ et d'une partie non vide de $\mathbb{R}^2$ située en dehors de la boule $B(0; 1)$, ce qui montre que $f'(]-1; 1[)$ n'est pas connexe par arcs.

2.2.5 L'application $D_n : \mathbb{R} \longrightarrow \mathbb{C}$ définie par :

$$\forall t \in \mathbb{R}, \quad D_n(t) = \begin{vmatrix} e^{\alpha_1 t} & \alpha_1 e^{\alpha_1 t} & \dots & \alpha_1^{n-1} e^{\alpha_1 t} \\ \vdots & \vdots & & \vdots \\ e^{\alpha_n t} & \alpha_n e^{\alpha_n t} & \dots & \alpha_n^{n-1} e^{\alpha_n t} \end{vmatrix}$$

est dérivable sur $\mathbb{R}$ et (cf. 2.2.3 Prop. p. 128) : $\forall t \in \mathbb{R}$, $D_n'(t) = \begin{vmatrix} e^{\alpha_1 t} & \alpha_1 e^{\alpha_1 t} & \dots & \alpha_1^{n-2} e^{\alpha_1 t} & \alpha_1^n e^{\alpha_1 t} \\ \vdots & \vdots & & \vdots & \vdots \\ e^{\alpha_n t} & \alpha_n e^{\alpha_n t} & . & \alpha_n^{n-2} e^{\alpha_n t} & \alpha_n^n e^{\alpha_n t} \end{vmatrix}$

(les autres déterminants ont deux colonnes égales).

Le déterminant cherché est donc $D_n'(0)$. Mais d'autre part :

$$\forall t \in \mathbb{R}, \quad D_n(t) = e^{\left(\sum_{i=1}^{n} \alpha_i\right) t} \begin{vmatrix} 1 & \alpha_1 & . & \alpha_1^{n-1} \\ \vdots & \vdots & & \vdots \\ 1 & \alpha_n & .. & \alpha_n^{n-1} \end{vmatrix} = e^{\left(\sum_{i=1}^{n} \alpha_i\right) t} \prod_{n \geqslant i > j \geqslant 1} (\alpha_i - \alpha_j)$$

(déterminant de Vandermonde).

◇ **Réponse :** $\left(\displaystyle\sum_{i=1}^{n} \alpha_i\right) \displaystyle\prod_{n \geqslant i > j \geqslant 1} (\alpha_i - \alpha_j).$

2.3.1 *a) 1)* **Convergence simple**

Pour $x \in \mathbb{R}$ fixé et $n \geqslant 2$:

$$f_n(x) = n\text{Arctan}\,\frac{\left(x+\frac{1}{n}\right)-\left(x-\frac{1}{n}\right)}{1+\left(x+\frac{1}{n}\right)\left(x-\frac{1}{n}\right)} = n\text{Arctan}\left(\frac{\frac{2}{n}}{1+x^2-\frac{1}{n^2}}\right) \underset{n\infty}{\longrightarrow} \frac{2}{1+x^2}.$$

2) **Convergence uniforme**

Montrer (par étude de variations de fonctions) : $\forall t \in \mathbb{R}_+,\quad 0 \leqslant t - \text{Arctan}\, t \leqslant \frac{t^3}{3}$.

En déduire, pour tous $n \in \mathbb{N} - \{0,1\}$ et $x \in \mathbb{R}$: $0 \leqslant \dfrac{2}{1+x^2-\frac{1}{n^2}} - f_n(x) \leqslant \dfrac{8}{3n}$.

D'autre part : $0 \leqslant \dfrac{2}{1+x^2-\frac{1}{n^2}} - \dfrac{2}{1+x^2} \leqslant \dfrac{2}{n^2}$.

En déduire : $\|f_n - f\|_\infty \underset{n\infty}{\longrightarrow} 0$, où $f : x \longmapsto \dfrac{2}{1+x^2}$.

◇ **Réponse :** $(f_n)_n$ converge uniformément sur $\mathbb{R}$ vers $f : \begin{array}{l} \mathbb{R} \longrightarrow \mathbb{R} \\ x \longmapsto \dfrac{2}{1+x^2} \end{array}$

b) 1) **Convergence simple**

Pour $x \in \mathbb{R}_+^*$ fixé, $f_n(x) \underset{n\infty}{\longrightarrow} \text{Arctan}\,\frac{1}{x}$. Et $f_n(0) = \text{Arctan}\, n \underset{n\infty}{\longrightarrow} \frac{\pi}{2}$.

2) **Convergence uniforme**

Pour $n \in \mathbb{N}^*$ et $x \in \mathbb{R}_+^*$:

$$\left|f_n(x) - \text{Arctan}\frac{1}{x}\right| = \left|\text{Arctan}\frac{\frac{n+x}{1+nx}-\frac{1}{x}}{1+\frac{n+x}{1+nx}\frac{1}{x}}\right| = \left|\text{Arctan}\left(\frac{x^2-1}{nx^2+n+2x}\right)\right|$$

$$\leqslant \frac{|x^2-1|}{nx^2+n+2x} \leqslant \frac{x^2+1}{n(x^2+1)+2x} \leqslant \frac{1}{n}.$$

◇ **Réponse :** $(f_n)_n$ converge uniformément sur $\mathbb{R}_+$ vers $f : \begin{array}{l} \mathbb{R}_+ \longrightarrow \mathbb{R} \\ x \longmapsto \dfrac{\pi}{2} - \text{Arctan}\, x \end{array}$.

c) 1) **Convergence simple**

Pour $x \in]0;1[$ fixé, $f_n(x) \underset{n\infty}{\longrightarrow} 0$ par prépondérance des exponentielles sur les puissances ; et $f_n(0) = f_n(1) = 0$.

2) **Convergence uniforme**

Remarquer d'abord :

$$f_n\left(1-\frac{1}{n}\right) = f_n\left(\frac{1}{n}\right) = n^\alpha\left(\frac{1}{n^n}\left(1-\frac{1}{n}\right)+\frac{1}{n}\left(1-\frac{1}{n}\right)^n\right) \underset{n\infty}{\sim} \frac{1}{\mathrm{e}}n^{\alpha-1}.$$

- Si $\alpha \geqslant 1, (f_n)_n$ ne converge pas uniformément vers 0 sur $[0;1]$, puisque $f_n\left(\frac{1}{n}\right) \underset{n\infty}{\not\longrightarrow} 0$.

Mais, pour tout c de $]0;\frac{1}{2}]$, $(f_n)_n$ converge uniformément vers 0 sur $[c;1-c]$ puisque :

$$\forall x \in [c;1-c],\quad 0 \leqslant f_n(x) \leqslant 2n^\alpha(1-c)^{n+1}.$$

• Si $\alpha < 1$, montrer qu'il existe $C \in \mathbb{R}_+$ tel que : $\forall n \in \mathbb{N}^*,\ \forall x \in [0;1],\quad x^n(1-x) \leqslant \frac{C}{n}$,

d'où : $\forall n \in \mathbb{N}^*,\quad \forall x \in [0;1],\quad 0 \leqslant f_n(x) \leqslant \frac{2C}{n^{1-\alpha}}$.

◇ **Réponse :** • Si $\alpha < 1$, $(f_n)_n$ converge uniformément vers 0 sur $[0;1]$

• Si $\alpha \geqslant 1, (f_n)_n$ ne converge pas uniformément vers 0 sur $[0;\frac{1}{2}]$ ni sur $[\frac{1}{2};1]$, mais converge uniformément vers 0 sur tout $[a;b]$ tel que $0 < a \leqslant b < 1$.

2.3.2 *a)* En utilisant les changements de variables $t = x - n$, $u = x - \frac{n}{2}$, montrer :

$$f_n(x) \underset{x \longrightarrow n}{\longrightarrow} 0 \text{ et } f_n(x) \underset{x \longrightarrow \frac{n}{2}}{\longrightarrow} 0.$$

b) 1) **Convergence simple**

Pour $x \in \mathbb{R}$ fixé, on a, pour $n \geqslant 2\mathrm{E}(|x|) + 1$: $|f_n(x)| \leqslant \frac{1}{(n-x)\left(\frac{n}{2} - x\right)} \underset{n\infty}{\longrightarrow} 0.$

2) **Convergence uniforme**

L'application $\varphi : \mathbb{R} \longrightarrow \mathbb{R}$ définie par $\varphi(t) = \begin{cases} \frac{\sin 2\pi t}{t} & \text{si } t \neq 0 \\ 2\pi & \text{si } t = 0 \end{cases}$ est continue sur $\mathbb{R}$ et de limite nulle en $-\infty$ et $+\infty$.

En déduire qu'il existe $M \in \mathbb{R}_+$ tel que : $\forall t \in \mathbb{R}, |\varphi(t)| \leqslant M$.

De plus : $\forall t \in \mathbb{R}^*,\quad |\varphi(t)| \leqslant \frac{1}{|t|}$.

Remarquer : $\forall x \in \mathbb{R},\quad f_n(x) = (-1)^n \varphi(x-n)\varphi\left(x - \frac{n}{2}\right)$.

Soient $n \in \mathbb{N}^*$, $x \in \mathbb{R}$.

• Si $x \leqslant \frac{3n}{4}$, alors $|\varphi(x-n)| \leqslant \frac{1}{n-x} \leqslant \frac{4}{n}$ et $\left|\varphi\left(x - \frac{n}{2}\right)\right| \leqslant M$, d'où $|f_n(x)| \leqslant \frac{4M}{n}$.

• Si $x \geqslant \frac{3n}{4}$, alors $|\varphi(x-n)| \leqslant M$ et $\left|\varphi\left(x - \frac{n}{2}\right)\right| \leqslant \frac{1}{x - \frac{n}{2}} \leqslant \frac{4}{n}$, d'où $|f_n(x)| \leqslant \frac{4M}{n}$.

Ceci prouve : $\forall n \in \mathbb{N}^*,\ \forall x \in \mathbb{R},\quad |f_n(x)| \leqslant \frac{4M}{n}$.

◇ **Réponse :** $(f_n)_n$ converge uniformément sur $\mathbb{R}$ vers 0.

2.3.3 $\forall n \in \mathbb{N},\ \forall x \in \mathbb{R},\ |f_n(x) - f(x)| = \frac{|f(x)|}{1 + n(f(x))^2}$.

Etudier les variations de $\varphi_n : \begin{array}{l} \mathbb{R}_+ \longrightarrow \mathbb{R} \\ t \longmapsto \frac{t}{1+nt^2} \end{array}$ et déduire $||\varphi_n||_\infty \leqslant \frac{1}{2\sqrt{n}}$.

2.3.4 Soit $\varepsilon > 0$ fixé. Il existe $N \in \mathbb{N}$ tel que :

$$\forall n \in \mathbb{N}, \forall y \in Y, \quad (n > N \Longrightarrow ||g_n(y) - g(y)|| < \varepsilon).$$

Soit $n \in \mathbb{N}$ tel que $n > N$; on a : $\forall x \in X, \quad ||g_n \circ f(x) - g \circ f(x)|| < \varepsilon.$

2.3.5 Pour chaque n de $\mathbb{N}$, il existe $x_n \in X$ tel que $f_n(x_n) = 0$. Puisque X est compact, il existe une extractrice σ et $l \in X$ tels que $x_{\sigma(n)} \underset{n\infty}{\longrightarrow} l$. On a alors :

- $\forall n \in \mathbb{N}, \quad ||f(l) - f_{\sigma(n)}(x_{\sigma(n)})|| \leqslant ||f(l) - f(x_{\sigma(n)})|| + ||f(x_{\sigma(n)}) - f_{\sigma(n)}(x_{\sigma(n)})||$
- $f(x_{\sigma(n)}) \underset{n\infty}{\longrightarrow} f(l)$ (car f est continue en l)
- $||f(x_{\sigma(n)}) - f_{\sigma(n)}(x_{\sigma(n)})|| \underset{n\infty}{\longrightarrow} 0$ (car $(f_n)_n$ converge uniformément vers f).

Ainsi : $f(l) = 0$.

2.3.6 $$m \leqslant f \leqslant M \Longrightarrow (M - f)(f - m) \geqslant 0 \Longrightarrow \int_0^1 (M - f)(f - m) \geqslant 0$$
$$\Longrightarrow -\int_0^1 f^2 + (m + M)\int_0^1 f - mM \geqslant 0 \Longrightarrow \int_0^1 f^2 \leqslant -mM.$$

2.3.7 $$\int_0^1 \left((f(1-g))^2 + (g(1-f))^2\right) = \int_0^1 ((f^2 + g^2 + 2f^2g^2) - 2fg(f+g)) = 0.$$

Comme $(f(1-g))^2 + (g(1-f))^2$ est continue et $\geqslant 0$, on déduit $(f(1-g))^2 + (g(1-f))^2 = 0$, puis $f(1-g) = g(1-f) = 0$, ce qui montre que f et g prennent leurs valeurs dans $\{0, 1\}$. Utiliser le théorème des valeurs intermédiaires.

2.3.8 Soit $f = \displaystyle\sum_{k=1}^{n} |f_k|^2$; f est continue, $f \geqslant 0$, $\quad f \neq 0$, donc $\displaystyle\int_a^b f > 0$.

Prendre $u_k = \dfrac{1}{\displaystyle\int_a^b f} f_k$.

2.3.9 Soit $\varepsilon > 0$; il existe $\eta > 0$ tel que :

$$\forall (x', x'') \in \mathbb{R}^2, \quad (|x' - x''| \leqslant \eta \Longrightarrow |f(x') - f(x'')| \leqslant \varepsilon).$$

Soit $n \in \mathbb{N}^*$ tel que $n \geqslant \mathrm{E}\left(\dfrac{1}{\eta}\right) + 1$. On a : $\forall x \in \mathbb{R}, \ \forall t \in [x ; x + \dfrac{1}{n}], \quad |f(t) - f(x)| \leqslant \varepsilon,$

d'où : $\forall x \in \mathbb{R}, \quad |f_n(x) - f(x)| = n\left|\displaystyle\int_x^{x+\frac{1}{n}} (f(t) - f(x))\,\mathrm{d}t\right| \leqslant n \displaystyle\int_x^{x+\frac{1}{n}} |f(t) - f(x)|\,\mathrm{d}t \leqslant \varepsilon.$

2.3.10 Notons, pour $n \in \mathbb{N}^*$,

$$u_n = \frac{1}{n} \sum_{1<i<j\leqslant n} \frac{1}{\sqrt{ij}} = \frac{1}{2n} \left(\sum_{2\leqslant i,j\leqslant n} \frac{1}{\sqrt{ij}} - \sum_{k=2}^{n} \frac{1}{k} \right) = \frac{1}{2n} \left(\left(\sum_{i=2}^{n} \frac{1}{\sqrt{i}} \right)^2 - \sum_{k=2}^{n} \frac{1}{k} \right).$$

• L'application $x \longmapsto \dfrac{1}{\sqrt{x}}$ est décroissante sur $[1; +\infty[$, d'où $\displaystyle\int_2^{n+1} \frac{dx}{\sqrt{x}} \leqslant \sum_{i=2}^{n} \frac{1}{\sqrt{i}} \leqslant \int_1^{n} \frac{dx}{\sqrt{x}}$,

c'est-à-dire $2(\sqrt{n+1} - \sqrt{2}) \leqslant \displaystyle\sum_{i=2}^{n} \frac{1}{\sqrt{i}} \leqslant 2(\sqrt{n} - 1)$, et donc $\displaystyle\sum_{i=2}^{n} \frac{1}{\sqrt{i}} \underset{n\infty}{\sim} 2\sqrt{n}$.

• De même : $\displaystyle\sum_{k=2}^{n} \frac{1}{k} \underset{n}{\sim} \ln n$.

◇ **Réponse :** 2.

2.3.11 Pour tout k de $\mathbb{N}$, notons $I_k = \displaystyle\int_{k\pi}^{(k+1)\pi} \frac{\sin t}{t+1}\, dt$.

Le changement de variable $y = t - k\pi$ fournit : $I_k = (-1)^k J_k$, où $J_k = \displaystyle\int_0^{\pi} \frac{\sin y}{y + k\pi + 1}\, dy$.

Montrer que $(J_k)_{k\in\mathbb{N}}$ décroît, d'où : $\forall p \in \mathbb{N}$, $I_{2p} + I_{2p+1} = J_{2p} - J_{2p+1} \geqslant 0$.

Soit $x \in [0; +\infty[$; il existe $n \in \mathbb{N}$ tel que $2n\pi \leqslant x < 2(n+1)\pi$ (précisément : $n = E\left(\dfrac{x}{2\pi}\right)$).

On a alors : $\displaystyle\int_0^{x} \frac{\sin t}{t+1} dt = \sum_{k=0}^{2n-1} I_k + \int_{2n\pi}^{x} \frac{\sin t}{t+1}\, dt$.

D'une part : $\displaystyle\sum_{k=0}^{2n-1} I_k = \sum_{p=0}^{n-1} \left(I_{2p} + I_{2p+1}\right) \geqslant 0$.

D'autre part :

• si $2n\pi \leqslant x < (2n+1)\pi$, alors $\displaystyle\int_{2n\pi}^{x} \frac{\sin t}{t+1}\, dt \geqslant 0$ car $\forall t \in [2n\pi; x]$, $\dfrac{\sin t}{t+1} \geqslant 0$

• si $(2n+1)\pi \leqslant x < 2(n+1)\pi$, alors $\displaystyle\int_{2n\pi}^{x} \frac{\sin t}{t+1}\, dt \geqslant I_{2n} + I_{2n+1} \geqslant 0$ car

$[x; 2(n+1)\pi] \subset [(2n+1)\pi; 2(n+1)\pi]$ et $\forall t \in [(2n+1)\pi; 2(n+1)\pi]$, $\dfrac{\sin t}{t+1} \leqslant 0$.

2.3.12 $\dfrac{e^t}{\operatorname{Arcsin} t} - \dfrac{1}{t} = \dfrac{t(1 + t + o(t)) - (t + o(t^2))}{t^2 + o(t^2)} \underset{t\longrightarrow 0}{\longrightarrow} 1$, donc $t \longmapsto \dfrac{e^t}{\operatorname{Arcsin} t} - \dfrac{1}{t}$ est bornée

au voisinage de 0 ; il existe $\alpha > 0, M \geqslant 0$ tels que : $\forall t \in]0; \alpha[$, $\left| \dfrac{e^t}{\operatorname{Arcsin} t} - \dfrac{1}{t} \right| \leqslant M$.

D'où : $\forall x \in]0; \dfrac{\alpha}{2}[$, $\left| \displaystyle\int_x^{2x} \frac{e^t}{\operatorname{Arcsin} t}\, dt - \ln 2 \right| = \left| \int_x^{2x} \left(\frac{e^t}{\operatorname{Arcsin} t} - \frac{1}{t} \right) dt \right| \leqslant Mx$.

◇ **Réponse :** $\ln 2$.

2.3.13 Soit $\varepsilon \in]0; \frac{\pi}{2}[$. On a : $\forall x \in \mathbb{R}_+^*, \quad 0 \leqslant \int_0^{\varepsilon} (\sin t)^x \mathrm{d}t \leqslant \varepsilon$.

D'autre part, pour tout $x > 0$: $\left(\frac{\pi}{2} - \varepsilon\right) (\sin \varepsilon)^x \leqslant \int_{\varepsilon}^{\frac{\pi}{2}} (\sin t)^x \mathrm{d}t \leqslant \left(\frac{\pi}{2} - \varepsilon\right)$.

Comme $\left(\frac{\pi}{2} - \varepsilon\right) (\sin\varepsilon)^x \underset{x \longrightarrow 0^+}{\longrightarrow} \frac{\pi}{2} - \varepsilon$, il existe $\eta > 0$ tel que :

$$\forall x \in]0; \eta[, \quad \left(\frac{\pi}{2} - \varepsilon\right) (\sin \varepsilon)^x \geqslant \frac{\pi}{2} - 2\varepsilon.$$

On obtient : $\forall \varepsilon > 0, \exists \eta > 0, \forall x \in]0; \eta[, \quad \frac{\pi}{2} - 2\varepsilon \leqslant \int_0^{\frac{\pi}{2}} (\sin t)^{\varepsilon} \, \mathrm{d}t \leqslant \frac{\pi}{2}$.

◇ **Réponse :** $\frac{\pi}{2}$.

2.3.14 Soit $\varepsilon > 0$. Il existe $\eta > 0$ tel que : $\forall t \in [0; \eta[, \quad ||f(t) - f(0)|| \leqslant \varepsilon$.

Comme $a^n \underset{n\infty}{\longrightarrow} 0$, il existe $N \in \mathbb{N}$ tel que : $\forall n \in \mathbb{N}, \quad (n > N \Longrightarrow 0 \leqslant a^n < \eta)$.

Soit $n \in \mathbb{N}$ tel que $n > N$; on a : $\forall x \in [0; 1], \quad 0 \leqslant a^n x < \eta$,

d'où : $\forall x \in [0; 1], \quad ||f(a^n x) - f(0)|| \leqslant \varepsilon$, et donc $\int_0^1 ||f(a^n x) - f(0)|| \, \mathrm{d}x \leqslant \varepsilon$.

◇ **Réponse :** $f(0)$.

2.3.15 Soit $\varepsilon > 0$. Puisque f est continue en 0, il existe $\eta \in]0; 1]$ tel que :

$$\forall t \in [0; \eta], \quad |f(t) - f(0)| \leqslant \varepsilon.$$

- On a, pour tout x de $]0; \eta]$:

$$\left| x^{\alpha-1} \int_x^{\eta} \frac{f(t)}{t^{\alpha}} \mathrm{d}t - x^{\alpha-1} \int_x^{\eta} \frac{f(0)}{t^{\alpha}} \mathrm{d}t \right| \leqslant x^{\alpha-1} \int_x^{\eta} \frac{|f(t) - f(0)|}{t^{\alpha}} \mathrm{d}t$$

$$\leqslant x^{\alpha-1} \varepsilon \int_x^{\eta} \frac{\mathrm{d}t}{t^{\alpha}} = \frac{\varepsilon}{\alpha - 1} \left(1 - \left(\frac{x}{\eta}\right)^{\alpha-1}\right) \leqslant \frac{\varepsilon}{\alpha - 1}.$$

Et : $x^{\alpha-1} \int_x^{\eta} \frac{f(0)}{t^{\alpha}} \mathrm{d}t = \frac{f(0)}{\alpha - 1} \left(1 - \left(\frac{x}{\eta}\right)^{\alpha-1}\right) \underset{x \longrightarrow 0^+}{\longrightarrow} \frac{f(0)}{\alpha - 1}$.

Ceci montre qu'il exite $\eta_1 \in]0; \eta]$ tel que :

$$\forall x \in]0; \eta_1], \quad \left| x^{\alpha-1} \int_x^{\eta} \frac{f(t)}{t^{\alpha}} \mathrm{d}t - \frac{f(0)}{\alpha - 1} \right| \leqslant \frac{\varepsilon}{\alpha - 1} + \varepsilon.$$

- $x^{\alpha-1} \int_{\eta}^{1} \frac{f(t)}{t^{\alpha}} \mathrm{d}t \underset{x \longrightarrow 0^+}{\longrightarrow} 0$ (car η est fixé).

Il existe donc $\eta_2 \in]0; \eta]$ tel que :

$$\forall x \in]0; \eta_2], \quad \left| x^{\alpha-1} \int_{\eta}^{1} \frac{f(t)}{t^{\alpha}} \mathrm{d}t \right| \leqslant \varepsilon.$$

Finalement, en notant $\eta_3 = \mathrm{Min}\,(\eta_1, \eta_2) > 0$, on a :

$$\forall x \in]0; \eta_3], \quad \left| x^{\alpha-1} \int_x^{1} \frac{f(t)}{t^{\alpha}} \mathrm{d}t - \frac{f(0)}{\alpha - 1} \right| \leqslant \frac{\varepsilon}{\alpha - 1} + 2\varepsilon.$$

◇ **Réponse :** $\frac{f(0)}{\alpha - 1}$.

2.3.16 Notons, pour tout $n \in \mathbb{N}^*, I_n = \displaystyle\int_0^{\sqrt{n}} \left(\frac{1-t^2}{n}\right)^n \mathrm{d}t$; par le changement de variable $y = \dfrac{t}{\sqrt{n}}$, on a : $I_n = \displaystyle\int_0^1 \left(\frac{1-ny^2}{n}\right)^n \sqrt{n}\,\mathrm{d}y = n^{-n+\frac{1}{2}} \int_0^1 (1-ny^2)^n\,\mathrm{d}y.$

Notons $J_n = n^{-n+\frac{1}{2}} \displaystyle\int_0^{1-n^{-2/3}} (1-ny^2)^n\,\mathrm{d}y$ et $K_n = n^{-n+\frac{1}{2}} \displaystyle\int_{1-n^{-2/3}}^1 (1-ny^2)^n\,\mathrm{d}y.$

- Pour n assez grand :

$$\begin{aligned}|J_n| &\leqslant n^{-n+\frac{1}{2}} \int_0^{1-n^{-2/3}} |1-ny^2|^n\,\mathrm{d}y \leqslant n^{-n+\frac{1}{2}} \left(n\left(1-\frac{1}{n^{\frac{2}{3}}}\right)^2 - 1\right)^n \\ &= n^{-n+\frac{1}{2}} \left(n - 2n^{\frac{1}{3}} - 1 + \frac{1}{n^{\frac{1}{3}}}\right)^n \leqslant n^{-n+\frac{1}{2}} \left(n - n^{\frac{1}{3}}\right)^n = \sqrt{n}\,\mathrm{e}^{n\ln(1-\frac{1}{n^{2/3}})} \\ &= \sqrt{n}\,\mathrm{e}^{-n^{\frac{1}{3}} + o(n^{\frac{1}{3}})} \xrightarrow[n\infty]{} 0.\end{aligned}$$

- $|K_n| \leqslant n^{-n+\frac{1}{2}} \dfrac{(n-1)^n}{n^{\frac{2}{3}}} = \left(\dfrac{n-1}{n}\right)^n \dfrac{1}{n^{\frac{1}{6}}} \leqslant \dfrac{1}{n^{\frac{1}{6}}} \xrightarrow[n\infty]{} 0.$

◇ **Réponse :** 0.

2.3.17 Soit $\varepsilon > 0$ fixé.

1) Puisque f est continue par morceaux sur $[a;b]$, il existe $e : [a;b] \longrightarrow E$ en escalier telle que $||f-e||_\infty < \dfrac{\varepsilon}{3(b-a)}$ (cf. 2.3.3 Th. p. 145).

On a alors, pour tout x de $\mathbb{R}$:

$$\left|\left|\int_a^b f(t)|\sin(xt)|\,\mathrm{d}t - \int_a^b e(t)|\sin xt|\,\mathrm{d}t\right|\right| \leqslant \int_a^b ||f(t)-e(t)||\,|\sin xt|\,\mathrm{d}t \leqslant \frac{\varepsilon}{3}.$$

2) Il existe une subdivision $a_0,\ldots,a_N$ de $[a;b]$ adaptée à e; pour chaque i de $\{0,\ldots,N-1\}$, notons Λ_i la valeur de e sur $]a_i;a_{i+1}[$.

On a, pour tout x de $\mathbb{R}$: $\displaystyle\int_a^b e(t)|\sin(xt)|\,\mathrm{d}t = \sum_{i=0}^{N-1}\left(\int_{a_i}^{a_i+1} |\sin(xt)|\,\mathrm{d}t\right)\Lambda_i.$

Soit $i \in \{0,\ldots,N-1\}$; par le changement de variable $u = xt$, on a, pour tout x de $\mathbb{R}_+^*$:

$$\int_{a_i}^{a_{i+1}} |\sin(xt)|\,\mathrm{d}t = \frac{1}{x}\int_{xa_i}^{xa_{i+1}} |\sin u|\,\mathrm{d}u.$$

Pour $i \in \{0,\ldots,N-1\}$ et x assez grand, il existe $(k,\ell) \in \mathbb{Z}^2$ tel que :

$$(k-1)\pi < xa_i \leqslant k\pi < \ldots < \ell\pi \leqslant xa_{i+1} < (\ell+1)\pi.$$

On a alors :

$$\frac{1}{x}\int_{xa_i}^{xa_{i+1}} |\sin u|\,\mathrm{d}u = \frac{1}{x}\int_{xa_i}^{k\pi} |\sin u|\,\mathrm{d}u + \frac{\ell-k}{x}\int_0^\pi |\sin u|\,\mathrm{d}u + \frac{1}{x}\int_{\ell\pi}^{xa_{i+1}} |\sin u|\,\mathrm{d}u.$$

- $0 \leqslant \dfrac{1}{x}\displaystyle\int_{xa_i}^{k\pi} |\sin u|\,\mathrm{d}u + \dfrac{1}{x}\int_{\ell\pi}^{xa_{i+1}} |\sin u|\,\mathrm{d}u \leqslant \dfrac{2}{x}\int_0^{\pi} |\sin u|\,\mathrm{d}u \underset{x\longrightarrow+\infty}{\longrightarrow} 0.$

- $\dfrac{\ell-k}{x}\displaystyle\int_0^{\pi} |\sin u|\,\mathrm{d}u = \dfrac{2(\ell-k)}{x}.$

Comme $(\ell-k)\pi \leqslant x(a_{i+1}-a_i) < ((\ell+1)-(k-1))\pi$, on a :

$$\frac{2(a_{i+1}-a_i)}{\pi} - \frac{4}{x} < 2\frac{\ell-k}{x} \leqslant \frac{2(a_{i+1}-a_i)}{\pi}.$$

On obtient ainsi : $\dfrac{1}{x}\displaystyle\int_{xa_i}^{xa_{i+1}} |\sin u|\,\mathrm{d}u \underset{x\longrightarrow+\infty}{\longrightarrow} \dfrac{2}{\pi}(a_{i+1}-a_i),$

d'où $\displaystyle\int_a^b e(t)|\sin(xt)|\,\mathrm{d}t \underset{x\longrightarrow+\infty}{\longrightarrow} \frac{2}{\pi}\sum_{i=0}^{N-1}(a_{i+1}-a_i)\,\Lambda_i = \frac{2}{\pi}\int_a^b e.$

Il existe donc $x_0 \in \mathbb{R}_+^*$ tel que :

$$\forall x \in \mathbb{R}, \left(x \geqslant x_0 \Longrightarrow \left\|\int_a^b e(t)|\sin xt|\,\mathrm{d}t - \frac{2}{\pi}\int_a^b e\right\| \leqslant \frac{\varepsilon}{3}\right).$$

D'autre part :

$$\left\|\frac{2}{\pi}\int_a^b e - \frac{2}{\pi}\int_a^b f\right\| \leqslant \frac{2}{\pi}\int_a^b ||e-f|| \leqslant \frac{2\varepsilon}{3\pi} \leqslant \frac{\varepsilon}{3}.$$

Ainsi, pour tout x de $\mathbb{R}$ tel que $x \geqslant x_0$:

$$\left\|\int_a^b f(t)|\sin(xt)|\,\mathrm{d}t - \frac{2}{\pi}\int_a^b f(t)\,\mathrm{d}t\right\| \leqslant \varepsilon.$$

◇ **Réponse :** $\dfrac{2}{\pi}\displaystyle\int_a^b f.$

2.3.18 *1)* Puisque $\dfrac{\cos x - \left(1-\dfrac{x^2}{2}\right)}{x^4} \underset{x\longrightarrow 0}{\longrightarrow} \dfrac{1}{24}$, il existe $(\alpha, A) \in (\mathbb{R}_+^*)^2$ tel que :

$$\forall x \in [-\alpha;\alpha], \quad \left|\cos x - \left(1-\frac{x^2}{2}\right)\right| \leqslant Ax^4.$$

2) En notant $u_n = \displaystyle\sum_{k=0}^{n}\left(\cos\frac{1}{\sqrt{n+k}} - 1\right)$ et $v_n = \displaystyle\sum_{k=0}^{n}\frac{-1}{2(n+k)}$, on a, pour tout n de $\mathbb{N}$ tel que $n \geqslant \dfrac{1}{\alpha^2}$:

$$|u_n - v_n| = \left|\sum_{k=0}^{n}\left(\cos\frac{1}{\sqrt{n+k}} - \left(1-\frac{1}{2(n+k)}\right)\right)\right| \leqslant A\sum_{k=0}^{n}\frac{1}{(n+k)^2} \leqslant \frac{A(n+1)}{n^2} \underset{n\infty}{\longrightarrow} 0.$$

3) $\displaystyle v_n = -\frac{1}{2n}\sum_{k=0}^{n}\frac{1}{1+\dfrac{k}{n}} \underset{n\infty}{\longrightarrow} -\frac{1}{2}\int_0^1 \frac{1}{1+x}\,\mathrm{d}x = -\frac{1}{2}[\ln(1+x)]_0^1 = -\frac{1}{2}\ln 2.$

◇ **Réponse :** $-\dfrac{1}{2}\ln 2.$

2.3.19 Notons, pour tout n de $\mathbb{N}^*$:

$$u_n = \sum_{k=n}^{2n} \frac{1}{k^2 \ln\left(1+\frac{1}{k}\right)}, \qquad v_n = \sum_{k=n}^{2n} \frac{1}{k}.$$

1) Montrer : $\forall x \in \mathbb{R}_+, \quad x - \frac{x^2}{2} \leqslant \ln(1+x) \leqslant x.$

2) Comme : $\forall n \in \mathbb{N}^*, \quad u_n - v_n = \sum_{k=n}^{2n} \frac{\frac{1}{k} - \ln\left(1+\frac{1}{k}\right)}{k \ln\left(1+\frac{1}{k}\right)},$ on déduit :

$$\forall n \in \mathbb{N}^*, \quad 0 \leqslant u_n - v_n \leqslant \sum_{k=n}^{2n} \frac{1}{2k^3 \ln\left(1+\frac{1}{k}\right)} \leqslant \frac{n+1}{2n^3 \ln\left(1+\frac{1}{2n}\right)} \underset{n\infty}{\sim} \frac{1}{n} \underset{n\infty}{\longrightarrow} 0.$$

3) $v_n = \sum_{p=0}^{n} \frac{1}{n+p} = \frac{1}{n} \sum_{p=0}^{n} \frac{1}{1+\frac{p}{n}} \underset{n\infty}{\longrightarrow} \int_0^1 \frac{\mathrm{d}x}{1+x} = \ln 2.$

◇ **Réponse :** $\ln 2$.

2.3.20 Comme : $z \int_a^b \mathrm{e}^{-zt}\,\mathrm{d}t = \left[-\mathrm{e}^{-zt}\right]_a^b = \mathrm{e}^{-az} - \mathrm{e}^{-bz}$, on déduit :

$$\begin{aligned} \left|\mathrm{e}^{-az} - \mathrm{e}^{-bz}\right| &= |z| \left| \int_a^b \mathrm{e}^{-zt}\,\mathrm{d}t \right| \\ &\leqslant |z| \int_a^b |\mathrm{e}^{-zt}|\,\mathrm{d}t = |z| \int_a^b \mathrm{e}^{-xt}\,\mathrm{d}t = |z| \left[\frac{\mathrm{e}^{-xt}}{-x}\right]_a^b = \frac{|z|}{x}\left(\mathrm{e}^{-ax} - \mathrm{e}^{-bx}\right). \end{aligned}$$

2.3.21 Puisque $t \longmapsto ||f(t)||$ est continue sur le compact $[0;1]$, il existe $(t_1,t_2) \in ([0;1])^2$ tel que :

$$||f(t_1)|| = \sup_{t\in[0;1]} ||f(t)||, \qquad ||f(t_2)|| = \inf_{t\in[0;1]} ||f(t)||.$$

On a alors :

$$\begin{aligned} ||f(t_1)|| &\leqslant ||f(t_1) - f(t_2)|| + ||f(t_2)|| = \left|\left| \int_{t_1}^{t_2} f'(t)\,\mathrm{d}t \right|\right| + ||f(t_2)|| \\ &\leqslant \left| \int_{t_1}^{t_2} ||f'(t)||\,\mathrm{d}t \right| + \int_0^1 ||f(t)||\,\mathrm{d}t \leqslant \int_0^1 ||f'(t)||\,\mathrm{d}t + \int_0^1 ||f(t)||\,\mathrm{d}t. \end{aligned}$$

2.3.22 *a)* $\left((f(b))^2 - (f(a))^2\right)^2 = \left(\int_a^b (f^2)'(t)\,\mathrm{d}t\right)^2 = 4\left(\int_a^b f(t)f'(t)\,\mathrm{d}t\right)^2$ et appliquer l'inégalité de Cauchy-Schwarz à $f'\sqrt{g}$ et $\dfrac{f}{\sqrt{g}}$.

b) Appliquons le résultat de *a)* au cas : $a = 0,\ b = \dfrac{\pi}{2},\quad f(t) = \sum_{k=1}^{n} x_k \cos(2k-1)t,\quad g = 1.$

On a alors :

- $f(b) = 0,\quad f(a) = \sum_{k=1}^{n} x_k$

- $\displaystyle\int_a^b f'^2 g = \int_0^{\frac{\pi}{2}} \left(\sum_{k=1}^{n}(2k-1)x_k \sin(2k-1)t\right)^2 \mathrm{d}t = \sum_{1\leqslant p,q\leqslant n} (2p-1)(2q-1)x_p x_q I_{p,q},$

où $I_{p,q} = \displaystyle\int_0^{\frac{\pi}{2}} \sin(2p-1)t\,\sin(2q-1)t\,\mathrm{d}t$

$$= \frac{1}{2}\int_0^{\frac{\pi}{2}} (\cos 2(p-q)t - \cos 2(p+q-1)t)\mathrm{d}t = \begin{cases} 0 & \text{si } p \neq q \\ \dfrac{\pi}{4} & \text{si } p = q \end{cases}.$$

D'où : $\displaystyle\int_a^b f'^2 g = \frac{\pi}{4}\sum_{k=1}^{n}(2k-1)^2 x_k^2.$

- Montrer de même : $\displaystyle\int_a^b \frac{f^2}{g} = \frac{\pi}{4}\sum_{k=1}^{n} x_k^2.$

2.3.23 *a)* Def $(f) = \mathbb{R}_+^*$; f est de classe C^1 sur $\mathbb{R}_+^*$ et :

$$\forall x \in \mathbb{R}_+^*,\quad f'(x) = \frac{2}{\sqrt{8x^3+2x}} - \frac{1}{\sqrt{x^3+x}} = \frac{-2(2x^2-1)}{\sqrt{x}\sqrt{8x^2+2}\sqrt{x^2+1}(2\sqrt{x^2+1}+\sqrt{8x^2+2})}.$$

x	0		$\frac{1}{\sqrt{2}}$		$+\infty$
$f'(x)$	‖	$+$	0	$-$	
$f(x)$	‖	↗		↘	

$f\left(\dfrac{1}{\sqrt{2}}\right) \simeq 0{,}485.$

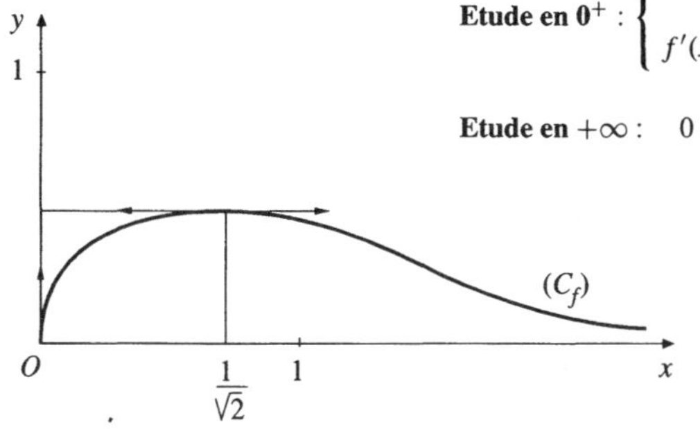

Etude en 0^+ : $\begin{cases} 0 < f(x) \leqslant \dfrac{x}{\sqrt{x^3+x}} \leqslant \sqrt{x} \underset{x\to 0^+}{\longrightarrow} 0 \\ f'(x) \underset{x\to 0^+}{\longrightarrow} +\infty. \end{cases}$

Etude en $+\infty$: $0 < f(x) \leqslant \dfrac{x}{\sqrt{x^3+x}} < \dfrac{1}{\sqrt{x}} \underset{x\to +\infty}{\longrightarrow} 0.$

b) • Def $(f) = \mathbb{R}^*$.

• $\forall x \in \mathbb{R}^*, \quad f(-x) = \int_{-x}^{-2x} \frac{\text{ch}\, t}{t}\, \text{d}t = \int_{x}^{2x} \frac{\text{ch}\, u}{u}\, \text{d}u = f(x)$, donc f est paire.

• f est de classe C^1 sur $\mathbb{R}_+^*$ et : $\forall x \in \mathbb{R}_+^*, \quad f'(x) = 2\frac{\text{ch}\, 2x}{2x} - \frac{\text{ch}\, x}{x} = \frac{\text{ch}\, 2x - \text{ch}\, x}{x} > 0.$

x	0	$+\infty$
$f'(x)$	‖	$+$
$f(x)$	‖	$\nearrow$

Etude en 0^+

Puisque $\frac{\text{ch}\, t - 1}{t} \underset{t \to 0^+}{\sim} \frac{t}{2}$, il existe $(\alpha, A) \in (\mathbb{R}_+^*)^2$ tel que : $\forall t \in]0; \alpha[, \quad \left|\frac{\text{ch}\, t - 1}{t}\right| \leqslant A\, t$.

On déduit, pour tout x de $]0; \frac{\alpha}{2}[$:

$$\left|f(x) - \int_x^{2x} \frac{\text{d}t}{t}\right| = \int_x^{2x} \frac{\text{ch}\, t - 1}{t}\, \text{d}t \leqslant \int_x^{2x} At\, \text{d}t = \frac{3}{2}Ax^2.$$

Comme $\int_x^{2x} \frac{\text{d}t}{t} = \ln 2$, ceci montre $f(x) \underset{x \to 0^+}{\longrightarrow} \ln 2$. On complète donc f par continuité en 0 en posant $f(0) = \ln 2$, et on a alors :

$$\left|\frac{f(x) - f(0)}{x}\right| \leqslant \frac{3}{2}Ax \underset{x \to 0^+}{\longrightarrow} 0,$$

ce qui montre que f est dérivable en 0 et $f'(0) = 0$.

Remarque : nous verrons plus loin (Tome 4, ch. 5, p. 81) que l'application $t \longmapsto \begin{cases} \frac{\text{ch}\, t - 1}{t} & \text{si } t \neq 0 \\ 0 & \text{si } t = 0 \end{cases}$ admet un développement en série entière centrée en 0 de rayon ∞, ce qui permet de déduire la même propriété pour f, et donc f est de classe C^∞ sur $\mathbb{R}$.

• **Etude en $+\infty$**

Montrer : $\forall t \in \mathbb{R}_+, \quad \text{ch}\, t \geqslant \frac{t^2}{2}$, d'où : $f(x) \geqslant \int_x^{2x} \frac{t}{2}\, \text{d}t = \frac{3}{4}x^2$.

Ainsi, (C_f) admet une branche parabolique de direction asymptotique (Oy).

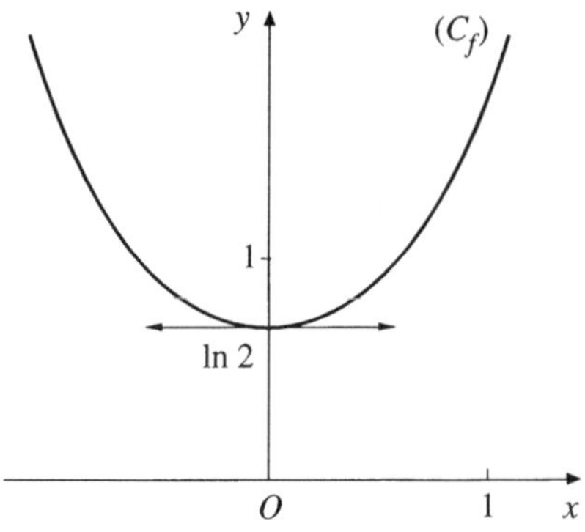

c) • Si $x \leqslant 0$, alors $\displaystyle\int_x^{x^2} \frac{\mathrm{d}t}{\ln t}$ n'est pas définie.

Si $x > 0$ et $x \neq 1$, alors $t \longmapsto \dfrac{1}{\ln t}$ est continue sur $|x; x^2|$, et donc $f(x)$ existe.

Enfin, $f(1)$ n'est pas défini.

Ainsi : $\mathrm{Def}(f) = \mathbb{R}_+^* - \{1\}$.

• f est de classe C^1 sur $\mathrm{Def}(f)$ et : $\forall x \in \mathrm{Def}(f), \quad f'(x) = \dfrac{2x}{\ln(x^2)} - \dfrac{1}{\ln x} = \dfrac{x-1}{\ln x}$.

x	0		1		$+\infty$
$f'(x)$		$+$	‖	$+$	
$f(x)$		$\nearrow$	‖	$\nearrow$	

Etude en 0^+

Pour $x \in]0; 1[$: $f(x) = \displaystyle\int_{x^2}^{x} \frac{\mathrm{d}t}{-\ln t}$, d'où : $0 \leqslant f(x) \leqslant \dfrac{x - x^2}{-\ln x} \underset{x \longrightarrow 0^+}{\longrightarrow} 0$, ce qui montre : $f(x) \underset{x \longrightarrow 0^+}{\longrightarrow} 0$.

On complète donc f par continuité en 0 en posant $f(0) = 0$.

Puis : $\quad 0 \leqslant \dfrac{f(x) - f(0)}{x} \leqslant -\dfrac{1-x}{\ln x} \underset{x \longrightarrow 0^+}{\longrightarrow} 0$, donc f est dérivable en 0 et $f'(0) = 0$.

• **Etude en 1**

Le changement de variable $u = \ln t$ fournit : $\quad f(x) = \displaystyle\int_{\ln x}^{2\ln x} \frac{\mathrm{e}^u}{u}\,\mathrm{d}u$,

d'où $\left| f(x) - \displaystyle\int_{\ln x}^{2\ln x} \frac{1}{u}\,\mathrm{d}u \right| = \displaystyle\int_{\ln x}^{2\ln x} \frac{\mathrm{e}^u - 1}{u}\,\mathrm{d}u \underset{x \longrightarrow 1}{\longrightarrow} 0$, car $u \longmapsto \dfrac{\mathrm{e}^u - 1}{u}$ est bornée au voisinage de 0.

Ainsi : $f(x) \underset{x \longrightarrow 1}{\longrightarrow} \ln 2$. On complète f par continuité en 1 en posant $f(1) = \ln 2$.

Puis : $\quad f'(x) = \dfrac{x-1}{\ln x} \underset{x \longrightarrow 1}{\longrightarrow} 1$, donc f est dérivable en 1 et $f'(1) = 1$.

• **Etude en $+\infty$**

$f(x) \geqslant \displaystyle\int_x^{x^2} \frac{1}{\ln(x^2)}\,\mathrm{d}t = \frac{x^2 - x}{2\ln x} \underset{x \longrightarrow +\infty}{\longrightarrow} +\infty$ et $\dfrac{f(x)}{x} \geqslant \dfrac{x-1}{2\ln x} \underset{x \longrightarrow +\infty}{\longrightarrow} +\infty$.

Ainsi, (C_f) admet une branche parabolique de direction asymptotique (Oy).

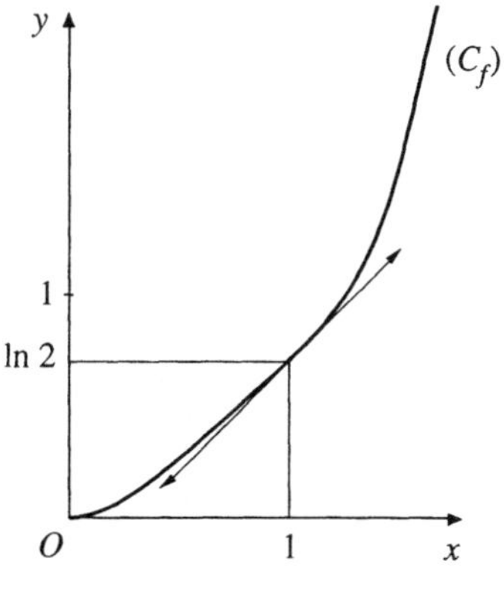

2.3.24 Pour $x \in \mathbb{R}$ fixé, l'application $\Psi : y \longmapsto \int_{x-2y}^{x+2y} \frac{\mathrm{d}t}{\mathrm{ch}\, t + \mathrm{ch}\, x}$ est de classe C^1 sur $\mathbb{R}$ et :

$$\forall\, y \in \mathbb{R},\quad \Psi'(y) = \frac{2}{\mathrm{ch}(x+2y)+\mathrm{ch}\, x} - \frac{-2}{\mathrm{ch}(x-2y)+\mathrm{ch} x} = \frac{1}{\mathrm{ch}(x+y)\mathrm{ch}\, y} + \frac{1}{\mathrm{ch}(x-y)\mathrm{ch}\, y}$$
$$= \frac{\mathrm{ch}\,(x-y)+\mathrm{ch}\,(x+y)}{\mathrm{ch}\,(x+y)\mathrm{ch}(x-y)\mathrm{ch}\, y} = \frac{2\mathrm{ch}\, x}{\mathrm{ch}\,(x+y)\mathrm{ch}\,(x-y)}.$$

$$\text{Si } x \neq 0 :\quad \Psi'(y) = \frac{\mathrm{sh}\, 2x}{2\mathrm{sh}\, x\mathrm{ch}\,(x+y)\mathrm{ch}(x-y)} = \frac{1}{\mathrm{sh}\, x}\left(\frac{\mathrm{sh}\,(x+y)}{\mathrm{ch}\,(x+y)} + \frac{\mathrm{sh}(x-y)}{\mathrm{ch}\,(x-y)}\right)$$
$$= \frac{\mathrm{d}}{\mathrm{d}y}\left(\frac{1}{\mathrm{sh}\, x}\ln\frac{\mathrm{ch}(x+y)}{\mathrm{ch}(x-y)}\right)$$

$$\text{Si } x = 0 :\quad \Psi'(y) = \frac{2}{\mathrm{ch}^2 y}.$$

◇ **Réponse :** $\displaystyle\int_{x-2y}^{x+2y} \frac{\mathrm{d}\,t}{\mathrm{ch}\, t\ \mathrm{ch}\, x} = \begin{cases} \dfrac{1}{\mathrm{sh}\, x}\ln\dfrac{\mathrm{ch}(x+y)}{\mathrm{ch}(x-y)} & \text{si } x \neq 0 \\ 2\mathrm{th} y & \text{si } x = 0 \end{cases}.$

2.3.25 *a)* Puisque x et y jouent des rôles symétriques, on peut supposer, par exemple, $x \leqslant y$. On a alors :

$$\left|(y-a)\int_a^x f - (x-a)\int_a^y f\right| = \left|(y-x)\int_a^x f - (x-a)\int_x^y f\right|$$
$$\leqslant (y-x)\int_a^x |f| + (x-a)\int_x^y |f| \leqslant (y-x)\int_a^b |f| + (x-a)\int_a^b |f|$$
$$\leqslant (y-a)\int_a^b |f| \leqslant (b-a)\int_a^b |f|.$$

b) Supposons qu'il y ait égalité dans l'inégalité du *a)*. D'après l'étude du *a)*, on a alors :

$$\begin{cases} (y-x)\displaystyle\int_a^x |f| = (y-x)\int_a^b |f| \\ (x-a)\displaystyle\int_x^y |f| = (x-a)\int_a^b |f|. \end{cases}$$

Si $x = y$ ou $x = a$, on obtient directement $\int_a^b |f| = 0$, d'où $f = 0$ (f est continue par hypothèse).

Si $x \neq y$ et $x \neq a$, on déduit $\int_x^b |f| = 0,\quad \int_a^x |f| = 0,\quad \int_y^b |f| = 0$, puis $f = 0$.

2.3.26 En appliquant l'exercice 2.3.25 *a)* à $f - \lambda$ et b à la place de f et y respectivement, on obtient :

$$\left|(b-a)\int_a^x (f-\lambda) - (x-a)\int_a^b (f-\lambda)\right| \leqslant (b-a)\int_a^b |f-\lambda|,$$

d'où :

$$\left|\int_a^x f - \mu(x-a)\right| \leqslant \int_a^b |f-\lambda|.$$

2.3.27 Pour tout (k,x) de $\{1,\ldots,n\} \times [0;\, 1]$, notons $M_{k,x} = \underset{t\in[0;x]}{\mathrm{Sup}}\ |f_k(t)|$ ($M_{k,x}$ existe puisque f_k est continue sur le segment $[0;\, 1]$).

On a, pour tout (k,x) de $\{1,\ldots,n\} \times [0;\, 1]$:

$$\forall u \in [0;\, x],\quad |f_{k+1}(u)| = \left|\int_0^u f_k(t)\,\mathrm{d}t\right| \leqslant \int_0^u |f_k(t)|\,\mathrm{d}t \leqslant u M_{k,x} \leqslant x M_{k,x},$$

où on a noté $f_{n+1} = f_1$.

On déduit : $\forall x \in [0;\, 1],\quad M_{1,x} \leqslant x M_{n,x} \leqslant x^2 M_{n-1,x} \leqslant \ldots \leqslant x^n M_{1,x}$,

donc : $\forall x \in [0;\, 1], (1 - x^n) M_{1,x} \leqslant 0$.

D'où : $(\forall x \in [0;\, 1[,\quad M_{1,x} = 0)$, puis $(\forall x \in [0;\, 1[,\quad f_1(x) = 0)$, et, par continuité de f_1 : $f_1 = 0$.

Alors $f_2 = \ldots = f_n = 0$.

2.3.28 Pour $y \in \mathbb{R}$ fixé : $\left|\dfrac{f(x) - f(y)}{x - y}\right| \leqslant |x - y|^{\alpha - 1} \underset{x\longrightarrow y}{\longrightarrow} 0.$

Ceci montre que f est dérivable sur $\mathbb{R}$ et $f' = 0$, donc f est constante.

Réciproque évidente.

◇ **Réponse :** $\{\begin{array}{l}\mathbb{R} \longrightarrow \mathbb{C}\\ x \longmapsto C\end{array};\ C \in \mathbb{C}\}$.

2.3.29 *a)*

$$\int_{-1}^{1} \frac{1}{\sqrt{1-x} + \sqrt{1+x} + 2}\,\mathrm{d}x \underset{\theta = \mathrm{Arccos}\, x}{=} \int_0^{\pi} \frac{\sin\theta}{\sqrt{2}\left(\sin\frac{\theta}{2} + \cos\frac{\theta}{2}\right) + 2}\,\mathrm{d}\theta$$

$$\underset{\varphi = \frac{\theta}{2} - \frac{\pi}{4}}{=} \int_{\frac{-\pi}{4}}^{\frac{\pi}{4}} \frac{\cos 2\varphi}{\cos\varphi + 1}\,\mathrm{d}\varphi = 2\int_0^{\frac{\pi}{4}} \frac{2\cos^2\varphi - 1}{\cos\varphi + 1}\,\mathrm{d}\varphi$$

$$= \int_0^{\frac{\pi}{4}} \left(4\cos\varphi - 4 + \frac{1}{\cos^2\frac{\varphi}{2}}\right)\mathrm{d}\varphi = 2\sqrt{2} - \pi + 2(\sqrt{2} - 1).$$

◇ **Réponse :** $4\sqrt{2} - \pi - 2 \simeq 0{,}515\,262$.

b) Le changement de variable $u = \dfrac{\pi}{2} - x$ montre $I = J$. D'autre part :

$$I + J = \int_0^{\frac{\pi}{2}} \frac{\cos x + \sin x}{\sqrt{1 + \sin x \cos x}}\,\mathrm{d}x \underset{t = x - \frac{\pi}{4}}{=} \int_{-\frac{\pi}{4}}^{\frac{\pi}{4}} \frac{\sqrt{2}\cos t}{\sqrt{1 + \frac{1}{2}(\cos^2 t - \sin^2 t)}}\,\mathrm{d}t$$

$$\underset{u = \sin t}{=} 2\sqrt{2}\int_0^{\frac{1}{\sqrt{2}}} \frac{\mathrm{d}u}{\sqrt{\frac{3}{2} - u^2}} = 2\sqrt{2}\,\mathrm{Arcsin}\,\frac{1}{\sqrt{3}}.$$

◇ **Réponse :** $I = J = \sqrt{2}\,\mathrm{Arcsin}\,\dfrac{1}{\sqrt{3}} \simeq 0{,}870\,420$.

c) $\displaystyle\int_0^{2\theta} \frac{x}{\cos(x - \theta)}\,\mathrm{d}x \underset{u = x - \theta}{=} \int_{-\theta}^{\theta} \frac{u + \theta}{\cos u}\,du = 2\theta \int_0^{\theta} \frac{\mathrm{d}u}{\cos u}$ (parité) $\displaystyle = 2\theta\left[\ln\left|\tan\left(\frac{\pi}{4} + \frac{u}{2}\right)\right|\right]_0^{\theta}.$

◇ **Réponse :** $2\theta \ln\left|\tan\left(\dfrac{\pi}{4} + \dfrac{\theta}{2}\right)\right|$

2.3.30 *a)* $I = \int_0^a \frac{f(t)}{f(t)+f(a-t)}\,\mathrm{d}t \underset{u=a-t}{=} \int_0^a \frac{f(a-u)}{f(a-u)+f(u)}\,\mathrm{d}u,$

d'où $2I = \int_0^a \frac{f(t)+f(a-t)}{f(t)+f(a-t)}\,\mathrm{d}t = a.$

◇ **Réponse :** $\frac{a}{2}$

b) ◇ **Réponse :** $\frac{\pi}{4}$.

2.3.31 *a)* L'application F est de classe C^1 sur $]0;+\infty[$ et : $\forall x \in]0;+\infty[,\quad F'(x) = \frac{\ln(1+x)}{x}$.

L'application $G : \begin{array}{l}]0;+\infty[\longrightarrow \mathbb{R} \\ x \longmapsto F(x)+F(\frac{1}{x})-\frac{1}{2}(\ln x)^2 \end{array}$ est de classe C^1 sur $]0;+\infty[$ et, pour tout x de $]0;+\infty[$:

$$G'(x) = F'(x) - \frac{1}{x^2}F'\left(\frac{1}{x}\right) - \frac{\ln x}{x} = \frac{\ln(1+x)}{x} - \frac{1}{x}\ln\left(1+\frac{1}{x}\right) - \frac{\ln x}{x} = 0,$$

donc G est constante sur $]0;+\infty[$.

De plus, $F(1)=0$, donc $G(1)=0$.

Finalement : $\forall x \in]0;+\infty[,\quad G(x)=0.$

b) On a, pour tout x de $]0;+\infty[$:

$$\int_1^x \frac{\ln(x+t)}{t}\,\mathrm{d}t = \int_1^x \frac{\ln x + \ln\left(1+\frac{t}{x}\right)}{t}\,\mathrm{d}t = \ln x \int_1^x \frac{\mathrm{d}t}{t} + \int_1^x \frac{\ln\left(1+\frac{t}{x}\right)}{t}\,\mathrm{d}t$$

$$\underset{[u=\frac{t}{x}]}{=} (\ln x)^2 + \int_{\frac{1}{x}}^1 \frac{\ln(1+u)}{u}\,\mathrm{d}u = (\ln x)^2 - F\left(\frac{1}{x}\right) = \frac{1}{2}(\ln x)^2 + F(x).$$

2.3.32 Il suffit d'utiliser : $< f,g >' = < f',g > + < f,g' >$ (cf. 2.2.3 Cor. p. 128).

2.3.33 Puisque $({}^tXY)' = {}^tX'Y + {}^tXY'$, on a :

$$\int_a^b {}^tX(t)Y'(t)\,\mathrm{d}t = \left[{}^tX(t)Y(t)\right]_a^b - \int_a^b {}^tX'(t)Y(t)\,\mathrm{d}t = -\int_a^b {}^tX(t)AY(t)\,\mathrm{d}t = 0.$$

2.3.34 $\int_0^1 x(\operatorname{Arctan} x)^2\,\mathrm{d}x = \left[\frac{x^2}{2}(\operatorname{Arctan} x)^2\right]_0^1 - \int_0^1 \frac{x^2}{1+x^2}\operatorname{Arctan} x\,\mathrm{d}x$

$$= \frac{\pi^2}{32} - \int_0^1 \operatorname{Arctan} x\,\mathrm{d}x + \int_0^1 \frac{1}{1+x^2}\operatorname{Arctan} x\,\mathrm{d}x$$

$$= \frac{\pi^2}{32} - \left(\left[x\operatorname{Arctan} x\right]_0^1 - \int_0^1 \frac{x}{1+x^2}\,\mathrm{d}x\right) + \left[\frac{1}{2}(\operatorname{Arctan} x)^2\right]_0^1.$$

◇ **Réponse :** $\frac{\pi^2}{16} - \frac{\pi}{4} + \frac{1}{2}\ln 2 \simeq 0{,}178\,026.$

2.3.35 *a)* A l'aide d'intégrations par parties :

$$\int_a^x (t-a)f'(t)\,\mathrm{d}t = \big[(t-a)f(t)\big]_a^x - \int_a^x f(t)\,\mathrm{d}t = (x-a)f(x) - \int_a^x f(t)\,\mathrm{d}t,$$

$$\int_x^b (t-b)f'(t)\,\mathrm{d}t = \big[(t-b)f(t)\big]_x^b - \int_x^b f(t)\,\mathrm{d}t = -(x-b)f(x) - \int_x^b f(t)\,\mathrm{d}t,$$

d'où le résultat voulu, en additionnant.

b) α)

$$\begin{aligned}(b-a)\|f(x)\| &\leqslant \left\|\int_a^b f(t)\,\mathrm{d}t\right\| + \int_a^x (t-a)\|f'(t)\|\,\mathrm{d}t + \int_x^b (b-t)\|f'(t)\|\,\mathrm{d}t \\ &\leqslant \left\|\int_a^b f(t)\,\mathrm{d}t\right\| + (b-a)\left(\int_a^x \|f'(t)\|\,\mathrm{d}t + \int_x^b \|f'(t)\|\,\mathrm{d}t\right)\end{aligned}$$

β)

$$\begin{aligned}(b-a)\left\|f\left(\frac{a+b}{2}\right)\right\| &\leqslant \left\|\int_a^b f\right\| + \int_a^{\frac{a+b}{2}} (t-a)\|f'(t)\|\,\mathrm{d}t + \int_{\frac{a+b}{2}}^b (b-t)\|f'(t)\|\,\mathrm{d}t \\ &\leqslant \left\|\int_a^b f\right\| + \frac{b-a}{2}\left(\int_a^{\frac{a+b}{2}} \|f'(t)\|\,\mathrm{d}t + \int_{\frac{a+b}{2}}^b \|f'(t)\|\,\mathrm{d}t\right).\end{aligned}$$

2.3.36 Puisque $\lambda > 0$, f'' ne s'annule pas dans $[a;b]$; comme f'' est continue sur l'intervalle $[a;b]$, le théorème des valeurs intermédiaires montre alors que f'' est de signe fixe sur $[a;b]$.

Si $f'' \leqslant 0$, alors, en notant $g = -f$, g est de classe C^2 sur $[a;b]$, $g'' = -f'' \geqslant \lambda > 0$, et

$$\left|\int_a^b \mathrm{e}^{\mathrm{i}f(t)}\,\mathrm{d}t\right| = \left|\int_a^b \mathrm{e}^{-\mathrm{i}g(t)}\,\mathrm{d}t\right| = \left|\overline{\int_a^b \mathrm{e}^{\mathrm{i}g(t)}\,\mathrm{d}t}\right| = \left|\int_a^b \mathrm{e}^{\mathrm{i}g(t)}\,\mathrm{d}t\right|.$$

On peut donc supposer $f'' \geqslant \lambda > 0$.

Si $b - a \leqslant \dfrac{2}{\sqrt{\lambda}}$, alors :

$$\left|\int_a^b \mathrm{e}^{\mathrm{i}f(t)}\,\mathrm{d}t\right| \leqslant \int_a^b \left|\mathrm{e}^{\mathrm{i}f(t)}\right|\,\mathrm{d}t = b-a \leqslant \frac{2}{\sqrt{\lambda}} \leqslant \frac{8}{\sqrt{\lambda}}.$$

On peut donc supposer $b - a > \dfrac{2}{\sqrt{\lambda}}$.

1) Un cas particulier : Supposons : $\forall t \in [a;b],\ f'(t) \geqslant 0$.

On a alors : $\forall t \in [a + \frac{2}{\sqrt{\lambda}}; b],\quad f'(t) = f'(a) + \displaystyle\int_a^t f''(u)\,\mathrm{d}u \geqslant \lambda(t-a) \geqslant 2\sqrt{\lambda}.$

Une intégration par parties fournit :

$$\begin{aligned}\int_{a+\frac{2}{\sqrt{\lambda}}}^b \mathrm{e}^{\mathrm{i}f(t)}\,\mathrm{d}t &= \int_{a+\frac{2}{\sqrt{\lambda}}}^b \frac{1}{\mathrm{i}f'(t)}\left(\mathrm{e}^{\mathrm{i}f(t)}\mathrm{i}f'(t)\right)\mathrm{d}t \\ &= \left[\frac{\mathrm{e}^{\mathrm{i}f(t)}}{\mathrm{i}f'(t)}\right]_{a+\frac{2}{\sqrt{\lambda}}}^b + \frac{1}{\mathrm{i}}\int_{a+\frac{2}{\sqrt{\lambda}}}^b \frac{f''(t)}{(f'(t))^2}\,\mathrm{e}^{\mathrm{i}f(t)}\mathrm{d}t,\end{aligned}$$

D'où :

$$\left|\int_{a+\frac{2}{\sqrt{\lambda}}}^{b} e^{if(t)}\,dt\right| \leqslant 2\frac{1}{2\sqrt{\lambda}} + \int_{a+\frac{2}{\sqrt{\lambda}}}^{b} \frac{f''(t)}{(f'(t))^2}\,dt = \frac{1}{\sqrt{\lambda}} + \left(\frac{1}{f'\left(a+\frac{2}{\sqrt{\lambda}}\right)} - \frac{1}{f'(b)}\right) \leqslant \frac{2}{\sqrt{\lambda}}.$$

D'autre part : $\left|\int_{a}^{a+\frac{2}{\sqrt{\lambda}}} e^{if(t)}\,dt\right| \leqslant \int_{a}^{a+\frac{2}{\sqrt{\lambda}}} dt = \frac{2}{\sqrt{\lambda}}.$

On obtient ainsi : $\left|\int_a^b e^{if(t)}\,dt\right| \leqslant \frac{4}{\sqrt{\lambda}}.$

2) Cas général

Puisque $f'' \geqslant \lambda > 0$, f' est strictement croissante, donc s'annule en au plus un point de $[a;b]$.

Le cas $f' \geqslant 0$ est étudié ci-dessus en *1)*. Le cas $f' \leqslant 0$ s'y ramène en considérant, au lieu de f, l'application $\begin{array}{l}[-b;-a] \longrightarrow \mathbb{R}.\\ u \longmapsto f(-u)\end{array}$

Supposons maintenant que f' s'annule en un point (et un seul) c de $[a;b]$. En appliquant le résultat de *1)* à la restriction de f à $[c;b]$, on obtient :

$$\left|\int_c^b e^{if(t)}\,dt\right| \leqslant \frac{4}{\sqrt{\lambda}}.$$

On peut aussi appliquer le résultat de *1)* à l'application $\begin{array}{l}[-c;-a] \longrightarrow \mathbb{R},\\ u \longmapsto f(-u)\end{array}$ d'où $\left|\int_a^c e^{if(t)}\,dt\right| \leqslant \frac{4}{\sqrt{\lambda}}.$

Finalement : $\left|\int_a^b e^{if(t)}\,dt\right| \leqslant \frac{8}{\sqrt{\lambda}}.$

2.3.37 En appliquant deux fois la formule de Taylor avec reste intégral, on obtient, pour tout t de $[-a;a]$:

$$\begin{cases} f(a) = f(t) + (a-t)f'(t) + \displaystyle\int_t^a (a-u)f''(u)\,du \\ f(-a) = f(t) + (-a-t)f'(t) + \displaystyle\int_t^{-a} (-a-u)f''(u)\,du \end{cases},$$

d'où, par soustraction : $f'(t) = \frac{1}{2a}(f(a) - f(-a)) - \frac{1}{2a}A(a,t)$

où $A(a,t) = \int_t^a (a-u)f''(u)\,du + \int_t^{-a} (a+u)f''(u)\,du.$

$$\begin{aligned} \text{On a : } ||A(a,t)|| &\leqslant \int_t^a (a-u)||f''(u)||\,du + \int_{-a}^t (a+u)||f''(u)||\,du \\ &\leqslant M_2\left(\int_t^a (a-u)\,du + \int_{-a}^t (a+u)\,du\right) = M_2(a^2+t^2), \end{aligned}$$

où on a noté $M_2 = \sup\limits_{u\in[-a;a]} ||f''(u)||.$

2.3.38 *1)* Remarquer d'abord que, pour tout x de $\mathbb{R} - \{-1,1\}$, l'application $\begin{array}{l}[0;\pi] \longrightarrow \mathbb{R}\\ t \longmapsto 1-2x\cos t+x^2\end{array}$ est à valeurs > 0, et donc $I(x)$ existe.

2) Pour tout x de $]-1;1[-\{0\}$, on a :

$$\begin{aligned} I\left(\frac{1}{x}\right) &= \int_0^{\pi} \ln\left(1 - \frac{2}{x}\cos t + \frac{1}{x^2}\right) dt = \int_0^{\pi} (\ln(x^2 - 2x\cos t + 1) - 2\ln|x|)\,dt \\ &= I(x) - 2\pi\ln|x|. \end{aligned}$$

On peut donc se restreindre à calculer $I(x)$ lorsque $x \in]-1;1[$.

3) L'application $F : (x,t) \longmapsto \ln(1-2x\cos t + x^2)$ est continue sur $]-1;1[\times[0;\pi]$, donc (théorème de dérivation sous le signe $\int_a^b$), l'application I est de classe C^1 sur $]-1;1[$ et :

$$I'(x) = \int_0^\pi \frac{\partial F}{\partial x}(x,t)\,\mathrm{d}t = \int_0^\pi \frac{2x-2\cos t}{1-2x\cos t+x^2}\,\mathrm{d}t \underset{u=\tan\frac{t}{2}}{=} \int_0^{+\infty} \frac{2x-2\dfrac{1-u^2}{1+u^2}}{1-2x\dfrac{1-u^2}{1+u^2}+x^2}\,\frac{2\mathrm{d}u}{1+u^2}$$

$$= 4\int_0^{+\infty} \frac{(x-1)+(x+1)u^2}{((x-1)^2+(x+1)^2u^2)(1+u^2)}\mathrm{d}u$$

$$= \frac{2}{x}\int_0^{+\infty}\left(\frac{1}{1+u^2}+\frac{x^2-1}{(x-1)^2+(x+1)^2u^2}\right)\mathrm{d}u \quad \text{si } x \neq 0$$

$$= \frac{2}{x}\left[\operatorname{Arctan} u + \operatorname{Arctan}\left(\frac{x+1}{x-1}u\right)\right]_0^{+\infty} = 0, \quad \text{car } \frac{x+1}{x-1} < 0.$$

D'autre part : $I'(0) = 0$.

Ainsi, I est constante sur $]-1;1[$; de plus, $I(0) = 0$.

◇ **Réponse :** $I(x) = \begin{cases} 0 & \text{si } x \in]-1;1[\\ 2\pi\ln|x| & \text{si } x \in]-\infty;-1[\cup]1;+\infty[. \end{cases}$

2.3.39 *a)* • $\displaystyle\int_{\frac{\pi}{2}}^{\pi} \frac{\mathrm{d}t}{\cos^2 t + x\sin^2 t} \underset{u=\pi-t}{=} \int_0^{\frac{\pi}{2}} \frac{\mathrm{d}u}{\cos^2 u + x\sin^2 u}$, d'où $\displaystyle I(x) = 2\int_0^{\frac{\pi}{2}} \frac{\mathrm{d}t}{\cos^2 t + x\sin^2 t}$.

• $\displaystyle 2\int_0^{\frac{\pi}{2}} \frac{\mathrm{d}t}{\cos^2 t + x\sin^2 t} \underset{y=\tan t}{=} 2\int_0^{+\infty} \frac{\mathrm{d}y}{1+xy^2} = \frac{2}{\sqrt{x}}\left[\operatorname{Arctan}(\sqrt{x}y)\right]_0^{+\infty} = \frac{\pi}{\sqrt{x}}$.

◇ **Réponse :** : $\forall x \in \mathbb{R}_+^*, \quad I(x) = \dfrac{\pi}{\sqrt{x}}$.

b) L'application $F :]0;+\infty[\times[0;\pi] \longrightarrow \mathbb{R}$ définie par $F(x,t) = \dfrac{1}{\cos^2 t + x\sin^2 t}$ est continue sur $]0;+\infty[\times[0;\pi]$, et $\dfrac{\partial F}{\partial x}$ existe et est continue sur $]0;+\infty[\times[0;\pi]$, donc (théorème de dérivation sous le signe $\int_a^b$), I est de classe C^1 sur $]0;+\infty[$ et :

$$\forall x \in]0;+\infty[, \quad I'(x) = \int_0^\pi \frac{\partial F}{\partial x}(x,t)\,\mathrm{d}t = \int_0^\pi \frac{-\sin^2 t}{(\cos^2 t + x\sin^2 t)^2}\,\mathrm{d}t.$$

Ainsi : $\quad J(x) = -I'(x) = \dfrac{\pi}{2x\sqrt{x}}$.

◇ **Réponse :** $\forall x \in \mathbb{R}_+^*, \quad J(x) = \dfrac{\pi}{2x\sqrt{x}}$.

2.3.40 *a)* L'application $F : (x,t) \longmapsto \dfrac{\ln(1+xt)}{1+t^2}$ est continue sur $]-1;+\infty[\times[0;1]$ et $\dfrac{\partial F}{\partial x}$ existe et est continue sur $]-1;+\infty[\times[0;1]$, donc (théorème de dérivation sous le signe $\displaystyle\int_a^b$) l'application $f : x \longmapsto \displaystyle\int_0^1 \frac{\ln(1+xt)}{1+t^2}\,\mathrm{d}t$ est de classe C^1 sur $]-1;+\infty[$ et :

$$\begin{aligned}\forall x \in]-1;+\infty[,\quad f'(x) &= \int_0^1 \frac{\partial F}{\partial x}(x,t)\,\mathrm{d}t = \int_0^1 \frac{t}{(1+t^2)(1+xt)}\,\mathrm{d}t\\ &= \frac{1}{1+x^2}\int_0^1 \left(\frac{t+x}{1+t^2} - \frac{x}{1+xt}\right)\mathrm{d}t\\ &= \frac{1}{1+x^2}\left[\frac{1}{2}\ln(1+t^2) + x\operatorname{Arctan} t - \ln(1+xt)\right]_0^1\\ &= \frac{1}{1+x^2}\left(\frac{1}{2}\ln 2 + \frac{\pi x}{4} - \ln(1+x)\right).\end{aligned}$$

On déduit :

$$\forall x \in]-1;+\infty[,\quad f(x) = f(0) + \int_0^x f'(t)\,\mathrm{d}t = \frac{\ln 2}{2}\operatorname{Arctan} x + \frac{\pi}{8}\ln(1+x^2) - \int_0^x \frac{\ln(1+t)}{1+t^2}\,\mathrm{d}t.$$

b) Prendre $x = 1$ dans la relation du *a)*.

2.3.41 D'après 2.3.12 *3)* Th. p. 174 :

$$\int_0^\pi \ln\frac{b-\cos t}{a-\cos t}\,\mathrm{d}t = \int_0^\pi \left(\int_a^b \frac{\mathrm{d}x}{x-\cos t}\right)\mathrm{d}t = \int_a^b \left(\int_0^\pi \frac{\mathrm{d}t}{x-\cos t}\right)\mathrm{d}x.$$

Et :

$$\begin{aligned}\int_0^\pi \frac{\mathrm{d}t}{x-\cos t} &\underset{u=\tan\frac{t}{2}}{=} \int_0^{+\infty} \frac{2\mathrm{d}u}{x(1+u^2)-(1-u^2)} = 2\int_0^{+\infty} \frac{\mathrm{d}u}{(x-1)+(x+1)u^2}\\ &= \frac{2}{\sqrt{x^2-1}}\left[\operatorname{Arctan}\left(\sqrt{\frac{x+1}{x-1}}\,u\right)\right]_0^{+\infty} = \frac{\pi}{\sqrt{x^2-1}}.\end{aligned}$$

◇ **Réponse :** $\pi \ln\dfrac{b+\sqrt{b^2-1}}{a+\sqrt{a^2-1}}$.

2.3.42 • $\mathrm{Déf}(f) = [1;+\infty[$.

• L'application $F : (x,t) \longmapsto \sqrt{x+\cos t}$ est continue sur $[1;+\infty[\times[0;\pi]$ et $\dfrac{\partial F}{\partial x}$ existe et est continue sur $]1;+\infty[\times[0;\pi]$, donc (théorèmes de continuité et de dérivation sous le signe $\displaystyle\int_a^b$), f est continue sur $[1;+\infty[$, de classe C^1 sur $]1;+\infty[$ et :

$$\forall x \in]1;+\infty[,\quad f'(x) = \int_0^\pi \frac{\partial F}{\partial x}(x,t)\,\mathrm{d}t = \int_0^\pi \frac{1}{2\sqrt{x+\cos t}}\,\mathrm{d}t > 0.$$

x	1		$+\infty$
$f'(x)$	‖	$+$	
$f(x)$	‖	↗	

- **Etude en 1**

1) $f(1) = \int_0^{\pi} \sqrt{1+\cos t}\, dt = \int_0^{\pi} \sqrt{2}\cos\frac{t}{2}\, dt = 2\sqrt{2}.$

2) On a, pour tout $h > 0$:

$$f'(1+h) = \int_0^{\pi} \frac{dt}{2\sqrt{1+h+\cos t}} \geqslant \frac{1}{2}\int_{\frac{\pi}{2}}^{\pi} \frac{dt}{\sqrt{h+2\cos^2\frac{t}{2}}} \geqslant \frac{1}{2\sqrt{2}}\int_{\frac{\pi}{2}}^{\pi} \frac{\sqrt{2}\sin\frac{t}{2}}{\sqrt{h+2\cos^2\frac{t}{2}}}\, dt$$

$$\underset{u=\sqrt{2}\cos\frac{t}{2}}{=} \frac{1}{\sqrt{2}}\int_0^1 \frac{du}{\sqrt{h+u^2}} = \frac{1}{\sqrt{2}}\left[\ln\left(\frac{u}{\sqrt{h}} + \sqrt{1+\frac{u^2}{h}}\right)\right]_0^1 = \frac{1}{\sqrt{2}}\ln\left(\frac{1}{\sqrt{h}} + \sqrt{1+\frac{1}{h}}\right),$$

d'où : $\quad f'(1+h) \underset{h\longrightarrow 0^+}{\longrightarrow} +\infty.$

- **Etude en** $+\infty$ $\quad f(x) \geqslant \int_0^{\pi} \sqrt{x-1}\, dt = \pi\sqrt{x-1} \underset{x\to+\infty}{\longrightarrow} +\infty$

$$0 \leqslant \frac{f(x)}{x} \leqslant \int_0^{\pi} \frac{\sqrt{x+1}}{x}\, dt = \frac{\pi\sqrt{x+1}}{x} \underset{x\longrightarrow+\infty}{\longrightarrow} 0.$$

Ainsi, (C_f) admet une branche parabolique de direction asymptotique $(x'x)$.

Concavité

En appliquant encore 2.3.12 *2)* Th. p. 168, f est de classe C^2 sur $]1; +\infty[$ et :

$$\forall x \in]1; +\infty[, \quad f''(x) = -\frac{1}{4}\int_0^{\pi} \frac{dt}{(x+\cos t)^{\frac{3}{2}}} < 0.$$

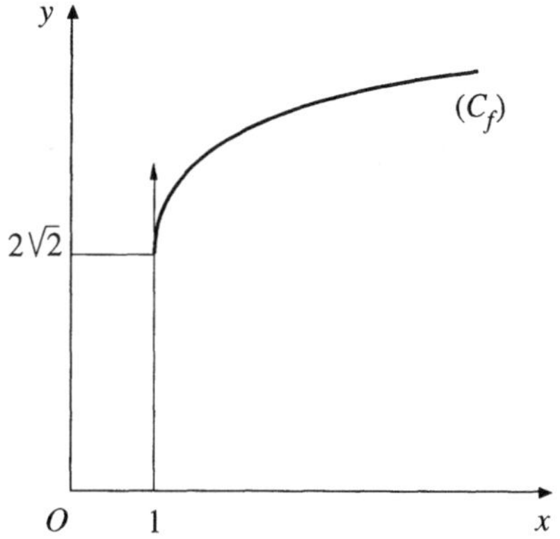

2.3.43 *1)* L'application $F : (x,t) \longmapsto \cos(x\sin t)$ est continue sur $\mathbb{R} \times [0; \pi]$, et $\frac{\partial F}{\partial x}$ existe et est continue sur $\mathbb{R} \times [0; \pi]$, donc (théorème de dérivation sous le signe $\int_a^b$), J_0 est de classe C^1 sur $\mathbb{R}$ et :

$$\forall x \in \mathbb{R}, \quad J_0'(x) = \frac{1}{\pi}\int_0^{\pi} \frac{\partial F}{\partial x}(x,t)\, dt = \frac{1}{\pi}\int_0^{\pi} -\sin(x\sin t)\sin t\, dt.$$

En particulier : $\quad \forall x \in]0; \pi[, J_0'(x) < 0, \quad$ et donc J_0 est strictement décroissante sur $[0; \pi]$.

2) J_0 est continue sur $[0; \pi]$ et $J_0(0) = 1$. Il reste donc à prouver $J_0(\pi) < 0$.

On a :

$$J_0(\pi) = \frac{1}{\pi}\int_0^{\pi} \cos(\pi\sin t)\, dt = \frac{1}{\pi}\int_0^{\frac{\pi}{2}} \cos(\pi\sin t)\, dt + \frac{1}{\pi}\int_{\frac{\pi}{2}}^{\pi} \cos(\pi\sin t)\, dt$$

$$= \frac{2}{\pi}\int_0^{\frac{\pi}{2}} \cos(\pi\sin t)\, dt \underset{y=\sin t}{=} \frac{2}{\pi}\int_0^1 \frac{\cos\pi y}{\sqrt{1-y^2}}\, dy,$$

intégrale d'une fonction intégrable sur $[0; 1[$.

On a donc $J_0(\pi) = \dfrac{2}{\pi}(A - B)$, où $A = \displaystyle\int_0^{\frac{1}{2}} \frac{\cos \pi y}{\sqrt{1-y^2}}\,\mathrm{d}y > 0$ et $B = \displaystyle\int_{\frac{1}{2}}^1 \frac{-\cos\pi y}{\sqrt{1-y^2}}\,\mathrm{d}y > 0$.

Comme $B \underset{z=1-y}{=} \displaystyle\int_0^{\frac{1}{2}} \frac{\cos \pi z}{\sqrt{1-(1-z)^2}}\,\mathrm{d}z$, on obtient :

$$A - B = \int_0^{\frac{1}{2}} \cos\pi y \left(\frac{1}{\sqrt{1-y^2}} - \frac{1}{\sqrt{2y-y^2}} \right) \mathrm{d}y.$$

Enfin, pout tout y de $]0; \frac{1}{2}[$: $\cos\pi y > 0$ et $2y - y^2 < 1 - y^2$, d'où $A - B < 0$, $J_0(\pi) < 0$.

2.3.44 *a)* On remarque :

$$\forall x \in I,\quad f(x) = \int_{x_0}^{x} f'(t)\,\mathrm{d}t = \int_0^1 (x - x_0) f'(x_0 + (x - x_0)u)\,\mathrm{d}u.$$

Considérons donc $g : I \longrightarrow E$ définie par :

$$\forall x \in I,\quad g(x) = \int_0^1 f'(x_0 + (x - x_0)u)\,\mathrm{d}u.$$

En notant $F : (x,u) \longmapsto f'(x_0 + (x - x_0)u)$, il est clair que $F, \dfrac{\partial F}{\partial x}, \ldots, \dfrac{\partial^{n-1} F}{\partial x^{n-1}}$ existent et sont continues sur $I \times [0; 1]$, donc (cf. 2.3.12 *2)* Cor. p. 170), g est de classe C^{n-1} sur I et :

$$\forall p \in \{0,\ldots,n-1\}, \forall x \in I,\quad g^{(p)}(x) = \int_0^1 u^p f^{(p+1)}(x_0 + (x - x_0)u)\,\mathrm{d}u.$$

b) $\forall p \in \{0,\ldots,n-1\}$, $\forall x \in I$,

$$\begin{aligned} ||g^{(p)}(x)|| &= \left|\left| \int_0^1 u^P f^{(p+1)}(x_0 + (x - x_0)u)\,\mathrm{d}u \right|\right| \leqslant \int_0^1 u^p \left|\left| f^{(p+1)}(x_0 + (x - x_0)u) \right|\right| \mathrm{d}u \\ &\leqslant ||f^{(p+1)}||_\infty \int_0^1 u^p\,\mathrm{d}u = \frac{1}{p+1} ||f^{(p+1)}||_\infty. \end{aligned}$$

2.3.45 *a)* Soit f une solution de (E_P).

Puisque f est continue sur $\mathbb{R}$, l'application $F : \begin{array}{l} \mathbb{R} \longrightarrow \mathbb{R} \\ x \longmapsto \int_0^x f \end{array}$ est de classe C^1 sur $\mathbb{R}$ et $F' = f$.

On déduit, pour tout (x,y) de $\mathbb{R}^2$:

$$\int_0^y f(t+x)\mathrm{d}t = \int_0^y \big(f(t) + f(x) + P(t,x)\big)\mathrm{d}t = F(y) + yf(x) + \int_0^y P(t,x)\,\mathrm{d}t.$$

Mais : $\displaystyle\int_0^y f(t+x)\mathrm{d}t \underset{u=t+x}{=} \int_x^{x+y} f(u)\,\mathrm{d}u = F(x+y) - F(x)$.

D'où : $\forall (x,y) \in \mathbb{R}^2$, $F(x+y) = F(x) + F(y) + yf(x) + \displaystyle\int_0^y P(t,x)\,\mathrm{d}t$.

En particulier, en remplaçant y par 1 :

$$\forall x \in \mathbb{R},\quad f(x) = F(x+1) - F(x) - F(1) - \int_0^1 P(t,x)\,\mathrm{d}t.$$

Comme P est de classe C^2 sur $\mathbb{R}^2$, en particulier, P, $\dfrac{\partial P}{\partial y}$, $\dfrac{\partial^2 P}{\partial y^2}$ existent et sont continues sur $[0;\,1] \times \mathbb{R}$, donc (cf. 2.3.12 *2)* Cor. p. 170), $x \longmapsto \displaystyle\int_0^1 P(t,x)\mathrm{d}t$ est de classe C^2 sur $\mathbb{R}$.

En revenant à (E_P) et en dérivant par rapport à x puis par rapport à y, on déduit :

$$\forall (x,y) \in \mathbb{R}^2, \quad f''(x+y) = \frac{\partial^2 P}{\partial x \partial y}(x,y).$$

b) Soit f une solution de (E_P).

D'après *a)*, f est de classe C^2 sur $\mathbb{R}$ et : $\forall (x,y) \in \mathbb{R}^2, \quad f''(x+y) = \dfrac{\partial^2 P}{\partial x \partial y}(x,y) = 4xy.$

En particulier, en remplaçant y par 0 ou par 1 : $\forall x \in \mathbb{R}, \left\{ \begin{array}{l} f''(x) = 0 \\ f''(x+1) = 4x \end{array} \right|,$

et donc, en particulier, $\left\{ \begin{array}{l} f''(2) = 0 \\ f''(2) = 4 \end{array} \right|$, contradiction.

◇ **Réponse :** $\mathcal{S} = \varnothing$.

c) • Soit f une solution de (E_P).

D'après *a)*, f est de classe C^2 sur $\mathbb{R}$ et : $\forall (x,y) \in \mathbb{R}^2, \quad f''(x+y) = \dfrac{\partial^2 P}{\partial x \partial y}(x,y) = 2x + 2y,$

donc : $\forall t \in \mathbb{R}, \quad f''(t) = 2t.$

Il existe alors $(\lambda,\mu) \in \mathbb{R}^2$ tel que : $\forall t \in \mathbb{R}, \quad f(t) = \dfrac{t^3}{3} + \lambda t + \mu.$

• Réciproquement, pour $(\lambda,\mu) \in \mathbb{R}^2$, l'application $f : \begin{array}{l} \mathbb{R} \longrightarrow \mathbb{R} \\ t \longmapsto \frac{t^3}{3} + \lambda t + \mu \end{array}$ vérifie (E_p) si et seulement si :

$$\forall (x,y) \in \mathbb{R}^2, \quad \frac{(x+y)^3}{3} + \lambda(x+y) + \mu = \frac{x^3}{3} + \lambda x + \mu + \frac{y^3}{3} + \lambda y + \mu + x^2 y + x y^2,$$

ce qui revient à : $\mu = 0$.

◇ **Réponse :** $\mathcal{S} = \left\{ \begin{array}{l} \mathbb{R} \longrightarrow \mathbb{R} \\ x \longmapsto \frac{x^3}{3} + \lambda x \end{array} ;\ \lambda \in \mathbb{R} \right\}.$

2.4.1 Considérons la norme $||\cdot||_\infty$ associée à $\mathcal{B}$, définie, pour tout $x = \displaystyle\sum_{j=1}^{N} x_j e_j$, par :

$$||x||_\infty = \underset{1 \leqslant j \leqslant N}{\mathrm{Max}} |x_j|.$$

Comme E est de dimension finie, $||\cdot||$ de E est équivalente à $||\cdot||_\infty$, c'est-à-dire qu'il existe $(\alpha,\beta) \in (\mathbb{R}_+^*)^2$ tel que :

$$\forall x \in E, \quad \alpha ||x||_\infty \leqslant ||x|| \leqslant \beta ||x||_\infty.$$

a) 1) • Supposons $f = \underset{a}{o}(\varphi)$.

Il existe $\varepsilon : V \longrightarrow \mathbb{R}$ telle que : $\left\{ \begin{array}{l} \forall t \in V, \quad ||f(t)|| = \varepsilon(t)\varphi(t) \\ \varepsilon(t) \underset{t \to a}{\longrightarrow} 0. \end{array} \right.$

Pour tout j de $\{1,\ldots,N\}$, notons $\varepsilon_j : V \longrightarrow \mathbb{R}$ l'application définie par :

$$\varepsilon_j(t) = \left\{ \begin{array}{ll} \dfrac{f_j(t)}{\varphi(t)} & \text{si } \varphi(t) \neq 0 \\ 0 & \text{si } \varphi(t) = 0. \end{array} \right.$$

On a alors : $\forall j \in \{1,\dots,N\},\quad f_j(t) = \varepsilon_j(t)\varphi(t)$, puisque, si $\varphi(t) = 0$, alors $f(t) = 0$, donc $f_j(t) = 0$ pour tout j de $\{1,\dots,N\}$.

De plus : $\forall t \in V,\quad |\varepsilon_j(t)|\,|\varphi(t)| = |f_j(t)| \leqslant ||f(t)||_\infty \leqslant \dfrac{1}{\alpha}||f(t)|| = \left|\dfrac{\varepsilon(t)}{\alpha}\right|\,|\varphi(t)|$,

d'où : $\forall t \in V,\quad |\varepsilon_j(t)| \leqslant \dfrac{1}{\alpha}|\varepsilon(t)|$,

cette dernière inégalité étant évidente en un t tel que $\varphi(t) = 0$.

Comme $\varepsilon \xrightarrow[a]{} 0$, on déduit $(\forall j,\ \varepsilon_j \xrightarrow[a]{} 0)$, et donc : $\forall j \in \{1,\dots,N\},\quad f_j = \underset{a}{o}(\varphi)$.

- Réciproquement, supposons : $\forall j \in \{1,\dots,N\},\ f_j = \underset{a}{o}(\varphi)$.

Il existe $\varepsilon_1,\dots,\varepsilon_N : V \longrightarrow \mathbb{R}$ telles que : $\forall j \in \{1,\dots,N\},\quad \begin{cases} \forall t \in V, \quad f_j(t) = \varepsilon_j(t)\varphi(t) \\ \varepsilon_j(t) \xrightarrow[t \to a]{} 0. \end{cases}$

Notons $\varepsilon : V \longrightarrow \mathbb{R}$ l'application définie par : $\varepsilon(t) = \begin{cases} \dfrac{||f(t)||}{\varphi(t)} & \text{si } \varphi(t) \neq 0 \\ 0 & \text{si } \varphi(t) = 0. \end{cases}$

On a alors : $\forall t \in V,\quad ||f(t)|| = \varepsilon(t)\varphi(t)$, puisque, si $\varphi(t) = 0$, alors $(\forall j \in \{1,\dots,N\},\ f_j(t) = 0)$, et donc $f(t) = 0$.

De plus : $\forall t \in V,\quad |\varepsilon(t)|\,|\varphi(t)| = ||f(t)|| \leqslant \beta||f(t)||_\infty = \big(\beta \underset{1\leqslant j\leqslant N}{\mathrm{Max}} |\varepsilon_j(t)|\big)|\varphi(t)|$,

d'où : $\forall t \in V,\quad |\varepsilon(t)| \leqslant \beta \underset{1\leqslant j\leqslant N}{\mathrm{Max}} |\varepsilon_j(t)|$,

cette dernière inégalité étant évidente en un t tel que $\varphi(t) = 0$.

Comme $(\forall j,\ \varepsilon_j \xrightarrow[a]{} 0)$, on déduit $\varepsilon \xrightarrow[a]{} 0$, et donc : $f = \underset{a}{o}(\varphi)$.

2) Même méthode qu'en *1)*.

b) • Supposons : $\forall j \in \{1,\dots,N\},\quad f_j \underset{a}{\sim} g_j$,

c'est-à-dire : $\forall j \in \{1,\dots,N\},\quad f_j - g_j = \underset{a}{o}(g_j)$.

Soit $j \in \{1,\dots,N\}$. Comme : $\forall t \in V,\quad |g_j(t)| \leqslant ||g(t)||_\infty \leqslant \beta||g(t)||$, on a : $\underset{a}{o}(g_j) = \underset{a}{o}(||g||)$, d'où $f_j - g_j = o(||g||)$.

D'où : $f - g = \displaystyle\sum_{j=1}^{N}(f_j - g_j)e_j = o(||g||)$, c'est-à-dire : $f \underset{a}{\sim} g$.

- La réciproque est fausse, comme le montre l'exemple : $E = \mathbb{R}^2, a = 0, f : \underset{t \longmapsto (t,1)}{\mathbb{R} \longrightarrow \mathbb{R}^2}, g : \underset{t \longmapsto (t^2,1)}{\mathbb{R} \longrightarrow \mathbb{R}^2}$, dans lequel on a :

$$\begin{cases} f \underset{a}{\sim} g, & \text{car} \quad (f-g)(t) = (t - t^2, 0) = o(||g(t)||) \\ f_1 \underset{a}{\not\sim} g_1, & \text{car} \quad t \underset{0}{\not\sim} t^2. \end{cases}$$

2.5.1 Vérifier d'abord que f est continue (par morceaux) et $\geqslant 0$ sur l'intervalle indiqué.

a) $0 \leqslant f(x) \underset{x\to 0}{\sim} \dfrac{1}{\sqrt{2x}}$ et exemple de Riemann.

◇ **Réponse :** f est intégrable sur $]0; 1]$.

b) $0 \leqslant f(x) = x\left(\left(1 + \dfrac{1}{x^4}\right)^{\frac{1}{4}} - 1\right) \underset{x\to+\infty}{\sim} \dfrac{1}{4x^3}$ et exemple de Riemann.

◇ **Réponse :** f est intégrable sur $[0; +\infty[$.

c) $0 \leqslant f(x) = e^{-\ln x \ln(1+\ln x)} = x^{-\ln(1+\ln x)} \leqslant x^{-2}$, pour x assez grand, puisque $\ln(1+\ln x) \underset{x\to+\infty}{\longrightarrow} +\infty$, et exemple de Riemann.

◇ **Réponse :** f est intégrable sur $[1;+\infty[$.

d) $\forall n \in \mathbb{N}^*$, $$\int_1^n \frac{dx}{x^{2(x-E(x))}} \geqslant \sum_{k=1}^{n-1}\int_k^{k+\frac12}\frac{dx}{x^{2(x-E(x))}} = \sum_{k=1}^{n-1}\int_k^{k+\frac12}\frac{dx}{x^{2(x-k)}}$$
$$\geqslant \sum_{k=1}^{n-1}\int_k^{k+\frac12}\frac{dx}{x} \geqslant \sum_{k=1}^{n-1}\frac12\int_k^{k+1}\frac{dx}{x} = \frac12\int_1^n\frac{dx}{x} = \frac12\ln n \underset{n\infty}{\longrightarrow} +\infty.$$

◇ **Réponse :** f n'est pas intégrable sur $[1;+\infty[$.

e) • Si $a \leqslant 1$, alors $f(x) \geqslant e^{-\ln x} = \dfrac{1}{x} \geqslant 0$ et exemple de Riemann

• Si $a < 1$, alors $x^2 f(x) = e^{2\ln x-(\ln x)^a} \underset{x\to+\infty}{\longrightarrow} 0$, et règle «$x^\alpha f(x)$».

◇ **Réponse :** f est intégrable si et seulement si $a > 1$.

2.5.2 Notons $\lambda = \dfrac{l+1}{2} \in]0;1[$; il existe $x_0 \in [1;+\infty[$ tel que :

$$\forall x \in [x_0;+\infty[,\quad 0 < f(x+1) \leqslant \lambda f(x).$$

Soit $x \in [x_0;+\infty[$; il existe $n_x \in \mathbb{N}$ tel que : $x - n_x < x_0 \leqslant x - n_x + 1$.
On a : $f(x) \leqslant \lambda f(x-1) \leqslant \lambda^2 f(x-2) \leqslant \ldots \leqslant \lambda^{n_x} f(x-n_x)$.
Puisque f est continue sur le compact $[1;x_0]$, il existe $M \in \mathbb{R}_+$ tel que :

$$\forall t \in [1;x_0],\quad 0 \leqslant f(t) \leqslant M.$$

On a donc : $$0 \leqslant f(x) \leqslant \lambda^{n_x} M \leqslant \lambda^{x-x_0} M.$$
Comme $x \longmapsto \lambda^x$ est intégrable sur $[x_0;+\infty[$ (car $\lambda \in]0;1[$), on en déduit que f est intégrable sur $[1;+\infty[$.
Comparer avec la règle de d'Alembert pour les séries (3.2.4 *3)* Th. p. 245).

2.5.3 *a)* • Pour toute f de C, $t \longmapsto \dfrac{|f(t)|}{\sqrt{1-t}}$ est intégrable sur $[0;1[$ car $|f|$ est continue en 1 et que $t \longmapsto \dfrac{1}{\sqrt{1-t}}$ est intégrable sur $[0;1[$.

De même, $t \longmapsto \dfrac{|f(t)|}{\sqrt{1+t}}$ est intégrable sur $]-1;0]$.

Ainsi, $N(f)$ et $N'(f)$ existent.

• Les propriétés $N(\lambda f) = |\lambda| N(f)$ et $N(f+g) \leqslant N(f) + N(g)$ sont immédiates.

• Si $N(f) = 0$, alors, comme $t \longmapsto \dfrac{|f(t)|}{\sqrt{1-t}}$ est continue et $\geqslant 0$ sur $[-1;1[$, on déduit $(\forall t \in [-1;1[,\ f(t) = 0)$, puis $f = 0$.

Ceci montre que N est une norme sur C. Preuve analogue pour N'; où bien remarquer $N'(f) = N(\check{f})$.

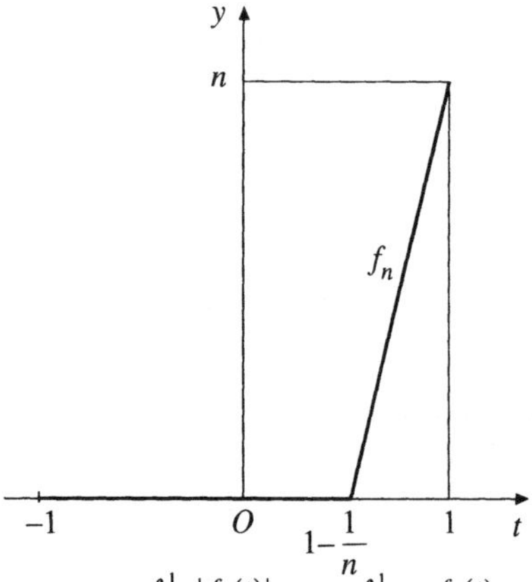

Considérons, pour tout n de $\mathbb{N}^*$, $f_n : [-1; 1] \longrightarrow \mathbb{R}$ définie par :

$$f_n(t) = \begin{cases} 0 & \text{si } t \in \left[-1; 1 - \frac{1}{n}\right] \\ n^2\left(t - 1 + \frac{1}{n}\right) & \text{si } t \in [1 - \frac{1}{n}; 1]. \end{cases}$$

- $N(f_n) = \displaystyle\int_{-1}^{1} \frac{|f_n(t)|}{\sqrt{1-t}}\,\mathrm{d}t$

$$= \int_{1-\frac{1}{n}}^{1} \frac{f_n(t)}{\sqrt{1-t}}\,\mathrm{d}t \geqslant \int_{1-\frac{1}{2n}}^{1} \frac{\frac{n}{2}}{\sqrt{1-t}}\,\mathrm{d}t$$

$$= \left[-n\sqrt{1-t}\right]_{1-\frac{1}{2n}}^{1} = \sqrt{\frac{n}{2}} \underset{n\infty}{\longrightarrow} +\infty.$$

- $N'(f_n) = \displaystyle\int_{-1}^{1} \frac{|f_n(t)|}{\sqrt{1+t}}\,\mathrm{d}t = \int_{1-\frac{1}{n}}^{1} \frac{f_n(t)}{\sqrt{1+t}}\,\mathrm{d}t \leqslant n\int_{1-\frac{1}{n}}^{1} \frac{\mathrm{d}t}{\sqrt{1+t}} \leqslant \frac{1}{\sqrt{2-\frac{1}{n}}} \leqslant 1.$

◇ **Réponse :** N et N' ne sont pas équivalentes.

c) C'est essentiellement la même question que *b)* car T est linéaire et :

$$\forall f \in C, \quad N(T(f)) = N(\check{f}) = N'(f).$$

◇ **Réponse :** $T : (C,N) \longrightarrow (C,N)$ n'est pas continue.

2.5.4 *a)* Puisque α et β jouent des rôles symétriques, on peut supposer $\alpha \leqslant \beta$; l'encadrement demandé est alors immédiat.

b) Immédiat d'après *a)* et le théorème de majoration.

2.5.5 Notons g^0 l'identité et, pour $n \in \mathbb{N}^*$, $g^n = g \circ \ldots \circ g$ (n fois),

$$u_n = \int_{g^n(a)}^{g^{n+1}(a)} f(t)\,\mathrm{d}t.$$

On a, pour tout n de $\mathbb{N}^*$: $u_n = \displaystyle\int_{g^n(a)}^{g^{n+1}(a)} f(t)\,\mathrm{d}t \underset{t=g(u)}{=} \int_{g^{n-1}(a)}^{g^n(a)} f(g(u))g'(u)\,\mathrm{d}u.$

a) $u_n \leqslant \displaystyle\int_{g^{n-1}(a)}^{g^n(a)} kf(u)\,\mathrm{d}u = ku_{n-1}$, d'où, par une récurrence immédiate : $\forall n \in \mathbb{N}, \quad u_n \leqslant k^n u_0$.

Puis : $\quad \forall n \in \mathbb{N}^*, \quad \displaystyle\int_a^{g^n(a)} f = \sum_{i=0}^{n-1} u_i \leqslant \left(\sum_{i=0}^{n-1} k^i\right) u_0 = \frac{1-k^n}{1-k}\,u_0 \leqslant \frac{u_0}{1-k}.$

Comme $g^n(a) \geqslant g^{n-1}(a) + \lambda \geqslant \ldots$, on déduit $g^n(a) \geqslant n\lambda + a$ et donc $g^n(a) \underset{n\infty}{\longrightarrow} +\infty$.
Pour tout X de $[a; +\infty[$, il existe $n \in \mathbb{N}$ tel que $X \leqslant g^n(a)$, d'où :

$$\int_a^X f \leqslant \int_a^{g^n(a)} f \leqslant \frac{u_0}{1-k}.$$

Il s'ensuit (2.5.1 *1)* Déf. p. 181) que f est intégrable sur $[a; +\infty[$.

b) Etude analogue.

2.5.6 *a)* L'application $F : (x,t) \longmapsto \dfrac{e^{-x^2(1+t^2)}}{1+t^2}$ est continue sur $\mathbb{R} \times [0;1]$, et $\dfrac{\partial F}{\partial x}$ existe et est continue sur $\mathbb{R} \times [0;1]$, donc (théorème de dérivation sous le signe $\displaystyle\int_a^b$, 2.3.12 *2)* Th. p. 168), f est de classe C^1 sur $\mathbb{R}$ et :

$$\forall x \in \mathbb{R}, \quad f'(x) = \int_0^1 \frac{\partial F}{\partial x}(x,t)\,dt = \int_0^1 -2xe^{-x^2(1+t^2)}\,dt$$
$$= -2xe^{-x^2}\int_0^1 e^{-x^2t^2}\,dt \underset{u=xt}{=} -2e^{-x^2}\int_0^x e^{-u^2}\,du.$$

b) L'application $A : x \longmapsto f(x) + \left(\displaystyle\int_0^x e^{-t^2}\,dt\right)^2$ est de classe C^1 sur $\mathbb{R}$ et :

$$\forall x \in \mathbb{R}, \quad A'(x) = f'(x) + 2\left(\int_0^x e^{-t^2}\,dt\right)e^{-x^2} = 0,$$

donc A est constante.

c) • $\forall x \in \mathbb{R}, \quad A(x) = A(0) = \displaystyle\int_0^1 \frac{1}{1+t^2}\,dt = \big[\mathrm{Arctan}\,t\big]_0^1 = \frac{\pi}{4}.$

• $\forall x \in \mathbb{R}_+, \quad 0 \leqslant f(x) \leqslant \displaystyle\int_0^1 \frac{e^{-x^2}}{1+t^2}\,dt = \frac{\pi}{4}e^{-x^2}$, donc $f(x) \underset{x\to+\infty}{\longrightarrow} 0$.

• Il en résulte : $\left(\displaystyle\int_0^x e^{-t^2}\,dt\right)^2 \underset{x\to+\infty}{\longrightarrow} \frac{\pi}{4}$, d'où $\displaystyle\int_0^x e^{-t^2}\,dt \underset{x\to+\infty}{\longrightarrow} \sqrt{\frac{\pi}{4}}$, puisque $e^{-t^2} \geqslant 0$.

D'après 2.5.1 *3)*, Prop. 1 p. 187, on conclut que $t \longmapsto e^{-t^2}$ est intégrable sur $[0;+\infty[$ et :

$$\int_0^{+\infty} e^{-t^2}dt = \frac{\sqrt{\pi}}{2}.$$

2.5.7 *a)* L'application $F : [0;+\infty[\longrightarrow \mathbb{R}$ définie par $\forall X \in [0;+\infty[,\ F(X) = \sqrt{\dfrac{2}{\pi}}\displaystyle\int_X^{+\infty} e^{-\frac{x^2}{2}}\,dx$ est continue (car de classe C^1), strictement décroissante, et :

$$F(0) = \sqrt{\frac{2}{\pi}}\int_0^{+\infty} e^{-\frac{x^2}{2}}\,dx = 1, \quad \lim_{+\infty} F = 0.$$

Ainsi, F réalise une bijection de $[0;+\infty[$ sur $]0;1]$.

Remarquer enfin : $\forall n \in \mathbb{N}, \quad \dfrac{1}{2^n} \in]0;1]$.

b) • L'application $f : x \longrightarrow e^{\frac{x^2}{2}}\displaystyle\int_x^{+\infty} e^{-\frac{t^2}{2}}\,dt$ est de classe C^1 sur $\mathbb{R}_+^*$ et :

$$\forall x \in \mathbb{R}_+^*, \quad f'(x) = xe^{\frac{x^2}{2}}g(x),$$

où $g : \mathbb{R}_+^* \longrightarrow \mathbb{R}$ est définie par : $\forall x \in \mathbb{R}_+^*, \quad g(x) = \displaystyle\int_x^{+\infty} e^{-\frac{t^2}{2}}\,dt - \frac{1}{x}e^{-\frac{x^2}{2}}$.

L'application g est de classe C^1 sur $\mathbb{R}_+^*$ et : $\forall x \in \mathbb{R}_+^*, \quad g'(x) = \dfrac{1}{x^2}e^{-\frac{x^2}{2}} > 0.$

En déduire que f est strictement décroissante sur $\mathbb{R}_+^*$.

• $$\frac{1}{2^{n+1}} < \frac{1}{2^n} \Longrightarrow F^{-1}\left(\frac{1}{2^{n+1}}\right) > F^{-1}\left(\frac{1}{2^n}\right) \Longrightarrow a_{n+1} > a_n \Longrightarrow f(a_{n+1}) < f(a_n)$$
$$\Longrightarrow e^{\frac{1}{2}a_{n+1}^2}\frac{1}{2^{n+1}} < e^{\frac{1}{2}a_n^2}\frac{1}{2^n} \Longrightarrow \frac{1}{2}(a_{n+1}^2 - a_n^2) < \ln 2.$$

2.5.8 Pour tout n de $\mathbb{N}^*$, $x \longmapsto \dfrac{|\sin nx|}{x}$ est intégrable sur $]0;\,1]$, puisque $\dfrac{|\sin nx|}{x} \underset{x\to 0^+}{\longrightarrow} n$; notons $I_n = \displaystyle\int_0^{\pi} \frac{|\sin nx|}{x}\,\mathrm{d}x$.

- $\forall n \in \mathbb{N}-\{0,1\}$, $$I_n \underset{u=nx}{=} \int_0^{n\pi} \frac{|\sin u|}{u}\,\mathrm{d}u = \sum_{k=0}^{n-1}\int_{k\pi}^{(k+1)\pi} \frac{|\sin u|}{u}\,\mathrm{d}u$$ $$\underset{v=u-k\pi}{=} \sum_{k=0}^{n-1}\int_0^{\pi} \frac{|\sin v|}{k\pi+v}\,\mathrm{d}v = I_1 + \sum_{k=1}^{n-1}\int_0^{\pi}\frac{|\sin v|}{k\pi+v}\,\mathrm{d}v.$$

Notons, pour tout n de $\mathbb{N}-\{0,1\}$: $J_n = I_1 + \displaystyle\sum_{k=1}^{n-1}\int_0^{\pi}\frac{|\sin v|}{k\pi}\,\mathrm{d}v$.

1) $$J_n = I_1 + \left(\frac{1}{\pi}\int_0^{\pi}|\sin v|\,\mathrm{d}v\right)\sum_{k=1}^{n-1}\frac{1}{k} = I_1 + \frac{2}{\pi}\sum_{k=1}^{n-1}\frac{1}{k} \underset{n\infty}{\sim} \frac{2}{\pi}\ln n.$$

2) $$|I_n - J_n| = \sum_{k=1}^{n-1}\int_0^{\pi}|\sin v|\left(\frac{1}{k\pi}-\frac{1}{k\pi+v}\right)\mathrm{d}v \leqslant \sum_{k=1}^{n-1}\int_0^{\pi}\frac{v}{k\pi(k\pi+v)}\,\mathrm{d}v$$ $$\leqslant \sum_{k=1}^{n-1}\frac{1}{k^2} \leqslant 1 + \sum_{k=2}^{n-1}\frac{1}{k(k-1)} = 1 + \sum_{k=2}^{n-1}\left(\frac{1}{k-1}-\frac{1}{k}\right) = 2 - \frac{1}{n-1} \leqslant 2.$$

De *1)* et *2)*, on déduit $I_n \underset{n\infty}{\sim} \dfrac{2}{\pi}\ln n$.

2.5.9 *a)* Soit $n \in \mathbb{N}-\{0,1\}$. Puisque f est décroissante, on a :

$$\begin{cases} \forall k \in \{1,\dots,n-1\}, & \displaystyle\int_{\frac{k}{n}}^{\frac{k+1}{n}} f \leqslant \frac{1}{n}f\left(\frac{k}{n}\right) \\ \forall k \in \{1,\dots,n\}, & \displaystyle\frac{1}{n}f\left(\frac{k}{n}\right) \leqslant \int_{\frac{k-1}{n}}^{\frac{k}{n}} f \end{cases},$$

d'où en sommant : $\displaystyle\int_{\frac{1}{n}}^{1} f \leqslant \frac{1}{n}\sum_{k=1}^{n-1} f\left(\frac{k}{n}\right)$ et $\displaystyle\frac{1}{n}\sum_{k=1}^{n} f\left(\frac{k}{n}\right) \leqslant \int_0^1 f$.

Ainsi : $\displaystyle\frac{f(1)}{n} + \int_{\frac{1}{n}}^{1} f \leqslant \frac{1}{n}\sum_{k=1}^{n} f\left(\frac{k}{n}\right) \leqslant \int_0^1 f$, d'où $\displaystyle\frac{1}{n}\sum_{k=1}^{n} f\left(\frac{k}{n}\right) \underset{n\infty}{\longrightarrow} \int_0^1 f$.

b) α) $$\ln\left(\frac{(n!)^{\frac{1}{n}}}{n}\right) = \frac{1}{n}\sum_{k=1}^{n}\ln\left(\frac{k}{n}\right)$$

On peut appliquer le résultat de *a)* à $\begin{array}{l}]0;\,1] \longrightarrow \mathbb{R} \\ x \longmapsto -\ln x\end{array}$. D'où :

$$\frac{1}{n}\sum_{k=1}^{n}\ln\left(\frac{k}{n}\right) \underset{n\infty}{\longrightarrow} \int_0^1 \ln x\,\mathrm{d}x = \big[x\ln x - x\big]_0^1 = -1.$$

◇ **Réponse :** e^{-1}.

β) $$\ln\left(\left(\prod_{k=1}^{n}(kn)^{\frac{1}{n+k}}\right)^{\frac{1}{\ln n}}\right) = \frac{1}{\ln n}\sum_{k=1}^{n}\frac{1}{n+k}\ln(kn) = \frac{2}{n}\sum_{k=1}^{n}\frac{1}{1+\frac{k}{n}} + \frac{1}{n\ln n}\sum_{k=1}^{n}\frac{\ln\left(\frac{k}{n}\right)}{1+\frac{k}{n}}.$$

- $\displaystyle \frac{1}{n}\sum_{k=1}^{n}\frac{1}{1+\frac{k}{n}} \underset{n\infty}{\longrightarrow} \int_0^1 \frac{\mathrm{d}x}{1+x} = \ln 2.$

- On peut appliquer le résultat de *a)* à $\begin{array}{l}]0;1] \longrightarrow \mathbb{R} \\ x \longmapsto -\dfrac{\ln x}{1+x} \end{array}$. D'où : $\displaystyle \frac{1}{n}\sum_{k=1}^{n}\frac{\ln\left(\frac{k}{n}\right)}{1+\frac{k}{n}} \underset{n\infty}{\longrightarrow} \int_0^1 \frac{\ln x}{1+x}\,\mathrm{d}x.$

◇ **Réponse :** 4.

2.5.10 *a) 1)* Soient $f \in \mathcal{N}(I,\mathbb{K})$ et $(a,b) \in I^2$ tel que $a \leqslant b$. Puisque f est continue par morceaux sur I et que $0 \leqslant \int_{[a;b]} |f| \leqslant \int_I |f| = 0$, f est continue par morceaux sur $[a;b]$ et $\int_{[a;b]} |f| = 0$, donc $f|_{[a;b]}$ est nulle sauf en un nombre fini de points de $[a;b]$.

2) Réciproquement, soit $f \in \mathcal{CM}(I,\mathbb{K})$ telle que, pour tout (a,b) de I^2 tel que $a \leqslant b$, $f|_{[a;b]}$ est nulle sauf en un nombre fini de points. Alors, pour tout tel $[a;b]$, $\int_{[a;b]} |f| = 0$, donc, par définition, f est intégrable sur I et $\int_I |f| = 0$.

b) • $0 \in \mathcal{N}(I,\mathbb{K})$

- Soient $\alpha \in \mathbb{K}$, $f,g \in \mathcal{N}(I,\mathbb{K})$. Alors $\alpha f + g \in \mathcal{L}^1(I,\mathbb{K})$ et :

$$0 \leqslant \int_I |\alpha f + g| \leqslant |\alpha| \int_I |f| + \int_I |g| = 0,$$

donc $\displaystyle \int_I |\alpha f + g| = 0, \quad \alpha f + g \in \mathcal{N}(I,\mathbb{K}).$

- Soient $h \in \mathcal{CM}(I,\mathbb{K})$, $f \in \mathcal{N}(I,\mathbb{K})$. D'après *a)*, pour tout segment $[a;b]$ inclus dans I, $f|_{[a;b]}$ est nulle sauf en un nombre fini de points, donc $(hf)|_{[a;b]}$ aussi, et donc (cf. *a)*), $hf \in \mathcal{N}(I,\mathbb{K})$.

c) On a, pour tout n de $\mathbb{N}$:

$$0 \leqslant \int_I |f| \leqslant \int_I |f - f_n| + \int_I |f_n| = \int_I |f - f_n|.$$

Comme $\displaystyle \int_I |f - f_n| \underset{n\infty}{\longrightarrow} 0$, on déduit $\displaystyle \int_I |f| = 0$, donc $f \in \mathcal{N}(I,\mathbb{K})$.

2.5.11 • Soit J un segment inclus dans I.

Comme $J \cap D$ est fini et que f_1 et f_2 coïncident sur $J - (J \cap D)$, on a : $\displaystyle \int_J |f_2| = \int_J |f_1|$.

Ainsi, pour tout segment J inclus dans I : $\displaystyle \int_J |f_2| \leqslant \int_I |f_1|$, donc f_2 est intégrable sur I.

- Comme, pour tout segment J inclus dans I, $\displaystyle \int_J f_2 = \int_J f_1$ et qu'il existe une suite $(J_n)_{n\in\mathbb{N}^*}$ de segments inclus dans I telle que $\displaystyle \bigcup_{n\in\mathbb{N}^*} J_n = I$, on déduit :

$$\int_I f_2 = \lim_{n\infty} \int_{J_n} f_2 = \lim_{n\infty} \int_{J_n} f_1 = \int_I f_1.$$

2.5.12 Le résultat est déjà acquis pour $p = 1$ et pour $p = +\infty$.

Soit $p \in]1; +\infty[$. D'après l'exercice 1.1.9 p. 11, on a, pour tout segment J inclus dans I :

$$\int_J |fg| \leqslant \left(\int_J |f|^p\right)^{\frac{1}{p}} \left(\int_J |g|^q\right)^{\frac{1}{q}} \leqslant ||f||_p ||g||_q.$$

Ceci montre que fg est intégrable sur I et que :

$$N_1(fg) = \int_I |fg| \leqslant ||f||_p ||g||_q.$$

2.5.13 *a)* La propriété est triviale si E_f est vide ou est un singleton.

Soient $u, v \in E_f$ tels que $u < v$, $\tau \in]0; 1[$, $w = \tau u + (1 - \tau)v$. Il existe $p, r, s \in [1; +\infty[$ tels que :

$$p = \frac{1}{w}, \quad r = \frac{1}{u}, \quad s = \frac{1}{v}.$$

Montrer qu'en notant $\alpha = \dfrac{\tau p}{r}$, on a : $\quad p = \alpha r + (1 - \alpha)s$.

Par hypothèse, $f \in \mathcal{CL}^r$ et $f \in \mathcal{CL}^s$, donc $|f|^{\alpha r} \in \mathcal{CL}^{\frac{1}{\alpha}}$ et $|f|^{(1-\alpha)s} \in \mathcal{CL}^{\frac{1}{1-\alpha}}$, d'où, d'après l'exercice 2.5.12, $|f|^{\alpha r + (1-\alpha)s} \in \mathcal{CL}^1$, c'est-à-dire $|f|^p \in \mathcal{CL}^1$, ou encore $f \in \mathcal{CL}^p$.

Ceci montre $w \in E_f$.

Ainsi, E_f est une partie convexe de $\mathbb{R}$, donc est un intervalle de $\mathbb{R}$.

b) Remarquer d'abord que, puisque f est continue et $\neq 0$, pour tout t de $[1; +\infty[$, $||f||_t > 0$.

Avec les notations de *a)* :

$$\int_I |f|^p = \int_I |f|^{\alpha r} |f|^{(1-\alpha)s} \leqslant \left(\int_I \left(|f|^{\alpha r}\right)^{\frac{1}{\alpha}}\right)^{\alpha} \left(\int_I \left(|f|^{(1-\alpha)s}\right)^{\frac{1}{1-\alpha}}\right)^{1-\alpha}$$
$$= \left(\int_I |f|^r\right)^{\alpha} \left(\int_I |f|^s\right)^{1-\alpha},$$

d'où : $\quad ||f||_p \leqslant \left(\displaystyle\int_I |f|^r\right)^{\frac{\tau}{r}} \left(\displaystyle\int_I |f|^s\right)^{\frac{1-\tau}{s}} = ||f||_r^{\tau} ||f||_s^{1-\tau}$,

et donc : $\quad \varphi\big(\tau u + (1 - \tau)v\big) \leqslant \tau\varphi(u) + (1 - \tau)\varphi(v)$,

c'est-à-dire que φ est convexe.

c) • Si $1 \leqslant r < p < s < +\infty$, d'après *a)*, pour toute f de $\mathcal{CL}^r \cap \mathcal{CL}^s$, on a $p \in E_f$, donc $f \in \mathcal{CL}^p$, et ainsi $\quad \mathcal{CL}^r \cap \mathcal{CL}^s \subset \mathcal{CL}^p$.

• Si $1 \leqslant r < p < s = +\infty$, alors toute f de $\mathcal{CL}^r \cap \mathcal{CL}^\infty$ est bornée, donc $|f|^p = |f|^r |f|^{p-r} \leqslant |f|^r ||f||_\infty^{p-r}$, ce qui montre $f \in \mathcal{CL}^p$, et donc $\quad \mathcal{CL}^r \cap \mathcal{CL}^\infty \subset \mathcal{CL}^p$.

2.5.14 *1)* Soient $\alpha \in \mathbb{R}$ (à choisir ultérieurement) et, pour tout n de $\mathbb{N}^*$, $f_n : \begin{array}{l}\mathbb{R} \longrightarrow \mathbb{R} \\ x \longmapsto \dfrac{n^\alpha}{(|x|+n)^2}\end{array}$, qui est clairement continue.

Comme $\quad f_n \geqslant 0 \quad$ et $\quad f_n(x) \underset{x \to \pm\infty}{\sim} \dfrac{n^\alpha}{x^2}, \quad$ pour tout p de $[1; +\infty[$, $f_n \in \mathcal{CL}^p$.

De plus, f_n est bornée, donc $f_n \in \mathcal{CL}^\infty$.

On a, pour tout p de $[1; +\infty[$ et tout n de $\mathbb{N}^*$:

$$||f_n||_p^p = \int_{-\infty}^{+\infty} \left(\frac{n^\alpha}{(|x| + n)^2}\right)^p \mathrm{d}x = 2n^{\alpha p} \int_0^{+\infty} \frac{\mathrm{d}x}{(x + n)^{2p}} = \frac{2}{2p - 1} n^{(\alpha-2)p+1}.$$

D'autre part : $\quad \forall n \in \mathbb{N}^*, \quad ||f_n||_\infty = n^{\alpha-2}$.

Il existe $\alpha \in \mathbb{R}$ tel que :

$$\begin{cases} \text{si } p' \neq +\infty, & (\alpha-2)p'+1 < 0 < (\alpha-2)p+1 \\ \text{si } p' = +\infty, & \alpha - 2 < 0 < (\alpha-2)p+1. \end{cases}$$

On a alors : $||f_n||_p \xrightarrow[n\infty]{} +\infty$ et $||f_n||_{p'} \xrightarrow[n\infty]{} 0.$

2) Soient $\beta \in \mathbb{R}$ (à choisir ultérieurement) et, pour tout n de $\mathbb{N}^*$, $g_n : \begin{array}{l}\mathbb{R} \longrightarrow \mathbb{R} \\ x \longmapsto n^\beta e^{-n|x|}\end{array}$, qui est clairement continue.

Comme $g_n \geqslant 0$ et $x^2 g_n(x) \xrightarrow[x\to\pm\infty]{} 0$, pour tout p de $[1;+\infty[$, $g_n \in \mathcal{CL}^p$.

De plus, g_n est bornée, donc $g_n \in \mathcal{CL}^\infty$.

On a, pour tout p de $[1;+\infty[$ et tout n de $\mathbb{N}^*$:

$$||g_n||_p^p = \int_{-\infty}^{+\infty} (n^\beta e^{-n|x|})^p dx = 2n^{\beta p} \int_0^{+\infty} e^{-npx} dx = \frac{2}{p} n^{\beta p - 1}.$$

D'autre part : $\forall n \in \mathbb{N}^*$, $||g_n||_\infty = n^\beta$.

Il existe $\beta \in \mathbb{R}$ tel que : $\begin{cases} \text{si } p' \neq +\infty, & \dfrac{1}{p'} < \beta < \dfrac{1}{p} \\ \text{si } p' = +\infty, & 0 < \beta < \dfrac{1}{p}. \end{cases}$

On a alors : $||g_n||_p \xrightarrow[n\infty]{} 0$ et $||g_n||_{p'} \xrightarrow[n\infty]{} +\infty.$

2.5.15 *a)* Après décomposition en éléments simples :

$$\int_1^X \frac{x^4+1}{x^3(x+1)(x^2+1)} dx = \int_1^X \left(\frac{1}{x^3} - \frac{1}{x^2} - \frac{1}{x+1} + \frac{x+1}{x^2+1}\right) dx$$
$$= \left[-\frac{1}{2x^2} + \frac{1}{x} + \frac{1}{2}\ln\left(\frac{x^2+1}{(x+1)^2}\right) + \operatorname{Arctan} x\right]_1^X.$$

◇ **Réponse :** $\dfrac{\pi}{4} - \dfrac{1}{2} + \dfrac{1}{2}\ln 2 \simeq 0{,}631\,972.$

b) $\displaystyle\int \frac{x^4}{(x^5+1)^{\frac{3}{2}}} dx \underset{y=(x^5+1)^{\frac{1}{2}}}{=} \frac{2}{5}\int \frac{dy}{y^2} = -\frac{2}{5(x^5+1)^{\frac{1}{2}}}.$

◇ **Réponse :** $\dfrac{2}{5}$.

c) • $x \longmapsto \dfrac{1}{x\sqrt[4]{x^2+1}}$ est continue et $\geqslant 0$ sur $[1;+\infty[$, et $\dfrac{1}{x\sqrt[4]{x^2+1}} \underset{x\longrightarrow+\infty}{\sim} \dfrac{1}{x^{\frac{3}{2}}}$, d'où l'intégrabilité de f sur $[1;+\infty[$..

• $\displaystyle\int_1^{+\infty} \frac{dx}{x\sqrt[4]{x^2+1}} \underset{y=x^2}{=} \frac{1}{2}\int_1^{+\infty} \frac{dy}{y\sqrt[4]{y+1}} \underset{z=\sqrt[4]{y+1}}{=} 2\int_{\sqrt[4]{2}}^{+\infty} \frac{z^2}{z^4-1} dz$

$$= \int_{\sqrt[4]{2}}^{+\infty} \frac{dz}{1+z^2} - \int_{\sqrt[4]{2}}^{+\infty} \frac{dz}{1-z^2} = [\operatorname{Arctan} z]_{\sqrt[4]{2}}^{+\infty} - \frac{1}{2}\left[\ln\left|\frac{1+z}{1-z}\right|\right]_{\sqrt[4]{2}}^{+\infty}.$$

◇ **Réponse :** $\dfrac{\pi}{2} - \operatorname{Arctan}(\sqrt[4]{2}) + \dfrac{1}{2}\ln\dfrac{\sqrt[4]{2}+1}{\sqrt[4]{2}-1} \simeq 1{,}923\,411.$

d) • En notant $I = \int_0^{\pi} \frac{x}{1+\sin x}\,\mathrm{d}x$, le changement de variable $y = \pi - x$ donne :

$$I = \int_0^{\pi} \frac{\pi - y}{1+\sin y}\,\mathrm{d}y = \pi \int_0^{\pi} \frac{\mathrm{d}y}{1+\sin y} - I,$$

d'où $I = \frac{\pi}{2}\int_0^{\pi} \frac{\mathrm{d}y}{1+\sin y}$.

• $\int_0^{\pi} \frac{\mathrm{d}y}{1+\sin y} \underset{t=\tan\frac{y}{2}}{=} 2\int_0^{+\infty} \frac{\mathrm{d}t}{(1+t)^2} = \left[-\frac{2}{t+1}\right]_0^{+\infty} = 2.$

◇ **Réponse :** π.

e) • Montrer d'abord l'intégrabilité.

• En notant I la valeur, et en utilisant une intégration par parties ($u = (x^2+3x+3)\mathrm{e}^{-x}\sin x$, $v' = \frac{1}{(x+1)^3}$), obtenir : $2I = \int_0^{+\infty} \left((x^2+3x+3)\cos x - (x^2+x)\sin x\right) \frac{\mathrm{e}^{-x}}{(x+1)^2}\,\mathrm{d}x.$

Intégrer à nouveau par parties pour arriver à : $2I = 3 - 2\int_0^{+\infty} (x\cos x + 2\sin x)\mathrm{e}^{-x}\,\mathrm{d}x.$

On sait calculer la dernière intégrale (cf. Tome 2, 9.3 3) p. 86).

◇ **Réponse :** $\frac{1}{2}$.

f) Poser $u = \sqrt{x^2-1}$.

◇ **Réponse :** $\frac{\pi}{4}$.

g) Poser $\varphi = \ln(x + \sqrt{x^2-1})$, puis $\psi = \frac{\varphi}{2}$.

◇ **Réponse :** 1.

h) Poser $y = x^{\frac{1}{3}}$.

◇ **Réponse :** $\frac{2\pi\sqrt{3}}{3}$.

i) Poser $y = \sqrt{\frac{1-x}{x}}$, puis décomposer en éléments simples.

◇ **Réponse :** existe et vaut $\pi\left(\sqrt{\frac{\alpha-1}{\alpha}} - 1\right)$

j) Poser $y = \frac{1}{x}$, puis mettre un trinôme sous forme canonique.

◇ **Réponse :** existe et vaut $\frac{\pi}{\sqrt{ab}}$.

k) Montrer l'intégrabilité sur $]0;1[$. Une intégration par parties et le changement de variable $y = \sqrt{1-x}$ fournissent $I(x) = \int \frac{\ln x}{(1-x)^{\frac{3}{2}}}\,\mathrm{d}x = \frac{2\ln x}{\sqrt{1-x}} + 2\ln\frac{1+\sqrt{1-x}}{1-\sqrt{1-x}}$.

• En 0^+ : $I(x) = 2\ln x\,\frac{1-\sqrt{1-x}}{\sqrt{1-x}} + 4\ln(1+\sqrt{1-x})$

$$= \frac{2x\ln x}{(1+\sqrt{1-x})\sqrt{1-x}} + 4\ln(1+\sqrt{1-x}) \underset{x\to 0^+}{\longrightarrow} 4\ln 2.$$

• En 1^- : $I(x) \underset{x\to 1^-}{\longrightarrow} 0.$

◇ **Réponse :** $-4\ln 2$.

l) Changements de variable $t = \sqrt{x}$, $\varphi = \operatorname{Arcsin} t$, puis intégration par parties.

◇ **Réponse :** : -2π.

m) $\displaystyle\int \left(\ln(x+1) - \ln x - \frac{1}{x+1}\right) \mathrm{d}x = x \ln\left(1 + \frac{1}{x}\right)$

◇ **Réponse :** 1.

n) Une intégration par parties et le changement de variable $u = \sqrt{x}$ donnent :

$$\int_0^{+\infty} \frac{2 \operatorname{Arctan} x - \pi}{2\sqrt{x}} \mathrm{d}x = -4 \int_0^{+\infty} \frac{u^2}{u^4+1} \mathrm{d}u.$$

◇ **Réponse :** $-\pi\sqrt{2}$.

o) Intégration par parties, puis changement de variable $\theta = \operatorname{Arccos} x$ (ou $u = \sqrt{\dfrac{1-x}{1+x}}$ et $\varphi = \operatorname{Arctan} u$).

◇ **Réponse :** $2 - \pi$.

p) $$\forall \varepsilon > 0,\quad 4\int_\varepsilon^{+\infty} \frac{\sin^3 x}{x^2} \mathrm{d}x = 3\int_\varepsilon^{+\infty} \frac{\sin x}{x^2} \mathrm{d}x - \int_\varepsilon^{+\infty} \frac{\sin 3x}{x^2} \mathrm{d}x$$

$$\underset{u=3x}{=} 3\int_\varepsilon^{+\infty} \frac{\sin x}{x^2} \mathrm{d}x - \int_{3\varepsilon}^{+\infty} \frac{3 \sin u}{u^2} \mathrm{d}u = 3\int_\varepsilon^{3\varepsilon} \frac{\sin x}{x^2} \mathrm{d}x - 3\int_\varepsilon^{3\varepsilon} \frac{\sin x - x}{x^2} \mathrm{d}x + 3 \ln 3,$$

et $\displaystyle\int_\varepsilon^{3\varepsilon} \frac{\sin x - x}{x^2} \mathrm{d}x \underset{\varepsilon \to 0^+}{\longrightarrow} 0$ puisque $x \longmapsto \dfrac{\sin x - x}{x^2}$ est intégrable sur $]0; 1]$.

◇ **Réponse :** $\dfrac{3}{4} \ln 3$.

q) Montrer d'abord l'intégrabilité.

- $\displaystyle I = \int_0^{\frac{\pi}{2}} \sin 2x \ln \tan x \, \mathrm{d}x \underset{y=\frac{\pi}{2}-x}{=} -I$, d'où $I = 0$.
- $\displaystyle J = \int_0^{\frac{\pi}{2}} \sin 2x \ln \sin x \, \mathrm{d}x = \left[\sin^2 x \ln \sin x\right]_0^{\frac{\pi}{2}} - \int_0^{\frac{\pi}{2}} \sin^2 x \frac{\cos x}{\sin x} \mathrm{d}x = -\frac{1}{2}\int_0^{\frac{\pi}{2}} \sin 2x \, \mathrm{d}x = -\frac{1}{2}.$

◇ **Réponse :** 0 et $-\dfrac{1}{2}$.

r) Montrer d'abord l'intégrabilité, puis utiliser le changement de variable $y = \pi - x$.

◇ **Réponse :** $-\dfrac{\pi^2}{2} \ln 2$.

2.5.16 *a)* • D'après les théorèmes généraux, f est de classe C^1 sur $]0; 1]$ et :

$$\forall x \in]0; 1],\quad f'(x) = 2x \sin \frac{1}{x^2} - \frac{2}{x} \cos \frac{1}{x^2}.$$

- $\dfrac{f(x) - f(0)}{x - 0} = x \sin \dfrac{1}{x^2} \underset{x \to 0}{\longrightarrow} 0$, donc f est dérivable en 0 et $f'(0) = 0$.

Ainsi, f est dérivable sur $[0; 1]$ et : $f'(x) = \begin{cases} 2x \sin \dfrac{1}{x^2} - \dfrac{2}{x} \cos \dfrac{1}{x^2} & \text{si } x \in]0; 1] \\ 0 & \text{si } x = 0. \end{cases}$

b) Comme $x \longmapsto \left| \begin{cases} 2x \sin \dfrac{1}{x^2} & \text{si } x \in]0; 1] \\ 0 & \text{si } x = 0 \end{cases} \right.$ est continue sur $[0; 1]$, il suffit de prouver que

$h : x \longmapsto \left| \begin{cases} \dfrac{2}{x} \cos \dfrac{1}{x^2} & \text{si } x \in]0; 1] \\ 0 & \text{si } x = 0 \end{cases} \right.$ n'est pas intégrable sur $]0; 1]$.

À l'aide du changement de variable $\varphi : x \longmapsto \dfrac{1}{x^2}$, l'intégrabilité de h sur $]0; 1]$ équivaut à celle de $y \longmapsto 2\sqrt{y}|\sin y|\dfrac{1}{2}y^{-\frac{3}{2}}$ sur $[1; +\infty[$.

Comme on sait que $y \longmapsto \dfrac{|\sin y|}{y}$ n'est pas intégrable sur $[1; +\infty[$, il en résulte que h ne l'est pas sur $]0; 1]$, et finalement f' n'est pas intégrable sur $]0; 1]$.

2.5.17 • Si $|\cos\alpha| \neq 1$, $x \longmapsto \dfrac{1}{1+\cos\alpha\cos x}$ est continue sur $[0; \pi]$.

Si $\cos\alpha = -1$, $\quad \dfrac{1}{1+\cos\alpha\cos x} = \dfrac{1}{1-\cos x} \underset{x\to 0^+}{\sim} \dfrac{2}{x^2} > 0$, donc $x \longmapsto \dfrac{1}{1+\cos\alpha\cos x}$ n'est pas intégrable sur $]0; \pi]$.

De même pour le cas où $\cos\alpha = 1$.

• Nous supposons donc $|\cos\alpha| \neq 1$ (c'est-à-dire : $\sin\alpha \neq 0$).

$$\int_0^{\pi} \frac{\mathrm{d}x}{1+\cos\alpha\cos x} \underset{t=\tan\frac{x}{2}}{=} \int_0^{+\infty} \frac{2}{1+t^2+\cos\alpha(1-t^2)}\,\mathrm{d}t$$
$$= 2\int_0^{+\infty} \frac{\mathrm{d}t}{1+\cos\alpha+(1-\cos\alpha)t^2} = \frac{2}{\sqrt{1-\cos^2\alpha}}\int_0^{+\infty}\frac{\mathrm{d}u}{1+u^2} = \frac{\pi}{|\sin\alpha|}.$$

◇ **Réponse :** $\displaystyle\int_0^{\pi} \frac{\mathrm{d}x}{1+\cos\alpha\cos x}$ existe si et seulement si $\sin\alpha \neq 0$, et vaut alors $\dfrac{\pi}{|\sin\alpha|}$.

2.5.18 *1)* L'application $f : x \longmapsto x(\operatorname{Arctan} x)^2 - ax - b - \dfrac{c}{x}$ est continue sur $[1; +\infty[$ et, au voisinage de $+\infty$: $f(x) = \left(\dfrac{\pi^2}{4} - a\right)x + o(x)$, donc , si $a \neq \dfrac{\pi^2}{4}$, f n'est pas intégrable sur $[1; +\infty[$.

Supposons $a = \dfrac{\pi^2}{4}$; alors :

$$f(x) = x\left(\frac{\pi}{2} - \operatorname{Arctan}\frac{1}{x}\right)^2 - \frac{\pi^2}{4}x - b - \frac{c}{x} = -\pi x \operatorname{Arctan}\frac{1}{x} + x\left(\operatorname{Arctan}\frac{1}{x}\right)^2 - b - \frac{c}{x}$$
$$= -\pi x\left(\frac{1}{x} + O\left(\frac{1}{x^3}\right)\right) + x\left(\frac{1}{x^2} + O\left(\frac{1}{x^3}\right)\right) - b - \frac{c}{x} = (-\pi - b) + \frac{1-c}{x} + O\left(\frac{1}{x^2}\right)$$

Ainsi, f est intégrable sur $[1; +\infty[$ si et seulement si $\left(a = \dfrac{\pi^2}{4},\ b = -\pi,\ c = 1\right)$, condition que nous supposons maintenant réalisée.

2) A l'aide d'intégrations par parties :

$$I(x) = \int \left(x(\operatorname{Arctan} x)^2 - \frac{\pi^2}{4}x + \pi - \frac{1}{x}\right)\mathrm{d}x$$
$$= \frac{x^2}{2}(\operatorname{Arctan} x)^2 - \int \frac{x^2}{1+x^2}\operatorname{Arctan} x\,\mathrm{d}x - \frac{\pi^2 x^2}{8} + \pi x - \ln x$$
$$= \frac{x^2+1}{2}(\operatorname{Arctan} x)^2 - \frac{\pi^2 x^2}{8} + \pi x - \ln x - x\operatorname{Arctan} x + \frac{1}{2}\ln(1+x^2).$$

En $+\infty$:

$$I(x) = -\frac{x^2}{2}\text{Arctan}\,\frac{1}{x}\left(\pi - \text{Arctan}\frac{1}{x}\right) + \left(\frac{\pi^2}{8} + o(1)\right) + \pi x - x\left(\frac{\pi}{2} - \text{Arctan}\,\frac{1}{x}\right) + \frac{1}{2}\ln\frac{1+x^2}{x^2}$$
$$= -\frac{x^2}{2}\left(\frac{1}{x} + o\left(\frac{1}{x^2}\right)\right)\left(\pi - \frac{1}{x} + o\left(\frac{1}{x^2}\right)\right) + \frac{\pi^2}{8} + \pi x - x\left(\frac{\pi}{2} - \frac{1}{x} + o\left(\frac{1}{x}\right)\right) + o(1)$$
$$= \frac{\pi^2}{8} + \frac{3}{2} + o(1).$$

En 1 : $\quad I(1) = -\frac{\pi^2}{16} + \frac{3\pi}{4} + \frac{1}{2}\ln 2.$

◇ **Réponse :** $a = \frac{\pi^2}{4}$, $b = -\pi$, $c = 1$, et, dans ce cas, l'intégrale vaut $\frac{3\pi^2}{16} - \frac{3\pi}{4} + \frac{3}{2} - \frac{1}{2}\ln 2 \simeq$ 0,647 783.

2.5.19 Poser $t = \tan x$, puis décomposer en éléments simples.

◇ **Réponse :** $\frac{ad - bc}{c^2 + d^2}\ln\frac{d}{c} + \frac{ac + bd}{c^2 + d^2}\frac{\pi}{2}$.

2.5.20 • Pour $x \in]-1;1[$, $t \longmapsto \frac{-\ln(1-t)}{t}$ est intégrable sur $]0;x]$, car $-\frac{\ln(1-t)}{t} \underset{t\longrightarrow 0}{\longrightarrow} 1$.

• Le changement de variable $u = \frac{t}{t-1}$ donne :

$$f\left(\frac{x}{x-1}\right) = \int_0^x \frac{\ln(1-u)}{u(1-u)}\,\mathrm{d}u = \int_0^x \left(\frac{1}{u} + \frac{1}{1-u}\right)\ln(1-u)\,\mathrm{d}u = -f(x) + \int_0^x \frac{\ln(1-u)}{1-u}\,\mathrm{d}u.$$

Enfin : $\displaystyle\int_0^x \frac{\ln(1-u)}{1-u}\,\mathrm{d}u = \left[-\frac{1}{2}(\ln(1-u))^2\right]_0^x = -\frac{1}{2}(\ln(1-x))^2.$

2.5.21 • D'abord, $x \longmapsto \frac{x^k}{x^{2n}+1}$ est intégrable sur $[0;+\infty[$, car $0 \leqslant \frac{x^k}{x^{2n}+1} \underset{x\longrightarrow+\infty}{\sim} x^{k-2n}$ et $k - 2n \leqslant -2 < -1$.

• En notant $I_k = \displaystyle\int_0^{+\infty} \frac{x^k}{x^{2n}+1}\,\mathrm{d}x$, montrer, par le changement de variable $u = \frac{1}{x}$, que : $\quad I_k = I_{2n-k-2}$.

• Donc $\quad I_k = \frac{1}{2}(I_k + I_{2n-k-2}) = \displaystyle\int_0^{+\infty} \frac{x^{n-1}}{x^{2n}+1}\left(\frac{1}{2}\left(x^{k-n+1} + x^{-k+n-1}\right)\right)\mathrm{d}x.$

Remarquer : $\quad \forall t \in]0;+\infty[,\quad \frac{1}{2}\left(t + \frac{1}{t}\right) \geqslant 1.$

D'où $\quad I_k \geqslant I_{n-1} \underset{t=x^n}{=} \frac{1}{n}\displaystyle\int_0^{+\infty} \frac{\mathrm{d}t}{t^2+1} = \frac{\pi}{2n}.$

◇ **Réponse :** $\frac{\pi}{2n}$.

2.5.22 *a)* $\displaystyle\int_0^{\frac{\pi}{2}} \frac{\cos t}{\sqrt{\sin^4 t + x^4}}\,\mathrm{d}t \underset{y=\sin t}{=} \int_0^1 \frac{\mathrm{d}y}{\sqrt{y^4 + x^4}} \underset{u=\frac{y}{x}}{=} \frac{1}{x}\int_0^{\frac{1}{x}} \frac{\mathrm{d}u}{\sqrt{u^4+1}},$

et $u \longmapsto \frac{1}{\sqrt{u^4+1}}$ est intégrable sur $[0;+\infty[$.

b) $\displaystyle\int_1^x \frac{\mathrm{d}t}{\sqrt{x^2+t^3}} \underset{u=\frac{t}{x^{\frac{2}{3}}}}{=} \frac{1}{x^{\frac{1}{3}}}\int_{x^{-\frac{2}{3}}}^{x^{\frac{1}{3}}} \frac{\mathrm{d}u}{\sqrt{1+u^3}}$, et $u \longmapsto \dfrac{1}{\sqrt{1+u^3}}$ est intégrable sur $[0;+\infty[$.

c) Par le changement de variable $y = nx$ et en remarquant que $y \longmapsto \dfrac{1}{1+\sin^2 y}$ est π-périodique, on a :

$$\forall n \in \mathbb{N}^*,\quad \int_0^\pi \frac{\mathrm{d}x}{1+\sin^2 nx} = \frac{1}{n}\int_0^{n\pi} \frac{\mathrm{d}y}{1+\sin^2 y} = \int_0^\pi \frac{\mathrm{d}y}{1+\sin^2 y} = 2\int_0^{\frac{\pi}{2}} \frac{\mathrm{d}y}{1+\sin^2 y}$$
$$\underset{t=\tan y}{=} 2\int_0^{+\infty} \frac{\mathrm{d}t}{1+2t^2} = \sqrt{2}\big[\mathrm{Arctan}\,(t\sqrt{2})\big]_0^{+\infty} = \frac{\pi\sqrt{2}}{2}.$$

Ainsi, $\displaystyle\int_0^\pi \frac{\mathrm{d}x}{1+\sin^2 nx}$ ne dépend pas de n ($n \in \mathbb{N}^*$).

d) $$I_n = \int_0^\pi \frac{\sin x}{1+\cos^2 nx}\,\mathrm{d}x \underset{y=nx}{=} \frac{1}{n}\int_0^{n\pi} \frac{\sin\frac{y}{n}}{1+\cos^2 y}\,\mathrm{d}y = \frac{1}{n}\sum_{k=0}^{n-1}\int_{k\pi}^{(k+1)\pi} \frac{\sin\frac{y}{n}}{1+\cos^2 y}\,\mathrm{d}y$$
$$\underset{z=y-k\pi}{=} \frac{1}{n}\sum_{k=0}^{n-1}\int_0^\pi \frac{\sin\frac{z+k\pi}{n}}{1+\cos^2 z}\,\mathrm{d}z = \frac{1}{n}\int_0^\pi \frac{1}{1+\cos^2 z}\left(\sum_{k=0}^{n-1}\sin\frac{z+k\pi}{n}\right)\mathrm{d}z.$$

Comme $\displaystyle\sum_{k=0}^{n-1} \mathrm{e}^{\mathrm{i}\frac{z+k\pi}{n}} = \mathrm{e}^{\frac{\mathrm{i}z}{n}}\frac{1-\mathrm{e}^{\mathrm{i}\pi}}{1-\mathrm{e}^{\frac{\mathrm{i}\pi}{n}}} = \frac{\mathrm{i}}{\sin\frac{\pi}{2n}}\left(\cos\frac{2z-\pi}{2n} + \mathrm{i}\sin\frac{2z-\pi}{2n}\right)$,

on déduit : $$I_n = \frac{1}{n\sin\frac{\pi}{2n}}\int_0^\pi \frac{\cos\frac{2z-\pi}{2n}}{1+\cos^2 z}\,\mathrm{d}z.$$

Notons $\displaystyle J_n = \frac{1}{n\sin\frac{\pi}{2n}}\int_0^\pi \frac{1}{1+\cos^2 z}\,\mathrm{d}z.$

1) $\displaystyle 0 \leqslant \int_0^\pi \frac{1-\cos\frac{2z-\pi}{2n}}{1+\cos^2 z}\,\mathrm{d}z \leqslant \int_0^\pi \left(1-\cos\frac{2z-\pi}{2n}\right)\mathrm{d}z = \pi - 2n\sin\frac{\pi}{2n} \underset{n\infty}{\longrightarrow} 0,$
donc $|I_n - J_n| \underset{n\infty}{\longrightarrow} 0$.

2) $\displaystyle\int_0^\pi \frac{\mathrm{d}z}{1+\cos^2 z} = 2\int_0^{\frac{\pi}{2}} \frac{\mathrm{d}z}{1+\cos^2 z} \underset{t=\tan z}{=} 2\int_0^{+\infty} \frac{\mathrm{d}t}{2+t^2} = \sqrt{2}\left[\mathrm{Arctan}\frac{t}{\sqrt{2}}\right]_0^{+\infty} = \frac{\pi\sqrt{2}}{2}.$

Donc $\displaystyle J_n = \sqrt{2}\frac{\frac{\pi}{2n}}{\sin\frac{\pi}{2n}} \underset{n\infty}{\longrightarrow} \sqrt{2}.$

e) S'assurer que les fonctions qui interviennent sont intégrables sur les intervalles considérés.

- Pour $x \in \mathbb{R}_+^*$, le changement de variable $u = t^x$ donne :

$$x\int_1^{+\infty} \mathrm{e}^{-t^x}\,\mathrm{d}t = \int_1^{+\infty} \frac{\mathrm{e}^{-u}}{u}u^{\frac{1}{x}}\,\mathrm{d}u.$$

Notons $\displaystyle I(x) = \int_1^{+\infty} \frac{\mathrm{e}^{-u}}{u}u^{\frac{1}{x}}\,\mathrm{d}u$ et $\displaystyle L = \int_1^{+\infty} \frac{\mathrm{e}^{-u}}{u}\,\mathrm{d}u$ (qui existe).

• On a : $\forall u \in [1;+\infty[,\ \forall x \in [2;+\infty[,\quad 0 \leqslant u^{\frac{1}{x}} - 1 \leqslant u^{\frac{1}{2}} - 1 \leqslant u^{\frac{1}{2}}$.

Puisque $u \longmapsto \dfrac{e^{-u}}{u^{\frac{1}{2}}}$ est intégrable sur $[1;+\infty[$, pour tout $\varepsilon > 0$ fixé, il existe $U \in [1;+\infty[$ tel que :

$$\int_U^{+\infty} \frac{e^{-u}}{u^{\frac{1}{2}}}\,du \leqslant \varepsilon.$$

On a alors : $\quad \forall x \in [2;+\infty[,\quad 0 \leqslant \displaystyle\int_U^{+\infty} \frac{e^{-u}}{u}\left(x^{\frac{1}{x}} - 1\right) du \leqslant \varepsilon.$

Puis (U étant ainsi fixé) : $\forall x \in [2;+\infty[,\quad 0 \leqslant \displaystyle\int_1^U \frac{e^{-u}}{u}\left(u^{\frac{1}{x}} - 1\right) du \leqslant \left(U^{\frac{1}{x}} - 1\right) \int_1^U \frac{e^{-u}}{u}\,du.$

Comme $U^{\frac{1}{x}} - 1 \underset{x\longrightarrow+\infty}{\longrightarrow} 0$, il existe $x_0 \in [2;+\infty[$ tel que :

$$\forall x \in [x_0;+\infty[,\quad 0 \leqslant \int_1^U \frac{e^{-u}}{u}\left(u^{\frac{1}{x}} - 1\right) dx \leqslant \varepsilon.$$

Finalement : $\quad \forall \varepsilon > 0, \exists x_0 \in \mathbb{R}_+^*, \forall x \in [x_0;+\infty[,\quad |I(x) - L| \leqslant 2\varepsilon,$

et donc $I(x) \underset{x\longrightarrow+\infty}{\longrightarrow} L$.

2.5.23 Notons, pour tout x de $]0;1]$: $\quad I(x) = x\displaystyle\int_x^1 \frac{1}{t^2} f(t)\,dt, \qquad J(x) = x\int_x^1 \frac{1}{t^2} f(0)\,dt.$

1) $\forall x \in]0;1],\quad |I(x) - J(x)| = \left|x\displaystyle\int_x^1 \frac{1}{t^2}(f(t) - f(0))\,dt\right| \leqslant x\int_x^1 \frac{1}{t^2}|f(t) - f(0)|\,dt.$

Soit $\varepsilon > 0$ fixé. Puisque f est continue en 0, il existe $\eta \in]0;1[$ tel que :

$$\forall t \in [0;\eta],\quad |f(t) - f(0)| \leqslant \varepsilon.$$

Notons $\eta_1 = \mathrm{Min}\left(\eta,\ \varepsilon\left(\displaystyle\int_\eta^1 \frac{1}{t^2}|f(t) - f(0)|\,dt\right)^{-1}\right)$

Soit $x \in]0;\eta_1]$. On a alors : $\begin{cases} x\displaystyle\int_x^\eta \frac{1}{t^2}|f(t) - f(0)|\,dt \leqslant x\varepsilon\int_x^\eta \frac{dt}{t^2} = x\varepsilon\left(\frac{1}{x} - \frac{1}{\eta}\right) \leqslant \varepsilon \\ x\displaystyle\int_\eta^1 \frac{1}{t^2}|f(t) - f(0)|\,dt \leqslant \varepsilon, \end{cases}$

et donc : $\quad x\displaystyle\int_x^1 \frac{1}{t^2}|f(t) - f(0)|\,dt \leqslant 2\varepsilon.$

Ceci prouve : $\quad I(x) - J(x) \underset{x\longrightarrow0^+}{\longrightarrow} 0.$

2) $J(x) = xf(0)\left[-\dfrac{1}{t}\right]_x^1 = f(0) - xf(0) \underset{x\longrightarrow0^+}{\longrightarrow} f(0).$

◇ **Réponse :** $f(0)$.

2.5.24 *a)* • $\text{Def}(f) =]0;+\infty[$.

• f est de classe C^1 sur $]0;+\infty[$ et :

$$\forall x \in]0;+\infty[, \quad f'(x) = \frac{\sqrt{1+x^4}}{x^2} > 0$$

x	0	$+\infty$
$f'(x)$	‖	$+$
$f(x)$	‖	↗

• **Etude en 0**

$$-f(x) = \int_x^1 \frac{1}{t^2}\sqrt{1+t^4}\,\mathrm{d}t \geqslant \int_x^1 \frac{\mathrm{d}t}{t^2}$$

$$= -1 + \frac{1}{x} \underset{x \to 0^+}{\longrightarrow} +\infty,$$

d'où $f(x) = \underset{x \to 0^+}{\longrightarrow} -\infty$.

• **Etude en $+\infty$**

$$f(x) - \int_1^x \mathrm{d}t = \int_1^x \left(\sqrt{1+\frac{1}{t^4}} - 1\right)\mathrm{d}t$$

$$\underset{x \to +\infty}{\longrightarrow} \ell = \int_1^{+\infty} \left(\sqrt{1+\frac{1}{t^4}} - 1\right)\mathrm{d}t$$

$$\simeq 0,153$$

Ainsi, (C_f) admet la droite d'équation $y = x - 1 + \ell$ comme asymptote.

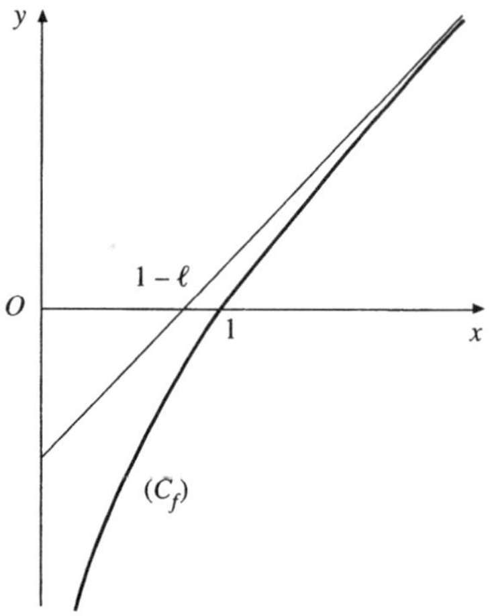

b) • Si $x \geqslant 0$, $f(x)$ existe.

Si $x < 0$, l'application $t \longmapsto \dfrac{1}{\sqrt{t^3+1}}$ est continue par morceaux sur $]2x;x[$ si et seulement si :

$$\forall t \in]2x;x[, \quad t^3 + 1 > 0,$$

c'est-à-dire $x \geqslant -\dfrac{1}{2}$.

La fonction $t \longmapsto \dfrac{1}{\sqrt{t^3+1}}$ est intégrable sur $\left]-1;-\dfrac{1}{2}\right]$, et $\ell = \displaystyle\int_{-\frac{1}{2}}^{-1} \frac{\mathrm{d}t}{\sqrt{t^3+1}} \simeq -0,894$.

Finalement : $\text{Def}(f) = [-\dfrac{1}{2};+\infty[$.

• f est de classe C^1 sur $]-\dfrac{1}{2};+\infty[$ et :

$$\forall x \in]-\frac{1}{2};+\infty[, \quad f'(x) = \frac{2}{\sqrt{8x^3+1}} - \frac{1}{\sqrt{x^3+1}} = \frac{3-4x^3}{\sqrt{8x^3+1}\sqrt{x^3+1}\left(2\sqrt{x^3+1}+\sqrt{8x^3+1}\right)}$$

x	$-\frac{1}{2}$		$\left(\frac{3}{4}\right)^{\frac{1}{3}}$		$+\infty$
$f'(x)$	‖	$+$	0	$-$	
$f(x)$	ℓ	↗		↘	

$$\left(\frac{3}{4}\right)^{\frac{1}{3}} \simeq 0,909 \quad \text{et} \quad f\left(\left(\frac{3}{4}\right)^{\frac{1}{3}}\right) \simeq 0,495.$$

• En $+\infty$: $f(x) \underset{x\longrightarrow+\infty}{\longrightarrow} 0$, car $t \longmapsto \dfrac{1}{\sqrt{t^3+1}}$ est intégrable sur $[0;+\infty[$.

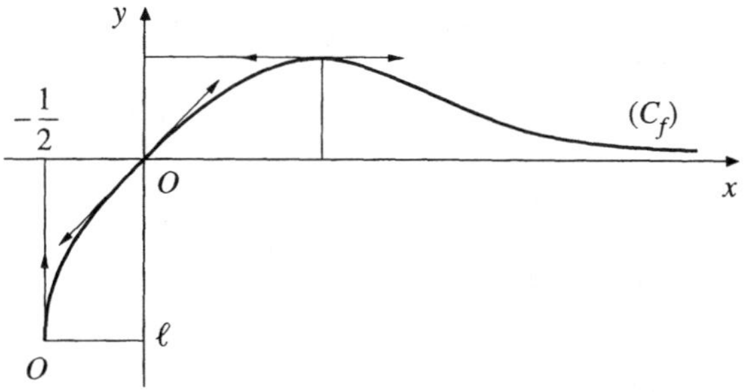

c) • $\mathrm{Def}(f) = [0;+\infty[$, $\quad t \longmapsto \dfrac{\ln t}{1+t}$ est intégrable sur $]0;1]$.

• L'application $F : (x,t) \longmapsto \dfrac{\ln(x+t)}{1+t}$ est continue sur $]0;+\infty[\times[0;1]$, et $\dfrac{\partial F}{\partial x}$ existe et est continue sur $]0;+\infty[\times[0;1]$, donc f est de classe C^1 sur $]0;+\infty[$ et :

$$\forall x \in]0;+\infty[, \quad f'(x) = \int_0^1 \frac{\partial F}{\partial x}(x,t)\,\mathrm{d}t = \int_0^1 \frac{1}{(x+t)(1+t)}\,\mathrm{d}t.$$

2.5.25 • $\forall t \in \mathbb{R}_+, \forall x \in \mathbb{R}_+^*$, $\left|\dfrac{f\left(\frac{t}{x}\right)}{1+t^2}\right| \leqslant \dfrac{||f||_\infty}{1+t^2}$, et $t \longmapsto \dfrac{1}{1+t^2}$ est intégrable sur $[0;+\infty[$,

donc $t \longmapsto \dfrac{f\left(\frac{t}{x}\right)}{1+t^2}$ est intégrable sur $[0;+\infty[$.

Et : $\quad I(x) = \displaystyle\int_0^{+\infty} \frac{f\left(\frac{t}{x}\right)}{1+t^2}\,\mathrm{d}t \underset{u=\frac{t}{x}}{=} x\int_0^{+\infty} \frac{f(u)}{1+x^2u^2}\,\mathrm{d}u.$

• Soit $\varepsilon > 0$ fixé. Puisque f est continue en 0, il existe $\eta > 0$ tel que : $\quad \forall u \in [0;\eta], \quad |f(u)-f(0)| \leqslant \varepsilon$.
On a donc :

$$\left|x\int_0^\eta \frac{f(u)}{1+x^2u^2}\,\mathrm{d}u - x\int_0^\eta \frac{f(0)}{1+x^2u^2}\,\mathrm{d}u\right| \leqslant x\int_0^\eta \frac{\varepsilon}{1+x^2u^2}\,\mathrm{d}u = \varepsilon\big[\mathrm{Arctan}\,xu\big]_0^\eta = \varepsilon\mathrm{Arctan}\,x\eta < \varepsilon\frac{\pi}{2}.$$

Puis :

$$\left|x\int_\eta^{+\infty} \frac{f(u)}{1+x^2u^2}\,\mathrm{d}u - x\int_\eta^{+\infty} \frac{f(0)}{1+x^2u^2}\,\mathrm{d}u\right| \leqslant 2x||f||_\infty \int_\eta^{+\infty} \frac{\mathrm{d}u}{1+x^2u^2} = 2||f||_\infty\big[\mathrm{Arctan}\,xu\big]_\eta^{+\infty}$$
$$= 2||f||_\infty\left(\frac{\pi}{2} - \mathrm{Arctan}\,x\eta\right).$$

Puisque $\eta > 0$ est fixé, il existe $x_0 \in \mathbb{R}_+^*$ tel que : $\quad \forall x \in [x_0;+\infty[, \quad 2||f||_\infty\left(\dfrac{\pi}{2} - \mathrm{Arctan}\,x\eta\right) \leqslant \varepsilon$.

D'où : $\quad \forall x \in [x_0;+\infty[, \quad \left|I(x) - x\displaystyle\int_0^{+\infty} \frac{f(0)}{1+x^2u^2}\,\mathrm{d}u\right| \leqslant \left(1+\dfrac{\pi}{2}\right)\varepsilon.$

Enfin : $\quad x\displaystyle\int_0^{+\infty} \frac{f(0)}{1+x^2u^2}\,\mathrm{d}u = f(0)\big[\mathrm{Arctan}\,xu\big]_0^{+\infty} = \frac{\pi}{2}f(0).$

◇ **Réponse :** $\dfrac{\pi}{2}f(0)$.

2.5.26 *a)* Immédiat par développement.

b) 1) Puisque f, f', f'', $f + f' + f''$ sont dans $\mathcal{CL}^2$, la relation de α) montre que $(f + f')^2$ admet une limite finie en $+\infty$. En utilisant le théorème des valeurs intermédiaires, en déduire que $f + f'$ admet une limite finie l en $+\infty$. En considérant $t \longmapsto f(t)\mathrm{e}^t$, démontrer que f admet l pour limite en $+\infty$.

Comme f^2 est intégrable sur $[0; +\infty[$ converge, on a alors $l = 0$, d'où $\displaystyle\int_0^{+\infty} \left((f + f')^2\right)' = -(f + f')^2(0)$, et donc $\displaystyle\int_0^{+\infty} \left(f^2 + f''^2 - f'^2\right) = \int_0^{+\infty} (f + f' + f'')^2 + (f + f')^2(0) \geqslant 0$.

2) **Etude du cas d'égalité.**

$$\int_0^{+\infty} \left(f^2 + f''^2 - f'^2\right) = 0 \iff \begin{cases} \displaystyle\int_0^{+\infty} (f + f' + f'')^2 = 0 \\ (f + f')^2(0) = 0 \end{cases} \iff \begin{cases} f + f' + f'' = 0 \\ (f + f')(0) = 0 \end{cases}.$$

Résoudre l'équation différentielle obtenue.

◇ **Réponse :** Il y a égalité si et seulement s'il existe $\lambda \in \mathbb{R}$ tel que :

$$\forall t \in [0; +\infty[, \quad f(t) = \lambda \mathrm{e}^{-\frac{t}{2}} \sin\left(\frac{t\sqrt{3}}{2} - \frac{\pi}{3}\right)$$

2.5.27 *a)* Changement de variable $u = \dfrac{\pi}{2} - t$.

b) $\displaystyle I(x) - J(x) - \ln 2 = \int_0^{\frac{\pi}{2}} (1 - \cos t)\left(\frac{1}{\sqrt{\sin^2 t + x^2 \cos^2 t}} - \frac{1}{\sin t}\right) \mathrm{d}t.$

Soit $\varepsilon \in]0; \dfrac{\pi}{2}[$ fixé.

- $$\left|\int_0^{\varepsilon} (1 - \cos t)\left(\frac{1}{\sqrt{\sin^2 t + x^2\cos^2 t}} - \frac{1}{\sin t}\right) \mathrm{d}t\right| \leqslant 2\int_0^{\varepsilon} \frac{1 - \cos t}{\sin t}\,\mathrm{d}t = 2\int_0^{\varepsilon} \tan\frac{t}{2}\,\mathrm{d}t$$
$$= \left[-4 \ln \cos\frac{t}{2}\right]_0^{\varepsilon} = -4 \ln \cos\frac{\varepsilon}{2} \underset{\varepsilon \longrightarrow 0^+}{\longrightarrow} 0.$$

- $$\left|\int_{\varepsilon}^{\frac{\pi}{2}} (1 - \cos t)\left(\frac{1}{\sqrt{\sin^2 t + x^2\cos^2 t}} - \frac{1}{\sin t}\right) \mathrm{d}t\right|$$
$$= \int_{\varepsilon}^{\frac{\pi}{2}} \frac{(1 - \cos t)x^2\cos^2 t}{\sin t\sqrt{\sin^2 t + x^2\cos^2 t}(\sin t + \sqrt{\sin^2 t + x^2\cos^2 t})}\,\mathrm{d}t$$
$$\leqslant \int_{\varepsilon}^{\frac{\pi}{2}} \frac{(1 - \cos^2 t)x^2}{\sin t \sin^2 \varepsilon}\,\mathrm{d}t = \frac{x^2}{\sin^2\varepsilon} \cos\varepsilon \underset{x \longrightarrow 0}{\longrightarrow} 0.$$

(ε étant fixé > 0).

On conclut : $I(x) - J(x) \underset{x \longrightarrow 0^+}{\longrightarrow} \ln 2$.

c) $$J(x) \underset{u = \sin t}{=} \int_0^1 \frac{\mathrm{d}u}{\sqrt{u^2 + x^2(1 - u^2)}} = \frac{1}{\sqrt{1 - x^2}} \operatorname{Argsh} \frac{\sqrt{1 - x^2}}{x} = \frac{\ln(1 + \sqrt{1 - x^2}) - \ln x}{\sqrt{1 - x^2}}.$$

d) $J(x) = (\ln 2 - \ln x + \underset{x \longrightarrow 0^+}{o}(1))(1 + o(x)) = -\ln x + \ln 2 + o(1)$,

d'où $I(x) = J(x) + \ln 2 + o(1) = -\ln x + 2\ln 2 + o(1)$.

2.5.28 *a)* Montrer d'abord, pour tout x de $\mathbb{R}_+^*$, l'existence de $\displaystyle\int_0^x \frac{\sqrt{1+t^2}}{\sqrt{t(x-t)}}\,\mathrm{d}t$; notons $I(x)$ sa valeur.

1ère méthode

Le changement de variable $u = \dfrac{t}{x}$ donne : $I(x) = \displaystyle\int_0^1 \frac{\sqrt{1+x^2u^2}}{\sqrt{u(1-u)}}\,\mathrm{d}u$.

Notons $L = \displaystyle\int_0^1 \frac{\mathrm{d}u}{\sqrt{u(1-u)}} = \pi$. On a :

$$\begin{aligned}|I(x) - L| &= \int_0^1 \frac{\sqrt{1+x^2u^2}-1}{\sqrt{u(1-u)}}\,\mathrm{d}u \\ &= \int_0^1 \frac{x^2u^2}{\left(\sqrt{1+x^2u^2}+1\right)\sqrt{u(1-u)}}\,\mathrm{d}u \leqslant \frac{x^2}{2}\int_0^1 \frac{\mathrm{d}u}{\sqrt{u(1-u)}} = \frac{\pi x^2}{2} \underset{x\longrightarrow 0^+}{\longrightarrow} 0.\end{aligned}$$

2ème méthode

Puisque : $\forall x \in \mathbb{R}_+^*,\ \forall t \in [0;x],\quad 1 \leqslant \sqrt{1+t^2} \leqslant \sqrt{1+x^2}$,

on a, pour tout x de $\mathbb{R}_+$: $\displaystyle\int_0^x \frac{\mathrm{d}t}{\sqrt{t(x-t)}} \leqslant I(x) \leqslant \sqrt{1+x^2}\int_0^x \frac{\mathrm{d}t}{\sqrt{t(x-t)}}$.

Et $\displaystyle\int_0^x \frac{\mathrm{d}t}{\sqrt{t(x-t)}} = \pi$, pour tout $x > 0$ (intégrale abélienne).

◇ **Réponse :** π.

2.5.29 *a)* En notant $F : \mathbb{R}_+ \longrightarrow \mathbb{R}$ l'application définie par $F(x) = \displaystyle\int_0^x f$, on a :

$$g(x) = \frac{1}{x}F(x) \underset{x\longrightarrow 0^+}{\longrightarrow} F'(0) = f(0).$$

b) α) Une intégration par parties donne :

$$\int_a^b g^2 = [xg^2(x)]_a^b - 2\int_a^b xg(x)g'(x)\,\mathrm{d}x = bg^2(b) - ag^2(a) - 2\int_a^b g(f-g),$$

d'où la relation voulue.

β)
$$\begin{aligned}\int_a^b g^2 &\leqslant ag^2(a) + 2\int_a^b fg \leqslant ag^2(a) + 2\left(\int_a^b f^2\right)^{\frac12}\left(\int_a^b g^2\right)^{\frac12} \\ &\leqslant ag^2(a) + 2\left(\int_0^{+\infty} f^2\right)^{\frac12}\left(\int_a^b g^2\right)^{\frac12}.\end{aligned}$$

Puis :

$$\left(\left(\int_a^b g^2\right)^{\frac12} - \left(\int_0^{+\infty} f^2\right)^{\frac12}\right)^2 = \int_a^b g^2 - 2\left(\int_a^b g^2\right)^{\frac12}\left(\int_0^{+\infty} f^2\right)^{\frac12} + \int_0^{+\infty} f^2 \leqslant ag^2(a) + \int_0^{+\infty} f^2,$$

d'où la relation voulue.

c) g^2 est continue sur $[0;+\infty[$, positive, et l'application $b \longmapsto \displaystyle\int_0^b g^2$ est majorée au voisinage de $+\infty$, donc g^2 est intégrable sur $[0;+\infty[$.

• L'inégalité de Cauchy-Schwarz montre alors que fg est intégrable sur $[0; +\infty[$.

• Le résultat de *b)α)* (avec $a = 1$) montre alors que $bg^2(b)$ admet une limite finie λ lorsque b tend vers $+\infty$. Si $\lambda > 0$, alors $g^2(b) \underset{b \longrightarrow +\infty}{\sim} \dfrac{\lambda}{b}$, d'où la non-intégrabilité de g^2 sur $[1; +\infty[$, contradiction.

Donc $\lambda = 0$, puis, en passant à la limite quand b tend vers $+\infty$ dans *b) α)* (avec $a = 0$) :

$$\int_0^{+\infty} g^2 = 2\int_0^{+\infty} fg.$$

2.5.30 Pour $x \in \mathbb{R}$ fixé, les applications $t \longmapsto f(x+t)$ et $t \longmapsto f(x+t) - f(t)$ sont intégrables sur $\mathbb{R}$.

Soit $\varepsilon > 0$ fixé. Puisque f est intégrable sur $\mathbb{R}$, il existe $A \in \mathbb{R}_+^*$ tel que :

$$\int_{-\infty}^{-A} |f(t)|\,\mathrm{d}t \leqslant \varepsilon \quad \text{et} \quad \int_A^{+\infty} |f(t)|\,\mathrm{d}t \leqslant \varepsilon.$$

1) On a, pour tout x de $\mathbb{R}_+^*$:

$$\int_A^{+\infty} |f(x+t) - f(t)|\mathrm{d}t \leqslant \int_{A+x}^{+\infty} |f(u)|\mathrm{d}u + \int_A^{+\infty} |f(t)|\mathrm{d}t \leqslant 2\varepsilon.$$

2) $\displaystyle\int_{-A}^{A} |f(x+t)|\mathrm{d}t = \int_{-A+x}^{A+x} |f(u)|\mathrm{d}u \underset{x \to +\infty}{\longrightarrow} 0,$ car f est intégrable sur $\mathbb{R}$.

On en déduit : $\displaystyle\int_{-A}^{A} |f(x+t) - f(t)|\mathrm{d}t \underset{x \to +\infty}{\longrightarrow} \int_{-A}^{A} |f(t)|\mathrm{d}t.$

Il existe donc $X_1 \in \mathbb{R}_+^*$ tel que :

$$\forall x \in [X_1; +\infty[, \quad \left| \int_{-A}^{A} |f(x+t) - f(t)|\mathrm{d}t - \int_{-A}^{A} |f(t)|\,\mathrm{d}t \right| \leqslant \varepsilon.$$

3) $\displaystyle\left| \int_{-\infty}^{-A} |f(x+t) - f(t)|\,\mathrm{d}t - \int_{-\infty}^{-A} |f(x+t)|\,\mathrm{d}t \right| \leqslant \int_{-\infty}^{-A} |f(t)|\,\mathrm{d}t \leqslant \varepsilon,$

et $\displaystyle\int_{-\infty}^{-A} |f(x+t)|\,\mathrm{d}t = \int_{-\infty}^{-A+x} |f(u)|\,\mathrm{d}u \underset{x \longrightarrow +\infty}{\longrightarrow} \int_{-\infty}^{+\infty} |f(u)|\,\mathrm{d}u.$

Il existe donc $X_2 \in]0; +\infty[$ tel que :

$$\forall\, x \in [X_2; +\infty[, \quad \left| \int_{-\infty}^{-A} |f(x+t) - f(t)|\,\mathrm{d}t - \int_{-\infty}^{+\infty} |f(t)|\,\mathrm{d}t \right| \leqslant 2\varepsilon.$$

En notant $X = \mathrm{Max}(X_1, X_2)$, on obtient :

$$\forall\, x \in [X; +\infty[, \quad \left| \int_{-\infty}^{+\infty} |f(x+t) - f(t)|\,\mathrm{d}t - 2\int_{-\infty}^{+\infty} |f(t)|\,\mathrm{d}t \right| \leqslant 7\varepsilon.$$

2.5.31 *a)* • $\forall x \in \mathbb{R}, \quad \dfrac{1}{1 + |x - n|} \underset{n\infty}{\longrightarrow} 0.$

• $\forall n \in \mathbb{N}^*, \quad f_n(n) = 1.$

◇ **Réponse :** • $(f_n)_n$ converge simplement sur $\mathbb{R}$ vers 0.

• $(f_n)_n$ ne converge pas uniformément sur $\mathbb{R}$.

b) ◇ **Réponse :** $\forall n \in \mathbb{N}, \quad \int_{-\infty}^{+\infty} (f_n(x))^2 \,\mathrm{d}x = 2.$

c) Puisque g^2 et f_n^2 sont intégrables sur $\mathbb{R}$, l'inégalité de Cauchy-Schwarz montre que $f_n g$ est intégrable sur $\mathbb{R}$.

Soit $\varepsilon > 0$ fixé. Il existe $A \in \mathbb{R}_+^*$ tel que : $\int_{-\infty}^{-A} g^2 \leqslant \varepsilon$ et $\int_{A}^{+\infty} g^2 \leqslant \varepsilon$.

- Pour tout n de $\mathbb{N}$: $\left(\int_A^{+\infty} f_n g\right)^2 \leqslant \left(\int_A^{+\infty} f_n^2\right)\left(\int_A^{+\infty} g^2\right) \leqslant 2\varepsilon$, et de même $\left(\int_{-\infty}^{-A} f_n g\right)^2 \leqslant 2\varepsilon$.
- $\forall n \in \mathbb{N}, \quad \left(\int_{-A}^{A} f_n g\right)^2 \leqslant \left(\int_{-A}^{A} f_n^2\right)\left(\int_{-A}^{A} g^2\right) \leqslant \left(\int_{-A}^{A} f_n^2\right)\left(\int_{-\infty}^{+\infty} g^2\right)$

Pour $n \geqslant \mathrm{E}(A) + 1$, on a :

$$\int_{-A}^{A} f_n^2 = \int_{-A}^{A} \frac{1}{(1 + (n-x))^2} \mathrm{d}x = \frac{2A}{(n+1)^2 - A^2} \underset{n\infty}{\longrightarrow} 0.$$

Il existe donc $N \in \mathbb{N}$ tel que : $\quad \forall n \in \mathbb{N}, \quad \left(n \geqslant N \Longrightarrow \int_{-A}^{A} f_n^2 \leqslant \varepsilon\right).$

On obtient, pour tout n de $\mathbb{N}$ tel que $n \geqslant N$:

$$\left|\int_{-\infty}^{+\infty} f_n g\right| \leqslant 2\sqrt{2\varepsilon} + \sqrt{\varepsilon}\left(\int_{-\infty}^{+\infty} g^2\right)^{\frac{1}{2}},$$

ce qui montre : $\quad \int_{-\infty}^{+\infty} f_n g \underset{n\infty}{\longrightarrow} 0.$

2.5.32 *1)* Pour tout n de $\mathbb{N}$, f_n est continue par morceaux sur $[0; 1[$ et bornée, donc, pour tout p de $[1; +\infty[$, $|f_n|^p$ est intégrable sur $[0; 1[$. De plus, pour tout p de $[1; +\infty[$ et tout n de $\mathbb{N}$:

$$||f_n||_p = \left(\int_0^1 |f_n(x)|^p \mathrm{d}x\right)^{\frac{1}{p}} = \left(\frac{1}{2^h}\right)^{\frac{1}{p}} = 2^{-\frac{h}{p}}.$$

Comme $\quad n = 2^h + k < 2^{h+1}, \quad$ on a $\quad 2^h \geqslant \dfrac{n}{2}, \quad$ d'où $\quad 0 \leqslant ||f_n||_p \leqslant \left(\dfrac{n}{2}\right)^{-\frac{1}{p}} \underset{n\infty}{\longrightarrow} 0.$

Ceci montre que, pour tout p de $[1; +\infty[$, $\quad ||f_n||_p \underset{n\infty}{\longrightarrow} 0.$

2) Soit $x \in [0; 1[$.

Montrons que, pour tout h de $\mathbb{N}^*$, il existe n_1, n_2 dans $\{2^h + k; 0 \leqslant k \leqslant 2^h - 1\}$ tels que $f_{n_1}(x) = 1$ et $f_{n_2}(x) = 0$.

Comme $x \in [0; 1[$, il existe $k_1 \in \{0, \dots, 2^h - 1\}$ tel que $\dfrac{k_1}{2^h} \leqslant x < \dfrac{k_1 + 1}{2^h}$, et donc, en notant $n_1 = 2^h + k_1$, on a : $\quad f_{n_1}(x) = 1.$

Comme $h \geqslant 1$, il existe $k_2 \in \{0, \dots, 2^h - 1\}$ tel que $x \notin \left[\dfrac{k_2}{2^h}; \dfrac{k_2 + 1}{2^h}\right[$, et donc, en notant $n_2 = 2^h + k_2$, on a : $\quad f_{n_2}(x) = 0.$

Ceci montre que la suite $\left(f_n(x)\right)_{n \geqslant 1}$ admet 0 et 1 pour valeurs d'adhérence, donc diverge.

2.5.33 $\dfrac{\text{th}\, t}{\sqrt{t(t+1)}} \underset{t\to+\infty}{\sim} \dfrac{1}{t} > 0$ et $t \longmapsto \dfrac{1}{t}$ n'est pas intégrable sur $[1; +\infty[$, donc (cf. 2.5.3 *2)* Prop. 3 p. 212) :

$$\int_1^x \frac{\text{th}\, t}{\sqrt{t(t+1)}}\,\mathrm{d}t \underset{x\to+\infty}{\sim} \int_1^x \frac{\mathrm{d}t}{t} = \ln x.$$

2.5.34 $\dfrac{1}{t^2+\mathrm{e}^{-t}} \underset{t\to+\infty}{\sim} \dfrac{1}{t^2} > 0$ et $t \longmapsto \dfrac{1}{t^2}$ est intégrable sur $[1; +\infty[$, donc (cf. 2.5.3 *1)* Prop. 3 p. 211) :

$$\int_x^{+\infty} \frac{\mathrm{d}t}{t^2+\mathrm{e}^{-t}}\,\mathrm{d}t \underset{x\to+\infty}{\sim} \int_x^{+\infty} \frac{\mathrm{d}t}{t^2} = \frac{1}{x}.$$

2.5.35 Puisque $f \underset{+\infty}{\longrightarrow} \ell$, on a : $f - \ell = \underset{+\infty}{o}(1)$.

Comme $t \longmapsto 1 (> 0)$ n'est pas intégrable sur $[0; +\infty[$, d'après 2.5.3 *2)* Prop. 1 p. 212, on a :

$$\int_0^x \big(f(t)-\ell\big)\mathrm{d}t = \underset{x\to+\infty}{o}\left(\int_0^x 1\,\mathrm{d}t\right),$$

c'est-à-dire : $\displaystyle\int_0^x f(t)\,\mathrm{d}t - \ell x = \underset{x\to+\infty}{o}(x)$,

d'où : $\displaystyle\frac{1}{x}\int_0^x f(t)\,\mathrm{d}t \underset{x\to+\infty}{\longrightarrow} \ell.$

2.5.36 *a)* • En 0 : $\left|\dfrac{1}{\sqrt{x}}\sin\left(x+\dfrac{1}{x}\right)\right| \leqslant \dfrac{1}{\sqrt{x}}$ et $x \longmapsto \dfrac{1}{\sqrt{x}}$ est intégrable sur $]0; 1]$.

• En $+\infty$: $\dfrac{1}{\sqrt{x}}\sin\left(x+\dfrac{1}{x}\right) = \dfrac{1}{\sqrt{x}}\left(\sin x\cos\dfrac{1}{x} + \cos x\sin\dfrac{1}{x}\right) = \dfrac{1}{\sqrt{x}}\left(\sin x + O\left(\dfrac{1}{x}\right)\right) = \dfrac{\sin x}{\sqrt{x}} + O\left(\dfrac{1}{x^{3/2}}\right)$.

Et $\displaystyle\int_1^{\rightarrow+\infty} \frac{\sin x}{\sqrt{x}}\,\mathrm{d}x$ converge (par une intégration par parties), $O\left(\dfrac{1}{x^{3/2}}\right)$ est intégrable sur $[1; +\infty[$.

◇ **Réponse :** converge.

b) • En 0 : $\dfrac{\sin x\ln x}{\sqrt{x^2+1}} \underset{x\to0^+}{\sim} x\ln x \underset{x\to0^+}{\longrightarrow} 0.$

• En $+\infty$: $\dfrac{\sin x\ln x}{\sqrt{x^2+1}} = \sin x\,\dfrac{\ln x}{x} + O\left(\dfrac{\ln x}{x^3}\right)$

Et $\displaystyle\int_1^{\rightarrow+\infty} \sin x\,\frac{\ln x}{x}\,\mathrm{d}x$ converge (par une intégration par parties), $O\left(\dfrac{\ln x}{x^3}\right)$ est intégrable sur $[1; +\infty[$.

◇ **Réponse :** converge.

c) • En 0 : $\dfrac{\sin\sqrt{x}}{\text{sh}\sqrt{x}} \underset{x\to0^+}{\longrightarrow} 1.$

• En $+\infty$: $\left|\dfrac{\sin\sqrt{x}}{\text{sh}\sqrt{x}}\right| \leqslant \dfrac{1}{\text{sh}\sqrt{x}} \underset{x\to+\infty}{\sim} 2\mathrm{e}^{-\sqrt{x}} > 0$, et $x^2\mathrm{e}^{-\sqrt{x}} \underset{x\to+\infty}{\longrightarrow} 0$, donc $x \longmapsto \mathrm{e}^{-\sqrt{x}}$ est intégrable sur $[1; +\infty[$.

◇ **Réponse :** converge. De plus, f est intégrable sur $]0; +\infty[$.

d) • En $+\infty$: $\dfrac{1}{x}\,\mathrm{e}^{\mathrm{i}(x+\frac{1}{x})} = \dfrac{\mathrm{e}^{\mathrm{i}x}}{x}\left(1+\dfrac{\mathrm{i}}{x}+o\left(\dfrac{1}{x}\right)\right) = \dfrac{\mathrm{e}^{\mathrm{i}x}}{x}+O\left(\dfrac{1}{x^2}\right)$, $\displaystyle\int_1^{\to+\infty}\dfrac{\mathrm{e}^{\mathrm{i}x}}{x}\,\mathrm{d}x$ converge et $O\left(\dfrac{1}{x^2}\right)$ est intégrable sur $[1;+\infty[$.

• En 0 : le changement de variable $y=\dfrac{1}{x}$ nous ramène à l'étude de $\displaystyle\int_1^{\to+\infty}\dfrac{1}{y}\,\mathrm{e}^{\mathrm{i}(\frac{1}{y}+y)}\mathrm{d}y$.

◇ **Réponse :** converge.

e) • Montrer que $\varphi : x \longrightarrow x+\ln x$ réalise un C^1-difféomorphisme de $[1;+\infty[$ sur $[1;+\infty[$, qu'on notera φ. Par le changement de variable $y=\varphi(x)$, l'intégrale impropre $\displaystyle\int_1^{\to+\infty}\sin(\varphi(x))\,\mathrm{d}x$ est de même nature que $\displaystyle\int_1^{\to+\infty}\dfrac{\sin y}{1+\dfrac{1}{\varphi^{-1}(y)}}\,\mathrm{d}y$.

• Obtenir successivement, lorsque y tend vers $+\infty$: $\varphi^{-1}(y)\sim y$, $\varphi^{-1}(y)-y\sim -\ln y$,

et déduire : $\dfrac{1}{1+\dfrac{1}{\varphi^{-1}(y)}} = 1-\dfrac{1}{y}+O\left(\dfrac{\ln y}{y^2}\right)$

• $\displaystyle\int_1^{\to+\infty}\sin y\,\mathrm{d}y$ diverge,

$\displaystyle\int_1^{\to+\infty}\dfrac{\sin y}{y}\,\mathrm{d}y$ converge,

$\displaystyle\int_1^{\to+\infty}O\left(\dfrac{\ln y}{y^2}\right)\mathrm{d}y$ est absolument convergente.

◇ **Réponse :** diverge.

2.5.37 Une intégration par parties donne :

$$\forall X\in[1;+\infty[,\quad \int_1^X \mathrm{e}^{-\sqrt{\ln x}}\sin x\,\mathrm{d}x = \Big[-\cos x\,\mathrm{e}^{-\sqrt{\ln x}}\Big]_1^X - \frac{1}{2}\int_1^X g(x)\,\mathrm{d}x,$$

où $g(x)=\dfrac{\cos x\,\mathrm{e}^{-\sqrt{\ln x}}}{x\sqrt{\ln x}}$

Comme $|x(\ln x)^2 g(x)| \leqslant (\ln x)^{\frac{3}{2}}\mathrm{e}^{-\sqrt{\ln x}} = \mathrm{e}^{\frac{3}{2}\ln(\ln x)-\sqrt{\ln x}} \underset{x\to+\infty}{\longrightarrow} 0$ et que $x\longmapsto \dfrac{1}{x(\ln x)^2}$ est intégrable sur $[2;+\infty[$ (Exemple de Bertrand, 2.5.1 *3)* p. 191), on déduit que g est intégrable sur $[1;+\infty[$.

D'autre part $\cos X\,\mathrm{e}^{-\sqrt{\ln X}} \underset{X\longrightarrow+\infty}{\longrightarrow} 0$.

2.5.38 Montrer que $\displaystyle\int_1^{\to+\infty}\dfrac{\cos t}{t+\sin t}\,\mathrm{d}t$ converge, en utilisant un développement asymptotique lorsque t tend vers $+\infty$:

$$\frac{\cos t}{t+\sin t} = \frac{\cos t}{t}\,\frac{1}{1+\dfrac{\sin t}{t}} = \frac{\cos t}{t}\left(1+o\left(\frac{1}{t}\right)\right) = \frac{\cos t}{t}+o\left(\frac{1}{t^2}\right)$$

◇ **Réponse :** 0.

2.5.39 Montrer d'abord la convergence des intégrales qui interviennent.

1ère méthode

Soit $X \in \left]\frac{\pi}{2}; +\infty\right[$.

1) $$\left|\int_0^{\frac{\pi}{2}} \frac{\sin t}{x+t}\,\mathrm{d}t - \int_0^{\frac{\pi}{2}} \frac{\sin t}{t}\,\mathrm{d}t\right| = \int_0^{\frac{\pi}{2}} \frac{x\sin t}{t(x+t)}\,\mathrm{d}t \leqslant \int_0^{\frac{\pi}{2}} \frac{x}{x+t}\,\mathrm{d}t$$
$$= x\left(\ln(x+\frac{\pi}{2}) - \ln x\right) \underset{x\longrightarrow 0^+}{\longrightarrow} 0.$$

2) $$\left|\int_{\frac{\pi}{2}}^{X} \frac{\sin t}{x+t}\,\mathrm{d}t - \int_{\frac{\pi}{2}}^{X} \frac{\sin t}{t}\,\mathrm{d}t\right| = \left|\int_{\frac{\pi}{2}}^{X} \frac{x\sin t}{t(x+t)}\,\mathrm{d}t\right| \leqslant \int_{\frac{\pi}{2}}^{X} \frac{x}{t^2}\,\mathrm{d}t$$
$$= x\left(\frac{2}{\pi} - \frac{1}{X}\right) \leqslant \frac{2x}{\pi} \underset{x\longrightarrow 0^+}{\longrightarrow} 0.$$

2ème méthode

Pour tout $x > 0$:

$$\int_0^{+\infty} \frac{\sin t}{x+t}\,\mathrm{d}t \underset{u=x+t}{=} \int_x^{+\infty} \frac{\sin(u-x)}{u}\,\mathrm{d}u = \cos x \int_x^{+\infty} \frac{\sin u}{u}\,\mathrm{d}u - \sin x \int_x^{+\infty} \frac{\cos u}{u}\,\mathrm{d}u.$$

D'une part, $\displaystyle\int_x^{+\infty} \frac{\sin u}{u}\,\mathrm{d}u \underset{x\longrightarrow 0^+}{\longrightarrow} \int_0^{+\infty} \frac{\sin u}{u}\,\mathrm{d}u$, intégrale impropre convergente.

D'autre part, pour tout x de $]0; 1]$:

$$\left|\int_x^{+\infty} \frac{\cos u}{u}\,\mathrm{d}u\right| \leqslant \int_x^1 \frac{\mathrm{d}u}{u} + \left|\int_1^{+\infty} \frac{\cos u}{u}\,\mathrm{d}u\right| = -\ln x + \left|\int_1^{+\infty} \frac{\cos u}{u}\,\mathrm{d}u\right|,$$

donc : $\displaystyle \sin x \int_x^{+\infty} \frac{\cos u}{u}\,\mathrm{d}u \underset{x\longrightarrow 0^+}{\longrightarrow} 0.$

2.5.40 Remarquer d'abord que $\displaystyle\int_1^{\rightarrow+\infty} \frac{\sin t}{t}\,\mathrm{d}t$ converge, d'où l'existence de $\displaystyle\int_x^{+\infty} \frac{\sin t}{t}\,\mathrm{d}t$, pour tout x de $]0; +\infty[$.

Pour $0 < x < X$, on a, par deux intégrations par parties :

$$\int_x^X \frac{\sin t}{t}\,\mathrm{d}t = \left[-\frac{\cos t}{t}\right]_x^X - \int_x^X \frac{\cos t}{t^2}\,\mathrm{d}t = \left[-\frac{\cos t}{t}\right]_x^X - \left(\left[\frac{\sin t}{t^2}\right]_x^X + 2\int_x^X \frac{\sin t}{t^3}\,\mathrm{d}t\right)$$
$$= \left[-\frac{\cos t}{t} - \frac{\sin t}{t^2}\right]_x^X - 2\int_x^X \frac{\sin t}{t^3}\,\mathrm{d}t.$$

Pour $x > 0$, on obtient, en passant à la limite quand X tend vers $+\infty$ et puisque $t \longmapsto \dfrac{\sin t}{t^3}$ est intégrable sur $[x; +\infty[$:

$$\int_x^{+\infty} \frac{\sin t}{t}\,\mathrm{d}t = \frac{\cos x}{x} + \frac{\sin x}{x^2} - 2\int_x^{+\infty} \frac{\sin t}{t^3}\,\mathrm{d}t.$$

Enfin, $\displaystyle \frac{\sin x}{x^2} = \underset{x\to+\infty}{O}\left(\frac{1}{x^2}\right)$

et, puisque $\displaystyle \left|\int_x^{+\infty} \frac{\sin t}{t^3}\,\mathrm{d}t\right| \leqslant \int_x^{+\infty} \frac{1}{t^3}\,\mathrm{d}t = \frac{1}{2x^2}$, $\displaystyle \int_x^{+\infty} \frac{\sin t}{t^3}\,\mathrm{d}t = \underset{x\to+\infty}{O}\left(\frac{1}{x^2}\right)$.

Finalement : $\displaystyle \int_x^{+\infty} \frac{\sin t}{t}\,\mathrm{d}t = \frac{\cos}{x} + \underset{x\to+\infty}{O}\left(\frac{1}{x^2}\right).$

2.5.41 *a)* L'application $\phi : [0;1] \longrightarrow E$ définie par $\left(\forall x \in [0;1],\quad \phi(x) = -\int_x^1 \frac{1}{t} f(t)\,dt\right)$ est continue sur $[0;1]$, de classe C^1 sur $]0;1]$, et : $\forall x \in]0;1],\quad \phi'(x) = \frac{1}{x} f(x)$.

D'où, pour tout ε de $]0;1]$:

$$\int_\varepsilon^1 f(t)\,dt = \int_\varepsilon^1 t\phi'(t)\,dt = \big[t\phi(t)\big]_\varepsilon^1 - \int_\varepsilon^1 \phi(t)\,dt = -\varepsilon\phi(\varepsilon) - \int_\varepsilon^1 \phi(t)\,dt \underset{\varepsilon\longrightarrow 0^+}{\longrightarrow} -\int_0^1 \phi,$$

car ϕ est continue sur $[0;1]$.

b) $\forall x \in]0;1],\quad \frac{1}{x}(g(x)-g(0)) = \frac{1}{x}\int_0^x f = \frac{1}{x}\int_0^x t\phi'(t)\,dt$

$$= \frac{1}{x}\left(\big[t\phi(t)\big]_0^x - \int_0^x \phi(t)\,dt\right) = \phi(x) - \frac{1}{x}\int_0^x \phi.$$

Puisque ϕ est continue en 0 : $\frac{1}{x}\int_0^x \phi \underset{x\longrightarrow 0^+}{\longrightarrow} \phi(0)$.

Ceci montre : $\frac{1}{x}(g(x)-g(0)) \underset{x\longrightarrow 0^+}{\longrightarrow} 0$.

2.5.42 *1)* et *2)* : évidents.

3) : On a $f(0) = 0$ et, pour tout x de $]0;+\infty[$, $f(x) = \int_0^{+\infty} x\mathrm{e}^{-xt}dt = \big[-\mathrm{e}^{-xt}\big]_0^{+\infty} = 1$, donc f n'est pas continue en 0.

2.5.43 *a)* Notons $F : \underset{(x,t)\longmapsto \mathrm{e}^{-t^2}\operatorname{ch} 2xt}{\mathbb{R}\times[0;+\infty[\longrightarrow \mathbb{R}}$.

- F est continue sur $\mathbb{R}\times[0;+\infty[$
- F vérifie HD locale sur $\mathbb{R}\times[0;+\infty[$ car, pour tout a de $[0;+\infty[$, en notant $\varphi_a : \underset{t\longmapsto \mathrm{e}^{-t^2}\operatorname{ch} 2at}{[0;+\infty[\longrightarrow \mathbb{R}}$,

φ_a est continue, $\geqslant 0$, intégrable sur $[0;+\infty[$, et :

$$\forall (x,t) \in [-a;a]\times[0;+\infty[,\quad |F(x,t)| \leqslant \varphi_a(t)$$

- $\frac{\partial F}{\partial x} : (x,t) \longmapsto 2t\mathrm{e}^{-t^2}\operatorname{ch} 2xt$ existe et est continue sur $\mathbb{R}\times[0;+\infty[$
- $\frac{\partial F}{\partial x}$ vérifie HD locale sur $\mathbb{R}\times[0;+\infty[$ car, pour tout a de $[0;+\infty[$, en notant $\psi_a : \underset{t\longmapsto 2t\mathrm{e}^{-t^2}\operatorname{sh} 2at}{[0;+\infty[\longrightarrow \mathbb{R}}$,

ψ_a est continue, $\geqslant 0$, intégrable sur $[0;+\infty[$ et :

$$\forall (x,t) \in [-a;a]\times[0;+\infty[,\quad \left|\frac{\partial F}{\partial x}(x,t)\right| \leqslant \psi_a(t).$$

D'après une extension du théorème de dérivation sous le signe $\int_I$ (2.5.5 *2)* Prop. p. 221), on déduit :

- Pour tout x de $\mathbb{R}$, $F(x,\cdot)$ et $\frac{\partial F}{\partial x}(x,\cdot)$ sont intégrables sur $[0;+\infty[$
- L'application $f : \underset{x\longmapsto \int_0^{+\infty} \mathrm{e}^{-t^2}\operatorname{ch} 2xt\,dt}{\mathbb{R}\longrightarrow \mathbb{R}}$ est de classe C^1 sur $\mathbb{R}$ et :

$$\forall x \in \mathbb{R},\quad f'(x) = \int_0^{+\infty} 2t\mathrm{e}^{-t^2}\operatorname{sh} 2xt\,dt.$$

En utilisant une intégration par parties, on a :

$$\forall x \in \mathbb{R},\ \forall T \in [0;+\infty[,\quad \int_0^T 2t\mathrm{e}^{-t^2}\operatorname{sh}2xt\,\mathrm{d}t = -\mathrm{e}^{-T^2}\operatorname{sh}2xT + 2x\int_0^T \mathrm{e}^{-t^2}\operatorname{ch}2xt\,\mathrm{d}t,$$

d'où, en passant aux limites quand T tend vers $+\infty$:

$$\forall x \in \mathbb{R},\quad f'(x) = 2xf(x).$$

b) Par résolution de l'équation différentielle obtenue en *a)*, il existe $\lambda \in \mathbb{R}$ tel que :

$$\forall x \in \mathbb{R},\quad f(x) = \lambda \mathrm{e}^{x^2}.$$

Et : $\lambda = f(0) = \displaystyle\int_0^{+\infty} \mathrm{e}^{-t^2}\mathrm{d}t = \frac{\sqrt{\pi}}{2}$ (intégrale de Gauss, cf. 2.5.5 3) Prop. 4. p. 223).

Remarque

Un calcul plus simple et direct était possible.

On a d'abord, par parité : $f(x) = \dfrac{1}{2}\displaystyle\int_{-\infty}^{+\infty} \mathrm{e}^{-t^2}\operatorname{ch}2xt\,\mathrm{d}t.$

Puis : $$f(x) = \frac{1}{4}\int_{-\infty}^{+\infty} \mathrm{e}^{-t^2}(\mathrm{e}^{2xt}+\mathrm{e}^{-2xt})\mathrm{d}t = \frac{1}{4}\int_{-\infty}^{+\infty} \mathrm{e}^{-(t-x)^2+x^2}\mathrm{d}t + \frac{1}{4}\int_{-\infty}^{+\infty} \mathrm{e}^{-(t+x)^2+x^2}\,\mathrm{d}t$$
$$= \frac{1}{4}\mathrm{e}^{x^2}\int_{-\infty}^{+\infty} \mathrm{e}^{-u^2}\,\mathrm{d}u + \frac{1}{4}\mathrm{e}^{x^2}\int_{-\infty}^{+\infty} \mathrm{e}^{-v^2}\,\mathrm{d}v = \frac{\sqrt{\pi}}{2}\mathrm{e}^{x^2}.$$

2.5.44 *1)* Il est clair que, pour tout z de $\mathbb{C}$, l'application $t \longmapsto \mathrm{e}^{-t^2}\mathrm{e}^{zt}$ est continue et intégrable sur $\mathbb{R}$.

Soit $z \in \mathbb{C}$; notons $x = \mathrm{Ré}(z)$, $y = \mathrm{Im}(z)$. On a :

$$\int_{-\infty}^{+\infty} \mathrm{e}^{-t^2}\mathrm{e}^{zt}\mathrm{d}t = \int_{-\infty}^{+\infty} \mathrm{e}^{-t^2+xt}\mathrm{e}^{\mathrm{i}yt}\mathrm{d}t \underset{u=t-\frac{x}{2}}{=} \int_{-\infty}^{+\infty} \mathrm{e}^{-u^2+\frac{x^2}{4}}\mathrm{e}^{\mathrm{i}y(u+\frac{x}{2})}\mathrm{d}u$$
$$= \mathrm{e}^{\frac{x^2}{4}+\mathrm{i}\frac{xy}{2}}\int_{-\infty}^{+\infty} \mathrm{e}^{-u^2}\mathrm{e}^{\mathrm{i}yu}\mathrm{d}u.$$

Il suffit donc de calculer $\displaystyle\int_{-\infty}^{+\infty} \mathrm{e}^{-t^2}\mathrm{e}^{\mathrm{i}yt}\,\mathrm{d}t$, pour $y \in \mathbb{R}$.

2) Notons $F : \begin{array}[t]{l}\mathbb{R}\times\mathbb{R} \longrightarrow \mathbb{C} \\ (y,t) \longmapsto \mathrm{e}^{-t^2+\mathrm{i}yt}\end{array}$.

- F est continue sur $\mathbb{R}^2$
- F vérifie HD car, en notant $\varphi : \begin{array}[t]{l}\mathbb{R} \longrightarrow \mathbb{R} \\ t \longmapsto \mathrm{e}^{-t^2}\end{array}$, φ est continue, $\geqslant 0$, intégrable sur $\mathbb{R}$ et :

$$\forall (y,t) \in \mathbb{R}^2,\quad |F(y,t)| = \varphi(t)$$

- $\dfrac{\partial F}{\partial y} : (y,t) \longmapsto \mathrm{i}t\mathrm{e}^{-t^2+\mathrm{i}yt}$ existe et est continue sur $\mathbb{R}^2$
- $\dfrac{\partial F}{\partial y}$ vérifie HD car, en notant $\psi : \begin{array}[t]{l}\mathbb{R} \longrightarrow \mathbb{R} \\ t \longmapsto |t|\mathrm{e}^{-t^2}\end{array}$, ψ est continue, $\geqslant 0$, intégrable sur $\mathbb{R}$ et :

$$\forall (y,t) \in \mathbb{R}^2,\quad \left|\frac{\partial F}{\partial y}(y,t)\right| = \psi(t).$$

D'après le théorème de dérivation sous le signe $\displaystyle\int_I$ (2.5.5 *2)* Th. p. 219), on déduit :

- Pour tout y de $\mathbb{R}$, $F(y,\cdot)$ et $\dfrac{\partial F}{\partial y}(y,\cdot)$ sont intégrables sur $\mathbb{R}$
- L'application $f : \begin{array}{l}\mathbb{R} \longrightarrow \mathbb{R} \\ y \longmapsto \int_{-\infty}^{+\infty} e^{-t^2+iyt}dt\end{array}$ est de classe C^1 sur $\mathbb{R}$ et :

$$\forall y \in \mathbb{R}, \quad f'(y) = \int_{-\infty}^{+\infty} it e^{-t^2+iyt} dt.$$

Une intégration par partie donne, pour $y \in \mathbb{R}$ et $T \in [0; +\infty[$:

$$\int_{-T}^{T} it e^{-t^2} e^{iyt} dt = \left[-\frac{i}{2} e^{-t^2} e^{iyt} \right]_{-T}^{T} - \frac{y}{2} \int_{-T}^{T} e^{-t^2} e^{iyt} dt,$$

d'où, en faisant tendre T vers $+\infty$:

$$\forall y \in \mathbb{R}, \quad f'(y) = -\frac{y}{2} f(y).$$

Par résolution d'équation différentielle, il existe $\lambda \in \mathbb{C}$ tel que :

$$\forall y \in \mathbb{R}, \quad f(y) = \lambda e^{-\frac{y^2}{4}}.$$

Et : $\lambda = f(0) = \displaystyle\int_{-\infty}^{+\infty} e^{-t^2} dt = \sqrt{\pi}.$

On obtient : $\displaystyle\int_{-\infty}^{+\infty} e^{-t^2} e^{zt} dt = \sqrt{\pi} e^{\frac{x^2}{4} + \frac{ixy}{2} - \frac{y^2}{4}} = \sqrt{\pi} e^{\frac{z^2}{4}}.$

Remarques :

1) En remplaçant x par 0 et, en prenant la partie réelle, et par parité, on déduit :

$$\forall y \in \mathbb{R}, \quad \int_{0}^{+\infty} e^{-t^2} \cos yt \, dt = \frac{\sqrt{\pi}}{2} e^{-\frac{y^2}{4}}.$$

Puis, par le changement de variable $u = t^2$:

$$\forall y \in \mathbb{R}, \quad \int_{0}^{+\infty} \frac{e^{-u} \cos(y\sqrt{u})}{\sqrt{u}} du = \frac{\sqrt{\pi}}{4} e^{-\frac{y^2}{4}}.$$

2) En remplaçant y par 0, et par le changement de variable $u = -t$, on déduit :

$$\begin{aligned}\forall x \in \mathbb{R}, \quad \int_{0}^{+\infty} e^{-t^2} \operatorname{ch} 2xt \, dt &= \frac{1}{2} \int_{0}^{+\infty} e^{-t^2} e^{2xt} dt + \frac{1}{2} \int_{0}^{+\infty} e^{-u^2} e^{2xu} du \\ &= \frac{1}{2} \int_{-\infty}^{+\infty} e^{-t^2} e^{2xt} dt = \frac{1}{2} \sqrt{\pi} e^{\frac{(2x)^2}{4}} = \frac{\sqrt{\pi}}{2} e^{x^2},\end{aligned}$$

résultat obtenu dans l'exercice 2.5.43 *b)*.

2.5.45 *a)* • Si $x < -1$, alors $f(x)$ n'est pas défini.

- Si $x > -1$, alors $t \longmapsto \ln(1 + x \sin^2 t)$ est continue sur $\left[0; \dfrac{\pi}{2}\right]$, donc $f(x)$ existe.
- Si $x = -1$, par changement de variable $u = \dfrac{\pi}{2} - t$:

$$\ln(1 + x \sin^2 t) = 2 \ln(\sin u) \underset{u \to 0}{\sim} 2 \ln u < 0.$$

Comme $u \longmapsto \ln u$ est intégrable sur $\left]0; \frac{\pi}{2}\right]$, on en déduit que $t \longmapsto \ln(1 + x \sin^2 t)$ est intégrable sur $\left[0; \frac{\pi}{2}\right[$, et donc $f(x)$ existe.

◇ **Réponse :** $\mathrm{Def}(f) = [-1; +\infty[$.

b) Notons $F : \begin{array}{l} [-1; +\infty[\times \left[0; \frac{\pi}{2}\right[\longrightarrow \mathbb{R}. \\ (x,t) \longmapsto \ln(1+x\sin^2 t) \end{array}$

- F est continue sur $[-1; +\infty[\times \left[0; \frac{\pi}{2}\right[$
- F vérifie HD sur $[-1; +\infty[\times \left[0; \frac{\pi}{2}\right[$ car, en notant $\varphi : \begin{array}{l} \left[0; \frac{\pi}{2}\right[\longrightarrow \mathbb{R}, \\ t \longmapsto |\ln \cos t| \end{array}$ φ est continue, $\geqslant 0$, intégrable sur $\left[0; \frac{\pi}{2}\right[$, et :

$$\forall (x,t) \in [-1; +\infty[\times \left[0; \frac{\pi}{2}\right[, \quad |F(x,t)| \leqslant \varphi(t)$$

- $\frac{\partial F}{\partial x} : (x,t) \longmapsto \frac{\sin^2 t}{1 + x \sin^2 t}$ existe et est continue sur $[-1; +\infty[\times \left[0; \frac{\pi}{2}\right[$
- $\frac{\partial F}{\partial x}$ vérifie HD locale sur $]-1; +\infty[\times \left[0; \frac{\pi}{2}\right[$ car, pour tout a de $]-1; +\infty[$, en notant $\varphi_a : \begin{array}{l} \left[0; \frac{\pi}{2}\right[\longrightarrow \mathbb{R}, \\ t \longmapsto \frac{1}{1+a} \end{array}$ φ_a est continue, $\geqslant 0$, intégrable sur $\left[0; \frac{\pi}{2}\right[$, et :

$$\forall (x,t) \in [a; +\infty[\times \left[0; \frac{\pi}{2}\right[, \quad \left|\frac{\partial F}{\partial x}(x,t)\right| \leqslant \varphi_a(t).$$

D'après le théorème de continuité sous le signe $\int_I$ (2.5.5 *1)* Th. p. 217) et l'extension du théorème de dérivation sous le signe $\int_I$ (2.5.5 *2)* Th. p. 221), on en déduit :

- Pour tout x de $[-1; +\infty[$, $F(x, \cdot)$ est intégrable sur $\left[0; \frac{\pi}{2}\right[$
- f est continue sur $[-1; +\infty[$
- Pour tout x de $]-1; +\infty[$, $\frac{\partial F}{\partial x}(x, \cdot)$ est intégrable sur $\left[0; \frac{\pi}{2}\right[$
- f est de classe C^1 sur $]-1; +\infty[$ et : $\forall x \in]-1; +\infty[, \quad f'(x) = \int_0^{\frac{\pi}{2}} \frac{\sin^2 t}{1 + x\sin^2 t}\, \mathrm{d}t.$

On a, pour tout x de $]-1; +\infty[-\{0\}$:

$$f'(x) \underset{u=\tan t}{=} \int_0^{+\infty} \frac{u^2}{(1+u^2)(1+(x+1)u^2)}\, \mathrm{d}u = \frac{1}{x}\int_0^{+\infty}\left(\frac{1}{1+u^2} - \frac{1}{1+(x+1)u^2}\right)\mathrm{d}u$$

$$= \frac{1}{x}\left[\operatorname{Arctan} u - \frac{1}{\sqrt{x+1}}\operatorname{Arctan}(\sqrt{x+1}\,u)\right]_0^{+\infty} = \frac{1}{x}\left(1 - \frac{1}{\sqrt{x+1}}\right)\frac{\pi}{2} = \frac{\pi}{2\sqrt{x+1}(1+\sqrt{x+1})}$$

Et : $\quad f'(0) = \int_0^{\frac{\pi}{2}} \sin^2 t\, \mathrm{d}t = \frac{\pi}{4}.$

Ainsi : $\quad \forall x \in]-1; +\infty[, \quad f'(x) = \frac{\pi}{2\sqrt{x+1}(1+\sqrt{x+1})}.$

c) Comme $f(0) = 0$, on obtient, pour tout x de $]-1; +\infty[$:

$$f(x) = \int_0^x f'(s)\, \mathrm{d}s = \frac{\pi}{2}\int_0^x \frac{\mathrm{d}s}{\sqrt{s+1}(1+\sqrt{s+1})} \underset{v=\sqrt{s+1}}{=} \pi \int_1^{\sqrt{x+1}} \frac{\mathrm{d}v}{1+v} = \pi\left(\ln(1+\sqrt{x+1}) - \ln 2\right).$$

Comme, de plus, f est continue en -1 : $\quad f(-1) = \lim\limits_{\substack{x \to -1 \\ x > -1}} f(x) = -\pi \ln 2.$

Finalement : $\quad \forall x \in [-1; +\infty[, \quad f(x) = \pi \ln \frac{1+\sqrt{x+1}}{2}.$

2.5.46 *a)* Pour tout x de $\mathbb{R}$, $t \longmapsto \dfrac{t-1}{\ln t}\, t^x$ est continue sur $]0;1[$, $\geqslant 0$, et $\dfrac{t-1}{\ln t}\, t^x \underset{t\to 1}{\longrightarrow} 1$,
$\dfrac{t-1}{\ln t}\, t^x \underset{t\to 0}{\sim} -\dfrac{t^x}{\ln t}$. Il en résulte que $t \longmapsto \dfrac{t-1}{\ln t}\, t^x$ est intégrable sur $]0;1[$ si et seulement si $x > -1$.

Notons $F :]-1;+\infty[\times]0;1[\longrightarrow \mathbb{R}$.
$$(x,t) \longmapsto \frac{t-1}{\ln t}\, t^x$$

- F est continue sur $]-1;+\infty[\times]0;1[$
- F vérifie HD locale sur $]-1;+\infty[\times]0;1[$ car, pour tout a de $]-1;+\infty[$, en notant $\varphi_a :]0;1[\longrightarrow \mathbb{R}$, $t \longmapsto \frac{t-1}{\ln t}\, t^a$

φ_a est continue, $\geqslant 0$, intégrable sur $]0;1[$, et :
$$\forall (x,t) \in [a;+\infty[\times]0;1[, \quad |F(x,t)| \leqslant \varphi_a(t)$$

- $\dfrac{\partial F}{\partial x} : (x,t) \longmapsto (t-1)t^x$ existe et est continue sur $]-1;+\infty[\times]0;1[$
- $\dfrac{\partial F}{\partial x}$ vérifie HD locale sur $]-1;+\infty[\times]0;1[$ car, pour tout a de $]-1;+\infty[$, en notant

$\psi_a :]0;1[\longrightarrow \mathbb{R}$, $t \longmapsto t^a$, ψ_a est continue, $\geqslant 0$, intégrable sur $]0;1[$, et :
$$\forall (x,t) \in [a;+\infty[\times]0;1[, \quad \left|\frac{\partial F}{\partial x}(x,t)\right| \leqslant \psi_a(t).$$

D'après une extension du théorème de dérivation sous $\int_I$ (2.5.5 *2)* Prop. p. 221), on en déduit :

- Pour tout x de $]-1;+\infty[$, $F(x,\cdot)$ et $\dfrac{\partial F}{\partial x}(x,\cdot)$ sont intégrables sur $]0;1[$
- f est de classe C^1 sur $]-1;+\infty[$ et :
$$\forall x \in]-1;+\infty[, \quad f'(x) = \int_0^1 (t-1)t^x \mathrm{d}t = \frac{1}{x+2} - \frac{1}{x+1}.$$

◇ **Réponse :** • $\mathrm{Def}(f) =]-1;+\infty[$

• f est de classe C^1 sur $]-1;+\infty[$ et : $\forall x \in]-1;+\infty[, \quad f'(x) = \dfrac{1}{x+2} - \dfrac{1}{x+1}$

b) D'après *a)*, il existe $C \in \mathbb{R}$ tel que : $\forall x \in]-1;+\infty[, \quad f(x) = \ln \dfrac{x+2}{x+1} + C.$

Remarquons : $\forall t \in]0;1[, \quad \ln t \leqslant t-1 < 0,$

d'où : $\forall x \in]-1;+\infty[, \quad 0 \leqslant f(x) \leqslant \displaystyle\int_0^1 t^x\, \mathrm{d}t = \frac{1}{x+1},$

et donc : $f(x) \underset{x\to+\infty}{\longrightarrow} 0.$

On en déduit $C = 0$, et finalement : $\forall x \in]-1;+\infty[, \quad f(x) = \ln \dfrac{x+2}{x+1}.$

2.5.47 *a)* Soit $(\alpha,\beta) \in]0;+\infty[$. L'application $t \longmapsto \dfrac{\mathrm{e}^{-\alpha t} - \mathrm{e}^{-\beta t}}{t}$ est continue sur $]0;+\infty[$,
$\dfrac{\mathrm{e}^{-\alpha t} - \mathrm{e}^{-\beta t}}{t} \underset{t\to 0}{\longrightarrow} \beta - \alpha$, et $t^2\, \dfrac{\mathrm{e}^{-\alpha t} - \mathrm{e}^{-\beta t}}{t} \underset{t\to+\infty}{\longrightarrow} 0.$

Il en résulte que $t \longmapsto \dfrac{\mathrm{e}^{-\alpha t} - \mathrm{e}^{-\beta t}}{t}$ est intégrable sur $]0;+\infty[$.

b) • On a : $\displaystyle\int_\varepsilon^T \frac{\mathrm{e}^{-\alpha t} - \mathrm{e}^{-\beta t}}{t}\, \mathrm{d}t = \int_\varepsilon^T \frac{\mathrm{e}^{-\alpha t}}{t}\, \mathrm{d}t - \int_\varepsilon^T \frac{\mathrm{e}^{-\beta t}}{t}\, \mathrm{d}t \underset{\substack{u=\alpha t\\ v=\beta t}}{=} \int_{\alpha\varepsilon}^{\beta\varepsilon} \frac{\mathrm{e}^{-u}}{u}\, \mathrm{d}y - \int_{\alpha T}^{\beta T} \frac{\mathrm{e}^{-v}}{v}\, \mathrm{d}v.$

- Comme $u \longmapsto \dfrac{e^{-u}-1}{u}$ est intégrable sur $]0;1]$,

$$\int_{\alpha\varepsilon}^{\beta\varepsilon} \frac{e^{-u}-1}{u}\,du \underset{\varepsilon\to 0^+}{\longrightarrow} 0, \quad \text{donc} \quad \int_{\alpha\varepsilon}^{\beta\varepsilon} \frac{e^{-u}}{u}\,du \underset{\varepsilon\to 0^+}{\longrightarrow} \ln\beta - \ln\alpha.$$

D'autre part, comme $v \longmapsto \dfrac{e^{-v}}{v}$ est intégrable sur $[1;+\infty[$, $\displaystyle\int_{\alpha T}^{\beta T} \frac{e^{-v}}{v}\,dv \underset{T\to+\infty}{\longrightarrow} 0.$

On conclut : $\displaystyle\int_0^{+\infty} \frac{e^{-\alpha t}-e^{-\beta t}}{t}\,dt = \ln\beta - \ln\alpha.$

c) Remarquons d'abord qu'en notant, pour $(\alpha,\beta) \in]0;+\infty[^2$, $I(\alpha,\beta) = \displaystyle\int_0^{+\infty} \frac{e^{-\alpha t}-e^{-\beta t}}{t}\,dt$, on a :

$$\forall(\alpha,\beta) \in]0;+\infty[^2, \quad I(\beta,\alpha) = -I(\alpha,\beta).$$

Il suffit donc de calculer $I(\alpha,\beta)$ pour $\alpha \leqslant \beta$.

En notant $x = \dfrac{\beta}{\alpha} \in [1;+\infty[$, on a alors :

$$I(\alpha,\beta) = \int_0^{+\infty} \frac{e^{-\alpha t}-e^{-\alpha x t}}{t}\,dt \underset{u=\alpha t}{=} \int_0^{+\infty} \frac{e^{-u}-e^{-xu}}{u}\,du.$$

Notons $F : \begin{array}{l} [1;+\infty[\times]0;+\infty[\longrightarrow \mathbb{R} \\ (x,t) \longmapsto \frac{e^{-t}-e^{-xt}}{t} \end{array}$.

- F est continue sur $[1;+\infty[\times]0;+\infty[$
- F vérifie HD locale sur $[1;+\infty[\times]0;+\infty[$ car, pour tout a de $[1;+\infty[$, en notant $\varphi_a : \begin{array}{l}]0;+\infty[\longrightarrow \mathbb{R}, \\ t \longmapsto \frac{e^{-t}-e^{-at}}{t} \end{array}$

φ_a est continue, $\geqslant 0$, intégrable sur $]0;+\infty[$, et : $\forall(x,t) \in [1;a]\times]0;+\infty[, \quad |F(x,t)| \leqslant \varphi_a(t)$.

- $\dfrac{\partial F}{\partial x} : (x,t) \longmapsto e^{-xt}$ existe et est continue sur $[1;+\infty[\times]0;+\infty[$
- $\dfrac{\partial F}{\partial x}$ vérifie HD sur $[1;+\infty[\times]0;+\infty[$, car, en notant $\psi : \begin{array}{l}]0;+\infty[\longrightarrow \mathbb{R}, \\ t \longmapsto e^{-t} \end{array}$ ψ est continue, $\geqslant 0$,

intégrable, et : $\forall(x,t) \in [1;+\infty[\times]0;+\infty[, \quad \left|\dfrac{\partial F}{\partial x}(x,t)\right| \leqslant \psi(t).$

D'après une extension du théorème de dérivation sous le signe $\displaystyle\int_I$ (2.5.5 *2)* Prop. p. 221), on en déduit :

- Pour tout x de $[1;+\infty[$, $F(x,\cdot)$ et $\dfrac{\partial F}{\partial x}(x,\cdot)$ sont intégrables sur $]0;+\infty[$
- L'application $f : \begin{array}{l} [1;+\infty[\longrightarrow \mathbb{R} \\ x \longmapsto \int_0^{+\infty} F(x,t)dt \end{array}$ est de classe C^1 sur $[1;+\infty[$ et :

$$\forall x \in [1;+\infty[, \quad f'(x) = \int_0^{+\infty} e^{-xt}dt = \left[\frac{e^{-xt}}{-x}\right]_{t=0}^{t=+\infty} = \frac{1}{x}.$$

Il existe donc $C \in \mathbb{R}$ tel que : $\forall x \in [1;+\infty[, \quad f(x) = \ln x + C$.

Comme $f(1) = 0$, on a $C = 0$, d'où : $\forall x \in [1;+\infty[, \quad f(x) = \ln x$.

Enfin : $I(\alpha,\beta) = f\left(\dfrac{\beta}{\alpha}\right) = \ln\dfrac{\beta}{\alpha} = \ln\beta - \ln\alpha \quad$ si $0 < \alpha \leqslant \beta$,

et, si $\beta \leqslant \alpha$: $I(\alpha,\beta) = -I(\beta,\alpha) = -(\ln\alpha - \ln\beta) = \ln\beta - \ln\alpha$.

d) Pour tout x de $]-1;+\infty[$: $\displaystyle\int_0^1 \frac{t-1}{\ln t}\,t^x\,dt \underset{u=-\ln t}{=} -\int_0^{+\infty} \frac{e^{-u}-1}{u}(e^{-u})^x e^{-u}\,du$

$$= \int_0^{+\infty} \frac{e^{-(x+1)u}-e^{-(x+2)u}}{u}\,du = \ln(x+2) - \ln(x+1).$$

2.5.48 *a)* • Si $x < 1$, alors $t \longmapsto \dfrac{1}{\sqrt{t(1-t)(x-t)}}$ n'est pas définie dans $[x;1]$, donc $f(x)$ n'existe pas.

• Si $x < 1$, alors $t \longmapsto \dfrac{1}{\sqrt{t(1-t)(x-t)}}$ est continue sur $]0;1[$, $\dfrac{1}{\sqrt{t(1-t)(x-t)}} \underset{t\to 0}{\sim} \dfrac{1}{\sqrt{x}\sqrt{t}} > 0$ et $\dfrac{1}{\sqrt{t(1-t)(x-t)}} \underset{t\to 1}{\sim} \dfrac{1}{\sqrt{x-1}\sqrt{1-t}} > 0$, donc $t \longmapsto \dfrac{1}{\sqrt{t(1-t)(x-t)}}$ est intégrable sur $]0;1[$.

• Si $x = 1$, $t \longmapsto \dfrac{1}{\sqrt{t(1-t)(x-t)}} = \dfrac{1}{\sqrt{t}(1-t)}$ n'est pas intégrable sur $]0;1[$.

◇ **Réponse :** $\mathrm{Def}(f) =]1;+\infty[$.

b) Notons $F : \begin{array}{l}]1;+\infty[\times]0;1[\longrightarrow \mathbb{R} \\ (x,t) \longmapsto \frac{1}{\sqrt{t(1-t)(x-t)}} \end{array}$.

• F est continue sur $]1;+\infty[\times]0;1[$

• F vérifie HD locale sur $]1;+\infty[\times]0;1[$ car, pour tout a de $]1;+\infty[$, en notant $\varphi_a : \begin{array}{l}]0;1[\longrightarrow \mathbb{R} \\ t \longmapsto \frac{1}{\sqrt{t(1-t)(a-t)}} \end{array}$, φ_a est continue, $\geqslant 0$, intégrable sur $]0;1[$, et :

$$\forall (x,t) \in [a;+\infty[\times]0;1[, \quad |F(x,t)| \leqslant \varphi_a(t)$$

• $\dfrac{\partial F}{\partial x} : (x,t) \longmapsto -\dfrac{1}{2\sqrt{t(1-t)}(x-t)^{3/2}} = -\dfrac{F(x,t)}{2(x-t)}$ existe et est continue sur $]1;+\infty[\times]0;1[$

• $\dfrac{\partial F}{\partial x}$ vérifie HD locale sur $]1;+\infty[\times]0;1[$ car, pour tout a de $]1;+\infty[$, en notant $\psi_a : \begin{array}{l}]0;1[\longrightarrow \mathbb{R} \\ t \longmapsto \frac{1}{2\sqrt{t(1-t)}(a-t)^{3/2}} \end{array}$, ψ_a est continue, $\geqslant 0$, intégrable sur $]0;1[$ et :

$$\forall (x,t) \in [a;+\infty[\times]0;1[, \quad \left|\frac{\partial F}{\partial x}(x,t)\right| \leqslant \psi_a(t).$$

D'après une extension du théorème de dérivation sous le signe $\int_I$ (2.5.5 *2)* Prop. p. 221), on en déduit :

• Pour tout x de $]1;+\infty[$, $F(x,\cdot)$ et $\dfrac{\partial F}{\partial x}(x,\cdot)$ sont intégrables sur $]0;1[$

• L'application f est de classe C^1 sur $]1;+\infty[$ et :

$$\forall x \in]1;+\infty[, \quad f'(x) = -\frac{1}{2}\int_0^1 \frac{\mathrm{d}t}{\sqrt{t(1-t)}(x-t)^{3/2}}.$$

La même argumentation s'applique à f' et on en déduit que f est de classe C^2 sur $]1;+\infty[$ et que :

$$\forall x \in]1;+\infty[, \quad f''(x) = \frac{3}{4}\int_0^1 \frac{\mathrm{d}t}{\sqrt{t(1-t)}(x-t)^{5/2}}.$$

◇ **Réponse :** $\forall x \in]1;+\infty[, \quad f'(x) = -\dfrac{1}{2}\displaystyle\int_0^1 \frac{\mathrm{d}t}{\sqrt{t(1-t)}(x-t)^{3/2}}$ et $f''(x) = \dfrac{3}{4}\displaystyle\int_0^1 \frac{\mathrm{d}t}{\sqrt{t(1-t)}(x-t)^{5/2}}$.

c) • $\forall x \in]1;+\infty[,\quad f(x) \geqslant \displaystyle\int_0^1 \frac{\mathrm{d}t}{\sqrt{(1-t)(x-t)}} \geqslant \int_0^1 \frac{\mathrm{d}t}{x-t} = \big[-\ln(x-t)\big]_{t=0}^{t=1}$

$$= -\ln(x-1) + \ln x \xrightarrow[x\to 1]{} +\infty.$$

• $\forall x \in]1;+\infty[,\quad 0 \leqslant f(x) \leqslant \displaystyle\int_0^1 \frac{\mathrm{d}t}{\sqrt{t(1-t)x}} = \left(\int_0^1 \frac{\mathrm{d}t}{\sqrt{t(1-t)}}\right)\frac{1}{\sqrt{x}} \xrightarrow[x\to+\infty]{} 0.$

• On a vu en *b)* que f est de classe C^1 et :

$$\forall x \in]1;+\infty[,\quad f'(x) = -\frac{1}{2}\int_0^1 \frac{\mathrm{d}t}{\sqrt{t(1-t)}(x-t)^{3/2}} < 0,$$

donc f est strictement décroissante sur $]1;+\infty[$.

• De même, f est de classe C^2 sur $]1;+\infty[$ et :

$$\forall x \in]1;+\infty[,\quad f''(x) = \frac{3}{4}\int_0^1 \frac{\mathrm{d}t}{\sqrt{t(1-t)}(x-t)^{5/2}} > 0,$$

donc f est (strictement) convexe.

x	1		$+\infty$
$f'(x)$	‖	$-$	
$f(x)$	‖ $+\infty$	↘	0

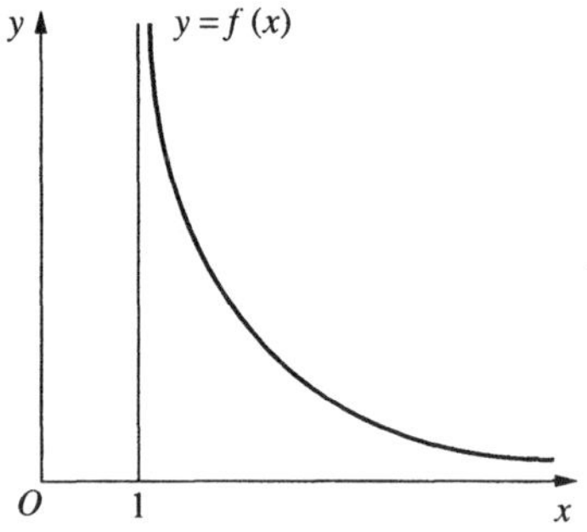

d) α) On calcule : $\big(U_x(t)\big)^2 = t(1-t)(x-t) = xt - (x+1)t^2 + t^3,$

d'où : $2U_x(t)\,\dfrac{\mathrm{d}}{\mathrm{d}t}\big(U_x(t)\big) = x - 2(x+1)t + 3t^2,$

puis : $\dfrac{\mathrm{d}}{\mathrm{d}t}\left(\dfrac{U_x(t)}{(x-t)^2}\right) = \dfrac{2U_x(t)}{(x-t)^3} + \dfrac{x-2(x+1)t+3t^2}{2U_x(t)(x-t)^2} = \dfrac{4t(1-t) + \big(x-2(x+1)t+3t^2\big)}{2(x-t)^2U_x(t)}$

$$= \frac{-t^2 + 2(1-x)t + x}{2(x-t)^2U_x(t)} = \frac{-(t-x)^2 + (2-4x)(t-x) + 3x - 3x^2}{2(x-t)^2U_x(t)}.$$

On en déduit, en intégrant :

$$\left[\frac{U_x(t)}{(x-t)^2}\right]_{t=0}^{t=1} = -\frac{1}{2}\int_0^1 \frac{\mathrm{d}t}{U_x(t)} + (2x-1)\int_0^1 \frac{\mathrm{d}t}{(x-t)U_x(t)} + \frac{3x(1-x)}{2}\int_0^1 \frac{\mathrm{d}t}{(x-t)^2U_x(t)}.$$

Mais : $\left[\dfrac{U_x(t)}{(x-t)^2}\right]_{t=0}^{t=1} = 0$, d'où en utilisant les valeurs de $f'(x)$ et $f''(x)$ trouvées en *b)* :

$$2x(1-x)f''(x) - 2(2x-1)f'(x) - \frac{1}{2}f(x) = 0.$$

Finalement, f est solution sur $]1;+\infty[$ de :

$$4x(1-x)y'' + 4(1-2x)y' - y = 0.$$

2.5.49 *a)* Il est clair que : $\text{Def}(f) = [0; +\infty[$.

Notons $F : \begin{array}{l}[0; +\infty[\times]0; +\infty[\longrightarrow \mathbb{R}. \\ (x,t)\longmapsto \frac{1-e^{-xt^2}}{t^2}\end{array}$

- F est continue sur $[0; +\infty[\times]0; +\infty[$
- F vérifie HD locale sur $[0; +\infty[\times]0; +\infty[$ car, pour tout a de $[0; +\infty[$, en notant $\varphi_a : \begin{array}{l}]0; +\infty[\longrightarrow \mathbb{R}, \\ t\longmapsto \frac{1-e^{-at^2}}{t^2}\end{array}$

φ_a est continue, $\geqslant 0$, intégrable sur $]0; +\infty[$, et :

$$\forall (x,t) \in [0; a]\times]0; +\infty[, \quad |F(x,t)| \leqslant \varphi_a(t)$$

- $\dfrac{\partial F}{\partial x} : (x,t) \longmapsto e^{-xt^2}$ existe et est continue sur $[0; +\infty[\times]0; +\infty[$.
- $\dfrac{\partial F}{\partial x}$ vérifie HD locale sur $]0; +\infty[\times]0; +\infty[$ car, pour tout b de $]0; +\infty[$, en notant

$\psi_b : \begin{array}{l}]0; +\infty[\longrightarrow \mathbb{R}, \\ t\longmapsto e^{-bt^2}\end{array}$ ψ_b est continue, $\geqslant 0$, intégrable sur $]0; +\infty[$, et :

$$\forall (x,t) \in [b; +\infty[\times]0; +\infty[, \quad \left|\frac{\partial F}{\partial x}(x,t)\right| \leqslant \psi_b(t).$$

D'après une extension du théorème de continuité sous le signe $\int_I$ (2.5.5 *1)* Prop. p. 218) et une extension du théorème de dérivation sous le signe $\int_I$ (2.5.5 *2)* p. 221), on en déduit :

- Pour tout x de $[0; +\infty[$, $F(x,\cdot)$ est intégrable sur $]0; +\infty[$
- f est continue sur $[0; +\infty[$
- Pour tout x de $]0; +\infty[$, $\dfrac{\partial F}{\partial x}(x,\cdot)$ est intégrable sur $]0; +\infty[$
- f est de classe C^1 sur $]0; +\infty[$ et :

$$\forall x \in]0; +\infty[, \quad f'(x) = \int_0^{+\infty} e^{-xt^2}\, dt \underset{u=xt^2}{=} \frac{1}{\sqrt{x}} \int_0^{+\infty} e^{-u^2}\, du = \frac{\sqrt{\pi}}{2\sqrt{x}}.$$

b) Puisque f est continue sur $[0; +\infty[$, de classe C^1 sur $]0; +\infty[$, que $f(0) = 0$, et d'après *a)*, on obtient :

$$\forall x \in [0; +\infty[, \quad f(x) = f(0) + \int_0^x f'(u)\, du = \sqrt{\pi x}.$$

c) Soit $x > 0$. On a : $f(x) \underset{u=\sqrt{x}t}{=} \sqrt{x} \displaystyle\int_0^{+\infty} \frac{1-e^{-u^2}}{u^2}\, du.$

Puis, pour tout (ε, U) tel que $0 \leqslant \varepsilon < U$, on obtient, par une intégration par parties :

$$\int_\varepsilon^U \frac{1-e^{-u^2}}{u^2}\, du = \left[-\frac{1-e^{-u^2}}{u}\right]_\varepsilon^U + 2\int_\varepsilon^U e^{-u^2} du,$$

d'où, en faisant tendre ε vers 0 et U vers $+\infty$:

$$\int_0^{+\infty} \frac{1-e^{-u^2}}{u^2}\, du = 2\int_0^{+\infty} e^{-u^2}\, du = \sqrt{\pi}.$$

On conclut : $\forall x \in]0; +\infty[, \quad f(x) = \sqrt{\pi x}$ (le cas $x = 0$ est trivial).

2.5.50 *a)* • Pour tout x de $\mathbb{R}^*$, $t \longmapsto \dfrac{e^{-t}}{\sqrt{t(x-t)}}$ est continue sur $]0;x[$ ou $]x;0[$, positive, et $\dfrac{e^{-t}}{\sqrt{t(x-t)}} \underset{t\to 0}{\sim} \dfrac{1}{\sqrt{xt}}$, $\dfrac{e^{-t}}{\sqrt{t(x-t)}} \underset{t\to x}{\sim} \dfrac{e^{-x}}{\sqrt{x(x-t)}}$, donc $t \longmapsto \dfrac{e^{-t}}{\sqrt{t(x-t)}}$ est intégrable sur $]0;x[$ ou $]x;0[$. Ainsi : $\mathrm{Def}(f) = \mathbb{R}^*$.

• On a, pour tout x de $\mathbb{R}^*$: $f(x) \underset{u=\frac{t}{x}}{=} \dfrac{x}{|x|}\displaystyle\int_0^1 \frac{e^{-xu}}{\sqrt{u(1-u)}}\,du$.

Pour tout x de $\mathbb{R}$, l'application $u \longmapsto \dfrac{e^{-xu}}{\sqrt{u(1-u)}}$ est intégrable sur $]0;1[$.

Notons $G : \begin{array}{l}\mathbb{R}\times]0;1[\longrightarrow \mathbb{R} \\ (x,u)\longmapsto \frac{e^{-xu}}{\sqrt{u(1-u)}}\end{array}$.

1) G est continue sur $\mathbb{R}\times]0;1[$

2) G vérifie HD locale sur $\mathbb{R}\times]0;1[$ car, pour tout a de $\mathbb{R}$, en notant $\varphi_a : \begin{array}{l}]0;1[\longrightarrow \mathbb{R} \\ u\longmapsto \frac{e^{-au}}{\sqrt{u(1-u)}}\end{array}$, φ_a est continue, $\geqslant 0$, intégrable sur $]0;1[$, et :

$$\forall (x,u) \in [a;+\infty[\times]0;1[,\quad |G(x,u)| \leqslant \varphi_a(u)$$

3) $\dfrac{\partial G}{\partial x} : (x,u) \longmapsto \dfrac{-ue^{-xu}}{\sqrt{u(1-u)}}$ existe et est continue sur $\mathbb{R}\times]0;1[$

4) $\dfrac{\partial G}{\partial x}$ vérifie HD locale sur $\mathbb{R}\times]0;1[$ car, pour tout a de $\mathbb{R}$:

$$\forall (x,u) \in [a;+\infty[\times]0;1[,\quad \left|\frac{\partial G}{\partial x}(x,u)\right| \leqslant \varphi_a(u).$$

D'après une extension du théorème de dérivation sous le signe $\displaystyle\int_I$ (2.5.5 *2)* Prop. p. 221), on en déduit :

1) Pour tout x de $\mathbb{R}$, $G(x,\cdot)$ et $\dfrac{\partial G}{\partial x}(x,\cdot)$ sont intégrables sur $]0;1[$

2) g est de classe C^1 sur $\mathbb{R}$ et : $\forall x \in \mathbb{R},\quad g'(x) = \displaystyle\int_0^1 \frac{-ue^{-xu}}{\sqrt{u(1-u)}}\,du < 0.$

Ceci montre que g est strictement décroissante sur $\mathbb{R}$.

La même argumentation permet de montrer que g est de classe C^2 sur $\mathbb{R}$ et :

$$\forall x \in \mathbb{R},\quad g''(x) = \int_0^1 \frac{u^2e^{-xu}}{\sqrt{u(1-u)}}\,du > 0,$$

donc g est (strictement) convexe sur $\mathbb{R}$.

• **Etude en 0 :**

On a : $g(0) = \displaystyle\int_0^1 \frac{du}{\sqrt{u(1-u)}} \underset{v=2u-1}{=} \int_{-1}^1 \frac{dv}{\sqrt{1-v^2}} = [\mathrm{Arcsin}\, v]_{-1}^1 = \pi$

et : $g'(0) = \displaystyle\int_0^1 \frac{-u}{\sqrt{u(1-u)}}\,du = -\frac{1}{2}\int_{-1}^1 \frac{v+1}{\sqrt{1-v^2}}\,dv = -\frac{1}{2}\int_{-1}^1 \frac{1}{\sqrt{1-v^2}}\,dv = -\frac{\pi}{2}.$

• **Etude en $-\infty$:**

On a, pour tout x de $]-\infty;0]$:

$$g(x) = \int_0^1 \frac{e^{-xu}}{\sqrt{u(1-u)}}\,du \geqslant \int_0^1 e^{-xu}du = \frac{e^{-x}-1}{-x},$$

donc $g(x) \underset{x\to-\infty}{\longrightarrow} +\infty$ et $\dfrac{g(x)}{x} \underset{x\to-\infty}{\longrightarrow} -\infty.$

Ceci montre que la courbe représentative C_g de g admet une branche parabolique de direction asymptotique $y'y$.

- **Etude en $+\infty$:**

1ère méthode :

Soit $x \in]0; +\infty[$. On a :

$$g(x) = \int_0^1 \frac{\mathrm{e}^{-xu}}{\sqrt{u(1-u)}}\,\mathrm{d}u \underset{v=2u-1}{=} \int_{-1}^1 \frac{\mathrm{e}^{-x\frac{1+v}{2}}}{\sqrt{1-v^2}}\,\mathrm{d}v$$
$$\underset{\theta=\mathrm{Arcsin}v}{=} \int_{-\frac{\pi}{2}}^{\frac{\pi}{2}} \mathrm{e}^{-x\frac{1+\sin\theta}{2}}\,\mathrm{d}\theta \underset{\varphi=\frac{\pi}{4}+\frac{\theta}{2}}{=} 2\int_0^{\frac{\pi}{2}} \mathrm{e}^{-x\sin^2\varphi}\,\mathrm{d}\varphi.$$

Comme : $\forall \varphi \in \left[0; \dfrac{\pi}{2}\right], \quad \sin\varphi \geqslant \dfrac{2\varphi}{\pi} \geqslant 0,$

on déduit : $0 \leqslant g(x) \leqslant 2\displaystyle\int_0^{\frac{\pi}{2}} \mathrm{e}^{-x(\frac{2\varphi}{\pi})^2}\,\mathrm{d}\varphi \underset{\psi=\frac{2\varphi}{\pi}\sqrt{x}}{=} \frac{\pi}{\sqrt{x}}\int_0^{\sqrt{x}} \mathrm{e}^{-\psi^2}\,\mathrm{d}\psi \leqslant \frac{\pi}{\sqrt{x}}\int_0^{+\infty} \mathrm{e}^{-\psi^2}\,\mathrm{d}\psi,$

et donc : $g(x) \underset{x\to+\infty}{\longrightarrow} 0.$

2ème méthode :

Soit $x \in]1; +\infty[$. Soit $\varepsilon \in]0; 1[$ à choisir ultérieurement.

On a : $0 \leqslant \displaystyle\int_\varepsilon^1 \frac{\mathrm{e}^{-xu}}{\sqrt{u(1-u)}}\,\mathrm{d}u \leqslant \mathrm{e}^{-x\varepsilon}\int_\varepsilon^1 \frac{\mathrm{d}u}{\sqrt{u(1-u)}} \leqslant \mathrm{e}^{-x\varepsilon}\int_0^1 \frac{\mathrm{d}u}{\sqrt{u(1-u)}} = \pi\mathrm{e}^{-x\varepsilon}$

et $0 \leqslant \displaystyle\int_0^\varepsilon \frac{\mathrm{e}^{-xu}}{\sqrt{u(1-u)}}\,\mathrm{d}u \leqslant \int_0^\varepsilon \frac{\mathrm{d}u}{\sqrt{u(1-u)}} \leqslant \frac{1}{\sqrt{1-\varepsilon}}\int_0^\varepsilon \frac{\mathrm{d}u}{\sqrt{u}} = \frac{2\sqrt{\varepsilon}}{\sqrt{1-\varepsilon}}.$

En choisissant $\varepsilon = \dfrac{1}{\sqrt{x}}$, on a bien $\varepsilon \in]0; 1[$ et :

$$0 \leqslant g(x) \leqslant \pi\mathrm{e}^{-x\varepsilon} + \frac{2\sqrt{\varepsilon}}{\sqrt{1-\varepsilon}} = \pi\mathrm{e}^{-\sqrt{x}} + \frac{2}{\sqrt[4]{x}\sqrt{1-\dfrac{1}{\sqrt{x}}}},$$

ce qui montre : $g(x) \underset{x\to+\infty}{\longrightarrow} 0.$

3ème méthode :

Appliquer le théorème de convergence dominée (cf. Tome 4 p. 20) :

- Pour chaque u de $]0; 1[$, $\dfrac{\mathrm{e}^{-xu}}{\sqrt{u(1-u)}} \underset{x\to+\infty}{\longrightarrow} 0$

- On a : $\forall (x,u) \in [0; +\infty[\times]0; 1[, \quad 0 \leqslant \dfrac{\mathrm{e}^{-xu}}{\sqrt{u(1-u)}} \leqslant \dfrac{1}{\sqrt{u(1-u)}}$

et $u \longmapsto \dfrac{1}{\sqrt{u(1-u)}}$ est intégrable sur $]0; 1[$.

Il en résulte (théorème de convergence dominée) :

$$\int_0^1 \frac{\mathrm{e}^{-xu}}{\sqrt{u(1-u)}}\,\mathrm{d}u \underset{x\to+\infty}{\longrightarrow} \int_0^1 0\,\mathrm{d}u = 0.$$

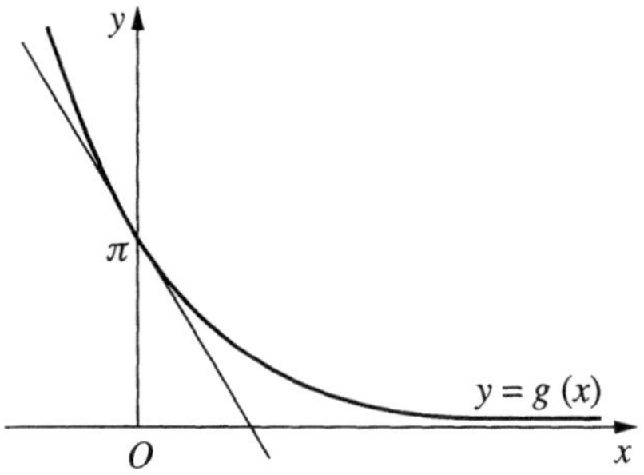

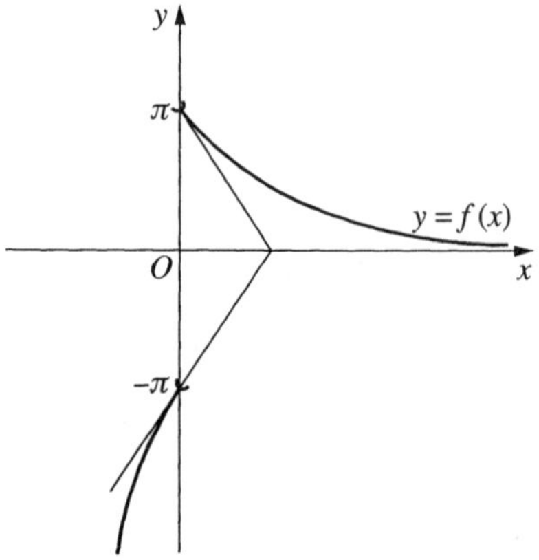

b) Il est clair que : $\mathrm{Def}(f) = [0;+\infty[$.

- Notons $F : \begin{array}{l}[0;+\infty[\times[0;+\infty[\longrightarrow \mathbb{R}.\\ (x,t)\longmapsto \sqrt{1+xt}\,\mathrm{e}^{-t^2}\end{array}$

1) F est continue sur $[0;+\infty[\times[0;+\infty[$

2) F vérifie HD locale sur $[0,+\infty[\times[0,+\infty[$ car, pour tout a de $[0;+\infty[$, en notant

$\varphi_a : \begin{array}{l}[0;+\infty[\longrightarrow \mathbb{R},\\ t\longmapsto \sqrt{1+at}\,\mathrm{e}^{-t^2}\end{array}$ φ_a est continue, $\geqslant 0$, intégrable sur $[0;+\infty[$, et :

$$\forall (x,t) \in [0;a]\times[0;+\infty[,\quad |F(x,t)| \leqslant \varphi_a(t)$$

3) $\dfrac{\partial F}{\partial x} : (x,t) \longmapsto \dfrac{t}{2\sqrt{1+xt}}\,\mathrm{e}^{-t^2}$ existe et est continue sur $[0;+\infty[\times[0;+\infty[$

4) $\dfrac{\partial F}{\partial x}$ vérifie HD sur $[0;+\infty[\times[0;+\infty[$ car, en notant $\psi : \begin{array}{l}[0;+\infty[\longrightarrow \mathbb{R},\\ t\longmapsto \frac{t}{2}\,\mathrm{e}^{-t^2}\end{array}$ ψ est continue, $\geqslant 0$, intégrable, et :

$$\forall (x,t) \in [0;+\infty[\times[0;+\infty[,\quad \left|\frac{\partial F}{\partial x}(x,t)\right| \leqslant \psi(t).$$

D'après une extension du théorème de dérivation sous le signe $\int_I$ (2.5.5 *2)* Prop. p. 221), on en déduit :

1) Pour tout x de $[0;+\infty[$, $F(x,\cdot)$ et $\dfrac{\partial F}{\partial x}(x,\cdot)$ sont intégrables sur $[0;+\infty[$

2) f est de classe C^1 sur $[0;+\infty[$ et : $\forall x \in [0;+\infty[,\quad f'(x) = \displaystyle\int_0^{+\infty} \frac{t}{2\sqrt{1+xt}}\,\mathrm{e}^{-t^2}\,\mathrm{d}t > 0.$

Ceci montre que f est strictement croissante sur $[0;+\infty[$.
La même argumentation permet de montrer que f est de classe C^2 sur $[0;+\infty[$ et :

$$\forall x \in [0;+\infty[,\quad f''(x) = -\frac{1}{4}\int_0^{+\infty} \frac{t^2}{\sqrt{1+xt}}\,\mathrm{e}^{-t^2}\,\mathrm{d}t < 0,$$

donc f est (strictement) concave sur $[0;+\infty[$.

- **Etude en 0 :**

On a : $f(0)=\int_0^{+\infty} e^{-t^2}\,dt=\frac{\sqrt{\pi}}{2}$ et $f'(0)=\int_0^{+\infty}\frac{t}{2}e^{-t^2}\,dt=\left[-\frac{1}{4}e^{-t^2}\right]_0^{+\infty}=\frac{1}{4}.$

- **Etude en $+\infty$:**

On a, pour tout x de $]0;+\infty[$:

$$0\leqslant f(x)-\int_0^{+\infty}\sqrt{xt}e^{-t^2}dt=\int_0^{+\infty}(\sqrt{1+xt}-\sqrt{xt})e^{-t^2}dt$$
$$=\int_0^{+\infty}\frac{e^{-t^2}}{\sqrt{1+xt}+\sqrt{xt}}dt\leqslant\int_0^{+\infty}\frac{e^{-t^2}}{2\sqrt{xt}}dt=\frac{1}{2\sqrt{x}}\int_0^{+\infty}\frac{e^{-t^2}}{\sqrt{t}}dt.$$

De plus : $\int_0^{+\infty}\sqrt{xt}e^{-t^2}dt=\sqrt{x}\int_0^{+\infty}t^{\frac{1}{2}}e^{-t^2}\,dt \underset{u=t^2}{=} \frac{\sqrt{x}}{2}\int_0^{+\infty}u^{-\frac{1}{4}}e^{-u}du=\frac{\sqrt{x}}{2}\Gamma\left(\frac{3}{4}\right).$

On obtient ainsi :

$$f(x)=\frac{1}{2}\Gamma\left(\frac{3}{4}\right)\sqrt{x}+\underset{x\to+\infty}{O}\left(\frac{1}{\sqrt{x}}\right),$$

donc C_f admet une branche parabolique de direction asymptotique $x'x$.

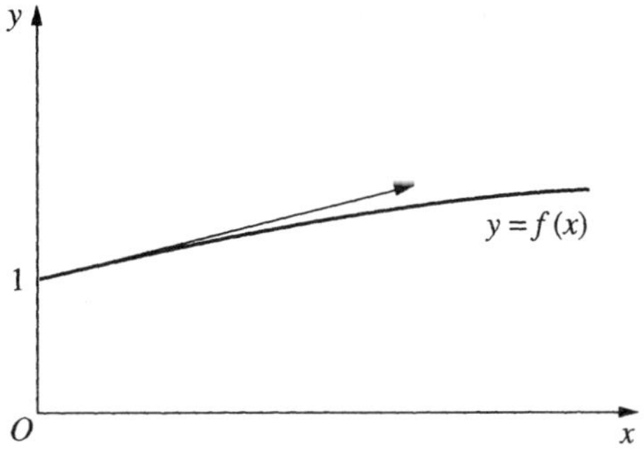

c) Il est clair que : $\text{Def}(f)=\mathbb{R}$.

- Notons $F:\mathbb{R}\times[0;+\infty[\longrightarrow\mathbb{R}$.
$(x,t)\longmapsto e^{-t^3-xt^2}$

1) F est continue sur $\mathbb{R}\times[0;+\infty[$

2) F vérifie HD locale sur $\mathbb{R}\times[0;+\infty[$ car, pour tout a de $\mathbb{R}$, en notant $\varphi_a:[0;+\infty[\longrightarrow\mathbb{R}$, $t\longmapsto e^{-t^3-at^2}$

φ_a est continue, $\geqslant 0$, intégrable sur $[0;+\infty[$, et :

$$\forall(x,t)\in[a;+\infty[\times[0;+\infty[,\quad |F(x,t)|\leqslant\varphi_a(t).$$

3) $\frac{\partial F}{\partial x}:(x,t)\longmapsto -t^2e^{-t^3-xt^2}$ existe et est continue sur $\mathbb{R}\times[0;+\infty[$

4) $\frac{\partial F}{\partial x}$ vérifie HD locale sur $\mathbb{R}\times[0;+\infty[$ car, pour tout a de $\mathbb{R}$, en notant $\psi_a:[0;+\infty[\longrightarrow\mathbb{R}$, $t\longmapsto t^2e^{-t^3-at^2}$

ψ_a est continue, $\geqslant 0$, intégrable sur $[0;+\infty[$, et :

$$\forall(x,t)\in[a;+\infty[\times[0;+\infty[,\quad \left|\frac{\partial F}{\partial x}(x,t)\right|\leqslant\psi_a(t).$$

D'après une extension du théorème de dérivation sous le signe $\int_I$ (2.5.5 *2)* Prop. p. 221), on en déduit :

1) Pour tout x de $\mathbb{R}$, $F(x,\cdot)$ et $\frac{\partial F}{\partial x}(x,\cdot)$ sont intégrables sur $[0;+\infty[$

2) f est de classe C^1 sur $\mathbb{R}$ et : $\forall x\in\mathbb{R},\quad f'(x)=-\int_0^{+\infty}t^2e^{-t^3-xt^2}dt<0.$

Ceci montre que f est strictement décroissante sur $\mathbb{R}$.

La même argumentation permet de montrer que f est de classe C^2 sur $\mathbb{R}$ et :

$$\forall x \in \mathbb{R}, \quad f''(x) = \int_0^{+\infty} t^4 e^{-t^3 - xt^2}\, dt > 0,$$

donc f est (strictement) convexe sur $\mathbb{R}$.

- **Etude en 0 :**

On a : $f(0) = \int_0^{+\infty} e^{-t^3} dt \underset{u=t^3}{=} \frac{1}{3}\int_0^{+\infty} u^{-\frac{2}{3}} e^{-u}\, du = \frac{1}{3}\Gamma\left(\frac{1}{3}\right) \simeq 0{,}89,$

et : $f'(0) = -\int_0^{+\infty} t^2 e^{-t^3}\, dt = \left[\frac{1}{3}\, e^{-t^3}\right]_0^{+\infty} = -\frac{1}{3}.$

- **Etude en $-\infty$:**

Pour $x \leqslant -2$, notons $X = -x \geqslant 2$, et ainsi :

$$\begin{aligned} f(x) &= \int_0^{+\infty} e^{-t^3 + Xt^2} dt = \int_0^{+\infty} e^{(X-t)t^2}\, dt \\ &\geqslant \int_1^{X-1} e^{(X-t)t^2} dt \geqslant \int_1^{X-1} e^{t^2} dt \geqslant \int_1^{X-1} e^t\, dt = e^{X-1} - 1, \end{aligned}$$

d'où : $f(x) \underset{x \to -\infty}{\longrightarrow} +\infty$ et $\frac{f(x)}{x} \underset{x \to -\infty}{\longrightarrow} -\infty.$

Il en résulte que C_f admet une branche parabolique de direction asymptotique $y'y$.

- **Etude en $+\infty$:**

Pour tout x de $]0; +\infty[$: $0 \leqslant f(x) \leqslant \int_0^{+\infty} e^{-xt^2}\, dt \underset{u=\sqrt{x}t}{=} \frac{1}{\sqrt{x}} \int_0^{+\infty} e^{-u^2} du,$

et donc : $f(x) \underset{x \to +\infty}{\longrightarrow} 0.$

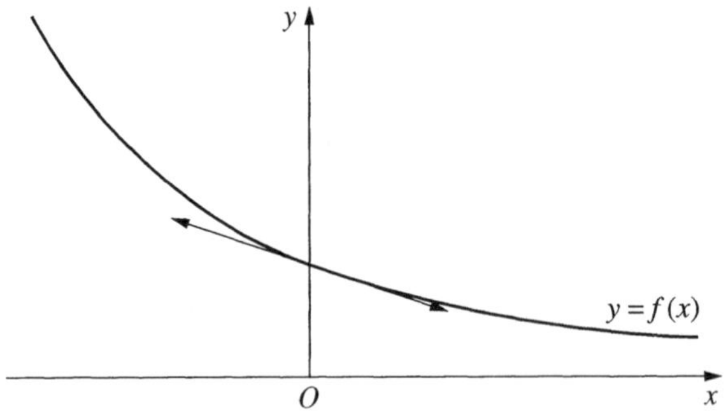

2.5.51 *a)* Soit $x \in \mathbb{R}$. L'application $t \longmapsto \frac{\operatorname{Arctan}(xt)}{t(1+t^2)}$ est continue sur $]0; +\infty[$, de signe fixe au voisinage de 0, $\frac{\operatorname{Arctan}(xt)}{t(1+t^2)} \underset{t \to 0}{\longrightarrow} x$, et, au voisinage de $+\infty$, $\left|\frac{\operatorname{Arctan}(xt)}{t(1+t^2)}\right| \leqslant \frac{\pi}{2t^3}$, donc $t \longmapsto \frac{\operatorname{Arctan}(xt)}{t(1+t^2)}$ est intégrable sur $]0; +\infty[$.

b) Notons $F : \mathbb{R}\times]0;+\infty[\longrightarrow \mathbb{R}$.
$\qquad (x,t)\longmapsto \dfrac{\operatorname{Arctan}(xt)}{t(1+t^2)}$

- F est continue sur $\mathbb{R}\times]0;+\infty[$
- F vérifie HD locale sur $\mathbb{R}\times]0;+\infty[$ car, pour tout a de $[0;+\infty[$, en notant $\varphi_a :]0;+\infty[\longrightarrow \mathbb{R}$, $t\longmapsto \dfrac{a}{1+t^2}$

φ_a est continue, $\geqslant 0$, intégrable sur $]0;+\infty[$ et :

$$\forall (x,t)\in[-a;a]\times]0;+\infty[,\quad |F(x,t)|\leqslant \frac{|xt|}{t(1+t^2)}\leqslant \varphi_a(t)$$

- $\dfrac{\partial F}{\partial x} : (x,t)\longmapsto \dfrac{1}{(1+x^3t^2)(1+t^2)}$ existe et est continue sur $\mathbb{R}\times]0;+\infty[$
- $\dfrac{\partial F}{\partial x}$ vérifie HD sur $\mathbb{R}\times]0;+\infty[$, car, en notant $\psi :]0;+\infty[\longrightarrow \mathbb{R}$, $t\longmapsto \dfrac{1}{1+t^2}$, ψ est continue, $\geqslant 0$, intégrable

sur $]0;+\infty[$, et :

$$\forall (x,t)\in\mathbb{R}\times]0;+\infty[,\quad \left|\frac{\partial F}{\partial x}(x,t)\right|\leqslant \psi(t).$$

D'après une extension du théorème de dérivation sous le signe $\int_I$ (2.5.5 *2)* Prop. p. 221), on en déduit :

- Pour tout x de $\mathbb{R}$, $F(x,\cdot)$ et $\dfrac{\partial F}{\partial x}(x,\cdot)$ sont intégrables sur $]0;+\infty[$.
- f est de classe C^1 sur $\mathbb{R}$ et : $\forall x\in\mathbb{R},\quad f'(x)=\displaystyle\int_0^{+\infty}\frac{\mathrm{d}t}{(1+x^2t^2)(1+t^2)}$.

Pour tout x de $[0;1[\cup]1;+\infty[$, on obtient, à l'aide d'une décomposition en éléments simples :

$$\begin{aligned} f'(x) &= \frac{1}{1-x^2}\int_0^{+\infty}\left(\frac{1}{1+t^2}-\frac{x^2}{1+x^2t^2}\right)\mathrm{d}t \\ &= \frac{1}{1-x^2}\big[\operatorname{Arctan} t - x\operatorname{Arctan}(xt)\big]_0^{+\infty} = \frac{1}{1-x^2}\left(\frac{\pi}{2}-\frac{\pi x}{2}\right)=\frac{\pi}{2(1+x)}. \end{aligned}$$

Comme f est de classe C^1 sur $\mathbb{R}$, par continuité de f' en 1, on a : $\forall x\in[0;+\infty[,\quad f'(x)=\dfrac{\pi}{2(1+x)}$.

◇ **Réponse :** $\forall x\in[0;+\infty[,\quad f'(x)=\dfrac{\pi}{2(1+x)}$.

c) • Puisque $f(0)=0$, on déduit du résultat précédent : $\forall x\in[0;+\infty[,\quad f(x)=\dfrac{\pi}{2}\ln(1+x)$.

- Comme f est impaire, on a : $\forall x\in]-\infty;0],\quad f(x)=-f(-x)=-\dfrac{\pi}{2}\ln(1-x)$.

◇ **Réponse :** $f(x)=\begin{cases}\dfrac{\pi}{2}\ln(1+x) & \text{si } x\geqslant 0\\ -\dfrac{\pi}{2}\ln(1-x) & \text{si } x\leqslant 0.\end{cases}$

d) Remarquer d'abord que $t\longmapsto\left(\dfrac{\operatorname{Arctan} t}{t}\right)^2$ est intégrable sur $]0;+\infty[$.

Pour tout (ε,X) tel que $0<\varepsilon<X$, on obtient, par une intégration par parties :

$$\int_\varepsilon^X\left(\frac{\operatorname{Arctan} t}{t}\right)^2\mathrm{d}t=-\frac{(\operatorname{Arctan} X)^2}{X}+\frac{(\operatorname{Arctan}\varepsilon)^2}{\varepsilon}+2\int_\varepsilon^X\frac{\operatorname{Arctan} t}{t(1+t^2)}\,\mathrm{d}t,$$

d'où, en faisant tendre ε vers 0 et X vers $+\infty$:

$$\int_0^{+\infty}\left(\frac{\operatorname{Arctan} t}{t}\right)^2\mathrm{d}t=2\int_0^{+\infty}\frac{\operatorname{Arctan} t}{t(1+t^2)}\,\mathrm{d}t=2f(1)=\pi\ln 2.$$

2.5.52 Notons $F : \mathbb{R} \times [0; +\infty[\longrightarrow \mathbb{R}$, $(x,t) \longmapsto \frac{\ln(1+x^2t^2)}{1+t^2}$

- F est continue sur $\mathbb{R} \times [0; +\infty[$

- F vérifie HD locale sur $\mathbb{R} \times [0; +\infty[$ car, pour tout a de $[0; +\infty[$, en notant $\varphi_a : [0; +\infty[\longrightarrow \mathbb{R}$, $t \longmapsto \frac{\ln(1+a^2t^2)}{1+t^2}$

φ_a est continue, $\geqslant 0$, intégrable sur $[0; +\infty[$, et :

$$\forall (x,t) \in [-a; a] \times [0; +\infty[, \quad |F(x,t)| \leqslant \varphi_a(t)$$

- $\dfrac{\partial F}{\partial x} : (x,t) \longmapsto \dfrac{2xt^2}{(1+x^2t^2)(1+t^2)}$ existe et est continue sur $\mathbb{R} \times [0; +\infty[$

- $\dfrac{\partial F}{\partial x}$ vérifie HD locale sur $]0; +\infty[\times[0; +\infty[$ car, pour tout b de $]0; +\infty[$, en notant

$\psi_b : [0; +\infty[\longrightarrow \mathbb{R}$, $t \longmapsto \frac{2}{b(1+t^2)}$, ψ_b est continue, $\geqslant 0$, intégrable sur $[0; +\infty[$, et :

$$\forall (x,t) \in [b; +\infty[\times[0; +\infty[, \quad \left|\frac{\partial F}{\partial x}(x,t)\right| = \frac{2xt^2}{1+x^2t^2}\,\frac{1}{1+t^2} \leqslant \frac{2}{x}\,\frac{1}{1+t^2} \leqslant \psi_b(t).$$

D'après une extension du théorème de continuité sous le signe $\int_I$ (2.5.5 *1)* Prop. p. 218) et une extension du théorème de dérivation sous le signe $\int_I$ (2.5.5 *2)* Prop. p. 221), on en déduit :

- Pour tout x de $\mathbb{R}$, $F(x,\cdot)$ est intégrable sur $[0; +\infty[$

- Pour tout x de $]0; +\infty[$, $\dfrac{\partial F}{\partial x}(x,\cdot)$ est intégrable sur $[0; +\infty[$

- $f : \mathbb{R} \longrightarrow \mathbb{R}$, $x \longmapsto \int_0^{+\infty} F(x,t)\,\mathrm{d}t$ est continue sur $\mathbb{R}$

- f est de classe C^1 sur $]0; +\infty[$ (donc aussi sur $]-\infty; 0[$ par parité évidente), et :

$$\forall x \in]0; +\infty[, \quad f'(x) = \int_0^{+\infty} \frac{2xt^2}{(1+x^2t^2)(1+t^2)}\,\mathrm{d}t.$$

Pour tout x de $]0; 1[\cup]1; +\infty[$, on obtient, à l'aide d'une décomposition en éléments simples :

$$f'(x) = \frac{2x}{1-x^2}\int_0^{+\infty}\left(\frac{1}{1+x^2t^2} - \frac{1}{1+t^2}\right)\mathrm{d}t = \frac{2}{1-x^2}\big[\mathrm{Arctan}(xt) - x\ \mathrm{Arctan}\,t\big]_0^{+\infty}$$
$$= \frac{2}{1-x^2}\left(\frac{\pi}{2} - \frac{\pi x}{2}\right) = \frac{\pi}{1+x}.$$

Comme f est de classe C^1 sur $]0; +\infty[$, par continuité de f' en 1, on a : $\forall x \in]0; +\infty[, \quad f'(x) = \dfrac{\pi}{1+x}$.

Puisque f est continue en 0 et que $f(0) = 0$, on déduit : $\forall x \in [0; +\infty[, \quad f(x) = \pi \ln(1+x)$.

Enfin, comme f est paire : $\forall x \in]-\infty; 0], \quad f(x) = f(-x) = \pi \ln(1-x)$.

Finalement : $\forall x \in \mathbb{R}, \quad f(x) = \pi \ln(1+|x|)$.

2.5.53 *a)* Soit $x \in \mathbb{R}$.

- Les applications $t \longmapsto \dfrac{\cos(xt)}{1+t^2}$, $t \longmapsto \dfrac{t\sin(xt)}{1+t^2}$, $t \longmapsto \dfrac{t\sin(xt)}{(1+t^2)^2}$, $t \longmapsto \dfrac{\cos(xt)}{(1+t^2)^2}$ sont continues sur $[0;+\infty[$.

- On a, pour tout t de $[0;+\infty[$, $\left|\dfrac{\cos(xt)}{1+t^2}\right| \leqslant \dfrac{1}{1+t^2}$, $\left|\dfrac{t\sin(xt)}{(1+t^2)^2}\right| \leqslant \dfrac{t}{(1+t^2)^2}$,

$\left|\dfrac{\cos(xt)}{(1+t^2)^2}\right| \leqslant \dfrac{1}{(1+t^2)^2}$, donc $t \longmapsto \dfrac{\cos(xt)}{1+t^2}$, $t \longmapsto \dfrac{t\sin(xt)}{(1+t^2)^2}$, $t \longmapsto \dfrac{\cos(xt)}{(1+t^2)^2}$ sont intégrables sur $[0;+\infty[$.

- À l'aide d'un développement asymptotique (pour x fixé, t tendant vers $+\infty$) :

$$\frac{t\sin(xt)}{1+t^2} = \frac{\sin(xt)}{t}\,\frac{1}{1+\dfrac{1}{t^2}} = \frac{\sin(xt)}{t} + O\left(\frac{1}{t^3}\right).$$

Comme $\displaystyle\int_1^{\rightarrow+\infty} \frac{\sin u}{u}\,du$ converge et que $O\left(\dfrac{1}{t^3}\right)$ est intégrable sur $[1;+\infty[$, on en déduit que $\displaystyle\int_0^{\rightarrow+\infty} \frac{t\sin(xt)}{1+t^2}\,dt$ converge.

Ceci montre que $f(x)$, $g(x)$, $h(x)$, $k(x)$ existent; $f(x)$, $h(x)$, $k(x)$ sont définies par des intégrales de fonctions intégrables, et $g(x)$ est définie par une intégrale impropre.

b) Soit $x \in \mathbb{R}$. On a, à l'aide d'une intégration par parties, pour tout T de $[0;+\infty[$:

$$x\int_0^T \frac{\cos(xt)}{1+t^2}\,dt = \frac{\sin xT}{1+T^2} + 2\int_0^T \frac{t\sin(xt)}{(1+t^2)^2}\,dt,$$

d'où, en faisant tendre T vers $+\infty$: $xf(x) = 2h(x)$.

c) Notons $H : \begin{array}{l}[0;+\infty[\times[0;+\infty[\longrightarrow \mathbb{R}\\ (x,t)\longmapsto \frac{t\sin(xt)}{(1+t^2)^2}\end{array}$.

- H est continue sur $[0;+\infty[\times[0;+\infty[$
- H vérifie HD sur $[0;+\infty[\times[0;+\infty[$ car, en notant $\varphi : \begin{array}{l}[0;+\infty[\longrightarrow \mathbb{R}\\ t\longmapsto \frac{t}{(1+t^2)^2}\end{array}$, φ est continue, $\geqslant 0$, intégrable sur $[0;+\infty[$, et :

$$\forall (x,t) \in [0;+\infty[\times[0;+\infty[,\quad |H(x,t)| \leqslant \varphi(t)$$

- $\dfrac{\partial H}{\partial x} : (x,t) \longmapsto \dfrac{t^2\cos(xt)}{(1+t^2)^2}$ existe et est continue sur $[0;+\infty[\times[0;+\infty[$
- $\dfrac{\partial H}{\partial x}$ vérifie HD sur $[0;+\infty[\times[0;+\infty[$ car, en notant $\psi : \begin{array}{l}[0;+\infty[\longrightarrow \mathbb{R}\\ t\longmapsto \frac{t^2}{(1+t^2)^2}\end{array}$, ψ est continue, $\geqslant 0$, intégrable sur $[0;+\infty[$, et : $\forall (x,t) \in [0;+\infty[\times[0;+\infty[$, $\left|\dfrac{\partial H}{\partial x}(x,t)\right| \leqslant \psi(t)$.

D'après le théorème de dérivation sous le signe $\displaystyle\int_I$ (2.5.5 *2)* Th. p. 219), on en déduit :

- Pour tout x de $[0;+\infty[$, $H(x,\cdot)$ et $\dfrac{\partial H}{\partial x}(x,\cdot)$ sont intégrables sur $[0;+\infty[$
- h est de classe C^1 sur $[0;+\infty[$ et :

$$\forall x \in [0;+\infty[,\quad h'(x) = \int_0^{+\infty} \frac{t^2\cos(xt)}{(1+t^2)^2}\,dt = f(x) - k(x).$$

La même argumentation s'applique à $k : x \longmapsto \displaystyle\int_0^{+\infty} \frac{\cos(xt)}{(1+t^2)^2}\,\mathrm{d}t$, et montre que k est de classe C^1 sur $[0;+\infty[$ et que :

$$\forall x \in [0;+\infty[,\quad k'(x) = -\int_0^{+\infty} \frac{t\sin(xt)}{(1+t^2)^2}\,\mathrm{d}t = -h(x).$$

d) De *b)* et *c)*, on déduit que f est de classe C^2 sur $]0;+\infty[$ et que, successivement :

$\forall x \in]0;+\infty[,\quad xf'(x) + f(x) = 2h'(x) = 2f(x) - 2k(x),$

$\forall x \in]0;+\infty[,\quad xf'(x) = f(x) - 2k(x),$

$\forall x \in]0;+\infty[,\quad xf''(x) = -2k'(x) = 2h(x) = xf(x),$

d'où finalement : $\forall x \in]0;+\infty[,\quad f''(x) = f(x).$

e) 1) La résolution de l'équation différentielle apparue ci-dessus montre qu'il existe $(\lambda,\mu) \in \mathbb{R}^2$ tel que :

$$\forall x \in]0;+\infty[,\quad f(x) = \lambda e^x + \mu e^{-x}.$$

Le théorème de continuité sous le signe $\displaystyle\int_0^{+\infty}$ permet encore de montrer que f est continue sur $\mathbb{R}$, donc en 0, d'où : $\forall x \in [0;+\infty[,\quad f(x) = \lambda e^x + \mu e^{-x}.$

Comme : $\forall x \in [0;+\infty[,\quad |f(x)| \leqslant \displaystyle\int_0^{+\infty} \frac{\mathrm{d}t}{1+t^2} = \frac{\pi}{2},\quad f$ est bornée, donc $\lambda = 0$.

Et, comme $f(0) = \displaystyle\int_0^{+\infty} \frac{\mathrm{d}t}{1+t^2} = \frac{\pi}{2},$ on obtient $\mu = \dfrac{\pi}{2}$.

Ainsi : $\forall x \in [0;+\infty[,\quad f(x) = \dfrac{\pi}{2}\,e^{-x}.$

Enfin, comme f est paire, on conclut : $\forall x \in \mathbb{R},\quad f(x) = \dfrac{\pi}{2}\,e^{-|x|}.$

2) Une intégration par parties fournit, pour $x \in]0;+\infty[$ et $T \in [0;+\infty[$:

$$\int_0^T \frac{t\sin(xt)}{1+t^2}\,\mathrm{d}t = -\frac{T\cos(xT)}{x(1+T^2)} + \int_0^T \frac{(1-t^2)\cos(xt)}{x(1+t^2)^2}\,\mathrm{d}t,$$

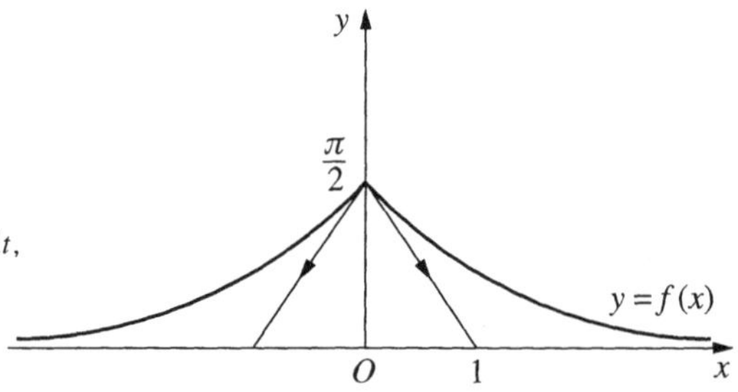

d'où, en faisant tendre T vers $+\infty$:

$$\begin{aligned} xg(x) &= \int_0^{+\infty} \frac{(1-t^2)\cos(xt)}{(1+t^2)^2}\,\mathrm{d}t \\ &= \int_0^{+\infty} \frac{\big(2-(1+t^2)\big)\cos(xt)}{(1+t^2)^2}\,\mathrm{d}t \\ &= 2k(x) - f(x) = f(x) - 2h'(x) \\ &= -xf'(x), \end{aligned}$$

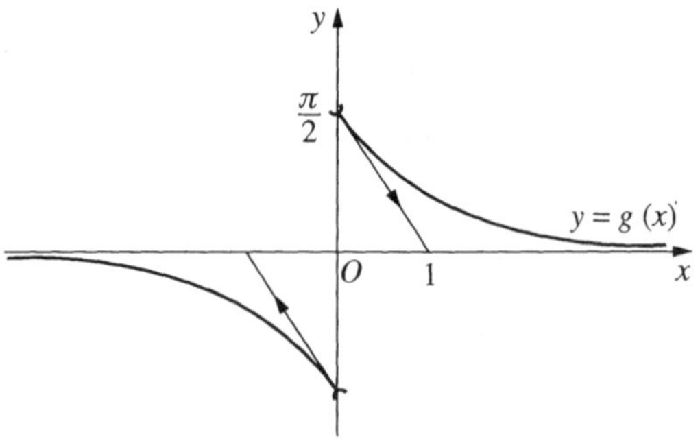

et ainsi : $\forall x \in]0;+\infty[,$

$$g(x) = -f'(x) = \frac{\pi}{2}\,e^{-x}.$$

Comme $g(0) = 0$ et que g est impaire, on conclut :

$$g(x) = \begin{cases} \dfrac{\pi}{2}\,e^{-x} & \text{si } x > 0 \\ 0 & \text{si } x = 0 \\ -\dfrac{\pi}{2}\,e^{x} & \text{si } x < 0 \end{cases},\quad \text{ou encore : } \forall x \in \mathbb{R},\quad g(x) = \frac{\pi}{2}\,\mathrm{sgn}(x)\,e^{-|x|}.$$

2.5.54 *a)* Soit $x \in [0;+\infty[$. L'application $t \longmapsto \dfrac{1-\mathrm{e}^{-xt}}{t}\sin t$ est continue sur $]0;+\infty[$, $\dfrac{1-\mathrm{e}^{-xt}}{t}\sin t \underset{t\to 0}{\longrightarrow} 0$; comme $\dfrac{1-\mathrm{e}^{-xt}}{t}\sin t = \dfrac{\sin t}{t} - \dfrac{\sin t}{t}\mathrm{e}^{-xt}$, que l'intégrale impropre $\displaystyle\int_1^{\to+\infty}\frac{\sin t}{t}\,\mathrm{d}t$ converge, et que (si $x>0$) $t \longmapsto \dfrac{\sin t}{t}\mathrm{e}^{-xt}$ est intégrable sur $[1;+\infty[$, l'intégrale impropre $\displaystyle\int_0^{\to+\infty}\frac{1-\mathrm{e}^{-xt}}{t}\sin t\,\mathrm{d}t$ converge.

b) α) Remarquons : $\forall x \in]0;+\infty[,\quad f(x) = \displaystyle\int_0^{+\infty}\frac{\sin t}{t}\,\mathrm{d}t - \int_0^{+\infty}\frac{\mathrm{e}^{-xt}\sin t}{t}\,\mathrm{d}t,$

et notons $G : \begin{array}{l}]0;+\infty[\times]0;+\infty[\longrightarrow \mathbb{R}. \\ (x,t)\longmapsto \frac{\mathrm{e}^{-xt}\sin t}{t}\end{array}$

- G est continue sur $]0;+\infty[\times]0;+\infty[$
- G vérifie HD locale sur $]0;+\infty[\times]0;+\infty[$ car, pour tout a de $]0;+\infty[$, en notant $\varphi_a : \begin{array}{l}]0;+\infty[\longrightarrow \mathbb{R}, \\ t\longmapsto \mathrm{e}^{-at}\end{array}$

φ_a est continue, $\geqslant 0$, intégrable sur $]0;+\infty[$, et :

$$\forall (x,t) \in [a;+\infty[\times]0;+\infty[,\quad |F(x,t)| \leqslant \varphi_a(t),$$

puisque : $\forall t \in \mathbb{R},\quad |\sin t| \leqslant |t|$

- $\dfrac{\partial G}{\partial x} : (x,t) \longmapsto -\mathrm{e}^{-xt}\sin t$ existe et est continue sur $]0;+\infty[\times]0;+\infty[$
- $\dfrac{\partial G}{\partial x}$ vérifie HD locale sur $]0;+\infty[\times]0;+\infty[$ car, pour tout a de $]0;+\infty[$, en notant $\varphi_a : \begin{array}{l}]0;+\infty[\longrightarrow \mathbb{R}, \\ t\longmapsto \mathrm{e}^{-at}\end{array}$ φ_a est continue, $\geqslant 0$, intégrable sur $]0;+\infty[$, et :

$$\forall (x,t) \in [a;+\infty[\times]0;+\infty[,\quad \left|\frac{\partial G}{\partial x}(x,t)\right| \leqslant \varphi_a(t).$$

D'après une extension du théorème de dérivation sous le signe $\displaystyle\int_I$ (2.5.5 *2)* Prop. p. 219) on en déduit :

- Pour tout x de $]0;+\infty[$, $G(x,\cdot)$ et $\dfrac{\partial G}{\partial x}(x,\cdot)$ sont intégrables sur $]0;+\infty[$
- $g : \begin{array}{l}]0;+\infty[\longrightarrow \mathbb{R} \\ x\longmapsto \int_0^{+\infty} G(x,t)\mathrm{d}t\end{array}$ est de classe C^1 sur $]0;+\infty[$ et :

$$\forall x \in]0;+\infty[,\quad g'(x) = \int_0^{+\infty}\mathrm{e}^{-xt}\sin t\,\mathrm{d}t.$$

Et, pour tout x de $]0;+\infty[$:

$$g'(x) = \mathrm{Im}\left(\int_0^{+\infty}\mathrm{e}^{-xt}\mathrm{e}^{\mathrm{i}t}\mathrm{d}t\right) = \mathrm{Im}\left[\frac{\mathrm{e}^{(-x+\mathrm{i})t}}{-x+\mathrm{i}}\right]_0^{+\infty} = \mathrm{Im}\left(\frac{1}{x-\mathrm{i}}\right) = \frac{1}{1+x^2},$$

puis : $\quad f'(x) = g'(x) = \dfrac{1}{1+x^2}.$

β) En intégrant le résultat de α), il existe $C \in \mathbb{R}$ tel que : $\forall x \in]0;+\infty[,\quad f(x) = \operatorname{Arctan} x + C.$

c) α) D'après les théorèmes généraux, A est de classe C^1 sur $]0;+\infty[$.

Et, comme $A(t) = \dfrac{1-\mathrm{e}^{-t}}{t} \underset{t\to 0}{\longrightarrow} 1 = A(0)$, A est continue en 0.

On a, pour tout t de $]0;+\infty[$, $A'(t) = \dfrac{B(t)}{t^2}$, où $B(t) = (1+t)\mathrm{e}^{-t} - 1$.

L'étude des variations de B (on a : $B'(t) = -t\mathrm{e}^{-t} < 0$) montre que B est strictement décroissante; comme $B(0^+) = 0$, on en déduit : $\forall t \in]0;+\infty[,\quad B(t) < 0,\quad$ et donc : $\forall t \in]0;+\infty[,\quad A'(t) < 0.$

β) Soit $x \in]0;+\infty[$. Par le changement de variable $u = xt$:

$$f(x) = \int_0^{+\infty}\frac{1-\mathrm{e}^{-u}}{u}\sin\frac{u}{x}\,\mathrm{d}u = \int_0^{+\infty} A(u)\sin\frac{u}{x}\,\mathrm{d}u.$$

On obtient, à l'aide d'une intégration par parties, pour tout U de $[0; +\infty[$:

$$\int_0^U A(u)\cos\frac{u}{x}\,du = x - xA(U)\cos\frac{U}{x} + x\int_0^U A'(u)\cos\frac{u}{x}\,du.$$

D'une part : $xA(U)\cos\dfrac{U}{x} \underset{U\to+\infty}{\longrightarrow} 0$, car $A(U) \underset{U\to+\infty}{\longrightarrow} 0$.

D'autre part, comme $A' \leqslant 0$:

$$\left|\int_0^U A'(u)\cos\frac{u}{x}\,du\right| \leqslant \int_0^U \big(-A'(u)\big)\left|\cos\frac{u}{x}\right|du \leqslant \int_0^U -\big(A'(u)\big)du = 1 - A(U).$$

On en déduit, en faisant tendre U vers $+\infty$: $0 \leqslant f(x) - f(0) = f(x) = \displaystyle\int_0^{+\infty} A(u)\cos\frac{u}{x}\,du \leqslant 2x.$

γ) D'après β), $f(x) - f(0) \underset{x\to 0}{\longrightarrow} 0$, donc f est continue en 0.

D'après *b)* β), on a alors $C = 0$.

δ) On a, pour tout x de $]0; +\infty[$: $\left|\displaystyle\int_0^{+\infty} \frac{e^{-xt}\sin t}{t}\,dt\right| \leqslant \int_0^{+\infty} e^{-xt}\left|\frac{\sin t}{t}\right|dt \leqslant \int_0^{+\infty} e^{-xt}dt = \frac{1}{x}$

donc $f(x) \underset{x\to+\infty}{\longrightarrow} \displaystyle\int_0^{+\infty} \frac{\sin t}{t}\,dt.$

D'autre part : $f(x) = \operatorname{Arctan} x \underset{x\to+\infty}{\longrightarrow} \dfrac{\pi}{2}.$

On conclut : $\displaystyle\int_0^{+\infty} \frac{\sin t}{t}\,dt = \frac{\pi}{2}.$

d) 1) Changement de variable $u = \alpha t$ lorsque $\alpha > 0$.

◇ **Réponse :** $\displaystyle\int_0^{+\infty} \frac{\sin\alpha t}{t}\,dt = \frac{\pi}{2}\operatorname{sgn}(\alpha)$, où $\operatorname{sgn}(\alpha) = \begin{cases} -1 & \text{si } \alpha < 0 \\ 0 & \text{si } \alpha = 0. \\ 1 & \text{si } \alpha > 0 \end{cases}$

2) Pour $\alpha > 0$, intégrer convenablement par parties :

$$\int_0^{+\infty} \frac{\sin\alpha t}{t}\,dt = \left[\frac{1-\cos\alpha t}{\alpha t}\right]_0^{+\infty} + \frac{1}{\alpha}\int_0^{+\infty} \frac{1-\cos\alpha t}{t^2}\,dt.$$

◇ **Réponse :** $\displaystyle\int_0^{+\infty} \frac{1-\cos\alpha t}{t^2}\,dt = \frac{\pi\alpha}{2}\operatorname{sgn}(\alpha) = \frac{\pi|\alpha|}{2}.$

3) Intégrer par parties : $\displaystyle\int_0^{+\infty} \frac{1-\cos t}{t^2}\,dt = \left[\frac{t-\sin t}{t^2}\right]_0^{+\infty} + 2\int_0^{+\infty} \frac{t-\sin t}{t^3}\,dt.$

◇ **Réponse :** $\displaystyle\int_0^{+\infty} \frac{t-\sin t}{t^3}\,dt = \frac{\pi}{4}.$

4) $\left(\dfrac{\sin t}{t}\right)^2 = \dfrac{1-\cos 2t}{2t^2}$ et 2) avec $\alpha = 2$.

◇ **Réponse :** $\displaystyle\int_0^{+\infty} \left(\frac{\sin t}{t}\right)^2 dt = \frac{\pi}{2}.$

5) Linéariser : $\dfrac{\sin at\,\sin bt}{t^2} = \dfrac{1-\cos(a+b)t}{2t^2} - \dfrac{1-\cos(a-b)t}{2t^2}.$

◇ **Réponse :** $\displaystyle\int_0^{+\infty} \frac{\sin at\,\sin bt}{t^2}\,dt = \frac{\pi}{4}(|a+b| - |a-b|).$

6) Linéariser : $\dfrac{1-\cos at\,\cos bt}{t^2} = \dfrac{1-\cos(a+b)t}{2t^2} + \dfrac{1-\cos(a-b)t}{2t^2}.$

◇ **Réponse :** $\displaystyle\int_0^{+\infty} \frac{1-\cos at\,\cos bt}{t^2}\,dt = \frac{\pi}{4}(|a+b| + |a-b|).$

2.5.55 *a)* Soit $x \in \mathbb{R}$. L'application $t \longmapsto t^{\alpha-1}\mathrm{e}^{-t}\mathrm{e}^{\mathrm{i}xt}$ est continue sur $[0;+\infty[$ et, pour tout t de $[0;+\infty[$, $|t^{\alpha-1}\mathrm{e}^{-t}\mathrm{e}^{\mathrm{i}xt}| = t^{\alpha-1}\mathrm{e}^{-t}$, donc $t \longmapsto t^{\alpha-1}\mathrm{e}^{-t}\mathrm{e}^{\mathrm{i}xt}$ est intégrable sur $[0;+\infty[$ (cf. aussi la définition de la fonction Γ, 2.5.5 *3)* p. 222).

b) Notons $F : \begin{array}{l}\mathbb{R}\times]0;+\infty[\longrightarrow \mathbb{C}.\\ (x,t)\longmapsto t^{\alpha-1}\mathrm{e}^{-t}\mathrm{e}^{\mathrm{i}xt}\end{array}$

- F est continue sur $\mathbb{R}\times]0;+\infty[$
- F vérifie HD sur $\mathbb{R}\times]0;+\infty[$ car, en notant $\varphi : \begin{array}{l}]0;+\infty[\longrightarrow \mathbb{R}\\ t\longmapsto t^{\alpha-1}\mathrm{e}^{-t}\end{array}$, φ est continue, $\geqslant 0$, intégrable sur $]0;+\infty[$, et :

$$\forall (x,t)\in \mathbb{R}\times]0;+\infty[,\quad |F(x,t)| = \varphi(t)$$

- $\dfrac{\partial F}{\partial x} : (x,t) \longmapsto \mathrm{i}t^{\alpha}\mathrm{e}^{-t}\mathrm{e}^{\mathrm{i}xt}$ est continue sur $\mathbb{R}\times]0;+\infty[$
- $\dfrac{\partial F}{\partial x}$ vérifie HD sur $\mathbb{R}\times]0;+\infty[$ car, en notant $\psi : \begin{array}{l}]0;+\infty[\longrightarrow \mathbb{R}\\ t\longmapsto t^{\alpha}\mathrm{e}^{-t}\end{array}$, ψ est continue, $\geqslant 0$, intégrable sur $]0;+\infty[$, et :

$$\forall (x,t)\in \mathbb{R}\times]0;+\infty[,\quad \left|\frac{\partial F}{\partial x}(x,t)\right| \leqslant \psi(t).$$

D'après le théorème de dérivation sous le signe $\displaystyle\int_I$ (2.5.5 *2)* Th. p. 219), on en déduit :

- Pour tout x de $\mathbb{R}$, $F(x,\cdot)$ et $\dfrac{\partial F}{\partial x}(x,\cdot)$ sont intégrables sur $]0;+\infty[$
- f_α est de classe C^1 sur $\mathbb{R}$ et : $\forall x\in\mathbb{R},\quad f'_\alpha(x) = \mathrm{i}\displaystyle\int_0^{+\infty} t^{\alpha}\mathrm{e}^{-t}\mathrm{e}^{\mathrm{i}xt}\,\mathrm{d}t.$

c) • Soit $x\in\mathbb{R}$. On obtient, à l'aide d'une intégration par parties, pour tout (ε,T) tel que $0<\varepsilon<T$:

$$\int_\varepsilon^T t^{\alpha}\mathrm{e}^{(-1+\mathrm{i}x)t}\mathrm{d}t = \left[\frac{t^{\alpha}\mathrm{e}^{(-1+\mathrm{i}x)t}}{-1+\mathrm{i}x}\right]_\varepsilon^T + \frac{1}{1-\mathrm{i}x}\int_\varepsilon^T \alpha t^{\alpha-1}\mathrm{e}^{(-1+\mathrm{i}x)t}\mathrm{d}t,$$

d'où, en faisant tendre ε vers 0 et T vers $+\infty$:

$$\int_0^{+\infty} t^{\alpha}\mathrm{e}^{-t}\mathrm{e}^{\mathrm{i}xt}\,\mathrm{d}t = \frac{\alpha}{1-\mathrm{i}x}\int_0^{+\infty} t^{\alpha-1}\mathrm{e}^{-t}\mathrm{e}^{\mathrm{i}xt}\mathrm{d}t,$$

puis, en utilisant *b)* : $\quad -(\mathrm{i}+x)f'_\alpha(x) = \alpha f_\alpha(x)$.

- Par résolution de l'équation différentielle obtenue, on a, pour tout x de $\mathbb{R}$:

$$\begin{aligned} f_\alpha(x) &= f_\alpha(0)\exp\left(-\alpha\int_0^x \frac{\mathrm{d}s}{s+\mathrm{i}}\right) = \Gamma(\alpha)\exp\left(-\frac{\alpha}{2}\ln(x^2+1)+\alpha\mathrm{i}\ \mathrm{Arctan}\,x\right)\\ &= \Gamma(\alpha)(x^2+1)^{-\frac{\alpha}{2}}\mathrm{e}^{\alpha\mathrm{i}\mathrm{Arctan}x}. \end{aligned}$$

d) En remplaçant α par $\dfrac{1}{2}$: $\displaystyle\int_0^{+\infty}\frac{\mathrm{e}^{-t}\mathrm{e}^{\mathrm{i}xt}}{\sqrt{t}}\mathrm{d}t = f_{\frac{1}{2}}(x) = \Gamma\left(\frac{1}{2}\right)(x^2+1)^{-\frac{1}{4}}\mathrm{e}^{\frac{\mathrm{i}}{2}\mathrm{Arctan}x}.$

On a, pour tout x de $\mathbb{R}$, en notant $\theta = \mathrm{Arctan}\,x$: $\left\{\begin{array}{l}\cos^2\dfrac{\theta}{2}+\sin^2\dfrac{\theta}{2} = 1\\ \cos^2\dfrac{\theta}{2}-\sin^2\dfrac{\theta}{2} = \cos\theta = \dfrac{1}{\sqrt{1+x^2}}\end{array}\right|,$

d'où : $\cos\dfrac{\theta}{2} = \dfrac{1}{\sqrt{2}}\dfrac{\sqrt{\sqrt{1+x^2}+1}}{(1+x^2)^{1/4}}$ et $\sin\dfrac{\theta}{2} = \dfrac{1}{\sqrt{2}}\dfrac{\sqrt{\sqrt{1+x^2}-1}}{(1+x^2)^{1/4}}$,

et finalement : $\left\{\begin{array}{l}\displaystyle\int_0^{+\infty}\frac{\mathrm{e}^{-t}\cos(xt)}{\sqrt{t}}\,\mathrm{d}t = \mathrm{R\acute{e}}\big(f_{\frac{1}{2}}(x)\big) = \frac{\sqrt{\pi}\sqrt{\sqrt{1+x^2}+1}}{2\sqrt{2}\sqrt{1+x^2}}\\ \displaystyle\int_0^{+\infty}\frac{\mathrm{e}^{-t}\sin(xt)}{\sqrt{t}}\,\mathrm{d}t = \mathrm{Im}\big(f_{\frac{1}{2}}(x)\big) = \frac{\sqrt{\pi}\sqrt{\sqrt{1+x^2}-1}}{2\sqrt{2}\sqrt{1+x^2}}\end{array}\right..$

2.5.56 • Comme $(t,u) \longmapsto \mathrm{e}^{\mathrm{i}t\sin u}$ est continue sur $\mathbb{R} \times \left[0;\, \frac{\pi}{2}\right]$, d'après le théorème de continuité sous le signe $\int_a^b$ (2.3.12 *1)* Th. p. 166), J est continue sur $\mathbb{R}$. De plus, J est bornée :

$$\forall t \in \mathbb{R}, \quad |J(t)| \leqslant \int_0^{\frac{\pi}{2}} \mathrm{d}u = \frac{\pi}{2}.$$

Il en résulte que $t \longmapsto J(t)\mathrm{e}^{-xt}$ est intégrable sur $[0;+\infty[$, pour tout x de $]0;+\infty[$ fixé.

• On a, pour $x \in]0;+\infty[$ et $T \in [0;+\infty[$:

$$\int_0^T J(t)\mathrm{e}^{-xt}\mathrm{d}t = \int_0^T \left(\int_0^{\frac{\pi}{2}} \mathrm{e}^{\mathrm{i}t\sin u}\mathrm{e}^{-xt}\mathrm{d}u \right) \mathrm{d}t$$

$$= \int_0^{\frac{\pi}{2}} \left(\int_0^T \mathrm{e}^{(\mathrm{i}\sin u - x)t}\mathrm{d}t \right) \mathrm{d}u = \int_0^{\frac{\pi}{2}} \frac{1-\mathrm{e}^{-(x-\mathrm{i}\sin u)T}}{x - \mathrm{i}\sin u}\,\mathrm{d}u,$$

en utilisant le théorème de Fubini.

Notons, pour $x \in]0;+\infty[$: $\quad A(x) = \displaystyle\int_0^{\frac{\pi}{2}} \frac{\mathrm{d}u}{x - \mathrm{i}\sin u}$.

On a, pour tout x de $]0;+\infty[$ et T de $[0;+\infty[$:

$$\left| \int_0^T J(t)\mathrm{e}^{-xt}\mathrm{d}t - A(x) \right| = \left| \int_0^{\frac{\pi}{2}} \frac{\mathrm{e}^{-(x-\mathrm{i}\sin u)T}}{x-\mathrm{i}\sin u}\,\mathrm{d}u \right|$$

$$\leqslant \int_0^{\frac{\pi}{2}} \frac{\mathrm{e}^{-xT}}{\sqrt{x^2+\sin^2 u}}\,\mathrm{d}u \leqslant \frac{\pi}{2}\,\frac{\mathrm{e}^{-xT}}{x} \xrightarrow[T\to+\infty]{} 0.$$

Ceci montre : $\quad \forall x \in]0;+\infty[, \quad \displaystyle\int_0^{+\infty} J(t)\mathrm{e}^{-xt}\mathrm{d}t = \int_0^{\frac{\pi}{2}} \frac{\mathrm{d}u}{x-\mathrm{i}\sin u}$.

• Calculons $A(x)$, pour $x \in]0;+\infty[$. On a :

$$A(x) = \int_0^{\frac{\pi}{2}} \frac{x}{x^2+\sin^2 u}\mathrm{d}u + \mathrm{i}\int_0^{\frac{\pi}{2}} \frac{\sin u}{x^2+\sin^2 u}\,\mathrm{d}u.$$

1) $$\int_0^{\frac{\pi}{2}} \frac{x}{x^2+\sin^2 u}\,\mathrm{d}u \underset{t=\tan u}{=} \int_0^{+\infty} \frac{x}{(x^2+1)t^2+x^2}\,\mathrm{d}t = \frac{1}{x}\int_0^{+\infty} \frac{1}{1+\left(\dfrac{\sqrt{x^2+1}}{x}\,t\right)^2}\,\mathrm{d}t$$

$$= \frac{1}{\sqrt{1+x^2}}\left[\mathrm{Arctan}\left(\frac{\sqrt{1+x^2}}{x}\,t \right) \right]_0^{+\infty} = \frac{\pi}{2\sqrt{1+x^2}}.$$

2) $$\int_0^{\frac{\pi}{2}} \frac{\sin u}{x^2+\sin^2 u}\,\mathrm{d}u \underset{v=\cos u}{=} \int_0^1 \frac{\mathrm{d}v}{(1+x^2)-v^2} = \frac{1}{2\sqrt{1+x^2}}\left[\ln \frac{1+\dfrac{v}{\sqrt{1+x^2}}}{1-\dfrac{v}{\sqrt{1+x^2}}} \right]_0^1$$

$$= \frac{1}{2\sqrt{1+x^2}} \ln \frac{\sqrt{1+x^2}+1}{\sqrt{1+x^2}-1} = \frac{1}{\sqrt{1+x^2}}\left(\ln(\sqrt{1+x^2}+1) - \ln x \right).$$

Finalement, pour tout x de $]0;+\infty[$: $\quad \displaystyle\int_0^{+\infty} J(t)\mathrm{e}^{-xt}\mathrm{d}t = \frac{1}{2\sqrt{1+x^2}}\left(\pi + \mathrm{i}\ln\frac{\sqrt{1+x^2}+1}{\sqrt{1+x^2}-1} \right)$

2.5.57 *a)* D'après 2.5.5 *3)* Prop. 3 p. 223, Γ est de classe C^2 sur $]0;+\infty[$ et :

$$\forall x \in]0;+\infty[,\quad \Gamma''(x) = \int_0^{+\infty} (\ln t)^2 t^{x-1} e^{-t}\, dt > 0,$$

donc Γ est convexe sur $]0;+\infty[$.

b) On a (cf. 2.5.5 *3)* Prop. 2 p. 222) : $\forall x \in]0;+\infty[,\quad \Gamma(x) = \dfrac{\Gamma(x+1)}{x}$.

Comme Γ est continue sur $]0;+\infty[$, $\Gamma(x+1) \underset{x\to 0}{\longrightarrow} \Gamma(1) = 0! = 1$, d'où : $\Gamma(x) \underset{x\to 0}{\sim} \dfrac{1}{x}$.

c)

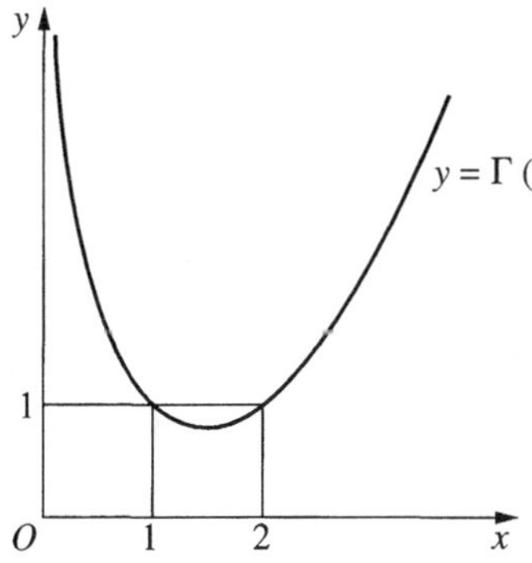

2.5.58 Puisque Γ est de classe C^2 sur $]0;+\infty[$ et à valeurs >0, $\varphi = \ln \circ \Gamma$ est de classe C^2 sur $]0;+\infty[$ et :

$$\forall x \in]0;+\infty[,\quad \varphi''(x) = \frac{d}{dx}\left(\frac{\Gamma'(x)}{\Gamma(x)}\right) = \frac{\Gamma''(x)\Gamma(x) - \Gamma'^2(x)}{\Gamma^2(x)}.$$

En appliquant l'inégalité de Cauchy-Schwarz à $t \longmapsto (\ln t) t^{\frac{x-1}{2}} e^{-\frac{t}{2}}$ et $t \longmapsto t^{\frac{x-1}{2}} e^{-\frac{t}{2}}$, on obtient, pour tout x de $]0;+\infty[$:

$$\Gamma'^2(x) = \left(\int_0^{+\infty} (\ln t) t^{x-1} e^{-t} dt\right)^2 \leqslant \left(\int_0^{+\infty} (\ln t)^2 t^{x-1} e^{-t} dt\right)\left(\int_0^{+\infty} t^{x-1} e^{-t} dt\right) = \Gamma''(x)\Gamma(x),$$

d'où : $\forall x \in]0;+\infty[,\quad \varphi''(x) \geqslant 0$,

et finalement, φ est convexe sur $]0;+\infty[$.

2.5.59 Les fonctions intervenant ici sont intégrables sur $]0;+\infty[$ et, pour tout x de $]0;+\infty[$:

$$\int_0^{+\infty} e^{-t}(t-x) t^{x-1} \ln t\, dt = \int_0^{+\infty} (\ln t) t^x e^{-t}\, dt - x \int_0^{+\infty} (\ln t) t^{x-1} e^{-t}\, dt = \Gamma'(x+1) - x\Gamma'(x).$$

Comme : $\forall x \in]0;+\infty[,\quad \Gamma(x+1) = x\Gamma(x)$

on déduit : $\forall x \in]0;+\infty[,\quad \Gamma'(x+1) = x\Gamma'(x) + \Gamma(x)$,

d'où : $\forall x \in]0;+\infty[,\quad \displaystyle\int_0^{+\infty} e^{-t}(t-x) t^{x-1} \ln t\, dt = \Gamma(x)$.

2.5.60 $\displaystyle\int_{-\infty}^{+\infty} e^{xt - e^t}\, dt \underset{u=e^t}{=} \int_0^{+\infty} u^x e^{-u} \frac{1}{u}\, du = \Gamma(x).$

2.5.61 $\displaystyle\int_0^{+\infty} x^m e^{-ax^2}dx \underset{y=ax^2}{=} \int_0^{+\infty}\left(\frac{y}{a}\right)^{\frac{m}{2}} e^{-y}\frac{1}{2\sqrt{ay}}\,dy$

$$= \frac{1}{2a^{\frac{m+1}{2}}}\int_0^{+\infty} y^{\frac{m-1}{2}}e^{-y}\,dy = \frac{1}{2a^{\frac{m+1}{2}}}\Gamma\left(\frac{m+1}{2}\right)$$

2.5.62 $\displaystyle\int_0^1 x^\alpha(-\ln x)^\beta dx \underset{t=-\ln x}{=} \int_0^{+\infty}(e^{-t})^\alpha t^\beta e^{-t}dt = \int_0^{+\infty} t^\beta e^{-(\alpha+1)t}dt$

$$\underset{u=(\alpha+1)t}{=} \int_0^{+\infty}\left(\frac{u}{\alpha+1}\right)^\beta e^{-u}\frac{1}{\alpha+1}\,du = \frac{1}{(\alpha+1)^{\beta+1}}\int_0^{+\infty}u^\beta e^{-u}du = \frac{\Gamma(\beta+1)}{(\alpha+1)^{\beta+1}}.$$

2.5.63 *a)* Pour tout (p,q) de $\mathbb{R}^2$, l'application $t \longmapsto t^{p-1}(1-t)^{q-1}$ est continue sur $]0;1[$, $t^{p-1}(1-t)^{q-1} \underset{t\to 0}{\sim} t^{p-1} > 0$ et $t^{p-1}(1-t)^{q-1} \underset{t\to 1}{\sim} (1-t)^{q-1} > 0$, donc $t \longmapsto t^{p-1}(1-t)^{q-1}$ est intégrable sur $]0;1[$ si et seulement si : $p > 0$ et $q > 0$.

◇ **Réponse :** $]0;+\infty[^2$.

b) • $\displaystyle B(q,p) = \int_0^1 t^{q-1}(1-t)^{p-1}dt \underset{u=1-t}{=} \int_0^1 (1-u)^{q-1}u^{p-1}du = B(p,q)$.

• $\displaystyle B(p,q) \underset{\theta=\operatorname{Arcsin}(\sqrt{t})}{=} \int_0^{\frac{\pi}{2}}(\sin^2\theta)^{p-1}(\cos^2\theta)^{q-1}2\sin\theta\cos\theta\,d\theta = 2\int_0^{\frac{\pi}{2}}\sin^{2p-1}\theta\cos^{2q-1}\theta\,d\theta.$

c) α) 1) Soit $a \in [0;+\infty[$.

Il est clair que : $D_a \subset \Delta_a \subset D_{a\sqrt{2}}$.

Comme $(x,y) \longmapsto \varphi_p(x)\varphi_q(y)$ est $\geqslant 0$,

on en déduit : $I_a \leqslant J_a \leqslant I_{a\sqrt{2}}$.

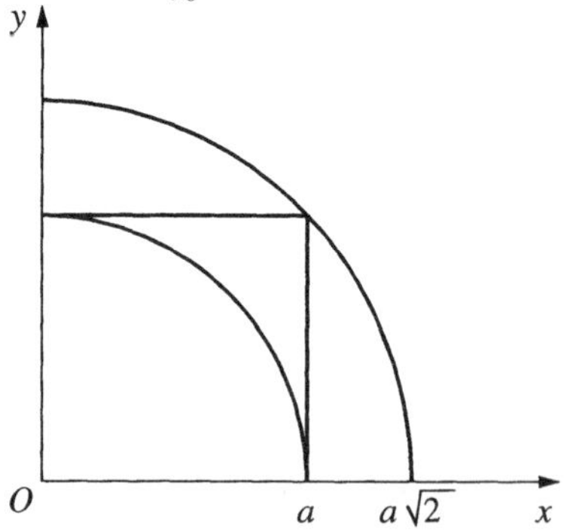

2) • Passons en coordonnées polaires pour exprimer I_a :

$$I_a = \iint_{D_a} x^{2p-1}e^{-x^2}y^{2q-1}e^{-y^2}dx\,dy = \iint_{[0;\frac{\pi}{2}]\times[0;a]}(\rho\cos\theta)^{2p-1}(\rho\sin\theta)^{2q-1}e^{-\rho^2}\rho\,d\theta d\rho$$

$$= \left(\int_0^a \rho^{2p+2q-1}e^{-\rho^2}d\rho\right)\left(\int_0^{\frac{\pi}{2}}\cos^{2p-1}\theta\sin^{2q-1}\theta\,d\theta\right) \underset{u=\rho^2}{=} \frac{1}{4}\left(\int_0^{a^2}u^{p+q-1}e^{-u}du\right)B(p,q).$$

• D'autre part :

$$J_a = \left(\int_0^a x^{2p-1}e^{-x^2}dx\right)\left(\int_0^a y^{2q-1}e^{-y^2}dy\right) \underset{X=x^2,Y=y^2}{=} \frac{1}{4}\left(\int_0^{a^2}X^{p-1}e^{-X}dX\right)\left(\int_0^{a^2}Y^{q-1}e^{-Y}\,dY\right).$$

β) En faisant tendre a vers $+\infty$ et en utilisant α) 1) et 2), on obtient : $\Gamma(p+q)B(p,q) = \Gamma(p)\Gamma(q)$.

γ) Pour tout (p,q) de $(\mathbb{N}^*)^2$:

$$B(p,q) = \frac{\Gamma(p)\Gamma(q)}{\Gamma(p+q)} = \frac{(p-1)!(q-1)!}{(p+q-1)!} = \frac{1}{(p+q-1)C_{p+q-2}^{p-1}} = \frac{p+q}{pqC_{p+q}^{q}}$$

◇ **Réponse :** $\forall (p,q) \in (\mathbb{N}^*)^2,\quad B(p,q) = \dfrac{p+q}{pqC_{p+q}^{q}}$.

2.5.64 *a)* $\mathrm{B}(x,x)=\int_0^1 t^{x-1}(1-t)^{x-1}\mathrm{d}t=\int_0^1 \big(t(1-t)\big)^{x-1}\mathrm{d}t=\frac{1}{2^{2x-2}}\int_0^1 \big(1-(2t-1)^2\big)^{x-1}\mathrm{d}t$

$$=2^{-2x+3}\int_0^{\frac{1}{2}}\big(1-(2t-1)^2\big)^{x-1}\mathrm{d}t \underset{u=(2t-1)^2}{=} 2^{-2x+3}\int_0^1 (1-u)^{x-1}\frac{1}{4\sqrt{u}}\,\mathrm{d}u$$

$$=2^{-2x+1}\int_0^1 u^{-\frac{1}{2}}(1-u)^{x-1}\mathrm{d}u=2^{-2x+1}\mathrm{B}\left(\frac{1}{2},x\right).$$

b) On a : $\mathrm{B}(x,x)=\dfrac{(\Gamma(x))^2}{\Gamma(2x)}$ et $2^{-2x+1}\mathrm{B}\left(\dfrac{1}{2},x\right)=2^{-2x+1}\dfrac{\Gamma\left(\frac{1}{2}\right)\Gamma(x)}{\Gamma\left(x+\frac{1}{2}\right)}$,

d'où : $2^{2x-1}\Gamma(x)\Gamma\left(x+\dfrac{1}{2}\right)=\Gamma\left(\dfrac{1}{2}\right)\Gamma(2x).$

c) D'après *b)* : $2^{2n-1}(n-1)!\Gamma\left(n+\dfrac{1}{2}\right)=\Gamma\left(\dfrac{1}{2}\right)(2n-1)!,$

d'où : $\Gamma\left(n+\dfrac{1}{2}\right)=\Gamma\left(\dfrac{1}{2}\right)\dfrac{(2n-1)!}{2^{2n-1}(n-1)!}=\Gamma\left(\dfrac{1}{2}\right)\dfrac{(2n)!}{2^{2n}n!}$, formule valable aussi pour $n=0$.

Finalement : $\forall n\in\mathbb{N},\quad \Gamma\left(n+\dfrac{1}{2}\right)=\dfrac{(2n)!\sqrt{\pi}}{2^{2n+1}\cdot n!}.$

2.5.65 $\displaystyle\int_{-1}^1 \frac{(1+x)^{2p-1}(1-x)^{2q-1}}{(1+x^2)^{p+q}}\,\mathrm{d}x \underset{\theta=\mathrm{Arctan}x}{=} \int_{-\frac{\pi}{4}}^{\frac{\pi}{4}} \frac{(1+\tan\theta)^{2p-1}(1-\tan\theta)^{2q-1}}{(1+\tan^2\theta)^{p+q-1}}\,\mathrm{d}\theta$

$$\underset{\varphi=\theta+\frac{\pi}{4}}{=}\int_0^{\frac{\pi}{2}} \frac{\left(1+\dfrac{\tan\varphi-1}{\tan\varphi+1}\right)^{2p-1}\left(1-\dfrac{\tan\varphi-1}{\tan\varphi+1}\right)^{2q-1}}{\left(1+\left(\dfrac{\tan\varphi-1}{\tan\varphi+1}\right)^2\right)^{p+q-1}}\,\mathrm{d}\varphi=\int_0^{\frac{\pi}{2}}\frac{(2\tan\varphi)^{2p-1}2^{2q-1}}{(2+2\tan^2\varphi)^{p+q-1}}\,\mathrm{d}\varphi$$

$$=2^{p+q-1}\int_0^{\frac{\pi}{2}}\sin^{2p-1}\varphi\cos^{2q-1}\varphi\,\mathrm{d}\varphi=2^{p+q-2}\mathrm{B}(p,q).$$

C 2.1 *1)* On sait que $(\mathrm{B}(X,F),||.||_\infty)$ est un evn (cf. 2.1.4 Prop. 3 p. 117)
Soit $(f_n)_{n\in\mathbb{N}}$ une suite de Cauchy dans $\mathrm{B}(X,F)$.

a) Pour chaque x de X, comme $\forall (p,q) \in \mathbb{N}^2,\ ||f_p(x) - f_q(x)|| \leqslant ||f_p - f_q||_\infty$, $(f_n(x))_{n\in\mathbb{N}}$ est de Cauchy dans F.
Puisque F est complet, il existe $\ell_x \in F$ tel que : $f_n(x) \underset{n\infty}{\longrightarrow} \ell_x$. Notons $f : \begin{array}{l} X \longrightarrow F \\ x \longmapsto \ell_x \end{array}$.

b) Soit $\varepsilon > 0$; il existe $N \in \mathbb{N}$ tel que : $\forall (p,q) \in \mathbb{N}^2,\quad \left(\begin{cases} p \geqslant N \\ q \geqslant N \end{cases} \Longrightarrow ||f_p - f_q||_\infty \leqslant \varepsilon\right)$.

- Soit $p \in \mathbb{N}$ tel que $p \geqslant n$; on a, pour tout x de X :

$$\forall q \in \mathbb{N},\quad (q \geqslant N \Longrightarrow ||f_p(x) - f_q(x)|| \leqslant ||f_p - f_q||_\infty \leqslant \varepsilon);$$

comme $f_q(x) \underset{q\infty}{\longrightarrow} f(x)$, on en déduit $||f_p(x) - f(x)|| \leqslant \varepsilon$.
On a ainsi prouvé :

$$\forall x \in X,\quad ||f(x)|| \leqslant ||f(x) - f_{N+1}(x)|| + ||f_{N+1}(x)|| \leqslant \varepsilon + ||f_{N+1}||_\infty,$$

ce qui montre : $f \in \mathrm{B}(X,F)$.

- Comme : $\forall x \in X, \forall p \in \mathbb{N}, (p \geqslant N \Longrightarrow ||f(x) - f_p(x)|| \leqslant \varepsilon)$,

on a : $\forall p \in \mathbb{N},\quad (p \geqslant N \Longrightarrow ||f - f_p||_\infty \leqslant \varepsilon)$,
et donc : $f_p \underset{p\infty}{\longrightarrow} f$ dans $(\mathrm{B}(X,F),||.||_\infty)$.

2) a) • Il est clair que $CB(X,F)$ est un sev de $\mathrm{B}(X,F)$.

- Soit $(f_n)_{n\in\mathbb{N}}$ une suite dans $CB(X,F)$, convergeant vers un élément f de $\mathrm{B}(X,F)$.

Soit $(a,\varepsilon) \in X \times \mathbb{R}_+^*$; on a :

$$\begin{aligned} \forall x \in X, \forall n \in \mathbb{N},\quad ||f(x) - f(a)|| &\leqslant ||f(x) - f_n(x)|| + ||f_n(x) - f_n(a)|| + ||f_n(a) - f(a)|| \\ &\leqslant 2||f - f_n||_\infty + ||f_n(x) - f_n(a)||. \end{aligned}$$

Puisque $f_n \underset{n\infty}{\longrightarrow} f$, il existe $N \in \mathbb{N}$ tel que $||f - f_N||_\infty \leqslant \dfrac{\varepsilon}{3}$.
Puis, comme f_N est continue en a, il existe $\eta > 0$ tel que :

$$\forall x \in X,\quad \left(||x - a|| \leqslant \eta \Longrightarrow ||f_N(x) - f_N(a)|| \leqslant \frac{\varepsilon}{3}\right).$$

On a alors : $\forall x \in X,\quad (||x - a|| \leqslant \eta \Longrightarrow ||f(x) - f(a)|| \leqslant \varepsilon)$, et donc f est continue sur X.
Ceci montre que $CB(X,F)$ est une partie fermée de $\mathrm{B}(X,F)$.

b) $CB(X,F)$ est fermée dans un evn complet (cf. *1)*), donc est complète (cf. 1.4.2 Prop. 2 p. 70).

3) Le cas $E = \{0\}$ étant d'étude triviale, on peut supposer $E \neq \{0\}$; notons $X = \{x \in E;\quad ||x|| = 1\} = S(0;1)$, qui est un ensemble non vide.
Soit $(\varphi_n)_{n\in\mathbb{N}}$ une suite de Cauchy dans $(\mathcal{LC}(E,F),|||.|||)$. Considérons, pour chaque n de $\mathbb{N}$, l'application $f_n : \begin{array}{l} X \longrightarrow F \\ x \longmapsto \varphi_n(x) \end{array}$.
Pour chaque n de $\mathbb{N}$, puisque $\varphi_n \in \mathcal{LC}(E,F)$, on a $f_n \in \mathrm{B}(X,F)$ et $||f_n||_\infty = |||\varphi_n|||$ (cf. 1.2.6 Notation p. 53). Comme F est complet, d'après *1)*, il existe $f \in \mathrm{B}(X,F)$ telle que $f_n \underset{n\infty}{\longrightarrow} f$.

Considérons $\varphi : E \longrightarrow F$ définie par :

$$\begin{cases} \varphi(0) = 0 \\ \forall t \in E - \{0\}, \quad \varphi(t) = ||t|| f\left(\dfrac{t}{||t||}\right) \end{cases}$$

• Soit $t \in E - \{0\}$; on a :

$$\forall n \in \mathbb{N}, \quad ||\varphi_n(t) - \varphi(t)|| = ||t|| \left|\left| f_n\left(\frac{t}{||t||}\right) - f\left(\frac{t}{||t||}\right)\right|\right| \leqslant ||t||\,||f_n - f||_\infty,$$

Donc $\varphi_n(t) \underset{n\infty}{\longrightarrow} \varphi(t)$, dans F.

Et à l'évidence, $\varphi_n(0) \underset{n\infty}{\longrightarrow} \varphi(0)$.

Autrement dit, $(\varphi_n)_{n\in\mathbb{N}}$ converge simplement vers φ sur E (cf. 2.3.2 Déf. 1 p. 141).

• Soient $\lambda \in \mathbb{K}, (t,u) \in E^2$. Comme $\forall n \in \mathbb{N}, \quad \varphi_n(\lambda t + u) = \lambda\varphi_n(t) + \varphi_n(u)$, on déduit, en faisant tendre n vers l'infini :

$$\varphi(\lambda t + u) = \lambda\varphi(t) + \varphi(u),$$

d'où $\varphi \in \mathcal{L}(E,F)$.

• Puisque $f \in \mathrm{B}(X,F)$, on a :

$$\forall x \in E, \quad ||\varphi(x)|| \leqslant ||f||_\infty ||x||,$$

et donc (cf. 1.2.6 Théorème p. 52) $\varphi \in \mathcal{LC}(E,F)$.

• Enfin : $|||\varphi_n - \varphi||| = ||f_n - f||_\infty \underset{n\infty}{\longrightarrow} 0$, donc $\varphi_n \underset{n\infty}{\longrightarrow} \varphi$.

C 2.2 *1) a)* X est une partie non vide de $\mathbb{R}$ (car $a \in X$), majorée par b (car $X \subset [a;b]$), donc X admet dans $\mathbb{R}$ une borne supérieure c, et $c \in [a;b]$.

b) 1) Montrons $c \neq a$.

Puisque φ est continue en a et $\varphi(a) = 0$, il existe $\eta \in]0; b-a[$ tel que : $\forall t \in]a; a+\eta[, \varphi(t) \leqslant \varepsilon$.

On a alors $[a; a+\eta[\subset X$, d'où $c \geqslant a + \eta$, et donc $c \neq a$.

2) Supposons $c \neq b$ (donc $c \in]a;b[$). Puisque f et g sont dérivables à droite en c, il existe $\gamma \in]c;b]$ tel que :

$$\begin{cases} \left|\left|\dfrac{f(\gamma) - f(c)}{\gamma - c}\right|\right| \leqslant ||f'_{\mathrm{d}}(c)|| + \dfrac{\varepsilon}{2} \\ g'_{\mathrm{d}}(c) \leqslant \dfrac{g(\gamma) - g(c)}{\gamma - c} + \dfrac{\varepsilon}{2}. \end{cases}$$

On déduit :

$$\begin{aligned} ||f(\gamma) - f(c)|| &\leqslant (\gamma - c)\left(||f'_{\mathrm{d}}(c)|| + \frac{\varepsilon}{2}\right) \leqslant (\gamma - c)\left(g'_{\mathrm{d}}(c) + \frac{\varepsilon}{2}\right) \leqslant (\gamma - c)\left(\frac{g(\gamma) - g(c)}{\gamma - c} + \varepsilon\right) \\ &= g(\gamma) - g(c) + (\gamma - c)\varepsilon. \end{aligned}$$

D'autre part, puisque $X = \varphi^{-1}(]-\infty; \varepsilon])$, et que φ est continue et $]-\infty;\varepsilon]$ fermé, X est fermé dans $[a;b]$. Comme $[a;b]$ est fermé dans $\mathbb{R}$, X est donc fermé dans $\mathbb{R}$, et, en particulier, $c \in X$. D'où :

$$||f(c) - f(a)|| \leqslant g(c) - g(a) + \varepsilon(c - a) + \varepsilon.$$

En combinant les deux résultats précédents, on obtient :

$$||f(\gamma) - f(a)|| \leqslant ||f(\gamma) - f(c)|| + ||f(c) - f(a)|| \leqslant g(\gamma) - g(a) + \varepsilon(\gamma - a) + \varepsilon,$$

et donc $\gamma \in X$, ce qui contredit la définition de c, $c = \operatorname{Sup}_{\mathbb{R}}(X)$, et $\gamma \in]c; b]$.

Ce raisonnement par l'absurde établit : $c = b$.

c) D'après *b)* : $\forall \varepsilon > 0, ||f(b) - f(a)|| \leqslant g(b) - g(a) + \varepsilon(b - a) + \varepsilon$,

et donc $||f(b) - f(a)|| \leqslant g(b) - g(a)$.

2) Pour $(a,b) \in I^2$ tel que $a < b$, appliquer le résultat de *1)* en prenant $g : t \longmapsto Mt$.

C 2.3 *1)* • Il est clair que $\mathcal{K} \neq \varnothing$, car $0 \in \mathcal{K}$.

• Soient $\varphi, \psi \in \mathcal{K}$. Il existe $(a,b,c,d) \in \mathbb{R}^4$ tel que :

$$\begin{cases} a \leqslant b \quad \text{et} \quad c \leqslant d \\ \forall x \in \mathbb{R} - [a; b], \quad \varphi(x) = 0 \\ \forall x \in \mathbb{R} - [c; d], \quad \psi(x) = 0. \end{cases}$$

En notant $\alpha = \operatorname{Min}(a,c)$ et $\beta = \operatorname{Max}(b,d)$, on a : $\forall x \in \mathbb{R} - [\alpha; \beta], \quad \varphi(x) + \psi(x) = 0$,

ce qui montre : $\varphi + \psi \in \mathcal{K}$.

• Soient $\alpha \in \mathbb{R}$, $\varphi \in \mathcal{K}$. Il existe $(a,b) \in \mathbb{R}^2$ tel que : $\begin{cases} a \leqslant b \\ \forall x \in \mathbb{R} - [a; b], \quad \varphi(x) = 0 \end{cases}$.

On a alors : $\forall x \in \mathbb{R} - [a; b], \quad \alpha\varphi(x) = 0$,

et donc : $\alpha\varphi \in \mathcal{K}$.

• Soient $f \in \mathcal{C}$, $\varphi \in \mathcal{K}$, $(a,b) \in \mathbb{R}^2$ tel que $a \leqslant b$ et : $\forall x \in \mathbb{R} - [a; b], \quad \varphi(x) = 0$,

On a alors : $\forall x \in \mathbb{R} - [a; b], \quad f(x)\varphi(x) = 0$,

et donc : $f\varphi \in \mathcal{K}$.

2) a) Soit $(f,\varphi) \in \mathcal{C} \times \mathcal{K}$. Il existe $(a,b) \in \mathbb{R}^2$ tel que $a \leqslant b$ et : $\forall u \in \mathbb{R} - [a; b] \quad \varphi(u) = 0$.

Pour tout x de $\mathbb{R}$, l'application $t \longmapsto f(t)\varphi(x - t)$ est continue sur $\mathbb{R}$ et nulle en dehors de $[x - b; x - a]$,

donc $(f * \varphi)(x) = \displaystyle\int_{-\infty}^{+\infty} f(t)\varphi(x - t)\mathrm{d}t$ existe.

b) α) Soient $(f,\varphi) \in \mathcal{C} \times \mathcal{K}$, $(a,b) \in \mathbb{R}^2$ tel que $[a; b]$ contienne le support de φ, et $x_0 \in \mathbb{R}$.

On a : $\forall x \in [x_0 - 1; x_0 + 1], \quad (f * \varphi)(x) = \displaystyle\int_{x_0-b-1}^{x_0-a+1} f(t)\varphi(x - t)\mathrm{d}t$.

Comme $(x,t) \longmapsto f(t)\varphi(x - t)$ est continue sur $[x_0 - 1; x_0 + 1] \times [x_0 - b - 1; x_0 - a + 1]$, le théorème de continuité sous le signe $\displaystyle\int_a^b$ (2.3.12 *1)* Th. p. 166) montre que $f * \varphi$ est continue sur $[x_0 - 1; x_0 + 1]$, et ainsi $f * \varphi$ est continue sur $\mathbb{R}$, $f * \varphi \in \mathcal{C}$.

β) Soit $(\varphi,\psi) \in \mathcal{K}^2$.

D'après *a)*, $\varphi * \psi \in \mathcal{C}$. Il existe $(a,b,c,d) \in \mathbb{R}^4$ tel que : $\begin{cases} a \leqslant b \quad \text{et} \quad c \leqslant d \\ \forall u \in \mathbb{R} - [a; b], \quad \varphi(u) = 0 \\ \forall v \in \mathbb{R} - [c; d], \quad \psi(v) = 0. \end{cases}$

On a donc : $\forall x \in \mathbb{R}, \quad (\varphi * \psi)(x) = \displaystyle\int_a^b \varphi(t)\psi(x - t)\,\mathrm{d}t$.

Comme : $\forall x \in \mathbb{R} - [a + c; b + d], \quad \forall t \in [a; b], \quad x - t \notin [c; d]$,

on a : $\forall x \in \mathbb{R} - [a + c; b + d], \quad (\varphi * \psi)(x) = 0$,

et donc $\varphi * \psi \in \mathcal{K}$.

3) Soit $(\varphi,\psi) \in \mathcal{K}^2$. On a :

$$\int_{-\infty}^{+\infty} (\varphi * \psi)(x)\mathrm{d}x = \int_{-\infty}^{+\infty} \left(\int_{-\infty}^{+\infty} \varphi(t)\psi(x-t)\mathrm{d}t\right)\mathrm{d}x$$
$$= \int_{-\infty}^{+\infty} \left(\int_{-\infty}^{+\infty} \psi(x-t)\mathrm{d}x\right)\varphi(t)\,\mathrm{d}t = \left(\int_{-\infty}^{+\infty} \varphi(t)\,\mathrm{d}t\right)\left(\int_{-\infty}^{+\infty} \psi(u)\,\mathrm{d}u\right),$$

où il s'agit, en fait, d'intégrales de fonctions continues sur des segments.

4) • $\forall \varphi,\psi \in \mathcal{K}, \forall x \in \mathbb{R},\quad (\psi * \varphi)(x) = \int_{-\infty}^{+\infty} \psi(t)\varphi(x-t)\mathrm{d}t \underset{u=x-t}{=} \int_{-\infty}^{+\infty} \psi(x-u)\varphi(u)\,\mathrm{d}u$
$= (\varphi * \psi)(x).$

• $\forall \varphi,\psi,\chi \in \mathcal{K}, \forall x \in \mathbb{R},\quad \big((\varphi * \psi) * \chi\big)(x) = \int_{-\infty}^{+\infty} \left(\int_{-\infty}^{+\infty} \varphi(u)\psi(t-u)\mathrm{d}u\right)\chi(x-t)\,\mathrm{d}t$

$$= \int_{-\infty}^{+\infty} \varphi(u)\left(\int_{-\infty}^{+\infty} \psi(t-u)\chi(x-t)\mathrm{d}t\right)\mathrm{d}u \underset{v=t-u}{=} \int_{-\infty}^{+\infty} \varphi(u)\left(\int_{-\infty}^{+\infty} \psi(v)\chi(x-u-v)\mathrm{d}v\right)\mathrm{d}u$$
$$= \int_{-\infty}^{+\infty} \varphi(u)(\psi * \chi)(x-u)\mathrm{d}u = \big(\varphi * (\psi * \chi)\big)(x).$$

5) a) Montrer, par récurrence sur $n \in \mathbb{N}$, que θ est de classe C^n sur $\mathbb{R}$ et qu'il existe $(\alpha_n, P_n) \in \mathbb{N}^* \times \mathbb{R}[X]$ tel que, pour tout x de $]-1;1[$:

$$\theta^{(n)}(x) = \frac{P_n(x)}{(1-x^2)^{\alpha_n}}\mathrm{e}^{-\frac{1}{1-x^2}}.$$

En appliquant le théorème limite de la dérivée en -1 et 1, on en déduit que θ est de classe C^∞ sur $\mathbb{R}$ et que : $\forall n \in \mathbb{N},\quad \theta^{(n)}(-1) = \theta^{(n)}(1) = 0.$

b) Il est clair que, pour tout n de $\mathbb{N}$, $\int_{-\infty}^{+\infty} \theta(nx)\mathrm{d}x > 0$, donc $\gamma_n = \left(\int_{-\infty}^{+\infty} \theta(nx)\mathrm{d}x\right)^{-1}$ existe et est > 0.

On a, pour tout n de $\mathbb{N}^*$ et tout x de $\mathbb{R}$:

$$\big|(\varphi * \varphi_n)(x) - \varphi(x)\big| = \left|\int_{-\infty}^{+\infty} \varphi_n(t)\varphi(x-t)\mathrm{d}t - \varphi(x)\right| = \left|\int_{-\infty}^{+\infty} \varphi_n(t)\big(\varphi(x-t) - \varphi(x)\big)\mathrm{d}t\right|$$
$$\leqslant \int_{-\infty}^{+\infty} \varphi_n(t)\big|\varphi(x-t) - \varphi(x)\big|\mathrm{d}t = \int_{-\frac{1}{n}}^{\frac{1}{n}} \varphi_n(t)\big|\varphi(x-t) - \varphi(x)\big|\mathrm{d}t.$$

En notant $[a;b]$ un segment de $\mathbb{R}$ en dehors duquel φ est nulle, le théorème de Heine montre que φ est uniformément continue sur $[a-1;b+1]$. Comme φ est nulle sur $]-\infty;a]$ et sur $[b;+\infty[$, on en déduit facilement que φ est uniformément continue sur $\mathbb{R}$.

Soit $\varepsilon > 0$. Il existe $\eta > 0$ tel que : $\forall (u,v) \in \mathbb{R}^2,\quad \big(|u-v| \leqslant \eta \Longrightarrow |\varphi(u) - \varphi(v)| \leqslant \varepsilon\big).$

Notons $N = \mathrm{E}\left(\frac{1}{\eta}\right) + 1$, et soit $n \in \mathbb{N}^*$ tel que $n \geqslant N$.

On a alors : $\forall t \in \left[-\frac{1}{n};\frac{1}{n}\right],\quad \big|(x-t) - x\big| = |t| \leqslant \frac{1}{n} \leqslant \eta,$

donc : $\forall t \in \left[-\frac{1}{n};\frac{1}{n}\right],\quad \big|\varphi(x-t) - \varphi(x)\big| \leqslant \varepsilon,$

d'où : $\big|(\varphi * \varphi_n)(x) - \varphi(x)\big| \leqslant \varepsilon \int_{-\frac{1}{n}}^{\frac{1}{n}} \varphi_n(t)\,\mathrm{d}t = \varepsilon.$

On conclut : $\forall \varepsilon > 0, \exists N \in \mathbb{N}, \forall n \in \mathbb{N}, \forall x \in \mathbb{R},\quad \big(n \geqslant N \Longrightarrow |\varphi * \varphi_n(x) - \varphi(x)| \leqslant \varepsilon\big),$

c'est-à-dire : $(\varphi_n)_{n \in \mathbb{N}}$ converge uniformément vers φ sur $\mathbb{R}$.

c) Soient $\varphi \in \mathcal{K}$, $[a; b]$ un segment de $\mathbb{R}$ en dehors duquel φ s'annule, $n \in \mathbb{N}^*$, $F : \begin{array}{l} \mathbb{R} \times [a; b] \longrightarrow \mathbb{R} \\ (x,t) \longmapsto \varphi(t)\varphi_n(x-t) \end{array}$.

Puisque $F, \dfrac{\partial F}{\partial x}, \ldots, \dfrac{\partial^k F}{\partial x^k}, \ldots$ existent et sont continues, d'après un Corollaire du théorème de dérivation sous le signe $\displaystyle\int_a^b$ (2.3.12 *2)* Cor. p. 170), $\varphi * \varphi_n$ est de classe C^∞ sur $\mathbb{R}$.

D'autre part (cf. *2) b)*), pour tout n de $\mathbb{N}^*$, $\varphi * \varphi_n \in \mathcal{K}$. Enfin (cf. *b)*), $(\varphi * \varphi_n)_n$ converge uniformément vers φ, donc $(\varphi * \varphi_n)_n$ converge vers φ dans $(\mathcal{K}, || \cdot ||_\infty)$.

Indications et réponses
pour les exercices du chapitre 3

3.1.1 On a : $\forall p \in \mathbb{N}, \quad \sum_{k=0}^{2p+1} u_k = \sum_{i=0}^{p} u_{2i} + \sum_{i=0}^{p} u_{2i+1}$.

Comme la suite $\left(\sum_{i=0}^{p} u_{2i}\right)_{p\geqslant 0}$ converge et que la suite $\left(\sum_{i=0}^{p} u_{2i+1}\right)_{p\geqslant 0}$ diverge, la suite $\left(\sum_{k=0}^{2p+1} u_k\right)_{p\geqslant 0}$ diverge. Il en résulte que la suite $\left(\sum_{k=0}^{n} u_k\right)_{n\geqslant 0}$ diverge, c'est-à-dire que la série $\sum_{k\geqslant 0} u_k$ diverge.

3.1.2 On sait que, pour tout α de $\mathbb{R} - \pi\mathbb{Z}$, les suites $(\sin n\alpha)_{n\in\mathbb{N}}$ et $(\cos n\alpha)_{n\in\mathbb{N}}$ divergent (cf. Tome 1, exercice 3.1.10 p. 57). Puisque $\sin n \underset{n\infty}{\not\longrightarrow} 0$, la série $\sum_n \sin n$ diverge.

3.2.1 *a)* $\ln \dfrac{n^2+n+1}{n^2+n-1} \underset{n\infty}{\sim} \dfrac{2}{n^2}$.

◇ **Réponse :** converge.

b) $\operatorname{th} \dfrac{1}{n} + \ln \dfrac{n^2-n}{n^2+1} \underset{n\infty}{\sim} -\dfrac{3}{2n^2}$.

◇ **Réponse :** converge.

c) $\dfrac{1}{n+(-1)^n\sqrt{n}} \underset{n\infty}{\sim} \dfrac{1}{n}$.

◇ **Réponse :** diverge.

d) $n^2(\ln n)^{-\sqrt{n}} = \mathrm{e}^{2\ln n - \sqrt{n}\,\ln(\ln n)} \underset{n\infty}{\longrightarrow} 0$.

◇ **Réponse :** converge.

e) $n^2 n^{-\ln(\ln n)} = \mathrm{e}^{(2-\ln(\ln n))\ln n} \underset{n\infty}{\longrightarrow} 0$.

◇ **Réponse :** converge.

f) $n^{-\operatorname{ch}\frac{1}{n}} = n^{-\left(1+\frac{1}{2n^2}+o\left(\frac{1}{n^2}\right)\right)} = \dfrac{1}{n}\,\mathrm{e}^{\left(-\frac{1}{2n^2}+o\left(\frac{1}{n^2}\right)\right)\ln n} \underset{n\infty}{\sim} \dfrac{1}{n}$.

◇ **Réponse :** diverge.

g) $n^{-\left(1+\frac{1}{n}+\frac{1}{n^2}\right)} = \dfrac{1}{n}\,\mathrm{e}^{-\left(\frac{1}{n}+\frac{1}{n^2}\right)\ln n} \underset{n\infty}{\sim} \dfrac{1}{n}$.

◇ **Réponse :** diverge.

$$h)\ -\sqrt{2}\sin\left(\frac{\pi}{4}+\frac{1}{n}\right) = -\left(\cos\frac{1}{n}+\sin\frac{1}{n}\right) = -1-\frac{1}{n}+o\left(\frac{1}{n}\right),$$

$$n^{-\sqrt{2}\sin\left(\frac{\pi}{4}+\frac{1}{n}\right)} = \frac{1}{n}\,\mathrm{e}^{\left(-\frac{1}{n}+o\left(\frac{1}{n}\right)\right)\ln n} \underset{n\infty}{\sim} \frac{1}{n}.$$

◇ **Réponse :** diverge.

$$i)\ \frac{1}{n}\,(\ln n)^{-\mathrm{ch}\,\frac{1}{n}} = \frac{1}{n}\,\mathrm{e}^{-\left(1+\frac{1}{2n^2}+o\left(\frac{1}{n^2}\right)\right)\ln\ln n} = \frac{1}{n\ln n}\,\mathrm{e}^{-\left(\frac{1}{2n^2}+o\left(\frac{1}{n^2}\right)\right)\ln\ln n} \underset{n\infty}{\sim} \frac{1}{n\ln n}.$$

◇ **Réponse :** diverge.

$$j)\ \ln\mathrm{ch}\,n = \ln\frac{\mathrm{e}^n+\mathrm{e}^{-n}}{2} \underset{n\infty}{\sim} n.$$

◇ **Réponse :** diverge.

$$k)\ n^2\left(\frac{n}{n+1}\right)^{n^2} = \mathrm{e}^{2\ln n - n^2\ln\left(1+\frac{1}{n}\right)} = \mathrm{e}^{2\ln n - n + o(n)} \xrightarrow[n\infty]{} 0.$$

◇ **Réponse :** converge.

$$l)\ n^2\left(\frac{\ln(n+1)}{\ln n}\right)^{-n^2} = \exp\left(2\ln n - n^2\ln\left(1+\frac{\ln\left(1+\frac{1}{n}\right)}{\ln n}\right)\right)$$

$$= \exp\left(2\ln n - n^2\left(\frac{1}{n\ln n}+o\left(\frac{1}{n\ln n}\right)\right)\right) = \exp\left(2\ln n - \frac{n}{\ln n}+o\left(\frac{n}{\ln n}\right)\right) \xrightarrow[n\infty]{} 0.$$

◇ **Réponse :** converge.

$$m)\ \left(\frac{n+3}{2n+1}\right)^{\ln n} \geqslant \left(\frac{1}{2}\right)^{\ln n} = n^{-\ln 2}.$$

◇ **Réponse :** diverge.

$$n)\ n^2\left(\frac{n+3}{3n+1}\right)^{(\ln n)^2} = \exp\left(2\ln n - (\ln n)^2\ln\frac{3+\frac{1}{n}}{1+\frac{3}{n}}\right) \xrightarrow[n\infty]{} 0.$$

◇ **Réponse :** converge.

$$o)\ n^2\left(1-\frac{1}{\ln n}\right)^n = \exp\left(2\ln n + n\ln\left(1-\frac{1}{\ln n}\right)\right) = \exp\left(2\ln n - \frac{n}{\ln n}+o\left(\frac{n}{\ln n}\right)\right) \xrightarrow[n\infty]{} 0.$$

◇ **Réponse :** converge.

$$p)\ n^2\,\frac{n^n}{2^{n^2}} = \exp((2+n)\ln n - n^2\ln 2) \xrightarrow[n\infty]{} 0.$$

◇ **Réponse :** converge.

$$q)\ n^2\,\frac{2^{n^2}}{n^{2^n}} = \exp(2\ln n + n^2\ln 2 - 2^n\ln n) \xrightarrow[n\infty]{} 0.$$

◇ **Réponse :** converge.

$$r)\ -n^3\ln\mathrm{ch}\,\frac{1}{n} = -\frac{n}{2}+O\left(\frac{1}{n}\right).$$

◇ **Réponse :** converge.

s) $n(\operatorname{sh}\sqrt[3]{\ln n})^{-3} \underset{n\infty}{\sim} n\left(\frac{1}{2}\,\mathrm{e}^{\sqrt[3]{\ln n}}\right)^{-3} = 8\,\mathrm{e}^{\ln n - 3\sqrt[3]{\ln n}} \xrightarrow[n\infty]{} +\infty.$

◇ **Réponse :** diverge.

t) $0 \leqslant n^2(\sqrt{n}+\sqrt[3]{n})^{-\sqrt{n}} \leqslant n^2 2^{-\sqrt{n}} = \mathrm{e}^{2\ln n - \sqrt{n}\ln 2} \xrightarrow[n\infty]{} 0.$

◇ **Réponse :** converge.

$$u)\ \ln(n^2 u_n) = 2\ln n + \sqrt{n}\ln\left(\sqrt[3]{n}\left(\left(1+\frac{2}{n}\right)^{\frac{1}{3}} - 1\right)\right) = 2\ln n + \sqrt{n}\ln\left(\frac{2}{3n^{2/3}} + o\left(\frac{1}{n^{2/3}}\right)\right)$$

$$= 2\ln n - \frac{2}{3}\sqrt{n}\ln n + \sqrt{n}\left(\ln\frac{2}{3} + o(1)\right) \xrightarrow[n\infty]{} -\infty.$$

◇ **Réponse :** converge.

v) $\frac{1}{n}(\sqrt[3]{n+1} - \sqrt[3]{n}) \underset{n\infty}{\sim} \frac{1}{3n^{\frac{5}{3}}}.$

◇ **Réponse :** converge.

w) $u_n \underset{n\infty}{\sim} \frac{1}{n^{\frac{3}{2}}}.$

◇ **Réponse :** converge.

x) $\mathrm{e} - \left(1+\frac{1}{n}\right)^n = \mathrm{e} - \mathrm{e}^{n\left(\frac{1}{n} - \frac{1}{2n^2} + o\left(\frac{1}{n^2}\right)\right)} \underset{n\infty}{\sim} \frac{\mathrm{e}}{2n}.$

◇ **Réponse :** diverge.

y) Après calculs de DL : $u_n \underset{n\infty}{\sim} \left(\frac{2-\pi}{4} - \frac{\sqrt{3}(6-\pi)}{36}\right)\frac{1}{n}.$

◇ **Réponse :** diverge.

$$z)\ (n+1)^{\frac{1}{n}} - n^{\frac{1}{n+1}} = \mathrm{e}^{\frac{\ln n}{n}}\left(\mathrm{e}^{\frac{1}{n}\ln\left(1+\frac{1}{n}\right)} - \mathrm{e}^{\left(\frac{1}{n+1}-\frac{1}{n}\right)\ln n}\right) = \mathrm{e}^{\frac{\ln n}{n}}\left(\mathrm{e}^{\frac{1}{n^2}+o\left(\frac{1}{n^2}\right)} - \mathrm{e}^{-\frac{\ln n}{n^2}+o\left(\frac{\ln n}{n^2}\right)}\right) \underset{n\infty}{\sim} \frac{\ln n}{n^2}.$$

◇ **Réponse :** converge.

a′) Après calculs de DL : $\left(1+\frac{1}{n}\right)^{n+1} = \mathrm{e}^{1+\frac{1}{2n}+O\left(\frac{1}{n^2}\right)}$ et $\left(1+\frac{1}{n+1}\right)^n = \mathrm{e}^{1-\frac{3}{2n}+O\left(\frac{1}{n^2}\right)}$,

d'où $u_n \underset{n\infty}{\sim} \frac{2\mathrm{e}}{n}.$

◇ **Réponse :** diverge.

b′) $n^{\frac{1}{n^2}} - 1 \underset{n\infty}{\sim} \frac{\ln n}{n^2}.$

◇ **Réponse :** converge.

$$c')\ \left(\cos\frac{1}{\sqrt{n}}\right)^n = \exp\left(n\ln\left(1 - \frac{1}{2n} + \frac{1}{24n^2} + o\left(\frac{1}{n^2}\right)\right)\right) = \exp\left(n\left(-\frac{1}{2n} - \frac{1}{12n^2} + o\left(\frac{1}{n^2}\right)\right)\right)$$

$$= \mathrm{e}^{-\frac{1}{2}-\frac{1}{12n}+o\left(\frac{1}{n}\right)},\quad \text{d'où } u_n \underset{n\infty}{\sim} -\frac{1}{12\sqrt{\mathrm{e}}\,n}.$$

◇ **Réponse :** diverge.

d′) $\frac{\ln n}{\sqrt{n^3+n-1}} \underset{n\infty}{\sim} \frac{\ln n}{n^{\frac{3}{2}}}.$

◇ **Réponse :** converge.

e') On sait (cf. Tome 2, 8.2.3 *3)* p. 49) que $\operatorname{Arccos} x \underset{x\to 1^+}{\sim} \sqrt{2}\sqrt{1-x}$, d'où $\operatorname{Arccos} \dfrac{n^2+n+1}{n^2+n+3} \underset{n\infty}{\sim} \dfrac{2}{n}$.

◇ **Réponse :** diverge.

f') $\exp\left(-\dfrac{1}{2}\ln\dfrac{n^2+1}{n}\right) = \sqrt{\dfrac{n}{n^2+1}} \underset{n\infty}{\sim} n^{-\frac{1}{2}}$.

◇ **Réponse :** diverge.

g') $\operatorname{ch}\ln n \underset{n\infty}{\sim} \dfrac{n}{2}$ et $\ln \operatorname{ch} n \underset{n\infty}{\sim} n$.

◇ **Réponse :** diverge.

h') D'après le théorème des accroissements finis,

il existe $c_n \in \left]\dfrac{n-1}{2n-1}; \dfrac{n+1}{2n+1}\right[$ tel que : $u_n = \left(\dfrac{n+1}{2n+1} - \dfrac{n-1}{2n-1}\right)\dfrac{1}{\sqrt{1-c_n^2}}$, d'où $u_n \underset{n\infty}{\sim} \dfrac{1}{n\sqrt{3}}$.

◇ **Réponse :** diverge.

i') On sait (cf. Tome 2, 8.2.3 *3)* p. 49) que $\operatorname{Arccos} x \underset{x\to 1^-}{\sim} \sqrt{2}\sqrt{1-x}$, d'où $u_n \underset{n\infty}{\sim} \dfrac{1}{n}\sqrt{\dfrac{2}{3}}$.

◇ **Réponse :** diverge.

j') Utiliser $\operatorname{Arccos} x \underset{x\to 1^-}{\sim} \sqrt{2}\sqrt{1-x}$ (cf. Tome 2, 8.2.3 *3)* p. 49) et $\operatorname{Arctan} u = \dfrac{\pi}{2} - \operatorname{Arctan}\dfrac{1}{u}$ pour $u > 0$ (cf. Tome 2, 7.9.3 Prop. p. 31). On obtient : $u_n \underset{n\infty}{\sim} \dfrac{2}{\sqrt{\pi n}}$.

◇ **Réponse :** diverge.

k') $\ln\left(\left(\dfrac{2}{\pi}\operatorname{Arctan}(n^2)\right)^{n^3}\right) = n^3 \ln\left(\dfrac{2}{\pi}\left(\dfrac{\pi}{2} - \operatorname{Arctan}\dfrac{1}{n^2}\right)\right) \underset{n\infty}{\sim} -\dfrac{2n}{\pi}$, d'où $n^2 u_n \xrightarrow[n\infty]{} 0$.

◇ **Réponse :** converge.

l') $\ln\left(\dfrac{2}{\pi}\operatorname{Arctan}\dfrac{n^2+1}{n}\right) \underset{n\infty}{\sim} -\dfrac{2}{\pi n}$.

◇ **Réponse :** diverge.

m') D'après le théorème de Taylor-Young : $\operatorname{Arcsin}\left(\dfrac{1}{\sqrt{2}} + h\right) = \dfrac{\pi}{4} + h\sqrt{2} + \underset{h\to 0}{o}(h)$.

En remplaçant h par $\sqrt{\dfrac{n}{2n+1}} - \dfrac{1}{\sqrt{2}}$, qui est équivalent à $-\dfrac{1}{4n\sqrt{2}}$ on obtient :

$$\frac{4}{\pi}\operatorname{Arcsin}\sqrt{\frac{n}{2n+1}} = 1 - \frac{1}{\pi n} + o\left(\frac{1}{n}\right), \quad \text{d'où (cf. Tome 2, 8.2.3 } \textit{3)} \text{ p. 49) : } u_n \underset{n\infty}{\sim} \sqrt{\frac{2}{\pi n}}.$$

◇ **Réponse :** diverge.

n') $n u_n \underset{n\infty}{\sim} \tan\left(\operatorname{Arctan} n - 2\operatorname{Arctan}\dfrac{n-1}{n}\right) = \dfrac{n}{2n^3 - 2n^2 + 2n - 1} \underset{n\infty}{\sim} \dfrac{1}{2n^2}$.

◇ **Réponse :** converge.

o') En notant $\alpha_n = \sqrt{\operatorname{Arctan}(n^2+1)}$ et $\beta_n = \sqrt{\operatorname{Arctan}(n^2)}$, on a : $u_n = 2\sin\dfrac{\alpha_n - \beta_n}{2}\cos\dfrac{\alpha_n+\beta_n}{2}$,

$$\frac{\alpha_n+\beta_n}{2} \xrightarrow[n\infty]{} \sqrt{\frac{\pi}{2}},\ \frac{\alpha_n-\beta_n}{2} = \frac{\alpha_n^2-\beta_n^2}{2(\alpha_n+\beta_n)} = \frac{\operatorname{Arctan}\dfrac{1}{n^4+n^2+1}}{2(\alpha_n+\beta_n)} \underset{n\infty}{\sim} \frac{1}{2\sqrt{2\pi}n^4}, \text{d'où } u_n \underset{n\infty}{\sim} \frac{\cos\sqrt{\dfrac{\pi}{2}}}{\sqrt{2\pi}\,n^4}.$$

◇ **Réponse :** converge.

p') $0 \leqslant \dfrac{(n!)^3}{n^{n^2}} \leqslant n^{3n-n^2} \leqslant n^{-2}$ lorsque $n \longrightarrow \infty$ (pour $n \geqslant 4$).

◇ **Réponse :** converge.

q') $0 \leqslant \dfrac{(n!)^2}{(2n)!} = \dfrac{1}{n+1} \cdot \dfrac{2}{n+2} \cdot \ldots \cdot \dfrac{n}{2n} \leqslant \dfrac{2}{(n+1)(n+2)} \underset{n\infty}{\sim} \dfrac{2}{n^2}.$

On peut aussi appliquer la règle de d'Alembert.

◇ **Réponse :** converge.

r') Pour $n \geqslant 9$, $\sqrt{(n-1)!} \geqslant (n-8)^4$, d'où $0 \leqslant u_n \leqslant \dfrac{n^2}{(n-8)^4} \underset{n\infty}{\sim} \dfrac{1}{n^2}.$

On peut aussi appliquer la règle de d'Alembert.

◇ **Réponse :** converge.

s') $n^2 u_n = \mathrm{e}^{2\ln n + n^2 \ln n - n! \ln 2} \underset{n\infty}{\longrightarrow} 0.$

◇ **Réponse :** converge.

t') $0 \leqslant \displaystyle\int_0^{\frac{\pi}{2}} \frac{\cos^2 x}{n^2 + \cos^2 x}\,\mathrm{d}x \leqslant \frac{1}{n^2}\int_0^{\frac{\pi}{2}} \cos^2 x\,\mathrm{d}x \leqslant \frac{\pi}{2n^2}.$

◇ **Réponse :** converge.

u') $0 \leqslant \displaystyle\int_0^{\frac{1}{n}} \frac{\sin x}{1+\mathrm{ch}^2 x}\,\mathrm{d}x \leqslant \int_0^{\frac{1}{n}} \sin x\,\mathrm{d}x \leqslant \int_0^{\frac{1}{n}} x\,\mathrm{d}x = \frac{1}{2n^2}.$

◇ **Réponse :** converge.

v') Puisque $\mathrm{sh}\,x \underset{x\to 0}{\sim} x$, il existe $\alpha > 0$ tel que : $\forall x \in [0;\alpha],\ 0 \leqslant \mathrm{sh}\,x \leqslant 2x$,

d'où, pour tout n de $\mathbb{N}$ tel que $n > \mathrm{E}\left(\dfrac{1}{\alpha}\right)$: $0 \leqslant \displaystyle\int_0^{\frac{1}{n}} (\mathrm{sh}\,x)^{3/2}\,\mathrm{d}x \leqslant \int_0^{\frac{1}{n}} (2x)^{3/2}\,\mathrm{d}x = \frac{2^{\frac{5}{2}}}{5n^{\frac{5}{2}}}.$

◇ **Réponse :** converge.

w') $0 \leqslant \displaystyle\int_{n+\frac{1}{2}}^{n+1} \frac{\mathrm{d}x}{\sqrt{x^4+x+1}} \leqslant \int_{n+\frac{1}{2}}^{n+1} \frac{\mathrm{d}x}{x^2} = \frac{1}{n+\frac{1}{2}} - \frac{1}{n+1} = \frac{1}{(2n+1)(n+1)} \underset{n\infty}{\sim} \frac{1}{2n^2}.$

◇ **Réponse :** converge.

x') $\displaystyle\int_n^{2n} \frac{\mathrm{d}x}{1+x^{3/2}} \geqslant \int_n^{2n} \frac{\mathrm{d}x}{1+(2n)^{3/2}} = \frac{n}{1+(2n)^{3/2}} \underset{n\infty}{\sim} \frac{1}{2^{3/2}\sqrt{n}}.$

◇ **Réponse :** diverge.

y') Pour $n \geqslant 2$, $0 \leqslant \displaystyle\int_n^{2n} \frac{\mathrm{d}x}{x^{5/2} - \sin x} \leqslant \frac{n}{n^{5/2}-1} \underset{n\infty}{\sim} \frac{1}{n^{3/2}}.$

◇ **Réponse :** converge.

Dans les exemples z') à e''), on veillera à s'assurer de l'intégrabilité des fonctions que l'on veut manipuler .

z') $\displaystyle\int_0^{+\infty} \frac{\mathrm{d}x}{(1+x^2)^n} \underset{t=\ln(x+\sqrt{1+x^2})}{=} \int_0^{+\infty} \frac{\mathrm{d}t}{\mathrm{ch}^{2n-1} t} \geqslant \int_0^{+\infty} \frac{\mathrm{d}t}{\mathrm{e}^{(2n-1)t}} = \frac{1}{2n-1}.$

◇ **Réponse :** diverge.

a'') Pour chaque $n \geqslant 2$, la fonction $x \longmapsto \dfrac{1}{(x+\sqrt{x^2+1})^n}$ est intégrable sur $[0;+\infty[$ et, grâce au changement de variable $\varphi = \ln(x+\sqrt{x^2+1})$:

$$\int_0^{+\infty} \frac{\mathrm{d}x}{(x+\sqrt{x^2+1})^n} = \int_0^{+\infty} \mathrm{e}^{-n\varphi}\,\mathrm{ch}\,\varphi\,\mathrm{d}\varphi \geqslant \int_0^{+\infty} \mathrm{e}^{-n\varphi}\,\mathrm{d}\varphi = \frac{1}{n}.$$

◇ **Réponse :** diverge.

b'') $\displaystyle\int_0^{+\infty} \mathrm{e}^{-x^n}\,\mathrm{d}x \underset{t=x^n}{=} \frac{1}{n}\int_0^{+\infty} \mathrm{e}^{-t} t^{\frac{1}{n}-1}\,\mathrm{d}t \geqslant \frac{1}{n}\int_0^{1} \mathrm{e}^{-t} t^{\frac{1}{n}-1}\,\mathrm{d}t \geqslant \frac{1}{n}\int_0^{1} \mathrm{e}^{-t}\,\mathrm{d}t = \frac{1-\mathrm{e}^{-1}}{n}.$

◇ **Réponse :** diverge.

c'') Puisque $x^3 - x - 1 \underset{x\to+\infty}{\sim} x^3$, il existe $A \in \mathbb{R}_+^*$ tel que : $\forall x \in [A;+\infty[,\ x^3 - x - 1 \geqslant \dfrac{x^3}{2}$ d'où, pour tout n de $\mathbb{N}$ tel que $n \geqslant \mathrm{E}(A)+1$: $\displaystyle 0 \leqslant \int_n^{+\infty} \frac{\mathrm{d}x}{x^3-x-1} \leqslant \int_n^{+\infty} \frac{2}{x^3}\,\mathrm{d}x = \frac{1}{n^2}.$

◇ **Réponse :** converge.

d'') $\displaystyle\int_{-\infty}^{+\infty} \frac{\mathrm{d}x}{(x^2+x+1)^n} \geqslant \int_0^{+\infty} \frac{\mathrm{d}x}{(x^2+x+1)^n} \geqslant \int_0^{+\infty} \frac{\mathrm{d}x}{(x^2+2x+1)^n}$

$\displaystyle = \int_0^{+\infty} (x+1)^{-2n}\mathrm{d}x = \frac{1}{2n-1}.$

◇ **Réponse :** diverge.

e'') $\displaystyle 0 \leqslant \int_0^{+\infty} \mathrm{e}^{-nx}\,\mathrm{Arctan}\,x\,\mathrm{d}x \leqslant \int_0^{+\infty} x\mathrm{e}^{-nx}\,\mathrm{d}x = \frac{1}{n^2}.$

◇ **Réponse :** converge.

f'') Soit $n \in \mathbb{N} - \{0,1\}$. Il existe $p \in \mathbb{N}^*$ tel que : $p - \dfrac{1}{2} < n\sqrt{2} < p + \dfrac{1}{2}$, d'où $|n\pi\sqrt{2} - p\pi| < \dfrac{\pi}{2}$,

donc : $\quad |\sin(n\pi\sqrt{2})| = |\sin(n\pi\sqrt{2} - p\pi)| \geqslant \dfrac{2}{\pi}|n\pi\sqrt{2} - p\pi|,$

puis $\quad \dfrac{1}{|\sin(n\pi\sqrt{2})|} \leqslant \dfrac{1}{2|n\sqrt{2}-p|} = \dfrac{n\sqrt{2}+p}{2|2n^2-p^2|} \leqslant \dfrac{n\sqrt{2}+p}{2}, \quad$ car $|2n^2 - p^2| \in \mathbb{N}^*$.

Ainsi : $\quad 0 < \dfrac{1}{n^2(\ln n)^2|\sin(n\pi\sqrt{2})|} \leqslant \dfrac{2n\sqrt{2}+\frac{1}{2}}{2n^2(\ln n)^2} \underset{n\infty}{\sim} \dfrac{\sqrt{2}}{n(\ln n)^2}.$

◇ **Réponse :** converge.

g'') $\displaystyle\sum_{k=1}^{n} \frac{1}{(k+n)^2 - k^2} = \frac{1}{n^2}\sum_{k=1}^{n} \frac{1}{1+\frac{2k}{n}}$ et $\displaystyle\frac{1}{n}\sum_{k=1}^{n} \frac{1}{1+\frac{2k}{n}} \xrightarrow[n\infty]{} \int_0^1 \frac{\mathrm{d}x}{1+2x} = \frac{1}{2}\ln 3.$

◇ **Réponse :** diverge.

h'') Remarquer $10^{\alpha(n)-1} \leqslant n < 10^{\alpha(n)}$, d'où $\dfrac{\ln n}{\ln 10} < \alpha(n) \leqslant 1 + \dfrac{\ln n}{\ln 10}$, puis $0 < (\alpha(n))^{-\alpha(n)} \leqslant \left(\dfrac{\ln n}{\ln 10}\right)^{-\frac{\ln n}{\ln 10}} = n^{-\frac{1}{\ln 10}\ln\left(\frac{\ln n}{\ln 10}\right)} \leqslant n^{-2}$ pour $n \longrightarrow \infty$ (c'est-à-dire : à partir d'un certain rang).

◇ **Réponse :** converge.

3.2.2 *a) 1re méthode*

Par un calcul de $DL(\infty)$, on obtient :

$$\sqrt{n^2+n+1}-\sqrt{n^2+an+b}=\frac{1-a}{2}+\frac{3-4b+a^2}{8n}+O\left(\frac{1}{n^2}\right).$$

2e méthode

$$\sqrt{n^2+n+1}-\sqrt{n^2+an+b}=\frac{(1-a)n+(1-b)}{\sqrt{n^2+n+1}+\sqrt{n^2+an+b}}\quad\begin{cases}\underset{n\infty}{\sim}\dfrac{1-a}{2} & \text{si } a\neq 1\\ \underset{n\infty}{\sim}\dfrac{(1-b)}{2n} & \text{si } a=1 \text{ et } b\neq 1\\ =0 & \text{si } a=b=1.\end{cases}$$

◇ **Réponse :** converge si et seulement si : $a=1$ et $b=1$.

b) $nu_n=\exp\left(\dfrac{-a}{\ln n+\sqrt{(\ln n)^2+a}}\right)\underset{n\infty}{\longrightarrow}1.$

◇ **Réponse :** diverge pour tout a de $\mathbb{R}$.

c) • Si $a\geqslant 0$, alors $n^{n^a}-1\underset{n\infty}{\longrightarrow}+\infty$.

• Si $a<0$, alors $n^{n^a}-1\underset{n\infty}{\sim}n^a\ln n$.

◇ **Réponse :** converge si et seulement si $a<-1$.

d) • Si $a<1$, alors $u_n\underset{n\infty}{\longrightarrow}1$.

• Si $a=1$, alors $u_n\underset{n\infty}{\longrightarrow}\mathrm{e}^{-1}$.

• Si $a>1$, alors $n^2u_n=\exp(2\ln n-n^{a-1}+o(n^{a-1}))\underset{n\infty}{\longrightarrow}0$.

◇ **Réponse :** converge si et seulement si $a>1$.

e) $u_n\underset{n\infty}{\sim}\tan u_n\underset{n\infty}{\sim}\dfrac{1}{2n^a}$.

◇ **Réponse :** converge si et seulement si $a>1$.

f) $\dfrac{u_{n+1}}{u_n}=\dfrac{(\ln(n+1))^a}{(n+1)^b}\underset{n\infty}{\longrightarrow}0$.

◇ **Réponse :** converge.

g) $(n+1)^b-n^b=n^b\left(\left(1+\dfrac{1}{n}\right)^b-1\right)\underset{n\infty}{\sim}bn^{b-1}$.

◇ **Réponse :** diverge.

h) • Si $a>0$, alors $u_n\underset{n\infty}{\longrightarrow}+\infty$.

• Si $a=0$, alors $u_n=1\underset{n\infty}{\longrightarrow}1$.

• Si $a<0$, alors $n^2u_n=\exp(2\ln n+a\ln n\ln\ln n)\underset{n\infty}{\longrightarrow}0$.

◇ **Réponse :** converge si et seulement si $a<0$.

i) • Si $a<b$, alors le terme général n'est pas défini.

• Si $a=b$, l'étude est triviale.

- Si $a > b$, alors : $\ln(n^2 u_n) = 2\ln n + \sqrt[3]{n}\ln(\sqrt{n+a} - \sqrt{n+b})$

$$= 2\ln n + \sqrt[3]{n}\ln\left(\sqrt{n}\left(\left(1+\frac{a}{n}\right)^{\frac{1}{2}} - \left(1+\frac{b}{n}\right)^{\frac{1}{2}}\right)\right)$$

$$= 2\ln n + \sqrt[3]{n}\left(-\frac{1}{2}\ln n + \ln\left(\frac{a-b}{2n} + o\left(\frac{1}{n}\right)\right)\right)$$

$$\underset{n\infty}{\sim} -\frac{1}{2}\sqrt[3]{n}\ln n \underset{n\infty}{\longrightarrow} -\infty.$$

◇ **Réponse :** converge si et seulement si $a \geqslant b$.

j) Le cas $a = b$ est trivial ; supposons $a \neq b$. On a :

$$(n^a+1)^{\frac{1}{a}} = n\left(1+\frac{1}{n^a}\right)^{\frac{1}{a}} = n + \frac{1}{a}n^{1-a} + o(n^{1-a}).$$

- Si $a > b$, alors $u_n \underset{n\infty}{\sim} -\frac{1}{b}n^{1-b}$
- Si $a < b$, alors $u_n \underset{n\infty}{\sim} \frac{1}{a}n^{1-a}$.

◇ **Réponse :** converge si et seulement si : $a = b$ ou $2 < a < b$ ou $2 < b < a$.

k) • Si $a \leqslant 3$, alors : $u_n \geqslant \frac{1}{n^a} + \frac{2}{n^a} + \ldots + \frac{n}{n^a} = \frac{n+1}{2n^{a-1}} \underset{n\infty}{\sim} \frac{1}{2n^{a-2}}$.

- Si $a > 3$, alors : $0 \leqslant u_n \leqslant \left(1+\frac{n}{n^a}\right)^n - 1 = \exp\left(n\ln\left(1+\frac{1}{n^{a-1}}\right)\right) - 1$

$$= \exp\left(\frac{1}{n^{a-2}} + o\left(\frac{1}{n^{a-2}}\right)\right) - 1 \underset{n\infty}{\sim} \frac{1}{n^{a-2}}.$$

◇ **Réponse :** converge si et seulement si $a > 3$.

l) Par comparaison de $\sum_{k=2}^{n}\ln k$ à $\int_1^n \ln x\ dx$ et $\int_2^{n+1}\ln x\ dx$, on obtient : $\ln(n!) \underset{n\infty}{\sim} n\ln n$, d'où $\frac{(\ln(n!))^a}{n^b} \underset{n\infty}{\sim} \frac{1}{n^{b-a}(\ln n)^{-a}}$.

◇ **Réponse :** converge si et seulement si : $b - a > 1$ ou ($b - a = 1$ et $a < -1$).

m) Obtenir $u_n = \mathrm{e}^{-\frac{1}{2}n^{a-2}+o(n^{a-2})}$.

- Si $a < 2$, alors $u_n \underset{n\infty}{\longrightarrow} 1$.
- Si $a = 2$, alors $u_n \underset{n\infty}{\longrightarrow} \mathrm{e}^{-\frac{1}{2}}$.
- Si $a > 2$, alors $n^2 u_n = \exp\left(2\ln n - \frac{1}{2}n^{a-2} + o(n^{a-2})\right) \underset{n\infty}{\longrightarrow} 0$.

◇ **Réponse :** converge si et seulement si $a > 2$.

n) Comme pour *m)*.

◇ **Réponse :** converge si et seulement si $a > 2$.

o) Comme pour *m)*.

◇ **Réponse :** converge si et seulement si $a > 2$.

p) $\operatorname{Arccos}(\operatorname{th} n) \underset{n\infty}{\sim} \sin(\operatorname{Arccos}(\operatorname{th} n)) = \sqrt{1-\operatorname{th}^2 n} = \dfrac{1}{\operatorname{ch} n} \underset{n\infty}{\sim} 2\mathrm{e}^{-n}.$

◇ **Réponse :** converge si et seulement si $a > 0$.

q) $\operatorname{Arctan}\left(1+\dfrac{a}{n}\right) - \dfrac{\pi}{4} \underset{n\infty}{\sim} \tan\left(\operatorname{Arctan}\left(1+\dfrac{a}{n}\right)-\dfrac{\pi}{4}\right) = \dfrac{\dfrac{a}{n}}{2+\dfrac{a}{n}} \underset{n\infty}{\sim} \dfrac{a}{2n}$, d'où $u_n \underset{n\infty}{\sim} \left(\dfrac{2a}{\pi}\right)^b \dfrac{1}{n^b}$.

◇ **Réponse :** converge si et seulement si $b > 1$.

r) $u_n \underset{n\infty}{\sim} \tan u_n = \dfrac{\left(1+\dfrac{1}{n}\right)^a - \left(1-\dfrac{1}{n}\right)^a}{1+\left(1+\dfrac{1}{n}\right)^a\left(1-\dfrac{1}{n}\right)^a} \underset{n\infty}{\sim} \dfrac{a}{n}.$

◇ **Réponse :** converge si et seulement si $a = 0$.

s) D'après l'exercice 2.5.33 p. 213, $\displaystyle\int_1^x \frac{\operatorname{th} t}{\sqrt{t(t+1)}}\,\mathrm{d}t \underset{x\to+\infty}{\sim} \ln x$, d'où $u_n \underset{n\infty}{\sim} n^a \ln n$.

◇ **Réponse :** converge si et seulement si $a < -1$.

t) • Si $b < 0$, alors $u_n \xrightarrow[n\infty]{} +\infty$.

• Si $b > 0$, alors $n^2 u_n \xrightarrow[n\infty]{} 0$.

• Si $b = 0$, alors $u_n \underset{n\infty}{\sim} n^a (\ln n)^a$.

◇ **Réponse :** converge si et seulement si : $b > 0$ ou ($a < -1$ et $b = 0$).

u) Notons, pour $n \in \mathbb{N} - \{0,1\}$, $u_n = \displaystyle\prod_{k=2}^{n} (2-\mathrm{e}^{\frac{a}{k}})$.

• Examiner d'abord le cas où l'un des facteurs $2-\mathrm{e}^{\frac{a}{k}}$ est nul; ce cas correspond à $a = k\ln 2$, $k \in \mathbb{N} - \{0,1\}$.

• D'autre part, il existe $N_1 \in \mathbb{N} - \{0,1\}$ tel que : $\forall k \in \mathbb{N}$, $(k \geqslant N_1 \Longrightarrow 2-\mathrm{e}^{\frac{a}{k}} > 0)$.

• Si $a \leqslant 0$, alors : $\forall n \geqslant 2,\ u_n \geqslant 1$.

• Supposons $a > 0$. Comme $\ln(2-\mathrm{e}^x) = -x - x^2 + \underset{x\to 0}{o}(x^2)$, il existe $\eta \in \mathbb{R}_+^*$ tel que :

$$\forall x \in [0;\eta],\quad |\ln(2-\mathrm{e}^x)+x| \leqslant 2x^2.$$

En notant $N = \operatorname{Max}\left(N_1, \operatorname{E}\left(\dfrac{a}{\eta}\right)+1\right)$, on a alors, pour tout n de $\mathbb{N}^*$ tel que $n \geqslant N$:

$$\left|\ln\left(\prod_{k=N+1}^{n}\left(2-\mathrm{e}^{\frac{a}{k}}\right)\right) + \sum_{k=N+1}^{n}\frac{a}{k}\right| \leqslant 2\sum_{k=N+1}^{n}\left(\frac{a}{k}\right)^2 \leqslant 2a^2\sum_{k=1}^{+\infty}\frac{1}{k^2},$$

d'où $\ln u_n = -\displaystyle\sum_{k=N+1}^{n}\frac{a}{k} + \underset{n\infty}{O}(1) = -a\ln n + \underset{n\infty}{O}(1)$,

et finalement : $u_n = n^{-a}\mathrm{e}^{O(1)}$.

◇ **Réponse :** converge si et seulement si $a > 1$.

v) Notons, pour $n \in \mathbb{N}^*$, $u_n = \dfrac{\sqrt[n]{n!}}{n^p} = \exp\left(\dfrac{1}{n}\ln(n!) - p\ln n\right)$.

• Si $p < 1$, comme $\ln(n!) \underset{n\infty}{\sim} n\ln n$, on a : $u_n \xrightarrow[n\infty]{} +\infty$.

- Si $p > 2$, alors, comme $\forall n \in \mathbb{N}^*, 0 \leqslant u_n \leqslant \dfrac{\sqrt[n]{n^n}}{n^p} = \dfrac{1}{n^{p-1}}$, $\sum_{n\geqslant 1} u_n$ converge.
- Si $p = 2$, montrer (par récurrence) : $\left(\forall n \in \mathbb{N}^*, n! \geqslant \left(\dfrac{n}{e}\right)^n\right)$, et déduire $u_n \geqslant \dfrac{1}{en}$.
- Si $1 \leqslant p < 2$, alors $u_n \geqslant \dfrac{\sqrt[n]{n!}}{n^2}$.

◇ **Réponse :** converge si et seulement si $p > 2$.

w) • $u_n \geqslant \dfrac{(\operatorname{sh} n)^a}{ne^n} \underset{n\infty}{\sim} \dfrac{1}{2^a n e^{(1-a)n}}$

• $u_n \leqslant \dfrac{(n \operatorname{sh} n)^a}{ne^n} \underset{n\infty}{\sim} \dfrac{1}{2^a n^{1-a} e^{(1-a)n}}$.

◇ **Réponse :** converge si et seulement si $a < 1$.

x) À l'aide d'une comparaison série-intégrale, montrer : $\displaystyle\sum_{k=1}^{n} k^{3/2} \underset{n\infty}{\sim} \frac{2}{5} n^{\frac{5}{2}}$.

◇ **Réponse :** converge si et seulement si $a > \dfrac{7}{2}$.

y) Analogue à *x)*.

◇ **Réponse :** converge si et seulement si $a > 3$.

3.2.3 *a)* Remarquer : $\forall n \in \mathbb{N}, 0 \leqslant v_n \leqslant u_n$.

b) Si M est un majorant de $(u_n)_{n\geqslant 0}$, alors : $\forall n \in \mathbb{N}, v_n \geqslant \dfrac{u_n}{1+M^2} \geqslant 0$.

c) ◇ **Réponse :** $u_n = n^2$.

3.2.4 Puisque $u_n \underset{n\infty}{\longrightarrow} 0$, $(u_n)_n$ est bornée : il existe $M \in \mathbb{R}_+$ tel que $(\forall n \in \mathbb{N}, 0 \leqslant u_n \leqslant M)$.
Alors : $\forall n \in \mathbb{N}, 0 \leqslant u_n^2 \leqslant M u_n$.

3.2.5 Rappelons l'inégalité de Hölder dans $\mathbb{R}^n$:

$$\forall (x_1,\ldots,x_n),(y_1,\ldots,y_n) \in \mathbb{R}^n, \quad \left|\sum_{k=1}^{n} x_k y_k\right| \leqslant \left(\sum_{k=1}^{n} |x_k|^p\right)^{\frac{1}{p}} \left(\sum_{k=1}^{n} |y_k|^q\right)^{\frac{1}{q}}$$

En l'appliquant à $x_k = u_k^{\frac{1}{p}}$, $y_k = 1$, on obtient :

$$\sum_{k=1}^{n} u_k^{\frac{1}{p}} \leqslant \left(\sum_{k=1}^{n} u_k\right)^{\frac{1}{p}} n^{\frac{1}{q}} \leqslant \left(\sum_{k=1}^{+\infty} u_k\right)^{\frac{1}{p}} n^{\frac{1}{q}}.$$

3.2.6 Pour tout n de $\mathbb{N}^*$: $a_0 u_0 - a_n u_n = \displaystyle\sum_{k=0}^{n-1} (a_k u_k - a_{k+1} u_{k+1}) > \lambda \sum_{k=0}^{n-1} u_{k+1}$,

d'où $\displaystyle\sum_{k=1}^{n} u_k < \frac{a_0 u_0}{\lambda}$.

Appliquer le lemme p. 238.

3.2.7 • $$\frac{1}{n^{\alpha-1}} - \frac{1}{(n+1)^{\alpha-1}} = \frac{1}{n^{\alpha-1}}\left(1 - \left(1+\frac{1}{n}\right)^{1-\alpha}\right)$$
$$= \frac{1}{n^{\alpha-1}}\left(1 - \left(1 + \frac{1-\alpha}{n} + o\left(\frac{1}{n}\right)\right)\right) \underset{n\infty}{\sim} \frac{\alpha-1}{n^{\alpha}},$$

donc $\sum_{n\geqslant 1} \frac{1}{n^{\alpha}}$ est de même nature que $\sum_{n\geqslant 1}\left(\frac{1}{n^{\alpha-1}} - \frac{1}{(n+1)^{\alpha-1}}\right)$.

• $\sum_{k=1}^{n}\left(\frac{1}{k^{\alpha-1}} - \frac{1}{(k+1)^{\alpha-1}}\right) = 1 - \frac{1}{(n+1)^{\alpha-1}} \xrightarrow[n\infty]{} 1$, donc $\sum_{n\geqslant 1}\left(\frac{1}{n^{\alpha-1}} - \frac{1}{(n+1)^{\alpha-1}}\right)$ converge.

3.2.8 Soit $n \in \mathbb{N}$ tel que $n \geqslant N+1$; on a : $\frac{u_n}{u_{n-1}} \leqslant \frac{v_n}{v_{n-1}}, \frac{u_{n-1}}{u_{n-2}} \leqslant \frac{v_{n-1}}{v_{n-2}}, \ldots, \frac{u_{N+1}}{u_N} \leqslant \frac{v_{N+1}}{v_N}$,
d'où, par multiplication : $u_n \leqslant \frac{u_N}{v_N} v_n$.

Appliquer alors le théorème de majoration.

3.2.9 Remarquer d'abord que, si $\alpha \leqslant 0$, alors $(u_n)_{n\geqslant 0}$ est croissante et à termes dans $\mathbb{R}_+^*$, donc $\sum_n u_n$ diverge.

On suppose maintenant $\alpha > 0$.

Notons $\beta = \frac{\alpha+1}{2}$ et, pour tout n de $\mathbb{N}^*$, $v_n = \frac{1}{n^{\beta}}$.

On a : $\frac{v_{n+1}}{v_n} = \left(1+\frac{1}{n}\right)^{-\beta} = 1 - \frac{\beta}{n} + \underset{n\infty}{o}\left(\frac{1}{n}\right)$.

a) Notons $\gamma = \frac{\alpha+\beta}{2}$, de sorte que : $1 < \beta < \gamma < \alpha$. Il existe $N \in \mathbb{N}$ tel que :

$$\forall n \geqslant N, \quad \frac{u_{n+1}}{u_n} \leqslant 1 - \frac{\gamma}{n} \leqslant \frac{v_{n+1}}{v_n}.$$

Comme $\sum_{n\geqslant 1} \frac{1}{n^{\beta}}$ converge (car $\beta > 1$), l'exercice 3.2.8 permet de conclure à la convergence de $\sum_n u_n$.

b) Raisonner comme pour *a)*.

3.2.10 Notons, pour $n \geqslant 2$: $v_n = \frac{1}{n \ln n}$.

• $$\frac{v_{n+1}}{v_n} = \frac{n\ln n}{(n+1)\ln(n+1)} = \left(1+\frac{1}{n}\right)^{-1}\left(1 + \frac{1}{n\ln n} + o\left(\frac{1}{n\ln n}\right)\right)^{-1}$$
$$= 1 - \frac{1}{n} - \frac{1}{n\ln n} + o\left(\frac{1}{n\ln n}\right).$$

Il existe donc $N_1 \in \mathbb{N} - \{0,1\}$ tel que : $\forall n \geqslant N_1, \quad \frac{v_{n+1}}{v_n} \leqslant 1 - \frac{1}{n} - \frac{1}{2n\ln n}$.

• D'autre part, d'après l'hypothèse, il existe $N_2 \in \mathbb{N} - \{0,1\}$ tel que :

$$\forall n \geqslant N_2, \quad \frac{u_{n+1}}{u_n} \geqslant 1 - \frac{1}{n} - \frac{1}{2n\ln n}.$$

• En notant $N = \mathrm{Max}(N_1, N_2)$, on obtient : $\forall n \geqslant N, \quad \frac{v_{n+1}}{v_n} \leqslant \frac{u_{n+1}}{u_n}$.

Comme $\sum_{n\geqslant 2} \frac{1}{n\ln n}$ diverge (cf. 3.2.3 Prop. 2 p. 242), l'exercice 3.2.8 permet (par contraposition) de conclure à la divergence de $\sum_n u_n$.

3.2.11 • Si $b-a=1$, alors $\left(\forall n \in \mathbb{N},\ u_n = \dfrac{a}{a+n}\right)$, et donc $\sum_n u_n$ diverge.

• Si $b-a \neq 1$, comme $\dfrac{u_{n+1}}{u_n} = \dfrac{a+n}{b+n} = 1 - \dfrac{b-a}{n} + o\left(\dfrac{1}{n}\right)$, on peut appliquer la règle de Raabe et Duhamel (exercice 3.2.9), après avoir mis de côté les éventuels facteurs < 0 figurant dans u_n.

◇ **Réponse :** converge si et seulement si $b-a>1$.

3.2.12 $\dfrac{u_{n+1}}{u_n} = \prod_{k=1}^{p}\left(\dfrac{[a_k]_{n+1}}{[a_k]_n}\right)^{r_k} = \prod_{k=1}^{p}(a_k+n)^{r_k} = n^{\sum_{k=1}^{p} r_k} \prod_{k=1}^{p}\left(1+\dfrac{a_k}{n}\right)^{r_k}.$

• Si $\sum_{k=1}^{p} r_k > 0$, alors $\dfrac{u_{n+1}}{u_n} \xrightarrow[n\infty]{} +\infty$.

• Si $\sum_{k=1}^{p} r_k < 0$, alors $\dfrac{u_{n+1}}{u_n} \xrightarrow[n\infty]{} 0$.

• Supposons $\sum_{k=1}^{p} r_k = 0$. Alors : $\dfrac{u_{n+1}}{u_n} = 1 + \dfrac{\sum_{k=1}^{p} r_k a_k}{n} + O\left(\dfrac{1}{n^2}\right)$

1) Si $\sum_{k=1}^{p} r_k a_k < -1$ (resp. > -1), alors $\sum_n u_n$ converge (resp. diverge) d'après la règle de Raabe et Duhamel (exercice 3.2.9).

2) Si $\sum_{k=1}^{p} r_k a_k = -1$, alors $\dfrac{u_{n+1}}{u_n} = 1 - \dfrac{1}{n} + O\left(\dfrac{1}{n^2}\right) = 1 - \dfrac{1}{n} + o\left(\dfrac{1}{n \ln n}\right)$, donc $\sum_n u_n$ diverge d'après l'exercice 3.2.10.

◇ **Réponse :** $\sum_n u_n$ converge si et seulement si : $\sum_{k=1}^{n} r_k < 0$ ou $\left(\sum_{k=1}^{n} r_k = 0 \quad \text{et} \quad \sum_{k=1}^{n} r_k a_k < -1\right)$.

3.2.13 Appliquer la règle de d'Alembert (3.2.4 *3)* Théorème p. 245).

a) $\dfrac{u_{n+1}}{u_n} = e^{2^n \ln 3 - 3^n 2 \ln 2} \xrightarrow[n\infty]{} 0$.

◇ **Réponse :** converge.

b) $0 \leqslant \dfrac{\ln(n!)}{n!} \leqslant \dfrac{n \ln n}{n!} \leqslant \dfrac{n^2}{n!}$ et $\sum_{n \geqslant 1} \dfrac{n^2}{n!}$ converge par la règle de d'Alembert.

◇ **Réponse :** converge.

c) $\dfrac{u_{n+1}}{u_n} = (n+1)\sin\dfrac{1}{2^{n+1}} \xrightarrow[n\infty]{} 0$.

◇ **Réponse :** converge.

d) $\dfrac{u_{n+1}}{u_n} = \dfrac{(n+1)\big((pn-n+1)\dots(pn-n+p-1)\big)}{(pn+1)\dots(pn+p)} \xrightarrow[n\infty]{} \dfrac{(p-1)^{p-1}}{p^p} < 1$.

◇ **Réponse :** converge.

3.2.14 • Supposons $l < 1$. En notant $\lambda = \dfrac{l+1}{2} \in]0;1[$, il existe $N \in \mathbb{N}^*$ tel que :

$$\forall n \in \mathbb{N}, \quad (n \geqslant N \Longrightarrow u_n^{\frac{1}{n}} \leqslant \lambda \Longrightarrow u_n \leqslant \lambda^n).$$

Comme $\sum_n \lambda^n$ converge (série géométrique, $\lambda \in]0;1[$), le théorème de majoration montre que $\sum_n u_n$ converge.

• Raisonner de façon analogue pour le cas $l > 1$.

Exemples : a) $\left(\left(\dfrac{n+1}{2n+5}\right)^n\right)^{\frac{1}{n}} = \dfrac{n+1}{2n+5} \xrightarrow[n\infty]{} \dfrac{1}{2} < 1.$

b) $\left(\dfrac{n^{\ln n}}{(\ln n)^n}\right)^{\frac{1}{n}} = \exp\left(\dfrac{(\ln n)^2}{n} - \ln\ln n\right) \xrightarrow[n\infty]{} 0 < 1.$

◇ **Réponse :** Les deux séries convergent.

3.2.15 *a)* Cf. Tome 1 C 3.1 III p. 79.

b) Remarquer d'abord que, pour tout n de $\mathbb{N}^*$, $\alpha_{n+1} \in \{\alpha_n, \alpha_n + 1\}$ et que les ensembles

$$A = \{n \in \mathbb{N}^*;\ \alpha_{n+1} = \alpha_n\} \quad \text{et} \quad B = \{n \in \mathbb{N}^*;\ \alpha_{n+1} = \alpha_n + 1\} \quad \text{sont infinis.}$$

1) $\begin{cases} \forall n \in A, & \dfrac{u_{n+1}}{u_n} = a \\ \forall n \in B, & \dfrac{u_{n+1}}{u_n} = b^{\alpha_n + 1} \end{cases}$, donc $\left(\dfrac{u_{n+1}}{u_n}\right)_{n \geqslant 1}$ n'a pas de limite, ni finie, ni infinie.

La règle de d'Alembert ne s'applique pas.

2) $u_n^{\frac{1}{n}} = a^{1-\frac{\alpha_n}{n}} b^{\frac{\alpha_n(\alpha_n+1)}{2n}} \xrightarrow[n\infty]{} a$ car $\alpha_n \underset{n\infty}{\sim} \ln n$. La règle de Cauchy s'applique. On conclut à la convergence de $\sum_n u_n$.

3.2.16 En notant $S_n = \sum_{k=1}^{n} u_k$, on a : $\forall n \in \mathbb{N}^*, \quad S_{2n} \leqslant \left(1 + \dfrac{1}{n}\right) S_n,$

d'où, par récurrence sur p : $\forall n \in \mathbb{N}^*, \forall p \in \mathbb{N}^*, \quad S_{2^p n} \leqslant \left(1 + \dfrac{1}{n}\right)\left(1 + \dfrac{1}{2n}\right)\cdots\left(1 + \dfrac{1}{2^{p-1}n}\right) S_n.$

En particulier : $\forall p \in \mathbb{N}^*$, $S_{2^p} \leqslant v_p u_1$, où on a noté $v_p = \prod_{k=0}^{p-1}\left(1 + \dfrac{1}{2^k}\right)$.

Comme $(\forall x \in \mathbb{R},\ 1 + x \leqslant e^x)$, on a : $\forall p \in \mathbb{N}^*, \quad v_p \leqslant \prod_{k=0}^{p-1} e^{\frac{1}{2^k}} = e^{1+\frac{1}{2}+\ldots+\frac{1}{2^{p-1}}} < e^2.$

Ceci montre : $\forall p \in \mathbb{N}^*$, $S_{2^p} \leqslant e^2 u_1$.

Comme $(S_n)_{n \geqslant 1}$ est croissante, on déduit : $\forall n \in \mathbb{N}^*$, $S_n \leqslant e^2 u_1$.

Le lemme (3.2.1 p. 238) permet alors de conclure.

3.2.17 **Réponse :** $a_n = \begin{cases} \dfrac{1}{\sqrt{u_{n-1}}} - \dfrac{1}{\sqrt{u_n}} & \text{si } n \geqslant 1 \\ 1 & \text{si } n = 0 \end{cases}, \quad b_n = \begin{cases} \sqrt{u_n} - \sqrt{u_{n-1}} & \text{si } n \geqslant 1 \\ u_0 & \text{si } n = 0. \end{cases}$

3.2.18 Montrer : $\forall n \in \mathbb{N}^*, n^2 u_{n+1} = (n^2 - n + 1)u_n$.

On a donc : $\forall n \in \mathbb{N} - \{0,1\}, \ln u_n = \left(\sum_{k=1}^{n-1} \ln \frac{k^2 - k + 1}{k^2}\right) + \ln u_1$.

Comme $\ln \frac{k^2 - k + 1}{k^2} \underset{k\infty}{\sim} -\frac{1}{k}$, la série $\sum_{k \geqslant 1} \ln \frac{k^2 - k + 1}{k^2}$, à termes $\leqslant 0$, diverge,

donc $\sum_{k=1}^{n} \ln \frac{k^2 - k + 1}{k^2} \xrightarrow[n\infty]{} -\infty$, et finalement $u_n \xrightarrow[n\infty]{} 0$.

3.2.19 *1)* Supposons $l = \liminf_{n\infty} n u_n > 0$.

Il existe alors $N \in \mathbb{N}$ tel que : $\forall n > N, \quad \operatorname{Inf}_{p \geqslant n} p u_p \geqslant \frac{l}{2}$,

et donc, en particulier : $\forall n > N, u_n \geqslant \frac{l}{2n}$.

Comme $\sum_{n \geqslant 1} \frac{l}{2n}$ diverge, on déduit que $\sum_n u_n$ diverge.

Ainsi : $\liminf_{n\infty} n u_n \leqslant 0$.

2) Appliquer *1)* à la suite $(-u_n)_n$ pour obtenir $\limsup_{n\infty} n u_n \geqslant 0$.

3.2.20 *a)* α) Soit $\varepsilon > 0$ fixé. Il existe $N_1 \in \mathbb{N}^*$ tel que :

$$\forall (p,q) \in (\mathbb{N}^*)^2, \quad \left(N_1 \leqslant p < q \Longrightarrow \sum_{k=p+1}^{q} u_k \leqslant \frac{\varepsilon}{2}\right)$$

Soit $n \in \mathbb{N}^*$ tel que $n > N_1$; on a donc : $\frac{\varepsilon}{2} \geqslant \sum_{k=N_1+1}^{n} u_k \geqslant (n - N_1)u_n$,

d'où $0 \leqslant n u_n \leqslant \frac{\varepsilon}{2} + N_1 u_n$.

Comme $u_n \xrightarrow[n\infty]{} 0$, il existe $N_2 \in \mathbb{N}^*$ tel que : $\forall n > N_2, \quad N_1 u_n \leqslant \frac{\varepsilon}{2}$.

En notant $N = \operatorname{Max}(N_1, N_2)$, on obtient : $\forall n > N, 0 \leqslant n u_n \leqslant \varepsilon$, et donc $n u_n \xrightarrow[n\infty]{} 0$.

β) • Puisque $n u_n \xrightarrow[n\infty]{} 0$, il existe $M \in \mathbb{R}_+$ tel que : $\forall n \in \mathbb{N}^*, n u_n \leqslant M$.

On a alors : $\forall n \in \mathbb{N}^*, 0 \leqslant n u_n^2 \leqslant M u_n$.

• $\frac{u_n}{1 - n u_n} \underset{n\infty}{\sim} u_n$.

◇ **Réponse :** Les séries $\sum_n n u_n^2$ et $\sum_n \frac{u_n}{1 - n u_n}$ convergent.

b) 1) Considérer $\sum_n u_n$ définie par : $u_n = \begin{cases} \frac{1}{n^{\frac{3}{4}}} & \text{s'il existe } p \in \mathbb{N}^* \text{ tel que } n = p^2 \\ \frac{1}{n^2} & \text{sinon.} \end{cases}$

Montrer que $\sum_n u_n$ converge et $\sum_n n u_n^2$ diverge.

2) Considérer $\sum_n u_n$ définie par : $u_n = \begin{cases} \dfrac{n^4+1}{n^5} & \text{s'il existe } p \in \mathbb{N}^* \text{ tel que } n = p^2 \\ \dfrac{1}{n^2} & \text{sinon.} \end{cases}$

Montrer que $\sum_n u_n$ converge et $\sum \dfrac{u_n}{1-nu_n}$ diverge.

3.2.21 Si $(u_n)_{n\geqslant 1}$ n'est pas la suite nulle, il existe $k \in \mathbb{N}^*$ tel que $u_k > 0$, et on a, pour tout n de $\mathbb{N}^*$ tel que $n \geqslant k$: $v_n \geqslant \dfrac{1}{n}\dfrac{u_k}{k}$, d'où la divergence de $\sum_{n\geqslant 1} v_n$.

◇ **Réponse :** $\sum_n v_n$ converge si et seulement si : $\forall n \in \mathbb{N}^*, u_n = 0$.

3.2.22 • Puisque f est continue sur le compact $\{(x,y) \in \mathbb{R}^2 ; x^2+y^2 \leqslant 1\}$, il existe $M \in \mathbb{R}_+$ tel que :

$$\forall (x,y) \in \mathbb{R}^2, \quad (x^2+y^2 \leqslant 1 \Longrightarrow |f(x,y)| \leqslant M).$$

On a alors :

$$\forall (x,y) \in \mathbb{R}^2 - \{(0,0)\}, |f(x,y)| = \sqrt{x^2+y^2}\left|f\left(\frac{x}{\sqrt{x^2+y^2}}, \frac{y}{\sqrt{x^2+y^2}}\right)\right| \leqslant M\sqrt{x^2+y^2}.$$

De plus $f(0,0) = 0$, et donc : $\forall (x,y) \in \mathbb{R}^2, |f(x,y)| \leqslant M\sqrt{x^2+y^2}$.

• Comme $\sum_n x_n^2$ et $\sum_n y_n^2$ convergent, $\sum_n M^2(x_n^2+y_n^2)$ converge et donc (théorème de majoration) $\sum_n (f(x_n,y_n))^2$ converge.

3.2.23 Soit $\varepsilon > 0$ fixé. Puisque $\sum_n u_n$ converge, il existe $N \in \mathbb{N}$ tel que $\sum_{k=N+1}^{+\infty} u_k \leqslant \varepsilon$.

On a alors, pour tout $n \geqslant N$: $\varepsilon \geqslant \sum_{k=N+1}^{+\infty} u_k \geqslant \sum_{k=N+1}^{n} u_k \geqslant \sum_{k=N+1}^{n} \dfrac{1}{k} nu_n = nu_n \sum_{k=N+1}^{n} \dfrac{1}{k}$.

On sait que, pour N fixé : $\sum_{k=N+1}^{n} \dfrac{1}{k} \underset{n\infty}{\sim} \ln n$.

Il existe donc $N_1 \in \mathbb{N}$ tel que $N_1 \geqslant N$ et : $\forall n > N_1, \quad \sum_{k=N+1}^{n} \dfrac{1}{k} \geqslant \dfrac{1}{2}\ln n$.

On a alors : $\forall n > N_1, \quad 2\varepsilon \geqslant nu_n \ln n$, ce qui montre : $nu_n \ln n \xrightarrow[n\infty]{} 0$.

3.2.24 Pour tout n de $\mathbb{N}^*$, notons $S_n = \sum_{p=1}^{n} u_p$. On a, pour tout $n > n_0$:

$$S_{nk} - S_{n_0k} = \sum_{p=n_0k+1}^{nk} u_p = \sum_{i=n_0}^{n-1}\sum_{j=1}^{k} u_{ik+j} \geqslant \sum_{i=n_0}^{n-1} ku_{(i+1)k} \geqslant \sum_{i=n_0}^{n-1} u_{i+1} = S_n - S_{n_0}.$$

Si $\sum_n u_n$ converge, alors $(S_n)_n$ admet une limite S, d'où $S - S_{n_0k} \geqslant S - S_{n_0}$, donc $S_{n_0k} - S_{n_0} \leqslant 0$.

Mais d'autre part : $S_{n_0k} - S_{n_0} = \sum_{p=n_0+1}^{n_0k} u_p > 0$, d'où une contradiction.

3.2.25 Pour tout n de $\mathbb{N}^*$, les entiers $f(1),\dots,f(n)$ sont deux à deux distincts, d'où :

$$\frac{1}{(n+1)!}\prod_{k=1}^{n} f(k) \geqslant \frac{n!}{(n+1)!} = \frac{1}{n+1}.$$

3.2.26 *a)* L'application $f : \begin{array}{l}[1;+\infty[\longrightarrow \mathbb{R}\\ x \longmapsto x-\ln x\end{array}$ est strictement croissante, continue, et $f(1)=1$, $\lim\limits_{+\infty} f = +\infty$.

b) $x_n = f^{-1}(n) \underset{n\infty}{\longrightarrow} +\infty$, donc $n = x_n - \ln x_n \underset{n\infty}{\sim} x_n$.

◇ **Réponse :** converge si et seulement si $\alpha < -1$.

3.2.27 • Montrer que $(u_n)_{n\geqslant 0}$ est décroissante, minorée par 0, donc converge, et que sa limite l vérifie $(1+l)^3 = 1+3l$, d'où $l = 0$.

• En notant $U_n = \dfrac{1}{u_n}$, on a : $\quad U_{n+1} - U_n = \dfrac{u_n - \sqrt[3]{1+3u_n}+1}{u_n u_{n+1}}$

$$= \frac{u_n - (1+u_n-u_n^2+o(u_n^2))+1}{u_n(u_n+o(u_n))} \underset{n\infty}{\longrightarrow} 1.$$

D'après le lemme de l'escalier ou d'après le théorème de Césaro (cf. Tome 1 C.3.1 p. 78), on déduit $U_n \underset{n\infty}{\sim} n$, et donc $u_n \underset{n\infty}{\sim} \dfrac{1}{n}$.

◇ **Réponse :** converge si et seulement si $\alpha > 1$.

3.2.28 On a $\left(\forall n \in \mathbb{N}^*, |u_{n+1}| \leqslant \dfrac{1}{n}\right)$, donc $u_n \underset{n\infty}{\longrightarrow} 0$, puis $u_{n+1} = \dfrac{\cos u_n}{n} \underset{n\infty}{\sim} \dfrac{1}{n}$.

◇ **Réponse :** converge si et seulement si $\alpha > 1$.

3.2.29 *1)* Supposons que $\sum\limits_n u_n$ converge. Puisque : $\forall n \in \mathbb{N}^*, v_{n+1}(v_{n+1}-v_n) = \dfrac{1}{4}u_n$, on déduit que $\sum\limits_n v_{n+1}(v_{n+1}-v_n)$ converge. De plus, $(\forall n \in \mathbb{N}^*, v_{n+1} \geqslant v_n \geqslant 0)$, donc $\sum\limits_n v_n(v_{n+1}-v_n)$ converge aussi. Ensuite, par addition, $\sum\limits_n (v_{n+1}^2 - v_n^2)$ converge, $(v_n^2)_n$ converge, $(v_n)_n$ converge.

2) Réciproquement, supposons que $(v_n)_n$ converge. Alors, la suite $(v_n^2)_n$ converge, donc la série $\sum\limits_n (v_{n+1}^2 - v_n^2)$ converge. Comme $(\forall n \in \mathbb{N}^*, v_{n+1}(v_{n+1}-v_n) \leqslant v_{n+1}^2 - v_n^2)$, la série $\sum\limits_n v_{n+1}(v_{n+1}-v_n)$ converge, et finalement, $\sum\limits_n u_n$ converge.

3.2.30 *a)* Etudier $f : \begin{array}{l}]0;1] \longrightarrow \mathbb{R}\\ x \longmapsto \displaystyle\int_x^1 \frac{e^t}{t}\,dt\end{array}$

x	0		u_n		1
f	‖	$+\infty$ ↘	n	↘	0

Comme $\displaystyle\int_x^1 \frac{e^t}{t}dt \geqslant \int_x^1 \frac{1}{t}dt = -\ln x$, on déduit $\lim\limits_{0^+} f = +\infty$.

Ainsi, f réalise une bijection de $]0;1]$ sur $[0;+\infty[$.

b) $u_n = f^{-1}(n) \xrightarrow[n\infty]{} 0$.

c) $v_n = \int_{u_n}^{1} \frac{e^t}{t}\,dt - \int_{u_n}^{1} \frac{dt}{t} = \int_{u_n}^{1} \frac{e^t - 1}{t}\,dt \xrightarrow[n\infty]{} \int_{0}^{1} \frac{e^t - 1}{t}\,dt$, car $t \longmapsto \frac{e^t - 1}{t}$ est intégrable sur $]0;1]$.

◇ **Réponse :** $v_n \xrightarrow[n\infty]{} \int_0^1 \frac{e^t - 1}{t}\,dt$.

d) En notant $\lambda = \int_0^1 \frac{e^t - 1}{t}\,dt$, on déduit du *c)* : $u_n \underset{n\infty}{\sim} e^{\lambda - n}$.

◇ **Réponse :** $\sum_n u_n$ converge.

3.2.31 *a)* • Etudier les variations de $f : \mathbb{R}^* \longrightarrow \mathbb{R}$, $x \longmapsto \ln \frac{e^x - 1}{x}$

On peut prolonger f par continuité en 0 en posant $f(0) = 0$.

x	$-\infty$	0	$+\infty$
$f'(x)$	$+$	‖	$+$
$f(x)$	$-\infty$ ↗ 0	‖	0 ↗ $+\infty$

• Etudier les variations de $g = f - \mathrm{Id}_{\mathbb{R}}$

x	$-\infty$	0	$+\infty$
$g(x)$	↘	0	↘

Ainsi, si $(u_n)_n$ converge, alors $(u_n)_n$ converge vers 0.

• Si $u_1 > 0$ (resp. < 0), alors $(u_n)_n$ est décroissante (resp. croissante), minorée (resp. majorée) par 0, donc converge.

◇ **Réponse :** $u_n \xrightarrow[n\infty]{} 0$.

b) On a : $\forall n \in \mathbb{N}^*$, $e^{u_n} = 1 + u_n e^{u_{n+1}}$, d'où : $e^{u_1} = 1 + u_1 e^{u_2} = 1 + u_1(1 + u_2 e^{u_3}) = \ldots$, et donc, par récurrence : $\forall n \in \mathbb{N}^*$, $\sum_{k=1}^{n} u_1 \ldots u_k = e^{u_1} - 1 - \left(\prod_{k=1}^{n+1} u_k\right) e^{u_{n+2}}$. Enfin, $\prod_{k=1}^{n+1} u_k \xrightarrow[n\infty]{} 0$ puisque $u_n \xrightarrow[n\infty]{} 0$.

◇ **Réponse :** $\sum_{n=1}^{+\infty} \left(\prod_{k=1}^{n} u_k\right) = e^a - 1$.

3.2.32 Notons : $A_0 = 1$, $A_n = \prod_{k=1}^{n}(1 - u_k)$ pour $n \geqslant 1$, $S_n = \sum_{j=1}^{n} u_j A_{j-1}$ pour $n \geqslant 1$.

Montrons, par récurrence : $\forall n \in \mathbb{N}^*$, $S_n = 1 - A_n$.

• $S_1 = u_1 = 1 - A_1$

• Si $S_n = 1 - A_n$, alors : $S_{n+1} = S_n + u_{n+1}A_n = 1 - (1 - u_{n+1})A_n = 1 - A_{n+1}$.

On déduit : $\forall n \in \mathbb{N}^*$, $S_n \leqslant 1$.

D'après le lemme, on conclut que la série $\sum_{n \geqslant 2} \left(u_n \prod_{k=1}^{n-1}(1 - u_k)\right)$ converge.

Enfin : $\forall n \geqslant 2$, $0 \leqslant u_n A_n \leqslant u_n A_{n-1}$; le théorème de majoration permet de conclure que la série $\sum_{n \geqslant 1} \left(u_n \prod_{k=1}^{n}(1 - u_k)\right)$ converge.

3.2.33 Les abscisses x_n ($n \in \mathbb{N}^*$) des extremums locaux de f sont définies par :

$$\begin{cases} -\dfrac{\pi}{2} + n\pi < x_n < \dfrac{\pi}{2} + n\pi \\ 2x_n - \tan x_n = 0 \end{cases}.$$

On a alors : $\sin^2 x_n = \dfrac{\tan^2 x_n}{1+\tan^2 x_n} = \dfrac{4x_n^2}{1+4x_n^2}$, d'où : $f(x_n) = \dfrac{4x_n}{1+4x_n^2} \underset{n\infty}{\sim} \dfrac{1}{x_n} \underset{n\infty}{\sim} \dfrac{1}{n\pi}$.

◇ **Réponse :** diverge.

3.2.34 Pour tout k de $\mathbb{N}$, notons $E_k = \{n \in \mathbb{N}^*;\ 3^k \leqslant n \leqslant 3^{k+1}-1\}$, qui est l'ensemble des entiers $n \geqslant 1$ dont l'écriture en base 3 comporte exactement $k+1$ chiffres.

Pour $k \in \mathbb{N}$ et $i \in \{0,\dots,k\}$, l'ensemble des n de E_k tels que $a(n) = i$ est de cardinal $\mathrm{C}_k^i 2^{k+1-i}$.
D'où, pour tout k de $\mathbb{N}$:

$$\sum_{n=3^k}^{3^{k+1}-1} x^{a(n)} = \sum_{i=0}^{k} \mathrm{C}_k^i x^i 2^{k+1-i} = 2(x+2)^k,$$

puis :

$$\frac{2(x+2)^k}{(3^{k+1})^3} \leqslant \sum_{n=3^k}^{3^{k+1}-1} \frac{x^{a(n)}}{n^3} \leqslant \frac{2(x+2)^k}{(3^k)^3}.$$

Enfin, la série géométrique $\displaystyle\sum_k \left(\frac{x+2}{3^3}\right)^k$ converge si et seulement si $\dfrac{x+2}{3^3} < 1$.

◇ **Réponse :** $\displaystyle\sum_{n\geqslant 1} \frac{x^{a(n)}}{n^3}$ converge si et seulement si $x < 25$.

3.2.35 Notons, pour $n \in \mathbb{N}$: $v_n = \ln(1+u_n)$. On a donc : $\forall n \in \mathbb{N},\ v_{n+1} = \displaystyle\sum_{k=0}^{n} \frac{v_k}{2^k}$.

Alors : $\forall n \geqslant 1,\quad v_{n+1} = \displaystyle\sum_{k=0}^{n-1} \frac{v_k}{2^k} + \frac{v_n}{2^n} = v_n + \frac{v_n}{2^n} = \left(1+\frac{1}{2^n}\right) v_n,$

d'où : $\forall n \geqslant 1,\ v_{n+1} = v_1 \displaystyle\prod_{j=1}^{n} \left(1+\frac{1}{2^j}\right)$.

En notant $w_n = \ln v_n$, on obtient :

$$\forall n \geqslant 1,\quad w_{n+1} = \ln v_1 + \sum_{j=1}^{n} \ln\left(1+\frac{1}{2^j}\right)$$

Comme $\ln\left(1+\dfrac{1}{2^j}\right) \underset{j\infty}{\sim} \dfrac{1}{2^j} \geqslant 0$ et que $\displaystyle\sum_j \frac{1}{2^j}$ converge, la série $\displaystyle\sum_j \ln\left(1+\frac{1}{2^j}\right)$ converge,

donc $(w_n)_n$ admet une limite finie l, puis $v_n \underset{n\infty}{\longrightarrow} \mathrm{e}^l$, $u_n \underset{n\infty}{\longrightarrow} \mathrm{e}^{\mathrm{e}^l} - 1$.

3.2.36 On a, pour tout N de $\mathbb{N} - \{0,1\}$:

$$\sum_{p=1}^{\sigma(N)} u_p \geqslant \sum_{n=1}^{N-1} (u_{\sigma(n)} + u_{\sigma(n)+1} + \ldots + u_{\sigma(n+1)-1}) \geqslant \sum_{n=1}^{N-1} \frac{\sigma(n+1) - \sigma(n)}{\sigma(n+1)}.$$

Distinguons deux cas.

1) Si $1 - \dfrac{\sigma(n)}{\sigma(n+1)} \underset{n\infty}{\not\longrightarrow} 0$, alors la série $\displaystyle\sum_{n \geqslant 1} \left(1 - \frac{\sigma(n)}{\sigma(n+1)}\right)$ diverge.

2) Si $1 - \dfrac{\sigma(n)}{\sigma(n+1)} \underset{n\infty}{\longrightarrow} 0$, alors :

$$0 < 1 - \frac{\sigma(n)}{\sigma(n+1)} \underset{n\infty}{\sim} -\ln\left(1 - \left(1 - \frac{\sigma(n)}{\sigma(n+1)}\right)\right) = \ln \frac{\sigma(n+1)}{\sigma(n)}.$$

Comme $\ln \sigma(n) \underset{n\infty}{\longrightarrow} +\infty$, la série $\displaystyle\sum_{n \geqslant 2} \ln \frac{\sigma(n+1)}{\sigma(n)}$ diverge, donc (théorème d'équivalence), la série $\displaystyle\sum_n \left(1 - \frac{\sigma(n)}{\sigma(n+1)}\right)$ diverge.

Nous avons ainsi montré que la série $\displaystyle\sum_n \left(1 - \frac{\sigma(n)}{\sigma(n+1)}\right)$, qui est à termes > 0, diverge, donc $\displaystyle\sum_{n=1}^{N-1} \left(1 - \frac{\sigma(n)}{\sigma(n+1)}\right) \underset{N\infty}{\longrightarrow} +\infty$, puis $\displaystyle\sum_{p=1}^{\sigma(N)} u_p \underset{N\infty}{\longrightarrow} +\infty$, et finalement $\displaystyle\sum_n u_n$ diverge.

3.2.37 *1)* Supposons que $\displaystyle\sum_n R_n$ converge. On a :

$$\forall N \in \mathbb{N}, \quad \sum_{n=0}^{N} n u_n \leqslant \sum_{n=0}^{N-1} R_n \leqslant \sum_{n=0}^{+\infty} R_n,$$

donc (lemme p. 238) $\displaystyle\sum_n n u_n$ converge.

2) Réciproquement, supposons que $\displaystyle\sum_n n u_n$ converge.

On a : $\displaystyle \forall N \in \mathbb{N}, \quad \sum_{n=0}^{N} R_n = \sum_{n=1}^{N} n u_n + (N+1) \sum_{n=N+1}^{+\infty} u_n \leqslant \sum_{n=0}^{N} n u_n + \sum_{n=N+1}^{+\infty} n u_n = \sum_{n=0}^{+\infty} n u_n,$

donc (lemme p. 238), $\displaystyle\sum_n R_n$ converge.

3) Dans le cas de convergence, on a :

$$\begin{cases} \displaystyle\sum_{n=0}^{+\infty} n u_n \leqslant \sum_{n=0}^{+\infty} R_n & \text{d'après } 1) \\ \displaystyle\sum_{n=0}^{+\infty} R_n \leqslant \sum_{n=0}^{+\infty} n u_n & \text{d'après } 2) \end{cases}.$$

3.2.38 On a, pour tout n de $\mathbb{N}$:

$$\frac{1}{2}\int_0^n f''(t)\left(t-\mathrm{E}(t)-\frac{1}{2}\right)^2 \mathrm{d}t = \frac{1}{2}\sum_{k=0}^{n-1}\int_k^{k+1} f''(t)\left(t-k-\frac{1}{2}\right)^2 \mathrm{d}t.$$

Pour tout k de $\mathbb{N}$, deux intégrations par parties fournissent :

$$\frac{1}{2}\int_k^{k+1} f''(t)\left(t-k-\frac{1}{2}\right)^2 \mathrm{d}t = \frac{1}{8}(f'(k+1)-f'(k)) - \frac{1}{2}(f(k+1)+f(k)) + \int_k^{k+1} f.$$

D'où, pour tout n de $\mathbb{N}$:

$$\begin{aligned}\frac{1}{2}\int_0^n f''(t)\left(t-\mathrm{E}(t)-\frac{1}{2}\right)^2 \mathrm{d}t &= \frac{1}{8}\sum_{k=0}^{n-1}(f'(k+1)-f'(k)) - \frac{1}{2}\sum_{k=0}^{n-1}(f(k+1)+f(k)) + \int_0^n f \\ &= \frac{1}{8}(f'(n)-f'(0)) + \frac{1}{2}(f(n)+f(0)) - \sum_{k=0}^{n} f(k) + \int_0^n f.\end{aligned}$$

b) En appliquant *a)* à $f : t \longmapsto (t+1)^{-\alpha}$, on obtient,

en notant $I_n(\alpha) = \dfrac{1}{2}\displaystyle\int_0^n \frac{\alpha(\alpha+1)}{t^{\alpha+2}}\left(t-\mathrm{E}(t)-\frac{1}{2}\right)^2 \mathrm{d}t$:

$$\forall n \in \mathbb{N}^*,\quad \sum_{k=1}^{n}\frac{1}{k^\alpha} = \frac{1}{8}\left(-\frac{\alpha}{n^{\alpha+1}}+\alpha\right) + \frac{1}{2}\left(\frac{1}{n^\alpha}+1\right) + \frac{1}{\alpha-1} - \frac{1}{(\alpha-1)n^{\alpha-1}} - I_n(\alpha).$$

On a : $\forall n \in \mathbb{N}^*, 0 \leqslant I_n(\alpha) \leqslant \dfrac{1}{2}\displaystyle\int_0^n \frac{\alpha(\alpha+1)}{t^{\alpha+2}}\frac{1}{4}\,\mathrm{d}t \leqslant \frac{\alpha(\alpha+1)}{8}\int_0^{+\infty}\frac{\mathrm{d}t}{t^{\alpha+2}} = \frac{\alpha}{8}$.

D'où, en passant à la limite lorsque n tend vers l'infini :

$$\frac{1}{\alpha-1}+\frac{1}{2} \leqslant \zeta(\alpha) \leqslant \frac{1}{\alpha-1}+\frac{1}{2}+\frac{\alpha}{8}.$$

3.3.1 Appliquer la Remarque p. 254.

a) Prendre $\alpha_n = \mathrm{E}(\mathrm{e}^n)+1,\ \beta_n = \mathrm{E}(\mathrm{e}^{n+1})-1$.

b) Prendre $\alpha_n = \mathrm{E}\left(\mathrm{e}^{\mathrm{e}^{-\frac{\pi}{4}+2n\pi}}\right)+1,\ \beta_n = \mathrm{E}(\mathrm{e}^{\mathrm{e}^{\frac{\pi}{4}+2n\pi}})-1$.

3.3.2 *a)* $\left|(-1)^n\left(\tan\dfrac{1}{\sqrt{n}}-\sin\dfrac{1}{\sqrt{n}}\right)\right| \underset{n\infty}{\sim} \dfrac{1}{2n^{3/2}}$.

◇ **Réponse :** absolument convergente, donc convergente.

b) $\left|\left(1-\dfrac{n}{\ln n}\right)^{-n}\right| = \left(\dfrac{n}{\ln n}-1\right)^{-n} \leqslant 2^{-n}$ pour $n \longrightarrow \infty$.

◇ **Réponse :** absolument convergente, donc convergente.

c) $|\sin(\pi\sqrt{n^4+1})| = \left|\sin\left(\pi n^2\left(1+\dfrac{1}{n^4}\right)^{\frac{1}{2}}\right)\right| = \left|\sin\left(\pi n^2+\dfrac{\pi}{2n^2}+o\left(\dfrac{1}{n^2}\right)\right)\right| \underset{n\infty}{\sim} \dfrac{\pi}{2n^2}$.

◇ **Réponse :** absolument convergente, donc convergente.

d) $n^2\left|\left(\operatorname{th}\left(a+\dfrac{b}{n}\right)\right)^n\right| = n^2\left(\operatorname{th}\left|a+\dfrac{b}{n}\right|\right)^n = \exp\left(2\ln n + n\ln\operatorname{th}\left|a+\dfrac{b}{n}\right|\right) \xrightarrow[n\infty]{} 0,$

car $\ln\operatorname{th}\left|a+\dfrac{b}{n}\right| \xrightarrow[n\infty]{} \ln\operatorname{th}|a| < 0.$

◇ **Réponse :** absolument convergente, donc convergente.

e) **1e méthode**

$$u_n = \int_{\ln n}^{\ln(n+1)} \frac{\sin x}{\sqrt{x^3+x+1}}\,\mathrm{d}x \underset{y=e^x}{=} \int_n^{n+1} \frac{\sin(\ln y)}{y\sqrt{(\ln y)^3+\ln y+1}}\,\mathrm{d}y,$$

d'où $|u_n| \leqslant \displaystyle\int_n^{n+1} \frac{\mathrm{d}y}{y(\ln y)^{\frac{3}{2}}} \leqslant \frac{1}{n(\ln n)^{\frac{3}{2}}}$, et $\displaystyle\sum_{n\geqslant 2} \frac{1}{n(\ln n)^{3/2}}$ converge.

2e méthode

$$\sum_{k=1}^{n} \int_{\ln k}^{\ln(k+1)} \frac{\sin x}{\sqrt{x^3+x+1}}\,\mathrm{d}x = \int_0^{\ln(n+1)} \frac{\sin x}{\sqrt{x^3+x+1}}\,\mathrm{d}x \xrightarrow[n\infty]{} \int_0^{+\infty} \frac{\sin x}{\sqrt{x^3+x+1}}\,\mathrm{d}x$$

puisque $x \longmapsto \dfrac{\sin x}{\sqrt{x^3+x+1}}$ est intégrable sur $[0;+\infty[$.

◇ **Réponse :** convergente

3.3.3 Puisque $\sum_n u_n$ converge et $\sum_n |u_n|$ diverge et que $\left(\forall n\in\mathbb{N},\ u_n^+ = \dfrac{1}{2}(u_n+|u_n|)\right)$, on conclut : $\sum_n u_n^+$ diverge. De même, $\sum_n u_n^-$ diverge.

3.3.4

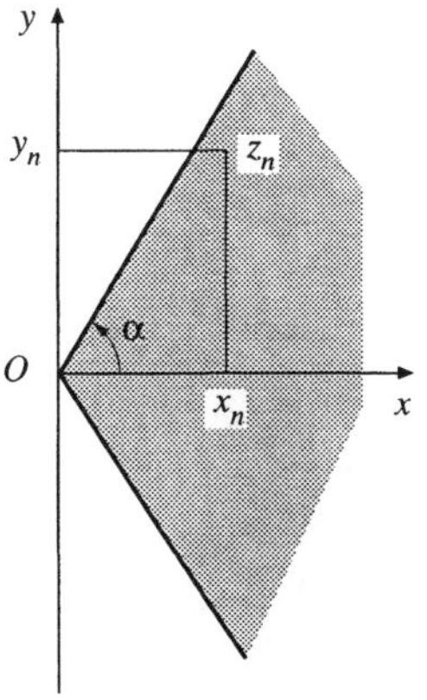

Notons, pour $n\in\mathbb{N}$: $x_n = \mathrm{Ré}(z_n)$, $y_n = \mathrm{Im}(z_n)$.

On a donc :

$$\forall n\in\mathbb{N},\quad \begin{cases} x_n > 0 \\ |y_n| \leqslant x_n \tan\alpha \end{cases}.$$

La série $\sum_n x_n$ converge (puisque $\sum_n z_n$ converge), donc $\sum_n |y_n|$ converge. Puis, comme :

$$\forall n\in\mathbb{N},\quad |z_n| = \sqrt{x_n^2+y_n^2} \leqslant x_n + |y_n|,$$

on conclut que $\sum_n |z_n|$ converge.

3.3.5 • $\forall n\in\mathbb{N},\ |u_{n+1}| = \left|\dfrac{n+1}{(n+2)^3}u_n + \dfrac{n}{(n+2)^3}\right|$

$$\leqslant \frac{n+1}{(n+2)^3}|u_n| + \frac{n}{(n+2)^3} \leqslant |u_n| + \frac{1}{(n+1)^2},$$

d'où en sommant : $\forall n\in\mathbb{N}^*,\ |u_n| \leqslant |u_0| + \displaystyle\sum_{k=1}^{n}\frac{1}{k^2} \leqslant M$ où $M = |u_0| + \displaystyle\sum_{k=1}^{+\infty}\frac{1}{k^2}$.

• $\forall n\in\mathbb{N},\quad |u_{n+1}| \leqslant \dfrac{n+1}{(n+2)^3}|u_n| + \dfrac{n}{(n+2)^3} \leqslant \dfrac{n+1}{(n+2)^3}M + \dfrac{n}{(n+2)^3} \leqslant \dfrac{M+1}{n^2}.$

◇ **Réponse :** converge absolument, donc converge.

3.3.6 • Montrer qu'il existe $C \in \mathbb{R}_+^*$ tel que :

$$\forall x \in \left]-\frac{1}{2}; +\infty\right[, \quad \left|\ln(1+x) - \left(x - \frac{x^2}{2}\right)\right| \leqslant C|x|^3.$$

• On a alors : $\forall k \in \mathbb{N} - \{0,1\}, \quad \left|\ln\left(1 + \frac{(-1)^{k-1}}{\sqrt{k}}\right) - \left(\frac{(-1)^{k-1}}{\sqrt{k}} - \frac{1}{2k}\right)\right| \leqslant \frac{C}{k^{3/2}}$. Il en résulte que la série $\sum_{k \geqslant 2}\left(\ln\left(1 + \frac{(-1)^{k-1}}{\sqrt{k}}\right) - \left(\frac{(-1)^{k-1}}{\sqrt{k}} - \frac{1}{2^k}\right)\right)$ converge absolument, donc converge.

En notant, pour $n \in \mathbb{N} - \{0,1\}$, $u_n = \sum_{k=2}^{n} \ln\left(1 + \frac{(-1)^{k-1}}{\sqrt{k}}\right)$, $v_n = \sum_{k=2}^{n} \frac{(-1)^{k-1}}{\sqrt{k}}$, $w_n = -\sum_{k=2}^{n} \frac{1}{2^k}$, il existe donc $L \in \mathbb{R}$ tel que : $u_n - (v_n + w_n) \underset{n\infty}{\longrightarrow} L$.

• La série $\sum_{n \geqslant 2} v_n$ est semi-convergente; notons $V = \sum_{n=2}^{+\infty} v_n$.

D'autre part (cf. 3.3.7 *2)* Exemple p. 274) : $w_n = -\frac{1}{2}\sum_{k=2}^{n}\frac{1}{k} = -\frac{1}{2}\left(-1 + \ln n + \gamma + \underset{n\infty}{o}(1)\right)$.

On déduit : $u_n = -\frac{1}{2}\ln n + \frac{1-\gamma}{2} + L + V + o(1)$,

et donc $\prod_{k=2}^{n}\left(1 + \frac{(-1)^{k-1}}{\sqrt{k}}\right) \underset{n\infty}{\sim} \frac{a}{\sqrt{n}}$, où $a = \mathrm{e}^{\frac{1-\gamma}{2} + L + V}$.

3.3.7 Notons, pour tout k de $\mathbb{N}$, $S_k = \{n \in \mathbb{N}^*;\ k \leqslant |a_n| < k+1\}$. Pour $k \in \mathbb{N}^*$ fixé, les disques $\left\{z \in \mathbb{C};\ |z - a_n| \leqslant \frac{1}{2}\right\}$ sont deux à deux extérieurs et tous inclus dans la couronne

$\{z \in \mathbb{C};\ k - \frac{1}{2} \leqslant |z| \leqslant k + \frac{1}{2}\}$. En passant aux aires, on a donc :

$$\forall k \in \mathbb{N}^*, \quad \frac{\pi}{4}\operatorname{Card}(S_k) \leqslant \pi\left(\left(k + \frac{3}{2}\right)^2 - \left(k - \frac{1}{2}\right)^2\right) = 2\pi(2k+1),$$

d'où : $\forall k \in \mathbb{N}^*$, $\operatorname{Card}(S_k) \leqslant 8(2k+1)$, et donc :

$\forall k \in \mathbb{N}^*, \sum_{n \in S_k} \frac{1}{|a_n|^3} \leqslant \frac{8(2k+1)}{k^3} \leqslant \frac{24}{k^2}$.

D'autre part, on voit facilement que $\operatorname{Card}(S_0) \leqslant 9$. Ceci montre que la série $\sum_{k \geqslant 0}\left(\sum_{n \in S_k}\frac{1}{|a_n|^3}\right)$ converge.

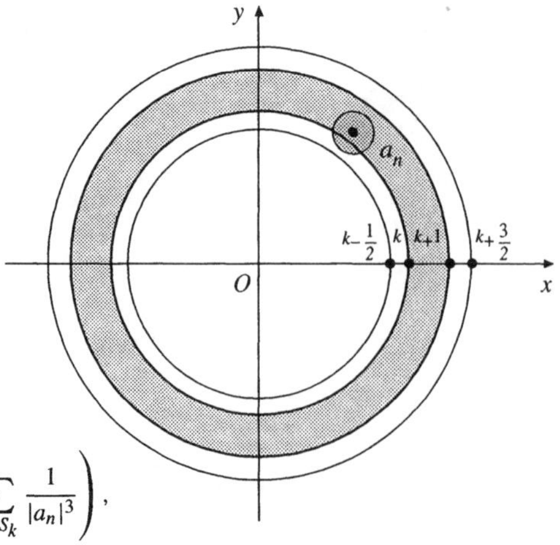

Pour tout $N \in \mathbb{N}^*$, il existe $K \in \mathbb{N}$ tel que :

$$\forall n \in \{1, \ldots, N\}, \quad |a_n| \leqslant K,$$

et on a alors

$$\sum_{n=1}^{N}\frac{1}{|a_n|^3} \leqslant \sum_{k=0}^{K}\left(\sum_{n \in S_k}\frac{1}{|a_n|^3}\right) \leqslant \sum_{k=0}^{+\infty}\left(\sum_{n \in S_k}\frac{1}{|a_n|^3}\right),$$

ce qui montre que $\sum_{n \geqslant 1}\frac{1}{|a_n|^3}$ converge.

3.3.8

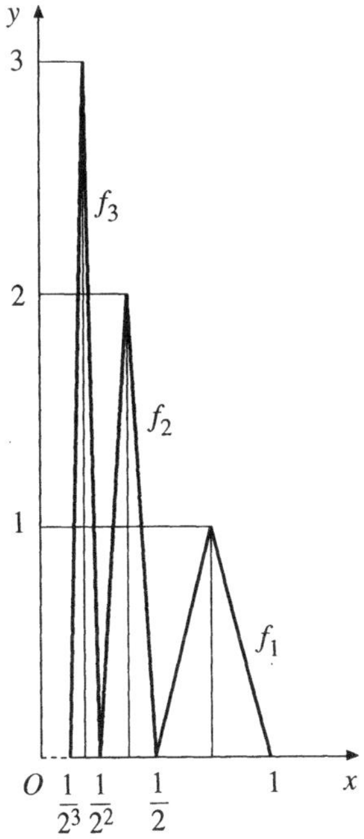

1) $||f_n||_1 = \dfrac{n}{2^n}$, donc $\sum_n ||f_n||_1$ converge.

2) Supposons que $\sum_{n\geqslant 1} f_n$ converge dans $(E, ||.||_1)$, et notons $S = \sum_{n=1}^{+\infty} f_n$.

Notons, pour chaque n de $\mathbb{N}^*$, $S_n = \sum_{k=1}^{n} f_k$. Soit $x \in]0;1]$; considérons $N = \mathrm{E}\left(\dfrac{\ln\left(\frac{1}{x}\right)}{\ln 2}\right) + 2$, de sorte que $\dfrac{1}{2^{N-1}} \leqslant x$.

Pour tout n de $\mathbb{N}^*$ tel que $n \geqslant N$, on a :

$$||S - S_n||_1 = \int_0^1 |S - S_n| \geqslant \int_x^1 |S - S_n| = \int_x^1 |S - S_N|.$$

Comme $||S - S_n||_1 \xrightarrow[n\infty]{} 0$, il s'ensuit $\int_x^1 |S - S_N| = 0$, donc $(\forall t \in]x;1],\ S(t) = S_N(t))$, et en particulier $S(x) = S_N(x)$.

Mais alors, pour tout k de $\mathbb{N}^*$, en appliquant le résultat précédent à $x = \dfrac{1}{2}\left(\dfrac{1}{2^k} + \dfrac{1}{2^{k-1}}\right)$, on obtient $S(x) = k$, et ceci montre que S n'est pas bornée au voisinage de 0, contradiction avec $S \in E$.

Finalement, $\sum_n f_n$ ne converge pas dans E.

3.3.9 *a)* Pour montrer que $\left(n^{-(1+\frac{1}{n})}\right)_{n\in\mathbb{N}^*}$ décroît, étudier les variations de $f: \begin{array}{l}[1;+\infty[\longrightarrow \mathbb{R}\\ x \longmapsto \left(1+\frac{1}{x}\right)\ln x\end{array}$

On pourra alors appliquer le TSCSA.

◇ **Réponse :** converge.

b) • Si $a \geqslant 0$, alors $|u_n| = \dfrac{1}{n^{1+n^a}} \leqslant \dfrac{1}{n^2}$.

• Si $a < 0$, étudier les variations de $f: \begin{array}{l}[1;+\infty[\longrightarrow \mathbb{R}\\ x \longmapsto -(1+x^a)\ln x\end{array}$ afin d'appliquer le TSCSA.

◇ **Réponse :** converge pour tout a de $\mathbb{R}$.

c) Le TSCSA s'applique car $(|u_n|)_{n\geqslant 1}$ décroît et $|u_n| \xrightarrow[n\infty]{} 0$ (puisque $1 + \frac{1}{2} + \ldots + \frac{1}{n} \xrightarrow[n\infty]{} +\infty$).

◇ **Réponse :** converge.

d) • $|u_n| = \dfrac{1}{\ln(n!)} \sum_{k=1}^{n} \dfrac{1}{k} \underset{n\infty}{\sim} \dfrac{\ln n}{n \ln n} = \dfrac{1}{n} \xrightarrow[n\infty]{} 0.$

• $|u_n| - |u_{n+1}| = \dfrac{\left(\sum_{k=1}^{n} \frac{1}{k}\right)\ln(n+1) - \frac{1}{n+1}\sum_{k=1}^{n}\ln k}{\ln(n!)\ln((n+1)!)}$

Comme $\sum_{k=1}^{n} \dfrac{1}{k} \underset{n\infty}{\sim} \ln n$ et $\sum_{k=1}^{n} \ln k \underset{n\infty}{\sim} n \ln n$, on déduit $|u_n| - |u_{n+1}| \underset{n\infty}{\sim} \dfrac{(\ln n)^2}{(n \ln n)^2} = \dfrac{1}{n^2} > 0$, ce qui montre que $(|u_n|)_{n\geqslant 2}$ décroît à partir d'un certain rang.

f) $\ln(n+\sqrt{n^2+1}) = \ln n + \ln 2 + O\left(\frac{1}{n^2}\right)$,

d'où $$\frac{(-1)^n \ln(n+\sqrt{n^2+1})}{\sqrt{n+2}} = \frac{(-1)^n \ln n}{\sqrt{n+2}} + \frac{(-1)^n \ln 2}{\sqrt{n+2}} + O\left(\frac{1}{n^{\frac{5}{2}}}\right).$$

◇ **Réponse :** converge.

g) $(-1)^n \operatorname{Arcsin}\left(\frac{n+1}{n^2+3}\right) = \frac{(-1)^n}{n} + O\left(\frac{1}{n^2}\right)$.

◇ **Réponse :** converge.

h) $\frac{(-1)^n}{\sqrt{n}} \cos\frac{1}{n} = \frac{(-1)^n}{\sqrt{n}} + O\left(\frac{1}{n^{\frac{3}{2}}}\right)$.

◇ **Réponse :** converge.

i) $(-1)^n \sqrt[n]{n} \sin\frac{1}{n} = \frac{(-1)^n}{n} + O\left(\frac{\ln n}{n^2}\right)$.

◇ **Réponse :** converge.

j) $\frac{(-1)^n \sqrt{n} \sin\frac{1}{\sqrt{n}}}{\sqrt{n}+(-1)^n} = \frac{(-1)^n}{\sqrt{n}} - \frac{1}{n} + O\left(\frac{1}{n^{\frac{3}{2}}}\right)$.

◇ **Réponse :** diverge.

k) $\frac{(-1)^n}{\cos n + n^{\frac{3}{4}}} = \frac{(-1)^n}{n^{\frac{3}{4}}} + O\left(\frac{1}{n^{\frac{3}{2}}}\right)$.

◇ **Réponse :** converge.

l) $(-1)^n n^{-\tan\left(\frac{\pi}{4}+\frac{1}{n}\right)} = \frac{(-1)^n}{n} + O\left(\frac{\ln n}{n^2}\right)$.

◇ **Réponse :** converge.

m) $(-1)^n \ln\frac{n(n+2)}{n^2-n+1} = 3\frac{(-1)^n}{n} + O\left(\frac{1}{n^2}\right)$.

◇ **Réponse :** converge.

n) $\frac{(-1)^n}{n-\ln n} = \frac{(-1)^n}{n} + O\left(\frac{\ln n}{n^2}\right)$.

◇ **Réponse :** converge.

o) $\frac{(-1)^n}{(\ln n+(-1)^n)^2} = \frac{(-1)^n}{(\ln n)^2} + v_n$, où $v_n \underset{n\infty}{\sim} -\frac{2}{(\ln n)^3}$.

◇ **Réponse :** diverge.

p) $\frac{(-1)^n \sqrt[n]{n}}{\ln n} = \frac{(-1)^n}{\ln n} + \frac{(-1)^n}{n} + O\left(\frac{\ln n}{n^2}\right)$.

◇ **Réponse :** converge.

q) $\frac{(-1)^n}{\ln n + (-1)^n \ln\ln n} = \frac{(-1)^n}{\ln n} + v_n$, où $v_n \underset{n\infty}{\sim} -\frac{\ln\ln n}{(\ln n)^2}$.

◇ **Réponse :** diverge.

r) $\frac{(-1)^n}{\sqrt{n}\ln n + (-1)^n} = \frac{(-1)^n}{\sqrt{n}\ln n} + O\left(\frac{1}{n(\ln n)^2}\right)$.

◇ **Réponse :** converge.

s) $(-1)^n\left(\left(1+\dfrac{1}{n}\right)^{-n}-\mathrm{e}^{-1}\right)=\dfrac{(-1)^n}{2\mathrm{e}n}+O\left(\dfrac{1}{n^2}\right).$

◇ **Réponse :** converge.

t) $(-1)^n\left(\left(1+\dfrac{1}{n^2}\right)^{n}-1\right)=\dfrac{(-1)^n}{n}+O\left(\dfrac{1}{n^2}\right).$

◇ **Réponse :** converge.

u) $(-1)^n\left((n+1)^{\frac{1}{n+1}}-n^{\frac{1}{n}}\right)=O\left(\left(\dfrac{\ln n}{n}\right)^2\right)$

◇ **Réponse :** converge.

v) $\ln\left(1+(-1)^n\dfrac{\ln n}{n}\right)=\dfrac{(-1)^n\ln n}{n}+O\left(\dfrac{(\ln n)^2}{n^2}\right)$

◇ **Réponse :** converge.

w) $\cos\left(\pi n^2\ln\dfrac{n}{n-1}\right)=(-1)^{n+1}\dfrac{\pi}{3n}+O\left(\dfrac{1}{n^2}\right).$

◇ **Réponse :** converge.

x) $\sin\left(2\pi\sqrt{n^2+(-1)^n}\right)=\dfrac{(-1)^n\pi}{n}+O\left(\dfrac{1}{n^2}\right).$

◇ **Réponse :** converge.

y) $\sin\left((1+(-1)^n\sqrt{n})^{-1}\right)=\dfrac{(-1)^n}{\sqrt{n}}-\dfrac{1}{n}+O\left(\dfrac{1}{n^{\frac{3}{2}}}\right).$

◇ **Réponse :** diverge.

z) $\ln\left(1+\dfrac{(-1)^n}{n^a}\right)=\dfrac{(-1)^n}{n^a}+v_n,$ où $v_n\underset{n\infty}{\sim}-\dfrac{1}{2n^{2a}}.$

◇ **Réponse :** converge si et seulement si $a>\dfrac{1}{2}$.

a′) $\ln\dfrac{n+(-1)^n\sqrt{n}+a}{n+(-1)^n\sqrt{n}+b}=\dfrac{a-b}{n}+O\left(\dfrac{1}{n^2}\right).$

◇ **Réponse :** converge si et seulement si $a=b$.

b′) $\dfrac{(-1)^n}{\sqrt{n^a+(-1)^n}}=\dfrac{(-1)^n}{n^{\frac{a}{2}}}+v_n$, où $v_n\underset{n\infty}{\sim}-\dfrac{1}{2n^{\frac{3a}{2}}}.$

◇ **Réponse :** converge si et seulement si $a>\dfrac{2}{3}$.

c′) Pour tout n de $\mathbb{N}^*$, $x\longmapsto\dfrac{\ln x}{x(x+1)}$ est intégrable sur $[n;+\infty[$, et :

$$\int_n^{+\infty}\frac{\ln x}{x(x+1)}\,\mathrm{d}x=\int_n^{+\infty}\frac{\ln x}{x^2}\,\mathrm{d}x-\int_n^{+\infty}\frac{\ln x}{x^2(x+1)}\,\mathrm{d}x.$$

Une intégration par parties fournit $\displaystyle\int_n^{+\infty}\frac{\ln x}{x^2}\,\mathrm{d}x=\frac{\ln n}{n}+\frac{1}{n}.$

D'autre part :

$$0\leqslant\int_n^{+\infty}\frac{\ln x}{x^2(x+1)}\,\mathrm{d}x\leqslant\int_n^{+\infty}\frac{\ln x}{x^3}\,\mathrm{d}x=\frac{\ln n}{2n^2}+\frac{1}{4n^2}.$$

On obtient ainsi : $\displaystyle\int_n^{+\infty} \frac{\ln x}{x(x+1)}\,dx = \frac{\ln n}{n} + \frac{1}{n} + O\left(\frac{\ln n}{n^2}\right)$

- Si $a \geqslant 1$, alors $|u_n| \underset{n\infty}{\sim} n^{a-1}\ln n \underset{n\infty}{\longrightarrow} +\infty$.
- Si $a < 0$, alors $|u_n| \underset{n\infty}{\sim} n^{a-1}\ln n$ et donc $\sum_n |u_n|$ converge.
- Si $0 \leqslant a < 1$, alors $u_n = (-1)^n \dfrac{\ln n}{n^{1-a}} + \dfrac{(-1)^n}{n^{1-a}} + O\left(\dfrac{\ln n}{n^{2-a}}\right)$, et donc $\sum_n u_n$ converge.

◇ **Réponse :** converge si et seulement si $a < 1$.

3.3.13 Montrer successivement :

- $\forall n \in \mathbb{N}, u_n \geqslant 0$
- $\forall n \in \mathbb{N}, 0 \leqslant u_{n+1} = \dfrac{e^{-u_n}}{n+1} \leqslant \dfrac{1}{n+1}$, donc $u_n \underset{n\infty}{\longrightarrow} 0$
- $u_{n+1} = \dfrac{e^{-u_n}}{n+1} \underset{n\infty}{\sim} \dfrac{1}{n+1}$, donc $u_n \underset{n\infty}{\sim} \dfrac{1}{n}$
- $u_{n+1} = \dfrac{1}{n}\left(1+\dfrac{1}{n}\right)^{-1} e^{-\frac{1}{n}+o\left(\frac{1}{n^2}\right)} = \dfrac{1}{n} + O\left(\dfrac{1}{n^2}\right)$
- $(-1)^n u_n = \dfrac{(-1)^n}{n} + O\left(\dfrac{1}{n^2}\right)$.

◇ **Réponse :** converge.

3.3.14 *a)* $\dfrac{n^n}{n!e^n} \underset{n\infty}{\sim} \dfrac{1}{\sqrt{2\pi n}}$.

◇ **Réponse :** diverge.

b) $\dfrac{n^a n! e^n}{(n+1)^n} \underset{n\infty}{\sim} \dfrac{\sqrt{2\pi}}{e} n^{a+\frac{1}{2}}$.

◇ **Réponse :** converge si et seulement si $a < -\dfrac{3}{2}$.

c) $\dfrac{(2n)!}{n!a^n n^n} \underset{n\infty}{\sim} \sqrt{2}\left(\dfrac{4}{ea}\right)^n$.

◇ **Réponse :** converge si et seulement si $a > \dfrac{4}{e}$.

d) $\dfrac{(n!)^a n^{bn}}{((2n)!)^c} \underset{n\infty}{\sim} K n^{(a+b-2c)n} n^{\frac{a-c}{2}} (e^{2c-a}2^{-2c})^n$, où $K = 2^{\frac{a}{2}-c}\pi^{\frac{a-c}{2}}$.

◇ **Réponse :** converge si et seulement si :

$$(a+b-2c<0) \quad \text{ou} \quad \begin{cases} a+b-2c=0 \\ 2(1-\ln 2)c - a < 0 \end{cases} \quad \text{ou} \quad \begin{cases} a+b-2c=0 \\ 2(1-\ln 2)c - a = 0. \\ a-c+2<0 \end{cases}$$

e) • $\dfrac{|u_{n+1}|}{|u_n|} = \dfrac{2n+1}{2n+2} < 1$.

De la formule de Stirling $\left(n! \underset{n\infty}{\sim} \left(\dfrac{n}{e}\right)^n \sqrt{2\pi n}\right)$, on déduit $|u_n| \underset{n\infty}{\sim} \dfrac{1}{\sqrt{\pi n}}$ et donc $|u_n| \underset{n\infty}{\longrightarrow} 0$.

On peut alors appliquer le TSCSA.

◇ **Réponse :** converge.

3.3.15 On a : $\left(1+\dfrac{1}{n}\right)^{n^2} = \exp\left(n^2\ln\left(1+\dfrac{1}{n}\right)\right) = \exp\left(n-\dfrac{1}{2}+o(1)\right) \underset{n\infty}{\sim} e^{n-\frac{1}{2}}$,

d'où, en utilisant la formule de Stirling :

$$\left(1+\frac{1}{n}\right)^{n^2}\frac{n!}{n^n\sqrt{n}} \underset{n\infty}{\sim} \frac{e^{n-\frac{1}{2}}n^n e^{-n}\sqrt{2\pi n}}{n^n\sqrt{n}} = \sqrt{\frac{2\pi}{e}}.$$

◇ **Réponse :** $\sqrt{\dfrac{2\pi}{e}}$.

3.3.16 Pour tout n de $\mathbb{N}^*$:

$$\int_n^{n+1}\frac{x-\frac{1}{2}-E(x)}{x}\,dx = \int_n^{n+1}\left(1-\frac{\frac{1}{2}+n}{x}\right)dx = 1-\left(n+\frac{1}{2}\right)\left(\ln(n+1)-\ln n\right),$$

d'où :

$$\begin{aligned}
\int_1^{n+1}\frac{x-\frac{1}{2}-E(x)}{x}\,dx &= \sum_{k=1}^{n}\left(1-\left(k+\frac{1}{2}\right)\left(\ln(k+1)-\ln k\right)\right)\\
&= n-\sum_{k=1}^{n}\left(k+\frac{1}{2}\right)\ln(k+1)+\sum_{k=1}^{n}\left(k+\frac{1}{2}\right)\ln k\\
&= n+\sum_{k=2}^{n}\left(\left(k+\frac{1}{2}\right)-\left(k-\frac{1}{2}\right)\right)\ln k-\left(n+\frac{1}{2}\right)\ln(n+1)\\
&= n+\ln(n!)-\left(n+\frac{1}{2}\right)\left(\ln n+\frac{1}{n}+\underset{n\infty}{o}\left(\frac{1}{n}\right)\right)\\
&= n+\left(n\ln n-n+\frac{1}{2}\ln n+\frac{1}{2}\ln(2\pi)+o(1)\right)-\left(n\ln n+\frac{1}{2}\ln n+1+o(1)\right)\\
&= \frac{1}{2}\ln(2\pi)-1+\underset{n\infty}{o}(1).
\end{aligned}$$

De plus, pour tout X de $[1;+\infty[$: $\left|\displaystyle\int_{E(X)}^{X}\frac{x-\frac{1}{2}-E(x)}{x}\,dx\right| \leqslant \displaystyle\int_{E(X)}^{X}\frac{\frac{1}{2}}{x}\,dx \leqslant \frac{1}{2E(X)} \underset{X\to+\infty}{\longrightarrow} 0.$

Il en résulte que l'intégrale impropre $\displaystyle\int_1^{\to+\infty}\frac{x-\frac{1}{2}-E(x)}{x}\,dx$ converge

et que $\displaystyle\int_1^{+\infty}\frac{x-\frac{1}{2}-E(x)}{x}\,dx = \frac{1}{2}\ln(2\pi)-1.$

◇ **Réponse :** $\displaystyle\int_1^{+\infty}\frac{x-\frac{1}{2}-E(x)}{x}\,dx = \frac{1}{2}\ln(2\pi)-1.$

3.3.17 *a)* Les deux séries proposées sont absolument convergentes et :

$$\begin{aligned}
\sum_{n=0}^{+\infty}x^n\cos n\theta + i\sum_{n=0}^{+\infty}x^n\sin n\theta &= \sum_{n=0}^{+\infty}(xe^{i\theta})^n = \frac{1}{1-xe^{i\theta}} = \frac{1-xe^{-i\theta}}{(1-xe^{i\theta})(1-xe^{-i\theta})}\\
&= \frac{1-x\cos\theta+ix\sin\theta}{1-2x\cos\theta+x^2}.
\end{aligned}$$

◇ **Réponse :** Pour tout (x,θ) de $]-1;1[\times\mathbb{R}$:

$$\sum_{n=0}^{+\infty} x^n \cos n\theta = \frac{1 - x\cos\theta}{1 - 2x\cos\theta + x^2}, \quad \sum_{n=0}^{+\infty} x^n \sin n\theta = \frac{x\sin\theta}{1 - 2x\cos\theta + x^2}.$$

b) Les deux séries proposées sont absolument convergentes car $|x^n \operatorname{ch} n\theta| \underset{n\infty}{\sim} \frac{1}{2}(|x|e^{|\theta|})^n$, $|x^n \operatorname{sh} n\theta| \underset{n\infty}{\sim} \frac{1}{2}(|x|e^{|\theta|})^n$ et $|x|e^{|\theta|} < 1$. On a :

$$\sum_{n=0}^{+\infty} x^n \operatorname{ch} n\theta + \sum_{n=0}^{+\infty} x^n \operatorname{sh} n\theta = \sum_{n=0}^{+\infty} (xe^\theta)^n = \frac{1}{1 - xe^\theta} = \frac{1 - xe^{-\theta}}{(1 - xe^\theta)(1 - xe^{-\theta})} = \frac{1 - x\operatorname{ch}\theta + x\operatorname{sh}\theta}{1 - 2x\operatorname{ch}\theta + x^2}.$$

Pour x fixé, prendre les parties paire et impaire.

◇ **Réponse :** Pour tout $(x,\theta) \in \mathbb{R}^2$ tel que $|x|e^{|\theta|} < 1$:

$$\sum_{n=0}^{+\infty} x^n \operatorname{ch} n\theta = \frac{1 - x\operatorname{ch}\theta}{1 - 2x\operatorname{ch}\theta + x^2}, \quad \sum_{n=0}^{+\infty} x^n \operatorname{sh} n\theta = \frac{x\operatorname{sh}\theta}{1 - 2x\operatorname{ch}\theta + x^2}.$$

c) C'est un cas particulier de *a)* :

$$\sum_{n=1}^{+\infty} \frac{\cos nx}{2^n \cos^n x} + i \sum_{n=1}^{+\infty} \frac{\sin nx}{2^n \cos^n x} = \frac{1}{1 - \dfrac{e^{ix}}{2\cos x}} - 1 = \frac{\cos x + i\sin x}{\cos x - i\sin x} = e^{2ix}.$$

◇ **Réponse :** Pour tout x de $\mathbb{R}$ tel que $|\cos x| > \frac{1}{2}$:

$$\sum_{n=0}^{+\infty} \frac{\cos nx}{2^n \cos^n x} = \cos 2x, \quad \sum_{n=0}^{+\infty} \frac{\sin nx}{2^n \cos^n x} = \sin 2x.$$

d) Analogue à *c)*.

◇ **Réponse :** Pour tout x de $\mathbb{R}$: $\displaystyle\sum_{n=1}^{+\infty} \frac{\operatorname{ch} nx}{2^n \operatorname{ch}^n x} = \operatorname{ch} 2x, \quad \sum_{n=1}^{+\infty} \frac{\operatorname{sh} nx}{2^n \operatorname{ch}^n x} = \operatorname{sh} 2x.$

Dans les exemples e) à v), faire apparaître une série télescopique.

e) $\displaystyle\sum_{k=2}^{n} \ln \frac{(\ln(k+1))^2}{(\ln k)(\ln(k+2))} = \sum_{k=2}^{n} (2\ln\ln(k+1) - \ln\ln k - \ln\ln(k+2))$

$\displaystyle = \ln\ln 3 - \ln\ln 2 + \ln\ln(n+1) - \ln\ln(n+2) = \ln\frac{\ln 3}{\ln 2} - \ln\frac{\ln(n+2)}{\ln(n+1)} \underset{n\infty}{\longrightarrow} \ln\frac{\ln 3}{\ln 2}.$

◇ **Réponse :** $\ln\dfrac{\ln 3}{\ln 2}$.

f) $\displaystyle\sum_{k=0}^{n} \frac{1 + \sqrt{k+1} - 2\sqrt{k}}{2^{k+1}} = \sum_{k=0}^{n} \frac{1}{2^{k+1}} + \sum_{k=0}^{n} \left(\frac{\sqrt{k+1}}{2^{k+1}} - \frac{\sqrt{k}}{2^k} \right) = 1 - \frac{1}{2^{n+1}} + \frac{\sqrt{n+1}}{2^{n+1}} \underset{n\infty}{\longrightarrow} 1.$

◇ **Réponse :** 1.

g) $\displaystyle\frac{1}{n\sqrt{n+1} + (n+1)\sqrt{n}} = \frac{(n+1)\sqrt{n} - n\sqrt{n+1}}{(n+1)^2 n - n^2(n+1)} = \frac{1}{\sqrt{n}} - \frac{1}{\sqrt{n+1}}.$

◇ **Réponse :** 1.

h) Montrer d'abord que, pour tout n de $\mathbb{N}^*$: $u_n = \begin{cases} \dfrac{1}{k^2+2k} & \text{s'il existe } k \in \mathbb{N}^* \text{ tel que } n = k^2+2k \\ 0 & \text{sinon.} \end{cases}$

Puis : $\displaystyle\sum_{k=1}^{n} \frac{1}{k^2+2k} = \frac{1}{2}\sum_{k=1}^{n}\left(\frac{1}{k} - \frac{1}{k+2}\right) = \frac{1}{2}\left(1 + \frac{1}{2} - \frac{1}{n+1} - \frac{1}{n+2}\right) \underset{n\infty}{\longrightarrow} \frac{3}{4}$.

◇ **Réponse :** $\dfrac{3}{4}$.

i) Remarquer : $\operatorname{Arctan} \dfrac{a}{1+a^2n+a^2n^2} = \operatorname{Arctan}(a(n+1)) - \operatorname{Arctan}(an)$.

◇ **Réponse :** $\dfrac{\pi}{2}\operatorname{sgn}(a)$.

j) Remarquer : $\operatorname{Arctan} \dfrac{8n}{n^4-2n^2+5} = \operatorname{Arctan}\left(\dfrac{1}{2}(n+1)^2\right) - \operatorname{Arctan}\left(\dfrac{1}{2}(n-1)^2\right)$,

d'où $\displaystyle\sum_{k=1}^{n} \operatorname{Arctan}\frac{8k}{k^4-2k^2+5} = \operatorname{Arctan}\left(\frac{1}{2}n^2\right) + \operatorname{Arctan}\left(\frac{1}{2}(n+1)^2\right) - \operatorname{Arctan}\frac{1}{2}$.

◇ **Réponse :** $\pi - \operatorname{Arctan}\dfrac{1}{2}$.

k) Une décomposition en éléments simples dans $\mathbb{R}(X)$ fournit :

$$\frac{1}{X^4+X^2+1} = \frac{1}{2}\left(\frac{-X+1}{X^2-X+1} + \frac{X+1}{X^2+X+1}\right),$$

d'où, pour tout n de $\mathbb{N}$: $\dfrac{2}{n!(n^4+n^2+1)} = \dfrac{-n+1}{n!(n^2-n+1)} + \dfrac{n+1}{n!(n^2+n+1)}$.

En notant $\alpha_n = \dfrac{-n+1}{n!(n^2-n+1)}$, on a : $\alpha_{n+1} = \dfrac{-n}{(n+1)!(n^2+n+1)}$, d'où l'on déduit :

$$\frac{2}{n!(n^4+n^2+1)} = \alpha_n - \alpha_{n+1} + \frac{1}{(n+1)!}.$$

Alors $\displaystyle 2\sum_{k=0}^{n} \frac{1}{k!(k^4+k^2+1)} = \alpha_0 - \alpha_{n+1} + \sum_{k=0}^{n}\frac{1}{(k+1)!} \underset{n\infty}{\longrightarrow} 1 + (\mathrm{e}-1) = \mathrm{e}$.

◇ **Réponse :** $\dfrac{\mathrm{e}}{2}$.

l) Remarquer : $\dfrac{1}{\operatorname{sh} na \operatorname{sh}(n+1)a} = \dfrac{1}{\operatorname{sh} a}(\coth na - \coth(n+1)a)$.

◇ **Réponse :** $\dfrac{\operatorname{ch} a - \operatorname{sh} a}{\operatorname{sh}^2 a}$, ou encore $\dfrac{4\mathrm{e}^a}{(\mathrm{e}^{2a}-1)^2}$.

m) Remarquer : $\dfrac{1}{\operatorname{ch} na \operatorname{ch}(n+1)a} = \dfrac{1}{\operatorname{sh} a}(\operatorname{th}(n+1)a - \operatorname{th} na)$.

◇ **Réponse :** $\dfrac{1}{\operatorname{sh} a}$.

n) Remarquer : $\dfrac{z^{2^n}}{z^{2^{n+1}}-1} = \dfrac{1}{z^{2^n}-1} - \dfrac{1}{z^{2^{n+1}}-1}$.

Alors : $\displaystyle\sum_{k=0}^{n} \frac{z^{2^k}}{z^{2^{k+1}}-1} = \frac{1}{z-1} - \frac{1}{z^{2^{n+1}}-1} \underset{n\infty}{\longrightarrow} \begin{cases} \dfrac{1}{z-1} & \text{si } |z| > 1. \\ \dfrac{1}{z-1}+1 & \text{si } |z| < 1. \end{cases}$

◇ **Réponse :** $\begin{cases} \dfrac{1}{z-1} & \text{si } |z| > 1 \\ \dfrac{z}{z-1} & \text{si } |z| < 1 \end{cases}$.

o) Remarquer : $\dfrac{1}{1-z^n} - \dfrac{1}{1-z^{n+1}} = \dfrac{z^n(1-z)}{(1-z^n)(1-z^{n+1})}$,

d'où $\displaystyle\sum_{k=1}^{n} \frac{z^k}{(1-z^k)(1-z^{k+1})} = \frac{1}{1-z}\left(\frac{1}{1-z} - \frac{1}{1-z^{n+1}}\right) \underset{n\infty}{\longrightarrow} \frac{1}{1-z}\left(\frac{1}{1-z} - 1\right)$.

◇ **Réponse :** $\dfrac{z}{(1-z)^2}$.

p) On a :

$$4\frac{(-1)^n}{3^n}\cos^3(3^n\theta) = \frac{(-1)^n}{3^n}(3\cos(3^n\theta) + \cos(3^{n+1}\theta)) = \frac{(-1)^n}{3^{n-1}}\cos(3^n\theta) - \frac{(-1)^{n+1}}{3^n}\cos(3^{n+1}\theta),$$

d'où $\displaystyle\sum_{k=0}^{n} \frac{(-1)^k}{3^k}\cos^3(3^k\theta) = \frac{1}{4}\left(3\cos\theta - \frac{(-1)^{n+1}}{3^n}\cos(3^{n+1}\theta)\right) \underset{n\infty}{\longrightarrow} \frac{3}{4}\cos\theta$.

◇ **Réponse :** $\dfrac{3}{4}\cos\theta$.

q) Analogue à *p)*.

◇ **Réponse :** $\dfrac{3}{4}\sin\theta$.

r) On a : $3^n \operatorname{sh}^3 \dfrac{x}{3^n} = \dfrac{1}{4}3^n\left(\operatorname{sh}\dfrac{x}{3^{n-1}} - 3\operatorname{sh}\dfrac{x}{3^n}\right)$,

d'où : $\displaystyle\sum_{k=0}^{n} 3^k \operatorname{sh}^3\frac{x}{3^k} = \frac{1}{4}\left(\operatorname{sh}3x - 3^{n+1}\operatorname{sh}\frac{x}{3^n}\right) \underset{n\infty}{\longrightarrow} \frac{1}{4}(\operatorname{sh}3x - 3x)$.

◇ **Réponse :** $\dfrac{1}{4}(\operatorname{sh}3x - 3x)$.

s) Remarquer pour tout t de $\left]-\dfrac{\pi}{4}; \dfrac{\pi}{4}\right[- \{0\}$: $\dfrac{2}{\tan 2t} = \dfrac{1-\tan^2 t}{\tan t} = \dfrac{1}{\tan t} - \tan t$,

d'où $\tan t = \dfrac{1}{\tan t} - \dfrac{2}{\tan 2t}$, et donc, pour $k \in \mathbb{N}^*$: $\dfrac{1}{2^k}\tan\dfrac{x}{2^k} = \dfrac{1}{2^k\tan\dfrac{x}{2^k}} - \dfrac{1}{2^{k-1}\tan\dfrac{x}{2^{k-1}}}$

◇ **Réponse :** $\begin{cases} \dfrac{1}{x} - \dfrac{1}{\tan x} + \tan x & \text{si } x \in \left]-\dfrac{\pi}{2}; \dfrac{\pi}{2}\right[- \{0\} \\ 0 & \text{si } x = 0 \end{cases}$.

t) Remarquer : $\forall t \in \mathbb{R}, \quad 2\operatorname{ch}t - 1 = \dfrac{2\operatorname{ch}2t + 1}{2\operatorname{ch}t + 1}$, d'où :

$$\sum_{k=0}^{n} \ln\left(2\operatorname{ch}\frac{x}{2^k} - 1\right) = \sum_{k=0}^{n}\left(\ln\left(2\operatorname{ch}\frac{x}{2^{k-1}} + 1\right) - \ln\left(2\operatorname{ch}\frac{x}{2^k} + 1\right)\right)$$
$$= \ln(2\operatorname{ch}2x + 1) - \ln\left(2\operatorname{ch}\frac{x}{2^n} + 1\right) \underset{n\infty}{\longrightarrow} \ln(2\operatorname{ch}2x + 1) - \ln 3.$$

◇ **Réponse :** $\ln\dfrac{2\operatorname{ch}2x + 1}{3}$.

u) Montrer : $\forall t \in \mathbb{R}, 4\operatorname{ch}^2 t - 2\operatorname{ch}t - 1 = \dfrac{4\operatorname{ch}^2 2t + 2\operatorname{ch}2t - 1}{4\operatorname{ch}^2 t + 2\operatorname{ch}t - 1}$.

◇ **Réponse :** $\ln\left(\dfrac{1}{5}(4\operatorname{ch}^2 2x + 2\operatorname{ch}2x - 1)\right)$.

3.3.18 On a, pour tout p de $\mathbb{N}$:

$$\begin{cases} S_{2p+1} = \sum_{k=0}^{2p+1} u_k = (1+b)\sum_{k=0}^{p}(ab)^k \\ S_{2p} = S_{2p+1} - u_{2p+1}. \end{cases}$$

• Si $ab \geqslant 1$, alors $u_{2p} \underset{p\infty}{\not\longrightarrow} 0$, donc $\sum_n u_n$ diverge.

• Si $ab < 1$, alors $S_{2p+1} \underset{p\infty}{\longrightarrow} \dfrac{1+b}{1-ab}$, $u_{2p+1} \underset{p\infty}{\longrightarrow} 0$, $S_{2p} \underset{p\infty}{\longrightarrow} \dfrac{1+b}{1-ab}$.

◇ **Réponse :** $\sum_n u_n$ converge si et seulement si $ab < 1$. Si $ab < 1$, alors $\sum_{n=0}^{+\infty} u_n = \dfrac{1+b}{1-ab}$.

Remarque : pour l'étude de la convergence de $\sum_n u_n$, la règle de d'Alembert ne s'applique pas (si $a \neq b$), mais la règle de Cauchy (cf. exercice 3.2.14 p. 250) s'applique.

3.3.19 *a)* Pour tout n de $\mathbb{N}^*$:

$$u_n = \sum_{k=0}^{n}\left(\frac{1}{x+2k+1} + \frac{1}{x+2k} - \frac{1}{x+k}\right) = \sum_{k=n+1}^{2n+1}\frac{1}{x+k} = \frac{1}{n}\sum_{p=0}^{n}\frac{1}{1+\dfrac{x+1}{n}+\dfrac{p}{n}}.$$

Notons, pour $n \in \mathbb{N}^*$, $v_n = \dfrac{1}{n}\sum_{p=0}^{n}\dfrac{1}{1+\dfrac{p}{n}}$.

D'une part : $v_n \underset{n\infty}{\longrightarrow} \displaystyle\int_0^1 \frac{\mathrm{d}x}{1+x} = \ln 2$.

D'autre part : $|u_n - v_n| = \dfrac{1}{n}\displaystyle\sum_{p=0}^{n}\frac{\dfrac{x+1}{n}}{\left(1+\dfrac{p}{n}\right)\left(1+\dfrac{x+1}{n}+\dfrac{p}{n}\right)} \leqslant \frac{(n+1)(x+1)}{n^2} \underset{n\infty}{\longrightarrow} 0.$

On conclut : $u_n \underset{n\infty}{\longrightarrow} \ln 2$.

b) $\displaystyle\sum_{k=0}^{n}\left(\frac{1}{(x+2k+1)^2} + \frac{1}{(x+2k)^2} - \frac{1}{(x+k)^2}\right) = \sum_{k=n+1}^{2n+1}\frac{1}{(x+k)^2} \underset{n\infty}{\longrightarrow} 0,$

car $0 \leqslant \displaystyle\sum_{k=n+1}^{2n+1}\frac{1}{(x+k)^2} \leqslant \frac{n+1}{(x+n+1)^2}.$

3.3.20 Notons, pour $n \in \mathbb{N}^*$: $P_n(x) = (x+1)(2x+1)\dots(nx+1)$ et $f_n(x) = \dfrac{n}{P_n(x)}$.

Montrer, par récurrence : $\forall n \in \mathbb{N}^*$, $x\displaystyle\sum_{k=1}^{n} f_k(x) = 1 - \frac{1}{P_n(x)}$.

◇ **Réponse :** $\dfrac{1}{x}$.

3.3.21 • $\displaystyle\sum_{k=1}^{n}\frac{1}{k(k+2)}=\frac{1}{2}\sum_{k=1}^{n}\left(\frac{1}{k}-\frac{1}{k+2}\right)=\frac{1}{2}\left(1+\frac{1}{2}-\frac{1}{n+1}-\frac{1}{n+2}\right)$

$$=\frac{3}{4}-\frac{2n+3}{2(n+1)(n+2)}.$$

• $\displaystyle n\ln\left(\frac{4}{3}\sum_{k=1}^{n}\frac{1}{k(k+2)}\right)=n\ln\left(1-\frac{2(2n+3)}{3(n+1)(n+2)}\right)\underset{n\infty}{\longrightarrow}-\frac{4}{3}.$

◇ **Réponse :** • $\displaystyle\forall n\in\mathbb{N}^*,\ \sum_{k=1}^{n}\frac{1}{k(k+2)}=\frac{3}{4}-\frac{1}{2(n+1)}-\frac{1}{2(n+2)}.$

• $\displaystyle\left(\frac{4}{3}\sum_{k=1}^{n}\frac{1}{k(k+2)}\right)^n\underset{n\infty}{\longrightarrow}e^{-\frac{4}{3}}.$

3.3.22 Il s'agit en fait de sommes finies car : $2^k>n\Longrightarrow \mathrm{E}\left(\dfrac{n+2^k}{2^{k+1}}\right)=0.$

Soit $n\in\mathbb{N}^*$; notons $K=\mathrm{E}\left(\dfrac{\ln n}{\ln 2}\right)$ (donc $n\leqslant 2^K$) et écrivons n en base 2 : $\displaystyle n=\sum_{k=0}^{K}\varepsilon_k 2^k$

où $(\varepsilon_0,\ldots,\varepsilon_K)\in\{0,1\}^{K+1}$. On a alors :

$$\mathrm{E}\left(\frac{n+1}{2}\right)=\varepsilon_0+\varepsilon_1+\varepsilon_2 2+\ldots+\varepsilon_K 2^{K-1},\quad \mathrm{E}\left(\frac{n+2}{2^2}\right)=\varepsilon_1+\varepsilon_2+\varepsilon_3 2+\ldots+\varepsilon_K 2^{K-2},\ldots,$$

d'où, par sommation :

$$\sum_{k=0}^{K}\mathrm{E}\left(\frac{n+2^k}{2^{k+1}}\right)=\varepsilon_0+\varepsilon_1(1+1)+\varepsilon_2(1+1+2)+\ldots+\varepsilon_K(1+1+2+\ldots+2^{K-1})$$

$$=\varepsilon_0+\varepsilon_1 2+\varepsilon_2 2^2+\ldots+\varepsilon_K 2^K=n.$$

3.3.23 *a)* En notant, pour $k\in\{0,\ldots,2n\}$, $\theta_k=\dfrac{2k\pi}{2n+1}$ et $\omega_k=e^{i\theta_k}$, on a, pour tout z de $\mathbb{C}$-$\{-i\}$:

$$\left(\frac{z-i}{z+i}\right)^{2n+1}=1\Longleftrightarrow(\exists k\in\{0,\ldots,2n\},\quad \frac{z-i}{z+i}=\omega_k)\Longleftrightarrow(\exists k\in\{1,\ldots,2n\},\quad z=i\frac{1+\omega_k}{1-\omega_k}).$$

De plus : $\displaystyle i\,\frac{1+\omega_k}{1-\omega_k}=-i\,\frac{e^{\frac{i\theta_k}{2}}+e^{-\frac{i\theta_k}{2}}}{e^{\frac{i\theta_k}{2}}-e^{-\frac{i\theta_k}{2}}}=-\mathrm{cotan}\,\frac{k\pi}{2n+1}.$

◇ **Réponse :** : $\left\{-\mathrm{cotan}\,\dfrac{k\pi}{2n+1}\,;\,k\in\{1,\ldots,2n\}\right\}.$

b) En développant par la formule du binôme de Newton :

$$\left(\frac{z-i}{z+i}\right)^{2n+1}=1\Longleftrightarrow(z+i)^{2n+1}-(z-i)^{2n+1}=0\Longleftrightarrow 2\mathrm{C}^1_{2n+1}iz^{2n}+2\mathrm{C}^3_{2n+1}i^3z^{2n-2}+\ldots=0.$$

En notant $\sigma_1,\sigma_2,\ldots$, les fonctions symétriques élémentaires de l'équation algébrique précédente, on a :

$\sigma_1=0$ et $\sigma_2=\dfrac{2\mathrm{C}^3_{2n+1}i^3}{2\mathrm{C}^1_{2n+1}i}=-\dfrac{n(2n-1)}{3}$, d'où : $\displaystyle\sum_{k=1}^{2n}\mathrm{cotan}^2\frac{k\pi}{2n+1}=\sigma_1^2-2\sigma_2=\frac{2n(2n-1)}{3},$

puis, comme $\forall k\in\{n+1,\ldots,2n\},\quad \mathrm{cotan}\,\dfrac{k\pi}{2n+1}=-\mathrm{cotan}\,\dfrac{(2n+1-k)\pi}{2n+1}$:

$$\sum_{k=1}^{n}\mathrm{cotan}^2\frac{k\pi}{2n+1}=\frac{1}{2}\sum_{k=1}^{2n}\mathrm{cotan}^2\frac{k\pi}{2n+1}=\frac{n(2n-1)}{3}.$$

c) Pour $u \in \left]0; \frac{\pi}{2}\right[$:

- $0 < u < \tan u$ donc $\cot\text{an}^2 u < \frac{1}{u^2}$
- $0 < \sin u < u$ donc $1 + \cot\text{an}^2 u = \frac{1}{\sin^2 u} > \frac{1}{u^2}$.

d) De *c)* on déduit :

$$\forall n \in \mathbb{N}^*, \forall k \in \{1, \dots, n\}, \quad 0 < \left(\frac{2n+1}{k\pi}\right)^2 - \cot\text{an}^2 \frac{k\pi}{2n+1} < 1,$$

d'où, en sommant et en utilisant *b)* :

$$\forall n \in \mathbb{N}^*, \quad 0 < \frac{(2n+1)^2}{\pi^2} \sum_{k=1}^{n} \frac{1}{k^2} - \frac{n(2n-1)}{3} < n,$$

et donc : $$\forall n \in \mathbb{N}^*, \quad \frac{\pi^2 n(2n-1)}{3(2n+1)^2} < \sum_{k=1}^{n} \frac{1}{k^2} < \frac{2\pi^2 n(n+1)}{3(2n+1)^2},$$

d'où : $\sum_{k=1}^{n} \frac{1}{k^2} \xrightarrow[n\infty]{} \frac{\pi^2}{6}$.

3.3.24 *a)* En utilisant une comparaison série-intégrale, on déduit :

$$\sum_{k=n+1}^{+\infty} \frac{1}{k^3} \underset{n\infty}{\sim} \int_n^{+\infty} \frac{1}{x^3}\,\mathrm{d}x = \frac{1}{2n^2}.$$

Puis, par composition d'équivalents par le logarithme $\left(\frac{1}{2n^2} \xrightarrow[n\infty]{} 0 \neq 1\right)$:

$$\ln\left(\sum_{k=n+1}^{+\infty} \frac{1}{k^3}\right) \underset{n\infty}{\sim} \ln\left(\frac{1}{2n^2}\right) = -2\ln n.$$

◇ **Réponse :** e.

b) D'après l'étude du reste d'une série relevant du TSCSA (cf. 3.3.8 *2) c)* p. 215) :

$$\left|\sum_{k=n+1}^{+\infty} \frac{(-1)^k}{k}\right| \leqslant \frac{1}{n+1},$$

d'où $$\ln\left(\left|\sum_{k=n+1}^{+\infty} \frac{(-1)^k}{k}\right|^{\frac{1}{\ln\ln n}}\right) \leqslant -\frac{\ln(n+1)}{\ln\ln n} \xrightarrow[n\infty]{} -\infty.$$

◇ **Réponse :** 0.

3.3.25

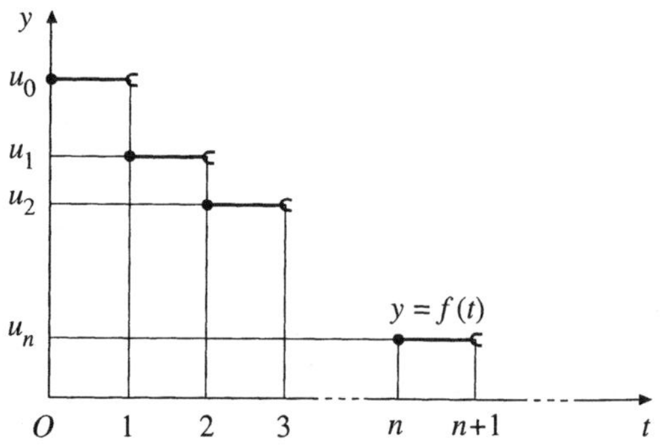

1) Montrons que la série $\sum_n v_n$ converge si et seulement si g est intégrable sur $[0; +\infty[$.

- Supposons que g soit intégrable sur $[0; +\infty[$.

Comme, pour tout N de $\mathbb{N}$: $\sum_{n=0}^{N} v_n = \int_0^{N+1} g \leqslant \int_0^{+\infty} g$, le lemme pour les séries à termes $\geqslant 0$ montre que $\sum_n v_n$ converge, et de plus : $\sum_{n=0}^{+\infty} v_n \leqslant \int_0^{+\infty} g$.

- Réciproquement, supposons que $\sum_n v_n$ converge. Comme, pour tout X de $\mathbb{R}_+$:

$$\int_0^X g \leqslant \int_0^{\mathrm{E}(X)+1} g = \sum_{n=0}^{\mathrm{E}(X)} v_n \leqslant \sum_{n=0}^{+\infty} v_n,$$

le théorème de domination pour les fonctions à valeurs $\geqslant 0$ (2.5.1 *2)* Prop. 2 p. 185) montre que g est intégrable sur $[0; +\infty[$, et de plus : $\int_0^{+\infty} g \leqslant \sum_{n=0}^{+\infty} v_n$.

Ainsi, $\sum_n v_n$ converge si et seulement si g est intégrable sur $[0; +\infty[$.

Supposons, par exemple : $\begin{cases} u_n = \underset{n\infty}{o}(v_n) \\ \sum_n v_n \text{ converge} \end{cases}$.

2) Soit $\varepsilon > 0$ fixé. Il existe $N_1 \in \mathbb{N}$ tel que : $\forall n \geqslant N_1, \quad |u_n| \leqslant \varepsilon v_n$.

Soit $t \in \mathbb{R}_+$ tel que $t \geqslant N_1$. En notant $n = \mathrm{E}(t)$, on a : $|f(t)| = |u_n| \leqslant \varepsilon v_n = \varepsilon g(t)$.

Ceci montre : $f(t) = \underset{t \to +\infty}{o}(g(t))$.

D'après un théorème d'intégration des relations de comparaison (2.5.3 *1)* Prop. 1 p. 211), on a alors :

$$\int_x^{+\infty} f = \underset{x \to +\infty}{o}\left(\int_x^{+\infty} g\right),$$

et donc, en particulier (en remplaçant x par $n+1$) : $\sum_{k=n+1}^{+\infty} u_k = \underset{n\infty}{o}\left(\sum_{k=n+1}^{+\infty} v_k\right)$.

Les autres théorèmes s'obtiennent de façon analogue.

3.3.26 Puisque la série $\sum_n u_n$, à termes $\geqslant 0$, est divergente, on a $S_n \underset{n\infty}{\longrightarrow} +\infty$, et donc $\frac{u_n}{S_n} \underset{n\infty}{\longrightarrow} 0$.

Alors $\frac{u_n}{S_n} \underset{n\infty}{\sim} -\ln\left(1-\frac{u_n}{S_n}\right) = \ln S_n - \ln S_{n-1}$. La série $\sum_{n\geqslant 2}(\ln S_n - \ln S_{n-1})$, à termes $\geqslant 0$, diverge, puisque $\sum_{k=2}^{n}(\ln S_k - \ln S_{k-1}) = \ln S_n - \ln S_1 \underset{n\infty}{\longrightarrow} +\infty$. D'après un théorème de sommation des relations de comparaison (3.3.9 *2)* Prop. 3 p. 285), on déduit :

$$\sum_{k=1}^{n}\frac{u_k}{S_k} \underset{n\infty}{\sim} \sum_{k=1}^{n}(\ln S_k - \ln S_{k-1}) = \ln S_n - \ln S_1,$$

et donc $v_n \underset{n\infty}{\longrightarrow} 1$.

3.3.27 Montrer (comme dans l'exercice 3.3.11 p. 459) :

$$\forall k \in \mathbb{N} - \{0,1\},\quad 2u_k S_k = S_k^2 - S_{k-1}^2 + u_k^2,$$

d'où, en sommant : $\forall n \in \mathbb{N}^*,\quad 2\sum_{k=1}^{n} u_k S_k = S_n^2 + \sum_{k=1}^{n} u_k^2.$

Puisque $u_n \underset{n\infty}{\longrightarrow} 0$, on a : $u_n^2 = \underset{n\infty}{o}(u_n)$.

Un théorème de sommation des relations de comparaison (3.3.9 *2)* Prop. 1 p. 284) donne alors :

$$\sum_{k=1}^{n} u_k^2 = \underset{n\infty}{o}\left(\sum_{k=1}^{n} u_k\right) = \underset{n\infty}{o}(S_n),$$

d'où : $\sum_{k=1}^{n} u_k S_k \underset{n\infty}{\sim} \frac{1}{2} S_n^2$.

Généralisation

Une étude analogue montre que, si $\sum_n u_n$, $\sum_n v_n$ sont des séries telles que : $\begin{cases} \forall n \in \mathbb{N}^*, \quad v_n \geqslant 0 \\ \sum_n v_n \text{ diverge} \\ u_n \underset{n\infty}{\longrightarrow} 0, \end{cases}$

alors : $\sum_{k=1}^{n}(u_k V_k + v_k U_k) - U_n V_n = \underset{n\infty}{o}(V_n)$, où $U_n = \sum_{k=1}^{n} u_k$, $V_n = \sum_{k=1}^{n} v_k$.

3.3.28 On a, pour tout n de $\mathbb{N}^*$:

$$u_{n+1} - u_n = 2\sum_{q=1}^{n}\frac{(n+1)q}{(n+1)+q} + \frac{(n+1)^2}{2(n+1)} = 2(n+1)^2\frac{1}{n+1}\sum_{q=1}^{n}\frac{\frac{q}{n+1}}{1+\frac{q}{n+1}} + \frac{n+1}{2}.$$

Comme $\frac{1}{n+1}\sum_{k=1}^{n}\frac{\frac{q}{n+1}}{1+\frac{q}{n+1}} \underset{n\infty}{\longrightarrow} \int_0^1 \frac{x}{1+x}\,dx = 1-\ln 2$, on déduit : $u_{n+1} - u_n \underset{n\infty}{\sim} 2(1-\ln 2)n^2$.

Un théorème de sommation des relations de comparaison (3.3.9 *2)* Prop. 3 p. 285) permet de déduire :

$$u_n \underset{n\infty}{\sim} 2(1-\ln 2)\sum_{k=1}^{n} k^2 = \frac{1-\ln 2}{3}\,n(n+1)(2n+1) \underset{n\infty}{\sim} \frac{2}{3}(1-\ln 2)n^3.$$

◇ **Réponse :** $\frac{2}{3}(1-\ln 2)n^3$.

3.3.29 • $\dfrac{S_n}{nu_n} \xrightarrow[n\infty]{} \alpha \Longrightarrow \dfrac{u_n}{S_n} \underset{n\infty}{\sim} \dfrac{1}{\alpha n} \Longrightarrow \dfrac{u_n}{S_n} \xrightarrow[n\infty]{} 0$, puis $S_{n+1} = S_n + u_{n+1} \underset{n\infty}{\sim} S_n$ et enfin $u_{n+1} \underset{n\infty}{\sim} \dfrac{S_{n+1}}{\alpha(n+1)} \sim \dfrac{S_n}{\alpha n} \sim u_n$.

On a prouvé : $u_n = o(S_n)$, $u_{n+1} \sim u_n$, $S_{n+1} \sim S_n$.

• Montrons, en raisonnant par l'absurde, que $\sum_n u_n$ diverge.

Si $S_n \xrightarrow[n\infty]{} S \in \mathbb{R}_+^*$, alors $u_n \underset{n\infty}{\sim} \dfrac{S}{n}$ et donc $\sum_n u_n$ diverge, contradiction.

Ainsi, la série $\sum_n u_n$, à termes $\geqslant 0$, diverge, et donc $S_n \xrightarrow[n\infty]{} +\infty$.

• Notons, pour $n \geqslant 1$: $x_n = S_{n+1}T_{n+1} - S_nT_n$.

On a : $\displaystyle\sum_{k=1}^{n} x_k = S_{n+1}T_{n+1} - S_1T_1 \xrightarrow[n\infty]{} +\infty$.

D'autre part : $x_n = u_{n+1}T_n + v_{n+1}S_n + u_{n+1}v_{n+1} \underset{n\infty}{\sim} u_nT_n + v_nS_n \underset{n\infty}{\sim} (\alpha+\beta)nu_nv_n$.

D'après un théorème de sommation des relations de comparaison (3.3.9 *2)* Prop. 3 p. 285), on déduit :

$$\sum_{k=1}^{n} x_k \underset{n\infty}{\sim} \sum_{k=1}^{n} (\alpha+\beta)ku_kv_k.$$

Enfin : $\displaystyle\sum_{k=1}^{n} x_k = S_{n+1}T_{n+1} - S_1T_1 \underset{n\infty}{\sim} S_nT_n \underset{n\infty}{\sim} \alpha\beta n^2u_nv_n$.

◇ **Réponse :** $\dfrac{\alpha\beta}{\alpha+\beta}$.

3.3.30 *a)* • Si $\alpha \leqslant 1$, alors $u_{2p+1} = -\dfrac{1}{(2p+1)^{\alpha-1}} \underset{p\infty}{\not\longrightarrow} 0$, donc $\sum_n u_n$ diverge.

• Si $\alpha > 1$, alors $u_n \xrightarrow[n\infty]{} 0$ et : $u_{2p} + u_{2p+1} = \dfrac{1}{(2p)^{\alpha+1}} - \dfrac{1}{(2p+1)^{\alpha-1}} \underset{p\infty}{\sim} -\dfrac{1}{(2p+1)^{\alpha-1}}$.

Appliquer alors le théorème de groupement de termes

◇ **Réponse :** converge si et seulement si $\alpha > 2$.

b) $u_n \xrightarrow[n\infty]{} 0$ et $u_{2p} + u_{2p+1} = \dfrac{1}{\sqrt{2p}+4p} - \dfrac{1}{\sqrt{2p+1}+\frac{1}{2}(2p+1)} \underset{p\infty}{\sim} -\dfrac{3}{4p}$.

◇ **Réponse :** diverge.

3.4.1 *a)* Soit x_0 un point de discontinuité de f. Puisque f est croissante, on a alors $\lim\limits_{x_0^-} f < \lim\limits_{x_0^+} f$, et, comme $\mathbb{Q}$ est dense dans $\mathbb{R}$, il existe $r_0 \in \mathbb{Q}$ tel que $\lim\limits_{x_0^-} f < r_0 < \lim\limits_{x_0^+} f$. On construit ainsi une application $\varphi : x_0 \longmapsto r_0$.

Soient x_1,x_2 deux points de discontinuité de f tels que $x_1 < x_2$. On a alors :

$$\lim_{x_1^-} f < \lim_{x_1^+} f \leqslant f\left(\frac{x_1+x_2}{2}\right) \leqslant \lim_{x_2^-} f < \lim_{x_2^+} f,$$

d'où : $\varphi(x_1) < f\left(\dfrac{x_1+x_2}{2}\right) < \varphi(x_2)$.

Ceci montre que φ est strictement croissante, donc injective.

b) En notant D l'ensemble des points de discontinuité de f, d'après *a)*, il existe une injection $\varphi : D \longrightarrow \mathbb{Q}$. Comme $\mathbb{Q}$ est dénombrable, $\varphi(D)$ est au plus dénombrable, donc D est au plus dénombrable.

3.4.2 *a)* Pour tout n de $\mathbb{N}^*$, $\left\{\frac{1}{n} ; n \in \mathbb{N}^*\right\}$ est inclus dans $[0; 1]$, et $\sum_{k=1}^{n} \frac{1}{k} \xrightarrow[n\infty]{} +\infty$, donc $\left\{\sum_{x\in J} x ;\ J \in \mathfrak{F}([0; 1])\right\}$ n'est pas majoré. On en déduit, par définition que $(x)_{x\in[0;1]}$ n'est pas sommable.

◇ **Réponse :** $(x)_{x\in[0;1]}$ n'est pas sommable.

b) Même méthode qu'en *a)*.

◇ **Réponse :** $(x)_{x\in\mathbb{Q}}$ n'est pas sommable.

c) Puisque, pour tout A de $\mathbb{R}_+^*$, il existe $x \in \mathbb{Q}_+^*$ tel que $\frac{1}{x^2} > A$, l'ensemble $\left\{\sum_{x\in J} \frac{1}{x^2} ;\ J \in \mathfrak{F}(\mathbb{Q}_+^*)\right\}$ n'est pas majoré.

◇ **Réponse :** $\left(\frac{1}{x^2}\right)_{x\in\mathbb{Q}_+^*}$ n'est pas sommable.

3.4.3 Si $|x| \geqslant 1$, alors $(x^n)_{n\in\mathbb{N}}$ n'est pas sommable, donc $(x^n)_{n\in\mathbb{Z}}$ non plus.
Si $|x| \leqslant 1$, alors $(x^n)_{n\in\mathbb{Z}^-}$ n'est pas sommable, donc $(x^n)_{n\in\mathbb{Z}}$ non plus.

◇ **Réponse :** Pour tout x de $\mathbb{C}^*$, la famille $(x^n)_{n\in\mathbb{Z}}$ n'est pas sommable.

3.4.4 Pour tout (a,b) de $]0; +\infty[^2$, on a $0 < \mathrm{e}^{-a} < 1$ et $0 < \mathrm{e}^{-b} < 1$, et, pour tout (p,q) de $\mathbb{N}^2$:

$$\mathrm{e}^{-ap-bq} = (\mathrm{e}^{-a})^p(\mathrm{e}^{-b})^q.$$

On peut donc appliquer 3.4.2 *3)* Prop. 3 p. 300.

◇ **Réponse :** $\displaystyle\sum_{(p,q)\in\mathbb{N}^2} \mathrm{e}^{-ap}\mathrm{e}^{-bq} = \frac{1}{1-\mathrm{e}^{-a}}\,\frac{1}{1-\mathrm{e}^{-b}}.$

3.4.5 On a : $\forall(\alpha,\beta) \in [0; +\infty[^2,\quad \alpha+\beta \geqslant 2\sqrt{\alpha\beta}$, d'où, pour tout (a,b) de $]1; +\infty[^2$:

$$\forall (p,q) \in \mathbb{N}^2,\quad 0 \leqslant \frac{1}{a^p+b^q} \leqslant \frac{1}{2(\sqrt{a})^p(\sqrt{b})^q} = \frac{1}{2}\left(\frac{1}{\sqrt{a}}\right)^p\left(\frac{1}{\sqrt{b}}\right)^q.$$

Comme $\left(\frac{1}{\sqrt{a}}, \frac{1}{\sqrt{b}}\right) \in [0; 1]^2$, d'après 3.4.2 *3)* Prop. 3 p. 300, la suite double $\left(\left(\frac{1}{\sqrt{a}}\right)^p\left(\frac{1}{\sqrt{b}}\right)^q\right)_{(p,q)\in\mathbb{N}^2}$ est sommable, donc $\left(\frac{1}{a^p+b^q}\right)_{(p,q)\in\mathbb{N}^2}$ est sommable.

3.4.6 **(i) $\Longrightarrow$ (ii) :**
Immédiat, puisque, pour tout (p,q) de $\mathbb{N}^2$: $0 \leqslant \dfrac{p+q}{(1+p)^\alpha(1+q)^\beta} \leqslant \dfrac{p+q}{(1+p^\alpha)(1+q^\beta)}$.

(ii) $\Longrightarrow$ (iii) :
Supposons $\left(\frac{p+q}{(1+p)^\alpha(1+q)^\beta}\right)_{(p,q)\in\mathbb{N}^2}$ sommable.

Alors (en prenant $q = 0$), $\left(\frac{p}{(1+p)^\alpha}\right)_{p\in\mathbb{N}}$ est sommable. Comme $\frac{p}{(1+p)^\alpha} \underset{p\infty}{\sim} \frac{1}{p^{\alpha-1}}$, il s'ensuit $\alpha - 1 > 1$, donc $\alpha > 2$. De même, $\beta > 2$.

(iii) $\Longrightarrow$ (i) :

Supposons $\alpha > 2$ et $\beta > 2$. On a, pour tout n de $\mathbb{N}^*$:

$$0 \leqslant \sum_{p=0}^{n}\sum_{q=0}^{n} \frac{p+q}{(1+p^\alpha)(1+q^\beta)} = \left(\sum_{p=0}^{n} \frac{p}{1+p^\alpha}\right)\left(\sum_{q=0}^{n} \frac{1}{1+q^\beta}\right) + \left(\sum_{p=0}^{n} \frac{1}{1+p^\alpha}\right)\left(\sum_{q=0}^{n} \frac{q}{1+q^\beta}\right)$$
$$\leqslant \left(\sum_{p=0}^{+\infty} \frac{p}{1+p^\alpha}\right)\left(\sum_{q=0}^{+\infty} \frac{1}{1+q^\beta}\right) + \left(\sum_{p=0}^{+\infty} \frac{1}{1+p^\alpha}\right)\left(\sum_{q=0}^{+\infty} \frac{q}{1+q^\beta}\right)$$

Comme $(\{0,\ldots,n\}^2)_{n\in\mathbb{N}^*}$ est une suite croissante de parties finies de $\mathbb{N}^2$ dont la réunion est égale à $\mathbb{N}^2$, on en déduit que la suite double $\left(\dfrac{p+q}{(1+p)^\alpha(1+q^\beta)}\right)_{(p,q)\in\mathbb{N}^2}$ est sommable.

3.4.7 Pour tout q de $\mathbb{N}^*$, $(z^{pq})_{p\in\mathbb{N}^*}$ est sommable (car $|z^q| < 1$), et :

$$\begin{cases} \displaystyle\sum_{p\in\mathbb{N}^*} z^{pq} = \sum_{p=1}^{+\infty}(z^q)^p = \frac{z^q}{1-z^q} & (1) \\ \displaystyle\sum_{p\in\mathbb{N}^*} |z^{pq}| = \frac{|z^q|}{1-|z^q|} \leqslant \frac{|z|^q}{1-|z|} & (2). \end{cases}$$

D'après (2), puisque $(z^q)_{q\in\mathbb{N}^*}$ est sommable, $\left(\displaystyle\sum_{p\in\mathbb{N}^*} |z^{pq}|\right)_{q\in\mathbb{N}^*}$ est sommable. Il en résulte que $(z^{pq})_{(p,q)\in(\mathbb{N}^*)^2}$ est sommable, et que :

$$\sum_{(p,q)\in(\mathbb{N}^*)^2} z^{pq} = \sum_{q=1}^{+\infty}\left(\sum_{p=1}^{+\infty} z^{pq}\right) = \sum_{q=1}^{+\infty} \frac{z^q}{1-z^q}.$$

3.4.8 On a : $\forall (p,q) \in \mathbb{N}^2,\quad \left|\dfrac{a^p b^q}{(p+q)!}\right| = \dfrac{|a|^p}{p!}\,\dfrac{|b|^q}{q!}\,\dfrac{1}{\mathrm{C}_{p+q}^p} \leqslant \dfrac{|a|^p}{p!}\,\dfrac{|b|^q}{q!}.$

Comme $\left(\dfrac{|a|^p}{p!}\right)_{p\in\mathbb{N}}$ et $\left(\dfrac{|b|^q}{q!}\right)_{q\in\mathbb{N}}$ sont sommables, $\left(\dfrac{|a|^p}{p!}\,\dfrac{|b|^q}{q!}\right)_{(p,q)\in\mathbb{N}^2}$ est sommable, et donc $\left(\dfrac{a^p b^q}{(p+q)!}\right)_{(p,q)\in\mathbb{N}^2}$ est sommable.

3.4.9 • D'après le théorème d'interversion, $(\mathrm{C}_{p+q}^p x^p y^q)_{(p,q)\in\mathbb{N}^2}$ est sommable si et seulement si :

$$\begin{cases} \text{Pour tout } q \text{ de } \mathbb{N}, \text{ la série } \displaystyle\sum_{p\geqslant 0} \mathrm{C}_{p+q}^p |x|^p |y|^q \text{ converge} \\ \text{La série } \displaystyle\sum_{q\geqslant 0}\left(\sum_{p=0}^{+\infty} \mathrm{C}_{p+q}^p |x|^p |y|^q\right) \text{ converge.} \end{cases}$$

Il est clair que, pour tout q de $\mathbb{N}$, la série $\displaystyle\sum_{p\geqslant 0} \mathrm{C}_{p+q}^p |x|^p$ converge si et seulement si $|x| < 1$.

Puis, en supposant $|x| < 1$, on a, pour tout q de $\mathbb{N}$:

$$\sum_{p=0}^{+\infty} \mathrm{C}_{p+q}^{p} |x|^p |y|^q = \frac{|y|^q}{(1-|x|)^{q+1}} = \frac{1}{1-|x|}\left(\frac{|y|}{1-|x|}\right)^q,$$

donc la série $\sum_{q \geqslant 0} \left(\sum_{p=0}^{+\infty} \mathrm{C}_{p+q}^{p} |x|^p |y|^q \right)$ converge si et seulement si $\frac{|y|}{1-|x|} < 1$, c'est-à-dire :

$$|x| + |y| < 1.$$

Finalement, $(\mathrm{C}_{p+q}^{p} x^p y^q)_{(p,q)\in\mathbb{N}^2}$ est sommable si et seulement si $|x| + |y| < 1$.

- Si $|x| + |y| < 1$, on a, par le théorème d'interversion :

$$\sum_{(p,q)\in\mathbb{N}^2} \mathrm{C}_{p+q}^{p} x^p y^q = \sum_{q=0}^{+\infty} \left(\sum_{p=0}^{+\infty} \mathrm{C}_{p+q}^{p} x^p y^q \right) = \sum_{q=0}^{+\infty} \frac{1}{1-x}\left(\frac{y}{1-x}\right)^q = \frac{1}{1-x}\,\frac{1}{1-\dfrac{y}{1-x}} = \frac{1}{1-x-y}.$$

D'ailleurs : $\dfrac{1}{1-x-y} = \dfrac{1}{1-(x+y)} = \sum_{n=0}^{+\infty} (x+y)^n = \sum_{n=0}^{+\infty} \left(\sum_{p+q=n} \mathrm{C}_{p+q}^{p} x^p y^q \right) = \sum_{(p,q)\in\mathbb{N}^2} \mathrm{C}_{p+q}^{p} x^p y^q.$

◇ **Réponse :** • $E = \{(x,y) \in \mathbb{C}^2 ;\ |x| + |y| < 1\}$

• $\forall (x,y) \in E^2, \quad \sum_{(p,q)\in\mathbb{N}^2} \mathrm{C}_{p+q}^{p} x^p y^q = \dfrac{1}{1-x-y}.$

3.4.10 *a)* En prenant $n = 0$, la famille $\left(\dfrac{1}{p}\right)_{p\in\mathbb{N}^*}$ n'étant pas sommable, on conclut que $\left(\dfrac{z^n}{p}\right)_{(n,p)\in\mathbb{N}\times\mathbb{N}^*}$ ne l'est pas.

◇ **Réponse :** Pour tout z de $\mathbb{C}$, $\left(\dfrac{z^n}{p}\right)_{(n,p)\in\mathbb{N}\times\mathbb{N}^*}$ n'est pas sommable.

b) • Si $\left(\dfrac{z^n}{p!}\right)_{(n,p)\in\mathbb{N}^2}$ est sommable, alors (en prenant $p = 0$), $(z^n)_{n\in\mathbb{N}}$ est sommable, donc $|z| < 1$.

• Réciproquement, si $|z| < 1$, alors $(z^n)_{n\in\mathbb{N}}$ et $\left(\dfrac{1}{p!}\right)_{p\in\mathbb{N}}$ sont sommables, donc $\left(\dfrac{z^n}{p!}\right)_{(n,p)\in\mathbb{N}^2}$ est sommable, et :

$$\sum_{(n,p)\in\mathbb{N}^2} \frac{z^n}{p!} = \left(\sum_{n=0}^{+\infty} z^n\right)\left(\sum_{p=0}^{+\infty} \frac{1}{p!}\right) = \frac{1}{1-z}\,\mathrm{e}.$$

◇ **Réponse :** $\left(\dfrac{z^n}{p!}\right)_{(n,p)\in\mathbb{N}^2}$ est sommable si et seulement si $|z| < 1$, et sa somme est alors $\dfrac{\mathrm{e}}{1-z}$.

3.4.11 *1)* On a, pour tout n de $\mathbb{N}$:

$$\sum_{p=0}^{n}\sum_{q=0}^{n} \frac{1}{(p+q+1)^\alpha} \quad \left| \begin{array}{l} \geqslant \displaystyle\sum_{\substack{r=0 \\ (r=p+q)}}^{n} \sum_{p=0}^{r} \frac{1}{(r+1)^\alpha} = \sum_{r=0}^{n} \frac{1}{(r+1)^{\alpha-1}} \\ \leqslant \displaystyle\sum_{\substack{r=0 \\ (r=p+q)}}^{2n} \sum_{p=0}^{r} \frac{1}{(r+1)^\alpha} = \sum_{r=0}^{2n} \frac{1}{(r+1)^{\alpha-1}}. \end{array} \right.$$

Comme $\left(\dfrac{1}{(r+1)^{\alpha-1}}\right)_{r\in\mathbb{N}}$ est sommable si et seulement si $\alpha - 1 > 1$, on en conclut que $\left(\dfrac{1}{(p+q+1)^{\alpha}}\right)_{(p,q)\in\mathbb{N}^2}$ est sommable si et seulement si $\alpha > 2$.

2) Si $\alpha > 2$, alors :

$$\sum_{(p,q)\in\mathbb{N}^2} \frac{1}{(p+q+1)^{\alpha}} = \lim_{n\infty}\left(\sum_{p=0}^{n}\sum_{q=0}^{n}\frac{1}{(p+q+1)^{\alpha}}\right) = \sum_{r=0}^{+\infty}\frac{1}{(r+1)^{\alpha-1}} = \zeta(\alpha-1).$$

◇ **Réponse :** $\left(\dfrac{1}{(p+q+1)^{\alpha}}\right)_{(p,q)\in\mathbb{N}^2}$ est sommable si et seulement si $\alpha > 2$, et, dans ce cas, sa somme est $\zeta(\alpha-1)$.

3.4.12 • On a $\{(p,q)\in(\mathbb{N}^*)^2;\ p \mid q\}\subset(\mathbb{N}^*)^2$ et $\left(\dfrac{1}{p^2q^2}\right)_{(p,q)\in(\mathbb{N}^*)^2}$ est sommable, car $\left(\dfrac{1}{p^2}\right)_{p\in\mathbb{N}^*}$ et $\left(\dfrac{1}{q^2}\right)_{q\in\mathbb{N}^*}$ le sont. Donc $\left(\dfrac{1}{p^2q^2}\right)_{(p,q)\in(\mathbb{N}^*)^2,\, p\mid q}$ est sommable.

$$\bullet \sum_{\substack{(p,q)\in(\mathbb{N}^*)^2\\ p\mid q}}\frac{1}{p^2q^2} = \sum_{p=1}^{+\infty}\left(\sum_{\substack{q\in\mathbb{N}^*\\ p\mid q}}\frac{1}{p^2q^2}\right) = \sum_{p=1}^{+\infty}\left(\frac{1}{p^2}\left(\sum_{\substack{q\in\mathbb{N}^*\\ p\mid q}}\frac{1}{q^2}\right)\right) = \sum_{p=1}^{+\infty}\left(\frac{1}{p^2}\sum_{n=1}^{+\infty}\frac{1}{(np)^2}\right)$$

$$= \sum_{p=1}^{+\infty}\left(\frac{1}{p^4}\sum_{n=1}^{+\infty}\frac{1}{n^2}\right) = \left(\sum_{p=1}^{+\infty}\frac{1}{p^4}\right)\left(\sum_{n=1}^{+\infty}\frac{1}{n^2}\right) = \frac{\pi^4}{90}\,\frac{\pi^2}{6} = \frac{\pi^6}{540} \simeq 1{,}780\,350...$$

◇ **Réponse :** $\displaystyle\sum_{\substack{(p,q)\in(\mathbb{N}^*)^2\\ p\mid q}}\frac{1}{p^2q^2} = \frac{\pi^6}{540}.$

3.4.13 Considérons la suite double $\left(\dfrac{u^{2^{p+n}}}{v^n}\right)_{(n,p)\in\mathbb{N}^2}$.

Puisque $|u| < 1$ et que, pour tout r de $\mathbb{N}$, $2^r \geqslant r$, on a :

$$\forall (n,p)\in\mathbb{N}^2,\qquad \left|\frac{u^{2^{p+n}}}{v^n}\right| \leqslant \frac{|u|^{p+n}}{|v|^n} = \left|\frac{u}{v}\right|^n |u|^p.$$

Comme $\left|\dfrac{u}{v}\right| < 1$ et $|u| < 1$, les suites $\left(\left|\dfrac{u}{v}\right|^n\right)_{n\in\mathbb{N}}$ et $(|u|^p)_{p\in\mathbb{N}}$ sont sommables, donc la suite double $\left(\left|\dfrac{u^{2^{p+n}}}{v^n}\right|\right)_{(n,p)\in\mathbb{N}^2}$ est sommable.

On obtient, en appliquant le théorème d'interversion :

$$\sum_{n=0}^{+\infty}\frac{z_n}{v^n} = \sum_{n=0}^{+\infty}\sum_{p=0}^{+\infty}\frac{u^{2^{p+n}}}{v^n} = \sum_{(n,p)\in\mathbb{N}^2}\frac{u^{2^{p+n}}}{v_n} = \sum_{\substack{(n,q)\in\mathbb{N}^2\\ n\leqslant q}}\frac{u^{2^q}}{v^n} = \sum_{q=0}^{+\infty}\left(\sum_{n=0}^{q}\frac{u^{2^q}}{v^n}\right) = \sum_{q=0}^{+\infty}\frac{1-\dfrac{1}{v^{q+1}}}{1-\dfrac{1}{v}}\,u^{2^q},$$

$$\text{et donc :}\quad (v-1)\sum_{n=0}^{+\infty}\frac{z_n}{v^n} = v\sum_{q=0}^{+\infty}\left(1-\frac{1}{v^{q+1}}\right)u^{2^q} = v\sum_{q=0}^{+\infty}u^{2^q} - \sum_{q=0}^{+\infty}\frac{u^{2^q}}{v^q}.$$

3.4.14 *1)* Soit $z \in \mathbb{C}$.

• Si la suite double $\left(\dfrac{z^{2p}}{q^{2p+2}}\right)_{(p,q)\in\mathbb{N}\times\mathbb{N}^*}$ est sommable, alors (en prenant $q=1$) la suite $(z^{2p})_{p\in\mathbb{N}}$ est sommable, donc $|z|<1$.

• Si $|z|<1$, comme : $\forall (p,q)\in\mathbb{N}\times\mathbb{N}^*,\quad \left|\dfrac{z^{2p}}{q^{2p+2}}\right| \leqslant |z|^{2p}\dfrac{1}{q^2}$ et que les suites $(|z|^{2p})_{p\in\mathbb{N}}$ et $\left(\dfrac{1}{q^2}\right)_{q\in\mathbb{N}^*}$ sont sommables, la suite double $\left(\dfrac{z^{2p}}{q^{2p+2}}\right)_{(p,q)\in\mathbb{N}\times\mathbb{N}^*}$ est sommable.

Ainsi, $\left(\dfrac{z^{2p}}{q^{2p+2}}\right)_{(p,q)\in\mathbb{N}\times\mathbb{N}^*}$ est sommable si et seulement si $|z|<1$.

2) On a, pour tout z de $\mathbb{C}$ tel que $|z|<1$:

$$\sum_{(p,q)\in\mathbb{N}\times\mathbb{N}^*}\frac{z^{2p}}{q^{2p+2}} = \sum_{q=1}^{+\infty}\sum_{p=0}^{+\infty}\frac{z^{2p}}{q^{2p+2}} = \sum_{q=1}^{+\infty}\left(\frac{1}{q^2}\sum_{p=0}^{+\infty}\left(\frac{z}{q}\right)^{2p}\right)$$
$$= \sum_{q=1}^{+\infty}\frac{1}{q^2}\,\frac{1}{1-\left(\dfrac{z}{q}\right)^2} = \sum_{q=1}^{+\infty}\frac{1}{q^2-z^2}.$$

3.4.15 Soit $z\in\mathbb{C}$ tel que $|z|<2$.

Considérons la suite double $\left(\dfrac{z^n}{p^n}\right)_{n\geqslant 2,\,p\geqslant 2}$.

Pour tout $p\geqslant 2$, la suite $\left(\left|\dfrac{z^n}{p^n}\right|\right)_{n\geqslant 2}$ est sommable et :

$$\sum_{n=2}^{+\infty}\left|\frac{z^n}{p^n}\right| = \left|\frac{z}{p}\right|^2\sum_{m=0}^{+\infty}\left|\frac{z}{p}\right|^m = \left|\frac{z}{p}\right|^2\frac{1}{1-\left|\dfrac{z}{p}\right|} = \frac{|z|^2}{p(p-|z|)}.$$

Et la suite $\left(\dfrac{|z|^2}{p(p-|z|)}\right)_{p\geqslant 2}$ est sommable, car $\quad \dfrac{|z|^2}{p(p-|z|)} \underset{p\infty}{\sim} \dfrac{|z|^2}{p^2}$.

Ceci montre que la suite double $\left(\dfrac{z^n}{p^n}\right)_{n\geqslant 2,\,p\geqslant 2}$ est sommable.

On a alors : $\displaystyle\sum_{\substack{n\geqslant 2\\ p\geqslant 2}}\frac{z^n}{p^n} = \sum_{p=2}^{+\infty}\sum_{n=2}^{+\infty}\frac{z^n}{p^n} = \sum_{p=2}^{+\infty}\frac{z^2}{p(p-z)}$,

et $\displaystyle\sum_{\substack{n\geqslant 2\\ p\geqslant 2}}\frac{z^n}{p^n} = \sum_{n=2}^{+\infty}\sum_{p=2}^{+\infty}\frac{z^n}{p^n} = \sum_{n=2}^{+\infty}z^n\big(\zeta(n)-1\big)$.

On a ainsi montré, pour tout z de $\mathbb{C}$ tel que $|z|<2$: $\displaystyle\sum_{n=2}^{+\infty}z^n\big(\zeta(n)-1\big) = \sum_{p=2}^{+\infty}\frac{z^2}{p(p-z)}$.

• Pour $z=1$: $\displaystyle\sum_{n=2}^{+\infty}\big(\zeta(n)-1\big) = \sum_{p=2}^{+\infty}\frac{1}{p(p-1)} = \sum_{p=2}^{+\infty}\left(\frac{1}{p-1}-\frac{1}{p}\right) = 1$, série télescopique.

• Pour $z=-1$: $\displaystyle\sum_{n=2}^{+\infty}(-1)^n\big(\zeta(n)-1\big) = \sum_{p=2}^{+\infty}\frac{1}{p(p+1)} = \sum_{p=2}^{+\infty}\left(\frac{1}{p}-\frac{1}{p+1}\right) = \frac{1}{2}$, série télescopique.

3.4.16 La suite double $\left(\dfrac{1}{p^2q^2}\right)_{(p,q)\in(\mathbb{N}^*)^2}$ est sommable, donc $\left(\dfrac{1}{p^2q^2}\right)_{(p,q)\in(\mathbb{N}^*)^2,\, p\wedge q=1}$ aussi, et on a :

$$\sum_{(p,q)\in(\mathbb{N}^*)^2}\frac{1}{p^2q^2}=\sum_{n=1}^{+\infty}\sum_{\substack{(p,q)\in(\mathbb{N}^*)^2\\ p\wedge q=n}}\frac{1}{p^2q^2}$$

$$=\sum_{n=1}^{+\infty}\sum_{\substack{r,s\in(\mathbb{N}^*)^2\\ r\wedge s=1}}\frac{1}{(n^2r^2)(n^2s^2)}=\left(\sum_{n=1}^{+\infty}\frac{1}{n^4}\right)\left(\sum_{\substack{(r,s)\in(\mathbb{N}^*)^2\\ r\wedge s=1}}\frac{1}{r^2s^2}\right)$$

D'autre part : $\displaystyle\sum_{(p,q)\in(\mathbb{N}^*)^2}\frac{1}{p^2q^2}=\left(\sum_{p=1}^{+\infty}\frac{1}{p^2}\right)^2$

On déduit : $$\sum_{\substack{(p,q)\in(\mathbb{N}^*)^2\\ p\wedge q=1}}\frac{1}{p^2q^2}=\frac{\left(\displaystyle\sum_{p=1}^{+\infty}\frac{1}{p^2}\right)^2}{\displaystyle\sum_{n=1}^{+\infty}\frac{1}{n^4}}=\frac{\left(\dfrac{\pi^2}{6}\right)^2}{\dfrac{\pi^4}{90}}=\frac{5}{2}.$$

◇ **Réponse :** $\dfrac{5}{2}$.

3.4.17 On a, pour tout (p,q) de $\mathbb{N}^2$: $0\leqslant 2^{-3q-p-(p+q)^2}\leqslant 2^{-(p+q)}=2^{-p}2^{-q}$.

Comme la suite $(2^{-p})_{p\in\mathbb{N}}$ est sommable, la suite double $(2^{-p}2^{-q})_{(p,q)\in\mathbb{N}^2}$ l'est aussi, et donc la suite double proposée est sommable.

Puis : $$\sum_{(p,q)\in\mathbb{N}^2}2^{-3q-p-(p+q)^2}=\sum_{\substack{n\in\mathbb{N}\\ 0\leqslant q\leqslant n}}2^{-2q-n-n^2}=\sum_{n=0}^{+\infty}2^{-n-n^2}\left(\sum_{q=0}^{n}2^{-2q}\right)$$

$$=\sum_{n=0}^{+\infty}2^{-n-n^2}\frac{1-(2^{-2})^{n+1}}{1-2^{-2}}=\frac{4}{3}\left(\sum_{n=0}^{+\infty}2^{-n-n^2}-\sum_{n=0}^{+\infty}2^{-n^2-3n-2}\right)$$

$$=\frac{4}{3}\left(\sum_{n=0}^{+\infty}2^{-n-n^2}-\sum_{\substack{m=1\\ (m=n+1)}}^{+\infty}2^{-m-m^2}\right)=\frac{4}{3},\ \text{série télescopique.}$$

◇ **Réponse :** $\dfrac{4}{3}$.

3.4.18 On a, pour tout (p,q) de $\mathbb{N}^2$:

$$\frac{p!q!}{(p+q+2)!}=\frac{p!}{p+1}\left(\frac{q!}{(p+q+1)!}-\frac{(q+1)!}{(p+q+2)!}\right)$$

Il en résulte que, pour tout p de $\mathbb{N}$, la série $\displaystyle\sum_{q\geqslant 0}\frac{p!q!}{(p+q+2)!}$ converge et que :

$$\sum_{q=0}^{+\infty}\frac{p!q!}{(p+q+2)!}=\frac{p!}{p+1}\sum_{q=0}^{+\infty}\left(\frac{q!}{(p+q+1)!}-\frac{(q+1)!}{(p+q+2)!}\right)=\frac{p!}{p+1}\cdot\frac{1}{(p+1)!}=\frac{1}{(p+1)^2}.$$

Comme la série $\sum_{p\geqslant 0} \frac{1}{(p+1)^2}$ converge, la série $\sum_{p\geqslant 0}\left(\sum_{q=0}^{+\infty} \frac{p!q!}{(p+q+2)!}\right)$ converge, donc (théorème d'inversion dans $\mathbb{R}_+$), la suite double $\left(\frac{p!q!}{(p+q+2)!}\right)_{(p,q)\in\mathbb{N}^2}$ est sommable, et :

$$\sum_{(p,q)\in\mathbb{N}^2} \frac{p!q!}{(p+q+2)!} = \sum_{p=0}^{+\infty} \frac{1}{(p+1)^2} = \sum_{n=1}^{+\infty} \frac{1}{n^2} = \frac{\pi^2}{6}.$$

◇ **Réponse :** $\frac{\pi^2}{6}$.

3.4.19 *a)* Soit $q \in \mathbb{N}^*$ fixé.

Puisque $\frac{1}{p^2-q^2} \underset{p\infty}{\sim} \frac{1}{p^2} > 0$, la série $\sum_{\substack{p\geqslant 1\\ p\neq q}} \frac{1}{p^2-q^2}$ converge.

On obtient, à l'aide d'une décomposition en éléments simples, pour tout N de $\mathbb{N}^*$ tel que $N \geqslant 2q$:

$$\sum_{\substack{1\leqslant p\leqslant N\\ p\neq q}} \frac{1}{p^2-q^2} = \sum_{\substack{1\leqslant p\leqslant N\\ p\neq q}} \frac{1}{2q}\left(\frac{1}{p-q} - \frac{1}{p+q}\right) = \frac{1}{2q}\left(\sum_{\substack{k=1-q\\ k\neq 0}}^{N-q} \frac{1}{k} - \sum_{\substack{\ell=1+q\\ \ell\neq 2q}}^{N+q} \frac{1}{\ell}\right)$$

$$= \frac{1}{2q}\left(-\sum_{k=1}^{q-1}\frac{1}{k} + \sum_{k=1}^{N-q}\frac{1}{k} - \sum_{\ell=1+q}^{2q-1}\frac{1}{\ell} - \sum_{\ell=2q+1}^{N+q}\frac{1}{\ell}\right) = \frac{1}{2q}\left(\frac{1}{q} + \frac{1}{2q} - \sum_{k=N-q+1}^{N+q}\frac{1}{k}\right).$$

Comme $0 \leqslant \sum_{k=N-q+1}^{N+q} \frac{1}{k} \leqslant \frac{2q}{N-q+1} \xrightarrow[N\infty]{} 0,$

on déduit : $\forall q \in \mathbb{N}^*, \quad \sum_{\substack{p\geqslant 1\\ p\neq q}} \frac{1}{p^2-q^2} = \frac{3}{4q^2}.$

b) • D'après *a)*, pour tout q de $\mathbb{N}^*$ la série $\sum_{p\geqslant 1} u_{p,q}$ converge et a pour somme $\frac{3}{4q^2}$, donc la série $\sum_{q\geqslant 1}\left(\sum_{p=1}^{+\infty} u_{p,q}\right)$ converge et a pour somme $\sum_{q=1} \frac{3}{4q^2}$ $\left(= \frac{\pi^2}{8}\right.$, cf. Tome 4, 6.4 p. 148).

• Comme : $\forall (p,q) \in (\mathbb{N}^*)^2, \quad u_{q,p} = -u_{p,q},$

on a : $-\sum_{q=1}^{+\infty}\sum_{p=1}^{+\infty} u_{p,q} = \sum_{q=1}^{+\infty}\sum_{p=1}^{+\infty} u_{q,p} = \sum_{p=1}^{+\infty}\sum_{q=1}^{+\infty} u_{p,q}.$

Si la suite double $(u_{p,q})_{(p,q)\in(\mathbb{N}^*)^2}$ était sommable, on aurait :

$$\sum_{q=1}^{+\infty}\sum_{p=1}^{+\infty} u_{p,q} = \sum_{p=1}^{+\infty}\sum_{q=1}^{+\infty} u_{p,q},$$

ce qui contredit le résultat précédent.

3.4.20 Considérons la suite double $\left(\dfrac{1}{np^n}\right)_{n\geqslant 2,\, p\geqslant 2}$.

Pour tout p de $\mathbb{N}$, tel que $p \geqslant 2$, la suite $\left(\dfrac{1}{np^n}\right)_{n\geqslant 2}$ est sommable, et :

$$\sum_{n=2}^{+\infty} \frac{1}{np^n} = -\frac{1}{p} + \sum_{n=1}^{+\infty} \frac{1}{n}\left(\frac{1}{p}\right)^n = -\frac{1}{p} - \ln\left(1 - \frac{1}{p}\right) > 0.$$

D'après 3.3.7 *1)* Exemple p. 274, la série $\displaystyle\sum_{n\geqslant 1}\left(\ln\Big(1+\frac{1}{n}\Big) - \frac{1}{n+1}\right)$ converge et :

$$\sum_{n=1}^{+\infty} \ln\left(1+\frac{1}{n}\right) - \frac{1}{n+1} = 1 - \gamma,$$

donc $\displaystyle\sum_{p\geqslant 2}\left(-\frac{1}{p} - \ln\Big(1-\frac{1}{p}\Big)\right)$ converge, et :

$$\sum_{p=2}^{+\infty}\left(-\frac{1}{p} - \ln\Big(1-\frac{1}{p}\Big)\right) = \sum_{n=1}^{+\infty}\left(-\frac{1}{n+1} + \ln\Big(1+\frac{1}{n}\Big)\right) = 1 - \gamma.$$

Ceci montre que la suite double $\left(\dfrac{1}{np^n}\right)_{n\geqslant 2,\, p\geqslant 2}$ est sommable et de somme $1-\gamma$, d'où :

$$1 - \gamma = \sum_{n=2}^{+\infty}\sum_{p=2}^{+\infty} \frac{1}{np^n} = \sum_{n=2}^{+\infty} \frac{1}{n}\Big(\zeta(n) - 1\Big).$$

3.4.21 La suite double $\left(\dfrac{(-1)^n}{np^n}\right)_{n\geqslant 2,\, p\geqslant 2}$ est sommable (cf. exercice 3.4.20) et :

- $$\sum_{\substack{n\geqslant 2\\ p\geqslant 2}} \frac{(-1)^n}{np^n} = \sum_{n=2}^{+\infty}\sum_{p=2}^{+\infty} \frac{(-1)^n}{np^n} = \sum_{n=2}^{+\infty} \frac{(-1)^n}{n}\Big(\zeta(n) - 1\Big)$$

$$= \sum_{n=2}^{+\infty} \frac{(-1)^n\zeta(n)}{n} - \sum_{n=2}^{+\infty} \frac{(-1)^n}{n} = \sum_{n=2}^{+\infty} \frac{(-1)^n\zeta(n)}{n} - 1 + \ln 2.$$

- $$\sum_{\substack{n\geqslant 2\\ p\geqslant 2}} \frac{(-1)^n}{np^n} = \sum_{p=2}^{+\infty}\sum_{n=2}^{+\infty} \frac{(-1)^n}{np^n} = \sum_{p=2}^{+\infty}\left(\frac{1}{p} - \ln\Big(1+\frac{1}{p}\Big)\right) = -1 + \ln 2 + \sum_{p=1}^{+\infty}\left(\frac{1}{p} - \ln\Big(1+\frac{1}{p}\Big)\right)$$

$$= -1 + \ln 2 + \sum_{p=1}^{+\infty}\left(\frac{1}{p} - \frac{1}{p+1}\right) + \sum_{p=1}^{+\infty}\left(\frac{1}{p+1} - \ln\Big(1+\frac{1}{p}\Big)\right)$$

$$= -1 + \ln 2 + 1 + (\gamma - 1) = -1 + \ln 2 + \gamma.$$

On conclut : $\displaystyle\sum_{n=2}^{+\infty} \frac{(-1)^n\zeta(n)}{n} = \gamma.$

3.4.22 Soit $(x,y) \in A^2$ tel que $xy = yx$.

La preuve du Théorème de 3.4.2 *4)* p. 301, transcrite pour des séries à termes dans une algèbre normée complète, montre que la série-produit $\displaystyle\sum_{n\geqslant 0} w_n$ des séries absolument convergentes $\displaystyle\sum_{n\geqslant 0}\frac{1}{n!}x^n$ et $\displaystyle\sum_{n\geqslant 0}\frac{1}{n!}y^n$ est absolument convergente et a pour somme $e^x e^y$.

Mais : $\displaystyle\forall n \in \mathbb{N},\ w_n = \sum_{k=0}^{n} \frac{1}{k!}x^k \frac{1}{(n-k)!}y^{n-k} = \frac{1}{n!}\sum_{k=0}^{n} C_n^k x^k y^{n-k} = \frac{1}{n!}(x+y)^n$ (car $xy = yx$),

d'où $\displaystyle\sum_{n=0}^{+\infty} w_n = e^{x+y}.$

3.4.23 *a)* $W_n = u_0v_0 + (u_0v_1 + u_1v_0) + \ldots + (u_0v_n + u_1v_{n-1} + \ldots + u_nv_0)$
$= u_0(v_0 + v_1 + \ldots + v_n) + u_1(v_0 + v_1 + \ldots + v_{n-1}) + \ldots + u_nv_0,$

d'où $U_nV_n - W_n = u_1v_n + u_2(v_{n-1} + v_n) + \ldots + u_n(v_1 + \ldots + v_n) = \sum_{k=1}^{n} u_k V_{n-k,n}$.

b) Soit $\varepsilon > 0$ fixé.

Puisque $\sum_n v_n$ converge, il existe $N_1 \in \mathbb{N}$ tel que :

$$\forall (p,q) \in \mathbb{N}^2, \quad \left(N_1 \leqslant p < q \Longrightarrow |V_{p,q}| = \left|\sum_{k=p+1}^{q} v_k\right| \leqslant \varepsilon\right).$$

Et, puisque $(V_n)_n$ converge, $(V_n)_n$ est bornée : il existe $A \in \mathbb{R}_+$ tel que $\forall n \in \mathbb{N}, |V_n| \leqslant A$.

On a donc : $\forall (p,q) \in \mathbb{N}^2, (p < q \Longrightarrow |V_{p,q}| \leqslant 2A)$.

D'autre part, puisque $\sum_n |u_n|$ converge, il existe $N_2 \in \mathbb{N}$ tel que :

$$\forall (p,q) \in \mathbb{N}^2, \quad \left(N_2 \leqslant p < q \Longrightarrow \left|\sum_{k=p+1}^{q} u_k\right| \leqslant \varepsilon\right).$$

Soit $n \in \mathbb{N}$ tel que $n \geqslant N_1 + N_2$. On a :

$$|U_nV_n - W_n| = \left|\sum_{k=1}^{n} u_k V_{n-k,n}\right| \leqslant \sum_{k=1}^{n} |u_k|\,|V_{n-k,n}|.$$

• Pour tout k de $\{1,\ldots,N_2\}$, on a $n - k \geqslant n - N_2 \geqslant N_1$, donc :

$$\sum_{k=1}^{N_2} |u_k|\,|V_{n-k,n}| \leqslant \varepsilon \sum_{k=1}^{N_2} |u_k| \leqslant \varepsilon \sum_{k=1}^{+\infty} |u_k|.$$

• D'autre part : $\displaystyle\sum_{k=N_2+1}^{n} |u_k|\,|V_{n-k,n}| \leqslant 2A \sum_{k=N_2+1}^{n} |u_k| \leqslant 2A\varepsilon.$

On a donc montré : $\forall \varepsilon > 0, \exists N \in \mathbb{N}, \forall n \in \mathbb{N}, \quad \left(n \geqslant N \Longrightarrow |U_nV_n - W_n| \leqslant \varepsilon\left(2A + \sum_{k=1}^{+\infty} |u_k|\right)\right),$

donc $U_nV_n - W_n \xrightarrow[n\infty]{} 0$.

c) Comme $U_n \xrightarrow[n\infty]{} \sum_{k=0}^{+\infty} u_k$ et $V_n \xrightarrow[n\infty]{} \sum_{k=0}^{+\infty} v_k$, on conclut $W_n \xrightarrow[n\infty]{} \left(\sum_{k=0}^{+\infty} u_k\right)\left(\sum_{k=0}^{+\infty} v_k\right)$.

◇ **Réponse :** $\sum_n w_n$ converge et $\displaystyle\sum_{n=0}^{+\infty} w_n = \left(\sum_{n=0}^{+\infty} u_n\right)\left(\sum_{n=0}^{+\infty} v_n\right)$.

3.4.24 *a)* $\displaystyle\forall n \in \mathbb{N}^*, w_n = \sum_{k=1}^{n} \frac{(-1)^k}{\sqrt{k}} \frac{(-1)^{n+1-k}}{\sqrt{n+1-k}} = (-1)^{n+1} \sum_{k=1}^{n} \frac{1}{\sqrt{k(n+1-k)}}$.

Remarquer $\forall k \in \{1,\ldots,n\}$, $k(n+1-k) \leqslant \dfrac{(n+1)^2}{4}$, d'où : $|w_n| \geqslant \dfrac{2n}{n+1}$, et donc $w_n \not\xrightarrow[n\infty]{} 0$.

b) $$\forall n \in \mathbb{N}^*, w_n = \sum_{k=1}^{n} \frac{(-1)^k}{k} \frac{(-1)^{n+1-k}}{n+1-k} = (-1)^{n+1} \sum_{k=1}^{n} \frac{1}{k(n+1-k)}$$
$$= \frac{(-1)^{n+1}}{n+1} \sum_{k=1}^{n} \left(\frac{1}{k} + \frac{1}{n+1-k}\right) = \frac{2(-1)^{n+1}}{n+1} \sum_{k=1}^{n} \frac{1}{k}.$$

Montrer que la suite $\left(\dfrac{2}{n+1} \displaystyle\sum_{k=1}^{n} \frac{1}{k}\right)_{n\geqslant 1}$ décroît, afin d'appliquer le TSCSA (même méthode que pour l'exercice 3.3.9 *d)* p. 457).

3.4.25 Notons $P = \{n \in \mathbb{N}; u_n > 0\}$ et $N = \{n \in \mathbb{N}; u_n \leqslant 0\}$; on a donc $P \cap N = \varnothing$ et $P \cup N = \mathbb{N}$. De plus, puisque $\sum\limits_{n\geqslant 0} u_n$ est semi-convergente, les ensembles P et N sont infinis, et il existe donc deux bijections $f : \mathbb{N} \longrightarrow P$ et $g : \mathbb{N} \longrightarrow N$ strictement croissantes. Notons, pour $p \in \mathbb{N}$, $v_p = u_{f(p)} > 0$, et, pour $n \in \mathbb{N}$, $w_n = -u_{g(n)} \geqslant 0$.

Puisque $\sum\limits_{n\geqslant 0} u_n$ est semi-convergente, les séries $\sum\limits_{p\geqslant 0} v_p$ et $\sum\limits_{n\geqslant 0} w_n$ sont divergentes (et à termes $\geqslant 0$), donc leur sommes partielles ont pour limite $+\infty$.

Notons p_1 le plus petit entier $\geqslant 0$ tel que : $\sum\limits_{p=0}^{p_1} v_p > S$,

et n_1 le plus petit entier $\geqslant 0$ tel que : $\sum\limits_{p=0}^{p_1} v_p - \sum\limits_{n=0}^{n_1} w_n < S$,

puis p_2 le plus petit entier $> p_1$ tel que : $\sum\limits_{p=0}^{p_1} v_p - \sum\limits_{n=0}^{n_1} w_n + \sum\limits_{p=p_1+1}^{p_2} v_p > S$,

et n_2 le plus petit entier $> n_1$ tel que : $\sum\limits_{p=0}^{p_1} v_p - \sum\limits_{n=0}^{n_1} w_n + \sum\limits_{p=p_1+1}^{p_2} v_p - \sum\limits_{n=n_1+1}^{n_2} w_n > S$, etc.

On construit ainsi deux suites $(p_k)_{k\geqslant 1}$ et $(n_k)_{k\geqslant 1}$ d'entiers $\geqslant 0$, strictement croissantes, telles qu'en notant $a_0 = \sum\limits_{p=0}^{p_1} v_p,\ b_0 = \sum\limits_{n=0}^{n_1} w_n,\ a_1 = \sum\limits_{p=p_1+1}^{p_2} v_p,\ b_1 = \sum\limits_{n=n_1+1}^{n_2} w_n, \dots,$

on ait, pour tout k de $\mathbb{N}^*$: $\left\{\begin{array}{l} a_0 - b_0 + \ldots + a_{k-1} - b_{k-1} + \sum\limits_{p=p_k+1}^{p_{k+1}-1} v_p \leqslant S \\ a_0 - b_0 + \ldots + a_{k-1} - b_{k-1} + a_k > S \end{array}\right|$

et $\left\{\begin{array}{l} a_0 - b_0 + \ldots + a_{k-1} - b_{k-1} + a_k - \sum\limits_{n=n_k+1}^{n_{k+1}-1} w_n \geqslant S \\ a_0 - b_0 + \ldots + a_{k-1} - b_{k-1} + a_k - b_k < S \end{array}\right|.$

On a alors, pour tout k de $\mathbb{N}^*$: $\left\{\begin{array}{l} 0 < (a_0 - b_0 + \ldots + a_{k-1} - b_{k-1} + a_k) - S \leqslant v_{p_{k+1}} \\ w_{n_{k+1}} \leqslant (a_0 - b_0 + \ldots + a_{k-1} - b_{k-1} + a_k - b_k) - S < 0 \end{array}\right..$

Comme $\sum\limits_{n\geqslant 0} u_n$ converge, $u_n \xrightarrow[n\infty]{} 0$, donc $v_p \xrightarrow[p\infty]{} 0$ et $w_n \xrightarrow[n\infty]{} 0$, d'où $v_{p_{k+1}} \xrightarrow[k\infty]{} 0$ et $w_{n_{k+1}} \xrightarrow[k\infty]{} 0$, et ainsi : $\left\{\begin{array}{l} a_0 - b_0 + \ldots + a_{k-1} - b_{k-1} + a_k \xrightarrow[k\infty]{} S \\ a_0 - b_0 + \ldots + a_{k-1} - b_{k-1} + a_k - b_k \xrightarrow[k\infty]{} S. \end{array}\right.$

Notons φ la permutation de $\mathbb{N}$ définie par :

$$\varphi(0) = f(0), \dots, \varphi(p_1) = f(p_1), \varphi(p_1+1) = g(0), \dots, \varphi(p_1+n_1) = g(n_1), \varphi(p_1+n_1+1) = f(p_1+1), \dots,$$

correspondant au «rangement» de $\sum\limits_{n\geqslant 0} u_n$ en $a_0 - b_0 + a_1 - b_1 + \ldots$.

Puisque les a_k et b_k sont tous $\geqslant 0$, toute somme partielle $\sum\limits_{n=0}^{N} u_{\varphi(n)}$ de la série $\sum\limits_{n\geqslant 0} u_{\varphi(n)}$ est comprise entre deux sommes des types $a_0 - b_0 + \ldots + a_{k-1} - b_{k-1} + a_k$ et $a_0 - b_0 + \ldots + a_{k-1} - b_{k-1} + a_k - b_k$, et donc $\sum\limits_{n=0}^{N} u_{\varphi(n)} \xrightarrow[N\infty]{} S$.

Finalement, $\sum\limits_{n\geqslant 0} u_{\varphi(n)}$ converge et a pour somme S.

C 3.1 *1)* • Pour toute $a = (a_n)_{n \geqslant 1}$ de $\{0,2\}^{\mathbb{N}^*}$, la série $\sum_{n \geqslant 1} a_n 3^{-n}$ converge, donc $\varphi(a)$ existe, et, de plus, $\varphi(a) \in [0; 1]$.

• Soit $a = (a_n)_{n \geqslant 1} \in \{0,2\}^{\mathbb{N}^*}$.

Puisque $a_1 \in \{0,2\}$, on a : $\varphi(a) \in C_1$.

De même, pour tout n de $\mathbb{N}^*$, puisque $a_1, \ldots, a_n$ sont dans $\{0,2\}$, on a : $\varphi(a) \in C_n$.

Ainsi : $\varphi(a) \in \bigcap_{n \in \mathbb{N}} C_n = C$.

• Réciproquement, soit $x \in C$.

Remarquons d'abord que les extrémités des segments formant $C_1, C_2, \ldots$, sont certains nombres triadiques, c'est-à-dire de la forme $\alpha 3^{-n}$, $(\alpha, n) \in \mathbb{N}^2$.

1) Si x n'est pas triadique, alors x admet un développement triadique unique (analogue en base 3 du développement décimal, cf. 3.2.4 *2)* p. 243), $x = \sum_{n=1}^{+\infty} a_n 3^{-n}$, où, pour tout n de $\mathbb{N}^*$, $a_n \in \{0,1,2\}$, et où $(a_n)_{n \geqslant 1}$ ne stationne pas sur 0 ni sur 2.

Comme $x \in C_1$, on a $a_1 \neq 1$; puis, comme $x \in C_2$, $a_2 \neq 1, \ldots$

On obtient : $\forall n \in \mathbb{N}^*, \quad a_n \in \{0,2\}$.

2) Si x est triadique, il existe $(\alpha, n) \in \mathbb{N}^2$ unique tel que : $x = \alpha 3^{-n}$ et $3 \nmid \alpha$.

Comme $x \in C_n$, x est alors une extrémité de C_n.

Si x est une extrémité gauche, alors x admet un développement triadique $x = \sum_{n=1}^{+\infty} a_n 3^{-n}$ tel que :

$$\begin{cases} \forall k \in \mathbb{N}, & a_k \in \{0,2\} \\ \forall k \geqslant n+1, & a_k = 0. \end{cases}$$

Si x est une extrémité droite, alors x admet un développement triadique $x = \sum_{n=0}^{+\infty} a_n 3^{-n}$ tel que :

$$\begin{cases} \forall k \in \mathbb{N}, & a_k \in \{0,2\} \\ \forall k \geqslant n+1, & a_k = 2. \end{cases}$$

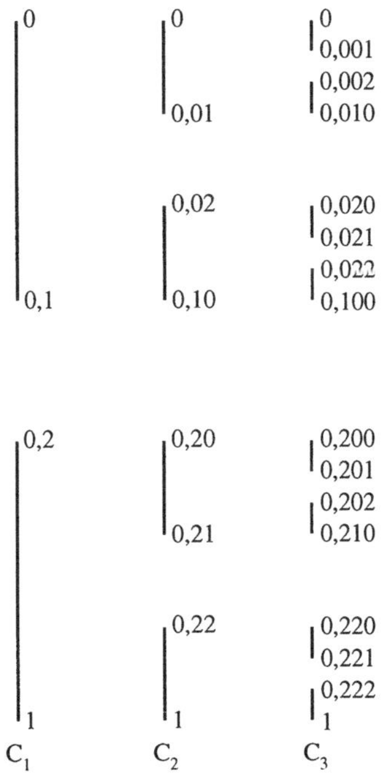

2) a) • Soient $x \in C$, $(a_n)_{n \geqslant 1} = \varphi^{-1}(x) \in \{0,2\}^{\mathbb{N}^*}$.

Alors $\sum_{n \geqslant 1} \frac{a_n}{2} 2^{-n}$ converge et, comme, pour tout n de $\mathbb{N}^*$, $\frac{a_n}{2} \in \{0,1\}$, on a : $\sum_{n=1}^{+\infty} \frac{a_n}{2} 2^{-n} \in [0; 1]$.

Ceci montre que, pour tout x de C, $f(x)$ existe et $f(x) \in [0; 1]$.

• Soit $y \in [0; 1]$. Il existe $(b_n)_{n \geqslant 1} \in \{0,1\}^{\mathbb{N}^*}$ telle que $y = \sum_{n=1}^{+\infty} b_n 2^{-n}$ (développement diadique illimité de y) et, en notant $x = \sum_{n=1}^{+\infty} (2b_n) 3^{-n}$, on a $x \in C$ et $f(x) = \sum_{n=1}^{+\infty} (2b_n) 2^{-n-1} = \sum_{n=1}^{+\infty} b_n 2^{-n} = y$.

Ainsi, f est une surjection de C sur $[0; 1]$.

b) Si C etait dénombrable, comme $f : C \longrightarrow [0; 1]$ est surjective, $[0; 1]$ le serait aussi.

Mais, puisque $\mathbb{R}$ n'est pas dénombrable et qu'il existe une bijection $]0; 1[\longrightarrow \mathbb{R}$, $[0; 1]$ n'est pas dénombrable.

On conclut : C n'est pas dénombrable.

3) 1) • Puisque $C \subset [0;1]$, on a : $C + C = \{x + y;\ (x,y) \in C \times C\} \subset [0;2]$.

• Réciproquement, soit $u \in [0;2]$. Puisque $\dfrac{u}{2} \in [0;1]$, d'après l'existence du développement triadique d'un élément de $[0;1]$, il existe $(u_n)_{n\geqslant 1} \in \{0,1,2\}^{\mathbb{N}^*}$ telle que : $\dfrac{u}{2} = \displaystyle\sum_{n=1}^{+\infty} u_n 3^{-n}$.

Considérons $x = \displaystyle\sum_{n\geqslant 1} x_n 3^{-n}$ et $y = \displaystyle\sum_{n\geqslant 1} y_n 3^{-n}$, où : $\begin{cases} x_n = y_n = 0 & \text{si} \quad u_n = 0 \\ x_n = 2 \text{ et } y_n = 0 & \text{si} \quad u_n = 1 \\ x_n = 2 \text{ et } y_n = 2 & \text{si} \quad u_n = 2. \end{cases}$

On a alors : $(x,y) \in C \times C$ et $x + y = 2\left(\dfrac{u}{2}\right) = u$.

Ceci montre : $C + C = [0;2]$.

2) Puisque $0, \dfrac{1}{3}, \dfrac{2}{3}, 1$ sont dans C, on a :

$$C + C + C \supset C + C + \left\{0, \frac{1}{3}, \frac{2}{3}, 1\right\} = [0;2] + \left\{0, \frac{1}{3}, \frac{2}{3}, 1\right\}$$
$$= [0;2] \cup \left[\frac{1}{3}; 2 + \frac{1}{3}\right] \cup \left[\frac{2}{3}; 2 + \frac{2}{3}\right] \cup [1;3] = [0;3].$$

3) Montrons, par récurrence sur p, que, pour tout $p \geqslant 3$, $\underbrace{C + \ldots + C}_{p \text{ termes}} = [0;p]$.

Si $p \geqslant 3$ et $\underbrace{C + \ldots + C}_{p-1 \text{ termes}} = [0;p-1]$ et $\underbrace{C + \ldots + C}_{p \text{ termes}} = [0;p]$, alors :

$$\underbrace{C + \ldots + C}_{p+1 \text{ termes}} = \underbrace{C + \ldots + C}_{p-1 \text{ termes}} + (C + C) = [0;p-1] + [0;2] = [0;p+1].$$

C 3.2 *1)* Notons $P = a_0 + a_1 X + \ldots + a_n X^n$, où $n \geqslant 2$, $a_0, \ldots, a_n \in \mathbb{Z}$, $a_n \neq 0$.

Soit $(p,q) \in \mathbb{Z} \times \mathbb{N}^*$.

Puisque $\alpha \notin \mathbb{Q}$, on a $\alpha \neq \dfrac{p}{q}$, et on peut donc appliquer le théorème des accroissements finis à P entre α et $\dfrac{p}{q}$: il existe $\xi \in \left]\alpha; \dfrac{p}{q}\right[$ (intervalle ouvert joignant α et $\dfrac{p}{q}$) tel que :

$$P(\alpha) - P\left(\frac{p}{q}\right) = \left(\alpha - \frac{p}{q}\right) P'(\xi).$$

Si $\left|\alpha - \dfrac{p}{q}\right| > 1$, on peut prendre $c = 1$, puisqu'on a alors : $\left|\alpha - \dfrac{p}{q}\right| > 1 \geqslant \dfrac{1}{q^n}$.

Supposons donc $\left|\alpha - \dfrac{p}{q}\right| \leqslant 1$.

Comme P' est continue sur le segment $[-|\alpha| - 1; |\alpha| + 1]$, il existe $M \in \mathbb{R}_+^*$ tel que :

$$\forall u \in [-|\alpha| - 1; |\alpha| + 1], \quad |P'(u)| < M.$$

De plus : $|\xi| = |\alpha + (\xi - \alpha)| \leqslant |\alpha| + |\xi - \alpha| \leqslant |\alpha| + \left|\alpha - \dfrac{p}{q}\right| \leqslant |\alpha| + 1$,

donc $\xi \in [-|\alpha| - 1; |\alpha| + 1]$, d'où : $|P'(\xi)| < M$.

On a alors : $\left|-P\left(\dfrac{p}{q}\right)\right| = \left|\alpha - \dfrac{p}{q}\right| |P'(\xi)| < \left|\alpha - \dfrac{p}{q}\right| M$,

d'où : $\left|\alpha - \dfrac{p}{q}\right| > \dfrac{1}{M}\left|P\left(\dfrac{p}{q}\right)\right| = \dfrac{1}{Mq^n}\left|q^n P\left(\dfrac{p}{q}\right)\right|$.

Comme $q^n P\left(\dfrac{p}{q}\right) = a_0 q^n + a_1 p q^{n-1} + \ldots + a_n p^n \neq 0$ et que $q^n P\left(\dfrac{p}{q}\right) \in \mathbb{Z}$, on a $\left|q^n P\left(\dfrac{p}{q}\right)\right| \geqslant 1$,

d'où : $\quad \left|\alpha - \dfrac{p}{q}\right| > \dfrac{1}{Mq^n}$.

Finalement, $c = \mathrm{Min}\left(1, \dfrac{1}{M}\right)$ convient (indépendant de p et q).

2) Puisque $(u_n)_{n \geqslant 1}$ est bornée, il existe $C \in \mathbb{R}_+$ tel que : $\quad \forall n \in \mathbb{N}^*, \quad |u_n| \leqslant C$.

- Comme : $\quad \forall n \geqslant 1, \quad |u_n 10^{-n!}| \leqslant C \cdot 10^{-n}$, la série $\sum\limits_{n \geqslant 1} u_n 10^{-n!}$ converge. Notons $L = \sum\limits_{n=1}^{+\infty} u_n 10^{-n!}$.

- Si $L \in \mathbb{Q}$, alors son développement décimal est périodique, et donc (puisque $n!$ est un multiple de n, pour $n \geqslant 1$) $(u_n)_{n \geqslant 1}$ stationnerait sur 0, ce qui est exclu.

Ceci montre : $\quad L \notin \mathbb{Q}$.

- Notons, pour $n \in \mathbb{N}^*$, $\quad p_n = 10^{n!} \sum\limits_{k=1}^{n} u_k 10^{-k!} \quad$ et $\quad q_n = 10^{n!}$.

On a alors, pour tout n de $\mathbb{N}^*$: $\quad p_n \in \mathbb{Z}, \quad q_n \in \mathbb{N}^*, \quad \dfrac{p_n}{q_n} = \sum\limits_{k=1}^{n} u_k 10^{-k!}$.

D'où, pour tout n de $\mathbb{N}^*$:

$$\left|L - \frac{p_n}{q_n}\right| = \left|\sum_{k=n+1}^{+\infty} u_k 10^{-k!}\right| \leqslant \sum_{k=n+1}^{+\infty} C 10^{-k!} = C 10^{-(n+1)!} \sum_{p=0}^{+\infty} 10^{-(p+n+1)!+(n+1)!}$$

$$\leqslant C 10^{-(n+1)!} \sum_{q=0}^{+\infty} 10^{-q} = \frac{10C}{9} 10^{-(n+1)!} = \frac{10C}{9}\left(\frac{1}{q_n}\right)^{n+1} \leqslant \frac{10C}{9q_n} \frac{1}{q_n^n}.$$

Si L était algébrique, d'après *1)*, il existerait $c \in \mathbb{R}_+^*$ et $n \in \mathbb{N} - \{0,1\}$ tel que :

$$\forall (p,q) \in \mathbb{Z} \times \mathbb{N}^*, \qquad \left|L - \frac{p}{q}\right| > \frac{c}{q^n},$$

contradiction avec le résultat précédent.

Finalement, L est transcendant.

C 3.3 *1)* Appliquer le principe d'inclusion-exclusion : n^2 est le nombre total de couples ; on enlève les couples (u,v) tels que $p_1 \mid u$ et $p_1 \mid v$ pour p_1 premier; puis on rajoute ceux tels que $p_1 p_2 \mid u$ et $p_1 p_2 \mid v$; etc...

2) a) Réordonner la série précédente (qui, en fait, est à termes nuls à partir d'un certain rang).

b) $\left|\dfrac{q_n}{n^2} - \sum\limits_{k=1}^{n} \dfrac{\mu(k)}{k^2}\right| = \left|\sum\limits_{k=1}^{n}\left(\dfrac{\mu(k)}{n^2}(\mathrm{E}(\frac{n}{k}))^2 - \dfrac{\mu(k)}{k^2}\right)\right| = \dfrac{1}{n^2}\sum\limits_{k=1}^{n} \mu(k)\left((\frac{n}{k})^2 - (\mathrm{E}(\frac{n}{k}))^2\right)$

$\leqslant \dfrac{1}{n^2}\sum\limits_{k=1}^{n}\left((\frac{n}{k})^2 - (\mathrm{E}(\frac{n}{k})^2)\right)$.

Remarquer : $\quad \forall x \in \mathbb{R}_+, \quad 0 \leqslant x^2 - \big(\mathrm{E}(x)\big)^2 \leqslant x + \mathrm{E}(x) \leqslant 2x, \quad$ d'où :

$$\left|\frac{q_n}{n^2} - \sum_{k=1}^{n}\frac{\mu(k)}{k^2}\right| \leqslant \frac{2}{n}\sum_{k=1}^{n}\frac{1}{k} \underset{n\infty}{\sim} \frac{2 \ln n}{n} \xrightarrow[n\infty]{} 0.$$

D'autre part $\quad \sum\limits_{k=1}^{n}\dfrac{\mu(k)}{k^2} \xrightarrow[n\infty]{} \sum\limits_{k=1}^{+\infty}\dfrac{\mu(k)}{k^2}$, série qui converge car $|\mu(k)| \leqslant 1$.

3) a) Les familles utilisées sont sommables et :

$$\left(\sum_{k=1}^{+\infty}\frac{a_k}{k^\alpha}\right)\left(\sum_{\ell=1}^{+\infty}\frac{b_\ell}{\ell^\alpha}\right)=\sum_{(k,\ell)\in(\mathbb{N}^*)^2}\frac{a_k b_\ell}{(k\ell)^\alpha}=\sum_{n=1}^{+\infty}\sum_{d|n}\frac{a_d b_{\frac{n}{d}}}{n^\alpha}.$$

b) Pour $n \geqslant 2$, soit $n = p_1^{e_1}\cdot\ldots\cdot p_r^{e_r}$ la décomposition primaire de n ($r \in \mathbb{N}^*, p_1,\ldots,p_r$ premiers deux à deux distincts, $e_1,\ldots,e_r \in \mathbb{N}^*$); on a :

$$\sum_{d|n}\mu(d)=\sum_{I\subset\{1,\ldots,r\}}\mu\left(\prod_{i\in I}p_i\right)=\sum_{I\subset\{1,\ldots,r\}}(-1)^{\mathrm{card}(I)}=(1+(-1))^r=0.$$

c) $$\left(\sum_{k=1}^{+\infty}\frac{\mu(k)}{k^2}\right)\left(\sum_{\ell=1}^{+\infty}\frac{1}{\ell^2}\right)=\sum_{n=1}^{+\infty}\frac{1}{n^2}\left(\sum_{d|n}\mu(d)1\right)=\sum_{n=1}^{+\infty}\frac{\delta_{1,n}}{n^2}=1.$$

4) $$\frac{q_n}{n^2}\underset{n\infty}{\longrightarrow}\sum_{k=1}^{+\infty}\frac{\mu(k)}{k^2}=\frac{1}{\displaystyle\sum_{\ell=1}^{+\infty}\frac{1}{\ell^2}}=\frac{6}{\pi^2}.$$

C 3.4 *1) a)* $\forall n\in\mathbb{N}^*,\ z_n=\dfrac{P_n}{P_{n-1}}$ et $P_n\underset{n\infty}{\longrightarrow} l\neq 0$, donc $z_n\underset{n\infty}{\longrightarrow}1$.

b) Considérons, pour tout n de $\mathbb{N}^*$, $z_n = e^{\frac{1}{n}}$. On a : $z_n \underset{n\infty}{\longrightarrow} 1$ et $\displaystyle\prod_{k=1}^{n} z_k = e^{1+\frac{1}{2}+\ldots+\frac{1}{n}} \underset{n\infty}{\longrightarrow} +\infty$ (car la série $\displaystyle\sum_{n\geqslant1}\frac{1}{n}$ est à termes positifs et diverge).

◇ **Réponse :** La réciproque du *a)* est fausse.

2) On a : $\forall n\in\mathbb{N},\ \ln\left(\displaystyle\prod_{k=0}^{n}x_k\right)=\sum_{k=0}^{n}\ln x_k.$

La suite $\left(\displaystyle\prod_{k=0}^{n}x_k\right)_{n\geqslant0}$ admet une limite non nulle si et seulement si la suite $\left(\ln\left(\displaystyle\prod_{k=0}^{n}x_k\right)\right)_{n\geqslant0}$ converge, c'est-à-dire si et seulement si la série $\displaystyle\sum_{n\geqslant0}\ln x_n$ converge. De plus, dans ce cas de convergence :

$$\ln\left(\prod_{n=0}^{+\infty}x_n\right)=\sum_{n=0}^{+\infty}\ln x_n.$$

3) a) D'après *2)*, $\displaystyle\prod_{n\geqslant0}(1+u_n)$ converge si et seulement si $\displaystyle\sum_{n\geqslant0}\ln(1+u_n)$ converge.

- Si $\displaystyle\prod_{n\geqslant0}(1+u_n)$ converge, alors $u_n\underset{n\infty}{\longrightarrow}0$ (cf. *1) a)*), $u_n\underset{n\infty}{\sim}\ln(1+u_n)>0$, et donc $\displaystyle\sum_{n\geqslant0}u_n$ converge.
- Réciproquement si, $\displaystyle\sum_{n\geqslant0}u_n$ converge, alors $u_n\underset{n\infty}{\longrightarrow}0$, $\ln(1+u_n)\underset{n\infty}{\sim}u_n>0$, $\displaystyle\sum_{n\geqslant0}\ln(1+u_n)$ converge,

et donc $\displaystyle\prod_{n\geqslant0}(1+u_n)$ converge.

b) α) $\dfrac{1}{n^\alpha}>0$ et $\displaystyle\sum_{n\geqslant1}\frac{1}{n^\alpha}$ converge si et seulement si $\alpha>1$.

◇ **Réponse :** $\displaystyle\prod_{n\geqslant1}\left(1+\frac{1}{n^\alpha}\right)$ converge si et seulement si $\alpha>1$.

β) D'après *2)*, le produit infini $\prod_{n\geqslant 2}\left(1-\frac{1}{n^\alpha}\right)$ est de même nature que la série $\sum_{n\geqslant 2}\ln\left(1-\frac{1}{n^\alpha}\right)$.

Comme $\ln\left(1-\frac{1}{n^\alpha}\right)\underset{n\infty}{\sim}-\frac{1}{n^\alpha}<0$, $\sum_{n\geqslant 2}\ln\left(1-\frac{1}{n^\alpha}\right)$ est de même nature que $\sum_{n\geqslant 2}\frac{1}{n^\alpha}$.

◇ **Réponse :** $\prod_{n\geqslant 2}\left(1-\frac{1}{n^\alpha}\right)$ converge si et seulement si $\alpha>1$.

γ) D'après *3) a)*, $\prod_{n\geqslant 2}\left(1+\frac{1}{n\ln n}\right)$ est de même nature que $\sum_{n\geqslant 2}\frac{1}{n\ln n}$.

Utiliser alors l'étude des séries de Bertrand (cf. 3.2.3 Prop. 2 p. 242).

◇ **Réponse :** $\prod_{n\geqslant 2}\left(1+\frac{1}{n\ln n}\right)$ diverge.

4) a) Pour $n\in\mathbb{N}$, notons $P_n=\prod_{k=0}^{n}(1+u_k)$ et $Q_n=\prod_{k=0}^{n}(1+|u_k|)$. Nous allons montrer que $(P_n)_{n\geqslant 0}$ est de Cauchy dans $\mathbb{C}$.

Soit $\varepsilon>0$. Puisque $\sum_{n\geqslant 0}|u_n|$ converge, le produit infini $\prod_{n\geqslant 0}(1+|u_n|)$ converge (cf. *3) a)*) et donc la suite $(Q_n)_{n\geqslant 0}$ est de Cauchy dans $\mathbb{C}$ (et même $\mathbb{R}$). Il existe alors $N\in\mathbb{N}$ tel que :

$$\forall p\in\mathbb{N},\ \forall r\in\mathbb{N}^*,\quad (p\geqslant N\Longrightarrow |Q_{p+r}-Q_p|\leqslant\varepsilon).$$

Soit $(p,r)\in\mathbb{N}\times\mathbb{N}^*$; on a :

$$|Q_{p+r}-Q_p|=|Q_p|\left(\prod_{k=p+1}^{p+r}(1+|u_k|)-1\right).$$

D'une part : $|P_p|=\prod_{k=0}^{p}|1+u_k|\leqslant\prod_{k=0}^{p}(1+|u_k|)=Q_p$.

D'autre part, en développant $\prod_{k=p+1}^{p+r}(1+u_k)$ et en simplifiant le terme valant 1, on voit :

$$\left|\prod_{k=p+1}^{p+r}(1+u_k)-1\right|\leqslant\prod_{k=p+1}^{p+r}(1+|u_k|)-1.$$

On déduit donc :

$$\forall p\in\mathbb{N},\ \forall r\in\mathbb{N}^*,\quad (p\geqslant N\Longrightarrow |P_{p+r}-P_p|\leqslant|Q_{p+r}-Q_p|\leqslant\varepsilon).$$

Ceci montre que $(P_n)_{n\geqslant 0}$ est de Cauchy dans $\mathbb{C}$, donc converge; finalement, le produit infini $\prod_{n\geqslant 0}(1+u_n)$ converge.

b) Pour $n\in\mathbb{N}$, notons $u_n=\frac{|a_n|(a_n-z)}{a_n(1-\overline{a}_n z)}-1$; on obtient facilement :

$$|u_n|=(1-|a_n|)\ \frac{|a_n+|a_n|z|}{|a_n|\ |1-\overline{a}_n z|}.$$

D'une part : $|a_n+|a_n|z|\leqslant|a_n|+|a_n|\ |z|\leqslant 2$;

d'autre part : $|a_n|\ |1-\overline{a}_n z|\geqslant|a_n|(1-|a_n|\ |z|)\xrightarrow[n\infty]{}1-|z|>0$.

Ceci montre que la suite $\left(\dfrac{|a_n + |a_n|z|}{|a_n|\,|1 - a_n z|}\right)_{n\in\mathbb{N}}$ est bornée. Comme $\sum\limits_{n\geqslant 0}(1 - |a_n|)$ converge, on en déduit la convergence de $\sum\limits_{n\geqslant 0} |u_n|$. En particulier, il existe $N \in \mathbb{N}$ tel que : $\forall n \geqslant N,\ |u_n| < 1$.

D'après *a)*, on conclut que le produit infini $\prod\limits_{n\geqslant N} \dfrac{|a_n|(a_n - z)}{a_n(1 - \overline{a}_n z)}$ converge.

5) a) • D'après *2)*, $\prod\limits_{n\geqslant 1}(1 + u_n)$ est de même nature que $\sum\limits_{n\geqslant 1} \ln\left(1 + \dfrac{(-1)^{n-1}}{\sqrt{n}}\right)$. Un développement asymptotique est :

$$\ln\left(1 + \frac{(-1)^{n-1}}{\sqrt{n}}\right) = \frac{(-1)^{n-1}}{\sqrt{n}} - \frac{1}{2n} + O\left(\frac{1}{n^{3/2}}\right),$$

et montre que $\sum\limits_{n\geqslant 1} \ln\left(1 + \dfrac{(-1)^{n-1}}{\sqrt{n}}\right)$ diverge.

• La convergence de $\sum\limits_{n\geqslant 1} \dfrac{(-1)^{n-1}}{\sqrt{n}}$ résulte du TSCSA (cf. 3.3.5 Théorème p. 265).

b) • D'après *2)*, le produit infini $\prod\limits_{n\geqslant 1}(1 + u_n)$ est de même nature que la série $\sum\limits_{n\geqslant 1} \ln(1 + u_n)$. En notant $v_n = \ln(1 + u_n)$, nous allons étudier la nature de $\sum\limits_{n\geqslant 1} v_n$ en groupant les termes consécutifs deux par deux.

Déjà, $v_n \xrightarrow[n\infty]{} 0$.

Et : $v_{2p} + v_{2p+1} = \ln((1 + u_{2p})(1 + u_{2p+1})) = \ln(1 + \alpha_p)$, où

$$\begin{aligned}\alpha_p = u_{2p} + u_{2p+1} + u_{2p}u_{2p+1} &= \frac{1}{p} + \frac{1}{\sqrt{p}} - \frac{1}{\sqrt{p+1}} - \left(\frac{1}{p} + \frac{1}{\sqrt{p}}\right)\frac{1}{\sqrt{p+1}} \\ &= \frac{1}{p} + \frac{1}{\sqrt{p}} - \frac{1}{\sqrt{p}}\left(1 + \frac{1}{p}\right)^{-\frac{1}{2}} - \frac{1}{p\sqrt{p+1}} - \frac{1}{p}\left(1 + \frac{1}{p}\right)^{-\frac{1}{2}} \\ &= \underset{p\infty}{O}\left(\frac{1}{p^{3/2}}\right)\end{aligned}$$

On en déduit que $\sum\limits_{p\geqslant 1} \alpha_p$ converge, puis que $\sum\limits_{p\geqslant 1}(v_{2p} + v_{2p+1})$ converge, et enfin que $\prod\limits_{n\geqslant 1}(1 + u_n)$ converge.

• De même, on montre, par groupement de deux termes consécutifs, que $\sum\limits_{n\geqslant 1} u_n$ diverge.

6) Il s'agit d'exemples de produits télescopiques, analogues multiplicatifs des séries télescopiques (cf. 3.3.8 *1) b)* p. 278). Calculer un produit partiel $\prod\limits_{n=2}^{N}$ (ou $\prod\limits_{n=1}^{N}$), simplifier, puis faire tendre N vers $+\infty$.

Par exemple :

$$\prod_{n=2}^{N} \frac{n^3 - 1}{n^3 + 1} = \prod_{n=2}^{N} \frac{(n-1)(n^2+n+1)}{(n+1)(n^2-n+1)} = \left(\prod_{n=2}^{N} \frac{n-1}{n+1}\right)\left(\prod_{n=2}^{N} \frac{n^2+n+1}{n^2-n+1}\right) = \frac{1\cdot 2}{N(N+1)}\cdot\frac{N^2+N+1}{2^2-2+1},$$

en remarquant : $\forall n \in \mathbb{N},\quad n^2 + n + 1 = (n+1)^2 - (n+1) + 1.$

◇ **Réponses :** *a)* $\dfrac{2}{3}$ *b)* $\sqrt{2}$.

C 3.5 *1) a)* α) D'après l'exercice 1.1.8 *b)* p. 11, on a :

$$\forall N \in \mathbb{N}, \quad \sum_{n=0}^{N} |u_n|\,|v_n| \leqslant \left(\sum_{n=0}^{N} |u_n|^p\right)^{\frac{1}{p}} \left(\sum_{n=0}^{N} |v_n|^q\right)^{\frac{1}{q}} \leqslant ||u||_p ||v||_q .$$

Le lemme de majoration pour les séries à termes $\geqslant 0$ permet de déduire que $\sum_{n\geqslant 0} |u_n v_n|$ converge et :

$$\sum_{n=0}^{+\infty} |u_n v_n| \leqslant ||u||_p ||v||_q .$$

D'après 3.3.2 p. 255, on conclut que $\sum_{n\geqslant 0} \overline{u}_n v_n$ est absolument convergente et :

$$\left|\sum_{n=0}^{+\infty} \overline{u}_n v_n\right| \leqslant \sum_{n=0}^{+\infty} |u_n v_n| \leqslant ||u||_p ||v||_q .$$

β) D'après l'exercice 1.1.8 *c)* p. 11, on a :

$$\forall N \in \mathbb{N}, \quad \sum_{n=0}^{N} |u_n + v_n|^p \leqslant \left(\left(\sum_{n=0}^{N} |u_n|^p\right)^{\frac{1}{p}} + \left(\sum_{n=0}^{N} |v_n|^p\right)^{\frac{1}{p}}\right)^p \leqslant (||u||_p + ||v||_p)^p .$$

Le lemme de majoration pour les séries à termes $\geqslant 0$ montre alors que $\sum_{n\geqslant 0} |u_n + v_n|^p$ converge (donc $u + v \in \ell^p$) et : $\quad ||u + v||_p^p = \sum_{n=0}^{+\infty} |u_p + v_n|^p \leqslant (||u||_p + ||v||_p)^p .$

Les propriétés $\quad \ell^p \neq \varnothing \quad$ et $\quad (\forall \lambda \in \mathbb{C}, \forall u \in \ell^p, \lambda u \in \ell^p) \quad$ sont immédiates.

b) Les conditions $(||u||_p = 0 \Longrightarrow u = 0)$ et $||\lambda u||_p = |\lambda|\,||u||_p$ sont immédiates; l'inégalité triangulaire a été vue en *a) β)*.

2) • Si $u = (u_n)_{n\in\mathbb{N}} \in \ell^1$ et $v = (v_n)_{n\in\mathbb{N}} \in \ell^1$, alors $\sum_{n\geqslant 0} |u_n|$ et $\sum_{n\geqslant 0} |v_n|$ convergent, donc $\sum_{n\geqslant 0} |u_n + v_n|$ converge (d'où $u + v \in \ell^1$) et :

$$||u + v||_1 = \sum_{n=0}^{+\infty} |u_n + v_n| \leqslant \sum_{n=0}^{+\infty} |u_n| + \sum_{n=0}^{+\infty} ||v_n| = ||u||_1 + ||v||_1 .$$

• Si $u = (u_n)_{n\in\mathbb{N}} \in \ell^\infty$ et $v = (v_n)_{n\in\mathbb{N}} \in \ell^\infty$, alors $u + v \in \ell^\infty$ et :

$$||u + v||_\infty = \operatorname*{Sup}_{n\in\mathbb{N}} |u_n + v_n| \leqslant \operatorname*{Sup}_{n\in\mathbb{N}} |u_n| + \operatorname*{Sup}_{n\in\mathbb{N}} |v_n| = ||u||_\infty + ||v||_\infty .$$

Les autres conditions définissant la notion de norme sont facilement vérifiées.

3) a) Soient $p_1 \in [1; +\infty[$, $\quad u = (u_n)_{n\in\mathbb{N}} \in \ell^{p_1}$. Puisque $\sum_{n\geqslant 0} |u_n|^{p_1}$ converge, $\quad u_n \xrightarrow[n\infty]{} 0$.

En particulier, $(u_n)_{n\in\mathbb{N}}$ est bornée, c'est-à-dire $u \in \ell^\infty$. On a donc déjà $\ell^{p_1} \subset \ell^\infty$.
Puis, si $p_2 \neq \infty$:

$$\forall n \in \mathbb{N}, \quad |u_n|^{p_2} = |u_n|^{p_1} |u_n|^{p_2 - p_1} \leqslant |u_n|^{p_1} (||u||_\infty)^{p_2 - p_1} ,$$

donc $u \in \ell^{p_2}$, et de plus : $||u||_{p_2} \leqslant ||u||_{p_1} (||u||_\infty)^{p_2 - p_1}$.

b) • D'après *a)*, $\bigcup_{p\in[1;+\infty[} \ell^p \subset \ell^\infty$.

• La suite constante (1) est dans ℓ^∞ et dans aucun des ℓ^p $(p \in [1;+\infty[)$, puisque son terme général ne tend pas vers 0.

• On a même $\bigcup_{p\in[1;+\infty[} \ell^p \neq c_0$ (où c_0 désigne l'ensemble des suites complexes convergeant vers 0), en considérant $\left(\dfrac{1}{\ln(n+1)+1}\right)_{n\in\mathbb{N}}$.

◇ **Réponse :** non.

c) • D'après *a)*, on a déjà : $\forall p \in [1;+\infty],\ u \in \ell^p$.

• Comme : $\forall n \in \mathbb{N},\ |u_n| \leqslant \left(\sum_{m=0}^{+\infty} |u_m|^p\right)^{\frac{1}{p}} = ||u||_p$, on déduit : $||u||_\infty \leqslant ||u||_p$.

• Soit $\varepsilon > 0$ fixé. Puisque $u \in \ell^1$, il existe $n_0 \in \mathbb{N}$ tel que : $\sum_{n=n_0+1}^{+\infty} |u_n| \leqslant \dfrac{\varepsilon}{2}$.

On a alors : $\left(\sum_{n=n_0+1}^{+\infty} |u_n|^p\right)^{\frac{1}{p}} \leqslant \sum_{n=n_0+1}^{+\infty} |u_n| \leqslant \dfrac{\varepsilon}{2}$.

D'après l'exercice 1.1.8 *d)* p. 11 : $\left(\sum_{n=0}^{n_0} |u_n|^p\right)^{\frac{1}{p}} \xrightarrow[p\to+\infty]{} \underset{0\leqslant n\leqslant n_0}{\mathrm{Max}} |u_n| \leqslant ||u||_\infty$.

Il existe donc $p_0 \in [1;+\infty[$ tel que : $\forall p \in [1;+\infty[,\ \left(p \geqslant p_0 \Longrightarrow \left(\sum_{n=0}^{n_0} |u_n|^p\right)^{\frac{1}{p}} \leqslant ||u||_\infty + \dfrac{\varepsilon}{2}\right)$.

En notant v, w les suites définies par :

$$v_n = \begin{cases} u_n & \text{si } n \leqslant n_0 \\ 0 & \text{si } n \geqslant n_0+1 \end{cases}, \quad w_n = \begin{cases} 0 & \text{si } n \leqslant n_0 \\ u_n & \text{si } n \geqslant n_0+1 \end{cases},$$

il est clair que : $v \in \ell^1$, $w \in \ell^1$, $u = v + w$. D'où, pour tout p de $[1;+\infty[$ tel que $p \geqslant p_0$:

$$||u||_p = ||v+w||_p \leqslant ||v||_p + ||w||_p \leqslant ||u||_\infty + \varepsilon.$$

On a montré :

$$\forall \varepsilon > 0,\ \exists p_0 \in [1;+\infty[,\ \forall p \in [1;+\infty[,\quad (p \geqslant p_0 \Longrightarrow ||u||_\infty \leqslant ||u||_p \leqslant ||u||_\infty + \varepsilon),$$

et finalement : $||u||_p \xrightarrow[p\to+\infty]{} ||u||_\infty$.

4) Le cas $p = +\infty$ a déjà été vu (cf. C 2.1 *1)* p. 228), puisque $\ell^\infty = \mathrm{B}(\mathbb{N},\mathbb{C})$.

Nous supposons donc : $p \in [1;+\infty[$.

Soit $(U^m)_{m\in\mathbb{N}}$ une suite de Cauchy dans ℓ^p ; pour chaque m de $\mathbb{N}$, notons $(u_n^m)_{n\in\mathbb{N}} = U^m$.

Soit $\varepsilon > 0$ fixé. Puisque $(U^m)_{m\in\mathbb{N}}$ est de Cauchy dans ℓ^p, il existe $m_0 \in \mathbb{N}$ tel que :

$$\forall (r,s) \in \mathbb{N}^2,\quad \left(\begin{cases} r \geqslant m_0 \\ s \geqslant m_0 \end{cases} \Longrightarrow \sum_{n=0}^{+\infty} |u_n^r - u_n^s|^p = ||U^r - U^s||_p^p \leqslant \varepsilon\right).$$

Soit $n \in \mathbb{N}$. On a :

$$\forall (r,s) \in \mathbb{N}^2,\quad \left(\begin{cases} r \geqslant m_0 \\ s \geqslant m_0 \end{cases} \Longrightarrow |u_n^r - u_n^s|^p \leqslant ||U^r - U^s||_p^p \leqslant \varepsilon\right),$$

donc $(u_n^m)_{m\in\mathbb{N}}$ est de Cauchy dans $\mathbb{C}$. Comme $\mathbb{C}$ est complet, il existe $y_n \in \mathbb{C}$ tel que : $u_n^m \xrightarrow[m\infty]{} y_n$.

On a, pour tout N de $\mathbb{N}$: $\forall (r,s) \in \mathbb{N}^2, \quad \left(\begin{cases} r \geqslant m_0 \\ s \geqslant m_0 \end{cases} \Longrightarrow \sum_{n=0}^{N} |u_n^r - u_n^s|^p \leqslant ||U^r - U^s||_p^p \leqslant \varepsilon \right).$

En fixant r et en faisant tendre s vers l'infini, on déduit :

$$\forall r \in \mathbb{N}, \quad \left(r \geqslant m_0 \Longrightarrow \sum_{n=0}^{N} |u_n^r - y_n|^p \leqslant \varepsilon \right).$$

En particulier, d'après le lemme de majoration pour les séries à termes $\geqslant 0$, la série $\sum_{n \geqslant 0} |u_n^{m_0+1} - y_n|^p$ converge, et donc, en notant $y = (y_n)_{n \in \mathbb{N}}$: $U^{m_0+1} - y \in \ell^p$.

Comme ℓ^p est un sev de $\mathbb{N}$, on conclut : $y \in \ell^p$.

De plus, on obtient : $\forall \varepsilon > 0, \exists m_0 \in \mathbb{N}, \forall m \in \mathbb{N}, \quad \left(m > m_0 \Longrightarrow ||U^m - y||_p^p = \sum_{n=0}^{+\infty} |u_n^m - y_n|^p \leqslant \varepsilon \right),$

ce qui montre $U^m \xrightarrow[m\infty]{} y$ dans ℓ^p.

Finalement, ℓ^p est complet.

C 3.6 *1) a)* • Remarquer : $\forall (\alpha,\beta) \in (\mathbb{R}_+)^2, \alpha\beta \leqslant \frac{1}{2}(\alpha^2 + \beta^2)$.

La convergence de $\sum_{n \geqslant 0} |u_n|\,|v_n|$ résulte alors de celles de $\sum_{n \geqslant 0} |u_n|^2$ et $\sum_{n \geqslant 0} |v_n|^2$.

• Dans l'inégalité de Cauchy-Schwarz : $\forall N \in \mathbb{N}, \quad \left| \sum_{n=0}^{N} \overline{u}_n v_n \right|^2 \leqslant \left(\sum_{n=0}^{N} |u_n|^2 \right) \left(\sum_{n=0}^{N} |v_n|^2 \right),$

faire tendre N vers l'infini.

b) Les vérifications sont immédiates.

2) Cf. C 3.5 *4)* p. 308.

3) Il est clair que : $\forall k \in \mathbb{N}, e_k \in \ell^2$.

• $\forall n \in \mathbb{N}, < e_n, u >= \sum_{p=0}^{+\infty} \overline{\delta_{np}} u_p = u_n$

• $\left\| u - \sum_{n=0}^{N} < e_n, u > e_n \right\|_2^2 = ||(0,\ldots,0,u_{N+1},u_{N+2},\ldots)||_2^2 = \sum_{n=N+1}^{+\infty} |u_n|^2 \xrightarrow[N\infty]{} 0,$

donc $\sum_{n \geqslant 0} < e_n, u > e_n$ converge, dans $(\ell^2, ||\cdot||_2)$, vers u.

4) a) • D'abord, pour tout $u = (u_n)_{n \in \mathbb{N}}$ de ℓ^2, $\left(\frac{u_n}{n+1} \right)_n \in \ell^2$ car $\left| \frac{u_n}{n+1} \right|^2 \leqslant |u_n|^2$.

• La linéarité de f est évidente.

• $\forall u = (u_n)_{n \in \mathbb{N}} \in \ell^2, ||f(u)||_2^2 = \sum_{n=0}^{+\infty} \left| \frac{u_n}{n+1} \right|^2 \leqslant \sum_{n=0}^{+\infty} |u_n|^2 = ||u||_2^2.$

Finalement : $f \in \mathcal{LC}(\ell^2)$.

b) On a, pour tous $u = (u_n)_n$, $v = (v_n)_n$ de ℓ^2 :

$$< f(u), v > = \sum_{n=0}^{+\infty} \overline{\frac{u_n}{n+1}} v_n = \sum_{n=0}^{+\infty} \overline{u}_n \frac{v_n}{n+1} = < u, f(v) > ,$$

ce qui montre que f admet un adjoint et que $f^* = f$ (on dit que f est auto-adjoint).

c) • $\mathrm{Ker}(f) = \{(u_n)_n \in \ell^2 ; \forall n \in \mathbb{N}, \dfrac{u_n}{n+1} = 0\} = \{0\}$, donc $(\mathrm{Ker}(f))^\perp = \{0\}^\perp = \ell^2$.

• Considérons $\varepsilon = \left(\dfrac{1}{n+1}\right)_{n\in\mathbb{N}}$. Il est clair que $\varepsilon \in \ell^2$. Si $\varepsilon \in \mathrm{Im}(f)$, alors il existe $u = (u_n)_{n\in\mathbb{N}} \in \ell^2$ telle que $\varepsilon = f(u) = \left(\dfrac{u_n}{n+1}\right)_n$, d'où $(\forall n \in \mathbb{N}, u_n = 1)$. Mais alors $\sum_{n\geqslant 0} |u_n|^2$ diverge, contradiction.

Ceci montre : $\varepsilon \notin \mathrm{Im}(f)$, et finalement $\mathrm{Im}(f) \neq (\mathrm{Ker}(f))^\perp$.

5) a) α) Soit $u = (u_n)_n \in \ell^2$.

• La série numérique $\sum_{n\geqslant 0} \left|\dfrac{u_n}{n+1}\right|$ converge, puisque $u = (u_n)_n \in \ell^2$ et $\varepsilon = \left(\dfrac{1}{n+1}\right)_n \in \ell^2$.

• La série $\sum_{n\geqslant 0} \dfrac{u_n}{n+1} e_n$ converge absolument, puisque $\left(\forall n \in \mathbb{N}, \quad \left\|\dfrac{u_n}{n+1} e_n\right\|_2 = \dfrac{|u_n|}{n+1}\right)$, donc converge dans ℓ^2, puisque ℓ^2 est complet (cf. *3)* et 3.3.1 Théorème p. 254).

Ainsi, la série $\sum_{n\geqslant 0} u_n \dfrac{e_0 + e_n}{n+1}$ converge dans ℓ^2, et donc $g(u)$ existe.

β) La linéarité de g est immédiate.

γ) On a, pour tout $u = (u_n)_n$ de ℓ^2 :

$$||g(u)||_2 \leqslant 2\sum_{n=0}^{+\infty}\left|\frac{u_n}{n+1}\right| \leqslant 2\left(\sum_{n=0}^{+\infty}|u_n|^2\right)^{\frac12}\left(\sum_{n=0}^{+\infty}\frac{1}{(n+1)^2}\right)^{\frac12} = 2\left(\sum_{n=0}^{+\infty}\frac{1}{(n+1)^2}\right)^{\frac12}||u||_2,$$

ce qui montre la continuité de g.

δ) Montrons que g admet un adjoint g^* et calculons g^*.

• Supposons que g^* existe. On a alors, pour tout u de ℓ^2 :

$$< e_n, g^*(u) > = < g(e_n), u > = < \frac{1}{n+1}(e_0 + e_n), u > ,$$

d'où $\quad g^*(u) = \sum_{n=0}^{+\infty} < e_n, g^*(u) > e_n = \sum_{n=0}^{+\infty} \dfrac{1}{n+1} < e_0 + e_n, u > e_n = < e_0, u > \varepsilon + \sum_{n=0}^{+\infty} \dfrac{< e_n, u >}{n+1} e_n.$

• Réciproquement, montrer que l'application $h : \ell^2 \longrightarrow \ell^2$ définie par :

$$\forall u \in \ell^2, \quad h(u) = < e_0, u > \varepsilon + \sum_{n=0}^{+\infty} \frac{< e_n, u >}{n+1} e_n$$

est correctement définie, est linéaire continue et est l'adjoint de g.

b) α) Immédiat, puisque $E = g(\ell^2)$ et $g \in \mathcal{LC}(\ell^2)$.

β) Supposons que f admette un adjoint f^*.

• On a : $\forall (u,v) \in E^2, < u, f^*(v) > = < f(u), v > = < g(u), v > = < u, g^*(v) >$,
d'où : $\forall v \in E, f^*(v) = g^*(v)$.

• Puisque $e_0 = \dfrac{1}{2} g(e_0) \in E$, on peut appliquer f^* à e_0 :

$$f^*(e_0) = \varepsilon + \sum_{n=0}^{+\infty} \frac{< e_n, e_0 >}{n+1} e_n = \varepsilon + e_0.$$

Comme $e_0 \in E$, on obtiendra une contradiction en prouvant $\varepsilon \notin E$.

Supposons $\varepsilon \in E$; il existe $(x_n)_{n\in\mathbb{N}} \in \ell^2$ tel que $\varepsilon = g(x)$, d'où :

$$\varepsilon = \sum_{n=0}^{+\infty} x_n \frac{e_0 + e_n}{n+1} = \left(\sum_{n=0}^{+\infty} \frac{x_n}{n+1}\right) e_0 + \sum_{n=0}^{+\infty} \frac{x_n}{n+1} e_n = \left(x_0 + \sum_{n=0}^{+\infty} \frac{x_n}{n+1}\right) e_0 + \sum_{n=1}^{+\infty} \frac{x_n}{n+1} e_n.$$

On déduit alors (cf. *3)*) : $\begin{cases} x_0 + \sum_{n=0}^{+\infty} \frac{x_n}{n+1} = 1 \\ \forall n \in \mathbb{N}^*, \quad \frac{x_n}{n+1} = \frac{1}{n+1} \end{cases}$, puis $(\forall n \in \mathbb{N}^*,\ x_n = 1)$, ce qui contredit la convergence de $\sum_{n\geqslant 0} |x_n|^2$.

Ainsi $\varepsilon \notin E$, contradiction. Finalement, f n'admet pas d'adjoint.

C 3.7 *1)* $$\sum_{k=p+1}^{q} u_k v_k = u_{p+1}v_{p+1} + \sum_{k=p+2}^{q} u_k(\sigma_{p,k} - \sigma_{p,k-1})$$
$$= u_{p+1}v_{p+1} + \sum_{k=p+2}^{q} u_k\sigma_{p,k} - \sum_{k=p+1}^{q-1} u_{k+1}\sigma_{p,k}$$
$$= u_{p+1}v_{p+1} + u_q\sigma_{p,q} - u_{p+2}\sigma_{p,p+1} + \sum_{k=p+2}^{q-1} (u_k - u_{k+1})\sigma_{p,k}$$
$$= u_q\sigma_{p,q} + \sum_{k=p+1}^{q-1} (u_k - u_{k+1})\sigma_{p,k}, \quad \text{en remarquant } v_{p+1} = \sigma_{p,p+1}.$$

Noter l'analogie du résultat de ce *1)* avec l'intégration par parties.

2) On va montrer que $\sum_{n\geqslant 0} u_n v_n$ satisfait la CNS de Cauchy de convergence d'une série à termes dans un evn complet (cf. 3.3.1 Th. p. 254). On reprend les notations de *1)*.

Soit $(p,q) \in \mathbb{N}^2$ tel que $q \geqslant p+1$. On a :

- $||u_q\sigma_{p,q}|| = u_q||\sigma_{p,q}|| \leqslant u_q M$.
- $\left\|\sum_{k=p+1}^{q-1} (u_k - u_{k+1})\sigma_{p,k}\right\| \leqslant \sum_{k=p+1}^{q-1} (u_k - u_{k+1})||\sigma_{p,k}|| \leqslant M \sum_{k=p+1}^{q-1} (u_k - u_{k+1}) = (u_{p+1} - u_q)M$.

D'après *1)*, il en résulte : $\left\|\sum_{k=p+1}^{q} u_k v_k\right\| \leqslant u_{p+1}M$.

Soit $\varepsilon > 0$ fixé. Puisque $u_n \xrightarrow[n\infty]{} 0$, il existe $N \in \mathbb{N}$ tel que : $\forall n \in \mathbb{N},\ \left(n \geqslant N \Longrightarrow u_n \leqslant \frac{\varepsilon}{M+1}\right)$.

On a alors : $\forall (p,q) \in \mathbb{N},\ \left(N \leqslant p+1 \leqslant q \Longrightarrow \left\|\sum_{k=p+1}^{q} u_k v_k\right\| \leqslant \varepsilon\right)$.

D'après 3.3.1 Th. p. 254, on conclut que $\sum_{n\geqslant 0} u_n v_n$ converge dans E.

3) a) Appliquer le théorème d'Abel à $u_n = \frac{1}{n^\alpha}$ et $v_n = e^{int}$, en remarquant :

$$\forall n \in \mathbb{N}, \quad \left|\sum_{k=0}^{n} e^{ikt}\right| = \left|\frac{1 - e^{i(n+1)t}}{1 - e^{it}}\right| = \left|\frac{\sin \frac{n+1}{2} t}{\sin \frac{t}{2}}\right| \leqslant \frac{1}{\left|\sin \frac{t}{2}\right|}.$$

b) 1) Former un développement asymptotique :

$$\frac{(-1)^n \cos n}{n+(-1)^n \sin n} = \frac{(-1)^n \cos n}{n} + O\left(\frac{1}{n^2}\right) = \frac{\cos(\pi+1)n}{n} + O\left(\frac{1}{n^2}\right).$$

D'après *a)*, $\sum_{n\geqslant 1} \frac{\cos(\pi+1)n}{n}$ converge.

◇ **Réponse :** converge.

2) $\dfrac{\sin n}{n-\sqrt{n}\sin n} = \dfrac{\sin n}{n} + O\left(\dfrac{1}{n^{3/2}}\right).$

◇ **Réponse :** converge.

3) $$\left(e^{\frac{\sin(n\sqrt{2})}{\sqrt{n}}}-1\right)\ln\left(1+\frac{\sin(en)}{\sqrt{n}}\right) = \left(\frac{\sin(n\sqrt{2})}{\sqrt{n}}+O\left(\frac{1}{n}\right)\right)\left(\frac{\sin(en)}{\sqrt{n}}+O\left(\frac{1}{n}\right)\right)$$

$$= \frac{\sin(n\sqrt{2})\sin(en)}{n} + O\left(\frac{1}{n^{3/2}}\right) = \frac{\cos(e-\sqrt{2})n}{2n} - \frac{\cos(e+\sqrt{2})n}{2n} + O\left(\frac{1}{n^{3/2}}\right).$$

Il est clair que $e-\sqrt{2}$ et $e+\sqrt{2}$, qui sont dans $]0;2\pi[$, en sont pas multiples de 2π. On peut alors appliquer *a)*.

◇ **Réponse :** converge.

4) Il existe $p \in \mathbb{N}^*$ tel que $(2p+1)\alpha > 1$.

Comme $\dfrac{\sin n}{n^\alpha} \underset{n\infty}{\longrightarrow} 0$, on obtient un développement asymptotique :

$$\sin\left(\frac{\sin n}{n^\alpha}\right) = \sum_{k=0}^{p-1} \frac{(-1)^k}{(2k+1)!}\left(\frac{\sin n}{n^\alpha}\right)^{2k+1} + O\left(\frac{1}{n^{(2p+1)\alpha}}\right)$$

• Soit $k \in \{0,\dots,p-1\}$. Par linéarisation de $x \longmapsto (\sin x)^{2k+1}$, il existe $(A_{k,0},\dots,A_{k,k}) \in \mathbb{R}^{k+1}$ tel que : $\forall x \in \mathbb{R},\ (\sin x)^{2k+1} = \sum_{i=0}^{k} A_{k,i} \sin(2i+1)x.$

Pour $k \in \{0,\dots,p-1\}$ et $i \in \{0,\dots,k\}$, la série $\sum_{n\geqslant 1} \dfrac{\sin(2i+1)n}{n^{(2k+1)\alpha}}$ converge d'après *a)*.

• Puisque $(2p+1)\alpha > 1$, la série $\sum_{n\geqslant 1} O\left(\dfrac{1}{n^{(2p+1)\alpha}}\right)$ est absolument convergente.

◇ **Réponse :** converge.

5) Il existe $p \in \mathbb{N}^*$ tel que $(p+1)\alpha > 1$.

Un développement asymptotique donne : $\dfrac{(-1)^n}{n^\alpha+\cos n} = \sum_{k=0}^{p-1}(-1)^k \dfrac{(-1)^n \cos^k n}{n^{(k+1)\alpha}} + O\left(\dfrac{1}{n^{(p+1)\alpha}}\right).$

• Soit $k \in \{0,\dots,p-1\}$. Par linéarisation de $x \longmapsto \cos^k x$, il existe $(A_{k,0},\dots,A_{k,k}) \in \mathbb{R}^{k+1}$ tel que : $\forall x \in \mathbb{R},\quad \cos^k x = \sum_{i=0}^{k} A_{k,i} \cos ix.$

On a alors : $\forall n \in \mathbb{N}^*,\ \dfrac{(-1)^n \cos^k n}{n^{(k+1)\alpha}} = \sum_{i=0}^{k} A_{k,i} \dfrac{\cos(i+\pi)n}{n^{(k+1)\alpha}}.$

. Pour $k \in \{0,\dots,p\}$ et $i \in \{0,\dots,k\}$, la série $\sum_{n\geqslant 1} \dfrac{\cos(i+\pi)n}{n^{(k+1)\alpha}}$ converge d'après *a)*,

car $i+\pi \notin 2\pi\mathbb{Z}$ $(\pi \notin \mathbb{Q})$.

Index des notations des tomes 3 et 4

TOME 3

TOME 4

Index alphabétique des tomes 3 et 4

(Les chiffres en caractères gras indiquent le n° du tome)

D

E

F

G

H

I

J

K

L

M

N

O

P

Q

R

S

Imprimé en France. -JOUVE, 18, rue Saint-Denis, 75001 PARIS
N° 254469J. - Dépôt légal : Avril 1998. Dépôt légal 1re édition : 2e trimestre 1995